Lester Haar · John S. Gallagher · George S. Kell

NBS/NRC Wasserdampftafeln

Thermodynamische und Transportgrößen mit Computerprogrammen für Dampf und Wasser in SI-Einheiten

Herausgegeben und aus dem Englischen übersetzt von
Ulrich Grigull

Mit einem Geleitwort von
David R. Lide, Jr.

Mit 54 Abbildungen

Springer-Verlag Berlin Heidelberg New York
London Paris Tokyo 1988

Autoren

Lester Haar
John S. Gallagher

National Bureau of Standards,
Washington D. C.

George S. Kell

National Research Council of Canada,
Ottawa

Herausgeber und Übersetzer

Ulrich Grigull

Technische Universität München

Titel der englischen Originalausgabe „NBS/NRC Steam Tables"
veröffentlicht bei Hemisphere Publishing Corporation,
Washington New York London 1984

ISBN 978-3-642-52088-4 ISBN 978-3-642-52087-7 (eBook)
DOI 10.1007/978-3-642-52087-7

CIP-Kurztitelaufnahme der Deutschen Bibliothek
Haar, Lester: NBS, NRC Wasserdampftafeln / Lester Haar; John S. Gallagher; George S. Kell, Hrsg. u. aus d. Engl. übers. von Ulrich Grigull. Mit e. Geleitw. von David R. Lide, jr. -
Berlin; Heidelberg; New York; London; Paris; Tokyo: Springer, 1988.
Einheitssacht.: NBS, NRC steam tables <dt.>
ISBN 978-3-642-52088-4

NE: Gallagher, John S.:; Kell, George S.:

Satz: Konrad Triltsch, Würzburg;

2160/3020-543210

Am 25. März 1983 starb George S. Kell, unser Freund, Kollege und Mitautor dieses Buches. Dr. Kell übte eine lange und erfolgreiche Tätigkeit in den Laboratorien des National Research Council of Canada aus, wo er eine Arbeitsgruppe leitete, die neue Maßstäbe für genaues thermodynamisches Messen setzte. Seine Arbeit bildet einen wichtigen Teil der Metrologie des Wassers. Wir vermissen ihn schmerzlich. Dieses Buch ist seinem Andenken gewidmet.

Geleitwort

Diese Tafeln und die Formulation, von der sie abgeleitet sind, entstanden im National Bureau of Standards mit Unterstützung des Office of Standard Reference Data. Sie haben jedoch einen wahrhaft internationalen Charakter. Der National Research Council of Canada hat zahlreiche und verschiedenartige Beiträge geliefert. Die International Association for the Properties of Steam trug durch ihre Arbeitsgruppe I über Gleichgewichtsgrößen wesentlich bei, indem sie die Formulation prüfte und auswertete und die Arbeit laufend kritisch beurteilte. Wir stellen mit Befriedigung fest, daß die Formulation als Provisional IAPS Formulation 1982 for the Thermodynamic Properties of Ordinary Water Substance for Scientific and General Use angenommen wurde.

Diese Tafeln wurden durch das Office of Standard Reference Data des National Bureau of Standards geprüft und anerkannt und in das National Standard Reference Data System übernommen. Dieses NSRDS ist ein nationales, 1963 begründetes Programm mit dem Zweck, die kritische Auswertung und Verbreitung numerischer Daten der Naturwissenschaften zu fördern. Das Programm wird durch das National Bureau of Standards koordiniert, enthält aber auch Beiträge vieler Gruppen aus Universitäten, staatlichen Laboratorien und der Privatindustrie.

David R. Lide, Jr., Director
Standard Reference Data
National Bureau of Standards

Vorwort

„Wasser ist ein ganz besonderer Saft"[1]

Wasser ist wichtig nicht nur für biologische Vorgänge, sondern auch für eine Unzahl moderner Techniken, so verschieden wie die Herstellung von Papier oder Portlandzement, wie Meteorologie oder Lebensmitteltechnik. Als chemische Verbindung ist es das Lösungsmittel mit dem weitesten Anwendungsbereich. Es ist das wichtigste Medium der Wärmeübertragung für industrielle Prozesse und zur Raumheizung in technischen und Wohnbauten. Neu sich entwickelnde Industrien zur Öl- und Gassynthese aus Kohle und zur Verwertung geothermischer Energie würden ohne Wasser nicht existieren. Für die Energie-Versorgungsunternehmen sind Dampf (und Wasser) das Fluid, das die Turbinen treibt.

Seit Mitte des letzten Jahrhunderts wurde die wirtschaftliche Bedeutung genauer thermophysikalischer Stoffgrößen für Dampf und Wasser ein starker Forschungsanreiz. Dadurch sind die jetzt verfügbaren thermodynamischen Meßwerte unübertroffen an Genauigkeit, Bereich, Vielfalt und Menge. Programme zur Korrelierung dieser Daten, um eine vollständige und genaue thermodynamische Beschreibung eines Kontinuums thermodynamischer Zustände zu erreichen, standen ebenfalls im Mittelpunkt der Forschung. Zu diesem Zweck wurde eine internationale Zusammenarbeit vor über 50 Jahren eingeleitet. Dieses Bemühungen setzen sich unter der Direktion der International Association for the Properties of Steam (IAPS) fort, zu deren Mitgliedern die größeren Industrienationen gehören.

IAPS ist die anerkannte Autorität für thermophysikalische Stoffgrößen von Wasser und Dampf: Für den größten Teil der Erde stellen Abmachungen und Verträge für Dampfkraftanlagen sicher, daß Auslegungen und Garantien mit den von der IAPS angenommenen Formulationen übereinstimmen. Auf seiner Jahres-Sitzung in Ottawa im September 1982 stimmte das Executive Committee der IAPS für eine vorläufige Annahme der thermodynamischen Formulation, die in diesem Buch enthalten ist. Sie wird bezeichnet als „Provisional IAPS Formulation 1982 for the Thermodynamic Properties of Ordinary Water Substance for Scientific and General Use". Sie sollte die Standard-Formulation der IAPS seit 1968 ersetzen.

Dieser Erfolg mußte mit vielen Kollegen geteilt werden. Erstens mit unseren Kollegen der Arbeitsgruppe I der IAPS: A. A. Aleksandrov, S. Angus, J. E. W. Campbell, J. R. Cooper, A. J. W. Hedbäck, P. G. Hill, J. Juza, E. J. Le Fevre, A. Nagashima, K. Scheffler, J. M. H. Levelt Sengers, J. Straub (Vorsitzender), M. Uematsu, W. Wagner, K. Watanabe. Sie bearbeiteten die große Zahl experimenteller Daten, boten manche hilfreiche Kritik während der Ableitung und prüften die Formulation nach Genauigkeit und Bereich. E. J. Le Fevre prüfte das Computerprogramm und entwickelte eine Darstellung der Formulation in mehreren Computersprachen. Das Research Committee on Properties of Steam der American Society of Mechanical Engineers hat uns ermutigt und beraten und hat das fertige Werk gutgeheißen. Sein Vorsitzender, R. Spencer, fand großzügig die Zeit zu vielen Diskussionen, die die Grundlage für die Anordnung der Tafeln bildeten und half, zusammen mit R. McClintok, das Computerprogramm wirkungsvoller und leichter anwendbar für Zentralrechner zu machen. J. Kestin, Vorsitzender der US-Delegation zur IAPS, erteilte Rat und Unterstützung in allen Phasen der Forschungsarbeit. Seine nachdrückliche Empfehlung beschleunigte das Zustandekommen des Buches und er gab detaillierte technische und redaktionelle Ratschläge zum Manuskript. Michael Moldover untersuchte gewisse experimentelle Meßfehler, hervorgerufen durch Vorkondensation. Ein Teil dieser Untersuchung war die

[1] U. Grigull, damals Präsident der International Association for the Properties of Steam, in seiner Begrüßungsrede zur 9th International Conference on the Properties of Steam (München 1979).

Grundlage zur Fehlerabschätzung der Formulation. J. V. Sengers lieferte Computerprogramme zur Berechnung einiger Transportgrößen. Die Tafeln wurden nach Computerprogrammen gesetzt, die unter der Leitung von B. B. Molino entwickelt wurden.

Besonders dankbar sind wir H. W. Woolley, der aus seinem Ruhestand zum NBS zurückkehrte, um die Zustandssumme für den idealen Gaszustand auszuwerten. Diese bedeutende Arbeit ist eine Grundlage der Formulation. Diese Untersuchung war einem von uns (L. H.) durch H. J. White, Jr. in seiner Eigenschaft als Sekretär der IAPS und als Programmdirektor des Office of Standard Reference Data (OSRD) des National Bureau of Standards vorgeschlagen. Er und seine Kollegen vom OSRD standen uns mit gutem Rat zur Seite. Großzügige finanzielle Unterstützung gewährten das OSRD und das NBS. Weitere Unterstützung wurde durch den National Research Council of Canada zur Verfügung gestellt.

Viele andere, die nicht alle genannt werden können, haben zu diesem Werk beigetragen. Allen unseren wärmsten Dank.

Lester Haar
John S. Gallagher

Vorwort des Übersetzers

Die thermodynamischen Zustandsgrößen der hiermit vorgelegten Dampftafeln sind nach einer Formulation berechnet, die unter der Bezeichnung

IAPS Formulation 1984 for the Thermodynamic Properties of
Ordinary Water Substance for Scientific and General Use

durch die „10th International Conference on the Properties of Steam" (Moskau 1984) endgültig angenommen wurde. Diese Formulation ist durch internationale Zusammenarbeit unter den Mitgliedsländern der „International Association for the Properties of Steam" (IAPS) zustandegekommen. Die verantwortlichen Autoren der Formulation sind

Lester Haar
John S. Gallagher
National Bureau of Standards,
Washington D. C.
George S. Kell
National Research Council of Canada,
Ottawa

Die beiden nationalen Organisationen (NBS und NRC) haben diesem Tafelwerk ihre Namen gegeben. Die Haar-Gallagher-Kell-Formulation wird in ihrem Geltungsbereich als die zur Zeit beste Wiedergabe der thermodynamischen Eigenschaften von gewöhnlichem Wasser und Dampf angesehen. Sie ersetzt die bisher gültige „1968 IFC Formulation for Scientific and General Use".

Neben diesen „NBS/NRC Dampftafeln" gibt es die im gleichen Verlag in englisch-deutscher Fassung erschienenen „Properties of Water and Steam in SI-Units". Deren thermodynamische Zustandsgrößen sind durch die „1967 IFC Formulation for Industrial Use" berechnet. Diese Formulation dient seit ihrem Bestehen zur Optimierung von Kreisläufen in thermischen Kraftwerken. Sie hat sich für diesen Zweck sehr bewährt und wird hierfür auch weiterhin verwendet werden. Auch die oben erwähnte Dampftafelkonferenz von Moskau (1984) hat die uneingeschränkte weitere Gültigkeit der „1967 IFC Formulation" ausdrücklich bestätigt und damit einem Wunsch auch der deutschen Industrie Rechnung getragen.

Daß zwei Dampftafeln nebeneinander existieren, deren thermodynamische Zustandsgrößen mit verschiedenen Formulationen berechnet sind, ist kein Widerspruch, sondern die logische Folge einer von der IAPS seit 1967 befolgten Politik, nämlich die Belange der Praktiker an Formulationen, die sich offensichtlich von denen der Theoretiker unterscheiden, auch getrennt zu berücksichtigen. Für die Optimierung der Kreisläufe und für andere industrielle Zwecke genügt eine verhältnismäßig einfach aufgebaute Formulation, die aber für Jahrzehnte ungeändert bleiben muß, damit man langfristig disponieren kann. Andererseits ist die Wasserdampfforschung damit nicht am Ende und darf nicht behindert werden. So entstand nach der „1968 IFC Formulation" in mehr als zehnjähriger Vorbereitung die Haar-Gallagher-Kell-Formulation. Eine solche, notwendigerweise kompliziertere Formulation erfüllt aber auch sehr praktische Zwecke:

– sie gestattet die zuverlässige Berechnung von höheren Ableitungen der Grundfunktion, die auch in industriellen Berechnungen gebraucht werden und deren vollständige direkte Messung jede wirtschaftliche Möglichkeit übersteigt, etwa die Wärmekapazität, den Joule-Thomson-Koeffizienten oder die Schallgeschwindigkeit,
– sie erlaubt die Kontrolle einfacher Zustandsgleichungen mit beschränktem Gültigkeitsbereich, die etwa für Zwecke der Regelung aufgestellt werden, auch unter Verzicht auf thermodynamische Konsistenz.

Erst wenn man die umfassendere Formulation besitzt, kann man auch einfachere Zustandgleichungen auf ihre Zuverlässigkeit prüfen.

Der Herausgeber dankt Lester Haar für klärende Gespräche und für die Übermittlung von Korrekturen, die auch das Rechenprogramm betrafen. In dieser Ausgabe sind Tafel 2 sowie Teile von Tafel 1 und Tafel 3 des Originals durch neu berechnete Werte ersetzt, die uns Lester Haar zur Verfügung stellte.

München, im Oktober 1987 Ulrich Grigull

Inhaltsverzeichnis

Symbole, Benennungen und Einheiten der Tafelgrößen

Symbol	Benennung	Einheit
B	zweiter Virialkoeffizient	m^3/kg
c_p	spezifische Wärmekapazität bei konstantem Druck	kJ/kg K
c_v	spezifische Wärmekapazität bei konstantem Volumen	kJ/kg K
h	spezifische Enthalpie	kJ/kg
k	Isentropenexponent ($k = (\partial \ln p/\partial \ln v)_s$)	dimensionslos
p	Druck	bar = 0.1 MPa
Pr	Prandtl-Zahl ($Pr = \eta\, c_p/\lambda$)	dimensionslos
r	spezifische Verdampfungsenthalpie	kJ/kg
s	spezifische Entropie	kJ/kg K
T	thermodynamische Temperatur	K
t	Celsius-Temperatur ($t = T - T_0$ mit $T_0 = 273.15$ K)	°C
t_s	Sättigungstemperatur	°C
u	spezifische innere Energie	kJ/kg
v	spezifisches Volumen ($v = 1/\varrho$)	m^3/kg
β_s	isentroper Temperatur-Druck-Koeffizient ($\beta_s = (\partial T/\partial p)_s$)	mK/bar
ε	statische relative Dielektrizitätskonstante	dimensionslos
η	Viskosität	10^{-6} kg/s m = μPa s
λ	Wärmeleitfähigkeit	mW/K m
μ	Joule-Thomson-Koeffizient ($\mu = (\partial T/\partial p)_h$)	K/bar
ϱ	Dichte ($\varrho = 1/v$)	kg/m^3
σ	Oberflächenspannung	mN/m = 10^{-3} kg/s^2
ϕ	spezifische Verdampfungsentropie	kJ/kg K
ω	Schallgeschwindigkeit ($\omega^2 = (c_p/c_v)\,(\partial p/\partial \varrho)_T$)	m/s

Indizes

g	bezeichnet den Zustand des gesättigten Dampfes (gas)
k	bezeichnet einen Größenwert im kritischen Zustand
l	bezeichnet den Zustand der gesättigten Flüssigkeit (liquid)
1	bezeichnet einen Größenwert bei $p = 1$ bar
°	bezeichnet den Zustand des idealen Gases

Der Bezugszustand für alle Größenwerte ist der des flüssigen Wassers am Tripelpunkt. Die innere Energie und die Entropie sind in diesem Zustand nach Definition Null (Beschluß der 5th International Conference on the Properties of Steam, London 1956).

Einführung

Das U.S. National Bureau of Standards unternahm mit Unterstützung des Office of Standard Reference Data und in Zusammenarbeit mit dem National Research Council of Canada die Aufgabe, die große Menge der thermodynamischen Messungen für Wasser und Dampf zu korrelieren. Das Ergebnis dieses Programms ist eine neue Formulation, die genauer ist und einen viel größeren Gültigkeitsbereich besitzt als die bisherigen Formulationen. Dieses Buch enthält Tafeln mit Werten der thermodynamischen Zustandsgrößen, die auf dieser neuen Formulation beruhen; Tafeln mit Werten der Transport- und anderer physikalischer Größen sind auch aufgenommen.

Die in den Tafeln aufgeführten thermodynamischen Größenwerte wurden aus einer analytischen Gleichung berechnet, die eine sehr gute Näherung an die Helmholtz-Funktion (spezifische Helmholtz-Energie) für gewöhnliches Wasser und Dampf darstellt. Diese Fundamentalgleichung hat die Form

$$A = A(\varrho, T) \qquad (1)$$

wobei A die Helmholtz-Funktion, ϱ die Dichte und T die thermodynamische Temperatur bedeuten. Sie wurde als Erweiterung eines theoretischen Modells für dichte Fluide abgeleitet, wobei die funktionale Form der (empirischen) Erweiterungsterme dafür sorgt, daß die Extrapolation im Sinne des theoretischen Modells erfolgt. Weiterhin sind ein Schutz gegen Genauigkeitsverluste durch nicht zufällige Fehler und sehr genaue Zustandssummen für die Substanz Wasser im idealen Gaszustand vorgesehen. Der Wert irgend einer thermodynamischen Zustandsgröße im flüssigen, dampfförmigen oder metastabilen Zustand kann durch Differenzieren dieser Gleichung gemäß dem ersten und zweiten Hauptsatz berechnet werden.

Auf ihrer Sitzung in Ottawa im September 1982 billigte die International Association for the Properties of Steam (IAPS) dieser Formulation provisorische Annahme zu. Die Annahme galt insbesondere für den Bereich

$$273.15\ \mathrm{K} \leq T \leq 1273.15\ \mathrm{K}.$$

Dabei sollte für $T \geq 423.15$ K der maximale Druck

$$p_{\max} = 1500\ \mathrm{MPa} = 15\,000\ \mathrm{bar}$$

betragen, und für den Bereich

$$273.15\ \mathrm{K} \leq T < 423.15\ \mathrm{K}$$

sollte gelten

$$p_{\max} = 100 \left[5 + \frac{(T - 273.15\ \mathrm{K})}{15\ \mathrm{K}} \right] \mathrm{MPa} \qquad (2)$$

In der Nähe des kritischen Punkts ist ein kleiner Bereich ausgenommen:

$$|T - T_k| < 1\ \mathrm{K}$$
$$\left| \frac{\varrho - \varrho_k}{\varrho_k} \right| < 0.3$$

Wie später gezeigt werden wird, läßt sich die Gleichung in einem weiteren Bereich anwenden, nämlich für den fluiden Zustand von reinem undissoziiertem Wasser und Dampf innerhalb folgender Grenzen:

$$260\ \mathrm{K} \leq T \leq 2500\ \mathrm{K}$$
$$0 < p \leq 3000\ \mathrm{MPa} = 30\,000\ \mathrm{bar}$$

(Dieser Bereich übersteigt den Gültigkeitsbereich bestehender Formulationen um mehr als das 10fache im Druck und um etwa das Doppelte in der Temperatur).

Die thermodynamischen Messungen für Wasser und Dampf umfassen mehr als 25 000 einzelne Meßpunkte. Eine internationale Gruppe von Wissenschaftlern unternahm auf Veranlassung der IAPS die schwierige Aufgabe, alle diese Werte zu sammeln, zu beurteilen und auf vergleichbare Gitterwerte zurückzuführen. Mitglieder aus der Bundesrepublik Deutschland und aus Japan waren die Koordinatoren, wichtige Beiträge lieferten Wissenschaftler aus der USSR, der Tschechoslowakei, Großbritannien, Canada und den Vereinigten Staaten. Der von der IAPS gesammelte und beurteilte Datensatz, vermehrt um neuerliche Meßpunkte, wurde von uns wie folgt aufgelistet:

1. Daten zum Ableiten der Gleichung,
2. Daten zum Prüfen der Gleichung,
3. nicht berücksichtigte Daten wegen zu geringer Genauigkeit und Zuverlässigkeit.

Daten der Gruppe 1 und 2 stellen größtenteils den Stand der Technik für Präzisionsmessungen dar.

Diese Formulation ist innerhalb ihrer Genauigkeit mit faktisch allen thermodynamischen Meßwerten unserer Listen in Übereinstimmung, einschließlich der Daten nahe am kritischen Punkt, und liefert Werte für metastabile Zustände in enger Übereinstimmung mit Experiment und Theorie. Die extensiven und genauen Meßwerte für die koexistierenden flüssigen und dampfförmigen Phasen werden exakt wiedergegeben, viele dieser Werte sind untereinander konsistent und genau innerhalb der Toleranz der Internationalen Praktischen Temperaturskala. Die Formulation gibt auch die experimentellen Werte für die Dichteanomalie genau wieder und liefert Parameterwerte am kritischen Punkt, die nahezu identisch sind mit jenen, die ein Komitee von Wissenschaftlern in Ottawa (1982) der IAPS empfohlen hatte.

Werte thermodynamischer Zustandsgrößen für spezifisches Volumen, Dichte, spezifische innere Energie, spezifische Enthalpie und spezifische Entropie werden in den folgenden Tafeln in engen Schritten im Bereich $0 \leq t \leq 2000\,°C$ und $0 < p \leq 30\,000$ bar wiedergegeben. Der Bezugszustand ist der Zustand der Flüssigkeit am Tripelpunkt, für den die innere Energie und die Entropie Null gesetzt sind. (Beschluß der 5th International Conference on the Properties of Steam, London 1956). Eigene Tafeln enthalten die Sättigungswerte der koexistierenden Phasen des Dampfes und der Flüssigkeit, die spezifische Wärmekapazität bei konstantem Druck und die Schallgeschwindigkeit. Um Berechnungen für den verdünnten Dampf zu ermöglichen, ist eine Tafel für Werte des idealen Gaszustands und für den zweiten Virialkoeffizienten beigegeben. Die unabhängigen Variablen für die Tafeln sind Temperatur und Druck, mit Ausnahme der Tafel für den erweiterten kritischen Bereich, für die Temperatur und Dichte gewählt wurden. Die Zahl der signifikanten Stellen ist konsistent mit der Genauigkeit, die im Anhang A abgeschätzt ist. In einigen Bereichen sind zusätzliche Stellen angegeben, weil Differenzen zwischen Größenwerten benachbarter Zustände im allgemeinen zuverlässiger sind als die Größenwerte selbst. Für den größten Bereich der Tafeln sind die Schrittweiten hinreichend klein, so daß lineare Interpolation ohne Genauigkeitsverlust möglich ist. Temperatur-Entropie- und Druck-Enthalpie-Diagramme nach Mollier sowie Diagramme für die spezifische Wärmekapazität bei konstantem Druck, die Schallgeschwindigkeit, den isentropen Expansionskoeffizient und den isentropen Druck-Temperatur-Koeffizienten sind beigefügt.

IAPS hat auch Empfehlungen ausgesprochen für die Viskosität, die Wärmeleitfähigkeit, die Dielektrizitätskonstante und die Oberflächenspannung. Tafeln und Diagramme für diese Größen und für die hiernach berechnete Prandtl-Zahl sind mitgeteilt. Alle Größen sind mit der Formulation konsistent.

Im Anhang werden Einzelheiten für alle tabellierten Größen und Diagramme angegeben und die Gleichungen aufgeführt. Anhang A enthält eine Beschreibung der Ableitung der Fundamentalgleichung, einen Vergleich berechneter Werte mit Meßwerten und den Ergebnissen anderer Formulationen sowie einer Fehlerabschätzung der tabellierten thermodynamischen Werte. Anhang B enthält eine Auflistung des Computerprogramms, das für die thermodynamischen Berechnungen benutzt wurde. Die definierenden Gleichungen und ihr Gültigkeitsbereich für Viskosität, Wärmeleitfähigkeit, Prandtl-Zahl, Dielektrizitätskonstante und Oberflächenspannung sind im Anhang C angegeben.

Thermodynamische Zustandsgrößen

Tafel 1. Sättigung (Temperatur)

t	p	ϱ_l	ϱ_g	h_l	h_g	r	s_l	s_g	ϕ	$10^3 v_l$	$10^3 v_g$
°C	bar	kg/m³		kJ/kg			kJ/kg K			m³/kg	
0.01	0.0061173	999.78	0.004855	0.00	2500.5	2500.5	0.00000	9.1541	9.1541	1.00022	205990
1	0.0065716	999.85	0.005196	4.18	2502.4	2498.2	0.01528	9.1277	9.1124	1.00015	192440
2	0.0070605	999.90	0.005563	8.40	2504.2	2495.8	0.03064	9.1013	9.0707	1.00010	179760
3	0.0075813	999.93	0.005952	12.61	2506.0	2493.4	0.04592	9.0752	9.0292	1.00007	168020
4	0.0081359	999.95	0.006364	16.82	2507.9	2491.1	0.06112	9.0492	8.9881	1.00005	157130
5	0.0087260	999.94	0.006802	21.02	2509.7	2488.7	0.07626	9.0236	8.9473	1.00006	147020
6	0.0093537	999.92	0.007265	25.22	2511.5	2486.3	0.09133	8.9981	8.9068	1.00008	137650
7	0.0100209	999.89	0.007756	29.42	2513.4	2484.0	0.10633	8.9729	8.8666	1.00011	128940
8	0.0107297	999.84	0.008275	33.61	2515.2	2481.6	0.12127	8.9479	8.8266	1.00016	120850
9	0.0114825	999.77	0.008824	37.80	2517.1	2479.3	0.13615	8.9232	8.7870	1.00023	113320
10	0.012281	999.69	0.009405	41.99	2518.9	2476.9	0.15097	8.8986	8.7477	1.00031	106320
11	0.013129	999.60	0.010019	46.18	2520.7	2474.5	0.16573	8.8743	8.7086	1.00040	99810
12	0.014027	999.49	0.010668	50.36	2522.6	2472.2	0.18044	8.8502	8.6698	1.00051	93740
13	0.014979	999.37	0.011353	54.55	2524.4	2469.8	0.19509	8.8263	8.6313	1.00063	88090
14	0.015988	999.24	0.012075	58.73	2526.2	2467.5	0.20969	8.8027	8.5930	1.00076	82810
15	0.017056	999.09	0.012837	62.92	2528.0	2465.1	0.22424	8.7792	8.5550	1.00091	77900
16	0.018185	998.93	0.013641	67.10	2529.9	2462.8	0.23873	8.7560	8.5173	1.00107	73310
17	0.019380	998.76	0.014488	71.28	2531.7	2460.4	0.25317	8.7330	8.4798	1.00124	69020
18	0.020644	998.58	0.015380	75.47	2533.5	2458.1	0.26757	8.7101	8.4426	1.00142	65020
19	0.021979	998.39	0.016319	79.65	2535.3	2455.7	0.28191	8.6875	8.4056	1.00161	61280
20	0.023388	998.19	0.017308	83.84	2537.2	2453.3	0.29621	8.6651	8.3689	1.00182	57778
21	0.024877	997.97	0.018347	88.02	2539.0	2451.0	0.31045	8.6428	8.3324	1.00203	54503
22	0.026447	997.75	0.019441	92.20	2540.8	2448.6	0.32465	8.6208	8.2962	1.00226	51438
23	0.028104	997.52	0.020590	96.39	2542.6	2446.2	0.33880	8.5990	8.2602	1.00249	48568
24	0.029850	997.27	0.021797	100.57	2544.5	2443.9	0.35290	8.5773	8.2244	1.00274	45878
25	0.031691	997.02	0.023065	104.75	2546.3	2441.5	0.36696	8.5558	8.1889	1.00299	43357
26	0.033629	996.75	0.024395	108.94	2548.1	2439.2	0.38096	8.5346	8.1536	1.00326	40992
27	0.035670	996.48	0.025791	113.12	2549.9	2436.8	0.39492	8.5135	8.1185	1.00353	38773
28	0.037818	996.20	0.027255	117.30	2551.7	2434.4	0.40884	8.4926	8.0837	1.00381	36690
29	0.040078	995.91	0.028791	121.49	2553.5	2432.0	0.42271	8.4718	8.0491	1.00411	34734
30	0.042455	995.61	0.030399	125.67	2555.3	2429.7	0.43653	8.4513	8.0147	1.00441	32896
31	0.044953	995.30	0.032084	129.85	2557.1	2427.3	0.45031	8.4309	7.9806	1.00472	31168
32	0.047578	994.99	0.033849	134.04	2559.0	2424.9	0.46404	8.4107	7.9466	1.00504	29543
33	0.050335	994.66	0.035696	138.22	2560.8	2422.5	0.47772	8.3906	7.9129	1.00537	28014
34	0.053229	994.33	0.037629	142.40	2562.6	2420.2	0.49137	8.3708	7.8794	1.00570	26575
35	0.056267	993.99	0.039650	146.59	2564.4	2417.8	0.50496	8.3511	7.8461	1.00605	25220
36	0.059454	993.64	0.041764	150.77	2566.2	2415.4	0.51851	8.3315	7.8130	1.00640	23944
37	0.062795	993.28	0.043973	154.95	2568.0	2413.0	0.53202	8.3122	7.7802	1.00676	22741
38	0.066298	992.92	0.046281	159.14	2569.8	2410.6	0.54549	8.2930	7.7475	1.00713	21607
39	0.069969	992.55	0.048691	163.32	2571.6	2408.2	0.55891	8.2739	7.7150	1.00751	20538
40	0.073814	992.17	0.05121	167.50	2573.4	2405.9	0.57228	8.2550	7.6828	1.00789	19528
41	0.077840	991.78	0.05383	171.69	2575.2	2403.5	0.58562	8.2363	7.6507	1.00829	18576
42	0.082054	991.39	0.05657	175.87	2576.9	2401.1	0.59891	8.2177	7.6188	1.00869	17676
43	0.086464	990.99	0.05943	180.05	2578.7	2398.7	0.61216	8.1993	7.5872	1.00909	16826
44	0.091076	990.58	0.06241	184.23	2580.5	2396.3	0.62537	8.1810	7.5557	1.00951	16023
45	0.095898	990.17	0.06552	188.42	2582.3	2393.9	0.63853	8.1629	7.5244	1.00993	15263
46	0.100938	989.74	0.06875	192.60	2584.1	2391.5	0.65166	8.1450	7.4933	1.01036	14545
47	0.106205	989.32	0.07212	196.78	2585.9	2389.1	0.66474	8.1271	7.4624	1.01080	13866
48	0.111706	988.88	0.07563	200.96	2587.6	2386.7	0.67778	8.1094	7.4317	1.01124	13222
49	0.117449	988.44	0.07928	205.14	2589.4	2384.3	0.69078	8.0919	7.4011	1.01170	12614
50	0.12344	987.99	0.08308	209.33	2591.2	2381.9	0.70374	8.0745	7.3708	1.01215	12037
51	0.12970	987.54	0.08703	213.51	2593.0	2379.5	0.71666	8.0573	7.3406	1.01262	11490
52	0.13623	987.08	0.09114	217.69	2594.7	2377.0	0.72954	8.0401	7.3106	1.01309	10972
53	0.14303	986.61	0.09541	221.87	2596.5	2374.6	0.74238	8.0232	7.2808	1.01357	10481
54	0.15012	986.13	0.09985	226.06	2598.3	2372.2	0.75518	8.0063	7.2511	1.01406	10015

Tafel 1. Sättigung (Temperatur) (Fortsetzung)

t	p	ϱ_l	ϱ_g	h_l	h_g	r	s_l	s_g	ϕ	$10^3 v_l$	$10^3 v_g$
°C	bar	kg/m³		kJ/kg			kJ/kg K			m³/kg	
55	0.15752	985.65	0.10446	230.24	2600.0	2369.8	0.76795	7.9896	7.2216	1.01455	9573.
56	0.16522	985.17	0.10925	234.42	2601.8	2367.4	0.78067	7.9730	7.1923	1.01505	9153.
57	0.17324	984.68	0.11423	238.60	2603.5	2364.9	0.79336	7.9566	7.1632	1.01556	8754.
58	0.18159	984.18	0.11939	242.79	2605.3	2362.5	0.80600	7.9402	7.1342	1.01608	8376.
59	0.19028	983.67	0.12475	246.97	2607.0	2360.1	0.81862	7.9240	7.1054	1.01660	8016.
60	0.19932	983.16	0.13030	251.15	2608.8	2357.6	0.83119	7.9080	7.0768	1.01712	7674.
61	0.20873	982.65	0.13607	255.34	2610.5	2355.2	0.84373	7.8920	7.0483	1.01766	7349.
62	0.21851	982.13	0.14204	259.52	2612.3	2352.8	0.85622	7.8762	7.0200	1.01820	7040.
63	0.22868	981.60	0.14824	263.71	2614.0	2350.3	0.86869	7.8605	6.9918	1.01875	6746.
64	0.23925	981.07	0.15465	267.89	2615.8	2347.9	0.88112	7.8450	6.9638	1.01930	6466.
65	0.25022	980.53	0.16130	272.08	2617.5	2345.4	0.89351	7.8295	6.9360	1.01986	6200.
66	0.26163	979.98	0.16819	276.26	2619.2	2343.0	0.90586	7.8142	6.9083	1.02043	5946.
67	0.27347	979.43	0.17532	280.45	2620.9	2340.5	0.91819	7.7989	6.8808	1.02100	5704.
68	0.28576	978.88	0.18269	284.63	2622.7	2338.0	0.93047	7.7838	6.8534	1.02158	5474.
69	0.29852	978.32	0.19033	288.82	2624.4	2335.6	0.94272	7.7689	6.8261	1.02216	5254.
70	0.31176	977.75	0.19823	293.01	2626.1	2333.1	0.95494	7.7540	6.7990	1.02276	5044.6
71	0.32549	977.18	0.20640	297.20	2627.8	2330.6	0.96713	7.7392	6.7721	1.02336	4844.9
72	0.33972	976.60	0.21485	301.39	2629.5	2328.1	0.97928	7.7246	6.7453	1.02396	4654.4
73	0.35448	976.02	0.22358	305.58	2631.2	2325.7	0.99139	7.7100	6.7186	1.02457	4472.6
74	0.36978	975.43	0.23261	309.77	2632.9	2323.2	1.00348	7.6956	6.6921	1.02519	4299.0
75	0.38563	974.84	0.24194	313.96	2634.6	2320.7	1.01553	7.6813	6.6657	1.02581	4133.3
76	0.40205	974.24	0.25158	318.15	2636.3	2318.2	1.02754	7.6670	6.6395	1.02644	3975.0
77	0.41905	973.64	0.26153	322.34	2638.0	2315.7	1.03953	7.6529	6.6134	1.02708	3823.7
78	0.43665	973.03	0.27180	326.54	2639.7	2313.2	1.05149	7.6389	6.5874	1.02772	3679.1
79	0.45487	972.41	0.28241	330.73	2641.4	2310.7	1.06341	7.6250	6.5616	1.02837	3541.0
80	0.47373	971.79	0.29336	334.93	2643.1	2308.1	1.07530	7.6112	6.5359	1.02902	3408.8
81	0.49324	971.17	0.30465	339.12	2644.7	2305.6	1.08716	7.5975	6.5103	1.02969	3282.4
82	0.51342	970.54	0.31631	343.32	2646.4	2303.1	1.09899	7.5838	6.4849	1.03035	3161.5
83	0.53428	969.91	0.32832	347.52	2648.1	2300.6	1.11079	7.5703	6.4595	1.03103	3045.8
84	0.55585	969.27	0.34072	351.72	2649.7	2298.0	1.12255	7.5569	6.4344	1.03171	2935.0
85	0.57815	968.62	0.35349	355.92	2651.4	2295.5	1.13429	7.5436	6.4093	1.03239	2828.9
86	0.60119	967.98	0.36666	360.12	2653.1	2292.9	1.14600	7.5304	6.3844	1.03308	2727.3
87	0.62499	967.32	0.38023	364.32	2654.7	2290.4	1.15768	7.5172	6.3595	1.03378	2630.0
88	0.64958	966.66	0.39420	368.52	2656.4	2287.8	1.16932	7.5042	6.3349	1.03449	2536.8
89	0.67496	966.00	0.40860	372.73	2658.0	2285.3	1.18094	7.4912	6.3103	1.03520	2447.4
90	0.70117	965.33	0.42343	376.93	2659.6	2282.7	1.19253	7.4784	6.2858	1.03591	2361.7
91	0.72823	964.66	0.43870	381.14	2661.3	2280.1	1.20409	7.4656	6.2615	1.03664	2279.5
92	0.75614	963.98	0.45441	385.35	2662.9	2277.5	1.21563	7.4529	6.2373	1.03736	2200.7
93	0.78495	963.30	0.47058	389.56	2664.5	2275.0	1.22713	7.4403	6.2132	1.03810	2125.0
94	0.81465	962.61	0.48723	393.77	2666.1	2272.4	1.23861	7.4278	6.1892	1.03884	2052.4
95	0.84529	961.92	0.5043	397.98	2667.7	2269.8	1.25006	7.4154	6.1653	1.03959	1982.8
96	0.87688	961.22	0.5220	402.20	2669.4	2267.2	1.26148	7.4030	6.1416	1.04034	1915.9
97	0.90945	960.52	0.5401	406.41	2671.0	2264.5	1.27287	7.3908	6.1179	1.04110	1851.6
98	0.94301	959.82	0.5587	410.63	2672.5	2261.9	1.28424	7.3786	6.0944	1.04186	1789.9
99	0.97759	959.11	0.5778	414.84	2674.1	2259.3	1.29557	7.3665	6.0709	1.04264	1730.6
100	1.0132	958.39	0.5975	419.06	2675.7	2256.7	1.30689	7.3545	6.0476	1.04341	1673.6
101	1.0499	957.67	0.6177	423.28	2677.3	2254.0	1.31817	7.3426	6.0244	1.04420	1618.9
102	1.0877	956.95	0.6385	427.51	2678.9	2251.4	1.32943	7.3307	6.0013	1.04499	1566.2
103	1.1266	956.22	0.6598	431.73	2680.5	2248.7	1.34066	7.3189	5.9783	1.04578	1515.5
104	1.1667	955.49	0.6817	435.95	2682.0	2246.1	1.35187	7.3072	5.9553	1.04659	1466.8
105	1.2079	954.75	0.7042	440.18	2683.6	2243.4	1.36305	7.2956	5.9325	1.04739	1420.0
106	1.2503	954.01	0.7273	444.41	2685.1	2240.7	1.37420	7.2840	5.9098	1.04821	1374.9
107	1.2939	953.26	0.7511	448.64	2686.7	2238.0	1.38533	7.2726	5.8872	1.04903	1331.4
108	1.3388	952.51	0.7754	452.87	2688.2	2235.3	1.39644	7.2612	5.8647	1.04986	1289.6
109	1.3850	951.75	0.8004	457.10	2689.7	2232.6	1.40751	7.2498	5.8423	1.05069	1249.4

Tafel 1. Sättigung (Temperatur) (Fortsetzung)

t	p	ϱ_l	ϱ_g	h_l	h_g	r	s_l	s_g	ϕ	$10^3 v_l$	$10^3 v_g$
°C	bar	kg/m³		kJ/kg			kJ/kg K			m³/kg	
110	1.4324	951.00	0.8260	461.34	2691.3	2229.9	1.41857	7.2386	5.8200	1.05153	1210.6
111	1.4812	950.23	0.8523	465.57	2692.8	2227.2	1.42960	7.2274	5.7978	1.05238	1173.3
112	1.5313	949.46	0.8793	469.81	2694.3	2224.5	1.44060	7.2163	5.7757	1.05323	1137.3
113	1.5829	948.69	0.9069	474.05	2695.8	2221.8	1.45158	7.2052	5.7536	1.05409	1102.6
114	1.6358	947.91	0.9353	478.29	2697.3	2219.0	1.46253	7.1942	5.7317	1.05495	1069.2
115	1.6902	947.13	0.9643	482.54	2698.8	2216.3	1.47347	7.1833	5.7099	1.05582	1037.0
116	1.7461	946.34	0.9941	486.78	2700.3	2213.5	1.48437	7.1725	5.6881	1.05670	1005.9
117	1.8034	945.55	1.0247	491.03	2701.8	2210.8	1.49526	7.1617	5.6664	1.05758	975.9
118	1.8623	944.76	1.0559	495.28	2703.3	2208.0	1.50612	7.1510	5.6449	1.05847	947.0
119	1.9228	943.96	1.0880	499.53	2704.7	2205.2	1.51695	7.1403	5.6234	1.05937	919.1
120	1.9848	943.16	1.1208	503.78	2706.2	2202.4	1.52776	7.1297	5.6020	1.06027	892.2
121	2.0485	942.35	1.1545	508.03	2707.6	2199.6	1.53855	7.1192	5.5807	1.06118	866.2
122	2.1139	941.54	1.1889	512.29	2709.1	2196.8	1.54932	7.1087	5.5594	1.06210	841.1
123	2.1809	940.72	1.2242	516.55	2710.5	2194.0	1.56006	7.0983	5.5383	1.06302	816.9
124	2.2496	939.90	1.2603	520.81	2712.0	2191.2	1.57078	7.0880	5.5172	1.06395	793.5
125	2.3201	939.07	1.2972	525.07	2713.4	2188.3	1.58148	7.0777	5.4962	1.06488	770.9
126	2.3924	938.24	1.3351	529.33	2714.8	2185.5	1.59216	7.0675	5.4753	1.06582	749.0
127	2.4666	937.41	1.3738	533.60	2716.2	2182.6	1.60281	7.0573	5.4545	1.06677	727.9
128	2.5425	936.57	1.4134	537.86	2717.6	2179.8	1.61344	7.0472	5.4338	1.06772	707.5
129	2.6204	935.73	1.4539	542.13	2719.0	2176.9	1.62405	7.0372	5.4131	1.06869	687.8
130	2.7002	934.88	1.4954	546.41	2720.4	2174.0	1.63464	7.0272	5.3925	1.06965	668.7
131	2.7820	934.03	1.5378	550.68	2721.8	2171.1	1.64521	7.0172	5.3720	1.07063	650.3
132	2.8657	933.18	1.5811	554.96	2723.2	2168.2	1.65575	7.0074	5.3516	1.07161	632.5
133	2.9515	932.32	1.6255	559.23	2724.5	2165.3	1.66628	6.9975	5.3313	1.07260	615.2
134	3.0393	931.45	1.6708	563.52	2725.9	2162.4	1.67678	6.9878	5.3110	1.07359	598.5
135	3.1293	930.59	1.7172	567.80	2727.2	2159.4	1.68726	6.9780	5.2908	1.07459	582.4
136	3.2214	929.71	1.7646	572.08	2728.6	2156.5	1.69772	6.9684	5.2706	1.07560	566.7
137	3.3157	928.84	1.8130	576.37	2729.9	2153.5	1.70816	6.9587	5.2506	1.07661	551.6
138	3.4122	927.96	1.8625	580.66	2731.2	2150.6	1.71858	6.9492	5.2306	1.07764	536.9
139	3.5109	927.07	1.9130	584.95	2732.5	2147.6	1.72898	6.9397	5.2107	1.07866	522.7
140	3.6119	926.18	1.9647	589.24	2733.8	2144.6	1.73936	6.9302	5.1908	1.07970	508.99
141	3.7153	925.29	2.0174	593.54	2735.1	2141.6	1.74972	6.9208	5.1711	1.08074	495.68
142	3.8211	924.39	2.0713	597.84	2736.4	2138.6	1.76006	6.9114	5.1513	1.08179	482.78
143	3.9292	923.49	2.1264	602.14	2737.7	2135.6	1.77038	6.9021	5.1317	1.08285	470.28
144	4.0398	922.58	2.1826	606.44	2739.0	2132.5	1.78068	6.8928	5.1121	1.08391	458.17
145	4.1529	921.67	2.2400	610.75	2740.2	2129.5	1.79096	6.8836	5.0926	1.08498	446.43
146	4.2685	920.76	2.2986	615.06	2741.5	2126.4	1.80122	6.8744	5.0732	1.08606	435.05
147	4.3867	919.84	2.3584	619.37	2742.7	2123.3	1.81146	6.8652	5.0538	1.08715	424.01
148	4.5075	918.92	2.4195	623.68	2743.9	2120.3	1.82169	6.8562	5.0345	1.08824	413.31
149	4.6310	917.99	2.4818	628.00	2745.2	2117.2	1.83189	6.8471	5.0152	1.08934	402.93
150	4.7572	917.06	2.5454	632.32	2746.4	2114.1	1.84208	6.8381	4.9960	1.09044	392.86
151	4.8861	916.12	2.6104	636.64	2747.6	2110.9	1.85224	6.8291	4.9769	1.09156	383.09
152	5.0178	915.18	2.6766	640.96	2748.8	2107.8	1.86239	6.8202	4.9578	1.09268	373.61
153	5.1523	914.24	2.7442	645.29	2750.0	2104.7	1.87252	6.8113	4.9388	1.09381	364.41
154	5.2896	913.29	2.8131	649.62	2751.1	2101.5	1.88263	6.8025	4.9198	1.09495	355.48
155	5.4299	912.33	2.8834	653.95	2752.3	2098.3	1.89273	6.7937	4.9010	1.09609	346.81
156	5.5732	911.38	2.9551	658.28	2753.4	2095.2	1.90280	6.7849	4.8821	1.09724	338.40
157	5.7194	910.41	3.0282	662.62	2754.6	2092.0	1.91286	6.7762	4.8633	1.09840	330.23
158	5.8687	909.45	3.1028	666.96	2755.7	2088.8	1.92290	6.7675	4.8446	1.09957	322.29
159	6.0211	908.48	3.1788	671.30	2756.8	2085.5	1.93292	6.7589	4.8260	1.10074	314.58
160	6.1766	907.50	3.2564	675.65	2758.0	2082.3	1.94293	6.7503	4.8073	1.10193	307.09
161	6.3353	906.52	3.3354	680.00	2759.1	2079.1	1.95292	6.7417	4.7888	1.10312	299.82
162	6.4973	905.54	3.4159	684.35	2760.1	2075.8	1.96289	6.7332	4.7703	1.10432	292.75
163	6.6625	904.55	3.4980	688.71	2761.2	2072.5	1.97284	6.7247	4.7518	1.10552	285.87
164	6.8310	903.56	3.5817	693.07	2762.3	2069.2	1.98278	6.7162	4.7334	1.10674	279.19

Tafel 1. Sättigung (Temperatur) (Fortsetzung)

t	p	ϱ_l	ϱ_g	h_l	h_g	r	s_l	s_g	ϕ	$10^3 v_l$	$10^3 v_g$
°C	bar	kg/m³		kJ/kg			kJ/kg K			m³/kg	
165	7.0029	902.56	3.6670	697.43	2763.3	2065.9	1.99271	6.7078	4.7151	1.10796	272.70
166	7.1783	901.56	3.7539	701.79	2764.4	2062.6	2.00261	6.6994	4.6968	1.10919	266.39
167	7.3570	900.55	3.8424	706.16	2765.4	2059.3	2.01250	6.6910	4.6785	1.11043	260.25
168	7.5394	899.54	3.9326	710.53	2766.4	2055.9	2.02237	6.6827	4.6603	1.11168	254.28
169	7.7252	898.53	4.0245	714.90	2767.5	2052.5	2.03223	6.6744	4.6422	1.11293	248.48
170	7.9147	897.51	4.1181	719.28	2768.5	2049.2	2.04207	6.6662	4.6241	1.11420	242.83
171	8.1078	896.48	4.2135	723.66	2769.4	2045.8	2.05190	6.6579	4.6060	1.11547	237.33
172	8.3047	895.46	4.3106	728.05	2770.4	2042.4	2.06171	6.6498	4.5880	1.11675	231.99
173	8.5053	894.42	4.4095	732.43	2771.4	2038.9	2.07150	6.6416	4.5701	1.11804	226.78
174	8.7098	893.38	4.5102	736.83	2772.3	2035.5	2.08128	6.6335	4.5522	1.11934	221.72
175	8.9180	892.34	4.6127	741.22	2773.3	2032.0	2.09105	6.6254	4.5343	1.12065	216.79
176	9.1303	891.30	4.7172	745.62	2774.2	2028.6	2.10080	6.6173	4.5165	1.12196	211.99
177	9.3464	890.24	4.8235	750.02	2775.1	2025.1	2.11054	6.6092	4.4987	1.12329	207.32
178	9.5666	889.19	4.9317	754.43	2776.0	2021.6	2.12026	6.6012	4.4810	1.12462	202.77
179	9.7909	888.13	5.0418	758.84	2776.9	2018.1	2.12996	6.5932	4.4633	1.12596	198.34
180	10.019	887.06	5.154	763.25	2777.8	2014.5	2.13966	6.5853	4.4456	1.12732	194.03
181	10.252	885.99	5.268	767.67	2778.6	2011.0	2.14934	6.5774	4.4280	1.12868	189.82
182	10.489	884.92	5.384	772.09	2779.5	2007.4	2.15900	6.5694	4.4104	1.13005	185.73
183	10.730	883.84	5.502	776.51	2780.3	2003.8	2.16865	6.5616	4.3929	1.13143	181.74
184	10.975	882.75	5.623	780.94	2781.2	2000.2	2.17829	6.5537	4.3754	1.13282	177.85
185	11.225	881.67	5.745	785.37	2782.0	1996.6	2.18791	6.5459	4.3580	1.13422	174.06
186	11.479	880.57	5.870	789.81	2782.8	1993.0	2.19752	6.5381	4.3406	1.13563	170.37
187	11.738	879.47	5.996	794.25	2783.6	1989.3	2.20712	6.5303	4.3232	1.13704	166.77
188	12.001	878.37	6.125	798.69	2784.3	1985.6	2.21670	6.5226	4.3059	1.13847	163.26
189	12.269	877.26	6.256	803.14	2785.1	1982.0	2.22628	6.5148	4.2886	1.13991	159.84
190	12.542	876.15	6.390	807.60	2785.8	1978.2	2.23583	6.5071	4.2713	1.14136	156.50
191	12.819	875.03	6.525	812.06	2786.6	1974.5	2.24538	6.4994	4.2541	1.14282	153.25
192	13.101	873.91	6.663	816.52	2787.3	1970.8	2.25491	6.4918	4.2369	1.14429	150.08
193	13.388	872.78	6.804	820.98	2788.0	1967.0	2.26444	6.4841	4.2197	1.14576	146.98
194	13.680	871.65	6.946	825.46	2788.7	1963.2	2.27395	6.4765	4.2026	1.14725	143.96
195	13.976	870.51	7.091	829.93	2789.4	1959.4	2.28344	6.4689	4.1855	1.14875	141.02
196	14.278	869.37	7.239	834.41	2790.0	1955.6	2.29293	6.4613	4.1684	1.15026	138.14
197	14.585	868.22	7.389	838.90	2790.7	1951.8	2.30241	6.4538	4.1514	1.15178	135.34
198	14.897	867.07	7.541	843.39	2791.3	1947.9	2.31187	6.4463	4.1344	1.15332	132.60
199	15.214	865.91	7.697	847.88	2791.9	1944.0	2.32132	6.4387	4.1174	1.15486	129.93
200	15.537	864.74	7.854	852.38	2792.5	1940.1	2.33076	6.4312	4.1005	1.15641	127.32
201	15.864	863.57	8.014	856.89	2793.1	1936.2	2.34019	6.4238	4.0836	1.15798	124.77
202	16.197	862.40	8.177	861.40	2793.7	1932.3	2.34961	6.4163	4.0667	1.15955	122.29
203	16.536	861.22	8.343	865.91	2794.2	1928.3	2.35902	6.4089	4.0498	1.16114	119.86
204	16.880	860.04	8.511	870.43	2794.8	1924.4	2.36842	6.4014	4.0330	1.16274	117.49
205	17.229	858.85	8.682	874.96	2795.3	1920.4	2.37781	6.3940	4.0162	1.16435	115.17
206	17.584	857.65	8.856	879.49	2795.8	1916.3	2.38719	6.3866	3.9994	1.16597	112.91
207	17.945	856.45	9.033	884.02	2796.3	1912.3	2.39656	6.3793	3.9827	1.16761	110.70
208	18.311	855.25	9.213	888.56	2796.8	1908.2	2.40591	6.3719	3.9660	1.16925	108.55
209	18.684	854.03	9.395	893.11	2797.3	1904.1	2.41526	6.3646	3.9493	1.17091	106.44
210	19.062	852.82	9.581	897.66	2797.7	1900.0	2.42460	6.3572	3.9326	1.17258	104.38
211	19.446	851.59	9.769	902.22	2798.1	1895.9	2.43393	6.3499	3.9160	1.17427	102.36
212	19.836	850.37	9.961	906.78	2798.6	1891.8	2.44326	6.3426	3.8993	1.17596	100.40
213	20.232	849.13	10.155	911.35	2798.9	1887.6	2.45257	6.3353	3.8827	1.17767	98.47
214	20.634	847.89	10.353	915.93	2799.3	1883.4	2.46187	6.3280	3.8662	1.17939	96.59
215	21.042	846.65	10.554	920.51	2799.7	1879.2	2.47117	6.3208	3.8496	1.18113	94.75
216	21.457	845.40	10.758	925.10	2800.0	1874.9	2.48046	6.3135	3.8331	1.18288	92.96
217	21.878	844.14	10.965	929.69	2800.4	1870.7	2.48974	6.3063	3.8166	1.18464	91.20
218	22.305	842.88	11.176	934.29	2800.7	1866.4	2.49901	6.2991	3.8001	1.18641	89.48
219	22.738	841.61	11.389	938.90	2801.0	1862.1	2.50827	6.2919	3.7836	1.18820	87.80

Tafel 1. Sättigung (Temperatur) (Fortsetzung)

t	p	ϱ_l	ϱ_g	h_l	h_g	r	s_l	s_g	ϕ	$10^3 v_l$	$10^3 v_g$
°C	bar	kg/m^3		kJ/kg			kJ/kg K			m^3/kg	
220	23.178	840.34	11.607	943.51	2801.3	1857.8	2.51753	6.2847	3.7671	1.19000	86.16
221	23.625	839.06	11.827	948.13	2801.5	1853.4	2.52678	6.2775	3.7507	1.19182	84.55
222	24.078	837.77	12.052	952.75	2801.8	1849.0	2.53602	6.2703	3.7343	1.19365	82.98
223	24.538	836.48	12.279	957.38	2802.0	1844.6	2.54525	6.2631	3.7179	1.19549	81.44
224	25.005	835.18	12.511	962.02	2802.2	1840.2	2.55448	6.2559	3.7015	1.19735	79.93
225	25.479	833.87	12.745	966.67	2802.4	1835.7	2.56370	6.2488	3.6851	1.19922	78.46
226	25.959	832.56	12.984	971.32	2802.6	1831.2	2.57292	6.2416	3.6687	1.20111	77.02
227	26.446	831.25	13.226	975.98	2802.7	1826.7	2.58212	6.2345	3.6524	1.20301	75.61
228	26.941	829.92	13.472	980.65	2802.9	1822.2	2.59133	6.2274	3.6361	1.20493	74.23
229	27.442	828.59	13.722	985.32	2803.0	1817.7	2.60052	6.2203	3.6197	1.20687	72.88
230	27.951	827.25	13.976	990.00	2803.1	1813.1	2.60971	6.2131	3.6034	1.20882	71.55
231	28.467	825.91	14.233	994.69	2803.1	1808.5	2.61890	6.2060	3.5871	1.21078	70.26
232	28.990	824.56	14.495	999.39	2803.2	1803.8	2.62808	6.1989	3.5709	1.21276	68.99
233	29.521	823.21	14.761	1004.09	2803.2	1799.2	2.63725	6.1918	3.5546	1.21476	67.75
234	30.059	821.84	15.031	1008.80	2803.3	1794.5	2.64642	6.1847	3.5383	1.21678	66.53
235	30.604	820.47	15.304	1013.52	2803.3	1789.7	2.65559	6.1777	3.5221	1.21881	65.34
236	31.157	819.10	15.583	1018.25	2803.2	1785.0	2.66475	6.1706	3.5058	1.22086	64.17
237	31.718	817.71	15.865	1022.98	2803.2	1780.2	2.67390	6.1635	3.4896	1.22292	63.03
238	32.286	816.32	16.152	1027.72	2803.1	1775.4	2.68306	6.1564	3.4734	1.22500	61.91
239	32.863	814.93	16.443	1032.48	2803.1	1770.6	2.69220	6.1494	3.4572	1.22710	60.82
240	33.447	813.52	16.739	1037.24	2803.0	1765.7	2.70135	6.1423	3.4409	1.22922	59.74
241	34.039	812.11	17.039	1042.00	2802.8	1760.8	2.71049	6.1352	3.4247	1.23136	58.69
242	34.639	810.69	17.344	1046.78	2802.7	1755.9	2.71963	6.1282	3.4085	1.23351	57.66
243	35.247	809.27	17.653	1051.57	2802.5	1751.0	2.72876	6.1211	3.3923	1.23569	56.65
244	35.863	807.83	17.967	1056.36	2802.3	1746.0	2.73789	6.1140	3.3761	1.23788	55.66
245	36.488	806.39	18.286	1061.16	2802.1	1741.0	2.74702	6.1070	3.3600	1.24009	54.69
246	37.121	804.94	18.610	1065.98	2801.9	1735.9	2.75615	6.0999	3.3438	1.24232	53.73
247	37.762	803.49	18.939	1070.80	2801.6	1730.8	2.76528	6.0929	3.3276	1.24458	52.80
248	38.412	802.02	19.273	1075.63	2801.4	1725.7	2.77440	6.0858	3.3114	1.24685	51.89
249	39.070	800.55	19.612	1080.47	2801.1	1720.6	2.78352	6.0787	3.2952	1.24914	50.99
250	39.737	799.07	19.956	1085.32	2800.7	1715.4	2.79264	6.0717	3.2790	1.25145	50.111
251	40.412	797.58	20.305	1090.18	2800.4	1710.2	2.80176	6.0646	3.2629	1.25379	49.248
252	41.096	796.09	20.660	1095.05	2800.0	1705.0	2.81088	6.0575	3.2467	1.25614	48.403
253	41.789	794.59	21.020	1099.93	2799.6	1699.7	2.82000	6.0505	3.2305	1.25852	47.573
254	42.491	793.07	21.386	1104.82	2799.2	1694.4	2.82911	6.0434	3.2143	1.26092	46.760
255	43.202	791.55	21.757	1109.72	2798.8	1689.1	2.83823	6.0363	3.1981	1.26334	45.962
256	43.922	790.03	22.134	1114.63	2798.3	1683.7	2.84735	6.0292	3.1819	1.26578	45.180
257	44.651	788.49	22.517	1119.55	2797.8	1678.3	2.85646	6.0222	3.1657	1.26825	44.412
258	45.390	786.94	22.905	1124.48	2797.3	1672.8	2.86558	6.0151	3.1495	1.27074	43.658
259	46.137	785.39	23.300	1129.43	2796.8	1667.4	2.87470	6.0080	3.1333	1.27325	42.919
260	46.895	783.83	23.700	1134.38	2796.2	1661.9	2.88382	6.0009	3.1170	1.27579	42.194
261	47.661	782.25	24.107	1139.34	2795.6	1656.3	2.89294	5.9938	3.1008	1.27836	41.482
262	48.437	780.67	24.520	1144.32	2795.0	1650.7	2.90206	5.9866	3.0846	1.28095	40.783
263	49.223	779.08	24.939	1149.31	2794.4	1645.1	2.91119	5.9795	3.0683	1.28356	40.098
264	50.018	777.48	25.365	1154.31	2793.7	1639.4	2.92031	5.9724	3.0521	1.28620	39.424
265	50.823	775.87	25.797	1159.32	2793.0	1633.7	2.92944	5.9652	3.0358	1.28887	38.764
266	51.638	774.25	26.236	1164.35	2792.3	1628.0	2.93858	5.9581	3.0195	1.29156	38.115
267	52.463	772.63	26.682	1169.38	2791.6	1622.2	2.94771	5.9509	3.0032	1.29429	37.478
268	53.298	770.99	27.135	1174.43	2790.8	1616.3	2.95685	5.9437	2.9869	1.29704	36.853
269	54.143	769.34	27.595	1179.49	2790.0	1610.5	2.96599	5.9365	2.9705	1.29981	36.239
270	54.999	767.68	28.061	1184.57	2789.1	1604.6	2.97514	5.9293	2.9542	1.30262	35.636
271	55.864	766.01	28.536	1189.66	2788.3	1598.6	2.98429	5.9221	2.9378	1.30546	35.044
272	56.740	764.34	29.017	1194.76	2787.4	1592.6	2.99345	5.9149	2.9215	1.30833	34.462
273	57.627	762.65	29.506	1199.87	2786.5	1586.6	3.00261	5.9077	2.9051	1.31122	33.891
274	58.524	760.95	30.003	1205.00	2785.5	1580.5	3.01178	5.9004	2.8886	1.31415	33.330

Tafel 1. Sättigung (Temperatur) (Fortsetzung)

t °C	p bar	ϱ_l kg/m³	ϱ_g kg/m³	h_l kJ/kg	h_g kJ/kg	r kJ/kg	s_l kJ/kg K	s_g kJ/kg K	ϕ kJ/kg K	$10^3 v_l$ m³/kg	$10^3 v_g$ m³/kg
275	59.431	759.24	30.507	1210.15	2784.5	1574.4	3.02095	5.8931	2.8722	1.31711	32.779
276	60.350	757.52	31.020	1215.30	2783.5	1568.2	3.03013	5.8859	2.8557	1.32011	32.237
277	61.279	755.78	31.541	1220.47	2782.5	1562.0	3.03931	5.8786	2.8392	1.32313	31.705
278	62.219	754.04	32.069	1225.66	2781.4	1555.8	3.04850	5.8712	2.8227	1.32619	31.182
279	63.170	752.28	32.607	1230.86	2780.3	1549.4	3.05770	5.8639	2.8062	1.32929	30.669
280	64.132	750.52	33.152	1236.08	2779.2	1543.1	3.06691	5.8565	2.7896	1.33242	30.164
281	65.105	748.74	33.707	1241.31	2778.0	1536.7	3.07613	5.8492	2.7730	1.33558	29.668
282	66.089	746.95	34.270	1246.56	2776.8	1530.2	3.08535	5.8418	2.7564	1.33878	29.180
283	67.085	745.14	34.843	1251.82	2775.5	1523.7	3.09458	5.8344	2.7398	1.34202	28.701
284	68.092	743.33	35.424	1257.10	2774.3	1517.2	3.10382	5.8269	2.7231	1.34530	28.229
285	69.111	741.50	36.015	1262.40	2773.0	1510.6	3.11308	5.8195	2.7064	1.34862	27.766
286	70.141	739.66	36.616	1267.71	2771.6	1503.9	3.12234	5.8120	2.6896	1.35197	27.310
287	71.183	737.81	37.226	1273.04	2770.2	1497.2	3.13161	5.8045	2.6729	1.35537	26.863
288	72.237	735.94	37.847	1278.39	2768.8	1490.4	3.14089	5.7969	2.6560	1.35881	26.422
289	73.303	734.06	38.478	1283.75	2767.4	1483.6	3.15019	5.7894	2.6392	1.36229	25.989
290	74.380	732.16	39.119	1289.14	2765.9	1476.7	3.15950	5.7818	2.6223	1.36581	25.563
291	75.470	730.26	39.770	1294.54	2764.3	1469.8	3.16882	5.7742	2.6054	1.36938	25.144
292	76.572	728.33	40.433	1299.96	2762.8	1462.8	3.17815	5.7665	2.5884	1.37300	24.732
293	77.686	726.40	41.106	1305.40	2761.2	1455.8	3.18750	5.7589	2.5714	1.37666	24.327
294	78.813	724.45	41.791	1310.86	2759.5	1448.7	3.19686	5.7511	2.5543	1.38037	23.928
295	79.952	722.48	42.488	1316.34	2757.8	1441.5	3.20623	5.7434	2.5372	1.38412	23.536
296	81.103	720.50	43.196	1321.84	2756.1	1434.3	3.21563	5.7356	2.5200	1.38793	23.150
297	82.268	718.50	43.917	1327.36	2754.3	1427.0	3.22503	5.7278	2.5028	1.39179	22.770
298	83.445	716.49	44.650	1332.90	2752.5	1419.6	3.23446	5.7200	2.4855	1.39570	22.397
299	84.635	714.46	45.395	1338.47	2750.7	1412.2	3.24390	5.7121	2.4682	1.39967	22.029
300	85.838	712.41	46.154	1344.05	2748.7	1404.7	3.25336	5.7042	2.4508	1.40369	21.667
301	87.054	710.35	46.926	1349.66	2746.8	1397.1	3.26284	5.6962	2.4334	1.40777	21.310
302	88.283	708.27	47.711	1355.29	2744.8	1389.5	3.27233	5.6882	2.4159	1.41190	20.960
303	89.526	706.17	48.510	1360.95	2742.8	1381.8	3.28185	5.6802	2.3983	1.41610	20.614
304	90.782	704.05	49.324	1366.63	2740.7	1374.0	3.29139	5.6721	2.3807	1.42035	20.274
305	92.051	701.92	50.15	1372.33	2738.5	1366.2	3.30095	5.6640	2.3630	1.42467	19.940
306	93.334	699.76	51.00	1378.06	2736.3	1358.3	3.31053	5.6558	2.3453	1.42906	19.610
307	94.631	697.59	51.85	1383.81	2734.1	1350.3	3.32014	5.6476	2.3275	1.43351	19.285
308	95.942	695.40	52.73	1389.59	2731.8	1342.2	3.32977	5.6393	2.3096	1.43803	18.966
309	97.267	693.18	53.62	1395.40	2729.4	1334.0	3.33943	5.6310	2.2916	1.44262	18.651
310	98.605	690.95	54.52	1401.23	2727.0	1325.8	3.34911	5.6226	2.2735	1.44728	18.340
311	99.958	688.70	55.45	1407.10	2724.6	1317.5	3.35882	5.6142	2.2554	1.45202	18.035
312	101.326	686.42	56.39	1412.99	2722.1	1309.1	3.36856	5.6057	2.2372	1.45683	17.734
313	102.707	684.12	57.35	1418.91	2719.5	1300.6	3.37832	5.5972	2.2189	1.46173	17.437
314	104.104	681.80	58.33	1424.86	2716.9	1292.0	3.38812	5.5886	2.2005	1.46670	17.145
315	105.51	679.46	59.32	1430.84	2714.2	1283.3	3.39795	5.5799	2.1820	1.47176	16.856
316	106.94	677.09	60.34	1436.86	2711.4	1274.6	3.40781	5.5712	2.1634	1.47691	16.572
317	108.38	674.70	61.38	1442.90	2708.6	1265.7	3.41770	5.5624	2.1447	1.48215	16.293
318	109.84	672.28	62.44	1448.99	2705.7	1256.7	3.42763	5.5535	2.1259	1.48748	16.017
319	111.31	669.83	63.51	1455.10	2702.8	1247.6	3.43760	5.5446	2.1070	1.49291	15.745
320	112.79	667.36	64.62	1461.25	2699.7	1238.5	3.44760	5.5356	2.0880	1.49843	15.476
321	114.29	664.87	65.74	1467.44	2696.6	1229.2	3.45765	5.5265	2.0688	1.50406	15.212
322	115.81	662.34	66.89	1473.67	2693.5	1219.8	3.46773	5.5173	2.0496	1.50980	14.951
323	117.34	659.78	68.06	1479.93	2690.2	1210.3	3.47786	5.5081	2.0302	1.51565	14.693
324	118.89	657.20	69.26	1486.24	2686.9	1200.7	3.48803	5.4987	2.0107	1.52161	14.439
325	120.46	654.58	70.48	1492.58	2683.5	1190.9	3.49825	5.4893	1.9911	1.52769	14.189
326	122.04	651.93	71.73	1498.97	2680.1	1181.1	3.50852	5.4798	1.9713	1.53390	13.942
327	123.64	649.25	73.00	1505.40	2676.5	1171.1	3.51884	5.4702	1.9513	1.54024	13.698
328	125.25	646.53	74.31	1511.88	2672.9	1161.0	3.52921	5.4605	1.9313	1.54671	13.457
329	126.88	643.78	75.65	1518.41	2669.1	1150.7	3.53963	5.4506	1.9110	1.55332	13.219

Tafel 1. Sättigung (Temperatur) (Fortsetzung)

t	p	ϱ_l	ϱ_g	h_l	h_g	r	s_l	s_g	ϕ	$10^3 v_l$	$10^3 v_g$
°C	bar	kg/m³		kJ/kg			kJ/kg K			m³/kg	
330	128.52	641.0	77.01	1525.0	2665.3	1140.3	3.5501	5.4407	1.8906	1.5601	12.985
331	130.19	638.2	78.41	1531.6	2661.4	1129.8	3.5607	5.4307	1.8700	1.5670	12.753
332	131.87	635.3	79.84	1538.3	2657.4	1119.1	3.5713	5.4205	1.8493	1.5740	12.524
333	133.57	632.4	81.31	1545.0	2653.3	1108.3	3.5819	5.4103	1.8283	1.5813	12.298
334	135.28	629.5	82.82	1551.8	2649.0	1097.2	3.5927	5.3999	1.8072	1.5887	12.075
335	137.01	626.5	84.36	1558.6	2644.7	1086.1	3.6035	5.3894	1.7859	1.5963	11.854
336	138.76	623.4	85.94	1565.5	2640.3	1074.7	3.6144	5.3787	1.7643	1.6040	11.636
337	140.53	620.3	87.56	1572.5	2635.7	1063.2	3.6253	5.3679	1.7426	1.6120	11.421
338	142.32	617.2	89.22	1579.5	2631.1	1051.5	3.6364	5.3569	1.7205	1.6202	11.208
339	144.12	614.0	90.93	1586.7	2626.3	1039.6	3.6475	5.3458	1.6983	1.6286	10.997
340	145.94	610.8	92.69	1593.8	2621.3	1027.5	3.6587	5.3345	1.6758	1.6373	10.788
341	147.78	607.5	94.50	1601.1	2616.3	1015.2	3.6701	5.3231	1.6530	1.6462	10.582
342	149.64	604.1	96.36	1608.4	2611.1	1002.7	3.6815	5.3114	1.6299	1.6553	10.378
343	151.52	600.7	98.27	1615.8	2605.7	989.9	3.6930	5.2996	1.6066	1.6647	10.176
344	153.42	597.2	100.24	1623.3	2600.2	976.9	3.7047	5.2876	1.5829	1.6745	9.976
345	155.33	593.7	102.27	1630.9	2594.5	963.6	3.7164	5.2753	1.5589	1.6845	9.778
346	157.27	590.0	104.37	1638.6	2588.7	950.1	3.7283	5.2629	1.5345	1.6948	9.581
347	159.22	586.3	106.53	1646.4	2582.7	936.3	3.7404	5.2502	1.5098	1.7056	9.387
348	161.20	582.5	108.77	1654.3	2576.5	922.2	3.7526	5.2372	1.4847	1.7166	9.194
349	163.20	578.7	111.08	1662.3	2570.1	907.8	3.7649	5.2240	1.4591	1.7281	9.002
350	165.21	574.7	113.48	1670.4	2563.5	893.0	3.7774	5.2105	1.4331	1.7401	8.812
351	167.25	570.6	115.96	1678.7	2556.6	877.9	3.7901	5.1967	1.4066	1.7525	8.623
352	169.31	566.4	118.54	1687.1	2549.6	862.4	3.8030	5.1825	1.3796	1.7654	8.436
353	171.38	562.2	121.22	1695.7	2542.2	846.6	3.8161	5.1681	1.3520	1.7788	8.249
354	173.48	557.8	124.01	1704.4	2534.6	830.2	3.8294	5.1532	1.3238	1.7929	8.064
355	175.61	553.2	126.92	1713.3	2526.7	813.5	3.8429	5.1379	1.2950	1.8076	7.879
356	177.75	548.5	129.95	1722.4	2518.5	796.2	3.8568	5.1222	1.2655	1.8230	7.695
357	179.92	543.7	133.13	1731.7	2510.0	778.3	3.8709	5.1060	1.2352	1.8392	7.512
358	182.11	538.7	136.46	1741.2	2501.1	759.9	3.8853	5.0893	1.2040	1.8563	7.328
359	184.32	533.5	139.96	1750.9	2491.8	740.8	3.9001	5.0721	1.1719	1.8744	7.145
360	186.55	528.1	143.65	1761.0	2482.0	721.1	3.9153	5.0542	1.1388	1.8936	6.962
361	188.81	522.5	147.54	1771.3	2471.8	700.5	3.9310	5.0355	1.1046	1.9140	6.778
362	191.10	516.6	151.68	1782.0	2461.0	679.0	3.9471	5.0161	1.0690	1.9358	6.593
363	193.40	510.4	156.08	1793.1	2449.6	656.5	3.9638	4.9958	1.0320	1.9592	6.407
364	195.74	503.9	160.80	1804.6	2437.5	632.9	3.9812	4.9745	0.9933	1.9845	6.219
365.0	198.09	497.0	165.88	1816.7	2424.6	607.9	3.9994	4.9520	0.9526	2.0120	6.028
365.5	199.28	493.4	168.58	1822.9	2417.8	594.8	4.0088	4.9402	0.9314	2.0268	5.932
366.0	200.48	489.7	171.39	1829.3	2410.7	581.3	4.0185	4.9280	0.9096	2.0422	5.835
366.5	201.68	485.8	174.33	1835.9	2403.3	567.4	4.0284	4.9155	0.8870	2.0585	5.736
367.0	202.89	481.8	177.42	1842.7	2395.6	552.9	4.0387	4.9024	0.8637	2.0757	5.636
367.5	204.11	477.6	180.67	1849.8	2387.6	537.8	4.0493	4.8888	0.8395	2.0939	5.535
368.0	205.33	473.2	184.11	1857.1	2379.2	522.1	4.0602	4.8746	0.8143	2.1133	5.432
368.5	206.56	468.6	187.75	1864.7	2370.3	505.6	4.0717	4.8597	0.7880	2.1340	5.326
369.0	207.80	463.8	191.63	1872.6	2360.9	488.3	4.0836	4.8440	0.7604	2.1563	5.218
369.5	209.05	458.6	195.79	1880.9	2350.9	470.0	4.0962	4.8274	0.7313	2.1804	5.107
370.0	210.30	453.1	200.29	1889.7	2340.2	450.4	4.1094	4.8098	0.7003	2.2068	4.993
370.5	211.56	447.2	205.21	1899.1	2328.5	429.4	4.1236	4.7907	0.6671	2.2361	4.873
371.0	212.83	440.7	210.64	1909.3	2315.8	406.5	4.1389	4.7700	0.6311	2.2689	4.747
371.5	214.11	433.5	216.74	1920.5	2301.6	381.2	4.1558	4.7471	0.5913	2.3067	4.614
372.0	215.39	425.3	223.74	1933.0	2285.5	352.5	4.1748	4.7212	0.5464	2.3515	4.469
372.5	216.69	415	232	1948	2267	319	4.197	4.691	.494	2.41	4.31
373.0	217.99	402	243	1967	2243	276	4.226	4.654	.428	2.49	4.12
373.5	219.30	385	259	1992	2208	216	4.264	4.598	.334	2.60	3.86
373.976	220.55	322		2086		0	4.409		0	3.11	

Tafel 2. Sättigung (Druck)

p	t	ϱ_l	ϱ_g	h_l	h_g	r	s_l	s_g	ϕ	$10^3 v_l$	$10^3 v_g$
bar	°C	kg/m³		kJ/kg			kJ/kg K			m³/kg	
0.0061173	**0.010**	**999.78**	**0.004855**	**0.00**	**2500.5**	**2500.5**	**0**	**9.1541**	**9.1541**	**1.00022**	**205990.**
0.007	**1.880**	**999.89**	**0.005518**	**7.89**	**2504.0**	**2496.1**	**0.02880**	**9.1045**	**9.0757**	**1.00011**	**181240.**
0.008	**3.761**	**999.94**	**0.006263**	**15.81**	**2507.4**	**2491.6**	**0.05749**	**9.0554**	**8.9979**	**1.00006**	**159660.**
0.009	**5.444**	**999.94**	**0.007004**	**22.89**	**2510.5**	**2487.6**	**0.08296**	**9.0122**	**8.9293**	**1.00006**	**142770.**
0.010	**6.970**	**999.89**	**0.007740**	**29.29**	**2513.3**	**2484.0**	**0.10587**	**8.9737**	**8.8678**	**1.00011**	**129190.**
0.012	**9.655**	**999.72**	**0.009201**	**40.54**	**2518.3**	**2477.7**	**0.14585**	**8.9071**	**8.7612**	**1.00028**	**108680.**
0.014	**11.970**	**999.49**	**0.010648**	**50.24**	**2522.5**	**2472.3**	**0.18000**	**8.8509**	**8.6709**	**1.00051**	**93910.**
0.016	**14.012**	**999.24**	**0.012084**	**58.78**	**2526.2**	**2467.5**	**0.20986**	**8.8024**	**8.5926**	**1.00077**	**82750.**
0.018	**15.840**	**998.96**	**0.013509**	**66.43**	**2529.6**	**2463.1**	**0.23641**	**8.7597**	**8.5233**	**1.00104**	**74020.**
0.020	**17.497**	**998.67**	**0.014926**	**73.37**	**2532.6**	**2459.2**	**0.26034**	**8.7216**	**8.4612**	**1.00133**	**67000.**
0.025	**21.080**	**997.96**	**0.018433**	**88.36**	**2539.1**	**2450.8**	**0.31160**	**8.6411**	**8.3295**	**1.00205**	**54249.**
0.030	**24.083**	**997.25**	**0.021900**	**100.92**	**2544.6**	**2443.7**	**0.35408**	**8.5755**	**8.2214**	**1.00276**	**45661.**
0.035	**26.677**	**996.57**	**0.025333**	**111.77**	**2549.3**	**2437.5**	**0.39042**	**8.5203**	**8.1298**	**1.00344**	**39474.**
0.040	**28.966**	**995.92**	**0.028737**	**121.35**	**2553.5**	**2432.1**	**0.42224**	**8.4725**	**8.0503**	**1.00410**	**34798.**
0.045	**31.018**	**995.30**	**0.032116**	**129.93**	**2557.2**	**2427.3**	**0.45056**	**8.4305**	**7.9800**	**1.00472**	**31137.**
0.050	**32.881**	**994.70**	**0.035472**	**137.72**	**2560.5**	**2422.8**	**0.47610**	**8.3930**	**7.9169**	**1.00533**	**28191.**
0.055	**34.589**	**994.13**	**0.038808**	**144.87**	**2563.6**	**2418.8**	**0.49938**	**8.3592**	**7.8598**	**1.00590**	**25768.**
0.060	**36.167**	**993.58**	**0.042126**	**151.47**	**2566.5**	**2415.0**	**0.52077**	**8.3283**	**7.8075**	**1.00646**	**23738.**
0.065	**37.635**	**993.05**	**0.045426**	**157.61**	**2569.1**	**2411.5**	**0.54058**	**8.3000**	**7.7594**	**1.00700**	**22014.**
0.070	**39.008**	**992.55**	**0.048712**	**163.35**	**2571.6**	**2408.2**	**0.55902**	**8.2738**	**7.7148**	**1.00751**	**20529.**
0.075	**40.299**	**992.05**	**0.051982**	**168.76**	**2573.9**	**2405.1**	**0.57628**	**8.2494**	**7.6731**	**1.00801**	**19237.**
0.080	**41.518**	**991.58**	**0.05524**	**173.85**	**2576.1**	**2402.2**	**0.59251**	**8.2267**	**7.6342**	**1.00849**	**18103.**
0.085	**42.673**	**991.12**	**0.05848**	**178.68**	**2578.1**	**2399.5**	**0.60783**	**8.2053**	**7.5975**	**1.00896**	**17099.**
0.090	**43.771**	**990.67**	**0.06172**	**183.27**	**2580.1**	**2396.8**	**0.62234**	**8.1852**	**7.5629**	**1.00941**	**16203.**
0.095	**44.817**	**990.24**	**0.06494**	**187.65**	**2582.0**	**2394.3**	**0.63613**	**8.1662**	**7.5301**	**1.00985**	**15399.**
0.100	**45.817**	**989.82**	**0.06815**	**191.83**	**2583.8**	**2391.9**	**0.64926**	**8.1482**	**7.4990**	**1.01028**	**14674.**
0.11	**47.695**	**989.01**	**0.07454**	**199.69**	**2587.1**	**2387.4**	**0.67380**	**8.1148**	**7.4410**	**1.01111**	**13415.**
0.12	**49.431**	**988.25**	**0.08090**	**206.95**	**2590.2**	**2383.2**	**0.69637**	**8.0844**	**7.3880**	**1.01189**	**12361.**
0.13	**51.047**	**987.52**	**0.08722**	**213.71**	**2593.0**	**2379.3**	**0.71726**	**8.0564**	**7.3392**	**1.01264**	**11465.**
0.14	**52.560**	**986.81**	**0.09351**	**220.03**	**2595.7**	**2375.7**	**0.73673**	**8.0306**	**7.2939**	**1.01336**	**10694.**
0.15	**53.983**	**986.14**	**0.09977**	**225.98**	**2598.2**	**2372.2**	**0.75496**	**8.0066**	**7.2516**	**1.01405**	**10023.**
0.16	55.327	985.50	0.10601	231.61	2600.6	2369.0	0.77211	7.9842	7.2120	1.01472	9433.
0.17	56.601	984.87	0.11222	236.94	2602.8	2365.9	0.78830	7.9631	7.1748	1.01536	8911.
0.18	57.813	984.27	0.11841	242.00	2605.0	2363.0	0.80364	7.9433	7.1396	1.01598	8445.
0.19	58.969	983.69	0.12458	246.84	2607.0	2360.1	0.81822	7.9246	7.1063	1.01658	8027.
0.20	60.073	983.13	0.13072	251.46	2608.9	2357.5	0.83211	7.9068	7.0747	1.01716	7650.
0.25	64.980	980.54	0.16117	271.99	2617.4	2345.5	0.89326	7.8298	6.9366	1.01985	6204.8
0.30	69.114	978.25	0.19121	289.30	2624.6	2335.3	0.94411	7.7672	6.8231	1.02223	5229.8
0.35	72.700	976.19	0.22094	304.32	2630.7	2326.4	0.98776	7.7144	6.7266	1.02439	4526.2
0.40	75.877	974.31	0.25038	317.63	2636.1	2318.5	1.02607	7.6688	6.6427	1.02636	3994.0
0.45	78.736	972.58	0.27957	329.62	2640.9	2311.3	1.06026	7.6287	6.5684	1.02820	3576.9
0.50	81.339	970.96	0.30856	340.54	2645.3	2304.8	1.09117	7.5928	6.5017	1.02991	3240.9
0.55	83.732	969.44	0.33736	350.59	2649.3	2298.7	1.11940	7.5605	6.4411	1.03152	2964.2
0.60	85.949	968.01	0.36598	359.90	2653.0	2293.1	1.14540	7.5310	6.3856	1.03305	2732.4
0.65	88.017	966.65	0.39445	368.60	2656.4	2287.8	1.16952	7.5040	6.3344	1.03450	2535.2
0.70	89.956	965.36	0.42276	376.75	2659.6	2282.8	1.19202	7.4789	6.2869	1.03588	2365.4
0.75	91.783	964.13	0.45096	384.43	2662.5	2278.1	1.21312	7.4557	6.2425	1.03720	2217.5
0.80	93.511	962.95	0.47902	391.71	2665.3	2273.6	1.23300	7.4339	6.2009	1.03848	2087.6
0.85	95.151	961.82	0.50697	398.62	2668.0	2269.4	1.25178	7.4135	6.1617	1.03970	1972.5
0.90	96.713	960.73	0.53482	405.20	2670.5	2265.3	1.26960	7.3943	6.1247	1.04088	1869.8
0.95	98.205	959.67	0.56256	411.49	2672.9	2261.4	1.28656	7.3761	6.0896	1.04202	1777.6
1.0	99.632	958.66	0.5902	417.51	2675.1	2257.6	1.30273	7.3589	6.0562	1.04313	1694.3
1.1	102.319	956.72	0.6452	428.85	2679.4	2250.5	1.33302	7.3269	5.9939	1.04524	1549.8
1.2	104.811	954.89	0.6999	439.38	2683.3	2243.9	1.36094	7.2978	5.9368	1.04724	1428.7
1.3	107.137	953.16	0.7544	449.22	2686.9	2237.7	1.38686	7.2710	5.8841	1.04914	1325.6
1.4	109.320	951.51	0.8085	458.46	2690.2	2231.8	1.41106	7.2462	5.8352	1.05096	1236.8

Tafel 2. Sättigung (Druck) (Fortsetzung)

p	t	ϱ_l	ϱ_g	h_l	h_g	r	s_l	s_g	ϕ	$10^3 v_l$	$10^3 v_g$
bar	°C	kg/m³		kJ/kg			kJ/kg K			m³/kg	
1.5	111.378	949.94	0.8624	467.18	2693.4	2226.2	1.43376	7.2232	5.7894	1.05270	1159.5
1.6	113.327	948.44	0.9161	475.44	2696.3	2220.9	1.45516	7.2016	5.7465	1.05437	1091.6
1.7	115.177	946.99	0.9696	483.29	2699.1	2215.8	1.47540	7.1814	5.7060	1.05598	1031.4
1.8	116.941	945.60	1.0228	490.78	2701.7	2210.9	1.49462	7.1623	5.6677	1.05753	977.7
1.9	118.626	944.26	1.0759	497.94	2704.2	2206.2	1.51291	7.1443	5.6314	1.05903	929.4
2.0	120.241	942.96	1.1289	504.80	2706.5	2201.7	1.53036	7.1272	5.5968	1.06049	885.9
2.1	121.790	941.71	1.1816	511.40	2708.8	2197.4	1.54706	7.1109	5.5639	1.06190	846.3
2.2	123.281	940.49	1.2342	517.74	2710.9	2193.2	1.56307	7.0954	5.5324	1.06328	810.2
2.3	124.717	939.31	1.2867	523.86	2713.0	2189.1	1.57846	7.0806	5.5022	1.06462	777.2
2.4	126.103	938.16	1.3390	529.77	2715.0	2185.2	1.59326	7.0664	5.4732	1.06592	746.8
2.5	127.443	937.04	1.3912	535.49	2716.8	2181.4	1.60753	7.0529	5.4453	1.06719	718.8
2.6	128.740	935.95	1.4433	541.03	2718.7	2177.6	1.62130	7.0398	5.4185	1.06843	692.9
2.7	129.997	934.89	1.4953	546.40	2720.4	2174.0	1.63462	7.0272	5.3926	1.06965	668.8
2.8	131.217	933.85	1.5471	551.61	2722.1	2170.5	1.64750	7.0151	5.3676	1.07084	646.4
2.9	132.403	932.83	1.5989	556.68	2723.7	2167.0	1.65999	7.0034	5.3434	1.07200	625.4
3.0	133.555	931.84	1.6505	561.61	2725.3	2163.7	1.67211	6.9921	5.3200	1.07315	605.9
3.1	134.677	930.87	1.7021	566.41	2726.8	2160.4	1.68388	6.9812	5.2973	1.07427	587.5
3.2	135.770	929.92	1.7536	571.10	2728.3	2157.2	1.69532	6.9706	5.2753	1.07537	570.3
3.3	136.835	928.98	1.8049	575.66	2729.7	2154.0	1.70645	6.9603	5.2539	1.07645	554.0
3.4	137.875	928.07	1.8562	580.12	2731.1	2150.9	1.71729	6.9504	5.2331	1.07751	538.7
3.5	138.891	927.17	1.9074	584.48	2732.4	2147.9	1.72785	6.9407	5.2129	1.07855	524.27
3.6	139.883	926.29	1.9586	588.74	2733.7	2144.9	1.73815	6.9313	5.1932	1.07958	510.58
3.7	140.853	925.42	2.0096	592.91	2734.9	2142.0	1.74820	6.9222	5.1739	1.08059	497.61
3.8	141.803	924.57	2.0606	596.99	2736.2	2139.2	1.75802	6.9132	5.1552	1.08158	485.29
3.9	142.732	923.73	2.1115	600.99	2737.4	2136.4	1.76762	6.9046	5.1370	1.08256	473.59
4.0	143.643	922.91	2.1624	604.91	2738.5	2133.6	1.77700	6.8961	5.1191	1.08353	462.46
4.2	145.410	921.30	2.2639	612.52	2740.7	2128.2	1.79517	6.8798	5.0846	1.08542	441.72
4.4	147.111	919.74	2.3651	619.85	2742.9	2123.0	1.81260	6.8642	5.0516	1.08727	422.81
4.6	148.751	918.22	2.4662	626.92	2744.9	2117.9	1.82935	6.8493	5.0200	1.08906	405.48
4.8	150.335	916.74	2.5670	633.76	2746.8	2113.0	1.84548	6.8351	4.9896	1.09082	389.56
5.0	151.866	915.31	2.6677	640.38	2748.6	2108.2	1.86104	6.8214	4.9604	1.09253	374.86
5.2	153.350	913.90	2.7681	646.80	2750.4	2103.6	1.87606	6.8082	4.9322	1.09421	361.26
5.4	154.788	912.54	2.8684	653.03	2752.0	2099.0	1.89059	6.7955	4.9049	1.09585	348.63
5.6	156.185	911.20	2.9685	659.09	2753.7	2094.6	1.90466	6.7833	4.8786	1.09746	336.87
5.8	157.542	909.89	3.0685	664.97	2755.2	2090.2	1.91831	6.7715	4.8532	1.09903	325.89
6.0	158.863	908.61	3.1683	670.71	2756.7	2086.0	1.93155	6.7601	4.8285	1.10058	315.63
6.2	160.149	907.36	3.2680	676.30	2758.1	2081.8	1.94441	6.7490	4.8046	1.10210	306.00
6.4	161.402	906.13	3.3676	681.75	2759.5	2077.7	1.95693	6.7383	4.7813	1.10360	296.95
6.6	162.624	904.92	3.4670	687.07	2760.8	2073.7	1.96910	6.7279	4.7588	1.10507	288.43
6.8	163.817	903.74	3.5663	692.27	2762.1	2069.8	1.98097	6.7178	4.7368	1.10651	280.40
7.0	164.983	902.58	3.6655	697.35	2763.3	2066.0	1.99254	6.7079	4.7154	1.10794	272.81
7.2	166.123	901.44	3.7647	702.33	2764.5	2062.2	2.00382	6.6984	4.6945	1.10934	265.63
7.4	167.237	900.31	3.8637	707.20	2765.7	2058.5	2.01485	6.6891	4.6742	1.11072	258.82
7.6	168.328	899.21	3.9626	711.97	2766.8	2054.8	2.02561	6.6800	4.6544	1.11209	252.36
7.8	169.397	898.12	4.0615	716.64	2767.9	2051.2	2.03614	6.6711	4.6350	1.11343	246.22
8.0	170.444	897.05	4.1603	721.23	2768.9	2047.7	2.04644	6.6625	4.6161	1.11476	240.37
8.2	171.470	896.00	4.2590	725.72	2769.9	2044.2	2.05652	6.6541	4.5976	1.11607	234.80
8.4	172.477	894.96	4.3576	730.14	2770.9	2040.7	2.06639	6.6459	4.5795	1.11736	229.49
8.6	173.465	893.94	4.4561	734.48	2771.8	2037.3	2.07606	6.6378	4.5617	1.11864	224.41
8.8	174.436	892.93	4.5546	738.74	2772.7	2034.0	2.08554	6.6299	4.5444	1.11991	219.56
9.0	175.388	891.94	4.6531	742.93	2773.6	2030.7	2.09484	6.6222	4.5274	1.12116	214.91
9.2	176.325	890.96	4.7515	747.05	2774.5	2027.4	2.10396	6.6147	4.5107	1.12239	210.46
9.4	177.245	889.99	4.8498	751.10	2775.3	2024.2	2.11292	6.6073	4.4944	1.12361	206.19
9.6	178.150	889.03	4.9481	755.09	2776.2	2021.1	2.12171	6.6000	4.4783	1.12482	202.10
9.8	179.040	888.09	5.0463	759.01	2776.9	2017.9	2.13035	6.5929	4.4626	1.12602	198.17

Tafel 2. Sättigung (Druck) (Fortsetzung)

p	t	ϱ_l	ϱ_g	h_l	h_g	r	s_l	s_g	ϕ	$10^3 v_l$	$10^3 v_g$
bar	°C	kg/m³		kJ/kg			kJ/kg K			m³/kg	
10.0	179.916	887.15	5.144	762.88	2777.7	2014.8	2.13885	6.5859	4.4471	1.12720	194.38
10.5	182.048	884.87	5.390	772.30	2779.5	2007.2	2.15946	6.5691	4.4096	1.13011	185.54
11.0	184.100	882.65	5.635	781.38	2781.2	1999.9	2.17926	6.5529	4.3737	1.13296	177.47
11.5	186.081	880.48	5.880	790.17	2782.8	1992.7	2.19830	6.5375	4.3392	1.13574	170.07
12.0	187.996	878.38	6.125	798.68	2784.3	1985.7	2.21666	6.5226	4.3059	1.13847	163.28
12.5	189.848	876.32	6.369	806.92	2785.7	1978.8	2.23438	6.5083	4.2739	1.14114	157.01
13.0	191.644	874.31	6.614	814.93	2787.0	1972.1	2.25152	6.4945	4.2430	1.14376	151.20
13.5	193.386	872.34	6.858	822.71	2788.3	1965.6	2.26811	6.4812	4.2131	1.14634	145.81
14.0	195.079	870.42	7.103	830.28	2789.4	1959.1	2.28419	6.4683	4.1841	1.14887	140.79
14.5	196.724	868.54	7.347	837.66	2790.5	1952.8	2.29980	6.4559	4.1561	1.15136	136.10
15.0	198.327	866.69	7.592	844.85	2791.5	1946.7	2.31496	6.4438	4.1288	1.15382	131.72
15.5	199.888	864.87	7.836	851.88	2792.5	1940.6	2.32970	6.4321	4.1024	1.15624	127.61
16.0	201.410	863.09	8.081	858.73	2793.3	1934.6	2.34405	6.4207	4.0766	1.15862	123.75
16.5	202.895	861.35	8.326	865.44	2794.2	1928.7	2.35804	6.4096	4.0516	1.16097	120.11
17.0	204.346	859.63	8.570	872.00	2795.0	1923.0	2.37167	6.3989	4.0272	1.16330	116.68
17.5	205.764	857.93	8.815	878.42	2795.7	1917.3	2.38498	6.3884	4.0034	1.16559	113.44
18.0	207.151	856.27	9.060	884.71	2796.4	1911.7	2.39797	6.3781	3.9802	1.16786	110.37
18.5	208.509	854.63	9.305	890.87	2797.0	1906.2	2.41067	6.3682	3.9575	1.17010	107.47
19.0	209.838	853.02	9.550	896.92	2797.6	1900.7	2.42309	6.3584	3.9353	1.17231	104.71
19.5	211.140	851.42	9.796	902.86	2798.2	1895.3	2.43524	6.3489	3.9136	1.17450	102.08
20.0	212.417	849.85	10.041	908.69	2798.7	1890.0	2.44714	6.3396	3.8924	1.17667	99.59
20.5	213.669	848.31	10.287	914.41	2799.2	1884.8	2.45879	6.3305	3.8717	1.17882	97.21
21.0	214.897	846.78	10.533	920.04	2799.7	1879.6	2.47022	6.3215	3.8513	1.18095	94.94
21.5	216.103	845.27	10.779	925.57	2800.1	1874.5	2.48142	6.3128	3.8314	1.18306	92.77
22.0	217.288	843.78	11.025	931.01	2800.5	1869.5	2.49241	6.3042	3.8118	1.18515	90.70
22.5	218.452	842.31	11.272	936.37	2800.8	1864.5	2.50320	6.2958	3.7926	1.18722	88.72
23.0	219.596	840.85	11.519	941.64	2801.2	1859.5	2.51379	6.2876	3.7738	1.18927	86.82
23.5	220.721	839.41	11.766	946.84	2801.5	1854.6	2.52420	6.2795	3.7553	1.19131	84.99
24.0	221.828	837.99	12.013	951.96	2801.7	1849.8	2.53443	6.2715	3.7371	1.19333	83.24
24.5	222.917	836.58	12.260	957.00	2802.0	1845.0	2.54449	6.2637	3.7192	1.19534	81.56
25.0	223.989	835.19	12.508	961.97	2802.2	1840.2	2.55438	6.2560	3.7016	1.19733	79.95
25.5	225.045	833.81	12.756	966.88	2802.4	1835.5	2.56411	6.2485	3.6844	1.19931	78.39
26.0	226.085	832.45	13.004	971.71	2802.6	1830.9	2.57370	6.2410	3.6673	1.20127	76.90
26.5	227.109	831.10	13.253	976.49	2802.7	1826.2	2.58313	6.2337	3.6506	1.20322	75.46
27.0	228.119	829.76	13.502	981.20	2802.9	1821.7	2.59242	6.2265	3.6341	1.20516	74.06
27.5	229.114	828.44	13.751	985.85	2803.0	1817.1	2.60157	6.2194	3.6179	1.20709	72.72
28.0	230.096	827.13	14.000	990.45	2803.1	1812.6	2.61059	6.2125	3.6019	1.20900	71.43
28.5	231.064	825.83	14.250	994.99	2803.2	1808.2	2.61948	6.2056	3.5861	1.21091	70.18
29.0	232.019	824.54	14.500	999.47	2803.2	1803.7	2.62825	6.1988	3.5705	1.21280	68.97
29.5	232.961	823.26	14.750	1003.91	2803.2	1799.3	2.63690	6.1921	3.5552	1.21469	67.79
30.0	233.892	821.99	15.001	1008.29	2803.3	1795.0	2.64543	6.1855	3.5401	1.21656	66.66
31.0	235.717	819.49	15.504	1016.91	2803.2	1786.3	2.66216	6.1726	3.5104	1.22028	64.50
32.0	237.498	817.02	16.007	1025.34	2803.2	1777.8	2.67846	6.1600	3.4815	1.22396	62.47
33.0	239.236	814.59	16.513	1033.60	2803.0	1769.4	2.69437	6.1477	3.4533	1.22760	60.56
34.0	240.935	812.20	17.019	1041.69	2802.8	1761.1	2.70989	6.1357	3.4258	1.23122	58.76
35.0	242.595	809.84	17.527	1049.63	2802.6	1753.0	2.72507	6.1240	3.3989	1.23481	57.05
36.0	244.220	807.52	18.037	1057.42	2802.3	1744.9	2.73990	6.1125	3.3726	1.23837	55.44
37.0	245.810	805.22	18.548	1065.06	2801.9	1736.9	2.75442	6.1013	3.3468	1.24190	53.91
38.0	247.368	802.95	19.061	1072.58	2801.5	1729.0	2.76863	6.0903	3.3216	1.24541	52.46
39.0	248.895	800.71	19.576	1079.96	2801.1	1721.1	2.78256	6.0795	3.2969	1.24890	51.08
40.0	250.392	798.49	20.092	1087.22	2800.6	1713.4	2.79621	6.0689	3.2727	1.25236	49.771
41.0	251.860	796.30	20.610	1094.37	2800.1	1705.7	2.80960	6.0585	3.2489	1.25581	48.520
42.0	253.302	794.13	21.130	1101.40	2799.5	1698.1	2.82274	6.0483	3.2256	1.25924	47.327
43.0	254.717	791.99	21.651	1108.33	2798.9	1690.6	2.83565	6.0383	3.2027	1.26265	46.187
44.0	256.107	789.86	22.175	1115.16	2798.3	1683.1	2.84832	6.0285	3.1802	1.26605	45.096

Tafel 2. Sättigung (Druck) (Fortsetzung)

p	t	ϱ_l	ϱ_g	h_l	h_g	r	s_l	s_g	ϕ	$10^3 v_l$	$10^3 v_g$
bar	°C	kg/m³		kJ/kg			kJ/kg K			m³/kg	
45	257.474	787.76	22.700	1121.89	2797.6	1675.7	2.86078	6.0188	3.1580	1.26943	44.053
46	258.817	785.67	23.227	1128.52	2796.9	1668.4	2.87303	6.0093	3.1362	1.27279	43.053
47	260.138	783.61	23.756	1135.07	2796.2	1661.1	2.88508	5.9999	3.1148	1.27615	42.094
48	261.438	781.56	24.287	1141.52	2795.4	1653.9	2.89694	5.9906	3.0937	1.27949	41.174
49	262.718	779.53	24.820	1147.90	2794.6	1646.7	2.90861	5.9815	3.0729	1.28282	40.290
50	263.977	777.52	25.355	1154.20	2793.7	1639.5	2.92011	5.9725	3.0524	1.28614	39.440
51	265.218	775.52	25.892	1160.42	2792.9	1632.5	2.93143	5.9637	3.0322	1.28945	38.621
52	266.440	773.54	26.432	1166.56	2792.0	1625.4	2.94259	5.9549	3.0123	1.29276	37.834
53	267.644	771.57	26.973	1172.63	2791.1	1618.4	2.95360	5.9463	2.9927	1.29605	37.074
54	268.831	769.62	27.516	1178.64	2790.1	1611.5	2.96445	5.9378	2.9733	1.29934	36.342
55	270.001	767.68	28.062	1184.58	2789.1	1604.6	2.97515	5.9293	2.9542	1.30263	35.635
56	271.156	765.75	28.610	1190.45	2788.1	1597.7	2.98572	5.9210	2.9353	1.30590	34.953
57	272.294	763.84	29.160	1196.26	2787.1	1590.9	2.99614	5.9128	2.9166	1.30917	34.293
58	273.418	761.94	29.713	1202.01	2786.1	1584.1	3.00644	5.9046	2.8982	1.31244	33.656
59	274.526	760.05	30.267	1207.71	2785.0	1577.3	3.01660	5.8966	2.8800	1.31571	33.039
60	275.621	758.17	30.825	1213.34	2783.9	1570.6	3.02665	5.8886	2.8620	1.31897	32.442
61	276.701	756.30	31.384	1218.93	2782.8	1563.9	3.03657	5.8807	2.8442	1.32222	31.863
62	277.768	754.44	31.946	1224.46	2781.7	1557.2	3.04638	5.8729	2.8266	1.32548	31.303
63	278.823	752.60	32.511	1229.94	2780.5	1550.6	3.05607	5.8652	2.8091	1.32873	30.759
64	279.864	750.76	33.078	1235.37	2779.3	1544.0	3.06566	5.8576	2.7919	1.33199	30.232
65	280.893	748.93	33.647	1240.75	2778.1	1537.4	3.07514	5.8500	2.7748	1.33524	29.720
66	281.910	747.11	34.219	1246.08	2776.9	1530.8	3.08452	5.8424	2.7579	1.33849	29.223
67	282.915	745.30	34.794	1251.37	2775.7	1524.3	3.09380	5.8350	2.7412	1.34175	28.741
68	283.909	743.49	35.371	1256.62	2774.4	1517.8	3.10298	5.8276	2.7246	1.34500	28.272
69	284.892	741.70	35.951	1261.82	2773.1	1511.3	3.11207	5.8203	2.7082	1.34826	27.816
70	285.864	739.91	36.534	1266.98	2771.8	1504.8	3.12108	5.8130	2.6919	1.35151	27.372
71	286.825	738.13	37.119	1272.11	2770.5	1498.4	3.12999	5.8058	2.6758	1.35477	26.940
72	287.776	736.36	37.707	1277.19	2769.1	1492.0	3.13882	5.7986	2.6598	1.35803	26.520
73	288.717	734.59	38.298	1282.23	2767.8	1485.6	3.14756	5.7915	2.6440	1.36130	26.111
74	289.649	732.83	38.892	1287.24	2766.4	1479.2	3.15622	5.7845	2.6282	1.36457	25.712
75	290.570	731.08	39.489	1292.21	2765.0	1472.8	3.16481	5.7774	2.6126	1.36784	25.324
76	291.482	729.33	40.089	1297.15	2763.6	1466.4	3.17332	5.7705	2.5972	1.37112	24.945
77	292.386	727.59	40.691	1302.06	2762.2	1460.1	3.18175	5.7636	2.5818	1.37440	24.575
78	293.280	725.85	41.297	1306.93	2760.7	1453.8	3.19011	5.7567	2.5666	1.37769	24.215
79	294.165	724.12	41.906	1311.76	2759.2	1447.5	3.19841	5.7499	2.5515	1.38098	23.863
80	295.042	722.40	42.518	1316.57	2757.8	1441.2	3.20663	5.7431	2.5365	1.38428	23.520
81	295.911	720.67	43.133	1321.35	2756.3	1434.9	3.21479	5.7363	2.5215	1.38759	23.184
82	296.771	718.96	43.751	1326.10	2754.7	1428.6	3.22288	5.7296	2.5067	1.39090	22.857
83	297.623	717.25	44.372	1330.81	2753.2	1422.4	3.23091	5.7229	2.4920	1.39422	22.537
84	298.468	715.54	44.997	1335.50	2751.6	1416.1	3.23887	5.7163	2.4774	1.39755	22.224
85	299.305	713.83	45.625	1340.17	2750.1	1409.9	3.24678	5.7097	2.4629	1.40089	21.918
86	300.134	712.13	46.256	1344.80	2748.5	1403.7	3.25463	5.7031	2.4485	1.40423	21.619
87	300.956	710.44	46.891	1349.41	2746.9	1397.5	3.26242	5.6966	2.4342	1.40758	21.326
88	301.771	708.74	47.529	1354.00	2745.3	1391.3	3.27015	5.6901	2.4199	1.41095	21.040
89	302.578	707.05	48.171	1358.56	2743.6	1385.1	3.27784	5.6836	2.4058	1.41432	20.759
90	303.379	705.37	48.817	1363.10	2742.0	1378.9	3.28546	5.6771	2.3917	1.41770	20.485
91	304.173	703.68	49.466	1367.61	2740.3	1372.7	3.29304	5.6707	2.3777	1.42109	20.216
92	304.960	702.00	50.118	1372.10	2738.6	1366.5	3.30057	5.6643	2.3638	1.42450	19.953
93	305.740	700.32	50.774	1376.57	2736.9	1360.3	3.30805	5.6579	2.3499	1.42791	19.695
94	306.515	698.65	51.435	1381.01	2735.2	1354.2	3.31548	5.6516	2.3361	1.43134	19.442
95	307.282	696.97	52.10	1385.44	2733.4	1348.0	3.32286	5.6453	2.3224	1.43478	19.194
96	308.044	695.30	52.77	1389.85	2731.7	1341.8	3.33020	5.6390	2.3088	1.43823	18.952
97	308.800	693.63	53.44	1394.23	2729.9	1335.7	3.33749	5.6327	2.2952	1.44169	18.713
98	309.549	691.96	54.11	1398.60	2728.1	1329.5	3.34474	5.6264	2.2817	1.44517	18.480
99	310.293	690.29	54.79	1402.95	2726.3	1323.4	3.35195	5.6202	2.2682	1.44866	18.250

Tafel 2. Sättigung (Druck) (Fortsetzung)

p	t	ϱ_l	ϱ_g	h_l	h_g	r	s_l	s_g	ϕ	$10^3 v_l$	$10^3 v_g$
bar	°C	kg/m³			kJ/kg			kJ/kg K		m³/kg	
100	311.031	688.63	55.48	1407.28	2724.5	1317.2	3.35912	5.6139	2.2548	1.45216	18.025
101	311.763	686.96	56.17	1411.59	2722.7	1311.1	3.36624	5.6077	2.2415	1.45568	17.805
102	312.489	685.30	56.86	1415.88	2720.8	1304.9	3.37333	5.6015	2.2282	1.45922	17.588
103	313.211	683.64	57.55	1420.16	2718.9	1298.8	3.38038	5.5954	2.2150	1.46277	17.375
104	313.926	681.97	58.25	1424.42	2717.1	1292.6	3.38739	5.5892	2.2018	1.46633	17.166
105	314.637	680.31	58.96	1428.66	2715.2	1286.5	3.39437	5.5831	2.1887	1.46991	16.961
106	315.342	678.65	59.67	1432.89	2713.2	1280.3	3.40131	5.5769	2.1756	1.47351	16.759
107	316.042	676.99	60.38	1437.11	2711.3	1274.2	3.40822	5.5708	2.1626	1.47713	16.561
108	316.737	675.33	61.10	1441.31	2709.3	1268.0	3.41509	5.5647	2.1496	1.48076	16.366
109	317.427	673.67	61.83	1445.50	2707.4	1261.9	3.42193	5.5586	2.1367	1.48441	16.174
110	318.112	672.01	62.55	1449.67	2705.4	1255.7	3.42874	5.5525	2.1238	1.48808	15.986
111	318.792	670.35	63.29	1453.83	2703.4	1249.5	3.43552	5.5464	2.1109	1.49177	15.801
112	319.468	668.68	64.03	1457.97	2701.3	1243.4	3.44227	5.5404	2.0981	1.49548	15.619
113	320.138	667.02	64.77	1462.11	2699.3	1237.2	3.44899	5.5343	2.0853	1.49921	15.439
114	320.805	665.36	65.52	1466.23	2697.2	1231.0	3.45568	5.5283	2.0726	1.50295	15.263
115	321.466	663.69	66.27	1470.34	2695.2	1224.8	3.46234	5.5222	2.0599	1.50672	15.090
116	322.123	662.03	67.03	1474.44	2693.1	1218.6	3.46898	5.5162	2.0472	1.51052	14.919
117	322.776	660.36	67.79	1478.53	2691.0	1212.4	3.47559	5.5101	2.0346	1.51433	14.751
118	323.425	658.69	68.56	1482.60	2688.8	1206.2	3.48217	5.5041	2.0219	1.51817	14.585
119	324.069	657.02	69.34	1486.67	2686.7	1200.0	3.48873	5.4981	2.0093	1.52203	14.422
120	324.709	655.35	70.12	1490.73	2684.5	1193.8	3.49527	5.4921	1.9968	1.52591	14.262
121	325.344	653.67	70.90	1494.78	2682.3	1187.6	3.50178	5.4860	1.9843	1.52982	14.104
122	325.976	652.00	71.70	1498.82	2680.1	1181.3	3.50827	5.4800	1.9717	1.53375	13.948
123	326.604	650.32	72.49	1502.85	2677.9	1175.1	3.51474	5.4740	1.9593	1.53771	13.794
124	327.227	648.64	73.30	1506.87	2675.7	1168.8	3.52119	5.4680	1.9468	1.54169	13.643
125	327.847	646.95	74.11	1510.88	2673.4	1162.5	3.52761	5.4620	1.9343	1.54571	13.494
126	328.463	645.27	74.92	1514.89	2671.1	1156.2	3.53402	5.4559	1.9219	1.54975	13.347
127	329.074	643.58	75.75	1518.89	2668.8	1150.0	3.54041	5.4499	1.9095	1.55381	13.202
128	329.683	641.89	76.58	1522.89	2666.5	1143.6	3.54678	5.4439	1.8971	1.55791	13.059
129	330.287	640.19	77.41	1526.87	2664.2	1137.3	3.55313	5.4379	1.8847	1.56204	12.918
130	330.888	638.5	78.25	1530.9	2661.8	1131.0	3.5595	5.4318	1.8724	1.5662	12.779
131	331.485	636.8	79.10	1534.8	2659.5	1124.6	3.5658	5.4258	1.8600	1.5704	12.642
132	332.078	635.1	79.96	1538.8	2657.1	1118.3	3.5721	5.4197	1.8477	1.5746	12.507
133	332.668	633.4	80.82	1542.8	2654.6	1111.9	3.5784	5.4137	1.8353	1.5789	12.373
134	333.254	631.7	81.69	1546.7	2652.2	1105.5	3.5847	5.4076	1.8230	1.5831	12.241
135	333.837	629.9	82.57	1550.7	2649.7	1099.1	3.5909	5.4016	1.8107	1.5875	12.111
136	334.417	628.2	83.45	1554.6	2647.3	1092.6	3.5972	5.3955	1.7983	1.5918	11.983
137	334.993	626.5	84.35	1558.6	2644.7	1086.2	3.6034	5.3894	1.7860	1.5962	11.856
138	335.566	624.7	85.25	1562.5	2642.2	1079.7	3.6096	5.3833	1.7737	1.6006	11.731
139	336.135	623.0	86.15	1566.5	2639.7	1073.2	3.6158	5.3772	1.7614	1.6051	11.607
140	336.701	621.3	87.07	1570.4	2637.1	1066.7	3.6220	5.3711	1.7491	1.6096	11.485
141	337.264	619.5	88.00	1574.4	2634.5	1060.1	3.6282	5.3650	1.7368	1.6142	11.364
142	337.824	617.8	88.93	1578.3	2631.9	1053.6	3.6344	5.3589	1.7244	1.6188	11.245
143	338.381	616.0	89.87	1582.2	2629.2	1047.0	3.6406	5.3527	1.7121	1.6234	11.127
144	338.934	614.2	90.82	1586.2	2626.6	1040.4	3.6468	5.3465	1.6998	1.6281	11.011
145	339.485	612.4	91.78	1590.1	2623.9	1033.8	3.6529	5.3404	1.6874	1.6328	10.896
146	340.032	610.7	92.75	1594.1	2621.2	1027.1	3.6591	5.3342	1.6751	1.6376	10.782
147	340.577	608.9	93.73	1598.0	2618.4	1020.4	3.6653	5.3279	1.6627	1.6424	10.669
148	341.118	607.1	94.71	1601.9	2615.7	1013.7	3.6714	5.3217	1.6503	1.6472	10.558
149	341.657	605.3	95.71	1605.9	2612.9	1007.0	3.6775	5.3154	1.6379	1.6521	10.448
150	342.192	603.5	96.72	1609.8	2610.1	1000.2	3.6837	5.3092	1.6255	1.6571	10.339
151	342.725	601.6	97.74	1613.8	2607.2	993.4	3.6898	5.3029	1.6130	1.6621	10.231
152	343.255	599.8	98.77	1617.7	2604.3	986.6	3.6960	5.2966	1.6006	1.6672	10.125
153	343.782	598.0	99.81	1621.7	2601.4	979.8	3.7021	5.2902	1.5881	1.6723	10.020
154	344.306	596.1	100.86	1625.6	2598.5	972.9	3.7083	5.2839	1.5756	1.6775	9.915

Tafel 2. Sättigung (Druck) (Fortsetzung)

p	t	ϱ_l	ϱ_g	h_l	h_g	r	s_l	s_g	ϕ	$10^3 v_l$	$10^3 v_g$
bar	°C	kg/m³		kJ/kg			kJ/kg K			m³/kg	
155	344.827	594.3	101.92	1629.6	2595.5	965.9	3.7144	5.2775	1.5631	1.6827	9.812
156	345.346	592.4	102.99	1633.6	2592.5	959.0	3.7205	5.2711	1.5505	1.6880	9.710
157	345.862	590.5	104.08	1637.5	2589.5	952.0	3.7267	5.2646	1.5379	1.6934	9.608
158	346.375	588.6	105.17	1641.5	2586.5	945.0	3.7328	5.2581	1.5253	1.6988	9.508
159	346.886	586.7	106.28	1645.5	2583.4	937.9	3.7390	5.2516	1.5126	1.7043	9.409
160	347.394	584.8	107.41	1649.5	2580.3	930.8	3.7452	5.2451	1.4999	1.7099	9.310
161	347.900	582.9	108.54	1653.5	2577.1	923.6	3.7513	5.2385	1.4872	1.7155	9.213
162	348.402	581.0	109.69	1657.5	2573.9	916.4	3.7575	5.2319	1.4744	1.7212	9.116
163	348.903	579.0	110.86	1661.5	2570.7	909.2	3.7637	5.2253	1.4616	1.7270	9.021
164	349.400	577.1	112.03	1665.5	2567.5	901.9	3.7699	5.2186	1.4487	1.7329	8.926
165	349.896	575.1	113.23	1669.6	2564.2	894.6	3.7761	5.2119	1.4358	1.7388	8.832
166	350.388	573.1	114.43	1673.6	2560.8	887.2	3.7823	5.2052	1.4229	1.7448	8.739
167	350.879	571.1	115.66	1677.7	2557.5	879.8	3.7885	5.1984	1.4098	1.7509	8.646
168	351.367	569.1	116.90	1681.8	2554.1	872.3	3.7948	5.1915	1.3968	1.7571	8.555
169	351.852	567.1	118.15	1685.9	2550.6	864.8	3.8010	5.1847	1.3836	1.7634	8.464
170	352.335	565.0	119.43	1690.0	2547.1	857.2	3.8073	5.1777	1.3704	1.7698	8.373
171	352.816	563.0	120.72	1694.1	2543.6	849.5	3.8136	5.1708	1.3571	1.7763	8.284
172	353.294	560.9	122.03	1698.2	2540.0	841.8	3.8199	5.1637	1.3438	1.7829	8.195
173	353.770	558.8	123.36	1702.4	2536.4	834.0	3.8263	5.1567	1.3304	1.7896	8.106
174	354.244	556.7	124.71	1706.5	2532.7	826.2	3.8326	5.1495	1.3169	1.7964	8.019
175	354.715	554.5	126.08	1710.7	2529.0	818.3	3.8390	5.1423	1.3033	1.8033	7.932
176	355.184	552.4	127.47	1714.9	2525.3	810.3	3.8455	5.1351	1.2896	1.8104	7.845
177	355.651	550.2	128.88	1719.2	2521.4	802.3	3.8519	5.1278	1.2759	1.8176	7.759
178	356.116	548.0	130.31	1723.4	2517.6	794.1	3.8584	5.1204	1.2620	1.8249	7.674
179	356.578	545.8	131.77	1727.7	2513.6	785.9	3.8649	5.1129	1.2481	1.8323	7.589
180	357.038	543.5	133.25	1732.0	2509.7	777.7	3.8714	5.1054	1.2340	1.8399	7.505
181	357.496	541.2	134.76	1736.3	2505.6	769.3	3.8780	5.0978	1.2198	1.8476	7.421
182	357.952	538.9	136.29	1740.7	2501.5	760.8	3.8846	5.0902	1.2055	1.8555	7.337
183	358.406	536.6	137.85	1745.1	2497.4	752.3	3.8913	5.0824	1.1911	1.8635	7.254
184	358.857	534.3	139.44	1749.5	2493.1	743.6	3.8980	5.0746	1.1766	1.8718	7.171
185	359.306	531.9	141.07	1754.0	2488.8	734.9	3.9047	5.0667	1.1619	1.8802	7.089
186	359.754	529.5	142.72	1758.5	2484.5	726.0	3.9115	5.0586	1.1471	1.8887	7.007
187	360.199	527.0	144.40	1763.0	2480.0	717.0	3.9184	5.0505	1.1321	1.8975	6.925
188	360.642	524.5	146.12	1767.6	2475.5	707.9	3.9253	5.0423	1.1170	1.9065	6.844
189	361.083	522.0	147.87	1772.2	2470.9	698.7	3.9323	5.0340	1.1017	1.9157	6.762
190	361.522	519.4	149.67	1776.8	2466.2	689.4	3.9393	5.0255	1.0862	1.9252	6.681
191	361.959	516.8	151.50	1781.6	2461.5	679.9	3.9464	5.0170	1.0705	1.9348	6.601
192	362.393	514.2	153.38	1786.3	2456.6	670.3	3.9536	5.0083	1.0547	1.9448	6.520
193	362.826	511.5	155.30	1791.1	2451.6	660.5	3.9609	4.9995	1.0386	1.9550	6.439
194	363.257	508.8	157.26	1796.0	2446.6	650.6	3.9683	4.9905	1.0222	1.9655	6.359
195	363.686	506.0	159.28	1800.9	2441.4	640.4	3.9757	4.9814	1.0057	1.9763	6.278
196	364.112	503.1	161.35	1805.9	2436.1	630.1	3.9832	4.9721	0.9888	1.9875	6.198
197	364.537	500.2	163.48	1811.0	2430.7	619.6	3.9909	4.9626	0.9717	1.9990	6.117
198	364.960	497.3	165.67	1816.2	2425.1	608.9	3.9987	4.9529	0.9543	2.0109	6.036
199	365.381	494.3	167.92	1821.4	2419.4	598.0	4.0066	4.9431	0.9365	2.0232	5.955
200	365.800	491.2	170.25	1826.7	2413.6	586.8	4.0146	4.9330	0.9184	2.0360	5.874
201	366.217	488.0	172.65	1832.2	2407.5	575.4	4.0228	4.9227	0.8999	2.0492	5.792
202	366.632	484.7	175.13	1837.7	2401.3	563.6	4.0311	4.9121	0.8810	2.0630	5.710
203	367.045	481.4	177.71	1843.4	2395.0	551.6	4.0396	4.9012	0.8616	2.0773	5.627
204	367.456	477.9	180.38	1849.2	2388.3	539.2	4.0483	4.8900	0.8417	2.0923	5.544
205	367.865	474.4	183.16	1855.1	2381.5	526.4	4.0572	4.8785	0.8212	2.1079	5.460
206	368.272	470.7	186.06	1861.2	2374.4	513.3	4.0664	4.8666	0.8002	2.1244	5.375
207	368.677	466.9	189.09	1867.4	2367.0	499.6	4.0758	4.8542	0.7784	2.1417	5.288
208	369.080	462.9	192.28	1873.9	2359.3	485.4	4.0856	4.8414	0.7559	2.1601	5.201
209	369.482	458.8	195.63	1880.6	2351.3	470.7	4.0957	4.8281	0.7324	2.1795	5.112

Tafel 2. Sättigung (Druck) (Fortsetzung)

p	t	ϱ_l	ϱ_g	h_l	h_g	r	s_l	s_g	ϕ	$10^3 v_l$	$10^3 v_g$
bar	°C	kg/m³			kJ/kg			kJ/kg K		m³/kg	
210.0	369.881	454.5	199.19	1887.6	2342.8	455.2	4.1062	4.8141	0.7079	2.2004	5.020
210.5	370.080	452.2	201.05	1891.2	2338.4	447.2	4.1116	4.8068	0.6952	2.2113	4.974
211.0	370.279	449.9	202.97	1894.9	2333.8	438.9	4.1172	4.7994	0.6822	2.2227	4.927
211.5	370.476	447.5	204.96	1898.7	2329.1	430.4	4.1229	4.7917	0.6688	2.2346	4.879
212.0	370.674	445.0	207.03	1902.6	2324.3	421.7	4.1288	4.7838	0.6550	2.2471	4.830
212.5	370.871	442.5	209.17	1906.6	2319.2	412.6	4.1349	4.7756	0.6407	2.2601	4.781
213.0	371.067	439.8	211.41	1910.7	2314.0	403.3	4.1411	4.7671	0.6260	2.2737	4.730
213.5	371.263	437.0	213.74	1915.0	2308.6	393.5	4.1476	4.7583	0.6107	2.2881	4.678
214.0	371.459	434.1	216.19	1919.5	2302.9	383.4	4.1544	4.7491	0.5948	2.3034	4.626
214.5	371.654	431.1	218.77	1924.1	2297.0	372.8	4.1614	4.7396	0.5782	2.3196	4.571
215.0	371.848	427.9	221.5	1929.0	2290.7	361.7	4.1688	4.7295	0.5607	2.3370	4.515
215.5	372.042	424.5	224.4	1934.2	2284.1	349.9	4.1765	4.7189	0.5424	2.3557	4.457
216.0	372.236	420.9	227.5	1939.6	2277.1	337.5	4.1848	4.7077	0.5229	2.3761	4.396
216.5	372.428	416.9	230.8	1945.5	2269.6	324.1	4.1937	4.6958	0.5021	2.3985	4.333
217.0	372.621	412.6	234.4	1951.8	2261.5	309.7	4.2033	4.6829	0.4796	2.4236	4.267
217.5	372.813	408	238	1959	2253	294	4.214	4.669	0.455	2.45	4.20
218.0	373.004	402	243	1967	2243	276	4.226	4.653	0.427	2.49	4.12
218.5	373.195	396	248	1976	2232	256	4.240	4.635	0.395	2.53	4.03
219.0	373.384	389	254	1985	2217	232	4.254	4.614	0.360	2.57	3.93
219.5	373.575	382	262	1997	2200	203	4.272	4.587	0.315	2.62	3.81
220.0	373.767	370	274	2013	2177	164	4.297	4.550	0.253	2.70	3.65
220.55	373.976	322		2086		0	4.409		0	3.11	

Tafel 3. Druckwasser und überhitzter Dampf

Als allgemeine Regel gilt, daß eine lineare Interpolation längs Isothermen in der Dampfphase zwischen Dichtewerten eine kleinere Unsicherheit ergibt als eine lineare Interpolation zwischen Volumenwerten.

Lineare Interpolation längs Isothermen zwischen Entropiewerten wird für verdünnten Dampf im Bereich $p < 0.8$ bar nicht empfohlen. In diesem Bereich ergibt die folgende Gleichung genaue Werte:

$$s = s_1^o - \frac{10^3\,(\mathrm{d}B/\mathrm{d}T)p}{10} - R \ln \pi$$

mit $\pi = p/p_1$ und $R = 0.46152$ kJ/kg K.

Die ersten Spalten dieser Tafel, die auf den beiden folgenden Seiten erscheinen, enthalten thermodynamische Werte für den Zustand des idealen Gases und für den zweiten Virialkoeffizienten und seine erste Ableitung.

Tafel 3. Druckwasser und überhitzter Dampf

Dampf bei kleinem Druck						0.1 bar (t_s = 45.817 °C)				
$10^3 B$	$10^3 \frac{dB}{dT}$	h^o	u^o	s_1^o	t	$10^3 v$	ϱ	h	u	s
m³/kg	m³/kg K	kJ/kg		kJ/kg K	°C	m³/kg	kg/m³	kJ/kg		kJ/kg K
					t_l	1.01028	989.82	191.83	191.82	0.64926
					t_g	14674	0.06815	2583.8	2437.0	8.1482
-98.96	1.8967	2500.9	2374.8	6.8030	**0**	1.00022	999.78	-0.03	-0.04	-0.00015
-90.08	1.6612	2510.2	2381.8	6.8367	**5**	1.00005	999.95	21.03	21.02	0.07626
-82.29	1.4605	2519.5	2388.8	6.8699	**10**	1.00030	999.70	42.00	41.99	0.15097
-75.43	1.2889	2528.8	2395.8	6.9025	**15**	1.00091	999.10	62.92	62.91	0.22423
-69.36	1.1416	2538.1	2402.8	6.9345	**20**	1.00181	998.19	83.84	83.83	0.29621
-63.98	1.0148	2547.4	2409.8	6.9660	**25**	1.00299	997.02	104.76	104.75	0.36695
-59.19	0.9052	2556.8	2416.9	6.9970	**30**	1.00441	995.61	125.68	125.67	0.43653
-54.91	0.8101	2566.1	2423.9	7.0276	**35**	1.00605	993.99	146.59	146.58	0.50496
-51.07	0.7274	2575.4	2430.9	7.0576	**40**	1.00789	992.17	167.51	167.50	0.57228
-47.61	0.6552	2584.8	2437.9	7.0872	**45**	1.00993	990.17	188.42	188.41	0.63853
-44.50	0.5919	2594.1	2445.0	7.1164	**50**	14869	0.06725	2591.8	2443.1	8.1731
-41.68	0.5364	2603.5	2452.0	7.1452	**55**	15103	0.06621	2601.3	2450.3	8.2024
-39.13	0.4874	2612.9	2459.1	7.1735	**60**	15336	0.06521	2610.8	2457.5	8.2313
-36.80	0.4441	2622.2	2466.2	7.2014	**65**	15569	0.06423	2620.4	2464.7	8.2596
-34.68	0.4057	2631.6	2473.3	7.2290	**70**	15802	0.06328	2629.9	2471.8	8.2876
-32.73	0.3716	2641.0	2480.3	7.2562	**75**	16035	0.06236	2639.4	2479.0	8.3151
-30.95	0.3412	2650.4	2487.4	7.2830	**80**	16268	0.06147	2648.9	2486.2	8.3422
-29.32	0.3140	2659.8	2494.5	7.3094	**85**	16500	0.06061	2658.4	2493.4	8.3690
-27.81	0.2896	2669.3	2501.7	7.3356	**90**	16732	0.05976	2667.9	2500.6	8.3954
-26.42	0.2677	2678.7	2508.8	7.3614	**95**	16964	0.05895	2677.4	2507.8	8.4214
-25.13	0.2480	2688.1	2515.9	7.3869	**100**	17196	0.05815	2687.0	2515.0	8.4471
-23.93	0.2302	2697.6	2523.1	7.4120	**105**	17428	0.05738	2696.5	2522.2	8.4724
-22.82	0.2140	2707.1	2530.2	7.4369	**110**	17660	0.05662	2706.0	2529.4	8.4974
-21.79	0.1994	2716.5	2537.4	7.4615	**115**	17892	0.05589	2715.5	2536.6	8.5222
-20.83	0.1861	2726.0	2544.6	7.4858	**120**	18124	0.05518	2725.1	2543.8	8.5466
-19.93	0.1740	2735.5	2551.8	7.5098	**125**	18356	0.05448	2734.6	2551.1	8.5707
-19.09	0.1629	2745.0	2559.0	7.5335	**130**	18587	0.05380	2744.2	2558.3	8.5946
-18.30	0.1527	2754.6	2566.2	7.5570	**135**	18819	0.05314	2753.7	2565.6	8.6181
-17.56	0.1434	2764.1	2573.4	7.5802	**140**	19050	0.05249	2763.3	2572.8	8.6415
-16.86	0.1349	2773.6	2580.6	7.6032	**145**	19282	0.05186	2772.9	2580.1	8.6645
-16.21	0.1271	2783.2	2587.9	7.6259	**150**	19513	0.051248	2782.5	2587.4	8.6873
-15.59	0.1198	2792.8	2595.2	7.6484	**155**	19744	0.050648	2792.1	2594.7	8.7099
-15.01	0.1131	2802.4	2602.4	7.6706	**160**	19976	0.050061	2801.7	2602.0	8.7322
-14.46	0.1069	2812.0	2609.7	7.6927	**165**	20207	0.049488	2811.3	2609.3	8.7543
-13.94	0.1012	2821.6	2617.0	7.7145	**170**	20438	0.048928	2821.0	2616.6	8.7762
-13.45	0.0959	2831.2	2624.4	7.7361	**175**	20670	0.048379	2830.6	2623.9	8.7978
-12.98	0.0909	2840.8	2631.7	7.7575	**180**	20901	0.047845	2840.3	2631.3	8.8193
-12.54	0.0863	2850.5	2639.0	7.7787	**185**	21132	0.047321	2850.0	2638.6	8.8405
-12.12	0.0820	2860.1	2646.4	7.7996	**190**	21363	0.046809	2859.6	2646.0	8.8615
-11.72	0.0780	2869.8	2653.8	7.8204	**195**	21594	0.046308	2869.3	2653.4	8.8823
-11.33	0.0743	2879.5	2661.1	7.8410	**200**	21826	0.045818	2879.0	2660.8	8.9030
-10.97	0.0708	2889.2	2668.5	7.8614	**205**	22057	0.045338	2888.8	2668.2	8.9234
-10.63	0.0675	2898.9	2676.0	7.8816	**210**	22288	0.044868	2898.5	2675.6	8.9437
-10.30	0.0645	2908.7	2683.4	7.9017	**215**	22519	0.044407	2908.3	2683.1	8.9637
-9.98	0.0616	2918.4	2690.8	7.9216	**220**	22750	0.043956	2918.0	2690.5	8.9836
-9.68	0.0589	2928.2	2698.3	7.9413	**225**	22981	0.043514	2927.8	2698.0	9.0034
-9.39	0.0563	2938.0	2705.8	7.9608	**230**	23212	0.043081	2937.6	2705.5	9.0229
-9.12	0.0539	2947.8	2713.2	7.9802	**235**	23443	0.042656	2947.4	2713.0	9.0423
-8.85	0.0516	2957.6	2720.7	7.9994	**240**	23674	0.042240	2957.2	2720.5	9.0615
-8.60	0.0495	2967.4	2728.3	8.0184	**245**	23905	0.041832	2967.1	2728.0	9.0806
-8.36	0.0475	2977.2	2735.8	8.0373	**250**	24136	0.041432	2976.9	2735.5	9.0995
-8.12	0.0456	2987.1	2743.3	8.0561	**255**	24367	0.041039	2986.8	2743.1	9.1183
-7.90	0.0438	2997.0	2750.9	8.0747	**260**	24598	0.040654	2996.6	2750.7	9.1369
-7.69	0.0421	3006.8	2758.5	8.0931	**265**	24829	0.040275	3006.5	2758.2	9.1554
-7.48	0.0405	3016.7	2766.1	8.1114	**270**	25060	0.039904	3016.4	2765.8	9.1737
-7.28	0.0389	3026.6	2773.7	8.1296	**275**	25291	0.039540	3026.4	2773.4	9.1919
-7.09	0.0375	3036.6	2781.3	8.1476	**280**	25522	0.039182	3036.3	2781.1	9.2099
-6.91	0.0361	3046.5	2788.9	8.1655	**285**	25753	0.038831	3046.2	2788.7	9.2278
-6.73	0.0348	3056.5	2796.6	8.1833	**290**	25984	0.038485	3056.2	2796.4	9.2456
-6.56	0.0335	3066.4	2804.2	8.2009	**295**	26215	0.038146	3066.2	2804.0	9.2633

Tafel 3. Druckwasser und überhitzter Dampf (Fortsetzung)

Dampf bei kleinem Druck						0.1 bar				
$10^3 B$	$10^3 \frac{dB}{dT}$	h^o	u^o	s_1^o	t	$10^3 v$	ϱ	h	u	s
m³/kg	m³/kg K	kJ/kg		kJ/kg K	°C	m³/kg	kg/m³	kJ/kg		kJ/kg K
-6.39	0.0323	3076.4	2811.9	8.2184	**300**	26446	0.037813	3076.2	2811.7	9.2808
-6.24	0.0312	3086.4	2819.6	8.2358	**305**	26677	0.037486	3086.2	2819.4	9.2982
-6.08	0.0301	3096.5	2827.3	8.2530	**310**	26908	0.037164	3096.2	2827.2	9.3154
-5.93	0.0291	3106.5	2835.1	8.2702	**315**	27138	0.036848	3106.3	2834.9	9.3326
-5.79	0.0281	3116.6	2842.8	8.2872	**320**	27369	0.036537	3116.3	2842.6	9.3496
-5.65	0.0272	3126.6	2850.6	8.3041	**325**	27600	0.036232	3126.4	2850.4	9.3665
-5.52	0.0263	3136.7	2858.3	8.3209	**330**	27831	0.035931	3136.5	2858.2	9.3833
-5.39	0.0254	3146.8	2866.1	8.3376	**335**	28062	0.035635	3146.6	2866.0	9.4000
-5.27	0.0246	3156.9	2873.9	8.3541	**340**	28293	0.035345	3156.7	2873.8	9.4166
-5.14	0.0238	3167.1	2881.8	8.3706	**345**	28524	0.035058	3166.9	2881.6	9.4330
-5.03	0.0231	3177.2	2889.6	8.3869	**350**	28755	0.034777	3177.0	2889.5	9.4494
-4.91	0.0224	3187.4	2897.5	8.4032	**355**	28986	0.034500	3187.2	2897.3	9.4657
-4.80	0.0217	3197.5	2905.3	8.4193	**360**	29216	0.034227	3197.4	2905.2	9.4818
-4.70	0.0210	3207.7	2913.2	8.4354	**365**	29447	0.033959	3207.6	2913.1	9.4978
-4.59	0.0204	3218.0	2921.1	8.4513	**370**	29678	0.033695	3217.8	2921.0	9.5138
-4.49	0.0198	3228.2	2929.0	8.4671	**375**	29909	0.033435	3228.0	2928.9	9.5296
-4.39	0.0192	3238.4	2937.0	8.4829	**380**	30140	0.033179	3238.3	2936.9	9.5454
-4.30	0.0186	3248.7	2944.9	8.4985	**385**	30371	0.032926	3248.5	2944.8	9.5610
-4.21	0.0181	3259.0	2952.9	8.5141	**390**	30602	0.032678	3258.8	2952.8	9.5766
-4.12	0.0176	3269.3	2960.9	8.5296	**395**	30832	0.032433	3269.1	2960.8	9.5921
-4.03	0.0171	3279.6	2968.9	8.5449	**400**	31063	0.032192	3279.4	2968.8	9.6075
-3.87	0.0162	3300.2	2984.9	8.5754	**410**	31525	0.031721	3300.1	2984.8	9.6379
-3.71	0.0153	3321.0	3001.1	8.6055	**420**	31987	0.031263	3320.8	3001.0	9.6681
-3.56	0.0145	3341.8	3017.2	8.6353	**430**	32448	0.030818	3341.6	3017.1	9.6979
-3.42	0.0138	3362.6	3033.5	8.6648	**440**	32910	0.030386	3362.5	3033.4	9.7274
-3.28	0.0131	3383.6	3049.8	8.6940	**450**	33372	0.029966	3383.4	3049.7	9.7565
-3.16	0.0124	3404.6	3066.2	8.7228	**460**	33833	0.029557	3404.5	3066.1	9.7854
-3.04	0.0118	3425.6	3082.7	8.7513	**470**	34295	0.029159	3425.5	3082.6	9.8139
-2.92	0.0113	3446.8	3099.2	8.7796	**480**	34757	0.028772	3446.7	3099.1	9.8422
-2.81	0.0107	3468.0	3115.8	8.8076	**490**	35218	0.028394	3467.9	3115.7	9.8702
-2.71	0.0102	3489.3	3132.4	8.8353	**500**	35680	0.028027	3489.2	3132.4	9.8979
-2.51	0.0093	3532.0	3166.0	8.8899	**520**	36603	0.027320	3531.9	3165.9	9.9525
-2.33	0.0086	3575.0	3199.8	8.9434	**540**	37526	0.026648	3575.0	3199.7	10.0061
-2.17	0.0079	3618.4	3233.8	8.9961	**560**	38450	0.026008	3618.3	3233.8	10.0587
-2.02	0.0072	3661.9	3268.2	9.0478	**580**	39373	0.025398	3661.9	3268.1	10.1104
-1.88	0.0067	3705.8	3302.8	9.0986	**600**	40296	0.024816	3705.7	3302.8	10.1612
-1.75	0.0062	3750.0	3337.8	9.1486	**620**	41219	0.024261	3749.9	3337.7	10.2112
-1.63	0.0057	3794.4	3373.0	9.1978	**640**	42142	0.023729	3794.3	3372.9	10.2604

Tafel 3. Druckwasser und überhitzter Dampf (Fortsetzung)

0.2 bar (t_s = 60.073 °C)						0.3 bar (t_s = 69.114 °C)				
$10^3 v$	ϱ	h	u	s	t	$10^3 v$	ϱ	h	u	s
m^3/kg	kg/m^3	kJ/kg		kJ/kgK	°C	m^3/kg	kg/m^3	kJ/kg		kJ/kg K
1.01716	983.13	251.46	251.44	0.83211	t_l	1.02223	978.25	289.30	289.27	0.94411
7650.	0.13072	2608.9	2455.9	7.9068	t_g	5230.	0.19121	2624.6	2467.7	7.7672
1.00021	999.79	−0.02	−0.04	−0.00015	0	1.00021	999.79	−0.01	−0.04	−0.00015
1.00005	999.95	21.04	21.02	0.07626	5	1.00004	999.96	21.05	21.02	0.07626
1.00030	999.70	42.01	41.99	0.15097	10	1.00029	999.71	42.02	41.99	0.15096
1.00090	999.10	62.93	62.91	0.22423	15	1.00090	999.10	62.94	62.91	0.22423
1.00181	998.20	83.85	83.83	0.29620	20	1.00180	998.20	83.86	83.83	0.29620
1.00298	997.03	104.77	104.75	0.36695	25	1.00298	997.03	104.78	104.75	0.36695
1.00440	995.62	125.68	125.66	0.43652	30	1.00440	995.62	125.69	125.66	0.43652
1.00604	994.00	146.60	146.58	0.50496	35	1.00604	994.00	146.61	146.58	0.50495
1.00789	992.17	167.51	167.49	0.57228	40	1.00788	992.18	167.52	167.49	0.57228
1.00993	990.17	188.42	188.40	0.63853	45	1.00992	990.17	188.43	188.40	0.63852
1.01215	987.99	209.33	209.31	0.70374	50	1.01215	988.00	209.34	209.31	0.70373
1.01455	985.66	230.24	230.22	0.76794	55	1.01455	985.66	230.25	230.22	0.76794
1.01712	983.16	251.15	251.13	0.83119	60	1.01712	983.17	251.16	251.13	0.83118
7766	0.12877	2618.4	2463.1	7.9352	65	1.01986	980.53	272.08	272.05	0.89350
7883	0.12685	2628.1	2470.4	7.9635	70	5244	0.19070	2626.3	2469.0	7.7722
8001	0.12499	2637.7	2477.7	7.9914	75	5323	0.18787	2636.1	2476.4	7.8005
8118	0.12318	2647.4	2485.0	8.0189	80	5401	0.18513	2645.8	2483.8	7.8282
8235	0.12143	2657.0	2492.3	8.0459	85	5480	0.18248	2655.5	2491.1	7.8555
8352	0.11973	2666.6	2499.5	8.0725	90	5559	0.17990	2665.2	2498.5	7.8824
8469	0.11808	2676.2	2506.8	8.0988	95	5637	0.17740	2674.9	2505.8	7.9089
8586	0.11648	2685.8	2514.1	8.1246	100	5715	0.17497	2684.6	2513.1	7.9350
8702	0.11491	2695.4	2521.3	8.1502	105	5793	0.17261	2694.2	2520.4	7.9607
8819	0.11340	2704.9	2528.6	8.1754	110	5871	0.17032	2703.9	2527.7	7.9861
8935	0.11192	2714.5	2535.8	8.2002	115	5949	0.16809	2713.5	2535.0	8.0111
9051	0.11048	2724.1	2543.1	8.2248	120	6027	0.16591	2723.2	2542.4	8.0358
9168	0.10908	2733.7	2550.4	8.2491	125	6105	0.16380	2732.8	2549.7	8.0602
9284	0.10771	2743.3	2557.6	8.2730	130	6183	0.16174	2742.5	2557.0	8.0842
9400	0.10638	2752.9	2564.9	8.2967	135	6261	0.15973	2752.1	2564.3	8.1080
9516	0.10508	2762.5	2572.2	8.3201	140	6338	0.15777	2761.8	2571.6	8.1315
9632	0.10382	2772.2	2579.5	8.3432	145	6416	0.15586	2771.4	2578.9	8.1547
9748	0.10258	2781.8	2586.8	8.3661	150	6493	0.15400	2781.1	2586.3	8.1777
9864	0.10137	2791.4	2594.1	8.3888	155	6571	0.15218	2790.7	2593.6	8.2004
9980	0.10020	2801.1	2601.5	8.4112	160	6649	0.15041	2800.4	2601.0	8.2229
10096	0.09905	2810.7	2608.8	8.4333	165	6726	0.14868	2810.1	2608.3	8.2451
10212	0.09792	2820.4	2616.1	8.4552	170	6803	0.14698	2819.8	2615.7	8.2671
10328	0.09682	2830.1	2623.5	8.4769	175	6881	0.14533	2829.5	2623.1	8.2889
10444	0.09575	2839.7	2630.9	8.4984	180	6958	0.14371	2839.2	2630.4	8.3104
10560	0.09470	2849.4	2638.2	8.5197	185	7036	0.14213	2848.9	2637.8	8.3317
10676	0.09367	2859.1	2645.6	8.5408	190	7113	0.14059	2858.6	2645.2	8.3528
10791	0.09267	2868.9	2653.0	8.5616	195	7190	0.13908	2868.4	2652.7	8.3737
10907	0.09168	2878.6	2660.4	8.5823	200	7268	0.13760	2878.1	2660.1	8.3944
11023	0.09072	2888.3	2667.9	8.6028	205	7345	0.13615	2887.9	2667.5	8.4150
11139	0.08978	2898.1	2675.3	8.6231	210	7422	0.13473	2897.6	2675.0	8.4353
11254	0.08886	2907.8	2682.8	8.6432	215	7499	0.13334	2907.4	2682.4	8.4554
11370	0.08795	2917.6	2690.2	8.6631	220	7577	0.13198	2917.2	2689.9	8.4754
11486	0.08707	2927.4	2697.7	8.6829	225	7654	0.13065	2927.0	2697.4	8.4952
11601	0.08620	2937.2	2705.2	8.7025	230	7731	0.12935	2936.8	2704.9	8.5148
11717	0.08535	2947.0	2712.7	8.7219	235	7808	0.12807	2946.7	2712.4	8.5342
11833	0.08451	2956.9	2720.2	8.7411	240	7885	0.12682	2956.5	2719.9	8.5535
11948	0.08369	2966.7	2727.7	8.7602	245	7963	0.12559	2966.4	2727.5	8.5726
12064	0.08289	2976.6	2735.3	8.7792	250	8040	0.12438	2976.2	2735.0	8.5915
12180	0.08211	2986.4	2742.8	8.7979	255	8117	0.12320	2986.1	2742.6	8.6103
12295	0.08133	2996.3	2750.4	8.8166	260	8194	0.12204	2996.0	2750.2	8.6290
12411	0.08058	3006.2	2758.0	8.8351	265	8271	0.12090	3005.9	2757.8	8.6475
12526	0.07983	3016.1	2765.6	8.8534	270	8348	0.11978	3015.8	2765.4	8.6659
12642	0.07910	3026.1	2773.2	8.8716	275	8425	0.11869	3025.8	2773.0	8.6841
12757	0.07839	3036.0	2780.9	8.8896	280	8503	0.11761	3035.7	2780.7	8.7021
12873	0.07768	3046.0	2788.5	8.9076	285	8580	0.11655	3045.7	2788.3	8.7201
12989	0.07699	3055.9	2796.2	8.9254	290	8657	0.11552	3055.7	2796.0	8.7379
13104	0.07631	3065.9	2803.9	8.9430	295	8734	0.11450	3065.7	2803.7	8.7556

Tafel 3. Druckwasser und überhitzter Dampf (Fortsetzung)

0.2 bar						0.3 bar				
$10^3 v$	ϱ	h	u	s	t	$10^3 v$	ϱ	h	u	s
m³/kg	kg/m³	kJ/kg		kJ/kgK	°C	m³/kg	kg/m³	kJ/kg		kJ/kg K
13220	0.07564	3075.9	2811.5	8.9606	**300**	8811	0.11349	3075.7	2811.4	8.7731
13335	0.07499	3086.0	2819.3	8.9780	**305**	8888	0.11251	3085.7	2819.1	8.7905
13451	0.07435	3096.0	2827.0	8.9952	**310**	8965	0.11154	3095.8	2826.8	8.8078
13566	0.07371	3106.0	2834.7	9.0124	**315**	9042	0.11059	3105.8	2834.5	8.8250
13682	0.07309	3116.1	2842.5	9.0294	**320**	9119	0.10966	3115.9	2842.3	8.8420
13797	0.07248	3126.2	2850.2	9.0464	**325**	9196	0.10874	3126.0	2850.1	8.8589
13913	0.07188	3136.3	2858.0	9.0632	**330**	9273	0.10784	3136.1	2857.9	8.8758
14028	0.07128	3146.4	2865.8	9.0799	**335**	9350	0.10695	3146.2	2865.7	8.8925
14144	0.07070	3156.5	2873.6	9.0964	**340**	9427	0.10607	3156.3	2873.5	8.9091
14259	0.07013	3166.7	2881.5	9.1129	**345**	9505	0.10521	3166.5	2881.3	8.9255
14375	0.06957	3176.8	2889.3	9.1293	**350**	9582	0.10437	3176.6	2889.2	8.9419
14490	0.06901	3187.0	2897.2	9.1455	**355**	9659	0.10353	3186.8	2897.0	8.9582
14606	0.06847	3197.2	2905.1	9.1617	**360**	9736	0.10272	3197.0	2904.9	8.9743
14721	0.06793	3207.4	2912.9	9.1777	**365**	9813	0.10191	3207.2	2912.8	8.9904
14837	0.06740	3217.6	2920.9	9.1937	**370**	9890	0.10112	3217.4	2920.7	9.0064
14952	0.06688	3227.8	2928.8	9.2095	**375**	9967	0.10033	3227.7	2928.7	9.0222
15068	0.06637	3238.1	2936.7	9.2253	**380**	10044	0.09956	3237.9	2936.6	9.0380
15183	0.06586	3248.4	2944.7	9.2410	**385**	10121	0.09881	3248.2	2944.6	9.0536
15299	0.06537	3258.6	2952.7	9.2565	**390**	10198	0.09806	3258.5	2952.5	9.0692
15414	0.06488	3268.9	2960.7	9.2720	**395**	10275	0.09733	3268.8	2960.5	9.0847
15530	0.06439	3279.3	2968.7	9.2874	**400**	10352	0.09660	3279.1	2968.5	9.1001
15761	0.06345	3299.9	2984.7	9.3179	**410**	10506	0.09519	3299.8	2984.6	9.1306
15991	0.06253	3320.7	3000.9	9.3480	**420**	10660	0.09381	3320.5	3000.7	9.1607
16222	0.06164	3341.5	3017.0	9.3778	**430**	10814	0.09247	3341.4	3016.9	9.1906
16453	0.06078	3362.4	3033.3	9.4073	**440**	10968	0.09118	3362.2	3033.2	9.2201
16684	0.05994	3383.3	3049.6	9.4365	**450**	11122	0.08991	3383.2	3049.5	9.2492
16915	0.05912	3404.3	3066.0	9.4653	**460**	11276	0.08869	3404.2	3065.9	9.2781
17146	0.05832	3425.4	3082.5	9.4939	**470**	11430	0.08749	3425.3	3082.4	9.3067
17377	0.05755	3446.6	3099.0	9.5222	**480**	11584	0.08633	3446.4	3098.9	9.3349
17608	0.05679	3467.8	3115.6	9.5501	**490**	11738	0.08520	3467.7	3115.5	9.3629
17839	0.05606	3489.0	3132.3	9.5779	**500**	11891	0.08409	3488.9	3132.2	9.3906
18300	0.054645	3531.8	3165.8	9.6325	**520**	12199	0.08197	3531.7	3165.7	9.4452
18762	0.053299	3574.9	3199.6	9.6861	**540**	12507	0.07995	3574.8	3199.6	9.4988
19224	0.052018	3618.2	3233.7	9.7387	**560**	12815	0.07803	3618.1	3233.6	9.5515
19685	0.050800	3661.8	3268.1	9.7904	**580**	13123	0.07620	3661.7	3268.0	9.6032
20147	0.049635	3705.7	3302.7	9.8412	**600**	13431	0.07446	3705.6	3302.7	9.6540
20609	0.048522	3749.8	3337.7	9.8913	**620**	13739	0.07279	3749.8	3337.6	9.7041
21070	0.047460	3794.3	3372.9	9.9405	**640**	14046	0.07119	3794.2	3372.8	9.7533
21532	0.046443	3839.0	3408.4	9.9889	**660**	14354	0.06967	3838.9	3408.3	9.8017
21994	0.045468	3884.0	3444.1	10.0366	**680**	14662	0.06820	3883.9	3444.1	9.8495
22455	0.044533	3929.3	3480.2	10.0837	**700**	14970	0.06680	3929.2	3480.2	9.8965
22917	0.043636	3974.9	3516.6	10.1300	**720**	15277	0.06546	3974.8	3516.5	9.9429
23378	0.042775	4020.8	3553.2	10.1758	**740**	15585	0.06416	4020.7	3553.1	9.9886
23840	0.041946	4066.9	3590.1	10.2209	**760**	15893	0.06292	4066.8	3590.1	10.0337
24302	0.041150	4113.3	3627.3	10.2654	**780**	16201	0.06173	4113.3	3627.3	10.0782
24763	0.040383	4160.0	3664.8	10.3093	**800**	16508	0.06057	4160.0	3664.7	10.1221
25917	0.038584	4278.0	3759.7	10.4168	**850**	17278	0.05788	4278.0	3759.7	10.2296
27071	0.036940	4397.8	3856.3	10.5211	**900**	18047	0.05541	4397.7	3856.3	10.3339
28225	0.035430	4519.2	3954.7	10.6224	**950**	18817	0.05314	4519.2	3954.7	10.4353
29379	0.034038	4642.3	4054.7	10.7210	**1000**	19586	0.05106	4642.2	4054.7	10.5339
31687	0.031559	4893.2	4259.5	10.9107	**1100**	21124	0.047339	4893.2	4259.4	10.7236
33994	0.029417	5150.2	4470.3	11.0914	**1200**	22663	0.044125	5150.2	4470.3	10.9042
36302	0.027547	5412.8	4686.8	11.2639	**1300**	24201	0.041320	5412.8	4686.8	11.0767
38610	0.025900	5680.7	4908.5	11.4289	**1400**	25740	0.038850	5680.7	4908.5	11.2418
40918	0.024439	5953.4	5135.1	11.5872	**1500**	27278	0.036659	5953.4	5135.1	11.4001
43225	0.023135	6230.6	5366.1	11.7393	**1600**	28817	0.034702	6230.6	5366.1	11.5521
45533	0.021962	6511.8	5601.1	11.8855	**1700**	30355	0.032943	6511.8	5601.1	11.6984
47841	0.020903	6796.7	5839.9	12.0264	**1800**	31894	0.031354	6796.7	5839.9	11.8392
50148	0.019941	7085.1	6082.1	12.1622	**1900**	33432	0.029911	7085.1	6082.1	11.9751
52456	0.019064	7376.7	6327.6	12.2934	**2000**	34971	0.028595	7376.7	6327.6	12.1063

Tafel 3. Druckwasser und überhitzter Dampf (Fortsetzung)

0.4 bar (t_s = 75.877 °C)						0.5 bar (t_s = 81.339 °C)				
$10^3 v$	ϱ	h	u	s	t	$10^3 v$	ϱ	h	u	s
m³/kg	kg/m³	kJ/kg		kJ/kg K	°C	m³/kg	kg/m³	kJ/kg		kJ/kg K
1.02636	974.31	317.63	317.59	1.02607	t_l	1.02991	970.96	340.54	340.49	1.09117
3994.0	0.25038	2636.1	2476.4	7.6688	t_g	3240.9	0.30856	2645.3	2483.3	7.5928
1.00020	999.80	0.00	−0.04	−0.00015	0	1.00020	999.80	0.01	−0.04	−0.00015
1.00004	999.96	21.06	21.02	0.07626	5	1.00003	999.97	21.07	21.02	0.07626
1.00029	999.71	42.03	41.99	0.15096	10	1.00028	999.72	42.04	41.99	0.15096
1.00089	999.11	62.95	62.91	0.22423	15	1.00089	999.11	62.96	62.91	0.22423
1.00180	998.20	83.87	83.83	0.29620	20	1.00179	998.21	83.88	83.83	0.29620
1.00297	997.03	104.79	104.75	0.36695	25	1.00297	997.04	104.80	104.75	0.36694
1.00439	995.63	125.70	125.66	0.43652	30	1.00439	995.63	125.71	125.66	0.43652
1.00603	994.00	146.62	146.58	0.50495	35	1.00603	994.01	146.63	146.58	0.50495
1.00788	992.18	167.53	167.49	0.57227	40	1.00787	992.19	167.54	167.49	0.57227
1.00992	990.18	188.44	188.40	0.63852	45	1.00991	990.18	188.45	188.40	0.63852
1.01214	988.00	209.35	209.31	0.70373	50	1.01214	988.01	209.36	209.31	0.70372
1.01454	985.67	230.26	230.22	0.76793	55	1.01454	985.67	230.27	230.22	0.76793
1.01712	983.17	251.17	251.13	0.83118	60	1.01711	983.18	251.18	251.13	0.83117
1.01985	980.53	272.09	272.05	0.89350	65	1.01985	980.54	272.10	272.05	0.89349
1.02275	977.75	293.02	292.98	0.95494	70	1.02275	977.76	293.02	292.97	0.95493
1.02581	974.84	313.96	313.92	1.01553	75	1.02581	974.84	313.97	313.92	1.01552
4043.1	0.24734	2644.2	2482.5	7.6919	80	1.02902	971.80	334.93	334.88	1.07530
4102.5	0.24375	2654.1	2490.0	7.7195	85	3275.9	0.30526	2652.6	2488.8	7.6132
4161.8	0.24028	2663.8	2497.4	7.7466	90	3323.6	0.30088	2662.5	2496.3	7.6406
4220.9	0.23692	2673.6	2504.8	7.7733	95	3371.3	0.29663	2672.3	2503.7	7.6676
4279.9	0.23365	2683.4	2512.2	7.7996	100	3418.8	0.29250	2682.1	2511.2	7.6941
4338.9	0.23048	2693.1	2519.5	7.8255	105	3466.2	0.28850	2691.9	2518.6	7.7202
4397.7	0.22739	2702.8	2526.9	7.8511	110	3513.5	0.28462	2701.7	2526.0	7.7459
4456.4	0.22439	2712.5	2534.3	7.8763	115	3560.7	0.28084	2711.5	2533.5	7.7712
4515.1	0.22148	2722.2	2541.6	7.9011	120	3607.8	0.27717	2721.2	2540.9	7.7962
4573.7	0.21864	2731.9	2549.0	7.9256	125	3654.9	0.27360	2731.0	2548.2	7.8208
4632.3	0.21588	2741.6	2556.3	7.9498	130	3701.9	0.27013	2740.7	2555.6	7.8451
4690.8	0.21318	2751.3	2563.7	7.9737	135	3748.9	0.26674	2750.5	2563.0	7.8691
4749.2	0.21056	2761.0	2571.0	7.9973	140	3795.8	0.26345	2760.2	2570.4	7.8928
4807.6	0.20800	2770.7	2578.4	8.0206	145	3842.7	0.26023	2769.9	2577.8	7.9162
4866.0	0.20551	2780.4	2585.7	8.0437	150	3889.5	0.25710	2779.7	2585.2	7.9394
4924.3	0.20307	2790.1	2593.1	8.0664	155	3936.3	0.25405	2789.4	2592.6	7.9622
4982.6	0.20070	2799.8	2600.5	8.0890	160	3983.0	0.25106	2799.1	2600.0	7.9848
5040.9	0.19838	2809.5	2607.8	8.1113	165	4029.8	0.24815	2808.9	2607.4	8.0072
5099.1	0.19611	2819.2	2615.2	8.1333	170	4076.4	0.24531	2818.6	2614.8	8.0293
5157.3	0.19390	2828.9	2622.6	8.1551	175	4123.1	0.24254	2828.3	2622.2	8.0511
5215.	0.19174	2838.6	2630.0	8.1767	180	4169.7	0.23982	2838.1	2629.6	8.0728
5274.	0.18963	2848.4	2637.4	8.1981	185	4216.3	0.23717	2847.9	2637.0	8.0942
5332.	0.18756	2858.1	2644.9	8.2192	190	4262.9	0.23458	2857.6	2644.5	8.1154
5390.	0.18554	2867.9	2652.3	8.2402	195	4309.5	0.23205	2867.4	2651.9	8.1364
5448.	0.18356	2877.6	2659.7	8.2609	200	4356.0	0.22957	2877.2	2659.4	8.1572
5506.	0.18162	2887.4	2667.2	8.2815	205	4402.5	0.22714	2887.0	2666.8	8.1778
5564.	0.17973	2897.2	2674.6	8.3018	210	4449.0	0.22477	2896.8	2674.3	8.1982
5622.	0.17787	2907.0	2682.1	8.3220	215	4495.5	0.22244	2906.6	2681.8	8.2184
5680.	0.17606	2916.8	2689.6	8.3420	220	4542.0	0.22017	2916.4	2689.3	8.2384
5738.	0.17428	2926.6	2697.1	8.3618	225	4588.4	0.21794	2926.2	2696.8	8.2582
5796.	0.17253	2936.5	2704.6	8.3814	230	4634.9	0.21576	2936.1	2704.3	8.2779
5854.	0.17083	2946.3	2712.1	8.4009	235	4681.3	0.21362	2945.9	2711.9	8.2974
5912.	0.16915	2956.2	2719.7	8.4202	240	4727.7	0.21152	2955.8	2719.4	8.3167
5970.	0.16751	2966.0	2727.2	8.4393	245	4774.1	0.20946	2965.7	2727.0	8.3358
6028.	0.16590	2975.9	2734.8	8.4583	250	4820.5	0.20745	2975.6	2734.5	8.3548
6086.	0.16432	2985.8	2742.4	8.4771	255	4866.9	0.20547	2985.5	2742.1	8.3737
6144.	0.16277	2995.7	2750.0	8.4958	260	4913.3	0.20353	2995.4	2749.7	8.3924
6201.	0.16125	3005.6	2757.6	8.5143	265	4959.7	0.20163	3005.3	2757.3	8.4109
6259.	0.15976	3015.6	2765.2	8.5327	270	5006.	0.19976	3015.3	2765.0	8.4293
6317.	0.15830	3025.5	2772.8	8.5509	275	5052.	0.19793	3025.2	2772.6	8.4475
6375.	0.15686	3035.5	2780.5	8.5690	280	5099.	0.19613	3035.2	2780.2	8.4656
6433.	0.15545	3045.4	2788.1	8.5869	285	5145.	0.19436	3045.2	2787.9	8.4836
6491.	0.15406	3055.4	2795.8	8.6048	290	5191.	0.19263	3055.2	2795.6	8.5014
6549.	0.15270	3065.4	2803.5	8.6224	295	5238.	0.19092	3065.2	2803.3	8.5191

Tafel 3. Druckwasser und überhitzter Dampf (Fortsetzung)

0.4 bar						0.5 bar				
$10^3 v$	ϱ	h	u	s	t	$10^3 v$	ϱ	h	u	s
m^3/kg	kg/m^3	kJ/kg		kJ/kgK	°C	m^3/kg	kg/m^3	kJ/kg		kJ/kg K
6607	0.15136	3075.4	2811.2	8.6400	**300**	5284	0.18925	3075.2	2811.0	8.5367
6664	0.15005	3085.5	2818.9	8.6574	**305**	5330	0.18761	3085.2	2818.7	8.5541
6722	0.14876	3095.5	2826.6	8.6747	**310**	5377	0.18599	3095.3	2826.4	8.5714
6780	0.14749	3105.6	2834.4	8.6919	**315**	5423	0.18440	3105.3	2834.2	8.5886
6838	0.14624	3115.7	2842.1	8.7090	**320**	5469	0.18284	3115.4	2842.0	8.6057
6896	0.14502	3125.7	2849.9	8.7259	**325**	5516	0.18131	3125.5	2849.7	8.6226
6954	0.14381	3135.8	2857.7	8.7427	**330**	5562	0.17980	3135.6	2857.5	8.6395
7011	0.14262	3146.0	2865.5	8.7594	**335**	5608	0.17831	3145.8	2865.4	8.6562
7069	0.14146	3156.1	2873.3	8.7760	**340**	5654	0.17685	3155.9	2873.2	8.6728
7127	0.14031	3166.3	2881.2	8.7925	**345**	5701	0.17542	3166.1	2881.0	8.6893
7185	0.13918	3176.4	2889.0	8.8089	**350**	5747	0.17401	3176.2	2888.9	8.7057
7243	0.13807	3186.6	2896.9	8.8252	**355**	5793	0.17262	3186.4	2896.8	8.7220
7301	0.13698	3196.8	2904.8	8.8413	**360**	5839	0.17125	3196.6	2904.6	8.7381
7358	0.13590	3207.0	2912.7	8.8574	**365**	5886	0.16990	3206.8	2912.5	8.7542
7416	0.13484	3217.2	2920.6	8.8734	**370**	5932	0.16858	3217.1	2920.5	8.7702
7474	0.13380	3227.5	2928.5	8.8892	**375**	5978	0.16727	3227.3	2928.4	8.7861
7532	0.13277	3237.7	2936.5	8.9050	**380**	6024	0.16599	3237.6	2936.4	8.8018
7589	0.13176	3248.0	2944.4	8.9207	**385**	6071	0.16473	3247.9	2944.3	8.8175
7647	0.13077	3258.3	2952.4	8.9363	**390**	6117	0.16348	3258.1	2952.3	8.8331
7705	0.12979	3268.6	2960.4	8.9517	**395**	6163	0.16225	3268.5	2960.3	8.8486
7763	0.12882	3278.9	2968.4	8.9671	**400**	6209	0.16105	3278.8	2968.3	8.8640
7878	0.12693	3299.6	2984.5	8.9977	**410**	6302	0.15868	3299.5	2984.4	8.8945
7994	0.12510	3320.4	3000.6	9.0278	**420**	6394	0.15639	3320.3	3000.5	8.9247
8109	0.12331	3341.2	3016.8	9.0576	**430**	6487	0.15416	3341.1	3016.7	8.9545
8225	0.12158	3362.1	3033.1	9.0871	**440**	6579	0.15199	3362.0	3033.0	8.9840
8340	0.11990	3383.1	3049.4	9.1163	**450**	6672	0.14989	3382.9	3049.3	9.0132
8456	0.11826	3404.1	3065.8	9.1452	**460**	6764	0.14784	3404.0	3065.8	9.0421
8571	0.11667	3425.2	3082.3	9.1738	**470**	6857	0.14585	3425.1	3082.2	9.0707
8687	0.11512	3446.3	3098.8	9.2020	**480**	6949	0.14391	3446.2	3098.8	9.0989
8802	0.11360	3467.5	3115.4	9.2300	**490**	7041	0.14202	3467.4	3115.4	9.1269
8918	0.11213	3488.8	3132.1	9.2577	**500**	7134	0.14018	3488.7	3132.0	9.1547
9149	0.10930	3531.6	3165.7	9.3124	**520**	7319	0.13664	3531.5	3165.6	9.2093
9380	0.10661	3574.7	3199.5	9.3660	**540**	7503	0.13327	3574.6	3199.4	9.2629
9611	0.10405	3618.0	3233.6	9.4186	**560**	7688	0.13007	3617.9	3233.5	9.3156
9842	0.10161	3661.6	3268.0	9.4704	**580**	7873	0.12702	3661.5	3267.9	9.3673
10073	0.09928	3705.5	3302.6	9.5212	**600**	8058	0.12411	3705.4	3302.5	9.4182
10303	0.09705	3749.7	3337.5	9.5712	**620**	8242	0.12132	3749.6	3337.5	9.4682
10534	0.09493	3794.1	3372.8	9.6204	**640**	8427	0.11866	3794.1	3372.7	9.5174
10765	0.09289	3838.9	3408.3	9.6689	**660**	8612	0.11612	3838.8	3408.2	9.5659
10996	0.09094	3883.9	3444.0	9.7166	**680**	8797	0.11368	3883.8	3444.0	9.6136
11227	0.08907	3929.2	3480.1	9.7637	**700**	8981	0.11134	3929.1	3480.1	9.6606
11458	0.08728	3974.8	3516.5	9.8100	**720**	9166	0.10910	3974.7	3516.4	9.7070
11689	0.08555	4020.6	3553.1	9.8558	**740**	9351	0.10694	4020.6	3553.1	9.7527
11919	0.08390	4066.8	3590.0	9.9009	**760**	9535	0.10487	4066.7	3590.0	9.7979
12150	0.08230	4113.2	3627.2	9.9454	**780**	9720	0.10288	4113.2	3627.2	9.8424
12381	0.08077	4159.9	3664.7	9.9893	**800**	9905	0.10096	4159.9	3664.7	9.8863
12958	0.07717	4278.0	3759.6	10.0968	**850**	10366	0.09647	4277.9	3759.6	9.9938
13535	0.07388	4397.7	3856.3	10.2011	**900**	10828	0.09235	4397.7	3856.3	10.0981
14112	0.07086	4519.1	3954.6	10.3025	**950**	11290	0.08858	4519.1	3954.6	10.1995
14689	0.06808	4642.2	4054.6	10.4011	**1000**	11751	0.08510	4642.2	4054.6	10.2981
15843	0.063119	4893.1	4259.4	10.5908	**1100**	12675	0.07890	4893.1	4259.4	10.4878
16997	0.058834	5150.2	4470.3	10.7714	**1200**	13598	0.07354	5150.1	4470.2	10.6684
18151	0.055093	5412.8	4686.8	10.9439	**1300**	14521	0.06887	5412.8	4686.8	10.8409
19305	0.051800	5680.7	4908.5	11.1090	**1400**	15444	0.06475	5680.7	4908.5	11.0060
20459	0.048878	5953.4	5135.1	11.2673	**1500**	16367	0.06110	5953.4	5135.0	11.1643
21613	0.046269	6230.6	5366.0	11.4193	**1600**	17290	0.05784	6230.5	5366.0	11.3164
22767	0.043924	6511.7	5601.1	11.5656	**1700**	18213	0.05490	6511.7	5601.1	11.4626
23921	0.041805	6796.7	5839.9	11.7064	**1800**	19137	0.05226	6796.7	5839.9	11.6035
25074	0.039881	7085.1	6082.1	11.8423	**1900**	20060	0.04985	7085.1	6082.1	11.7393
26228	0.038127	7376.7	6327.6	11.9735	**2000**	20983	0.04766	7376.7	6327.6	11.8705

Tafel 3. Druckwasser und überhitzter Dampf (Fortsetzung)

0.6 bar (t_s = 85.949 °C)						0.7 bar (t_s = 89.956 °C)				
$10^3 v$	ϱ	h	u	s	t	$10^3 v$	ϱ	h	u	s
m³/kg	kg/m³	kJ/kg		kJ/kg K	°C	m³/kg	kg/m³	kJ/kg		kJ/kg K
1.03305	968.01	359.90	359.84	1.14540	t_l	1.03588	965.36	376.75	376.68	1.19202
2732.4	0.36598	2653.0	2489.0	7.5310	t_g	2365.4	0.42277	2659.6	2494.0	7.4789
1.00019	999.81	0.02	-0.04	-0.00015	0	1.00019	999.81	0.03	-0.04	-0.00015
1.00003	999.97	21.08	21.02	0.07626	5	1.00002	999.98	21.09	21.02	0.07626
1.00028	999.72	42.05	41.98	0.15096	10	1.00027	999.73	42.05	41.98	0.15096
1.00088	999.12	62.97	62.91	0.22423	15	1.00088	999.12	62.98	62.91	0.22423
1.00179	998.21	83.89	83.83	0.29619	20	1.00178	998.22	83.90	83.83	0.29619
1.00297	997.04	104.81	104.75	0.36694	25	1.00296	997.05	104.81	104.74	0.36694
1.00438	995.64	125.72	125.66	0.43651	30	1.00438	995.64	125.73	125.66	0.43651
1.00602	994.01	146.64	146.58	0.50494	35	1.00602	994.02	146.65	146.58	0.50494
1.00787	992.19	167.55	167.49	0.57226	40	1.00786	992.20	167.56	167.49	0.57226
1.00991	990.19	188.46	188.40	0.63851	45	1.00990	990.19	188.47	188.40	0.63851
1.01213	988.01	209.37	209.31	0.70372	50	1.01213	988.02	209.38	209.31	0.70371
1.01453	985.67	230.28	230.22	0.76792	55	1.01453	985.68	230.28	230.21	0.76792
1.01711	983.18	251.19	251.13	0.83117	60	1.01710	983.19	251.20	251.12	0.83116
1.01984	980.54	272.11	272.04	0.89349	65	1.01984	980.55	272.11	272.04	0.89348
1.02274	977.76	293.03	292.97	0.95492	70	1.02274	977.77	293.04	292.97	0.95492
1.02580	974.85	313.98	313.91	1.01551	75	1.02580	974.85	313.98	313.91	1.01551
1.02902	971.80	334.94	334.87	1.07529	80	1.02901	971.80	334.94	334.87	1.07528
1.03239	968.63	355.92	355.86	1.13429	85	1.03239	968.63	355.93	355.85	1.13428
2764.8	0.36168	2661.1	2495.2	7.5534	90	2365.7	0.42271	2659.7	2494.1	7.4792
2804.8	0.35653	2671.0	2502.7	7.5806	95	2400.1	0.41664	2669.7	2501.7	7.5066
2844.6	0.35154	2680.9	2510.2	7.6073	100	2434.5	0.41077	2679.7	2509.3	7.5336
2884.3	0.34670	2690.8	2517.7	7.6336	105	2468.7	0.40507	2689.6	2516.8	7.5600
2924.0	0.34200	2700.6	2525.2	7.6595	110	2502.8	0.39954	2699.5	2524.3	7.5861
2963.5	0.33744	2710.5	2532.7	7.6850	115	2536.9	0.39418	2709.4	2531.8	7.6118
3003.0	0.33301	2720.3	2540.1	7.7101	120	2570.9	0.38897	2719.3	2539.3	7.6370
3042.4	0.32869	2730.1	2547.5	7.7349	125	2604.8	0.38391	2729.2	2546.8	7.6619
3081.7	0.32450	2739.9	2555.0	7.7593	130	2638.6	0.37898	2739.0	2554.3	7.6865
3121.0	0.32041	2749.6	2562.4	7.7834	135	2672.4	0.37419	2748.8	2561.7	7.7107
3160.2	0.31644	2759.4	2569.8	7.8072	140	2706.2	0.36953	2758.6	2569.2	7.7346
3199.4	0.31256	2769.2	2577.2	7.8307	145	2739.8	0.36498	2768.4	2576.6	7.7582
3238.5	0.30878	2778.9	2584.6	7.8539	150	2773.5	0.36056	2778.2	2584.1	7.7815
3277.6	0.30510	2788.7	2592.1	7.8769	155	2807.1	0.35624	2788.0	2591.5	7.8045
3316.7	0.30151	2798.5	2599.5	7.8995	160	2840.7	0.35203	2797.8	2599.0	7.8272
3355.7	0.29800	2808.2	2606.9	7.9219	165	2874.2	0.34792	2807.6	2606.4	7.8497
3394.7	0.29458	2818.0	2614.3	7.9441	170	2907.7	0.34392	2817.4	2613.9	7.8719
3433.6	0.29124	2827.8	2621.8	7.9660	175	2941.2	0.34000	2827.2	2621.3	7.8939
3472.6	0.28797	2837.5	2629.2	7.9877	180	2974.6	0.33618	2837.0	2628.8	7.9156
3511.5	0.28478	2847.3	2636.6	8.0092	185	3008.0	0.33244	2846.8	2636.2	7.9372
3550.4	0.28166	2857.1	2644.1	8.0304	190	3041.4	0.32879	2856.6	2643.7	7.9584
3589.2	0.27861	2866.9	2651.6	8.0515	195	3074.8	0.32522	2866.4	2651.2	7.9795
3628.1	0.27563	2876.7	2659.0	8.0723	200	3108.2	0.32173	2876.2	2658.7	8.0004
3666.9	0.27271	2886.5	2666.5	8.0929	205	3141.5	0.31832	2886.1	2666.2	8.0210
3705.7	0.26985	2896.3	2674.0	8.1133	210	3174.8	0.31498	2895.9	2673.7	8.0415
3744.5	0.26706	2906.2	2681.5	8.1336	215	3208.1	0.31171	2905.7	2681.2	8.0618
3783.3	0.26432	2916.0	2689.0	8.1536	220	3241.4	0.30851	2915.6	2688.7	8.0818
3822.1	0.26164	2925.8	2696.5	8.1735	225	3274.7	0.30538	2925.4	2696.2	8.1017
3860.8	0.25901	2935.7	2704.0	8.1932	230	3307.9	0.30230	2935.3	2703.8	8.1214
3899.6	0.25644	2945.6	2711.6	8.2127	235	3341.2	0.29930	2945.2	2711.3	8.1410
3938.3	0.25392	2955.4	2719.1	8.2320	240	3374.4	0.29635	2955.1	2718.9	8.1603
3977.0	0.25145	2965.3	2726.7	8.2512	245	3407.6	0.29346	2965.0	2726.5	8.1796
4015.7	0.24902	2975.2	2734.3	8.2702	250	3440.8	0.29063	2974.9	2734.0	8.1986
4054.4	0.24665	2985.1	2741.9	8.2891	255	3474.0	0.28785	2984.8	2741.6	8.2175
4093.1	0.24431	2995.1	2749.5	8.3078	260	3507.2	0.28513	2994.8	2749.3	8.2362
4131.8	0.24203	3005.0	2757.1	8.3263	265	3540.4	0.28245	3004.7	2756.9	8.2548
4170.4	0.23978	3015.0	2764.7	8.3447	270	3573.6	0.27983	3014.7	2764.5	8.2732
4209.1	0.23758	3024.9	2772.4	8.3630	275	3606.7	0.27726	3024.6	2772.2	8.2915
4247.7	0.23542	3034.9	2780.0	8.3811	280	3639.9	0.27473	3034.6	2779.8	8.3096
4286.4	0.23330	3044.9	2787.7	8.3991	285	3673.1	0.27225	3044.6	2787.5	8.3276
4325.0	0.23121	3054.9	2795.4	8.4169	290	3706.2	0.26982	3054.6	2795.2	8.3454
4363.7	0.22917	3064.9	2803.1	8.4346	295	3739.3	0.26743	3064.7	2802.9	8.3632

Tafel 3. Druckwasser und überhitzter Dampf (Fortsetzung)

0.6 bar						0.7 bar				
$10^3 v$	ϱ	h	u	s	t	$10^3 v$	ϱ	h	u	s
m^3/kg	kg/m^3	kJ/kg		kJ/kgK	°C	m^3/kg	kg/m^3	kJ/kg		kJ/kg K
4402.3	0.22716	3074.9	2810.8	8.4522	**300**	3772.5	0.26508	3074.7	2810.6	8.3807
4440.9	0.22518	3085.0	2818.5	8.4697	**305**	3805.6	0.26277	3084.7	2818.3	8.3982
4479.5	0.22324	3095.0	2826.3	8.4870	**310**	3838.7	0.26050	3094.8	2826.1	8.4155
4518.1	0.22133	3105.1	2834.0	8.5042	**315**	3871.8	0.25828	3104.9	2833.9	8.4328
4556.7	0.21946	3115.2	2841.8	8.5213	**320**	3904.9	0.25609	3115.0	2841.6	8.4498
4595.3	0.21761	3125.3	2849.6	8.5382	**325**	3938.0	0.25393	3125.1	2849.4	8.4668
4633.9	0.21580	3135.4	2857.4	8.5551	**330**	3971.1	0.25182	3135.2	2857.2	8.4837
4672.5	0.21402	3145.6	2865.2	8.5718	**335**	4004.2	0.24974	3145.3	2865.0	8.5004
4711.1	0.21226	3155.7	2873.0	8.5884	**340**	4037.3	0.24769	3155.5	2872.9	8.5170
4749.7	0.21054	3165.9	2880.9	8.6049	**345**	4070.4	0.24568	3165.7	2880.7	8.5335
4788.3	0.20884	3176.0	2888.7	8.6213	**350**	4103.5	0.24369	3175.8	2888.6	8.5499
4826.8	0.20718	3186.2	2896.6	8.6376	**355**	4136.6	0.24175	3186.0	2896.5	8.5662
4865.4	0.20553	3196.4	2904.5	8.6538	**360**	4169.7	0.23983	3196.2	2904.4	8.5824
4904.0	0.20392	3206.7	2912.4	8.6699	**365**	4202.7	0.23794	3206.5	2912.3	8.5985
4942.5	0.20233	3216.9	2920.3	8.6858	**370**	4235.8	0.23608	3216.7	2920.2	8.6145
4981.1	0.20076	3227.1	2928.3	8.7017	**375**	4268.9	0.23425	3227.0	2928.1	8.6304
5019.6	0.19922	3237.4	2936.2	8.7175	**380**	4301.9	0.23245	3237.2	2936.1	8.6462
5058.2	0.19770	3247.7	2944.2	8.7332	**385**	4335.0	0.23068	3247.5	2944.1	8.6618
5096.8	0.19620	3258.0	2952.2	8.7488	**390**	4368.0	0.22894	3257.8	2952.1	8.6774
5135.3	0.19473	3268.3	2960.2	8.7643	**395**	4401.1	0.22722	3268.1	2960.1	8.6929
5173.9	0.19328	3278.6	2968.2	8.7797	**400**	4434.2	0.22552	3278.5	2968.1	8.7083
5251.	0.19044	3299.3	2984.3	8.8102	**410**	4500.3	0.22221	3299.2	2984.2	8.7389
5328.	0.18769	3320.1	3000.4	8.8404	**420**	4566.3	0.21899	3320.0	3000.3	8.7691
5405.	0.18501	3340.9	3016.6	8.8702	**430**	4632.4	0.21587	3340.8	3016.5	8.7989
5482.	0.18241	3361.8	3032.9	8.8997	**440**	4698.5	0.21283	3361.7	3032.8	8.8285
5559.	0.17988	3382.8	3049.3	8.9289	**450**	4764.6	0.20988	3382.7	3049.2	8.8577
5636.	0.17742	3403.8	3065.7	8.9578	**460**	4830.6	0.20701	3403.7	3065.6	8.8865
5713.	0.17503	3424.9	3082.1	8.9864	**470**	4896.7	0.20422	3424.8	3082.0	8.9151
5790.	0.17270	3446.1	3098.7	9.0147	**480**	4962.7	0.20150	3446.0	3098.6	8.9434
5867.	0.17043	3467.3	3115.3	9.0427	**490**	5028.8	0.19886	3467.2	3115.2	8.9714
5944.	0.16823	3488.6	3132.0	9.0704	**500**	5094.8	0.19628	3488.5	3131.9	8.9992
6098.	0.16398	3531.4	3165.5	9.1251	**520**	5227.	0.19132	3531.3	3165.4	9.0538
6252.	0.15994	3574.5	3199.3	9.1787	**540**	5359.	0.18661	3574.4	3199.3	9.1075
6406.	0.15609	3617.8	3233.4	9.2313	**560**	5491.	0.18212	3617.7	3233.4	9.1601
6560.	0.15243	3661.5	3267.8	9.2831	**580**	5623.	0.17784	3661.4	3267.8	9.2119
6714.	0.14893	3705.4	3302.5	9.3339	**600**	5755.	0.17376	3705.3	3302.4	9.2627
6868.	0.14559	3749.5	3337.4	9.3840	**620**	5887.	0.16987	3749.5	3337.4	9.3128
7022.	0.14240	3794.0	3372.7	9.4332	**640**	6019.	0.16614	3793.9	3372.6	9.3620
7176.	0.13935	3838.7	3408.2	9.4817	**660**	6151.	0.16258	3838.7	3408.1	9.4105
7330.	0.13642	3883.8	3443.9	9.5294	**680**	6283.	0.15916	3883.7	3443.9	9.4582
7484.	0.13362	3929.1	3480.0	9.5765	**700**	6415.	0.15589	3929.0	3480.0	9.5053
7638.	0.13092	3974.7	3516.4	9.6228	**720**	6547.	0.15275	3974.6	3516.3	9.5516
7792.	0.12834	4020.5	3553.0	9.6686	**740**	6679.	0.14973	4020.5	3553.0	9.5974
7946.	0.12585	4066.7	3589.9	9.7137	**760**	6811.	0.14683	4066.6	3589.9	9.6425
8100.	0.12346	4113.1	3627.1	9.7582	**780**	6943.	0.14404	4113.1	3627.1	9.6870
8254.	0.12116	4159.9	3664.6	9.8021	**800**	7075.	0.14135	4159.8	3664.6	9.7310
8638.	0.11576	4277.9	3759.6	9.9096	**850**	7404.	0.13506	4277.8	3759.5	9.8385
9023.	0.11082	4397.6	3856.2	10.0139	**900**	7734.	0.12930	4397.6	3856.2	9.9428
9408.	0.10629	4519.1	3954.6	10.1153	**950**	8064.	0.12401	4519.0	3954.5	10.0441
9793.	0.10212	4642.1	4054.6	10.2139	**1000**	8394.	0.11914	4642.1	4054.6	10.1428
10562.	0.09468	4893.1	4259.4	10.4036	**1100**	9053.	0.11046	4893.1	4259.3	10.3325
11332.	0.08825	5150.1	4470.2	10.5843	**1200**	9713.	0.10296	5150.1	4470.2	10.5131
12101.	0.08264	5412.8	4686.7	10.7568	**1300**	10372.	0.09641	5412.8	4686.7	10.6856
12870.	0.07770	5680.7	4908.5	10.9219	**1400**	11032.	0.09065	5680.7	4908.5	10.8507
13639.	0.07332	5953.4	5135.0	11.0802	**1500**	11691.	0.08554	5953.4	5135.0	11.0090
14409.	0.06940	6230.5	5366.0	11.2322	**1600**	12350.	0.08097	6230.5	5366.0	11.1611
15178.	0.06589	6511.7	5601.1	11.3784	**1700**	13010.	0.07687	6511.7	5601.0	11.3073
15947.	0.06271	6796.7	5839.8	11.5193	**1800**	13669.	0.07316	6796.7	5839.8	11.4482
16716.	0.05982	7085.1	6082.1	11.6552	**1900**	14328.	0.06979	7085.1	6082.1	11.5840
17486.	0.05719	7376.7	6327.6	11.7864	**2000**	14988.	0.06672	7376.7	6327.6	11.7152

Tafel 3. Druckwasser und überhitzter Dampf (Fortsetzung)

0.8 bar ($t_s = 93.511$ °C)						0.9 bar ($t_s = 96.713$ °C)				
$10^3 v$	ϱ	h	u	s	t	$10^3 v$	ϱ	h	u	s
m³/kg	kg/m³	kJ/kg		kJ/kgK	°C	m³/kg	kg/m³	kJ/kg		kJ/kg K
1.03848	962.95	391.71	391.63	1.23300	t_l	1.04088	960.73	405.20	405.11	1.26960
2087.6	0.47902	2665.3	2498.3	7.4339	t_g	1869.8	0.5348	2670.5	2502.2	7.3943
1.00018	999.82	0.04	−0.04	−0.00015	0	1.00018	999.82	0.05	−0.04	−0.00015
1.00002	999.98	21.10	21.02	0.07626	5	1.00001	999.99	21.11	21.02	0.07626
1.00027	999.73	42.06	41.98	0.15096	10	1.00026	999.74	42.07	41.98	0.15096
1.00087	999.13	62.99	62.91	0.22422	15	1.00087	999.13	63.00	62.91	0.22422
1.00178	998.22	83.91	83.83	0.29619	20	1.00178	998.23	83.92	83.83	0.29619
1.00296	997.05	104.82	104.74	0.36694	25	1.00295	997.06	104.83	104.74	0.36693
1.00437	995.64	125.74	125.66	0.43651	30	1.00437	995.65	125.75	125.66	0.43650
1.00601	994.02	146.65	146.57	0.50494	35	1.00601	994.03	146.66	146.57	0.50493
1.00786	992.20	167.57	167.49	0.57226	40	1.00786	992.21	167.58	167.49	0.57225
1.00990	990.20	188.48	188.40	0.63850	45	1.00990	990.20	188.49	188.40	0.63850
1.01212	988.02	209.39	209.30	0.70371	50	1.01212	988.03	209.39	209.30	0.70370
1.01453	985.68	230.29	230.21	0.76791	55	1.01452	985.69	230.30	230.21	0.76791
1.01710	983.19	251.20	251.12	0.83116	60	1.01709	983.19	251.21	251.12	0.83115
1.01983	980.55	272.12	272.04	0.89348	65	1.01983	980.56	272.13	272.04	0.89347
1.02273	977.77	293.05	292.97	0.95491	70	1.02273	977.78	293.06	292.97	0.95491
1.02579	974.86	313.99	313.91	1.01550	75	1.02579	974.86	314.00	313.91	1.01549
1.02901	971.81	334.95	334.87	1.07528	80	1.02900	971.81	334.96	334.87	1.07527
1.03238	968.63	355.93	355.85	1.13428	85	1.03238	968.64	355.94	355.85	1.13427
1.03591	965.34	376.94	376.86	1.19253	90	1.03590	965.34	376.95	376.86	1.19252
2096.6	0.47696	2668.3	2500.6	7.4421	95	1.03958	961.92	397.99	397.89	1.25005
2126.8	0.47018	2678.4	2508.3	7.4693	100	1887.6	0.52978	2677.2	2507.3	7.4122
2157.0	0.46361	2688.4	2515.9	7.4960	105	1914.5	0.52233	2687.3	2515.0	7.4391
2187.0	0.45725	2698.4	2523.5	7.5222	110	1941.3	0.51511	2697.3	2522.6	7.4656
2216.9	0.45107	2708.4	2531.0	7.5480	115	1968.1	0.50811	2707.3	2530.2	7.4915
2246.8	0.44507	2718.3	2538.6	7.5734	120	1994.7	0.50132	2717.3	2537.8	7.5171
2276.6	0.43925	2728.2	2546.1	7.5985	125	2021.3	0.49472	2727.3	2545.4	7.5423
2306.3	0.43359	2738.1	2553.6	7.6231	130	2047.9	0.48831	2737.2	2552.9	7.5671
2336.0	0.42808	2748.0	2561.1	7.6475	135	2074.3	0.48208	2747.1	2560.4	7.5915
2365.6	0.42272	2757.8	2568.6	7.6715	140	2100.8	0.47602	2757.0	2568.0	7.6156
2395.2	0.41750	2767.7	2576.1	7.6951	145	2127.1	0.47012	2766.9	2575.5	7.6394
2424.7	0.41242	2777.5	2583.5	7.7185	150	2153.5	0.46437	2776.8	2583.0	7.6628
2454.2	0.40746	2787.3	2591.0	7.7416	155	2179.7	0.45877	2786.6	2590.5	7.6860
2483.7	0.40263	2797.2	2598.5	7.7644	160	2206.0	0.45331	2796.5	2598.0	7.7089
2513.1	0.39792	2807.0	2605.9	7.7870	165	2232.2	0.44799	2806.3	2605.5	7.7315
2542.5	0.39332	2816.8	2613.4	7.8093	170	2258.4	0.44280	2816.2	2612.9	7.7538
2571.8	0.38883	2826.6	2620.9	7.8313	175	2284.5	0.43773	2826.0	2620.4	7.7759
2601.1	0.38445	2836.4	2628.4	7.8531	180	2310.6	0.43278	2835.9	2627.9	7.7978
2630.4	0.38017	2846.3	2635.8	7.8746	185	2336.7	0.42795	2845.7	2635.4	7.8194
2659.7	0.37598	2856.1	2643.3	7.8960	190	2362.8	0.42322	2855.6	2642.9	7.8408
2689.0	0.37189	2865.9	2650.8	7.9171	195	2388.9	0.41861	2865.4	2650.4	7.8619
2718.2	0.36789	2875.8	2658.3	7.9380	200	2414.9	0.41410	2875.3	2657.9	7.8829
2747.4	0.36398	2885.6	2665.8	7.9587	205	2440.9	0.40968	2885.1	2665.5	7.9036
2776.6	0.36015	2895.5	2673.3	7.9792	210	2466.9	0.40537	2895.0	2673.0	7.9241
2805.8	0.35641	2905.3	2680.8	7.9995	215	2492.9	0.40114	2904.9	2680.5	7.9445
2835.0	0.35274	2915.2	2688.4	8.0196	220	2518.8	0.39701	2914.8	2688.1	7.9646
2864.1	0.34915	2925.1	2695.9	8.0395	225	2544.8	0.39296	2924.7	2695.6	7.9845
2893.2	0.34563	2934.9	2703.5	8.0592	230	2570.7	0.38900	2934.6	2703.2	8.0043
2922.4	0.34219	2944.8	2711.0	8.0788	235	2596.6	0.38511	2944.5	2710.8	8.0239
2951.5	0.33881	2954.7	2718.6	8.0982	240	2622.5	0.38131	2954.4	2718.3	8.0433
2980.6	0.33550	2964.6	2726.2	8.1174	245	2648.4	0.37758	2964.3	2725.9	8.0626
3009.7	0.33226	2974.6	2733.8	8.1365	250	2674.3	0.37393	2974.2	2733.5	8.0816
3038.8	0.32908	2984.5	2741.4	8.1554	255	2700.2	0.37034	2984.2	2741.2	8.1006
3067.8	0.32596	2994.4	2749.0	8.1741	260	2726.1	0.36683	2994.1	2748.8	8.1193
3096.9	0.32291	3004.4	2756.6	8.1927	265	2751.9	0.36338	3004.1	2756.4	8.1379
3125.9	0.31990	3014.4	2764.3	8.2111	270	2777.8	0.36000	3014.1	2764.1	8.1564
3155.0	0.31696	3024.3	2771.9	8.2294	275	2803.6	0.35668	3024.1	2771.7	8.1747
3184.0	0.31407	3034.3	2779.6	8.2476	280	2829.4	0.35343	3034.1	2779.4	8.1928
3213.1	0.31123	3044.3	2787.3	8.2656	285	2855.3	0.35023	3044.1	2787.1	8.2109
3242.1	0.30844	3054.4	2795.0	8.2835	290	2881.1	0.34709	3054.1	2794.8	8.2288
3271.1	0.30571	3064.4	2802.7	8.3012	295	2906.9	0.34401	3064.1	2802.5	8.2465

Tafel 3. Druckwasser und überhitzter Dampf (Fortsetzung)

0.8 bar						0.9 bar				
$10^3 v$	ϱ	h	u	s	t	$10^3 v$	ϱ	h	u	s
m^3/kg	kg/m^3	kJ/kg		kJ/kgK	°C	m^3/kg	kg/m^3	kJ/kg		kJ/kg K
3300.1	0.30302	3074.4	2810.4	8.3188	**300**	2932.7	0.34098	3074.2	2810.2	8.2641
3329.1	0.30038	3084.5	2818.2	8.3363	**305**	2958.5	0.33801	3084.3	2818.0	8.2816
3358.1	0.29779	3094.6	2825.9	8.3536	**310**	2984.3	0.33509	3094.3	2825.7	8.2990
3387.1	0.29524	3104.7	2833.7	8.3708	**315**	3010.1	0.33222	3104.4	2833.5	8.3162
3416.1	0.29273	3114.8	2841.5	8.3879	**320**	3035.9	0.32939	3114.5	2841.3	8.3333
3445.1	0.29027	3124.9	2849.3	8.4049	**325**	3061.7	0.32662	3124.6	2849.1	8.3503
3474.1	0.28785	3135.0	2857.1	8.4218	**330**	3087.4	0.32389	3134.8	2856.9	8.3671
3503.0	0.28547	3145.1	2864.9	8.4385	**335**	3113.2	0.32121	3144.9	2864.7	8.3839
3532.0	0.28313	3155.3	2872.7	8.4551	**340**	3139.0	0.31858	3155.1	2872.6	8.4005
3561.0	0.28082	3165.5	2880.6	8.4717	**345**	3164.7	0.31598	3165.3	2880.4	8.4171
3589.9	0.27856	3175.6	2888.4	8.4881	**350**	3190.5	0.31343	3175.4	2888.3	8.4335
3618.9	0.27633	3185.8	2896.3	8.5044	**355**	3216.2	0.31092	3185.7	2896.2	8.4498
3647.8	0.27413	3196.1	2904.2	8.5206	**360**	3242.0	0.30845	3195.9	2904.1	8.4660
3676.8	0.27198	3206.3	2912.1	8.5367	**365**	3267.7	0.30602	3206.1	2912.0	8.4821
3705.7	0.26985	3216.5	2920.1	8.5527	**370**	3293.5	0.30363	3216.4	2919.9	8.4981
3734.7	0.26776	3226.8	2928.0	8.5685	**375**	3319.2	0.30127	3226.6	2927.9	8.5140
3763.6	0.26570	3237.1	2936.0	8.5843	**380**	3345.0	0.29896	3236.9	2935.8	8.5298
3792.6	0.26367	3247.4	2943.9	8.6000	**385**	3370.7	0.29667	3247.2	2943.8	8.5455
3821.5	0.26168	3257.7	2951.9	8.6156	**390**	3396.4	0.29443	3257.5	2951.8	8.5611
3850.4	0.25971	3268.0	2959.9	8.6311	**395**	3422.2	0.29221	3267.8	2959.8	8.5766
3879.4	0.25777	3278.3	2968.0	8.6465	**400**	3447.9	0.29003	3278.2	2967.9	8.5920
3937.2	0.25399	3299.0	2984.1	8.6771	**410**	3499.3	0.28577	3298.9	2983.9	8.6226
3995.1	0.25031	3319.8	3000.2	8.7073	**420**	3550.8	0.28163	3319.7	3000.1	8.6528
4052.9	0.24674	3340.7	3016.4	8.7372	**430**	3602.2	0.27761	3340.5	3016.3	8.6827
4110.8	0.24326	3361.6	3032.7	8.7667	**440**	3653.6	0.27370	3361.4	3032.6	8.7122
4168.6	0.23989	3382.6	3049.1	8.7959	**450**	3705.0	0.26990	3382.4	3049.0	8.7414
4226.4	0.23661	3403.6	3065.5	8.8248	**460**	3756.4	0.26621	3403.5	3065.4	8.7703
4284.2	0.23342	3424.7	3082.0	8.8534	**470**	3807.8	0.26262	3424.6	3081.9	8.7989
4342.0	0.23031	3445.9	3098.5	8.8817	**480**	3859.2	0.25912	3445.8	3098.4	8.8272
4399.8	0.22728	3467.1	3115.1	8.9097	**490**	3910.6	0.25571	3467.0	3115.0	8.8552
4457.6	0.22434	3488.4	3131.8	8.9374	**500**	3962.0	0.25240	3488.3	3131.7	8.8830
4573.2	0.21867	3531.2	3165.4	8.9921	**520**	4064.8	0.24602	3531.1	3165.3	8.9376
4688.7	0.21328	3574.3	3199.2	9.0457	**540**	4167.5	0.23995	3574.2	3199.1	8.9913
4804.3	0.20815	3617.7	3233.3	9.0984	**560**	4270.2	0.23418	3617.6	3233.3	9.0440
4919.8	0.20326	3661.3	3267.7	9.1502	**580**	4373.0	0.22868	3661.2	3267.6	9.0957
5035.3	0.19860	3705.2	3302.4	9.2010	**600**	4475.7	0.22343	3705.1	3302.3	9.1466
5151.	0.19414	3749.4	3337.3	9.2511	**620**	4578.3	0.21842	3749.3	3337.3	9.1967
5266.	0.18988	3793.9	3372.5	9.3003	**640**	4681.0	0.21363	3793.8	3372.5	9.2459
5382.	0.18581	3838.6	3408.1	9.3488	**660**	4783.7	0.20904	3838.5	3408.0	9.2944
5497.	0.18191	3883.6	3443.9	9.3965	**680**	4886.4	0.20465	3883.6	3443.8	9.3421
5613.	0.17816	3929.0	3479.9	9.4436	**700**	4989.0	0.20044	3928.9	3479.9	9.3892
5728.	0.17457	3974.6	3516.3	9.4900	**720**	5092.	0.19640	3974.5	3516.2	9.4356
5844.	0.17112	4020.4	3552.9	9.5357	**740**	5194.	0.19252	4020.4	3552.9	9.4813
5959.	0.16781	4066.6	3589.9	9.5808	**760**	5297.	0.18879	4066.5	3589.8	9.5264
6075.	0.16462	4113.0	3627.1	9.6254	**780**	5400.	0.18520	4113.0	3627.0	9.5710
6190.	0.16155	4159.8	3664.6	9.6693	**800**	5502.	0.18174	4159.7	3664.5	9.6149
6479.	0.15435	4277.8	3759.5	9.7768	**850**	5759.	0.17365	4277.8	3759.5	9.7224
6767.	0.14777	4397.5	3856.2	9.8811	**900**	6015.	0.16624	4397.5	3856.1	9.8267
7056.	0.14173	4519.0	3954.5	9.9825	**950**	6272.	0.15944	4519.0	3954.5	9.9281
7344.	0.13616	4642.1	4054.5	10.0811	**1000**	6528.	0.15318	4642.1	4054.5	10.0267
7922.	0.12624	4893.0	4259.3	10.2708	**1100**	7041.	0.14202	4893.0	4259.3	10.2165
8499.	0.11767	5150.1	4470.2	10.4515	**1200**	7554.	0.13238	5150.1	4470.2	10.3971
9076.	0.11019	5412.7	4686.7	10.6240	**1300**	8067.	0.12396	5412.7	4686.7	10.5696
9653.	0.10360	5680.7	4908.4	10.7891	**1400**	8580.	0.11655	5680.6	4908.4	10.7347
10230.	0.09776	5953.4	5135.0	10.9474	**1500**	9093.	0.10997	5953.4	5135.0	10.8930
10807.	0.09254	6230.5	5366.0	11.0994	**1600**	9606.	0.10410	6230.5	5366.0	11.0450
11384.	0.08785	6511.7	5601.0	11.2457	**1700**	10119.	0.09883	6511.7	5601.0	11.1913
11960.	0.08361	6796.7	5839.8	11.3865	**1800**	10632.	0.09406	6796.7	5839.8	11.3322
12537.	0.07976	7085.1	6082.1	11.5224	**1900**	11144.	0.08973	7085.1	6082.1	11.4680
13114.	0.07625	7376.7	6327.6	11.6536	**2000**	11657.	0.08578	7376.7	6327.5	11.5992

Tafel 3. Druckwasser und überhitzter Dampf (Fortsetzung)

1.0 bar ($t_s = 99.632$ °C)					t	1.1 bar ($t_s = 102.319$ °C)				
$10^3 v$	ϱ	h	u	s	t	$10^3 v$	ϱ	h	u	s^*
m^3/kg	kg/m^3	kJ/kg		kJ/kgK	°C	m^3/kg	kg/m^3	kJ/kg		kJ/kg K
1.04313	958.66	417.51	417.41	1.30273	t_l	1.04524	956.72	428.85	428.74	1.33302
1694.3	0.5902	2675.1	2505.7	7.3589	t_g	1549.8	0.6452	2679.4	2508.9	7.3269
1.00017	999.83	0.06	-0.04	-0.00015	0	1.00017	999.83	0.07	-0.04	-0.00015
1.00001	999.99	21.12	21.02	0.07626	5	1.00000	1000.00	21.13	21.02	0.07626
1.00026	999.74	42.08	41.98	0.15096	10	1.00026	999.75	42.09	41.98	0.15096
1.00086	999.14	63.01	62.91	0.22422	15	1.00086	999.14	63.02	62.91	0.22422
1.00177	998.23	83.93	83.83	0.29619	20	1.00177	998.24	83.94	83.83	0.29618
1.00295	997.06	104.84	104.74	0.36693	25	1.00294	997.07	104.85	104.74	0.36693
1.00437	995.65	125.76	125.66	0.43650	30	1.00436	995.66	125.77	125.66	0.43650
1.00601	994.03	146.67	146.57	0.50493	35	1.00600	994.03	146.68	146.57	0.50493
1.00785	992.21	167.59	167.48	0.57225	40	1.00785	992.21	167.59	167.48	0.57224
1.00989	990.21	188.49	188.39	0.63849	45	1.00989	990.21	188.50	188.39	0.63849
1.01212	988.03	209.40	209.30	0.70370	50	1.01211	988.03	209.41	209.30	0.70369
1.01452	985.69	230.31	230.21	0.76790	55	1.01451	985.70	230.32	230.21	0.76790
1.01709	983.20	251.22	251.12	0.83115	60	1.01708	983.20	251.23	251.12	0.83114
1.01983	980.56	272.14	272.04	0.89347	65	1.01982	980.56	272.15	272.03	0.89346
1.02272	977.78	293.07	292.96	0.95490	70	1.02272	977.78	293.07	292.96	0.95489
1.02578	974.86	314.01	313.90	1.01549	75	1.02578	974.87	314.02	313.90	1.01548
1.02900	971.82	334.97	334.86	1.07526	80	1.02900	971.82	334.98	334.86	1.07526
1.03237	968.64	355.95	355.85	1.13426	85	1.03237	968.65	355.96	355.84	1.13425
1.03590	965.35	376.96	376.85	1.19251	90	1.03589	965.35	376.97	376.85	1.19250
1.03958	961.93	397.99	397.89	1.25004	95	1.03957	961.93	398.00	397.89	1.25004
1696.1	0.5896	2675.9	2506.3	7.3609	100	1.04341	958.40	419.07	418.96	1.30688
1720.5	0.5812	2686.1	2514.0	7.3880	105	1561.8	0.6403	2684.9	2513.1	7.3415
1744.8	0.5731	2696.2	2521.7	7.4146	110	1583.9	0.6313	2695.1	2520.8	7.3683
1769.0	0.5653	2706.3	2529.4	7.4408	115	1606.0	0.6226	2705.2	2528.6	7.3946
1793.1	0.5577	2716.3	2537.0	7.4665	120	1628.1	0.6142	2715.3	2536.2	7.4205
1817.1	0.5503	2726.3	2544.6	7.4918	125	1650.0	0.6061	2725.4	2543.9	7.4459
1841.1	0.5432	2736.3	2552.2	7.5167	130	1671.9	0.5981	2735.4	2551.5	7.4710
1865.0	0.5362	2746.3	2559.8	7.5413	135	1693.7	0.5904	2745.4	2559.1	7.4956
1888.9	0.5294	2756.2	2567.3	7.5655	140	1715.5	0.5829	2755.4	2566.7	7.5200
1912.7	0.5228	2766.1	2574.9	7.5893	145	1737.2	0.5756	2765.4	2574.3	7.5439
1936.4	0.51641	2776.1	2582.4	7.6129	150	1758.9	0.5685	2775.3	2581.8	7.5676
1960.2	0.51016	2785.9	2589.9	7.6361	155	1780.5	0.5616	2785.3	2589.4	7.5909
1983.8	0.50407	2795.8	2597.5	7.6591	160	1802.1	0.5549	2795.2	2596.9	7.6139
2007.5	0.49813	2805.7	2605.0	7.6818	165	1823.6	0.5484	2805.1	2604.5	7.6367
2031.1	0.49234	2815.6	2612.5	7.7042	170	1845.2	0.5420	2815.0	2612.0	7.6591
2054.7	0.48669	2825.5	2620.0	7.7263	175	1866.7	0.5357	2824.9	2619.5	7.6813
2078.3	0.48117	2835.3	2627.5	7.7482	180	1888.1	0.5296	2834.8	2627.1	7.7033
2101.8	0.47579	2845.2	2635.0	7.7699	185	1909.6	0.5237	2844.7	2634.6	7.7250
2125.3	0.47052	2855.1	2642.5	7.7913	190	1931.0	0.5179	2854.6	2642.1	7.7465
2148.8	0.46538	2864.9	2650.1	7.8125	195	1952.4	0.5122	2864.4	2649.7	7.7677
2172.3	0.46035	2874.8	2657.6	7.8335	200	1973.7	0.5067	2874.3	2657.2	7.7887
2195.7	0.45544	2884.7	2665.1	7.8543	205	1995.1	0.5012	2884.2	2664.8	7.8095
2219.1	0.45063	2894.6	2672.7	7.8748	210	2016.4	0.49593	2894.1	2672.3	7.8301
2242.5	0.44592	2904.5	2680.2	7.8952	215	2037.7	0.49074	2904.0	2679.9	7.8505
2265.9	0.44132	2914.4	2687.8	7.9153	220	2059.0	0.48567	2913.9	2687.5	7.8707
2289.3	0.43681	2924.3	2695.3	7.9353	225	2080.3	0.48070	2923.9	2695.0	7.8907
2312.7	0.43240	2934.2	2702.9	7.9551	230	2101.6	0.47583	2933.8	2702.6	7.9106
2336.1	0.42807	2944.1	2710.5	7.9747	235	2122.8	0.47107	2943.7	2710.2	7.9302
2359.4	0.42384	2954.0	2718.1	7.9942	240	2144.1	0.46640	2953.7	2717.8	7.9497
2382.7	0.41969	2963.9	2725.7	8.0134	245	2165.3	0.46182	2963.6	2725.4	7.9689
2406.1	0.41562	2973.9	2733.3	8.0325	250	2186.6	0.45734	2973.6	2733.0	7.9881
2429.4	0.41163	2983.8	2740.9	8.0515	255	2207.8	0.45295	2983.5	2740.7	8.0070
2452.7	0.40772	2993.8	2748.5	8.0702	260	2229.0	0.44864	2993.5	2748.3	8.0258
2476.0	0.40388	3003.8	2756.2	8.0889	265	2250.2	0.44441	3003.5	2756.0	8.0445
2499.2	0.40012	3013.8	2763.8	8.1073	270	2271.4	0.44027	3013.5	2763.6	8.0629
2522.5	0.39643	3023.8	2771.5	8.1257	275	2292.5	0.43620	3023.5	2771.3	8.0813
2545.8	0.39281	3033.8	2779.2	8.1438	280	2313.7	0.43221	3033.5	2779.0	8.0995
2569.1	0.38925	3043.8	2786.9	8.1619	285	2334.9	0.42829	3043.5	2786.7	8.1175
2592.3	0.38576	3053.8	2794.6	8.1798	290	2356.0	0.42444	3053.6	2794.4	8.1354
2615.6	0.38233	3063.9	2802.3	8.1975	295	2377.2	0.42067	3063.6	2802.1	8.1532

Tafel 3. Druckwasser und überhitzter Dampf (Fortsetzung)

1.0 bar						1.1 bar				
$10^3 v$	ϱ	h	u	s	t	$10^3 v$	ϱ	h	u	s
m^3/kg	kg/m^3	kJ/kg		kJ/kgK	°C	m^3/kg	kg/m^3	kJ/kg		kJ/kg K
2638.8	0.37896	3073.9	2810.1	8.2152	**300**	2398.3	0.41696	3073.7	2809.9	8.1708
2662.0	0.37565	3084.0	2817.8	8.2327	**305**	2419.5	0.41332	3083.8	2817.6	8.1884
2685.3	0.37240	3094.1	2825.6	8.2500	**310**	2440.6	0.40974	3093.9	2825.4	8.2057
2708.5	0.36921	3104.2	2833.3	8.2673	**315**	2461.7	0.40622	3104.0	2833.2	8.2230
2731.7	0.36607	3114.3	2841.1	8.2844	**320**	2482.8	0.40276	3114.1	2841.0	8.2401
2754.9	0.36299	3124.4	2848.9	8.3014	**325**	2504.0	0.39937	3124.2	2848.8	8.2571
2778.1	0.35995	3134.6	2856.7	8.3183	**330**	2525.1	0.39603	3134.3	2856.6	8.2740
2801.3	0.35697	3144.7	2864.6	8.3350	**335**	2546.2	0.39274	3144.5	2864.4	8.2908
2824.5	0.35404	3154.9	2872.4	8.3517	**340**	2567.3	0.38952	3154.7	2872.3	8.3074
2847.7	0.35116	3165.1	2880.3	8.3682	**345**	2588.4	0.38634	3164.9	2880.1	8.3240
2870.9	0.34832	3175.3	2888.2	8.3846	**350**	2609.5	0.38322	3175.1	2888.0	8.3404
2894.1	0.34553	3185.5	2896.1	8.4009	**355**	2630.6	0.38014	3185.3	2895.9	8.3567
2917.3	0.34278	3195.7	2904.0	8.4172	**360**	2651.7	0.37712	3195.5	2903.8	8.3729
2940.5	0.34008	3205.9	2911.9	8.4333	**365**	2672.8	0.37415	3205.7	2911.7	8.3891
2963.7	0.33742	3216.2	2919.8	8.4493	**370**	2693.8	0.37122	3216.0	2919.7	8.4051
2986.9	0.33480	3226.4	2927.8	8.4652	**375**	2714.9	0.36834	3226.3	2927.6	8.4210
3010.0	0.33222	3236.7	2935.7	8.4810	**380**	2736.0	0.36550	3236.6	2935.6	8.4368
3033.2	0.32968	3247.0	2943.7	8.4967	**385**	2757.1	0.36271	3246.9	2943.6	8.4525
3056.4	0.32719	3257.3	2951.7	8.5123	**390**	2778.1	0.35995	3257.2	2951.6	8.4681
3079.5	0.32472	3267.7	2959.7	8.5278	**395**	2799.2	0.35724	3267.5	2959.6	8.4836
3102.7	0.32230	3278.0	2967.7	8.5432	**400**	2820.3	0.35458	3277.8	2967.6	8.4991
3149.0	0.31756	3298.7	2983.8	8.5738	**410**	2862.4	0.34936	3298.6	2983.7	8.5296
3195.3	0.31296	3319.5	3000.0	8.6040	**420**	2904.5	0.34429	3319.4	2999.9	8.5599
3241.6	0.30849	3340.4	3016.2	8.6339	**430**	2946.6	0.33937	3340.3	3016.1	8.5898
3287.9	0.30414	3361.3	3032.5	8.6634	**440**	2988.7	0.33459	3361.2	3032.4	8.6193
3334.2	0.29992	3382.3	3048.9	8.6927	**450**	3030.8	0.32995	3382.2	3048.8	8.6485
3380.5	0.29582	3403.3	3065.3	8.7216	**460**	3072.9	0.32543	3403.2	3065.2	8.6774
3426.8	0.29182	3424.5	3081.8	8.7502	**470**	3115.0	0.32103	3424.3	3081.7	8.7061
3473.0	0.28793	3445.6	3098.3	8.7785	**480**	3157.0	0.31675	3445.5	3098.3	8.7344
3519.3	0.28415	3466.9	3115.0	8.8065	**490**	3199.1	0.31259	3466.8	3114.9	8.7624
3565.5	0.28046	3488.2	3131.6	8.8342	**500**	3241.2	0.30853	3488.1	3131.6	8.7902
3658.0	0.27337	3531.0	3165.2	8.8889	**520**	3325.3	0.30073	3530.9	3165.1	8.8448
3750.5	0.26663	3574.1	3199.1	8.9426	**540**	3409.4	0.29331	3574.0	3199.0	8.8985
3843.0	0.26021	3617.5	3233.2	8.9953	**560**	3493.4	0.28625	3617.4	3233.1	8.9512
3935.5	0.25410	3661.1	3267.6	9.0470	**580**	3577.5	0.27952	3661.0	3267.5	9.0030
4027.9	0.24827	3705.0	3302.3	9.0979	**600**	3661.6	0.27311	3705.0	3302.2	9.0539
4120.3	0.24270	3749.2	3337.2	9.1480	**620**	3745.6	0.26698	3749.2	3337.2	9.1039
4212.8	0.23737	3793.7	3372.4	9.1972	**640**	3829.6	0.26112	3793.7	3372.4	9.1532
4305.2	0.23228	3838.5	3408.0	9.2457	**660**	3913.7	0.25552	3838.4	3407.9	9.2017
4397.6	0.22740	3883.5	3443.8	9.2935	**680**	3997.7	0.25015	3883.5	3443.7	9.2494
4490.0	0.22272	3928.8	3479.8	9.3405	**700**	4081.7	0.24500	3928.8	3479.8	9.2965
4582.4	0.21823	3974.4	3516.2	9.3869	**720**	4165.7	0.24006	3974.4	3516.2	9.3429
4674.8	0.21391	4020.3	3552.9	9.4326	**740**	4249.7	0.23531	4020.3	3552.8	9.3886
4767.1	0.20977	4066.5	3589.8	9.4778	**760**	4333.7	0.23075	4066.4	3589.7	9.4337
4859.5	0.20578	4112.9	3627.0	9.5223	**780**	4417.7	0.22636	4112.9	3627.0	9.4783
4951.9	0.20194	4159.7	3664.5	9.5662	**800**	4501.6	0.22214	4159.6	3664.4	9.5222
5183.	0.19295	4277.7	3759.4	9.6738	**850**	4711.6	0.21224	4277.7	3759.4	9.6297
5414.	0.18472	4397.5	3856.1	9.7781	**900**	4921.5	0.20319	4397.4	3856.1	9.7341
5645.	0.17716	4518.9	3954.5	9.8794	**950**	5131.4	0.19488	4518.9	3954.4	9.8354
5876.	0.17020	4642.0	4054.5	9.9781	**1000**	5341.3	0.18722	4642.0	4054.4	9.9341
6337.	0.15780	4893.0	4259.3	10.1678	**1100**	5761.	0.17358	4893.0	4259.3	10.1238
6799.	0.14708	5150.0	4470.1	10.3485	**1200**	6181.	0.16179	5150.0	4470.1	10.3045
7260.	0.13773	5412.7	4686.7	10.5210	**1300**	6600.	0.15150	5412.7	4686.6	10.4770
7722.	0.12950	5680.6	4908.4	10.6861	**1400**	7020.	0.14245	5680.6	4908.4	10.6421
8184.	0.12219	5953.3	5135.0	10.8444	**1500**	7440.	0.13441	5953.3	5135.0	10.8004
8645.	0.11567	6230.5	5366.0	10.9964	**1600**	7859.	0.12724	6230.5	5365.9	10.9524
9107.	0.10981	6511.7	5601.0	11.1427	**1700**	8279.	0.12079	6511.7	5601.0	11.0987
9568.	0.10451	6796.6	5839.8	11.2835	**1800**	8699.	0.11496	6796.6	5839.8	11.2395
10030.	0.09970	7085.1	6082.1	11.4194	**1900**	9118.	0.10967	7085.1	6082.0	11.3754
10492.	0.09531	7376.7	6327.5	11.5506	**2000**	9538.	0.10485	7376.7	6327.5	11.5066

Tafel 3. Druckwasser und überhitzter Dampf (Fortsetzung)

1.2 bar (t_s = 104.811 °C)						1.3 bar (t_s = 107.137 °C)				
$10^3 v$	ϱ	h	u	s	t	$10^3 v$	ϱ	h	u	s
m^3/kg	kg/m^3	kJ/kg		kJ/kgK	°C	m^3/kg	kg/m^3	kJ/kg		kJ/kg K
1.04724	954.89	439.38	439.26	1.36094	t_l	1.04914	953.16	449.22	449.08	1.38686
1428.7	0.6999	2683.3	2511.8	7.2978	t_g	1325.6	0.7544	2686.9	2514.6	7.2710
1.00016	999.84	0.08	-0.04	-0.00015	0	1.00016	999.84	0.09	-0.04	-0.00014
1.00000	1000.00	21.14	21.02	0.07626	5	0.99999	1000.01	21.15	21.02	0.07626
1.00025	999.75	42.10	41.98	0.15096	10	1.00025	999.75	42.11	41.98	0.15096
1.00085	999.15	63.03	62.91	0.22422	15	1.00085	999.15	63.04	62.91	0.22422
1.00176	998.24	83.95	83.83	0.29618	20	1.00176	998.25	83.96	83.83	0.29618
1.00294	997.07	104.86	104.74	0.36693	25	1.00293	997.07	104.87	104.74	0.36692
1.00436	995.66	125.78	125.66	0.43649	30	1.00435	995.67	125.79	125.65	0.43649
1.00600	994.04	146.69	146.57	0.50492	35	1.00599	994.04	146.70	146.57	0.50492
1.00784	992.22	167.60	167.48	0.57224	40	1.00784	992.22	167.61	167.48	0.57224
1.00988	990.21	188.51	188.39	0.63849	45	1.00988	990.22	188.52	188.39	0.63848
1.01211	988.04	209.42	209.30	0.70369	50	1.01210	988.04	209.43	209.30	0.70369
1.01451	985.70	230.33	230.21	0.76789	55	1.01450	985.70	230.34	230.20	0.76789
1.01708	983.21	251.24	251.12	0.83114	60	1.01707	983.21	251.25	251.11	0.83113
1.01982	980.57	272.15	272.03	0.89345	65	1.01981	980.57	272.16	272.03	0.89345
1.02272	977.79	293.08	292.96	0.95489	70	1.02271	977.79	293.09	292.96	0.95488
1.02577	974.87	314.02	313.90	1.01548	75	1.02577	974.88	314.03	313.90	1.01547
1.02899	971.83	334.98	334.86	1.07525	80	1.02899	971.83	334.99	334.86	1.07524
1.03236	968.65	355.97	355.84	1.13425	85	1.03236	968.66	355.97	355.84	1.13424
1.03589	965.36	376.97	376.85	1.19250	90	1.03588	965.36	376.98	376.85	1.19249
1.03957	961.94	398.01	397.88	1.25003	95	1.03956	961.94	398.02	397.88	1.25002
1.04340	958.40	419.08	418.95	1.30687	100	1.04340	958.41	419.09	418.95	1.30686
1429.5	0.6996	2683.7	2512.1	7.2988	105	1.04739	954.75	440.19	440.05	1.36304
1449.9	0.6897	2693.9	2520.0	7.3258	110	1336.5	0.7482	2692.8	2519.1	7.2865
1470.3	0.6801	2704.2	2527.7	7.3523	115	1355.4	0.7378	2703.1	2526.9	7.3132
1490.6	0.6709	2714.3	2535.5	7.3783	120	1374.2	0.7277	2713.3	2534.7	7.3393
1510.8	0.6619	2724.4	2543.2	7.4039	125	1392.9	0.7179	2723.5	2542.4	7.3651
1530.9	0.6532	2734.5	2550.8	7.4291	130	1411.6	0.7084	2733.6	2550.1	7.3904
1551.0	0.6448	2744.6	2558.5	7.4539	135	1430.2	0.6992	2743.7	2557.8	7.4153
1571.0	0.6365	2754.6	2566.1	7.4783	140	1448.7	0.6903	2753.8	2565.5	7.4398
1591.0	0.6285	2764.6	2573.7	7.5023	145	1467.2	0.6816	2763.8	2573.1	7.4639
1610.9	0.6208	2774.6	2581.3	7.5261	150	1485.7	0.6731	2773.9	2580.7	7.4878
1630.8	0.6132	2784.6	2588.9	7.5495	155	1504.1	0.6649	2783.9	2588.3	7.5113
1650.6	0.6058	2794.5	2596.4	7.5726	160	1522.4	0.6568	2793.8	2595.9	7.5344
1670.4	0.5987	2804.4	2604.0	7.5954	165	1540.8	0.6490	2803.8	2603.5	7.5573
1690.2	0.5916	2814.4	2611.5	7.6179	170	1559.1	0.6414	2813.8	2611.1	7.5799
1709.9	0.5848	2824.3	2619.1	7.6402	175	1577.3	0.6340	2823.7	2618.7	7.6022
1729.7	0.5781	2834.2	2626.7	7.6622	180	1595.6	0.6267	2833.7	2626.2	7.6243
1749.4	0.5716	2844.1	2634.2	7.6840	185	1613.8	0.6197	2843.6	2633.8	7.6461
1769.0	0.5653	2854.0	2641.8	7.7055	190	1632.0	0.6128	2853.5	2641.4	7.6677
1788.7	0.5591	2864.0	2649.3	7.7268	195	1650.1	0.6060	2863.5	2648.9	7.6890
1808.3	0.5530	2873.9	2656.9	7.7478	200	1668.3	0.5994	2873.4	2656.5	7.7101
1827.9	0.5471	2883.8	2664.4	7.7687	205	1686.4	0.5930	2883.3	2664.1	7.7310
1847.5	0.5413	2893.7	2672.0	7.7893	210	1704.5	0.5867	2893.2	2671.7	7.7517
1867.0	0.5356	2903.6	2679.6	7.8097	215	1722.6	0.5805	2903.2	2679.2	7.7721
1886.6	0.5301	2913.5	2687.1	7.8299	220	1740.7	0.5745	2913.1	2686.8	7.7924
1906.1	0.5246	2923.5	2694.7	7.8500	225	1758.8	0.5686	2923.1	2694.4	7.8124
1925.7	0.5193	2933.4	2702.3	7.8698	230	1776.8	0.5628	2933.0	2702.0	7.8323
1945.2	0.5141	2943.3	2709.9	7.8895	235	1794.8	0.5572	2943.0	2709.6	7.8520
1964.7	0.50899	2953.3	2717.5	7.9090	240	1812.9	0.5516	2952.9	2717.3	7.8715
1984.2	0.50399	2963.3	2725.2	7.9283	245	1830.9	0.5462	2962.9	2724.9	7.8908
2003.6	0.49909	2973.2	2732.8	7.9474	250	1848.9	0.5409	2972.9	2732.5	7.9100
2023.1	0.49429	2983.2	2740.4	7.9664	255	1866.8	0.5357	2982.9	2740.2	7.9290
2042.6	0.48958	2993.2	2748.1	7.9852	260	1884.8	0.5306	2992.9	2747.8	7.9478
2062.0	0.48496	3003.2	2755.7	8.0039	265	1902.8	0.5255	3002.9	2755.5	7.9665
2081.4	0.48044	3013.2	2763.4	8.0224	270	1920.8	0.52063	3012.9	2763.2	7.9850
2100.9	0.47599	3023.2	2771.1	8.0407	275	1938.7	0.51581	3022.9	2770.9	8.0034
2120.3	0.47163	3033.2	2778.8	8.0589	280	1956.7	0.51108	3032.9	2778.6	8.0216
2139.7	0.46735	3043.3	2786.5	8.0770	285	1974.6	0.50643	3043.0	2786.3	8.0397
2159.1	0.46315	3053.3	2794.2	8.0949	290	1992.5	0.50188	3053.0	2794.0	8.0576
2178.5	0.45903	3063.4	2801.9	8.1127	295	2010.4	0.49740	3063.1	2801.7	8.0754

Tafel 3. Druckwasser und überhitzter Dampf (Fortsetzung)

1.2 bar						1.3 bar				
$10^3 v$	ϱ	h	u	s	t	$10^3 v$	ϱ	h	u	s
m^3/kg	kg/m^3	kJ/kg		kJ/kgK	°C	m^3/kg	kg/m^3	kJ/kg		kJ/kg K
2197.9	0.45497	3073.4	2809.7	8.1304	**300**	2028.4	0.49301	3073.2	2809.5	8.0931
2217.3	0.45100	3083.5	2817.4	8.1479	**305**	2046.3	0.48869	3083.3	2817.3	8.1106
2236.7	0.44709	3093.6	2825.2	8.1653	**310**	2064.2	0.48445	3093.4	2825.0	8.1280
2256.1	0.44325	3103.7	2833.0	8.1825	**315**	2082.1	0.48029	3103.5	2832.8	8.1453
2275.5	0.43947	3113.8	2840.8	8.1997	**320**	2100.0	0.47620	3113.6	2840.6	8.1624
2294.8	0.43576	3124.0	2848.6	8.2167	**325**	2117.9	0.47217	3123.8	2848.4	8.1795
2314.2	0.43212	3134.1	2856.4	8.2336	**330**	2135.7	0.46822	3133.9	2856.3	8.1964
2333.5	0.42853	3144.3	2864.3	8.2504	**335**	2153.6	0.46433	3144.1	2864.1	8.2132
2352.9	0.42501	3154.5	2872.1	8.2670	**340**	2171.5	0.46051	3154.3	2872.0	8.2298
2372.3	0.42154	3164.7	2880.0	8.2836	**345**	2189.4	0.45675	3164.5	2879.8	8.2464
2391.6	0.41813	3174.9	2887.9	8.3000	**350**	2207.2	0.45305	3174.7	2887.7	8.2628
2410.9	0.41477	3185.1	2895.8	8.3163	**355**	2225.1	0.44942	3184.9	2895.6	8.2792
2430.3	0.41147	3195.3	2903.7	8.3326	**360**	2243.0	0.44584	3195.1	2903.5	8.2954
2449.6	0.40823	3205.6	2911.6	8.3487	**365**	2260.8	0.44232	3205.4	2911.5	8.3115
2469.0	0.40503	3215.8	2919.5	8.3647	**370**	2278.7	0.43885	3215.6	2919.4	8.3276
2488.3	0.40188	3226.1	2927.5	8.3806	**375**	2296.5	0.43544	3225.9	2927.4	8.3435
2507.6	0.39878	3236.4	2935.5	8.3964	**380**	2314.4	0.43208	3236.2	2935.3	8.3593
2526.9	0.39573	3246.7	2943.5	8.4122	**385**	2332.2	0.42877	3246.5	2943.3	8.3750
2546.3	0.39273	3257.0	2951.5	8.4278	**390**	2350.1	0.42552	3256.8	2951.3	8.3907
2565.6	0.38977	3267.3	2959.5	8.4433	**395**	2367.9	0.42231	3267.2	2959.4	8.4062
2584.9	0.38686	3277.7	2967.5	8.4587	**400**	2385.8	0.41915	3277.5	2967.4	8.4216
2623.5	0.38117	3298.4	2983.6	8.4893	**410**	2421.4	0.41298	3298.3	2983.5	8.4522
2662.2	0.37564	3319.2	2999.8	8.5196	**420**	2457.1	0.40699	3319.1	2999.7	8.4825
2700.8	0.37027	3340.1	3016.0	8.5495	**430**	2492.7	0.40117	3340.0	3015.9	8.5124
2739.4	0.36505	3361.0	3032.3	8.5790	**440**	2528.4	0.39551	3360.9	3032.2	8.5419
2778.0	0.35998	3382.0	3048.7	8.6082	**450**	2564.0	0.39001	3381.9	3048.6	8.5712
2816.5	0.35505	3403.1	3065.1	8.6372	**460**	2599.6	0.38467	3403.0	3065.0	8.6001
2855.1	0.35025	3424.2	3081.6	8.6658	**470**	2635.3	0.37947	3424.1	3081.5	8.6287
2893.7	0.34558	3445.4	3098.2	8.6941	**480**	2670.9	0.37441	3445.3	3098.1	8.6570
2932.3	0.34103	3466.7	3114.8	8.7221	**490**	2706.5	0.36948	3466.6	3114.7	8.6851
2970.8	0.33661	3488.0	3131.5	8.7499	**500**	2742.1	0.36468	3487.9	3131.4	8.7128
3048.0	0.32809	3530.8	3165.1	8.8046	**520**	2813.3	0.35545	3530.7	3165.0	8.7676
3125.1	0.31999	3573.9	3198.9	8.8583	**540**	2884.5	0.34668	3573.8	3198.9	8.8212
3202.1	0.31229	3617.3	3233.1	8.9110	**560**	2955.7	0.33833	3617.2	3233.0	8.8740
3279.2	0.30495	3661.0	3267.5	8.9627	**580**	3026.8	0.33038	3660.9	3267.4	8.9257
3356.3	0.29795	3704.9	3302.1	9.0136	**600**	3098.0	0.32279	3704.8	3302.1	8.9766
3433.3	0.29126	3749.1	3337.1	9.0637	**620**	3169.1	0.31555	3749.0	3337.0	9.0267
3510.4	0.28487	3793.6	3372.3	9.1130	**640**	3240.2	0.30862	3793.5	3372.3	9.0760
3587.4	0.27875	3838.3	3407.9	9.1614	**660**	3311.3	0.30199	3838.3	3407.8	9.1245
3664.4	0.27289	3883.4	3443.7	9.2092	**680**	3382.4	0.29565	3883.3	3443.6	9.1722
3741.4	0.26728	3928.7	3479.8	9.2563	**700**	3453.5	0.28956	3928.7	3479.7	9.2193
3818.4	0.26189	3974.3	3516.1	9.3027	**720**	3524.6	0.28372	3974.3	3516.1	9.2657
3895.4	0.25671	4020.2	3552.8	9.3484	**740**	3595.7	0.27811	4020.2	3552.7	9.3114
3972.4	0.25173	4066.4	3589.7	9.3935	**760**	3666.8	0.27272	4066.3	3589.7	9.3566
4049.4	0.24695	4112.8	3626.9	9.4381	**780**	3737.9	0.26753	4112.8	3626.9	9.4011
4126.4	0.24234	4159.6	3664.4	9.4820	**800**	3808.9	0.26254	4159.5	3664.4	9.4451
4318.9	0.23154	4277.6	3759.4	9.5895	**850**	3986.6	0.25084	4277.6	3759.3	9.5526
4511.3	0.22166	4397.4	3856.0	9.6939	**900**	4164.3	0.24014	4397.4	3856.0	9.6569
4703.8	0.21260	4518.9	3954.4	9.7953	**950**	4341.9	0.23031	4518.8	3954.4	9.7583
4896.2	0.20424	4642.0	4054.4	9.8939	**1000**	4519.5	0.22126	4641.9	4054.4	9.8569
5281.	0.18936	4893.0	4259.2	10.0836	**1100**	4874.7	0.20514	4892.9	4259.2	10.0467
5666.	0.17650	5150.0	4470.1	10.2643	**1200**	5229.9	0.19121	5150.0	4470.1	10.2274
6050.	0.16528	5412.7	4686.6	10.4368	**1300**	5585.0	0.17905	5412.7	4686.6	10.3999
6435.	0.15540	5680.6	4908.4	10.6019	**1400**	5940.1	0.16835	5680.6	4908.4	10.5650
6820.	0.14663	5953.3	5134.9	10.7602	**1500**	6295.2	0.15885	5953.3	5134.9	10.7233
7204.	0.13880	6230.5	5365.9	10.9123	**1600**	6650.	0.15037	6230.5	5365.9	10.8753
7589.	0.13177	6511.7	5601.0	11.0585	**1700**	7005.	0.14275	6511.7	5601.0	11.0216
7974.	0.12541	6796.6	5839.8	11.1994	**1800**	7360.	0.13586	6796.6	5839.8	11.1624
8358.	0.11964	7085.1	6082.0	11.3352	**1900**	7716.	0.12961	7085.1	6082.0	11.2983
8743.	0.11438	7376.7	6327.5	11.4664	**2000**	8071.	0.12391	7376.7	6327.5	11.4295

Tafel 3. Druckwasser und überhitzter Dampf (Fortsetzung)

1.4 bar ($t_s = 109.320$ °C)						1.5 bar ($t_s = 111.378$ °C)				
$10^3 v$	ϱ	h	u	s	t	$10^3 v$	ϱ	h	u	s
m³/kg	kg/m³	kJ/kg		kJ/kgK	°C	m³/kg	kg/m³	kJ/kg		kJ/kg K
1.05096	951.51	458.46	458.31	1.41106	t_l	1.05270	949.94	467.18	467.02	1.43376
1236.8	0.8085	2690.2	2517.1	7.2462	t_g	1159.5	0.8624	2693.4	2519.4	7.2232
1.00015	999.85	0.10	−0.04	−0.00014	0	1.00015	999.85	0.11	−0.04	−0.00014
0.99999	1000.01	21.16	21.02	0.07626	5	0.99998	1000.02	21.17	21.02	0.07626
1.00024	999.76	42.12	41.98	0.15095	10	1.00024	999.76	42.13	41.98	0.15095
1.00084	999.16	63.05	62.91	0.22421	15	1.00084	999.16	63.06	62.91	0.22421
1.00175	998.25	83.96	83.82	0.29618	20	1.00175	998.25	83.97	83.82	0.29618
1.00293	997.08	104.88	104.74	0.36692	25	1.00292	997.08	104.89	104.74	0.36692
1.00435	995.67	125.79	125.65	0.43649	30	1.00434	995.68	125.80	125.65	0.43648
1.00599	994.05	146.71	146.57	0.50491	35	1.00598	994.05	146.72	146.57	0.50491
1.00783	992.23	167.62	167.48	0.57223	40	1.00783	992.23	167.63	167.48	0.57223
1.00987	990.22	188.53	188.39	0.63848	45	1.00987	990.23	188.54	188.39	0.63847
1.01210	988.05	209.44	209.30	0.70368	50	1.01209	988.05	209.45	209.29	0.70368
1.01450	985.71	230.34	230.20	0.76788	55	1.01449	985.71	230.35	230.20	0.76788
1.01707	983.22	251.25	251.11	0.83112	60	1.01707	983.22	251.26	251.11	0.83112
1.01981	980.58	272.17	272.03	0.89344	65	1.01980	980.58	272.18	272.03	0.89344
1.02271	977.80	293.10	292.96	0.95488	70	1.02270	977.80	293.11	292.95	0.95487
1.02577	974.88	314.04	313.90	1.01546	75	1.02576	974.89	314.05	313.89	1.01546
1.02898	971.84	335.00	334.86	1.07524	80	1.02898	971.84	335.01	334.85	1.07523
1.03235	968.66	355.98	355.84	1.13423	85	1.03235	968.67	355.99	355.83	1.13423
1.03588	965.36	376.99	376.84	1.19248	90	1.03587	965.37	377.00	376.84	1.19248
1.03956	961.95	398.02	397.88	1.25001	95	1.03955	961.95	398.03	397.88	1.25001
1.04339	958.41	419.09	418.95	1.30686	100	1.04339	958.42	419.10	418.94	1.30685
1.04738	954.76	440.20	440.05	1.36303	105	1.04738	954.76	440.20	440.05	1.36303
1239.2	0.8069	2691.6	2518.2	7.2499	110	1.05153	951.00	461.34	461.18	1.41856
1256.9	0.7956	2702.0	2526.0	7.2768	115	1171.5	0.8536	2700.9	2525.2	7.2427
1274.4	0.7847	2712.3	2533.9	7.3031	120	1188.0	0.8418	2711.3	2533.1	7.2692
1291.9	0.7741	2722.5	2541.7	7.3290	125	1204.3	0.8303	2721.6	2540.9	7.2952
1309.3	0.7638	2732.7	2549.4	7.3544	130	1220.7	0.8192	2731.8	2548.7	7.3208
1326.6	0.7538	2742.9	2557.1	7.3794	135	1236.9	0.8085	2742.0	2556.5	7.3459
1343.9	0.7441	2753.0	2564.8	7.4040	140	1253.1	0.7980	2752.2	2564.2	7.3706
1361.2	0.7347	2763.1	2572.5	7.4283	145	1269.2	0.7879	2762.3	2571.9	7.3950
1378.3	0.7255	2773.1	2580.1	7.4522	150	1285.3	0.7780	2772.4	2579.6	7.4190
1395.5	0.7166	2783.1	2587.8	7.4758	155	1301.4	0.7684	2782.4	2587.2	7.4427
1412.6	0.7079	2793.2	2595.4	7.4990	160	1317.4	0.7591	2792.5	2594.9	7.4660
1429.6	0.6995	2803.2	2603.0	7.5220	165	1333.3	0.7500	2802.5	2602.5	7.4890
1446.7	0.6912	2813.1	2610.6	7.5447	170	1349.3	0.7411	2812.5	2610.1	7.5117
1463.7	0.6832	2823.1	2618.2	7.5670	175	1365.2	0.7325	2822.5	2617.8	7.5342
1480.7	0.6754	2833.1	2625.8	7.5892	180	1381.0	0.7241	2832.5	2625.4	7.5564
1497.6	0.6677	2843.0	2633.4	7.6110	185	1396.9	0.7159	2842.5	2633.0	7.5783
1514.5	0.6603	2853.0	2641.0	7.6326	190	1412.7	0.7079	2852.5	2640.6	7.5999
1531.4	0.6530	2863.0	2648.6	7.6540	195	1428.5	0.7000	2862.5	2648.2	7.6213
1548.3	0.6459	2872.9	2656.1	7.6751	200	1444.3	0.6924	2872.4	2655.8	7.6425
1565.2	0.6389	2882.9	2663.7	7.6961	205	1460.1	0.6849	2882.4	2663.4	7.6635
1582.0	0.6321	2892.8	2671.3	7.7168	210	1475.8	0.6776	2892.4	2671.0	7.6842
1598.8	0.6255	2902.8	2678.9	7.7372	215	1491.5	0.6705	2902.3	2678.6	7.7047
1615.6	0.6190	2912.7	2686.5	7.7575	220	1507.2	0.6635	2912.3	2686.2	7.7251
1632.4	0.6126	2922.7	2694.1	7.7776	225	1522.9	0.6566	2922.3	2693.8	7.7452
1649.2	0.6064	2932.6	2701.7	7.7975	230	1538.6	0.6499	2932.2	2701.5	7.7651
1666.0	0.6003	2942.6	2709.4	7.8172	235	1554.3	0.6434	2942.2	2709.1	7.7848
1682.7	0.5943	2952.6	2717.0	7.8368	240	1569.9	0.6370	2952.2	2716.7	7.8044
1699.5	0.5884	2962.6	2724.6	7.8561	245	1585.6	0.6307	2962.2	2724.4	7.8238
1716.2	0.5827	2972.5	2732.3	7.8753	250	1601.2	0.6245	2972.2	2732.0	7.8430
1732.9	0.5771	2982.5	2739.9	7.8943	255	1616.8	0.6185	2982.2	2739.7	7.8620
1749.6	0.5716	2992.5	2747.6	7.9132	260	1632.4	0.6126	2992.2	2747.4	7.8809
1766.3	0.5661	3002.6	2755.3	7.9319	265	1648.1	0.6068	3002.2	2755.0	7.8996
1783.0	0.5608	3012.6	2763.0	7.9504	270	1663.6	0.6011	3012.3	2762.7	7.9182
1799.7	0.5556	3022.6	2770.7	7.9688	275	1679.2	0.5955	3022.3	2770.4	7.9366
1816.4	0.5505	3032.7	2778.4	7.9870	280	1694.8	0.5900	3032.4	2778.2	7.9548
1833.0	0.5455	3042.7	2786.1	8.0051	285	1710.4	0.5847	3042.4	2785.9	7.9729
1849.7	0.5406	3052.8	2793.8	8.0231	290	1725.9	0.5794	3052.5	2793.6	7.9909
1866.4	0.5358	3062.8	2801.6	8.0409	295	1741.5	0.5742	3062.6	2801.4	8.0087

Tafel 3. Druckwasser und überhitzter Dampf (Fortsetzung)

1.4 bar						1.5 bar				
$10^3 v$	ϱ	h	u	s	t	$10^3 v$	ϱ	h	u	s
m^3/kg	kg/m^3	kJ/kg		kJ/kgK	°C	m^3/kg	kg/m^3	kJ/kg		kJ/kg K
1883.0	0.53106	3072.9	2809.3	8.0586	**300**	1757.1	0.5691	3072.7	2809.1	8.0264
1899.7	0.52641	3083.0	2817.1	8.0761	**305**	1772.6	0.5641	3082.8	2816.9	8.0439
1916.3	0.52184	3093.1	2824.9	8.0935	**310**	1788.1	0.5592	3092.9	2824.7	8.0614
1932.9	0.51735	3103.3	2832.7	8.1108	**315**	1803.7	0.5544	3103.0	2832.5	8.0787
1949.6	0.51294	3113.4	2840.5	8.1280	**320**	1819.2	0.5497	3113.2	2840.3	8.0958
1966.2	0.50860	3123.5	2848.3	8.1450	**325**	1834.7	0.5450	3123.3	2848.1	8.1129
1982.8	0.50434	3133.7	2856.1	8.1619	**330**	1850.2	0.5405	3133.5	2856.0	8.1298
1999.4	0.50015	3143.9	2864.0	8.1787	**335**	1865.8	0.5360	3143.7	2863.8	8.1466
2016.0	0.49603	3154.1	2871.8	8.1954	**340**	1881.3	0.5316	3153.9	2871.7	8.1633
2032.6	0.49197	3164.3	2879.7	8.2120	**345**	1896.8	0.5272	3164.1	2879.5	8.1799
2049.2	0.48799	3174.5	2887.6	8.2284	**350**	1912.3	0.5229	3174.3	2887.4	8.1963
2065.8	0.48407	3184.7	2895.5	8.2448	**355**	1927.8	0.5187	3184.5	2895.3	8.2127
2082.4	0.48021	3194.9	2903.4	8.2610	**360**	1943.3	0.5146	3194.8	2903.3	8.2289
2099.0	0.47642	3205.2	2911.3	8.2771	**365**	1958.8	0.5105	3205.0	2911.2	8.2451
2115.6	0.47268	3215.5	2919.3	8.2932	**370**	1974.2	0.5065	3215.3	2919.1	8.2611
2132.2	0.46900	3225.7	2927.2	8.3091	**375**	1989.7	0.50258	3225.6	2927.1	8.2770
2148.8	0.46538	3236.0	2935.2	8.3249	**380**	2005.2	0.49870	3235.9	2935.1	8.2929
2165.3	0.46182	3246.4	2943.2	8.3406	**385**	2020.7	0.49488	3246.2	2943.1	8.3086
2181.9	0.45831	3256.7	2951.2	8.3563	**390**	2036.2	0.49112	3256.5	2951.1	8.3242
2198.5	0.45486	3267.0	2959.2	8.3718	**395**	2051.6	0.48741	3266.9	2959.1	8.3398
2215.1	0.45146	3277.4	2967.3	8.3872	**400**	2067.1	0.48377	3277.2	2967.2	8.3552
2248.2	0.44480	3298.1	2983.4	8.4179	**410**	2098.1	0.47663	3298.0	2983.3	8.3858
2281.3	0.43834	3319.0	2999.6	8.4481	**420**	2129.0	0.46971	3318.8	2999.5	8.4161
2314.4	0.43207	3339.8	3015.8	8.4780	**430**	2159.9	0.46299	3339.7	3015.7	8.4460
2347.5	0.42598	3360.8	3032.1	8.5076	**440**	2190.8	0.45645	3360.6	3032.0	8.4756
2380.6	0.42006	3381.8	3048.5	8.5368	**450**	2221.7	0.45010	3381.7	3048.4	8.5049
2413.7	0.41430	3402.9	3064.9	8.5658	**460**	2252.6	0.44393	3402.7	3064.8	8.5338
2446.8	0.40869	3424.0	3081.4	8.5944	**470**	2283.5	0.43793	3423.9	3081.3	8.5624
2479.9	0.40324	3445.2	3098.0	8.6227	**480**	2314.4	0.43208	3445.1	3097.9	8.5908
2513.0	0.39793	3466.4	3114.6	8.6508	**490**	2345.3	0.42639	3466.3	3114.5	8.6188
2546.0	0.39277	3487.8	3131.3	8.6785	**500**	2376.1	0.42085	3487.7	3131.2	8.6466
2612.2	0.38282	3530.6	3164.9	8.7333	**520**	2437.9	0.41020	3530.5	3164.8	8.7013
2678.3	0.37337	3573.7	3198.8	8.7870	**540**	2499.6	0.40007	3573.7	3198.7	8.7550
2744.4	0.36438	3617.1	3232.9	8.8397	**560**	2561.3	0.39043	3617.0	3232.9	8.8077
2810.5	0.35581	3660.8	3267.3	8.8915	**580**	2623.0	0.38125	3660.7	3267.3	8.8595
2876.5	0.34764	3704.7	3302.0	8.9424	**600**	2684.6	0.37249	3704.7	3302.0	8.9105
2942.6	0.33984	3749.0	3337.0	8.9924	**620**	2746.3	0.36413	3748.9	3336.9	8.9605
3008.6	0.33238	3793.4	3372.2	9.0417	**640**	2808.0	0.35613	3793.4	3372.2	9.0098
3074.7	0.32524	3838.2	3407.8	9.0902	**660**	2869.6	0.34848	3838.2	3407.7	9.0583
3140.7	0.31840	3883.3	3443.6	9.1380	**680**	2931.2	0.34115	3883.2	3443.5	9.1061
3206.8	0.31184	3928.6	3479.7	9.1850	**700**	2992.9	0.33413	3928.5	3479.6	9.1531
3272.8	0.30555	3974.2	3516.0	9.2314	**720**	3054.5	0.32738	3974.2	3516.0	9.1996
3338.8	0.29951	4020.1	3552.7	9.2772	**740**	3116.1	0.32091	4020.1	3552.6	9.2453
3404.8	0.29370	4066.3	3589.6	9.3223	**760**	3177.7	0.31469	4066.2	3589.6	9.2904
3470.8	0.28812	4112.8	3626.8	9.3669	**780**	3239.4	0.30870	4112.7	3626.8	9.3350
3536.8	0.28274	4159.5	3664.3	9.4108	**800**	3301.0	0.30294	4159.4	3664.3	9.3789
3701.8	0.27014	4277.6	3759.3	9.5183	**850**	3455.0	0.28944	4277.5	3759.3	9.4865
3866.8	0.25861	4397.3	3856.0	9.6227	**900**	3608.9	0.27709	4397.3	3856.0	9.5908
4031.7	0.24803	4518.8	3954.4	9.7241	**950**	3762.9	0.26575	4518.8	3954.3	9.6922
4196.7	0.23829	4641.9	4054.4	9.8227	**1000**	3916.9	0.25531	4641.9	4054.3	9.7908
4526.5	0.22092	4892.9	4259.2	10.0125	**1100**	4224.7	0.23670	4892.9	4259.2	9.9806
4856.3	0.20592	5150.0	4470.1	10.1931	**1200**	4532.5	0.22063	5149.9	4470.0	10.1613
5186.1	0.19282	5412.6	4686.6	10.3656	**1300**	4840.3	0.20660	5412.6	4686.6	10.3338
5515.8	0.18130	5680.6	4908.4	10.5307	**1400**	5148.1	0.19425	5680.6	4908.3	10.4989
5845.6	0.17107	5953.3	5134.9	10.6891	**1500**	5455.9	0.18329	5953.3	5134.9	10.6572
6175.	0.16193	6230.5	5365.9	10.8411	**1600**	5764.	0.17350	6230.4	5365.9	10.8093
6505.	0.15373	6511.7	5601.0	10.9873	**1700**	6071.	0.16471	6511.7	5600.9	10.9555
6835.	0.14631	6796.6	5839.8	11.1282	**1800**	6379.	0.15676	6796.6	5839.7	11.0964
7164.	0.13958	7085.0	6082.0	11.2641	**1900**	6687.	0.14955	7085.0	6082.0	11.2322
7494.	0.13344	7376.7	6327.5	11.3953	**2000**	6995.	0.14297	7376.7	6327.5	11.3634

Tafel 3. Druckwasser und überhitzter Dampf (Fortsetzung)

1.6 bar (t_s = 113.327 °C)						1.7 bar (t_s = 115.177 °C)				
$10^3 v$	ϱ	h	u	s	t	$10^3 v$	ϱ	h	u	s
m³/kg	kg/m³	kJ/kg		kJ/kg K	°C	m³/kg	kg/m³	kJ/kg		kJ/kg K
1.05437	948.44	475.44	475.27	1.45516	t_l	1.05598	946.99	483.29	483.11	1.47540
1091.6	0.9161	2696.3	2521.7	7.2016	t_g	1031.4	0.9696	2699.1	2523.7	7.1814
1.00014	999.86	0.12	−0.04	−0.00014	0	1.00014	999.86	0.13	−0.04	−0.00014
0.99998	1000.02	21.18	21.02	0.07626	5	0.99997	1000.03	21.19	21.02	0.07626
1.00023	999.77	42.14	41.98	0.15095	10	1.00023	999.77	42.15	41.98	0.15095
1.00084	999.17	63.07	62.91	0.22421	15	1.00083	999.17	63.08	62.91	0.22421
1.00174	998.26	83.98	83.82	0.29617	20	1.00174	998.26	83.99	83.82	0.29617
1.00292	997.09	104.90	104.74	0.36692	25	1.00292	997.09	104.91	104.74	0.36691
1.00434	995.68	125.81	125.65	0.43648	30	1.00433	995.68	125.82	125.65	0.43648
1.00598	994.06	146.73	146.57	0.50491	35	1.00597	994.06	146.74	146.56	0.50490
1.00782	992.24	167.64	167.48	0.57223	40	1.00782	992.24	167.65	167.48	0.57222
1.00986	990.23	188.55	188.39	0.63847	45	1.00986	990.24	188.56	188.38	0.63846
1.01209	988.06	209.45	209.29	0.70367	50	1.01208	988.06	209.46	209.29	0.70367
1.01449	985.72	230.36	230.20	0.76787	55	1.01448	985.72	230.37	230.20	0.76787
1.01706	983.23	251.27	251.11	0.83111	60	1.01706	983.23	251.28	251.11	0.83111
1.01980	980.59	272.19	272.02	0.89343	65	1.01979	980.59	272.20	272.02	0.89343
1.02270	977.81	293.11	292.95	0.95486	70	1.02269	977.81	293.12	292.95	0.95486
1.02576	974.89	314.06	313.89	1.01545	75	1.02575	974.90	314.06	313.89	1.01544
1.02897	971.84	335.02	334.85	1.07522	80	1.02897	971.85	335.02	334.85	1.07522
1.03234	968.67	356.00	355.83	1.13422	85	1.03234	968.68	356.00	355.83	1.13421
1.03587	965.37	377.00	376.84	1.19247	90	1.03586	965.38	377.01	376.84	1.19246
1.03955	961.96	398.04	397.87	1.25000	95	1.03954	961.96	398.05	397.87	1.24999
1.04338	958.42	419.11	418.94	1.30684	100	1.04338	958.42	419.12	418.94	1.30683
1.04737	954.77	440.21	440.04	1.36302	105	1.04737	954.77	440.22	440.04	1.36301
1.05152	951.00	461.35	461.18	1.41855	110	1.05152	951.01	461.36	461.18	1.41855
1096.8	0.9117	2699.8	2524.3	7.2107	115	1.05582	947.13	482.54	482.36	1.47346
1112.3	0.8990	2710.2	2532.3	7.2373	120	1045.5	0.9565	2709.2	2531.4	7.2073
1127.7	0.8867	2720.6	2540.1	7.2635	125	1060.1	0.9433	2719.6	2539.4	7.2336
1143.1	0.8748	2730.9	2548.0	7.2892	130	1074.6	0.9306	2730.0	2547.3	7.2594
1158.4	0.8633	2741.1	2555.8	7.3145	135	1089.1	0.9182	2740.2	2555.1	7.2848
1173.6	0.8521	2751.3	2563.6	7.3393	140	1103.5	0.9062	2750.5	2562.9	7.3098
1188.8	0.8412	2761.5	2571.3	7.3638	145	1117.8	0.8946	2760.7	2570.7	7.3343
1203.9	0.8306	2771.6	2579.0	7.3878	150	1132.1	0.8833	2770.9	2578.4	7.3585
1219.0	0.8203	2781.7	2586.7	7.4116	155	1146.3	0.8724	2781.0	2586.1	7.3823
1234.0	0.8103	2791.8	2594.4	7.4350	160	1160.5	0.8617	2791.1	2593.8	7.4058
1249.1	0.8006	2801.9	2602.0	7.4581	165	1174.7	0.8513	2801.2	2601.5	7.4290
1264.0	0.7911	2811.9	2609.7	7.4809	170	1188.8	0.8412	2811.3	2609.2	7.4518
1279.0	0.7819	2821.9	2617.3	7.5034	175	1202.9	0.8313	2821.4	2616.9	7.4744
1293.9	0.7729	2832.0	2624.9	7.5256	180	1217.0	0.8217	2831.4	2624.5	7.4967
1308.8	0.7641	2842.0	2632.6	7.5476	185	1231.0	0.8123	2841.4	2632.1	7.5187
1323.6	0.7555	2852.0	2640.2	7.5693	190	1245.0	0.8032	2851.4	2639.8	7.5404
1338.5	0.7471	2862.0	2647.8	7.5907	195	1259.0	0.7943	2861.5	2647.4	7.5619
1353.3	0.7389	2871.9	2655.4	7.6120	200	1273.0	0.7855	2871.5	2655.0	7.5832
1368.1	0.7309	2881.9	2663.0	7.6330	205	1287.0	0.7770	2881.5	2662.7	7.6042
1382.9	0.7231	2891.9	2670.7	7.6537	210	1300.9	0.7687	2891.5	2670.3	7.6250
1397.7	0.7155	2901.9	2678.3	7.6743	215	1314.8	0.7606	2901.5	2677.9	7.6456
1412.4	0.7080	2911.9	2685.9	7.6946	220	1328.7	0.7526	2911.5	2685.6	7.6660
1427.1	0.7007	2921.9	2693.5	7.7148	225	1342.6	0.7448	2921.5	2693.2	7.6862
1441.9	0.6936	2931.9	2701.2	7.7347	230	1356.5	0.7372	2931.5	2700.9	7.7062
1456.6	0.6865	2941.9	2708.8	7.7545	235	1370.3	0.7297	2941.5	2708.5	7.7260
1471.3	0.6797	2951.9	2716.5	7.7741	240	1384.2	0.7224	2951.5	2716.2	7.7456
1485.9	0.6730	2961.9	2724.1	7.7935	245	1398.0	0.7153	2961.5	2723.8	7.7650
1500.6	0.6664	2971.9	2731.8	7.8127	250	1411.8	0.7083	2971.5	2731.5	7.7842
1515.3	0.6599	2981.9	2739.4	7.8318	255	1425.6	0.7014	2981.6	2739.2	7.8033
1529.9	0.6536	2991.9	2747.1	7.8507	260	1439.5	0.6947	2991.6	2746.9	7.8222
1544.6	0.6474	3001.9	2754.8	7.8694	265	1453.2	0.6881	3001.6	2754.6	7.8410
1559.2	0.6414	3012.0	2762.5	7.8880	270	1467.0	0.6816	3011.7	2762.3	7.8596
1573.8	0.6354	3022.0	2770.2	7.9064	275	1480.8	0.6753	3021.7	2770.0	7.8780
1588.4	0.6296	3032.1	2777.9	7.9246	280	1494.6	0.6691	3031.8	2777.7	7.8963
1603.0	0.6238	3042.2	2785.7	7.9428	285	1508.3	0.6630	3041.9	2785.5	7.9144
1617.6	0.6182	3052.2	2793.4	7.9607	290	1522.1	0.6570	3052.0	2793.2	7.9324
1632.2	0.6127	3062.3	2801.2	7.9786	295	1535.8	0.6511	3062.1	2801.0	7.9503

Tafel 3. Druckwasser und überhitzter Dampf (Fortsetzung)

1.6 bar						1.7 bar				
$10^3 v$	ϱ	h	u	s	t	$10^3 v$	ϱ	h	u	s
m^3/kg	kg/m^3	kJ/kg		kJ/kgK	°C	m^3/kg	kg/m^3	kJ/kg		kJ/kg K
1646.8	0.6072	3072.4	2808.9	7.9963	**300**	1549.6	0.6453	3072.2	2808.7	7.9680
1661.4	0.6019	3082.5	2816.7	8.0138	**305**	1563.3	0.6397	3082.3	2816.5	7.9855
1676.0	0.5967	3092.7	2824.5	8.0313	**310**	1577.0	0.6341	3092.4	2824.3	8.0030
1690.6	0.5915	3102.8	2832.3	8.0486	**315**	1590.8	0.6286	3102.6	2832.1	8.0203
1705.1	0.5865	3112.9	2840.1	8.0658	**320**	1604.5	0.6233	3112.7	2840.0	8.0375
1719.7	0.5815	3123.1	2847.9	8.0828	**325**	1618.2	0.6180	3122.9	2847.8	8.0546
1734.3	0.5766	3133.3	2855.8	8.0997	**330**	1631.9	0.6128	3133.1	2855.6	8.0715
1748.8	0.5718	3143.5	2863.6	8.1166	**335**	1645.6	0.6077	3143.2	2863.5	8.0883
1763.4	0.5671	3153.7	2871.5	8.1333	**340**	1659.3	0.6027	3153.4	2871.4	8.1050
1777.9	0.5625	3163.9	2879.4	8.1498	**345**	1673.0	0.5977	3163.7	2879.2	8.1216
1792.4	0.5579	3174.1	2887.3	8.1663	**350**	1686.7	0.5929	3173.9	2887.1	8.1381
1807.0	0.5534	3184.3	2895.2	8.1827	**355**	1700.4	0.5881	3184.1	2895.1	8.1545
1821.5	0.5490	3194.6	2903.1	8.1989	**360**	1714.1	0.5834	3194.4	2903.0	8.1707
1836.0	0.5446	3204.8	2911.1	8.2151	**365**	1727.8	0.5788	3204.6	2910.9	8.1869
1850.6	0.5404	3215.1	2919.0	8.2311	**370**	1741.4	0.5742	3214.9	2918.9	8.2029
1865.1	0.5362	3225.4	2927.0	8.2471	**375**	1755.1	0.5698	3225.2	2926.9	8.2189
1879.6	0.5320	3235.7	2935.0	8.2629	**380**	1768.8	0.5654	3235.5	2934.8	8.2347
1894.1	0.5280	3246.0	2943.0	8.2786	**385**	1782.5	0.5610	3245.9	2942.8	8.2505
1908.6	0.5239	3256.4	2951.0	8.2943	**390**	1796.1	0.5568	3256.2	2950.9	8.2661
1923.2	0.5200	3266.7	2959.0	8.3098	**395**	1809.8	0.5526	3266.5	2958.9	8.2817
1937.7	0.5161	3277.1	2967.0	8.3253	**400**	1823.4	0.5484	3276.9	2966.9	8.2971
1966.7	0.50847	3297.8	2983.2	8.3559	**410**	1850.8	0.5403	3297.7	2983.1	8.3278
1995.7	0.50108	3318.7	2999.4	8.3862	**420**	1878.1	0.5325	3318.5	2999.3	8.3580
2024.7	0.49391	3339.6	3015.6	8.4161	**430**	1905.4	0.5248	3339.4	3015.5	8.3880
2053.7	0.48693	3360.5	3031.9	8.4457	**440**	1932.7	0.5174	3360.4	3031.8	8.4176
2082.6	0.48016	3381.5	3048.3	8.4749	**450**	1959.9	0.5102	3381.4	3048.2	8.4468
2111.6	0.47357	3402.6	3064.7	8.5039	**460**	1987.2	0.50322	3402.5	3064.7	8.4758
2140.6	0.46716	3423.7	3081.3	8.5325	**470**	2014.5	0.49640	3423.6	3081.2	8.5044
2169.5	0.46093	3445.0	3097.8	8.5609	**480**	2041.8	0.48978	3444.8	3097.7	8.5328
2198.5	0.45486	3466.2	3114.5	8.5889	**490**	2069.0	0.48332	3466.1	3114.4	8.5608
2227.4	0.44894	3487.6	3131.2	8.6167	**500**	2096.3	0.47704	3487.5	3131.1	8.5886
2285.3	0.43757	3530.4	3164.8	8.6714	**520**	2150.8	0.46495	3530.3	3164.7	8.6434
2343.2	0.42677	3573.6	3198.6	8.7252	**540**	2205.2	0.45347	3573.5	3198.6	8.6971
2401.1	0.41648	3617.0	3232.8	8.7779	**560**	2259.7	0.44254	3616.9	3232.7	8.7498
2458.9	0.40669	3660.6	3267.2	8.8297	**580**	2314.1	0.43213	3660.6	3267.1	8.8016
2516.7	0.39734	3704.6	3301.9	8.8806	**600**	2368.6	0.42219	3704.5	3301.8	8.8526
2574.6	0.38842	3748.8	3336.9	8.9307	**620**	2423.0	0.41271	3748.7	3336.8	8.9026
2632.4	0.37989	3793.3	3372.1	8.9800	**640**	2477.4	0.40365	3793.2	3372.1	8.9519
2690.2	0.37172	3838.1	3407.7	9.0285	**660**	2531.8	0.39497	3838.0	3407.6	9.0004
2748.0	0.36391	3883.1	3443.5	9.0762	**680**	2586.2	0.38666	3883.1	3443.4	9.0482
2805.7	0.35641	3928.5	3479.6	9.1233	**700**	2640.6	0.37870	3928.4	3479.5	9.0953
2863.5	0.34922	3974.1	3515.9	9.1697	**720**	2695.0	0.37106	3974.1	3515.9	9.1417
2921.3	0.34231	4020.0	3552.6	9.2155	**740**	2749.4	0.36372	4020.0	3552.6	9.1875
2979.1	0.33568	4066.2	3589.5	9.2606	**760**	2803.8	0.35666	4066.1	3589.5	9.2326
3036.8	0.32929	4112.7	3626.8	9.3052	**780**	2858.1	0.34988	4112.6	3626.7	9.2771
3094.6	0.32314	4159.4	3664.3	9.3491	**800**	2912.5	0.34335	4159.4	3664.2	9.3211
3239.0	0.30874	4277.5	3759.2	9.4567	**850**	3048.4	0.32804	4277.4	3759.2	9.4286
3383.3	0.29557	4397.3	3855.9	9.5610	**900**	3184.3	0.31404	4397.2	3855.9	9.5330
3527.7	0.28347	4518.7	3954.3	9.6624	**950**	3320.2	0.30119	4518.7	3954.3	9.6344
3672.0	0.27233	4641.8	4054.3	9.7610	**1000**	3456.0	0.28935	4641.8	4054.3	9.7330
3960.7	0.25248	4892.9	4259.1	9.9508	**1100**	3727.7	0.26826	4892.8	4259.1	9.9228
4249.3	0.23534	5149.9	4470.0	10.1315	**1200**	3999.3	0.25004	5149.9	4470.0	10.1035
4537.8	0.22037	5412.6	4686.6	10.3040	**1300**	4270.9	0.23414	5412.6	4686.5	10.2760
4826.4	0.20719	5680.5	4908.3	10.4691	**1400**	4542.5	0.22014	5680.5	4908.3	10.4411
5114.9	0.19551	5953.3	5134.9	10.6274	**1500**	4814.1	0.20773	5953.3	5134.9	10.5994
5403.	0.18507	6230.4	5365.9	10.7795	**1600**	5086.	0.19663	6230.4	5365.9	10.7515
5692.	0.17569	6511.7	5600.9	10.9257	**1700**	5357.	0.18667	6511.6	5600.9	10.8977
5980.	0.16721	6796.6	5839.7	11.0666	**1800**	5629.	0.17766	6796.6	5839.7	11.0386
6269.	0.15952	7085.0	6082.0	11.2024	**1900**	5900.	0.16948	7085.0	6082.0	11.1745
6558.	0.15250	7376.7	6327.5	11.3336	**2000**	6172.	0.16203	7376.7	6327.5	11.3057

Tafel 3. Druckwasser und überhitzter Dampf (Fortsetzung)

1.8 bar (t_s = 116.941 °C)						2.0 bar (t_s = 120.241 °C)				
$10^3 v$	ϱ	h	u	s	t	$10^3 v$	ϱ	h	u	s
m³/kg	kg/m³	kJ/kg		kJ/kg K	°C	m³/kg	kg/m³	kJ/kg		kJ/kg K
1.05753	945.60	490.78	490.59	1.49462	t_l	1.06049	942.96	504.80	504.59	1.53036
977.7	1.0228	2701.7	2525.7	7.1623	t_g	885.9	1.1289	2706.5	2529.4	7.1272
1.00013	999.87	0.14	-0.04	-0.00014	0	1.00012	999.88	0.16	-0.04	-0.00014
0.99997	1000.03	21.20	21.02	0.07626	5	0.99996	1000.04	21.22	21.02	0.07626
1.00022	999.78	42.16	41.98	0.15095	10	1.00021	999.79	42.18	41.98	0.15095
1.00083	999.17	63.09	62.91	0.22421	15	1.00082	999.18	63.11	62.91	0.22421
1.00173	998.27	84.00	83.82	0.29617	20	1.00173	998.28	84.02	83.82	0.29617
1.00291	997.10	104.92	104.74	0.36691	25	1.00290	997.11	104.93	104.73	0.36690
1.00433	995.69	125.83	125.65	0.43648	30	1.00432	995.70	125.85	125.65	0.43647
1.00597	994.07	146.74	146.56	0.50490	35	1.00596	994.07	146.76	146.56	0.50489
1.00782	992.24	167.66	167.47	0.57222	40	1.00781	992.25	167.67	167.47	0.57221
1.00986	990.24	188.56	188.38	0.63846	45	1.00985	990.25	188.58	188.38	0.63845
1.01208	988.06	209.47	209.29	0.70366	50	1.01207	988.07	209.49	209.29	0.70365
1.01448	985.73	230.38	230.20	0.76786	55	1.01447	985.73	230.40	230.19	0.76785
1.01705	983.23	251.29	251.11	0.83110	60	1.01704	983.24	251.31	251.10	0.83109
1.01979	980.60	272.20	272.02	0.89342	65	1.01978	980.60	272.22	272.02	0.89341
1.02269	977.82	293.13	292.95	0.95485	70	1.02268	977.82	293.15	292.94	0.95484
1.02575	974.90	314.07	313.89	1.01544	75	1.02574	974.91	314.09	313.88	1.01543
1.02896	971.85	335.03	334.85	1.07521	80	1.02895	971.86	335.05	334.84	1.07520
1.03233	968.68	356.01	355.83	1.13421	85	1.03232	968.69	356.03	355.82	1.13419
1.03586	965.38	377.02	376.83	1.19245	90	1.03585	965.39	377.03	376.83	1.19244
1.03954	961.97	398.06	397.87	1.24998	95	1.03953	961.97	398.07	397.86	1.24997
1.04337	958.43	419.12	418.93	1.30683	100	1.04336	958.44	419.14	418.93	1.30681
1.04736	954.78	440.22	440.04	1.36300	105	1.04735	954.79	440.24	440.03	1.36298
1.05151	951.01	461.36	461.18	1.41854	110	1.05150	951.02	461.38	461.17	1.41852
1.05582	947.14	482.54	482.35	1.47346	115	1.05580	947.14	482.56	482.35	1.47344
986.2	1.0140	2708.1	2530.6	7.1788	120	1.06027	943.16	503.78	503.57	1.52776
1000.0	1.0000	2718.6	2538.6	7.2052	125	897.8	1.1138	2716.6	2537.1	7.1527
1013.8	0.9864	2729.0	2546.5	7.2312	130	910.3	1.0985	2727.1	2545.1	7.1789
1027.5	0.9733	2739.4	2554.4	7.2567	135	922.7	1.0837	2737.6	2553.0	7.2047
1041.1	0.9605	2749.7	2562.3	7.2818	140	935.1	1.0694	2748.0	2561.0	7.2300
1054.7	0.9481	2759.9	2570.1	7.3065	145	947.4	1.0555	2758.3	2568.8	7.2549
1068.2	0.9361	2770.1	2577.8	7.3307	150	959.7	1.0420	2768.6	2576.7	7.2793
1081.7	0.9244	2780.3	2585.6	7.3546	155	971.9	1.0289	2778.9	2584.5	7.3034
1095.2	0.9131	2790.5	2593.3	7.3782	160	984.1	1.0162	2789.1	2592.3	7.3271
1108.6	0.9020	2800.6	2601.0	7.4014	165	996.2	1.0038	2799.3	2600.0	7.3505
1122.0	0.8913	2810.7	2608.7	7.4244	170	1008.3	0.9918	2809.4	2607.8	7.3736
1135.3	0.8808	2820.8	2616.4	7.4470	175	1020.4	0.9800	2819.6	2615.5	7.3963
1148.6	0.8706	2830.8	2624.1	7.4693	180	1032.4	0.9686	2829.7	2623.2	7.4188
1161.9	0.8606	2840.9	2631.7	7.4914	185	1044.4	0.9575	2839.8	2630.9	7.4409
1175.2	0.8509	2850.9	2639.4	7.5132	190	1056.4	0.9466	2849.9	2638.6	7.4628
1188.4	0.8415	2861.0	2647.0	7.5347	195	1068.4	0.9360	2859.9	2646.3	7.4845
1201.6	0.8322	2871.0	2654.7	7.5560	200	1080.3	0.9257	2870.0	2653.9	7.5059
1214.8	0.8232	2881.0	2662.3	7.5771	205	1092.2	0.9156	2880.1	2661.6	7.5270
1228.0	0.8143	2891.0	2670.0	7.5980	210	1104.1	0.9057	2890.1	2669.3	7.5479
1241.2	0.8057	2901.0	2677.6	7.6186	215	1116.0	0.8961	2900.2	2677.0	7.5686
1254.3	0.7972	2911.1	2685.3	7.6390	220	1127.9	0.8866	2910.2	2684.6	7.5891
1267.5	0.7890	2921.1	2692.9	7.6592	225	1139.7	0.8774	2920.3	2692.3	7.6094
1280.6	0.7809	2931.1	2700.6	7.6792	230	1151.6	0.8684	2930.3	2700.0	7.6294
1293.7	0.7730	2941.1	2708.2	7.6990	235	1163.4	0.8596	2940.4	2707.7	7.6493
1306.8	0.7652	2951.1	2715.9	7.7187	240	1175.2	0.8509	2950.4	2715.4	7.6690
1319.9	0.7577	2961.2	2723.6	7.7381	245	1187.0	0.8425	2960.5	2723.1	7.6885
1332.9	0.7502	2971.2	2731.3	7.7574	250	1198.8	0.8342	2970.5	2730.8	7.7078
1346.0	0.7429	2981.2	2738.9	7.7765	255	1210.6	0.8261	2980.6	2738.5	7.7269
1359.0	0.7358	2991.3	2746.6	7.7954	260	1222.3	0.8181	2990.6	2746.2	7.7459
1372.1	0.7288	3001.3	2754.3	7.8142	265	1234.1	0.8103	3000.7	2753.9	7.7647
1385.1	0.7220	3011.4	2762.1	7.8328	270	1245.8	0.8027	3010.8	2761.6	7.7833
1398.1	0.7152	3021.5	2769.8	7.8512	275	1257.6	0.7952	3020.9	2769.4	7.8018
1411.1	0.7086	3031.5	2777.5	7.8695	280	1269.3	0.7878	3031.0	2777.1	7.8201
1424.2	0.7022	3041.6	2785.3	7.8877	285	1281.0	0.7806	3041.1	2784.9	7.8383
1437.2	0.6958	3051.7	2793.0	7.9057	290	1292.8	0.7735	3051.2	2792.6	7.8563
1450.1	0.6896	3061.8	2800.8	7.9235	295	1304.5	0.7666	3061.3	2800.4	7.8742

Tafel 3. Druckwasser und überhitzter Dampf (Fortsetzung)

1.8 bar						2.0 bar				
$10^3 v$	ϱ	h	u	s	t	$10^3 v$	ϱ	h	u	s
m^3/kg	kg/m^3	kJ/kg		kJ/kg K	°C	m^3/kg	kg/m^3	kJ/kg		kJ/kg K
1463.1	0.6835	3071.9	2808.6	7.9413	**300**	1316.2	0.7598	3071.4	2808.2	7.8920
1476.1	0.6774	3082.0	2816.3	7.9589	**305**	1327.9	0.7531	3081.6	2816.0	7.9096
1489.1	0.6716	3092.2	2824.1	7.9763	**310**	1339.6	0.7465	3091.7	2823.8	7.9271
1502.1	0.6658	3102.3	2832.0	7.9936	**315**	1351.3	0.7400	3101.9	2831.6	7.9444
1515.0	0.6601	3112.5	2839.8	8.0108	**320**	1362.9	0.7337	3112.0	2839.4	7.9616
1528.0	0.6545	3122.7	2847.6	8.0279	**325**	1374.6	0.7275	3122.2	2847.3	7.9787
1540.9	0.6490	3132.8	2855.5	8.0449	**330**	1386.3	0.7214	3132.4	2855.2	7.9957
1553.9	0.6436	3143.0	2863.3	8.0617	**335**	1398.0	0.7153	3142.6	2863.0	8.0125
1566.8	0.6382	3153.2	2871.2	8.0784	**340**	1409.6	0.7094	3152.8	2870.9	8.0293
1579.8	0.6330	3163.5	2879.1	8.0950	**345**	1421.3	0.7036	3163.1	2878.8	8.0459
1592.7	0.6279	3173.7	2887.0	8.1115	**350**	1432.9	0.6979	3173.3	2886.7	8.0624
1605.7	0.6228	3183.9	2894.9	8.1279	**355**	1444.6	0.6922	3183.6	2894.6	8.0788
1618.6	0.6178	3194.2	2902.8	8.1441	**360**	1456.2	0.6867	3193.8	2902.6	8.0951
1631.5	0.6129	3204.5	2910.8	8.1603	**365**	1467.9	0.6812	3204.1	2910.5	8.1112
1644.4	0.6081	3214.8	2918.8	8.1763	**370**	1479.5	0.6759	3214.4	2918.5	8.1273
1657.4	0.6034	3225.1	2926.7	8.1923	**375**	1491.2	0.6706	3224.7	2926.5	8.1433
1670.3	0.5987	3235.4	2934.7	8.2081	**380**	1502.8	0.6654	3235.0	2934.5	8.1591
1683.2	0.5941	3245.7	2942.7	8.2239	**385**	1514.4	0.6603	3245.4	2942.5	8.1749
1696.1	0.5896	3256.0	2950.7	8.2395	**390**	1526.1	0.6553	3255.7	2950.5	8.1906
1709.0	0.5851	3266.4	2958.8	8.2551	**395**	1537.7	0.6503	3266.1	2958.5	8.2061
1721.9	0.5808	3276.8	2966.8	8.2706	**400**	1549.3	0.6454	3276.4	2966.6	8.2216
1747.7	0.5722	3297.5	2982.9	8.3012	**410**	1572.6	0.6359	3297.2	2982.7	8.2523
1773.5	0.5638	3318.4	2999.1	8.3315	**420**	1595.8	0.6266	3318.1	2998.9	8.2826
1799.3	0.5558	3339.3	3015.4	8.3614	**430**	1619.0	0.6177	3339.0	3015.2	8.3125
1825.1	0.5479	3360.2	3031.7	8.3910	**440**	1642.2	0.6089	3360.0	3031.5	8.3421
1850.9	0.5403	3381.3	3048.1	8.4203	**450**	1665.5	0.6004	3381.0	3047.9	8.3714
1876.6	0.5329	3402.4	3064.6	8.4493	**460**	1688.7	0.5922	3402.1	3064.4	8.4004
1902.4	0.5256	3423.5	3081.1	8.4779	**470**	1711.9	0.5842	3423.3	3080.9	8.4291
1928.2	0.5186	3444.7	3097.7	8.5063	**480**	1735.0	0.5764	3444.5	3097.5	8.4574
1953.9	0.5118	3466.0	3114.3	8.5344	**490**	1758.2	0.5688	3465.8	3114.1	8.4855
1979.7	0.5051	3487.3	3131.0	8.5621	**500**	1781.4	0.5614	3487.1	3130.8	8.5133
2031.1	0.49234	3530.2	3164.6	8.6169	**520**	1827.8	0.54712	3530.0	3164.5	8.5681
2082.6	0.48017	3573.4	3198.5	8.6706	**540**	1874.1	0.53359	3573.2	3198.4	8.6218
2134.0	0.46860	3616.8	3232.7	8.7234	**560**	1920.4	0.52072	3616.6	3232.5	8.6746
2185.5	0.45757	3660.5	3267.1	8.7752	**580**	1966.7	0.50846	3660.3	3267.0	8.7264
2236.9	0.44705	3704.4	3301.8	8.8261	**600**	2013.0	0.49677	3704.3	3301.7	8.7773
2288.3	0.43701	3748.7	3336.8	8.8762	**620**	2059.3	0.48560	3748.5	3336.7	8.8274
2339.7	0.42741	3793.2	3372.0	8.9255	**640**	2105.6	0.47493	3793.0	3371.9	8.8767
2391.1	0.41822	3838.0	3407.6	8.9740	**660**	2151.8	0.46472	3837.8	3407.5	8.9253
2442.5	0.40942	3883.0	3443.4	9.0218	**680**	2198.1	0.45494	3882.9	3443.3	8.9731
2493.8	0.40099	3928.4	3479.5	9.0689	**700**	2244.3	0.44557	3928.3	3479.4	9.0201
2545.2	0.39289	3974.0	3515.9	9.1153	**720**	2290.6	0.43657	3973.9	3515.8	9.0666
2596.6	0.38512	4019.9	3552.5	9.1610	**740**	2336.8	0.42793	4019.8	3552.4	9.1123
2647.9	0.37765	4066.1	3589.5	9.2062	**760**	2383.0	0.41963	4066.0	3589.4	9.1575
2699.3	0.37047	4112.6	3626.7	9.2507	**780**	2429.3	0.41165	4112.5	3626.6	9.2020
2750.6	0.36355	4159.3	3664.2	9.2947	**800**	2475.5	0.40396	4159.2	3664.1	9.2460
2879.0	0.34734	4277.4	3759.2	9.4022	**850**	2591.0	0.38595	4277.3	3759.1	9.3536
3007.3	0.33252	4397.2	3855.9	9.5066	**900**	2706.6	0.36947	4397.1	3855.8	9.4579
3135.7	0.31891	4518.7	3954.2	9.6080	**950**	2822.1	0.35435	4518.6	3954.2	9.5593
3264.0	0.30637	4641.8	4054.3	9.7066	**1000**	2937.5	0.34042	4641.7	4054.2	9.6580
3520.6	0.28405	4892.8	4259.1	9.8964	**1100**	3168.5	0.31561	4892.8	4259.1	9.8478
3777.1	0.26475	5149.9	4470.0	10.0771	**1200**	3399.4	0.29417	5149.8	4470.0	10.0284
4033.6	0.24792	5412.6	4686.5	10.2496	**1300**	3630.3	0.27546	5412.5	4686.5	10.2010
4290.1	0.23309	5680.5	4908.3	10.4147	**1400**	3861.1	0.25899	5680.5	4908.3	10.3661
4546.6	0.21994	5953.3	5134.9	10.5730	**1500**	4092.0	0.24438	5953.2	5134.8	10.5244
4803.1	0.20820	6230.4	5365.9	10.7251	**1600**	4322.8	0.23133	6230.4	5365.8	10.6764
5059.6	0.19765	6511.6	5600.9	10.8713	**1700**	4553.6	0.21960	6511.6	5600.9	10.8227
5316.0	0.18811	6796.6	5839.7	11.0122	**1800**	4784.5	0.20901	6796.6	5839.7	10.9636
5572.5	0.17945	7085.0	6082.0	11.1481	**1900**	5015.3	0.19939	7085.0	6082.0	11.0994
5828.9	0.17156	7376.7	6327.5	11.2793	**2000**	5246.1	0.19062	7376.7	6327.4	11.2306

Tafel 3. Druckwasser und überhitzter Dampf (Fortsetzung)

2.2 bar ($t_s = 123.281$ °C)						2.4 bar ($t_s = 126.103$ °C)				
$10^3 v$	ϱ	h	u	s	t	$10^3 v$	ϱ	h	u	s
m³/kg	kg/m³	kJ/kg		kJ/kg K	°C	m³/kg	kg/m³	kJ/kg		kJ/kg K
1.06328	940.49	517.74	517.51	1.56307	t_l	1.06592	938.16	529.77	529.52	1.59326
810.2	1.2342	2710.9	2532.7	7.0954	t_g	746.8	1.3390	2715.0	2535.7	7.0664
1.00011	999.89	0.18	-0.04	-0.00014	0	1.00010	999.90	0.20	-0.04	-0.00014
0.99995	1000.05	21.24	21.02	0.07626	5	0.99994	1000.06	21.26	21.02	0.07626
1.00020	999.80	42.20	41.98	0.15095	10	1.00019	999.81	42.22	41.98	0.15095
1.00081	999.19	63.13	62.91	0.22420	15	1.00080	999.20	63.14	62.90	0.22420
1.00172	998.29	84.04	83.82	0.29616	20	1.00171	998.30	84.06	83.82	0.29616
1.00289	997.12	104.95	104.73	0.36690	25	1.00288	997.12	104.97	104.73	0.36689
1.00431	995.71	125.87	125.65	0.43646	30	1.00430	995.72	125.89	125.64	0.43646
1.00595	994.08	146.78	146.56	0.50489	35	1.00594	994.09	146.80	146.56	0.50488
1.00780	992.26	167.69	167.47	0.57220	40	1.00779	992.27	167.71	167.47	0.57219
1.00984	990.26	188.60	188.38	0.63844	45	1.00983	990.27	188.62	188.37	0.63843
1.01206	988.08	209.51	209.28	0.70364	50	1.01205	988.09	209.52	209.28	0.70363
1.01446	985.74	230.41	230.19	0.76784	55	1.01445	985.75	230.43	230.19	0.76783
1.01703	983.25	251.32	251.10	0.83108	60	1.01702	983.26	251.34	251.09	0.83107
1.01977	980.61	272.24	272.01	0.89340	65	1.01976	980.62	272.25	272.01	0.89339
1.02267	977.83	293.16	292.94	0.95483	70	1.02266	977.84	293.18	292.93	0.95482
1.02573	974.92	314.10	313.88	1.01541	75	1.02572	974.93	314.12	313.87	1.01540
1.02894	971.87	335.06	334.84	1.07518	80	1.02893	971.88	335.08	334.83	1.07517
1.03231	968.70	356.04	355.82	1.13418	85	1.03230	968.71	356.06	355.81	1.13416
1.03584	965.40	377.05	376.82	1.19243	90	1.03583	965.41	377.07	376.82	1.19241
1.03952	961.98	398.09	397.86	1.24995	95	1.03951	961.99	398.10	397.85	1.24994
1.04335	958.45	419.15	418.92	1.30679	100	1.04334	958.46	419.17	418.92	1.30678
1.04734	954.80	440.25	440.02	1.36297	105	1.04733	954.81	440.27	440.02	1.36295
1.05149	951.03	461.39	461.16	1.41850	110	1.05148	951.04	461.41	461.16	1.41849
1.05579	947.15	482.57	482.34	1.47342	115	1.05578	947.16	482.59	482.33	1.47340
1.06026	943.17	503.79	503.56	1.52774	120	1.06025	943.18	503.81	503.55	1.52773
814.2	1.2282	2714.6	2535.5	7.1047	125	1.06488	939.08	525.07	524.82	1.58148
825.6	1.2112	2725.2	2543.6	7.1312	130	755.1	1.3244	2723.3	2542.1	7.0873
837.0	1.1947	2735.8	2551.7	7.1572	135	765.6	1.3062	2734.0	2550.2	7.1136
848.4	1.1787	2746.3	2559.6	7.1828	140	776.1	1.2886	2744.6	2558.3	7.1394
859.6	1.1633	2756.7	2567.6	7.2079	145	786.5	1.2715	2755.1	2566.3	7.1647
870.8	1.1483	2767.1	2575.5	7.2325	150	796.8	1.2550	2765.5	2574.3	7.1895
882.0	1.1338	2777.4	2583.4	7.2568	155	807.1	1.2390	2776.0	2582.2	7.2140
893.2	1.1196	2787.7	2591.2	7.2807	160	817.4	1.2234	2786.3	2590.1	7.2380
904.2	1.1059	2797.9	2599.0	7.3042	165	827.6	1.2083	2796.6	2598.0	7.2617
915.3	1.0925	2808.2	2606.8	7.3274	170	837.8	1.1936	2806.9	2605.8	7.2850
926.3	1.0795	2818.4	2614.6	7.3503	175	847.9	1.1793	2817.2	2613.6	7.3080
937.3	1.0669	2828.5	2622.3	7.3728	180	858.1	1.1654	2827.4	2621.4	7.3307
948.3	1.0545	2838.7	2630.1	7.3951	185	868.2	1.1519	2837.6	2629.2	7.3531
959.2	1.0425	2848.8	2637.8	7.4171	190	878.2	1.1387	2847.8	2637.0	7.3752
970.1	1.0308	2858.9	2645.5	7.4388	195	888.3	1.1258	2857.9	2644.7	7.3970
981.0	1.0193	2869.0	2653.2	7.4603	200	898.3	1.1132	2868.1	2652.5	7.4186
991.9	1.0082	2879.1	2660.9	7.4815	205	908.3	1.1010	2878.2	2660.2	7.4399
1002.8	0.9973	2889.2	2668.6	7.5025	210	918.3	1.0890	2888.3	2667.9	7.4609
1013.6	0.9866	2899.3	2676.3	7.5233	215	928.2	1.0773	2898.4	2675.7	7.4818
1024.4	0.9762	2909.4	2684.0	7.5438	220	938.2	1.0659	2908.5	2683.4	7.5024
1035.2	0.9660	2919.5	2691.7	7.5641	225	948.1	1.0547	2918.6	2691.1	7.5228
1046.0	0.9560	2929.5	2699.4	7.5843	230	958.0	1.0438	2928.7	2698.8	7.5429
1056.8	0.9463	2939.6	2707.1	7.6042	235	967.9	1.0331	2938.8	2706.5	7.5629
1067.5	0.9367	2949.7	2714.8	7.6239	240	977.8	1.0227	2948.9	2714.3	7.5827
1078.3	0.9274	2959.8	2722.5	7.6435	245	987.7	1.0125	2959.0	2722.0	7.6023
1089.0	0.9183	2969.8	2730.2	7.6628	250	997.6	1.0024	2969.1	2729.7	7.6217
1099.8	0.9093	2979.9	2738.0	7.6820	255	1007.4	0.9926	2979.2	2737.5	7.6409
1110.5	0.9005	2990.0	2745.7	7.7010	260	1017.3	0.9830	2989.4	2745.2	7.6599
1121.2	0.8919	3000.1	2753.4	7.7198	265	1027.1	0.9736	2999.5	2753.0	7.6788
1131.9	0.8835	3010.2	2761.2	7.7385	270	1036.9	0.9644	3009.6	2760.7	7.6975
1142.6	0.8752	3020.3	2768.9	7.7570	275	1046.7	0.9553	3019.7	2768.5	7.7161
1153.3	0.8671	3030.4	2776.7	7.7754	280	1056.6	0.9465	3029.8	2776.3	7.7345
1163.9	0.8591	3040.5	2784.4	7.7936	285	1066.4	0.9378	3040.0	2784.0	7.7527
1174.6	0.8513	3050.6	2792.2	7.8116	290	1076.2	0.9292	3050.1	2791.8	7.7708
1185.3	0.8437	3060.8	2800.0	7.8296	295	1085.9	0.9209	3060.2	2799.6	7.7887

Tafel 3. Druckwasser und überhitzter Dampf (Fortsetzung)

2.2 bar						2.4 bar				
$10^3 v$	ϱ	h	u	s	t	$10^3 v$	ϱ	h	u	s
m^3/kg	kg/m^3	kJ/kg		kJ/kgK	°C	m^3/kg	kg/m^3	kJ/kg		kJ/kg K
1195.9	0.8362	3070.9	2807.8	7.8473	**300**	1095.7	0.9126	3070.4	2807.4	7.8065
1206.6	0.8288	3081.1	2815.6	7.8650	**305**	1105.5	0.9046	3080.6	2815.2	7.8242
1217.2	0.8215	3091.2	2823.4	7.8825	**310**	1115.3	0.8966	3090.7	2823.1	7.8417
1227.9	0.8144	3101.4	2831.3	7.8998	**315**	1125.0	0.8888	3100.9	2830.9	7.8591
1238.5	0.8074	3111.6	2839.1	7.9171	**320**	1134.8	0.8812	3111.1	2838.8	7.8763
1249.1	0.8006	3121.8	2847.0	7.9342	**325**	1144.6	0.8737	3121.3	2846.6	7.8935
1259.8	0.7938	3132.0	2854.8	7.9512	**330**	1154.3	0.8663	3131.5	2854.5	7.9105
1270.4	0.7872	3142.2	2862.7	7.9680	**335**	1164.1	0.8591	3141.8	2862.4	7.9274
1281.0	0.7806	3152.4	2870.6	7.9848	**340**	1173.8	0.8519	3152.0	2870.3	7.9441
1291.6	0.7742	3162.7	2878.5	8.0014	**345**	1183.5	0.8449	3162.3	2878.2	7.9608
1302.2	0.7679	3172.9	2886.4	8.0179	**350**	1193.3	0.8380	3172.5	2886.1	7.9773
1312.8	0.7617	3183.2	2894.4	8.0343	**355**	1203.0	0.8312	3182.8	2894.1	7.9937
1323.4	0.7556	3193.4	2902.3	8.0506	**360**	1212.7	0.8246	3193.1	2902.0	8.0100
1334.0	0.7496	3203.7	2910.3	8.0668	**365**	1222.5	0.8180	3203.4	2910.0	8.0262
1344.6	0.7437	3214.0	2918.2	8.0829	**370**	1232.2	0.8116	3213.7	2918.0	8.0423
1355.2	0.7379	3224.4	2926.2	8.0989	**375**	1241.9	0.8052	3224.0	2926.0	8.0583
1365.8	0.7322	3234.7	2934.2	8.1148	**380**	1251.6	0.7990	3234.3	2934.0	8.0742
1376.4	0.7266	3245.0	2942.2	8.1305	**385**	1261.3	0.7928	3244.7	2942.0	8.0900
1387.0	0.7210	3255.4	2950.2	8.1462	**390**	1271.0	0.7868	3255.1	2950.0	8.1057
1397.5	0.7156	3265.7	2958.3	8.1618	**395**	1280.7	0.7808	3265.4	2958.1	8.1213
1408.1	0.7102	3276.1	2966.3	8.1773	**400**	1290.4	0.7749	3275.8	2966.1	8.1368
1429.3	0.6997	3296.9	2982.5	8.2080	**410**	1309.8	0.7635	3296.6	2982.3	8.1675
1450.4	0.6895	3317.8	2998.7	8.2383	**420**	1329.2	0.7523	3317.5	2998.5	8.1978
1471.5	0.6796	3338.7	3015.0	8.2682	**430**	1348.6	0.7415	3338.5	3014.8	8.2278
1492.6	0.6700	3359.7	3031.3	8.2979	**440**	1368.0	0.7310	3359.5	3031.1	8.2574
1513.8	0.6606	3380.8	3047.7	8.3272	**450**	1387.3	0.7208	3380.5	3047.5	8.2868
1534.9	0.6515	3401.9	3064.2	8.3562	**460**	1406.7	0.7109	3401.6	3064.0	8.3158
1556.0	0.6427	3423.0	3080.7	8.3849	**470**	1426.0	0.7012	3422.8	3080.5	8.3445
1577.1	0.6341	3444.3	3097.3	8.4132	**480**	1445.4	0.6919	3444.0	3097.1	8.3728
1598.1	0.6257	3465.6	3114.0	8.4413	**490**	1464.7	0.6827	3465.3	3113.8	8.4009
1619.2	0.6176	3486.9	3130.7	8.4691	**500**	1484.1	0.6738	3486.7	3130.5	8.4288
1661.4	0.6019	3529.8	3164.3	8.5239	**520**	1522.7	0.6567	3529.6	3164.2	8.4836
1703.5	0.5870	3573.0	3198.2	8.5777	**540**	1561.4	0.6405	3572.8	3198.1	8.5373
1745.6	0.5729	3616.4	3232.4	8.6304	**560**	1600.0	0.6250	3616.3	3232.3	8.5901
1787.7	0.5594	3660.1	3266.8	8.6823	**580**	1638.6	0.6103	3660.0	3266.7	8.6420
1829.8	0.5465	3704.1	3301.6	8.7332	**600**	1677.2	0.5962	3704.0	3301.4	8.6929
1871.9	0.53421	3748.4	3336.5	8.7833	**620**	1715.8	0.5828	3748.2	3336.4	8.7431
1914.0	0.52247	3792.9	3371.8	8.8326	**640**	1754.4	0.5700	3792.8	3371.7	8.7924
1956.1	0.51123	3837.7	3407.4	8.8812	**660**	1792.9	0.5577	3837.6	3407.3	8.8409
1998.1	0.50047	3882.8	3443.2	8.9290	**680**	1831.5	0.5460	3882.7	3443.1	8.8887
2040.2	0.49015	3928.1	3479.3	8.9761	**700**	1870.1	0.5347	3928.0	3479.2	8.9358
2082.2	0.48025	3973.8	3515.7	9.0225	**720**	1908.6	0.52394	3973.7	3515.6	8.9822
2124.3	0.47075	4019.7	3552.4	9.0683	**740**	1947.2	0.51357	4019.6	3552.3	9.0280
2166.3	0.46162	4065.9	3589.3	9.1134	**760**	1985.7	0.50360	4065.8	3589.2	9.0732
2208.3	0.45283	4112.4	3626.5	9.1580	**780**	2024.2	0.49402	4112.3	3626.5	9.1177
2250.4	0.44437	4159.1	3664.0	9.2019	**800**	2062.8	0.48479	4159.0	3664.0	9.1617
2355.4	0.42455	4277.2	3759.0	9.3095	**850**	2159.1	0.46316	4277.1	3759.0	9.2693
2460.4	0.40643	4397.0	3855.7	9.4139	**900**	2255.4	0.44339	4397.0	3855.7	9.3737
2565.5	0.38979	4518.5	3954.1	9.5153	**950**	2351.6	0.42524	4518.5	3954.1	9.4751
2670.5	0.37447	4641.7	4054.2	9.6139	**1000**	2447.9	0.40852	4641.6	4054.1	9.5737
2880.4	0.34717	4892.7	4259.0	9.8037	**1100**	2640.4	0.37874	4892.7	4259.0	9.7635
3090.4	0.32359	5149.8	4469.9	9.9844	**1200**	2832.8	0.35301	5149.7	4469.9	9.9442
3300.3	0.30301	5412.5	4686.5	10.1570	**1300**	3025.2	0.33055	5412.5	4686.4	10.1168
3510.1	0.28489	5680.5	4908.2	10.3221	**1400**	3217.6	0.31079	5680.4	4908.2	10.2819
3720.0	0.26882	5953.2	5134.8	10.4804	**1500**	3410.0	0.29325	5953.2	5134.8	10.4402
3929.9	0.25446	6230.4	5365.8	10.6324	**1600**	3602.4	0.27759	6230.4	5365.8	10.5923
4139.7	0.24156	6511.6	5600.9	10.7787	**1700**	3794.8	0.26352	6511.6	5600.8	10.7385
4349.6	0.22991	6796.6	5839.7	10.9196	**1800**	3987.1	0.25081	6796.6	5839.6	10.8794
4559.4	0.21933	7085.0	6081.9	11.0554	**1900**	4179.5	0.23926	7085.0	6081.9	11.0153
4769.2	0.20968	7376.6	6327.4	11.1866	**2000**	4371.8	0.22874	7376.6	6327.4	11.1465

Tafel 3. Druckwasser und überhitzter Dampf (Fortsetzung)

2.6 bar (t_s = 128.740 °C)						2.8 bar (t_s = 131.217 °C)				
$10^3 v$	ϱ	h	u	s	t	$10^3 v$	ϱ	h	u	s
m³/kg	kg/m³	kJ/kg		kJ/kg K	°C	m³/kg	kg/m³	kJ/kg		kJ/kg K
1.06843	935.95	541.03	540.75	1.62130	t_l	1.07084	933.85	551.61	551.31	1.64750
692.9	1.4433	2718.7	2538.5	7.0398	t_g	646.4	1.5471	2722.1	2541.1	7.0151
1.00009	999.91	0.22	−0.04	−0.00013	0	1.00008	999.92	0.24	−0.04	−0.00013
0.99993	1000.07	21.28	21.02	0.07626	5	0.99992	1000.08	21.30	21.02	0.07626
1.00018	999.82	42.24	41.98	0.15094	10	1.00017	999.83	42.26	41.98	0.15094
1.00079	999.21	63.16	62.90	0.22420	15	1.00078	999.22	63.18	62.90	0.22419
1.00170	998.31	84.08	83.82	0.29615	20	1.00169	998.31	84.10	83.82	0.29615
1.00287	997.13	104.99	104.73	0.36689	25	1.00287	997.14	105.01	104.73	0.36688
1.00429	995.72	125.90	125.64	0.43645	30	1.00428	995.73	125.92	125.64	0.43645
1.00593	994.10	146.82	146.55	0.50487	35	1.00592	994.11	146.83	146.55	0.50487
1.00778	992.28	167.73	167.46	0.57219	40	1.00777	992.29	167.74	167.46	0.57218
1.00982	990.28	188.63	188.37	0.63843	45	1.00981	990.28	188.65	188.37	0.63842
1.01204	988.10	209.54	209.28	0.70363	50	1.01203	988.11	209.56	209.27	0.70362
1.01444	985.76	230.45	230.18	0.76782	55	1.01444	985.77	230.46	230.18	0.76781
1.01702	983.27	251.36	251.09	0.83106	60	1.01701	983.28	251.37	251.09	0.83105
1.01975	980.63	272.27	272.01	0.89338	65	1.01974	980.64	272.29	272.00	0.89336
1.02265	977.85	293.20	292.93	0.95480	70	1.02264	977.86	293.21	292.93	0.95479
1.02571	974.94	314.14	313.87	1.01539	75	1.02570	974.94	314.15	313.87	1.01538
1.02892	971.89	335.09	334.83	1.07516	80	1.02891	971.90	335.11	334.82	1.07515
1.03229	968.72	356.08	355.81	1.13415	85	1.03228	968.73	356.09	355.80	1.13414
1.03582	965.42	377.08	376.81	1.19240	90	1.03581	965.43	377.10	376.81	1.19238
1.03950	962.00	398.12	397.85	1.24992	95	1.03949	962.01	398.13	397.84	1.24991
1.04333	958.47	419.18	418.91	1.30676	100	1.04332	958.48	419.20	418.91	1.30675
1.04732	954.82	440.28	440.01	1.36294	105	1.04731	954.83	440.30	440.01	1.36292
1.05147	951.05	461.42	461.15	1.41847	110	1.05146	951.06	461.44	461.14	1.41845
1.05577	947.17	482.60	482.33	1.47339	115	1.05576	947.18	482.62	482.32	1.47337
1.06024	943.19	503.82	503.55	1.52771	120	1.06022	943.20	503.84	503.54	1.52769
1.06486	939.09	525.09	524.81	1.58146	125	1.06485	939.10	525.10	524.80	1.58144
695.3	1.4382	2721.4	2540.6	7.0466	130	1.06965	934.89	546.41	546.11	1.63463
705.1	1.4182	2732.2	2548.8	7.0731	135	653.3	1.5307	2730.3	2547.4	7.0353
714.9	1.3989	2742.8	2557.0	7.0991	140	662.4	1.5097	2741.1	2555.6	7.0616
724.5	1.3802	2753.5	2565.1	7.1247	145	671.4	1.4893	2751.8	2563.8	7.0874
734.2	1.3621	2764.0	2573.1	7.1497	150	680.4	1.4696	2762.4	2571.9	7.1126
743.7	1.3446	2774.5	2581.1	7.1743	155	689.4	1.4506	2773.0	2580.0	7.1374
753.3	1.3276	2784.9	2589.1	7.1986	160	698.3	1.4321	2783.5	2588.0	7.1618
762.7	1.3111	2795.3	2597.0	7.2224	165	707.1	1.4141	2793.9	2595.9	7.1858
772.2	1.2950	2805.6	2604.9	7.2459	170	716.0	1.3967	2804.3	2603.9	7.2094
781.6	1.2794	2815.9	2612.7	7.2690	175	724.8	1.3798	2814.7	2611.8	7.2327
791.0	1.2642	2826.2	2620.6	7.2918	180	733.5	1.3633	2825.0	2619.7	7.2556
800.4	1.2494	2836.5	2628.4	7.3143	185	742.2	1.3473	2835.3	2627.5	7.2782
809.7	1.2350	2846.7	2636.2	7.3365	190	750.9	1.3317	2845.6	2635.4	7.3005
819.0	1.2210	2856.9	2644.0	7.3584	195	759.6	1.3165	2855.9	2643.2	7.3225
828.3	1.2073	2867.1	2651.7	7.3800	200	768.3	1.3016	2866.1	2651.0	7.3442
837.5	1.1940	2877.2	2659.5	7.4014	205	776.9	1.2872	2876.3	2658.8	7.3657
846.8	1.1809	2887.4	2667.2	7.4226	210	785.5	1.2731	2886.5	2666.6	7.3869
856.0	1.1682	2897.6	2675.0	7.4435	215	794.1	1.2593	2896.7	2674.3	7.4079
865.2	1.1558	2907.7	2682.7	7.4641	220	802.7	1.2458	2906.9	2682.1	7.4286
874.4	1.1436	2917.8	2690.5	7.4846	225	811.2	1.2327	2917.0	2689.9	7.4491
883.6	1.1318	2928.0	2698.2	7.5048	230	819.8	1.2198	2927.2	2697.6	7.4694
892.8	1.1201	2938.1	2706.0	7.5248	235	828.3	1.2073	2937.3	2705.4	7.4895
901.9	1.1088	2948.2	2713.7	7.5447	240	836.8	1.1950	2947.5	2713.2	7.5094
911.0	1.0976	2958.3	2721.5	7.5643	245	845.3	1.1830	2957.6	2720.9	7.5291
920.2	1.0868	2968.5	2729.2	7.5837	250	853.8	1.1712	2967.8	2728.7	7.5486
929.3	1.0761	2978.6	2737.0	7.6030	255	862.3	1.1597	2977.9	2736.5	7.5679
938.4	1.0657	2988.7	2744.7	7.6221	260	870.8	1.1484	2988.1	2744.2	7.5870
947.5	1.0554	2998.8	2752.5	7.6410	265	879.2	1.1373	2998.2	2752.0	7.6059
956.6	1.0454	3009.0	2760.3	7.6597	270	887.7	1.1265	3008.4	2759.8	7.6247
965.7	1.0356	3019.1	2768.0	7.6783	275	896.2	1.1159	3018.5	2767.6	7.6433
974.7	1.0259	3029.3	2775.8	7.6967	280	904.6	1.1055	3028.7	2775.4	7.6618
983.8	1.0165	3039.4	2783.6	7.7150	285	913.0	1.0953	3038.9	2783.2	7.6801
992.8	1.0072	3049.6	2791.4	7.7331	290	921.4	1.0853	3049.0	2791.0	7.6982
1001.9	0.9981	3059.7	2799.2	7.7511	295	929.9	1.0754	3059.2	2798.8	7.7162

Tafel 3. Druckwasser und überhitzter Dampf (Fortsetzung)

2.6 bar						2.8 bar				
$10^3 v$	ϱ	h	u	s	t	$10^3 v$	ϱ	h	u	s
m^3/kg	kg/m^3	kJ/kg		kJ/kgK	°C	m^3/kg	kg/m^3	kJ/kg		kJ/kg K
1010.9	0.9892	3069.9	2807.1	7.7689	**300**	938.3	1.0658	3069.4	2806.7	7.7341
1020.0	0.9804	3080.1	2814.9	7.7866	**305**	946.7	1.0563	3079.6	2814.5	7.7518
1029.0	0.9718	3090.3	2822.7	7.8041	**310**	955.1	1.0470	3089.8	2822.4	7.7693
1038.0	0.9634	3100.5	2830.6	7.8216	**315**	963.5	1.0379	3100.0	2830.2	7.7868
1047.1	0.9550	3110.7	2838.4	7.8388	**320**	971.9	1.0290	3110.2	2838.1	7.8041
1056.1	0.9469	3120.9	2846.3	7.8560	**325**	980.2	1.0202	3120.4	2846.0	7.8212
1065.1	0.9389	3131.1	2854.2	7.8730	**330**	988.6	1.0115	3130.7	2853.9	7.8383
1074.1	0.9310	3141.3	2862.1	7.8899	**335**	997.0	1.0030	3140.9	2861.8	7.8552
1083.1	0.9233	3151.6	2870.0	7.9067	**340**	1005.4	0.9947	3151.2	2869.7	7.8720
1092.1	0.9157	3161.9	2877.9	7.9234	**345**	1013.7	0.9865	3161.5	2877.6	7.8887
1101.1	0.9082	3172.1	2885.8	7.9399	**350**	1022.1	0.9784	3171.7	2885.5	7.9052
1110.1	0.9008	3182.4	2893.8	7.9563	**355**	1030.4	0.9705	3182.0	2893.5	7.9217
1119.1	0.8936	3192.7	2901.7	7.9727	**360**	1038.8	0.9627	3192.3	2901.5	7.9380
1128.1	0.8865	3203.0	2909.7	7.9889	**365**	1047.1	0.9550	3202.6	2909.4	7.9542
1137.0	0.8795	3213.3	2917.7	8.0050	**370**	1055.5	0.9474	3213.0	2917.4	7.9704
1146.0	0.8726	3223.7	2925.7	8.0210	**375**	1063.8	0.9400	3223.3	2925.4	7.9864
1155.0	0.8658	3234.0	2933.7	8.0369	**380**	1072.2	0.9327	3233.7	2933.4	8.0023
1164.0	0.8591	3244.4	2941.7	8.0527	**385**	1080.5	0.9255	3244.0	2941.5	8.0181
1172.9	0.8526	3254.7	2949.8	8.0684	**390**	1088.8	0.9184	3254.4	2949.5	8.0338
1181.9	0.8461	3265.1	2957.8	8.0840	**395**	1097.2	0.9114	3264.8	2957.6	8.0494
1190.9	0.8397	3275.5	2965.9	8.0995	**400**	1105.5	0.9046	3275.2	2965.7	8.0649
1208.8	0.8273	3296.3	2982.1	8.1302	**410**	1122.2	0.8912	3296.0	2981.8	8.0957
1226.7	0.8152	3317.2	2998.3	8.1606	**420**	1138.8	0.8781	3316.9	2998.1	8.1260
1244.6	0.8035	3338.2	3014.6	8.1906	**430**	1155.4	0.8655	3337.9	3014.4	8.1561
1262.5	0.7921	3359.2	3030.9	8.2202	**440**	1172.1	0.8532	3358.9	3030.7	8.1857
1280.4	0.7810	3380.3	3047.4	8.2496	**450**	1188.7	0.8413	3380.0	3047.2	8.2151
1298.2	0.7703	3401.4	3063.8	8.2786	**460**	1205.3	0.8297	3401.1	3063.7	8.2441
1316.1	0.7598	3422.6	3080.4	8.3073	**470**	1221.9	0.8184	3422.3	3080.2	8.2728
1334.0	0.7496	3443.8	3097.0	8.3357	**480**	1238.5	0.8074	3443.6	3096.8	8.3012
1351.8	0.7397	3465.1	3113.6	8.3638	**490**	1255.1	0.7968	3464.9	3113.5	8.3294
1369.7	0.7301	3486.5	3130.4	8.3916	**500**	1271.7	0.7864	3486.3	3130.2	8.3572
1405.4	0.7115	3529.4	3164.0	8.4464	**520**	1304.8	0.7664	3529.2	3163.9	8.4120
1441.1	0.6939	3572.6	3197.9	8.5002	**540**	1338.0	0.7474	3572.4	3197.8	8.4659
1476.7	0.6772	3616.1	3232.1	8.5530	**560**	1371.1	0.7293	3615.9	3232.0	8.5187
1512.4	0.6612	3659.8	3266.6	8.6049	**580**	1404.2	0.7121	3659.6	3266.5	8.5705
1548.0	0.6460	3703.8	3301.3	8.6559	**600**	1437.3	0.6957	3703.7	3301.2	8.6215
1583.7	0.6314	3748.1	3336.3	8.7060	**620**	1470.4	0.6801	3747.9	3336.2	8.6717
1619.3	0.6176	3792.6	3371.6	8.7553	**640**	1503.5	0.6651	3792.5	3371.5	8.7210
1654.9	0.6043	3837.4	3407.2	8.8039	**660**	1536.6	0.6508	3837.3	3407.1	8.7695
1690.5	0.5915	3882.5	3443.0	8.8517	**680**	1569.7	0.6371	3882.4	3442.9	8.8174
1726.1	0.5793	3927.9	3479.1	8.8988	**700**	1602.7	0.6239	3927.8	3479.0	8.8645
1761.7	0.5676	3973.6	3515.5	8.9452	**720**	1635.8	0.6113	3973.4	3515.4	8.9109
1797.3	0.5564	4019.5	3552.2	8.9910	**740**	1668.8	0.5992	4019.4	3552.1	8.9567
1832.9	0.5456	4065.7	3589.1	9.0362	**760**	1701.9	0.5876	4065.6	3589.1	9.0019
1868.4	0.5352	4112.2	3626.4	9.0807	**780**	1734.9	0.5764	4112.1	3626.3	9.0465
1904.0	0.5252	4158.9	3663.9	9.1247	**800**	1767.9	0.5656	4158.8	3663.8	9.0904
1992.9	0.50177	4277.1	3758.9	9.2323	**850**	1850.5	0.54039	4277.0	3758.8	9.1980
2081.8	0.48035	4396.9	3855.6	9.3367	**900**	1933.1	0.51731	4396.8	3855.6	9.3024
2170.7	0.46068	4518.4	3954.0	9.4381	**950**	2015.6	0.49613	4518.3	3954.0	9.4038
2259.6	0.44256	4641.5	4054.1	9.5368	**1000**	2098.1	0.47661	4641.5	4054.0	9.5025
2437.2	0.41030	4892.6	4258.9	9.7266	**1100**	2263.1	0.44186	4892.6	4258.9	9.6923
2614.9	0.38242	5149.7	4469.8	9.9073	**1200**	2428.1	0.41184	5149.7	4469.8	9.8730
2792.5	0.35810	5412.4	4686.4	10.0798	**1300**	2593.1	0.38564	5412.4	4686.3	10.0456
2970.1	0.33668	5680.4	4908.2	10.2449	**1400**	2758.0	0.36258	5680.4	4908.1	10.2107
3147.7	0.31769	5953.2	5134.8	10.4033	**1500**	2922.9	0.34212	5953.1	5134.7	10.3690
3325.3	0.30072	6230.3	5365.8	10.5553	**1600**	3087.8	0.32385	6230.3	5365.7	10.5211
3502.9	0.28548	6511.6	5600.8	10.7016	**1700**	3252.7	0.30744	6511.6	5600.8	10.6674
3680.5	0.27171	6796.5	5839.6	10.8425	**1800**	3417.6	0.29260	6796.5	5839.6	10.8082
3858.0	0.25920	7085.0	6081.9	10.9783	**1900**	3582.5	0.27914	7085.0	6081.9	10.9441
4035.6	0.24780	7376.6	6327.4	11.1095	**2000**	3747.4	0.26686	7376.6	6327.4	11.0753

Tafel 3. Druckwasser und überhitzter Dampf (Fortsetzung)

3.0 bar (t_s = 133.555 °C)						3.2 bar (t_s = 135.770 °C)				
$10^3 v$	ϱ	h	u	s	t	$10^3 v$	ϱ	h	u	s
m^3/kg	kg/m^3	kJ/kg		kJ/kg K	°C	m^3/kg	kg/m^3	kJ/kg		kJ/kg K
1.07315	**931.84**	**561.61**	**561.29**	**1.67211**	t_l	**1.07537**	**929.92**	**571.10**	**570.75**	**1.69532**
605.9	**1.6505**	**2725.3**	**2543.5**	**6.9921**	t_g	**570.3**	**1.7536**	**2728.3**	**2545.8**	**6.9706**
1.00007	999.93	0.26	−0.04	−0.00013	**0**	1.00006	999.94	0.28	−0.04	−0.00013
0.99991	1000.09	21.32	21.02	0.07626	**5**	0.99990	1000.10	21.34	21.02	0.07626
1.00016	999.84	42.28	41.98	0.15094	**10**	1.00015	999.85	42.30	41.98	0.15094
1.00077	999.23	63.20	62.90	0.22419	**15**	1.00076	999.24	63.22	62.90	0.22419
1.00168	998.32	84.12	83.81	0.29614	**20**	1.00167	998.33	84.13	83.81	0.29614
1.00286	997.15	105.03	104.73	0.36688	**25**	1.00285	997.16	105.05	104.73	0.36687
1.00428	995.74	125.94	125.64	0.43644	**30**	1.00427	995.75	125.96	125.64	0.43643
1.00592	994.12	146.85	146.55	0.50486	**35**	1.00591	994.13	146.87	146.55	0.50485
1.00776	992.30	167.76	167.46	0.57217	**40**	1.00775	992.31	167.78	167.46	0.57216
1.00980	990.29	188.67	188.37	0.63841	**45**	1.00979	990.30	188.69	188.36	0.63840
1.01203	988.12	209.58	209.27	0.70361	**50**	1.01202	988.13	209.59	209.27	0.70360
1.01443	985.78	230.48	230.18	0.76780	**55**	1.01442	985.79	230.50	230.17	0.76779
1.01700	983.29	251.39	251.08	0.83104	**60**	1.01699	983.30	251.41	251.08	0.83103
1.01973	980.65	272.30	272.00	0.89335	**65**	1.01972	980.66	272.32	271.99	0.89334
1.02263	977.87	293.23	292.92	0.95478	**70**	1.02262	977.88	293.25	292.92	0.95477
1.02569	974.95	314.17	313.86	1.01536	**75**	1.02568	974.96	314.19	313.86	1.01535
1.02890	971.91	335.13	334.82	1.07513	**80**	1.02890	971.92	335.14	334.81	1.07512
1.03227	968.73	356.11	355.80	1.13412	**85**	1.03227	968.74	356.12	355.79	1.13411
1.03580	965.44	377.11	376.80	1.19237	**90**	1.03579	965.45	377.13	376.80	1.19235
1.03948	962.02	398.15	397.83	1.24989	**95**	1.03947	962.03	398.16	397.83	1.24988
1.04331	958.49	419.21	418.90	1.30673	**100**	1.04330	958.50	419.23	418.89	1.30672
1.04730	954.84	440.31	440.00	1.36290	**105**	1.04729	954.85	440.33	439.99	1.36289
1.05145	951.07	461.45	461.14	1.41844	**110**	1.05144	951.08	461.47	461.13	1.41842
1.05575	947.19	482.63	482.31	1.47335	**115**	1.05574	947.20	482.64	482.31	1.47333
1.06021	943.21	503.85	503.53	1.52767	**120**	1.06020	943.22	503.86	503.52	1.52765
1.06484	939.11	525.11	524.80	1.58142	**125**	1.06483	939.12	525.13	524.79	1.58140
1.06963	934.90	546.43	546.11	1.63461	**130**	1.06962	934.91	546.44	546.10	1.63459
608.4	1.6438	2728.4	2545.9	6.9999	**135**	1.07459	930.59	567.80	567.46	1.68726
616.9	1.6209	2739.3	2554.3	7.0264	**140**	577.1	1.7327	2737.6	2552.9	6.9932
625.4	1.5989	2750.1	2562.5	7.0524	**145**	585.2	1.7089	2748.5	2561.2	7.0194
633.9	1.5776	2760.9	2570.7	7.0779	**150**	593.1	1.6860	2759.3	2569.5	7.0451
642.3	1.5569	2771.5	2578.8	7.1029	**155**	601.1	1.6637	2770.0	2577.6	7.0703
650.6	1.5369	2782.1	2586.9	7.1274	**160**	608.9	1.6422	2780.6	2585.8	7.0950
659.0	1.5176	2792.6	2594.9	7.1516	**165**	616.8	1.6213	2791.2	2593.9	7.1194
667.2	1.4987	2803.1	2602.9	7.1753	**170**	624.6	1.6011	2801.8	2601.9	7.1433
675.5	1.4804	2813.5	2610.8	7.1987	**175**	632.3	1.5814	2812.2	2609.9	7.1668
683.7	1.4627	2823.9	2618.8	7.2218	**180**	640.1	1.5623	2822.7	2617.9	7.1900
691.9	1.4454	2834.2	2626.7	7.2445	**185**	647.8	1.5437	2833.1	2625.8	7.2128
700.0	1.4285	2844.5	2634.5	7.2669	**190**	655.5	1.5256	2843.5	2633.7	7.2353
708.1	1.4121	2854.8	2642.4	7.2890	**195**	663.1	1.5080	2853.8	2641.6	7.2575
716.2	1.3962	2865.1	2650.2	7.3108	**200**	670.7	1.4909	2864.1	2649.5	7.2794
724.3	1.3806	2875.3	2658.0	7.3323	**205**	678.3	1.4742	2874.4	2657.3	7.3010
732.4	1.3654	2885.6	2665.9	7.3536	**210**	685.9	1.4579	2884.7	2665.2	7.3224
740.4	1.3505	2895.8	2673.7	7.3747	**215**	693.5	1.4420	2894.9	2673.0	7.3435
748.5	1.3361	2906.0	2681.5	7.3955	**220**	701.0	1.4265	2905.2	2680.8	7.3644
756.5	1.3219	2916.2	2689.3	7.4161	**225**	708.6	1.4113	2915.4	2688.6	7.3850
764.5	1.3081	2926.4	2697.0	7.4364	**230**	716.1	1.3965	2925.6	2696.4	7.4054
772.5	1.2946	2936.6	2704.8	7.4565	**235**	723.6	1.3820	2935.8	2704.3	7.4256
780.4	1.2813	2946.7	2712.6	7.4765	**240**	731.1	1.3678	2946.0	2712.1	7.4456
788.4	1.2684	2956.9	2720.4	7.4962	**245**	738.6	1.3540	2956.2	2719.9	7.4654
796.3	1.2558	2967.1	2728.2	7.5157	**250**	746.0	1.3404	2966.4	2727.7	7.4849
804.3	1.2434	2977.3	2736.0	7.5351	**255**	753.5	1.3272	2976.6	2735.5	7.5043
812.2	1.2312	2987.4	2743.8	7.5542	**260**	760.9	1.3142	2986.8	2743.3	7.5235
820.1	1.2194	2997.6	2751.6	7.5732	**265**	768.4	1.3015	2997.0	2751.1	7.5426
828.0	1.2077	3007.8	2759.4	7.5920	**270**	775.8	1.2890	3007.2	2758.9	7.5614
835.9	1.1963	3017.9	2767.2	7.6107	**275**	783.2	1.2768	3017.3	2766.7	7.5801
843.8	1.1851	3028.1	2775.0	7.6292	**280**	790.6	1.2648	3027.5	2774.6	7.5986
851.7	1.1741	3038.3	2782.8	7.6475	**285**	798.0	1.2531	3037.7	2782.4	7.6170
859.6	1.1634	3048.5	2790.6	7.6657	**290**	805.4	1.2416	3047.9	2790.2	7.6351
867.4	1.1528	3058.7	2798.5	7.6837	**295**	812.8	1.2303	3058.2	2798.1	7.6532

Tafel 3. Druckwasser und überhitzter Dampf (Fortsetzung)

3.0 bar						3.2 bar				
$10^3 v$	ϱ	h	u	s	t	$10^3 v$	ϱ	h	u	s
m^3/kg	kg/m^3	kJ/kg		kJ/kgK	°C	m^3/kg	kg/m^3	kJ/kg		kJ/kg K
875.3	1.1425	3068.9	2806.3	7.7015	**300**	820.2	1.2193	3068.4	2805.9	7.6711
883.1	1.1323	3079.1	2814.1	7.7193	**305**	827.5	1.2084	3078.6	2813.8	7.6889
891.0	1.1223	3089.3	2822.0	7.7369	**310**	834.9	1.1977	3088.8	2821.6	7.7065
898.8	1.1126	3099.5	2829.9	7.7543	**315**	842.3	1.1873	3099.1	2829.5	7.7239
906.7	1.1029	3109.8	2837.8	7.7716	**320**	849.6	1.1770	3109.3	2837.4	7.7413
914.5	1.0935	3120.0	2845.6	7.7888	**325**	857.0	1.1669	3119.5	2845.3	7.7585
922.3	1.0842	3130.2	2853.5	7.8059	**330**	864.3	1.1570	3129.8	2853.2	7.7756
930.2	1.0751	3140.5	2861.5	7.8228	**335**	871.7	1.1472	3140.1	2861.1	7.7925
938.0	1.0661	3150.8	2869.4	7.8397	**340**	879.0	1.1376	3150.4	2869.1	7.8094
945.8	1.0573	3161.0	2877.3	7.8563	**345**	886.4	1.1282	3160.6	2877.0	7.8261
953.6	1.0487	3171.3	2885.3	7.8729	**350**	893.7	1.1190	3170.9	2885.0	7.8427
961.4	1.0401	3181.6	2893.2	7.8894	**355**	901.0	1.1099	3181.3	2892.9	7.8591
969.2	1.0318	3191.9	2901.2	7.9057	**360**	908.3	1.1009	3191.6	2900.9	7.8755
977.0	1.0235	3202.3	2909.2	7.9220	**365**	915.7	1.0921	3201.9	2908.9	7.8918
984.8	1.0154	3212.6	2917.2	7.9381	**370**	923.0	1.0835	3212.2	2916.9	7.9079
992.6	1.0075	3223.0	2925.2	7.9541	**375**	930.3	1.0749	3222.6	2924.9	7.9240
1000.4	0.9996	3233.3	2933.2	7.9701	**380**	937.6	1.0666	3233.0	2932.9	7.9399
1008.2	0.9919	3243.7	2941.2	7.9859	**385**	944.9	1.0583	3243.4	2941.0	7.9557
1016.0	0.9843	3254.1	2949.3	8.0016	**390**	952.2	1.0502	3253.7	2949.0	7.9714
1023.7	0.9768	3264.5	2957.3	8.0172	**395**	959.5	1.0422	3264.1	2957.1	7.9871
1031.5	0.9694	3274.9	2965.4	8.0327	**400**	966.8	1.0343	3274.6	2965.2	8.0026
1047.1	0.9550	3295.7	2981.6	8.0635	**410**	981.4	1.0190	3295.4	2981.4	8.0334
1062.6	0.9411	3316.7	2997.9	8.0939	**420**	996.0	1.0040	3316.4	2997.7	8.0638
1078.2	0.9275	3337.6	3014.2	8.1239	**430**	1010.5	0.9896	3337.3	3014.0	8.0939
1093.7	0.9143	3358.7	3030.5	8.1536	**440**	1025.1	0.9755	3358.4	3030.3	8.1236
1109.2	0.9015	3379.7	3047.0	8.1830	**450**	1039.7	0.9618	3379.5	3046.8	8.1529
1124.7	0.8891	3400.9	3063.5	8.2120	**460**	1054.2	0.9486	3400.6	3063.3	8.1820
1140.2	0.8770	3422.1	3080.0	8.2408	**470**	1068.8	0.9357	3421.8	3079.8	8.2107
1155.7	0.8653	3443.4	3096.6	8.2692	**480**	1083.3	0.9231	3443.1	3096.5	8.2392
1171.2	0.8538	3464.7	3113.3	8.2973	**490**	1097.8	0.9109	3464.5	3113.1	8.2673
1186.7	0.8427	3486.1	3130.1	8.3252	**500**	1112.4	0.8990	3485.9	3129.9	8.2952
1217.7	0.8212	3529.0	3163.7	8.3800	**520**	1141.4	0.8761	3528.8	3163.6	8.3500
1248.6	0.8009	3572.3	3197.7	8.4338	**540**	1170.4	0.8544	3572.1	3197.5	8.4039
1279.6	0.7815	3615.7	3231.9	8.4867	**560**	1199.4	0.8337	3615.6	3231.7	8.4567
1310.5	0.7631	3659.5	3266.3	8.5386	**580**	1228.4	0.8140	3659.3	3266.2	8.5086
1341.4	0.7455	3703.5	3301.1	8.5895	**600**	1257.4	0.7953	3703.3	3301.0	8.5596
1372.3	0.7287	3747.8	3336.1	8.6397	**620**	1286.4	0.7774	3747.6	3336.0	8.6098
1403.2	0.7127	3792.3	3371.4	8.6890	**640**	1315.4	0.7602	3792.2	3371.3	8.6591
1434.0	0.6973	3837.2	3407.0	8.7376	**660**	1344.3	0.7439	3837.0	3406.9	8.7077
1464.9	0.6826	3882.3	3442.8	8.7854	**680**	1373.3	0.7282	3882.2	3442.7	8.7555
1495.8	0.6685	3927.7	3478.9	8.8325	**700**	1402.2	0.7132	3927.5	3478.8	8.8027
1526.6	0.6550	3973.3	3515.3	8.8790	**720**	1431.1	0.6987	3973.2	3515.3	8.8491
1557.5	0.6421	4019.3	3552.0	8.9248	**740**	1460.1	0.6849	4019.2	3551.9	8.8949
1588.3	0.6296	4065.5	3589.0	8.9700	**760**	1489.0	0.6716	4065.4	3588.9	8.9401
1619.2	0.6176	4112.0	3626.2	9.0145	**780**	1517.9	0.6588	4111.9	3626.2	8.9847
1650.0	0.6061	4158.8	3663.8	9.0585	**800**	1546.8	0.6465	4158.7	3663.7	9.0287
1727.1	0.5790	4276.9	3758.8	9.1661	**850**	1619.1	0.6176	4276.8	3758.7	9.1363
1804.2	0.5543	4396.7	3855.5	9.2705	**900**	1691.4	0.5912	4396.7	3855.4	9.2407
1881.2	0.5316	4518.3	3953.9	9.3720	**950**	1763.6	0.5670	4518.2	3953.8	9.3421
1958.2	0.5107	4641.4	4054.0	9.4706	**1000**	1835.8	0.5447	4641.4	4053.9	9.4408
2112.3	0.47343	4892.5	4258.8	9.6605	**1100**	1980.2	0.50499	4892.5	4258.8	9.6306
2266.2	0.44126	5149.6	4469.8	9.8412	**1200**	2124.6	0.47068	5149.6	4469.7	9.8114
2420.2	0.41319	5412.4	4686.3	10.0137	**1300**	2268.9	0.44073	5412.3	4686.3	9.9839
2574.1	0.38848	5680.3	4908.1	10.1789	**1400**	2413.3	0.41438	5680.3	4908.1	10.1490
2728.1	0.36656	5953.1	5134.7	10.3372	**1500**	2557.6	0.39099	5953.1	5134.7	10.3074
2882.0	0.34698	6230.3	5365.7	10.4892	**1600**	2701.9	0.37011	6230.3	5365.7	10.4594
3035.9	0.32939	6511.5	5600.8	10.6355	**1700**	2846.2	0.35135	6511.5	5600.7	10.6057
3189.8	0.31350	6796.5	5839.6	10.7764	**1800**	2990.5	0.33440	6796.5	5839.6	10.7466
3343.7	0.29907	7085.0	6081.9	10.9123	**1900**	3134.7	0.31901	7085.0	6081.8	10.8825
3497.6	0.28591	7376.6	6327.3	11.0435	**2000**	3279.0	0.30497	7376.6	6327.3	11.0137

Tafel 3. Druckwasser und überhitzter Dampf (Fortsetzung)

3.4 bar (t_s = 137.875 °C)						3.6 bar (t_s = 139.883 °C)				
$10^3 v$	ϱ	h	u	s	t	$10^3 v$	ϱ	h	u	s
m^3/kg	kg/m^3	kJ/kg		kJ/kg K	°C	m^3/kg	kg/m^3	kJ/kg		kJ/kg K
1.07751	928.07	580.12	579.76	1.71729	t_l	1.07958	926.29	588.74	588.35	1.73815
538.7	1.8562	2731.1	2547.9	6.9504	t_g	510.6	1.9586	2733.7	2549.9	6.9313
1.00005	999.95	0.31	−0.03	−0.00013	**0**	1.00004	999.96	0.33	−0.03	−0.00013
0.99989	1000.11	21.36	21.02	0.07626	**5**	0.99988	1000.12	21.38	21.02	0.07625
1.00015	999.85	42.32	41.98	0.15094	**10**	1.00014	999.86	42.34	41.98	0.15094
1.00075	999.25	63.24	62.90	0.22418	**15**	1.00074	999.26	63.26	62.90	0.22418
1.00166	998.34	84.15	83.81	0.29614	**20**	1.00165	998.35	84.17	83.81	0.29613
1.00284	997.17	105.06	104.72	0.36687	**25**	1.00283	997.18	105.08	104.72	0.36686
1.00426	995.76	125.98	125.64	0.43643	**30**	1.00425	995.77	125.99	125.63	0.43642
1.00590	994.14	146.89	146.55	0.50485	**35**	1.00589	994.15	146.91	146.54	0.50484
1.00774	992.32	167.80	167.46	0.57216	**40**	1.00774	992.32	167.82	167.45	0.57215
1.00978	990.31	188.70	188.36	0.63839	**45**	1.00978	990.32	188.72	188.36	0.63838
1.01201	988.13	209.61	209.27	0.70359	**50**	1.01200	988.14	209.63	209.26	0.70358
1.01441	985.80	230.51	230.17	0.76778	**55**	1.01440	985.80	230.53	230.17	0.76777
1.01698	983.30	251.42	251.08	0.83102	**60**	1.01697	983.31	251.44	251.07	0.83101
1.01972	980.67	272.34	271.99	0.89333	**65**	1.01971	980.67	272.35	271.99	0.89332
1.02261	977.89	293.26	292.91	0.95476	**70**	1.02260	977.89	293.28	292.91	0.95475
1.02567	974.97	314.20	313.85	1.01534	**75**	1.02566	974.98	314.22	313.85	1.01532
1.02889	971.93	335.16	334.81	1.07511	**80**	1.02888	971.93	335.17	334.80	1.07509
1.03226	968.75	356.14	355.79	1.13410	**85**	1.03225	968.76	356.15	355.78	1.13408
1.03578	965.46	377.14	376.79	1.19234	**90**	1.03577	965.47	377.16	376.79	1.19232
1.03946	962.04	398.18	397.82	1.24986	**95**	1.03945	962.05	398.19	397.82	1.24985
1.04329	958.50	419.24	418.89	1.30670	**100**	1.04328	958.51	419.26	418.88	1.30668
1.04728	954.85	440.34	439.99	1.36287	**105**	1.04727	954.86	440.36	439.98	1.36285
1.05142	951.09	461.48	461.12	1.41840	**110**	1.05141	951.10	461.50	461.12	1.41838
1.05573	947.21	482.66	482.30	1.47332	**115**	1.05572	947.22	482.67	482.29	1.47330
1.06019	943.23	503.88	503.52	1.52764	**120**	1.06018	943.24	503.89	503.51	1.52762
1.06482	939.13	525.14	524.78	1.58138	**125**	1.06481	939.14	525.16	524.77	1.58136
1.06961	934.92	546.45	546.09	1.63457	**130**	1.06960	934.93	546.47	546.08	1.63456
1.07457	930.60	567.82	567.45	1.68724	**135**	1.07456	930.61	567.83	567.44	1.68722
542.0	1.8451	2735.8	2551.5	6.9618	**140**	510.7	1.9579	2733.9	2550.1	6.9319
549.6	1.8195	2746.8	2559.9	6.9882	**145**	518.0	1.9305	2745.0	2558.6	6.9586
557.2	1.7948	2757.7	2568.2	7.0142	**150**	525.2	1.9040	2756.0	2567.0	6.9848
564.7	1.7709	2768.5	2576.5	7.0395	**155**	532.3	1.8785	2766.9	2575.3	7.0104
572.1	1.7478	2779.2	2584.7	7.0645	**160**	539.4	1.8538	2777.7	2583.5	7.0355
579.6	1.7254	2789.9	2592.8	7.0889	**165**	546.5	1.8299	2788.5	2591.7	7.0601
586.9	1.7037	2800.5	2600.9	7.1130	**170**	553.5	1.8067	2799.1	2599.9	7.0843
594.3	1.6827	2811.0	2608.9	7.1367	**175**	560.5	1.7842	2809.7	2608.0	7.1081
601.6	1.6622	2821.5	2616.9	7.1599	**180**	567.4	1.7624	2820.3	2616.0	7.1315
608.9	1.6423	2831.9	2624.9	7.1829	**185**	574.3	1.7412	2830.8	2624.1	7.1546
616.1	1.6230	2842.4	2632.9	7.2055	**190**	581.2	1.7206	2841.3	2632.0	7.1773
623.4	1.6042	2852.7	2640.8	7.2278	**195**	588.0	1.7006	2851.7	2640.0	7.1997
630.6	1.5859	2863.1	2648.7	7.2498	**200**	594.9	1.6810	2862.1	2647.9	7.2218
637.8	1.5680	2873.4	2656.6	7.2715	**205**	601.7	1.6620	2872.5	2655.9	7.2436
644.9	1.5506	2883.7	2664.5	7.2930	**210**	608.5	1.6435	2882.8	2663.8	7.2651
652.1	1.5336	2894.0	2672.3	7.3141	**215**	615.2	1.6254	2893.1	2671.7	7.2864
659.2	1.5170	2904.3	2680.2	7.3351	**220**	622.0	1.6078	2903.4	2679.5	7.3074
666.3	1.5008	2914.6	2688.0	7.3558	**225**	628.7	1.5905	2913.7	2687.4	7.3281
673.4	1.4850	2924.8	2695.9	7.3762	**230**	635.4	1.5737	2924.0	2695.3	7.3487
680.5	1.4696	2935.0	2703.7	7.3965	**235**	642.1	1.5573	2934.3	2703.1	7.3690
687.5	1.4545	2945.3	2711.5	7.4165	**240**	648.8	1.5412	2944.5	2710.9	7.3890
694.6	1.4397	2955.5	2719.3	7.4363	**245**	655.5	1.5255	2954.8	2718.8	7.4089
701.6	1.4253	2965.7	2727.2	7.4560	**250**	662.2	1.5102	2965.0	2726.6	7.4286
708.7	1.4111	2975.9	2735.0	7.4754	**255**	668.8	1.4952	2975.2	2734.5	7.4481
715.7	1.3973	2986.1	2742.8	7.4946	**260**	675.5	1.4805	2985.5	2742.3	7.4673
722.7	1.3837	2996.3	2750.6	7.5137	**265**	682.1	1.4661	2995.7	2750.2	7.4864
729.7	1.3704	3006.5	2758.5	7.5326	**270**	688.7	1.4519	3005.9	2758.0	7.5054
736.7	1.3574	3016.8	2766.3	7.5513	**275**	695.3	1.4381	3016.2	2765.8	7.5241
743.7	1.3447	3027.0	2774.1	7.5698	**280**	702.0	1.4246	3026.4	2773.7	7.5427
750.7	1.3322	3037.2	2782.0	7.5882	**285**	708.6	1.4113	3036.6	2781.6	7.5611
757.6	1.3199	3047.4	2789.8	7.6065	**290**	715.1	1.3983	3046.9	2789.4	7.5794
764.6	1.3079	3057.6	2797.7	7.6245	**295**	721.7	1.3855	3057.1	2797.3	7.5975

Tafel 3. Druckwasser und überhitzter Dampf (Fortsetzung)

3.4 bar						3.6 bar				
$10^3 v$	ϱ	h	u	s	t	$10^3 v$	ϱ	h	u	s
m^3/kg	kg/m^3	kJ/kg		kJ/kgK	°C	m^3/kg	kg/m^3	kJ/kg		kJ/kg K
771.5	1.2961	3067.9	2805.5	7.6425	**300**	728.3	1.3730	3067.3	2805.2	7.6154
778.5	1.2845	3078.1	2813.4	7.6602	**305**	734.9	1.3607	3077.6	2813.0	7.6332
785.4	1.2732	3088.3	2821.3	7.6779	**310**	741.5	1.3487	3087.9	2820.9	7.6509
792.4	1.2620	3098.6	2829.2	7.6954	**315**	748.0	1.3369	3098.1	2828.8	7.6684
799.3	1.2511	3108.8	2837.1	7.7127	**320**	754.6	1.3252	3108.4	2836.7	7.6858
806.2	1.2403	3119.1	2845.0	7.7300	**325**	761.1	1.3138	3118.7	2844.6	7.7030
813.2	1.2298	3129.4	2852.9	7.7471	**330**	767.7	1.3026	3128.9	2852.6	7.7201
820.1	1.2194	3139.7	2860.8	7.7640	**335**	774.2	1.2916	3139.2	2860.5	7.7371
827.0	1.2092	3149.9	2868.8	7.7809	**340**	780.8	1.2808	3149.5	2868.5	7.7540
833.9	1.1992	3160.2	2876.7	7.7976	**345**	787.3	1.2702	3159.8	2876.4	7.7707
840.8	1.1893	3170.5	2884.7	7.8142	**350**	793.8	1.2597	3170.2	2884.4	7.7874
847.7	1.1796	3180.9	2892.6	7.8307	**355**	800.3	1.2495	3180.5	2892.4	7.8039
854.6	1.1701	3191.2	2900.6	7.8471	**360**	806.9	1.2394	3190.8	2900.4	7.8203
861.5	1.1608	3201.5	2908.6	7.8634	**365**	813.4	1.2294	3201.2	2908.4	7.8366
868.4	1.1515	3211.9	2916.6	7.8795	**370**	819.9	1.2197	3211.5	2916.4	7.8527
875.3	1.1425	3222.3	2924.7	7.8956	**375**	826.4	1.2100	3221.9	2924.4	7.8688
882.2	1.1336	3232.6	2932.7	7.9115	**380**	832.9	1.2006	3232.3	2932.4	7.8847
889.1	1.1248	3243.0	2940.7	7.9274	**385**	839.4	1.1913	3242.7	2940.5	7.9006
895.9	1.1161	3253.4	2948.8	7.9431	**390**	845.9	1.1821	3253.1	2948.6	7.9164
902.8	1.1076	3263.8	2956.9	7.9587	**395**	852.4	1.1731	3263.5	2956.6	7.9320
909.7	1.0993	3274.3	2965.0	7.9743	**400**	858.9	1.1642	3273.9	2964.7	7.9476
923.4	1.0829	3295.1	2981.2	8.0051	**410**	871.9	1.1469	3294.8	2980.9	7.9784
937.2	1.0670	3316.1	2997.4	8.0355	**420**	884.9	1.1301	3315.8	2997.2	8.0088
950.9	1.0516	3337.1	3013.8	8.0656	**430**	897.9	1.1138	3336.8	3013.6	8.0389
964.6	1.0367	3358.1	3030.2	8.0953	**440**	910.8	1.0979	3357.9	3030.0	8.0687
978.3	1.0222	3379.2	3046.6	8.1247	**450**	923.8	1.0825	3379.0	3046.4	8.0981
992.0	1.0080	3400.4	3063.1	8.1538	**460**	936.7	1.0675	3400.1	3062.9	8.1271
1005.7	0.9943	3421.6	3079.7	8.1825	**470**	949.7	1.0530	3421.4	3079.5	8.1559
1019.4	0.9810	3442.9	3096.3	8.2110	**480**	962.6	1.0388	3442.7	3096.1	8.1844
1033.1	0.9680	3464.2	3113.0	8.2391	**490**	975.5	1.0251	3464.0	3112.8	8.2125
1046.8	0.9553	3485.6	3129.7	8.2670	**500**	988.5	1.0117	3485.4	3129.6	8.2404
1074.1	0.9310	3528.6	3163.4	8.3219	**520**	1014.3	0.9859	3528.4	3163.3	8.2953
1101.4	0.9079	3571.9	3197.4	8.3757	**540**	1040.1	0.9614	3571.7	3197.2	8.3492
1128.8	0.8859	3615.4	3231.6	8.4286	**560**	1065.9	0.9381	3615.2	3231.5	8.4020
1156.1	0.8650	3659.2	3266.1	8.4805	**580**	1091.7	0.9160	3659.0	3266.0	8.4540
1183.3	0.8451	3703.2	3300.9	8.5315	**600**	1117.5	0.8949	3703.0	3300.7	8.5050
1210.6	0.8260	3747.5	3335.9	8.5817	**620**	1143.3	0.8747	3747.3	3335.8	8.5552
1237.9	0.8078	3792.1	3371.2	8.6310	**640**	1169.0	0.8554	3791.9	3371.1	8.6045
1265.2	0.7904	3836.9	3406.8	8.6796	**660**	1194.8	0.8370	3836.8	3406.7	8.6531
1292.4	0.7738	3882.0	3442.6	8.7275	**680**	1220.5	0.8193	3881.9	3442.5	8.7010
1319.7	0.7578	3927.4	3478.8	8.7746	**700**	1246.3	0.8024	3927.3	3478.7	8.7481
1346.9	0.7425	3973.1	3515.2	8.8211	**720**	1272.0	0.7862	3973.0	3515.1	8.7946
1374.1	0.7277	4019.1	3551.9	8.8669	**740**	1297.7	0.7706	4019.0	3551.8	8.8404
1401.4	0.7136	4065.3	3588.8	8.9120	**760**	1323.4	0.7556	4065.2	3588.7	8.8856
1428.6	0.7000	4111.8	3626.1	8.9566	**780**	1349.2	0.7412	4111.7	3626.0	8.9302
1455.8	0.6869	4158.6	3663.6	9.0006	**800**	1374.9	0.7273	4158.5	3663.5	8.9742
1523.8	0.6562	4276.7	3758.6	9.1082	**850**	1439.1	0.6949	4276.7	3758.6	9.0818
1591.8	0.6282	4396.6	3855.4	9.2126	**900**	1503.4	0.6652	4396.5	3855.3	9.1862
1659.8	0.6025	4518.1	3953.8	9.3141	**950**	1567.6	0.6379	4518.1	3953.7	9.2877
1727.8	0.5788	4641.3	4053.9	9.4128	**1000**	1631.8	0.6128	4641.2	4053.8	9.3864
1863.7	0.53656	4892.4	4258.7	9.6026	**1100**	1760.2	0.56813	4892.4	4258.7	9.5762
1999.6	0.50010	5149.5	4469.7	9.7834	**1200**	1888.5	0.52951	5149.5	4469.6	9.7570
2135.5	0.46828	5412.3	4686.2	9.9559	**1300**	2016.8	0.49582	5412.3	4686.2	9.9295
2271.3	0.44027	5680.3	4908.0	10.1210	**1400**	2145.1	0.46617	5680.3	4908.0	10.0946
2407.2	0.41543	5953.1	5134.6	10.2794	**1500**	2273.4	0.43986	5953.0	5134.6	10.2530
2543.0	0.39324	6230.3	5365.7	10.4315	**1600**	2401.7	0.41637	6230.2	5365.6	10.4051
2678.8	0.37331	6511.5	5600.7	10.5777	**1700**	2530.0	0.39526	6511.5	5600.7	10.5513
2814.6	0.35529	6796.5	5839.5	10.7186	**1800**	2658.2	0.37619	6796.5	5839.5	10.6922
2950.4	0.33894	7084.9	6081.8	10.8545	**1900**	2786.5	0.35888	7084.9	6081.8	10.8281
3086.1	0.32403	7376.6	6327.3	10.9857	**2000**	2914.7	0.34309	7376.6	6327.3	10.9593

Tafel 3. Druckwasser und überhitzter Dampf (Fortsetzung)

3.8 bar (t_s = 141.803 °C)						4.0 bar (t_s = 143.643 °C)				
$10^3 v$	ϱ	h	u	s	t	$10^3 v$	ϱ	h	u	s
m³/kg	kg/m³	kJ/kg		kJ/kg K	°C	m³/kg	kg/m³	kJ/kg		kJ/kg K
1.08158	924.57	596.99	596.58	1.75802	t_l	1.08353	922.91	604.90	604.47	1.77700
485.3	2.0606	2736.2	2551.8	6.9132	t_g	462.5	2.1624	2738.5	2553.5	6.8961
1.00003	999.97	0.35	−0.03	−0.00012	0	1.00002	999.98	0.37	−0.03	−0.00012
0.99987	1000.13	21.40	21.02	0.07625	5	0.99986	1000.14	21.42	21.02	0.07625
1.00013	999.87	42.36	41.98	0.15093	10	1.00012	999.88	42.38	41.98	0.15093
1.00073	999.27	63.28	62.90	0.22418	15	1.00072	999.28	63.30	62.90	0.22417
1.00164	998.36	84.19	83.81	0.29613	20	1.00163	998.37	84.21	83.81	0.29612
1.00282	997.19	105.10	104.72	0.36686	25	1.00281	997.20	105.12	104.72	0.36685
1.00424	995.78	126.01	125.63	0.43641	30	1.00423	995.79	126.03	125.63	0.43641
1.00588	994.15	146.92	146.54	0.50483	35	1.00587	994.16	146.94	146.54	0.50482
1.00773	992.33	167.83	167.45	0.57214	40	1.00772	992.34	167.85	167.45	0.57213
1.00977	990.33	188.74	188.36	0.63837	45	1.00976	990.34	188.76	188.35	0.63837
1.01199	988.15	209.64	209.26	0.70357	50	1.01198	988.16	209.66	209.26	0.70356
1.01439	985.81	230.55	230.16	0.76776	55	1.01438	985.82	230.57	230.16	0.76775
1.01696	983.32	251.46	251.07	0.83100	60	1.01695	983.33	251.47	251.07	0.83099
1.01970	980.68	272.37	271.98	0.89331	65	1.01969	980.69	272.39	271.98	0.89330
1.02260	977.90	293.29	292.91	0.95473	70	1.02259	977.91	293.31	292.90	0.95472
1.02565	974.99	314.23	313.84	1.01531	75	1.02564	975.00	314.25	313.84	1.01530
1.02887	971.94	335.19	334.80	1.07508	80	1.02886	971.95	335.21	334.79	1.07507
1.03224	968.77	356.17	355.78	1.13407	85	1.03223	968.78	356.19	355.77	1.13405
1.03576	965.47	377.17	376.78	1.19231	90	1.03575	965.48	377.19	376.78	1.19230
1.03944	962.06	398.21	397.81	1.24983	95	1.03943	962.07	398.22	397.81	1.24982
1.04327	958.52	419.27	418.88	1.30667	100	1.04326	958.53	419.29	418.87	1.30665
1.04726	954.87	440.37	439.97	1.36284	105	1.04725	954.88	440.39	439.97	1.36282
1.05140	951.11	461.51	461.11	1.41837	110	1.05139	951.12	461.52	461.10	1.41835
1.05571	947.23	482.69	482.29	1.47328	115	1.05569	947.24	482.70	482.28	1.47326
1.06017	943.25	503.91	503.50	1.52760	120	1.06016	943.26	503.92	503.50	1.52758
1.06479	939.15	525.17	524.77	1.58134	125	1.06478	939.16	525.18	524.76	1.58132
1.06959	934.94	546.48	546.07	1.63454	130	1.06958	934.95	546.49	546.07	1.63452
1.07455	930.62	567.84	567.43	1.68720	135	1.07454	930.63	567.86	567.43	1.68718
1.07969	926.19	589.26	588.85	1.73934	140	1.07968	926.20	589.27	588.84	1.73932
489.72	2.0420	2743.3	2557.2	6.9304	145	464.25	2.1540	2741.6	2555.9	6.9034
496.57	2.0138	2754.4	2565.7	6.9568	150	470.81	2.1240	2752.8	2564.4	6.9300
503.40	1.9865	2765.4	2574.1	6.9826	155	477.33	2.0950	2763.8	2572.9	6.9560
510.15	1.9602	2776.3	2582.4	7.0079	160	483.79	2.0670	2774.8	2581.3	6.9815
516.88	1.9347	2787.1	2590.7	7.0327	165	490.22	2.0399	2785.7	2589.6	7.0065
523.53	1.9101	2797.8	2598.9	7.0570	170	496.60	2.0137	2796.5	2597.8	7.0310
530.19	1.8861	2808.5	2607.0	7.0810	175	502.94	1.9883	2807.2	2606.0	7.0551
536.8	1.8629	2819.1	2615.1	7.1045	180	509.2	1.9637	2817.9	2614.2	7.0788
543.4	1.8404	2829.7	2623.2	7.1277	185	515.5	1.9398	2828.5	2622.3	7.1021
549.9	1.8185	2840.2	2631.2	7.1505	190	521.8	1.9166	2839.1	2630.4	7.1250
556.4	1.7972	2850.6	2639.2	7.1730	195	528.0	1.8940	2849.6	2638.4	7.1476
562.9	1.7764	2861.1	2647.2	7.1952	200	534.2	1.8721	2860.1	2646.4	7.1699
569.4	1.7563	2871.5	2655.1	7.2171	205	540.3	1.8507	2870.5	2654.4	7.1919
575.8	1.7366	2881.9	2663.1	7.2387	210	546.5	1.8299	2881.0	2662.4	7.2135
582.3	1.7174	2892.2	2671.0	7.2600	215	552.6	1.8096	2891.3	2670.3	7.2350
588.7	1.6987	2902.6	2678.9	7.2811	220	558.7	1.7898	2901.7	2678.2	7.2561
595.1	1.6804	2912.9	2686.8	7.3019	225	564.8	1.7705	2912.1	2686.1	7.2770
601.5	1.6626	2923.2	2694.6	7.3225	230	570.9	1.7516	2922.4	2694.0	7.2976
607.8	1.6452	2933.5	2702.5	7.3429	235	577.0	1.7332	2932.7	2701.9	7.3180
614.2	1.6282	2943.8	2710.4	7.3630	240	583.0	1.7152	2943.0	2709.8	7.3382
620.5	1.6115	2954.1	2718.3	7.3829	245	589.1	1.6976	2953.3	2717.7	7.3582
626.9	1.5952	2964.3	2726.1	7.4026	250	595.1	1.6804	2963.6	2725.6	7.3779
633.2	1.5793	2974.6	2734.0	7.4221	255	601.1	1.6636	2973.9	2733.5	7.3975
639.5	1.5637	2984.8	2741.8	7.4415	260	607.1	1.6472	2984.2	2741.3	7.4169
645.8	1.5485	2995.1	2749.7	7.4606	265	613.1	1.6311	2994.4	2749.2	7.4360
652.1	1.5336	3005.3	2757.5	7.4796	270	619.1	1.6153	3004.7	2757.1	7.4550
658.4	1.5189	3015.6	2765.4	7.4983	275	625.1	1.5998	3015.0	2765.0	7.4739
664.6	1.5046	3025.8	2773.3	7.5169	280	631.0	1.5847	3025.2	2772.8	7.4925
670.9	1.4906	3036.1	2781.1	7.5354	285	637.0	1.5699	3035.5	2780.7	7.5110
677.1	1.4768	3046.3	2789.0	7.5537	290	642.9	1.5553	3045.8	2788.6	7.5293
683.4	1.4633	3056.6	2796.9	7.5718	295	648.9	1.5411	3056.1	2796.5	7.5474

Tafel 3. Druckwasser und überhitzter Dampf (Fortsetzung)

3.8 bar						4.0 bar				
$10^3 v$	ϱ	h	u	s	t	$10^3 v$	ϱ	h	u	s
m^3/kg	kg/m^3	kJ/kg		kJ/kgK	°C	m^3/kg	kg/m^3	kJ/kg		kJ/kg K
689.6	1.4500	3066.8	2804.8	7.5898	**300**	654.8	1.5271	3066.3	2804.4	7.5654
695.9	1.4370	3077.1	2812.7	7.6076	**305**	660.8	1.5134	3076.6	2812.3	7.5833
702.1	1.4243	3087.4	2820.6	7.6253	**310**	666.7	1.4999	3086.9	2820.2	7.6010
708.3	1.4118	3097.6	2828.5	7.6428	**315**	672.6	1.4867	3097.2	2828.1	7.6186
714.6	1.3995	3107.9	2836.4	7.6602	**320**	678.5	1.4738	3107.5	2836.0	7.6360
720.8	1.3874	3118.2	2844.3	7.6775	**325**	684.4	1.4610	3117.8	2844.0	7.6533
727.0	1.3756	3128.5	2852.3	7.6947	**330**	690.3	1.4485	3128.1	2851.9	7.6704
733.2	1.3639	3138.8	2860.2	7.7117	**335**	696.2	1.4363	3138.4	2859.9	7.6875
739.4	1.3525	3149.1	2868.1	7.7285	**340**	702.1	1.4242	3148.7	2867.8	7.7044
745.6	1.3412	3159.4	2876.1	7.7453	**345**	708.0	1.4124	3159.0	2875.8	7.7211
751.8	1.3302	3169.8	2884.1	7.7619	**350**	713.9	1.4007	3169.4	2883.8	7.7378
758.0	1.3193	3180.1	2892.1	7.7785	**355**	719.8	1.3893	3179.7	2891.8	7.7543
764.1	1.3087	3190.4	2900.1	7.7949	**360**	725.7	1.3780	3190.1	2899.8	7.7708
770.3	1.2982	3200.8	2908.1	7.8112	**365**	731.6	1.3669	3200.4	2907.8	7.7871
776.5	1.2878	3211.2	2916.1	7.8274	**370**	737.4	1.3560	3210.8	2915.8	7.8033
782.7	1.2777	3221.6	2924.1	7.8434	**375**	743.3	1.3453	3221.2	2923.9	7.8194
788.8	1.2677	3231.9	2932.2	7.8594	**380**	749.2	1.3348	3231.6	2931.9	7.8353
795.0	1.2578	3242.3	2940.2	7.8753	**385**	755.0	1.3244	3242.0	2940.0	7.8512
801.2	1.2482	3252.8	2948.3	7.8910	**390**	760.9	1.3142	3252.4	2948.1	7.8670
807.3	1.2386	3263.2	2956.4	7.9067	**395**	766.8	1.3042	3262.9	2956.2	7.8827
813.5	1.2292	3273.6	2964.5	7.9223	**400**	772.6	1.2943	3273.3	2964.3	7.8982
825.8	1.2109	3294.5	2980.7	7.9531	**410**	784.3	1.2750	3294.2	2980.5	7.9291
838.1	1.1931	3315.5	2997.0	7.9836	**420**	796.0	1.2562	3315.2	2996.8	7.9596
850.4	1.1759	3336.5	3013.4	8.0137	**430**	807.7	1.2381	3336.2	3013.1	7.9897
862.7	1.1591	3357.6	3029.8	8.0434	**440**	819.4	1.2204	3357.3	3029.6	8.0195
875.0	1.1429	3378.7	3046.2	8.0728	**450**	831.1	1.2033	3378.5	3046.0	8.0489
887.3	1.1271	3399.9	3062.7	8.1019	**460**	842.7	1.1866	3399.6	3062.6	8.0780
899.5	1.1117	3421.1	3079.3	8.1307	**470**	854.4	1.1704	3420.9	3079.1	8.1068
911.8	1.0967	3442.4	3096.0	8.1592	**480**	866.1	1.1547	3442.2	3095.8	8.1353
924.0	1.0822	3463.8	3112.7	8.1873	**490**	877.7	1.1393	3463.6	3112.5	8.1635
936.3	1.0680	3485.2	3129.4	8.2152	**500**	889.3	1.1244	3485.0	3129.3	8.1914
960.8	1.0408	3528.2	3163.1	8.2702	**520**	912.6	1.0957	3528.0	3163.0	8.2463
985.3	1.0150	3571.5	3197.1	8.3241	**540**	935.9	1.0685	3571.3	3197.0	8.3002
1009.7	0.9904	3615.0	3231.3	8.3769	**560**	959.1	1.0426	3614.9	3231.2	8.3531
1034.2	0.9670	3658.8	3265.8	8.4289	**580**	982.3	1.0180	3658.7	3265.7	8.4051
1058.6	0.9447	3702.9	3300.6	8.4799	**600**	1005.6	0.9945	3702.7	3300.5	8.4561
1083.0	0.9234	3747.2	3335.7	8.5301	**620**	1028.8	0.9720	3747.1	3335.5	8.5063
1107.4	0.9030	3791.8	3371.0	8.5795	**640**	1052.0	0.9506	3791.7	3370.9	8.5557
1131.8	0.8835	3836.7	3406.6	8.6281	**660**	1075.2	0.9301	3836.5	3406.5	8.6043
1156.2	0.8649	3881.8	3442.4	8.6759	**680**	1098.3	0.9105	3881.7	3442.3	8.6522
1180.6	0.8470	3927.2	3478.6	8.7231	**700**	1121.5	0.8917	3927.1	3478.5	8.6993
1205.0	0.8299	3972.9	3515.0	8.7695	**720**	1144.7	0.8736	3972.8	3514.9	8.7458
1229.4	0.8134	4018.8	3551.7	8.8154	**740**	1167.8	0.8563	4018.7	3551.6	8.7916
1253.7	0.7976	4065.1	3588.7	8.8606	**760**	1191.0	0.8396	4065.0	3588.6	8.8368
1278.1	0.7824	4111.6	3625.9	8.9051	**780**	1214.1	0.8236	4111.5	3625.8	8.8814
1302.5	0.7678	4158.4	3663.5	8.9492	**800**	1237.3	0.8082	4158.3	3663.4	8.9254
1363.3	0.7335	4276.6	3758.5	9.0568	**850**	1295.1	0.7721	4276.5	3758.4	9.0331
1424.2	0.7021	4396.4	3855.2	9.1612	**900**	1353.0	0.7391	4396.4	3855.2	9.1375
1485.1	0.6734	4518.0	3953.7	9.2627	**950**	1410.8	0.7088	4517.9	3953.6	9.2390
1545.9	0.6469	4641.2	4053.7	9.3614	**1000**	1468.6	0.6809	4641.1	4053.7	9.3377
1667.5	0.59969	4892.3	4258.7	9.5512	**1100**	1584.1	0.63126	4892.3	4258.6	9.5275
1789.1	0.55893	5149.5	4469.6	9.7320	**1200**	1699.7	0.58835	5149.4	4469.6	9.7083
1910.7	0.52337	5412.2	4686.2	9.9045	**1300**	1815.2	0.55091	5412.2	4686.1	9.8808
2032.3	0.49206	5680.2	4908.0	10.0697	**1400**	1930.7	0.51796	5680.2	4907.9	10.0460
2153.8	0.46430	5953.0	5134.6	10.2280	**1500**	2046.1	0.48873	5953.0	5134.6	10.2043
2275.3	0.43950	6230.2	5365.6	10.3801	**1600**	2161.6	0.46263	6230.2	5365.6	10.3564
2396.8	0.41722	6511.5	5600.7	10.5264	**1700**	2277.0	0.43917	6511.5	5600.7	10.5027
2518.3	0.39709	6796.5	5839.5	10.6672	**1800**	2392.5	0.41798	6796.5	5839.5	10.6436
2639.9	0.37881	7084.9	6081.8	10.8031	**1900**	2507.9	0.39874	7084.9	6081.8	10.7794
2761.3	0.36214	7376.6	6327.3	10.9343	**2000**	2623.3	0.38120	7376.6	6327.3	10.9107

Tafel 3. Druckwasser und überhitzter Dampf (Fortsetzung)

4.2 bar (t_s = 145.410 °C)						4.4 bar (t_s = 147.111 °C)				
$10^3 v$	ϱ	h	u	s	t	$10^3 v$	ϱ	h	u	s
m^3/kg	kg/m^3	kJ/kg		kJ/kgK	°C	m^3/kg	kg/m^3	kJ/kg		kJ/kg K
1.08542	921.30	612.52	612.06	1.79517	t_l	1.08727	919.74	619.85	619.37	1.81260
441.72	2.2639	2740.7	2555.2	6.8798	t_g	422.82	2.3651	2742.9	2556.8	6.8642
1.00001	999.99	0.39	-0.03	-0.00012	0	1.00000	1000.00	0.41	-0.03	-0.00012
0.99985	1000.15	21.44	21.02	0.07625	5	0.99984	1000.16	21.46	21.02	0.07625
1.00011	999.89	42.40	41.98	0.15093	10	1.00010	999.90	42.42	41.98	0.15093
1.00071	999.29	63.32	62.90	0.22417	15	1.00070	999.30	63.34	62.90	0.22417
1.00162	998.38	84.23	83.81	0.29612	20	1.00162	998.39	84.25	83.81	0.29612
1.00280	997.21	105.14	104.72	0.36685	25	1.00279	997.21	105.16	104.72	0.36684
1.00422	995.80	126.05	125.63	0.43640	30	1.00421	995.81	126.07	125.63	0.43640
1.00586	994.17	146.96	146.54	0.50482	35	1.00585	994.18	146.98	146.54	0.50481
1.00771	992.35	167.87	167.45	0.57212	40	1.00770	992.36	167.89	167.44	0.57212
1.00975	990.35	188.77	188.35	0.63836	45	1.00974	990.35	188.79	188.35	0.63835
1.01197	988.17	209.68	209.25	0.70355	50	1.01196	988.18	209.70	209.25	0.70354
1.01437	985.83	230.58	230.16	0.76774	55	1.01436	985.84	230.60	230.15	0.76773
1.01694	983.34	251.49	251.06	0.83098	60	1.01693	983.35	251.51	251.06	0.83097
1.01968	980.70	272.40	271.98	0.89329	65	1.01967	980.71	272.42	271.97	0.89327
1.02258	977.92	293.33	292.90	0.95471	70	1.02257	977.93	293.34	292.89	0.95470
1.02563	975.01	314.27	313.84	1.01529	75	1.02562	975.02	314.28	313.83	1.01527
1.02885	971.96	335.22	334.79	1.07505	80	1.02884	971.97	335.24	334.79	1.07504
1.03222	968.79	356.20	355.77	1.13404	85	1.03221	968.80	356.22	355.76	1.13403
1.03574	965.49	377.21	376.77	1.19228	90	1.03573	965.50	377.22	376.76	1.19227
1.03942	962.08	398.24	397.80	1.24980	95	1.03941	962.09	398.25	397.80	1.24979
1.04325	958.54	419.30	418.86	1.30664	100	1.04324	958.55	419.32	418.86	1.30662
1.04724	954.89	440.40	439.96	1.36281	105	1.04723	954.90	440.42	439.96	1.36279
1.05138	951.13	461.54	461.10	1.41833	110	1.05137	951.14	461.55	461.09	1.41832
1.05568	947.25	482.72	482.27	1.47325	115	1.05567	947.26	482.73	482.27	1.47323
1.06015	943.27	503.93	503.49	1.52756	120	1.06013	943.28	503.95	503.48	1.52754
1.06477	939.17	525.20	524.75	1.58131	125	1.06476	939.18	525.21	524.74	1.58129
1.06956	934.96	546.51	546.06	1.63450	130	1.06955	934.97	546.52	546.05	1.63448
1.07453	930.64	567.87	567.42	1.68716	135	1.07451	930.65	567.88	567.41	1.68714
1.07966	926.22	589.28	588.83	1.73930	140	1.07965	926.23	589.30	588.82	1.73928
1.08498	921.68	610.75	610.30	1.79096	145	1.08497	921.69	610.76	610.29	1.79093
447.51	2.2346	2751.1	2563.1	6.9044	150	426.31	2.3457	2749.4	2561.8	6.8798
453.76	2.2038	2762.3	2571.7	6.9306	155	432.30	2.3132	2760.7	2570.5	6.9062
459.94	2.1742	2773.3	2580.1	6.9563	160	438.25	2.2818	2771.8	2579.0	6.9321
466.09	2.1455	2784.3	2588.5	6.9814	165	444.17	2.2514	2782.8	2587.4	6.9574
472.21	2.1177	2795.1	2596.8	7.0061	170	450.02	2.2221	2793.8	2595.8	6.9823
478.26	2.0909	2805.9	2605.1	7.0303	175	455.85	2.1937	2804.6	2604.1	7.0066
484.31	2.0648	2816.7	2613.3	7.0542	180	461.64	2.1662	2815.4	2612.3	7.0306
490.32	2.0395	2827.3	2621.4	7.0776	185	467.40	2.1395	2826.2	2620.5	7.0541
496.28	2.0150	2838.0	2629.5	7.1006	190	473.13	2.1136	2836.8	2628.7	7.0773
502.23	1.9911	2848.5	2637.6	7.1233	195	478.81	2.0885	2847.5	2636.8	7.1001
508.15	1.9679	2859.1	2645.6	7.1457	200	484.50	2.0640	2858.0	2644.9	7.1226
514.05	1.9453	2869.6	2653.7	7.1678	205	490.15	2.0402	2868.6	2652.9	7.1447
519.9	1.9234	2880.0	2661.6	7.1895	210	495.76	2.0171	2879.1	2660.9	7.1666
525.8	1.9019	2890.4	2669.6	7.2110	215	501.38	1.9945	2889.5	2668.9	7.1881
531.6	1.8810	2900.9	2677.6	7.2322	220	506.97	1.9725	2900.0	2676.9	7.2094
537.4	1.8607	2911.2	2685.5	7.2532	225	512.54	1.9510	2910.4	2684.9	7.2304
543.2	1.8408	2921.6	2693.4	7.2739	230	518.11	1.9301	2920.8	2692.8	7.2512
549.0	1.8214	2932.0	2701.4	7.2944	235	523.64	1.9097	2931.2	2700.8	7.2717
554.8	1.8024	2942.3	2709.3	7.3146	240	529.2	1.8897	2941.5	2708.7	7.2920
560.6	1.7839	2952.6	2717.2	7.3346	245	534.7	1.8702	2951.9	2716.6	7.3121
566.3	1.7657	2962.9	2725.1	7.3544	250	540.2	1.8512	2962.2	2724.5	7.3319
572.1	1.7480	2973.2	2733.0	7.3740	255	545.7	1.8326	2972.5	2732.4	7.3516
577.8	1.7307	2983.5	2740.8	7.3934	260	551.2	1.8143	2982.9	2740.4	7.3710
583.5	1.7137	2993.8	2748.7	7.4126	265	556.6	1.7965	2993.2	2748.3	7.3903
589.2	1.6971	3004.1	2756.6	7.4317	270	562.1	1.7790	3003.5	2756.2	7.4094
594.9	1.6808	3014.4	2764.5	7.4505	275	567.6	1.7619	3013.8	2764.1	7.4282
600.6	1.6649	3024.7	2772.4	7.4692	280	573.0	1.7452	3024.1	2772.0	7.4469
606.3	1.6493	3035.0	2780.3	7.4877	285	578.4	1.7288	3034.4	2779.9	7.4655
612.0	1.6340	3045.2	2788.2	7.5060	290	583.9	1.7127	3044.7	2787.8	7.4839
617.7	1.6190	3055.5	2796.1	7.5242	295	589.3	1.6970	3055.0	2795.7	7.5021

Tafel 3. Druckwasser und überhitzter Dampf (Fortsetzung)

4.2 bar						4.4 bar				
$10^3 v$	ϱ	h	u	s	t	$10^3 v$	ϱ	h	u	s
m^3/kg	kg/m^3	kJ/kg		kJ/kgK	°C	m^3/kg	kg/m^3	kJ/kg		kJ/kg K
623.3	1.6043	3065.8	2804.0	7.5423	**300**	594.7	1.6815	3065.3	2803.6	7.5201
629.0	1.5898	3076.1	2811.9	7.5601	**305**	600.1	1.6664	3075.6	2811.6	7.5380
634.6	1.5757	3086.4	2819.8	7.5779	**310**	605.5	1.6515	3085.9	2819.5	7.5558
640.3	1.5618	3096.7	2827.8	7.5954	**315**	610.9	1.6369	3096.2	2827.4	7.5734
645.9	1.5481	3107.0	2835.7	7.6129	**320**	616.3	1.6226	3106.5	2835.4	7.5908
651.6	1.5347	3117.3	2843.6	7.6302	**325**	621.7	1.6085	3116.9	2843.3	7.6082
657.2	1.5216	3127.6	2851.6	7.6474	**330**	627.1	1.5947	3127.2	2851.3	7.6254
662.8	1.5087	3138.0	2859.6	7.6644	**335**	632.5	1.5811	3137.5	2859.2	7.6424
668.5	1.4960	3148.3	2867.5	7.6813	**340**	637.8	1.5678	3147.9	2867.2	7.6594
674.1	1.4835	3158.6	2875.5	7.6981	**345**	643.2	1.5547	3158.2	2875.2	7.6762
679.7	1.4713	3169.0	2883.5	7.7148	**350**	648.6	1.5419	3168.6	2883.2	7.6929
685.3	1.4592	3179.3	2891.5	7.7314	**355**	653.9	1.5292	3178.9	2891.2	7.7094
690.9	1.4474	3189.7	2899.5	7.7478	**360**	659.3	1.5168	3189.3	2899.2	7.7259
696.5	1.4357	3200.1	2907.5	7.7641	**365**	664.6	1.5046	3199.7	2907.3	7.7422
702.1	1.4243	3210.5	2915.6	7.7803	**370**	670.0	1.4926	3210.1	2915.3	7.7585
707.7	1.4130	3220.8	2923.6	7.7964	**375**	675.3	1.4808	3220.5	2923.4	7.7746
713.3	1.4019	3231.3	2931.7	7.8124	**380**	680.7	1.4691	3230.9	2931.4	7.7906
718.9	1.3910	3241.7	2939.7	7.8283	**385**	686.0	1.4577	3241.3	2939.5	7.8065
724.5	1.3803	3252.1	2947.8	7.8441	**390**	691.4	1.4464	3251.8	2947.6	7.8223
730.1	1.3698	3262.5	2955.9	7.8598	**395**	696.7	1.4354	3262.2	2955.7	7.8380
735.6	1.3594	3273.0	2964.0	7.8754	**400**	702.0	1.4245	3272.7	2963.8	7.8536
746.8	1.3390	3293.9	2980.3	7.9062	**410**	712.7	1.4032	3293.6	2980.1	7.8845
757.9	1.3194	3314.9	2996.6	7.9368	**420**	723.3	1.3825	3314.6	2996.4	7.9150
769.1	1.3002	3336.0	3012.9	7.9669	**430**	734.0	1.3625	3335.7	3012.7	7.9451
780.2	1.2817	3357.1	3029.4	7.9967	**440**	744.6	1.3430	3356.8	3029.2	7.9749
791.3	1.2637	3378.2	3045.8	8.0261	**450**	755.2	1.3241	3377.9	3045.6	8.0044
802.5	1.2462	3399.4	3062.4	8.0552	**460**	765.8	1.3058	3399.2	3062.2	8.0335
813.6	1.2291	3420.7	3079.0	8.0840	**470**	776.5	1.2879	3420.4	3078.8	8.0623
824.7	1.2126	3442.0	3095.6	8.1125	**480**	787.1	1.2706	3441.7	3095.4	8.0908
835.8	1.1965	3463.3	3112.3	8.1407	**490**	797.7	1.2537	3463.1	3112.2	8.1190
846.9	1.1808	3484.8	3129.1	8.1686	**500**	808.3	1.2372	3484.6	3128.9	8.1470
869.0	1.1507	3527.8	3162.8	8.2236	**520**	829.4	1.2056	3527.6	3162.7	8.2019
891.2	1.1221	3571.1	3196.8	8.2775	**540**	850.6	1.1757	3570.9	3196.7	8.2559
913.3	1.0949	3614.7	3231.1	8.3304	**560**	871.7	1.1471	3614.5	3231.0	8.3088
935.5	1.0690	3658.5	3265.6	8.3824	**580**	892.9	1.1200	3658.3	3265.5	8.3608
957.6	1.0443	3702.6	3300.4	8.4335	**600**	914.0	1.0941	3702.4	3300.3	8.4118
979.7	1.0207	3746.9	3335.4	8.4837	**620**	935.1	1.0694	3746.8	3335.3	8.4621
1001.8	0.9982	3791.5	3370.8	8.5330	**640**	956.2	1.0458	3791.4	3370.7	8.5115
1023.9	0.9767	3836.4	3406.4	8.5817	**660**	977.3	1.0233	3836.3	3406.3	8.5601
1046.0	0.9561	3881.5	3442.2	8.6295	**680**	998.4	1.0016	3881.4	3442.1	8.6080
1068.0	0.9363	3927.0	3478.4	8.6767	**700**	1019.4	0.9809	3926.6	3478.3	8.6551
1090.1	0.9173	3972.7	3514.8	8.7232	**720**	1040.5	0.9611	3972.5	3514.7	8.7016
1112.2	0.8991	4018.6	3551.5	8.7690	**740**	1061.6	0.9420	4018.5	3551.4	8.7475
1134.2	0.8817	4064.9	3588.5	8.8142	**760**	1082.6	0.9237	4064.8	3588.4	8.7927
1156.3	0.8648	4111.4	3625.8	8.8588	**780**	1103.7	0.9061	4111.3	3625.7	8.8373
1178.3	0.8487	4158.2	3663.3	8.9028	**800**	1124.7	0.8891	4158.1	3663.2	8.8813
1233.4	0.8107	4276.4	3758.4	9.0105	**850**	1177.3	0.8494	4276.3	3758.3	8.9890
1288.5	0.7761	4396.3	3855.1	9.1149	**900**	1229.9	0.8131	4396.2	3855.1	9.0934
1343.6	0.7443	4517.9	3953.6	9.2164	**950**	1282.5	0.7797	4517.8	3953.5	9.1949
1398.6	0.7150	4641.1	4053.6	9.3151	**1000**	1335.0	0.7490	4641.0	4053.6	9.2936
1508.7	0.6628	4892.2	4258.6	9.5050	**1100**	1440.1	0.6944	4892.2	4258.5	9.4835
1618.7	0.6178	5149.4	4469.5	9.6857	**1200**	1545.1	0.6472	5149.3	4469.5	9.6642
1728.7	0.5785	5412.2	4686.1	9.8583	**1300**	1650.2	0.6060	5412.1	4686.1	9.8368
1838.7	0.5439	5680.2	4907.9	10.0234	**1400**	1755.2	0.5698	5680.1	4907.9	10.0020
1948.7	0.5132	5953.0	5134.5	10.1818	**1500**	1860.1	0.5376	5953.0	5134.5	10.1603
2058.7	0.48575	6230.2	5365.5	10.3339	**1600**	1965.1	0.50888	6230.2	5365.5	10.3124
2168.6	0.46113	6511.4	5600.6	10.4801	**1700**	2070.1	0.48308	6511.4	5600.6	10.4587
2278.5	0.43888	6796.4	5839.4	10.6210	**1800**	2175.0	0.45977	6796.4	5839.4	10.5996
2388.5	0.41868	7084.9	6081.7	10.7569	**1900**	2279.9	0.43861	7084.9	6081.7	10.7354
2498.4	0.40025	7376.6	6327.2	10.8881	**2000**	2384.9	0.41931	7376.6	6327.2	10.8667

Tafel 3. Druckwasser und überhitzter Dampf (Fortsetzung)

4.6 bar ($t_s = 148.751$ °C)						4.8 bar ($t_s = 150.335$ °C)				
$10^3 v$	ϱ	h	u	s	t	$10^3 v$	ϱ	h	u	s
m^3/kg	kg/m^3	kJ/kg		kJ/kg K	°C	m^3/kg	kg/m^3	kJ/kg		kJ/kg K
1.08906	918.22	626.92	626.42	1.82935	t_l	1.09082	916.74	633.76	633.24	1.84548
405.48	2.4662	2744.9	2558.3	6.8493	t_g	389.56	2.5670	2746.8	2559.8	6.8351
0.99999	1000.01	0.43	−0.03	−0.00012	0	0.99998	1000.02	0.45	−0.03	−0.00012
0.99983	1000.17	21.48	21.02	0.07625	5	0.99982	1000.18	21.50	21.02	0.07625
1.00009	999.91	42.44	41.98	0.15093	10	1.00008	999.92	42.45	41.97	0.15092
1.00070	999.30	63.36	62.90	0.22417	15	1.00069	999.31	63.37	62.89	0.22416
1.00161	998.40	84.27	83.80	0.29611	20	1.00160	998.41	84.28	83.80	0.29611
1.00278	997.22	105.18	104.71	0.36684	25	1.00278	997.23	105.19	104.71	0.36683
1.00420	995.81	126.09	125.62	0.43639	30	1.00419	995.82	126.10	125.62	0.43638
1.00584	994.19	147.00	146.53	0.50480	35	1.00584	994.20	147.01	146.53	0.50480
1.00769	992.37	167.90	167.44	0.57211	40	1.00768	992.38	167.92	167.44	0.57210
1.00973	990.36	188.81	188.35	0.63834	45	1.00972	990.37	188.83	188.34	0.63833
1.01195	988.19	209.71	209.25	0.70353	50	1.01195	988.20	209.73	209.24	0.70352
1.01435	985.85	230.62	230.15	0.76772	55	1.01435	985.86	230.63	230.15	0.76771
1.01692	983.36	251.52	251.06	0.83095	60	1.01692	983.37	251.54	251.05	0.83094
1.01966	980.72	272.44	271.97	0.89326	65	1.01965	980.73	272.45	271.96	0.89325
1.02256	977.94	293.36	292.89	0.95469	70	1.02255	977.95	293.38	292.89	0.95467
1.02562	975.02	314.30	313.83	1.01526	75	1.02561	975.03	314.31	313.82	1.01525
1.02883	971.98	335.25	334.78	1.07503	80	1.02882	971.99	335.27	334.78	1.07501
1.03220	968.81	356.23	355.76	1.13401	85	1.03219	968.82	356.25	355.75	1.13400
1.03572	965.51	377.24	376.76	1.19225	90	1.03571	965.52	377.25	376.75	1.19224
1.03940	962.10	398.27	397.79	1.24977	95	1.03939	962.10	398.28	397.79	1.24976
1.04323	958.56	419.33	418.85	1.30661	100	1.04322	958.57	419.35	418.85	1.30659
1.04722	954.91	440.43	439.95	1.36277	105	1.04721	954.92	440.45	439.94	1.36276
1.05136	951.15	461.57	461.08	1.41830	110	1.05135	951.16	461.58	461.08	1.41828
1.05566	947.27	482.74	482.26	1.47321	115	1.05565	947.28	482.76	482.25	1.47319
1.06012	943.29	503.96	503.47	1.52753	120	1.06011	943.30	503.98	503.47	1.52751
1.06475	939.19	525.22	524.74	1.58127	125	1.06474	939.20	525.24	524.73	1.58125
1.06954	934.98	546.54	546.04	1.63446	130	1.06953	934.99	546.55	546.04	1.63444
1.07450	930.66	567.90	567.40	1.68711	135	1.07449	930.68	567.91	567.39	1.68709
1.07964	926.24	589.31	588.81	1.73926	140	1.07962	926.25	589.32	588.80	1.73924
1.08495	921.70	610.78	610.28	1.79091	145	1.08494	921.71	610.79	610.27	1.79089
406.93	2.4574	2747.7	2560.5	6.8561	150	1.09044	917.06	632.32	631.80	1.84207
412.73	2.4229	2759.1	2569.2	6.8828	155	394.76	2.5332	2757.5	2568.0	6.8602
418.45	2.3898	2770.3	2577.8	6.9088	160	400.29	2.4982	2768.8	2576.6	6.8864
424.14	2.3577	2781.4	2586.3	6.9343	165	405.78	2.4644	2780.0	2585.2	6.9121
429.77	2.3268	2792.4	2594.7	6.9593	170	411.20	2.4319	2791.1	2593.7	6.9373
435.37	2.2969	2803.4	2603.1	6.9839	175	416.60	2.4004	2802.1	2602.1	6.9620
440.94	2.2679	2814.2	2611.4	7.0080	180	421.96	2.3699	2813.0	2610.4	6.9862
446.47	2.2398	2825.0	2619.6	7.0316	185	427.30	2.3403	2823.8	2618.7	7.0100
451.98	2.2125	2835.7	2627.8	7.0549	190	432.58	2.3117	2834.6	2626.9	7.0334
457.44	2.1861	2846.4	2636.0	7.0778	195	437.85	2.2839	2845.3	2635.1	7.0564
462.90	2.1603	2857.0	2644.1	7.1004	200	443.09	2.2569	2856.0	2643.3	7.0791
468.32	2.1353	2867.6	2652.2	7.1226	205	448.31	2.2306	2866.6	2651.4	7.1014
473.73	2.1109	2878.1	2660.2	7.1446	210	453.49	2.2051	2877.2	2659.5	7.1234
479.11	2.0872	2888.6	2668.2	7.1662	215	458.67	2.1802	2887.7	2667.6	7.1451
484.47	2.0641	2899.1	2676.3	7.1876	220	463.84	2.1559	2898.2	2675.6	7.1666
489.81	2.0416	2909.6	2684.2	7.2086	225	468.98	2.1323	2908.7	2683.6	7.1877
495.15	2.0196	2920.0	2692.2	7.2295	230	474.09	2.1093	2919.2	2691.6	7.2086
500.45	1.9982	2930.4	2700.2	7.2500	235	479.20	2.0868	2929.6	2699.6	7.2292
505.8	1.9772	2940.8	2708.1	7.2704	240	484.31	2.0648	2940.0	2707.6	7.2496
511.0	1.9568	2951.2	2716.1	7.2905	245	489.38	2.0434	2950.4	2715.5	7.2698
516.3	1.9368	2961.5	2724.0	7.3104	250	494.44	2.0225	2960.8	2723.5	7.2898
521.6	1.9172	2971.9	2731.9	7.3301	255	499.50	2.0020	2971.2	2731.4	7.3095
526.8	1.8981	2982.2	2739.9	7.3496	260	504.55	1.9820	2981.6	2739.4	7.3290
532.1	1.8794	2992.5	2747.8	7.3689	265	509.58	1.9624	2991.9	2747.3	7.3483
537.3	1.8611	3002.9	2755.7	7.3880	270	514.6	1.9432	3002.3	2755.2	7.3675
542.6	1.8431	3013.2	2763.6	7.4069	275	519.6	1.9244	3012.6	2763.2	7.3864
547.8	1.8256	3023.5	2771.5	7.4256	280	524.6	1.9061	3022.9	2771.1	7.4052
553.0	1.8084	3033.8	2779.5	7.4442	285	529.6	1.8881	3033.3	2779.0	7.4238
558.2	1.7915	3044.1	2787.4	7.4626	290	534.6	1.8704	3043.6	2787.0	7.4422
563.4	1.7750	3054.5	2795.3	7.4808	295	539.6	1.8532	3053.9	2794.9	7.4605

Tafel 3. Druckwasser und überhitzter Dampf (Fortsetzung)

4.6 bar						4.8 bar				
$10^3 v$	ϱ	h	u	s	t	$10^3 v$	ϱ	h	u	s
m³/kg	kg/m³	kJ/kg		kJ/kg K	°C	m³/kg	kg/m³	kJ/kg		kJ/kg K
568.6	1.7588	3064.8	2803.2	7.4989	**300**	544.6	1.8362	3064.3	2802.9	7.4786
573.7	1.7429	3075.1	2811.2	7.5169	**305**	549.6	1.8196	3074.6	2810.8	7.4966
578.9	1.7274	3085.4	2819.1	7.5346	**310**	554.5	1.8033	3084.9	2818.8	7.5144
584.1	1.7121	3095.7	2827.1	7.5523	**315**	559.5	1.7873	3095.3	2826.7	7.5320
589.3	1.6971	3106.1	2835.0	7.5697	**320**	564.5	1.7716	3105.6	2834.7	7.5495
594.4	1.6823	3116.4	2843.0	7.5871	**325**	569.4	1.7562	3116.0	2842.6	7.5669
599.6	1.6679	3126.8	2851.0	7.6043	**330**	574.3	1.7411	3126.3	2850.6	7.5841
604.7	1.6537	3137.1	2858.9	7.6214	**335**	579.3	1.7263	3136.7	2858.6	7.6012
609.9	1.6397	3147.5	2866.9	7.6384	**340**	584.2	1.7117	3147.0	2866.6	7.6182
615.0	1.6260	3157.8	2874.9	7.6552	**345**	589.2	1.6973	3157.4	2874.6	7.6350
620.1	1.6125	3168.2	2882.9	7.6719	**350**	594.1	1.6833	3167.8	2882.6	7.6518
625.3	1.5993	3178.6	2890.9	7.6885	**355**	599.0	1.6694	3178.2	2890.6	7.6684
630.4	1.5863	3188.9	2899.0	7.7049	**360**	603.9	1.6558	3188.6	2898.7	7.6848
635.5	1.5735	3199.3	2907.0	7.7213	**365**	608.8	1.6424	3199.0	2906.7	7.7012
640.6	1.5609	3209.7	2915.0	7.7375	**370**	613.8	1.6293	3209.4	2914.8	7.7175
645.8	1.5485	3220.1	2923.1	7.7536	**375**	618.7	1.6164	3219.8	2922.8	7.7336
650.9	1.5364	3230.6	2931.2	7.7697	**380**	623.6	1.6037	3230.2	2930.9	7.7496
656.0	1.5244	3241.0	2939.2	7.7856	**385**	628.5	1.5911	3240.7	2939.0	7.7656
661.1	1.5126	3251.4	2947.3	7.8014	**390**	633.4	1.5788	3251.1	2947.1	7.7814
666.2	1.5010	3261.9	2955.4	7.8171	**395**	638.3	1.5667	3261.6	2955.2	7.7971
671.3	1.4896	3272.4	2963.6	7.8327	**400**	643.2	1.5548	3272.0	2963.3	7.8127
681.5	1.4673	3293.3	2979.8	7.8636	**410**	653.0	1.5315	3293.0	2979.6	7.8436
691.7	1.4457	3314.3	2996.2	7.8941	**420**	662.7	1.5089	3314.1	2995.9	7.8742
701.9	1.4247	3335.4	3012.5	7.9243	**430**	672.5	1.4870	3335.1	3012.3	7.9044
712.1	1.4043	3356.5	3029.0	7.9541	**440**	682.3	1.4657	3356.2	3028.8	7.9342
722.2	1.3846	3377.7	3045.5	7.9836	**450**	692.0	1.4451	3377.4	3045.3	7.9637
732.4	1.3654	3398.9	3062.0	8.0127	**460**	701.8	1.4250	3398.7	3061.8	7.9929
742.6	1.3467	3420.2	3078.6	8.0416	**470**	711.5	1.4055	3419.9	3078.4	8.0217
752.7	1.3285	3441.5	3095.3	8.0701	**480**	721.2	1.3865	3441.3	3095.1	8.0502
762.9	1.3109	3462.9	3112.0	8.0983	**490**	731.0	1.3681	3462.7	3111.8	8.0784
773.0	1.2937	3484.4	3128.8	8.1262	**500**	740.7	1.3501	3484.1	3128.6	8.1064
793.3	1.2606	3527.4	3162.5	8.1812	**520**	760.1	1.3156	3527.2	3162.4	8.1614
813.5	1.2293	3570.8	3196.5	8.2352	**540**	779.5	1.2829	3570.6	3196.4	8.2154
833.7	1.1994	3614.3	3230.8	8.2881	**560**	798.9	1.2517	3614.2	3230.7	8.2683
854.0	1.1710	3658.2	3265.3	8.3401	**580**	818.3	1.2221	3658.0	3265.2	8.3203
874.2	1.1440	3702.3	3300.1	8.3912	**600**	837.7	1.1938	3702.1	3300.0	8.3714
894.4	1.1181	3746.6	3335.2	8.4414	**620**	857.0	1.1668	3746.5	3335.1	8.4217
914.5	1.0934	3791.2	3370.5	8.4908	**640**	876.4	1.1411	3791.1	3370.4	8.4711
934.7	1.0698	3836.1	3406.2	8.5395	**660**	895.7	1.1164	3836.0	3406.1	8.5197
954.9	1.0472	3881.3	3442.0	8.5873	**680**	915.0	1.0928	3881.2	3441.9	8.5676
975.1	1.0256	3926.7	3478.2	8.6345	**700**	934.4	1.0702	3926.6	3478.1	8.6148
995.2	1.0048	3972.4	3514.6	8.6810	**720**	953.7	1.0486	3972.3	3514.6	8.6613
1015.4	0.9849	4018.4	3551.4	8.7269	**740**	973.0	1.0277	4018.3	3551.3	8.7071
1035.5	0.9657	4064.7	3588.3	8.7721	**760**	992.3	1.0077	4064.6	3588.3	8.7524
1055.6	0.9473	4111.2	3625.6	8.8167	**780**	1011.6	0.9885	4111.1	3625.5	8.7970
1075.8	0.9296	4158.0	3663.2	8.8607	**800**	1030.9	0.9700	4157.9	3663.1	8.8410
1126.1	0.8880	4276.2	3758.2	8.9684	**850**	1079.2	0.9267	4276.2	3758.2	8.9487
1176.4	0.8500	4396.2	3855.0	9.0728	**900**	1127.4	0.8870	4396.1	3854.9	9.0531
1226.7	0.8152	4517.7	3953.5	9.1743	**950**	1175.6	0.8507	4517.7	3953.4	9.1546
1277.0	0.7831	4640.9	4053.5	9.2730	**1000**	1223.7	0.8172	4640.9	4053.5	9.2534
1377.5	0.7260	4892.1	4258.5	9.4629	**1100**	1320.1	0.7575	4892.1	4258.4	9.4432
1478.0	0.6766	5149.3	4469.4	9.6437	**1200**	1416.4	0.7060	5149.3	4469.4	9.6240
1578.4	0.6335	5412.1	4686.0	9.8163	**1300**	1512.7	0.6611	5412.1	4686.0	9.7966
1678.8	0.5956	5680.1	4907.8	9.9814	**1400**	1608.9	0.6215	5680.1	4907.8	9.9618
1779.3	0.5620	5952.9	5134.5	10.1398	**1500**	1705.1	0.5865	5952.9	5134.4	10.1201
1879.7	0.53201	6230.1	5365.5	10.2919	**1600**	1801.4	0.55513	6230.1	5365.5	10.2722
1980.1	0.50503	6511.4	5600.6	10.4381	**1700**	1897.6	0.52699	6511.4	5600.6	10.4185
2080.5	0.48066	6796.4	5839.4	10.5790	**1800**	1993.8	0.50156	6796.4	5839.4	10.5594
2180.8	0.45854	7084.9	6081.7	10.7149	**1900**	2090.0	0.47847	7084.9	6081.7	10.6953
2281.2	0.43836	7376.6	6327.2	10.8461	**2000**	2186.2	0.45742	7376.5	6327.2	10.8265

Tafel 3. Druckwasser und überhitzter Dampf (Fortsetzung)

5.0 bar ($t_s = 151.866$ °C)						5.2 bar ($t_s = 153.350$ °C)				
$10^3 v$	ϱ	h	u	s	t	$10^3 v$	ϱ	h	u	s
m³/kg	kg/m³	kJ/kg		kJ/kgK	°C	m³/kg	kg/m³	kJ/kg		kJ/kg K
1.09253	915.31	640.38	639.84	1.86104	t_l	1.09421	913.90	646.80	646.23	1.87606
374.86	2.6677	2748.6	2561.2	6.8214	t_g	361.26	2.7681	2750.4	2562.5	6.8082
0.99997	1000.03	0.47	−0.03	−0.00012	0	0.99996	1000.04	0.49	−0.03	−0.00011
0.99981	1000.19	21.52	21.02	0.07625	5	0.99980	1000.20	21.54	21.02	0.07625
1.00007	999.93	42.47	41.97	0.15092	10	1.00006	999.94	42.49	41.97	0.15092
1.00068	999.32	63.39	62.89	0.22416	15	1.00067	999.33	63.41	62.89	0.22416
1.00159	998.41	84.30	83.80	0.29610	20	1.00158	998.42	84.32	83.80	0.29610
1.00277	997.24	105.21	104.71	0.36683	25	1.00276	997.25	105.23	104.71	0.36682
1.00419	995.83	126.12	125.62	0.43638	30	1.00418	995.84	126.14	125.62	0.43637
1.00583	994.21	147.03	146.53	0.50479	35	1.00582	994.22	147.05	146.53	0.50478
1.00767	992.39	167.94	167.44	0.57209	40	1.00766	992.39	167.96	167.43	0.57209
1.00971	990.38	188.84	188.34	0.63832	45	1.00970	990.39	188.86	188.34	0.63831
1.01194	988.20	209.75	209.24	0.70351	50	1.01193	988.21	209.76	209.24	0.70351
1.01434	985.87	230.65	230.14	0.76770	55	1.01433	985.87	230.67	230.14	0.76769
1.01691	983.37	251.56	251.05	0.83093	60	1.01690	983.38	251.57	251.05	0.83092
1.01964	980.74	272.47	271.96	0.89324	65	1.01963	980.74	272.49	271.96	0.89323
1.02254	977.96	293.39	292.88	0.95466	70	1.02253	977.97	293.41	292.88	0.95465
1.02560	975.04	314.33	313.82	1.01524	75	1.02559	975.05	314.35	313.81	1.01522
1.02881	972.00	335.29	334.77	1.07500	80	1.02880	972.01	335.30	334.77	1.07499
1.03218	968.82	356.26	355.75	1.13399	85	1.03217	968.83	356.28	355.74	1.13397
1.03570	965.53	377.27	376.75	1.19222	90	1.03569	965.54	377.28	376.74	1.19221
1.03938	962.11	398.30	397.78	1.24974	95	1.03937	962.12	398.31	397.77	1.24973
1.04321	958.58	419.36	418.84	1.30657	100	1.04320	958.59	419.38	418.84	1.30656
1.04720	954.93	440.46	439.94	1.36274	105	1.04719	954.94	440.48	439.93	1.36272
1.05134	951.17	461.60	461.07	1.41827	110	1.05133	951.18	461.61	461.07	1.41825
1.05564	947.29	482.77	482.24	1.47318	115	1.05563	947.30	482.79	482.24	1.47316
1.06010	943.31	503.99	503.46	1.52749	120	1.06009	943.32	504.00	503.45	1.52747
1.06473	939.21	525.25	524.72	1.58123	125	1.06471	939.22	525.27	524.71	1.58121
1.06952	935.00	546.56	546.03	1.63442	130	1.06950	935.01	546.58	546.02	1.63440
1.07448	930.69	567.92	567.38	1.68707	135	1.07446	930.70	567.93	567.38	1.68705
1.07961	926.26	589.33	588.79	1.73922	140	1.07960	926.27	589.35	588.79	1.73920
1.08493	921.72	610.80	610.26	1.79087	145	1.08491	921.73	610.82	610.25	1.79085
1.09043	917.07	632.33	631.79	1.84205	150	1.09041	917.08	632.34	631.78	1.84203
378.24	2.6438	2755.8	2566.7	6.8383	155	362.98	2.7550	2754.2	2565.4	6.8172
383.58	2.6070	2767.2	2575.4	6.8648	160	368.15	2.7163	2765.7	2574.2	6.8439
388.87	2.5715	2778.5	2584.1	6.8907	165	373.27	2.6790	2777.0	2582.9	6.8699
394.12	2.5373	2789.7	2592.6	6.9160	170	378.35	2.6431	2788.3	2591.5	6.8954
399.33	2.5042	2800.7	2601.1	6.9408	175	383.38	2.6084	2799.4	2600.1	6.9204
404.50	2.4722	2811.7	2609.5	6.9652	180	388.38	2.5748	2810.5	2608.5	6.9449
409.64	2.4412	2822.6	2617.8	6.9891	185	393.34	2.5423	2821.4	2616.9	6.9690
414.74	2.4111	2833.5	2626.1	7.0126	190	398.27	2.5108	2832.3	2625.2	6.9926
419.82	2.3820	2844.2	2634.3	7.0358	195	403.18	2.4803	2843.1	2633.5	7.0159
424.87	2.3537	2854.9	2642.5	7.0585	200	408.05	2.4507	2853.9	2641.7	7.0387
429.90	2.3261	2865.6	2650.7	7.0810	205	412.90	2.4219	2864.6	2649.9	7.0613
434.90	2.2994	2876.2	2658.8	7.1031	210	417.73	2.3939	2875.3	2658.0	7.0834
439.89	2.2733	2886.8	2666.9	7.1249	215	422.54	2.3666	2885.9	2666.2	7.1053
444.85	2.2479	2897.4	2674.9	7.1463	220	427.33	2.3401	2896.5	2674.3	7.1269
449.80	2.2232	2907.9	2683.0	7.1676	225	432.10	2.3143	2907.0	2682.3	7.1482
454.73	2.1991	2918.4	2691.0	7.1885	230	436.86	2.2891	2917.5	2690.4	7.1692
459.65	2.1756	2928.8	2699.0	7.2092	235	441.60	2.2645	2928.0	2698.4	7.1899
464.55	2.1526	2939.3	2707.0	7.2297	240	446.32	2.2405	2938.5	2706.4	7.2104
469.44	2.1302	2949.7	2715.0	7.2499	245	451.04	2.2171	2949.0	2714.4	7.2307
474.32	2.1083	2960.1	2723.0	7.2699	250	455.74	2.1942	2959.4	2722.4	7.2508
479.18	2.0869	2970.5	2730.9	7.2897	255	460.43	2.1719	2969.8	2730.4	7.2706
484.04	2.0660	2980.9	2738.9	7.3092	260	465.10	2.1501	2980.2	2738.4	7.2902
488.88	2.0455	2991.3	2746.8	7.3286	265	469.77	2.1287	2990.6	2746.4	7.3096
493.72	2.0255	3001.6	2754.8	7.3478	270	474.43	2.1078	3001.0	2754.3	7.3288
498.54	2.0059	3012.0	2762.7	7.3668	275	479.08	2.0874	3011.4	2762.3	7.3478
503.36	1.9867	3022.4	2770.7	7.3856	280	483.72	2.0673	3021.8	2770.2	7.3667
508.17	1.9679	3032.7	2778.6	7.4042	285	488.35	2.0477	3032.1	2778.2	7.3854
512.97	1.9494	3043.1	2786.6	7.4227	290	492.97	2.0285	3042.5	2786.2	7.4038
517.76	1.9314	3053.4	2794.5	7.4410	295	497.59	2.0097	3052.9	2794.1	7.4222

Tafel 3. Druckwasser und überhitzter Dampf (Fortsetzung)

5.0 bar						5.2 bar				
$10^3 v$	ϱ	h	u	s	t	$10^3 v$	ϱ	h	u	s
m^3/kg	kg/m^3	kJ/kg		kJ/kg K	°C	m^3/kg	kg/m^3	kJ/kg		kJ/kg K
522.5	1.9137	3063.7	2802.5	7.4591	**300**	502.2	1.9912	3063.2	2802.1	7.4403
527.3	1.8963	3074.1	2810.4	7.4771	**305**	506.8	1.9732	3073.6	2810.1	7.4583
532.1	1.8793	3084.4	2818.4	7.4949	**310**	511.4	1.9554	3084.0	2818.0	7.4762
536.9	1.8626	3094.8	2826.4	7.5126	**315**	516.0	1.9380	3094.3	2826.0	7.4939
541.6	1.8463	3105.2	2834.3	7.5301	**320**	520.6	1.9209	3104.7	2834.0	7.5114
546.4	1.8302	3115.5	2842.3	7.5475	**325**	525.2	1.9042	3115.1	2842.0	7.5288
551.1	1.8144	3125.9	2850.3	7.5647	**330**	529.7	1.8877	3125.4	2850.0	7.5461
555.9	1.7989	3136.2	2858.3	7.5819	**335**	534.3	1.8716	3135.8	2858.0	7.5632
560.6	1.7837	3146.6	2866.3	7.5989	**340**	538.9	1.8557	3146.2	2866.0	7.5802
565.4	1.7687	3157.0	2874.3	7.6157	**345**	543.4	1.8401	3156.6	2874.0	7.5971
570.1	1.7540	3167.4	2882.3	7.6325	**350**	548.0	1.8248	3167.0	2882.0	7.6139
574.8	1.7396	3177.8	2890.4	7.6491	**355**	552.5	1.8098	3177.4	2890.1	7.6305
579.6	1.7254	3188.2	2898.4	7.6656	**360**	557.1	1.7950	3187.8	2898.1	7.6470
584.3	1.7114	3198.6	2906.4	7.6819	**365**	561.6	1.7805	3198.2	2906.2	7.6634
589.0	1.6977	3209.0	2914.5	7.6982	**370**	566.2	1.7662	3208.7	2914.2	7.6797
593.7	1.6842	3219.4	2922.6	7.7144	**375**	570.7	1.7521	3219.1	2922.3	7.6958
598.5	1.6710	3229.9	2930.7	7.7304	**380**	575.3	1.7383	3229.5	2930.4	7.7119
603.2	1.6579	3240.3	2938.7	7.7463	**385**	579.8	1.7247	3240.0	2938.5	7.7279
607.9	1.6451	3250.8	2946.8	7.7622	**390**	584.3	1.7114	3250.5	2946.6	7.7437
612.6	1.6324	3261.3	2955.0	7.7779	**395**	588.9	1.6982	3260.9	2954.7	7.7594
617.3	1.6200	3271.7	2963.1	7.7935	**400**	593.4	1.6852	3271.4	2962.9	7.7751
626.7	1.5957	3292.7	2979.4	7.8245	**410**	602.4	1.6599	3292.4	2979.2	7.8060
636.1	1.5721	3313.8	2995.7	7.8550	**420**	611.5	1.6354	3313.5	2995.5	7.8366
645.5	1.5493	3334.8	3012.1	7.8852	**430**	620.5	1.6116	3334.6	3011.9	7.8668
654.8	1.5271	3356.0	3028.6	7.9151	**440**	629.5	1.5885	3355.7	3028.4	7.8967
664.2	1.5056	3377.2	3045.1	7.9446	**450**	638.5	1.5661	3376.9	3044.9	7.9262
673.6	1.4847	3398.4	3061.6	7.9738	**460**	647.5	1.5443	3398.2	3061.4	7.9554
682.9	1.4643	3419.7	3078.2	8.0026	**470**	656.5	1.5232	3419.5	3078.1	7.9843
692.3	1.4445	3441.1	3094.9	8.0312	**480**	665.5	1.5026	3440.8	3094.8	8.0128
701.6	1.4253	3462.5	3111.7	8.0594	**490**	674.5	1.4826	3462.2	3111.5	8.0411
710.9	1.4066	3483.9	3128.5	8.0873	**500**	683.5	1.4631	3483.7	3128.3	8.0690
729.6	1.3706	3527.0	3162.2	8.1424	**520**	701.4	1.4256	3526.8	3162.1	8.1241
748.2	1.3365	3570.4	3196.3	8.1964	**540**	719.4	1.3901	3570.2	3196.1	8.1781
766.9	1.3040	3614.0	3230.6	8.2493	**560**	737.3	1.3563	3613.8	3230.4	8.2311
785.5	1.2731	3657.8	3265.1	8.3013	**580**	755.2	1.3242	3657.7	3265.0	8.2831
804.1	1.2437	3701.9	3299.9	8.3524	**600**	773.1	1.2935	3701.8	3299.8	8.3342
822.7	1.2156	3746.3	3335.0	8.4027	**620**	791.0	1.2643	3746.2	3334.9	8.3845
841.2	1.1887	3791.0	3370.3	8.4521	**640**	808.8	1.2364	3790.8	3370.2	8.4339
859.8	1.1630	3835.9	3406.0	8.5008	**660**	826.7	1.2096	3835.7	3405.9	8.4826
878.4	1.1385	3881.0	3441.9	8.5487	**680**	844.5	1.1841	3880.9	3441.8	8.5305
896.9	1.1149	3926.5	3478.0	8.5959	**700**	862.4	1.1596	3926.4	3477.9	8.5777
915.5	1.0923	3972.2	3514.5	8.6424	**720**	880.2	1.1361	3972.1	3514.4	8.6242
934.0	1.0706	4018.2	3551.2	8.6882	**740**	898.1	1.1135	4018.1	3551.1	8.6700
952.6	1.0498	4064.5	3588.2	8.7334	**760**	915.9	1.0918	4064.4	3588.1	8.7153
971.1	1.0297	4111.0	3625.5	8.7781	**780**	933.7	1.0710	4110.9	3625.4	8.7599
989.6	1.0105	4157.8	3663.0	8.8221	**800**	951.5	1.0509	4157.7	3662.9	8.8039
1036.0	0.9653	4276.1	3758.1	8.9298	**850**	996.1	1.0039	4276.0	3758.0	8.9116
1082.2	0.9240	4396.0	3854.9	9.0342	**900**	1040.6	0.9610	4395.9	3854.8	9.0161
1128.5	0.8861	4517.6	3953.3	9.1357	**950**	1085.1	0.9216	4517.5	3953.3	9.1176
1174.8	0.8512	4640.8	4053.4	9.2345	**1000**	1129.6	0.8853	4640.8	4053.4	9.2163
1267.3	0.7891	4892.0	4258.4	9.4244	**1100**	1218.5	0.8207	4892.0	4258.3	9.4062
1359.7	0.7354	5149.2	4469.4	9.6052	**1200**	1307.4	0.7649	5149.2	4469.3	9.5870
1452.1	0.6886	5412.0	4686.0	9.7777	**1300**	1396.3	0.7162	5412.0	4685.9	9.7596
1544.6	0.6474	5680.1	4907.8	9.9429	**1400**	1485.2	0.6733	5680.0	4907.8	9.9248
1636.9	0.6109	5952.9	5134.4	10.1013	**1500**	1574.0	0.6353	5952.9	5134.4	10.0831
1729.3	0.57826	6230.1	5365.4	10.2534	**1600**	1662.8	0.60139	6230.1	5365.4	10.2352
1821.7	0.54894	6511.4	5600.5	10.3996	**1700**	1751.6	0.57089	6511.4	5600.5	10.3815
1914.1	0.52245	6796.4	5839.4	10.5405	**1800**	1840.5	0.54335	6796.4	5839.3	10.5224
2006.4	0.49840	7084.9	6081.7	10.6764	**1900**	1929.3	0.51833	7084.8	6081.6	10.6583
2098.8	0.47647	7376.5	6327.2	10.8076	**2000**	2018.1	0.49553	7376.5	6327.1	10.7895

Tafel 3. Druckwasser und überhitzter Dampf (Fortsetzung)

5.4 bar (t_s = 154.788 °C)						5.6 bar (t_s = 156.185 °C)				
$10^3 v$	ϱ	h	u	s	t	$10^3 v$	ϱ	h	u	s
m³/kg	kg/m³	kJ/kg		kJ/kg K	°C	m³/kg	kg/m³	kJ/kg		kJ/kg K
1.09585	912.54	653.03	652.44	1.89059	t_l	1.09746	911.20	659.09	658.47	1.90466
348.63	2.8684	2752.0	2563.8	6.7955	t_g	336.87	2.9685	2753.7	2565.0	6.7833
0.99995	1000.05	0.51	−0.03	−0.00011	0	0.99994	1000.06	0.53	−0.03	−0.00011
0.99979	1000.21	21.56	21.02	0.07625	5	0.99978	1000.22	21.58	21.02	0.07625
1.00005	999.95	42.51	41.97	0.15092	10	1.00004	999.96	42.53	41.97	0.15092
1.00066	999.34	63.43	62.89	0.22415	15	1.00065	999.35	63.45	62.89	0.22415
1.00157	998.43	84.34	83.80	0.29609	20	1.00156	998.44	84.36	83.80	0.29609
1.00275	997.26	105.25	104.71	0.36682	25	1.00274	997.27	105.27	104.71	0.36681
1.00417	995.85	126.16	125.62	0.43637	30	1.00416	995.86	126.18	125.61	0.43636
1.00581	994.22	147.07	146.52	0.50478	35	1.00580	994.23	147.09	146.52	0.50477
1.00766	992.40	167.97	167.43	0.57208	40	1.00765	992.41	167.99	167.43	0.57207
1.00970	990.40	188.88	188.33	0.63831	45	1.00969	990.41	188.90	188.33	0.63830
1.01192	988.22	209.78	209.24	0.70350	50	1.01191	988.23	209.80	209.23	0.70349
1.01432	985.88	230.68	230.14	0.76769	55	1.01431	985.89	230.70	230.13	0.76768
1.01689	983.39	251.59	251.04	0.83091	60	1.01688	983.40	251.61	251.04	0.83090
1.01962	980.75	272.50	271.95	0.89322	65	1.01962	980.76	272.52	271.95	0.89321
1.02252	977.97	293.43	292.87	0.95464	70	1.02251	977.98	293.44	292.87	0.95463
1.02558	975.06	314.36	313.81	1.01521	75	1.02557	975.07	314.38	313.80	1.01520
1.02879	972.02	335.32	334.76	1.07497	80	1.02878	972.02	335.33	334.76	1.07496
1.03216	968.84	356.30	355.74	1.13396	85	1.03215	968.85	356.31	355.73	1.13394
1.03568	965.55	377.30	376.74	1.19220	90	1.03567	965.56	377.31	376.73	1.19218
1.03936	962.13	398.33	397.77	1.24971	95	1.03935	962.14	398.35	397.76	1.24970
1.04319	958.60	419.39	418.83	1.30654	100	1.04318	958.61	419.41	418.82	1.30653
1.04718	954.95	440.49	439.93	1.36271	105	1.04716	954.96	440.51	439.92	1.36269
1.05132	951.19	461.63	461.06	1.41823	110	1.05131	951.20	461.64	461.05	1.41822
1.05562	947.31	482.80	482.23	1.47314	115	1.05561	947.32	482.82	482.22	1.47312
1.06008	943.33	504.02	503.45	1.52745	120	1.06007	943.34	504.03	503.44	1.52744
1.06470	939.23	525.28	524.71	1.58119	125	1.06469	939.24	525.29	524.70	1.58117
1.06949	935.02	546.59	546.01	1.63438	130	1.06948	935.03	546.60	546.00	1.63436
1.07445	930.71	567.95	567.37	1.68703	135	1.07444	930.72	567.96	567.36	1.68701
1.07959	926.28	589.36	588.78	1.73918	140	1.07957	926.29	589.37	588.77	1.73916
1.08490	921.74	610.83	610.24	1.79083	145	1.08489	921.75	610.84	610.23	1.79080
1.09040	917.09	632.36	631.77	1.84200	150	1.09039	917.11	632.37	631.76	1.84198
348.84	2.8666	2752.5	2564.2	6.7967	155	1.09608	912.34	653.96	653.35	1.89271
353.86	2.8260	2764.1	2573.0	6.8236	160	340.58	2.9362	2762.6	2571.8	6.8039
358.82	2.7869	2775.6	2581.8	6.8499	165	345.40	2.8952	2774.1	2580.7	6.8304
363.74	2.7492	2786.9	2590.5	6.8755	170	350.17	2.8558	2785.5	2589.4	6.8563
368.61	2.7129	2798.1	2599.0	6.9007	175	354.89	2.8178	2796.8	2598.0	6.8816
373.45	2.6777	2809.2	2607.5	6.9254	180	359.58	2.7810	2807.9	2606.6	6.9064
378.25	2.6438	2820.2	2616.0	6.9495	185	364.23	2.7455	2819.0	2615.0	6.9307
383.02	2.6108	2831.2	2624.3	6.9733	190	368.85	2.7111	2830.0	2623.5	6.9546
387.76	2.5789	2842.0	2632.6	6.9966	195	373.45	2.6778	2840.9	2631.8	6.9780
392.48	2.5479	2852.9	2640.9	7.0196	200	378.01	2.6454	2851.8	2640.1	7.0011
397.16	2.5178	2863.6	2649.1	7.0422	205	382.55	2.6140	2862.6	2648.4	7.0238
401.83	2.4886	2874.3	2657.3	7.0645	210	387.07	2.5835	2873.3	2656.6	7.0462
406.48	2.4602	2885.0	2665.5	7.0864	215	391.56	2.5539	2884.0	2664.8	7.0682
411.11	2.4325	2895.6	2673.6	7.1081	220	396.04	2.5250	2894.7	2672.9	7.0899
415.71	2.4055	2906.2	2681.7	7.1294	225	400.49	2.4969	2905.3	2681.0	7.1113
420.31	2.3792	2916.7	2689.8	7.1505	230	404.94	2.4695	2915.9	2689.1	7.1325
424.88	2.3536	2927.3	2697.8	7.1713	235	409.36	2.4428	2926.5	2697.2	7.1534
429.45	2.3286	2937.8	2705.9	7.1919	240	413.77	2.4168	2937.0	2705.3	7.1740
433.99	2.3042	2948.2	2713.9	7.2122	245	418.17	2.3914	2947.5	2713.3	7.1944
438.53	2.2803	2958.7	2721.9	7.2323	250	422.55	2.3666	2958.0	2721.4	7.2145
443.06	2.2571	2969.1	2729.9	7.2522	255	426.93	2.3423	2968.5	2729.4	7.2344
447.57	2.2343	2979.6	2737.9	7.2718	260	431.29	2.3186	2978.9	2737.4	7.2541
452.07	2.2120	2990.0	2745.9	7.2913	265	435.64	2.2955	2989.3	2745.4	7.2736
456.57	2.1903	3000.4	2753.9	7.3105	270	439.98	2.2728	2999.8	2753.4	7.2929
461.05	2.1690	3010.8	2761.8	7.3296	275	444.31	2.2507	3010.2	2761.4	7.3120
465.53	2.1481	3021.2	2769.8	7.3485	280	448.64	2.2290	3020.6	2769.4	7.3309
469.99	2.1277	3031.6	2777.8	7.3672	285	452.95	2.2077	3031.0	2777.4	7.3496
474.45	2.1077	3042.0	2785.8	7.3857	290	457.26	2.1869	3041.4	2785.3	7.3682
478.91	2.0881	3052.3	2793.7	7.4040	295	461.56	2.1666	3051.8	2793.3	7.3866

Tafel 3. Druckwasser und überhitzter Dampf (Fortsetzung)

5.4 bar						5.6 bar				
$10^3 v$	ϱ	h	u	s	t	$10^3 v$	ϱ	h	u	s
m^3/kg	kg/m^3	kJ/kg		kJ/kgK	°C	m^3/kg	kg/m^3	kJ/kg		kJ/kg K
483.35	2.0689	3062.7	2801.7	7.4222	**300**	465.85	2.1466	3062.2	2801.3	7.4048
487.79	2.0501	3073.1	2809.7	7.4403	**305**	470.14	2.1270	3072.6	2809.3	7.4228
492.23	2.0316	3083.5	2817.7	7.4581	**310**	474.42	2.1078	3083.0	2817.3	7.4407
496.65	2.0135	3093.8	2825.7	7.4758	**315**	478.70	2.0890	3093.4	2825.3	7.4585
501.08	1.9957	3104.2	2833.6	7.4934	**320**	482.97	2.0705	3103.8	2833.3	7.4760
505.5	1.9783	3114.6	2841.6	7.5108	**325**	487.23	2.0524	3114.2	2841.3	7.4935
509.9	1.9612	3125.0	2849.6	7.5281	**330**	491.49	2.0346	3124.6	2849.3	7.5108
514.3	1.9443	3135.4	2857.7	7.5453	**335**	495.75	2.0172	3135.0	2857.3	7.5280
518.7	1.9278	3145.8	2865.7	7.5623	**340**	500.00	2.0000	3145.4	2865.4	7.5450
523.1	1.9116	3156.2	2873.7	7.5792	**345**	504.24	1.9832	3155.8	2873.4	7.5619
527.5	1.8957	3166.6	2881.7	7.5960	**350**	508.5	1.9666	3166.2	2881.4	7.5787
531.9	1.8801	3177.0	2889.8	7.6126	**355**	512.7	1.9504	3176.6	2889.5	7.5954
536.3	1.8647	3187.4	2897.8	7.6292	**360**	517.0	1.9344	3187.0	2897.6	7.6119
540.7	1.8496	3197.9	2905.9	7.6456	**365**	521.2	1.9187	3197.5	2905.6	7.6283
545.0	1.8347	3208.3	2914.0	7.6618	**370**	525.4	1.9033	3207.9	2913.7	7.6446
549.4	1.8201	3218.7	2922.0	7.6780	**375**	529.6	1.8881	3218.4	2921.8	7.6608
553.8	1.8057	3229.2	2930.1	7.6941	**380**	533.9	1.8732	3228.8	2929.9	7.6769
558.2	1.7916	3239.7	2938.2	7.7101	**385**	538.1	1.8585	3239.3	2938.0	7.6929
562.5	1.7777	3250.1	2946.4	7.7259	**390**	542.3	1.8440	3249.8	2946.1	7.7087
566.9	1.7640	3260.6	2954.5	7.7417	**395**	546.5	1.8298	3260.3	2954.2	7.7245
571.3	1.7505	3271.1	2962.6	7.7573	**400**	550.7	1.8158	3270.8	2962.4	7.7402
580.0	1.7242	3292.1	2978.9	7.7883	**410**	559.1	1.7885	3291.8	2978.7	7.7712
588.7	1.6987	3313.2	2995.3	7.8189	**420**	567.5	1.7620	3312.9	2995.1	7.8018
597.4	1.6740	3334.3	3011.7	7.8491	**430**	575.9	1.7364	3334.0	3011.5	7.8321
606.1	1.6500	3355.4	3028.2	7.8790	**440**	584.3	1.7114	3355.2	3028.0	7.8619
614.8	1.6267	3376.7	3044.7	7.9085	**450**	592.7	1.6873	3376.4	3044.5	7.8915
623.4	1.6040	3397.9	3061.3	7.9377	**460**	601.0	1.6638	3397.7	3061.1	7.9207
632.1	1.5820	3419.2	3077.9	7.9666	**470**	609.4	1.6409	3419.0	3077.7	7.9496
640.8	1.5606	3440.6	3094.6	7.9952	**480**	617.8	1.6187	3440.4	3094.4	7.9782
649.4	1.5398	3462.0	3111.3	8.0234	**490**	626.1	1.5971	3461.8	3111.2	8.0064
658.1	1.5196	3483.5	3128.1	8.0514	**500**	634.5	1.5761	3483.3	3128.0	8.0344
675.4	1.4807	3526.6	3161.9	8.1065	**520**	651.2	1.5357	3526.4	3161.8	8.0895
692.6	1.4438	3570.0	3196.0	8.1605	**540**	667.8	1.4974	3569.8	3195.8	8.1435
709.9	1.4087	3613.6	3230.3	8.2135	**560**	684.5	1.4610	3613.5	3230.2	8.1965
727.1	1.3752	3657.5	3264.9	8.2655	**580**	701.1	1.4263	3657.3	3264.7	8.2486
744.4	1.3434	3701.6	3299.7	8.3167	**600**	717.7	1.3933	3701.5	3299.6	8.2997
761.6	1.3130	3746.0	3334.8	8.3669	**620**	734.3	1.3618	3745.9	3334.7	8.3500
778.8	1.2840	3790.7	3370.1	8.4164	**640**	750.9	1.3317	3790.5	3370.0	8.3995
796.0	1.2563	3835.6	3405.8	8.4650	**660**	767.5	1.3029	3835.5	3405.7	8.4481
813.2	1.2297	3880.8	3441.7	8.5129	**680**	784.1	1.2753	3880.7	3441.6	8.4961
830.4	1.2042	3926.3	3477.8	8.5601	**700**	800.7	1.2489	3926.1	3477.7	8.5433
847.6	1.1798	3972.0	3514.3	8.6067	**720**	817.3	1.2236	3971.9	3514.2	8.5898
864.8	1.1564	4018.0	3551.0	8.6525	**740**	833.8	1.1993	4017.9	3550.9	8.6357
881.9	1.1339	4064.3	3588.0	8.6978	**760**	850.4	1.1759	4064.2	3588.0	8.6809
899.1	1.1122	4110.8	3625.3	8.7424	**780**	867.0	1.1535	4110.7	3625.2	8.7255
916.3	1.0914	4157.7	3662.9	8.7864	**800**	883.5	1.1318	4157.6	3662.8	8.7696
959.2	1.0426	4275.9	3758.0	8.8941	**850**	924.9	1.0812	4275.8	3757.9	8.8773
1002.0	0.9980	4395.9	3854.8	8.9986	**900**	966.2	1.0350	4395.8	3854.7	8.9818
1044.9	0.9570	4517.5	3953.2	9.1001	**950**	1007.6	0.9925	4517.4	3953.2	9.0833
1087.7	0.9193	4640.7	4053.3	9.1989	**1000**	1048.9	0.9534	4640.7	4053.3	9.1820
1173.4	0.8522	4891.9	4258.3	9.3888	**1100**	1131.5	0.8838	4891.9	4258.3	9.3720
1259.0	0.7943	5149.1	4469.3	9.5696	**1200**	1214.0	0.8237	5149.1	4469.2	9.5528
1344.6	0.7437	5412.0	4685.9	9.7422	**1300**	1296.6	0.7713	5411.9	4685.9	9.7254
1430.2	0.6992	5680.0	4907.7	9.9074	**1400**	1379.1	0.7251	5680.0	4907.7	9.8905
1515.7	0.6598	5952.8	5134.4	10.0657	**1500**	1461.6	0.6842	5952.8	5134.3	10.0489
1601.2	0.6245	6230.1	5365.4	10.2178	**1600**	1544.1	0.6476	6230.0	5365.4	10.2010
1686.8	0.5928	6511.3	5600.5	10.3641	**1700**	1626.6	0.6148	6511.3	5600.5	10.3473
1772.3	0.5642	6796.4	5839.3	10.5050	**1800**	1709.0	0.5851	6796.4	5839.3	10.4882
1857.8	0.5383	7084.8	6081.6	10.6409	**1900**	1791.5	0.5582	7084.8	6081.6	10.6241
1943.3	0.5146	7376.5	6327.1	10.7721	**2000**	1873.9	0.5336	7376.5	6327.1	10.7553

Tafel 3. Druckwasser und überhitzter Dampf (Fortsetzung)

5.8 bar (t_s = 157.542 °C)						**6.0 bar (t_s = 158.863 °C)**				
$10^3 v$	ϱ	h	u	s	t	$10^3 v$	ϱ	h	u	s
m³/kg	kg/m³	kJ/kg		kJ/kgK	°C	m³/kg	kg/m³	kJ/kg		kJ/kg K
1.09903	909.89	664.97	664.34	1.91831	t_l	1.10058	908.61	670.71	670.05	1.93155
325.89	3.0685	2755.2	2566.2	6.7715	t_g	315.63	3.1683	2756.7	2567.3	6.7601
0.99993	1000.07	0.55	-0.03	-0.00011	**0**	0.99992	1000.08	0.57	-0.03	-0.00011
0.99977	1000.23	21.60	21.02	0.07625	**5**	0.99976	1000.24	21.62	21.02	0.07625
1.00003	999.97	42.55	41.97	0.15092	**10**	1.00002	999.98	42.57	41.97	0.15091
1.00064	999.36	63.47	62.89	0.22415	**15**	1.00063	999.37	63.49	62.89	0.22414
1.00155	998.45	84.38	83.80	0.29609	**20**	1.00154	998.46	84.40	83.80	0.29608
1.00273	997.28	105.29	104.70	0.36681	**25**	1.00272	997.29	105.30	104.70	0.36680
1.00415	995.87	126.20	125.61	0.43635	**30**	1.00414	995.88	126.21	125.61	0.43635
1.00579	994.24	147.10	146.52	0.50476	**35**	1.00578	994.25	147.12	146.52	0.50475
1.00764	992.42	168.01	167.43	0.57206	**40**	1.00763	992.43	168.03	167.42	0.57205
1.00968	990.42	188.91	188.33	0.63829	**45**	1.00967	990.42	188.93	188.33	0.63828
1.01190	988.24	209.82	209.23	0.70348	**50**	1.01189	988.25	209.83	209.23	0.70347
1.01430	985.90	230.72	230.13	0.76767	**55**	1.01429	985.91	230.74	230.13	0.76766
1.01687	983.41	251.62	251.03	0.83089	**60**	1.01686	983.42	251.64	251.03	0.83088
1.01961	980.77	272.54	271.94	0.89319	**65**	1.01960	980.78	272.55	271.94	0.89318
1.02250	977.99	293.46	292.87	0.95461	**70**	1.02249	978.00	293.47	292.86	0.95460
1.02556	975.08	314.39	313.80	1.01519	**75**	1.02555	975.09	314.41	313.80	1.01517
1.02877	972.03	335.35	334.75	1.07495	**80**	1.02876	972.04	335.37	334.75	1.07493
1.03214	968.86	356.33	355.73	1.13393	**85**	1.03213	968.87	356.34	355.72	1.13392
1.03566	965.57	377.33	376.73	1.19217	**90**	1.03565	965.58	377.34	376.72	1.19215
1.03934	962.15	398.36	397.76	1.24968	**95**	1.03933	962.16	398.38	397.75	1.24967
1.04317	958.62	419.42	418.82	1.30651	**100**	1.04316	958.63	419.44	418.81	1.30650
1.04715	954.97	440.52	439.91	1.36268	**105**	1.04714	954.98	440.54	439.91	1.36266
1.05130	951.21	461.66	461.05	1.41820	**110**	1.05129	951.22	461.67	461.04	1.41818
1.05560	947.33	482.83	482.22	1.47311	**115**	1.05558	947.34	482.84	482.21	1.47309
1.06006	943.35	504.05	503.43	1.52742	**120**	1.06004	943.36	504.06	503.42	1.52740
1.06468	939.25	525.31	524.69	1.58116	**125**	1.06467	939.26	525.32	524.68	1.58114
1.06947	935.04	546.62	546.00	1.63434	**130**	1.06946	935.05	546.63	545.99	1.63432
1.07443	930.73	567.97	567.35	1.68699	**135**	1.07441	930.74	567.99	567.34	1.68697
1.07956	926.30	589.39	588.76	1.73913	**140**	1.07955	926.31	589.40	588.75	1.73911
1.08487	921.77	610.85	610.22	1.79078	**145**	1.08486	921.78	610.87	610.22	1.79076
1.09037	917.12	632.38	631.75	1.84196	**150**	1.09036	917.13	632.39	631.74	1.84194
1.09606	912.36	653.97	653.34	1.89268	**155**	1.09605	912.37	653.98	653.33	1.89266
328.21	3.0468	2761.0	2570.6	6.7848	**160**	316.67	3.1579	2759.4	2569.4	6.7663
332.90	3.0039	2772.6	2579.5	6.8115	**165**	321.22	3.1131	2771.1	2578.3	6.7931
337.53	2.9627	2784.1	2588.3	6.8376	**170**	325.73	3.0700	2782.6	2587.2	6.8194
342.12	2.9230	2795.4	2597.0	6.8630	**175**	330.19	3.0285	2794.1	2595.9	6.8450
346.67	2.8846	2806.7	2605.6	6.8880	**180**	334.61	2.9885	2805.4	2604.6	6.8701
351.18	2.8475	2817.8	2614.1	6.9124	**185**	339.00	2.9499	2816.6	2613.2	6.8947
355.66	2.8116	2828.9	2622.6	6.9364	**190**	343.35	2.9125	2827.7	2621.7	6.9188
360.12	2.7769	2839.8	2631.0	6.9600	**195**	347.67	2.8763	2838.7	2630.1	6.9425
364.54	2.7432	2850.7	2639.3	6.9832	**200**	351.97	2.8412	2849.7	2638.5	6.9658
368.94	2.7105	2861.6	2647.6	7.0060	**205**	356.24	2.8071	2860.6	2646.8	6.9887
373.32	2.6787	2872.4	2655.9	7.0284	**210**	360.48	2.7741	2871.4	2655.1	7.0112
377.67	2.6478	2883.1	2664.1	7.0505	**215**	364.71	2.7419	2882.2	2663.4	7.0334
382.01	2.6178	2893.8	2672.2	7.0723	**220**	368.91	2.7107	2892.9	2671.6	7.0553
386.32	2.5885	2904.5	2680.4	7.0938	**225**	373.10	2.6803	2903.6	2679.7	7.0769
390.62	2.5600	2915.1	2688.5	7.1150	**230**	377.27	2.6507	2914.3	2687.9	7.0981
394.91	2.5322	2925.7	2696.6	7.1360	**235**	381.42	2.6218	2924.9	2696.0	7.1191
399.18	2.5051	2936.2	2704.7	7.1567	**240**	385.56	2.5937	2935.5	2704.1	7.1399
403.43	2.4787	2946.8	2712.8	7.1771	**245**	389.68	2.5662	2946.0	2712.2	7.1604
407.68	2.4529	2957.3	2720.8	7.1973	**250**	393.79	2.5394	2956.6	2720.3	7.1806
411.91	2.4277	2967.8	2728.9	7.2172	**255**	397.89	2.5132	2967.1	2728.3	7.2006
416.13	2.4031	2978.2	2736.9	7.2370	**260**	401.98	2.4877	2977.6	2736.4	7.2204
420.34	2.3790	2988.7	2744.9	7.2565	**265**	406.06	2.4627	2988.1	2744.4	7.2400
424.54	2.3555	2999.2	2752.9	7.2758	**270**	410.13	2.4383	2998.5	2752.5	7.2593
428.73	2.3325	3009.6	2760.9	7.2950	**275**	414.18	2.4144	3009.0	2760.5	7.2785
432.91	2.3099	3020.0	2768.9	7.3139	**280**	418.23	2.3910	3019.4	2768.5	7.2975
437.09	2.2879	3030.4	2776.9	7.3327	**285**	422.28	2.3681	3029.9	2776.5	7.3163
441.25	2.2663	3040.9	2784.9	7.3512	**290**	426.31	2.3457	3040.3	2784.5	7.3349
445.41	2.2451	3051.3	2792.9	7.3696	**295**	430.34	2.3238	3050.7	2792.5	7.3533

Tafel 3. Druckwasser und überhitzter Dampf (Fortsetzung)

5.8 bar						6.0 bar				
$10^3 v$	ϱ	h	u	s	t	$10^3 v$	ϱ	h	u	s
m^3/kg	kg/m^3	kJ/kg		kJ/kgK	°C	m^3/kg	kg/m^3	kJ/kg		kJ/kg K
449.56	2.2244	3061.7	2800.9	7.3879	**300**	434.36	2.3023	3061.2	2800.5	7.3716
453.71	2.2041	3072.1	2808.9	7.4060	**305**	438.37	2.2812	3071.6	2808.6	7.3897
457.85	2.1841	3082.5	2816.9	7.4239	**310**	442.38	2.2605	3082.0	2816.6	7.4076
461.98	2.1646	3092.9	2824.9	7.4417	**315**	446.38	2.2403	3092.4	2824.6	7.4254
466.11	2.1454	3103.3	2833.0	7.4593	**320**	450.37	2.2204	3102.8	2832.6	7.4430
470.23	2.1266	3113.7	2841.0	7.4767	**325**	454.36	2.2009	3113.3	2840.6	7.4605
474.35	2.1082	3124.1	2849.0	7.4941	**330**	458.35	2.1818	3123.7	2848.7	7.4779
478.46	2.0900	3134.5	2857.0	7.5113	**335**	462.33	2.1630	3134.1	2856.7	7.4951
482.57	2.0722	3144.9	2865.1	7.5283	**340**	466.30	2.1445	3144.5	2864.7	7.5122
486.67	2.0548	3155.4	2873.1	7.5453	**345**	470.27	2.1264	3155.0	2872.8	7.5291
490.77	2.0376	3165.8	2881.1	7.5621	**350**	474.24	2.1086	3165.4	2880.9	7.5459
494.87	2.0207	3176.2	2889.2	7.5787	**355**	478.20	2.0912	3175.8	2888.9	7.5626
498.96	2.0042	3186.7	2897.3	7.5953	**360**	482.16	2.0740	3186.3	2897.0	7.5792
503.05	1.9879	3197.1	2905.3	7.6117	**365**	486.12	2.0571	3196.7	2905.1	7.5956
507.13	1.9719	3207.6	2913.4	7.6280	**370**	490.07	2.0405	3207.2	2913.2	7.6120
511.2	1.9561	3218.0	2921.5	7.6442	**375**	494.02	2.0242	3217.7	2921.3	7.6282
515.3	1.9406	3228.5	2929.6	7.6603	**380**	497.97	2.0082	3228.2	2929.4	7.6443
519.4	1.9254	3239.0	2937.7	7.6763	**385**	501.91	1.9924	3238.6	2937.5	7.6603
523.4	1.9104	3249.5	2945.9	7.6922	**390**	505.85	1.9769	3249.1	2945.6	7.6762
527.5	1.8957	3260.0	2954.0	7.7080	**395**	509.79	1.9616	3259.6	2953.8	7.6919
531.6	1.8812	3270.5	2962.2	7.7236	**400**	513.72	1.9466	3270.2	2961.9	7.7076
539.7	1.8529	3291.5	2978.5	7.7547	**410**	521.6	1.9172	3291.2	2978.3	7.7387
547.8	1.8254	3312.6	2994.9	7.7853	**420**	529.4	1.8888	3312.3	2994.6	7.7693
555.9	1.7988	3333.7	3011.3	7.8156	**430**	537.3	1.8612	3333.5	3011.1	7.7996
564.0	1.7729	3354.9	3027.8	7.8455	**440**	545.1	1.8345	3354.6	3027.6	7.8295
572.1	1.7479	3376.1	3044.3	7.8750	**450**	552.9	1.8085	3375.9	3044.1	7.8591
580.2	1.7235	3397.4	3060.9	7.9043	**460**	560.8	1.7833	3397.2	3060.7	7.8884
588.3	1.6998	3418.7	3077.5	7.9332	**470**	568.6	1.7588	3418.5	3077.4	7.9173
596.4	1.6768	3440.1	3094.2	7.9617	**480**	576.4	1.7349	3439.9	3094.1	7.9459
604.4	1.6544	3461.6	3111.0	7.9900	**490**	584.2	1.7118	3461.4	3110.8	7.9742
612.5	1.6327	3483.1	3127.8	8.0180	**500**	592.0	1.6892	3482.9	3127.7	8.0022
628.6	1.5908	3526.2	3161.6	8.0731	**520**	607.6	1.6459	3526.0	3161.5	8.0573
644.7	1.5511	3569.6	3195.7	8.1272	**540**	623.1	1.6048	3569.5	3195.6	8.1113
660.8	1.5133	3613.3	3230.0	8.1802	**560**	638.7	1.5657	3613.1	3229.9	8.1644
676.9	1.4774	3657.2	3264.6	8.2323	**580**	654.2	1.5285	3657.0	3264.5	8.2165
692.9	1.4432	3701.3	3299.4	8.2834	**600**	669.7	1.4931	3701.2	3299.3	8.2676
709.0	1.4105	3745.7	3334.5	8.3337	**620**	685.3	1.4593	3745.6	3334.4	8.3179
725.0	1.3793	3790.4	3369.9	8.3832	**640**	700.8	1.4270	3790.3	3369.8	8.3674
741.0	1.3495	3835.3	3405.6	8.4318	**660**	716.3	1.3961	3835.2	3405.5	8.4161
757.0	1.3209	3880.5	3441.5	8.4798	**680**	731.8	1.3666	3880.4	3441.4	8.4640
773.0	1.2936	3926.0	3477.7	8.5270	**700**	747.2	1.3383	3925.9	3477.6	8.5112
789.0	1.2673	3971.8	3514.1	8.5735	**720**	762.7	1.3111	3971.7	3514.0	8.5578
805.0	1.2422	4017.8	3550.9	8.6194	**740**	778.2	1.2851	4017.7	3550.8	8.6037
821.0	1.2180	4064.1	3587.9	8.6646	**760**	793.6	1.2600	4064.0	3587.8	8.6489
837.0	1.1947	4110.6	3625.2	8.7093	**780**	809.1	1.2359	4110.5	3625.1	8.6935
853.0	1.1723	4157.5	3662.7	8.7533	**800**	824.6	1.2128	4157.4	3662.7	8.7376
893.0	1.1199	4275.8	3757.8	8.8610	**850**	863.2	1.1585	4275.7	3757.8	8.8453
932.9	1.0719	4395.7	3854.6	8.9655	**900**	901.8	1.1089	4395.6	3854.6	8.9498
972.8	1.0280	4517.3	3953.1	9.0671	**950**	940.4	1.0634	4517.3	3953.1	9.0514
1012.7	0.9875	4640.6	4053.2	9.1658	**1000**	978.9	1.0215	4640.5	4053.2	9.1501
1092.4	0.9154	4891.8	4258.2	9.3557	**1100**	1056.0	0.9469	4891.8	4258.2	9.3401
1172.2	0.8531	5149.1	4469.2	9.5365	**1200**	1133.1	0.8825	5149.0	4469.2	9.5209
1251.9	0.7988	5411.9	4685.8	9.7092	**1300**	1210.1	0.8264	5411.9	4685.8	9.6935
1331.5	0.7510	5680.0	4907.7	9.8743	**1400**	1287.2	0.7769	5679.9	4907.6	9.8587
1411.2	0.7086	5952.8	5134.3	10.0327	**1500**	1364.2	0.7331	5952.8	5134.3	10.0170
1490.8	0.6708	6230.0	5365.3	10.1848	**1600**	1441.2	0.6939	6230.0	5365.3	10.1691
1570.5	0.6367	6511.3	5600.4	10.3311	**1700**	1518.1	0.6587	6511.3	5600.4	10.3154
1650.1	0.6060	6796.3	5839.3	10.4720	**1800**	1595.1	0.6269	6796.3	5839.3	10.4563
1729.7	0.5781	7084.8	6081.6	10.6079	**1900**	1672.1	0.5981	7084.8	6081.6	10.5922
1809.3	0.5527	7376.5	6327.1	10.7391	**2000**	1749.1	0.5717	7376.5	6327.1	10.7234

Tafel 3. Druckwasser und überhitzter Dampf (Fortsetzung)

6.5 bar (t_s = 162.017 °C)						7.0 bar (t_s = 164.983 °C)				
$10^3 v$	ϱ	h	u	s	t	$10^3 v$	ϱ	h	u	s
m^3/kg	kg/m^3	kJ/kg		kJ/kgK	°C	m^3/kg	kg/m^3	kJ/kg		kJ/kg K
1.10434	905.52	684.42	683.71	1.96306	t_l	1.10794	902.58	697.35	696.58	1.99254
292.63	3.4173	2760.2	2569.9	6.7330	t_g	272.81	3.6655	2763.3	2572.4	6.7079
0.99989	1000.11	0.62	−0.03	−0.00010	0	0.99987	1000.13	0.67	−0.03	−0.00010
0.99974	1000.26	21.67	21.02	0.07625	5	0.99971	1000.29	21.72	21.02	0.07625
1.00000	1000.00	42.62	41.97	0.15091	10	0.99997	1000.03	42.67	41.97	0.15091
1.00061	999.39	63.54	62.89	0.22414	15	1.00058	999.42	63.58	62.88	0.22413
1.00152	998.48	84.44	83.79	0.29607	20	1.00150	998.51	84.49	83.79	0.29606
1.00270	997.31	105.35	104.70	0.36679	25	1.00268	997.33	105.40	104.70	0.36677
1.00412	995.90	126.26	125.61	0.43633	30	1.00410	995.92	126.30	125.60	0.43632
1.00576	994.27	147.17	146.51	0.50474	35	1.00574	994.30	147.21	146.51	0.50472
1.00761	992.45	168.07	167.42	0.57203	40	1.00758	992.47	168.12	167.41	0.57202
1.00965	990.45	188.98	188.32	0.63826	45	1.00962	990.47	189.02	188.31	0.63824
1.01187	988.27	209.88	209.22	0.70344	50	1.01185	988.29	209.92	209.21	0.70342
1.01427	985.93	230.78	230.12	0.76763	55	1.01425	985.95	230.82	230.11	0.76761
1.01684	983.44	251.68	251.02	0.83085	60	1.01682	983.46	251.73	251.01	0.83083
1.01957	980.80	272.59	271.93	0.89316	65	1.01955	980.82	272.64	271.92	0.89313
1.02247	978.02	293.52	292.85	0.95457	70	1.02245	978.05	293.56	292.84	0.95454
1.02553	975.11	314.45	313.78	1.01514	75	1.02550	975.13	314.49	313.77	1.01511
1.02874	972.06	335.41	334.74	1.07490	80	1.02871	972.09	335.45	334.73	1.07487
1.03211	968.89	356.38	355.71	1.13388	85	1.03208	968.92	356.42	355.70	1.13385
1.03563	965.60	377.38	376.71	1.19212	90	1.03560	965.62	377.42	376.70	1.19208
1.03930	962.18	398.41	397.74	1.24963	95	1.03928	962.21	398.45	397.72	1.24959
1.04313	958.65	419.48	418.80	1.30646	100	1.04311	958.67	419.51	418.78	1.30642
1.04712	955.00	440.57	439.89	1.36262	105	1.04709	955.03	440.61	439.88	1.36258
1.05126	951.24	461.71	461.02	1.41814	110	1.05123	951.26	461.74	461.01	1.41810
1.05556	947.37	482.88	482.19	1.47304	115	1.05553	947.39	482.92	482.18	1.47300
1.06002	943.38	504.10	503.41	1.52735	120	1.05999	943.41	504.13	503.39	1.52731
1.06464	939.29	525.36	524.66	1.58109	125	1.06461	939.31	525.39	524.65	1.58104
1.06943	935.08	546.66	545.97	1.63427	130	1.06940	935.11	546.70	545.95	1.63422
1.07438	930.77	568.02	567.32	1.68692	135	1.07435	930.79	568.05	567.30	1.68687
1.07952	926.34	589.43	588.73	1.73906	140	1.07948	926.37	589.46	588.71	1.73901
1.08483	921.80	610.90	610.19	1.79071	145	1.08480	921.83	610.93	610.17	1.79065
1.09033	917.16	632.42	631.72	1.84188	150	1.09029	917.19	632.45	631.69	1.84182
1.09601	912.40	654.01	653.30	1.89260	155	1.09598	912.43	654.04	653.28	1.89254
1.10190	907.52	675.67	674.95	1.94289	160	1.10187	907.55	675.70	674.93	1.94283
295.17	3.3878	2767.3	2575.4	6.7493	165	272.82	3.6654	2763.4	2572.4	6.7080
299.40	3.3400	2779.0	2584.4	6.7760	170	276.81	3.6126	2775.3	2581.6	6.7352
303.58	3.2941	2790.6	2593.3	6.8021	175	280.75	3.5619	2787.2	2590.6	6.7617
307.71	3.2498	2802.1	2602.1	6.8275	180	284.64	3.5132	2798.8	2599.6	6.7876
311.81	3.2071	2813.5	2610.8	6.8525	185	288.49	3.4663	2810.4	2608.4	6.8129
315.88	3.1658	2824.8	2619.4	6.8769	190	292.31	3.4210	2821.8	2617.2	6.8377
319.91	3.1259	2835.9	2628.0	6.9009	195	296.10	3.3772	2833.1	2625.8	6.8620
323.91	3.0872	2847.0	2636.5	6.9245	200	299.86	3.3349	2844.3	2634.4	6.8858
327.89	3.0498	2858.0	2644.9	6.9476	205	303.59	3.2939	2855.4	2642.9	6.9092
331.85	3.0134	2869.0	2653.3	6.9704	210	307.30	3.2542	2866.5	2651.4	6.9322
335.78	2.9781	2879.8	2661.6	6.9928	215	310.98	3.2156	2877.5	2659.8	6.9548
339.69	2.9438	2890.7	2669.9	7.0149	220	314.64	3.1782	2888.4	2668.1	6.9771
343.59	2.9105	2901.4	2678.1	7.0366	225	318.29	3.1418	2899.3	2676.5	6.9990
347.46	2.8780	2912.2	2686.3	7.0580	230	321.91	3.1064	2910.1	2684.7	7.0206
351.32	2.8464	2922.9	2694.5	7.0792	235	325.52	3.0720	2920.9	2693.0	7.0420
355.17	2.8156	2933.5	2702.7	7.1001	240	329.11	3.0385	2931.6	2701.2	7.0630
359.00	2.7855	2944.2	2710.8	7.1207	245	332.69	3.0058	2942.3	2709.4	7.0837
362.82	2.7562	2954.8	2718.9	7.1411	250	336.26	2.9739	2953.0	2717.6	7.1042
366.62	2.7276	2965.3	2727.0	7.1612	255	339.81	2.9428	2963.6	2725.7	7.1245
370.41	2.6997	2975.9	2735.1	7.1811	260	343.36	2.9124	2974.2	2733.9	7.1445
374.20	2.6724	2986.4	2743.2	7.2007	265	346.89	2.8828	2984.8	2742.0	7.1643
377.97	2.6457	2997.0	2751.3	7.2202	270	350.41	2.8538	2995.4	2750.1	7.1838
381.74	2.6196	3007.5	2759.3	7.2395	275	353.92	2.8255	3005.9	2758.2	7.2032
385.49	2.5941	3018.0	2767.4	7.2585	280	357.42	2.7978	3016.5	2766.3	7.2223
389.24	2.5691	3028.4	2775.4	7.2774	285	360.92	2.7707	3027.0	2774.4	7.2413
392.98	2.5447	3038.9	2783.5	7.2961	290	364.40	2.7442	3037.5	2782.5	7.2600
396.71	2.5207	3049.4	2791.5	7.3146	295	367.88	2.7183	3048.0	2790.5	7.2786

Tafel 3. Druckwasser und überhitzter Dampf (Fortsetzung)

6.5 bar						7.0 bar				
$10^3 v$	ϱ	h	u	s	t	$10^3 v$	ϱ	h	u	s
m^3/kg	kg/m^3	kJ/kg		kJ/kgK	°C	m^3/kg	kg/m^3	kJ/kg		kJ/kg K
400.43	2.4973	3059.9	2799.6	7.3329	**300**	371.35	2.6928	3058.5	2798.6	7.2970
404.15	2.4743	3070.3	2807.6	7.3511	**305**	374.82	2.6680	3069.0	2806.7	7.3152
407.86	2.4518	3080.8	2815.7	7.3691	**310**	378.28	2.6436	3079.5	2814.7	7.3333
411.57	2.4297	3091.2	2823.7	7.3869	**315**	381.73	2.6196	3090.0	2822.8	7.3512
415.27	2.4081	3101.7	2831.7	7.4046	**320**	385.18	2.5962	3100.5	2830.9	7.3689
418.96	2.3868	3112.1	2839.8	7.4222	**325**	388.62	2.5732	3111.0	2838.9	7.3865
422.65	2.3660	3122.6	2847.8	7.4396	**330**	392.06	2.5507	3121.5	2847.0	7.4040
426.34	2.3456	3133.0	2855.9	7.4568	**335**	395.49	2.5285	3131.9	2855.1	7.4213
430.02	2.3255	3143.5	2864.0	7.4740	**340**	398.91	2.5068	3142.4	2863.2	7.4385
433.69	2.3058	3153.9	2872.0	7.4909	**345**	402.34	2.4855	3152.9	2871.3	7.4555
437.36	2.2864	3164.4	2880.1	7.5078	**350**	405.76	2.4645	3163.4	2879.4	7.4724
441.03	2.2674	3174.9	2888.2	7.5245	**355**	409.17	2.4440	3173.9	2887.5	7.4892
444.70	2.2487	3185.3	2896.3	7.5411	**360**	412.58	2.4238	3184.4	2895.6	7.5058
448.36	2.2304	3195.8	2904.4	7.5576	**365**	415.99	2.4039	3194.9	2903.7	7.5223
452.01	2.2123	3206.3	2912.5	7.5740	**370**	419.39	2.3844	3205.4	2911.8	7.5387
455.67	2.1946	3216.8	2920.6	7.5902	**375**	422.79	2.3652	3215.9	2919.9	7.5550
459.32	2.1771	3227.3	2928.7	7.6064	**380**	426.19	2.3464	3226.4	2928.1	7.5712
462.96	2.1600	3237.8	2936.9	7.6224	**385**	429.58	2.3278	3236.9	2936.2	7.5872
466.61	2.1431	3248.3	2945.0	7.6383	**390**	432.97	2.3096	3247.5	2944.4	7.6032
470.25	2.1265	3258.8	2953.2	7.6541	**395**	436.36	2.2917	3258.0	2952.6	7.6190
473.89	2.1102	3269.4	2961.3	7.6698	**400**	439.75	2.2740	3268.6	2960.7	7.6347
481.16	2.0783	3290.4	2977.7	7.7009	**410**	446.51	2.2396	3289.7	2977.1	7.6659
488.42	2.0474	3311.6	2994.1	7.7316	**420**	453.27	2.2062	3310.9	2993.6	7.6966
495.67	2.0175	3332.8	3010.6	7.7619	**430**	460.01	2.1739	3332.1	3010.0	7.7270
502.92	1.9884	3354.0	3027.1	7.7919	**440**	466.75	2.1425	3353.3	3026.6	7.7570
510.15	1.9602	3375.2	3043.6	7.8215	**450**	473.48	2.1120	3374.6	3043.2	7.7866
517.4	1.9328	3396.5	3060.2	7.8508	**460**	480.20	2.0825	3395.9	3059.8	7.8160
524.6	1.9062	3417.9	3076.9	7.8797	**470**	486.92	2.0537	3417.3	3076.5	7.8449
531.8	1.8803	3439.3	3093.6	7.9084	**480**	493.63	2.0258	3438.8	3093.2	7.8736
539.0	1.8552	3460.8	3110.4	7.9367	**490**	500.33	1.9987	3460.2	3110.0	7.9019
546.2	1.8307	3482.3	3127.3	7.9647	**500**	507.03	1.9723	3481.8	3126.9	7.9300
560.6	1.7837	3525.5	3161.1	8.0199	**520**	520.4	1.9215	3525.0	3160.7	7.9852
575.0	1.7391	3569.0	3195.2	8.0740	**540**	533.8	1.8734	3568.5	3194.9	8.0393
589.4	1.6967	3612.7	3229.6	8.1270	**560**	547.1	1.8277	3612.2	3229.2	8.0924
603.7	1.6563	3656.6	3264.2	8.1792	**580**	560.5	1.7842	3656.2	3263.9	8.1446
618.1	1.6179	3700.8	3299.0	8.2303	**600**	573.8	1.7428	3700.4	3298.7	8.1958
632.4	1.5812	3745.2	3334.2	8.2807	**620**	587.1	1.7032	3744.9	3333.9	8.2462
646.7	1.5462	3789.9	3369.5	8.3302	**640**	600.4	1.6655	3789.6	3369.3	8.2957
661.0	1.5127	3834.9	3405.2	8.3789	**660**	613.7	1.6294	3834.6	3405.0	8.3444
675.4	1.4807	3880.1	3441.1	8.4268	**680**	627.0	1.5949	3879.8	3440.9	8.3924
689.7	1.4500	3925.6	3477.3	8.4741	**700**	640.3	1.5618	3925.3	3477.1	8.4396
703.9	1.4206	3971.4	3513.8	8.5206	**720**	653.6	1.5301	3971.1	3513.6	8.4862
718.2	1.3923	4017.4	3550.6	8.5665	**740**	666.8	1.4996	4017.1	3550.4	8.5321
732.5	1.3652	4063.7	3587.6	8.6118	**760**	680.1	1.4704	4063.5	3587.4	8.5774
746.8	1.3391	4110.3	3624.9	8.6564	**780**	693.4	1.4422	4110.1	3624.7	8.6220
761.1	1.3140	4157.2	3662.5	8.7005	**800**	706.6	1.4152	4156.9	3662.3	8.6661
796.7	1.2552	4275.5	3757.6	8.8082	**850**	739.8	1.3518	4275.3	3757.4	8.7739
832.4	1.2014	4395.5	3854.4	8.9128	**900**	772.9	1.2939	4395.3	3854.3	8.8784
868.0	1.1521	4517.1	3952.9	9.0143	**950**	805.9	1.2408	4516.9	3952.8	8.9800
903.6	1.1067	4640.4	4053.1	9.1131	**1000**	839.0	1.1919	4640.2	4052.9	9.0788
974.8	1.0259	4891.7	4258.0	9.3030	**1100**	905.1	1.1048	4891.5	4257.9	9.2688
1045.9	0.9561	5148.9	4469.1	9.4839	**1200**	971.2	1.0296	5148.8	4469.0	9.4496
1117.1	0.8952	5411.8	4685.7	9.6565	**1300**	1037.3	0.9641	5411.7	4685.6	9.6222
1188.2	0.8416	5679.9	4907.6	9.8217	**1400**	1103.3	0.9064	5679.8	4907.5	9.7874
1259.2	0.7941	5952.7	5134.2	9.9801	**1500**	1169.3	0.8552	5952.6	5134.1	9.9458
1330.3	0.7517	6230.0	5365.3	10.1322	**1600**	1235.3	0.8095	6229.9	5365.2	10.0979
1401.4	0.7136	6511.3	5600.4	10.2785	**1700**	1301.3	0.7685	6511.2	5600.3	10.2442
1472.4	0.6791	6796.3	5839.2	10.4194	**1800**	1367.3	0.7314	6796.3	5839.1	10.3851
1543.5	0.6479	7084.8	6081.5	10.5553	**1900**	1433.3	0.6977	7084.8	6081.5	10.5210
1614.5	0.6194	7376.5	6327.0	10.6865	**2000**	1499.3	0.6670	7376.5	6327.0	10.6523

Tafel 3. Druckwasser und überhitzter Dampf (Fortsetzung)

7.5 bar (t_s = 167.786 °C)						8.0 bar (t_s = 170.444 °C)				
$10^3 v$	ϱ	h	u	s	t	$10^3 v$	ϱ	h	u	s
m^3/kg	kg/m^3	kJ/kg		kJ/kgK	°C	m^3/kg	kg/m^3	kJ/kg		kJ/kg K
1.11141	899.76	709.59	708.76	2.02026	t_l	1.11476	897.05	721.23	720.33	2.04644
255.55	3.9132	2766.2	2574.6	6.6845	t_g	240.37	4.1603	2768.9	2576.6	6.6625
0.99984	1000.16	0.72	−0.03	−0.00010	0	0.99982	1000.18	0.77	−0.02	−0.00009
0.99969	1000.31	21.77	21.02	0.07625	5	0.99966	1000.34	21.82	21.02	0.07625
0.99995	1000.05	42.72	41.97	0.15090	10	0.99993	1000.07	42.77	41.97	0.15090
1.00056	999.44	63.63	62.88	0.22412	15	1.00054	999.46	63.68	62.88	0.22411
1.00147	998.53	84.54	83.79	0.29605	20	1.00145	998.55	84.59	83.78	0.29604
1.00265	997.35	105.44	104.69	0.36676	25	1.00263	997.38	105.49	104.69	0.36675
1.00407	995.94	126.35	125.60	0.43630	30	1.00405	995.97	126.40	125.59	0.43629
1.00571	994.32	147.26	146.50	0.50470	35	1.00569	994.34	147.30	146.50	0.50468
1.00756	992.50	168.16	167.41	0.57200	40	1.00754	992.52	168.21	167.40	0.57198
1.00960	990.49	189.06	188.31	0.63822	45	1.00958	990.51	189.11	188.30	0.63820
1.01182	988.31	209.96	209.20	0.70340	50	1.01180	988.34	210.01	209.20	0.70338
1.01422	985.98	230.86	230.10	0.76758	55	1.01420	986.00	230.91	230.09	0.76756
1.01679	983.48	251.77	251.00	0.83080	60	1.01677	983.51	251.81	251.00	0.83077
1.01953	980.85	272.68	271.91	0.89310	65	1.01951	980.87	272.72	271.90	0.89307
1.02242	978.07	293.60	292.83	0.95451	70	1.02240	978.09	293.64	292.82	0.95448
1.02548	975.15	314.53	313.76	1.01508	75	1.02546	975.18	314.57	313.75	1.01505
1.02869	972.11	335.49	334.71	1.07484	80	1.02867	972.13	335.52	334.70	1.07480
1.03206	968.94	356.46	355.69	1.13381	85	1.03203	968.96	356.50	355.67	1.13378
1.03558	965.64	377.46	376.68	1.19204	90	1.03555	965.67	377.50	376.67	1.19201
1.03925	962.23	398.49	397.71	1.24956	95	1.03923	962.25	398.53	397.70	1.24952
1.04308	958.70	419.55	418.77	1.30638	100	1.04306	958.72	419.59	418.75	1.30634
1.04707	955.05	440.65	439.86	1.36254	105	1.04704	955.07	440.68	439.85	1.36250
1.05121	951.29	461.78	460.99	1.41806	110	1.05118	951.31	461.82	460.97	1.41801
1.05550	947.42	482.95	482.16	1.47296	115	1.05548	947.44	482.99	482.14	1.47291
1.05996	943.43	504.17	503.37	1.52726	120	1.05993	943.46	504.20	503.35	1.52722
1.06458	939.34	525.43	524.63	1.58100	125	1.06455	939.36	525.46	524.61	1.58095
1.06937	935.13	546.73	545.93	1.63418	130	1.06934	935.16	546.77	545.91	1.63413
1.07432	930.82	568.09	567.28	1.68682	135	1.07429	930.85	568.12	567.26	1.68677
1.07945	926.39	589.50	588.69	1.73896	140	1.07942	926.42	589.53	588.67	1.73890
1.08476	921.86	610.96	610.15	1.79060	145	1.08473	921.89	610.99	610.13	1.79055
1.09026	917.21	632.49	631.67	1.84177	150	1.09022	917.24	632.52	631.64	1.84171
1.09594	912.45	654.07	653.25	1.89249	155	1.09591	912.48	654.10	653.23	1.89243
1.10183	907.58	675.73	674.90	1.94277	160	1.10179	907.61	675.76	674.88	1.94271
1.10792	902.59	697.46	696.62	1.99264	165	1.10788	902.62	697.48	696.60	1.99258
257.21	3.8878	2771.6	2578.7	6.6967	170	1.11419	897.51	719.29	718.40	2.04206
260.94	3.8322	2783.6	2587.9	6.7237	175	243.60	4.1050	2780.0	2585.2	6.6875
264.63	3.7789	2795.5	2597.0	6.7500	180	247.11	4.0468	2792.1	2594.4	6.7142
268.27	3.7275	2807.2	2606.0	6.7757	185	250.57	3.9909	2804.0	2603.5	6.7403
271.88	3.6781	2818.8	2614.8	6.8008	190	254.00	3.9371	2815.7	2612.5	6.7658
275.46	3.6303	2830.2	2623.6	6.8254	195	257.39	3.8852	2827.3	2621.4	6.7907
279.00	3.5842	2841.6	2632.3	6.8495	200	260.74	3.8352	2838.8	2630.2	6.8151
282.52	3.5396	2852.8	2640.9	6.8731	205	264.08	3.7868	2850.2	2638.9	6.8391
286.01	3.4964	2864.0	2649.5	6.8964	210	267.38	3.7400	2861.5	2647.6	6.8625
289.48	3.4545	2875.1	2658.0	6.9192	215	270.66	3.6947	2872.7	2656.1	6.8856
292.93	3.4138	2886.1	2666.4	6.9417	220	273.92	3.6507	2883.8	2664.6	6.9083
296.35	3.3743	2897.1	2674.8	6.9638	225	277.16	3.6080	2894.8	2673.1	6.9306
299.76	3.3360	2908.0	2683.1	6.9856	230	280.38	3.5666	2905.8	2681.5	6.9525
303.16	3.2986	2918.8	2691.5	7.0071	235	283.58	3.5263	2916.8	2689.9	6.9742
306.53	3.2623	2929.6	2699.7	7.0282	240	286.77	3.4871	2927.7	2698.3	6.9955
309.89	3.2269	2940.4	2708.0	7.0491	245	289.94	3.4490	2938.5	2706.6	7.0165
313.24	3.1924	2951.1	2716.2	7.0697	250	293.10	3.4118	2949.3	2714.8	7.0373
316.58	3.1588	2961.8	2724.4	7.0901	255	296.24	3.3756	2960.1	2723.1	7.0578
319.90	3.1259	2972.5	2732.6	7.1102	260	299.38	3.3403	2970.8	2731.3	7.0780
323.22	3.0939	2983.2	2740.8	7.1301	265	302.50	3.3058	2981.5	2739.5	7.0980
326.52	3.0626	2993.8	2748.9	7.1498	270	305.61	3.2721	2992.2	2747.7	7.1178
329.81	3.0320	3004.4	2757.1	7.1692	275	308.71	3.2392	3002.9	2755.9	7.1373
333.10	3.0021	3015.0	2765.2	7.1884	280	311.81	3.2071	3013.5	2764.1	7.1566
336.37	2.9729	3025.6	2773.3	7.2075	285	314.89	3.1757	3024.1	2772.2	7.1757
339.64	2.9443	3036.1	2781.4	7.2263	290	317.97	3.1450	3034.7	2780.4	7.1947
342.90	2.9163	3046.7	2789.5	7.2450	295	321.04	3.1149	3045.3	2788.5	7.2134

Tafel 3. Druckwasser und überhitzter Dampf (Fortsetzung)

7.5 bar						8.0 bar				
$10^3 v$	ϱ	h	u	s	t	$10^3 v$	ϱ	h	u	s
m³/kg	kg/m³	kJ/kg		kJ/kg K	°C	m³/kg	kg/m³	kJ/kg		kJ/kg K
346.15	2.8889	3057.2	2797.6	7.2634	**300**	324.10	3.0855	3055.9	2796.6	7.2319
349.40	2.8621	3067.8	2805.7	7.2817	**305**	327.15	3.0567	3066.5	2804.8	7.2503
352.64	2.8358	3078.3	2813.8	7.2999	**310**	330.20	3.0285	3077.0	2812.9	7.2685
355.87	2.8100	3088.8	2821.9	7.3178	**315**	333.24	3.0008	3087.6	2821.0	7.2865
359.10	2.7848	3099.3	2830.0	7.3356	**320**	336.28	2.9737	3098.1	2829.1	7.3044
362.32	2.7600	3109.8	2838.1	7.3533	**325**	339.31	2.9472	3108.7	2837.2	7.3221
365.54	2.7357	3120.3	2846.2	7.3708	**330**	342.33	2.9211	3119.2	2845.4	7.3396
368.75	2.7119	3130.9	2854.3	7.3881	**335**	345.35	2.8956	3129.8	2853.5	7.3570
371.96	2.6885	3141.4	2862.4	7.4053	**340**	348.37	2.8705	3140.3	2861.6	7.3743
375.16	2.6655	3151.9	2870.5	7.4224	**345**	351.38	2.8459	3150.9	2869.7	7.3914
378.36	2.6430	3162.4	2878.6	7.4394	**350**	354.39	2.8218	3161.4	2877.9	7.4084
381.56	2.6209	3172.9	2886.7	7.4562	**355**	357.39	2.7981	3171.9	2886.0	7.4252
384.75	2.5991	3183.4	2894.9	7.4728	**360**	360.39	2.7748	3182.5	2894.2	7.4419
387.93	2.5778	3194.0	2903.0	7.4894	**365**	363.39	2.7519	3193.0	2902.3	7.4585
391.12	2.5568	3204.5	2911.1	7.5058	**370**	366.38	2.7294	3203.6	2910.5	7.4750
394.30	2.5361	3215.0	2919.3	7.5221	**375**	369.37	2.7073	3214.1	2918.6	7.4913
397.48	2.5159	3225.5	2927.4	7.5383	**380**	372.35	2.6856	3224.7	2926.8	7.5076
400.65	2.4959	3236.1	2935.6	7.5544	**385**	375.33	2.6643	3235.2	2935.0	7.5237
403.82	2.4763	3246.6	2943.8	7.5704	**390**	378.31	2.6433	3245.8	2943.2	7.5397
406.99	2.4571	3257.2	2952.0	7.5863	**395**	381.29	2.6227	3256.4	2951.4	7.5556
410.16	2.4381	3267.8	2960.2	7.6020	**400**	384.26	2.6024	3267.0	2959.6	7.5713
416.48	2.4011	3288.9	2976.6	7.6332	**410**	390.20	2.5628	3288.2	2976.0	7.6026
422.80	2.3652	3310.1	2993.0	7.6640	**420**	396.13	2.5244	3309.4	2992.5	7.6334
429.10	2.3304	3331.4	3009.5	7.6944	**430**	402.06	2.4872	3330.7	3009.0	7.6639
435.40	2.2967	3352.6	3026.1	7.7245	**440**	407.97	2.4512	3352.0	3025.6	7.6940
441.69	2.2640	3373.9	3042.7	7.7541	**450**	413.88	2.4162	3373.3	3042.2	7.7237
447.97	2.2323	3395.3	3059.3	7.7835	**460**	419.77	2.3822	3394.7	3058.9	7.7531
454.25	2.2014	3416.7	3076.0	7.8125	**470**	425.67	2.3493	3416.1	3075.6	7.7821
460.52	2.1715	3438.2	3092.8	7.8412	**480**	431.55	2.3172	3437.6	3092.4	7.8108
466.79	2.1423	3459.7	3109.6	7.8695	**490**	437.43	2.2861	3459.1	3109.2	7.8392
473.05	2.1140	3481.2	3126.5	7.8976	**500**	443.31	2.2558	3480.7	3126.1	7.8673
485.55	2.0595	3524.5	3160.4	7.9529	**520**	455.05	2.1976	3524.0	3160.0	7.9226
498.04	2.0079	3568.0	3194.5	8.0071	**540**	466.77	2.1424	3567.6	3194.2	7.9768
510.51	1.9588	3611.8	3228.9	8.0602	**560**	478.47	2.0900	3611.3	3228.6	8.0300
522.99	1.9121	3655.8	3263.5	8.1124	**580**	490.16	2.0401	3655.4	3263.2	8.0822
535.42	1.8677	3700.0	3298.4	8.1636	**600**	501.84	1.9927	3699.6	3298.1	8.1335
547.9	1.8253	3744.5	3333.6	8.2140	**620**	513.5	1.9474	3744.1	3333.3	8.1839
560.3	1.7848	3789.2	3369.0	8.2635	**640**	525.2	1.9042	3788.9	3368.8	8.2335
572.7	1.7461	3834.2	3404.7	8.3123	**660**	536.8	1.8628	3833.9	3404.5	8.2822
585.1	1.7091	3879.5	3440.7	8.3603	**680**	548.5	1.8233	3879.2	3440.4	8.3302
597.5	1.6736	3925.0	3476.9	8.4076	**700**	560.1	1.7854	3924.7	3476.7	8.3775
609.9	1.6396	3970.8	3513.4	8.4541	**720**	571.7	1.7491	3970.5	3513.2	8.4241
622.3	1.6069	4016.9	3550.1	8.5001	**740**	583.3	1.7142	4016.6	3549.9	8.4701
634.7	1.5756	4063.2	3587.2	8.5453	**760**	595.0	1.6808	4063.0	3587.0	8.5154
647.1	1.5454	4109.8	3624.5	8.5900	**780**	606.6	1.6486	4109.6	3624.3	8.5600
659.5	1.5164	4156.7	3662.1	8.6341	**800**	618.2	1.6176	4156.5	3661.9	8.6041
690.4	1.4485	4275.1	3757.3	8.7419	**850**	647.2	1.5451	4274.9	3757.1	8.7120
721.3	1.3864	4395.1	3854.1	8.8465	**900**	676.2	1.4789	4394.9	3854.0	8.8165
752.2	1.3295	4516.8	3952.6	8.9480	**950**	705.1	1.4182	4516.6	3952.5	8.9181
783.1	1.2770	4640.1	4052.8	9.0468	**1000**	734.1	1.3622	4639.9	4052.7	9.0169
844.8	1.1837	4891.4	4257.8	9.2368	**1100**	792.0	1.2627	4891.3	4257.7	9.2070
906.5	1.1032	5148.7	4468.9	9.4177	**1200**	849.8	1.1767	5148.6	4468.8	9.3878
968.1	1.0329	5411.6	4685.5	9.5903	**1300**	907.6	1.1018	5411.5	4685.4	9.5605
1029.8	0.9711	5679.7	4907.4	9.7555	**1400**	965.4	1.0358	5679.6	4907.3	9.7257
1091.4	0.9163	5952.6	5134.1	9.9139	**1500**	1023.2	0.9773	5952.5	5134.0	9.8841
1153.0	0.8673	6229.9	5365.1	10.0660	**1600**	1080.9	0.9251	6229.8	5365.1	10.0362
1214.6	0.8233	6511.2	5600.2	10.2124	**1700**	1138.7	0.8782	6511.1	5600.2	10.1825
1276.2	0.7836	6796.2	5839.1	10.3533	**1800**	1196.4	0.8358	6796.2	5839.0	10.3235
1337.8	0.7475	7084.7	6081.4	10.4892	**1900**	1254.2	0.7973	7084.7	6081.4	10.4594
1399.3	0.7146	7376.4	6326.9	10.6204	**2000**	1311.9	0.7622	7376.4	6326.9	10.5906

Tafel 3. Druckwasser und überhitzter Dampf (Fortsetzung)

8.5 bar (t_s = 172.974 °C)						9.0 bar (t_s = 175.388 °C)				
$10^3 v$	ϱ	h	u	s	t	$10^3 v$	ϱ	h	u	s
m^3/kg	kg/m^3	kJ/kg		kJ/kgK	°C	m^3/kg	kg/m^3	kJ/kg		kJ/kg K
1.11801	894.45	732.32	731.37	2.07125	t_l	1.12116	891.94	742.93	741.92	2.09484
226.92	4.4069	2771.4	2578.5	6.6418	t_g	214.91	4.6531	2773.6	2580.2	6.6222
0.99979	1000.21	0.83	−0.02	−0.00009	0	0.99976	1000.24	0.88	−0.02	−0.00008
0.99964	1000.36	21.87	21.02	0.07625	5	0.99961	1000.39	21.92	21.02	0.07625
0.99990	1000.10	42.82	41.97	0.15089	10	0.99988	1000.12	42.86	41.96	0.15089
1.00051	999.49	63.73	62.88	0.22411	15	1.00049	999.51	63.78	62.88	0.22410
1.00143	998.57	84.63	83.78	0.29603	20	1.00140	998.60	84.68	83.78	0.29602
1.00261	997.40	105.54	104.68	0.36674	25	1.00258	997.42	105.58	104.68	0.36672
1.00403	995.99	126.44	125.59	0.43627	30	1.00401	996.01	126.49	125.58	0.43625
1.00567	994.36	147.35	146.49	0.50467	35	1.00565	994.38	147.39	146.49	0.50465
1.00752	992.54	168.25	167.39	0.57196	40	1.00749	992.56	168.29	167.39	0.57194
1.00956	990.53	189.15	188.29	0.63817	45	1.00953	990.56	189.19	188.29	0.63815
1.01178	988.36	210.05	209.19	0.70335	50	1.01176	988.38	210.09	209.18	0.70333
1.01418	986.02	230.95	230.09	0.76753	55	1.01416	986.04	230.99	230.08	0.76751
1.01675	983.53	251.85	250.99	0.83075	60	1.01673	983.55	251.89	250.98	0.83072
1.01948	980.89	272.76	271.89	0.89304	65	1.01946	980.91	272.80	271.88	0.89301
1.02238	978.11	293.68	292.81	0.95445	70	1.02236	978.13	293.72	292.80	0.95442
1.02543	975.20	314.61	313.74	1.01502	75	1.02541	975.22	314.65	313.73	1.01499
1.02864	972.15	335.56	334.69	1.07477	80	1.02862	972.18	335.60	334.68	1.07474
1.03201	968.98	356.54	355.66	1.13374	85	1.03199	969.01	356.58	355.65	1.13371
1.03553	965.69	377.54	376.66	1.19197	90	1.03550	965.71	377.58	376.64	1.19194
1.03920	962.28	398.57	397.68	1.24948	95	1.03918	962.30	398.60	397.67	1.24944
1.04303	958.74	419.63	418.74	1.30630	100	1.04301	958.77	419.66	418.73	1.30626
1.04701	955.10	440.72	439.83	1.36246	105	1.04699	955.12	440.76	439.82	1.36242
1.05115	951.34	461.85	460.96	1.41797	110	1.05113	951.36	461.89	460.94	1.41793
1.05545	947.47	483.02	482.13	1.47287	115	1.05542	947.49	483.06	482.11	1.47283
1.05990	943.48	504.24	503.34	1.52717	120	1.05988	943.51	504.27	503.32	1.52713
1.06452	939.39	525.49	524.59	1.58090	125	1.06449	939.41	525.53	524.57	1.58085
1.06931	935.18	546.80	545.89	1.63408	130	1.06928	935.21	546.83	545.87	1.63403
1.07426	930.87	568.15	567.24	1.68672	135	1.07423	930.90	568.19	567.22	1.68667
1.07939	926.45	589.56	588.64	1.73885	140	1.07936	926.48	589.59	588.62	1.73880
1.08470	921.92	611.02	610.10	1.79049	145	1.08467	921.94	611.06	610.08	1.79044
1.09019	917.27	632.55	631.62	1.84166	150	1.09016	917.30	632.58	631.60	1.84160
1.09587	912.51	654.13	653.20	1.89237	155	1.09584	912.54	654.16	653.18	1.89231
1.10176	907.64	675.79	674.85	1.94265	160	1.10172	907.67	675.82	674.82	1.94259
1.10785	902.65	697.51	696.57	1.99252	165	1.10781	902.68	697.54	696.54	1.99246
1.11415	897.54	719.31	718.37	2.04200	170	1.11411	897.58	719.34	718.34	2.04193
228.29	4.3804	2776.4	2582.3	6.6530	175	1.12064	892.35	741.22	740.22	2.09104
231.63	4.3171	2788.6	2591.7	6.6802	180	217.87	4.5899	2785.1	2589.0	6.6477
234.94	4.2564	2800.7	2601.0	6.7067	185	221.03	4.5242	2797.4	2598.4	6.6746
238.20	4.1981	2812.6	2610.1	6.7326	190	224.15	4.4612	2809.5	2607.7	6.7008
241.43	4.1420	2824.4	2619.1	6.7578	195	227.24	4.4006	2821.4	2616.9	6.7264
244.63	4.0879	2836.0	2628.1	6.7825	200	230.29	4.3423	2833.2	2625.9	6.7514
247.79	4.0356	2847.5	2636.9	6.8067	205	233.32	4.2860	2844.8	2634.8	6.7759
250.93	3.9851	2858.9	2645.6	6.8305	210	236.31	4.2317	2856.3	2643.6	6.7999
254.05	3.9362	2870.2	2654.3	6.8537	215	239.28	4.1792	2867.8	2652.4	6.8235
257.14	3.8889	2881.5	2662.9	6.8766	220	242.23	4.1283	2879.1	2661.1	6.8466
260.22	3.8429	2892.6	2671.4	6.8991	225	245.15	4.0791	2890.3	2669.7	6.8693
263.27	3.7984	2903.7	2679.9	6.9213	230	248.06	4.0313	2901.5	2678.3	6.8916
266.31	3.7551	2914.7	2688.4	6.9431	235	250.95	3.9849	2912.6	2686.8	6.9136
269.33	3.7130	2925.7	2696.8	6.9646	240	253.82	3.9398	2923.7	2695.2	6.9352
272.33	3.6720	2936.6	2705.1	6.9857	245	256.68	3.8960	2934.7	2703.7	6.9565
275.32	3.6321	2947.5	2713.5	7.0066	250	259.52	3.8533	2945.6	2712.1	6.9775
278.30	3.5932	2958.3	2721.8	7.0272	255	262.35	3.8117	2956.5	2720.4	6.9983
281.27	3.5553	2969.1	2730.0	7.0476	260	265.16	3.7712	2967.4	2728.7	7.0188
284.22	3.5184	2979.9	2738.3	7.0677	265	267.97	3.7318	2978.2	2737.0	7.0390
287.16	3.4823	2990.6	2746.5	7.0876	270	270.76	3.6933	2989.0	2745.3	7.0589
290.10	3.4471	3001.3	2754.7	7.1072	275	273.55	3.6557	2999.8	2753.6	7.0787
293.02	3.4127	3012.0	2762.9	7.1266	280	276.32	3.6190	3010.5	2761.8	7.0982
295.94	3.3791	3022.7	2771.1	7.1458	285	279.09	3.5831	3021.2	2770.0	7.1174
298.85	3.3462	3033.3	2779.3	7.1648	290	281.85	3.5480	3031.9	2778.3	7.1365
301.75	3.3141	3044.0	2787.5	7.1836	295	284.60	3.5138	3042.6	2786.5	7.1554

Tafel 3. Druckwasser und überhitzter Dampf (Fortsetzung)

8.5 bar						9.0 bar				
$10^3 v$	ϱ	h	u	s	t	$10^3 v$	ϱ	h	u	s
m^3/kg	kg/m^3	kJ/kg		kJ/kgK	°C	m^3/kg	kg/m^3	kJ/kg		kJ/kg K
304.64	3.2826	3054.6	2795.6	7.2022	**300**	287.34	3.4802	3053.3	2794.7	7.1741
307.52	3.2518	3065.2	2803.8	7.2206	**305**	290.07	3.4474	3063.9	2802.8	7.1926
310.40	3.2216	3075.8	2812.0	7.2389	**310**	292.80	3.4153	3074.5	2811.0	7.2109
313.27	3.1921	3086.4	2820.1	7.2570	**315**	295.53	3.3838	3085.2	2819.2	7.2290
316.14	3.1631	3097.0	2828.2	7.2749	**320**	298.24	3.3530	3095.8	2827.4	7.2470
319.00	3.1348	3107.5	2836.4	7.2926	**325**	300.95	3.3228	3106.4	2835.5	7.2648
321.86	3.1069	3118.1	2844.5	7.3102	**330**	303.66	3.2932	3117.0	2843.7	7.2825
324.71	3.0797	3128.7	2852.7	7.3277	**335**	306.36	3.2641	3127.6	2851.9	7.3000
327.56	3.0529	3139.3	2860.8	7.3450	**340**	309.06	3.2357	3138.2	2860.0	7.3173
330.40	3.0266	3149.8	2869.0	7.3622	**345**	311.75	3.2077	3148.8	2868.2	7.3345
333.24	3.0009	3160.4	2877.1	7.3792	**350**	314.43	3.1803	3159.4	2876.4	7.3516
336.07	2.9756	3170.9	2885.3	7.3961	**355**	317.12	3.1534	3170.0	2884.6	7.3685
338.90	2.9507	3181.5	2893.4	7.4128	**360**	319.80	3.1270	3180.6	2892.7	7.3853
341.73	2.9263	3192.1	2901.6	7.4294	**365**	322.47	3.1010	3191.1	2900.9	7.4020
344.55	2.9023	3202.7	2909.8	7.4459	**370**	325.14	3.0756	3201.7	2909.1	7.4185
347.37	2.8788	3213.2	2918.0	7.4623	**375**	327.81	3.0505	3212.3	2917.3	7.4349
350.18	2.8556	3223.8	2926.2	7.4786	**380**	330.48	3.0259	3222.9	2925.5	7.4512
353.00	2.8329	3234.4	2934.3	7.4947	**385**	333.14	3.0017	3233.5	2933.7	7.4674
355.81	2.8105	3245.0	2942.5	7.5108	**390**	335.80	2.9780	3244.1	2941.9	7.4834
358.61	2.7885	3255.6	2950.8	7.5267	**395**	338.46	2.9546	3254.8	2950.1	7.4994
361.42	2.7669	3266.2	2959.0	7.5425	**400**	341.11	2.9316	3265.4	2958.4	7.5152
367.02	2.7247	3287.4	2975.4	7.5738	**410**	346.41	2.8868	3286.6	2974.9	7.5466
372.61	2.6838	3308.7	2991.9	7.6047	**420**	351.70	2.8433	3307.9	2991.4	7.5775
378.19	2.6442	3330.0	3008.5	7.6352	**430**	356.98	2.8013	3329.2	3008.0	7.6080
383.77	2.6057	3351.3	3025.1	7.6653	**440**	362.25	2.7605	3350.6	3024.6	7.6382
389.33	2.5685	3372.6	3041.7	7.6950	**450**	367.52	2.7210	3372.0	3041.2	7.6680
394.89	2.5323	3394.1	3058.4	7.7244	**460**	372.78	2.6826	3393.4	3057.9	7.6974
400.45	2.4972	3415.5	3075.1	7.7535	**470**	378.03	2.6453	3414.9	3074.7	7.7265
405.99	2.4631	3437.0	3091.9	7.7823	**480**	383.27	2.6091	3436.4	3091.5	7.7553
411.54	2.4299	3458.6	3108.8	7.8107	**490**	388.51	2.5739	3458.0	3108.3	7.7838
417.07	2.3977	3480.2	3125.7	7.8388	**500**	393.75	2.5397	3479.6	3125.3	7.8119
428.13	2.3357	3523.5	3159.6	7.8942	**520**	404.20	2.4740	3523.0	3159.2	7.8673
439.17	2.2770	3567.1	3193.8	7.9484	**540**	414.64	2.4117	3566.6	3193.5	7.9216
450.20	2.2213	3610.9	3228.2	8.0016	**560**	425.06	2.3526	3610.5	3227.9	7.9749
461.21	2.1682	3654.9	3262.9	8.0539	**580**	435.47	2.2964	3654.5	3262.6	8.0271
472.21	2.1177	3699.2	3297.9	8.1052	**600**	445.87	2.2428	3698.8	3297.6	8.0785
483.20	2.0695	3743.8	3333.0	8.1556	**620**	456.26	2.1918	3743.4	3332.8	8.1289
494.18	2.0236	3788.5	3368.5	8.2052	**640**	466.63	2.1430	3788.2	3368.2	8.1785
505.15	1.9796	3833.6	3404.2	8.2540	**660**	477.00	2.0964	3833.2	3403.9	8.2273
516.11	1.9376	3878.9	3440.2	8.3020	**680**	487.36	2.0519	3878.6	3439.9	8.2754
527.06	1.8973	3924.4	3476.4	8.3493	**700**	497.71	2.0092	3924.1	3476.2	8.3227
538.0	1.8587	3970.3	3512.9	8.3959	**720**	508.1	1.9683	3970.0	3512.7	8.3693
549.0	1.8216	4016.4	3549.7	8.4419	**740**	518.4	1.9290	4016.1	3549.5	8.4153
559.9	1.7860	4062.7	3586.8	8.4872	**760**	528.7	1.8913	4062.5	3586.6	8.4606
570.8	1.7518	4109.3	3624.1	8.5319	**780**	539.1	1.8550	4109.1	3623.9	8.5053
581.8	1.7189	4156.2	3661.7	8.5760	**800**	549.4	1.8202	4156.0	3661.5	8.5494
609.1	1.6418	4274.6	3756.9	8.6838	**850**	575.2	1.7385	4274.4	3756.8	8.6573
636.4	1.5714	4394.7	3853.8	8.7884	**900**	601.0	1.6640	4394.5	3853.7	8.7619
663.6	1.5069	4516.4	3952.4	8.8900	**950**	626.7	1.5956	4516.3	3952.2	8.8635
690.9	1.4474	4639.8	4052.5	8.9889	**1000**	652.5	1.5326	4639.6	4052.4	8.9624
745.4	1.3416	4891.2	4257.6	9.1789	**1100**	703.9	1.4206	4891.0	4257.5	9.1524
799.8	1.2503	5148.5	4468.7	9.3598	**1200**	755.4	1.3238	5148.4	4468.6	9.3333
854.2	1.1706	5411.5	4685.4	9.5325	**1300**	806.8	1.2395	5411.4	4685.3	9.5060
908.6	1.1006	5679.6	4907.2	9.6977	**1400**	858.2	1.1653	5679.5	4907.2	9.6713
963.0	1.0384	5952.5	5133.9	9.8561	**1500**	909.5	1.0995	5952.4	5133.8	9.8297
1017.4	0.9829	6229.8	5365.0	10.0082	**1600**	960.9	1.0407	6229.7	5364.9	9.9818
1071.7	0.9331	6511.1	5600.1	10.1545	**1700**	1012.2	0.9879	6511.1	5600.1	10.1281
1126.1	0.8880	6796.2	5839.0	10.2954	**1800**	1063.6	0.9402	6796.1	5838.9	10.2690
1180.4	0.8471	7084.7	6081.3	10.4314	**1900**	1114.9	0.8970	7084.7	6081.3	10.4050
1234.8	0.8099	7376.4	6326.8	10.5626	**2000**	1166.2	0.8575	7376.4	6326.8	10.5362

Tafel 3. Druckwasser und überhitzter Dampf (Fortsetzung)

9.5 bar (t_s = 177.699 °C)						10.0 bar (t_s = 179.916 °C)				
$10^3 v$	ϱ	h	u	s	t	$10^3 v$	ϱ	h	u	s
m³/kg	kg/m³	kJ/kg		kJ/kgK	°C	m³/kg	kg/m³	kJ/kg		kJ/kg K
1.12422	889.51	753.10	752.03	2.11734	t_l	1.12720	887.15	762.88	761.75	2.13885
204.13	4.8989	2775.7	2581.8	6.6036	t_g	194.38	5.1445	2777.7	2583.3	6.5859
0.99974	1000.26	0.93	−0.02	−0.00008	0	0.99971	1000.29	0.98	−0.02	−0.00008
0.99959	1000.41	21.97	21.02	0.07625	5	0.99957	1000.43	22.02	21.02	0.07625
0.99985	1000.15	42.91	41.96	0.15088	10	0.99983	1000.17	42.96	41.96	0.15088
1.00047	999.53	63.82	62.87	0.22409	15	1.00044	999.56	63.87	62.87	0.22408
1.00138	998.62	84.73	83.77	0.29601	20	1.00136	998.64	84.77	83.77	0.29600
1.00256	997.44	105.63	104.68	0.36671	25	1.00254	997.47	105.67	104.67	0.36670
1.00398	996.03	126.53	125.58	0.43624	30	1.00396	996.05	126.58	125.57	0.43622
1.00563	994.41	147.44	146.48	0.50463	35	1.00560	994.43	147.48	146.48	0.50461
1.00747	992.58	168.34	167.38	0.57192	40	1.00745	992.60	168.38	167.37	0.57190
1.00951	990.58	189.24	188.28	0.63813	45	1.00949	990.60	189.28	188.27	0.63811
1.01174	988.40	210.14	209.17	0.70331	50	1.01171	988.42	210.18	209.17	0.70328
1.01413	986.06	231.03	230.07	0.76748	55	1.01411	986.08	231.08	230.06	0.76746
1.01670	983.57	251.94	250.97	0.83069	60	1.01668	983.59	251.98	250.96	0.83067
1.01944	980.93	272.84	271.87	0.89299	65	1.01941	980.96	272.88	271.86	0.89296
1.02233	978.16	293.76	292.79	0.95439	70	1.02231	978.18	293.80	292.78	0.95436
1.02539	975.24	314.69	313.72	1.01496	75	1.02536	975.26	314.73	313.71	1.01492
1.02860	972.20	335.64	334.67	1.07470	80	1.02857	972.22	335.68	334.66	1.07467
1.03196	969.03	356.62	355.64	1.13368	85	1.03194	969.05	356.66	355.62	1.13364
1.03548	965.74	377.62	376.63	1.19190	90	1.03546	965.76	377.65	376.62	1.19186
1.03915	962.32	398.64	397.66	1.24941	95	1.03913	962.35	398.68	397.64	1.24937
1.04298	958.79	419.70	418.71	1.30622	100	1.04295	958.81	419.74	418.70	1.30618
1.04696	955.15	440.79	439.80	1.36238	105	1.04694	955.17	440.83	439.78	1.36233
1.05110	951.39	461.92	460.93	1.41789	110	1.05107	951.41	461.96	460.91	1.41784
1.05539	947.51	483.09	482.09	1.47278	115	1.05537	947.54	483.13	482.08	1.47274
1.05985	943.53	504.31	503.30	1.52708	120	1.05982	943.56	504.34	503.28	1.52704
1.06446	939.44	525.56	524.55	1.58081	125	1.06444	939.46	525.60	524.53	1.58076
1.06925	935.24	546.87	545.85	1.63398	130	1.06922	935.26	546.90	545.83	1.63393
1.07420	930.93	568.22	567.20	1.68662	135	1.07417	930.95	568.25	567.18	1.68657
1.07933	926.50	589.63	588.60	1.73875	140	1.07930	926.53	589.66	588.58	1.73870
1.08463	921.97	611.09	610.06	1.79038	145	1.08460	922.00	611.12	610.03	1.79033
1.09012	917.33	632.61	631.57	1.84155	150	1.09009	917.36	632.64	631.55	1.84149
1.09580	912.57	654.19	653.15	1.89225	155	1.09577	912.60	654.22	653.13	1.89220
1.10168	907.70	675.84	674.80	1.94253	160	1.10165	907.73	675.87	674.77	1.94247
1.10777	902.71	697.57	696.52	1.99240	165	1.10773	902.74	697.60	696.49	1.99233
1.11407	897.61	719.37	718.31	2.04187	170	1.11403	897.64	719.40	718.28	2.04181
1.12060	892.38	741.25	740.19	2.09097	175	1.12056	892.41	741.28	740.16	2.09091
205.54	4.8652	2781.6	2586.3	6.6165	180	194.43	5.1432	2777.9	2583.5	6.5864
208.58	4.7943	2794.0	2595.9	6.6438	185	197.36	5.0669	2790.6	2593.2	6.6142
211.58	4.7264	2806.3	2605.3	6.6704	190	200.25	4.9938	2803.0	2602.8	6.6412
214.54	4.6612	2818.4	2614.5	6.6964	195	203.09	4.9239	2815.3	2612.2	6.6675
217.46	4.5985	2830.3	2623.7	6.7217	200	205.90	4.8566	2827.4	2621.5	6.6932
220.35	4.5381	2842.1	2632.7	6.7465	205	208.68	4.7920	2839.3	2630.6	6.7183
223.22	4.4799	2853.7	2641.7	6.7708	210	211.43	4.7296	2851.1	2639.7	6.7428
226.06	4.4236	2865.3	2650.5	6.7945	215	214.16	4.6695	2862.8	2648.6	6.7668
228.88	4.3692	2876.7	2659.3	6.8179	220	216.86	4.6114	2874.3	2657.5	6.7904
231.67	4.3165	2888.1	2668.0	6.8408	225	219.53	4.5551	2885.8	2666.2	6.8135
234.45	4.2654	2899.3	2676.6	6.8633	230	222.19	4.5006	2897.1	2674.9	6.8362
237.20	4.2158	2910.5	2685.2	6.8854	235	224.83	4.4478	2908.4	2683.6	6.8586
239.94	4.1677	2921.7	2693.7	6.9072	240	227.45	4.3966	2919.6	2692.2	6.8805
242.67	4.1209	2932.7	2702.2	6.9287	245	230.05	4.3468	2930.8	2700.7	6.9021
245.38	4.0754	2943.8	2710.7	6.9499	250	232.64	4.2984	2941.9	2709.2	6.9235
248.07	4.0311	2954.7	2719.1	6.9707	255	235.22	4.2513	2952.9	2717.7	6.9444
250.76	3.9880	2965.7	2727.4	6.9913	260	237.79	4.2055	2963.9	2726.1	6.9652
253.43	3.9459	2976.5	2735.8	7.0116	265	240.34	4.1608	2974.9	2734.5	6.9856
256.09	3.9049	2987.4	2744.1	7.0317	270	242.88	4.1173	2985.8	2742.9	7.0058
258.74	3.8649	2998.2	2752.4	7.0515	275	245.41	4.0748	2996.6	2751.2	7.0257
261.38	3.8259	3009.0	2760.7	7.0711	280	247.93	4.0334	3007.5	2759.6	7.0454
264.01	3.7877	3019.8	2769.0	7.0905	285	250.44	3.9930	3018.3	2767.9	7.0648
266.64	3.7504	3030.5	2777.2	7.1097	290	252.94	3.9534	3029.1	2776.1	7.0841
269.25	3.7140	3041.2	2785.4	7.1286	295	255.44	3.9148	3039.8	2784.4	7.1031

Tafel 3. Druckwasser und überhitzter Dampf (Fortsetzung)

9.5 bar						10.0 bar				
$10^3 v$	ϱ	h	u	s	t	$10^3 v$	ϱ	h	u	s
m^3/kg	kg/m^3	kJ/kg		kJ/kgK	°C	m^3/kg	kg/m^3	kJ/kg		kJ/kg K
271.86	3.6784	3051.9	2793.7	7.1474	**300**	257.93	3.8771	3050.6	2792.7	7.1219
274.46	3.6435	3062.6	2801.9	7.1659	**305**	260.41	3.8401	3061.3	2800.9	7.1406
277.05	3.6094	3073.3	2810.1	7.1843	**310**	262.88	3.8040	3072.0	2809.1	7.1590
279.64	3.5760	3083.9	2818.3	7.2025	**315**	265.35	3.7686	3082.7	2817.4	7.1773
282.23	3.5433	3094.6	2826.5	7.2206	**320**	267.81	3.7340	3093.4	2825.6	7.1954
284.80	3.5112	3105.2	2834.7	7.2384	**325**	270.27	3.7001	3104.1	2833.8	7.2133
287.37	3.4798	3115.9	2842.9	7.2561	**330**	272.72	3.6668	3114.7	2842.0	7.2311
289.94	3.4490	3126.5	2851.1	7.2737	**335**	275.16	3.6342	3125.4	2850.2	7.2486
292.50	3.4188	3137.1	2859.2	7.2911	**340**	277.60	3.6023	3136.1	2858.5	7.2661
295.06	3.3892	3147.7	2867.4	7.3083	**345**	280.04	3.5710	3146.7	2866.7	7.2834
297.61	3.3601	3158.4	2875.6	7.3254	**350**	282.47	3.5402	3157.3	2874.9	7.3005
300.16	3.3316	3169.0	2883.8	7.3424	**355**	284.90	3.5101	3168.0	2883.1	7.3175
302.70	3.3036	3179.6	2892.0	7.3592	**360**	287.32	3.4804	3178.6	2891.3	7.3344
305.24	3.2761	3190.2	2900.2	7.3759	**365**	289.74	3.4514	3189.3	2899.5	7.3511
307.78	3.2491	3200.8	2908.4	7.3925	**370**	292.16	3.4228	3199.9	2907.7	7.3678
310.32	3.2225	3211.4	2916.6	7.4089	**375**	294.57	3.3948	3210.5	2916.0	7.3842
312.85	3.1965	3222.1	2924.9	7.4253	**380**	296.98	3.3673	3221.2	2924.2	7.4006
315.37	3.1708	3232.7	2933.1	7.4415	**385**	299.38	3.3402	3231.8	2932.4	7.4168
317.90	3.1457	3243.3	2941.3	7.4575	**390**	301.79	3.3136	3242.5	2940.7	7.4329
320.42	3.1209	3253.9	2949.5	7.4735	**395**	304.19	3.2875	3253.1	2948.9	7.4489
322.94	3.0966	3264.6	2957.8	7.4894	**400**	306.58	3.2617	3263.8	2957.2	7.4648
327.97	3.0491	3285.9	2974.3	7.5208	**410**	311.37	3.2116	3285.1	2973.7	7.4963
332.99	3.0031	3307.2	2990.9	7.5518	**420**	316.15	3.1631	3306.5	2990.3	7.5273
338.00	2.9586	3328.5	3007.4	7.5823	**430**	320.92	3.1161	3327.8	3006.9	7.5579
343.00	2.9154	3349.9	3024.1	7.6125	**440**	325.68	3.0705	3349.3	3023.6	7.5882
348.00	2.8736	3371.3	3040.7	7.6424	**450**	330.43	3.0263	3370.7	3040.3	7.6180
352.99	2.8330	3392.8	3057.5	7.6718	**460**	335.18	2.9835	3392.2	3057.0	7.6475
357.97	2.7935	3414.3	3074.2	7.7010	**470**	339.92	2.9419	3413.7	3073.8	7.6767
362.95	2.7552	3435.9	3091.1	7.7298	**480**	344.65	2.9015	3435.3	3090.6	7.7055
367.92	2.7180	3457.5	3107.9	7.7583	**490**	349.38	2.8622	3456.9	3107.5	7.7340
372.88	2.6818	3479.1	3124.9	7.7864	**500**	354.10	2.8241	3478.6	3124.5	7.7622
382.80	2.6124	3522.5	3158.9	7.8419	**520**	363.53	2.7508	3522.0	3158.5	7.8177
392.69	2.5465	3566.2	3193.1	7.8962	**540**	372.94	2.6814	3565.7	3192.8	7.8721
402.58	2.4840	3610.0	3227.6	7.9495	**560**	382.34	2.6155	3609.6	3227.2	7.9254
412.45	2.4246	3654.1	3262.3	8.0018	**580**	391.72	2.5528	3653.7	3262.0	7.9778
422.30	2.3680	3698.5	3297.3	8.0532	**600**	401.09	2.4932	3698.1	3297.0	8.0292
432.15	2.3140	3743.0	3332.5	8.1036	**620**	410.45	2.4363	3742.7	3332.2	8.0797
441.99	2.2625	3787.8	3368.0	8.1533	**640**	419.81	2.3821	3787.5	3367.7	8.1293
451.82	2.2133	3832.9	3403.7	8.2021	**660**	429.15	2.3302	3832.6	3403.4	8.1782
461.64	2.1662	3878.3	3439.7	8.2502	**680**	438.48	2.2806	3877.9	3439.5	8.2263
471.45	2.1211	3923.8	3476.0	8.2975	**700**	447.81	2.2331	3923.6	3475.7	8.2736
481.26	2.0779	3969.7	3512.5	8.3442	**720**	457.13	2.1876	3969.4	3512.3	8.3203
491.06	2.0364	4015.8	3549.3	8.3901	**740**	466.45	2.1439	4015.6	3549.1	8.3663
500.85	1.9966	4062.2	3586.4	8.4355	**760**	475.76	2.1019	4062.0	3586.2	8.4116
510.65	1.9583	4108.9	3623.7	8.4802	**780**	485.06	2.0616	4108.6	3623.6	8.4563
520.43	1.9215	4155.8	3661.4	8.5243	**800**	494.36	2.0228	4155.5	3661.2	8.5005
544.9	1.8353	4274.2	3756.6	8.6322	**850**	517.6	1.9320	4274.0	3756.4	8.6084
569.3	1.7565	4394.4	3853.5	8.7368	**900**	540.8	1.8491	4394.2	3853.4	8.7130
593.7	1.6843	4516.1	3952.1	8.8385	**950**	564.0	1.7730	4516.0	3951.9	8.8147
618.1	1.6178	4639.5	4052.3	8.9373	**1000**	587.2	1.7030	4639.3	4052.1	8.9136
666.9	1.4995	4890.9	4257.4	9.1274	**1100**	633.5	1.5785	4890.8	4257.3	9.1037
715.6	1.3974	5148.3	4468.5	9.3083	**1200**	679.8	1.4710	5148.2	4468.4	9.2846
764.3	1.3084	5411.3	4685.2	9.4810	**1300**	726.1	1.3772	5411.2	4685.1	9.4573
813.0	1.2300	5679.4	4907.1	9.6463	**1400**	772.4	1.2947	5679.4	4907.0	9.6225
861.7	1.1605	5952.4	5133.8	9.8047	**1500**	818.6	1.2216	5952.3	5133.7	9.7810
910.3	1.0985	6229.7	5364.9	9.9568	**1600**	864.8	1.1563	6229.6	5364.8	9.9331
959.0	1.0428	6511.0	5600.0	10.1031	**1700**	911.0	1.0976	6511.0	5599.9	10.0794
1007.6	0.9925	6796.1	5838.9	10.2441	**1800**	957.2	1.0447	6796.1	5838.8	10.2204
1056.2	0.9468	7084.6	6081.2	10.3800	**1900**	1003.4	0.9966	7084.6	6081.2	10.3563
1104.9	0.9051	7376.4	6326.7	10.5112	**2000**	1049.6	0.9527	7376.3	6326.7	10.4875

Tafel 3. Druckwasser und überhitzter Dampf (Fortsetzung)

11 bar (t_s = 184.100 °C)						12 bar (t_s = 187.996 °C)				
$10^3 v$	ϱ	h	u	s	t	$10^3 v$	ϱ	h	u	s
m^3/kg	kg/m^3	kJ/kg		kJ/kgK	°C	m^3/kg	kg/m^3	kJ/kg		kJ/kg K
1.13296	882.65	781.38	780.14	2.17925	t_l	1.13847	878.38	798.67	797.31	2.21666
177.47	5.635	2781.2	2586.0	6.5529	t_g	163.28	6.125	2784.3	2588.4	6.5226
0.99966	1000.34	1.08	-0.02	-0.00007	0	0.99961	1000.39	1.18	-0.02	-0.00006
0.99952	1000.48	22.12	21.02	0.07625	5	0.99947	1000.53	22.22	21.02	0.07624
0.99978	1000.22	43.06	41.96	0.15087	10	0.99974	1000.26	43.16	41.96	0.15086
1.00040	999.60	63.97	62.87	0.22407	15	1.00035	999.65	64.06	62.86	0.22405
1.00131	998.69	84.87	83.77	0.29598	20	1.00127	998.73	84.96	83.76	0.29596
1.00249	997.51	105.77	104.66	0.36667	25	1.00245	997.56	105.86	104.66	0.36664
1.00392	996.10	126.67	125.56	0.43619	30	1.00387	996.14	126.76	125.56	0.43616
1.00556	994.47	147.57	146.46	0.50458	35	1.00551	994.52	147.66	146.45	0.50454
1.00741	992.65	168.47	167.36	0.57186	40	1.00736	992.69	168.56	167.35	0.57182
1.00945	990.64	189.37	188.26	0.63807	45	1.00940	990.69	189.46	188.24	0.63802
1.01167	988.47	210.27	209.15	0.70324	50	1.01162	988.51	210.35	209.14	0.70319
1.01407	986.13	231.16	230.05	0.76741	55	1.01402	986.17	231.25	230.03	0.76736
1.01664	983.64	252.06	250.94	0.83062	60	1.01659	983.68	252.15	250.93	0.83056
1.01937	981.00	272.97	271.85	0.89290	65	1.01932	981.04	273.05	271.83	0.89285
1.02226	978.22	293.88	292.76	0.95430	70	1.02222	978.27	293.97	292.74	0.95425
1.02532	975.31	314.81	313.69	1.01486	75	1.02527	975.35	314.90	313.67	1.01480
1.02853	972.27	335.76	334.63	1.07461	80	1.02848	972.31	335.84	334.61	1.07454
1.03189	969.10	356.74	355.60	1.13357	85	1.03184	969.14	356.81	355.58	1.13350
1.03541	965.80	377.73	376.59	1.19179	90	1.03536	965.85	377.81	376.57	1.19172
1.03908	962.39	398.76	397.61	1.24929	95	1.03903	962.44	398.83	397.59	1.24922
1.04290	958.86	419.81	418.67	1.30611	100	1.04285	958.91	419.89	418.64	1.30603
1.04688	955.22	440.91	439.75	1.36225	105	1.04683	955.26	440.98	439.72	1.36217
1.05102	951.46	462.03	460.88	1.41776	110	1.05096	951.51	462.11	460.85	1.41768
1.05531	947.59	483.20	482.04	1.47265	115	1.05526	947.64	483.27	482.01	1.47256
1.05976	943.61	504.41	503.25	1.52695	120	1.05971	943.66	504.48	503.21	1.52685
1.06438	939.52	525.67	524.50	1.58067	125	1.06432	939.57	525.74	524.46	1.58057
1.06916	935.31	546.97	545.79	1.63383	130	1.06910	935.37	547.04	545.75	1.63374
1.07411	931.00	568.32	567.14	1.68647	135	1.07405	931.06	568.39	567.10	1.68637
1.07923	926.58	589.72	588.54	1.73859	140	1.07917	926.64	589.79	588.49	1.73849
1.08453	922.05	611.18	609.99	1.79022	145	1.08447	922.11	611.25	609.94	1.79011
1.09002	917.41	632.70	631.50	1.84138	150	1.08995	917.47	632.76	631.46	1.84127
1.09570	912.66	654.28	653.08	1.89208	155	1.09563	912.72	654.34	653.03	1.89197
1.10158	907.79	675.93	674.72	1.94235	160	1.10150	907.85	675.99	674.67	1.94223
1.10766	902.81	697.65	696.43	1.99221	165	1.10758	902.87	697.71	696.38	1.99209
1.11395	897.70	719.45	718.22	2.04168	170	1.11388	897.77	719.50	718.17	2.04155
1.12048	892.48	741.33	740.10	2.09077	175	1.12039	892.54	741.38	740.04	2.09064
1.12723	887.13	763.30	762.06	2.13952	180	1.12715	887.20	763.35	762.00	2.13938
177.96	5.6194	2783.6	2587.8	6.5580	185	1.13415	881.72	785.41	784.05	2.18780
180.65	5.5355	2796.4	2597.7	6.5859	190	164.29	6.087	2789.6	2592.5	6.5340
183.31	5.4554	2809.0	2607.4	6.6130	195	166.79	5.996	2802.6	2602.5	6.5619
185.92	5.3786	2821.4	2616.9	6.6393	200	169.25	5.908	2815.4	2612.3	6.5890
188.51	5.3049	2833.7	2626.3	6.6650	205	171.67	5.825	2827.9	2621.9	6.6154
191.06	5.2340	2845.7	2635.6	6.6901	210	174.06	5.745	2840.3	2631.4	6.6411
193.58	5.1658	2857.6	2644.7	6.7147	215	176.42	5.668	2852.4	2640.7	6.6662
196.08	5.0999	2869.4	2653.8	6.7387	220	178.75	5.594	2864.5	2650.0	6.6907
198.56	5.0364	2881.1	2662.7	6.7623	225	181.06	5.523	2876.4	2659.1	6.7147
201.01	4.9749	2892.7	2671.6	6.7854	230	183.35	5.454	2888.1	2668.1	6.7382
203.45	4.9153	2904.2	2680.4	6.8081	235	185.61	5.388	2899.8	2677.1	6.7613
205.86	4.8576	2915.5	2689.1	6.8304	240	187.86	5.323	2911.4	2685.9	6.7840
208.26	4.8016	2926.9	2697.8	6.8523	245	190.09	5.261	2922.9	2694.7	6.8062
210.65	4.7473	2938.1	2706.4	6.8739	250	192.31	5.200	2934.3	2703.5	6.8281
213.02	4.6944	2949.3	2715.0	6.8952	255	194.51	5.141	2945.6	2712.2	6.8497
215.38	4.6430	2960.4	2723.5	6.9161	260	196.69	5.084	2956.8	2720.8	6.8709
217.72	4.5930	2971.5	2732.0	6.9368	265	198.87	5.028	2968.0	2729.4	6.8918
220.06	4.5443	2982.5	2740.4	6.9572	270	201.03	4.9744	2979.2	2738.0	6.9124
222.38	4.4968	2993.5	2748.9	6.9773	275	203.18	4.9217	2990.3	2746.5	6.9327
224.69	4.4505	3004.4	2757.3	6.9972	280	205.32	4.8704	3001.3	2755.0	6.9528
227.00	4.4054	3015.3	2765.6	7.0168	285	207.45	4.8203	3012.4	2763.4	6.9726
229.29	4.3613	3026.2	2774.0	7.0363	290	209.58	4.7715	3023.3	2771.8	6.9922
231.58	4.3182	3037.1	2782.3	7.0554	295	211.69	4.7239	3034.3	2780.2	7.0116

Tafel 3. Druckwasser und überhitzter Dampf (Fortsetzung)

11 bar						12 bar				
$10^3 v$	ϱ	h	u	s	t	$10^3 v$	ϱ	h	u	s
m^3/kg	kg/m^3	kJ/kg		kJ/kgK	°C	m^3/kg	kg/m^3	kJ/kg		kJ/kg K
233.86	4.2761	3047.9	2790.7	7.0744	**300**	213.80	4.6773	3045.2	2788.6	7.0307
236.13	4.2350	3058.7	2799.0	7.0932	**305**	215.90	4.6318	3056.1	2797.0	7.0496
238.40	4.1947	3069.5	2807.3	7.1118	**310**	217.99	4.5874	3066.9	2805.4	7.0683
240.65	4.1553	3080.3	2815.5	7.1302	**315**	220.07	4.5439	3077.8	2813.7	7.0868
242.91	4.1168	3091.0	2823.8	7.1484	**320**	222.15	4.5014	3088.6	2822.0	7.1051
245.15	4.0791	3101.8	2832.1	7.1664	**325**	224.23	4.4598	3099.4	2830.3	7.1233
247.40	4.0421	3112.5	2840.3	7.1843	**330**	226.29	4.4190	3110.2	2838.7	7.1413
249.63	4.0059	3123.2	2848.6	7.2019	**335**	228.36	4.3791	3121.0	2847.0	7.1591
251.86	3.9704	3133.9	2856.9	7.2195	**340**	230.41	4.3400	3131.8	2855.3	7.1767
254.09	3.9356	3144.6	2865.1	7.2369	**345**	232.47	4.3017	3142.5	2863.6	7.1942
256.31	3.9015	3155.3	2873.4	7.2541	**350**	234.51	4.2641	3153.3	2871.8	7.2115
258.53	3.8680	3166.0	2881.6	7.2712	**355**	236.56	4.2273	3164.0	2880.1	7.2287
260.75	3.8352	3176.7	2889.9	7.2881	**360**	238.60	4.1911	3174.7	2888.4	7.2457
262.96	3.8029	3187.4	2898.1	7.3049	**365**	240.64	4.1557	3185.5	2896.7	7.2626
265.16	3.7713	3198.1	2906.4	7.3216	**370**	242.67	4.1209	3196.2	2905.0	7.2793
267.37	3.7402	3208.7	2914.6	7.3382	**375**	244.70	4.0867	3206.9	2913.3	7.2959
269.57	3.7097	3219.4	2922.9	7.3546	**380**	246.72	4.0531	3217.7	2921.6	7.3124
271.76	3.6797	3230.1	2931.2	7.3709	**385**	248.74	4.0202	3228.4	2929.9	7.3288
273.96	3.6502	3240.8	2939.4	7.3871	**390**	250.76	3.9878	3239.1	2938.2	7.3450
276.15	3.6213	3251.5	2947.7	7.4031	**395**	252.78	3.9560	3249.8	2946.5	7.3611
278.34	3.5928	3262.2	2956.0	7.4191	**400**	254.79	3.9247	3260.6	2954.8	7.3771
282.70	3.5373	3283.6	2972.6	7.4506	**410**	258.81	3.8638	3282.0	2971.5	7.4088
287.06	3.4836	3305.0	2989.2	7.4817	**420**	262.82	3.8048	3303.5	2988.1	7.4400
291.41	3.4316	3326.4	3005.9	7.5124	**430**	266.82	3.7478	3325.0	3004.8	7.4708
295.75	3.3812	3347.9	3022.6	7.5428	**440**	270.82	3.6925	3346.5	3021.6	7.5012
300.09	3.3324	3369.4	3039.3	7.5727	**450**	274.80	3.6390	3368.1	3038.3	7.5312
304.41	3.2850	3390.9	3056.1	7.6023	**460**	278.78	3.5871	3389.7	3055.1	7.5608
308.73	3.2390	3412.5	3072.9	7.6315	**470**	282.75	3.5367	3411.3	3072.0	7.5901
313.05	3.1944	3434.1	3089.8	7.6604	**480**	286.71	3.4878	3433.0	3088.9	7.6191
317.36	3.1510	3455.8	3106.7	7.6890	**490**	290.67	3.4403	3454.6	3105.8	7.6477
321.66	3.1089	3477.5	3123.6	7.7172	**500**	294.62	3.3941	3476.4	3122.8	7.6760
330.25	3.0280	3521.0	3157.7	7.7728	**520**	302.52	3.3056	3520.0	3157.0	7.7317
338.82	2.9514	3564.8	3192.0	7.8273	**540**	310.39	3.2217	3563.8	3191.3	7.7862
347.38	2.8787	3608.7	3226.6	7.8807	**560**	318.25	3.1422	3607.8	3225.9	7.8397
355.93	2.8096	3652.9	3261.4	7.9331	**580**	326.10	3.0666	3652.0	3260.7	7.8922
364.46	2.7438	3697.3	3296.4	7.9845	**600**	333.93	2.9946	3696.5	3295.8	7.9437
372.98	2.6811	3741.9	3331.6	8.0350	**620**	341.75	2.9261	3741.2	3331.1	7.9943
381.49	2.6213	3786.8	3367.2	8.0847	**640**	349.57	2.8607	3786.1	3366.6	8.0440
390.00	2.5641	3831.9	3402.9	8.1336	**660**	357.37	2.7982	3831.3	3402.4	8.0929
398.49	2.5095	3877.3	3439.0	8.1818	**680**	365.17	2.7385	3876.7	3438.5	8.1411
406.98	2.4571	3923.0	3475.3	8.2291	**700**	372.96	2.6813	3922.4	3474.8	8.1885
415.46	2.4070	3968.9	3511.9	8.2758	**720**	380.74	2.6265	3968.3	3511.4	8.2352
423.94	2.3588	4015.0	3548.7	8.3219	**740**	388.52	2.5739	4014.5	3548.3	8.2813
432.41	2.3126	4061.4	3585.8	8.3672	**760**	396.29	2.5234	4060.9	3585.4	8.3267
440.88	2.2682	4108.1	3623.2	8.4120	**780**	404.06	2.4749	4107.6	3622.8	8.3715
449.34	2.2255	4155.1	3660.8	8.4561	**800**	411.82	2.4283	4154.6	3660.4	8.4156
470.48	2.1255	4273.6	3756.1	8.5641	**850**	431.21	2.3191	4273.2	3755.8	8.5236
491.59	2.0342	4393.8	3853.1	8.6688	**900**	450.58	2.2194	4393.4	3852.7	8.6284
512.70	1.9505	4515.6	3951.7	8.7705	**950**	469.93	2.1280	4515.3	3951.4	8.7301
533.79	1.8734	4639.0	4051.9	8.8694	**1000**	489.27	2.0439	4638.7	4051.6	8.8290
575.9	1.7364	4890.6	4257.0	9.0595	**1100**	527.9	1.8943	4890.3	4256.8	9.0192
618.0	1.6181	5148.0	4468.2	9.2405	**1200**	566.5	1.7652	5147.8	4468.0	9.2002
660.1	1.5149	5411.0	4684.9	9.4132	**1300**	605.1	1.6526	5410.9	4684.7	9.3729
702.2	1.4242	5679.2	4906.8	9.5785	**1400**	643.7	1.5536	5679.1	4906.7	9.5382
744.2	1.3437	5952.2	5133.6	9.7369	**1500**	682.2	1.4658	5952.1	5133.4	9.6967
786.2	1.2719	6229.5	5364.7	9.8890	**1600**	720.7	1.3875	6229.4	5364.5	9.8488
828.3	1.2074	6510.9	5599.8	10.0354	**1700**	759.3	1.3171	6510.8	5599.7	9.9952
870.3	1.1491	6796.0	5838.7	10.1763	**1800**	797.8	1.2535	6795.9	5838.6	10.1361
912.3	1.0962	7084.6	6081.1	10.3122	**1900**	836.3	1.1958	7084.5	6081.0	10.2720
954.3	1.0479	7376.3	6326.6	10.4435	**2000**	874.8	1.1431	7376.3	6326.5	10.4033

Tafel 3. Druckwasser und überhitzter Dampf (Fortsetzung)

13 bar ($t_s = 191.644$ °C)						14 bar ($t_s = 195.079$ °C)				
$10^3 v$	ϱ	h	u	s	t	$10^3 v$	ϱ	h	u	s
m³/kg	kg/m³	kJ/kg		kJ/kg K	°C	m³/kg	kg/m³	kJ/kg		kJ/kg K
1.14376	874.31	814.93	813.44	2.25152	t_l	1.14887	870.42	830.28	828.67	2.28419
151.20	6.614	2787.0	2590.5	6.4945	t_g	140.79	7.103	2789.4	2592.3	6.4683
0.99956	1000.44	1.29	-0.01	-0.00005	0	0.99951	1000.49	1.39	-0.01	-0.00005
0.99942	1000.58	22.32	21.02	0.07624	5	0.99937	1000.63	22.41	21.02	0.07624
0.99969	1000.31	43.25	41.95	0.15085	10	0.99964	1000.36	43.35	41.95	0.15084
1.00030	999.70	64.16	62.86	0.22404	15	1.00026	999.74	64.25	62.85	0.22402
1.00122	998.78	85.06	83.75	0.29593	20	1.00118	998.83	85.15	83.75	0.29591
1.00240	997.60	105.95	104.65	0.36662	25	1.00236	997.65	106.04	104.64	0.36659
1.00383	996.19	126.85	125.55	0.43613	30	1.00378	996.23	126.94	125.54	0.43610
1.00547	994.56	147.75	146.44	0.50451	35	1.00543	994.60	147.84	146.43	0.50447
1.00732	992.74	168.65	167.34	0.57178	40	1.00727	992.78	168.74	167.33	0.57174
1.00936	990.73	189.54	188.23	0.63798	45	1.00931	990.77	189.63	188.22	0.63794
1.01158	988.55	210.44	209.12	0.70314	50	1.01153	988.60	210.52	209.11	0.70310
1.01398	986.22	231.33	230.01	0.76731	55	1.01393	986.26	231.42	230.00	0.76726
1.01655	983.72	252.23	250.91	0.83051	60	1.01650	983.77	252.31	250.89	0.83046
1.01928	981.09	273.13	271.81	0.89279	65	1.01923	981.13	273.22	271.79	0.89273
1.02217	978.31	294.05	292.72	0.95419	70	1.02212	978.35	294.13	292.70	0.95413
1.02522	975.40	314.98	313.64	1.01474	75	1.02518	975.44	315.06	313.62	1.01467
1.02843	972.36	335.92	334.59	1.07447	80	1.02838	972.40	336.00	334.56	1.07441
1.03179	969.19	356.89	355.55	1.13343	85	1.03174	969.23	356.97	355.53	1.13337
1.03531	965.90	377.89	376.54	1.19165	90	1.03526	965.94	377.96	376.51	1.19158
1.03898	962.48	398.91	397.56	1.24914	95	1.03893	962.53	398.99	397.53	1.24907
1.04280	958.96	419.96	418.61	1.30595	100	1.04275	959.00	420.04	418.58	1.30587
1.04678	955.31	441.05	439.69	1.36209	105	1.04673	955.36	441.13	439.66	1.36201
1.05091	951.55	462.18	460.81	1.41759	110	1.05086	951.60	462.25	460.78	1.41751
1.05520	947.69	483.35	481.97	1.47248	115	1.05515	947.74	483.42	481.94	1.47239
1.05965	943.71	504.55	503.18	1.52676	120	1.05960	943.76	504.62	503.14	1.52667
1.06426	939.62	525.80	524.42	1.58048	125	1.06421	939.67	525.87	524.38	1.58038
1.06904	935.42	547.10	545.71	1.63364	130	1.06898	935.47	547.17	545.67	1.63354
1.07399	931.11	568.45	567.06	1.68627	135	1.07392	931.16	568.52	567.01	1.68617
1.07911	926.69	589.85	588.45	1.73838	140	1.07904	926.75	589.92	588.41	1.73828
1.08440	922.17	611.31	609.90	1.79001	145	1.08434	922.22	611.37	609.85	1.78990
1.08989	917.53	632.83	631.41	1.84115	150	1.08982	917.58	632.89	631.36	1.84104
1.09556	912.78	654.40	652.98	1.89185	155	1.09549	912.83	654.46	652.93	1.89173
1.10143	907.91	676.05	674.62	1.94211	160	1.10136	907.97	676.11	674.57	1.94199
1.10751	902.93	697.77	696.33	1.99196	165	1.10743	902.99	697.82	696.27	1.99184
1.11380	897.83	719.56	718.11	2.04142	170	1.11372	897.89	719.61	718.05	2.04129
1.12031	892.61	741.44	739.98	2.09051	175	1.12023	892.67	741.49	739.92	2.09038
1.12706	887.26	763.40	761.93	2.13925	180	1.12698	887.33	763.45	761.87	2.13911
1.13406	881.79	785.46	783.98	2.18766	185	1.13397	881.86	785.51	783.92	2.18752
1.14132	876.18	807.62	806.13	2.23577	190	1.14122	876.25	807.66	806.07	2.23562
152.78	6.545	2796.0	2597.4	6.5137	195	1.14875	870.51	829.93	828.32	2.28344
155.11	6.447	2809.1	2607.5	6.5416	200	142.97	6.994	2802.7	2602.6	6.4966
157.40	6.353	2822.0	2617.4	6.5687	205	145.15	6.890	2815.9	2612.7	6.5244
159.65	6.264	2834.7	2627.1	6.5950	210	147.29	6.789	2828.9	2622.7	6.5514
161.88	6.178	2847.1	2636.7	6.6207	215	149.40	6.694	2841.7	2632.5	6.5777
164.07	6.095	2859.4	2646.1	6.6457	220	151.48	6.602	2854.2	2642.2	6.6033
166.24	6.015	2871.5	2655.4	6.6702	225	153.53	6.513	2866.6	2651.7	6.6282
168.39	5.939	2883.5	2664.6	6.6941	230	155.56	6.428	2878.8	2661.1	6.6527
170.52	5.865	2895.4	2673.7	6.7176	235	157.56	6.347	2890.9	2670.3	6.6765
172.62	5.793	2907.2	2682.7	6.7406	240	159.55	6.268	2902.9	2679.5	6.6999
174.71	5.724	2918.8	2691.7	6.7632	245	161.52	6.191	2914.7	2688.6	6.7229
176.78	5.657	2930.4	2700.6	6.7854	250	163.47	6.118	2926.4	2697.6	6.7454
178.84	5.592	2941.8	2709.4	6.8073	255	165.40	6.046	2938.1	2706.5	6.7675
180.88	5.528	2953.2	2718.1	6.8288	260	167.32	5.977	2949.6	2715.4	6.7893
182.91	5.467	2964.6	2726.8	6.8499	265	169.23	5.909	2961.1	2724.2	6.8107
184.93	5.408	2975.8	2735.4	6.8708	270	171.12	5.844	2972.5	2732.9	6.8318
186.93	5.350	2987.1	2744.0	6.8913	275	173.00	5.780	2983.8	2741.6	6.8526
188.93	5.293	2998.2	2752.6	6.9116	280	174.87	5.718	2995.1	2750.3	6.8730
190.92	5.238	3009.3	2761.2	6.9316	285	176.73	5.658	3006.3	2758.9	6.8932
192.89	5.184	3020.4	2769.7	6.9513	290	178.59	5.600	3017.5	2767.5	6.9132
194.86	5.132	3031.5	2778.1	6.9709	295	180.43	5.542	3028.6	2776.0	6.9329

Tafel 3. Druckwasser und überhitzter Dampf (Fortsetzung)

13 bar						14 bar				
$10^3 v$	ϱ	h	u	s	t	$10^3 v$	ϱ	h	u	s
m^3/kg	kg/m^3	kJ/kg		kJ/kgK	°C	m^3/kg	kg/m^3	kJ/kg		kJ/kg K
196.82	5.0808	3042.5	2786.6	6.9901	**300**	182.26	5.486	3039.7	2784.5	6.9523
198.77	5.0309	3053.4	2795.0	7.0092	**305**	184.09	5.432	3050.8	2793.0	6.9715
200.72	4.9821	3064.4	2803.4	7.0280	**310**	185.91	5.379	3061.8	2801.5	6.9905
202.66	4.9345	3075.3	2811.8	7.0467	**315**	187.72	5.327	3072.8	2810.0	7.0093
204.59	4.8879	3086.2	2820.2	7.0651	**320**	189.53	5.276	3083.8	2818.4	7.0278
206.52	4.8423	3097.1	2828.6	7.0834	**325**	191.33	5.226	3094.7	2826.8	7.0462
208.44	4.7976	3107.9	2837.0	7.1015	**330**	193.13	5.178	3105.6	2835.2	7.0644
210.35	4.7539	3118.8	2845.3	7.1194	**335**	194.92	5.130	3116.5	2843.6	7.0824
212.26	4.7112	3129.6	2853.7	7.1371	**340**	196.70	5.084	3127.4	2852.0	7.1002
214.17	4.6692	3140.4	2862.0	7.1547	**345**	198.48	5.038	3138.3	2860.4	7.1179
216.07	4.6282	3151.2	2870.3	7.1721	**350**	200.26	4.9936	3149.1	2868.8	7.1354
217.97	4.5879	3162.0	2878.7	7.1893	**355**	202.03	4.9498	3160.0	2877.2	7.1527
219.86	4.5484	3172.8	2887.0	7.2064	**360**	203.79	4.9069	3170.8	2885.5	7.1699
221.75	4.5096	3183.6	2895.3	7.2234	**365**	205.56	4.8649	3181.7	2893.9	7.1870
223.63	4.4716	3194.4	2903.6	7.2402	**370**	207.31	4.8236	3192.5	2902.2	7.2038
225.51	4.4343	3205.1	2912.0	7.2569	**375**	209.07	4.7831	3203.3	2910.6	7.2206
227.39	4.3977	3215.9	2920.3	7.2735	**380**	210.82	4.7433	3214.1	2919.0	7.2372
229.27	4.3617	3226.7	2928.6	7.2899	**385**	212.57	4.7043	3224.9	2927.3	7.2537
231.14	4.3264	3237.4	2936.9	7.3062	**390**	214.32	4.6660	3235.7	2935.7	7.2701
233.01	4.2917	3248.2	2945.3	7.3223	**395**	216.06	4.6284	3246.5	2944.0	7.2863
234.87	4.2576	3259.0	2953.6	7.3384	**400**	217.80	4.5914	3257.3	2952.4	7.3024
238.60	4.1912	3280.5	2970.3	7.3701	**410**	221.27	4.5194	3278.9	2969.2	7.3343
242.31	4.1269	3302.0	2987.0	7.4015	**420**	224.73	4.4498	3300.5	2985.9	7.3657
246.02	4.0648	3323.6	3003.8	7.4323	**430**	228.18	4.3825	3322.2	3002.7	7.3966
249.71	4.0046	3345.2	3020.5	7.4628	**440**	231.63	4.3173	3343.8	3019.5	7.4272
253.40	3.9463	3366.8	3037.4	7.4929	**450**	235.06	4.2542	3365.5	3036.4	7.4574
257.08	3.8898	3388.4	3054.2	7.5226	**460**	238.49	4.1931	3387.2	3053.3	7.4871
260.76	3.8350	3410.1	3071.1	7.5520	**470**	241.91	4.1337	3408.9	3070.2	7.5166
264.43	3.7817	3431.8	3088.0	7.5810	**480**	245.33	4.0762	3430.6	3087.2	7.5456
268.09	3.7301	3453.5	3105.0	7.6097	**490**	248.74	4.0203	3452.4	3104.2	7.5743
271.75	3.6799	3475.3	3122.0	7.6380	**500**	252.14	3.9660	3474.2	3121.2	7.6028
279.05	3.5836	3519.0	3156.2	7.6938	**520**	258.94	3.8620	3518.0	3155.5	7.6586
286.33	3.4924	3562.9	3190.6	7.7484	**540**	265.71	3.7635	3561.9	3189.9	7.7133
293.60	3.4060	3606.9	3225.3	7.8020	**560**	272.47	3.6701	3606.0	3224.6	7.7670
300.86	3.3239	3651.2	3260.1	7.8545	**580**	279.22	3.5814	3650.4	3259.5	7.8195
308.10	3.2457	3695.7	3295.2	7.9060	**600**	285.95	3.4971	3694.9	3294.6	7.8712
315.33	3.1713	3740.4	3330.5	7.9567	**620**	292.68	3.4167	3739.7	3330.0	7.9219
322.55	3.1003	3785.4	3366.1	8.0065	**640**	299.39	3.3401	3784.7	3365.6	7.9717
329.76	3.0325	3830.6	3401.9	8.0555	**660**	306.10	3.2669	3830.0	3401.4	8.0207
336.97	2.9676	3876.1	3438.0	8.1037	**680**	312.80	3.1970	3875.5	3437.5	8.0689
344.17	2.9056	3921.8	3474.4	8.1511	**700**	319.49	3.1300	3921.2	3473.9	8.1164
351.36	2.8461	3967.7	3511.0	8.1979	**720**	326.17	3.0659	3967.2	3510.5	8.1632
358.54	2.7891	4014.0	3547.9	8.2439	**740**	332.85	3.0043	4013.4	3547.4	8.2093
365.72	2.7343	4060.4	3585.0	8.2894	**760**	339.52	2.9453	4059.9	3584.6	8.2548
372.90	2.6817	4107.2	3622.4	8.3342	**780**	346.19	2.8886	4106.7	3622.0	8.2996
380.07	2.6311	4154.2	3660.1	8.3784	**800**	352.86	2.8340	4153.7	3659.7	8.3438
397.98	2.5127	4272.8	3755.4	8.4864	**850**	369.50	2.7064	4272.4	3755.1	8.4519
415.87	2.4046	4393.1	3852.4	8.5912	**900**	386.12	2.5899	4392.7	3852.1	8.5567
433.74	2.3055	4515.0	3951.1	8.6929	**950**	402.73	2.4831	4514.6	3950.8	8.6585
451.60	2.2143	4638.4	4051.4	8.7919	**1000**	419.32	2.3848	4638.1	4051.1	8.7574
487.29	2.0522	4890.1	4256.6	8.9821	**1100**	452.47	2.2101	4889.8	4256.4	8.9477
522.94	1.9123	5147.6	4467.8	9.1631	**1200**	485.58	2.0594	5147.4	4467.6	9.1288
558.56	1.7903	5410.7	4684.6	9.3359	**1300**	518.67	1.9280	5410.5	4684.4	9.3016
594.16	1.6830	5678.9	4906.5	9.5012	**1400**	551.73	1.8125	5678.8	4906.4	9.4669
629.75	1.5879	5952.0	5133.3	9.6596	**1500**	584.79	1.7100	5951.8	5133.1	9.6254
665.3	1.5030	6229.3	5364.4	9.8118	**1600**	617.8	1.6186	6229.2	5364.3	9.7775
700.9	1.4268	6510.7	5599.6	9.9582	**1700**	650.9	1.5364	6510.7	5599.5	9.9239
736.4	1.3579	6795.9	5838.5	10.0991	**1800**	683.9	1.4623	6795.8	5838.4	10.0649
772.0	1.2953	7084.5	6080.9	10.2351	**1900**	716.9	1.3949	7084.4	6080.8	10.2008
807.5	1.2383	7376.2	6326.4	10.3663	**2000**	749.9	1.3335	7376.2	6326.3	10.3321

Tafel 3. Druckwasser und überhitzter Dampf (Fortsetzung)

15 bar ($t_s = 198.327$ °C)						16 bar ($t_s = 201.410$ °C)				
$10^3 v$	ϱ	h	u	s	t	$10^3 v$	ϱ	h	u	s
m³/kg	kg/m³	kJ/kg		kJ/kg K	°C	m³/kg	kg/m³	kJ/kg		kJ/kg K
1.15382	866.69	844.85	843.12	2.31496	t_l	1.15862	863.09	858.73	856.88	2.34405
131.72	7.592	2791.5	2593.9	6.4438	t_g	123.75	8.081	2793.3	2595.3	6.4207
0.99946	1000.54	1.49	-0.01	-0.00004	0	0.99941	1000.59	1.59	-0.01	-0.00003
0.99932	1000.68	22.51	21.02	0.07624	5	0.99927	1000.73	22.61	21.02	0.07624
0.99959	1000.41	43.45	41.95	0.15083	10	0.99955	1000.46	43.55	41.95	0.15082
1.00021	999.79	64.35	62.85	0.22401	15	1.00016	999.84	64.45	62.84	0.22399
1.00113	998.87	85.24	83.74	0.29589	20	1.00108	998.92	85.34	83.74	0.29587
1.00231	997.69	106.14	104.63	0.36657	25	1.00227	997.74	106.23	104.63	0.36654
1.00374	996.28	127.03	125.53	0.43607	30	1.00369	996.32	127.12	125.52	0.43604
1.00538	994.65	147.93	146.42	0.50444	35	1.00534	994.69	148.02	146.41	0.50440
1.00723	992.82	168.83	167.31	0.57170	40	1.00718	992.87	168.91	167.30	0.57167
1.00927	990.82	189.72	188.20	0.63790	45	1.00922	990.86	189.81	188.19	0.63785
1.01149	988.64	210.61	209.09	0.70305	50	1.01145	988.68	210.70	209.08	0.70301
1.01389	986.30	231.50	229.98	0.76721	55	1.01384	986.35	231.59	229.96	0.76716
1.01645	983.81	252.40	250.87	0.83040	60	1.01641	983.86	252.48	250.85	0.83035
1.01919	981.17	273.30	271.77	0.89268	65	1.01914	981.22	273.38	271.75	0.89262
1.02208	978.40	294.21	292.68	0.95407	70	1.02203	978.44	294.29	292.66	0.95401
1.02513	975.49	315.14	313.60	1.01461	75	1.02508	975.53	315.22	313.58	1.01455
1.02834	972.45	336.08	334.54	1.07434	80	1.02829	972.49	336.16	334.52	1.07428
1.03170	969.28	357.05	355.50	1.13330	85	1.03165	969.32	357.13	355.48	1.13323
1.03521	965.99	378.04	376.49	1.19150	90	1.03516	966.03	378.12	376.46	1.19143
1.03888	962.58	399.06	397.50	1.24899	95	1.03883	962.62	399.14	397.48	1.24892
1.04270	959.05	420.11	418.55	1.30579	100	1.04265	959.10	420.19	418.52	1.30572
1.04667	955.41	441.20	439.63	1.36193	105	1.04662	955.45	441.28	439.60	1.36185
1.05080	951.65	462.33	460.75	1.41742	110	1.05075	951.70	462.40	460.72	1.41734
1.05509	947.78	483.49	481.91	1.47230	115	1.05504	947.83	483.56	481.87	1.47221
1.05954	943.81	504.69	503.10	1.52658	120	1.05948	943.86	504.76	503.07	1.52649
1.06415	939.72	525.94	524.35	1.58029	125	1.06409	939.77	526.01	524.31	1.58020
1.06892	935.52	547.24	545.64	1.63345	130	1.06886	935.57	547.31	545.60	1.63335
1.07386	931.22	568.58	566.97	1.68607	135	1.07380	931.27	568.65	566.93	1.68597
1.07898	926.80	589.98	588.36	1.73818	140	1.07892	926.86	590.05	588.32	1.73807
1.08427	922.28	611.44	609.81	1.78979	145	1.08421	922.33	611.50	609.76	1.78968
1.08975	917.64	632.95	631.31	1.84093	150	1.08968	917.70	633.01	631.27	1.84082
1.09542	912.89	654.52	652.88	1.89162	155	1.09535	912.95	654.58	652.83	1.89150
1.10129	908.03	676.17	674.51	1.94187	160	1.10121	908.09	676.22	674.46	1.94175
1.10736	903.05	697.88	696.22	1.99172	165	1.10728	903.11	697.94	696.16	1.99159
1.11364	897.96	719.67	718.00	2.04116	170	1.11356	898.02	719.72	717.94	2.04104
1.12015	892.74	741.54	739.86	2.09024	175	1.12007	892.80	741.59	739.80	2.09011
1.12689	887.40	763.50	761.81	2.13897	180	1.12681	887.46	763.55	761.75	2.13883
1.13388	881.93	785.55	783.85	2.18737	185	1.13379	882.00	785.60	783.79	2.18723
1.14113	876.32	807.71	806.00	2.23547	190	1.14104	876.40	807.76	805.93	2.23532
1.14865	870.58	829.98	828.25	2.28329	195	1.14856	870.66	830.02	828.18	2.28313
132.43	7.551	2796.1	2597.5	6.4536	200	1.15636	864.78	852.40	850.55	2.33069
134.51	7.434	2809.7	2608.0	6.4822	205	125.18	7.988	2803.4	2603.1	6.4417
136.56	7.323	2823.1	2618.2	6.5099	210	127.15	7.865	2817.1	2613.6	6.4702
138.57	7.217	2836.1	2628.3	6.5368	215	129.07	7.747	2830.4	2623.9	6.4978
140.55	7.115	2849.0	2638.1	6.5630	220	130.97	7.635	2843.6	2634.0	6.5246
142.50	7.018	2861.6	2647.9	6.5885	225	132.83	7.528	2856.5	2644.0	6.5506
144.42	6.924	2874.1	2657.4	6.6134	230	134.67	7.425	2869.2	2653.7	6.5760
146.33	6.834	2886.4	2666.9	6.6377	235	136.49	7.327	2881.7	2663.3	6.6008
148.21	6.747	2898.5	2676.2	6.6615	240	138.28	7.232	2894.1	2672.8	6.6250
150.07	6.663	2910.5	2685.4	6.6848	245	140.05	7.140	2906.3	2682.2	6.6486
151.92	6.583	2922.4	2694.6	6.7077	250	141.81	7.052	2918.4	2691.5	6.6719
153.75	6.504	2934.2	2703.6	6.7301	255	143.54	6.967	2930.3	2700.7	6.6946
155.56	6.428	2945.9	2712.6	6.7521	260	145.27	6.884	2942.2	2709.8	6.7169
157.36	6.355	2957.5	2721.5	6.7738	265	146.97	6.804	2953.9	2718.8	6.7389
159.15	6.283	2969.1	2730.3	6.7951	270	148.67	6.726	2965.6	2727.7	6.7605
160.92	6.214	2980.5	2739.1	6.8161	275	150.35	6.651	2977.2	2736.6	6.7817
162.69	6.147	2991.9	2747.9	6.8368	280	152.02	6.578	2988.7	2745.5	6.8026
164.44	6.081	3003.2	2756.6	6.8572	285	153.68	6.507	3000.1	2754.3	6.8232
166.18	6.017	3014.5	2765.2	6.8773	290	155.33	6.438	3011.5	2763.0	6.8435
167.92	5.955	3025.7	2773.9	6.8972	295	156.97	6.371	3022.9	2771.7	6.8635

Tafel 3. Druckwasser und überhitzter Dampf (Fortsetzung)

15 bar						16 bar				
$10^3 v$	ϱ	h	u	s	t	$10^3 v$	ϱ	h	u	s
m^3/kg	kg/m^3	kJ/kg		kJ/kgK	°C	m^3/kg	kg/m^3	kJ/kg		kJ/kg K
169.65	5.895	3036.9	2782.5	6.9168	**300**	158.60	6.305	3034.1	2780.4	6.8833
171.37	5.836	3048.1	2791.0	6.9361	**305**	160.23	6.241	3045.4	2789.0	6.9028
173.08	5.778	3059.2	2799.6	6.9553	**310**	161.84	6.179	3056.6	2797.6	6.9221
174.78	5.721	3070.3	2808.1	6.9742	**315**	163.45	6.118	3067.7	2806.2	6.9411
176.48	5.666	3081.3	2816.6	6.9929	**320**	165.06	6.058	3078.8	2814.7	6.9599
178.17	5.613	3092.3	2825.1	7.0114	**325**	166.65	6.000	3089.9	2823.3	6.9786
179.86	5.560	3103.3	2833.5	7.0297	**330**	168.25	5.944	3101.0	2831.8	6.9970
181.54	5.508	3114.3	2842.0	7.0478	**335**	169.83	5.888	3112.0	2840.3	7.0152
183.21	5.458	3125.2	2850.4	7.0657	**340**	171.41	5.834	3123.0	2848.8	7.0332
184.88	5.409	3136.2	2858.8	7.0835	**345**	172.99	5.781	3134.0	2857.2	7.0511
186.55	5.360	3147.1	2867.2	7.1011	**350**	174.56	5.729	3145.0	2865.7	7.0688
188.21	5.313	3158.0	2875.7	7.1185	**355**	176.12	5.678	3155.9	2874.2	7.0863
189.87	5.267	3168.9	2884.1	7.1357	**360**	177.68	5.628	3166.9	2882.6	7.1036
191.52	5.221	3179.7	2892.5	7.1529	**365**	179.24	5.579	3177.8	2891.0	7.1208
193.17	5.177	3190.6	2900.9	7.1698	**370**	180.80	5.531	3188.7	2899.5	7.1379
194.82	5.1330	3201.5	2909.2	7.1867	**375**	182.35	5.484	3199.6	2907.9	7.1547
196.46	5.0901	3212.3	2917.6	7.2033	**380**	183.89	5.438	3210.5	2916.3	7.1715
198.10	5.0480	3223.2	2926.0	7.2199	**385**	185.44	5.393	3221.4	2924.7	7.1881
199.73	5.0066	3234.0	2934.4	7.2363	**390**	186.98	5.348	3232.3	2933.2	7.2046
201.37	4.9660	3244.9	2942.8	7.2526	**395**	188.51	5.305	3243.2	2941.6	7.2209
203.00	4.9262	3255.7	2951.2	7.2687	**400**	190.05	5.262	3254.1	2950.0	7.2372
206.25	4.8485	3277.4	2968.0	7.3007	**410**	193.11	5.1785	3275.8	2966.9	7.2692
209.49	4.7735	3299.1	2984.8	7.3322	**420**	196.16	5.0979	3297.6	2983.7	7.3008
212.72	4.7009	3320.7	3001.7	7.3633	**430**	199.20	5.0201	3319.3	3000.6	7.3320
215.95	4.6307	3342.4	3018.5	7.3939	**440**	202.23	4.9448	3341.1	3017.5	7.3627
219.17	4.5628	3364.2	3035.4	7.4242	**450**	205.26	4.8720	3362.8	3034.4	7.3930
222.37	4.4969	3385.9	3052.3	7.4540	**460**	208.27	4.8014	3384.6	3051.4	7.4229
225.58	4.4331	3407.7	3069.3	7.4835	**470**	211.28	4.7330	3406.4	3068.4	7.4525
228.77	4.3712	3429.4	3086.3	7.5126	**480**	214.29	4.6666	3428.3	3085.4	7.4817
231.96	4.3110	3451.3	3103.3	7.5414	**490**	217.29	4.6022	3450.1	3102.5	7.5105
235.15	4.2526	3473.1	3120.4	7.5699	**500**	220.28	4.5397	3472.0	3119.6	7.5390
241.50	4.1407	3517.0	3154.7	7.6258	**520**	226.25	4.4199	3515.9	3154.0	7.5951
247.84	4.0349	3561.0	3189.2	7.6806	**540**	232.20	4.3066	3560.0	3188.5	7.6500
254.16	3.9345	3605.2	3223.9	7.7343	**560**	238.14	4.1992	3604.3	3223.2	7.7037
260.47	3.8392	3649.6	3258.8	7.7870	**580**	244.06	4.0973	3648.7	3258.2	7.7564
266.76	3.7486	3694.2	3294.0	7.8386	**600**	249.97	4.0004	3693.4	3293.4	7.8082
273.05	3.6623	3739.0	3329.4	7.8894	**620**	255.87	3.9082	3738.2	3328.8	7.8590
279.32	3.5801	3784.0	3365.0	7.9393	**640**	261.76	3.8202	3783.3	3364.5	7.9089
285.59	3.5015	3829.3	3400.9	7.9883	**660**	267.65	3.7363	3828.6	3400.4	7.9580
291.85	3.4264	3874.8	3437.1	8.0366	**680**	273.52	3.6560	3874.2	3436.6	8.0063
298.10	3.3546	3920.6	3473.4	8.0841	**700**	279.39	3.5793	3920.0	3473.0	8.0539
304.35	3.2857	3966.6	3510.1	8.1309	**720**	285.25	3.5057	3966.1	3509.7	8.1007
310.58	3.2197	4012.9	3547.0	8.1771	**740**	291.10	3.4352	4012.4	3546.6	8.1469
316.82	3.1564	4059.4	3584.2	8.2225	**760**	296.95	3.3676	4058.9	3583.8	8.1924
323.05	3.0955	4106.2	3621.6	8.2674	**780**	302.80	3.3026	4105.7	3621.2	8.2372
329.27	3.0370	4153.2	3659.3	8.3116	**800**	308.64	3.2401	4152.8	3659.0	8.2815
344.82	2.9001	4272.0	3754.8	8.4198	**850**	323.22	3.0939	4271.6	3754.4	8.3897
360.34	2.7752	4392.3	3851.8	8.5246	**900**	337.78	2.9605	4392.0	3851.5	8.4946
375.85	2.6607	4514.3	3950.5	8.6264	**950**	352.33	2.8383	4514.0	3950.3	8.5964
391.34	2.5553	4637.9	4050.8	8.7254	**1000**	366.86	2.7259	4637.6	4050.6	8.6954
422.29	2.3680	4889.6	4256.1	8.9157	**1100**	395.88	2.5260	4889.3	4255.9	8.8858
453.20	2.2065	5147.2	4467.4	9.0968	**1200**	424.88	2.3536	5147.0	4467.2	9.0669
484.09	2.0657	5410.4	4684.2	9.2696	**1300**	453.84	2.2034	5410.2	4684.0	9.2397
514.96	1.9419	5678.7	4906.2	9.4349	**1400**	482.79	2.0713	5678.5	4906.1	9.4051
545.82	1.8321	5951.7	5133.0	9.5934	**1500**	511.72	1.9542	5951.6	5132.9	9.5636
576.7	1.7341	6229.1	5364.2	9.7456	**1600**	540.6	1.8497	6229.1	5364.0	9.7158
607.5	1.6461	6510.6	5599.4	9.8920	**1700**	569.5	1.7558	6510.5	5599.2	9.8622
638.3	1.5666	6795.8	5838.3	10.0330	**1800**	598.4	1.6710	6795.7	5838.2	10.0031
669.1	1.4945	7084.4	6080.7	10.1689	**1900**	627.3	1.5940	7084.3	6080.6	10.1391
699.9	1.4287	7376.1	6326.2	10.3002	**2000**	656.2	1.5239	7376.1	6326.1	10.2704

Tafel 3. Druckwasser und überhitzter Dampf (Fortsetzung)

17 bar ($t_s = 204.346$ °C)						18 bar ($t_s = 207.151$ °C)				
$10^3 v$	ϱ	h	u	s	t	$10^3 v$	ϱ	h	u	s
m³/kg	kg/m³	kJ/kg		kJ/kgK	°C	m³/kg	kg/m³	kJ/kg		kJ/kg K
1.16330	859.63	872.00	870.02	2.37167	t_l	1.16786	856.27	884.71	882.61	2.39797
116.68	8.570	2795.0	2596.6	6.3989	t_g	110.37	9.060	2796.4	2597.7	6.3781
0.99936	1000.64	1.69	-0.01	-0.00002	0	0.99931	1000.69	1.80	0.00	-0.00002
0.99922	1000.78	22.71	21.01	0.07624	5	0.99917	1000.83	22.81	21.01	0.07623
0.99950	1000.50	43.64	41.94	0.15081	10	0.99945	1000.55	43.74	41.94	0.15081
1.00012	999.88	64.54	62.84	0.22397	15	1.00007	999.93	64.64	62.84	0.22396
1.00104	998.96	85.43	83.73	0.29585	20	1.00099	999.01	85.52	83.72	0.29583
1.00222	997.78	106.32	104.62	0.36651	25	1.00218	997.83	106.41	104.61	0.36649
1.00365	996.37	127.22	125.51	0.43601	30	1.00360	996.41	127.31	125.50	0.43598
1.00529	994.74	148.11	146.40	0.50437	35	1.00525	994.78	148.20	146.39	0.50433
1.00714	992.91	169.00	167.29	0.57163	40	1.00709	992.96	169.09	167.28	0.57159
1.00918	990.90	189.89	188.18	0.63781	45	1.00913	990.95	189.98	188.16	0.63777
1.01140	988.73	210.78	209.06	0.70296	50	1.01136	988.77	210.87	209.05	0.70291
1.01380	986.39	231.67	229.95	0.76711	55	1.01375	986.43	231.76	229.93	0.76706
1.01636	983.90	252.57	250.84	0.83030	60	1.01632	983.94	252.65	250.82	0.83024
1.01910	981.26	273.46	271.73	0.89256	65	1.01905	981.31	273.55	271.71	0.89251
1.02199	978.49	294.37	292.64	0.95395	70	1.02194	978.53	294.46	292.62	0.95389
1.02504	975.58	315.30	313.56	1.01449	75	1.02499	975.62	315.38	313.53	1.01442
1.02824	972.53	336.24	334.49	1.07421	80	1.02819	972.58	336.32	334.47	1.07415
1.03160	969.37	357.21	355.45	1.13316	85	1.03155	969.41	357.28	355.43	1.13309
1.03511	966.08	378.20	376.44	1.19136	90	1.03506	966.12	378.27	376.41	1.19129
1.03878	962.67	399.21	397.45	1.24884	95	1.03873	962.72	399.29	397.42	1.24877
1.04260	959.14	420.27	418.49	1.30564	100	1.04255	959.19	420.34	418.46	1.30556
1.04657	955.50	441.35	439.57	1.36177	105	1.04652	955.55	441.42	439.54	1.36169
1.05070	951.75	462.47	460.68	1.41726	110	1.05065	951.80	462.54	460.65	1.41717
1.05498	947.88	483.63	481.84	1.47213	115	1.05493	947.93	483.70	481.80	1.47204
1.05943	943.91	504.83	503.03	1.52640	120	1.05937	943.96	504.90	503.00	1.52631
1.06403	939.82	526.08	524.27	1.58010	125	1.06397	939.87	526.15	524.23	1.58001
1.06880	935.63	547.37	545.56	1.63325	130	1.06874	935.68	547.44	545.52	1.63315
1.07374	931.32	568.72	566.89	1.68587	135	1.07368	931.38	568.78	566.85	1.68577
1.07885	926.91	590.11	588.28	1.73797	140	1.07879	926.96	590.18	588.24	1.73786
1.08414	922.39	611.56	609.72	1.78957	145	1.08408	922.44	611.63	609.68	1.78947
1.08962	917.75	633.07	631.22	1.84071	150	1.08955	917.81	633.13	631.17	1.84060
1.09528	913.01	654.64	652.78	1.89139	155	1.09521	913.07	654.70	652.73	1.89127
1.10114	908.15	676.28	674.41	1.94164	160	1.10107	908.21	676.34	674.36	1.94152
1.10721	903.17	697.99	696.11	1.99147	165	1.10713	903.24	698.05	696.06	1.99135
1.11348	898.08	719.78	717.89	2.04091	170	1.11341	898.14	719.83	717.83	2.04078
1.11999	892.87	741.65	739.74	2.08998	175	1.11990	892.93	741.70	739.68	2.08985
1.12672	887.53	763.60	761.69	2.13870	180	1.12664	887.60	763.65	761.62	2.13856
1.13370	882.07	785.65	783.72	2.18709	185	1.13361	882.13	785.70	783.66	2.18695
1.14094	876.47	807.80	805.86	2.23518	190	1.14085	876.54	807.85	805.79	2.23503
1.14846	870.73	830.06	828.11	2.28298	195	1.14836	870.81	830.10	828.04	2.28283
1.15626	864.86	852.44	850.47	2.33053	200	1.15616	864.93	852.48	850.40	2.33037
116.93	8.552	2796.8	2598.0	6.4028	205	1.16427	858.91	874.98	872.89	2.37768
118.83	8.416	2810.9	2608.9	6.4320	210	111.41	8.976	2804.6	2604.0	6.3952
120.68	8.286	2824.6	2619.5	6.4603	215	113.21	8.833	2818.7	2614.9	6.4242
122.50	8.163	2838.1	2629.8	6.4877	220	114.97	8.698	2832.5	2625.5	6.4523
124.29	8.045	2851.3	2640.0	6.5144	225	116.69	8.570	2846.0	2635.9	6.4795
126.06	7.933	2864.2	2649.9	6.5402	230	118.39	8.447	2859.2	2646.1	6.5059
127.79	7.825	2877.0	2659.8	6.5655	235	120.06	8.329	2872.2	2656.1	6.5317
129.51	7.721	2889.6	2669.4	6.5901	240	121.70	8.217	2885.0	2665.9	6.5568
131.20	7.622	2902.0	2679.0	6.6142	245	123.33	8.108	2897.6	2675.6	6.5812
132.88	7.526	2914.3	2688.4	6.6378	250	124.93	8.004	2910.1	2685.2	6.6052
134.53	7.433	2926.4	2697.7	6.6608	255	126.52	7.904	2922.4	2694.7	6.6286
136.18	7.343	2938.4	2706.9	6.6835	260	128.09	7.807	2934.6	2704.0	6.6515
137.80	7.257	2950.3	2716.1	6.7057	265	129.65	7.713	2946.6	2713.3	6.6740
139.41	7.173	2962.1	2725.1	6.7275	270	131.19	7.623	2958.6	2722.5	6.6961
141.01	7.091	2973.8	2734.1	6.7490	275	132.71	7.535	2970.4	2731.6	6.7179
142.60	7.012	2985.5	2743.0	6.7701	280	134.23	7.450	2982.2	2740.6	6.7392
144.18	6.936	2997.0	2751.9	6.7909	285	135.73	7.367	2993.9	2749.6	6.7602
145.75	6.861	3008.5	2760.7	6.8114	290	137.23	7.287	3005.5	2758.5	6.7809
147.31	6.789	3019.9	2769.5	6.8316	295	138.71	7.209	3017.0	2767.3	6.8013

Tafel 3. Druckwasser und überhitzter Dampf (Fortsetzung)

17 bar						18 bar				
$10^3 v$	ϱ	h	u	s	t	$10^3 v$	ϱ	h	u	s
m³/kg	kg/m³	kJ/kg		kJ/kgK	°C	m³/kg	kg/m³	kJ/kg		kJ/kg K
148.86	6.718	3031.3	2778.3	6.8516	**300**	140.19	7.133	3028.5	2776.1	6.8214
150.40	6.649	3042.6	2787.0	6.8712	**305**	141.66	7.059	3039.9	2784.9	6.8412
151.93	6.582	3053.9	2795.6	6.8907	**310**	143.12	6.987	3051.3	2793.6	6.8608
153.46	6.516	3065.2	2804.3	6.9098	**315**	144.57	6.917	3062.6	2802.4	6.8801
154.98	6.453	3076.3	2812.9	6.9288	**320**	146.01	6.849	3073.9	2811.0	6.8992
156.49	6.390	3087.5	2821.5	6.9475	**325**	147.45	6.782	3085.1	2819.7	6.9181
158.00	6.329	3098.6	2830.0	6.9661	**330**	148.89	6.717	3096.3	2828.3	6.9367
159.50	6.270	3109.7	2838.6	6.9844	**335**	150.31	6.653	3107.5	2836.9	6.9552
161.00	6.211	3120.8	2847.1	7.0025	**340**	151.74	6.590	3118.6	2845.5	6.9734
162.49	6.154	3131.9	2855.6	7.0205	**345**	153.15	6.529	3129.7	2854.0	6.9915
163.97	6.099	3142.9	2864.1	7.0383	**350**	154.56	6.470	3140.8	2862.6	7.0093
165.45	6.044	3153.9	2872.6	7.0559	**355**	155.97	6.411	3151.9	2871.1	7.0270
166.93	5.990	3164.9	2881.1	7.0733	**360**	157.37	6.354	3162.9	2879.6	7.0445
168.41	5.938	3175.9	2889.6	7.0906	**365**	158.77	6.298	3173.9	2888.1	7.0619
169.87	5.887	3186.8	2898.1	7.1077	**370**	160.17	6.244	3185.0	2896.7	7.0791
171.34	5.836	3197.8	2906.5	7.1246	**375**	161.56	6.190	3196.0	2905.2	7.0961
172.80	5.787	3208.7	2915.0	7.1415	**380**	162.94	6.137	3206.9	2913.6	7.1130
174.26	5.738	3219.7	2923.4	7.1581	**385**	164.33	6.085	3217.9	2922.1	7.1298
175.72	5.691	3230.6	2931.9	7.1747	**390**	165.71	6.035	3228.9	2930.6	7.1464
177.17	5.644	3241.5	2940.3	7.1911	**395**	167.09	5.985	3239.8	2939.1	7.1628
178.62	5.598	3252.4	2948.8	7.2074	**400**	168.46	5.936	3250.8	2947.6	7.1792
181.51	5.509	3274.3	2965.7	7.2395	**410**	171.20	5.841	3272.7	2964.5	7.2114
184.39	5.423	3296.1	2982.6	7.2712	**420**	173.93	5.749	3294.6	2981.5	7.2432
187.26	5.340	3317.9	2999.5	7.3025	**430**	176.65	5.661	3316.4	2998.5	7.2746
190.13	5.260	3339.7	3016.5	7.3333	**440**	179.37	5.575	3338.3	3015.5	7.3055
192.98	5.182	3361.5	3033.4	7.3637	**450**	182.07	5.492	3360.2	3032.5	7.3359
195.83	5.1065	3383.4	3050.4	7.3937	**460**	184.77	5.412	3382.1	3049.5	7.3660
198.67	5.0335	3405.2	3067.5	7.4233	**470**	187.46	5.334	3404.0	3066.6	7.3957
201.51	4.9626	3427.1	3084.5	7.4525	**480**	190.14	5.259	3425.9	3083.7	7.4250
204.33	4.8939	3449.0	3101.6	7.4814	**490**	192.82	5.186	3447.9	3100.8	7.4539
207.16	4.8272	3470.9	3118.8	7.5100	**500**	195.49	5.115	3469.9	3118.0	7.4825
212.79	4.6995	3514.9	3153.2	7.5661	**520**	200.82	4.9795	3513.9	3152.4	7.5388
218.40	4.5787	3559.1	3187.8	7.6211	**540**	206.14	4.8511	3558.1	3187.1	7.5938
224.00	4.4643	3603.4	3222.6	7.6749	**560**	211.43	4.7296	3602.5	3221.9	7.6478
229.59	4.3557	3647.9	3257.6	7.7277	**580**	216.72	4.6143	3647.0	3257.0	7.7006
235.16	4.2525	3692.6	3292.8	7.7795	**600**	221.99	4.5048	3691.8	3292.2	7.7524
240.72	4.1542	3737.5	3328.3	7.8304	**620**	227.25	4.4005	3736.8	3327.7	7.8034
246.27	4.0606	3782.6	3364.0	7.8803	**640**	232.50	4.3011	3781.9	3363.4	7.8534
251.81	3.9712	3828.0	3399.9	7.9295	**660**	237.74	4.2063	3827.3	3399.4	7.9025
257.35	3.8858	3873.6	3436.1	7.9778	**680**	242.97	4.1157	3873.0	3435.6	7.9509
262.87	3.8041	3919.4	3472.5	8.0254	**700**	248.20	4.0291	3918.8	3472.1	7.9986
268.40	3.7258	3965.5	3509.2	8.0723	**720**	253.42	3.9461	3964.9	3508.8	8.0455
273.91	3.6508	4011.8	3546.2	8.1185	**740**	258.63	3.8665	4011.3	3545.8	8.0917
279.42	3.5788	4058.4	3583.4	8.1640	**760**	263.84	3.7902	4057.9	3583.0	8.1372
284.93	3.5097	4105.2	3620.9	8.2089	**780**	269.04	3.7169	4104.7	3620.5	8.1821
290.43	3.4432	4152.3	3658.6	8.2532	**800**	274.24	3.6464	4151.9	3658.2	8.2264
304.16	3.2877	4271.2	3754.1	8.3614	**850**	287.22	3.4816	4270.7	3753.7	8.3347
317.87	3.1459	4391.6	3851.2	8.4663	**900**	300.18	3.3313	4391.2	3850.9	8.4397
331.57	3.0159	4513.6	3950.0	8.5682	**950**	313.12	3.1936	4513.3	3949.7	8.5416
345.25	2.8964	4637.3	4050.3	8.6672	**1000**	326.05	3.0670	4637.0	4050.1	8.6406
372.58	2.6840	4889.1	4255.7	8.8576	**1100**	351.87	2.8419	4888.8	4255.5	8.8311
399.88	2.5007	5146.8	4467.0	9.0388	**1200**	377.66	2.6479	5146.6	4466.8	9.0122
427.15	2.3411	5410.0	4683.9	9.2116	**1300**	403.42	2.4788	5409.9	4683.7	9.1851
454.40	2.2007	5678.4	4905.9	9.3770	**1400**	429.16	2.3301	5678.2	4905.8	9.3505
481.63	2.0763	5951.5	5132.7	9.5355	**1500**	454.89	2.1983	5951.4	5132.6	9.5091
508.9	1.9652	6229.0	5363.9	9.6877	**1600**	480.6	2.0807	6228.9	5363.8	9.6613
536.1	1.8654	6510.4	5599.1	9.8341	**1700**	506.3	1.9751	6510.4	5599.0	9.8077
563.3	1.7753	6795.6	5838.1	9.9751	**1800**	532.0	1.8797	6795.6	5838.0	9.9487
590.5	1.6936	7084.3	6080.5	10.1111	**1900**	557.7	1.7931	7084.2	6080.4	10.0846
617.7	1.6190	7376.1	6326.0	10.2423	**2000**	583.4	1.7142	7376.0	6326.0	10.2159

Tafel 3. Druckwasser und überhitzter Dampf (Fortsetzung)

19 bar (t_s = 209.838 °C)						20 bar (t_s = 212.417 °C)				
$10^3 v$	ϱ	h	u	s	t	$10^3 v$	ϱ	h	u	s
m^3/kg	kg/m^3	kJ/kg		kJ/kg K	°C	m^3/kg	kg/m^3	kJ/kg		kJ/kg K
1.17231	853.02	896.92	894.69	2.42309	t_l	1.17667	849.85	908.69	906.33	2.44714
104.71	9.550	2797.6	2598.7	6.3584	t_g	99.59	10.041	2798.7	2599.5	6.3396
0.99926	1000.74	1.90	0.00	-0.00001	0	0.99921	1000.79	2.00	0.00	0.00000
0.99913	1000.88	22.91	21.01	0.07623	5	0.99908	1000.92	23.01	21.01	0.07623
0.99940	1000.60	43.84	41.94	0.15080	10	0.99935	1000.65	43.94	41.94	0.15079
1.00003	999.97	64.73	62.83	0.22394	15	0.99998	1000.02	64.83	62.83	0.22393
1.00095	999.05	85.62	83.72	0.29581	20	1.00090	999.10	85.71	83.71	0.29579
1.00213	997.87	106.51	104.60	0.36646	25	1.00209	997.92	106.60	104.60	0.36643
1.00356	996.45	127.40	125.49	0.43595	30	1.00351	996.50	127.49	125.48	0.43592
1.00520	994.82	148.29	146.38	0.50430	35	1.00516	994.87	148.38	146.37	0.50427
1.00705	993.00	169.18	167.27	0.57155	40	1.00701	993.04	169.27	167.25	0.57151
1.00909	990.99	190.07	188.15	0.63773	45	1.00905	991.04	190.16	188.14	0.63768
1.01131	988.81	210.95	209.03	0.70287	50	1.01127	988.86	211.04	209.02	0.70282
1.01371	986.48	231.84	229.92	0.76701	55	1.01366	986.52	231.93	229.90	0.76696
1.01627	983.99	252.73	250.80	0.83019	60	1.01623	984.03	252.82	250.78	0.83014
1.01900	981.35	273.63	271.69	0.89245	65	1.01896	981.39	273.71	271.68	0.89240
1.02189	978.57	294.54	292.60	0.95383	70	1.02185	978.62	294.62	292.58	0.95377
1.02494	975.66	315.46	313.51	1.01436	75	1.02490	975.71	315.54	313.49	1.01430
1.02815	972.62	336.40	334.45	1.07408	80	1.02810	972.67	336.48	334.42	1.07401
1.03150	969.46	357.36	355.40	1.13302	85	1.03146	969.50	357.44	355.38	1.13295
1.03502	966.17	378.35	376.38	1.19122	90	1.03497	966.22	378.43	376.36	1.19115
1.03868	962.76	399.37	397.39	1.24870	95	1.03863	962.81	399.44	397.37	1.24862
1.04250	959.24	420.42	418.43	1.30548	100	1.04244	959.28	420.49	418.41	1.30540
1.04647	955.60	441.50	439.51	1.36161	105	1.04641	955.64	441.57	439.48	1.36152
1.05059	951.84	462.62	460.62	1.41709	110	1.05054	951.89	462.69	460.59	1.41700
1.05487	947.98	483.78	481.77	1.47195	115	1.05482	948.03	483.85	481.74	1.47186
1.05931	944.01	504.98	502.96	1.52622	120	1.05926	944.06	505.05	502.93	1.52613
1.06392	939.92	526.22	524.20	1.57992	125	1.06386	939.97	526.29	524.16	1.57982
1.06868	935.73	547.51	545.48	1.63306	130	1.06862	935.78	547.58	545.44	1.63296
1.07362	931.43	568.85	566.81	1.68566	135	1.07356	931.48	568.92	566.77	1.68556
1.07873	927.02	590.24	588.19	1.73776	140	1.07866	927.07	590.31	588.15	1.73766
1.08401	922.50	611.69	609.63	1.78936	145	1.08395	922.55	611.75	609.59	1.78925
1.08948	917.87	633.20	631.13	1.84049	150	1.08942	917.92	633.26	631.08	1.84037
1.09514	913.12	654.76	652.68	1.89116	155	1.09507	913.18	654.82	652.63	1.89104
1.10100	908.27	676.40	674.31	1.94140	160	1.10092	908.33	676.46	674.26	1.94128
1.10706	903.30	698.11	696.00	1.99122	165	1.10698	903.36	698.16	695.95	1.99110
1.11333	898.21	719.89	717.77	2.04065	170	1.11325	898.27	719.94	717.72	2.04053
1.11982	893.00	741.75	739.62	2.08971	175	1.11974	893.06	741.80	739.56	2.08958
1.12655	887.66	763.70	761.56	2.13842	180	1.12647	887.73	763.75	761.50	2.13829
1.13353	882.20	785.75	783.59	2.18680	185	1.13344	882.27	785.80	783.53	2.18666
1.14076	876.61	807.89	805.73	2.23488	190	1.14067	876.68	807.94	805.66	2.23473
1.14826	870.88	830.15	827.97	2.28267	195	1.14817	870.95	830.19	827.89	2.28252
1.15606	865.01	852.52	850.32	2.33021	200	1.15596	865.08	852.56	850.25	2.33005
1.16416	858.99	875.02	872.81	2.37752	205	1.16405	859.07	875.06	872.73	2.37735
104.76	9.545	2798.1	2599.1	6.3594	210	1.17248	852.89	897.69	895.35	2.42444
106.51	9.389	2812.6	2610.2	6.3892	215	100.46	9.954	2806.4	2605.4	6.3553
108.21	9.241	2826.7	2621.1	6.4180	220	102.12	9.793	2820.9	2616.6	6.3848
109.88	9.101	2840.5	2631.8	6.4459	225	103.74	9.640	2835.0	2627.5	6.4133
111.52	8.967	2854.1	2642.2	6.4729	230	105.32	9.495	2848.8	2638.2	6.4409
113.13	8.840	2867.3	2652.4	6.4991	235	106.88	9.356	2862.4	2648.6	6.4677
114.71	8.717	2880.4	2662.4	6.5247	240	108.41	9.224	2875.6	2658.8	6.4937
116.28	8.600	2893.2	2672.3	6.5496	245	109.92	9.097	2888.7	2668.9	6.5191
117.82	8.488	2905.9	2682.0	6.5739	250	111.41	8.976	2901.6	2678.8	6.5438
119.34	8.379	2918.4	2691.6	6.5977	255	112.88	8.859	2914.3	2688.5	6.5679
120.85	8.275	2930.7	2701.1	6.6209	260	114.33	8.747	2926.8	2698.1	6.5915
122.34	8.174	2942.9	2710.5	6.6437	265	115.77	8.638	2939.2	2707.6	6.6146
123.82	8.076	2955.0	2719.8	6.6661	270	117.19	8.534	2951.4	2717.0	6.6373
125.28	7.982	2967.0	2729.0	6.6881	275	118.59	8.432	2963.5	2726.4	6.6595
126.73	7.891	2978.9	2738.1	6.7097	280	119.98	8.334	2975.6	2735.6	6.6814
128.17	7.802	2990.7	2747.2	6.7309	285	121.37	8.240	2987.5	2744.8	6.7028
129.60	7.716	3002.4	2756.2	6.7518	290	122.74	8.147	2999.3	2753.8	6.7239
131.02	7.632	3014.0	2765.1	6.7724	295	124.10	8.058	3011.1	2762.9	6.7447

Tafel 3. Druckwasser und überhitzter Dampf (Fortsetzung)

19 bar						20 bar				
$10^3 v$	ϱ	h	u	s	t	$10^3 v$	ϱ	h	u	s
m^3/kg	kg/m^3	kJ/kg		kJ/kgK	°C	m^3/kg	kg/m^3	kJ/kg		kJ/kg K
132.43	7.551	3025.6	2774.0	6.7927	**300**	125.45	7.971	3022.7	2771.8	6.7651
133.83	7.472	3037.1	2782.8	6.8126	**305**	126.79	7.887	3034.3	2780.8	6.7853
135.23	7.395	3048.6	2791.6	6.8324	**310**	128.13	7.805	3045.9	2789.6	6.8052
136.61	7.320	3060.0	2800.4	6.8518	**315**	129.45	7.725	3057.4	2798.5	6.8248
137.99	7.247	3071.3	2809.1	6.8711	**320**	130.77	7.647	3068.8	2807.3	6.8441
139.37	7.175	3082.6	2817.9	6.8901	**325**	132.09	7.571	3080.2	2816.0	6.8633
140.73	7.106	3093.9	2826.5	6.9088	**330**	133.39	7.497	3091.5	2824.8	6.8822
142.09	7.038	3105.2	2835.2	6.9274	**335**	134.69	7.424	3102.8	2833.5	6.9008
143.45	6.971	3116.4	2843.8	6.9457	**340**	135.99	7.354	3114.1	2842.1	6.9193
144.80	6.906	3127.5	2852.4	6.9639	**345**	137.28	7.284	3125.4	2850.8	6.9375
146.14	6.843	3138.7	2861.0	6.9818	**350**	138.56	7.217	3136.6	2859.4	6.9556
147.48	6.780	3149.8	2869.6	6.9996	**355**	139.84	7.151	3147.7	2868.0	6.9735
148.82	6.720	3160.9	2878.1	7.0172	**360**	141.12	7.086	3158.9	2876.7	6.9911
150.15	6.660	3172.0	2886.7	7.0346	**365**	142.39	7.023	3170.0	2885.2	7.0087
151.48	6.602	3183.1	2895.2	7.0519	**370**	143.66	6.961	3181.1	2893.8	7.0260
152.80	6.544	3194.1	2903.8	7.0690	**375**	144.92	6.900	3192.2	2902.4	7.0432
154.12	6.488	3205.1	2912.3	7.0860	**380**	146.18	6.841	3203.3	2911.0	7.0602
155.44	6.433	3216.2	2920.8	7.1028	**385**	147.44	6.782	3214.4	2919.5	7.0771
156.75	6.379	3227.2	2929.3	7.1195	**390**	148.69	6.725	3225.4	2928.0	7.0938
158.06	6.327	3238.2	2937.8	7.1360	**395**	149.94	6.669	3236.5	2936.6	7.1104
159.37	6.275	3249.2	2946.4	7.1524	**400**	151.19	6.614	3247.5	2945.1	7.1269
161.98	6.174	3271.1	2963.4	7.1848	**410**	153.68	6.507	3269.5	2962.2	7.1594
164.57	6.076	3293.1	2980.4	7.2167	**420**	156.15	6.404	3291.6	2979.3	7.1914
167.16	5.982	3315.0	2997.4	7.2481	**430**	158.62	6.304	3313.6	2996.3	7.2229
169.74	5.891	3336.9	3014.4	7.2791	**440**	161.07	6.208	3335.6	3013.4	7.2539
172.31	5.803	3358.9	3031.5	7.3096	**450**	163.52	6.115	3357.5	3030.5	7.2845
174.87	5.718	3380.8	3048.6	7.3397	**460**	165.97	6.025	3379.5	3047.6	7.3148
177.43	5.636	3402.8	3065.7	7.3695	**470**	168.40	5.938	3401.5	3064.7	7.3446
179.98	5.556	3424.7	3082.8	7.3988	**480**	170.83	5.854	3423.6	3081.9	7.3740
182.52	5.479	3446.7	3099.9	7.4279	**490**	173.25	5.772	3445.6	3099.1	7.4031
185.06	5.404	3468.8	3117.1	7.4565	**500**	175.67	5.693	3467.7	3116.3	7.4318
190.12	5.2598	3512.9	3151.7	7.5129	**520**	180.49	5.541	3511.9	3150.9	7.4882
195.16	5.1239	3557.2	3186.4	7.5680	**540**	185.29	5.397	3556.2	3185.6	7.5435
200.19	4.9953	3601.6	3221.2	7.6220	**560**	190.07	5.261	3600.7	3220.6	7.5975
205.20	4.8732	3646.2	3256.3	7.6749	**580**	194.84	5.132	3645.4	3255.7	7.6505
210.20	4.7573	3691.0	3291.6	7.7268	**600**	199.60	5.010	3690.2	3291.0	7.7024
215.19	4.6470	3736.0	3327.1	7.7778	**620**	204.35	4.8937	3735.3	3326.6	7.7535
220.17	4.5419	3781.2	3362.9	7.8278	**640**	209.08	4.7828	3780.5	3362.4	7.8036
225.15	4.4416	3826.7	3398.9	7.8771	**660**	213.81	4.6770	3826.0	3398.4	7.8528
230.11	4.3458	3872.3	3435.1	7.9255	**680**	218.53	4.5760	3871.7	3434.6	7.9013
235.06	4.2541	3918.2	3471.6	7.9731	**700**	223.25	4.4794	3917.6	3471.1	7.9490
240.01	4.1664	3964.4	3508.3	8.0201	**720**	227.95	4.3869	3963.8	3507.9	7.9959
244.96	4.0823	4010.8	3545.3	8.0663	**740**	232.65	4.2982	4010.2	3544.9	8.0422
249.90	4.0017	4057.4	3582.6	8.1119	**760**	237.35	4.2132	4056.9	3582.2	8.0878
254.83	3.9242	4104.3	3620.1	8.1568	**780**	242.04	4.1316	4103.8	3619.7	8.1328
259.76	3.8497	4151.4	3657.9	8.2012	**800**	246.73	4.0531	4150.9	3657.5	8.1771
272.07	3.6756	4270.3	3753.4	8.3095	**850**	258.42	3.8696	4269.9	3753.1	8.2855
284.35	3.5168	4390.9	3850.6	8.4145	**900**	270.10	3.7023	4390.5	3850.3	8.3905
296.62	3.3713	4513.0	3949.4	8.5164	**950**	281.76	3.5491	4512.7	3949.1	8.4925
308.87	3.2376	4636.7	4049.8	8.6155	**1000**	293.41	3.4082	4636.4	4049.5	8.5916
333.34	2.9999	4888.6	4255.2	8.8060	**1100**	316.67	3.1579	4888.4	4255.0	8.7821
357.78	2.7950	5146.4	4466.6	8.9872	**1200**	339.89	2.9421	5146.2	4466.4	8.9633
382.19	2.6165	5409.7	4683.5	9.1601	**1300**	363.09	2.7542	5409.5	4683.3	9.1363
406.59	2.4595	5678.1	4905.6	9.3255	**1400**	386.27	2.5889	5678.0	4905.4	9.3017
430.96	2.3204	5951.3	5132.4	9.4840	**1500**	409.43	2.4424	5951.1	5132.3	9.4603
455.33	2.1962	6228.8	5363.6	9.6363	**1600**	432.58	2.3117	6228.7	5363.5	9.6125
479.68	2.0847	6510.3	5598.9	9.7827	**1700**	455.72	2.1943	6510.2	5598.8	9.7589
504.03	1.9840	6795.5	5837.8	9.9237	**1800**	478.85	2.0883	6795.4	5837.7	9.8999
528.37	1.8926	7084.2	6080.3	10.0596	**1900**	501.97	1.9921	7084.1	6080.2	10.0359
552.70	1.8093	7376.0	6325.9	10.1909	**2000**	525.10	1.9044	7376.0	6325.8	10.1672

Tafel 3. Druckwasser und überhitzter Dampf (Fortsetzung)

21 bar ($t_s = 214.897$ °C)						22 bar ($t_s = 217.288$ °C)				
$10^3 v$	ϱ	h	u	s	t	$10^3 v$	ϱ	h	u	s
m³/kg	kg/m³	kJ/kg		kJ/kgK	°C	m³/kg	kg/m³	kJ/kg		kJ/kg K
1.18095	846.78	920.04	917.56	2.47021	t_l	1.18515	843.78	931.01	928.41	2.49241
94.94	10.533	2799.7	2600.3	6.3215	t_g	90.70	11.025	2800.5	2600.9	6.3042
0.99916	1000.85	2.10	0.00	0.00001	0	0.99910	1000.90	2.20	0.00	0.00001
0.99903	1000.97	23.11	21.01	0.07623	5	0.99898	1001.02	23.21	21.01	0.07623
0.99931	1000.69	44.03	41.93	0.15078	10	0.99926	1000.74	44.13	41.93	0.15077
0.99993	1000.07	64.92	62.82	0.22391	15	0.99989	1000.11	65.02	62.82	0.22390
1.00086	999.15	85.81	83.70	0.29576	20	1.00081	999.19	85.90	83.70	0.29574
1.00204	997.96	106.69	104.59	0.36641	25	1.00200	998.01	106.78	104.58	0.36638
1.00347	996.54	127.58	125.47	0.43589	30	1.00342	996.59	127.67	125.46	0.43586
1.00511	994.91	148.47	146.36	0.50423	35	1.00507	994.96	148.56	146.35	0.50420
1.00696	993.09	169.36	167.24	0.57147	40	1.00692	993.13	169.44	167.23	0.57143
1.00900	991.08	190.24	188.12	0.63764	45	1.00896	991.12	190.33	188.11	0.63760
1.01122	988.90	211.13	209.00	0.70277	50	1.01118	988.94	211.21	208.99	0.70273
1.01362	986.56	232.01	229.88	0.76691	55	1.01357	986.61	232.10	229.87	0.76686
1.01618	984.07	252.90	250.77	0.83009	60	1.01614	984.12	252.99	250.75	0.83003
1.01891	981.44	273.80	271.66	0.89234	65	1.01887	981.48	273.88	271.64	0.89228
1.02180	978.66	294.70	292.56	0.95371	70	1.02176	978.71	294.78	292.54	0.95365
1.02485	975.75	315.62	313.47	1.01424	75	1.02480	975.80	315.70	313.45	1.01417
1.02805	972.71	336.56	334.40	1.07395	80	1.02800	972.76	336.64	334.38	1.07388
1.03141	969.55	357.52	355.35	1.13289	85	1.03136	969.59	357.60	355.33	1.13282
1.03492	966.26	378.51	376.33	1.19107	90	1.03487	966.31	378.58	376.31	1.19100
1.03858	962.85	399.52	397.34	1.24855	95	1.03853	962.90	399.60	397.31	1.24847
1.04239	959.33	420.57	418.38	1.30533	100	1.04234	959.38	420.64	418.35	1.30525
1.04636	955.69	441.65	439.45	1.36144	105	1.04631	955.74	441.72	439.42	1.36136
1.05049	951.94	462.76	460.56	1.41692	110	1.05043	951.99	462.84	460.52	1.41684
1.05477	948.08	483.92	481.70	1.47178	115	1.05471	948.13	483.99	481.67	1.47169
1.05920	944.11	505.12	502.89	1.52604	120	1.05915	944.16	505.19	502.86	1.52595
1.06380	940.02	526.36	524.12	1.57973	125	1.06374	940.08	526.43	524.09	1.57964
1.06857	935.83	547.65	545.40	1.63286	130	1.06851	935.89	547.71	545.36	1.63277
1.07350	931.53	568.98	566.73	1.68546	135	1.07344	931.59	569.05	566.69	1.68536
1.07860	927.13	590.37	588.11	1.73755	140	1.07854	927.18	590.44	588.06	1.73745
1.08388	922.61	611.82	609.54	1.78914	145	1.08382	922.66	611.88	609.50	1.78904
1.08935	917.98	633.32	631.03	1.84026	150	1.08928	918.04	633.38	630.99	1.84015
1.09500	913.24	654.89	652.59	1.89093	155	1.09493	913.30	654.95	652.54	1.89081
1.10085	908.39	676.52	674.20	1.94116	160	1.10078	908.45	676.58	674.15	1.94104
1.10691	903.42	698.22	695.89	1.99098	165	1.10683	903.48	698.28	695.84	1.99085
1.11317	898.33	720.00	717.66	2.04040	170	1.11309	898.40	720.05	717.60	2.04027
1.11966	893.13	741.86	739.51	2.08945	175	1.11958	893.19	741.91	739.45	2.08932
1.12638	887.80	763.80	761.44	2.13815	180	1.12630	887.86	763.85	761.38	2.13801
1.13335	882.34	785.84	783.46	2.18652	185	1.13326	882.41	785.89	783.40	2.18638
1.14057	876.75	807.98	805.59	2.23459	190	1.14048	876.82	808.03	805.52	2.23444
1.14807	871.03	830.23	827.82	2.28237	195	1.14797	871.10	830.28	827.75	2.28222
1.15585	865.16	852.60	850.17	2.32989	200	1.15575	865.24	852.64	850.10	2.32973
1.16395	859.15	875.10	872.65	2.37719	205	1.16384	859.23	875.13	872.57	2.37702
1.17236	852.98	897.73	895.27	2.42427	210	1.17225	853.06	897.76	895.18	2.42410
94.97	10.529	2800.0	2600.5	6.3222	215	1.18101	846.73	920.54	917.94	2.47100
96.59	10.353	2814.9	2612.0	6.3525	220	91.55	10.923	2808.7	2607.3	6.3210
98.17	10.187	2829.3	2623.2	6.3817	225	93.09	10.742	2823.6	2618.8	6.3509
99.71	10.029	2843.5	2634.1	6.4099	230	94.60	10.571	2838.0	2629.9	6.3798
101.22	9.879	2857.3	2644.7	6.4373	235	96.07	10.409	2852.1	2640.8	6.4077
102.71	9.736	2870.8	2655.2	6.4638	240	97.51	10.255	2866.0	2651.4	6.4348
104.17	9.600	2884.1	2665.4	6.4896	245	98.93	10.108	2879.5	2661.9	6.4611
105.61	9.469	2897.2	2675.4	6.5147	250	100.32	9.968	2892.8	2672.1	6.4866
107.03	9.344	2910.1	2685.4	6.5393	255	101.70	9.833	2905.9	2682.2	6.5115
108.43	9.223	2922.8	2695.1	6.5632	260	103.05	9.704	2918.8	2692.1	6.5358
109.81	9.107	2935.4	2704.8	6.5866	265	104.39	9.579	2931.5	2701.9	6.5596
111.18	8.995	2947.8	2714.3	6.6096	270	105.71	9.459	2944.1	2711.5	6.5828
112.53	8.886	2960.0	2723.7	6.6321	275	107.02	9.344	2956.5	2721.1	6.6056
113.87	8.782	2972.2	2733.1	6.6541	280	108.32	9.232	2968.8	2730.5	6.6279
115.20	8.680	2984.2	2742.3	6.6758	285	109.60	9.124	2981.0	2739.9	6.6498
116.52	8.582	2996.2	2751.5	6.6971	290	110.87	9.020	2993.0	2749.1	6.6714
117.83	8.487	3008.1	2760.6	6.7181	295	112.13	8.918	3005.0	2758.3	6.6925

Tafel 3. Druckwasser und überhitzter Dampf (Fortsetzung)

21 bar						22 bar				
$10^3 v$	ϱ	h	u	s	t	$10^3 v$	ϱ	h	u	s
m^3/kg	kg/m^3	kJ/kg		kJ/kgK	°C	m^3/kg	kg/m^3	kJ/kg		kJ/kg K
119.13	8.394	3019.8	2769.7	6.7387	**300**	113.38	8.820	3016.9	2767.5	6.7133
120.42	8.304	3031.5	2778.7	6.7591	**305**	114.62	8.724	3028.7	2776.5	6.7339
121.70	8.217	3043.2	2787.6	6.7791	**310**	115.85	8.632	3040.4	2785.6	6.7541
122.97	8.132	3054.7	2796.5	6.7989	**315**	117.08	8.541	3052.1	2794.5	6.7740
124.24	8.049	3066.3	2805.4	6.8184	**320**	118.30	8.453	3063.7	2803.4	6.7936
125.50	7.968	3077.7	2814.2	6.8376	**325**	119.51	8.368	3075.2	2812.3	6.8130
126.75	7.889	3089.1	2823.0	6.8566	**330**	120.71	8.284	3086.7	2821.2	6.8321
128.00	7.813	3100.5	2831.7	6.8754	**335**	121.91	8.203	3098.2	2830.0	6.8510
129.24	7.738	3111.9	2840.5	6.8940	**340**	123.10	8.123	3109.6	2838.8	6.8697
130.47	7.664	3123.2	2849.2	6.9123	**345**	124.29	8.046	3121.0	2847.5	6.8882
131.71	7.593	3134.4	2857.8	6.9305	**350**	125.47	7.970	3132.3	2856.2	6.9064
132.93	7.523	3145.7	2866.5	6.9484	**355**	126.65	7.896	3143.6	2865.0	6.9245
134.15	7.454	3156.9	2875.2	6.9662	**360**	127.82	7.824	3154.8	2873.6	6.9423
135.37	7.387	3168.1	2883.8	6.9838	**365**	128.99	7.753	3166.1	2882.3	6.9600
136.58	7.322	3179.2	2892.4	7.0013	**370**	130.15	7.683	3177.3	2891.0	6.9775
137.79	7.257	3190.4	2901.0	7.0185	**375**	131.31	7.616	3188.5	2899.6	6.9949
139.00	7.194	3201.5	2909.6	7.0356	**380**	132.47	7.549	3199.7	2908.2	7.0120
140.20	7.133	3212.6	2918.2	7.0526	**385**	133.62	7.484	3210.8	2916.9	7.0291
141.40	7.072	3223.7	2926.8	7.0694	**390**	134.77	7.420	3222.0	2925.5	7.0459
142.59	7.013	3234.8	2935.3	7.0860	**395**	135.91	7.358	3233.1	2934.1	7.0626
143.79	6.955	3245.9	2943.9	7.1025	**400**	137.06	7.296	3244.2	2942.7	7.0792
146.16	6.842	3268.0	2961.0	7.1351	**410**	139.33	7.177	3266.4	2959.8	7.1119
148.53	6.733	3290.1	2978.1	7.1672	**420**	141.60	7.062	3288.5	2977.0	7.1441
150.89	6.627	3312.1	2995.3	7.1988	**430**	143.86	6.951	3310.7	2994.2	7.1758
153.23	6.526	3334.2	3012.4	7.2300	**440**	146.11	6.844	3332.8	3011.3	7.2070
155.57	6.428	3356.2	3029.5	7.2607	**450**	148.35	6.741	3354.9	3028.5	7.2378
157.91	6.333	3378.3	3046.7	7.2909	**460**	150.58	6.641	3377.0	3045.7	7.2682
160.23	6.241	3400.3	3063.8	7.3208	**470**	152.80	6.544	3399.1	3062.9	7.2981
162.55	6.152	3422.4	3081.0	7.3503	**480**	155.02	6.451	3421.2	3080.1	7.3277
164.86	6.066	3444.5	3098.3	7.3794	**490**	157.24	6.360	3443.3	3097.4	7.3568
167.17	5.982	3466.6	3115.5	7.4082	**500**	159.44	6.272	3465.5	3114.7	7.3857
171.77	5.822	3510.8	3150.1	7.4648	**520**	163.84	6.103	3509.8	3149.4	7.4423
176.35	5.671	3555.3	3184.9	7.5200	**540**	168.22	5.944	3554.3	3184.2	7.4977
180.91	5.527	3599.8	3219.9	7.5742	**560**	172.59	5.794	3598.9	3219.2	7.5519
185.46	5.392	3644.5	3255.1	7.6272	**580**	176.94	5.652	3643.7	3254.4	7.6050
190.00	5.263	3689.4	3290.4	7.6792	**600**	181.28	5.516	3688.6	3289.8	7.6571
194.53	5.1406	3734.5	3326.0	7.7303	**620**	185.61	5.3877	3733.8	3325.4	7.7082
199.05	5.0239	3779.8	3361.8	7.7805	**640**	189.93	5.2652	3779.1	3361.3	7.7584
203.56	4.9126	3825.3	3397.9	7.8298	**660**	194.24	5.1484	3824.7	3397.4	7.8078
208.06	4.8064	3871.1	3434.2	7.8783	**680**	198.54	5.0369	3870.5	3433.7	7.8563
212.55	4.7047	3917.0	3470.7	7.9260	**700**	202.83	4.9302	3916.4	3470.2	7.9040
217.04	4.6075	3963.2	3507.5	7.9730	**720**	207.12	4.8282	3962.7	3507.0	7.9511
221.52	4.5143	4009.7	3544.5	8.0193	**740**	211.40	4.7304	4009.1	3544.1	7.9974
226.00	4.4249	4056.4	3581.8	8.0649	**760**	215.68	4.6366	4055.9	3581.4	8.0430
230.47	4.3390	4103.3	3619.3	8.1099	**780**	219.95	4.5466	4102.8	3618.9	8.0881
234.93	4.2565	4150.5	3657.1	8.1543	**800**	224.21	4.4600	4150.0	3656.7	8.1325
246.08	4.0637	4269.5	3752.7	8.2627	**850**	234.86	4.2578	4269.1	3752.4	8.2409
257.21	3.8879	4390.1	3850.0	8.3678	**900**	245.49	4.0734	4389.8	3849.7	8.3460
268.32	3.7269	4512.3	3948.8	8.4697	**950**	256.10	3.9047	4512.0	3948.6	8.4480
279.42	3.5788	4636.1	4049.3	8.5689	**1000**	266.70	3.7495	4635.8	4049.0	8.5472
301.58	3.3159	4888.1	4254.8	8.7594	**1100**	287.86	3.4739	4887.9	4254.6	8.7378
323.70	3.0892	5146.0	4466.2	8.9407	**1200**	308.99	3.2364	5145.8	4466.0	8.9191
345.80	2.8918	5409.4	4683.2	9.1137	**1300**	330.09	3.0295	5409.2	4683.0	9.0921
367.88	2.7183	5677.8	4905.3	9.2791	**1400**	351.17	2.8476	5677.7	4905.1	9.2575
389.94	2.5645	5951.0	5132.1	9.4377	**1500**	372.23	2.6865	5950.9	5132.0	9.4161
411.99	2.4272	6228.6	5363.4	9.5899	**1600**	393.28	2.5427	6228.5	5363.3	9.5684
434.04	2.3040	6510.1	5598.6	9.7364	**1700**	414.32	2.4136	6510.0	5598.5	9.7148
456.07	2.1927	6795.4	5837.6	9.8774	**1800**	435.36	2.2970	6795.3	5837.5	9.8558
478.09	2.0916	7084.1	6080.1	10.0134	**1900**	456.39	2.1911	7084.0	6080.0	9.9918
500.11	1.9995	7375.9	6325.7	10.1447	**2000**	477.41	2.0946	7375.9	6325.6	10.1231

Tafel 3. Druckwasser und überhitzter Dampf (Fortsetzung)

23 bar (t_s = 219.596 °C)						24 bar (t_s = 221.828 °C)				
$10^3 v$	ϱ	h	u	s	t	$10^3 v$	ϱ	h	u	s
m^3/kg	kg/m^3	kJ/kg		kJ/kgK	°C	m^3/kg	kg/m^3	kJ/kg		kJ/kg K
1.18927	840.85	941.64	938.91	2.51379	t_l	1.19333	837.99	951.96	949.09	2.53443
86.82	11.519	2801.2	2601.5	6.2876	t_g	83.24	12.013	2801.7	2601.9	6.2715
0.99905	1000.95	2.30	0.01	0.00002	0	0.99900	1001.00	2.41	0.01	0.00003
0.99893	1001.07	23.31	21.01	0.07623	5	0.99888	1001.12	23.41	21.01	0.07622
0.99921	1000.79	44.23	41.93	0.15076	10	0.99917	1000.84	44.32	41.93	0.15075
0.99984	1000.16	65.11	62.81	0.22388	15	0.99979	1000.21	65.21	62.81	0.22387
1.00076	999.24	85.99	83.69	0.29572	20	1.00072	999.28	86.09	83.69	0.29570
1.00195	998.05	106.88	104.57	0.36636	25	1.00191	998.10	106.97	104.56	0.36633
1.00338	996.63	127.76	125.45	0.43582	30	1.00334	996.68	127.85	125.44	0.43579
1.00502	995.00	148.65	146.34	0.50416	35	1.00498	995.04	148.74	146.33	0.50413
1.00687	993.17	169.53	167.22	0.57139	40	1.00683	993.22	169.62	167.21	0.57135
1.00891	991.17	190.42	188.10	0.63756	45	1.00887	991.21	190.50	188.08	0.63751
1.01113	988.99	211.30	208.97	0.70268	50	1.01109	989.03	211.39	208.96	0.70264
1.01353	986.65	232.18	229.85	0.76681	55	1.01349	986.69	232.27	229.84	0.76676
1.01609	984.16	253.07	250.73	0.82998	60	1.01605	984.20	253.15	250.71	0.82993
1.01882	981.53	273.96	271.62	0.89223	65	1.01878	981.57	274.04	271.60	0.89217
1.02171	978.75	294.87	292.52	0.95359	70	1.02167	978.79	294.95	292.50	0.95353
1.02476	975.84	315.78	313.43	1.01411	75	1.02471	975.89	315.86	313.40	1.01405
1.02796	972.80	336.72	334.36	1.07382	80	1.02791	972.85	336.80	334.33	1.07375
1.03131	969.64	357.68	355.31	1.13275	85	1.03126	969.68	357.76	355.28	1.13268
1.03482	966.35	378.66	376.28	1.19093	90	1.03477	966.40	378.74	376.26	1.19086
1.03848	962.95	399.67	397.28	1.24840	95	1.03843	962.99	399.75	397.26	1.24832
1.04229	959.42	420.72	418.32	1.30517	100	1.04224	959.47	420.79	418.29	1.30509
1.04626	955.79	441.79	439.39	1.36128	105	1.04621	955.83	441.87	439.36	1.36120
1.05038	952.04	462.91	460.49	1.41675	110	1.05033	952.09	462.98	460.46	1.41667
1.05466	948.18	484.06	481.64	1.47160	115	1.05460	948.23	484.13	481.60	1.47152
1.05909	944.21	505.26	502.82	1.52586	120	1.05904	944.26	505.33	502.79	1.52577
1.06369	940.13	526.50	524.05	1.57954	125	1.06363	940.18	526.56	524.01	1.57945
1.06845	935.94	547.78	545.32	1.63267	130	1.06839	935.99	547.85	545.28	1.63257
1.07338	931.64	569.12	566.65	1.68526	135	1.07332	931.69	569.18	566.61	1.68516
1.07848	927.23	590.50	588.02	1.73734	140	1.07841	927.29	590.57	587.98	1.73724
1.08375	922.72	611.94	609.45	1.78893	145	1.08369	922.77	612.01	609.41	1.78882
1.08921	918.09	633.44	630.94	1.84004	150	1.08915	918.15	633.51	630.89	1.83993
1.09486	913.36	655.01	652.49	1.89070	155	1.09479	913.41	655.07	652.44	1.89058
1.10071	908.51	676.63	674.10	1.94092	160	1.10064	908.57	676.69	674.05	1.94080
1.10676	903.54	698.33	695.79	1.99073	165	1.10668	903.60	698.39	695.73	1.99061
1.11302	898.46	720.11	717.55	2.04014	170	1.11294	898.52	720.16	717.49	2.04002
1.11950	893.26	741.96	739.39	2.08919	175	1.11942	893.32	742.02	739.33	2.08905
1.12621	887.93	763.90	761.31	2.13788	180	1.12613	888.00	763.96	761.25	2.13774
1.13317	882.48	785.94	783.33	2.18624	185	1.13308	882.55	785.99	783.27	2.18610
1.14039	876.89	808.08	805.45	2.23429	190	1.14030	876.97	808.12	805.39	2.23415
1.14788	871.17	830.32	827.68	2.28206	195	1.14778	871.25	830.36	827.61	2.28191
1.15565	865.31	852.68	850.02	2.32958	200	1.15555	865.39	852.72	849.95	2.32942
1.16373	859.30	875.17	872.49	2.37686	205	1.16362	859.38	875.21	872.42	2.37669
1.17214	853.14	897.80	895.10	2.42393	210	1.17203	853.22	897.83	895.02	2.42376
1.18089	846.82	920.57	917.85	2.47082	215	1.18077	846.90	920.60	917.77	2.47064
86.94	11.502	2802.4	2602.4	6.2901	220	1.18990	840.41	943.53	940.67	2.51737
88.45	11.306	2817.6	2614.2	6.3208	225	84.18	11.880	2811.6	2609.6	6.2914
89.92	11.121	2832.4	2625.6	6.3504	230	85.62	11.680	2826.8	2621.3	6.3217
91.35	10.947	2846.9	2636.8	6.3790	235	87.02	11.491	2841.5	2632.7	6.3509
92.76	10.781	2861.0	2647.6	6.4066	240	88.40	11.313	2855.9	2643.8	6.3790
94.14	10.623	2874.8	2658.3	6.4333	245	89.74	11.143	2870.0	2654.6	6.4063
95.49	10.472	2888.3	2668.7	6.4593	250	91.06	10.982	2883.8	2665.2	6.4328
96.83	10.327	2901.6	2678.9	6.4846	255	92.36	10.827	2897.3	2675.6	6.4585
98.14	10.189	2914.7	2689.0	6.5093	260	93.64	10.679	2910.6	2685.8	6.4836
99.44	10.056	2927.6	2698.9	6.5334	265	94.90	10.538	2923.7	2695.9	6.5080
100.72	9.928	2940.3	2708.7	6.5569	270	96.14	10.401	2936.6	2705.8	6.5319
101.99	9.805	2952.9	2718.4	6.5800	275	97.37	10.270	2949.3	2715.6	6.5552
103.24	9.686	2965.4	2727.9	6.6026	280	98.58	10.144	2961.9	2725.3	6.5781
104.48	9.571	2977.7	2737.4	6.6247	285	99.78	10.022	2974.3	2734.9	6.6005
105.71	9.460	2989.9	2746.7	6.6465	290	100.97	9.904	2986.7	2744.3	6.6224
106.92	9.353	3002.0	2756.0	6.6679	295	102.15	9.790	2998.9	2753.7	6.6440

Tafel 3. Druckwasser und überhitzter Dampf (Fortsetzung)

23 bar						24 bar				
$10^3 v$	ϱ	h	u	s	t	$10^3 v$	ϱ	h	u	s
m³/kg	kg/m³	kJ/kg		kJ/kg K	°C	m³/kg	kg/m³	kJ/kg		kJ/kg K
108.13	9.248	3013.9	2765.2	6.6889	**300**	103.31	9.679	3011.0	2763.0	6.6652
109.33	9.147	3025.9	2774.4	6.7096	**305**	104.47	9.572	3023.0	2772.2	6.6861
110.52	9.048	3037.7	2783.5	6.7299	**310**	105.62	9.468	3034.9	2781.4	6.7066
111.70	8.953	3049.4	2792.5	6.7500	**315**	106.76	9.367	3046.7	2790.5	6.7269
112.87	8.860	3061.1	2801.5	6.7698	**320**	107.89	9.268	3058.5	2799.6	6.7468
114.04	8.769	3072.7	2810.5	6.7893	**325**	109.02	9.173	3070.2	2808.6	6.7665
115.20	8.681	3084.3	2819.4	6.8086	**330**	110.14	9.080	3081.9	2817.5	6.7859
116.35	8.595	3095.8	2828.2	6.8276	**335**	111.25	8.989	3093.5	2826.5	6.8050
117.50	8.511	3107.3	2837.1	6.8464	**340**	112.36	8.900	3105.0	2835.4	6.8239
118.64	8.429	3118.7	2845.9	6.8649	**345**	113.46	8.814	3116.5	2844.2	6.8426
119.77	8.349	3130.1	2854.6	6.8833	**350**	114.55	8.730	3128.0	2853.0	6.8610
120.91	8.271	3141.5	2863.4	6.9014	**355**	115.64	8.647	3139.4	2861.8	6.8793
122.03	8.194	3152.8	2872.1	6.9194	**360**	116.73	8.567	3150.8	2870.6	6.8973
123.16	8.120	3164.1	2880.8	6.9372	**365**	117.81	8.488	3162.1	2879.4	6.9152
124.28	8.047	3175.4	2889.5	6.9548	**370**	118.89	8.411	3173.4	2888.1	6.9328
125.39	7.975	3186.6	2898.2	6.9722	**375**	119.96	8.336	3184.7	2896.8	6.9503
126.50	7.905	3197.8	2906.9	6.9894	**380**	121.03	8.262	3196.0	2905.5	6.9676
127.61	7.836	3209.0	2915.5	7.0065	**385**	122.10	8.190	3207.2	2914.2	6.9848
128.71	7.769	3220.2	2924.2	7.0234	**390**	123.16	8.119	3218.5	2922.9	7.0018
129.81	7.703	3231.4	2932.8	7.0402	**395**	124.22	8.050	3229.7	2931.5	7.0186
130.91	7.639	3242.5	2941.4	7.0568	**400**	125.28	7.982	3240.9	2940.2	7.0353
133.10	7.513	3264.8	2958.7	7.0896	**410**	127.38	7.850	3263.2	2957.5	7.0683
135.27	7.392	3287.0	2975.9	7.1219	**420**	129.47	7.724	3285.5	2974.8	7.1007
137.44	7.276	3309.2	2993.1	7.1537	**430**	131.56	7.601	3307.8	2992.0	7.1325
139.60	7.163	3331.4	3010.3	7.1850	**440**	133.63	7.483	3330.0	3009.3	7.1639
141.75	7.055	3353.5	3027.5	7.2159	**450**	135.70	7.369	3352.2	3026.5	7.1949
143.89	6.950	3375.7	3044.7	7.2463	**460**	137.76	7.259	3374.4	3043.8	7.2254
146.02	6.848	3397.8	3062.0	7.2763	**470**	139.81	7.153	3396.6	3061.1	7.2554
148.15	6.750	3420.0	3079.3	7.3060	**480**	141.85	7.050	3418.8	3078.4	7.2851
150.27	6.655	3442.2	3096.5	7.3352	**490**	143.89	6.950	3441.0	3095.7	7.3144
152.39	6.562	3464.4	3113.9	7.3641	**500**	145.92	6.853	3463.3	3113.0	7.3434
156.61	6.385	3508.8	3148.6	7.4208	**520**	149.97	6.668	3507.8	3147.8	7.4002
160.81	6.219	3553.3	3183.5	7.4763	**540**	154.01	6.493	3552.4	3182.8	7.4558
164.99	6.061	3598.0	3218.5	7.5306	**560**	158.02	6.328	3597.1	3217.9	7.5101
169.16	5.912	3642.9	3253.8	7.5837	**580**	162.02	6.172	3642.0	3253.2	7.5634
173.32	5.770	3687.9	3289.2	7.6359	**600**	166.01	6.024	3687.1	3288.6	7.6156
177.46	5.635	3733.0	3324.9	7.6870	**620**	169.99	5.883	3732.3	3324.3	7.6668
181.60	5.507	3778.4	3360.8	7.7373	**640**	173.96	5.748	3777.7	3360.2	7.7171
185.72	5.384	3824.0	3396.9	7.7867	**660**	177.92	5.620	3823.4	3396.3	7.7665
189.84	5.268	3869.8	3433.2	7.8353	**680**	181.87	5.498	3869.2	3432.7	7.8151
193.95	5.156	3915.9	3469.8	7.8831	**700**	185.82	5.382	3915.3	3469.3	7.8629
198.06	5.0490	3962.1	3506.6	7.9301	**720**	189.76	5.2699	3961.6	3506.1	7.9100
202.16	4.9466	4008.6	3543.6	7.9765	**740**	193.69	5.1629	4008.1	3543.2	7.9564
206.25	4.8484	4055.3	3581.0	8.0221	**760**	197.61	5.0604	4054.8	3580.6	8.0021
210.34	4.7542	4102.3	3618.5	8.0672	**780**	201.54	4.9619	4101.8	3618.2	8.0472
214.43	4.6636	4149.5	3656.4	8.1116	**800**	205.45	4.8673	4149.1	3656.0	8.0916
224.62	4.4520	4268.7	3752.1	8.2201	**850**	215.23	4.6462	4268.3	3751.7	8.2002
234.79	4.2591	4389.4	3849.4	8.3252	**900**	224.98	4.4448	4389.0	3849.1	8.3053
244.95	4.0825	4511.7	3948.3	8.4273	**950**	234.72	4.2604	4511.3	3948.0	8.4074
255.09	3.9202	4635.5	4048.8	8.5265	**1000**	244.45	4.0909	4635.2	4048.5	8.5067
275.34	3.6319	4887.6	4254.3	8.7171	**1100**	263.86	3.7899	4887.4	4254.1	8.6973
295.55	3.3835	5145.6	4465.8	8.8984	**1200**	283.24	3.5306	5145.4	4465.6	8.8787
315.74	3.1672	5409.0	4682.8	9.0714	**1300**	302.59	3.3048	5408.9	4682.6	9.0517
335.91	2.9770	5677.6	4905.0	9.2369	**1400**	321.92	3.1064	5677.4	4904.8	9.2172
356.06	2.8085	5950.8	5131.9	9.3955	**1500**	341.23	2.9305	5950.7	5131.7	9.3758
376.20	2.6582	6228.4	5363.1	9.5478	**1600**	360.54	2.7736	6228.3	5363.0	9.5281
396.33	2.5232	6510.0	5598.4	9.6943	**1700**	379.83	2.6328	6509.9	5598.3	9.6745
416.45	2.4013	6795.2	5837.4	9.8353	**1800**	399.12	2.5055	6795.2	5837.3	9.8156
436.56	2.2906	7084.0	6079.9	9.9713	**1900**	418.40	2.3901	7083.9	6079.8	9.9516
456.67	2.1897	7375.8	6325.5	10.1026	**2000**	437.67	2.2848	7375.8	6325.4	10.0829

Tafel 3. Druckwasser und überhitzter Dampf (Fortsetzung)

25 bar ($t_s = 223.989$ °C)						26 bar ($t_s = 226.085$ °C)				
$10^3 v$	ϱ	h	u	s	t	$10^3 v$	ϱ	h	u	s
m³/kg	kg/m³	kJ/kg		kJ/kgK	°C	m³/kg	kg/m³	kJ/kg		kJ/kg K
1.19733	835.19	961.97	958.98	2.55438	t_l	1.20127	832.45	971.71	968.59	2.57369
79.95	12.508	2802.2	2602.3	6.2560	t_g	76.90	13.004	2802.6	2602.6	6.2410
0.99895	1001.05	2.51	0.01	0.00003	**0**	0.99890	1001.10	2.61	0.01	0.00004
0.99883	1001.17	23.51	21.01	0.07622	**5**	0.99878	1001.22	23.61	21.01	0.07622
0.99912	1000.88	44.42	41.92	0.15074	**10**	0.99907	1000.93	44.52	41.92	0.15073
0.99975	1000.25	65.30	62.81	0.22385	**15**	0.99970	1000.30	65.40	62.80	0.22383
1.00067	999.33	86.18	83.68	0.29568	**20**	1.00063	999.37	86.28	83.67	0.29566
1.00186	998.14	107.06	104.56	0.36630	**25**	1.00182	998.19	107.15	104.55	0.36628
1.00329	996.72	127.94	125.44	0.43576	**30**	1.00325	996.76	128.03	125.43	0.43573
1.00494	995.09	148.83	146.32	0.50409	**35**	1.00489	995.13	148.92	146.30	0.50406
1.00678	993.26	169.71	167.19	0.57132	**40**	1.00674	993.30	169.80	167.18	0.57128
1.00882	991.25	190.59	188.07	0.63747	**45**	1.00878	991.30	190.68	188.06	0.63743
1.01105	989.08	211.47	208.94	0.70259	**50**	1.01100	989.12	211.56	208.93	0.70254
1.01344	986.74	232.35	229.82	0.76671	**55**	1.01340	986.78	232.44	229.80	0.76666
1.01600	984.25	253.24	250.70	0.82987	**60**	1.01596	984.29	253.32	250.68	0.82982
1.01873	981.61	274.13	271.58	0.89211	**65**	1.01869	981.66	274.21	271.56	0.89206
1.02162	978.84	295.03	292.48	0.95347	**70**	1.02157	978.88	295.11	292.45	0.95341
1.02466	975.93	315.94	313.38	1.01399	**75**	1.02462	975.97	316.03	313.36	1.01392
1.02786	972.89	336.88	334.31	1.07369	**80**	1.02782	972.94	336.96	334.29	1.07362
1.03122	969.73	357.83	355.26	1.13261	**85**	1.03117	969.77	357.91	355.23	1.13254
1.03472	966.44	378.82	376.23	1.19079	**90**	1.03467	966.49	378.89	376.20	1.19072
1.03838	963.04	399.83	397.23	1.24825	**95**	1.03833	963.08	399.90	397.20	1.24817
1.04219	959.52	420.87	418.26	1.30502	**100**	1.04214	959.56	420.94	418.23	1.30494
1.04615	955.88	441.94	439.33	1.36112	**105**	1.04610	955.93	442.02	439.30	1.36104
1.05027	952.13	463.05	460.43	1.41658	**110**	1.05022	952.18	463.13	460.40	1.41650
1.05455	948.27	484.20	481.57	1.47143	**115**	1.05449	948.32	484.28	481.53	1.47134
1.05898	944.31	505.40	502.75	1.52568	**120**	1.05892	944.36	505.47	502.71	1.52559
1.06357	940.23	526.63	523.97	1.57935	**125**	1.06352	940.28	526.70	523.94	1.57926
1.06833	936.04	547.92	545.25	1.63248	**130**	1.06827	936.09	547.98	545.21	1.63238
1.07325	931.75	569.25	566.57	1.68506	**135**	1.07319	931.80	569.31	566.52	1.68496
1.07835	927.34	590.63	587.94	1.73714	**140**	1.07829	927.40	590.70	587.89	1.73703
1.08362	922.83	612.07	609.36	1.78872	**145**	1.08356	922.88	612.13	609.32	1.78861
1.08908	918.21	633.57	630.84	1.83982	**150**	1.08901	918.26	633.63	630.80	1.83971
1.09472	913.47	655.13	652.39	1.89047	**155**	1.09465	913.53	655.19	652.34	1.89035
1.10056	908.63	676.75	674.00	1.94068	**160**	1.10049	908.68	676.81	673.95	1.94056
1.10661	903.66	698.45	695.68	1.99048	**165**	1.10653	903.72	698.50	695.63	1.99036
1.11286	898.58	720.22	717.43	2.03989	**170**	1.11278	898.65	720.27	717.38	2.03976
1.11934	893.39	742.07	739.27	2.08892	**175**	1.11926	893.45	742.12	739.21	2.08879
1.12604	888.06	764.01	761.19	2.13760	**180**	1.12596	888.13	764.06	761.13	2.13747
1.13300	882.62	786.04	783.20	2.18595	**185**	1.13291	882.68	786.09	783.14	2.18581
1.14020	877.04	808.17	805.32	2.23400	**190**	1.14011	877.11	808.21	805.25	2.23385
1.14768	871.32	830.41	827.54	2.28176	**195**	1.14758	871.40	830.45	827.47	2.28161
1.15545	865.47	852.76	849.88	2.32926	**200**	1.15535	865.54	852.80	849.80	2.32910
1.16352	859.46	875.25	872.34	2.37653	**205**	1.16341	859.54	875.28	872.26	2.37636
1.17191	853.31	897.86	894.94	2.42358	**210**	1.17180	853.39	897.90	894.85	2.42341
1.18066	846.99	920.63	917.68	2.47046	**215**	1.18054	847.07	920.66	917.59	2.47028
1.18977	840.50	943.56	940.58	2.51719	**220**	1.18964	840.59	943.58	940.49	2.51700
80.24	12.463	2805.4	2604.8	6.2625	**225**	1.19915	833.92	966.68	963.56	2.56360
81.65	12.247	2821.0	2616.8	6.2935	**230**	77.98	12.823	2815.0	2612.3	6.2659
83.03	12.044	2836.1	2628.5	6.3234	**235**	79.34	12.605	2830.5	2624.2	6.2965
84.37	11.852	2850.8	2639.8	6.3522	**240**	80.65	12.399	2845.5	2635.8	6.3259
85.69	11.670	2865.1	2650.9	6.3800	**245**	81.94	12.204	2860.1	2647.1	6.3542
86.98	11.497	2879.1	2661.7	6.4069	**250**	83.20	12.019	2874.4	2658.1	6.3817
88.24	11.332	2892.9	2672.3	6.4331	**255**	84.44	11.843	2888.4	2668.9	6.4083
89.49	11.175	2906.4	2682.7	6.4586	**260**	85.65	11.675	2902.1	2679.4	6.4342
90.71	11.024	2919.7	2692.9	6.4833	**265**	86.85	11.514	2915.6	2689.8	6.4593
91.92	10.879	2932.7	2702.9	6.5075	**270**	88.03	11.360	2928.9	2700.0	6.4839
93.12	10.739	2945.6	2712.9	6.5312	**275**	89.19	11.213	2941.9	2710.1	6.5078
94.29	10.605	2958.4	2722.6	6.5543	**280**	90.33	11.070	2954.8	2720.0	6.5312
95.46	10.476	2971.0	2732.3	6.5769	**285**	91.46	10.933	2967.6	2729.8	6.5541
96.61	10.351	2983.4	2741.9	6.5992	**290**	92.58	10.801	2980.1	2739.4	6.5766
97.75	10.230	2995.7	2751.4	6.6210	**295**	93.69	10.673	2992.6	2749.0	6.5986

Tafel 3. Druckwasser und überhitzter Dampf (Fortsetzung)

25 bar						26 bar				
$10^3 v$	ϱ	h	u	s	t	$10^3 v$	ϱ	h	u	s
m^3/kg	kg/m^3	kJ/kg		kJ/kgK	°C	m^3/kg	kg/m^3	kJ/kg		kJ/kg K
98.88	10.113	3008.0	2760.8	6.6424	**300**	94.79	10.550	3004.9	2758.5	6.6202
100.00	10.000	3020.1	2770.1	6.6634	**305**	95.88	10.430	3017.2	2767.9	6.6414
101.11	9.890	3032.1	2779.3	6.6841	**310**	96.95	10.314	3029.3	2777.2	6.6623
102.22	9.783	3044.0	2788.5	6.7045	**315**	98.02	10.202	3041.3	2786.5	6.6829
103.31	9.679	3055.9	2797.6	6.7246	**320**	99.09	10.092	3053.3	2795.7	6.7031
104.40	9.578	3067.7	2806.7	6.7444	**325**	100.14	9.986	3065.2	2804.8	6.7230
105.48	9.480	3079.4	2815.7	6.7639	**330**	101.19	9.883	3077.0	2813.9	6.7427
106.56	9.384	3091.1	2824.7	6.7832	**335**	102.23	9.782	3088.7	2822.9	6.7621
107.63	9.291	3102.7	2833.6	6.8022	**340**	103.26	9.684	3100.4	2831.9	6.7812
108.69	9.200	3114.3	2842.5	6.8210	**345**	104.29	9.589	3112.0	2840.9	6.8001
109.75	9.112	3125.8	2851.4	6.8395	**350**	105.31	9.495	3123.6	2849.8	6.8188
110.80	9.025	3137.3	2860.3	6.8579	**355**	106.33	9.405	3135.1	2858.7	6.8372
111.85	8.940	3148.7	2869.1	6.8760	**360**	107.35	9.316	3146.6	2867.5	6.8555
112.89	8.858	3160.1	2877.9	6.8940	**365**	108.35	9.229	3158.1	2876.4	6.8735
113.93	8.777	3171.5	2886.6	6.9117	**370**	109.36	9.144	3169.5	2885.2	6.8913
114.97	8.698	3182.8	2895.4	6.9293	**375**	110.36	9.061	3180.9	2894.0	6.9090
116.00	8.621	3194.1	2904.1	6.9467	**380**	111.36	8.980	3192.3	2902.8	6.9264
117.03	8.545	3205.4	2912.9	6.9639	**385**	112.35	8.901	3203.6	2911.5	6.9437
118.05	8.471	3216.7	2921.6	6.9810	**390**	113.34	8.823	3214.9	2920.3	6.9609
119.08	8.398	3227.9	2930.3	6.9979	**395**	114.33	8.747	3226.2	2929.0	6.9778
120.09	8.327	3239.2	2938.9	7.0146	**400**	115.31	8.672	3237.5	2937.7	6.9946
122.12	8.189	3261.6	2956.3	7.0477	**410**	117.27	8.528	3260.0	2955.1	7.0278
124.14	8.056	3284.0	2973.6	7.0802	**420**	119.21	8.388	3282.4	2972.5	7.0604
126.14	7.927	3306.3	2990.9	7.1121	**430**	121.15	8.254	3304.8	2989.8	7.0925
128.14	7.804	3328.6	3008.2	7.1436	**440**	123.08	8.125	3327.2	3007.2	7.1240
130.13	7.685	3350.9	3025.5	7.1746	**450**	124.99	8.000	3349.5	3024.5	7.1551
132.11	7.569	3373.1	3042.8	7.2052	**460**	126.91	7.880	3371.8	3041.9	7.1858
134.09	7.458	3395.4	3060.1	7.2354	**470**	128.81	7.763	3394.1	3059.2	7.2160
136.06	7.350	3417.6	3077.5	7.2651	**480**	130.71	7.651	3416.4	3076.6	7.2458
138.02	7.245	3439.9	3094.8	7.2945	**490**	132.60	7.542	3438.7	3094.0	7.2752
139.97	7.144	3462.2	3112.2	7.3235	**500**	134.48	7.436	3461.0	3111.4	7.3043
143.87	6.951	3506.7	3147.1	7.3804	**520**	138.24	7.234	3505.7	3146.3	7.3613
147.75	6.768	3551.4	3182.0	7.4360	**540**	141.98	7.043	3550.5	3181.3	7.4170
151.61	6.596	3596.2	3217.2	7.4905	**560**	145.70	6.864	3595.3	3216.5	7.4715
155.46	6.432	3641.2	3252.5	7.5438	**580**	149.40	6.693	3640.3	3251.9	7.5249
159.30	6.278	3686.3	3288.0	7.5960	**600**	153.10	6.532	3685.5	3287.4	7.5772
163.12	6.130	3731.6	3323.7	7.6473	**620**	156.78	6.378	3730.8	3323.2	7.6286
166.94	5.990	3777.0	3359.7	7.6976	**640**	160.45	6.232	3776.3	3359.1	7.6789
170.74	5.857	3822.7	3395.8	7.7471	**660**	164.12	6.093	3822.0	3395.3	7.7285
174.54	5.729	3868.6	3432.2	7.7958	**680**	167.77	5.960	3867.9	3431.7	7.7771
178.33	5.608	3914.7	3468.8	7.8436	**700**	171.42	5.834	3914.1	3468.4	7.8250
182.12	5.491	3961.0	3505.7	7.8907	**720**	175.06	5.712	3960.4	3505.3	7.8722
185.89	5.379	4007.5	3542.8	7.9371	**740**	178.70	5.596	4007.0	3542.4	7.9186
189.67	5.272	4054.3	3580.2	7.9829	**760**	182.33	5.485	4053.8	3579.8	7.9644
193.44	5.170	4101.4	3617.8	8.0280	**780**	185.96	5.378	4100.9	3617.4	8.0095
197.20	5.071	4148.6	3655.6	8.0724	**800**	189.58	5.275	4148.2	3655.3	8.0540
206.59	4.8405	4267.9	3751.4	8.1810	**850**	198.62	5.0348	4267.5	3751.1	8.1626
215.96	4.6305	4388.7	3848.8	8.2862	**900**	207.63	4.8162	4388.3	3848.4	8.2679
225.31	4.4383	4511.0	3947.7	8.3884	**950**	216.63	4.6162	4510.7	3947.4	8.3700
234.65	4.2616	4634.9	4048.2	8.4876	**1000**	225.61	4.4324	4634.6	4048.0	8.4693
253.30	3.9480	4887.1	4253.9	8.6783	**1100**	243.55	4.1060	4886.9	4253.7	8.6601
271.90	3.6778	5145.2	4465.4	8.8597	**1200**	261.44	3.8249	5145.0	4465.2	8.8415
290.49	3.4425	5408.7	4682.5	9.0327	**1300**	279.32	3.5802	5408.5	4682.3	9.0145
309.05	3.2357	5677.3	4904.7	9.1983	**1400**	297.17	3.3651	5677.1	4904.5	9.1801
327.59	3.0526	5950.6	5131.6	9.3569	**1500**	315.01	3.1746	5950.5	5131.4	9.3387
346.13	2.8891	6228.2	5362.9	9.5092	**1600**	332.83	3.0045	6228.1	5362.7	9.4910
364.65	2.7423	6509.8	5598.2	9.6557	**1700**	350.64	2.8519	6509.7	5598.1	9.6375
383.17	2.6098	6795.1	5837.2	9.7967	**1800**	368.45	2.7141	6795.1	5837.1	9.7785
401.68	2.4895	7083.9	6079.7	9.9327	**1900**	386.25	2.5890	7083.8	6079.6	9.9146
420.18	2.3799	7375.8	6325.3	10.0640	**2000**	404.04	2.4750	7375.7	6325.2	10.0459

Tafel 3. Druckwasser und überhitzter Dampf (Fortsetzung)

27 bar ($t_s = 228.119$ °C)						28 bar ($t_s = 230.096$ °C)				
$10^3 v$	ϱ	h	u	s	t	$10^3 v$	ϱ	h	u	s
m³/kg	kg/m³	kJ/kg		kJ/kg K	°C	m³/kg	kg/m³	kJ/kg		kJ/kg K
1.20516	829.76	981.20	977.95	2.59242	t_l	1.20900	827.13	990.45	987.06	2.61059
74.06	13.502	2802.9	2602.9	6.2265	t_g	71.43	14.000	2803.1	2603.1	6.2125
0.99885	1001.15	2.71	0.01	0.00005	0	0.99880	1001.20	2.81	0.02	0.00005
0.99873	1001.27	23.71	21.01	0.07622	5	0.99869	1001.32	23.81	21.01	0.07622
0.99902	1000.98	44.62	41.92	0.15072	10	0.99898	1001.03	44.71	41.92	0.15071
0.99965	1000.35	65.50	62.80	0.22382	15	0.99961	1000.39	65.59	62.79	0.22380
1.00058	999.42	86.37	83.67	0.29564	20	1.00054	999.46	86.46	83.66	0.29562
1.00177	998.23	107.25	104.54	0.36625	25	1.00173	998.27	107.34	104.53	0.36622
1.00320	996.81	128.13	125.42	0.43570	30	1.00316	996.85	128.22	125.41	0.43567
1.00485	995.18	149.01	146.29	0.50402	35	1.00480	995.22	149.10	146.28	0.50399
1.00670	993.35	169.89	167.17	0.57124	40	1.00665	993.39	169.98	167.16	0.57120
1.00874	991.34	190.77	188.04	0.63738	45	1.00869	991.38	190.85	188.03	0.63734
1.01096	989.16	211.64	208.91	0.70250	50	1.01091	989.21	211.73	208.90	0.70245
1.01335	986.82	232.52	229.79	0.76661	55	1.01331	986.87	232.61	229.77	0.76656
1.01591	984.33	253.40	250.66	0.82977	60	1.01587	984.38	253.49	250.64	0.82971
1.01864	981.70	274.29	271.54	0.89200	65	1.01860	981.74	274.38	271.52	0.89195
1.02153	978.93	295.19	292.43	0.95335	70	1.02148	978.97	295.27	292.41	0.95330
1.02457	976.02	316.11	313.34	1.01386	75	1.02452	976.06	316.19	313.32	1.01380
1.02777	972.98	337.04	334.26	1.07356	80	1.02772	973.03	337.12	334.24	1.07349
1.03112	969.82	357.99	355.21	1.13247	85	1.03107	969.86	358.07	355.18	1.13240
1.03462	966.53	378.97	376.18	1.19064	90	1.03458	966.58	379.05	376.15	1.19057
1.03828	963.13	399.98	397.17	1.24810	95	1.03823	963.18	400.05	397.15	1.24802
1.04209	959.61	421.02	418.20	1.30486	100	1.04204	959.66	421.09	418.17	1.30478
1.04605	955.98	442.09	439.27	1.36096	105	1.04600	956.02	442.16	439.24	1.36088
1.05017	952.23	463.20	460.36	1.41642	110	1.05011	952.28	463.27	460.33	1.41633
1.05444	948.37	484.35	481.50	1.47125	115	1.05438	948.42	484.42	481.47	1.47117
1.05887	944.40	505.54	502.68	1.52550	120	1.05881	944.45	505.61	502.64	1.52541
1.06346	940.33	526.77	523.90	1.57917	125	1.06340	940.38	526.84	523.86	1.57907
1.06821	936.14	548.05	545.17	1.63228	130	1.06815	936.20	548.12	545.13	1.63219
1.07313	931.85	569.38	566.48	1.68486	135	1.07307	931.90	569.45	566.44	1.68476
1.07823	927.45	590.76	587.85	1.73693	140	1.07816	927.50	590.83	587.81	1.73683
1.08349	922.94	612.20	609.27	1.78850	145	1.08343	922.99	612.26	609.23	1.78839
1.08895	918.32	633.69	630.75	1.83960	150	1.08888	918.38	633.75	630.70	1.83949
1.09459	913.59	655.25	652.29	1.89024	155	1.09452	913.65	655.31	652.24	1.89012
1.10042	908.74	676.87	673.90	1.94045	160	1.10035	908.80	676.93	673.85	1.94033
1.10646	903.79	698.56	695.57	1.99024	165	1.10638	903.85	698.62	695.52	1.99011
1.11271	898.71	720.33	717.32	2.03963	170	1.11263	898.77	720.38	717.27	2.03951
1.11917	893.52	742.17	739.15	2.08866	175	1.11909	893.58	742.23	739.09	2.08853
1.12588	888.20	764.11	761.07	2.13733	180	1.12579	888.26	764.16	761.01	2.13719
1.13282	882.75	786.13	783.08	2.18567	185	1.13273	882.82	786.18	783.01	2.18553
1.14002	877.18	808.26	805.18	2.23370	190	1.13993	877.25	808.31	805.11	2.23356
1.14749	871.47	830.49	827.40	2.28145	195	1.14739	871.54	830.54	827.33	2.28130
1.15524	865.62	852.85	849.73	2.32894	200	1.15514	865.69	852.89	849.65	2.32879
1.16330	859.62	875.32	872.18	2.37620	205	1.16320	859.70	875.36	872.10	2.37603
1.17169	853.47	897.93	894.77	2.42324	210	1.17158	853.55	897.97	894.69	2.42307
1.18042	847.16	920.69	917.51	2.47011	215	1.18030	847.24	920.72	917.42	2.46993
1.18952	840.68	943.61	940.40	2.51682	220	1.18939	840.76	943.64	940.31	2.51663
1.19902	834.01	966.70	963.47	2.56341	225	1.19889	834.11	966.73	963.37	2.56321
74.58	13.409	2809.0	2607.6	6.2387	230	1.20881	827.26	990.00	986.62	2.60970
75.91	13.174	2824.8	2619.9	6.2700	235	72.71	13.752	2819.0	2615.4	6.2439
77.20	12.953	2840.2	2631.7	6.3001	240	73.99	13.515	2834.7	2627.5	6.2747
78.47	12.744	2855.1	2643.2	6.3290	245	75.23	13.292	2849.9	2639.3	6.3043
79.70	12.547	2869.7	2654.5	6.3570	250	76.44	13.082	2864.8	2650.8	6.3328
80.91	12.359	2883.9	2665.4	6.3841	255	77.63	12.882	2879.3	2661.9	6.3604
82.10	12.181	2897.8	2676.2	6.4104	260	78.79	12.692	2893.5	2672.8	6.3871
83.27	12.010	2911.5	2686.7	6.4359	265	79.93	12.510	2907.4	2683.5	6.4130
84.41	11.846	2925.0	2697.0	6.4608	270	81.06	12.337	2921.0	2694.0	6.4382
85.54	11.690	2938.2	2707.2	6.4850	275	82.16	12.171	2934.4	2704.4	6.4628
86.66	11.539	2951.3	2717.3	6.5087	280	83.25	12.012	2947.6	2714.5	6.4868
87.76	11.394	2964.1	2727.2	6.5319	285	84.32	11.859	2960.7	2724.5	6.5103
88.85	11.255	2976.8	2736.9	6.5546	290	85.39	11.712	2973.5	2734.4	6.5332
89.93	11.120	2989.4	2746.6	6.5768	295	86.44	11.569	2986.2	2744.2	6.5557

Tafel 3. Druckwasser und überhitzter Dampf (Fortsetzung)

27 bar						28 bar				
$10^3 v$	ϱ	h	u	s	t	$10^3 v$	ϱ	h	u	s
m^3/kg	kg/m^3	kJ/kg		kJ/kg K	°C	m^3/kg	kg/m^3	kJ/kg		kJ/kg K
91.00	10.989	3001.9	2756.2	6.5987	**300**	87.47	11.432	2998.8	2753.9	6.5777
92.05	10.863	3014.2	2765.7	6.6201	**305**	88.50	11.299	3011.3	2763.5	6.5994
93.10	10.741	3026.5	2775.1	6.6412	**310**	89.52	11.171	3023.6	2772.9	6.6206
94.14	10.623	3038.6	2784.4	6.6619	**315**	90.53	11.046	3035.8	2782.3	6.6415
95.17	10.508	3050.6	2793.7	6.6823	**320**	91.53	10.925	3048.0	2791.7	6.6620
96.19	10.396	3062.6	2802.9	6.7024	**325**	92.52	10.808	3060.0	2800.9	6.6823
97.21	10.287	3074.5	2812.0	6.7221	**330**	93.51	10.694	3072.0	2810.2	6.7022
98.22	10.182	3086.3	2821.1	6.7417	**335**	94.49	10.583	3083.9	2819.3	6.7218
99.22	10.079	3098.1	2830.2	6.7609	**340**	95.46	10.475	3095.7	2828.4	6.7412
100.21	9.979	3109.8	2839.2	6.7799	**345**	96.43	10.370	3107.5	2837.5	6.7603
101.21	9.881	3121.4	2848.2	6.7987	**350**	97.39	10.268	3119.2	2846.5	6.7792
102.19	9.786	3133.0	2857.1	6.8172	**355**	98.35	10.168	3130.9	2855.5	6.7979
103.17	9.692	3144.6	2866.0	6.8356	**360**	99.30	10.071	3142.5	2864.4	6.8163
104.15	9.602	3156.1	2874.9	6.8537	**365**	100.24	9.976	3154.1	2873.4	6.8345
105.12	9.513	3167.6	2883.7	6.8716	**370**	101.19	9.883	3165.6	2882.3	6.8525
106.09	9.426	3179.0	2892.6	6.8893	**375**	102.13	9.792	3177.1	2891.1	6.8703
107.05	9.341	3190.4	2901.4	6.9069	**380**	103.06	9.703	3188.5	2900.0	6.8879
108.02	9.258	3201.8	2910.2	6.9242	**385**	103.99	9.616	3200.0	2908.8	6.9054
108.97	9.177	3213.2	2918.9	6.9414	**390**	104.92	9.531	3211.4	2917.6	6.9226
109.93	9.097	3224.5	2927.7	6.9585	**395**	105.84	9.448	3222.8	2926.4	6.9397
110.88	9.019	3235.8	2936.4	6.9753	**400**	106.76	9.367	3234.1	2935.2	6.9566
112.77	8.868	3258.4	2953.9	7.0086	**410**	108.59	9.209	3256.8	2952.7	6.9901
114.65	8.722	3280.9	2971.3	7.0413	**420**	110.41	9.057	3279.4	2970.2	7.0229
116.52	8.582	3303.4	2988.7	7.0735	**430**	112.22	8.911	3301.9	2987.7	7.0551
118.38	8.447	3325.8	3006.1	7.1051	**440**	114.03	8.770	3324.4	3005.1	7.0869
120.24	8.317	3348.2	3023.5	7.1363	**450**	115.82	8.634	3346.8	3022.5	7.1181
122.08	8.191	3370.5	3040.9	7.1670	**460**	117.60	8.503	3369.2	3039.9	7.1489
123.92	8.070	3392.9	3058.3	7.1973	**470**	119.38	8.377	3391.6	3057.4	7.1793
125.75	7.952	3415.2	3075.7	7.2272	**480**	121.15	8.254	3414.0	3074.8	7.2092
127.58	7.838	3437.6	3093.1	7.2567	**490**	122.92	8.136	3436.4	3092.3	7.2388
129.40	7.728	3459.9	3110.6	7.2858	**500**	124.68	8.021	3458.8	3109.7	7.2679
133.02	7.518	3504.7	3145.5	7.3429	**520**	128.18	7.802	3503.6	3144.7	7.3252
136.63	7.319	3549.5	3180.6	7.3987	**540**	131.66	7.595	3548.5	3179.9	7.3810
140.22	7.132	3594.4	3215.8	7.4533	**560**	135.13	7.400	3593.5	3215.2	7.4357
143.79	6.954	3639.5	3251.2	7.5067	**580**	138.58	7.216	3638.6	3250.6	7.4892
147.36	6.786	3684.7	3286.8	7.5591	**600**	142.03	7.041	3683.9	3286.2	7.5416
150.91	6.627	3730.1	3322.6	7.6105	**620**	145.45	6.875	3729.3	3322.0	7.5931
154.45	6.475	3775.6	3358.6	7.6609	**640**	148.87	6.717	3774.9	3358.1	7.6436
157.98	6.330	3821.4	3394.8	7.7105	**660**	152.29	6.567	3820.7	3394.3	7.6932
161.51	6.192	3867.3	3431.2	7.7592	**680**	155.69	6.423	3866.7	3430.8	7.7419
165.02	6.060	3913.5	3467.9	7.8071	**700**	159.08	6.286	3912.9	3467.4	7.7899
168.54	5.933	3959.9	3504.8	7.8543	**720**	162.47	6.155	3959.3	3504.4	7.8371
172.04	5.813	4006.5	3542.0	7.9008	**740**	165.86	6.029	4005.9	3541.5	7.8836
175.54	5.697	4053.3	3579.3	7.9466	**760**	169.23	5.909	4052.8	3578.9	7.9294
179.03	5.586	4100.4	3617.0	7.9917	**780**	172.61	5.794	4099.9	3616.6	7.9746
182.52	5.479	4147.7	3654.9	8.0362	**800**	175.97	5.683	4147.2	3654.5	8.0191
191.23	5.2292	4267.0	3750.7	8.1449	**850**	184.38	5.4237	4266.6	3750.4	8.1278
199.92	5.0020	4387.9	3848.1	8.2502	**900**	192.76	5.1879	4387.6	3847.8	8.2331
208.59	4.7941	4510.3	3947.1	8.3524	**950**	201.12	4.9721	4510.0	3946.9	8.3354
217.24	4.6031	4634.3	4047.7	8.4517	**1000**	209.47	4.7739	4634.0	4047.5	8.4347
234.52	4.2640	4886.6	4253.4	8.6425	**1100**	226.14	4.4221	4886.4	4253.2	8.6255
251.76	3.9720	5144.8	4465.0	8.8239	**1200**	242.77	4.1192	5144.6	4464.8	8.8070
268.97	3.7178	5408.4	4682.1	8.9970	**1300**	259.37	3.8555	5408.2	4681.9	8.9801
286.17	3.4944	5677.0	4904.3	9.1625	**1400**	275.96	3.6238	5676.9	4904.2	9.1457
303.35	3.2965	5950.3	5131.3	9.3212	**1500**	292.52	3.4185	5950.2	5131.2	9.3043
320.51	3.1200	6228.0	5362.6	9.4735	**1600**	309.08	3.2354	6227.9	5362.5	9.4567
337.67	2.9615	6509.7	5597.9	9.6200	**1700**	325.63	3.0710	6509.6	5597.8	9.6032
354.82	2.8183	6795.0	5837.0	9.7611	**1800**	342.16	2.9226	6794.9	5836.9	9.7442
371.96	2.6884	7083.8	6079.5	9.8971	**1900**	358.70	2.7879	7083.7	6079.4	9.8803
389.10	2.5700	7375.7	6325.1	10.0284	**2000**	375.22	2.6651	7375.6	6325.0	10.0116

Tafel 3. Druckwasser und überhitzter Dampf (Fortsetzung)

29 bar ($t_s = 232.019$ °C)						30 bar ($t_s = 233.892$ °C)				
$10^3 v$	ϱ	h	u	s	t	$10^3 v$	ϱ	h	u	s
m^3/kg	kg/m^3	kJ/kg		kJ/kgK	°C	m^3/kg	kg/m^3	kJ/kg		kJ/kg K
1.21280	824.54	999.47	995.96	2.62825	t_l	1.21656	821.99	1008.29	1004.64	2.64543
68.97	14.500	2803.2	2603.2	6.1988	t_g	66.66	15.001	2803.3	2603.3	6.1855
0.99875	1001.25	2.92	0.02	0.00006	0	0.99870	1001.30	3.02	0.02	0.00007
0.99864	1001.36	23.91	21.01	0.07621	5	0.99859	1001.41	24.01	21.01	0.07621
0.99893	1001.07	44.81	41.91	0.15070	10	0.99888	1001.12	44.91	41.91	0.15069
0.99956	1000.44	65.69	62.79	0.22379	15	0.99952	1000.49	65.78	62.78	0.22377
1.00049	999.51	86.56	83.66	0.29559	20	1.00045	999.55	86.65	83.65	0.29557
1.00168	998.32	107.43	104.53	0.36620	25	1.00164	998.36	107.52	104.52	0.36617
1.00311	996.90	128.31	125.40	0.43564	30	1.00307	996.94	128.40	125.39	0.43561
1.00476	995.26	149.19	146.27	0.50395	35	1.00471	995.31	149.28	146.26	0.50392
1.00661	993.44	170.06	167.15	0.57116	40	1.00656	993.48	170.15	167.13	0.57112
1.00865	991.43	190.94	188.02	0.63730	45	1.00860	991.47	191.03	188.00	0.63726
1.01087	989.25	211.82	208.89	0.70241	50	1.01082	989.29	211.90	208.87	0.70236
1.01326	986.91	232.69	229.75	0.76651	55	1.01322	986.95	232.78	229.74	0.76646
1.01582	984.42	253.57	250.63	0.82966	60	1.01578	984.47	253.66	250.61	0.82961
1.01855	981.79	274.46	271.51	0.89189	65	1.01851	981.83	274.54	271.49	0.89183
1.02144	979.01	295.36	292.39	0.95324	70	1.02139	979.06	295.44	292.37	0.95318
1.02448	976.11	316.27	313.30	1.01374	75	1.02443	976.15	316.35	313.28	1.01367
1.02767	973.07	337.20	334.22	1.07343	80	1.02763	973.12	337.28	334.19	1.07336
1.03102	969.91	358.15	355.16	1.13234	85	1.03098	969.95	358.23	355.13	1.13227
1.03453	966.62	379.13	376.13	1.19050	90	1.03448	966.67	379.20	376.10	1.19043
1.03818	963.22	400.13	397.12	1.24795	95	1.03813	963.27	400.21	397.09	1.24787
1.04199	959.70	421.17	418.15	1.30470	100	1.04194	959.75	421.24	418.12	1.30463
1.04595	956.07	442.24	439.20	1.36080	105	1.04590	956.12	442.31	439.17	1.36072
1.05006	952.33	463.35	460.30	1.41625	110	1.05001	952.37	463.42	460.27	1.41616
1.05433	948.47	484.49	481.43	1.47108	115	1.05428	948.52	484.56	481.40	1.47099
1.05876	944.50	505.68	502.61	1.52532	120	1.05870	944.55	505.75	502.57	1.52523
1.06334	940.43	526.91	523.83	1.57898	125	1.06329	940.48	526.98	523.79	1.57889
1.06809	936.25	548.19	545.09	1.63209	130	1.06803	936.30	548.26	545.05	1.63199
1.07301	931.96	569.51	566.40	1.68466	135	1.07295	932.01	569.58	566.36	1.68456
1.07810	927.56	590.89	587.77	1.73672	140	1.07804	927.61	590.96	587.72	1.73662
1.08337	923.05	612.32	609.18	1.78829	145	1.08330	923.10	612.39	609.14	1.78818
1.08881	918.43	633.82	630.66	1.83938	150	1.08875	918.49	633.88	630.61	1.83927
1.09445	913.70	655.37	652.19	1.89001	155	1.09438	913.76	655.43	652.14	1.88990
1.10028	908.86	676.99	673.79	1.94021	160	1.10020	908.92	677.04	673.74	1.94009
1.10631	903.91	698.67	695.47	1.98999	165	1.10623	903.97	698.73	695.41	1.98987
1.11255	898.84	720.44	717.21	2.03938	170	1.11247	898.90	720.49	717.15	2.03925
1.11901	893.64	742.28	739.03	2.08840	175	1.11893	893.71	742.33	738.98	2.08826
1.12571	888.33	764.21	760.94	2.13706	180	1.12562	888.40	764.26	760.88	2.13692
1.13264	882.89	786.23	782.95	2.18539	185	1.13256	882.96	786.28	782.88	2.18525
1.13983	877.32	808.35	805.05	2.23341	190	1.13974	877.39	808.40	804.98	2.23327
1.14730	871.62	830.58	827.25	2.28115	195	1.14720	871.69	830.63	827.18	2.28100
1.15504	865.77	852.93	849.58	2.32863	200	1.15494	865.85	852.97	849.50	2.32847
1.16309	859.78	875.40	872.02	2.37587	205	1.16298	859.86	875.44	871.95	2.37570
1.17146	853.63	898.00	894.61	2.42290	210	1.17135	853.72	898.04	894.52	2.42273
1.18018	847.33	920.76	917.33	2.46975	215	1.18006	847.41	920.79	917.25	2.46957
1.18927	840.85	943.67	940.22	2.51644	220	1.18914	840.94	943.69	940.13	2.51626
1.19875	834.20	966.75	963.27	2.56302	225	1.19862	834.29	966.77	963.18	2.56282
1.20867	827.36	990.02	986.52	2.60950	230	1.20853	827.45	990.04	986.41	2.60930
69.73	14.340	2813.1	2610.8	6.2182	235	66.94	14.938	2807.0	2606.2	6.1929
70.99	14.086	2829.1	2623.3	6.2497	240	68.18	14.666	2823.5	2618.9	6.2251
72.21	13.848	2844.7	2635.3	6.2799	245	69.39	14.411	2839.4	2631.2	6.2560
73.41	13.623	2859.9	2647.0	6.3090	250	70.56	14.172	2854.8	2643.1	6.2857
74.57	13.410	2874.6	2658.4	6.3371	255	71.71	13.945	2869.9	2654.7	6.3143
75.71	13.208	2889.0	2669.5	6.3643	260	72.83	13.731	2884.5	2666.0	6.3419
76.83	13.016	2903.1	2680.3	6.3906	265	73.93	13.527	2898.9	2677.1	6.3687
77.93	12.833	2917.0	2691.0	6.4162	270	75.00	13.333	2912.9	2687.9	6.3947
79.01	12.657	2930.6	2701.5	6.4411	275	76.06	13.148	2926.7	2698.5	6.4199
80.07	12.489	2944.0	2711.8	6.4654	280	77.10	12.970	2940.3	2709.0	6.4446
81.12	12.327	2957.2	2721.9	6.4892	285	78.13	12.800	2953.6	2719.2	6.4686
82.16	12.172	2970.2	2731.9	6.5124	290	79.14	12.636	2966.8	2729.3	6.4920
83.18	12.022	2983.0	2741.8	6.5351	295	80.14	12.478	2979.7	2739.3	6.5150

Tafel 3. Druckwasser und überhitzter Dampf (Fortsetzung)

29 bar						30 bar				
$10^3 v$	ϱ	h	u	s	t	$10^3 v$	ϱ	h	u	s
m³/kg	kg/m³	kJ/kg		kJ/kgK	°C	m³/kg	kg/m³	kJ/kg		kJ/kg K
84.19	11.878	2995.7	2751.5	6.5573	**300**	81.13	12.326	2992.6	2749.2	6.5375
85.19	11.738	3008.3	2761.2	6.5792	**305**	82.10	12.180	3005.3	2758.9	6.5595
86.18	11.603	3020.7	2770.8	6.6006	**310**	83.07	12.038	3017.8	2768.6	6.5811
87.17	11.472	3033.0	2780.3	6.6217	**315**	84.03	11.901	3030.2	2778.2	6.6023
88.14	11.345	3045.3	2789.7	6.6424	**320**	84.98	11.768	3042.6	2787.6	6.6232
89.11	11.222	3057.4	2799.0	6.6628	**325**	85.92	11.639	3054.8	2797.1	6.6438
90.07	11.103	3069.5	2808.3	6.6828	**330**	86.85	11.514	3066.9	2806.4	6.6640
91.02	10.987	3081.5	2817.5	6.7026	**335**	87.78	11.392	3079.0	2815.7	6.6839
91.96	10.874	3093.4	2826.7	6.7221	**340**	88.70	11.274	3091.0	2824.9	6.7035
92.90	10.764	3105.2	2835.8	6.7413	**345**	89.61	11.159	3102.9	2834.1	6.7229
93.84	10.657	3117.0	2844.9	6.7603	**350**	90.52	11.047	3114.8	2843.2	6.7420
94.77	10.552	3128.7	2853.9	6.7791	**355**	91.42	10.938	3126.5	2852.3	6.7608
95.69	10.450	3140.4	2862.9	6.7976	**360**	92.32	10.832	3138.3	2861.3	6.7794
96.61	10.351	3152.0	2871.9	6.8159	**365**	93.21	10.728	3150.0	2870.3	6.7978
97.52	10.254	3163.6	2880.8	6.8340	**370**	94.10	10.627	3161.6	2879.3	6.8160
98.43	10.159	3175.2	2889.7	6.8519	**375**	94.99	10.528	3173.2	2888.3	6.8340
99.34	10.066	3186.7	2898.6	6.8696	**380**	95.87	10.431	3184.8	2897.2	6.8517
100.24	9.976	3198.2	2907.4	6.8871	**385**	96.74	10.337	3196.3	2906.1	6.8693
101.14	9.887	3209.6	2916.3	6.9044	**390**	97.62	10.244	3207.8	2915.0	6.8867
102.04	9.800	3221.0	2925.1	6.9216	**395**	98.49	10.154	3219.3	2923.8	6.9039
102.93	9.715	3232.4	2933.9	6.9386	**400**	99.35	10.065	3230.7	2932.7	6.9210
104.71	9.551	3255.2	2951.5	6.9721	**410**	101.08	9.894	3253.5	2950.3	6.9546
106.47	9.392	3277.8	2969.0	7.0050	**420**	102.79	9.729	3276.3	2967.9	6.9877
108.22	9.240	3300.4	2986.6	7.0374	**430**	104.49	9.570	3298.9	2985.5	7.0201
109.97	9.094	3322.9	3004.0	7.0692	**440**	106.18	9.418	3321.5	3003.0	7.0521
111.70	8.952	3345.5	3021.5	7.1005	**450**	107.87	9.271	3344.1	3020.5	7.0835
113.43	8.816	3367.9	3039.0	7.1314	**460**	109.54	9.129	3366.6	3038.0	7.1144
115.15	8.684	3390.4	3056.4	7.1618	**470**	111.21	8.992	3389.1	3055.5	7.1449
116.87	8.557	3412.8	3073.9	7.1918	**480**	112.87	8.860	3411.6	3073.0	7.1750
118.58	8.433	3435.3	3091.4	7.2214	**490**	114.53	8.732	3434.1	3090.5	7.2046
120.28	8.314	3457.7	3108.9	7.2506	**500**	116.18	8.608	3456.6	3108.1	7.2339
123.67	8.086	3502.6	3144.0	7.3080	**520**	119.46	8.371	3501.6	3143.2	7.2913
127.04	7.872	3547.6	3179.2	7.3640	**540**	122.72	8.148	3546.6	3178.4	7.3474
130.39	7.669	3592.6	3214.5	7.4187	**560**	125.97	7.938	3591.7	3213.8	7.4022
133.73	7.478	3637.8	3250.0	7.4723	**580**	129.21	7.739	3636.9	3249.3	7.4559
137.06	7.296	3683.1	3285.6	7.5248	**600**	132.43	7.551	3682.3	3285.0	7.5084
140.38	7.124	3728.6	3321.5	7.5762	**620**	135.64	7.372	3727.8	3320.9	7.5600
143.68	6.960	3774.2	3357.5	7.6268	**640**	138.84	7.203	3773.5	3357.0	7.6105
146.98	6.804	3820.0	3393.8	7.6764	**660**	142.03	7.041	3819.4	3393.3	7.6602
150.27	6.655	3866.1	3430.3	7.7252	**680**	145.21	6.886	3865.4	3429.8	7.7091
153.55	6.512	3912.3	3467.0	7.7732	**700**	148.39	6.739	3911.7	3466.5	7.7571
156.83	6.376	3958.7	3503.9	7.8205	**720**	151.56	6.598	3958.2	3503.5	7.8044
160.10	6.246	4005.4	3541.1	7.8670	**740**	154.72	6.463	4004.9	3540.7	7.8509
163.36	6.121	4052.3	3578.5	7.9128	**760**	157.88	6.334	4051.8	3578.1	7.8968
166.62	6.002	4099.4	3616.2	7.9580	**780**	161.03	6.210	4098.9	3615.8	7.9420
169.87	5.887	4146.8	3654.1	8.0025	**800**	164.18	6.091	4146.3	3653.8	7.9865
177.99	5.6182	4266.2	3750.0	8.1113	**850**	172.03	5.813	4265.8	3749.7	8.0954
186.09	5.3737	4387.2	3847.5	8.2167	**900**	179.87	5.560	4386.8	3847.2	8.2008
194.17	5.1501	4509.7	3946.6	8.3189	**950**	187.68	5.328	4509.3	3946.3	8.3031
202.24	4.9447	4633.7	4047.2	8.4183	**1000**	195.48	5.116	4633.4	4046.9	8.4024
218.33	4.5802	4886.2	4253.0	8.6092	**1100**	211.05	4.7382	4885.9	4252.8	8.5934
234.39	4.2663	5144.4	4464.6	8.7907	**1200**	226.58	4.4135	5144.2	4464.4	8.7749
250.43	3.9931	5408.0	4681.8	8.9638	**1300**	242.09	4.1308	5407.9	4681.6	8.9480
266.45	3.7531	5676.7	4904.0	9.1294	**1400**	257.57	3.8824	5676.6	4903.9	9.1136
282.45	3.5405	5950.1	5131.0	9.2881	**1500**	273.04	3.6625	5950.0	5130.9	9.2723
298.43	3.3508	6227.8	5362.4	9.4404	**1600**	288.50	3.4662	6227.7	5362.2	9.4247
314.41	3.1805	6509.5	5597.7	9.5869	**1700**	303.94	3.2901	6509.4	5597.6	9.5712
330.38	3.0268	6794.9	5836.8	9.7280	**1800**	319.38	3.1310	6794.8	5836.7	9.7123
346.34	2.8873	7083.7	6079.3	9.8640	**1900**	334.82	2.9867	7083.6	6079.2	9.8483
362.30	2.7601	7375.6	6324.9	9.9954	**2000**	350.24	2.8552	7375.6	6324.8	9.9797

Tafel 3. Druckwasser und überhitzter Dampf (Fortsetzung)

32 bar ($t_s = 237.498$ °C)						34 bar ($t_s = 240.935$ °C)				
$10^3 v$	ϱ	h	u	s	t	$10^3 v$	ϱ	h	u	s
m^3/kg	kg/m^3	kJ/kg		kJ/kgK	°C	m^3/kg	kg/m^3	kJ/kg		kJ/kg K
1.22396	817.02	1025.34	1021.43	2.67846	t_l	1.23122	812.20	1041.69	1037.51	2.70989
62.47	16.007	2803.2	2603.3	6.1600	t_g	58.76	17.019	2802.8	2603.1	6.1357
0.99860	1001.40	3.22	0.02	0.00008	**0**	0.99850	1001.50	3.42	0.03	0.00010
0.99849	1001.51	24.20	21.01	0.07621	**5**	0.99839	1001.61	24.40	21.01	0.07620
0.99879	1001.22	45.10	41.91	0.15068	**10**	0.99869	1001.31	45.30	41.90	0.15066
0.99942	1000.58	65.97	62.77	0.22374	**15**	0.99933	1000.67	66.16	62.77	0.22371
1.00035	999.65	86.84	83.64	0.29553	**20**	1.00026	999.74	87.03	83.62	0.29549
1.00155	998.45	107.71	104.50	0.36612	**25**	1.00146	998.54	107.89	104.49	0.36607
1.00298	997.03	128.58	125.37	0.43555	**30**	1.00289	997.12	128.76	125.35	0.43549
1.00463	995.40	149.46	146.24	0.50385	**35**	1.00454	995.48	149.63	146.22	0.50378
1.00648	993.57	170.33	167.11	0.57104	**40**	1.00639	993.65	170.51	167.08	0.57096
1.00851	991.56	191.20	187.98	0.63717	**45**	1.00843	991.64	191.38	187.95	0.63709
1.01073	989.38	212.08	208.84	0.70227	**50**	1.01065	989.47	212.25	208.81	0.70217
1.01313	987.04	232.95	229.71	0.76636	**55**	1.01304	987.13	233.12	229.67	0.76627
1.01569	984.55	253.82	250.57	0.82950	**60**	1.01560	984.64	253.99	250.54	0.82940
1.01841	981.92	274.71	271.45	0.89172	**65**	1.01832	982.01	274.87	271.41	0.89161
1.02130	979.15	295.60	292.33	0.95306	**70**	1.02121	979.23	295.77	292.29	0.95294
1.02434	976.24	316.51	313.23	1.01355	**75**	1.02425	976.33	316.67	313.19	1.01342
1.02753	973.20	337.44	334.15	1.07323	**80**	1.02744	973.29	337.60	334.10	1.07310
1.03088	970.04	358.38	355.09	1.13213	**85**	1.03079	970.13	358.54	355.04	1.13199
1.03438	966.76	379.36	376.05	1.19029	**90**	1.03428	966.85	379.51	376.00	1.19014
1.03803	963.36	400.36	397.04	1.24772	**95**	1.03793	963.45	400.51	396.98	1.24758
1.04184	959.84	421.39	418.06	1.30447	**100**	1.04174	959.94	421.54	418.00	1.30432
1.04579	956.21	442.46	439.11	1.36055	**105**	1.04569	956.31	442.61	439.05	1.36039
1.04990	952.47	463.56	460.20	1.41600	**110**	1.04980	952.57	463.71	460.14	1.41583
1.05417	948.62	484.71	481.33	1.47082	**115**	1.05406	948.71	484.85	481.27	1.47065
1.05859	944.65	505.89	502.50	1.52505	**120**	1.05848	944.75	506.03	502.43	1.52487
1.06317	940.58	527.12	523.72	1.57870	**125**	1.06306	940.68	527.26	523.64	1.57851
1.06792	936.40	548.39	544.97	1.63180	**130**	1.06780	936.51	548.53	544.90	1.63161
1.07283	932.11	569.71	566.28	1.68436	**135**	1.07271	932.22	569.85	566.20	1.68416
1.07791	927.72	591.09	587.64	1.73641	**140**	1.07779	927.83	591.22	587.55	1.73620
1.08317	923.21	612.52	609.05	1.78797	**145**	1.08304	923.32	612.64	608.96	1.78775
1.08861	918.60	634.00	630.52	1.83904	**150**	1.08848	918.71	634.13	630.42	1.83882
1.09424	913.88	655.55	652.05	1.88967	**155**	1.09410	913.99	655.67	651.95	1.88944
1.10006	909.04	677.16	673.64	1.93985	**160**	1.09992	909.16	677.28	673.54	1.93962
1.10608	904.09	698.84	695.30	1.98962	**165**	1.10594	904.21	698.96	695.20	1.98938
1.11232	899.02	720.60	717.04	2.03900	**170**	1.11216	899.15	720.71	716.93	2.03875
1.11877	893.84	742.44	738.86	2.08800	**175**	1.11861	893.97	742.54	738.74	2.08774
1.12545	888.53	764.36	760.76	2.13665	**180**	1.12529	888.66	764.46	760.64	2.13638
1.13238	883.10	786.38	782.75	2.18497	**185**	1.13220	883.23	786.47	782.62	2.18468
1.13956	877.53	808.49	804.84	2.23297	**190**	1.13938	877.67	808.58	804.71	2.23268
1.14701	871.83	830.71	827.04	2.28069	**195**	1.14681	871.98	830.80	826.90	2.28039
1.15474	866.00	853.05	849.35	2.32815	**200**	1.15454	866.15	853.13	849.21	2.32784
1.16277	860.01	875.51	871.79	2.37538	**205**	1.16256	860.17	875.59	871.63	2.37505
1.17113	853.88	898.11	894.36	2.42239	**210**	1.17090	854.04	898.18	894.20	2.42205
1.17983	847.58	920.85	917.07	2.46922	**215**	1.17959	847.75	920.91	916.90	2.46886
1.18889	841.12	943.75	939.94	2.51589	**220**	1.18864	841.30	943.80	939.76	2.51552
1.19835	834.48	966.82	962.99	2.56244	**225**	1.19809	834.66	966.87	962.79	2.56205
1.20824	827.65	990.08	986.21	2.60889	**230**	1.20796	827.84	990.12	986.01	2.60849
1.21860	820.62	1013.54	1009.64	2.65529	**235**	1.21830	820.82	1013.57	1009.43	2.65487
63.08	15.854	2811.7	2609.9	6.1767	**240**	1.22913	813.58	1037.24	1033.06	2.70123
64.25	15.563	2828.4	2622.8	6.2091	**245**	59.70	16.752	2817.0	2614.0	6.1631
65.40	15.291	2844.5	2635.3	6.2400	**250**	60.82	16.443	2833.8	2627.1	6.1954
66.51	15.036	2860.1	2647.3	6.2697	**255**	61.90	16.155	2850.1	2639.6	6.2264
67.59	14.794	2875.3	2659.0	6.2983	**260**	62.96	15.884	2865.9	2651.8	6.2561
68.65	14.566	2890.2	2670.5	6.3260	**265**	63.99	15.628	2881.2	2663.6	6.2847
69.69	14.349	2904.6	2681.6	6.3528	**270**	64.99	15.387	2896.1	2675.2	6.3123
70.71	14.142	2918.8	2692.5	6.3788	**275**	65.98	15.157	2910.7	2686.4	6.3391
71.71	13.945	2932.7	2703.3	6.4041	**280**	66.94	14.938	2925.0	2697.4	6.3651
72.69	13.756	2946.4	2713.8	6.4287	**285**	67.89	14.729	2939.1	2708.2	6.3903
73.66	13.575	2959.9	2724.1	6.4527	**290**	68.83	14.529	2952.8	2718.8	6.4149
74.62	13.401	2973.1	2734.3	6.4761	**295**	69.75	14.338	2966.4	2729.3	6.4389

Tafel 3. Druckwasser und überhitzter Dampf (Fortsetzung)

32 bar						34 bar				
$10^3 v$	ϱ	h	u	s	t	$10^3 v$	ϱ	h	u	s
m^3/kg	kg/m^3	kJ/kg		kJ/kgK	°C	m^3/kg	kg/m^3	kJ/kg		kJ/kg K
75.57	13.234	2986.2	2744.4	6.4991	**300**	70.65	14.154	2979.8	2739.6	6.4623
76.50	13.072	2999.2	2754.4	6.5215	**305**	71.55	13.977	2992.9	2749.7	6.4852
77.42	12.916	3011.9	2764.2	6.5435	**310**	72.43	13.806	3006.0	2759.7	6.5076
78.33	12.766	3024.6	2773.9	6.5651	**315**	73.30	13.642	3018.8	2769.6	6.5296
79.24	12.620	3037.1	2783.6	6.5864	**320**	74.17	13.483	3031.6	2779.4	6.5512
80.13	12.479	3049.5	2793.1	6.6072	**325**	75.03	13.329	3044.2	2789.1	6.5723
81.02	12.342	3061.8	2802.6	6.6277	**330**	75.87	13.180	3056.7	2798.7	6.5932
81.90	12.210	3074.1	2812.0	6.6479	**335**	76.71	13.035	3069.1	2808.3	6.6136
82.78	12.081	3086.2	2821.3	6.6678	**340**	77.55	12.895	3081.4	2817.7	6.6338
83.64	11.955	3098.3	2830.6	6.6874	**345**	78.37	12.759	3093.6	2827.1	6.6536
84.51	11.834	3110.3	2839.8	6.7067	**350**	79.20	12.627	3105.7	2836.5	6.6732
85.36	11.715	3122.2	2849.0	6.7257	**355**	80.01	12.498	3117.8	2845.7	6.6924
86.21	11.599	3134.1	2858.2	6.7446	**360**	80.82	12.373	3129.8	2855.0	6.7114
87.06	11.486	3145.9	2867.3	6.7631	**365**	81.63	12.251	3141.7	2864.2	6.7302
87.90	11.376	3157.6	2876.3	6.7815	**370**	82.43	12.132	3153.6	2873.3	6.7487
88.74	11.269	3169.3	2885.4	6.7996	**375**	83.22	12.016	3165.4	2882.4	6.7671
89.57	11.164	3181.0	2894.4	6.8176	**380**	84.02	11.903	3177.2	2891.5	6.7852
90.40	11.062	3192.6	2903.3	6.8353	**385**	84.80	11.792	3188.9	2900.6	6.8030
91.23	10.962	3204.2	2912.3	6.8528	**390**	85.59	11.684	3200.6	2909.6	6.8207
92.05	10.864	3215.8	2921.2	6.8702	**395**	86.37	11.578	3212.2	2918.6	6.8382
92.87	10.768	3227.3	2930.1	6.8874	**400**	87.15	11.475	3223.9	2927.6	6.8555
94.50	10.582	3250.3	2947.9	6.9213	**410**	88.69	11.275	3247.0	2945.4	6.8897
96.11	10.404	3273.2	2965.6	6.9545	**420**	90.22	11.084	3270.0	2963.3	6.9231
97.72	10.233	3296.0	2983.2	6.9872	**430**	91.75	10.900	3293.0	2981.0	6.9560
99.32	10.069	3318.7	3000.9	7.0193	**440**	93.26	10.723	3315.8	2998.7	6.9883
100.91	9.910	3341.4	3018.5	7.0509	**450**	94.76	10.553	3338.6	3016.4	7.0200
102.49	9.757	3364.0	3036.1	7.0820	**460**	96.26	10.389	3361.4	3034.1	7.0513
104.06	9.610	3386.6	3053.6	7.1126	**470**	97.75	10.230	3384.1	3051.8	7.0821
105.62	9.467	3409.2	3071.2	7.1428	**480**	99.23	10.078	3406.8	3069.4	7.1124
107.18	9.330	3431.8	3088.8	7.1726	**490**	100.71	9.930	3429.5	3087.1	7.1423
108.74	9.196	3454.4	3106.4	7.2019	**500**	102.18	9.787	3452.1	3104.7	7.1718
111.83	8.942	3499.5	3141.6	7.2596	**520**	105.10	9.515	3497.4	3140.1	7.2296
114.90	8.703	3544.7	3177.0	7.3158	**540**	108.00	9.259	3542.7	3175.5	7.2860
117.96	8.477	3589.9	3212.4	7.3708	**560**	110.89	9.018	3588.1	3211.1	7.3412
121.00	8.264	3635.2	3248.0	7.4246	**580**	113.76	8.790	3633.5	3246.8	7.3951
124.03	8.062	3680.7	3283.8	7.4772	**600**	116.62	8.575	3679.1	3282.6	7.4479
127.05	7.871	3726.3	3319.8	7.5289	**620**	119.47	8.370	3724.8	3318.6	7.4996
130.06	7.689	3772.1	3355.9	7.5796	**640**	122.31	8.176	3770.7	3354.8	7.5504
133.06	7.516	3818.0	3392.2	7.6293	**660**	125.14	7.991	3816.7	3391.2	7.6002
136.05	7.350	3864.2	3428.8	7.6782	**680**	127.96	7.815	3862.9	3427.8	7.6492
139.03	7.193	3910.5	3465.6	7.7263	**700**	130.78	7.647	3909.3	3464.7	7.6974
142.01	7.042	3957.0	3502.6	7.7737	**720**	133.58	7.486	3955.9	3501.7	7.7448
144.98	6.897	4003.8	3539.8	7.8203	**740**	136.39	7.332	4002.7	3539.0	7.7915
147.95	6.759	4050.8	3577.3	7.8662	**760**	139.18	7.185	4049.7	3576.5	7.8374
150.91	6.627	4098.0	3615.0	7.9114	**780**	141.97	7.044	4097.0	3614.3	7.8827
153.86	6.499	4145.4	3653.0	7.9561	**800**	144.76	6.908	4144.5	3652.3	7.9274
161.24	6.202	4265.0	3749.0	8.0650	**850**	151.71	6.592	4264.2	3748.4	8.0364
168.59	5.932	4386.1	3846.6	8.1705	**900**	158.64	6.304	4385.3	3846.0	8.1420
175.92	5.684	4508.7	3945.7	8.2728	**950**	165.55	6.041	4508.0	3945.2	8.2444
183.24	5.457	4632.8	4046.4	8.3723	**1000**	172.44	5.799	4632.2	4045.9	8.3439
197.85	5.0544	4885.4	4252.3	8.5633	**1100**	186.20	5.3706	4884.9	4251.9	8.5349
212.42	4.7077	5143.8	4464.0	8.7448	**1200**	199.92	5.0020	5143.4	4463.7	8.7166
226.96	4.4061	5407.5	4681.3	8.9180	**1300**	213.61	4.6813	5407.2	4680.9	8.8898
241.48	4.1411	5676.3	4903.6	9.0837	**1400**	227.29	4.3997	5676.0	4903.3	9.0555
255.99	3.9064	5949.8	5130.6	9.2424	**1500**	240.95	4.1503	5949.5	5130.3	9.2143
270.49	3.6970	6227.5	5362.0	9.3948	**1600**	254.60	3.9278	6227.3	5361.7	9.3667
284.97	3.5091	6509.3	5597.4	9.5413	**1700**	268.23	3.7281	6509.1	5597.1	9.5132
299.45	3.3394	6794.7	5836.4	9.6824	**1800**	281.86	3.5478	6794.6	5836.2	9.6543
313.92	3.1855	7083.5	6079.0	9.8185	**1900**	295.49	3.3843	7083.4	6078.8	9.7904
328.39	3.0452	7375.5	6324.7	9.9498	**2000**	309.10	3.2352	7375.4	6324.5	9.9217

Tafel 3. Druckwasser und überhitzter Dampf (Fortsetzung)

36 bar ($t_s = 244.220$ °C)						38 bar ($t_s = 247.368$ °C)				
$10^3 v$	ϱ	h	u	s	t	$10^3 v$	ϱ	h	u	s
m³/kg	kg/m³	kJ/kg		kJ/kgK	°C	m³/kg	kg/m³	kJ/kg		kJ/kg K
1.23837	807.52	1057.42	1052.96	2.73990	t_l	1.24541	802.95	1072.58	1067.84	2.76863
55.44	18.037	2802.3	2602.7	6.1125	t_g	52.46	19.061	2801.5	2602.2	6.0903
0.99840	1001.60	3.63	0.03	0.00011	0	0.99830	1001.71	3.83	0.04	0.00012
0.99830	1001.71	24.60	21.01	0.07620	5	0.99820	1001.80	24.80	21.01	0.07619
0.99860	1001.40	45.49	41.90	0.15064	10	0.99850	1001.50	45.69	41.89	0.15062
0.99924	1000.76	66.35	62.76	0.22368	15	0.99915	1000.86	66.54	62.75	0.22364
1.00017	999.83	87.21	83.61	0.29545	20	1.00008	999.92	87.40	83.60	0.29540
1.00137	998.63	108.08	104.47	0.36601	25	1.00128	998.72	108.26	104.46	0.36596
1.00280	997.21	128.94	125.33	0.43542	30	1.00271	997.30	129.13	125.32	0.43536
1.00445	995.57	149.81	146.20	0.50371	35	1.00436	995.66	149.99	146.18	0.50364
1.00630	993.74	170.68	167.06	0.57089	40	1.00621	993.83	170.86	167.04	0.57081
1.00834	991.73	191.55	187.92	0.63700	45	1.00825	991.82	191.73	187.90	0.63692
1.01056	989.55	212.42	208.78	0.70208	50	1.01047	989.64	212.59	208.75	0.70199
1.01295	987.21	233.29	229.64	0.76617	55	1.01286	987.30	233.46	229.61	0.76607
1.01551	984.73	254.16	250.50	0.82929	60	1.01542	984.81	254.33	250.47	0.82919
1.01823	982.09	275.04	271.37	0.89150	65	1.01814	982.18	275.21	271.34	0.89139
1.02112	979.32	295.93	292.25	0.95282	70	1.02102	979.41	296.09	292.21	0.95270
1.02415	976.42	316.83	313.15	1.01330	75	1.02406	976.50	316.99	313.10	1.01317
1.02735	973.38	337.75	334.06	1.07297	80	1.02725	973.47	337.91	334.01	1.07284
1.03069	970.22	358.70	354.99	1.13186	85	1.03060	970.31	358.86	354.94	1.13172
1.03419	966.94	379.67	375.94	1.19000	90	1.03409	967.03	379.82	375.89	1.18986
1.03783	963.54	400.67	396.93	1.24743	95	1.03774	963.64	400.82	396.87	1.24728
1.04163	960.03	421.69	417.94	1.30416	100	1.04153	960.12	421.84	417.89	1.30401
1.04559	956.40	442.76	438.99	1.36023	105	1.04548	956.50	442.90	438.93	1.36007
1.04969	952.66	463.86	460.08	1.41566	110	1.04959	952.76	464.00	460.01	1.41549
1.05395	948.81	484.99	481.20	1.47047	115	1.05384	948.91	485.14	481.13	1.47030
1.05837	944.85	506.17	502.36	1.52469	120	1.05826	944.95	506.31	502.29	1.52451
1.06294	940.78	527.39	523.57	1.57833	125	1.06283	940.88	527.53	523.49	1.57814
1.06768	936.61	548.66	544.82	1.63141	130	1.06756	936.71	548.80	544.74	1.63122
1.07259	932.33	569.98	566.12	1.68396	135	1.07247	932.43	570.11	566.04	1.68376
1.07766	927.93	591.35	587.47	1.73600	140	1.07754	928.04	591.48	587.38	1.73579
1.08291	923.43	612.77	608.87	1.78754	145	1.08278	923.54	612.90	608.78	1.78732
1.08835	918.83	634.25	630.33	1.83860	150	1.08821	918.94	634.37	630.24	1.83838
1.09396	914.11	655.79	651.85	1.88921	155	1.09383	914.22	655.91	651.76	1.88898
1.09977	909.28	677.40	673.44	1.93938	160	1.09963	909.40	677.51	673.34	1.93914
1.10579	904.33	699.07	695.09	1.98913	165	1.10564	904.45	699.19	694.98	1.98889
1.11201	899.27	720.82	716.82	2.03849	170	1.11185	899.40	720.93	716.71	2.03824
1.11845	894.09	742.65	738.62	2.08748	175	1.11829	894.22	742.76	738.51	2.08721
1.12512	888.79	764.57	760.51	2.13611	180	1.12495	888.93	764.67	760.39	2.13583
1.13203	883.37	786.57	782.50	2.18440	185	1.13185	883.51	786.67	782.37	2.18412
1.13919	877.82	808.68	804.58	2.23239	190	1.13901	877.96	808.77	804.44	2.23210
1.14662	872.13	830.89	826.76	2.28009	195	1.14643	872.27	830.98	826.62	2.27979
1.15434	866.30	853.21	849.06	2.32752	200	1.15413	866.45	853.30	848.91	2.32721
1.16235	860.33	875.66	871.48	2.37472	205	1.16214	860.48	875.74	871.32	2.37440
1.17068	854.20	898.25	894.03	2.42171	210	1.17046	854.37	898.32	893.87	2.42137
1.17935	847.92	920.97	916.73	2.46851	215	1.17912	848.09	921.04	916.56	2.46815
1.18839	841.47	943.86	939.58	2.51515	220	1.18814	841.65	943.92	939.40	2.51478
1.19783	834.85	966.91	962.60	2.56166	225	1.19756	835.03	966.96	962.41	2.56128
1.20768	828.03	990.15	985.81	2.60808	230	1.20740	828.23	990.19	985.61	2.60768
1.21800	821.02	1013.60	1009.21	2.65444	235	1.21770	821.22	1013.63	1009.00	2.65402
1.22881	813.79	1037.26	1032.84	2.70078	240	1.22849	814.00	1037.28	1032.61	2.70034
55.62	17.980	2805.1	2604.9	6.1179	245	1.23983	806.56	1061.17	1056.46	2.74667
56.72	17.631	2822.7	2618.5	6.1518	250	53.03	18.857	2811.2	2609.7	6.1087
57.79	17.306	2839.7	2631.7	6.1840	255	54.08	18.490	2828.9	2623.4	6.1424
58.82	17.002	2856.1	2644.3	6.2149	260	55.10	18.150	2845.9	2636.6	6.1746
59.82	16.716	2871.9	2656.6	6.2445	265	56.08	17.831	2862.4	2649.3	6.2053
60.80	16.447	2887.4	2668.5	6.2731	270	57.04	17.532	2878.4	2661.6	6.2349
61.76	16.192	2902.4	2680.1	6.3007	275	57.97	17.250	2893.9	2673.6	6.2633
62.70	15.950	2917.1	2691.4	6.3274	280	58.88	16.982	2909.1	2685.3	6.2908
63.61	15.720	2931.5	2702.5	6.3533	285	59.78	16.729	2923.9	2696.7	6.3175
64.52	15.500	2945.7	2713.4	6.3785	290	60.65	16.488	2938.3	2707.9	6.3433
65.40	15.290	2959.5	2724.1	6.4030	295	61.51	16.257	2952.5	2718.8	6.3684

Tafel 3. Druckwasser und überhitzter Dampf (Fortsetzung)

36 bar						38 bar				
$10^3 v$	ϱ	h	u	s	t	$10^3 v$	ϱ	h	u	s
m^3/kg	kg/m^3	kJ/kg		kJ/kgK	°C	m^3/kg	kg/m^3	kJ/kg		kJ/kg K
66.28	15.088	2973.2	2734.6	6.4270	**300**	62.36	16.037	2966.5	2729.5	6.3929
67.14	14.894	2986.6	2744.9	6.4503	**305**	63.19	15.825	2980.2	2740.1	6.4167
67.99	14.708	2999.9	2755.1	6.4732	**310**	64.01	15.623	2993.8	2750.5	6.4400
68.83	14.529	3013.0	2765.2	6.4955	**315**	64.82	15.427	3007.1	2760.8	6.4628
69.66	14.356	3026.0	2775.2	6.5175	**320**	65.62	15.239	3020.3	2770.9	6.4851
70.48	14.188	3038.8	2785.0	6.5390	**325**	66.41	15.058	3033.3	2780.9	6.5069
71.29	14.027	3051.5	2794.8	6.5601	**330**	67.19	14.883	3046.2	2790.8	6.5284
72.10	13.870	3064.0	2804.5	6.5809	**335**	67.97	14.713	3058.9	2800.6	6.5494
72.90	13.718	3076.5	2814.1	6.6013	**340**	68.73	14.549	3071.6	2810.4	6.5701
73.69	13.571	3088.9	2823.6	6.6214	**345**	69.49	14.390	3084.1	2820.0	6.5905
74.47	13.428	3101.1	2833.0	6.6412	**350**	70.25	14.236	3096.5	2829.6	6.6105
75.25	13.289	3113.3	2842.4	6.6607	**355**	70.99	14.086	3108.9	2839.1	6.6302
76.03	13.153	3125.5	2851.8	6.6799	**360**	71.73	13.940	3121.1	2848.5	6.6497
76.80	13.022	3137.5	2861.1	6.6988	**365**	72.47	13.799	3133.3	2857.9	6.6688
77.56	12.893	3149.5	2870.3	6.7176	**370**	73.20	13.661	3145.4	2867.2	6.6878
78.32	12.768	3161.5	2879.5	6.7360	**375**	73.93	13.526	3157.5	2876.5	6.7064
79.07	12.646	3173.3	2888.7	6.7543	**380**	74.65	13.395	3169.5	2885.8	6.7248
79.83	12.527	3185.2	2897.8	6.7723	**385**	75.37	13.268	3181.4	2895.0	6.7430
80.57	12.411	3196.9	2906.9	6.7902	**390**	76.08	13.143	3193.3	2904.2	6.7610
81.32	12.298	3208.7	2915.9	6.8078	**395**	76.80	13.022	3205.1	2913.3	6.7788
82.06	12.187	3220.4	2925.0	6.8253	**400**	77.50	12.903	3216.9	2922.4	6.7964
83.53	11.972	3243.7	2943.0	6.8596	**410**	78.91	12.673	3240.4	2940.5	6.8310
84.99	11.767	3266.9	2960.9	6.8933	**420**	80.30	12.453	3263.7	2958.6	6.8649
86.44	11.569	3290.0	2978.8	6.9264	**430**	81.68	12.243	3286.9	2976.6	6.8982
87.87	11.380	3313.0	2996.6	6.9589	**440**	83.05	12.040	3310.1	2994.5	6.9309
89.30	11.198	3335.9	3014.4	6.9908	**450**	84.42	11.846	3333.1	3012.3	6.9630
90.72	11.022	3358.8	3032.1	7.0222	**460**	85.77	11.659	3356.1	3030.2	6.9945
92.14	10.853	3381.6	3049.9	7.0531	**470**	87.12	11.479	3379.0	3048.0	7.0256
93.55	10.690	3404.4	3067.6	7.0836	**480**	88.46	11.305	3401.9	3065.8	7.0562
94.95	10.532	3427.1	3085.3	7.1136	**490**	89.79	11.137	3424.8	3083.6	7.0863
96.34	10.380	3449.9	3103.0	7.1432	**500**	91.12	10.975	3447.6	3101.4	7.1161
99.11	10.089	3495.3	3138.5	7.2013	**520**	93.76	10.666	3493.2	3136.9	7.1743
101.87	9.817	3540.8	3174.1	7.2579	**540**	96.38	10.376	3538.8	3172.6	7.2311
104.61	9.560	3586.3	3209.7	7.3131	**560**	98.98	10.103	3584.4	3208.3	7.2865
107.33	9.317	3631.8	3245.5	7.3672	**580**	101.57	9.845	3630.1	3244.2	7.3407
110.04	9.088	3677.5	3281.4	7.4201	**600**	104.14	9.602	3675.9	3280.2	7.3937
112.74	8.870	3723.3	3317.5	7.4719	**620**	106.71	9.371	3721.8	3316.3	7.4457
115.42	8.664	3769.2	3353.7	7.5228	**640**	109.26	9.152	3767.8	3352.6	7.4967
118.10	8.467	3815.4	3390.2	7.5728	**660**	111.81	8.944	3814.0	3389.1	7.5467
120.77	8.280	3861.6	3426.8	7.6218	**680**	114.34	8.746	3860.4	3425.9	7.5958
123.44	8.101	3908.1	3463.7	7.6701	**700**	116.87	8.556	3906.9	3462.8	7.6442
126.09	7.931	3954.8	3500.8	7.7175	**720**	119.39	8.376	3953.6	3499.9	7.6917
128.75	7.767	4001.6	3538.1	7.7643	**740**	121.91	8.203	4000.5	3537.3	7.7385
131.39	7.611	4048.7	3575.7	7.8103	**760**	124.42	8.037	4047.7	3574.9	7.7845
134.03	7.461	4096.0	3613.5	7.8556	**780**	126.93	7.879	4095.0	3612.7	7.8299
136.67	7.317	4143.5	3651.5	7.9003	**800**	129.43	7.726	4142.6	3650.8	7.8747
143.24	6.981	4263.3	3747.7	8.0094	**850**	135.66	7.371	4262.5	3747.0	7.9839
149.79	6.676	4384.6	3845.4	8.1151	**900**	141.87	7.048	4383.9	3844.7	8.0896
156.32	6.397	4507.4	3944.6	8.2175	**950**	148.07	6.754	4506.7	3944.0	8.1921
162.84	6.141	4631.6	4045.4	8.3171	**1000**	154.25	6.483	4631.0	4044.8	8.2917
175.84	5.6869	4884.5	4251.4	8.5082	**1100**	166.58	6.0032	4884.0	4251.0	8.4830
188.81	5.2963	5143.0	4463.3	8.6899	**1200**	178.87	5.5906	5142.6	4462.9	8.6647
201.75	4.9566	5406.9	4680.6	8.8632	**1300**	191.14	5.2318	5406.5	4680.2	8.8381
214.67	4.6583	5675.8	4902.9	9.0289	**1400**	203.38	4.9168	5675.5	4902.6	9.0038
227.58	4.3941	5949.3	5130.0	9.1877	**1500**	215.61	4.6379	5949.1	5129.7	9.1626
240.47	4.1585	6227.2	5361.5	9.3402	**1600**	227.83	4.3892	6227.0	5361.2	9.3151
253.35	3.9470	6509.0	5596.9	9.4867	**1700**	240.04	4.1659	6508.8	5596.7	9.4616
266.23	3.7562	6794.4	5836.0	9.6278	**1800**	252.24	3.9644	6794.3	5835.8	9.6028
279.10	3.5830	7083.3	6078.6	9.7639	**1900**	264.44	3.7816	7083.2	6078.4	9.7389
291.96	3.4251	7375.3	6324.3	9.8953	**2000**	276.62	3.6150	7375.3	6324.1	9.8703

Tafel 3. Druckwasser und überhitzter Dampf (Fortsetzung)

40 bar (t_s = 250.392 °C)						42 bar (t_s = 253.302 °C)				
$10^3 v$	ϱ	h	u	s	t	$10^3 v$	ϱ	h	u	s
m^3/kg	kg/m^3	kJ/kg		kJ/kgK	°C	m^3/kg	kg/m^3	kJ/kg		kJ/kg K
1.25236	798.49	1087.22	1082.21	2.79621	t_l	1.25924	794.13	1101.40	1096.11	2.82274
49.771	20.092	2800.6	2601.5	6.0689	t_g	47.326	21.130	2799.5	2600.8	6.0483
0.99820	1001.81	4.03	0.04	0.00013	0	0.99810	1001.91	4.24	0.04	0.00015
0.99810	1001.90	25.00	21.01	0.07619	5	0.99801	1002.00	25.20	21.00	0.07618
0.99841	1001.59	45.88	41.89	0.15060	10	0.99831	1001.69	46.07	41.88	0.15058
0.99905	1000.95	66.74	62.74	0.22361	15	0.99896	1001.04	66.93	62.73	0.22358
0.99999	1000.01	87.59	83.59	0.29536	20	0.99990	1000.10	87.78	83.58	0.29532
1.00119	998.81	108.45	104.44	0.36591	25	1.00110	998.90	108.63	104.43	0.36586
1.00262	997.38	129.31	125.30	0.43530	30	1.00253	997.47	129.49	125.28	0.43524
1.00427	995.75	150.17	146.16	0.50356	35	1.00418	995.83	150.35	146.13	0.50349
1.00612	993.92	171.04	167.01	0.57073	40	1.00603	994.00	171.21	166.99	0.57065
1.00816	991.90	191.90	187.87	0.63683	45	1.00807	991.99	192.08	187.84	0.63675
1.01038	989.73	212.76	208.72	0.70190	50	1.01029	989.81	212.94	208.69	0.70181
1.01277	987.39	233.63	229.58	0.76597	55	1.01268	987.47	233.80	229.55	0.76587
1.01533	984.90	254.50	250.43	0.82908	60	1.01524	984.99	254.66	250.40	0.82898
1.01805	982.27	275.37	271.30	0.89127	65	1.01796	982.35	275.54	271.26	0.89116
1.02093	979.50	296.26	292.17	0.95258	70	1.02084	979.58	296.42	292.13	0.95247
1.02397	976.59	317.16	313.06	1.01305	75	1.02388	976.68	317.32	313.02	1.01293
1.02716	973.56	338.07	333.96	1.07271	80	1.02706	973.65	338.23	333.92	1.07258
1.03050	970.40	359.01	354.89	1.13158	85	1.03040	970.49	359.17	354.84	1.13145
1.03399	967.12	379.98	375.84	1.18971	90	1.03390	967.22	380.13	375.79	1.18957
1.03764	963.73	400.97	396.82	1.24713	95	1.03754	963.82	401.12	396.77	1.24698
1.04143	960.22	422.00	417.83	1.30385	100	1.04133	960.31	422.15	417.77	1.30370
1.04538	956.59	443.05	438.87	1.35991	105	1.04528	956.68	443.20	438.81	1.35975
1.04948	952.85	464.15	459.95	1.41533	110	1.04937	952.95	464.29	459.89	1.41516
1.05373	949.01	485.28	481.07	1.47013	115	1.05363	949.10	485.42	481.00	1.46995
1.05815	945.05	506.45	502.22	1.52433	120	1.05803	945.15	506.60	502.15	1.52415
1.06272	940.99	527.67	523.42	1.57796	125	1.06260	941.09	527.81	523.35	1.57777
1.06745	936.81	548.93	544.66	1.63103	130	1.06733	936.92	549.07	544.59	1.63084
1.07235	932.54	570.25	565.96	1.68356	135	1.07223	932.64	570.38	565.88	1.68337
1.07741	928.15	591.61	587.30	1.73559	140	1.07729	928.26	591.74	587.21	1.73538
1.08266	923.65	613.02	608.69	1.78711	145	1.08253	923.76	613.15	608.61	1.78690
1.08808	919.05	634.50	630.15	1.83816	150	1.08795	919.16	634.62	630.05	1.83794
1.09369	914.34	656.03	651.66	1.88875	155	1.09355	914.45	656.15	651.56	1.88852
1.09949	909.51	677.63	673.23	1.93891	160	1.09935	909.63	677.75	673.13	1.93867
1.10549	904.58	699.30	694.88	1.98865	165	1.10534	904.70	699.41	694.77	1.98840
1.11170	899.52	721.04	716.60	2.03799	170	1.11155	899.65	721.15	716.48	2.03773
1.11813	894.35	742.86	738.39	2.08695	175	1.11797	894.48	742.97	738.27	2.08669
1.12478	889.06	764.77	760.27	2.13556	180	1.12462	889.19	764.87	760.15	2.13529
1.13168	883.64	786.77	782.24	2.18384	185	1.13151	883.78	786.86	782.11	2.18356
1.13883	878.10	808.86	804.31	2.23181	190	1.13864	878.24	808.96	804.17	2.23151
1.14624	872.42	831.06	826.48	2.27948	195	1.14605	872.56	831.15	826.34	2.27918
1.15393	866.60	853.38	848.76	2.32690	200	1.15373	866.75	853.46	848.61	2.32658
1.16193	860.64	875.82	871.17	2.37407	205	1.16171	860.80	875.89	871.01	2.37374
1.17024	854.53	898.39	893.71	2.42103	210	1.17001	854.69	898.46	893.54	2.42069
1.17888	848.26	921.10	916.39	2.46780	215	1.17865	848.43	921.16	916.21	2.46745
1.18790	841.82	943.97	939.22	2.51441	220	1.18765	842.00	944.03	939.04	2.51404
1.19730	835.21	967.01	962.22	2.56089	225	1.19704	835.40	967.06	962.03	2.56051
1.20712	828.42	990.23	985.40	2.60728	230	1.20684	828.61	990.27	985.20	2.60688
1.21740	821.42	1013.66	1008.79	2.65360	235	1.21710	821.62	1013.69	1008.57	2.65318
1.22817	814.22	1037.30	1032.38	2.69990	240	1.22786	814.43	1037.32	1032.16	2.69946
1.23949	806.78	1061.18	1056.22	2.74621	245	1.23915	807.00	1061.18	1055.98	2.74574
1.25140	799.10	1085.32	1080.31	2.79258	250	1.25104	799.34	1085.31	1080.06	2.79209
50.73	19.713	2817.7	2614.8	6.1014	255	47.674	20.976	2806.0	2605.8	6.0607
51.73	19.331	2835.5	2628.5	6.1349	260	48.669	20.547	2824.6	2620.2	6.0957
52.70	18.975	2852.6	2641.8	6.1669	265	49.625	20.151	2842.4	2634.0	6.1290
53.64	18.643	2869.1	2654.6	6.1975	270	50.55	19.782	2859.6	2647.3	6.1607
54.55	18.331	2885.2	2667.0	6.2269	275	51.45	19.437	2876.2	2660.1	6.1912
55.44	18.036	2900.8	2679.0	6.2552	280	52.32	19.113	2892.3	2672.5	6.2204
56.31	17.758	2916.0	2690.7	6.2826	285	53.17	18.807	2907.9	2684.6	6.2486
57.17	17.493	2930.9	2702.2	6.3091	290	54.00	18.517	2923.2	2696.4	6.2758
58.00	17.241	2945.4	2713.4	6.3348	295	54.82	18.242	2938.1	2707.9	6.3021

Tafel 3. Druckwasser und überhitzter Dampf (Fortsetzung)

40 bar						42 bar				
$10^3 v$	ϱ	h	u	s	t	$10^3 v$	ϱ	h	u	s
m^3/kg	kg/m^3	kJ/kg		kJ/kgK	°C	m^3/kg	kg/m^3	kJ/kg		kJ/kg K
58.82	17.000	2959.7	2724.4	6.3598	**300**	55.62	17.980	2952.7	2719.1	6.3277
59.63	16.770	2973.7	2735.2	6.3842	**305**	56.40	17.730	2967.1	2730.2	6.3526
60.42	16.550	2987.5	2745.8	6.4079	**310**	57.17	17.491	2981.1	2741.0	6.3769
61.21	16.338	3001.1	2756.3	6.4311	**315**	57.93	17.261	2995.0	2751.7	6.4005
61.98	16.134	3014.5	2766.6	6.4538	**320**	58.68	17.041	3008.6	2762.2	6.4236
62.74	15.938	3027.7	2776.8	6.4760	**325**	59.42	16.829	3022.1	2772.5	6.4462
63.50	15.749	3040.8	2786.8	6.4978	**330**	60.15	16.625	3035.4	2782.7	6.4683
64.24	15.566	3053.7	2796.8	6.5192	**335**	60.87	16.428	3048.5	2792.8	6.4900
64.98	15.389	3066.6	2806.6	6.5402	**340**	61.58	16.238	3061.5	2802.8	6.5113
65.71	15.218	3079.3	2816.4	6.5608	**345**	62.29	16.054	3074.4	2812.7	6.5322
66.44	15.052	3091.8	2826.1	6.5811	**350**	62.99	15.876	3087.1	2822.6	6.5527
67.16	14.891	3104.3	2835.7	6.6010	**355**	63.68	15.703	3099.8	2832.3	6.5729
67.87	14.734	3116.7	2845.3	6.6207	**360**	64.37	15.535	3112.3	2841.9	6.5928
68.58	14.582	3129.0	2854.7	6.6401	**365**	65.05	15.373	3124.7	2851.5	6.6124
69.28	14.434	3141.3	2864.2	6.6592	**370**	65.73	15.214	3137.1	2861.1	6.6317
69.98	14.290	3153.4	2873.5	6.6780	**375**	66.40	15.061	3149.4	2870.5	6.6507
70.67	14.150	3165.5	2882.9	6.6966	**380**	67.07	14.911	3161.6	2879.9	6.6695
71.36	14.014	3177.6	2892.2	6.7150	**385**	67.73	14.765	3173.8	2889.3	6.6880
72.04	13.880	3189.6	2901.4	6.7331	**390**	68.39	14.623	3185.9	2898.6	6.7063
72.73	13.750	3201.5	2910.6	6.7511	**395**	69.04	14.484	3197.9	2907.9	6.7244
73.40	13.623	3213.4	2919.8	6.7688	**400**	69.69	14.349	3209.9	2917.2	6.7423
74.75	13.378	3237.0	2938.0	6.8037	**410**	70.98	14.088	3233.7	2935.6	6.7774
76.08	13.144	3260.5	2956.2	6.8378	**420**	72.26	13.838	3257.3	2953.8	6.8118
77.40	12.919	3283.9	2974.3	6.8713	**430**	73.53	13.599	3280.9	2972.0	6.8455
78.72	12.704	3307.2	2992.3	6.9041	**440**	74.79	13.371	3304.3	2990.1	6.8785
80.02	12.497	3330.4	3010.3	6.9364	**450**	76.04	13.151	3327.6	3008.2	6.9110
81.31	12.298	3353.5	3028.2	6.9681	**460**	77.28	12.940	3350.8	3026.2	6.9429
82.60	12.106	3376.5	3046.1	6.9993	**470**	78.51	12.737	3373.9	3044.2	6.9742
83.88	11.922	3399.5	3064.0	7.0301	**480**	79.74	12.541	3397.0	3062.1	7.0051
85.15	11.743	3422.4	3081.8	7.0603	**490**	80.96	12.352	3420.1	3080.1	7.0355
86.42	11.571	3445.4	3099.7	7.0902	**500**	82.17	12.170	3443.1	3098.0	7.0654
88.94	11.244	3491.1	3135.4	7.1486	**520**	84.58	11.823	3489.0	3133.8	7.1241
91.44	10.936	3536.9	3171.1	7.2056	**540**	86.97	11.498	3534.9	3169.6	7.1812
93.92	10.647	3582.6	3206.9	7.2612	**560**	89.34	11.193	3580.8	3205.6	7.2370
96.39	10.375	3628.4	3242.9	7.3155	**580**	91.70	10.905	3626.7	3241.6	7.2915
98.84	10.117	3674.3	3278.9	7.3687	**600**	94.04	10.633	3672.7	3277.7	7.3447
101.28	9.873	3720.3	3315.2	7.4207	**620**	96.38	10.376	3718.8	3314.0	7.3969
103.72	9.642	3766.4	3351.5	7.4718	**640**	98.70	10.132	3765.0	3350.4	7.4481
106.14	9.422	3812.7	3388.1	7.5219	**660**	101.01	9.900	3811.3	3387.1	7.4983
108.55	9.212	3859.1	3424.9	7.5711	**680**	103.32	9.679	3857.8	3423.9	7.5476
110.96	9.012	3905.7	3461.8	7.6195	**700**	105.61	9.468	3904.5	3460.9	7.5960
113.36	8.821	3952.5	3499.0	7.6671	**720**	107.91	9.267	3951.3	3498.1	7.6437
115.76	8.639	3999.5	3536.4	7.7139	**740**	110.19	9.075	3998.4	3535.6	7.6906
118.15	8.464	4046.6	3574.1	7.7601	**760**	112.47	8.891	4045.6	3573.2	7.7368
120.53	8.297	4094.0	3611.9	7.8055	**780**	114.74	8.715	4093.1	3611.1	7.7822
122.91	8.136	4141.7	3650.0	7.8503	**800**	117.01	8.546	4140.7	3649.3	7.8271
128.84	7.761	4261.7	3746.3	7.9596	**850**	122.67	8.152	4260.9	3745.6	7.9365
134.75	7.421	4383.1	3844.1	8.0654	**900**	128.31	7.794	4382.4	3843.5	8.0423
140.64	7.110	4506.0	3943.5	8.1680	**950**	133.92	7.467	4505.4	3942.9	8.1450
146.52	6.825	4630.4	4044.3	8.2676	**1000**	139.53	7.167	4629.8	4043.8	8.2447
158.24	6.3195	4883.5	4250.5	8.4590	**1100**	150.70	6.636	4883.0	4250.1	8.4361
169.93	5.8849	5142.2	4462.5	8.6408	**1200**	161.83	6.179	5141.8	4462.1	8.6180
181.59	5.5071	5406.2	4679.9	8.8142	**1300**	172.94	5.782	5405.9	4679.5	8.7914
193.22	5.1753	5675.2	4902.3	8.9799	**1400**	184.03	5.434	5674.9	4902.0	8.9572
204.85	4.8817	5948.9	5129.5	9.1388	**1500**	195.11	5.125	5948.6	5129.2	9.1161
216.46	4.6198	6226.8	5361.0	9.2913	**1600**	206.17	4.8504	6226.6	5360.7	9.2686
228.06	4.3848	6508.7	5596.4	9.4378	**1700**	217.22	4.6036	6508.5	5596.2	9.4152
239.65	4.1727	6794.2	5835.6	9.5790	**1800**	228.26	4.3809	6794.1	5835.4	9.5564
251.24	3.9803	7083.1	6078.2	9.7151	**1900**	239.30	4.1789	7083.0	6078.0	9.6925
262.82	3.8049	7375.2	6323.9	9.8465	**2000**	250.33	3.9947	7375.1	6323.7	9.8239

Tafel 3. Druckwasser und überhitzter Dampf (Fortsetzung)

44 bar ($t_s = 256.107$ °C)						46 bar ($t_s = 258.817$ °C)				
$10^3 v$	ϱ	h	u	s	t	$10^3 v$	ϱ	h	u	s
m³/kg	kg/m³	kJ/kg		kJ/kg K	°C	m³/kg	kg/m³	kJ/kg		kJ/kg K
1.26605	789.86	1115.16	1109.59	2.84832	t_l	1.27279	785.67	1128.52	1122.67	2.87303
45.096	22.175	2798.3	2599.9	6.0285	t_g	43.053	23.227	2796.9	2598.8	6.0093
0.99800	1002.01	4.44	0.05	0.00016	0	0.99790	1002.11	4.64	0.05	0.00017
0.99791	1002.10	25.39	21.00	0.07618	5	0.99781	1002.19	25.59	21.00	0.07617
0.99822	1001.78	46.27	41.88	0.15056	10	0.99813	1001.88	46.46	41.87	0.15054
0.99887	1001.13	67.12	62.72	0.22355	15	0.99878	1001.22	67.31	62.71	0.22352
0.99981	1000.19	87.96	83.56	0.29527	20	0.99972	1000.28	88.15	83.55	0.29523
1.00101	998.99	108.81	104.41	0.36580	25	1.00092	999.08	109.00	104.39	0.36575
1.00245	997.56	129.67	125.26	0.43518	30	1.00236	997.65	129.85	125.24	0.43512
1.00410	995.92	150.53	146.11	0.50342	35	1.00401	996.01	150.71	146.09	0.50335
1.00595	994.09	171.39	166.96	0.57058	40	1.00586	994.18	171.57	166.94	0.57050
1.00799	992.08	192.25	187.81	0.63666	45	1.00790	992.16	192.42	187.79	0.63658
1.01020	989.90	213.11	208.66	0.70171	50	1.01012	989.99	213.28	208.63	0.70162
1.01260	987.56	233.97	229.51	0.76577	55	1.01251	987.65	234.14	229.48	0.76567
1.01515	985.07	254.83	250.37	0.82887	60	1.01506	985.16	255.00	250.33	0.82876
1.01787	982.44	275.70	271.22	0.89105	65	1.01778	982.53	275.87	271.19	0.89094
1.02075	979.67	296.58	292.09	0.95235	70	1.02066	979.76	296.75	292.05	0.95223
1.02378	976.77	317.48	312.97	1.01280	75	1.02369	976.86	317.64	312.93	1.01268
1.02697	973.74	338.39	333.87	1.07244	80	1.02688	973.83	338.55	333.83	1.07231
1.03031	970.58	359.33	354.79	1.13131	85	1.03021	970.67	359.48	354.75	1.13117
1.03380	967.31	380.29	375.74	1.18943	90	1.03370	967.40	380.44	375.69	1.18929
1.03744	963.91	401.28	396.71	1.24683	95	1.03734	964.00	401.43	396.66	1.24668
1.04123	960.40	422.30	417.71	1.30354	100	1.04113	960.49	422.45	417.66	1.30339
1.04517	956.78	443.35	438.75	1.35959	105	1.04507	956.87	443.50	438.69	1.35943
1.04927	953.04	464.44	459.82	1.41499	110	1.04916	953.14	464.59	459.76	1.41483
1.05352	949.20	485.57	480.93	1.46978	115	1.05341	949.30	485.71	480.87	1.46961
1.05792	945.25	506.74	502.08	1.52397	120	1.05781	945.35	506.88	502.01	1.52379
1.06249	941.19	527.95	523.27	1.57758	125	1.06237	941.29	528.09	523.20	1.57740
1.06721	937.02	549.21	544.51	1.63064	130	1.06710	937.12	549.34	544.43	1.63045
1.07210	932.74	570.51	565.80	1.68317	135	1.07198	932.85	570.65	565.71	1.68297
1.07717	928.36	591.87	587.13	1.73517	140	1.07704	928.47	592.00	587.05	1.73497
1.08240	923.87	613.28	608.52	1.78668	145	1.08227	923.98	613.41	608.43	1.78647
1.08781	919.28	634.75	629.96	1.83772	150	1.08768	919.39	634.87	629.87	1.83750
1.09341	914.57	656.27	651.46	1.88830	155	1.09328	914.68	656.40	651.37	1.88807
1.09920	909.75	677.87	673.03	1.93844	160	1.09906	909.87	677.99	672.93	1.93820
1.10519	904.82	699.53	694.67	1.98816	165	1.10505	904.94	699.64	694.56	1.98791
1.11139	899.77	721.26	716.37	2.03748	170	1.11124	899.90	721.37	716.26	2.03723
1.11781	894.61	743.08	738.16	2.08643	175	1.11765	894.74	743.18	738.04	2.08617
1.12445	889.32	764.97	760.03	2.13502	180	1.12428	889.45	765.08	759.90	2.13475
1.13133	883.91	786.96	781.98	2.18328	185	1.13116	884.05	787.06	781.86	2.18300
1.13846	878.38	809.05	804.04	2.23122	190	1.13828	878.52	809.14	803.91	2.23093
1.14586	872.71	831.24	826.20	2.27888	195	1.14567	872.85	831.33	826.06	2.27858
1.15353	866.90	853.54	848.47	2.32627	200	1.15333	867.05	853.63	848.32	2.32596
1.16150	860.95	875.97	870.86	2.37342	205	1.16129	861.11	876.05	870.70	2.37309
1.16979	854.85	898.53	893.38	2.42035	210	1.16957	855.01	898.60	893.22	2.42001
1.17842	848.60	921.23	916.04	2.46709	215	1.17818	848.76	921.29	915.87	2.46674
1.18740	842.18	944.08	938.86	2.51368	220	1.18715	842.35	944.14	938.68	2.51331
1.19677	835.58	967.11	961.84	2.56013	225	1.19651	835.76	967.16	961.65	2.55974
1.20656	828.80	990.31	985.00	2.60648	230	1.20629	828.99	990.35	984.80	2.60608
1.21681	821.82	1013.72	1008.36	2.65276	235	1.21651	822.02	1013.75	1008.15	2.65234
1.22754	814.64	1037.34	1031.93	2.69902	240	1.22722	814.85	1037.36	1031.71	2.69858
1.23881	807.23	1061.19	1055.74	2.74528	245	1.23847	807.45	1061.20	1055.50	2.74482
1.25067	799.57	1085.31	1079.81	2.79160	250	1.25031	799.80	1085.30	1079.55	2.79111
1.26318	791.65	1109.71	1104.15	2.83802	255	1.26279	791.90	1109.69	1103.88	2.83751
45.863	21.804	2813.4	2611.6	6.0569	260	43.283	23.104	2801.6	2602.5	6.0182
46.812	21.362	2831.9	2626.0	6.0916	265	44.228	22.610	2821.1	2617.6	6.0544
47.728	20.952	2849.8	2639.8	6.1246	270	45.137	22.155	2839.6	2632.0	6.0888
48.612	20.571	2867.0	2653.1	6.1560	275	46.013	21.733	2857.4	2645.8	6.1214
49.471	20.214	2883.6	2665.9	6.1862	280	46.860	21.340	2874.6	2659.1	6.1526
50.307	19.878	2899.7	2678.4	6.2152	285	47.680	20.973	2891.2	2671.9	6.1826
51.122	19.561	2915.4	2690.5	6.2432	290	48.482	20.626	2907.4	2684.4	6.2113
51.918	19.261	2930.7	2702.2	6.2703	295	49.261	20.300	2923.1	2696.5	6.2391

Tafel 3. Druckwasser und überhitzter Dampf (Fortsetzung)

44 bar						46 bar				
$10^3 v$	ϱ	h	u	s	t	$10^3 v$	ϱ	h	u	s
m^3/kg	kg/m^3	kJ/kg		kJ/kg K	°C	m^3/kg	kg/m^3	kJ/kg		kJ/kg K
52.70	18.976	2945.6	2713.8	6.2965	**300**	50.03	19.990	2938.4	2708.3	6.2660
53.46	18.705	2960.3	2725.1	6.3219	**305**	50.77	19.696	2953.4	2719.8	6.2920
54.21	18.446	2974.7	2736.1	6.3467	**310**	51.51	19.415	2968.1	2731.1	6.3173
54.95	18.198	2988.8	2747.0	6.3708	**315**	52.23	19.148	2982.5	2742.2	6.3418
55.68	17.960	3002.7	2757.7	6.3943	**320**	52.93	18.891	2996.6	2753.1	6.3658
56.40	17.732	3016.4	2768.2	6.4173	**325**	53.63	18.646	3010.6	2763.9	6.3892
57.10	17.512	3029.9	2778.6	6.4398	**330**	54.32	18.410	3024.3	2774.4	6.4121
57.80	17.300	3043.2	2788.9	6.4618	**335**	55.00	18.182	3037.8	2784.8	6.4344
58.49	17.096	3056.4	2799.0	6.4834	**340**	55.67	17.964	3051.2	2795.1	6.4563
59.18	16.899	3069.4	2809.0	6.5046	**345**	56.33	17.752	3064.4	2805.3	6.4778
59.85	16.708	3082.3	2819.0	6.5254	**350**	56.99	17.548	3077.5	2815.4	6.4989
60.52	16.523	3095.1	2828.8	6.5458	**355**	57.63	17.351	3090.5	2825.3	6.5196
61.19	16.344	3107.8	2838.6	6.5659	**360**	58.28	17.159	3103.3	2835.2	6.5399
61.84	16.170	3120.4	2848.3	6.5857	**365**	58.91	16.974	3116.0	2845.0	6.5600
62.50	16.001	3132.9	2857.9	6.6052	**370**	59.55	16.794	3128.7	2854.7	6.5797
63.14	15.837	3145.3	2867.5	6.6245	**375**	60.17	16.619	3141.2	2864.4	6.5991
63.79	15.677	3157.6	2877.0	6.6434	**380**	60.79	16.449	3153.6	2874.0	6.6182
64.43	15.522	3169.9	2886.4	6.6621	**385**	61.41	16.284	3166.0	2883.5	6.6371
65.06	15.370	3182.1	2895.8	6.6806	**390**	62.02	16.123	3178.3	2893.0	6.6557
65.69	15.223	3194.2	2905.2	6.6988	**395**	62.63	15.967	3190.6	2902.5	6.6741
66.32	15.079	3206.3	2914.5	6.7168	**400**	63.24	15.814	3202.7	2911.8	6.6923
67.56	14.801	3230.3	2933.0	6.7522	**410**	64.44	15.519	3226.9	2930.5	6.7279
68.79	14.537	3254.1	2951.4	6.7868	**420**	65.62	15.239	3250.9	2949.0	6.7628
70.01	14.283	3277.8	2969.8	6.8207	**430**	66.80	14.971	3274.7	2967.5	6.7969
71.22	14.041	3301.3	2988.0	6.8540	**440**	67.96	14.714	3298.4	2985.8	6.8303
72.42	13.808	3324.8	3006.1	6.8866	**450**	69.12	14.468	3322.0	3004.0	6.8631
73.61	13.585	3348.1	3024.2	6.9186	**460**	70.26	14.232	3345.4	3022.2	6.8954
74.79	13.370	3371.4	3042.3	6.9502	**470**	71.40	14.006	3368.8	3040.3	6.9270
75.97	13.163	3394.6	3060.3	6.9812	**480**	72.53	13.787	3392.1	3058.4	6.9582
77.14	12.963	3417.7	3078.3	7.0117	**490**	73.66	13.577	3415.3	3076.5	6.9888
78.30	12.771	3440.8	3096.3	7.0418	**500**	74.77	13.374	3438.5	3094.6	7.0190
80.61	12.405	3486.9	3132.2	7.1006	**520**	76.99	12.988	3484.8	3130.6	7.0781
82.90	12.062	3532.9	3168.2	7.1579	**540**	79.19	12.627	3531.0	3166.7	7.1356
85.18	11.740	3579.0	3204.2	7.2138	**560**	81.38	12.289	3577.1	3202.8	7.1917
87.44	11.437	3625.0	3240.3	7.2684	**580**	83.54	11.970	3623.3	3239.0	7.2464
89.68	11.151	3671.1	3276.5	7.3219	**600**	85.70	11.669	3669.5	3275.3	7.2999
91.91	10.880	3717.3	3312.8	7.3741	**620**	87.84	11.384	3715.7	3311.7	7.3523
94.14	10.623	3763.6	3349.4	7.4254	**640**	89.97	11.115	3762.1	3348.3	7.4037
96.35	10.379	3810.0	3386.0	7.4757	**660**	92.09	10.858	3808.6	3385.0	7.4541
98.56	10.147	3856.5	3422.9	7.5251	**680**	94.21	10.615	3855.3	3421.9	7.5035
100.75	9.925	3903.3	3460.0	7.5736	**700**	96.32	10.383	3902.1	3459.0	7.5521
102.95	9.714	3950.2	3497.2	7.6213	**720**	98.42	10.161	3949.1	3496.3	7.5999
105.13	9.512	3997.3	3534.7	7.6683	**740**	100.51	9.949	3996.2	3533.9	7.6469
107.31	9.319	4044.6	3572.4	7.7145	**760**	102.60	9.747	4043.6	3571.6	7.6932
109.48	9.134	4092.1	3610.4	7.7600	**780**	104.68	9.553	4091.1	3609.6	7.7388
111.65	8.956	4139.8	3648.5	7.8049	**800**	106.76	9.367	4138.9	3647.8	7.7837
117.06	8.543	4260.0	3745.0	7.9144	**850**	111.94	8.933	4259.2	3744.3	7.8933
122.45	8.167	4381.7	3842.9	8.0203	**900**	117.10	8.540	4380.9	3842.3	7.9993
127.81	7.824	4504.7	3942.3	8.1231	**950**	122.24	8.181	4504.1	3941.8	8.1021
133.17	7.509	4629.2	4043.3	8.2228	**1000**	127.36	7.852	4628.6	4042.8	8.2019
143.84	6.952	4882.5	4249.6	8.4143	**1100**	137.58	7.269	4882.0	4249.2	8.3935
154.48	6.473	5141.4	4461.7	8.5963	**1200**	147.76	6.768	5141.0	4461.3	8.5755
165.09	6.057	5405.5	4679.2	8.7697	**1300**	157.91	6.333	5405.2	4678.8	8.7490
175.68	5.692	5674.7	4901.7	8.9356	**1400**	168.05	5.951	5674.4	4901.4	8.9149
186.25	5.369	5948.4	5128.9	9.0945	**1500**	178.16	5.613	5948.2	5128.6	9.0738
196.81	5.0810	6226.4	5360.4	9.2470	**1600**	188.27	5.3115	6226.2	5360.2	9.2263
207.36	4.8224	6508.4	5596.0	9.3936	**1700**	198.37	5.0412	6508.2	5595.7	9.3730
217.91	4.5891	6793.9	5835.1	9.5348	**1800**	208.45	4.7972	6793.8	5834.9	9.5142
228.45	4.3774	7082.9	6077.8	9.6709	**1900**	218.54	4.5759	7082.8	6077.6	9.6503
238.98	4.1845	7375.0	6323.5	9.8024	**2000**	228.61	4.3742	7375.0	6323.4	9.7818

Tafel 3. Druckwasser und überhitzter Dampf (Fortsetzung)

48 bar (t_s = 261.438 °C)						50 bar (t_s = 263.977 °C)				
$10^3 v$	ϱ	h	u	s	t	$10^3 v$	ϱ	h	u	s
m^3/kg	kg/m^3	kJ/kg	kJ/kg	kJ/kg K	°C	m^3/kg	kg/m^3	kJ/kg	kJ/kg	kJ/kg K
1.27949	781.56	1141.52	1135.38	2.89694	t_l	1.28614	777.52	1154.20	1147.77	2.92011
41.174	24.287	2795.4	2597.7	5.9906	t_g	39.440	25.355	2793.7	2596.5	5.9725
0.99779	1002.21	4.85	0.06	0.00018	**0**	0.99769	1002.31	5.05	0.06	0.00020
0.99771	1002.29	25.79	21.00	0.07617	**5**	0.99762	1002.39	25.99	21.00	0.07616
0.99803	1001.97	46.66	41.87	0.15052	**10**	0.99794	1002.07	46.85	41.86	0.15050
0.99868	1001.32	67.50	62.70	0.22348	**15**	0.99859	1001.41	67.69	62.70	0.22345
0.99963	1000.37	88.34	83.54	0.29519	**20**	0.99954	1000.46	88.52	83.53	0.29514
1.00083	999.17	109.18	104.38	0.36570	**25**	1.00074	999.26	109.37	104.36	0.36564
1.00227	997.74	130.03	125.22	0.43505	**30**	1.00218	997.83	130.22	125.21	0.43499
1.00392	996.10	150.89	146.07	0.50328	**35**	1.00383	996.18	151.07	146.05	0.50321
1.00577	994.26	171.74	166.92	0.57042	**40**	1.00568	994.35	171.92	166.89	0.57034
1.00781	992.25	192.60	187.76	0.63649	**45**	1.00772	992.34	192.77	187.73	0.63640
1.01003	990.07	213.45	208.61	0.70153	**50**	1.00994	990.16	213.63	208.58	0.70144
1.01242	987.73	234.31	229.45	0.76557	**55**	1.01233	987.82	234.48	229.42	0.76547
1.01497	985.25	255.17	250.30	0.82866	**60**	1.01489	985.33	255.34	250.26	0.82855
1.01769	982.62	276.03	271.15	0.89083	**65**	1.01760	982.70	276.20	271.11	0.89071
1.02057	979.85	296.91	292.01	0.95211	**70**	1.02048	979.93	297.07	291.97	0.95199
1.02360	976.94	317.80	312.89	1.01255	**75**	1.02351	977.03	317.96	312.85	1.01243
1.02678	973.92	338.71	333.78	1.07218	**80**	1.02669	974.00	338.87	333.74	1.07205
1.03012	970.76	359.64	354.70	1.13104	**85**	1.03002	970.85	359.80	354.65	1.13090
1.03361	967.49	380.60	375.64	1.18914	**90**	1.03351	967.58	380.75	375.59	1.18900
1.03724	964.09	401.58	396.60	1.24653	**95**	1.03714	964.19	401.73	396.55	1.24639
1.04103	960.59	422.60	417.60	1.30323	**100**	1.04093	960.68	422.75	417.54	1.30308
1.04497	956.97	443.65	438.63	1.35927	**105**	1.04487	957.06	443.79	438.57	1.35911
1.04906	953.24	464.73	459.70	1.41466	**110**	1.04895	953.33	464.88	459.63	1.41449
1.05330	949.39	485.85	480.80	1.46943	**115**	1.05320	949.49	486.00	480.73	1.46926
1.05770	945.45	507.02	501.94	1.52361	**120**	1.05759	945.54	507.16	501.87	1.52343
1.06226	941.39	528.23	523.13	1.57721	**125**	1.06215	941.49	528.36	523.05	1.57703
1.06698	937.22	549.48	544.36	1.63026	**130**	1.06686	937.33	549.61	544.28	1.63007
1.07186	932.95	570.78	565.63	1.68277	**135**	1.07174	933.06	570.91	565.55	1.68257
1.07692	928.58	592.13	586.96	1.73476	**140**	1.07679	928.68	592.26	586.88	1.73456
1.08214	924.09	613.53	608.34	1.78626	**145**	1.08202	924.20	613.66	608.25	1.78605
1.08755	919.50	635.00	629.78	1.83728	**150**	1.08742	919.61	635.12	629.68	1.83706
1.09314	914.80	656.52	651.27	1.88784	**155**	1.09300	914.91	656.64	651.17	1.88761
1.09892	909.98	678.10	672.83	1.93797	**160**	1.09878	910.10	678.22	672.73	1.93773
1.10490	905.06	699.76	694.45	1.98767	**165**	1.10475	905.18	699.87	694.35	1.98743
1.11109	900.02	721.48	716.15	2.03698	**170**	1.11093	900.14	721.59	716.04	2.03673
1.11749	894.86	743.29	737.93	2.08591	**175**	1.11733	894.99	743.40	737.81	2.08565
1.12412	889.59	765.18	759.78	2.13448	**180**	1.12395	889.72	765.28	759.66	2.13421
1.13098	884.19	787.16	781.73	2.18272	**185**	1.13081	884.32	787.26	781.60	2.18244
1.13810	878.66	809.23	803.77	2.23064	**190**	1.13792	878.80	809.33	803.64	2.23035
1.14548	873.00	831.42	825.92	2.27828	**195**	1.14529	873.14	831.50	825.78	2.27798
1.15313	867.20	853.71	848.17	2.32565	**200**	1.15293	867.35	853.79	848.03	2.32533
1.16108	861.26	876.12	870.55	2.37277	**205**	1.16088	861.42	876.20	870.40	2.37245
1.16935	855.18	898.67	893.06	2.41968	**210**	1.16913	855.34	898.74	892.89	2.41934
1.17795	848.93	921.36	915.70	2.46639	**215**	1.17772	849.10	921.42	915.53	2.46604
1.18691	842.53	944.20	938.50	2.51294	**220**	1.18666	842.70	944.25	938.32	2.51258
1.19625	835.95	967.20	961.46	2.55936	**225**	1.19599	836.13	967.25	961.27	2.55898
1.20601	829.18	990.39	984.60	2.60568	**230**	1.20573	829.37	990.43	984.40	2.60528
1.21621	822.22	1013.78	1007.94	2.65192	**235**	1.21592	822.42	1013.81	1007.73	2.65151
1.22691	815.06	1037.38	1031.49	2.69814	**240**	1.22659	815.27	1037.40	1031.26	2.69770
1.23813	807.67	1061.21	1055.27	2.74436	**245**	1.23780	807.89	1061.22	1055.03	2.74390
1.24994	800.04	1085.30	1079.30	2.79063	**250**	1.24958	800.27	1085.30	1079.05	2.79014
1.26239	792.15	1109.67	1103.61	2.83700	**255**	1.26200	792.39	1109.66	1103.35	2.83649
1.27556	783.97	1134.36	1128.24	2.88352	**260**	1.27513	784.23	1134.33	1127.95	2.88298
41.843	23.899	2809.8	2608.9	6.0174	**265**	39.631	25.233	2798.0	2599.9	5.9805
42.748	23.393	2829.1	2623.9	6.0532	**270**	40.533	24.671	2818.2	2615.6	6.0179
43.617	22.927	2847.6	2638.3	6.0872	**275**	41.399	24.155	2837.5	2630.5	6.0532
44.454	22.495	2865.4	2652.0	6.1195	**280**	42.230	23.680	2855.9	2644.8	6.0867
45.265	22.092	2882.6	2665.3	6.1504	**285**	43.033	23.238	2873.7	2658.5	6.1186
46.053	21.714	2899.2	2678.1	6.1800	**290**	43.812	22.825	2890.8	2671.7	6.1491
46.821	21.358	2915.3	2690.6	6.2085	**295**	44.567	22.438	2907.4	2684.5	6.1785

Tafel 3. Druckwasser und überhitzter Dampf (Fortsetzung)

48 bar						50 bar				
$10^3 v$	ϱ	h	u	s	t	$10^3 v$	ϱ	h	u	s
m^3/kg	kg/m^3	kJ/kg		kJ/kg K	°C	m^3/kg	kg/m^3	kJ/kg		kJ/kg K
47.569	21.022	2931.0	2702.7	6.2361	**300**	45.304	22.073	2923.5	2697.0	6.2067
48.302	20.703	2946.4	2714.5	6.2627	**305**	46.021	21.729	2939.2	2709.1	6.2340
49.017	20.401	2961.4	2726.1	6.2885	**310**	46.725	21.402	2954.5	2720.9	6.2604
49.722	20.112	2976.1	2737.4	6.3136	**315**	47.414	21.091	2969.5	2732.5	6.2860
50.413	19.836	2990.5	2748.5	6.3380	**320**	48.091	20.794	2984.3	2743.8	6.3109
51.09	19.572	3004.7	2759.4	6.3619	**325**	48.754	20.511	2998.7	2754.9	6.3352
51.76	19.319	3018.6	2770.2	6.3851	**330**	49.410	20.239	3012.9	2765.9	6.3588
52.42	19.075	3032.4	2780.8	6.4078	**335**	50.053	19.979	3026.9	2776.6	6.3819
53.08	18.841	3046.0	2791.2	6.4300	**340**	50.689	19.728	3040.7	2787.2	6.4045
53.72	18.615	3059.4	2801.5	6.4518	**345**	51.316	19.487	3054.3	2797.7	6.4266
54.36	18.397	3072.6	2811.7	6.4732	**350**	51.93	19.255	3067.7	2808.0	6.4482
54.99	18.186	3085.7	2821.8	6.4942	**355**	52.55	19.031	3081.0	2818.2	6.4695
55.61	17.983	3098.7	2831.8	6.5147	**360**	53.15	18.814	3094.1	2828.4	6.4903
56.23	17.785	3111.6	2841.7	6.5350	**365**	53.75	18.604	3107.2	2838.4	6.5108
56.84	17.594	3124.4	2851.6	6.5549	**370**	54.35	18.401	3120.1	2848.3	6.5309
57.44	17.408	3137.0	2861.3	6.5745	**375**	54.93	18.203	3132.9	2858.2	6.5507
58.05	17.228	3149.6	2871.0	6.5939	**380**	55.52	18.012	3145.5	2868.0	6.5703
58.64	17.052	3162.1	2880.6	6.6129	**385**	56.10	17.826	3158.2	2877.7	6.5895
59.24	16.882	3174.5	2890.2	6.6317	**390**	56.67	17.646	3170.7	2887.3	6.6084
59.82	16.716	3186.9	2899.7	6.6502	**395**	57.24	17.470	3183.1	2896.9	6.6271
60.41	16.554	3199.1	2909.2	6.6685	**400**	57.81	17.299	3195.5	2906.5	6.6456
61.57	16.242	3223.5	2928.0	6.7045	**410**	58.93	16.969	3220.1	2925.4	6.6818
62.71	15.945	3247.7	2946.6	6.7396	**420**	60.04	16.656	3244.4	2944.2	6.7172
63.85	15.662	3271.6	2965.2	6.7739	**430**	61.14	16.357	3268.5	2962.8	6.7517
64.97	15.391	3295.5	2983.6	6.8076	**440**	62.22	16.072	3292.5	2981.4	6.7856
66.09	15.132	3319.1	3001.9	6.8406	**450**	63.30	15.798	3316.3	2999.8	6.8187
67.19	14.883	3342.7	3020.2	6.8729	**460**	64.37	15.536	3340.0	3018.2	6.8513
68.29	14.644	3366.2	3038.4	6.9047	**470**	65.42	15.285	3363.6	3036.5	6.8833
69.38	14.414	3389.6	3056.6	6.9360	**480**	66.48	15.043	3387.1	3054.7	6.9147
70.46	14.192	3412.9	3074.7	6.9668	**490**	67.52	14.810	3410.5	3072.9	6.9456
71.54	13.979	3436.2	3092.8	6.9971	**500**	68.56	14.586	3433.9	3091.1	6.9760
73.67	13.573	3482.7	3129.0	7.0564	**520**	70.62	14.160	3480.5	3127.4	7.0355
75.79	13.194	3529.0	3165.2	7.1141	**540**	72.66	13.762	3527.0	3163.7	7.0934
77.89	12.839	3575.3	3201.4	7.1703	**560**	74.68	13.390	3573.4	3200.0	7.1498
79.97	12.504	3621.5	3237.7	7.2252	**580**	76.69	13.039	3619.8	3236.4	7.2048
82.05	12.188	3667.8	3274.0	7.2789	**600**	78.69	12.709	3666.2	3272.8	7.2586
84.10	11.890	3714.2	3310.5	7.3314	**620**	80.67	12.396	3712.7	3309.4	7.3112
86.15	11.607	3760.7	3347.2	7.3828	**640**	82.64	12.101	3759.3	3346.1	7.3628
88.19	11.339	3807.3	3383.9	7.4333	**660**	84.60	11.820	3805.9	3382.9	7.4133
90.22	11.084	3854.0	3420.9	7.4828	**680**	86.56	11.553	3852.7	3419.9	7.4630
92.25	10.840	3900.9	3458.1	7.5315	**700**	88.50	11.299	3899.7	3457.1	7.5117
94.26	10.608	3947.9	3495.4	7.5793	**720**	90.44	11.056	3946.8	3494.5	7.5596
96.27	10.387	3995.1	3533.0	7.6264	**740**	92.38	10.825	3994.0	3532.1	7.6067
98.28	10.175	4042.5	3570.8	7.6728	**760**	94.31	10.604	4041.5	3570.0	7.6531
100.28	9.972	4090.1	3608.8	7.7184	**780**	96.23	10.392	4089.1	3608.0	7.6988
102.28	9.778	4137.9	3647.0	7.7633	**800**	98.15	10.189	4137.0	3646.3	7.7438
107.25	9.324	4258.4	3743.6	7.8730	**850**	102.93	9.716	4257.5	3742.9	7.8536
112.19	8.913	4380.2	3841.6	7.9791	**900**	107.68	9.287	4379.4	3841.0	7.9598
117.12	8.538	4503.4	3941.2	8.0820	**950**	112.42	8.895	4502.7	3940.6	8.0627
122.04	8.194	4628.0	4042.2	8.1818	**1000**	117.15	8.536	4627.4	4041.7	8.1626
131.84	7.585	4881.5	4248.7	8.3735	**1100**	126.56	7.901	4881.1	4248.3	8.3543
141.60	7.062	5140.6	4460.9	8.5556	**1200**	135.94	7.356	5140.2	4460.5	8.5365
151.34	6.608	5404.9	4678.5	8.7291	**1300**	145.29	6.883	5404.5	4678.1	8.7101
161.05	6.209	5674.1	4901.1	8.8951	**1400**	154.62	6.468	5673.8	4900.8	8.8760
170.75	5.856	5948.0	5128.3	9.0540	**1500**	163.93	6.100	5947.7	5128.1	9.0350
180.44	5.5420	6226.0	5359.9	9.2066	**1600**	173.24	5.7725	6225.9	5359.7	9.1876
190.12	5.2599	6508.1	5595.5	9.3532	**1700**	182.53	5.4786	6507.9	5595.3	9.3343
199.79	5.0053	6793.7	5834.7	9.4944	**1800**	191.81	5.2134	6793.6	5834.5	9.4755
209.45	4.7744	7082.7	6077.4	9.6306	**1900**	201.09	4.9728	7082.6	6077.2	9.6117
219.11	4.5639	7374.9	6323.2	9.7620	**2000**	210.37	4.7536	7374.8	6323.0	9.7431

Tafel 3. Druckwasser und überhitzter Dampf (Fortsetzung)

52 bar ($t_s = 266.440$ °C)						54 bar ($t_s = 268.831$ °C)				
$10^3 v$	ϱ	h	u	s	t	$10^3 v$	ϱ	h	u	s
m³/kg	kg/m³	kJ/kg		kJ/kgK	°C	m³/kg	kg/m³	kJ/kg		kJ/kg K
1.29276	773.54	1166.56	1159.84	2.94259	t_l	1.29934	769.62	1178.64	1171.62	2.96445
37.834	26.432	2792.0	2595.2	5.9549	t_g	36.342	27.516	2790.1	2593.9	5.9378
0.99759	1002.41	5.25	0.06	0.00021	0	0.99749	1002.51	5.45	0.07	0.00022
0.99752	1002.48	26.19	21.00	0.07616	5	0.99742	1002.58	26.38	21.00	0.07615
0.99784	1002.16	47.04	41.86	0.15048	10	0.99775	1002.26	47.24	41.85	0.15046
0.99850	1001.50	67.88	62.69	0.22342	15	0.99841	1001.59	68.07	62.68	0.22339
0.99945	1000.55	88.71	83.52	0.29510	20	0.99936	1000.64	88.90	83.50	0.29506
1.00065	999.35	109.55	104.35	0.36559	25	1.00056	999.44	109.74	104.33	0.36554
1.00209	997.91	130.40	125.19	0.43493	30	1.00200	998.00	130.58	125.17	0.43487
1.00374	996.27	151.25	146.03	0.50314	35	1.00366	996.36	151.43	146.01	0.50307
1.00559	994.44	172.10	166.87	0.57026	40	1.00551	994.52	172.27	166.84	0.57019
1.00763	992.42	192.95	187.71	0.63632	45	1.00755	992.51	193.12	187.68	0.63623
1.00985	990.24	213.80	208.55	0.70134	50	1.00976	990.33	213.97	208.52	0.70125
1.01224	987.91	234.65	229.38	0.76537	55	1.01215	987.99	234.82	229.35	0.76528
1.01480	985.42	255.50	250.23	0.82845	60	1.01471	985.51	255.67	250.19	0.82834
1.01751	982.79	276.37	271.07	0.89060	65	1.01742	982.88	276.53	271.04	0.89049
1.02039	980.02	297.24	291.93	0.95188	70	1.02030	980.11	297.40	291.89	0.95176
1.02342	977.12	318.12	312.80	1.01230	75	1.02332	977.21	318.29	312.76	1.01218
1.02660	974.09	339.03	333.69	1.07192	80	1.02650	974.18	339.19	333.65	1.07179
1.02993	970.94	359.96	354.60	1.13076	85	1.02983	971.03	360.11	354.55	1.13063
1.03341	967.67	380.91	375.53	1.18886	90	1.03332	967.76	381.06	375.48	1.18872
1.03705	964.28	401.89	396.50	1.24624	95	1.03695	964.37	402.04	396.44	1.24609
1.04083	960.77	422.90	417.49	1.30292	100	1.04073	960.87	423.05	417.43	1.30277
1.04476	957.15	443.94	438.51	1.35895	105	1.04466	957.25	444.09	438.45	1.35879
1.04885	953.43	465.02	459.57	1.41433	110	1.04874	953.52	465.17	459.51	1.41416
1.05309	949.59	486.14	480.67	1.46909	115	1.05298	949.69	486.29	480.60	1.46892
1.05748	945.64	507.30	501.80	1.52325	120	1.05737	945.74	507.44	501.73	1.52307
1.06203	941.59	528.50	522.98	1.57684	125	1.06192	941.69	528.64	522.91	1.57666
1.06675	937.43	549.75	544.20	1.62987	130	1.06663	937.53	549.89	544.13	1.62968
1.07162	933.16	571.05	565.47	1.68237	135	1.07150	933.27	571.18	565.39	1.68217
1.07667	928.79	592.39	586.79	1.73435	140	1.07655	928.90	592.52	586.71	1.73415
1.08189	924.31	613.79	608.16	1.78583	145	1.08176	924.42	613.92	608.08	1.78562
1.08728	919.72	635.24	629.59	1.83684	150	1.08715	919.83	635.37	629.50	1.83662
1.09287	915.03	656.76	651.08	1.88739	155	1.09273	915.14	656.88	650.98	1.88716
1.09864	910.22	678.34	672.63	1.93750	160	1.09849	910.34	678.46	672.53	1.93726
1.10461	905.30	699.99	694.24	1.98718	165	1.10446	905.42	700.10	694.14	1.98694
1.11078	900.27	721.71	715.93	2.03648	170	1.11063	900.39	721.82	715.82	2.03622
1.11717	895.12	743.50	737.69	2.08539	175	1.11701	895.25	743.61	737.58	2.08513
1.12379	889.85	765.38	759.54	2.13394	180	1.12362	889.98	765.49	759.42	2.13367
1.13064	884.46	787.35	781.48	2.18216	185	1.13046	884.59	787.45	781.35	2.18188
1.13774	878.94	809.42	803.51	2.23007	190	1.13756	879.08	809.52	803.37	2.22978
1.14510	873.29	831.59	825.64	2.27768	195	1.14491	873.43	831.68	825.50	2.27738
1.15274	867.50	853.88	847.88	2.32502	200	1.15254	867.65	853.96	847.73	2.32471
1.16067	861.57	876.28	870.24	2.37212	205	1.16046	861.73	876.36	870.09	2.37180
1.16891	855.50	898.81	892.73	2.41900	210	1.16869	855.66	898.88	892.57	2.41867
1.17749	849.27	921.49	915.36	2.46569	215	1.17725	849.43	921.55	915.19	2.46534
1.18642	842.87	944.31	938.14	2.51221	220	1.18617	843.05	944.37	937.96	2.51185
1.19573	836.31	967.30	961.09	2.55860	225	1.19547	836.49	967.35	960.90	2.55822
1.20546	829.56	990.47	984.21	2.60488	230	1.20518	829.75	990.51	984.01	2.60448
1.21563	822.62	1013.84	1007.52	2.65109	235	1.21533	822.82	1013.87	1007.31	2.65067
1.22628	815.48	1037.42	1031.04	2.69726	240	1.22597	815.68	1037.44	1030.82	2.69683
1.23746	808.11	1061.23	1054.79	2.74344	245	1.23712	808.33	1061.24	1054.56	2.74298
1.24922	800.50	1085.29	1078.80	2.78966	250	1.24886	800.73	1085.29	1078.55	2.78918
1.26161	792.64	1109.64	1103.08	2.83598	255	1.26122	792.88	1109.62	1102.81	2.83547
1.27471	784.49	1134.29	1127.67	2.88244	260	1.27429	784.75	1134.26	1127.38	2.88190
1.28860	776.04	1159.29	1152.59	2.92911	265	1.28814	776.31	1159.24	1152.29	2.92854
38.474	25.991	2806.9	2606.9	5.9825	270	36.551	27.359	2795.2	2597.8	5.9471
39.338	25.421	2827.0	2622.5	6.0193	275	37.417	26.726	2816.2	2614.1	5.9855
40.166	24.897	2846.2	2637.3	6.0541	280	38.243	26.148	2836.1	2629.6	6.0217
40.963	24.412	2864.5	2651.5	6.0871	285	39.036	25.617	2855.1	2644.3	6.0559
41.733	23.962	2882.2	2665.2	6.1187	290	39.800	25.125	2873.3	2658.4	6.0885
42.480	23.541	2899.3	2678.4	6.1488	295	40.539	24.667	2890.9	2672.0	6.1196

Tafel 3. Druckwasser und überhitzter Dampf (Fortsetzung)

52 bar						54 bar				
$10^3 v$	ϱ	h	u	s	t	$10^3 v$	ϱ	h	u	s
m^3/kg	kg/m^3	kJ/kg		kJ/kgK	°C	m^3/kg	kg/m^3	kJ/kg		kJ/kg K
43.205	23.145	2915.8	2691.1	6.1779	**300**	41.256	24.239	2907.9	2685.2	6.1494
43.913	22.773	2931.9	2703.6	6.2058	**305**	41.954	23.836	2924.5	2697.9	6.1781
44.603	22.420	2947.6	2715.7	6.2328	**310**	42.634	23.456	2940.5	2710.3	6.2057
45.279	22.085	2962.9	2727.5	6.2590	**315**	43.298	23.096	2956.2	2722.4	6.2325
45.942	21.767	2977.9	2739.0	6.2844	**320**	43.949	22.754	2971.5	2734.2	6.2584
46.593	21.463	2992.6	2750.4	6.3091	**325**	44.587	22.428	2986.5	2745.7	6.2836
47.232	21.172	3007.1	2761.5	6.3332	**330**	45.213	22.117	3001.2	2757.0	6.3081
47.861	20.894	3021.3	2772.4	6.3566	**335**	45.829	21.820	3015.6	2768.2	6.3319
48.482	20.626	3035.3	2783.2	6.3795	**340**	46.436	21.535	3029.8	2779.1	6.3552
49.093	20.369	3049.1	2793.8	6.4020	**345**	47.033	21.262	3043.9	2789.9	6.3779
49.697	20.122	3062.7	2804.3	6.4239	**350**	47.623	20.998	3057.7	2800.5	6.4002
50.293	19.883	3076.2	2814.6	6.4454	**355**	48.205	20.745	3071.3	2811.0	6.4220
50.883	19.653	3089.5	2824.9	6.4665	**360**	48.780	20.500	3084.8	2821.4	6.4434
51.466	19.430	3102.6	2835.0	6.4872	**365**	49.348	20.264	3098.1	2831.6	6.4643
52.043	19.215	3115.7	2845.1	6.5076	**370**	49.911	20.036	3111.3	2841.8	6.4849
52.62	19.006	3128.6	2855.0	6.5276	**375**	50.47	19.815	3124.4	2851.8	6.5052
53.18	18.803	3141.5	2864.9	6.5474	**380**	51.02	19.600	3137.3	2861.8	6.5251
53.75	18.606	3154.2	2874.7	6.5668	**385**	51.57	19.392	3150.2	2871.7	6.5447
54.30	18.415	3166.8	2884.4	6.5859	**390**	52.11	19.191	3162.9	2881.5	6.5640
54.86	18.229	3179.4	2894.1	6.6048	**395**	52.65	18.995	3175.6	2891.3	6.5830
55.41	18.049	3191.9	2903.7	6.6234	**400**	53.18	18.804	3188.2	2901.0	6.6018
56.49	17.701	3216.6	2922.8	6.6599	**410**	54.24	18.438	3213.1	2920.2	6.6386
57.57	17.371	3241.1	2941.7	6.6955	**420**	55.28	18.090	3237.8	2939.3	6.6744
58.63	17.056	3265.4	2960.5	6.7303	**430**	56.31	17.759	3262.2	2958.2	6.7094
59.68	16.755	3289.5	2979.2	6.7643	**440**	57.33	17.443	3286.5	2976.9	6.7437
60.72	16.468	3313.5	2997.7	6.7977	**450**	58.34	17.141	3310.6	2995.6	6.7772
61.76	16.193	3337.3	3016.1	6.8304	**460**	59.34	16.852	3334.5	3014.1	6.8101
62.78	15.928	3361.0	3034.5	6.8625	**470**	60.33	16.575	3358.4	3032.6	6.8424
63.80	15.674	3384.6	3052.9	6.8941	**480**	61.32	16.309	3382.1	3051.0	6.8741
64.81	15.430	3408.1	3071.1	6.9251	**490**	62.30	16.053	3405.7	3069.3	6.9053
65.81	15.195	3431.6	3089.4	6.9557	**500**	63.27	15.806	3429.3	3087.7	6.9360
67.80	14.749	3478.4	3125.8	7.0154	**520**	65.19	15.339	3476.2	3124.2	6.9959
69.77	14.332	3525.0	3162.2	7.0735	**540**	67.10	14.904	3523.0	3160.7	7.0542
71.72	13.942	3571.6	3198.6	7.1300	**560**	68.98	14.496	3569.7	3197.2	7.1109
73.66	13.576	3618.1	3235.0	7.1852	**580**	70.86	14.113	3616.3	3233.7	7.1662
75.59	13.230	3664.6	3271.6	7.2391	**600**	72.71	13.753	3663.0	3270.3	7.2202
77.50	12.904	3711.2	3308.2	7.2918	**620**	74.56	13.412	3709.6	3307.0	7.2731
79.40	12.595	3757.8	3344.9	7.3435	**640**	76.40	13.090	3756.4	3343.8	7.3248
81.29	12.302	3804.6	3381.9	7.3941	**660**	78.22	12.784	3803.2	3380.8	7.3756
83.17	12.023	3851.4	3418.9	7.4438	**680**	80.04	12.494	3850.2	3417.9	7.4253
85.05	11.758	3898.5	3456.2	7.4926	**700**	81.85	12.217	3897.2	3455.2	7.4742
86.92	11.505	3945.6	3493.6	7.5406	**720**	83.65	11.954	3944.5	3492.7	7.5223
88.78	11.264	3993.0	3531.3	7.5878	**740**	85.45	11.703	3991.9	3530.4	7.5695
90.64	11.033	4040.5	3569.1	7.6342	**760**	87.24	11.462	4039.4	3568.3	7.6160
92.49	10.812	4088.2	3607.2	7.6800	**780**	89.03	11.232	4087.2	3606.4	7.6618
94.34	10.600	4136.1	3645.5	7.7250	**800**	90.81	11.012	4135.1	3644.7	7.7069
98.94	10.107	4256.7	3742.2	7.8349	**850**	95.25	10.499	4255.9	3741.5	7.8169
103.52	9.660	4378.7	3840.4	7.9411	**900**	99.66	10.034	4378.0	3839.8	7.9232
108.08	9.252	4502.1	3940.1	8.0441	**950**	104.06	9.610	4501.4	3939.5	8.0262
112.63	8.879	4626.8	4041.2	8.1441	**1000**	108.44	9.222	4626.2	4040.7	8.1263
121.68	8.218	4880.6	4247.8	8.3359	**1100**	117.17	8.535	4880.1	4247.4	8.3182
130.71	7.651	5139.8	4460.1	8.5181	**1200**	125.86	7.945	5139.4	4459.7	8.5004
139.70	7.158	5404.2	4677.8	8.6918	**1300**	134.53	7.433	5403.9	4677.4	8.6741
148.68	6.726	5673.6	4900.4	8.8578	**1400**	143.18	6.984	5673.3	4900.1	8.8401
157.64	6.344	5947.5	5127.8	9.0168	**1500**	151.81	6.587	5947.3	5127.5	8.9992
166.59	6.003	6225.7	5359.4	9.1694	**1600**	160.43	6.233	6225.5	5359.2	9.1518
175.53	5.697	6507.8	5595.0	9.3161	**1700**	169.04	5.916	6507.6	5594.8	9.2985
184.46	5.421	6793.5	5834.3	9.4573	**1800**	177.64	5.629	6793.3	5834.1	9.4398
193.38	5.171	7082.5	6077.0	9.5935	**1900**	186.24	5.370	7082.4	6076.8	9.5760
202.30	4.943	7374.8	6322.8	9.7249	**2000**	194.82	5.133	7374.7	6322.6	9.7074

Tafel 3. Druckwasser und überhitzter Dampf (Fortsetzung)

56 bar ($t_s = 271.156$ °C)						58 bar ($t_s = 273.418$ °C)				
$10^3 v$	ϱ	h	u	s	t	$10^3 v$	ϱ	h	u	s
m^3/kg	kg/m^3	kJ/kg	kJ/kg	kJ/kgK	°C	m^3/kg	kg/m^3	kJ/kg	kJ/kg	kJ/kg K
1.30590	765.75	1190.45	1183.14	2.98572	t_l	1.31244	761.94	1202.01	1194.40	3.00644
34.953	28.610	2788.1	2592.4	5.9210	t_g	33.656	29.713	2786.1	2590.9	5.9046
0.99739	1002.61	5.66	0.07	0.00023	0	0.99729	1002.71	5.86	0.07	0.00024
0.99733	1002.68	26.58	21.00	0.07615	5	0.99723	1002.78	26.78	21.00	0.07614
0.99766	1002.35	47.43	41.84	0.15044	10	0.99756	1002.44	47.63	41.84	0.15042
0.99832	1001.69	68.26	62.67	0.22335	15	0.99823	1001.78	68.45	62.66	0.22332
0.99927	1000.73	89.09	83.49	0.29501	20	0.99918	1000.82	89.27	83.48	0.29497
1.00047	999.53	109.92	104.32	0.36549	25	1.00039	999.61	110.11	104.30	0.36543
1.00191	998.09	130.76	125.15	0.43481	30	1.00183	998.18	130.94	125.13	0.43474
1.00357	996.45	151.61	145.99	0.50300	35	1.00348	996.53	151.78	145.96	0.50293
1.00542	994.61	172.45	166.82	0.57011	40	1.00533	994.70	172.63	166.80	0.57003
1.00746	992.60	193.30	187.65	0.63615	45	1.00737	992.68	193.47	187.63	0.63606
1.00968	990.42	214.14	208.49	0.70116	50	1.00959	990.50	214.31	208.46	0.70107
1.01206	988.08	234.99	229.32	0.76518	55	1.01198	988.17	235.16	229.29	0.76508
1.01462	985.59	255.84	250.16	0.82824	60	1.01453	985.68	256.01	250.12	0.82813
1.01733	982.96	276.70	271.00	0.89038	65	1.01724	983.05	276.86	270.96	0.89027
1.02020	980.20	297.56	291.85	0.95164	70	1.02011	980.28	297.73	291.81	0.95152
1.02323	977.30	318.45	312.72	1.01206	75	1.02314	977.38	318.61	312.67	1.01193
1.02641	974.27	339.35	333.60	1.07166	80	1.02632	974.36	339.51	333.55	1.07153
1.02974	971.12	360.27	354.50	1.13049	85	1.02965	971.21	360.43	354.46	1.13036
1.03322	967.85	381.22	375.43	1.18858	90	1.03312	967.94	381.37	375.38	1.18843
1.03685	964.46	402.19	396.39	1.24594	95	1.03675	964.55	402.35	396.33	1.24579
1.04063	960.96	423.20	417.37	1.30262	100	1.04053	961.05	423.35	417.32	1.30246
1.04456	957.34	444.24	438.39	1.35863	105	1.04446	957.44	444.39	438.33	1.35847
1.04864	953.62	465.32	459.44	1.41399	110	1.04853	953.71	465.46	459.38	1.41383
1.05287	949.78	486.43	480.53	1.46874	115	1.05277	949.88	486.57	480.47	1.46857
1.05726	945.84	507.58	501.66	1.52290	120	1.05715	945.94	507.72	501.59	1.52272
1.06181	941.79	528.78	522.83	1.57647	125	1.06169	941.89	528.92	522.76	1.57629
1.06651	937.63	550.02	544.05	1.62949	130	1.06640	937.74	550.16	543.97	1.62930
1.07138	933.37	571.31	565.31	1.68197	135	1.07126	933.48	571.45	565.23	1.68178
1.07642	929.00	592.65	586.62	1.73394	140	1.07630	929.11	592.78	586.54	1.73374
1.08163	924.53	614.04	607.99	1.78541	145	1.08151	924.64	614.17	607.90	1.78520
1.08702	919.95	635.49	629.41	1.83640	150	1.08689	920.06	635.62	629.31	1.83618
1.09259	915.25	657.00	650.88	1.88693	155	1.09246	915.37	657.12	650.79	1.88671
1.09835	910.45	678.58	672.42	1.93703	160	1.09821	910.57	678.69	672.32	1.93679
1.10431	905.54	700.22	694.03	1.98670	165	1.10417	905.66	700.33	693.93	1.98646
1.11048	900.51	721.93	715.71	2.03597	170	1.11032	900.64	722.04	715.60	2.03572
1.11685	895.37	743.72	737.46	2.08487	175	1.11670	895.50	743.82	737.35	2.08461
1.12346	890.11	765.59	759.30	2.13340	180	1.12329	890.24	765.69	759.18	2.13314
1.13029	884.73	787.55	781.22	2.18160	185	1.13012	884.86	787.65	781.10	2.18133
1.13738	879.22	809.61	803.24	2.22949	190	1.13720	879.36	809.70	803.11	2.22920
1.14472	873.58	831.77	825.36	2.27708	195	1.14453	873.72	831.86	825.22	2.27678
1.15234	867.80	854.04	847.59	2.32440	200	1.15214	867.95	854.13	847.44	2.32409
1.16025	861.88	876.43	869.94	2.37148	205	1.16004	862.04	876.51	869.78	2.37115
1.16847	855.82	898.95	892.41	2.41833	210	1.16825	855.98	899.03	892.25	2.41800
1.17702	849.60	921.61	915.02	2.46499	215	1.17679	849.77	921.68	914.85	2.46464
1.18593	843.22	944.43	937.79	2.51148	220	1.18568	843.39	944.48	937.61	2.51112
1.19521	836.67	967.40	960.71	2.55784	225	1.19495	836.85	967.45	960.52	2.55746
1.20491	829.94	990.56	983.81	2.60409	230	1.20463	830.13	990.60	983.61	2.60369
1.21504	823.02	1013.90	1007.10	2.65026	235	1.21475	823.22	1013.94	1006.89	2.64985
1.22565	815.89	1037.46	1030.60	2.69639	240	1.22534	816.10	1037.48	1030.38	2.69596
1.23679	808.54	1061.25	1054.32	2.74252	245	1.23646	808.76	1061.26	1054.09	2.74207
1.24850	800.96	1085.29	1078.30	2.78870	250	1.24814	801.19	1085.29	1078.05	2.78822
1.26084	793.13	1109.61	1102.55	2.83496	255	1.26045	793.37	1109.59	1102.28	2.83445
1.27387	785.01	1134.23	1127.10	2.88136	260	1.27345	785.27	1134.20	1126.81	2.88083
1.28768	776.59	1159.19	1151.98	2.92797	265	1.28723	776.86	1159.14	1151.68	2.92740
1.30237	767.83	1184.53	1177.24	2.97484	270	1.30187	768.12	1184.47	1176.92	2.97423
35.618	28.076	2804.9	2605.4	5.9517	275	33.928	29.474	2793.2	2596.4	5.9177
36.446	27.438	2825.7	2621.6	5.9894	280	34.760	28.769	2814.9	2613.3	5.9570
37.237	26.855	2845.4	2636.9	6.0249	285	35.551	28.128	2835.4	2629.2	5.9939
37.997	26.318	2864.3	2651.5	6.0586	290	36.309	27.541	2854.9	2644.3	6.0288
38.730	25.820	2882.4	2665.5	6.0906	295	37.038	26.999	2873.7	2658.8	6.0619

Tafel 3. Druckwasser und überhitzter Dampf (Fortsetzung)

56 bar						58 bar				
$10^3 v$	ϱ	h	u	s	t	$10^3 v$	ϱ	h	u	s
m^3/kg	kg/m^3	kJ/kg		kJ/kg K	°C	m^3/kg	kg/m^3	kJ/kg		kJ/kg K
39.440	25.355	2899.9	2679.0	6.1213	**300**	37.742	26.495	2891.7	2672.8	6.0935
40.129	24.920	2916.8	2692.1	6.1507	**305**	38.425	26.025	2909.1	2686.2	6.1237
40.800	24.510	2933.3	2704.8	6.1791	**310**	39.087	25.584	2925.9	2699.2	6.1527
41.454	24.123	2949.3	2717.2	6.2064	**315**	39.733	25.168	2942.3	2711.9	6.1807
42.094	23.756	2964.9	2729.2	6.2329	**320**	40.363	24.775	2958.3	2724.2	6.2077
42.721	23.408	2980.2	2741.0	6.2585	**325**	40.980	24.402	2973.9	2736.2	6.2339
43.336	23.076	2995.2	2752.5	6.2835	**330**	41.584	24.048	2989.1	2747.9	6.2593
43.939	22.759	3009.9	2763.8	6.3077	**335**	42.177	23.710	3004.1	2759.5	6.2840
44.533	22.455	3024.3	2775.0	6.3314	**340**	42.760	23.387	3018.8	2770.8	6.3080
45.118	22.164	3038.6	2785.9	6.3545	**345**	43.333	23.077	3033.2	2781.9	6.3315
45.695	21.884	3052.6	2796.7	6.3770	**350**	43.897	22.780	3047.4	2792.8	6.3544
46.263	21.615	3066.4	2807.3	6.3991	**355**	44.454	22.495	3061.4	2803.6	6.3768
46.825	21.356	3080.0	2817.8	6.4208	**360**	45.003	22.221	3075.2	2814.2	6.3987
47.380	21.106	3093.5	2828.2	6.4420	**365**	45.545	21.956	3088.9	2824.7	6.4202
47.929	20.864	3106.9	2838.5	6.4628	**370**	46.082	21.701	3102.4	2835.1	6.4412
48.472	20.631	3120.1	2848.6	6.4833	**375**	46.612	21.454	3115.7	2845.4	6.4619
49.009	20.404	3133.2	2858.7	6.5034	**380**	47.137	21.215	3129.0	2855.6	6.4823
49.542	20.185	3146.1	2868.7	6.5232	**385**	47.656	20.984	3142.1	2865.7	6.5022
50.070	19.972	3159.0	2878.6	6.5427	**390**	48.171	20.759	3155.1	2875.7	6.5219
50.594	19.765	3171.8	2888.5	6.5619	**395**	48.682	20.542	3168.0	2885.6	6.5413
51.113	19.564	3184.5	2898.2	6.5808	**400**	49.188	20.330	3180.8	2895.5	6.5604
52.14	19.179	3209.6	2917.6	6.6179	**410**	50.19	19.925	3206.1	2915.0	6.5977
53.15	18.813	3234.5	2936.8	6.6540	**420**	51.17	19.541	3231.1	2934.3	6.6341
54.16	18.465	3259.1	2955.8	6.6892	**430**	52.15	19.176	3255.9	2953.4	6.6696
55.15	18.134	3283.5	2974.7	6.7237	**440**	53.11	18.828	3280.5	2972.4	6.7043
56.13	17.817	3307.7	2993.4	6.7574	**450**	54.06	18.497	3304.8	2991.3	6.7382
57.10	17.514	3331.8	3012.1	6.7905	**460**	55.01	18.179	3329.0	3010.0	6.7715
58.06	17.224	3355.7	3030.6	6.8230	**470**	55.94	17.876	3353.1	3028.6	6.8041
59.01	16.945	3379.6	3049.1	6.8548	**480**	56.87	17.584	3377.1	3047.2	6.8361
59.96	16.677	3403.3	3067.5	6.8861	**490**	57.79	17.305	3400.9	3065.7	6.8675
60.90	16.420	3427.0	3085.9	6.9169	**500**	58.70	17.035	3424.6	3084.2	6.8984
62.77	15.932	3474.1	3122.6	6.9771	**520**	60.51	16.526	3471.9	3121.0	6.9588
64.61	15.477	3521.0	3159.2	7.0355	**540**	62.30	16.052	3519.0	3157.7	7.0175
66.44	15.051	3567.8	3195.8	7.0924	**560**	64.07	15.608	3566.0	3194.4	7.0745
68.25	14.652	3614.6	3232.4	7.1479	**580**	65.82	15.192	3612.9	3231.1	7.1301
70.05	14.276	3661.3	3269.1	7.2020	**600**	67.56	14.801	3659.7	3267.8	7.1844
71.83	13.921	3708.1	3305.8	7.2550	**620**	69.29	14.431	3706.6	3304.7	7.2375
73.61	13.585	3754.9	3342.7	7.3068	**640**	71.01	14.082	3753.5	3341.6	7.2894
75.37	13.267	3801.9	3379.8	7.3577	**660**	72.72	13.751	3800.5	3378.7	7.3403
77.13	12.965	3848.9	3416.9	7.4075	**680**	74.42	13.437	3847.6	3415.9	7.3903
78.88	12.677	3896.0	3454.3	7.4565	**700**	76.11	13.138	3894.8	3453.3	7.4393
80.62	12.403	3943.3	3491.8	7.5046	**720**	77.80	12.853	3942.2	3490.9	7.4875
82.36	12.142	3990.8	3529.6	7.5519	**740**	79.48	12.582	3989.7	3528.7	7.5348
84.09	11.892	4038.4	3567.5	7.5984	**760**	81.15	12.322	4037.4	3566.7	7.5814
85.82	11.653	4086.2	3605.6	7.6443	**780**	82.82	12.074	4085.2	3604.8	7.6273
87.54	11.424	4134.2	3644.0	7.6894	**800**	84.49	11.836	4133.3	3643.2	7.6725
91.82	10.891	4255.1	3740.9	7.7995	**850**	88.63	11.283	4254.2	3740.2	7.7827
96.08	10.408	4377.2	3839.2	7.9059	**900**	92.75	10.782	4376.5	3838.5	7.8892
100.33	9.967	4500.7	3938.9	8.0090	**950**	96.85	10.325	4500.1	3938.3	7.9923
104.56	9.564	4625.6	4040.1	8.1091	**1000**	100.94	9.907	4625.0	4039.6	8.0925
112.98	8.851	4879.6	4246.9	8.3011	**1100**	109.08	9.168	4879.1	4246.5	8.2845
121.37	8.239	5139.0	4459.3	8.4834	**1200**	117.18	8.534	5138.6	4458.9	8.4669
129.73	7.708	5403.6	4677.1	8.6571	**1300**	125.26	7.983	5403.2	4676.7	8.6407
138.07	7.243	5673.0	4899.8	8.8232	**1400**	133.32	7.501	5672.8	4899.5	8.8068
146.40	6.831	5947.1	5127.2	8.9822	**1500**	141.36	7.074	5946.8	5126.9	8.9659
154.71	6.464	6225.3	5358.9	9.1349	**1600**	149.39	6.694	6225.1	5358.7	9.1186
163.02	6.134	6507.5	5594.6	9.2816	**1700**	157.41	6.353	6507.3	5594.3	9.2653
171.31	5.837	6793.2	5833.9	9.4229	**1800**	165.42	6.045	6793.1	5833.6	9.4066
179.60	5.568	7082.3	6076.6	9.5591	**1900**	173.43	5.766	7082.3	6076.4	9.5428
187.89	5.322	7374.6	6322.4	9.6906	**2000**	181.43	5.512	7374.5	6322.3	9.6743

Tafel 3. Druckwasser und überhitzter Dampf (Fortsetzung)

60 bar (t_s = 275.621 °C)						62 bar (t_s = 277.768 °C)				
$10^3 v$	ϱ	h	u	s	t	$10^3 v$	ϱ	h	u	s
m^3/kg	kg/m^3	kJ/kg		kJ/kg K	°C	m^3/kg	kg/m^3	kJ/kg		kJ/kg K
1.31897	758.17	1213.34	1205.43	3.02665	t_l	1.32548	754.44	1224.46	1216.24	3.04638
32.442	30.825	2783.9	2589.3	5.8886	t_g	31.303	31.946	2781.7	2587.6	5.8729
0.99719	1002.81	6.06	0.08	0.00025	**0**	0.99709	1002.91	6.26	0.08	0.00027
0.99714	1002.87	26.98	20.99	0.07614	**5**	0.99704	1002.97	27.18	20.99	0.07613
0.99747	1002.54	47.82	41.83	0.15040	**10**	0.99737	1002.63	48.01	41.83	0.15038
0.99813	1001.87	68.64	62.65	0.22329	**15**	0.99804	1001.96	68.83	62.64	0.22326
0.99909	1000.91	89.46	83.47	0.29493	**20**	0.99900	1001.00	89.65	83.45	0.29488
1.00030	999.70	110.29	104.29	0.36538	**25**	1.00021	999.79	110.47	104.27	0.36533
1.00174	998.27	131.12	125.11	0.43468	**30**	1.00165	998.35	131.31	125.10	0.43462
1.00339	996.62	151.96	145.94	0.50286	**35**	1.00330	996.71	152.14	145.92	0.50279
1.00524	994.78	172.80	166.77	0.56995	**40**	1.00516	994.87	172.98	166.75	0.56987
1.00728	992.77	193.65	187.60	0.63598	**45**	1.00720	992.86	193.82	187.58	0.63589
1.00950	990.59	214.49	208.43	0.70098	**50**	1.00941	990.68	214.66	208.40	0.70088
1.01189	988.25	235.33	229.26	0.76498	**55**	1.01180	988.34	235.50	229.23	0.76488
1.01444	985.77	256.17	250.09	0.82803	**60**	1.01435	985.85	256.34	250.05	0.82792
1.01715	983.14	277.03	270.92	0.89015	**65**	1.01706	983.22	277.19	270.89	0.89004
1.02002	980.37	297.89	291.77	0.95140	**70**	1.01993	980.46	298.06	291.73	0.95129
1.02305	977.47	318.77	312.63	1.01181	**75**	1.02296	977.56	318.93	312.59	1.01168
1.02622	974.45	339.67	333.51	1.07140	**80**	1.02613	974.53	339.83	333.46	1.07127
1.02955	971.30	360.58	354.41	1.13022	**85**	1.02946	971.39	360.74	354.36	1.13008
1.03303	968.03	381.53	375.33	1.18829	**90**	1.03293	968.12	381.68	375.28	1.18815
1.03665	964.64	402.50	396.28	1.24564	**95**	1.03655	964.73	402.65	396.23	1.24550
1.04043	961.14	423.50	417.26	1.30231	**100**	1.04033	961.24	423.65	417.20	1.30215
1.04435	957.53	444.54	438.27	1.35831	**105**	1.04425	957.62	444.68	438.21	1.35815
1.04843	953.81	465.61	459.32	1.41366	**110**	1.04833	953.90	465.75	459.25	1.41350
1.05266	949.98	486.72	480.40	1.46840	**115**	1.05255	950.07	486.86	480.33	1.46823
1.05704	946.04	507.87	501.52	1.52254	**120**	1.05693	946.13	508.01	501.45	1.52236
1.06158	941.99	529.06	522.69	1.57610	**125**	1.06147	942.09	529.20	522.62	1.57592
1.06628	937.84	550.29	543.90	1.62911	**130**	1.06617	937.94	550.43	543.82	1.62892
1.07114	933.58	571.58	565.15	1.68158	**135**	1.07103	933.68	571.71	565.07	1.68138
1.07618	929.22	592.91	586.46	1.73353	**140**	1.07605	929.32	593.04	586.37	1.73333
1.08138	924.75	614.30	607.81	1.78499	**145**	1.08125	924.85	614.43	607.72	1.78478
1.08676	920.17	635.74	629.22	1.83596	**150**	1.08663	920.28	635.87	629.13	1.83574
1.09232	915.48	657.25	650.69	1.88648	**155**	1.09218	915.60	657.37	650.60	1.88625
1.09807	910.69	678.81	672.22	1.93656	**160**	1.09793	910.80	678.93	672.12	1.93632
1.10402	905.78	700.44	693.82	1.98622	**165**	1.10387	905.90	700.56	693.72	1.98597
1.11017	900.76	722.15	715.49	2.03547	**170**	1.11002	900.88	722.26	715.38	2.03522
1.11654	895.63	743.93	737.23	2.08435	**175**	1.11638	895.75	744.04	737.12	2.08409
1.12313	890.37	765.80	759.06	2.13287	**180**	1.12296	890.50	765.90	758.94	2.13260
1.12995	885.00	787.75	780.97	2.18105	**185**	1.12978	885.13	787.85	780.84	2.18077
1.13702	879.50	809.80	802.98	2.22891	**190**	1.13684	879.63	809.89	802.84	2.22862
1.14434	873.86	831.95	825.08	2.27648	**195**	1.14416	874.01	832.04	824.94	2.27618
1.15194	868.10	854.21	847.30	2.32378	**200**	1.15175	868.25	854.29	847.15	2.32347
1.15984	862.19	876.59	869.63	2.37083	**205**	1.15963	862.35	876.67	869.48	2.37051
1.16803	856.14	899.10	892.09	2.41766	**210**	1.16782	856.30	899.17	891.93	2.41733
1.17656	849.93	921.75	914.69	2.46429	**215**	1.17633	850.10	921.81	914.52	2.46395
1.18544	843.57	944.54	937.43	2.51076	**220**	1.18520	843.74	944.60	937.25	2.51040
1.19470	837.03	967.50	960.34	2.55708	**225**	1.19444	837.21	967.55	960.15	2.55670
1.20436	830.32	990.64	983.41	2.60330	**230**	1.20409	830.51	990.68	983.22	2.60290
1.21446	823.41	1013.97	1006.68	2.64943	**235**	1.21417	823.61	1014.00	1006.47	2.64902
1.22503	816.31	1037.51	1030.16	2.69552	**240**	1.22472	816.51	1037.53	1029.94	2.69509
1.23612	808.98	1061.27	1053.85	2.74161	**245**	1.23579	809.20	1061.28	1053.62	2.74116
1.24778	801.42	1085.29	1077.80	2.78774	**250**	1.24743	801.65	1085.29	1077.55	2.78726
1.26006	793.61	1109.58	1102.02	2.83395	**255**	1.25968	793.85	1109.56	1101.75	2.83344
1.27304	785.52	1134.17	1126.53	2.88029	**260**	1.27262	785.78	1134.14	1126.25	2.87976
1.28678	777.14	1159.10	1151.38	2.92683	**265**	1.28632	777.41	1159.05	1151.08	2.92626
1.30138	768.42	1184.40	1176.59	2.97363	**270**	1.30088	768.71	1184.33	1176.27	2.97303
1.31696	759.33	1210.12	1202.22	3.02077	**275**	1.31641	759.64	1210.03	1201.87	3.02012
33.173	30.145	2803.7	2604.6	5.9245	**280**	31.674	31.571	2792.1	2595.7	5.8918
33.967	29.440	2825.0	2621.2	5.9630	**285**	32.474	30.794	2814.4	2613.0	5.9319
34.725	28.798	2845.3	2637.0	5.9991	**290**	33.233	30.091	2835.4	2629.4	5.9695
35.451	28.208	2864.7	2652.0	6.0333	**295**	33.959	29.448	2855.4	2644.9	6.0049

Tafel 3. Druckwasser und überhitzter Dampf (Fortsetzung)

60 bar						62 bar				
$10^3 v$	ϱ	h	u	s	t	$10^3 v$	ϱ	h	u	s
m^3/kg	kg/m^3	kJ/kg		kJ/kgK	°C	m^3/kg	kg/m^3	kJ/kg		kJ/kg K
36.151	27.662	2883.2	2666.3	6.0659	**300**	34.656	28.855	2874.6	2659.7	6.0384
36.828	27.153	2901.1	2680.2	6.0969	**305**	35.328	28.306	2893.0	2674.0	6.0704
37.484	26.678	2918.4	2693.5	6.1267	**310**	35.979	27.794	2910.7	2687.7	6.1010
38.122	26.232	2935.2	2706.5	6.1554	**315**	36.610	27.315	2927.9	2700.9	6.1303
38.744	25.810	2951.5	2719.0	6.1830	**320**	37.225	26.864	2944.6	2713.8	6.1586
39.352	25.412	2967.4	2731.3	6.2097	**325**	37.825	26.438	2960.9	2726.3	6.1858
39.946	25.034	2983.0	2743.3	6.2356	**330**	38.411	26.034	2976.7	2738.6	6.2122
40.529	24.673	2998.2	2755.0	6.2607	**335**	38.985	25.651	2992.2	2750.5	6.2378
41.102	24.330	3013.1	2766.5	6.2851	**340**	39.548	25.286	3007.4	2762.2	6.2627
41.664	24.001	3027.8	2777.8	6.3090	**345**	40.101	24.937	3022.3	2773.6	6.2868
42.218	23.687	3042.2	2788.9	6.3322	**350**	40.644	24.604	3036.9	2784.9	6.3104
42.763	23.385	3056.4	2799.8	6.3549	**355**	41.180	24.284	3051.3	2796.0	6.3334
43.301	23.094	3070.4	2810.6	6.3771	**360**	41.707	23.977	3065.5	2806.9	6.3559
43.832	22.814	3084.2	2821.2	6.3988	**365**	42.227	23.681	3079.5	2817.7	6.3780
44.356	22.545	3097.9	2831.7	6.4202	**370**	42.741	23.397	3093.3	2828.3	6.3995
44.875	22.284	3111.4	2842.1	6.4411	**375**	43.248	23.122	3107.0	2838.8	6.4207
45.387	22.033	3124.7	2852.4	6.4616	**380**	43.750	22.857	3120.5	2849.2	6.4414
45.895	21.789	3138.0	2862.6	6.4818	**385**	44.246	22.601	3133.8	2859.5	6.4618
46.398	21.553	3151.1	2872.7	6.5017	**390**	44.737	22.353	3147.1	2869.7	6.4819
46.896	21.324	3164.1	2882.7	6.5212	**395**	45.224	22.112	3160.2	2879.8	6.5016
47.390	21.102	3177.0	2892.7	6.5404	**400**	45.707	21.879	3173.2	2889.8	6.5210
48.365	20.676	3202.5	2912.4	6.5781	**410**	46.659	21.432	3199.0	2909.7	6.5590
49.327	20.273	3227.8	2931.8	6.6148	**420**	47.597	21.010	3224.4	2929.3	6.5959
50.275	19.890	3252.7	2951.1	6.6505	**430**	48.522	20.609	3249.5	2948.7	6.6319
51.212	19.526	3277.4	2970.2	6.6854	**440**	49.435	20.228	3274.4	2967.9	6.6670
52.139	19.179	3301.9	2989.1	6.7195	**450**	50.338	19.866	3299.0	2986.9	6.7013
53.06	18.848	3326.3	3007.9	6.7530	**460**	51.23	19.519	3323.5	3005.9	6.7349
53.97	18.530	3350.5	3026.7	6.7857	**470**	52.12	19.188	3347.8	3024.7	6.7679
54.87	18.226	3374.5	3045.3	6.8179	**480**	52.99	18.871	3372.0	3043.4	6.8002
55.76	17.934	3398.5	3063.9	6.8495	**490**	53.86	18.566	3396.0	3062.1	6.8319
56.65	17.653	3422.3	3082.4	6.8805	**500**	54.72	18.273	3420.0	3080.7	6.8631
58.40	17.122	3469.8	3119.4	6.9411	**520**	56.43	17.720	3467.6	3117.7	6.9239
60.14	16.628	3517.0	3156.2	6.9999	**540**	58.12	17.206	3515.0	3154.7	6.9829
61.86	16.166	3564.1	3193.0	7.0572	**560**	59.79	16.726	3562.2	3191.5	7.0403
63.56	15.733	3611.1	3229.8	7.1129	**580**	61.44	16.276	3609.4	3228.4	7.0962
65.25	15.326	3658.1	3266.6	7.1673	**600**	63.08	15.853	3656.4	3265.3	7.1507
66.92	14.942	3705.0	3303.5	7.2205	**620**	64.71	15.454	3703.5	3302.3	7.2040
68.59	14.579	3752.1	3340.5	7.2726	**640**	66.32	15.078	3750.6	3339.4	7.2562
70.25	14.236	3799.1	3377.7	7.3236	**660**	67.93	14.721	3797.8	3376.6	7.3073
71.89	13.909	3846.3	3414.9	7.3736	**680**	69.53	14.383	3845.0	3413.9	7.3574
73.53	13.599	3893.6	3452.4	7.4227	**700**	71.12	14.061	3892.4	3451.4	7.4066
75.17	13.304	3941.0	3490.0	7.4709	**720**	72.70	13.755	3939.9	3489.1	7.4549
76.79	13.022	3988.6	3527.8	7.5183	**740**	74.28	13.463	3987.5	3527.0	7.5023
78.41	12.753	4036.3	3565.8	7.5650	**760**	75.85	13.184	4035.3	3565.0	7.5491
80.03	12.495	4084.2	3604.1	7.6109	**780**	77.42	12.917	4083.2	3603.3	7.5950
81.64	12.249	4132.3	3642.5	7.6561	**800**	78.98	12.662	4131.4	3641.7	7.6403
85.65	11.675	4253.4	3739.5	7.7664	**850**	82.86	12.068	4252.6	3738.8	7.7507
89.64	11.156	4375.7	3837.9	7.8730	**900**	86.73	11.530	4375.0	3837.3	7.8573
93.61	10.683	4499.4	3937.8	7.9762	**950**	90.57	11.041	4498.8	3937.2	7.9606
97.56	10.250	4624.5	4039.1	8.0764	**1000**	94.40	10.593	4623.9	4038.5	8.0609
105.44	9.484	4878.6	4246.0	8.2686	**1100**	102.03	9.801	4878.1	4245.6	8.2531
113.28	8.828	5138.2	4458.5	8.4510	**1200**	109.62	9.122	5137.8	4458.1	8.4356
121.09	8.258	5402.9	4676.4	8.6248	**1300**	117.19	8.533	5402.6	4676.0	8.6095
128.88	7.759	5672.5	4899.2	8.7910	**1400**	124.73	8.017	5672.2	4898.9	8.7757
136.66	7.318	5946.6	5126.7	8.9501	**1500**	132.26	7.561	5946.4	5126.4	8.9348
144.42	6.924	6224.9	5358.4	9.1028	**1600**	139.78	7.154	6224.8	5358.1	9.0875
152.18	6.571	6507.2	5594.1	9.2495	**1700**	147.28	6.790	6507.0	5593.9	9.2343
159.92	6.253	6793.0	5833.4	9.3908	**1800**	154.78	6.461	6792.9	5833.2	9.3756
167.66	5.964	7082.2	6076.2	9.5271	**1900**	162.27	6.163	7082.1	6076.0	9.5118
175.40	5.701	7374.5	6322.1	9.6586	**2000**	169.76	5.891	7374.4	6321.9	9.6434

Tafel 3. Druckwasser und überhitzter Dampf (Fortsetzung)

64 bar ($t_s = 279.864$ °C)						66 bar ($t_s = 281.910$ °C)				
$10^3 v$	ϱ	h	u	s	t	$10^3 v$	ϱ	h	u	s
m³/kg	kg/m³	kJ/kg		kJ/kgK	°C	m³/kg	kg/m³	kJ/kg		kJ/kg K
1.33199	750.76	1235.37	1226.84	3.06566	t_l	1.33849	747.11	1246.08	1237.25	3.08452
30.232	33.078	2779.3	2585.8	5.8576	t_g	29.223	34.219	2776.9	2584.0	5.8424
0.99699	1003.01	6.47	0.09	0.00028	**0**	0.99689	1003.11	6.67	0.09	0.00029
0.99694	1003.07	27.37	20.99	0.07612	**5**	0.99685	1003.16	27.57	20.99	0.07612
0.99728	1002.73	48.21	41.82	0.15036	**10**	0.99719	1002.82	48.40	41.82	0.15034
0.99795	1002.05	69.02	62.63	0.22322	**15**	0.99786	1002.15	69.21	62.62	0.22319
0.99891	1001.09	89.83	83.44	0.29484	**20**	0.99882	1001.18	90.02	83.43	0.29480
1.00012	999.88	110.66	104.26	0.36527	**25**	1.00003	999.97	110.84	104.24	0.36522
1.00156	998.44	131.49	125.08	0.43456	**30**	1.00147	998.53	131.67	125.06	0.43450
1.00322	996.79	152.32	145.90	0.50272	**35**	1.00313	996.88	152.50	145.88	0.50265
1.00507	994.96	173.16	166.73	0.56980	**40**	1.00498	995.04	173.33	166.70	0.56972
1.00711	992.94	193.99	187.55	0.63581	**45**	1.00702	993.03	194.17	187.52	0.63572
1.00932	990.76	214.83	208.37	0.70079	**50**	1.00924	990.85	215.00	208.34	0.70070
1.01171	988.42	235.67	229.19	0.76478	**55**	1.01162	988.51	235.84	229.16	0.76468
1.01426	985.94	256.51	250.02	0.82782	**60**	1.01417	986.02	256.68	249.98	0.82771
1.01697	983.31	277.36	270.85	0.88993	**65**	1.01688	983.40	277.52	270.81	0.88982
1.01984	980.54	298.22	291.69	0.95117	**70**	1.01975	980.63	298.38	291.65	0.95105
1.02286	977.65	319.09	312.55	1.01156	**75**	1.02277	977.73	319.25	312.50	1.01144
1.02604	974.62	339.99	333.42	1.07114	**80**	1.02594	974.71	340.14	333.37	1.07101
1.02936	971.48	360.90	354.31	1.12995	**85**	1.02927	971.57	361.06	354.26	1.12981
1.03283	968.21	381.84	375.23	1.18801	**90**	1.03274	968.30	381.99	375.18	1.18787
1.03646	964.83	402.80	396.17	1.24535	**95**	1.03636	964.92	402.96	396.12	1.24520
1.04023	961.33	423.80	417.14	1.30200	**100**	1.04013	961.42	423.95	417.09	1.30185
1.04415	957.72	444.83	438.15	1.35799	**105**	1.04405	957.81	444.98	438.09	1.35783
1.04822	954.00	465.90	459.19	1.41333	**110**	1.04812	954.09	466.05	459.13	1.41316
1.05244	950.17	487.00	480.27	1.46805	**115**	1.05234	950.27	487.15	480.20	1.46788
1.05682	946.23	508.15	501.38	1.52218	**120**	1.05671	946.33	508.29	501.32	1.52200
1.06136	942.19	529.34	522.54	1.57573	**125**	1.06124	942.29	529.47	522.47	1.57555
1.06605	938.04	550.57	543.74	1.62873	**130**	1.06593	938.14	550.70	543.67	1.62854
1.07091	933.79	571.85	564.99	1.68118	**135**	1.07079	933.89	571.98	564.91	1.68099
1.07593	929.43	593.17	586.29	1.73312	**140**	1.07581	929.54	593.31	586.21	1.73292
1.08112	924.96	614.56	607.64	1.78456	**145**	1.08100	925.07	614.68	607.55	1.78435
1.08649	920.39	635.99	629.04	1.83553	**150**	1.08636	920.50	636.12	628.95	1.83531
1.09205	915.71	657.49	650.50	1.88603	**155**	1.09191	915.82	657.61	650.40	1.88580
1.09779	910.92	679.05	672.02	1.93609	**160**	1.09765	911.04	679.17	671.92	1.93586
1.10373	906.02	700.67	693.61	1.98573	**165**	1.10358	906.14	700.79	693.51	1.98549
1.10987	901.01	722.37	715.27	2.03497	**170**	1.10972	901.13	722.48	715.16	2.03472
1.11622	895.88	744.15	737.00	2.08383	**175**	1.11606	896.01	744.25	736.89	2.08357
1.12280	890.63	766.00	758.82	2.13233	**180**	1.12263	890.76	766.11	758.70	2.13206
1.12960	885.27	787.95	780.72	2.18049	**185**	1.12943	885.40	788.05	780.59	2.18022
1.13666	879.77	809.99	802.71	2.22834	**190**	1.13648	879.91	810.08	802.58	2.22805
1.14397	874.15	832.13	824.81	2.27588	**195**	1.14378	874.29	832.22	824.67	2.27559
1.15155	868.39	854.38	847.01	2.32316	**200**	1.15135	868.54	854.46	846.86	2.32285
1.15942	862.50	876.75	869.33	2.37019	**205**	1.15922	862.65	876.82	869.17	2.36987
1.16760	856.46	899.24	891.77	2.41699	**210**	1.16738	856.62	899.31	891.61	2.41666
1.17610	850.27	921.88	914.35	2.46360	**215**	1.17587	850.43	921.94	914.18	2.46325
1.18496	843.91	944.66	937.08	2.51003	**220**	1.18471	844.09	944.72	936.90	2.50967
1.19418	837.39	967.60	959.96	2.55633	**225**	1.19393	837.57	967.66	959.78	2.55595
1.20381	830.69	990.72	983.02	2.60251	**230**	1.20354	830.88	990.77	982.82	2.60211
1.21388	823.81	1014.03	1006.27	2.64861	**235**	1.21359	824.00	1014.07	1006.06	2.64820
1.22441	816.72	1037.55	1029.72	2.69466	**240**	1.22410	816.92	1037.58	1029.50	2.69423
1.23546	809.41	1061.30	1053.39	2.74071	**245**	1.23513	809.63	1061.31	1053.16	2.74025
1.24707	801.88	1085.29	1077.31	2.78678	**250**	1.24672	802.11	1085.29	1077.06	2.78631
1.25930	794.09	1109.55	1101.49	2.83294	**255**	1.25892	794.33	1109.54	1101.23	2.83244
1.27221	786.04	1134.11	1125.97	2.87923	**260**	1.27179	786.29	1134.08	1125.69	2.87870
1.28587	777.68	1159.00	1150.77	2.92570	**265**	1.28543	777.95	1158.96	1150.47	2.92514
1.30039	769.00	1184.27	1175.94	2.97243	**270**	1.29990	769.29	1184.20	1175.62	2.97183
1.31587	759.95	1209.94	1201.52	3.01948	**275**	1.31534	760.26	1209.85	1201.17	3.01884
30.255	33.053	2780.0	2586.3	5.8587	**280**	1.33186	750.83	1235.97	1227.18	3.06627
31.061	32.194	2803.3	2604.5	5.9007	**285**	29.722	33.645	2791.8	2595.6	5.8692
31.824	31.422	2825.2	2621.5	5.9398	**290**	30.491	32.797	2814.6	2613.4	5.9099
32.551	30.721	2845.9	2637.6	5.9764	**295**	31.220	32.031	2836.2	2630.1	5.9480

Tafel 3. Druckwasser und überhitzter Dampf (Fortsetzung)

64 bar						66 bar				
$10^3 v$	ϱ	h	u	s	t	$10^3 v$	ϱ	h	u	s
m^3/kg	kg/m^3	kJ/kg		kJ/kgK	°C	m^3/kg	kg/m^3	kJ/kg		kJ/kg K
33.247	30.078	2865.7	2652.9	6.0111	**300**	31.916	31.332	2856.6	2646.0	5.9839
33.916	29.485	2884.7	2667.6	6.0440	**305**	32.583	30.690	2876.2	2661.1	6.0178
34.562	28.933	2902.9	2681.7	6.0754	**310**	33.227	30.096	2894.9	2675.6	6.0501
35.189	28.418	2920.5	2695.3	6.1055	**315**	33.848	29.543	2913.0	2689.6	6.0809
35.797	27.935	2937.6	2708.5	6.1344	**320**	34.452	29.026	2930.4	2703.1	6.1105
36.390	27.480	2954.2	2721.3	6.1623	**325**	35.038	28.540	2947.4	2716.1	6.1390
36.969	27.050	2970.3	2733.7	6.1892	**330**	35.610	28.082	2963.9	2728.9	6.1664
37.534	26.642	2986.1	2745.9	6.2152	**335**	36.169	27.648	2980.0	2741.3	6.1930
38.089	26.254	3001.6	2757.8	6.2405	**340**	36.716	27.236	2995.7	2753.4	6.2187
38.633	25.885	3016.7	2769.5	6.2651	**345**	37.252	26.844	3011.1	2765.2	6.2437
39.167	25.531	3031.6	2780.9	6.2890	**350**	37.778	26.471	3026.1	2776.8	6.2680
39.693	25.193	3046.2	2792.1	6.3124	**355**	38.295	26.113	3041.0	2788.2	6.2917
40.211	24.869	3060.5	2803.2	6.3352	**360**	38.804	25.771	3055.5	2799.4	6.3148
40.721	24.557	3074.7	2814.1	6.3575	**365**	39.305	25.442	3069.9	2810.5	6.3374
41.225	24.257	3088.7	2824.9	6.3793	**370**	39.799	25.126	3084.1	2821.4	6.3595
41.722	23.968	3102.5	2835.5	6.4007	**375**	40.287	24.822	3098.0	2832.1	6.3811
42.213	23.689	3116.2	2846.0	6.4217	**380**	40.769	24.529	3111.8	2842.7	6.4023
42.699	23.420	3129.7	2856.4	6.4423	**385**	41.245	24.245	3125.5	2853.2	6.4231
43.180	23.159	3143.0	2866.7	6.4625	**390**	41.716	23.972	3139.0	2863.6	6.4436
43.656	22.906	3156.3	2876.9	6.4824	**395**	42.182	23.707	3152.3	2873.9	6.4637
44.128	22.661	3169.4	2887.0	6.5020	**400**	42.644	23.450	3165.6	2884.1	6.4834
45.059	22.193	3195.4	2907.0	6.5403	**410**	43.555	22.960	3191.8	2904.3	6.5220
45.975	21.751	3221.0	2926.7	6.5775	**420**	44.450	22.497	3217.6	2924.2	6.5595
46.878	21.332	3246.3	2946.3	6.6137	**430**	45.332	22.059	3243.0	2943.8	6.5960
47.769	20.934	3271.3	2965.6	6.6491	**440**	46.203	21.644	3268.2	2963.3	6.6316
48.649	20.555	3296.1	2984.8	6.6836	**450**	47.062	21.249	3293.2	2982.6	6.6663
49.520	20.194	3320.7	3003.8	6.7174	**460**	47.912	20.872	3317.9	3001.7	6.7003
50.382	19.848	3345.1	3022.7	6.7505	**470**	48.752	20.512	3342.5	3020.7	6.7335
51.236	19.518	3369.4	3041.5	6.7829	**480**	49.585	20.167	3366.9	3039.6	6.7662
52.083	19.200	3393.6	3060.2	6.8148	**490**	50.411	19.837	3391.1	3058.4	6.7982
52.921	18.896	3417.6	3078.9	6.8461	**500**	51.229	19.520	3415.3	3077.1	6.8296
54.58	18.320	3465.4	3116.1	6.9072	**520**	52.85	18.922	3463.3	3114.5	6.8909
56.23	17.786	3513.0	3153.1	6.9664	**540**	54.45	18.367	3511.0	3151.6	6.9503
57.85	17.287	3560.4	3190.1	7.0239	**560**	56.03	17.849	3558.5	3188.7	7.0080
59.45	16.819	3607.6	3227.1	7.0800	**580**	57.59	17.364	3605.8	3225.8	7.0642
61.05	16.381	3654.8	3264.1	7.1346	**600**	59.14	16.909	3653.1	3262.8	7.1190
62.63	15.967	3702.0	3301.1	7.1881	**620**	60.68	16.481	3700.4	3300.0	7.1725
64.20	15.577	3749.2	3338.3	7.2403	**640**	62.20	16.077	3747.7	3337.2	7.2249
65.76	15.207	3796.4	3375.5	7.2915	**660**	63.72	15.694	3795.0	3374.5	7.2762
67.31	14.856	3843.7	3412.9	7.3417	**680**	65.23	15.331	3842.4	3411.9	7.3264
68.85	14.523	3891.2	3450.5	7.3909	**700**	66.73	14.986	3889.9	3449.5	7.3757
70.39	14.206	3938.7	3488.2	7.4393	**720**	68.22	14.658	3937.6	3487.3	7.4242
71.92	13.904	3986.4	3526.1	7.4868	**740**	69.71	14.345	3985.3	3525.2	7.4718
73.45	13.615	4034.2	3564.2	7.5336	**760**	71.19	14.047	4033.2	3563.4	7.5186
74.97	13.339	4082.3	3602.5	7.5796	**780**	72.67	13.762	4081.3	3601.7	7.5647
76.48	13.075	4130.4	3641.0	7.6250	**800**	74.14	13.488	4129.5	3640.2	7.6100
80.25	12.461	4251.7	3738.1	7.7354	**850**	77.80	12.854	4250.9	3737.4	7.7206
84.00	11.905	4374.3	3836.7	7.8421	**900**	81.44	12.280	4373.5	3836.0	7.8274
87.73	11.399	4498.1	3936.6	7.9455	**950**	85.06	11.757	4497.4	3936.1	7.9308
91.44	10.936	4623.3	4038.0	8.0458	**1000**	88.66	11.279	4622.7	4037.5	8.0312
98.84	10.118	4877.7	4245.1	8.2381	**1100**	95.84	10.434	4877.2	4244.6	8.2236
106.20	9.417	5137.4	4457.7	8.4207	**1200**	102.98	9.711	5137.0	4457.3	8.4062
113.53	8.808	5402.2	4675.7	8.5946	**1300**	110.09	9.083	5401.9	4675.3	8.5802
120.84	8.275	5671.9	4898.6	8.7608	**1400**	117.18	8.534	5671.7	4898.3	8.7464
128.13	7.804	5946.2	5126.1	8.9200	**1500**	124.26	8.048	5945.9	5125.8	8.9056
135.42	7.385	6224.6	5357.9	9.0727	**1600**	131.33	7.615	6224.4	5357.6	9.0584
142.69	7.008	6506.9	5593.6	9.2195	**1700**	138.38	7.226	6506.7	5593.4	9.2052
149.96	6.669	6792.7	5833.0	9.3609	**1800**	145.43	6.876	6792.6	5832.8	9.3466
157.22	6.361	7082.0	6075.8	9.4971	**1900**	152.47	6.559	7081.9	6075.6	9.4828
164.47	6.080	7374.3	6321.7	9.6286	**2000**	159.50	6.269	7374.3	6321.5	9.6143

Tafel 3. Druckwasser und überhitzter Dampf (Fortsetzung)

68 bar ($t_s = 283.909$ °C)						70 bar ($t_s = 285.864$ °C)				
$10^3 v$	ϱ	h	u	s	t	$10^3 v$	ϱ	h	u	s
m³/kg	kg/m³	kJ/kg		kJ/kgK	°C	m³/kg	kg/m³	kJ/kg		kJ/kg K
1.34500	743.49	1256.62	1247.47	3.10298	t_l	1.35151	739.91	1266.98	1257.52	3.12108
28.272	35.371	2774.4	2582.1	5.8276	t_g	27.372	36.534	2771.8	2580.2	5.8130
0.99680	1003.22	6.87	0.09	0.00030	0	0.99670	1003.32	7.07	0.10	0.00031
0.99675	1003.26	27.77	20.99	0.07611	5	0.99665	1003.36	27.97	20.99	0.07611
0.99709	1002.91	48.59	41.81	0.15032	10	0.99700	1003.01	48.79	41.81	0.15030
0.99777	1002.24	69.40	62.62	0.22316	15	0.99768	1002.33	69.59	62.61	0.22313
0.99873	1001.27	90.21	83.42	0.29475	20	0.99864	1001.37	90.40	83.41	0.29471
0.99994	1000.06	111.03	104.23	0.36517	25	0.99985	1000.15	111.21	104.21	0.36511
1.00138	998.62	131.85	125.04	0.43443	30	1.00130	998.70	132.03	125.02	0.43437
1.00304	996.97	152.68	145.86	0.50258	35	1.00295	997.06	152.86	145.84	0.50251
1.00489	995.13	173.51	166.68	0.56964	40	1.00481	995.22	173.69	166.65	0.56956
1.00693	993.11	194.34	187.50	0.63564	45	1.00685	993.20	194.52	187.47	0.63555
1.00915	990.93	215.17	208.31	0.70061	50	1.00906	991.02	215.35	208.28	0.70051
1.01153	988.60	236.01	229.13	0.76458	55	1.01145	988.68	236.18	229.10	0.76448
1.01408	986.11	256.85	249.95	0.82760	60	1.01400	986.20	257.01	249.92	0.82750
1.01679	983.48	277.69	270.78	0.88971	65	1.01671	983.57	277.86	270.74	0.88960
1.01966	980.72	298.55	291.61	0.95093	70	1.01957	980.80	298.71	291.57	0.95081
1.02268	977.82	319.42	312.46	1.01131	75	1.02259	977.91	319.58	312.42	1.01119
1.02585	974.80	340.30	333.33	1.07088	80	1.02576	974.89	340.46	333.28	1.07075
1.02917	971.65	361.21	354.22	1.12968	85	1.02908	971.74	361.37	354.17	1.12954
1.03264	968.39	382.15	375.13	1.18772	90	1.03255	968.48	382.30	375.08	1.18758
1.03626	965.01	403.11	396.06	1.24505	95	1.03616	965.10	403.26	396.01	1.24491
1.04003	961.51	424.10	417.03	1.30169	100	1.03993	961.60	424.25	416.97	1.30154
1.04395	957.90	445.13	438.03	1.35767	105	1.04384	958.00	445.28	437.97	1.35751
1.04801	954.19	466.19	459.06	1.41300	110	1.04791	954.28	466.34	459.00	1.41283
1.05223	950.36	487.29	480.14	1.46771	115	1.05212	950.46	487.43	480.07	1.46754
1.05660	946.43	508.43	501.25	1.52183	120	1.05649	946.53	508.57	501.18	1.52165
1.06113	942.39	529.61	522.40	1.57536	125	1.06102	942.49	529.75	522.32	1.57518
1.06582	938.25	550.84	543.59	1.62834	130	1.06570	938.35	550.98	543.52	1.62815
1.07067	934.00	572.11	564.83	1.68079	135	1.07055	934.10	572.25	564.75	1.68059
1.07568	929.64	593.44	586.12	1.73271	140	1.07556	929.75	593.57	586.04	1.73251
1.08087	925.18	614.81	607.46	1.78414	145	1.08074	925.29	614.94	607.37	1.78393
1.08623	920.61	636.24	628.86	1.83509	150	1.08610	920.72	636.37	628.77	1.83487
1.09178	915.94	657.73	650.31	1.88558	155	1.09164	916.05	657.85	650.21	1.88535
1.09751	911.15	679.29	671.82	1.93562	160	1.09737	911.27	679.40	671.72	1.93539
1.10344	906.26	700.90	693.40	1.98525	165	1.10329	906.38	701.02	693.30	1.98501
1.10957	901.25	722.59	715.05	2.03447	170	1.10941	901.38	722.71	714.94	2.03422
1.11591	896.13	744.36	736.77	2.08332	175	1.11575	896.26	744.47	736.66	2.08306
1.12247	890.89	766.21	758.58	2.13180	180	1.12230	891.02	766.31	758.46	2.13153
1.12926	885.53	788.14	780.47	2.17994	185	1.12909	885.67	788.24	780.34	2.17966
1.13630	880.05	810.17	802.45	2.22776	190	1.13612	880.19	810.27	802.32	2.22748
1.14359	874.44	832.31	824.53	2.27529	195	1.14341	874.58	832.40	824.39	2.27499
1.15116	868.69	854.55	846.72	2.32254	200	1.15096	868.84	854.63	846.57	2.32224
1.15901	862.81	876.90	869.02	2.36955	205	1.15880	862.96	876.98	868.87	2.36923
1.16717	856.78	899.39	891.45	2.41633	210	1.16695	856.94	899.46	891.29	2.41600
1.17565	850.60	922.01	914.01	2.46291	215	1.17542	850.76	922.08	913.85	2.46256
1.18447	844.26	944.78	936.72	2.50931	220	1.18423	844.43	944.84	936.55	2.50895
1.19367	837.75	967.71	959.59	2.55557	225	1.19342	837.93	967.76	959.41	2.55520
1.20327	831.07	990.81	982.63	2.60172	230	1.20300	831.25	990.85	982.43	2.60133
1.21330	824.20	1014.10	1005.85	2.64778	235	1.21301	824.39	1014.14	1005.65	2.64737
1.22380	817.13	1037.60	1029.28	2.69380	240	1.22349	817.33	1037.62	1029.06	2.69337
1.23480	809.85	1061.32	1052.92	2.73980	245	1.23447	810.06	1061.34	1052.69	2.73935
1.24636	802.33	1085.29	1076.81	2.78583	250	1.24601	802.56	1085.29	1076.57	2.78536
1.25854	794.57	1109.52	1100.97	2.83194	255	1.25816	794.81	1109.51	1100.70	2.83144
1.27138	786.55	1134.05	1125.41	2.87817	260	1.27097	786.80	1134.03	1125.13	2.87764
1.28498	778.22	1158.91	1150.18	2.92458	265	1.28453	778.49	1158.87	1149.88	2.92402
1.29942	769.58	1184.14	1175.30	2.97123	270	1.29893	769.86	1184.07	1174.98	2.97064
1.31480	760.57	1209.77	1200.83	3.01820	275	1.31427	760.88	1209.68	1200.48	3.01757
1.33127	751.16	1235.86	1226.81	3.06559	280	1.33068	751.50	1235.75	1226.43	3.06491
28.448	35.152	2779.8	2586.4	5.8373	285	1.34832	741.66	1262.33	1252.90	3.11275
29.225	34.218	2803.7	2605.0	5.8799	290	28.020	35.689	2792.3	2596.2	5.8496
29.958	33.380	2826.1	2622.4	5.9195	295	28.759	34.771	2815.7	2614.4	5.8908

Tafel 3. Druckwasser und überhitzter Dampf (Fortsetzung)

68 bar						70 bar				
$10^3 v$	ϱ	h	u	s	t	$10^3 v$	ϱ	h	u	s
m^3/kg	kg/m^3	kJ/kg		kJ/kgK	°C	m^3/kg	kg/m^3	kJ/kg		kJ/kg K
30.656	32.620	2847.3	2638.8	5.9566	**300**	29.460	33.944	2837.6	2631.4	5.9293
31.323	31.926	2867.4	2654.4	5.9916	**305**	30.128	33.192	2858.5	2647.6	5.9655
31.964	31.285	2886.7	2669.4	6.0249	**310**	30.768	32.501	2878.3	2663.0	5.9997
32.582	30.691	2905.3	2683.7	6.0565	**315**	31.384	31.863	2897.4	2677.7	6.0323
33.181	30.137	2923.2	2697.5	6.0868	**320**	31.979	31.270	2915.7	2691.9	6.0633
33.763	29.618	2940.5	2710.9	6.1159	**325**	32.556	30.716	2933.5	2705.6	6.0931
34.329	29.130	2957.3	2723.9	6.1440	**330**	33.117	30.196	2950.6	2718.8	6.1217
34.881	28.669	2973.7	2736.5	6.1710	**335**	33.664	29.705	2967.4	2731.7	6.1493
35.421	28.232	2989.7	2748.8	6.1972	**340**	34.198	29.242	2983.7	2744.3	6.1760
35.950	27.817	3005.3	2760.9	6.2226	**345**	34.720	28.802	2999.6	2756.5	6.2018
36.468	27.421	3020.7	2772.7	6.2473	**350**	35.231	28.384	3015.1	2768.5	6.2269
36.977	27.044	3035.7	2784.3	6.2714	**355**	35.733	27.985	3030.4	2780.3	6.2513
37.478	26.682	3050.5	2795.6	6.2948	**360**	36.226	27.605	3045.4	2791.8	6.2751
37.971	26.336	3065.0	2806.8	6.3177	**365**	36.711	27.240	3060.1	2803.1	6.2983
38.456	26.004	3079.4	2817.9	6.3400	**370**	37.189	26.890	3074.6	2814.3	6.3209
38.935	25.684	3093.5	2828.7	6.3619	**375**	37.660	26.554	3088.9	2825.3	6.3430
39.408	25.375	3107.4	2839.5	6.3834	**380**	38.124	26.230	3103.0	2836.2	6.3647
39.875	25.078	3121.2	2850.1	6.4044	**385**	38.583	25.918	3117.0	2846.9	6.3860
40.337	24.791	3134.9	2860.6	6.4250	**390**	39.036	25.617	3130.7	2857.5	6.4068
40.794	24.513	3148.4	2871.0	6.4453	**395**	39.485	25.326	3144.4	2868.0	6.4273
41.246	24.245	3161.7	2881.3	6.4652	**400**	39.928	25.045	3157.9	2878.4	6.4474
42.138	23.731	3188.1	2901.6	6.5042	**410**	40.802	24.508	3184.5	2898.9	6.4867
43.015	23.248	3214.1	2921.6	6.5420	**420**	41.661	24.003	3210.7	2919.0	6.5247
43.878	22.791	3239.8	2941.4	6.5787	**430**	42.505	23.526	3236.5	2939.0	6.5617
44.728	22.357	3265.1	2961.0	6.6145	**440**	43.338	23.075	3262.0	2958.6	6.5978
45.568	21.945	3290.2	2980.4	6.6494	**450**	44.159	22.646	3287.3	2978.1	6.6329
46.398	21.553	3315.1	2999.6	6.6836	**460**	44.970	22.237	3312.3	2997.5	6.6673
47.219	21.178	3339.8	3018.7	6.7170	**470**	45.772	21.847	3337.1	3016.7	6.7009
48.031	20.820	3364.3	3037.7	6.7498	**480**	46.566	21.475	3361.7	3035.7	6.7338
48.837	20.476	3388.6	3056.6	6.7819	**490**	47.353	21.118	3386.2	3054.7	6.7661
49.635	20.147	3412.9	3075.4	6.8135	**500**	48.132	20.776	3410.5	3073.6	6.7978
51.21	19.526	3461.1	3112.8	6.8750	**520**	49.673	20.132	3458.9	3111.2	6.8595
52.77	18.950	3508.9	3150.1	6.9346	**540**	51.192	19.534	3506.9	3148.6	6.9193
54.31	18.413	3556.6	3187.3	6.9925	**560**	52.693	18.978	3554.7	3185.8	6.9774
55.83	17.911	3604.1	3224.4	7.0488	**580**	54.177	18.458	3602.3	3223.1	7.0339
57.34	17.439	3651.5	3261.6	7.1038	**600**	55.648	17.970	3649.8	3260.3	7.0889
58.84	16.996	3698.9	3298.8	7.1574	**620**	57.11	17.511	3697.3	3297.6	7.1427
60.32	16.577	3746.2	3336.0	7.2099	**640**	58.55	17.079	3744.8	3334.9	7.1953
61.80	16.181	3793.7	3373.4	7.2612	**660**	59.99	16.670	3792.3	3372.4	7.2467
63.27	15.806	3841.1	3410.9	7.3116	**680**	61.42	16.282	3839.9	3409.9	7.2971
64.73	15.450	3888.7	3448.6	7.3610	**700**	62.84	15.914	3887.5	3447.6	7.3466
66.18	15.111	3936.4	3486.4	7.4095	**720**	64.25	15.563	3935.2	3485.5	7.3952
67.63	14.787	3984.2	3524.4	7.4571	**740**	65.66	15.230	3983.1	3523.5	7.4429
69.07	14.479	4032.2	3562.5	7.5040	**760**	67.06	14.912	4031.1	3561.7	7.4898
70.50	14.184	4080.3	3600.9	7.5501	**780**	68.46	14.607	4079.3	3600.1	7.5360
71.93	13.902	4128.6	3639.4	7.5956	**800**	69.85	14.316	4127.6	3638.7	7.5815
75.49	13.247	4250.1	3736.7	7.7062	**850**	73.31	13.640	4249.2	3736.1	7.6922
79.02	12.654	4372.8	3835.4	7.8131	**900**	76.75	13.029	4372.0	3834.8	7.7992
82.54	12.115	4496.8	3935.5	7.9166	**950**	80.17	12.473	4496.1	3934.9	7.9028
86.04	11.622	4622.1	4037.0	8.0170	**1000**	83.58	11.965	4621.5	4036.4	8.0032
93.01	10.751	4876.7	4244.2	8.2095	**1100**	90.35	11.068	4876.2	4243.7	8.1958
99.95	10.005	5136.6	4456.9	8.3922	**1200**	97.09	10.299	5136.2	4456.6	8.3785
106.86	9.358	5401.6	4675.0	8.5662	**1300**	103.81	9.633	5401.3	4674.6	8.5526
113.74	8.792	5671.4	4898.0	8.7325	**1400**	110.50	9.050	5671.1	4897.6	8.7189
120.61	8.291	5945.7	5125.5	8.8917	**1500**	117.18	8.534	5945.5	5125.3	8.8782
127.47	7.845	6224.2	5357.4	9.0445	**1600**	123.84	8.075	6224.0	5357.1	9.0310
134.32	7.445	6506.6	5593.2	9.1913	**1700**	130.50	7.663	6506.4	5592.9	9.1778
141.16	7.084	6792.5	5832.6	9.3327	**1800**	137.14	7.292	6792.4	5832.4	9.3192
148.00	6.757	7081.8	6075.4	9.4689	**1900**	143.79	6.955	7081.7	6075.2	9.4555
154.83	6.459	7374.2	6321.3	9.6005	**2000**	150.42	6.648	7374.1	6321.2	9.5870

Tafel 3. Druckwasser und überhitzter Dampf (Fortsetzung)

72 bar ($t_s = 287.776$ °C)						74 bar ($t_s = 289.649$ °C)				
$10^3 v$	ϱ	h	u	s	t	$10^3 v$	ϱ	h	u	s
m^3/kg	kg/m^3	kJ/kg		kJ/kgK	°C	m^3/kg	kg/m^3	kJ/kg		kJ/kg K
1.35803	736.36	1277.19	1267.41	3.13882	t_l	1.36457	732.83	1287.24	1277.14	3.15622
26.520	37.707	2769.1	2578.2	5.7986	t_g	25.712	38.892	2766.4	2576.1	5.7845
0.99660	1003.42	7.28	0.10	0.00032	0	0.99650	1003.52	7.48	0.10	0.00033
0.99656	1003.45	28.16	20.99	0.07610	5	0.99646	1003.55	28.36	20.99	0.07609
0.99691	1003.10	48.98	41.80	0.15028	10	0.99681	1003.20	49.17	41.80	0.15026
0.99758	1002.42	69.78	62.60	0.22309	15	0.99749	1002.51	69.97	62.59	0.22306
0.99855	1001.46	90.58	83.39	0.29467	20	0.99846	1001.55	90.77	83.38	0.29462
0.99976	1000.24	111.39	104.20	0.36506	25	0.99967	1000.33	111.58	104.18	0.36501
1.00121	998.79	132.21	125.00	0.43431	30	1.00112	998.88	132.39	124.99	0.43425
1.00287	997.14	153.04	145.82	0.50244	35	1.00278	997.23	153.22	145.80	0.50237
1.00472	995.30	173.86	166.63	0.56949	40	1.00463	995.39	174.04	166.61	0.56941
1.00676	993.29	194.69	187.44	0.63547	45	1.00667	993.37	194.87	187.42	0.63538
1.00897	991.11	215.52	208.25	0.70042	50	1.00889	991.19	215.69	208.22	0.70033
1.01136	988.77	236.35	229.07	0.76439	55	1.01127	988.85	236.52	229.03	0.76429
1.01391	986.28	257.18	249.88	0.82739	60	1.01382	986.37	257.35	249.85	0.82729
1.01662	983.66	278.02	270.70	0.88949	65	1.01653	983.74	278.19	270.67	0.88937
1.01948	980.89	298.87	291.53	0.95070	70	1.01939	980.98	299.04	291.49	0.95058
1.02250	978.00	319.74	312.38	1.01106	75	1.02241	978.08	319.90	312.33	1.01094
1.02567	974.98	340.62	333.24	1.07062	80	1.02557	975.06	340.78	333.19	1.07049
1.02898	971.83	361.53	354.12	1.12940	85	1.02889	971.92	361.69	354.07	1.12927
1.03245	968.57	382.46	375.02	1.18744	90	1.03236	968.66	382.61	374.97	1.18730
1.03607	965.19	403.42	395.96	1.24476	95	1.03597	965.28	403.57	395.90	1.24461
1.03983	961.70	424.40	416.92	1.30139	100	1.03973	961.79	424.56	416.86	1.30123
1.04374	958.09	445.43	437.91	1.35735	105	1.04364	958.18	445.57	437.85	1.35719
1.04780	954.38	466.48	458.94	1.41267	110	1.04770	954.47	466.63	458.88	1.41250
1.05202	950.55	487.58	480.00	1.46737	115	1.05191	950.65	487.72	479.94	1.46720
1.05638	946.63	508.71	501.11	1.52147	120	1.05627	946.72	508.86	501.04	1.52129
1.06091	942.59	529.89	522.25	1.57500	125	1.06079	942.69	530.03	522.18	1.57481
1.06559	938.45	551.11	543.44	1.62796	130	1.06547	938.55	551.25	543.36	1.62777
1.07043	934.20	572.38	564.67	1.68039	135	1.07031	934.31	572.51	564.59	1.68020
1.07544	929.85	593.70	585.95	1.73231	140	1.07532	929.96	593.83	585.87	1.73210
1.08062	925.40	615.07	607.29	1.78372	145	1.08049	925.51	615.20	607.20	1.78351
1.08597	920.83	636.49	628.67	1.83465	150	1.08584	920.95	636.62	628.58	1.83444
1.09151	916.17	657.98	650.12	1.88513	155	1.09137	916.28	658.10	650.02	1.88490
1.09723	911.39	679.52	671.62	1.93516	160	1.09709	911.50	679.64	671.52	1.93493
1.10314	906.50	701.13	693.19	1.98477	165	1.10300	906.62	701.25	693.09	1.98453
1.10926	901.50	722.82	714.83	2.03397	170	1.10911	901.62	722.93	714.72	2.03373
1.11559	896.39	744.58	736.54	2.08280	175	1.11544	896.51	744.68	736.43	2.08254
1.12214	891.15	766.42	758.34	2.13126	180	1.12198	891.28	766.52	758.22	2.13100
1.12892	885.80	788.34	780.22	2.17939	185	1.12875	885.94	788.44	780.09	2.17911
1.13594	880.33	810.36	802.19	2.22719	190	1.13576	880.46	810.46	802.05	2.22690
1.14322	874.72	832.49	824.25	2.27470	195	1.14303	874.86	832.58	824.12	2.27440
1.15077	868.99	854.71	846.43	2.32193	200	1.15057	869.13	854.80	846.29	2.32162
1.15860	863.11	877.06	868.72	2.36891	205	1.15839	863.26	877.14	868.57	2.36859
1.16673	857.09	899.53	891.13	2.41566	210	1.16652	857.25	899.61	890.97	2.41533
1.17519	850.93	922.14	913.68	2.46222	215	1.17496	851.09	922.21	913.51	2.46187
1.18399	844.60	944.90	936.37	2.50859	220	1.18375	844.77	944.96	936.20	2.50823
1.19316	838.11	967.81	959.22	2.55482	225	1.19291	838.29	967.86	959.04	2.55445
1.20273	831.44	990.90	982.24	2.60094	230	1.20246	831.63	990.94	982.04	2.60055
1.21273	824.59	1014.17	1005.44	2.64697	235	1.21244	824.78	1014.21	1005.23	2.64656
1.22318	817.54	1037.65	1028.84	2.69294	240	1.22288	817.74	1037.67	1028.63	2.69251
1.23415	810.28	1061.35	1052.46	2.73890	245	1.23382	810.49	1061.36	1052.23	2.73845
1.24566	802.79	1085.29	1076.32	2.78489	250	1.24531	803.01	1085.29	1076.08	2.78442
1.25778	795.05	1109.50	1100.44	2.83094	255	1.25740	795.29	1109.49	1100.18	2.83044
1.27056	787.05	1134.00	1124.85	2.87711	260	1.27016	787.30	1133.98	1124.58	2.87659
1.28409	778.76	1158.83	1149.58	2.92346	265	1.28365	779.03	1158.78	1149.28	2.92290
1.29845	770.15	1184.01	1174.66	2.97004	270	1.29796	770.44	1183.95	1174.35	2.96945
1.31374	761.19	1209.60	1200.14	3.01694	275	1.31321	761.49	1209.52	1199.80	3.01631
1.33009	751.83	1235.64	1226.06	3.06423	280	1.32951	752.16	1235.53	1225.69	3.06355
1.34767	742.02	1262.19	1252.49	3.11202	285	1.34702	742.38	1262.06	1252.09	3.11129
26.869	37.218	2780.6	2587.1	5.8189	290	25.768	38.808	2768.3	2577.6	5.7878
27.617	36.209	2804.9	2606.1	5.8620	295	26.526	37.699	2793.7	2597.4	5.8328

Tafel 3. Druckwasser und überhitzter Dampf (Fortsetzung)

72 bar						74 bar				
$10^3 v$	ϱ	h	u	s	t	$10^3 v$	ϱ	h	u	s
m^3/kg	kg/m^3	kJ/kg		kJ/kgK	°C	m^3/kg	kg/m^3	kJ/kg		kJ/kg K
28.322	35.308	2827.7	2623.8	5.9019	**300**	27.238	36.713	2817.5	2615.9	5.8744
28.992	34.492	2849.3	2640.5	5.9394	**305**	27.911	35.828	2839.8	2633.2	5.9131
29.633	33.747	2869.7	2656.4	5.9746	**310**	28.553	35.023	2860.9	2649.6	5.9496
30.247	33.061	2889.3	2671.5	6.0081	**315**	29.167	34.285	2881.1	2665.3	5.9840
30.840	32.425	2908.1	2686.1	6.0400	**320**	29.758	33.605	2900.4	2680.2	6.0167
31.413	31.833	2926.3	2700.1	6.0704	**325**	30.329	32.972	2919.0	2694.6	6.0479
31.970	31.279	2943.9	2713.7	6.0997	**330**	30.881	32.382	2937.0	2708.4	6.0778
32.512	30.758	2960.9	2726.8	6.1278	**335**	31.419	31.828	2954.4	2721.9	6.1065
33.040	30.267	2977.5	2739.6	6.1550	**340**	31.942	31.307	2971.3	2734.9	6.1342
33.556	29.801	2993.7	2752.1	6.1813	**345**	32.452	30.814	2987.7	2747.6	6.1610
34.061	29.359	3009.5	2764.3	6.2068	**350**	32.952	30.347	3003.8	2760.0	6.1869
34.556	28.939	3025.0	2776.2	6.2316	**355**	33.441	29.904	3019.6	2772.1	6.2121
35.042	28.537	3040.2	2787.9	6.2557	**360**	33.920	29.481	3035.0	2784.0	6.2365
35.520	28.153	3055.1	2799.4	6.2792	**365**	34.392	29.077	3050.1	2795.6	6.2603
35.990	27.785	3069.8	2810.7	6.3021	**370**	34.855	28.690	3065.0	2807.1	6.2836
36.454	27.432	3084.3	2821.8	6.3245	**375**	35.311	28.319	3079.6	2818.3	6.3062
36.910	27.093	3098.6	2832.8	6.3464	**380**	35.761	27.963	3094.1	2829.4	6.3284
37.361	26.766	3112.7	2843.7	6.3679	**385**	36.205	27.621	3108.3	2840.4	6.3501
37.807	26.450	3126.6	2854.4	6.3890	**390**	36.642	27.291	3122.4	2851.2	6.3714
38.247	26.146	3140.3	2865.0	6.4096	**395**	37.075	26.972	3136.3	2861.9	6.3923
38.682	25.852	3153.9	2875.4	6.4299	**400**	37.503	26.665	3150.0	2872.5	6.4128
39.540	25.291	3180.8	2896.1	6.4695	**410**	38.345	26.079	3177.1	2893.3	6.4527
40.381	24.764	3207.2	2916.4	6.5079	**420**	39.170	25.530	3203.7	2913.8	6.4914
41.209	24.267	3233.2	2936.5	6.5452	**430**	39.982	25.011	3229.9	2934.0	6.5289
42.024	23.796	3258.9	2956.3	6.5814	**440**	40.781	24.522	3255.7	2954.0	6.5654
42.828	23.349	3284.3	2975.9	6.6168	**450**	41.568	24.057	3281.3	2973.7	6.6010
43.621	22.925	3309.4	2995.4	6.6513	**460**	42.345	23.616	3306.6	2993.2	6.6357
44.406	22.520	3334.4	3014.6	6.6851	**470**	43.113	23.195	3331.6	3012.6	6.6697
45.182	22.133	3359.1	3033.8	6.7182	**480**	43.872	22.793	3356.5	3031.8	6.7029
45.951	21.762	3383.7	3052.8	6.7506	**490**	44.624	22.409	3381.2	3051.0	6.7355
46.712	21.408	3408.1	3071.8	6.7824	**500**	45.369	22.041	3405.7	3070.0	6.7674
48.217	20.739	3456.7	3109.5	6.8444	**520**	46.840	21.349	3454.5	3107.9	6.8297
49.700	20.121	3504.9	3147.0	6.9044	**540**	48.289	20.709	3502.8	3145.5	6.8899
51.165	19.545	3552.8	3184.4	6.9627	**560**	49.719	20.113	3550.9	3183.0	6.9483
52.612	19.007	3600.6	3221.7	7.0193	**580**	51.133	19.557	3598.8	3220.4	7.0051
54.048	18.502	3648.2	3259.1	7.0745	**600**	52.532	19.036	3646.5	3257.8	7.0604
55.47	18.028	3695.8	3296.4	7.1284	**620**	53.92	18.546	3694.2	3295.2	7.1144
56.88	17.581	3743.3	3333.8	7.1810	**640**	55.30	18.084	3741.9	3332.7	7.1671
58.28	17.158	3790.9	3371.3	7.2326	**660**	56.66	17.648	3789.5	3370.2	7.2188
59.67	16.758	3838.6	3408.9	7.2831	**680**	58.02	17.235	3837.3	3407.9	7.2694
61.06	16.378	3886.3	3446.7	7.3326	**700**	59.37	16.843	3885.0	3445.7	7.3190
62.43	16.017	3934.1	3484.6	7.3813	**720**	60.71	16.471	3932.9	3483.6	7.3677
63.81	15.673	3982.0	3522.6	7.4290	**740**	62.05	16.116	3980.9	3521.7	7.4155
65.17	15.344	4030.1	3560.9	7.4760	**760**	63.38	15.778	4029.0	3560.0	7.4626
66.53	15.031	4078.3	3599.3	7.5223	**780**	64.71	15.455	4077.3	3598.5	7.5089
67.89	14.731	4126.7	3637.9	7.5678	**800**	66.03	15.145	4125.7	3637.1	7.5544
71.25	14.034	4248.4	3735.4	7.6786	**850**	69.31	14.428	4247.6	3734.7	7.6654
74.60	13.404	4371.3	3834.2	7.7857	**900**	72.57	13.780	4370.5	3833.5	7.7725
77.93	12.832	4495.4	3934.3	7.8893	**950**	75.81	13.190	4494.8	3933.8	7.8762
81.25	12.308	4620.9	4035.9	7.9898	**1000**	79.04	12.652	4620.3	4035.4	7.9767
87.84	11.385	4875.7	4243.3	8.1825	**1100**	85.46	11.701	4875.2	4242.8	8.1695
94.40	10.594	5135.8	4456.2	8.3653	**1200**	91.84	10.888	5135.4	4455.8	8.3524
100.93	9.908	5400.9	4674.3	8.5394	**1300**	98.20	10.183	5400.6	4673.9	8.5265
107.44	9.308	5670.9	4897.3	8.7057	**1400**	104.54	9.566	5670.6	4897.0	8.6929
113.93	8.777	5945.3	5125.0	8.8650	**1500**	110.86	9.021	5945.1	5124.7	8.8522
120.41	8.305	6223.8	5356.9	9.0178	**1600**	117.17	8.535	6223.7	5356.6	9.0050
126.88	7.881	6506.3	5592.7	9.1647	**1700**	123.47	8.099	6506.1	5592.5	9.1519
133.35	7.499	6792.3	5832.2	9.3061	**1800**	129.76	7.707	6792.1	5831.9	9.2933
139.81	7.153	7081.6	6075.0	9.4424	**1900**	136.04	7.351	7081.5	6074.8	9.4297
146.26	6.837	7374.0	6321.0	9.5739	**2000**	142.32	7.026	7374.0	6320.8	9.5612

Tafel 3. Druckwasser und überhitzter Dampf (Fortsetzung)

76 bar (t_s = 291.482 °C)						78 bar (t_s = 293.280 °C)				
$10^3 v$	ϱ	h	u	s	t	$10^3 v$	ϱ	h	u	s
m³/kg	kg/m³	kJ/kg	kJ/kg	kJ/kg K	°C	m³/kg	kg/m³	kJ/kg	kJ/kg	kJ/kg K
1.37112	729.33	1297.15	1286.73	3.17332	t_l	1.37769	725.85	1306.93	1296.18	3.19011
24.945	40.089	2763.6	2574.0	5.7705	t_g	24.215	41.297	2760.7	2571.8	5.7567
0.99640	1003.62	7.68	0.11	0.00034	0	0.99630	1003.72	7.88	0.11	0.00035
0.99637	1003.65	28.56	20.99	0.07608	5	0.99627	1003.74	28.76	20.98	0.07608
0.99672	1003.29	49.37	41.79	0.15024	10	0.99663	1003.38	49.56	41.79	0.15021
0.99740	1002.60	70.16	62.58	0.22303	15	0.99731	1002.70	70.35	62.57	0.22299
0.99837	1001.64	90.96	83.37	0.29458	20	0.99828	1001.73	91.14	83.36	0.29453
0.99959	1000.41	111.76	104.17	0.36495	25	0.99950	1000.50	111.95	104.15	0.36490
1.00103	998.97	132.58	124.97	0.43418	30	1.00095	999.06	132.76	124.95	0.43412
1.00269	997.32	153.40	145.78	0.50230	35	1.00260	997.40	153.57	145.75	0.50223
1.00454	995.48	174.22	166.58	0.56933	40	1.00446	995.56	174.39	166.56	0.56925
1.00658	993.46	195.04	187.39	0.63530	45	1.00650	993.55	195.21	187.36	0.63521
1.00880	991.28	215.86	208.20	0.70024	50	1.00871	991.36	216.03	208.17	0.70015
1.01118	988.94	236.69	229.00	0.76419	55	1.01110	989.03	236.86	228.97	0.76409
1.01373	986.46	257.52	249.81	0.82718	60	1.01364	986.54	257.68	249.78	0.82708
1.01644	983.83	278.35	270.63	0.88926	65	1.01635	983.91	278.52	270.59	0.88915
1.01930	981.07	299.20	291.45	0.95046	70	1.01921	981.15	299.36	291.41	0.95034
1.02232	978.17	320.06	312.29	1.01082	75	1.02222	978.26	320.22	312.25	1.01069
1.02548	975.15	340.94	333.15	1.07036	80	1.02539	975.24	341.10	333.10	1.07023
1.02880	972.01	361.84	354.02	1.12913	85	1.02870	972.10	362.00	353.98	1.12900
1.03226	968.75	382.77	374.92	1.18716	90	1.03216	968.84	382.92	374.87	1.18702
1.03587	965.37	403.72	395.85	1.24446	95	1.03577	965.46	403.87	395.80	1.24432
1.03963	961.88	424.71	416.80	1.30108	100	1.03953	961.97	424.86	416.75	1.30092
1.04354	958.28	445.72	437.79	1.35703	105	1.04344	958.37	445.87	437.73	1.35687
1.04760	954.57	466.78	458.81	1.41234	110	1.04749	954.66	466.92	458.75	1.41217
1.05180	950.75	487.87	479.87	1.46702	115	1.05170	950.84	488.01	479.81	1.46685
1.05617	946.82	509.00	500.97	1.52111	120	1.05606	946.92	509.14	500.90	1.52094
1.06068	942.79	530.17	522.11	1.57463	125	1.06057	942.89	530.31	522.04	1.57444
1.06536	938.65	551.38	543.29	1.62758	130	1.06524	938.75	551.52	543.21	1.62739
1.07019	934.41	572.65	564.51	1.68000	135	1.07007	934.51	572.78	564.44	1.67980
1.07519	930.06	593.96	585.79	1.73190	140	1.07507	930.17	594.09	585.71	1.73170
1.08036	925.61	615.32	607.11	1.78330	145	1.08024	925.72	615.45	607.03	1.78309
1.08571	921.06	636.74	628.49	1.83422	150	1.08558	921.17	636.87	628.40	1.83400
1.09124	916.39	658.22	649.93	1.88468	155	1.09110	916.50	658.34	649.83	1.88445
1.09695	911.62	679.76	671.42	1.93469	160	1.09681	911.74	679.88	671.32	1.93446
1.10285	906.74	701.37	692.98	1.98429	165	1.10271	906.86	701.48	692.88	1.98405
1.10896	901.74	723.04	714.61	2.03348	170	1.10881	901.87	723.15	714.50	2.03323
1.11528	896.64	744.79	736.32	2.08229	175	1.11512	896.76	744.90	736.20	2.08203
1.12181	891.41	766.62	758.10	2.13073	180	1.12165	891.54	766.73	757.98	2.13047
1.12858	886.07	788.54	779.97	2.17884	185	1.12841	886.20	788.64	779.84	2.17856
1.13559	880.60	810.55	801.92	2.22662	190	1.13541	880.74	810.65	801.79	2.22633
1.14285	875.01	832.67	823.98	2.27410	195	1.14266	875.15	832.76	823.84	2.27381
1.15038	869.28	854.88	846.14	2.32131	200	1.15018	869.43	854.97	846.00	2.32101
1.15819	863.42	877.22	868.42	2.36827	205	1.15798	863.57	877.30	868.27	2.36795
1.16630	857.41	899.68	890.82	2.41500	210	1.16609	857.57	899.75	890.66	2.41467
1.17474	851.25	922.28	913.35	2.46153	215	1.17451	851.42	922.34	913.18	2.46118
1.18351	844.94	945.02	936.02	2.50788	220	1.18327	845.11	945.08	935.85	2.50752
1.19266	838.46	967.92	958.85	2.55408	225	1.19240	838.64	967.97	958.67	2.55370
1.20219	831.81	990.99	981.85	2.60016	230	1.20193	832.00	991.03	981.66	2.59977
1.21215	824.98	1014.24	1005.03	2.64615	235	1.21187	825.17	1014.28	1004.82	2.64574
1.22258	817.95	1037.70	1028.41	2.69209	240	1.22227	818.15	1037.73	1028.19	2.69166
1.23350	810.70	1061.38	1052.00	2.73801	245	1.23317	810.92	1061.39	1051.77	2.73756
1.24496	803.24	1085.30	1075.83	2.78395	250	1.24461	803.46	1085.30	1075.59	2.78348
1.25703	795.53	1109.48	1099.92	2.82995	255	1.25665	795.77	1109.47	1099.67	2.82945
1.26975	787.56	1133.95	1124.30	2.87607	260	1.26935	787.81	1133.93	1124.02	2.87554
1.28321	779.30	1158.74	1148.99	2.92235	265	1.28277	779.56	1158.70	1148.70	2.92180
1.29748	770.72	1183.89	1174.03	2.96886	270	1.29701	771.01	1183.83	1173.71	2.96827
1.31268	761.80	1209.43	1199.46	3.01568	275	1.31216	762.10	1209.35	1199.12	3.01505
1.32893	752.49	1235.42	1225.32	3.06288	280	1.32835	752.81	1235.32	1224.96	3.06220
1.34638	742.73	1261.92	1251.69	3.11056	285	1.34574	743.09	1261.79	1251.29	3.10984
1.36523	732.48	1289.00	1278.62	3.15886	290	1.36451	732.86	1288.83	1278.19	3.15808
25.482	39.244	2782.2	2588.5	5.8032	295	24.479	40.852	2770.1	2579.2	5.7732

Tafel 3. Druckwasser und überhitzter Dampf (Fortsetzung)

76 bar						78 bar				
$10^3 v$	ϱ	h	u	s	t	$10^3 v$	ϱ	h	u	s
m^3/kg	kg/m^3	kJ/kg		kJ/kgK	°C	m^3/kg	kg/m^3	kJ/kg		kJ/kg K
26.202	38.165	2806.9	2607.8	5.8466	**300**	25.209	39.668	2795.9	2599.3	5.8185
26.880	37.202	2830.0	2625.8	5.8868	**305**	25.894	38.619	2820.0	2618.0	5.8603
27.524	36.332	2851.9	2642.7	5.9245	**310**	26.541	37.677	2842.6	2635.6	5.8993
28.138	35.539	2872.7	2658.8	5.9599	**315**	27.157	36.822	2864.0	2652.2	5.9358
28.728	34.809	2892.5	2674.2	5.9935	**320**	27.747	36.040	2884.4	2668.0	5.9704
29.297	34.133	2911.6	2688.9	6.0255	**325**	28.315	35.318	2904.0	2683.1	6.0032
29.847	33.504	2929.9	2703.1	6.0561	**330**	28.862	34.648	2922.8	2697.7	6.0345
30.380	32.916	2947.7	2716.8	6.0854	**335**	29.392	34.022	2940.9	2711.7	6.0645
30.899	32.363	2964.9	2730.1	6.1137	**340**	29.907	33.436	2958.5	2725.2	6.0933
31.405	31.842	2981.7	2743.0	6.1409	**345**	30.409	32.885	2975.6	2738.4	6.1210
31.899	31.349	2998.1	2755.6	6.1673	**350**	30.898	32.364	2992.2	2751.2	6.1478
32.382	30.881	3014.1	2767.9	6.1928	**355**	31.377	31.871	3008.5	2763.7	6.1738
32.856	30.436	3029.7	2780.0	6.2176	**360**	31.845	31.402	3024.4	2776.0	6.1990
33.321	30.011	3045.0	2791.8	6.2418	**365**	32.305	30.955	3039.9	2787.9	6.2234
33.778	29.605	3060.1	2803.4	6.2653	**370**	32.756	30.529	3055.2	2799.7	6.2473
34.228	29.216	3074.9	2814.8	6.2883	**375**	33.199	30.121	3070.2	2811.2	6.2705
34.671	28.842	3089.5	2826.0	6.3107	**380**	33.636	29.730	3085.0	2822.6	6.2932
35.108	28.484	3103.9	2837.1	6.3326	**385**	34.066	29.355	3099.5	2833.8	6.3154
35.539	28.138	3118.1	2848.0	6.3541	**390**	34.491	28.993	3113.9	2844.8	6.3372
35.964	27.805	3132.2	2858.8	6.3752	**395**	34.909	28.646	3128.0	2855.8	6.3584
36.385	27.484	3146.0	2869.5	6.3959	**400**	35.323	28.310	3142.0	2866.5	6.3793
37.212	26.873	3173.4	2890.5	6.4362	**410**	36.137	27.673	3169.6	2887.7	6.4200
38.023	26.300	3200.2	2911.2	6.4752	**420**	36.933	27.076	3196.6	2908.5	6.4592
38.819	25.761	3226.6	2931.5	6.5130	**430**	37.715	26.514	3223.2	2929.0	6.4973
39.602	25.251	3252.6	2951.6	6.5497	**440**	38.484	25.985	3249.4	2949.2	6.5343
40.374	24.768	3278.3	2971.4	6.5855	**450**	39.241	25.483	3275.3	2969.2	6.5703
41.136	24.310	3303.7	2991.1	6.6204	**460**	39.988	25.007	3300.8	2988.9	6.6054
41.888	23.873	3328.9	3010.6	6.6545	**470**	40.725	24.555	3326.2	3008.5	6.6397
42.632	23.457	3353.9	3029.9	6.6879	**480**	41.454	24.123	3351.3	3027.9	6.6733
43.368	23.059	3378.7	3049.1	6.7207	**490**	42.175	23.711	3376.2	3047.2	6.7062
44.096	22.678	3403.3	3068.2	6.7528	**500**	42.889	23.316	3400.9	3066.4	6.7384
45.535	21.961	3452.3	3106.2	6.8152	**520**	44.297	22.575	3450.0	3104.5	6.8011
46.952	21.298	3500.8	3143.9	6.8756	**540**	45.684	21.890	3498.7	3142.4	6.8617
48.350	20.682	3549.0	3181.5	6.9342	**560**	47.051	21.254	3547.1	3180.1	6.9205
49.732	20.108	3597.0	3219.0	6.9912	**580**	48.402	20.660	3595.2	3217.7	6.9776
51.099	19.570	3644.9	3256.5	7.0466	**600**	49.738	20.105	3643.2	3255.3	7.0332
52.45	19.064	3692.7	3294.0	7.1007	**620**	51.06	19.584	3691.1	3292.8	7.0874
53.80	18.588	3740.4	3331.5	7.1536	**640**	52.38	19.093	3738.9	3330.4	7.1404
55.13	18.138	3788.2	3369.2	7.2053	**660**	53.68	18.630	3786.8	3368.1	7.1922
56.46	17.713	3836.0	3406.9	7.2560	**680**	54.97	18.191	3834.7	3405.9	7.2430
57.77	17.309	3883.8	3444.7	7.3057	**700**	56.26	17.775	3882.6	3443.8	7.2927
59.08	16.925	3931.8	3482.7	7.3545	**720**	57.54	17.380	3930.6	3481.8	7.3416
60.39	16.560	3979.8	3520.9	7.4024	**740**	58.81	17.004	3978.7	3520.0	7.3895
61.69	16.211	4028.0	3559.2	7.4495	**760**	60.08	16.645	4027.0	3558.4	7.4367
62.98	15.879	4076.3	3597.7	7.4958	**780**	61.34	16.303	4075.3	3596.9	7.4830
64.27	15.560	4124.8	3636.4	7.5414	**800**	62.60	15.976	4123.9	3635.6	7.5287
67.47	14.822	4246.7	3734.0	7.6524	**850**	65.72	15.216	4245.9	3733.3	7.6398
70.65	14.155	4369.8	3832.9	7.7596	**900**	68.82	14.531	4369.1	3832.3	7.7471
73.81	13.549	4494.1	3933.2	7.8634	**950**	71.90	13.908	4493.4	3932.6	7.8510
76.95	12.995	4619.7	4034.9	7.9640	**1000**	74.97	13.339	4619.1	4034.3	7.9516
83.21	12.018	4874.8	4242.4	8.1569	**1100**	81.07	12.335	4874.3	4241.9	8.1446
89.43	11.182	5135.0	4455.4	8.3398	**1200**	87.13	11.477	5134.6	4455.0	8.3275
95.62	10.458	5400.3	4673.6	8.5140	**1300**	93.17	10.733	5400.0	4673.2	8.5018
101.79	9.824	5670.3	4896.7	8.6804	**1400**	99.19	10.082	5670.1	4896.4	8.6682
107.95	9.264	5944.8	5124.4	8.8397	**1500**	105.19	9.507	5944.6	5124.1	8.8276
114.09	8.765	6223.5	5356.4	8.9926	**1600**	111.18	8.995	6223.3	5356.1	8.9805
120.23	8.318	6506.0	5592.2	9.1395	**1700**	117.16	8.536	6505.8	5592.0	9.1274
126.36	7.914	6792.0	5831.7	9.2809	**1800**	123.13	8.122	6791.9	5831.5	9.2688
132.48	7.549	7081.4	6074.6	9.4173	**1900**	129.09	7.746	7081.3	6074.4	9.4052
138.59	7.216	7373.9	6320.6	9.5488	**2000**	135.05	7.405	7373.8	6320.4	9.5368

Tafel 3. Druckwasser und überhitzter Dampf (Fortsetzung)

80 bar ($t_s = 295.042$ °C)						82 bar ($t_s = 296.771$ °C)				
$10^3 v$	ϱ	h	u	s	t	$10^3 v$	ϱ	h	u	s
m^3/kg	kg/m^3	kJ/kg		kJ/kgK	°C	m^3/kg	kg/m^3	kJ/kg		kJ/kg K
1.38428	722.40	1316.57	1305.50	3.20663	t_l	1.39090	718.96	1326.10	1314.69	3.22288
23.520	42.518	2757.8	2569.6	5.7431	t_g	22.857	43.751	2754.7	2567.3	5.7296
0.99620	1003.82	8.08	0.11	0.00036	0	0.99610	1003.92	8.29	0.12	0.00037
0.99617	1003.84	28.95	20.98	0.07607	5	0.99608	1003.94	29.15	20.98	0.07606
0.99653	1003.48	49.75	41.78	0.15019	10	0.99644	1003.57	49.95	41.78	0.15017
0.99722	1002.79	70.54	62.56	0.22296	15	0.99713	1002.88	70.73	62.55	0.22293
0.99819	1001.82	91.33	83.34	0.29449	20	0.99810	1001.91	91.52	83.33	0.29445
0.99941	1000.59	112.13	104.13	0.36485	25	0.99932	1000.68	112.31	104.12	0.36479
1.00086	999.14	132.94	124.93	0.43406	30	1.00077	999.23	133.12	124.91	0.43400
1.00252	997.49	153.75	145.73	0.50216	35	1.00243	997.58	153.93	145.71	0.50209
1.00437	995.65	174.57	166.54	0.56917	40	1.00428	995.73	174.75	166.51	0.56910
1.00641	993.63	195.39	187.34	0.63513	45	1.00632	993.72	195.56	187.31	0.63504
1.00862	991.45	216.21	208.14	0.70005	50	1.00854	991.54	216.38	208.11	0.69996
1.01101	989.11	237.03	228.94	0.76399	55	1.01092	989.20	237.20	228.91	0.76389
1.01355	986.63	257.85	249.74	0.82697	60	1.01347	986.71	258.02	249.71	0.82687
1.01626	984.00	278.68	270.55	0.88904	65	1.01617	984.09	278.85	270.52	0.88893
1.01912	981.24	299.53	291.37	0.95023	70	1.01903	981.33	299.69	291.33	0.95011
1.02213	978.35	320.38	312.21	1.01057	75	1.02204	978.43	320.55	312.17	1.01045
1.02530	975.33	341.26	333.06	1.07010	80	1.02520	975.42	341.42	333.01	1.06997
1.02861	972.19	362.16	353.93	1.12886	85	1.02851	972.28	362.31	353.88	1.12873
1.03207	968.93	383.08	374.82	1.18687	90	1.03197	969.02	383.23	374.77	1.18673
1.03568	965.55	404.03	395.74	1.24417	95	1.03558	965.64	404.18	395.69	1.24402
1.03943	962.06	425.01	416.69	1.30077	100	1.03933	962.16	425.16	416.64	1.30062
1.04334	958.46	446.02	437.67	1.35671	105	1.04323	958.56	446.17	437.61	1.35655
1.04739	954.76	467.07	458.69	1.41201	110	1.04728	954.85	467.21	458.63	1.41184
1.05159	950.94	488.15	479.74	1.46668	115	1.05149	951.04	488.30	479.68	1.46651
1.05595	947.02	509.28	500.83	1.52076	120	1.05584	947.11	509.42	500.76	1.52058
1.06046	942.99	530.45	521.96	1.57426	125	1.06035	943.09	530.59	521.89	1.57408
1.06513	938.86	551.66	543.14	1.62720	130	1.06501	938.96	551.79	543.06	1.62701
1.06996	934.62	572.92	564.36	1.67961	135	1.06984	934.72	573.05	564.28	1.67941
1.07495	930.28	594.22	585.62	1.73149	140	1.07483	930.38	594.35	585.54	1.73129
1.08011	925.83	615.58	606.94	1.78288	145	1.07999	925.94	615.71	606.85	1.78267
1.08545	921.28	636.99	628.31	1.83378	150	1.08532	921.39	637.12	628.22	1.83357
1.09097	916.62	658.46	649.74	1.88423	155	1.09083	916.73	658.59	649.64	1.88400
1.09667	911.85	680.00	671.22	1.93423	160	1.09653	911.97	680.12	671.12	1.93400
1.10257	906.98	701.60	692.78	1.98381	165	1.10242	907.09	701.71	692.67	1.98357
1.10866	901.99	723.26	714.40	2.03298	170	1.10851	902.11	723.38	714.29	2.03273
1.11497	896.89	745.01	736.09	2.08177	175	1.11481	897.01	745.12	735.97	2.08152
1.12149	891.67	766.83	757.86	2.13020	180	1.12133	891.80	766.94	757.74	2.12993
1.12824	886.34	788.74	779.72	2.17828	185	1.12807	886.47	788.84	779.59	2.17801
1.13523	880.88	810.74	801.66	2.22605	190	1.13506	881.01	810.84	801.53	2.22576
1.14248	875.29	832.85	823.71	2.27351	195	1.14229	875.43	832.94	823.57	2.27322
1.14999	869.57	855.05	845.85	2.32070	200	1.14979	869.72	855.14	845.71	2.32040
1.15778	863.72	877.38	868.12	2.36764	205	1.15758	863.87	877.46	867.97	2.36732
1.16587	857.73	899.83	890.50	2.41434	210	1.16566	857.88	899.90	890.34	2.41401
1.17429	851.58	922.41	913.02	2.46084	215	1.17406	851.75	922.48	912.85	2.46050
1.18304	845.28	945.14	935.67	2.50716	220	1.18280	845.45	945.20	935.50	2.50680
1.19215	838.82	968.02	958.48	2.55333	225	1.19190	839.00	968.07	958.30	2.55296
1.20166	832.18	991.08	981.46	2.59938	230	1.20139	832.37	991.12	981.27	2.59899
1.21159	825.36	1014.31	1004.62	2.64534	235	1.21130	825.56	1014.35	1004.42	2.64493
1.22197	818.35	1037.75	1027.98	2.69124	240	1.22167	818.55	1037.78	1027.76	2.69081
1.23285	811.13	1061.41	1051.55	2.73711	245	1.23252	811.34	1061.42	1051.32	2.73667
1.24427	803.69	1085.30	1075.35	2.78301	250	1.24392	803.91	1085.31	1075.11	2.78254
1.25628	796.00	1109.46	1099.41	2.82896	255	1.25591	796.24	1109.45	1099.15	2.82847
1.26894	788.06	1133.90	1123.75	2.87502	260	1.26854	788.31	1133.88	1123.48	2.87450
1.28233	779.83	1158.66	1148.40	2.92124	265	1.28190	780.09	1158.62	1148.11	2.92069
1.29653	771.29	1183.77	1173.40	2.96769	270	1.29605	771.57	1183.71	1173.08	2.96710
1.31164	762.41	1209.27	1198.78	3.01442	275	1.31112	762.71	1209.19	1198.44	3.01380
1.32778	753.14	1235.21	1224.59	3.06154	280	1.32720	753.46	1235.11	1224.23	3.06087
1.34510	743.44	1261.65	1250.89	3.10912	285	1.34446	743.79	1261.52	1250.50	3.10840
1.36379	733.25	1288.66	1277.75	3.15730	290	1.36308	733.63	1288.50	1277.32	3.15652
1.38410	722.49	1316.34	1305.26	3.20621	295	1.38330	722.91	1316.13	1304.79	3.20537

Tafel 3. Druckwasser und überhitzter Dampf (Fortsetzung)

80 bar						82 bar				
$10^3 v$	ϱ	h	u	s	t	$10^3 v$	ϱ	h	u	s
m^3/kg	kg/m^3	kJ/kg		kJ/kgK	°C	m^3/kg	kg/m^3	kJ/kg		kJ/kg K
24.256	41.226	2784.6	2590.5	5.7901	**300**	23.339	42.846	2772.8	2581.4	5.7612
24.949	40.082	2809.6	2610.1	5.8336	**305**	24.042	41.594	2798.9	2601.8	5.8066
25.601	39.060	2833.1	2628.3	5.8740	**310**	24.700	40.485	2823.3	2620.7	5.8485
26.220	38.139	2855.2	2645.4	5.9117	**315**	25.323	39.490	2846.1	2638.5	5.8875
26.811	37.299	2876.2	2661.7	5.9473	**320**	25.915	38.588	2867.7	2655.2	5.9241
27.377	36.527	2896.2	2677.2	5.9809	**325**	26.482	37.762	2888.3	2671.2	5.9587
27.923	35.813	2915.5	2692.1	6.0130	**330**	27.027	37.001	2908.1	2686.4	5.9916
28.451	35.148	2934.0	2706.4	6.0436	**335**	27.552	36.294	2927.0	2701.1	6.0229
28.963	34.527	2952.0	2720.3	6.0730	**340**	28.062	35.636	2945.3	2715.2	6.0529
29.461	33.944	2969.4	2733.7	6.1013	**345**	28.556	35.019	2963.1	2728.9	6.0817
29.946	33.394	2986.3	2746.7	6.1286	**350**	29.037	34.438	2980.3	2742.2	6.1095
30.419	32.874	3002.8	2759.5	6.1549	**355**	29.507	33.890	2997.1	2755.1	6.1363
30.883	32.380	3018.9	2771.9	6.1805	**360**	29.966	33.371	3013.5	2767.8	6.1623
31.337	31.911	3034.7	2784.0	6.2053	**365**	30.415	32.878	3029.5	2780.1	6.1875
31.783	31.464	3050.2	2795.9	6.2295	**370**	30.856	32.409	3045.2	2792.2	6.2119
32.221	31.036	3065.4	2807.6	6.2530	**375**	31.289	31.960	3060.6	2804.0	6.2358
32.652	30.626	3080.4	2819.1	6.2760	**380**	31.714	31.532	3075.7	2815.6	6.2590
33.076	30.234	3095.1	2830.5	6.2985	**385**	32.133	31.121	3090.6	2827.1	6.2817
33.494	29.856	3109.6	2841.6	6.3204	**390**	32.545	30.726	3105.2	2838.4	6.3039
33.907	29.493	3123.9	2852.6	6.3419	**395**	32.952	30.347	3119.7	2849.5	6.3256
34.314	29.143	3138.0	2863.5	6.3630	**400**	33.353	29.982	3134.0	2860.5	6.3469
35.114	28.478	3165.8	2884.9	6.4040	**410**	34.141	29.290	3162.0	2882.1	6.3883
35.898	27.857	3193.1	2905.9	6.4436	**420**	34.912	28.643	3189.5	2903.2	6.4282
36.666	27.273	3219.8	2926.5	6.4819	**430**	35.668	28.036	3216.5	2924.0	6.4668
37.421	26.723	3246.2	2946.8	6.5192	**440**	36.410	27.465	3243.0	2944.4	6.5043
38.165	26.202	3272.2	2966.9	6.5554	**450**	37.140	26.925	3269.2	2964.6	6.5408
38.898	25.709	3298.0	2986.8	6.5907	**460**	37.860	26.413	3295.1	2984.6	6.5763
39.621	25.239	3323.4	3006.4	6.6252	**470**	38.570	25.927	3320.6	3004.4	6.6110
40.335	24.792	3348.6	3026.0	6.6589	**480**	39.271	25.464	3346.0	3024.0	6.6449
41.042	24.365	3373.7	3045.3	6.6920	**490**	39.964	25.023	3371.1	3043.4	6.6780
41.741	23.957	3398.5	3064.6	6.7243	**500**	40.650	24.600	3396.1	3062.8	6.7105
43.121	23.190	3447.8	3102.9	6.7873	**520**	42.002	23.808	3445.6	3101.2	6.7737
44.479	22.483	3496.7	3140.8	6.8481	**540**	43.332	23.078	3494.6	3139.3	6.8348
45.817	21.826	3545.2	3178.6	6.9070	**560**	44.643	22.400	3543.3	3177.2	6.8939
47.138	21.214	3593.4	3216.3	6.9643	**580**	45.937	21.769	3591.7	3215.0	6.9513
48.446	20.642	3641.5	3254.0	7.0200	**600**	47.216	21.179	3639.9	3252.7	7.0071
49.740	20.104	3689.5	3291.6	7.0744	**620**	48.483	20.626	3688.0	3290.4	7.0616
51.024	19.599	3737.5	3329.3	7.1274	**640**	49.738	20.105	3736.0	3328.2	7.1148
52.299	19.121	3785.4	3367.0	7.1794	**660**	50.984	19.614	3784.0	3366.0	7.1668
53.562	18.670	3833.4	3404.9	7.2302	**680**	52.219	19.150	3832.1	3403.8	7.2177
54.819	18.242	3881.4	3442.8	7.2800	**700**	53.450	18.709	3880.1	3441.8	7.2677
56.07	17.835	3929.4	3480.9	7.3289	**720**	54.67	18.291	3928.3	3480.0	7.3166
57.31	17.449	3977.6	3519.1	7.3770	**740**	55.89	17.894	3976.5	3518.2	7.3647
58.55	17.080	4025.9	3557.5	7.4242	**760**	57.10	17.515	4024.9	3556.7	7.4120
59.78	16.728	4074.3	3596.1	7.4706	**780**	58.30	17.153	4073.3	3595.3	7.4585
61.01	16.391	4122.9	3634.9	7.5163	**800**	59.50	16.807	4122.0	3634.1	7.5042
64.06	15.611	4245.1	3732.6	7.6275	**850**	62.48	16.006	4244.2	3731.9	7.6155
67.08	14.907	4368.3	3831.6	7.7349	**900**	65.43	15.282	4367.6	3831.0	7.7230
70.09	14.267	4492.8	3932.0	7.8388	**950**	68.37	14.626	4492.1	3931.5	7.8269
73.09	13.682	4618.5	4033.8	7.9395	**1000**	71.30	14.026	4617.9	4033.3	7.9277
79.04	12.652	4873.8	4241.5	8.1325	**1100**	77.11	12.969	4873.3	4241.0	8.1208
84.96	11.771	5134.2	4454.6	8.3156	**1200**	82.88	12.065	5133.8	4454.2	8.3039
90.84	11.008	5399.6	4672.9	8.4899	**1300**	88.63	11.283	5399.3	4672.5	8.4783
96.71	10.340	5669.8	4896.1	8.6564	**1400**	94.36	10.598	5669.5	4895.8	8.6448
102.57	9.750	5944.4	5123.9	8.8158	**1500**	100.07	9.993	5944.2	5123.6	8.8042
108.41	9.224	6223.1	5355.9	8.9687	**1600**	105.77	9.454	6222.9	5355.6	8.9571
114.24	8.754	6505.7	5591.8	9.1156	**1700**	111.46	8.972	6505.5	5591.5	9.1041
120.06	8.329	6791.8	5831.3	9.2571	**1800**	117.14	8.536	6791.7	5831.1	9.2456
125.88	7.944	7081.2	6074.2	9.3934	**1900**	122.82	8.142	7081.1	6074.0	9.3819
131.69	7.594	7373.8	6320.3	9.5250	**2000**	128.49	7.783	7373.7	6320.1	9.5135

Tafel 3. Druckwasser und überhitzter Dampf (Fortsetzung)

84 bar ($t_s = 298.468$ °C)						86 bar ($t_s = 300.134$ °C)				
$10^3 v$	ϱ	h	u	s	t	$10^3 v$	ϱ	h	u	s
m³/kg	kg/m³	kJ/kg		kJ/kgK	°C	m³/kg	kg/m³	kJ/kg		kJ/kg K
1.39755	715.54	1335.50	1323.76	3.23887	t_l	1.40423	712.13	1344.80	1332.73	3.25463
22.224	44.997	2751.6	2565.0	5.7163	t_g	21.619	46.256	2748.5	2562.6	5.7031
0.99600	1004.02	8.49	0.12	0.00038	0	0.99590	1004.12	8.69	0.12	0.00039
0.99598	1004.03	29.35	20.98	0.07606	5	0.99589	1004.13	29.54	20.98	0.07605
0.99635	1003.67	50.14	41.77	0.15015	10	0.99626	1003.76	50.33	41.77	0.15013
0.99704	1002.97	70.92	62.54	0.22289	15	0.99695	1003.06	71.11	62.54	0.22286
0.99801	1001.99	91.70	83.32	0.29440	20	0.99792	1002.08	91.89	83.31	0.29436
0.99923	1000.77	112.50	104.10	0.36474	25	0.99914	1000.86	112.68	104.09	0.36468
1.00068	999.32	133.30	124.90	0.43394	30	1.00059	999.41	133.48	124.88	0.43387
1.00234	997.66	154.11	145.69	0.50202	35	1.00225	997.75	154.29	145.67	0.50195
1.00420	995.82	174.92	166.49	0.56902	40	1.00411	995.91	175.10	166.46	0.56894
1.00624	993.80	195.74	187.28	0.63496	45	1.00615	993.89	195.91	187.26	0.63487
1.00845	991.62	216.55	208.08	0.69987	50	1.00836	991.71	216.72	208.05	0.69978
1.01083	989.28	237.37	228.88	0.76379	55	1.01074	989.37	237.54	228.84	0.76370
1.01338	986.80	258.19	249.68	0.82676	60	1.01329	986.88	258.36	249.64	0.82666
1.01608	984.17	279.02	270.48	0.88882	65	1.01599	984.26	279.18	270.44	0.88871
1.01894	981.41	299.85	291.29	0.94999	70	1.01885	981.50	300.02	291.26	0.94987
1.02195	978.52	320.71	312.12	1.01032	75	1.02186	978.61	320.87	312.08	1.01020
1.02511	975.50	341.58	332.97	1.06985	80	1.02502	975.59	341.74	332.92	1.06972
1.02842	972.36	362.47	353.83	1.12859	85	1.02833	972.45	362.63	353.78	1.12846
1.03188	969.11	383.39	374.72	1.18659	90	1.03178	969.20	383.54	374.67	1.18645
1.03548	965.73	404.33	395.64	1.24387	95	1.03538	965.82	404.49	395.58	1.24373
1.03923	962.25	425.31	416.58	1.30047	100	1.03913	962.34	425.46	416.52	1.30031
1.04313	958.65	446.32	437.56	1.35639	105	1.04303	958.74	446.47	437.50	1.35623
1.04718	954.94	467.36	458.56	1.41168	110	1.04708	955.04	467.51	458.50	1.41151
1.05138	951.13	488.44	479.61	1.46634	115	1.05127	951.23	488.59	479.54	1.46617
1.05573	947.21	509.56	500.69	1.52041	120	1.05562	947.31	509.70	500.63	1.52023
1.06023	943.19	530.72	521.82	1.57389	125	1.06012	943.29	530.86	521.75	1.57371
1.06490	939.06	551.93	542.99	1.62682	130	1.06478	939.16	552.07	542.91	1.62663
1.06972	934.82	573.18	564.20	1.67921	135	1.06960	934.93	573.32	564.12	1.67902
1.07471	930.49	594.48	585.46	1.73109	140	1.07458	930.59	594.62	585.37	1.73088
1.07986	926.04	615.84	606.77	1.78246	145	1.07974	926.15	615.97	606.68	1.78225
1.08519	921.50	637.24	628.13	1.83335	150	1.08506	921.61	637.37	628.04	1.83313
1.09070	916.84	658.71	649.55	1.88378	155	1.09056	916.96	658.83	649.45	1.88356
1.09639	912.08	680.24	671.03	1.93377	160	1.09625	912.20	680.35	670.93	1.93353
1.10228	907.21	701.83	692.57	1.98333	165	1.10213	907.33	701.94	692.46	1.98309
1.10836	902.23	723.49	714.18	2.03249	170	1.10821	902.35	723.60	714.07	2.03224
1.11465	897.14	745.22	735.86	2.08126	175	1.11450	897.26	745.33	735.75	2.08100
1.12116	891.93	767.04	757.62	2.12967	180	1.12100	892.06	767.14	757.50	2.12940
1.12790	886.60	788.94	779.47	2.17774	185	1.12773	886.73	789.04	779.34	2.17746
1.13488	881.15	810.93	801.40	2.22548	190	1.13470	881.29	811.03	801.27	2.22520
1.14211	875.57	833.03	823.43	2.27292	195	1.14192	875.72	833.12	823.30	2.27263
1.14960	869.87	855.23	845.57	2.32009	200	1.14941	870.01	855.31	845.43	2.31979
1.15737	864.02	877.54	867.82	2.36700	205	1.15717	864.18	877.62	867.67	2.36668
1.16545	858.04	899.97	890.19	2.41368	210	1.16523	858.20	900.05	890.03	2.41335
1.17383	851.91	922.54	912.68	2.46015	215	1.17361	852.07	922.61	912.52	2.45981
1.18256	845.62	945.26	935.32	2.50645	220	1.18232	845.79	945.32	935.15	2.50609
1.19165	839.17	968.13	958.12	2.55259	225	1.19140	839.35	968.18	957.94	2.55222
1.20112	832.55	991.17	981.08	2.59860	230	1.20086	832.74	991.21	980.88	2.59822
1.21102	825.75	1014.39	1004.21	2.64453	235	1.21074	825.94	1014.42	1004.01	2.64412
1.22137	818.76	1037.81	1027.55	2.69039	240	1.22106	818.96	1037.83	1027.33	2.68996
1.23220	811.55	1061.44	1051.09	2.73622	245	1.23188	811.77	1061.46	1050.86	2.73578
1.24358	804.13	1085.31	1074.87	2.78207	250	1.24323	804.36	1085.32	1074.63	2.78161
1.25553	796.47	1109.44	1098.90	2.82798	255	1.25516	796.71	1109.43	1098.64	2.82749
1.26814	788.56	1133.86	1123.20	2.87398	260	1.26774	788.80	1133.83	1122.93	2.87347
1.28146	780.36	1158.58	1147.82	2.92014	265	1.28103	780.62	1158.54	1147.53	2.91960
1.29558	771.85	1183.65	1172.77	2.96652	270	1.29511	772.13	1183.60	1172.46	2.96594
1.31060	763.01	1209.11	1198.11	3.01318	275	1.31008	763.31	1209.04	1197.77	3.01256
1.32663	753.79	1235.01	1223.86	3.06020	280	1.32607	754.11	1234.91	1223.50	3.05954
1.34383	744.14	1261.39	1250.10	3.10769	285	1.34320	744.49	1261.26	1249.71	3.10697
1.36238	734.01	1288.34	1276.89	3.15575	290	1.36168	734.39	1288.18	1276.47	3.15498
1.38250	723.32	1315.93	1304.32	3.20452	295	1.38171	723.74	1315.73	1303.85	3.20369

Tafel 3. Druckwasser und überhitzter Dampf (Fortsetzung)

84 bar						86 bar				
$10^3 v$	ϱ	h	u	s	t	$10^3 v$	ϱ	h	u	s
m^3/kg	kg/m^3	kJ/kg		kJ/kgK	°C	m^3/kg	kg/m^3	kJ/kg		kJ/kg K
22.454	44.535	2760.5	2571.9	5.7318	**300**	1.40362	712.45	1344.03	1331.96	3.25328
23.169	43.161	2787.8	2593.2	5.7793	**305**	22.328	44.788	2776.3	2584.3	5.7515
23.835	41.954	2813.1	2612.9	5.8228	**310**	23.003	43.472	2802.7	2604.8	5.7969
24.462	40.879	2836.8	2631.3	5.8632	**315**	23.636	42.308	2827.2	2623.9	5.8387
25.057	39.909	2859.1	2648.6	5.9010	**320**	24.234	41.264	2850.2	2641.8	5.8777
25.625	39.025	2880.3	2665.0	5.9365	**325**	24.804	40.317	2872.0	2658.7	5.9143
26.169	38.213	2900.5	2680.7	5.9702	**330**	25.348	39.450	2892.8	2674.8	5.9488
26.694	37.462	2919.9	2695.7	6.0022	**335**	25.872	38.652	2912.6	2690.1	5.9817
27.201	36.764	2938.6	2710.1	6.0329	**340**	26.377	37.911	2931.7	2704.9	6.0130
27.693	36.111	2956.7	2724.1	6.0623	**345**	26.867	37.221	2950.2	2719.1	6.0429
28.171	35.498	2974.2	2737.6	6.0905	**350**	27.342	36.574	2968.1	2732.9	6.0717
28.636	34.921	2991.3	2750.8	6.1178	**355**	27.804	35.966	2985.4	2746.3	6.0995
29.091	34.375	3007.9	2763.6	6.1442	**360**	28.256	35.391	3002.3	2759.3	6.1263
29.536	33.857	3024.2	2776.1	6.1698	**365**	28.696	34.847	3018.8	2772.0	6.1522
29.972	33.364	3040.1	2788.3	6.1946	**370**	29.128	34.331	3034.9	2784.4	6.1774
30.400	32.895	3055.7	2800.3	6.2187	**375**	29.551	33.839	3050.7	2796.6	6.2019
30.820	32.446	3071.0	2812.1	6.2423	**380**	29.967	33.370	3066.2	2808.5	6.2257
31.234	32.017	3086.0	2823.7	6.2652	**385**	30.375	32.921	3081.5	2820.2	6.2489
31.641	31.605	3100.9	2835.1	6.2877	**390**	30.777	32.491	3096.5	2831.8	6.2716
32.042	31.209	3115.5	2846.3	6.3096	**395**	31.173	32.079	3111.2	2843.1	6.2938
32.438	30.828	3129.9	2857.4	6.3311	**400**	31.564	31.682	3125.8	2854.3	6.3155
33.214	30.108	3158.2	2879.2	6.3728	**410**	32.330	30.931	3154.3	2876.3	6.3576
33.973	29.435	3185.9	2900.5	6.4131	**420**	33.077	30.232	3182.3	2897.8	6.3982
34.717	28.804	3213.1	2921.4	6.4520	**430**	33.809	29.578	3209.6	2918.9	6.4374
35.447	28.211	3239.8	2942.0	6.4897	**440**	34.528	28.962	3236.5	2939.6	6.4754
36.164	27.651	3266.1	2962.3	6.5264	**450**	35.234	28.382	3263.1	2960.0	6.5123
36.871	27.121	3292.1	2982.4	6.5621	**460**	35.929	27.833	3289.2	2980.2	6.5482
37.568	26.618	3317.9	3002.3	6.5970	**470**	36.614	27.312	3315.1	3000.2	6.5833
38.257	26.139	3343.3	3022.0	6.6311	**480**	37.290	26.817	3340.7	3020.0	6.6175
38.937	25.683	3368.6	3041.5	6.6644	**490**	37.958	26.345	3366.1	3039.6	6.6510
39.610	25.246	3393.7	3061.0	6.6970	**500**	38.618	25.894	3391.3	3059.1	6.6838
40.936	24.428	3443.4	3099.5	6.7605	**520**	39.920	25.050	3441.1	3097.8	6.7474
42.240	23.674	3492.5	3137.7	6.8217	**540**	41.199	24.273	3490.5	3136.2	6.8089
43.524	22.976	3541.3	3175.7	6.8810	**560**	42.458	23.553	3539.4	3174.3	6.8684
44.792	22.326	3589.9	3213.6	6.9385	**580**	43.700	22.883	3588.1	3212.3	6.9261
46.045	21.718	3638.2	3251.4	6.9945	**600**	44.928	22.258	3636.5	3250.1	6.9822
47.285	21.148	3686.4	3289.2	7.0491	**620**	46.143	21.672	3684.8	3288.0	7.0369
48.514	20.613	3734.5	3327.0	7.1024	**640**	47.347	21.121	3733.1	3325.9	7.0903
49.733	20.107	3782.6	3364.9	7.1545	**660**	48.540	20.601	3781.3	3363.8	7.1425
50.943	19.630	3830.7	3402.8	7.2055	**680**	49.725	20.111	3829.4	3401.8	7.1936
52.146	19.177	3878.9	3440.9	7.2555	**700**	50.902	19.646	3877.7	3439.9	7.2437
53.34	18.748	3927.1	3479.1	7.3046	**720**	52.07	19.205	3925.9	3478.1	7.2928
54.53	18.339	3975.4	3517.4	7.3527	**740**	53.23	18.785	3974.3	3516.5	7.3410
55.71	17.950	4023.8	3555.8	7.4000	**760**	54.39	18.385	4022.8	3555.0	7.3884
56.89	17.578	4072.4	3594.5	7.4466	**780**	55.54	18.004	4071.4	3593.7	7.4350
58.06	17.223	4121.0	3633.3	7.4924	**800**	56.69	17.640	4120.1	3632.5	7.4808
60.97	16.401	4243.4	3731.2	7.6038	**850**	59.54	16.796	4242.6	3730.5	7.5923
63.86	15.659	4366.8	3830.4	7.7113	**900**	62.36	16.035	4366.1	3829.8	7.6999
66.73	14.985	4491.5	3930.9	7.8154	**950**	65.17	15.344	4490.8	3930.3	7.8040
69.59	14.370	4617.3	4032.7	7.9162	**1000**	67.97	14.713	4616.7	4032.2	7.9049
75.27	13.286	4872.8	4240.6	8.1094	**1100**	73.51	13.603	4872.3	4240.1	8.0982
80.91	12.359	5133.4	4453.8	8.2925	**1200**	79.03	12.654	5133.0	4453.4	8.2814
86.52	11.558	5399.0	4672.2	8.4669	**1300**	84.51	11.832	5398.7	4671.8	8.4559
92.12	10.856	5669.3	4895.5	8.6335	**1400**	89.98	11.114	5669.0	4895.2	8.6224
97.70	10.236	5943.9	5123.3	8.7929	**1500**	95.43	10.479	5943.7	5123.0	8.7819
103.26	9.684	6222.8	5355.4	8.9459	**1600**	100.87	9.914	6222.6	5355.1	8.9349
108.82	9.190	6505.4	5591.3	9.0929	**1700**	106.30	9.408	6505.2	5591.1	9.0819
114.37	8.744	6791.6	5830.9	9.2343	**1800**	111.72	8.951	6791.4	5830.7	9.2234
119.91	8.340	7081.0	6073.8	9.3707	**1900**	117.13	8.537	7081.0	6073.6	9.3598
125.44	7.972	7373.6	6319.9	9.5023	**2000**	122.54	8.161	7373.6	6319.7	9.4914

Tafel 3. Druckwasser und überhitzter Dampf (Fortsetzung)

88 bar (t_s = 301.771 °C)						90 bar (t_s = 303.379 °C)				
$10^3 v$	ϱ	h	u	s	t	$10^3 v$	ϱ	h	u	s
m^3/kg	kg/m^3	kJ/kg		kJ/kg K	°C	m^3/kg	kg/m^3	kJ/kg		kJ/kg K
1.41095	708.74	1354.00	1341.58	3.27015	t_l	1.41770	705.37	1363.10	1350.34	3.28546
21.040	47.529	2745.3	2560.1	5.6901	t_g	20.485	48.817	2742.0	2557.6	5.6771
0.99580	1004.22	8.89	0.13	0.00040	**0**	0.99570	1004.32	9.09	0.13	0.00040
0.99579	1004.23	29.74	20.98	0.07604	**5**	0.99570	1004.32	29.94	20.98	0.07603
0.99616	1003.85	50.53	41.76	0.15011	**10**	0.99607	1003.95	50.72	41.76	0.15009
0.99686	1003.15	71.30	62.53	0.22283	**15**	0.99676	1003.25	71.49	62.52	0.22279
0.99783	1002.17	92.08	83.30	0.29431	**20**	0.99774	1002.26	92.26	83.28	0.29427
0.99906	1000.95	112.87	104.07	0.36463	**25**	0.99897	1001.03	113.05	104.06	0.36458
1.00051	999.49	133.66	124.86	0.43381	**30**	1.00042	999.58	133.85	124.84	0.43375
1.00217	997.84	154.47	145.65	0.50188	**35**	1.00208	997.92	154.65	145.63	0.50181
1.00402	995.99	175.28	166.44	0.56886	**40**	1.00394	996.08	175.45	166.42	0.56878
1.00606	993.97	196.08	187.23	0.63479	**45**	1.00598	994.06	196.26	187.21	0.63470
1.00828	991.79	216.89	208.02	0.69969	**50**	1.00819	991.88	217.07	207.99	0.69959
1.01066	989.46	237.71	228.81	0.76360	**55**	1.01057	989.54	237.88	228.78	0.76350
1.01320	986.97	258.52	249.61	0.82655	**60**	1.01311	987.06	258.69	249.57	0.82645
1.01590	984.35	279.35	270.41	0.88859	**65**	1.01581	984.43	279.51	270.37	0.88848
1.01876	981.59	300.18	291.22	0.94976	**70**	1.01867	981.67	300.34	291.18	0.94964
1.02177	978.70	321.03	312.04	1.01008	**75**	1.02168	978.78	321.19	312.00	1.00995
1.02493	975.68	341.90	332.88	1.06959	**80**	1.02483	975.77	342.06	332.83	1.06946
1.02823	972.54	362.79	353.74	1.12832	**85**	1.02814	972.63	362.94	353.69	1.12819
1.03169	969.29	383.70	374.62	1.18631	**90**	1.03159	969.38	383.85	374.57	1.18617
1.03529	965.91	404.64	395.53	1.24358	**95**	1.03519	966.01	404.79	395.48	1.24343
1.03904	962.43	425.61	416.47	1.30016	**100**	1.03894	962.52	425.76	416.41	1.30001
1.04293	958.84	446.61	437.44	1.35607	**105**	1.04283	958.93	446.76	437.38	1.35592
1.04697	955.13	467.65	458.44	1.41135	**110**	1.04687	955.23	467.80	458.38	1.41118
1.05117	951.32	488.73	479.48	1.46600	**115**	1.05106	951.42	488.87	479.41	1.46583
1.05551	947.41	509.85	500.56	1.52005	**120**	1.05540	947.50	509.99	500.49	1.51987
1.06001	943.39	531.00	521.67	1.57353	**125**	1.05990	943.48	531.14	521.60	1.57334
1.06467	939.26	552.20	542.83	1.62644	**130**	1.06455	939.36	552.34	542.76	1.62625
1.06948	935.03	573.45	564.04	1.67882	**135**	1.06937	935.13	573.58	563.96	1.67863
1.07446	930.70	594.75	585.29	1.73068	**140**	1.07434	930.80	594.88	585.21	1.73048
1.07961	926.26	616.09	606.59	1.78204	**145**	1.07949	926.37	616.22	606.51	1.78183
1.08493	921.72	637.49	627.95	1.83292	**150**	1.08480	921.83	637.62	627.86	1.83270
1.09043	917.07	658.95	649.36	1.88333	**155**	1.09030	917.18	659.08	649.26	1.88311
1.09611	912.31	680.47	670.83	1.93330	**160**	1.09598	912.43	680.59	670.73	1.93307
1.10199	907.45	702.06	692.36	1.98285	**165**	1.10185	907.57	702.17	692.26	1.98261
1.10806	902.48	723.71	713.96	2.03199	**170**	1.10791	902.60	723.82	713.85	2.03174
1.11434	897.39	745.44	735.63	2.08075	**175**	1.11419	897.51	745.55	735.52	2.08049
1.12084	892.19	767.25	757.39	2.12914	**180**	1.12068	892.32	767.35	757.27	2.12888
1.12756	886.87	789.14	779.22	2.17719	**185**	1.12740	887.00	789.24	779.10	2.17691
1.13453	881.42	811.13	801.14	2.22491	**190**	1.13435	881.56	811.22	801.01	2.22463
1.14174	875.86	833.21	823.16	2.27234	**195**	1.14155	876.00	833.30	823.03	2.27204
1.14921	870.16	855.40	845.28	2.31948	**200**	1.14902	870.31	855.48	845.14	2.31918
1.15697	864.33	877.70	867.52	2.36637	**205**	1.15677	864.48	877.78	867.37	2.36605
1.16502	858.35	900.12	889.87	2.41302	**210**	1.16481	858.51	900.20	889.71	2.41270
1.17339	852.23	922.68	912.35	2.45947	**215**	1.17316	852.40	922.75	912.19	2.45913
1.18209	845.96	945.38	934.98	2.50574	**220**	1.18185	846.13	945.44	934.81	2.50538
1.19115	839.53	968.24	957.75	2.55185	**225**	1.19090	839.70	968.29	957.57	2.55148
1.20059	832.92	991.26	980.69	2.59783	**230**	1.20033	833.10	991.30	980.50	2.59744
1.21046	826.14	1014.46	1003.81	2.64372	**235**	1.21017	826.33	1014.50	1003.61	2.64331
1.22076	819.16	1037.86	1027.12	2.68954	**240**	1.22047	819.36	1037.89	1026.90	2.68912
1.23156	811.98	1061.47	1050.64	2.73534	**245**	1.23124	812.19	1061.49	1050.41	2.73490
1.24289	804.58	1085.32	1074.38	2.78114	**250**	1.24255	804.80	1085.33	1074.15	2.78068
1.25480	796.94	1109.43	1098.38	2.82700	**255**	1.25443	797.18	1109.42	1098.13	2.82651
1.26734	789.05	1133.81	1122.66	2.87295	**260**	1.26695	789.30	1133.79	1122.39	2.87243
1.28060	780.88	1158.51	1147.24	2.91905	**265**	1.28017	781.15	1158.47	1146.95	2.91851
1.29464	772.41	1183.54	1172.15	2.96536	**270**	1.29417	772.69	1183.49	1171.84	2.96478
1.30957	763.61	1208.96	1197.44	3.01194	**275**	1.30906	763.91	1208.89	1197.10	3.01133
1.32550	754.43	1234.81	1223.14	3.05888	**280**	1.32494	754.75	1234.71	1222.78	3.05822
1.34258	744.84	1261.14	1249.32	3.10627	**285**	1.34196	745.18	1261.01	1248.93	3.10556
1.36098	734.77	1288.02	1276.04	3.15421	**290**	1.36028	735.14	1287.86	1275.62	3.15345
1.38093	724.15	1315.53	1303.38	3.20285	**295**	1.38014	724.56	1315.34	1302.91	3.20202

Tafel 3. Druckwasser und überhitzter Dampf (Fortsetzung)

88 bar						90 bar				
$10^3 v$	ϱ	h	u	s	t	$10^3 v$	ϱ	h	u	s
m^3/kg	kg/m^3	kJ/kg		kJ/kgK	°C	m^3/kg	kg/m^3	kJ/kg		kJ/kg K
1.40272	712.90	1343.79	1331.44	3.25237	**300**	1.40183	713.36	1343.55	1330.93	3.25146
21.514	46.482	2764.4	2575.1	5.7232	**305**	20.725	48.250	2751.9	2565.4	5.6944
22.201	45.044	2791.9	2596.5	5.7706	**310**	21.425	46.674	2780.7	2587.8	5.7439
22.841	43.781	2817.3	2616.3	5.8140	**315**	22.074	45.302	2807.1	2608.5	5.7891
23.444	42.656	2841.1	2634.8	5.8543	**320**	22.683	44.087	2831.8	2627.6	5.8308
24.015	41.640	2863.5	2652.2	5.8920	**325**	23.258	42.997	2854.9	2645.6	5.8696
24.561	40.715	2884.9	2668.7	5.9275	**330**	23.805	42.008	2876.8	2662.6	5.9061
25.084	39.865	2905.2	2684.5	5.9611	**335**	24.329	41.104	2897.7	2678.7	5.9406
25.589	39.080	2924.8	2699.6	5.9931	**340**	24.832	40.270	2917.7	2694.2	5.9733
26.076	38.349	2943.6	2714.1	6.0237	**345**	25.318	39.497	2936.9	2709.0	6.0045
26.549	37.666	2961.8	2728.2	6.0530	**350**	25.789	38.776	2955.5	2723.4	6.0345
27.008	37.025	2979.5	2741.8	6.0813	**355**	26.246	38.101	2973.4	2737.2	6.0632
27.456	36.422	2996.7	2755.0	6.1085	**360**	26.691	37.466	2990.9	2750.7	6.0909
27.893	35.851	3013.4	2767.9	6.1349	**365**	27.125	36.867	3007.9	2763.8	6.1176
28.321	35.309	3029.8	2780.5	6.1604	**370**	27.549	36.299	3024.5	2776.6	6.1435
28.740	34.794	3045.8	2792.8	6.1852	**375**	27.964	35.760	3040.7	2789.0	6.1687
29.151	34.304	3061.5	2804.9	6.2093	**380**	28.371	35.247	3056.6	2801.3	6.1931
29.555	33.835	3076.9	2816.8	6.2328	**385**	28.771	34.758	3072.2	2813.3	6.2169
29.952	33.386	3092.0	2828.4	6.2557	**390**	29.163	34.290	3087.5	2825.1	6.2401
30.344	32.956	3106.9	2839.9	6.2781	**395**	29.550	33.841	3102.6	2836.7	6.2627
30.729	32.543	3121.6	2851.2	6.3001	**400**	29.931	33.411	3117.5	2848.1	6.2848
31.484	31.762	3150.5	2873.4	6.3426	**410**	30.676	32.598	3146.5	2870.5	6.3277
32.222	31.035	3178.6	2895.1	6.3835	**420**	31.403	31.844	3174.9	2892.3	6.3690
32.943	30.356	3206.2	2916.3	6.4230	**430**	32.114	31.139	3202.7	2913.7	6.4088
33.650	29.718	3233.3	2937.2	6.4613	**440**	32.811	30.478	3230.0	2934.7	6.4473
34.345	29.117	3260.0	2957.7	6.4984	**450**	33.495	29.855	3256.9	2955.4	6.4847
35.028	28.548	3286.3	2978.0	6.5346	**460**	34.168	29.267	3283.3	2975.8	6.5211
35.702	28.010	3312.3	2998.1	6.5698	**470**	34.830	28.711	3309.5	2996.0	6.5565
36.366	27.498	3338.0	3018.0	6.6042	**480**	35.484	28.182	3335.3	3016.0	6.5911
37.023	27.010	3363.5	3037.7	6.6378	**490**	36.129	27.679	3361.0	3035.8	6.6249
37.672	26.545	3388.8	3057.3	6.6707	**500**	36.767	27.198	3386.4	3055.5	6.6579
38.950	25.674	3438.9	3096.1	6.7347	**520**	38.022	26.300	3436.6	3094.4	6.7221
40.205	24.873	3488.4	3134.6	6.7963	**540**	39.255	25.475	3486.3	3133.0	6.7840
41.440	24.131	3537.5	3172.8	6.8560	**560**	40.467	24.711	3535.6	3171.4	6.8438
42.658	23.442	3586.3	3210.9	6.9138	**580**	41.663	24.002	3584.5	3209.5	6.9019
43.862	22.799	3634.8	3248.9	6.9701	**600**	42.843	23.341	3633.2	3247.6	6.9583
45.053	22.196	3683.3	3286.8	7.0249	**620**	44.011	22.722	3681.7	3285.6	7.0132
46.232	21.630	3731.6	3324.7	7.0785	**640**	45.168	22.140	3730.1	3323.6	7.0668
47.402	21.096	3779.9	3362.7	7.1308	**660**	46.314	21.592	3778.5	3361.7	7.1192
48.562	20.592	3828.1	3400.8	7.1819	**680**	47.451	21.074	3826.8	3399.8	7.1705
49.715	20.115	3876.4	3438.9	7.2321	**700**	48.580	20.584	3875.2	3438.0	7.2207
50.86	19.662	3924.8	3477.2	7.2813	**720**	49.702	20.120	3923.6	3476.3	7.2700
52.00	19.231	3973.2	3515.6	7.3295	**740**	50.818	19.678	3972.1	3514.7	7.3183
53.13	18.821	4021.7	3554.2	7.3770	**760**	51.927	19.258	4020.7	3553.3	7.3658
54.26	18.430	4070.4	3592.9	7.4236	**780**	53.031	18.857	4069.4	3592.1	7.4125
55.38	18.057	4119.1	3631.8	7.4695	**800**	54.130	18.474	4118.2	3631.0	7.4584
58.17	17.191	4241.7	3729.8	7.5811	**850**	56.86	17.587	4240.9	3729.1	7.5701
60.93	16.411	4365.3	3829.1	7.6888	**900**	59.57	16.788	4364.6	3828.5	7.6779
63.68	15.703	4490.1	3929.7	7.7929	**950**	62.26	16.063	4489.5	3929.2	7.7821
66.41	15.057	4616.1	4031.7	7.8939	**1000**	64.93	15.401	4615.5	4031.2	7.8831
71.84	13.920	4871.9	4239.7	8.0873	**1100**	70.24	14.237	4871.4	4239.2	8.0766
77.23	12.948	5132.6	4453.0	8.2705	**1200**	75.52	13.242	5132.2	4452.6	8.2599
82.60	12.107	5398.3	4671.5	8.4450	**1300**	80.76	12.382	5398.0	4671.1	8.4344
87.94	11.371	5668.7	4894.8	8.6116	**1400**	85.99	11.629	5668.5	4894.5	8.6011
93.27	10.722	5943.5	5122.7	8.7711	**1500**	91.20	10.965	5943.3	5122.5	8.7606
98.59	10.144	6222.4	5354.8	8.9241	**1600**	96.40	10.373	6222.2	5354.6	8.9136
103.89	9.625	6505.1	5590.8	9.0712	**1700**	101.59	9.843	6504.9	5590.6	9.0607
109.19	9.158	6791.3	5830.5	9.2127	**1800**	106.77	9.366	6791.2	5830.2	9.2022
114.48	8.735	7080.9	6073.4	9.3491	**1900**	111.95	8.933	7080.8	6073.2	9.3386
119.77	8.349	7373.5	6319.5	9.4807	**2000**	117.12	8.538	7373.4	6319.3	9.4703

Tafel 3. Druckwasser und überhitzter Dampf (Fortsetzung)

92 bar ($t_s = 304.960$ °C)						94 bar ($t_s = 306.515$ °C)				
$10^3 v$	ϱ	h	u	s	t	$10^3 v$	ϱ	h	u	s
m^3/kg	kg/m^3	kJ/kg		kJ/kgK	°C	m^3/kg	kg/m^3	kJ/kg		kJ/kg K
1.42450	702.00	1372.10	1358.99	3.30057	t_l	1.43134	698.65	1381.01	1367.56	3.31548
19.953	50.12	2738.6	2555.0	5.6643	t_g	19.442	51.44	2735.2	2552.4	5.6516
0.99560	1004.41	9.29	0.13	0.00041	0	0.99551	1004.51	9.49	0.14	0.00042
0.99560	1004.42	30.14	20.98	0.07603	5	0.99551	1004.51	30.33	20.97	0.07602
0.99598	1004.04	50.91	41.75	0.15006	10	0.99588	1004.13	51.11	41.75	0.15004
0.99667	1003.34	71.68	62.51	0.22276	15	0.99658	1003.43	71.87	62.50	0.22272
0.99765	1002.35	92.45	83.27	0.29423	20	0.99756	1002.44	92.64	83.26	0.29418
0.99888	1001.12	113.23	104.04	0.36452	25	0.99879	1001.21	113.42	104.03	0.36447
1.00033	999.67	134.03	124.82	0.43369	30	1.00025	999.76	134.21	124.81	0.43362
1.00199	998.01	154.83	145.61	0.50174	35	1.00191	998.10	155.00	145.59	0.50167
1.00385	996.17	175.63	166.39	0.56871	40	1.00376	996.25	175.81	166.37	0.56863
1.00589	994.15	196.43	187.18	0.63462	45	1.00580	994.23	196.61	187.15	0.63453
1.00810	991.96	217.24	207.96	0.69950	50	1.00801	992.05	217.41	207.94	0.69941
1.01048	989.63	238.05	228.75	0.76340	55	1.01040	989.71	238.22	228.72	0.76330
1.01303	987.14	258.86	249.54	0.82634	60	1.01294	987.23	259.03	249.50	0.82624
1.01573	984.52	279.68	270.33	0.88837	65	1.01564	984.60	279.84	270.30	0.88826
1.01858	981.76	300.51	291.14	0.94952	70	1.01849	981.84	300.67	291.10	0.94941
1.02159	978.87	321.35	311.95	1.00983	75	1.02150	978.96	321.51	311.91	1.00971
1.02474	975.85	342.22	332.79	1.06933	80	1.02465	975.94	342.38	332.74	1.06920
1.02805	972.72	363.10	353.64	1.12805	85	1.02795	972.81	363.26	353.59	1.12792
1.03150	969.46	384.01	374.52	1.18603	90	1.03140	969.55	384.16	374.47	1.18589
1.03509	966.10	404.95	395.42	1.24329	95	1.03500	966.19	405.10	395.37	1.24314
1.03884	962.61	425.91	416.35	1.29985	100	1.03874	962.71	426.06	416.30	1.29970
1.04273	959.02	446.91	437.32	1.35576	105	1.04263	959.11	447.06	437.26	1.35560
1.04677	955.32	467.95	458.32	1.41102	110	1.04666	955.42	468.09	458.25	1.41085
1.05096	951.51	489.02	479.35	1.46566	115	1.05085	951.61	489.16	479.28	1.46549
1.05530	947.60	510.13	500.42	1.51970	120	1.05519	947.70	510.27	500.35	1.51952
1.05979	943.58	531.28	521.53	1.57316	125	1.05968	943.68	531.42	521.46	1.57298
1.06444	939.46	552.48	542.68	1.62607	130	1.06432	939.56	552.61	542.61	1.62588
1.06925	935.24	573.72	563.88	1.67843	135	1.06913	935.34	573.85	563.80	1.67824
1.07422	930.91	595.01	585.13	1.73028	140	1.07410	931.01	595.14	585.04	1.73007
1.07936	926.47	616.35	606.42	1.78162	145	1.07924	926.58	616.48	606.33	1.78141
1.08467	921.94	637.75	627.77	1.83248	150	1.08454	922.05	637.87	627.68	1.83227
1.09016	917.29	659.20	649.17	1.88288	155	1.09003	917.41	659.32	649.07	1.88266
1.09584	912.54	680.71	670.63	1.93284	160	1.09570	912.66	680.83	670.53	1.93261
1.10170	907.69	702.29	692.15	1.98237	165	1.10156	907.80	702.41	692.05	1.98213
1.10776	902.72	723.94	713.75	2.03150	170	1.10762	902.84	724.05	713.64	2.03125
1.11403	897.64	745.66	735.41	2.08024	175	1.11388	897.76	745.77	735.30	2.07998
1.12052	892.44	767.46	757.15	2.12861	180	1.12036	892.57	767.56	757.03	2.12835
1.12723	887.13	789.34	778.97	2.17664	185	1.12706	887.26	789.44	778.85	2.17637
1.13418	881.70	811.32	800.88	2.22435	190	1.13400	881.83	811.41	800.75	2.22406
1.14137	876.14	833.39	822.89	2.27175	195	1.14119	876.28	833.48	822.75	2.27146
1.14883	870.45	855.57	845.00	2.31887	200	1.14864	870.60	855.65	844.86	2.31857
1.15657	864.63	877.86	867.22	2.36574	205	1.15636	864.78	877.94	867.07	2.36542
1.16460	858.67	900.27	889.56	2.41237	210	1.16438	858.82	900.35	889.40	2.41204
1.17294	852.56	922.82	912.03	2.45879	215	1.17272	852.72	922.89	911.86	2.45845
1.18162	846.30	945.50	934.63	2.50503	220	1.18138	846.47	945.57	934.46	2.50467
1.19065	839.88	968.34	957.39	2.55111	225	1.19040	840.05	968.40	957.21	2.55074
1.20007	833.29	991.35	980.31	2.59706	230	1.19980	833.47	991.40	980.12	2.59668
1.20989	826.52	1014.53	1003.40	2.64291	235	1.20961	826.71	1014.57	1003.20	2.64251
1.22017	819.56	1037.92	1026.69	2.68870	240	1.21987	819.76	1037.94	1026.48	2.68828
1.23092	812.40	1061.51	1050.18	2.73445	245	1.23061	812.61	1061.53	1049.96	2.73401
1.24221	805.02	1085.33	1073.91	2.78021	250	1.24186	805.24	1085.34	1073.67	2.77975
1.25406	797.41	1109.41	1097.88	2.82602	255	1.25370	797.64	1109.41	1097.62	2.82554
1.26655	789.55	1133.77	1122.12	2.87192	260	1.26616	789.79	1133.75	1121.85	2.87141
1.27974	781.41	1158.43	1146.66	2.91796	265	1.27931	781.67	1158.40	1146.37	2.91742
1.29371	772.97	1183.43	1171.53	2.96421	270	1.29325	773.25	1183.38	1171.22	2.96363
1.30855	764.20	1208.81	1196.77	3.01072	275	1.30804	764.50	1208.74	1196.44	3.01010
1.32438	755.07	1234.61	1222.43	3.05757	280	1.32382	755.39	1234.51	1222.07	3.05691
1.34134	745.53	1260.89	1248.55	3.10485	285	1.34072	745.87	1260.76	1248.16	3.10415
1.35959	735.52	1287.70	1275.19	3.15268	290	1.35890	735.89	1287.55	1274.77	3.15193
1.37937	724.97	1315.14	1302.45	3.20119	295	1.37859	725.38	1314.95	1301.99	3.20037

Tafel 3. Druckwasser und überhitzter Dampf (Fortsetzung)

92 bar					t	94 bar				
$10^3 v$	ϱ	h	u	s	t	$10^3 v$	ϱ	h	u	s
m^3/kg	kg/m^3	kJ/kg		kJ/kgK	°C	m^3/kg	kg/m^3	kJ/kg		kJ/kg K
1.40094	713.81	1343.31	1330.42	3.25055	**300**	1.40006	714.25	1343.07	1329.91	3.24965
19.959	50.103	2738.9	2555.2	5.6648	**305**	1.42369	702.40	1372.04	1358.66	3.29998
20.675	48.368	2769.1	2578.8	5.7168	**310**	19.946	50.134	2757.0	2569.5	5.6891
21.334	46.873	2796.6	2600.3	5.7638	**315**	20.618	48.502	2785.8	2591.9	5.7382
21.949	45.560	2822.1	2620.2	5.8070	**320**	21.241	47.079	2812.3	2612.6	5.7831
22.528	44.389	2846.0	2638.8	5.8472	**325**	21.825	45.819	2836.9	2631.8	5.8245
23.078	43.332	2868.6	2656.3	5.8847	**330**	22.378	44.687	2860.1	2649.8	5.8632
23.603	42.368	2890.0	2672.8	5.9200	**335**	22.904	43.660	2882.1	2666.8	5.8995
24.106	41.483	2910.4	2688.7	5.9536	**340**	23.408	42.721	2903.1	2683.1	5.9338
24.591	40.665	2930.1	2703.9	5.9855	**345**	23.892	41.854	2923.2	2698.6	5.9664
25.060	39.904	2949.0	2718.5	6.0160	**350**	24.360	41.051	2942.5	2713.5	5.9975
25.515	39.193	2967.3	2732.6	6.0452	**355**	24.813	40.301	2961.1	2727.9	6.0273
25.957	38.525	2985.1	2746.3	6.0734	**360**	25.253	39.599	2979.2	2741.8	6.0560
26.388	37.896	3002.4	2759.6	6.1005	**365**	25.681	38.939	2996.7	2755.3	6.0836
26.809	37.301	3019.2	2772.5	6.1268	**370**	26.099	38.316	3013.8	2768.5	6.1102
27.220	36.737	3035.6	2785.2	6.1523	**375**	26.507	37.726	3030.5	2781.3	6.1361
27.624	36.201	3051.7	2797.6	6.1770	**380**	26.907	37.165	3046.8	2793.9	6.1611
28.019	35.690	3067.5	2809.7	6.2011	**385**	27.299	36.632	3062.8	2806.2	6.1855
28.408	35.202	3083.0	2821.7	6.2246	**390**	27.683	36.123	3078.5	2818.2	6.2092
28.790	34.734	3098.2	2833.4	6.2475	**395**	28.062	35.636	3093.9	2830.1	6.2324
29.166	34.286	3113.2	2844.9	6.2698	**400**	28.434	35.170	3109.0	2841.7	6.2550
29.903	33.442	3142.6	2867.5	6.3131	**410**	29.162	34.292	3138.6	2864.5	6.2987
30.620	32.658	3171.2	2889.5	6.3547	**420**	29.870	33.478	3167.5	2886.7	6.3406
31.322	31.927	3199.2	2911.1	6.3948	**430**	30.562	32.720	3195.7	2908.5	6.3811
32.008	31.242	3226.7	2932.2	6.4337	**440**	31.239	32.011	3223.4	2929.8	6.4201
32.682	30.598	3253.7	2953.1	6.4713	**450**	31.903	31.345	3250.6	2950.7	6.4580
33.344	29.990	3280.4	2973.6	6.5079	**460**	32.556	30.717	3277.4	2971.4	6.4948
33.997	29.415	3306.7	2993.9	6.5435	**470**	33.198	30.122	3303.8	2991.8	6.5306
34.640	28.869	3332.7	3014.0	6.5782	**480**	33.831	29.559	3330.0	3011.9	6.5655
35.274	28.349	3358.4	3033.9	6.6122	**490**	34.455	29.023	3355.8	3031.9	6.5996
35.901	27.854	3383.9	3053.6	6.6454	**500**	35.072	28.513	3381.4	3051.8	6.6330
37.135	26.929	3434.4	3092.7	6.7098	**520**	36.286	27.559	3432.1	3091.0	6.6977
38.346	26.078	3484.2	3131.4	6.7719	**540**	37.476	26.684	3482.1	3129.9	6.7600
39.537	25.293	3533.6	3169.9	6.8319	**560**	38.645	25.876	3531.7	3168.4	6.8202
40.710	24.564	3582.7	3208.1	6.8901	**580**	39.798	25.127	3580.9	3206.8	6.8785
41.869	23.884	3631.5	3246.3	6.9466	**600**	40.936	24.428	3629.8	3245.0	6.9352
43.015	23.248	3680.1	3284.4	7.0017	**620**	42.061	23.775	3678.5	3283.2	6.9904
44.149	22.651	3728.6	3322.5	7.0554	**640**	43.174	23.162	3727.2	3321.3	7.0442
45.273	22.088	3777.1	3360.6	7.1079	**660**	44.277	22.585	3775.7	3359.5	7.0968
46.388	21.557	3825.5	3398.7	7.1593	**680**	45.371	22.041	3824.2	3397.7	7.1483
47.495	21.055	3874.0	3437.0	7.2096	**700**	46.457	21.525	3872.7	3436.0	7.1986
48.595	20.578	3922.4	3475.4	7.2589	**720**	47.535	21.037	3921.3	3474.4	7.2480
49.689	20.125	3971.0	3513.9	7.3073	**740**	48.607	20.573	3969.9	3513.0	7.2965
50.776	19.694	4019.6	3552.5	7.3548	**760**	49.673	20.131	4018.6	3551.6	7.3441
51.858	19.283	4068.4	3591.3	7.4015	**780**	50.734	19.711	4067.4	3590.5	7.3909
52.935	18.891	4117.2	3630.2	7.4475	**800**	51.790	19.309	4116.3	3629.5	7.4369
55.61	17.983	4240.0	3728.4	7.5594	**850**	54.41	18.379	4239.2	3727.7	7.5488
58.26	17.164	4363.9	3827.9	7.6672	**900**	57.01	17.541	4363.1	3827.2	7.6568
60.89	16.422	4488.8	3928.6	7.7715	**950**	59.59	16.782	4488.1	3928.0	7.7611
63.51	15.745	4614.9	4030.6	7.8726	**1000**	62.15	16.089	4614.3	4030.1	7.8622
68.71	14.554	4870.9	4238.8	8.0661	**1100**	67.25	14.871	4870.4	4238.3	8.0558
73.87	13.537	5131.9	4452.2	8.2495	**1200**	72.30	13.831	5131.5	4451.8	8.2393
79.01	12.657	5397.7	4670.8	8.4241	**1300**	77.33	12.931	5397.4	4670.4	8.4139
84.13	11.887	5668.2	4894.2	8.5908	**1400**	82.34	12.145	5667.9	4893.9	8.5807
89.23	11.207	5943.1	5122.2	8.7503	**1500**	87.33	11.450	5942.9	5121.9	8.7402
94.31	10.603	6222.0	5354.3	8.9034	**1600**	92.32	10.832	6221.9	5354.1	8.8933
99.39	10.061	6504.8	5590.4	9.0504	**1700**	97.29	10.279	6504.7	5590.1	9.0404
104.46	9.573	6791.1	5830.0	9.1920	**1800**	102.25	9.780	6791.0	5829.8	9.1819
109.53	9.130	7080.7	6073.0	9.3284	**1900**	107.21	9.328	7080.6	6072.8	9.3184
114.59	8.727	7373.3	6319.2	9.4600	**2000**	112.16	8.916	7373.3	6319.0	9.4500

Tafel 3. Druckwasser und überhitzter Dampf (Fortsetzung)

96 bar (t_s = 308.044 °C)						98 bar (t_s = 309.549 °C)				
$10^3 v$	ϱ	h	u	s	t	$10^3 v$	ϱ	h	u	s
m^3/kg	kg/m^3	kJ/kg		kJ/kg K	°C	m^3/kg	kg/m^3	kJ/kg		kJ/kg K
1.43823	**695.30**	**1389.85**	**1376.04**	**3.33020**	t_l	**1.44517**	**691.96**	**1398.60**	**1384.44**	**3.34474**
18.952	52.77	2731.7	2549.8	5.6390	t_g	18.480	54.11	2728.1	2547.0	5.6264
0.99541	1004.61	9.70	0.14	0.00043	**0**	0.99531	1004.71	9.90	0.14	0.00044
0.99541	1004.61	30.53	20.97	0.07601	**5**	0.99532	1004.71	30.73	20.97	0.07600
0.99579	1004.23	51.30	41.74	0.15002	**10**	0.99570	1004.32	51.49	41.73	0.15000
0.99649	1003.52	72.06	62.49	0.22269	**15**	0.99640	1003.61	72.25	62.48	0.22266
0.99747	1002.53	92.82	83.25	0.29414	**20**	0.99738	1002.62	93.01	83.23	0.29409
0.99870	1001.30	113.60	104.01	0.36442	**25**	0.99861	1001.39	113.78	104.00	0.36436
1.00016	999.84	134.39	124.79	0.43356	**30**	1.00007	999.93	134.57	124.77	0.43350
1.00182	998.18	155.18	145.57	0.50160	**35**	1.00173	998.27	155.36	145.54	0.50153
1.00368	996.34	175.98	166.35	0.56855	**40**	1.00359	996.42	176.16	166.32	0.56847
1.00572	994.32	196.78	187.13	0.63445	**45**	1.00563	994.40	196.96	187.10	0.63436
1.00793	992.13	217.58	207.91	0.69932	**50**	1.00784	992.22	217.75	207.88	0.69923
1.01031	989.80	238.39	228.69	0.76320	**55**	1.01022	989.88	238.56	228.66	0.76310
1.01285	987.31	259.19	249.47	0.82613	**60**	1.01276	987.40	259.36	249.44	0.82603
1.01555	984.69	280.01	270.26	0.88815	**65**	1.01546	984.78	280.17	270.22	0.88804
1.01840	981.93	300.84	291.06	0.94929	**70**	1.01831	982.02	301.00	291.02	0.94917
1.02141	979.04	321.68	311.87	1.00958	**75**	1.02131	979.13	321.84	311.83	1.00946
1.02456	976.03	342.53	332.70	1.06907	**80**	1.02447	976.12	342.69	332.65	1.06894
1.02786	972.90	363.41	353.55	1.12778	**85**	1.02777	972.98	363.57	353.50	1.12765
1.03131	969.64	384.32	374.42	1.18575	**90**	1.03121	969.73	384.47	374.37	1.18560
1.03490	966.28	405.25	395.32	1.24299	**95**	1.03480	966.37	405.40	395.26	1.24285
1.03864	962.80	426.21	416.24	1.29955	**100**	1.03854	962.89	426.36	416.19	1.29940
1.04253	959.21	447.21	437.20	1.35544	**105**	1.04243	959.30	447.36	437.14	1.35528
1.04656	955.51	468.24	458.19	1.41069	**110**	1.04646	955.60	468.39	458.13	1.41052
1.05075	951.71	489.31	479.22	1.46532	**115**	1.05064	951.80	489.45	479.15	1.46515
1.05508	947.80	510.41	500.28	1.51934	**120**	1.05497	947.89	510.55	500.21	1.51917
1.05957	943.78	531.56	521.39	1.57280	**125**	1.05946	943.88	531.70	521.32	1.57261
1.06421	939.66	552.75	542.53	1.62569	**130**	1.06410	939.76	552.89	542.46	1.62550
1.06901	935.44	573.99	563.72	1.67804	**135**	1.06890	935.55	574.12	563.65	1.67784
1.07398	931.12	595.27	584.96	1.72987	**140**	1.07386	931.22	595.40	584.88	1.72967
1.07911	926.69	616.61	606.25	1.78120	**145**	1.07899	926.80	616.74	606.16	1.78100
1.08441	922.16	638.00	627.59	1.83205	**150**	1.08429	922.27	638.12	627.50	1.83184
1.08990	917.52	659.44	648.98	1.88244	**155**	1.08976	917.63	659.57	648.89	1.88222
1.09556	912.77	680.95	670.43	1.93238	**160**	1.09542	912.89	681.07	670.33	1.93215
1.10142	907.92	702.52	691.95	1.98190	**165**	1.10127	908.04	702.64	691.85	1.98166
1.10747	902.96	724.16	713.53	2.03100	**170**	1.10732	903.08	724.27	713.42	2.03076
1.11372	897.89	745.87	735.18	2.07973	**175**	1.11357	898.01	745.98	735.07	2.07947
1.12020	892.70	767.67	756.91	2.12808	**180**	1.12004	892.83	767.77	756.80	2.12782
1.12689	887.40	789.54	778.72	2.17610	**185**	1.12673	887.53	789.64	778.60	2.17582
1.13382	881.97	811.51	800.62	2.22378	**190**	1.13365	882.11	811.61	800.50	2.22350
1.14100	876.42	833.57	822.62	2.27116	**195**	1.14082	876.56	833.66	822.48	2.27087
1.14845	870.74	855.74	844.72	2.31827	**200**	1.14825	870.89	855.83	844.57	2.31796
1.15616	864.93	878.02	866.92	2.36511	**205**	1.15596	865.08	878.10	866.77	2.36479
1.16417	858.98	900.42	889.25	2.41171	**210**	1.16396	859.13	900.50	889.09	2.41139
1.17249	852.88	922.95	911.70	2.45811	**215**	1.17227	853.04	923.02	911.54	2.45777
1.18115	846.64	945.63	934.29	2.50432	**220**	1.18091	846.80	945.69	934.12	2.50397
1.19015	840.23	968.45	957.03	2.55037	**225**	1.18991	840.40	968.51	956.85	2.55000
1.19954	833.65	991.44	979.93	2.59629	**230**	1.19928	833.84	991.49	979.74	2.59591
1.20934	826.90	1014.61	1003.00	2.64211	**235**	1.20906	827.09	1014.65	1002.80	2.64171
1.21957	819.96	1037.97	1026.27	2.68786	**240**	1.21928	820.16	1038.00	1026.05	2.68744
1.23029	812.82	1061.55	1049.74	2.73358	**245**	1.22997	813.03	1061.56	1049.51	2.73314
1.24153	805.46	1085.35	1073.43	2.77929	**250**	1.24119	805.68	1085.36	1073.19	2.77883
1.25333	797.87	1109.40	1097.37	2.82505	**255**	1.25297	798.10	1109.40	1097.12	2.82457
1.26576	790.04	1133.73	1121.58	2.87090	**260**	1.26537	790.28	1133.71	1121.31	2.87039
1.27889	781.93	1158.36	1146.08	2.91688	**265**	1.27847	782.19	1158.33	1145.80	2.91634
1.29278	773.52	1183.33	1170.92	2.96306	**270**	1.29232	773.80	1183.28	1170.61	2.96249
1.30754	764.79	1208.66	1196.11	3.00949	**275**	1.30704	765.09	1208.59	1195.78	3.00889
1.32327	755.70	1234.42	1221.71	3.05626	**280**	1.32272	756.02	1234.32	1221.36	3.05561
1.34011	746.21	1260.64	1247.78	3.10345	**285**	1.33950	746.55	1260.52	1247.39	3.10276
1.35822	736.26	1287.39	1274.36	3.15117	**290**	1.35754	736.63	1287.24	1273.94	3.15042
1.37782	725.78	1314.76	1301.53	3.19955	**295**	1.37706	726.18	1314.57	1301.08	3.19874

Tafel 3. Druckwasser und überhitzter Dampf (Fortsetzung)

96 bar						98 bar				
$10^3 v$	ϱ	h	u	s	t	$10^3 v$	ϱ	h	u	s
m^3/kg	kg/m^3	kJ/kg		kJ/kg K	°C	m^3/kg	kg/m^3	kJ/kg		kJ/kg K
1.39919	714.70	1342.84	1329.40	3.24875	**300**	1.39832	715.14	1342.61	1328.90	3.24786
1.42268	702.90	1371.76	1358.10	3.29899	**305**	1.42169	703.39	1371.47	1357.54	3.29800
19.238	51.981	2744.4	2559.7	5.6607	**310**	18.547	53.918	2731.2	2549.4	5.6316
19.924	50.192	2774.5	2583.2	5.7122	**315**	19.249	51.951	2762.8	2574.2	5.6857
20.556	48.648	2802.1	2604.7	5.7589	**320**	19.892	50.270	2791.5	2596.6	5.7343
21.146	47.289	2827.6	2624.6	5.8017	**325**	20.490	48.804	2818.0	2617.2	5.7787
21.703	46.077	2851.5	2643.2	5.8416	**330**	21.051	47.503	2842.7	2636.4	5.8198
22.231	44.982	2874.1	2660.7	5.8789	**335**	21.582	46.334	2865.9	2654.4	5.8582
22.736	43.983	2895.6	2677.3	5.9140	**340**	22.089	45.272	2887.9	2671.5	5.8943
23.220	43.066	2916.1	2693.2	5.9474	**345**	22.573	44.300	2908.9	2687.7	5.9284
23.687	42.217	2935.8	2708.4	5.9791	**350**	23.040	43.403	2929.1	2703.3	5.9608
24.139	41.427	2954.8	2723.1	6.0095	**355**	23.490	42.571	2948.4	2718.2	5.9918
24.577	40.689	2973.2	2737.3	6.0387	**360**	23.926	41.795	2967.2	2732.7	6.0214
25.002	39.996	2991.0	2751.0	6.0667	**365**	24.350	41.068	2985.3	2746.7	6.0500
25.417	39.343	3008.4	2764.4	6.0938	**370**	24.762	40.384	3002.9	2760.2	6.0775
25.823	38.726	3025.3	2777.4	6.1200	**375**	25.165	39.738	3020.0	2773.4	6.1040
26.219	38.140	3041.8	2790.1	6.1454	**380**	25.558	39.126	3036.8	2786.3	6.1298
26.607	37.584	3058.0	2802.6	6.1701	**385**	25.943	38.545	3053.2	2798.9	6.1547
26.988	37.053	3073.9	2814.8	6.1941	**390**	26.321	37.992	3069.2	2811.3	6.1790
27.363	36.546	3089.4	2826.7	6.2175	**395**	26.692	37.465	3085.0	2823.4	6.2027
27.731	36.061	3104.7	2838.5	6.2403	**400**	27.056	36.960	3100.4	2835.3	6.2257
28.451	35.149	3134.7	2861.5	6.2844	**410**	27.768	36.012	3130.6	2858.5	6.2703
29.151	34.305	3163.8	2883.9	6.3267	**420**	28.460	35.137	3160.0	2881.1	6.3130
29.834	33.519	3192.2	2905.8	6.3675	**430**	29.135	34.323	3188.7	2903.2	6.3541
30.502	32.785	3220.1	2927.3	6.4068	**440**	29.794	33.564	3216.8	2924.8	6.3937
31.157	32.096	3247.5	2948.4	6.4450	**450**	30.440	32.851	3244.3	2946.0	6.4321
31.800	31.447	3274.4	2969.1	6.4820	**460**	31.074	32.181	3271.4	2966.9	6.4693
32.433	30.833	3301.0	2989.6	6.5180	**470**	31.698	31.548	3298.1	2987.5	6.5055
33.056	30.252	3327.3	3009.9	6.5531	**480**	32.312	30.948	3324.5	3007.9	6.5408
33.671	29.699	3353.2	3030.0	6.5873	**490**	32.918	30.379	3350.6	3028.0	6.5752
34.278	29.173	3379.0	3049.9	6.6208	**500**	33.516	29.837	3376.5	3048.0	6.6089
35.471	28.192	3429.8	3089.3	6.6858	**520**	34.690	28.826	3427.5	3087.6	6.6741
36.642	27.291	3480.0	3128.3	6.7483	**540**	35.841	27.901	3477.9	3126.7	6.7368
37.791	26.461	3529.7	3166.9	6.8087	**560**	36.972	27.047	3527.8	3165.5	6.7974
38.924	25.691	3579.1	3205.4	6.8672	**580**	38.086	26.257	3577.2	3204.0	6.8560
40.042	24.974	3628.1	3243.7	6.9240	**600**	39.184	25.521	3626.4	3242.4	6.9130
41.146	24.304	3677.0	3282.0	6.9793	**620**	40.269	24.833	3675.4	3280.7	6.9684
42.239	23.675	3725.7	3320.2	7.0333	**640**	41.343	24.188	3724.2	3319.0	7.0225
43.322	23.083	3774.3	3358.4	7.0859	**660**	42.406	23.582	3772.9	3357.3	7.0753
44.396	22.525	3822.9	3396.7	7.1375	**680**	43.460	23.009	3821.6	3395.7	7.1269
45.461	21.997	3871.5	3435.0	7.1879	**700**	44.506	22.469	3870.2	3434.1	7.1774
46.520	21.496	3920.1	3473.5	7.2374	**720**	45.545	21.956	3918.9	3472.6	7.2269
47.571	21.021	3968.8	3512.1	7.2859	**740**	46.577	21.470	3967.7	3511.2	7.2755
48.617	20.569	4017.5	3550.8	7.3335	**760**	47.604	21.007	4016.5	3550.0	7.3232
49.657	20.138	4066.4	3589.7	7.3804	**780**	48.624	20.566	4065.4	3588.9	7.3701
50.693	19.727	4115.3	3628.7	7.4264	**800**	49.640	20.145	4114.4	3627.9	7.4162
53.26	18.775	4238.4	3727.1	7.5385	**850**	52.16	19.171	4237.5	3726.4	7.5284
55.81	17.918	4362.4	3826.6	7.6465	**900**	54.66	18.295	4361.6	3826.0	7.6365
58.34	17.141	4487.5	3927.4	7.7509	**950**	57.14	17.501	4486.8	3926.8	7.7409
60.85	16.433	4613.7	4029.6	7.8521	**1000**	59.60	16.778	4613.1	4029.0	7.8422
65.84	15.188	4869.9	4237.8	8.0458	**1100**	64.50	15.505	4869.4	4237.4	8.0359
70.80	14.125	5131.1	4451.4	8.2293	**1200**	69.35	14.419	5130.7	4451.0	8.2196
75.72	13.206	5397.0	4670.1	8.4040	**1300**	74.18	13.481	5396.7	4669.7	8.3943
80.63	12.402	5667.7	4893.6	8.5708	**1400**	78.99	12.660	5667.4	4893.3	8.5611
85.52	11.693	5942.6	5121.6	8.7304	**1500**	83.78	11.936	5942.4	5121.3	8.7207
90.40	11.062	6221.7	5353.8	8.8835	**1600**	88.56	11.291	6221.5	5353.6	8.8738
95.27	10.497	6504.5	5589.9	9.0306	**1700**	93.33	10.714	6504.4	5589.7	9.0209
100.13	9.987	6790.9	5829.6	9.1721	**1800**	98.10	10.194	6790.7	5829.4	9.1625
104.99	9.525	7080.5	6072.6	9.3086	**1900**	102.85	9.723	7080.4	6072.4	9.2989
109.83	9.105	7373.2	6318.8	9.4402	**2000**	107.60	9.293	7373.1	6318.6	9.4306

Tafel 3. Druckwasser und überhitzter Dampf (Fortsetzung)

100 bar ($t_s = 311.031$ °C)						102 bar ($t_s = 312.489$ °C)				
$10^3 v$	ϱ	h	u	s	t	$10^3 v$	ϱ	h	u	s
m³/kg	kg/m³	kJ/kg		kJ/kgK	°C	m³/kg	kg/m³	kJ/kg		kJ/kg K
1.45216	688.63	1407.28	1392.75	3.35912	t_l	1.45922	685.30	1415.88	1401.00	3.37333
18.025	55.48	2724.5	2544.3	5.6139	t_g	17.588	56.86	2720.8	2541.4	5.6015
0.99521	1004.81	10.10	0.15	0.00045	**0**	0.99511	1004.91	10.30	0.15	0.00045
0.99522	1004.80	30.92	20.97	0.07599	**5**	0.99513	1004.90	31.12	20.97	0.07598
0.99561	1004.41	51.69	41.73	0.14998	**10**	0.99551	1004.51	51.88	41.72	0.14995
0.99631	1003.70	72.44	62.47	0.22262	**15**	0.99622	1003.79	72.63	62.46	0.22259
0.99730	1002.71	93.20	83.22	0.29405	**20**	0.99721	1002.80	93.38	83.21	0.29400
0.99853	1001.48	113.97	103.98	0.36431	**25**	0.99844	1001.56	114.15	103.97	0.36425
0.99998	1000.02	134.75	124.75	0.43344	**30**	0.99990	1000.10	134.93	124.73	0.43337
1.00165	998.36	155.54	145.52	0.50146	**35**	1.00156	998.44	155.72	145.50	0.50139
1.00350	996.51	176.33	166.30	0.56839	**40**	1.00342	996.59	176.51	166.28	0.56832
1.00554	994.49	197.13	187.07	0.63428	**45**	1.00546	994.57	197.30	187.05	0.63419
1.00775	992.31	217.93	207.85	0.69914	**50**	1.00767	992.39	218.10	207.82	0.69904
1.01013	989.97	238.73	228.62	0.76301	**55**	1.01005	990.05	238.89	228.59	0.76291
1.01267	987.48	259.53	249.40	0.82592	**60**	1.01259	987.57	259.70	249.37	0.82582
1.01537	984.86	280.34	270.19	0.88793	**65**	1.01528	984.95	280.51	270.15	0.88782
1.01822	982.10	301.16	290.98	0.94905	**70**	1.01813	982.19	301.33	290.94	0.94894
1.02122	979.22	322.00	311.79	1.00934	**75**	1.02113	979.30	322.16	311.74	1.00921
1.02437	976.21	342.85	332.61	1.06881	**80**	1.02428	976.29	343.01	332.56	1.06868
1.02767	973.07	363.73	353.45	1.12751	**85**	1.02758	973.16	363.89	353.40	1.12738
1.03112	969.82	384.63	374.32	1.18546	**90**	1.03102	969.91	384.78	374.27	1.18532
1.03471	966.46	405.56	395.21	1.24270	**95**	1.03461	966.55	405.71	395.16	1.24255
1.03844	962.98	426.52	416.13	1.29924	**100**	1.03835	963.07	426.67	416.08	1.29909
1.04233	959.39	447.51	437.08	1.35512	**105**	1.04223	959.49	447.65	437.02	1.35496
1.04636	955.70	468.53	458.07	1.41036	**110**	1.04625	955.79	468.68	458.01	1.41020
1.05053	951.90	489.59	479.09	1.46498	**115**	1.05043	951.99	489.74	479.02	1.46481
1.05486	947.99	510.70	500.15	1.51899	**120**	1.05476	948.09	510.84	500.08	1.51882
1.05935	943.98	531.84	521.24	1.57243	**125**	1.05923	944.08	531.98	521.17	1.57225
1.06398	939.87	553.02	542.38	1.62531	**130**	1.06387	939.97	553.16	542.31	1.62512
1.06878	935.65	574.26	563.57	1.67765	**135**	1.06866	935.75	574.39	563.49	1.67745
1.07374	931.33	595.53	584.80	1.72947	**140**	1.07362	931.43	595.67	584.72	1.72927
1.07886	926.90	616.86	606.08	1.78079	**145**	1.07874	927.01	616.99	605.99	1.78058
1.08416	922.38	638.25	627.41	1.83162	**150**	1.08403	922.48	638.37	627.32	1.83141
1.08963	917.74	659.69	648.79	1.88199	**155**	1.08950	917.85	659.81	648.70	1.88177
1.09528	913.00	681.19	670.24	1.93192	**160**	1.09515	913.12	681.31	670.14	1.93169
1.10113	908.16	702.75	691.74	1.98142	**165**	1.10099	908.28	702.87	691.64	1.98118
1.10717	903.20	724.39	713.31	2.03051	**170**	1.10702	903.32	724.50	713.21	2.03027
1.11342	898.14	746.09	734.96	2.07922	**175**	1.11326	898.26	746.20	734.85	2.07897
1.11988	892.96	767.88	756.68	2.12756	**180**	1.11971	893.08	767.98	756.56	2.12730
1.12656	887.66	789.74	778.48	2.17555	**185**	1.12639	887.79	789.84	778.36	2.17528
1.13348	882.24	811.70	800.37	2.22322	**190**	1.13330	882.38	811.80	800.24	2.22294
1.14064	876.70	833.76	822.35	2.27058	**195**	1.14046	876.84	833.85	822.21	2.27029
1.14806	871.03	855.91	844.43	2.31766	**200**	1.14787	871.18	856.00	844.29	2.31736
1.15576	865.23	878.18	866.63	2.36448	**205**	1.15556	865.38	878.26	866.48	2.36417
1.16375	859.29	900.57	888.94	2.41106	**210**	1.16354	859.45	900.65	888.78	2.41074
1.17205	853.21	923.09	911.37	2.45743	**215**	1.17183	853.37	923.16	911.21	2.45709
1.18068	846.97	945.75	933.95	2.50361	**220**	1.18045	847.14	945.81	933.77	2.50326
1.18966	840.58	968.56	956.67	2.54964	**225**	1.18941	840.75	968.62	956.49	2.54927
1.19902	834.02	991.54	979.55	2.59553	**230**	1.19876	834.20	991.58	979.36	2.59514
1.20878	827.28	1014.69	1002.60	2.64131	**235**	1.20850	827.47	1014.73	1002.40	2.64091
1.21898	820.36	1038.03	1025.84	2.68702	**240**	1.21869	820.56	1038.06	1025.63	2.68661
1.22966	813.23	1061.58	1049.29	2.73270	**245**	1.22934	813.44	1061.60	1049.06	2.73226
1.24085	805.90	1085.36	1072.96	2.77837	**250**	1.24051	806.12	1085.37	1072.72	2.77791
1.25261	798.34	1109.39	1096.87	2.82408	**255**	1.25225	798.57	1109.39	1096.62	2.82360
1.26498	790.52	1133.69	1121.04	2.86988	**260**	1.26459	790.77	1133.68	1120.78	2.86937
1.27804	782.45	1158.29	1145.51	2.91580	**265**	1.27762	782.70	1158.26	1145.23	2.91527
1.29187	774.07	1183.22	1170.31	2.96192	**270**	1.29141	774.35	1183.17	1170.00	2.96135
1.30654	765.38	1208.52	1195.46	3.00828	**275**	1.30604	765.67	1208.45	1195.13	3.00768
1.32217	756.33	1234.23	1221.01	3.05497	**280**	1.32162	756.65	1234.14	1220.66	3.05432
1.33889	746.89	1260.40	1247.01	3.10206	**285**	1.33829	747.22	1260.28	1246.63	3.10137
1.35687	736.99	1287.09	1273.52	3.14967	**290**	1.35619	737.36	1286.94	1273.11	3.14893
1.37630	726.58	1314.39	1300.62	3.19792	**295**	1.37555	726.98	1314.20	1300.17	3.19712

Tafel 3. Druckwasser und überhitzter Dampf (Fortsetzung)

100 bar						102 bar				
$10^3 v$	ϱ	h	u	s	t	$10^3 v$	ϱ	h	u	s
m^3/kg	kg/m^3	kJ/kg		kJ/kgK	°C	m^3/kg	kg/m^3	kJ/kg		kJ/kg K
1.39746	715.58	1342.38	1328.40	3.24697	**300**	1.39661	716.02	1342.15	1327.90	3.24609
1.42070	703.88	1371.19	1356.98	3.29702	**305**	1.41972	704.37	1370.91	1356.43	3.29605
1.44648	691.34	1400.99	1386.53	3.34835	**310**	1.44533	691.88	1400.65	1385.90	3.34726
18.592	53.786	2750.6	2564.7	5.6585	**315**	17.951	55.706	2738.0	2554.9	5.6308
19.248	51.952	2780.6	2588.2	5.7093	**320**	18.622	53.699	2769.4	2579.4	5.6839
19.855	50.366	2808.1	2609.6	5.7555	**325**	19.238	51.980	2797.9	2601.7	5.7319
20.421	48.969	2833.6	2629.4	5.7979	**330**	19.811	50.476	2824.3	2622.3	5.7759
20.956	47.719	2857.5	2648.0	5.8374	**335**	20.350	49.139	2849.0	2641.4	5.8165
21.464	46.590	2880.1	2665.5	5.8745	**340**	20.861	47.937	2872.2	2659.4	5.8546
21.950	45.559	2901.6	2682.2	5.9094	**345**	21.348	46.844	2894.2	2676.5	5.8903
22.416	44.612	2922.2	2698.1	5.9425	**350**	21.814	45.842	2915.2	2692.7	5.9242
22.865	43.734	2942.0	2713.3	5.9741	**355**	22.263	44.917	2935.4	2708.3	5.9564
23.300	42.918	2961.0	2728.0	6.0043	**360**	22.697	44.059	2954.8	2723.3	5.9872
23.722	42.155	2979.4	2742.2	6.0333	**365**	23.117	43.258	2973.5	2737.7	6.0167
24.132	41.438	2997.3	2756.0	6.0612	**370**	23.526	42.507	2991.7	2751.7	6.0451
24.532	40.763	3014.7	2769.4	6.0882	**375**	23.923	41.800	3009.4	2765.4	6.0724
24.923	40.124	3031.7	2782.5	6.1143	**380**	24.311	41.133	3026.6	2778.6	6.0989
25.305	39.518	3048.3	2795.2	6.1395	**385**	24.691	40.501	3043.4	2791.5	6.1245
25.679	38.942	3064.5	2807.7	6.1641	**390**	25.062	39.901	3059.8	2804.2	6.1494
26.047	38.392	3080.5	2820.0	6.1880	**395**	25.427	39.329	3075.9	2816.6	6.1735
26.408	37.867	3096.1	2832.0	6.2114	**400**	25.784	38.783	3091.7	2828.7	6.1971
27.113	36.883	3126.6	2855.5	6.2563	**410**	26.482	37.762	3122.5	2852.4	6.2425
27.797	35.976	3156.2	2878.3	6.2994	**420**	27.159	36.820	3152.4	2875.4	6.2860
28.463	35.133	3185.1	2900.5	6.3408	**430**	27.818	35.948	3181.6	2897.8	6.3277
29.114	34.347	3213.4	2922.3	6.3807	**440**	28.461	35.136	3210.0	2919.7	6.3679
29.752	33.611	3241.1	2943.6	6.4194	**450**	29.091	34.375	3237.9	2941.2	6.4068
30.378	32.919	3268.4	2964.6	6.4568	**460**	29.708	33.661	3265.4	2962.4	6.4445
30.993	32.266	3295.3	2985.4	6.4932	**470**	30.315	32.987	3292.4	2983.2	6.4811
31.598	31.647	3321.8	3005.8	6.5287	**480**	30.912	32.350	3319.1	3003.8	6.5167
32.195	31.061	3348.0	3026.1	6.5633	**490**	31.500	31.746	3345.4	3024.1	6.5515
32.784	30.503	3374.0	3046.2	6.5971	**500**	32.080	31.172	3371.5	3044.3	6.5854
33.940	29.463	3425.3	3085.9	6.6625	**520**	33.220	30.102	3423.0	3084.1	6.6512
35.073	28.512	3475.8	3125.1	6.7255	**540**	34.335	29.125	3473.7	3123.5	6.7143
36.186	27.635	3525.8	3164.0	6.7862	**560**	35.430	28.225	3523.9	3162.5	6.7753
37.281	26.824	3575.4	3202.6	6.8451	**580**	36.507	27.392	3573.6	3201.2	6.8343
38.361	26.068	3624.7	3241.1	6.9022	**600**	37.569	26.617	3623.0	3239.8	6.8915
39.427	25.363	3673.8	3279.5	6.9577	**620**	38.618	25.895	3672.2	3278.3	6.9472
40.482	24.702	3722.7	3317.9	7.0119	**640**	39.655	25.217	3721.2	3316.7	7.0015
41.527	24.081	3771.5	3356.2	7.0648	**660**	40.682	24.581	3770.1	3355.1	7.0545
42.562	23.495	3820.3	3394.6	7.1165	**680**	41.700	23.981	3818.9	3393.6	7.1062
43.590	22.941	3869.0	3433.1	7.1671	**700**	42.709	23.414	3867.7	3432.1	7.1569
44.610	22.417	3917.7	3471.6	7.2167	**720**	43.711	22.877	3916.6	3470.7	7.2066
45.623	21.919	3966.5	3510.3	7.2653	**740**	44.707	22.368	3965.4	3509.4	7.2553
46.631	21.445	4015.4	3549.1	7.3131	**760**	45.696	21.884	4014.4	3548.3	7.3031
47.633	20.994	4064.4	3588.1	7.3600	**780**	46.680	21.422	4063.4	3587.2	7.3501
48.630	20.564	4113.5	3627.2	7.4062	**800**	47.659	20.982	4112.5	3626.4	7.3963
51.10	19.568	4236.7	3725.7	7.5184	**850**	50.09	19.965	4235.9	3725.0	7.5087
53.55	18.673	4360.9	3825.3	7.6266	**900**	52.49	19.050	4360.1	3824.7	7.6169
55.99	17.861	4486.1	3926.3	7.7311	**950**	54.88	18.221	4485.5	3925.7	7.7215
58.40	17.122	4612.5	4028.5	7.8324	**1000**	57.25	17.466	4612.0	4028.0	7.8229
63.20	15.822	4869.0	4236.9	8.0263	**1100**	61.96	16.139	4868.5	4236.5	8.0168
67.96	14.714	5130.3	4450.6	8.2100	**1200**	66.63	15.008	5129.9	4450.2	8.2006
72.70	13.755	5396.4	4669.4	8.3847	**1300**	71.28	14.030	5396.1	4669.1	8.3754
77.41	12.918	5667.1	4893.0	8.5516	**1400**	75.90	13.175	5666.9	4892.7	8.5422
82.11	12.178	5942.2	5121.1	8.7112	**1500**	80.51	12.421	5942.0	5120.8	8.7019
86.80	11.521	6221.3	5353.3	8.8644	**1600**	85.10	11.750	6221.1	5353.1	8.8551
91.48	10.932	6504.2	5589.5	9.0115	**1700**	89.69	11.149	6504.1	5589.2	9.0022
96.15	10.401	6790.6	5829.2	9.1531	**1800**	94.27	10.608	6790.5	5829.0	9.1438
100.81	9.920	7080.3	6072.3	9.2895	**1900**	98.84	10.117	7080.2	6072.1	9.2803
105.46	9.482	7373.1	6318.4	9.4212	**2000**	103.41	9.671	7373.0	6318.3	9.4120

Tafel 3. Druckwasser und überhitzter Dampf (Fortsetzung)

104 bar (t_s = 313.926 °C)						106 bar (t_s = 315.342 °C)				
$10^3 v$	ϱ	h	u	s	t	$10^3 v$	ϱ	h	u	s
m³/kg	kg/m³	kJ/kg		kJ/kgK	°C	m³/kg	kg/m³	kJ/kg		kJ/kg K
1.46633	681.97	1424.42	1409.17	3.38739	t_l	1.47351	678.65	1432.89	1417.28	3.40131
17.166	58.25	2717.1	2538.5	5.5892	t_g	16.759	59.67	2713.2	2535.6	5.5769
0.99501	1005.01	10.50	0.15	0.00046	0	0.99491	1005.11	10.70	0.16	0.00047
0.99503	1004.99	31.32	20.97	0.07598	5	0.99494	1005.09	31.51	20.97	0.07597
0.99542	1004.60	52.07	41.72	0.14993	10	0.99533	1004.69	52.26	41.71	0.14991
0.99613	1003.88	72.82	62.46	0.22256	15	0.99604	1003.98	73.00	62.45	0.22252
0.99712	1002.89	93.57	83.20	0.29396	20	0.99703	1002.98	93.75	83.19	0.29391
0.99835	1001.65	114.33	103.95	0.36420	25	0.99826	1001.74	114.52	103.94	0.36415
0.99981	1000.19	135.11	124.71	0.43331	30	0.99972	1000.28	135.29	124.70	0.43325
1.00147	998.53	155.90	145.48	0.50132	35	1.00139	998.62	156.08	145.46	0.50125
1.00333	996.68	176.69	166.25	0.56824	40	1.00324	996.77	176.86	166.23	0.56816
1.00537	994.66	197.48	187.02	0.63411	45	1.00528	994.75	197.65	187.00	0.63402
1.00758	992.48	218.27	207.79	0.69895	50	1.00749	992.56	218.44	207.76	0.69886
1.00996	990.14	239.06	228.56	0.76281	55	1.00987	990.22	239.23	228.53	0.76271
1.01250	987.66	259.86	249.33	0.82572	60	1.01241	987.74	260.03	249.30	0.82561
1.01519	985.03	280.67	270.11	0.88771	65	1.01511	985.12	280.84	270.08	0.88760
1.01804	982.28	301.49	290.90	0.94882	70	1.01795	982.36	301.65	290.86	0.94870
1.02104	979.39	322.32	311.70	1.00909	75	1.02095	979.48	322.48	311.66	1.00897
1.02419	976.38	343.17	332.52	1.06855	80	1.02410	976.47	343.33	332.48	1.06843
1.02749	973.25	364.04	353.36	1.12724	85	1.02739	973.34	364.20	353.31	1.12711
1.03093	970.00	384.94	374.22	1.18518	90	1.03083	970.09	385.09	374.17	1.18504
1.03451	966.64	405.86	395.10	1.24241	95	1.03442	966.73	406.02	395.05	1.24226
1.03825	963.16	426.82	416.02	1.29894	100	1.03815	963.25	426.97	415.96	1.29879
1.04213	959.58	447.80	436.97	1.35481	105	1.04202	959.67	447.95	436.91	1.35465
1.04615	955.89	468.82	457.94	1.41003	110	1.04605	955.98	468.97	457.88	1.40987
1.05032	952.09	489.88	478.96	1.46464	115	1.05022	952.18	490.03	478.89	1.46447
1.05465	948.18	510.98	500.01	1.51864	120	1.05454	948.28	511.12	499.94	1.51846
1.05912	944.18	532.12	521.10	1.57207	125	1.05901	944.28	532.26	521.03	1.57188
1.06376	940.07	553.30	542.23	1.62493	130	1.06364	940.17	553.43	542.16	1.62474
1.06854	935.85	574.52	563.41	1.67726	135	1.06843	935.96	574.66	563.33	1.67707
1.07350	931.54	595.80	584.63	1.72907	140	1.07337	931.64	595.93	584.55	1.72886
1.07861	927.12	617.12	605.90	1.78037	145	1.07849	927.22	617.25	605.82	1.78016
1.08390	922.59	638.50	627.23	1.83119	150	1.08377	922.70	638.63	627.14	1.83098
1.08936	917.97	659.93	648.60	1.88155	155	1.08923	918.08	660.06	648.51	1.88133
1.09501	913.23	681.43	670.04	1.93146	160	1.09487	913.35	681.55	669.94	1.93123
1.10084	908.39	702.99	691.54	1.98094	165	1.10070	908.51	703.10	691.43	1.98071
1.10687	903.45	724.61	713.10	2.03002	170	1.10673	903.57	724.72	712.99	2.02978
1.11311	898.39	746.31	734.73	2.07871	175	1.11295	898.51	746.42	734.62	2.07846
1.11955	893.21	768.09	756.44	2.12703	180	1.11940	893.34	768.19	756.33	2.12677
1.12622	887.92	789.95	778.23	2.17501	185	1.12606	888.05	790.05	778.11	2.17474
1.13313	882.51	811.89	800.11	2.22266	190	1.13295	882.65	811.99	799.98	2.22237
1.14028	876.98	833.94	822.08	2.27000	195	1.14009	877.12	834.03	821.95	2.26971
1.14768	871.32	856.09	844.15	2.31706	200	1.14749	871.47	856.17	844.01	2.31675
1.15536	865.53	878.35	866.33	2.36385	205	1.15516	865.68	878.43	866.18	2.36354
1.16333	859.60	900.72	888.63	2.41041	210	1.16312	859.76	900.80	888.47	2.41009
1.17161	853.53	923.23	911.05	2.45676	215	1.17139	853.69	923.30	910.88	2.45642
1.18021	847.31	945.88	933.60	2.50291	220	1.17998	847.47	945.94	933.43	2.50256
1.18917	840.93	968.67	956.31	2.54890	225	1.18892	841.10	968.73	956.13	2.54854
1.19850	834.38	991.63	979.17	2.59476	230	1.19824	834.56	991.68	978.98	2.59438
1.20823	827.66	1014.77	1002.20	2.64051	235	1.20795	827.85	1014.81	1002.00	2.64012
1.21839	820.75	1038.09	1025.42	2.68619	240	1.21810	820.95	1038.12	1025.21	2.68578
1.22903	813.65	1061.62	1048.84	2.73183	245	1.22872	813.86	1061.64	1048.62	2.73139
1.24018	806.34	1085.38	1072.48	2.77746	250	1.23984	806.55	1085.39	1072.25	2.77700
1.25189	798.79	1109.39	1096.37	2.82312	255	1.25153	799.02	1109.38	1096.12	2.82264
1.26421	791.01	1133.66	1120.51	2.86886	260	1.26382	791.25	1133.64	1120.25	2.86836
1.27720	782.96	1158.23	1144.94	2.91473	265	1.27679	783.22	1158.20	1144.66	2.91420
1.29095	774.62	1183.12	1169.70	2.96078	270	1.29050	774.89	1183.07	1169.40	2.96022
1.30554	765.97	1208.38	1194.81	3.00707	275	1.30505	766.26	1208.31	1194.48	3.00647
1.32108	756.96	1234.05	1220.31	3.05368	280	1.32053	757.27	1233.96	1219.96	3.05304
1.33768	747.56	1260.16	1246.25	3.10068	285	1.33709	747.89	1260.05	1245.88	3.10000
1.35553	737.72	1286.80	1272.70	3.14819	290	1.35486	738.08	1286.65	1272.29	3.14745
1.37480	727.38	1314.02	1299.72	3.19631	295	1.37405	727.77	1313.84	1299.28	3.19551

Tafel 3. Druckwasser und überhitzter Dampf (Fortsetzung)

104 bar						106 bar				
$10^3 v$	ϱ	h	u	s	t	$10^3 v$	ϱ	h	u	s
m^3/kg	kg/m^3	kJ/kg		kJ/kg K	°C	m^3/kg	kg/m^3	kJ/kg		kJ/kg K
1.39576	716.46	1341.93	1327.41	3.24521	**300**	1.39492	716.89	1341.70	1326.92	3.24434
1.41874	704.85	1370.63	1355.88	3.29508	**305**	1.41778	705.33	1370.36	1355.33	3.29412
1.44420	692.42	1400.31	1385.29	3.34618	**310**	1.44308	692.96	1399.97	1384.67	3.34511
17.324	57.724	2724.7	2544.5	5.6022	**315**	1.47144	679.61	1430.74	1415.14	3.39765
18.012	55.518	2757.7	2570.3	5.6580	**320**	17.417	57.417	2745.5	2560.9	5.6315
18.640	53.649	2787.4	2593.6	5.7080	**325**	18.057	55.380	2776.6	2585.2	5.6837
19.220	52.029	2814.8	2614.9	5.7535	**330**	18.646	53.630	2804.9	2607.3	5.7310
19.764	50.597	2840.2	2634.7	5.7955	**335**	19.196	52.095	2831.2	2627.7	5.7743
20.278	49.316	2864.1	2653.2	5.8346	**340**	19.713	50.728	2855.8	2646.8	5.8145
20.766	48.155	2886.6	2670.7	5.8713	**345**	20.204	49.496	2878.9	2664.8	5.8522
21.233	47.096	2908.1	2687.3	5.9059	**350**	20.672	48.374	2900.9	2681.8	5.8876
21.682	46.121	2928.7	2703.2	5.9388	**355**	21.121	47.346	2921.9	2698.0	5.9212
22.115	45.218	2948.5	2718.5	5.9701	**360**	21.554	46.395	2942.1	2713.6	5.9531
22.534	44.377	2967.6	2733.2	6.0001	**365**	21.972	45.513	2961.5	2728.6	5.9837
22.941	43.590	2986.0	2747.4	6.0290	**370**	22.377	44.688	2980.3	2743.1	6.0130
23.337	42.851	3003.9	2761.2	6.0567	**375**	22.771	43.915	2998.5	2757.1	6.0412
23.722	42.154	3021.4	2774.7	6.0836	**380**	23.155	43.188	3016.2	2770.7	6.0684
24.099	41.495	3038.4	2787.8	6.1095	**385**	23.529	42.500	3033.4	2784.0	6.0947
24.468	40.870	3055.0	2800.6	6.1347	**390**	23.895	41.849	3050.2	2796.9	6.1202
24.829	40.275	3071.3	2813.1	6.1592	**395**	24.254	41.230	3066.7	2809.6	6.1449
25.184	39.708	3087.3	2825.4	6.1830	**400**	24.606	40.641	3082.9	2822.0	6.1690
25.875	38.647	3118.4	2849.3	6.2289	**410**	25.291	39.540	3114.3	2846.2	6.2153
26.545	37.672	3148.6	2872.5	6.2727	**420**	25.954	38.530	3144.7	2869.6	6.2596
27.197	36.769	3178.0	2895.1	6.3148	**430**	26.599	37.596	3174.3	2892.4	6.3020
27.833	35.929	3206.6	2917.2	6.3553	**440**	27.227	36.728	3203.2	2914.6	6.3428
28.455	35.144	3234.7	2938.8	6.3944	**450**	27.842	35.917	3231.5	2936.4	6.3822
29.064	34.407	3262.3	2960.1	6.4323	**460**	28.444	35.156	3259.3	2957.8	6.4203
29.663	33.712	3289.5	2981.0	6.4691	**470**	29.035	34.441	3286.6	2978.9	6.4574
30.252	33.056	3316.3	3001.7	6.5050	**480**	29.616	33.765	3313.6	2999.6	6.4934
30.832	32.434	3342.8	3022.2	6.5399	**490**	30.189	33.125	3340.2	3020.2	6.5285
31.404	31.843	3369.0	3042.4	6.5740	**500**	30.753	32.517	3366.5	3040.5	6.5627
32.527	30.744	3420.7	3082.4	6.6400	**520**	31.860	31.387	3418.4	3080.7	6.6290
33.625	29.739	3471.6	3121.9	6.7034	**540**	32.942	30.356	3469.5	3120.3	6.6926
34.703	28.816	3521.9	3161.0	6.7645	**560**	34.004	29.408	3519.9	3159.5	6.7539
35.764	27.961	3571.8	3199.8	6.8237	**580**	35.048	28.532	3570.0	3198.5	6.8132
36.809	27.168	3621.3	3238.5	6.8811	**600**	36.076	27.719	3619.6	3237.2	6.8708
37.840	26.427	3670.6	3277.1	6.9369	**620**	37.092	26.960	3669.0	3275.8	6.9267
38.860	25.733	3719.7	3315.6	6.9913	**640**	38.095	26.250	3718.2	3314.4	6.9812
39.870	25.082	3768.7	3354.1	7.0443	**660**	39.088	25.583	3767.3	3353.0	7.0344
40.870	24.468	3817.6	3392.6	7.0962	**680**	40.072	24.955	3816.3	3391.5	7.0863
41.862	23.888	3866.5	3431.1	7.1470	**700**	41.047	24.362	3865.3	3430.2	7.1372
42.847	23.339	3915.4	3469.8	7.1967	**720**	42.015	23.801	3914.2	3468.9	7.1870
43.825	22.818	3964.3	3508.5	7.2455	**740**	42.977	23.268	3963.2	3507.7	7.2358
44.797	22.323	4013.3	3547.4	7.2933	**760**	43.932	22.762	4012.3	3546.6	7.2837
45.764	21.851	4062.4	3586.4	7.3404	**780**	44.882	22.280	4061.4	3585.6	7.3308
46.726	21.402	4111.6	3625.6	7.3866	**800**	45.827	21.821	4110.6	3624.8	7.3771
49.111	20.362	4235.0	3724.3	7.4991	**850**	48.171	20.759	4234.2	3723.6	7.4897
51.473	19.428	4359.4	3824.1	7.6074	**900**	50.492	19.805	4358.6	3823.4	7.5981
53.818	18.581	4484.8	3925.1	7.7121	**950**	52.793	18.942	4484.2	3924.5	7.7029
56.145	17.811	4611.4	4027.4	7.8135	**1000**	55.081	18.155	4610.8	4026.9	7.8043
60.77	16.456	4868.0	4236.0	8.0075	**1100**	59.62	16.774	4867.5	4235.6	7.9984
65.35	15.302	5129.5	4449.8	8.1913	**1200**	64.12	15.596	5129.1	4449.4	8.1823
69.91	14.304	5395.8	4668.7	8.3662	**1300**	68.59	14.579	5395.4	4668.4	8.3572
74.45	13.433	5666.6	4892.4	8.5331	**1400**	73.04	13.690	5666.3	4892.1	8.5241
78.97	12.664	5941.8	5120.5	8.6928	**1500**	77.48	12.906	5941.5	5120.2	8.6839
83.48	11.980	6221.0	5352.8	8.8460	**1600**	81.91	12.209	6220.8	5352.6	8.8371
87.97	11.367	6503.9	5589.0	8.9932	**1700**	86.32	11.584	6503.8	5588.8	8.9842
92.47	10.815	6790.4	5828.8	9.1348	**1800**	90.73	11.022	6790.3	5828.5	9.1259
96.95	10.315	7080.1	6071.9	9.2713	**1900**	95.13	10.512	7080.1	6071.7	9.2624
101.43	9.859	7372.9	6318.1	9.4030	**2000**	99.53	10.048	7372.9	6317.9	9.3941

Tafel 3. Druckwasser und überhitzter Dampf (Fortsetzung)

108 bar ($t_s = 316.737$ °C)						110 bar ($t_s = 318.112$ °C)				
$10^3 v$	ϱ	h	u	s	t	$10^3 v$	ϱ	h	u	s
m³/kg	kg/m³	kJ/kg		kJ/kg K	°C	m³/kg	kg/m³	kJ/kg		kJ/kg K
1.48076	675.33	1441.31	1425.32	3.41509	t_l	1.48808	672.01	1449.67	1433.30	3.42874
16.366	61.10	2709.3	2532.6	5.5647	t_g	15.986	62.56	2705.4	2529.5	5.5525
0.99482	1005.21	10.90	0.16	0.00048	0	0.99472	1005.31	11.10	0.16	0.00048
0.99484	1005.19	31.71	20.96	0.07596	5	0.99475	1005.28	31.91	20.96	0.07595
0.99524	1004.79	52.46	41.71	0.14989	10	0.99514	1004.88	52.65	41.70	0.14986
0.99595	1004.07	73.19	62.44	0.22249	15	0.99586	1004.16	73.38	62.43	0.22245
0.99694	1003.07	93.94	83.17	0.29387	20	0.99685	1003.16	94.13	83.16	0.29383
0.99818	1001.83	114.70	103.92	0.36409	25	0.99809	1001.92	114.89	103.91	0.36404
0.99963	1000.37	135.47	124.68	0.43319	30	0.99955	1000.45	135.66	124.66	0.43312
1.00130	998.70	156.25	145.44	0.50117	35	1.00121	998.79	156.43	145.42	0.50110
1.00316	996.85	177.04	166.20	0.56808	40	1.00307	996.94	177.22	166.18	0.56800
1.00520	994.83	197.83	186.97	0.63394	45	1.00511	994.92	198.00	186.94	0.63385
1.00741	992.65	218.61	207.73	0.69877	50	1.00732	992.73	218.79	207.70	0.69868
1.00979	990.31	239.40	228.50	0.76261	55	1.00970	990.39	239.57	228.47	0.76251
1.01232	987.83	260.20	249.27	0.82551	60	1.01224	987.91	260.37	249.23	0.82540
1.01502	985.20	281.00	270.04	0.88748	65	1.01493	985.29	281.17	270.00	0.88737
1.01787	982.45	301.82	290.82	0.94859	70	1.01778	982.53	301.98	290.78	0.94847
1.02086	979.56	322.64	311.62	1.00885	75	1.02077	979.65	322.81	311.58	1.00872
1.02401	976.55	343.49	332.43	1.06830	80	1.02392	976.64	343.65	332.39	1.06817
1.02730	973.42	364.36	353.26	1.12697	85	1.02721	973.51	364.52	353.22	1.12684
1.03074	970.18	385.25	374.12	1.18490	90	1.03064	970.27	385.41	374.07	1.18476
1.03432	966.82	406.17	395.00	1.24211	95	1.03423	966.91	406.32	394.95	1.24197
1.03805	963.34	427.12	415.91	1.29864	100	1.03795	963.44	427.27	415.85	1.29848
1.04192	959.76	448.10	436.85	1.35449	105	1.04182	959.85	448.25	436.79	1.35433
1.04595	956.07	469.12	457.82	1.40970	110	1.04584	956.17	469.26	457.76	1.40954
1.05011	952.28	490.17	478.83	1.46430	115	1.05001	952.37	490.31	478.76	1.46413
1.05443	948.38	511.26	499.87	1.51829	120	1.05433	948.47	511.40	499.81	1.51811
1.05890	944.37	532.40	520.96	1.57170	125	1.05879	944.47	532.53	520.89	1.57152
1.06353	940.27	553.57	542.08	1.62456	130	1.06341	940.37	553.71	542.01	1.62437
1.06831	936.06	574.79	563.25	1.67687	135	1.06819	936.16	574.93	563.18	1.67668
1.07325	931.75	596.06	584.47	1.72866	140	1.07313	931.85	596.19	584.39	1.72846
1.07836	927.33	617.38	605.73	1.77995	145	1.07824	927.44	617.51	605.65	1.77975
1.08364	922.81	638.75	627.05	1.83076	150	1.08352	922.92	638.88	626.96	1.83055
1.08910	918.19	660.18	648.42	1.88110	155	1.08897	918.30	660.30	648.32	1.88088
1.09474	913.46	681.67	669.84	1.93100	160	1.09460	913.58	681.79	669.75	1.93077
1.10056	908.63	703.22	691.33	1.98047	165	1.10042	908.75	703.33	691.23	1.98023
1.10658	903.69	724.84	712.89	2.02953	170	1.10643	903.81	724.95	712.78	2.02929
1.11280	898.63	746.53	734.51	2.07821	175	1.11265	898.76	746.64	734.40	2.07795
1.11924	893.47	768.30	756.21	2.12651	180	1.11908	893.59	768.40	756.09	2.12625
1.12589	888.19	790.15	777.99	2.17447	185	1.12573	888.32	790.25	777.87	2.17420
1.13278	882.78	812.09	799.85	2.22209	190	1.13261	882.92	812.18	799.73	2.22181
1.13991	877.26	834.12	821.81	2.26942	195	1.13973	877.40	834.22	821.68	2.26913
1.14730	871.61	856.26	843.87	2.31645	200	1.14711	871.75	856.35	843.73	2.31615
1.15496	865.83	878.51	866.04	2.36323	205	1.15476	865.98	878.59	865.89	2.36292
1.16291	859.91	900.88	888.32	2.40976	210	1.16270	860.06	900.95	888.16	2.40944
1.17117	853.85	923.37	910.72	2.45608	215	1.17095	854.01	923.44	910.56	2.45575
1.17975	847.64	946.00	933.26	2.50221	220	1.17952	847.80	946.07	933.09	2.50186
1.18868	841.27	968.79	955.95	2.54817	225	1.18843	841.45	968.84	955.77	2.54781
1.19798	834.74	991.73	978.79	2.59400	230	1.19772	834.92	991.78	978.60	2.59362
1.20768	828.04	1014.85	1001.80	2.63972	235	1.20740	828.22	1014.89	1001.61	2.63932
1.21781	821.15	1038.15	1025.00	2.68536	240	1.21752	821.35	1038.18	1024.79	2.68495
1.22840	814.06	1061.67	1048.40	2.73096	245	1.22809	814.27	1061.69	1048.18	2.73052
1.23951	806.77	1085.40	1072.01	2.77655	250	1.23918	806.99	1085.41	1071.78	2.77609
1.25117	799.25	1109.38	1095.87	2.82216	255	1.25081	799.48	1109.38	1095.62	2.82169
1.26343	791.49	1133.63	1119.98	2.86785	260	1.26305	791.73	1133.61	1119.72	2.86735
1.27637	783.47	1158.16	1144.38	2.91367	265	1.27596	783.73	1158.13	1144.10	2.91314
1.29005	775.17	1183.03	1169.09	2.95965	270	1.28960	775.44	1182.98	1168.79	2.95909
1.30455	766.55	1208.25	1194.16	3.00587	275	1.30406	766.83	1208.18	1193.84	3.00528
1.31999	757.58	1233.87	1219.61	3.05240	280	1.31946	757.89	1233.78	1219.26	3.05176
1.33649	748.23	1259.93	1245.50	3.09931	285	1.33590	748.56	1259.82	1245.13	3.09863
1.35420	738.44	1286.51	1271.88	3.14671	290	1.35354	738.80	1286.37	1271.48	3.14598
1.37331	728.17	1313.66	1298.83	3.19471	295	1.37258	728.56	1313.49	1298.39	3.19392

Tafel 3. Druckwasser und überhitzter Dampf (Fortsetzung)

108 bar						110 bar				
$10^3 v$	ϱ	h	u	s	t	$10^3 v$	ϱ	h	u	s
m³/kg	kg/m³	kJ/kg		kJ/kgK	°C	m³/kg	kg/m³	kJ/kg		kJ/kg K
1.39408	717.32	1341.48	1326.43	3.24347	**300**	1.39325	717.75	1341.27	1325.94	3.24260
1.41682	705.81	1370.09	1354.79	3.29316	**305**	1.41587	706.28	1369.82	1354.25	3.29221
1.44196	693.50	1399.64	1384.06	3.34405	**310**	1.44086	694.03	1399.31	1383.46	3.34299
1.47012	680.22	1430.33	1414.45	3.39645	**315**	1.46882	680.82	1429.92	1413.76	3.39526
16.833	59.41	2732.8	2551.0	5.6043	**320**	16.261	61.50	2719.5	2540.6	5.5763
17.489	57.18	2765.3	2576.5	5.6590	**325**	16.934	59.05	2753.7	2567.4	5.6337
18.088	55.28	2794.8	2599.5	5.7081	**330**	17.545	57.00	2784.4	2591.4	5.6849
18.645	53.64	2822.0	2620.6	5.7529	**335**	18.109	55.22	2812.5	2613.3	5.7313
19.166	52.18	2847.3	2640.3	5.7943	**340**	18.636	53.66	2838.6	2633.6	5.7740
19.660	50.87	2871.0	2658.7	5.8330	**345**	19.132	52.27	2863.0	2652.5	5.8137
20.129	49.679	2893.6	2676.2	5.8692	**350**	19.604	51.010	2886.1	2670.4	5.8508
20.579	48.593	2915.0	2692.8	5.9035	**355**	20.055	49.864	2908.0	2687.4	5.8859
21.012	47.593	2935.6	2708.6	5.9361	**360**	20.487	48.811	2929.0	2703.6	5.9192
21.429	46.666	2955.3	2723.9	5.9672	**365**	20.904	47.838	2949.1	2719.2	5.9508
21.833	45.802	2974.4	2738.6	5.9970	**370**	21.307	46.933	2968.5	2734.1	5.9811
22.225	44.994	2992.9	2752.9	6.0257	**375**	21.698	46.087	2987.3	2748.6	6.0102
22.607	44.234	3010.9	2766.7	6.0532	**380**	22.078	45.294	3005.5	2762.6	6.0382
22.979	43.517	3028.3	2780.2	6.0799	**385**	22.448	44.546	3023.2	2776.3	6.0652
23.343	42.839	3045.4	2793.3	6.1057	**390**	22.810	43.840	3040.5	2789.6	6.0914
23.699	42.196	3062.1	2806.1	6.1308	**395**	23.164	43.171	3057.4	2802.6	6.1167
24.048	41.583	3078.4	2818.7	6.1551	**400**	23.510	42.535	3073.9	2815.3	6.1413
24.727	40.441	3110.1	2843.1	6.2019	**410**	24.184	41.350	3105.9	2839.9	6.1886
25.384	39.394	3140.9	2866.7	6.2466	**420**	24.835	40.266	3136.9	2863.8	6.2337
26.023	38.428	3170.7	2889.7	6.2893	**430**	25.467	39.267	3167.0	2886.9	6.2768
26.644	37.531	3199.8	2912.0	6.3304	**440**	26.082	38.340	3196.4	2909.5	6.3182
27.252	36.694	3228.3	2934.0	6.3701	**450**	26.683	37.477	3225.0	2931.5	6.3581
27.847	35.910	3256.2	2955.5	6.4085	**460**	27.271	36.669	3253.2	2953.2	6.3968
28.431	35.173	3283.7	2976.7	6.4457	**470**	27.848	35.909	3280.8	2974.5	6.4342
29.005	34.477	3310.8	2997.6	6.4819	**480**	28.415	35.193	3308.0	2995.5	6.4706
29.569	33.819	3337.5	3018.2	6.5172	**490**	28.972	34.516	3334.9	3016.2	6.5060
30.126	33.194	3364.0	3038.6	6.5516	**500**	29.521	33.874	3361.4	3036.7	6.5406
31.217	32.033	3416.1	3078.9	6.6181	**520**	30.598	32.681	3413.8	3077.2	6.6074
32.284	30.975	3467.3	3118.7	6.6820	**540**	31.650	31.595	3465.2	3117.1	6.6715
33.331	30.003	3518.0	3158.0	6.7435	**560**	32.681	30.598	3516.0	3156.5	6.7332
34.359	29.105	3568.1	3197.1	6.8030	**580**	33.694	29.678	3566.3	3195.7	6.7928
35.371	28.271	3617.9	3235.9	6.8606	**600**	34.692	28.825	3616.2	3234.6	6.8507
36.371	27.495	3667.4	3274.6	6.9167	**620**	35.676	28.030	3665.8	3273.4	6.9069
37.358	26.768	3716.7	3313.3	6.9713	**640**	36.648	27.286	3715.2	3312.1	6.9616
38.335	26.086	3765.9	3351.9	7.0246	**660**	37.610	26.589	3764.5	3350.8	7.0149
39.303	25.443	3815.0	3390.5	7.0766	**680**	38.562	25.932	3813.7	3389.5	7.0670
40.263	24.837	3864.0	3429.2	7.1275	**700**	39.506	25.312	3862.8	3428.2	7.1180
41.215	24.263	3913.0	3467.9	7.1774	**720**	40.443	24.726	3911.9	3467.0	7.1680
42.160	23.719	3962.1	3506.8	7.2263	**740**	41.373	24.170	3961.0	3505.9	7.2169
43.100	23.202	4011.2	3545.7	7.2743	**760**	42.297	23.642	4010.1	3544.9	7.2650
44.034	22.710	4060.4	3584.8	7.3214	**780**	43.216	23.140	4059.4	3584.0	7.3122
44.962	22.241	4109.6	3624.1	7.3678	**800**	44.129	22.661	4108.7	3623.3	7.3586
47.266	21.157	4233.3	3722.9	7.4804	**850**	46.394	21.555	4232.5	3722.2	7.4713
49.546	20.183	4357.9	3822.8	7.5889	**900**	48.635	20.561	4357.2	3822.2	7.5799
51.808	19.302	4483.5	3924.0	7.6938	**950**	50.858	19.662	4482.8	3923.4	7.6848
54.054	18.500	4610.2	4026.4	7.7953	**1000**	53.065	18.845	4609.6	4025.8	7.7864
58.51	17.091	4867.0	4235.1	7.9895	**1100**	57.44	17.408	4866.6	4234.7	7.9807
62.93	15.890	5128.7	4449.1	8.1734	**1200**	61.79	16.185	5128.3	4448.7	8.1647
67.32	14.854	5395.1	4668.0	8.3483	**1300**	66.10	15.128	5394.8	4667.7	8.3397
71.70	13.948	5666.1	4891.7	8.5153	**1400**	70.40	14.205	5665.8	4891.4	8.5067
76.05	13.149	5941.3	5120.0	8.6751	**1500**	74.68	13.391	5941.1	5119.7	8.6665
80.40	12.438	6220.6	5352.3	8.8283	**1600**	78.94	12.667	6220.4	5352.1	8.8197
84.73	11.802	6503.6	5588.5	8.9755	**1700**	83.20	12.019	6503.5	5588.3	8.9669
89.06	11.228	6790.2	5828.3	9.1172	**1800**	87.45	11.435	6790.1	5828.1	9.1086
93.38	10.709	7080.0	6071.5	9.2537	**1900**	91.69	10.906	7079.9	6071.3	9.2451
97.69	10.236	7372.8	6317.7	9.3854	**2000**	95.93	10.424	7372.7	6317.5	9.3769

Tafel 3. Druckwasser und überhitzter Dampf (Fortsetzung)

112 bar (t_s = 319.467 °C)						114 bar (t_s = 320.804 °C)				
$10^3 v$	ϱ	h	u	s	t	$10^3 v$	ϱ	h	u	s
m^3/kg	kg/m^3	kJ/kg		kJ/kgK	°C	m^3/kg	kg/m^3	kJ/kg		kJ/kg K
1.49548	**668.68**	**1457.97**	**1441.22**	**3.44227**	t_l	1.50295	665.36	1466.23	1449.09	3.45568
15.619	64.03	2701.3	2526.4	5.5404	t_g	15.263	65.52	2697.2	2523.2	5.5283
0.99462	1005.41	11.31	0.17	0.00049	**0**	0.99452	1005.51	11.51	0.17	0.00050
0.99465	1005.38	32.10	20.96	0.07594	**5**	0.99456	1005.47	32.30	20.96	0.07593
0.99505	1004.97	52.84	41.70	0.14984	**10**	0.99496	1005.07	53.03	41.69	0.14982
0.99577	1004.25	73.57	62.42	0.22242	**15**	0.99568	1004.34	73.76	62.41	0.22238
0.99676	1003.25	94.31	83.15	0.29378	**20**	0.99667	1003.34	94.50	83.14	0.29374
0.99800	1002.00	115.07	103.89	0.36398	**25**	0.99791	1002.09	115.25	103.88	0.36393
0.99946	1000.54	135.84	124.64	0.43306	**30**	0.99937	1000.63	136.02	124.62	0.43300
1.00113	998.87	156.61	145.40	0.50103	**35**	1.00104	998.96	156.79	145.38	0.50096
1.00299	997.02	177.39	166.16	0.56793	**40**	1.00290	997.11	177.57	166.13	0.56785
1.00502	995.00	198.17	186.92	0.63377	**45**	1.00494	995.09	198.35	186.89	0.63368
1.00724	992.82	218.96	207.68	0.69858	**50**	1.00715	992.90	219.13	207.65	0.69849
1.00961	990.48	239.74	228.44	0.76242	**55**	1.00953	990.56	239.91	228.40	0.76232
1.01215	988.00	260.53	249.20	0.82530	**60**	1.01206	988.08	260.70	249.16	0.82519
1.01484	985.38	281.33	269.97	0.88726	**65**	1.01475	985.46	281.50	269.93	0.88715
1.01769	982.62	302.14	290.74	0.94835	**70**	1.01760	982.71	302.31	290.71	0.94824
1.02068	979.74	322.97	311.54	1.00860	**75**	1.02059	979.82	323.13	311.49	1.00848
1.02383	976.73	343.81	332.34	1.06804	**80**	1.02373	976.82	343.97	332.30	1.06791
1.02711	973.60	364.67	353.17	1.12670	**85**	1.02702	973.69	364.83	353.12	1.12657
1.03055	970.36	385.56	374.02	1.18462	**90**	1.03046	970.44	385.72	373.97	1.18448
1.03413	967.00	406.48	394.89	1.24182	**95**	1.03403	967.09	406.63	394.84	1.24168
1.03785	963.53	427.42	415.80	1.29833	**100**	1.03776	963.62	427.57	415.74	1.29818
1.04172	959.95	448.40	436.73	1.35417	**105**	1.04162	960.04	448.55	436.67	1.35402
1.04574	956.26	469.41	457.70	1.40938	**110**	1.04564	956.35	469.56	457.64	1.40921
1.04990	952.47	490.46	478.70	1.46396	**115**	1.04980	952.56	490.60	478.64	1.46379
1.05422	948.57	511.55	499.74	1.51794	**120**	1.05411	948.67	511.69	499.67	1.51776
1.05868	944.57	532.67	520.82	1.57134	**125**	1.05857	944.67	532.81	520.75	1.57116
1.06330	940.47	553.84	541.94	1.62418	**130**	1.06319	940.57	553.98	541.86	1.62399
1.06808	936.26	575.06	563.10	1.67648	**135**	1.06796	936.36	575.20	563.02	1.67629
1.07301	931.95	596.32	584.31	1.72826	**140**	1.07289	932.06	596.46	584.22	1.72806
1.07812	927.54	617.64	605.56	1.77954	**145**	1.07799	927.65	617.77	605.48	1.77933
1.08339	923.03	639.00	626.87	1.83033	**150**	1.08326	923.14	639.13	626.78	1.83012
1.08883	918.41	660.43	648.23	1.88066	**155**	1.08870	918.52	660.55	648.14	1.88044
1.09446	913.69	681.91	669.65	1.93054	**160**	1.09432	913.81	682.03	669.55	1.93031
1.10028	908.86	703.45	691.13	1.98000	**165**	1.10013	908.98	703.57	691.03	1.97976
1.10628	903.93	725.06	712.67	2.02904	**170**	1.10614	904.05	725.18	712.57	2.02880
1.11250	898.88	746.75	734.29	2.07770	**175**	1.11234	899.00	746.86	734.18	2.07745
1.11892	893.72	768.51	755.98	2.12599	**180**	1.11876	893.85	768.61	755.86	2.12573
1.12556	888.45	790.35	777.74	2.17392	**185**	1.12539	888.58	790.45	777.62	2.17365
1.13243	883.05	812.28	799.60	2.22153	**190**	1.13226	883.19	812.38	799.47	2.22125
1.13955	877.54	834.31	821.54	2.26884	**195**	1.13937	877.68	834.40	821.41	2.26855
1.14692	871.90	856.44	843.59	2.31585	**200**	1.14673	872.04	856.52	843.45	2.31555
1.15457	866.13	878.67	865.74	2.36260	**205**	1.15437	866.27	878.76	865.60	2.36229
1.16250	860.22	901.03	888.01	2.40912	**210**	1.16229	860.37	901.10	887.85	2.40879
1.17073	854.17	923.51	910.40	2.45541	**215**	1.17051	854.33	923.58	910.24	2.45507
1.17929	847.97	946.13	932.92	2.50151	**220**	1.17906	848.14	946.19	932.75	2.50116
1.18819	841.62	968.90	955.59	2.54745	**225**	1.18794	841.79	968.96	955.41	2.54708
1.19746	835.10	991.83	978.41	2.59324	**230**	1.19720	835.28	991.88	978.23	2.59286
1.20713	828.41	1014.93	1001.41	2.63893	**235**	1.20685	828.60	1014.97	1001.21	2.63853
1.21722	821.54	1038.22	1024.58	2.68453	**240**	1.21693	821.74	1038.25	1024.37	2.68412
1.22778	814.48	1061.71	1047.96	2.73009	**245**	1.22747	814.68	1061.73	1047.74	2.72966
1.23885	807.20	1085.42	1071.55	2.77564	**250**	1.23851	807.42	1085.43	1071.31	2.77518
1.25046	799.71	1109.38	1095.37	2.82121	**255**	1.25010	799.94	1109.37	1095.12	2.82073
1.26267	791.97	1133.59	1119.45	2.86685	**260**	1.26229	792.21	1133.58	1119.19	2.86635
1.27554	783.98	1158.10	1143.82	2.91261	**265**	1.27513	784.23	1158.07	1143.54	2.91208
1.28915	775.71	1182.93	1168.49	2.95853	**270**	1.28870	775.97	1182.89	1168.20	2.95797
1.30358	767.12	1208.11	1193.51	3.00468	**275**	1.30309	767.41	1208.05	1193.19	3.00409
1.31892	758.20	1233.69	1218.92	3.05113	**280**	1.31839	758.50	1233.60	1218.58	3.05049
1.33531	748.89	1259.71	1244.75	3.09795	**285**	1.33472	749.22	1259.60	1244.38	3.09727
1.35289	739.16	1286.23	1271.07	3.14525	**290**	1.35224	739.52	1286.09	1270.67	3.14452
1.37185	728.94	1313.31	1297.95	3.19313	**295**	1.37112	729.33	1313.14	1297.51	3.19234

Tafel 3. Druckwasser und überhitzter Dampf (Fortsetzung)

112 bar						114 bar				
$10^3 v$	ϱ	h	u	s	t	$10^3 v$	ϱ	h	u	s
m^3/kg	kg/m^3	kJ/kg		kJ/kgK	°C	m^3/kg	kg/m^3	kJ/kg		kJ/kg K
1.39242	718.17	1341.05	1325.46	3.24174	**300**	1.39160	718.60	1340.84	1324.97	3.24088
1.41492	706.75	1369.56	1353.71	3.29127	**305**	1.41399	707.22	1369.30	1353.18	3.29032
1.43977	694.56	1398.98	1382.86	3.34194	**310**	1.43868	695.08	1398.66	1382.26	3.34089
1.46753	681.42	1429.52	1413.08	3.39408	**315**	1.46625	682.01	1429.12	1412.41	3.39290
15.698	63.70	2705.5	2529.7	5.5474	**320**	1.49751	667.78	1460.95	1443.88	3.44679
16.391	61.01	2741.5	2557.9	5.6079	**325**	15.858	63.06	2728.9	2548.1	5.5813
17.015	58.77	2773.6	2583.0	5.6613	**330**	16.498	60.61	2762.4	2574.3	5.6372
17.588	56.86	2802.7	2605.8	5.7094	**335**	17.080	58.55	2792.7	2598.0	5.6872
18.120	55.19	2829.7	2626.7	5.7535	**340**	17.619	56.76	2820.5	2619.7	5.7327
18.621	53.70	2854.8	2646.2	5.7943	**345**	18.124	55.17	2846.4	2639.8	5.7747
19.095	52.370	2878.4	2664.6	5.8324	**350**	18.601	53.760	2870.6	2658.6	5.8139
19.547	51.159	2900.9	2681.9	5.8682	**355**	19.055	52.481	2893.6	2676.4	5.8505
19.980	50.051	2922.3	2698.5	5.9022	**360**	19.488	51.313	2915.5	2693.3	5.8852
20.396	49.028	2942.8	2714.3	5.9345	**365**	19.905	50.239	2936.4	2709.5	5.9181
20.799	48.080	2962.5	2729.6	5.9653	**370**	20.307	49.244	2956.5	2725.0	5.9495
21.189	47.195	2981.6	2744.3	5.9948	**375**	20.696	48.319	2975.9	2739.9	5.9795
21.567	46.367	3000.1	2758.5	6.0232	**380**	21.073	47.454	2994.6	2754.4	6.0083
21.936	45.588	3018.1	2772.4	6.0506	**385**	21.440	46.642	3012.8	2768.4	6.0361
22.295	44.852	3035.5	2785.8	6.0771	**390**	21.798	45.876	3030.6	2782.1	6.0629
22.647	44.156	3052.6	2799.0	6.1028	**395**	22.147	45.152	3047.8	2795.4	6.0889
22.991	43.496	3069.3	2811.8	6.1277	**400**	22.489	44.466	3064.7	2808.4	6.1141
23.659	42.267	3101.7	2836.7	6.1755	**410**	23.153	43.192	3097.5	2833.5	6.1624
24.305	41.144	3133.0	2860.8	6.2209	**420**	23.793	42.029	3129.1	2857.8	6.2083
24.931	40.111	3163.4	2884.1	6.2644	**430**	24.413	40.962	3159.6	2881.3	6.2521
25.540	39.154	3192.9	2906.9	6.3061	**440**	25.016	39.974	3189.4	2904.2	6.2941
26.134	38.264	3221.8	2929.1	6.3463	**450**	25.605	39.055	3218.5	2926.6	6.3346
26.716	37.431	3250.1	2950.9	6.3852	**460**	26.180	38.197	3247.0	2948.5	6.3737
27.286	36.649	3277.9	2972.3	6.4228	**470**	26.743	37.393	3274.9	2970.1	6.4116
27.846	35.912	3305.2	2993.4	6.4594	**480**	27.297	36.635	3302.4	2991.3	6.4484
28.396	35.216	3332.2	3014.2	6.4950	**490**	27.840	35.919	3329.6	3012.2	6.4842
28.939	34.556	3358.9	3034.8	6.5298	**500**	28.376	35.241	3356.4	3032.9	6.5191
30.001	33.332	3411.4	3075.4	6.5968	**520**	29.425	33.985	3409.1	3073.7	6.5864
31.039	32.218	3463.1	3115.4	6.6611	**540**	30.449	32.842	3460.9	3113.8	6.6509
32.056	31.196	3514.0	3155.0	6.7230	**560**	31.451	31.795	3512.0	3153.5	6.7130
33.054	30.254	3564.5	3194.3	6.7829	**580**	32.436	30.830	3562.6	3192.9	6.7730
34.037	29.380	3614.5	3233.3	6.8408	**600**	33.405	29.936	3612.8	3232.0	6.8311
35.006	28.566	3664.2	3272.2	6.8971	**620**	34.360	29.104	3662.6	3270.9	6.8876
35.964	27.806	3713.7	3310.9	6.9520	**640**	35.303	28.326	3712.2	3309.8	6.9425
36.910	27.093	3763.1	3349.7	7.0054	**660**	36.236	27.597	3761.7	3348.6	6.9961
37.848	26.421	3812.3	3388.4	7.0576	**680**	37.159	26.912	3811.0	3387.4	7.0484
38.777	25.788	3861.5	3427.2	7.1087	**700**	38.074	26.265	3860.3	3426.2	7.0995
39.699	25.189	3910.7	3466.1	7.1587	**720**	38.981	25.653	3909.5	3465.1	7.1496
40.614	24.622	3959.9	3505.0	7.2078	**740**	39.882	25.074	3958.7	3504.1	7.1987
41.523	24.083	4009.1	3544.0	7.2559	**760**	40.777	24.524	4008.0	3543.2	7.2469
42.427	23.570	4058.4	3583.2	7.3031	**780**	41.666	24.001	4057.4	3582.4	7.2942
43.325	23.081	4107.7	3622.5	7.3496	**800**	42.550	23.502	4106.8	3621.7	7.3407
45.553	21.953	4231.7	3721.5	7.4624	**850**	44.741	22.351	4230.8	3720.8	7.4536
47.757	20.939	4356.4	3821.5	7.5711	**900**	46.909	21.318	4355.7	3820.9	7.5624
49.942	20.023	4482.2	3922.8	7.6760	**950**	49.059	20.384	4481.5	3922.2	7.6674
52.113	19.189	4609.0	4025.3	7.7777	**1000**	51.193	19.534	4608.4	4024.8	7.7691
56.42	17.725	4866.1	4234.2	7.9720	**1100**	55.42	18.043	4865.6	4233.8	7.9635
60.68	16.479	5127.9	4448.3	8.1561	**1200**	59.62	16.773	5127.5	4447.9	8.1476
64.92	15.403	5394.5	4667.3	8.3311	**1300**	63.79	15.677	5394.1	4667.0	8.3227
69.14	14.463	5665.5	4891.1	8.4982	**1400**	67.93	14.720	5665.3	4890.8	8.4898
73.35	13.634	5940.9	5119.4	8.6580	**1500**	72.07	13.876	5940.7	5119.1	8.6497
77.54	12.897	6220.3	5351.8	8.8113	**1600**	76.19	13.126	6220.1	5351.6	8.8030
81.72	12.237	6503.4	5588.1	8.9585	**1700**	80.30	12.454	6503.2	5587.8	8.9502
85.90	11.642	6790.0	5827.9	9.1002	**1800**	84.40	11.849	6789.8	5827.7	9.0919
90.06	11.103	7079.8	6071.1	9.2367	**1900**	88.49	11.300	7079.7	6070.9	9.2284
94.23	10.613	7372.7	6317.4	9.3685	**2000**	92.58	10.801	7372.6	6317.2	9.3602

Tafel 3. Druckwasser und überhitzter Dampf (Fortsetzung)

116 bar (t_s = 322.123 °C)						118 bar (t_s = 323.424 °C)				
$10^3 v$	ϱ	h	u	s	t	$10^3 v$	ϱ	h	u	s
m³/kg	kg/m³	kJ/kg		kJ/kgK	°C	m³/kg	kg/m³	kJ/kg		kJ/kg K
1.51051	662.03	1474.44	1456.92	3.46898	t_l	1.51817	658.69	1482.60	1464.69	3.48217
14.919	67.03	2693.1	2520.0	5.5162	t_g	14.585	68.56	2688.8	2516.7	5.5041
0.99442	1005.61	11.71	0.17	0.00051	0	0.99433	1005.71	11.91	0.17	0.00051
0.99446	1005.57	32.49	20.96	0.07592	5	0.99437	1005.66	32.69	20.96	0.07591
0.99487	1005.16	53.23	41.69	0.14980	10	0.99478	1005.25	53.42	41.68	0.14977
0.99559	1004.43	73.95	62.40	0.22235	15	0.99550	1004.52	74.14	62.39	0.22231
0.99658	1003.43	94.69	83.13	0.29369	20	0.99650	1003.52	94.87	83.11	0.29365
0.99782	1002.18	115.44	103.86	0.36388	25	0.99774	1002.27	115.62	103.85	0.36382
0.99929	1000.71	136.20	124.61	0.43294	30	0.99920	1000.80	136.38	124.59	0.43287
1.00095	999.05	156.97	145.36	0.50089	35	1.00087	999.13	157.15	145.34	0.50082
1.00281	997.19	177.74	166.11	0.56777	40	1.00273	997.28	177.92	166.09	0.56769
1.00485	995.17	198.52	186.86	0.63360	45	1.00477	995.26	198.70	186.84	0.63351
1.00706	992.99	219.30	207.62	0.69840	50	1.00698	993.07	219.47	207.59	0.69831
1.00944	990.65	240.08	228.37	0.76222	55	1.00935	990.73	240.25	228.34	0.76212
1.01197	988.17	260.87	249.13	0.82509	60	1.01189	988.25	261.04	249.10	0.82498
1.01467	985.55	281.66	269.89	0.88704	65	1.01458	985.63	281.83	269.86	0.88693
1.01751	982.79	302.47	290.67	0.94812	70	1.01742	982.88	302.63	290.63	0.94800
1.02050	979.91	323.29	311.45	1.00835	75	1.02041	980.00	323.45	311.41	1.00823
1.02364	976.90	344.13	332.25	1.06778	80	1.02355	976.99	344.29	332.21	1.06765
1.02693	973.78	364.99	353.07	1.12643	85	1.02684	973.86	365.14	353.03	1.12630
1.03036	970.53	385.87	373.92	1.18434	90	1.03027	970.62	386.03	373.87	1.18420
1.03394	967.18	406.78	394.79	1.24153	95	1.03384	967.27	406.93	394.74	1.24138
1.03766	963.71	427.72	415.69	1.29803	100	1.03756	963.80	427.87	415.63	1.29788
1.04152	960.13	448.70	436.61	1.35386	105	1.04142	960.22	448.84	436.56	1.35370
1.04554	956.45	469.70	457.57	1.40905	110	1.04543	956.54	469.85	457.51	1.40889
1.04970	952.66	490.75	478.57	1.46362	115	1.04959	952.75	490.89	478.51	1.46345
1.05400	948.76	511.83	499.60	1.51759	120	1.05390	948.86	511.97	499.54	1.51741
1.05846	944.77	532.95	520.67	1.57098	125	1.05835	944.87	533.09	520.60	1.57079
1.06307	940.67	554.12	541.79	1.62380	130	1.06296	940.77	554.26	541.71	1.62362
1.06784	936.47	575.33	562.94	1.67609	135	1.06773	936.57	575.46	562.86	1.67590
1.07277	932.16	596.59	584.14	1.72786	140	1.07265	932.27	596.72	584.06	1.72766
1.07787	927.76	617.90	605.39	1.77913	145	1.07775	927.86	618.02	605.31	1.77892
1.08313	923.25	639.26	626.69	1.82990	150	1.08301	923.36	639.38	626.60	1.82969
1.08857	918.64	660.67	648.04	1.88022	155	1.08844	918.75	660.79	647.95	1.88000
1.09419	913.92	682.15	669.45	1.93009	160	1.09405	914.03	682.27	669.36	1.92986
1.09999	909.10	703.68	690.92	1.97952	165	1.09985	909.21	703.80	690.82	1.97929
1.10599	904.17	725.29	712.46	2.02855	170	1.10584	904.29	725.40	712.35	2.02831
1.11219	899.13	746.97	734.06	2.07719	175	1.11204	899.25	747.08	733.95	2.07694
1.11860	893.98	768.72	755.74	2.12546	180	1.11844	894.10	768.82	755.63	2.12520
1.12523	888.71	790.55	777.50	2.17338	185	1.12506	888.84	790.65	777.38	2.17312
1.13209	883.32	812.48	799.34	2.22098	190	1.13192	883.46	812.57	799.22	2.22070
1.13919	877.82	834.49	821.28	2.26826	195	1.13901	877.96	834.58	821.14	2.26797
1.14655	872.19	856.61	843.31	2.31525	200	1.14636	872.33	856.70	843.17	2.31495
1.15417	866.42	878.84	865.45	2.36198	205	1.15397	866.57	878.92	865.30	2.36167
1.16208	860.53	901.18	887.70	2.40847	210	1.16187	860.68	901.26	887.55	2.40815
1.17029	854.49	923.65	910.08	2.45474	215	1.17007	854.65	923.72	909.92	2.45440
1.17882	848.30	946.26	932.58	2.50081	220	1.17860	848.47	946.32	932.42	2.50047
1.18770	841.96	969.01	955.24	2.54672	225	1.18746	842.13	969.07	955.06	2.54636
1.19694	835.46	991.93	978.04	2.59249	230	1.19669	835.64	991.97	977.85	2.59211
1.20658	828.79	1015.01	1001.01	2.63814	235	1.20631	828.97	1015.05	1000.82	2.63775
1.21664	821.93	1038.28	1024.17	2.68371	240	1.21635	822.13	1038.31	1023.96	2.68330
1.22716	814.89	1061.75	1047.52	2.72923	245	1.22686	815.09	1061.77	1047.30	2.72880
1.23818	807.63	1085.44	1071.08	2.77473	250	1.23786	807.85	1085.45	1070.85	2.77428
1.24975	800.16	1109.37	1094.88	2.82026	255	1.24939	800.39	1109.37	1094.63	2.81979
1.26191	792.45	1133.57	1118.93	2.86585	260	1.26153	792.69	1133.55	1118.67	2.86535
1.27472	784.49	1158.05	1143.26	2.91155	265	1.27431	784.74	1158.02	1142.98	2.91102
1.28826	776.24	1182.84	1167.90	2.95741	270	1.28781	776.51	1182.80	1167.60	2.95686
1.30260	767.69	1207.99	1192.88	3.00349	275	1.30212	767.98	1207.92	1192.56	3.00290
1.31786	758.81	1233.52	1218.23	3.04986	280	1.31733	759.11	1233.44	1217.89	3.04923
1.33414	749.55	1259.49	1244.01	3.09660	285	1.33356	749.88	1259.38	1243.64	3.09593
1.35159	739.87	1285.95	1270.27	3.14379	290	1.35094	740.22	1285.81	1269.87	3.14307
1.37040	729.72	1312.97	1297.07	3.19156	295	1.36968	730.10	1312.80	1296.63	3.19078

Tafel 3. Druckwasser und überhitzter Dampf (Fortsetzung)

116 bar						118 bar				
$10^3 v$	ϱ	h	u	s	t	$10^3 v$	ϱ	h	u	s
m^3/kg	kg/m^3	kJ/kg		kJ/kg K	°C	m^3/kg	kg/m^3	kJ/kg		kJ/kg K
1.39078	719.02	1340.63	1324.49	3.24003	**300**	1.38997	719.44	1340.42	1324.02	3.23918
1.41306	707.69	1369.04	1352.65	3.28939	**305**	1.41213	708.15	1368.79	1352.12	3.28846
1.43761	695.60	1398.34	1381.67	3.33985	**310**	1.43654	696.12	1398.03	1381.08	3.33882
1.46499	682.60	1428.73	1411.74	3.39174	**315**	1.46374	683.18	1428.34	1411.07	3.39058
1.49598	668.46	1460.46	1443.11	3.44546	**320**	1.49448	669.13	1459.98	1442.34	3.44414
15.334	65.21	2715.6	2537.7	5.5539	**325**	14.817	67.49	2701.7	2526.8	5.5256
15.991	62.54	2750.8	2565.3	5.6126	**330**	15.494	64.54	2738.8	2556.0	5.5874
16.585	60.30	2782.4	2590.0	5.6647	**335**	16.101	62.11	2771.7	2581.7	5.6417
17.132	58.37	2811.2	2612.4	5.7118	**340**	16.656	60.04	2801.5	2605.0	5.6906
17.642	56.68	2837.8	2633.1	5.7551	**345**	17.172	58.23	2829.0	2626.4	5.7352
18.122	55.18	2862.7	2652.5	5.7952	**350**	17.656	56.64	2854.6	2646.3	5.7765
18.577	53.83	2886.2	2670.7	5.8328	**355**	18.114	55.21	2878.7	2664.9	5.8150
19.012	52.60	2908.5	2688.0	5.8682	**360**	18.550	53.91	2901.5	2682.6	5.8512
19.429	51.47	2929.9	2704.5	5.9017	**365**	18.968	52.72	2923.3	2699.4	5.8854
19.831	50.43	2950.3	2720.3	5.9337	**370**	19.369	51.63	2944.1	2715.5	5.9179
20.219	49.459	2970.0	2735.5	5.9642	**375**	19.757	50.615	2964.1	2731.0	5.9489
20.595	48.555	2989.1	2750.2	5.9935	**380**	20.132	49.672	2983.5	2745.9	5.9787
20.961	47.709	3007.6	2764.4	6.0217	**385**	20.496	48.789	3002.2	2760.4	6.0073
21.317	46.912	3025.5	2778.2	6.0488	**390**	20.851	47.959	3020.4	2774.4	6.0348
21.664	46.159	3043.0	2791.7	6.0751	**395**	21.197	47.177	3038.1	2788.0	6.0614
22.004	45.446	3060.1	2804.9	6.1006	**400**	21.535	46.437	3055.4	2801.3	6.0872
22.663	44.125	3093.2	2830.3	6.1494	**410**	22.189	45.067	3088.9	2827.0	6.1365
23.298	42.922	3125.1	2854.8	6.1957	**420**	22.820	43.822	3121.1	2851.8	6.1833
23.913	41.818	3155.9	2878.5	6.2399	**430**	23.429	42.681	3152.2	2875.7	6.2279
24.510	40.799	3185.9	2901.6	6.2823	**440**	24.021	41.629	3182.4	2899.0	6.2706
25.093	39.852	3215.2	2924.1	6.3231	**450**	24.598	40.653	3211.9	2921.6	6.3116
25.662	38.968	3243.9	2946.2	6.3624	**460**	25.161	39.743	3240.7	2943.8	6.3512
26.219	38.140	3272.0	2967.8	6.4005	**470**	25.713	38.891	3269.0	2965.6	6.3895
26.766	37.361	3299.6	2989.2	6.4375	**480**	26.254	38.090	3296.8	2987.0	6.4267
27.304	36.625	3326.9	3010.2	6.4735	**490**	26.785	37.334	3324.2	3008.2	6.4629
27.833	35.929	3353.8	3031.0	6.5085	**500**	27.308	36.620	3351.3	3029.0	6.4981
28.869	34.640	3406.8	3071.9	6.5761	**520**	28.331	35.297	3404.4	3070.1	6.5660
29.879	33.468	3458.8	3112.2	6.6409	**540**	29.329	34.096	3456.6	3110.6	6.6310
30.868	32.396	3510.1	3152.0	6.7032	**560**	30.305	32.998	3508.1	3150.5	6.6935
31.839	31.408	3560.8	3191.4	6.7633	**580**	31.262	31.987	3558.9	3190.0	6.7538
32.794	30.493	3611.1	3230.7	6.8216	**600**	32.204	31.052	3609.3	3229.3	6.8122
33.736	29.642	3661.0	3269.7	6.8782	**620**	33.133	30.182	3659.4	3268.4	6.8689
34.665	28.848	3710.7	3308.6	6.9332	**640**	34.049	29.370	3709.2	3307.4	6.9240
35.584	28.103	3760.3	3347.5	6.9869	**660**	34.954	28.609	3758.8	3346.4	6.9778
36.493	27.402	3809.7	3386.3	7.0393	**680**	35.850	27.894	3808.3	3385.3	7.0303
37.394	26.742	3859.0	3425.2	7.0905	**700**	36.738	27.220	3857.8	3424.2	7.0816
38.288	26.118	3908.3	3464.2	7.1406	**720**	37.618	26.583	3907.1	3463.2	7.1318
39.175	25.527	3957.6	3503.2	7.1898	**740**	38.492	25.980	3956.5	3502.3	7.1810
40.056	24.965	4007.0	3542.3	7.2380	**760**	39.359	25.407	4005.9	3541.5	7.2293
40.931	24.431	4056.4	3581.6	7.2854	**780**	40.221	24.863	4055.4	3580.8	7.2767
41.801	23.923	4105.8	3620.9	7.3319	**800**	41.078	24.344	4104.9	3620.2	7.3233
43.958	22.749	4230.0	3720.1	7.4450	**850**	43.201	23.148	4229.1	3719.4	7.4365
46.091	21.696	4354.9	3820.3	7.5538	**900**	45.300	22.075	4354.2	3819.6	7.5454
48.206	20.744	4480.8	3921.6	7.6589	**950**	47.381	21.105	4480.2	3921.1	7.6505
50.305	19.879	4607.8	4024.3	7.7606	**1000**	49.447	20.224	4607.2	4023.7	7.7523
54.47	18.360	4865.1	4233.3	7.9552	**1100**	53.54	18.677	4864.6	4232.9	7.9470
58.59	17.067	5127.1	4447.5	8.1394	**1200**	57.60	17.361	5126.7	4447.1	8.1312
62.69	15.952	5393.8	4666.6	8.3145	**1300**	61.63	16.226	5393.5	4666.3	8.3064
66.77	14.977	5665.0	4890.5	8.4816	**1400**	65.64	15.235	5664.7	4890.2	8.4735
70.83	14.118	5940.5	5118.8	8.6415	**1500**	69.63	14.361	5940.2	5118.6	8.6335
74.88	13.355	6219.9	5351.3	8.7948	**1600**	73.62	13.584	6219.7	5351.1	8.7868
78.92	12.671	6503.1	5587.6	8.9421	**1700**	77.59	12.888	6502.9	5587.4	8.9341
82.95	12.055	6789.7	5827.5	9.0838	**1800**	81.55	12.262	6789.6	5827.3	9.0758
86.98	11.497	7079.6	6070.7	9.2203	**1900**	85.51	11.694	7079.5	6070.5	9.2124
91.00	10.990	7372.6	6317.0	9.3521	**2000**	89.46	11.178	7372.5	6316.8	9.3441

Tafel 3. Druckwasser und überhitzter Dampf (Fortsetzung)

120 bar (t_s = 324.709 °C)						122 bar (t_s = 325.976 °C)				
$10^3 v$	ϱ	h	u	s	t	$10^3 v$	ϱ	h	u	s
m^3/kg	kg/m^3	kJ/kg		kJ/kg K	°C	m^3/kg	kg/m^3	kJ/kg		kJ/kg K
1.52591	655.35	1490.73	1472.42	3.49527	t_l	1.53375	652.00	1498.82	1480.10	3.50827
14.262	70.12	2684.5	2513.4	5.4921	t_g	13.948	71.70	2680.1	2510.0	5.4800
0.99423	1005.81	12.11	0.18	0.00052	0	0.99413	1005.90	12.31	0.18	0.00053
0.99427	1005.76	32.89	20.96	0.07590	5	0.99418	1005.86	33.08	20.95	0.07589
0.99468	1005.34	53.61	41.68	0.14975	10	0.99459	1005.44	53.80	41.67	0.14973
0.99541	1004.61	74.33	62.38	0.22228	15	0.99532	1004.70	74.52	62.38	0.22224
0.99641	1003.61	95.06	83.10	0.29360	20	0.99632	1003.69	95.24	83.09	0.29356
0.99765	1002.36	115.80	103.83	0.36377	25	0.99756	1002.44	115.99	103.82	0.36371
0.99911	1000.89	136.56	124.57	0.43281	30	0.99903	1000.97	136.74	124.55	0.43275
1.00078	999.22	157.33	145.32	0.50075	35	1.00070	999.30	157.50	145.30	0.50068
1.00264	997.37	178.10	166.06	0.56761	40	1.00256	997.45	178.27	166.04	0.56754
1.00468	995.34	198.87	186.81	0.63343	45	1.00459	995.43	199.04	186.79	0.63334
1.00689	993.16	219.64	207.56	0.69822	50	1.00680	993.24	219.82	207.53	0.69813
1.00927	990.82	240.42	228.31	0.76202	55	1.00918	990.90	240.59	228.28	0.76192
1.01180	988.34	261.20	249.06	0.82488	60	1.01171	988.42	261.37	249.03	0.82477
1.01449	985.72	282.00	269.82	0.88682	65	1.01440	985.80	282.16	269.78	0.88671
1.01733	982.96	302.80	290.59	0.94789	70	1.01724	983.05	302.96	290.55	0.94777
1.02032	980.08	323.61	311.37	1.00811	75	1.02023	980.17	323.77	311.33	1.00799
1.02346	977.08	344.45	332.16	1.06752	80	1.02337	977.16	344.61	332.12	1.06740
1.02674	973.95	365.30	352.98	1.12617	85	1.02665	974.04	365.46	352.93	1.12603
1.03017	970.71	386.18	373.82	1.18406	90	1.03008	970.80	386.34	373.77	1.18392
1.03375	967.36	407.09	394.68	1.24124	95	1.03365	967.45	407.24	394.63	1.24109
1.03746	963.89	428.02	415.57	1.29772	100	1.03737	963.98	428.18	415.52	1.29757
1.04132	960.32	448.99	436.50	1.35354	105	1.04122	960.41	449.14	436.44	1.35339
1.04533	956.63	470.00	457.45	1.40872	110	1.04523	956.73	470.14	457.39	1.40856
1.04949	952.85	491.04	478.44	1.46328	115	1.04938	952.94	491.18	478.38	1.46311
1.05379	948.96	512.11	499.47	1.51724	120	1.05368	949.05	512.26	499.40	1.51706
1.05824	944.96	533.23	520.53	1.57061	125	1.05813	945.06	533.37	520.46	1.57043
1.06285	940.87	554.39	541.64	1.62343	130	1.06274	940.97	554.53	541.56	1.62324
1.06761	936.67	575.60	562.79	1.67571	135	1.06750	936.77	575.73	562.71	1.67551
1.07254	932.37	596.85	583.98	1.72746	140	1.07242	932.47	596.98	583.90	1.72726
1.07762	927.97	618.15	605.22	1.77871	145	1.07750	928.08	618.28	605.14	1.77850
1.08288	923.47	639.51	626.51	1.82948	150	1.08275	923.57	639.63	626.42	1.82926
1.08831	918.86	660.92	647.86	1.87978	155	1.08818	918.97	661.04	647.77	1.87956
1.09392	914.15	682.39	669.26	1.92963	160	1.09378	914.26	682.51	669.16	1.92940
1.09971	909.33	703.92	690.72	1.97905	165	1.09957	909.45	704.03	690.62	1.97882
1.10570	904.41	725.52	712.25	2.02807	170	1.10555	904.53	725.63	712.14	2.02782
1.11189	899.37	747.18	733.84	2.07669	175	1.11173	899.50	747.29	733.73	2.07644
1.11828	894.23	768.93	755.51	2.12494	180	1.11812	894.36	769.04	755.39	2.12468
1.12490	888.97	790.76	777.26	2.17285	185	1.12473	889.10	790.86	777.14	2.17258
1.13174	883.59	812.67	799.09	2.22042	190	1.13157	883.73	812.77	798.96	2.22014
1.13883	878.09	834.68	821.01	2.26768	195	1.13865	878.23	834.77	820.88	2.26739
1.14617	872.47	856.79	843.03	2.31465	200	1.14598	872.61	856.87	842.89	2.31436
1.15378	866.72	879.00	865.16	2.36136	205	1.15358	866.87	879.08	865.01	2.36105
1.16167	860.83	901.34	887.40	2.40783	210	1.16146	860.99	901.41	887.24	2.40751
1.16986	854.81	923.79	909.76	2.45407	215	1.16964	854.96	923.86	909.60	2.45374
1.17837	848.63	946.39	932.25	2.50012	220	1.17814	848.80	946.45	932.08	2.49977
1.18722	842.31	969.13	954.88	2.54600	225	1.18698	842.48	969.18	954.70	2.54564
1.19643	835.82	992.02	977.67	2.59173	230	1.19618	836.00	992.07	977.48	2.59136
1.20604	829.16	1015.09	1000.62	2.63735	235	1.20577	829.35	1015.13	1000.42	2.63696
1.21607	822.32	1038.34	1023.75	2.68289	240	1.21578	822.52	1038.38	1023.54	2.68248
1.22655	815.30	1061.80	1047.08	2.72837	245	1.22624	815.50	1061.82	1046.86	2.72794
1.23753	808.06	1085.47	1070.62	2.77383	250	1.23720	808.28	1085.48	1070.39	2.77338
1.24904	800.61	1109.37	1094.39	2.81931	255	1.24869	800.84	1109.37	1094.14	2.81884
1.26115	792.93	1133.54	1118.41	2.86485	260	1.26077	793.17	1133.53	1118.15	2.86436
1.27390	784.99	1157.99	1142.70	2.91050	265	1.27349	785.24	1157.96	1142.43	2.90998
1.28737	776.78	1182.75	1167.30	2.95630	270	1.28693	777.04	1182.71	1167.01	2.95575
1.30164	768.26	1207.86	1192.24	3.00231	275	1.30116	768.54	1207.80	1191.92	3.00173
1.31680	759.42	1233.35	1217.55	3.04861	280	1.31628	759.72	1233.27	1217.21	3.04798
1.33298	750.20	1259.27	1243.28	3.09526	285	1.33240	750.53	1259.17	1242.91	3.09459
1.35030	740.57	1285.68	1269.47	3.14235	290	1.34967	740.92	1285.54	1269.08	3.14163
1.36896	730.48	1312.63	1296.20	3.19000	295	1.36825	730.86	1312.46	1295.77	3.18923

Tafel 3. Druckwasser und überhitzter Dampf (Fortsetzung)

120 bar						122 bar				
$10^3 v$	ϱ	h	u	s	t	$10^3 v$	ϱ	h	u	s
m^3/kg	kg/m^3	kJ/kg		kJ/kg K	°C	m^3/kg	kg/m^3	kJ/kg		kJ/kg K
1.38917	719.85	1340.21	1323.54	3.23834	**300**	1.38837	720.27	1340.01	1323.07	3.23750
1.41122	708.61	1368.53	1351.60	3.28753	**305**	1.41031	709.07	1368.28	1351.08	3.28661
1.43549	696.63	1397.72	1380.49	3.33780	**310**	1.43444	697.14	1397.41	1379.91	3.33678
1.46250	683.76	1427.96	1410.41	3.38943	**315**	1.46127	684.34	1427.58	1409.75	3.38829
1.49299	669.79	1459.50	1441.58	3.44283	**320**	1.49153	670.45	1459.03	1440.83	3.44153
14.306	69.90	2687.0	2515.3	5.4962	**325**	1.52630	655.18	1492.12	1473.50	3.49709
15.006	66.64	2726.2	2546.2	5.5615	**330**	14.524	68.85	2713.1	2535.9	5.5349
15.627	63.99	2760.7	2573.1	5.6184	**335**	15.163	65.95	2749.2	2564.2	5.5945
16.192	61.76	2791.6	2597.3	5.6691	**340**	15.739	63.54	2781.4	2589.4	5.6472
16.714	59.83	2820.0	2619.4	5.7152	**345**	16.268	61.47	2810.8	2612.3	5.6949
17.203	58.13	2846.3	2639.9	5.7576	**350**	16.762	59.66	2837.9	2633.4	5.7386
17.664	56.61	2871.0	2659.1	5.7971	**355**	17.226	58.05	2863.2	2653.1	5.7791
18.102	55.24	2894.4	2677.1	5.8341	**360**	17.666	56.61	2887.1	2671.6	5.8169
18.520	54.00	2916.6	2694.3	5.8690	**365**	18.085	55.29	2909.8	2689.1	5.8526
18.922	52.85	2937.8	2710.7	5.9021	**370**	18.488	54.09	2931.4	2705.8	5.8864
19.309	51.789	2958.2	2726.5	5.9337	**375**	18.875	52.981	2952.1	2721.8	5.9185
19.684	50.804	2977.8	2741.6	5.9639	**380**	19.249	51.951	2972.1	2737.3	5.9492
20.047	49.883	2996.8	2756.3	5.9929	**385**	19.611	50.991	2991.4	2752.1	5.9786
20.400	49.019	3015.3	2770.5	6.0208	**390**	19.963	50.092	3010.1	2766.5	6.0069
20.744	48.206	3033.2	2784.3	6.0478	**395**	20.306	49.247	3028.3	2780.5	6.0342
21.080	47.438	3050.7	2797.8	6.0739	**400**	20.640	48.449	3046.0	2794.2	6.0606
21.731	46.017	3084.5	2823.8	6.1237	**410**	21.287	46.977	3080.2	2820.4	6.1110
22.357	44.729	3117.0	2848.7	6.1709	**420**	21.909	45.644	3113.0	2845.7	6.1587
22.962	43.551	3148.4	2872.9	6.2159	**430**	22.509	44.427	3144.6	2870.0	6.2040
23.548	42.466	3178.9	2896.3	6.2589	**440**	23.091	43.308	3175.3	2893.6	6.2474
24.120	41.460	3208.6	2919.1	6.3003	**450**	23.657	42.271	3205.2	2916.6	6.2890
24.677	40.523	3237.6	2941.5	6.3401	**460**	24.209	41.307	3234.4	2939.1	6.3292
25.223	39.646	3266.0	2963.4	6.3787	**470**	24.749	40.406	3263.0	2961.1	6.3679
25.758	38.823	3294.0	2984.9	6.4161	**480**	25.278	39.559	3291.2	2982.8	6.4055
26.283	38.047	3321.5	3006.1	6.4524	**490**	25.798	38.763	3318.8	3004.1	6.4420
26.800	37.313	3348.7	3027.1	6.4877	**500**	26.309	38.010	3346.1	3025.2	6.4775
27.811	35.957	3402.1	3068.4	6.5559	**520**	27.308	36.619	3399.7	3066.6	6.5460
28.796	34.727	3454.5	3108.9	6.6212	**540**	28.282	35.359	3452.3	3107.3	6.6115
29.760	33.602	3506.1	3149.0	6.6839	**560**	29.233	34.208	3504.1	3147.4	6.6744
30.705	32.568	3557.1	3188.6	6.7444	**580**	30.166	33.150	3555.2	3187.2	6.7350
31.634	31.611	3607.6	3228.0	6.8029	**600**	31.083	32.172	3605.9	3226.7	6.7937
32.550	30.722	3657.8	3267.2	6.8597	**620**	31.986	31.264	3656.2	3266.0	6.8507
33.453	29.893	3707.7	3306.3	6.9150	**640**	32.877	30.417	3706.2	3305.1	6.9061
34.346	29.116	3757.4	3345.3	6.9689	**660**	33.757	29.623	3756.0	3344.2	6.9600
35.229	28.386	3807.0	3384.3	7.0214	**680**	34.628	28.879	3805.7	3383.2	7.0127
36.104	27.698	3856.5	3423.3	7.0728	**700**	35.490	28.177	3855.2	3422.3	7.0642
36.971	27.048	3906.0	3462.3	7.1231	**720**	36.345	27.514	3904.8	3461.4	7.1145
37.832	26.433	3955.4	3501.4	7.1724	**740**	37.193	26.887	3954.3	3500.5	7.1639
38.686	25.849	4004.8	3540.6	7.2207	**760**	38.035	26.292	4003.8	3539.8	7.2123
39.535	25.294	4054.4	3579.9	7.2682	**780**	38.871	25.726	4053.4	3579.1	7.2598
40.379	24.766	4103.9	3619.4	7.3148	**800**	39.702	25.187	4103.0	3618.6	7.3065
42.469	23.547	4228.3	3718.7	7.4281	**850**	41.761	23.946	4227.5	3718.0	7.4198
44.536	22.454	4353.4	3819.0	7.5371	**900**	43.797	22.833	4352.7	3818.4	7.5289
46.585	21.466	4479.5	3920.5	7.6423	**950**	45.814	21.827	4478.8	3919.9	7.6342
48.618	20.569	4606.6	4023.2	7.7442	**1000**	47.815	20.914	4606.0	4022.7	7.7361
52.65	18.994	4864.2	4232.4	7.9389	**1100**	51.78	19.312	4863.7	4231.9	7.9309
56.64	17.656	5126.4	4446.7	8.1232	**1200**	55.71	17.950	5126.0	4446.3	8.1153
60.60	16.500	5393.2	4665.9	8.2984	**1300**	59.61	16.775	5392.9	4665.6	8.2906
64.55	15.492	5664.5	4889.9	8.4656	**1400**	63.50	15.749	5664.2	4889.6	8.4578
68.48	14.603	5940.0	5118.3	8.6255	**1500**	67.36	14.845	5939.8	5118.0	8.6178
72.40	13.813	6219.6	5350.8	8.7789	**1600**	71.22	14.042	6219.4	5350.6	8.7711
76.30	13.106	6502.8	5587.2	8.9262	**1700**	75.06	13.323	6502.7	5586.9	8.9185
80.20	12.469	6789.5	5827.1	9.0679	**1800**	78.90	12.675	6789.4	5826.9	9.0602
84.09	11.891	7079.4	6070.3	9.2045	**1900**	82.72	12.088	7079.4	6070.1	9.1968
87.98	11.366	7372.4	6316.6	9.3363	**2000**	86.55	11.554	7372.4	6316.5	9.3286

Tafel 3. Druckwasser und überhitzter Dampf (Fortsetzung)

124 bar ($t_s = 327.227$ °C)						126 bar ($t_s = 328.462$ °C)				
$10^3 v$	ϱ	h	u	s	t	$10^3 v$	ϱ	h	u	s
m³/kg	kg/m³	kJ/kg		kJ/kg K	°C	m³/kg	kg/m³	kJ/kg		kJ/kg K
1.54169	648.64	1506.87	1487.75	3.52118	t_l	1.54975	645.27	1514.89	1495.36	3.53402
13.643	73.30	2675.7	2506.5	5.4680	t_g	13.347	74.92	2671.1	2503.0	5.4559
0.99403	1006.00	12.51	0.18	0.00053	0	0.99393	1006.10	12.71	0.19	0.00054
0.99408	1005.95	33.28	20.95	0.07588	5	0.99399	1006.05	33.48	20.95	0.07587
0.99450	1005.53	54.00	41.66	0.14970	10	0.99441	1005.62	54.19	41.66	0.14968
0.99523	1004.79	74.71	62.37	0.22221	15	0.99514	1004.88	74.90	62.36	0.22218
0.99623	1003.78	95.43	83.08	0.29351	20	0.99614	1003.87	95.62	83.07	0.29347
0.99748	1002.53	116.17	103.80	0.36366	25	0.99739	1002.62	116.35	103.79	0.36360
0.99894	1001.06	136.92	124.53	0.43268	30	0.99885	1001.15	137.10	124.52	0.43262
1.00061	999.39	157.68	145.27	0.50061	35	1.00052	999.48	157.86	145.25	0.50054
1.00247	997.54	178.45	166.02	0.56746	40	1.00238	997.62	178.62	165.99	0.56738
1.00451	995.51	199.22	186.76	0.63326	45	1.00442	995.60	199.39	186.73	0.63317
1.00672	993.33	219.99	207.50	0.69803	50	1.00663	993.41	220.16	207.48	0.69794
1.00909	990.99	240.76	228.25	0.76183	55	1.00901	991.07	240.93	228.22	0.76173
1.01163	988.51	261.54	249.00	0.82467	60	1.01154	988.59	261.71	248.96	0.82456
1.01431	985.89	282.33	269.75	0.88660	65	1.01423	985.97	282.49	269.71	0.88649
1.01715	983.14	303.12	290.51	0.94765	70	1.01707	983.22	303.29	290.47	0.94754
1.02014	980.26	323.94	311.29	1.00786	75	1.02005	980.34	324.10	311.24	1.00774
1.02328	977.25	344.76	332.08	1.06727	80	1.02319	977.34	344.92	332.03	1.06714
1.02656	974.13	365.62	352.89	1.12590	85	1.02647	974.22	365.77	352.84	1.12576
1.02998	970.89	386.49	373.72	1.18378	90	1.02989	970.98	386.65	373.67	1.18364
1.03355	967.54	407.39	394.58	1.24095	95	1.03346	967.62	407.55	394.53	1.24080
1.03727	964.07	428.33	415.46	1.29742	100	1.03717	964.16	428.48	415.41	1.29727
1.04113	960.50	449.29	436.38	1.35323	105	1.04103	960.59	449.44	436.32	1.35307
1.04513	956.82	470.29	457.33	1.40840	110	1.04503	956.91	470.44	457.27	1.40823
1.04928	953.04	491.32	478.31	1.46294	115	1.04917	953.13	491.47	478.25	1.46277
1.05357	949.15	512.40	499.33	1.51689	120	1.05347	949.25	512.54	499.27	1.51671
1.05802	945.16	533.51	520.39	1.57025	125	1.05791	945.26	533.65	520.32	1.57007
1.06262	941.07	554.67	541.49	1.62306	130	1.06251	941.17	554.80	541.42	1.62287
1.06738	936.87	575.87	562.63	1.67532	135	1.06726	936.97	576.00	562.55	1.67513
1.07230	932.58	597.11	583.82	1.72706	140	1.07218	932.68	597.25	583.74	1.72686
1.07738	928.18	618.41	605.05	1.77830	145	1.07725	928.29	618.54	604.97	1.77809
1.08262	923.68	639.76	626.34	1.82905	150	1.08250	923.79	639.89	626.25	1.82884
1.08804	919.08	661.16	647.67	1.87934	155	1.08791	919.19	661.29	647.58	1.87912
1.09364	914.37	682.63	669.07	1.92917	160	1.09351	914.49	682.75	668.97	1.92895
1.09943	909.56	704.15	690.52	1.97858	165	1.09929	909.68	704.27	690.42	1.97835
1.10540	904.65	725.74	712.04	2.02758	170	1.10526	904.77	725.86	711.93	2.02734
1.11158	899.62	747.40	733.62	2.07619	175	1.11143	899.74	747.51	733.51	2.07594
1.11797	894.48	769.14	755.28	2.12442	180	1.11781	894.61	769.25	755.16	2.12416
1.12457	889.23	790.96	777.02	2.17231	185	1.12440	889.36	791.06	776.89	2.17204
1.13140	883.86	812.86	798.84	2.21986	190	1.13123	883.99	812.96	798.71	2.21958
1.13847	878.37	834.86	820.75	2.26710	195	1.13829	878.51	834.96	820.61	2.26682
1.14579	872.76	856.96	842.75	2.31406	200	1.14561	872.90	857.05	842.62	2.31376
1.15338	867.02	879.17	864.87	2.36074	205	1.15319	867.16	879.25	864.72	2.36043
1.16125	861.14	901.49	887.09	2.40718	210	1.16105	861.29	901.57	886.94	2.40686
1.16942	855.12	923.94	909.44	2.45340	215	1.16921	855.28	924.01	909.28	2.45307
1.17791	848.96	946.52	931.91	2.49943	220	1.17768	849.13	946.58	931.74	2.49908
1.18673	842.65	969.24	954.53	2.54528	225	1.18649	842.82	969.30	954.35	2.54492
1.19592	836.18	992.12	977.30	2.59098	230	1.19567	836.35	992.18	977.11	2.59061
1.20550	829.53	1015.18	1000.23	2.63657	235	1.20523	829.72	1015.22	1000.03	2.63618
1.21549	822.71	1038.41	1023.34	2.68207	240	1.21521	822.91	1038.44	1023.13	2.68166
1.22594	815.70	1061.84	1046.64	2.72751	245	1.22563	815.91	1061.87	1046.42	2.72709
1.23687	808.49	1085.49	1070.16	2.77293	250	1.23655	808.70	1085.51	1069.93	2.77249
1.24834	801.06	1109.38	1093.90	2.81837	255	1.24799	801.29	1109.38	1093.65	2.81790
1.26039	793.40	1133.52	1117.89	2.86386	260	1.26002	793.64	1133.50	1117.63	2.86337
1.27309	785.49	1157.94	1142.15	2.90945	265	1.27268	785.74	1157.91	1141.88	2.90893
1.28649	777.31	1182.67	1166.71	2.95520	270	1.28605	777.57	1182.63	1166.42	2.95464
1.30068	768.83	1207.74	1191.61	3.00114	275	1.30021	769.11	1207.68	1191.30	3.00056
1.31576	760.02	1233.19	1216.87	3.04736	280	1.31524	760.32	1233.11	1216.54	3.04674
1.33183	750.85	1259.06	1242.55	3.09392	285	1.33126	751.17	1258.96	1242.18	3.09326
1.34903	741.27	1285.41	1268.68	3.14092	290	1.34840	741.62	1285.28	1268.29	3.14021
1.36754	731.24	1312.30	1295.34	3.18845	295	1.36684	731.62	1312.14	1294.91	3.18769

Tafel 3. Druckwasser und überhitzter Dampf (Fortsetzung)

124 bar						126 bar				
$10^3 v$	ϱ	h	u	s	t	$10^3 v$	ϱ	h	u	s
m^3/kg	kg/m^3	kJ/kg		kJ/kg K	°C	m^3/kg	kg/m^3	kJ/kg		kJ/kg K
1.38757	720.68	1339.81	1322.60	3.23666	**300**	1.38678	721.09	1339.61	1322.13	3.23583
1.40940	709.52	1368.03	1350.56	3.28569	**305**	1.40851	709.97	1367.79	1350.04	3.28478
1.43340	697.64	1397.11	1379.34	3.33577	**310**	1.43236	698.15	1396.81	1378.76	3.33476
1.46005	684.91	1427.21	1409.10	3.38716	**315**	1.45885	685.47	1426.84	1408.46	3.38603
1.49007	671.11	1458.56	1440.09	3.44025	**320**	1.48864	671.76	1458.11	1439.35	3.43897
1.52452	655.94	1491.53	1472.63	3.49559	**325**	1.52276	656.70	1490.95	1471.77	3.49412
14.049	71.18	2699.4	2525.2	5.5073	**330**	13.577	73.65	2684.9	2513.8	5.4787
14.707	68.00	2737.3	2555.0	5.5700	**335**	14.258	70.14	2724.9	2545.3	5.5449
15.295	65.38	2770.9	2581.2	5.6250	**340**	14.860	67.29	2760.0	2572.8	5.6023
15.833	63.16	2801.3	2604.9	5.6743	**345**	15.407	64.90	2791.5	2597.4	5.6535
16.332	61.23	2829.2	2626.7	5.7194	**350**	15.913	62.84	2820.4	2619.9	5.7000
16.800	59.52	2855.2	2646.9	5.7610	**355**	16.385	61.03	2847.1	2640.6	5.7427
17.242	58.00	2879.7	2665.9	5.7997	**360**	16.830	59.42	2872.1	2660.1	5.7824
17.663	56.62	2902.8	2683.8	5.8362	**365**	17.253	57.96	2895.8	2678.4	5.8197
18.066	55.35	2924.9	2700.9	5.8706	**370**	17.656	56.64	2918.3	2695.8	5.8548
18.453	54.192	2946.0	2717.2	5.9033	**375**	18.044	55.42	2939.8	2712.4	5.8881
18.827	53.116	2966.3	2732.8	5.9345	**380**	18.417	54.30	2960.4	2728.4	5.9198
19.189	52.115	2985.9	2747.9	5.9643	**385**	18.778	53.25	2980.3	2743.7	5.9501
19.539	51.178	3004.8	2762.6	5.9931	**390**	19.128	52.28	2999.5	2758.5	5.9792
19.881	50.300	3023.3	2776.7	6.0207	**395**	19.469	51.36	3018.2	2772.9	6.0073
20.214	49.471	3041.2	2790.5	6.0474	**400**	19.800	50.50	3036.3	2786.9	6.0343
20.857	47.945	3075.7	2817.1	6.0984	**410**	20.440	48.923	3071.3	2813.7	6.0858
21.474	46.567	3108.9	2842.6	6.1465	**420**	21.054	47.498	3104.7	2839.5	6.1345
22.070	45.310	3140.8	2867.1	6.1923	**430**	21.645	46.200	3137.0	2864.2	6.1806
22.647	44.155	3171.7	2890.9	6.2360	**440**	22.218	45.009	3168.2	2888.2	6.2247
23.208	43.088	3201.9	2914.1	6.2779	**450**	22.774	43.910	3198.5	2911.5	6.2669
23.756	42.095	3231.3	2936.7	6.3183	**460**	23.316	42.889	3228.1	2934.3	6.3075
24.290	41.169	3260.0	2958.8	6.3573	**470**	23.846	41.936	3257.0	2956.6	6.3468
24.814	40.299	3288.3	2980.6	6.3951	**480**	24.365	41.043	3285.5	2978.5	6.3848
25.328	39.481	3316.1	3002.1	6.4318	**490**	24.873	40.204	3313.4	3000.0	6.4216
25.834	38.709	3343.5	3023.2	6.4675	**500**	25.373	39.411	3341.0	3021.2	6.4575
26.822	37.283	3397.4	3064.8	6.5362	**520**	26.350	37.950	3395.0	3063.0	6.5265
27.783	35.993	3450.1	3105.6	6.6019	**540**	27.301	36.629	3448.0	3104.0	6.5925
28.723	34.815	3502.1	3145.9	6.6650	**560**	28.229	35.424	3500.1	3144.4	6.6558
29.644	33.734	3553.4	3185.8	6.7259	**580**	29.139	34.319	3551.5	3184.4	6.7168
30.549	32.734	3604.2	3225.4	6.7847	**600**	30.032	33.298	3602.4	3224.0	6.7758
31.440	31.806	3654.6	3264.7	6.8418	**620**	30.912	32.350	3653.0	3263.5	6.8330
32.319	30.941	3704.7	3303.9	6.8973	**640**	31.779	31.467	3703.2	3302.8	6.8886
33.187	30.132	3754.6	3343.1	6.9513	**660**	32.636	30.641	3753.2	3342.0	6.9428
34.046	29.372	3804.3	3382.2	7.0041	**680**	33.483	29.866	3803.0	3381.1	6.9956
34.896	28.656	3854.0	3421.3	7.0556	**700**	34.321	29.136	3852.7	3420.3	7.0472
35.739	27.981	3903.6	3460.4	7.1061	**720**	35.152	28.448	3902.4	3459.5	7.0977
36.575	27.341	3953.1	3499.6	7.1555	**740**	35.977	27.796	3952.0	3498.7	7.1472
37.405	26.735	4002.7	3538.9	7.2040	**760**	36.795	27.178	4001.7	3538.1	7.1957
38.229	26.158	4052.3	3578.3	7.2515	**780**	37.607	26.591	4051.3	3577.5	7.2434
39.048	25.610	4102.0	3617.8	7.2982	**800**	38.414	26.032	4101.1	3617.0	7.2901
41.076	24.345	4226.6	3717.3	7.4117	**850**	40.413	24.744	4225.8	3716.6	7.4037
43.082	23.212	4351.9	3817.7	7.5209	**900**	42.389	23.591	4351.2	3817.1	7.5130
45.068	22.189	4478.2	3919.3	7.6263	**950**	44.346	22.550	4477.5	3918.7	7.6184
47.039	21.259	4605.4	4022.1	7.7282	**1000**	46.288	21.604	4604.8	4021.6	7.7204
50.94	19.629	4863.2	4231.5	7.9231	**1100**	50.13	19.947	4862.7	4231.0	7.9154
54.81	18.244	5125.6	4445.9	8.1075	**1200**	53.94	18.538	5125.2	4445.5	8.0999
58.65	17.049	5392.5	4665.2	8.2828	**1300**	57.73	17.323	5392.2	4664.9	8.2752
62.47	16.006	5664.0	4889.3	8.4501	**1400**	61.49	16.264	5663.7	4889.0	8.4425
66.28	15.088	5939.6	5117.7	8.6101	**1500**	65.23	15.330	5939.4	5117.5	8.6026
70.07	14.271	6219.2	5350.3	8.7635	**1600**	68.97	14.500	6219.0	5350.1	8.7560
73.86	13.540	6502.5	5586.7	8.9108	**1700**	72.69	13.757	6502.4	5586.5	8.9033
77.63	12.881	6789.3	5826.7	9.0526	**1800**	76.41	13.088	6789.2	5826.4	9.0451
81.40	12.285	7079.3	6069.9	9.1892	**1900**	80.12	12.482	7079.2	6069.7	9.1817
85.16	11.742	7372.3	6316.3	9.3210	**2000**	83.82	11.930	7372.2	6316.1	9.3136

Tafel 3. Druckwasser und überhitzter Dampf (Fortsetzung)

128 bar ($t_s = 329.682$ °C)						130 bar ($t_s = 330.888$ °C)				
$10^3 v$ m³/kg	ϱ kg/m³	h kJ/kg	u kJ/kg	s kJ/kgK	t °C	$10^3 v$ m³/kg	ϱ kg/m³	h kJ/kg	u kJ/kg	s kJ/kg K
1.55791	641.89	1522.89	1502.94	3.54678	t_l	1.56620	638.49	1530.85	1510.49	3.55947
13.059	76.58	2666.5	2499.4	5.4439	t_g	12.779	78.25	2661.8	2495.7	5.4318
0.99384	1006.20	12.91	0.19	0.00054	0	0.99374	1006.30	13.11	0.19	0.00055
0.99389	1006.14	33.67	20.95	0.07586	5	0.99380	1006.24	33.87	20.95	0.07585
0.99432	1005.72	54.38	41.65	0.14966	10	0.99422	1005.81	54.57	41.65	0.14963
0.99505	1004.98	75.09	62.35	0.22214	15	0.99496	1005.07	75.27	62.34	0.22211
0.99605	1003.96	95.80	83.05	0.29342	20	0.99597	1004.05	95.99	83.04	0.29338
0.99730	1002.71	116.54	103.77	0.36355	25	0.99721	1002.79	116.72	103.76	0.36350
0.99877	1001.23	137.28	124.50	0.43256	30	0.99868	1001.32	137.46	124.48	0.43250
1.00044	999.56	158.04	145.23	0.50047	35	1.00035	999.65	158.22	145.21	0.50040
1.00230	997.71	178.80	165.97	0.56730	40	1.00221	997.79	178.98	165.95	0.56722
1.00434	995.68	199.56	186.71	0.63309	45	1.00425	995.77	199.74	186.68	0.63300
1.00655	993.50	220.33	207.45	0.69785	50	1.00646	993.58	220.50	207.42	0.69776
1.00892	991.16	241.10	228.19	0.76163	55	1.00883	991.24	241.27	228.16	0.76153
1.01145	988.68	261.87	248.93	0.82446	60	1.01136	988.76	262.04	248.89	0.82436
1.01414	986.06	282.66	269.68	0.88638	65	1.01405	986.14	282.82	269.64	0.88627
1.01698	983.31	303.45	290.43	0.94742	70	1.01689	983.39	303.61	290.39	0.94730
1.01996	980.43	324.26	311.20	1.00762	75	1.01987	980.51	324.42	311.16	1.00750
1.02310	977.43	345.08	331.99	1.06701	80	1.02301	977.51	345.24	331.94	1.06688
1.02637	974.30	365.93	352.79	1.12563	85	1.02628	974.39	366.09	352.75	1.12549
1.02980	971.07	386.80	373.62	1.18350	90	1.02970	971.15	386.96	373.57	1.18336
1.03336	967.71	407.70	394.47	1.24066	95	1.03327	967.80	407.85	394.42	1.24051
1.03707	964.25	428.63	415.35	1.29712	100	1.03698	964.34	428.78	415.30	1.29697
1.04093	960.68	449.59	436.26	1.35292	105	1.04083	960.77	449.74	436.21	1.35276
1.04492	957.01	470.58	457.21	1.40807	110	1.04482	957.10	470.73	457.15	1.40791
1.04907	953.23	491.61	478.18	1.46260	115	1.04897	953.32	491.76	478.12	1.46243
1.05336	949.34	512.68	499.20	1.51654	120	1.05325	949.44	512.82	499.13	1.51636
1.05780	945.35	533.79	520.25	1.56989	125	1.05769	945.45	533.93	520.18	1.56971
1.06240	941.27	554.94	541.34	1.62268	130	1.06229	941.37	555.08	541.27	1.62249
1.06715	937.08	576.14	562.48	1.67493	135	1.06703	937.18	576.27	562.40	1.67474
1.07206	932.79	597.38	583.66	1.72666	140	1.07194	932.89	597.51	583.58	1.72646
1.07713	928.39	618.67	604.88	1.77789	145	1.07701	928.50	618.80	604.80	1.77768
1.08237	923.90	640.01	626.16	1.82862	150	1.08224	924.01	640.14	626.07	1.82841
1.08778	919.30	661.41	647.49	1.87890	155	1.08765	919.41	661.53	647.39	1.87868
1.09337	914.60	682.87	668.87	1.92872	160	1.09324	914.72	682.99	668.78	1.92849
1.09915	909.80	704.39	690.32	1.97811	165	1.09901	909.91	704.50	690.22	1.97788
1.10511	904.88	725.97	711.82	2.02710	170	1.10497	905.00	726.08	711.72	2.02685
1.11128	899.86	747.62	733.40	2.07569	175	1.11113	899.99	747.73	733.29	2.07544
1.11765	894.73	769.35	755.05	2.12391	180	1.11749	894.86	769.46	754.93	2.12365
1.12424	889.49	791.16	776.77	2.17177	185	1.12408	889.62	791.27	776.65	2.17150
1.13106	884.13	813.06	798.58	2.21931	190	1.13089	884.26	813.16	798.46	2.21903
1.13811	878.65	835.05	820.48	2.26653	195	1.13793	878.79	835.14	820.35	2.26624
1.14542	873.04	857.14	842.48	2.31346	200	1.14523	873.19	857.23	842.34	2.31316
1.15299	867.31	879.33	864.58	2.36013	205	1.15279	867.46	879.42	864.43	2.35982
1.16084	861.44	901.64	886.79	2.40654	210	1.16064	861.60	901.72	886.63	2.40622
1.16899	855.44	924.08	909.12	2.45274	215	1.16877	855.60	924.15	908.96	2.45241
1.17745	849.29	946.65	931.58	2.49874	220	1.17723	849.45	946.71	931.41	2.49839
1.18625	842.99	969.36	954.18	2.54456	225	1.18601	843.16	969.42	954.00	2.54420
1.19541	836.53	992.23	976.93	2.59023	230	1.19516	836.71	992.28	976.74	2.58986
1.20496	829.90	1015.26	999.84	2.63579	235	1.20469	830.09	1015.30	999.64	2.63540
1.21492	823.10	1038.48	1022.93	2.68125	240	1.21463	823.29	1038.51	1022.72	2.68085
1.22533	816.11	1061.89	1046.21	2.72666	245	1.22502	816.31	1061.92	1045.99	2.72623
1.23622	808.92	1085.52	1069.70	2.77204	250	1.23590	809.13	1085.53	1069.47	2.77160
1.24765	801.51	1109.38	1093.41	2.81743	255	1.24730	801.73	1109.38	1093.17	2.81697
1.25965	793.87	1133.49	1117.37	2.86288	260	1.25927	794.11	1133.48	1117.11	2.86238
1.27228	785.99	1157.89	1141.60	2.90841	265	1.27188	786.24	1157.86	1141.33	2.90790
1.28562	777.84	1182.58	1166.13	2.95410	270	1.28518	778.10	1182.54	1165.84	2.95355
1.29973	769.39	1207.62	1190.98	2.99998	275	1.29926	769.67	1207.56	1190.67	2.99940
1.31472	760.62	1233.03	1216.20	3.04612	280	1.31420	760.92	1232.95	1215.86	3.04550
1.33069	751.49	1258.85	1241.82	3.09260	285	1.33012	751.81	1258.75	1241.46	3.09194
1.34777	741.97	1285.15	1267.90	3.13950	290	1.34715	742.31	1285.02	1267.51	3.13879
1.36614	731.99	1311.97	1294.49	3.18692	295	1.36544	732.36	1311.82	1294.06	3.18616

Tafel 3. Druckwasser und überhitzter Dampf (Fortsetzung)

128 bar						130 bar				
$10^3 v$	ϱ	h	u	s	t	$10^3 v$	ϱ	h	u	s
m^3/kg	kg/m^3	kJ/kg		kJ/kgK	°C	m^3/kg	kg/m^3	kJ/kg		kJ/kg K
1.38600	721.50	1339.41	1321.67	3.23500	**300**	1.38522	721.91	1339.21	1321.20	3.23417
1.40761	710.42	1367.55	1349.53	3.28388	**305**	1.40673	710.87	1367.31	1349.02	3.28297
1.43134	698.65	1396.51	1378.19	3.33376	**310**	1.43033	699.14	1396.22	1377.63	3.33277
1.45765	686.03	1426.47	1407.82	3.38492	**315**	1.45647	686.59	1426.11	1407.18	3.38381
1.48722	672.40	1457.65	1438.62	3.43771	**320**	1.48581	673.03	1457.21	1437.89	3.43645
1.52102	657.45	1490.38	1470.91	3.49265	**325**	1.51931	658.19	1489.82	1470.07	3.49120
13.108	76.29	2669.5	2501.7	5.4488	**330**	1.55848	641.65	1524.44	1504.18	3.54885
13.815	72.39	2712.0	2535.2	5.5190	**335**	13.376	74.76	2698.5	2524.6	5.4923
14.433	69.28	2748.8	2564.0	5.5792	**340**	14.013	71.36	2737.1	2554.9	5.5555
14.991	66.71	2781.5	2589.6	5.6324	**345**	14.583	68.57	2771.2	2581.6	5.6109
15.503	64.50	2811.3	2612.8	5.6804	**350**	15.103	66.21	2802.0	2605.6	5.6605
15.980	62.58	2838.8	2634.2	5.7243	**355**	15.585	64.16	2830.3	2627.7	5.7058
16.428	60.87	2864.5	2654.2	5.7651	**360**	16.037	62.36	2856.6	2648.2	5.7476
16.853	59.34	2888.7	2672.9	5.8031	**365**	16.464	60.74	2881.4	2667.4	5.7865
17.258	57.94	2911.6	2690.7	5.8389	**370**	16.870	59.28	2904.8	2685.5	5.8231
17.646	56.67	2933.5	2707.6	5.8729	**375**	17.259	57.94	2927.1	2702.8	5.8576
18.019	55.50	2954.5	2723.8	5.9051	**380**	17.633	56.71	2948.5	2719.2	5.8904
18.380	54.41	2974.7	2739.4	5.9359	**385**	17.993	55.58	2969.0	2735.1	5.9217
18.729	53.39	2994.2	2754.5	5.9655	**390**	18.342	54.52	2988.8	2750.3	5.9517
19.069	52.44	3013.1	2769.0	5.9939	**395**	18.680	53.53	3007.9	2765.1	5.9805
19.399	51.55	3031.5	2783.2	6.0212	**400**	19.009	52.61	3026.5	2779.4	6.0082
20.036	49.911	3066.8	2810.4	6.0734	**410**	19.643	50.908	3062.3	2806.9	6.0609
20.646	48.436	3100.6	2836.3	6.1225	**420**	20.250	49.383	3096.4	2833.2	6.1105
21.233	47.096	3133.1	2861.3	6.1690	**430**	20.833	48.000	3129.2	2858.4	6.1575
21.801	45.869	3164.5	2885.5	6.2134	**440**	21.398	46.734	3160.9	2882.7	6.2023
22.353	44.736	3195.1	2909.0	6.2560	**450**	21.945	45.569	3191.7	2906.4	6.2451
22.891	43.686	3224.9	2931.9	6.2969	**460**	22.478	44.489	3221.7	2929.4	6.2863
23.415	42.707	3254.0	2954.3	6.3363	**470**	22.998	43.483	3251.0	2952.0	6.3260
23.929	41.790	3282.6	2976.3	6.3745	**480**	23.506	42.541	3279.7	2974.1	6.3644
24.433	40.929	3310.7	2997.9	6.4116	**490**	24.005	41.658	3307.9	2995.9	6.4017
24.927	40.117	3338.4	3019.3	6.4476	**500**	24.495	40.825	3335.7	3017.3	6.4379
25.894	38.620	3392.6	3061.2	6.5170	**520**	25.451	39.291	3390.3	3059.4	6.5075
26.833	37.267	3445.8	3102.3	6.5831	**540**	26.380	37.907	3443.6	3100.7	6.5739
27.751	36.035	3498.1	3142.9	6.6466	**560**	27.287	36.648	3496.1	3141.3	6.6376
28.649	34.905	3549.7	3182.9	6.7078	**580**	28.175	35.493	3547.8	3181.5	6.6990
29.532	33.862	3600.7	3222.7	6.7670	**600**	29.046	34.428	3599.0	3221.4	6.7583
30.400	32.895	3651.3	3262.2	6.8243	**620**	29.904	33.441	3649.7	3261.0	6.8158
31.256	31.994	3701.7	3301.6	6.8801	**640**	30.749	32.521	3700.2	3300.4	6.8716
32.101	31.151	3751.8	3340.9	6.9343	**660**	31.583	31.662	3750.3	3339.8	6.9260
32.937	30.361	3801.7	3380.1	6.9872	**680**	32.408	30.856	3800.3	3379.0	6.9790
33.764	29.617	3851.5	3419.3	7.0389	**700**	33.225	30.098	3850.2	3418.3	7.0308
34.584	28.915	3901.2	3458.5	7.0895	**720**	34.033	29.383	3900.0	3457.6	7.0814
35.397	28.251	3950.9	3497.8	7.1391	**740**	34.835	28.707	3949.8	3496.9	7.1310
36.203	27.622	4000.6	3537.2	7.1876	**760**	35.631	28.066	3999.5	3536.3	7.1797
37.005	27.024	4050.3	3576.7	7.2353	**780**	36.421	27.457	4049.3	3575.9	7.2274
37.800	26.455	4100.1	3616.3	7.2821	**800**	37.206	26.878	4099.2	3615.5	7.2743
39.771	25.144	4224.9	3715.9	7.3958	**850**	39.148	25.544	4224.1	3715.2	7.3880
41.718	23.970	4350.4	3816.4	7.5052	**900**	41.068	24.350	4349.7	3815.8	7.4975
43.647	22.911	4476.8	3918.2	7.6107	**950**	42.969	23.273	4476.2	3917.6	7.6030
45.560	21.949	4604.2	4021.1	7.7127	**1000**	44.854	22.295	4603.6	4020.5	7.7052
49.349	20.264	4862.2	4230.6	7.9078	**1100**	48.588	20.581	4861.8	4230.1	7.9003
53.101	18.832	5124.8	4445.1	8.0923	**1200**	52.284	19.126	5124.4	4444.7	8.0849
56.825	17.598	5391.9	4664.5	8.2678	**1300**	55.953	17.872	5391.6	4664.2	8.2604
60.529	16.521	5663.4	4888.7	8.4351	**1400**	59.602	16.778	5663.2	4888.3	8.4278
64.218	15.572	5939.2	5117.2	8.5951	**1500**	63.235	15.814	5939.0	5116.9	8.5878
67.90	14.729	6218.9	5349.8	8.7486	**1600**	66.86	14.957	6218.7	5349.6	8.7413
71.56	13.974	6502.2	5586.2	8.8960	**1700**	70.47	14.191	6502.1	5586.0	8.8887
75.22	13.294	6789.1	5826.2	9.0377	**1800**	74.07	13.501	6788.9	5826.0	9.0305
78.87	12.679	7079.1	6069.5	9.1744	**1900**	77.67	12.875	7079.0	6069.3	9.1671
82.52	12.118	7372.2	6315.9	9.3062	**2000**	81.26	12.306	7372.1	6315.7	9.2990

Tafel 3. Druckwasser und überhitzter Dampf (Fortsetzung)

132 bar ($t_s = 332.078$ °C)						134 bar ($t_s = 333.254$ °C)				
$10^3 v$	ϱ	h	u	s	t	$10^3 v$	ϱ	h	u	s
m³/kg	kg/m³	kJ/kg		kJ/kgK	°C	m³/kg	kg/m³	kJ/kg		kJ/kg K
1.5746	635.1	1538.8	1518.0	3.5721	t_l	1.5831	631.7	1546.7	1525.5	3.5847
12.507	79.96	2657.1	2492.0	5.4197	t_g	12.241	81.69	2652.2	2488.2	5.4076
0.99364	1006.40	13.31	0.19	0.00056	0	0.99354	1006.50	13.51	0.20	0.00056
0.99371	1006.33	34.06	20.95	0.07584	5	0.99361	1006.43	34.26	20.95	0.07583
0.99413	1005.90	54.77	41.64	0.14961	10	0.99404	1005.99	54.96	41.64	0.14959
0.99487	1005.16	75.46	62.33	0.22207	15	0.99478	1005.25	75.65	62.32	0.22204
0.99588	1004.14	96.17	83.03	0.29333	20	0.99579	1004.23	96.36	83.02	0.29328
0.99713	1002.88	116.90	103.74	0.36344	25	0.99704	1002.97	117.09	103.73	0.36339
0.99860	1001.41	137.64	124.46	0.43243	30	0.99851	1001.49	137.82	124.44	0.43237
1.00027	999.73	158.40	145.19	0.50033	35	1.00018	999.82	158.57	145.17	0.50026
1.00213	997.88	179.15	165.92	0.56715	40	1.00204	997.96	179.33	165.90	0.56707
1.00416	995.85	199.91	186.66	0.63292	45	1.00408	995.94	200.09	186.63	0.63283
1.00637	993.67	220.67	207.39	0.69767	50	1.00629	993.75	220.85	207.36	0.69758
1.00875	991.33	241.44	228.12	0.76143	55	1.00866	991.41	241.61	228.09	0.76134
1.01128	988.85	262.21	248.86	0.82425	60	1.01119	988.93	262.38	248.83	0.82415
1.01396	986.23	282.99	269.60	0.88616	65	1.01388	986.31	283.15	269.57	0.88605
1.01680	983.48	303.78	290.36	0.94719	70	1.01671	983.56	303.94	290.32	0.94707
1.01978	980.60	324.58	311.12	1.00737	75	1.01969	980.69	324.74	311.08	1.00725
1.02291	977.60	345.40	331.90	1.06675	80	1.02282	977.69	345.56	331.86	1.06663
1.02619	974.48	366.25	352.70	1.12536	85	1.02610	974.57	366.40	352.65	1.12523
1.02961	971.24	387.11	373.52	1.18322	90	1.02952	971.33	387.27	373.47	1.18308
1.03317	967.89	408.01	394.37	1.24036	95	1.03308	967.98	408.16	394.32	1.24022
1.03688	964.43	428.93	415.24	1.29682	100	1.03678	964.52	429.08	415.19	1.29667
1.04073	960.87	449.89	436.15	1.35260	105	1.04063	960.96	450.03	436.09	1.35245
1.04472	957.19	470.88	457.09	1.40774	110	1.04462	957.29	471.02	457.02	1.40758
1.04886	953.41	491.90	478.06	1.46227	115	1.04876	953.51	492.05	477.99	1.46210
1.05315	949.53	512.97	499.06	1.51619	120	1.05304	949.63	513.11	499.00	1.51601
1.05759	945.55	534.07	520.11	1.56953	125	1.05748	945.65	534.21	520.04	1.56935
1.06217	941.47	555.22	541.19	1.62231	130	1.06206	941.56	555.35	541.12	1.62212
1.06692	937.28	576.41	562.32	1.67455	135	1.06680	937.38	576.54	562.25	1.67435
1.07182	932.99	597.64	583.49	1.72626	140	1.07170	933.10	597.77	583.41	1.72606
1.07688	928.60	618.93	604.71	1.77747	145	1.07676	928.71	619.06	604.63	1.77727
1.0821	924.1	640.3	626.0	1.8282	150	1.0820	924.2	640.4	625.9	1.8280
1.0875	919.5	661.7	647.3	1.8785	155	1.0874	919.6	661.8	647.2	1.8782
1.0931	914.8	683.1	668.7	1.9283	160	1.0930	914.9	683.2	668.6	1.9280
1.0989	910.0	704.6	690.1	1.9776	165	1.0987	910.1	704.7	690.0	1.9774
1.1048	905.1	726.2	711.6	2.0266	170	1.1047	905.2	726.3	711.5	2.0264
1.1110	900.1	747.8	733.2	2.0752	175	1.1108	900.2	748.0	733.1	2.0749
1.1173	895.0	769.6	754.8	2.1234	180	1.1172	895.1	769.7	754.7	2.1231
1.1239	889.7	791.4	776.5	2.1712	185	1.1237	889.9	791.5	776.4	2.1710
1.1307	884.4	813.3	798.3	2.2188	190	1.1305	884.5	813.4	798.2	2.2185
1.1378	878.9	835.2	820.2	2.2660	195	1.1376	879.1	835.3	820.1	2.2657
1.1450	873.3	857.3	842.2	2.3129	200	1.1449	873.5	857.4	842.1	2.3126
1.1526	867.6	879.5	864.3	2.3595	205	1.1524	867.8	879.6	864.1	2.3592
1.1604	861.7	901.8	886.5	2.4059	210	1.1602	861.9	901.9	886.3	2.4056
1.1686	855.8	924.2	908.8	2.4521	215	1.1683	855.9	924.3	908.6	2.4517
1.1770	849.6	946.8	931.2	2.4980	220	1.1768	849.8	946.8	931.1	2.4977
1.1858	843.3	969.5	953.8	2.5438	225	1.1855	843.5	969.5	953.6	2.5435
1.1949	836.9	992.3	976.6	2.5895	230	1.1947	837.1	992.4	976.4	2.5891
1.2044	830.3	1015.3	999.4	2.6350	235	1.2042	830.5	1015.4	999.3	2.6346
1.2143	823.5	1038.5	1022.5	2.6804	240	1.2141	823.7	1038.6	1022.3	2.6800
1.2247	816.5	1061.9	1045.8	2.7258	245	1.2244	816.7	1062.0	1045.6	2.7254
1.2356	809.3	1085.5	1069.2	2.7712	250	1.2353	809.6	1085.6	1069.0	2.7707
1.2470	802.0	1109.4	1092.9	2.8165	255	1.2466	802.2	1109.4	1092.7	2.8160
1.2589	794.3	1133.5	1116.9	2.8619	260	1.2585	794.6	1133.5	1116.6	2.8614
1.2715	786.5	1157.8	1141.1	2.9074	265	1.2711	786.7	1157.8	1140.8	2.9069
1.2848	778.4	1182.5	1165.5	2.9530	270	1.2843	778.6	1182.5	1165.3	2.9525
1.2988	769.9	1207.5	1190.4	2.9988	275	1.2983	770.2	1207.4	1190.0	2.9982
1.3137	761.2	1232.9	1215.5	3.0449	280	1.3132	761.5	1232.8	1215.2	3.0443
1.3296	752.1	1258.7	1241.1	3.0913	285	1.3290	752.4	1258.6	1240.7	3.0906
1.3465	742.7	1284.9	1267.1	3.1381	290	1.3459	743.0	1284.8	1266.7	3.1374
1.3648	732.7	1311.7	1293.6	3.1854	295	1.3641	733.1	1311.5	1293.2	3.1846

Tafel 3. Druckwasser und überhitzter Dampf (Fortsetzung)

132 bar						134 bar				
$10^3 v$	ϱ	h	u	s	t	$10^3 v$	ϱ	h	u	s
m^3/kg	kg/m^3	kJ/kg		kJ/kg K	°C	m^3/kg	kg/m^3	kJ/kg		kJ/kg K
1.3844	722.3	1339.0	1320.7	3.2333	**300**	1.3837	722.7	1338.8	1320.3	3.2325
1.4059	711.3	1367.1	1348.5	3.2821	**305**	1.4050	711.8	1366.8	1348.0	3.2812
1.4293	699.6	1395.9	1377.1	3.3318	**310**	1.4283	700.1	1395.6	1376.5	3.3308
1.4553	687.1	1425.8	1406.5	3.3827	**315**	1.4541	687.7	1425.4	1405.9	3.3816
1.4844	673.7	1456.8	1437.2	3.4352	**320**	1.4830	674.3	1456.3	1436.5	3.4340
1.5176	658.9	1489.3	1469.2	3.4898	**325**	1.5160	659.6	1488.7	1468.4	3.4884
1.5564	642.5	1523.7	1503.2	3.5471	**330**	1.5543	643.4	1523.0	1502.2	3.5455
12.941	77.27	2684.3	2513.4	5.4646	**335**	12.508	79.95	2669.2	2501.6	5.4357
13.600	73.53	2724.9	2545.4	5.5312	**340**	13.191	75.81	2712.3	2535.5	5.5062
14.182	70.51	2760.5	2573.3	5.5890	**345**	13.789	72.52	2749.5	2564.7	5.5666
14.711	67.97	2792.4	2598.2	5.6404	**350**	14.328	69.80	2782.6	2590.6	5.6200
15.199	65.79	2821.6	2621.0	5.6871	**355**	14.822	67.47	2812.7	2614.1	5.6681
15.655	63.88	2848.7	2642.0	5.7300	**360**	15.283	65.43	2840.5	2635.7	5.7122
16.085	62.17	2874.0	2661.7	5.7698	**365**	15.715	63.63	2866.5	2655.9	5.7530
16.493	60.63	2897.9	2680.2	5.8072	**370**	16.125	62.01	2890.9	2674.8	5.7912
16.883	59.23	2920.7	2697.8	5.8424	**375**	16.516	60.55	2914.1	2692.8	5.8271
17.257	57.95	2942.4	2714.6	5.8758	**380**	16.891	59.20	2936.2	2709.9	5.8611
17.617	56.76	2963.2	2730.7	5.9076	**385**	17.251	57.97	2957.4	2726.2	5.8934
17.965	55.66	2983.3	2746.2	5.9380	**390**	17.599	56.82	2977.8	2742.0	5.9243
18.303	54.64	3002.7	2761.1	5.9672	**395**	17.936	55.75	2997.5	2757.1	5.9539
18.631	53.67	3021.6	2775.7	5.9953	**400**	18.263	54.76	3016.6	2771.8	5.9823
19.262	51.92	3057.7	2803.5	6.0486	**410**	18.892	52.93	3053.2	2800.0	6.0363
19.866	50.34	3092.2	2830.0	6.0987	**420**	19.492	51.30	3088.0	2826.8	6.0869
20.446	48.91	3125.3	2855.4	6.1461	**430**	20.069	49.83	3121.4	2852.5	6.1347
21.006	47.61	3157.3	2880.0	6.1912	**440**	20.625	48.48	3153.6	2877.2	6.1802
21.549	46.41	3188.3	2903.8	6.2344	**450**	21.164	47.25	3184.8	2901.2	6.2237
22.077	45.30	3218.4	2927.0	6.2758	**460**	21.688	46.11	3215.2	2924.6	6.2654
22.593	44.26	3247.9	2949.7	6.3158	**470**	22.199	45.05	3244.9	2947.4	6.3056
23.097	43.30	3276.8	2971.9	6.3544	**480**	22.699	44.05	3273.9	2969.8	6.3445
23.591	42.39	3305.2	2993.8	6.3918	**490**	23.188	43.13	3302.4	2991.7	6.3821
24.075	41.54	3333.1	3015.3	6.4282	**500**	23.668	42.25	3330.5	3013.4	6.4186
25.021	39.97	3387.9	3057.6	6.4981	**520**	24.605	40.64	3385.5	3055.8	6.4888
25.941	38.55	3441.4	3099.0	6.5648	**540**	25.514	39.19	3439.2	3097.4	6.5558
26.837	37.26	3494.0	3139.8	6.6287	**560**	26.401	37.88	3492.0	3138.3	6.6199
27.714	36.08	3545.9	3180.1	6.6902	**580**	27.270	36.67	3544.1	3178.7	6.6816
28.580	34.99	3597.2	3220.0	6.7497	**600**	28.121	35.56	3595.5	3218.7	6.7412
29.42	33.99	3648.1	3259.7	6.8073	**620**	28.96	34.54	3646.5	3258.5	6.7990
30.26	33.05	3698.6	3299.2	6.8633	**640**	29.78	33.58	3697.1	3298.1	6.8550
31.08	32.17	3748.9	3338.6	6.9177	**660**	30.59	32.69	3747.5	3337.5	6.9096
31.90	31.35	3799.0	3378.0	6.9708	**680**	31.40	31.85	3797.7	3376.9	6.9628
32.70	30.58	3849.0	3417.3	7.0227	**700**	32.19	31.06	3847.7	3416.3	7.0147
33.50	29.85	3898.8	3456.6	7.0734	**720**	32.98	30.32	3897.6	3455.7	7.0655
34.29	29.16	3948.7	3496.0	7.1231	**740**	33.76	29.62	3947.5	3495.1	7.1153
35.08	28.51	3998.5	3535.5	7.1718	**760**	34.54	28.96	3997.4	3534.6	7.1640
35.85	27.89	4048.3	3575.0	7.2196	**780**	35.31	28.32	4047.3	3574.2	7.2119
36.63	27.30	4098.2	3614.7	7.2665	**800**	36.07	27.72	4097.2	3613.9	7.2588
38.54	25.94	4223.2	3714.4	7.3804	**850**	37.96	26.34	4222.4	3713.7	7.3728
40.44	24.73	4348.9	3815.2	7.4899	**900**	39.83	25.11	4348.2	3814.5	7.4824
42.31	23.64	4475.5	3917.0	7.5955	**950**	41.67	24.00	4474.8	3916.4	7.5881
44.17	22.64	4603.0	4020.0	7.6977	**1000**	43.51	22.98	4602.4	4019.5	7.6904
47.85	20.90	4861.	4230.	7.893	**1100**	47.13	21.22	4861.	4229.	7.886
51.49	19.42	5124.	4444.	8.078	**1200**	50.72	19.71	5124.	4444.	8.070
55.11	18.15	5391.	4664.	8.253	**1300**	54.29	18.42	5391.	4663.	8.246
58.70	17.03	5663.	4888.	8.421	**1400**	57.83	17.29	5663.	4888.	8.413
62.28	16.06	5939.	5117.	8.581	**1500**	61.36	16.30	5939.	5116.	8.574
65.85	15.19	6219.	5349.	8.734	**1600**	64.87	15.41	6218.	5349.	8.727
69.41	14.41	6502.	5586.	8.882	**1700**	68.38	14.62	6502.	5586.	8.874
72.96	13.71	6789.	5826.	9.023	**1800**	71.87	13.91	6789.	5826.	9.016
76.50	13.07	7079.	6069.	9.160	**1900**	75.36	13.27	7079.	6069.	9.153
80.04	12.49	7372.	6316.	9.292	**2000**	78.85	12.68	7372.	6315.	9.285

Tafel 3. Druckwasser und überhitzter Dampf (Fortsetzung)

136 bar ($t_s = 334.417$ °C)						138 bar ($t_s = 335.566$ °C)				
$10^3 v$	ϱ	h	u	s	t	$10^3 v$	ϱ	h	u	s
m^3/kg	kg/m^3	kJ/kg		kJ/kg K	°C	m^3/kg	kg/m^3	kJ/kg		kJ/kg K
1.5918	**628.2**	**1554.6**	**1533.0**	**3.5972**	t_l	1.6006	624.7	1562.5	1540.4	3.6096
11.983	**83.45**	**2647.3**	**2484.3**	**5.3955**	t_g	11.731	85.25	2642.2	2480.3	5.3833
0.99345	1006.60	13.71	0.20	0.00057	**0**	0.99335	1006.69	13.91	0.20	0.00057
0.99352	1006.52	34.46	20.94	0.07582	**5**	0.99342	1006.62	34.65	20.94	0.07581
0.99395	1006.09	55.15	41.63	0.14956	**10**	0.99386	1006.18	55.34	41.63	0.14954
0.99469	1005.34	75.84	62.31	0.22200	**15**	0.99460	1005.43	76.03	62.30	0.22196
0.99570	1004.32	96.55	83.00	0.29324	**20**	0.99561	1004.41	96.73	82.99	0.29319
0.99695	1003.06	117.27	103.71	0.36333	**25**	0.99687	1003.14	117.45	103.69	0.36328
0.99842	1001.58	138.01	124.43	0.43231	**30**	0.99834	1001.67	138.19	124.41	0.43224
1.00009	999.91	158.75	145.15	0.50019	**35**	1.00001	999.99	158.93	145.13	0.50012
1.00196	998.05	179.50	165.88	0.56699	**40**	1.00187	998.13	179.68	165.85	0.56691
1.00399	996.02	200.26	186.61	0.63275	**45**	1.00391	996.11	200.43	186.58	0.63266
1.00620	993.84	221.02	207.33	0.69748	**50**	1.00612	993.92	221.19	207.30	0.69739
1.00857	991.50	241.78	228.06	0.76124	**55**	1.00849	991.58	241.95	228.03	0.76114
1.01110	989.02	262.54	248.79	0.82404	**60**	1.01102	989.10	262.71	248.76	0.82394
1.01379	986.40	283.32	269.53	0.88594	**65**	1.01370	986.48	283.48	269.50	0.88583
1.01662	983.65	304.10	290.28	0.94695	**70**	1.01653	983.73	304.27	290.24	0.94684
1.01961	980.77	324.90	311.04	1.00713	**75**	1.01952	980.86	325.06	311.00	1.00701
1.02273	977.77	345.72	331.81	1.06650	**80**	1.02264	977.86	345.88	331.77	1.06637
1.02601	974.65	366.56	352.61	1.12509	**85**	1.02591	974.74	366.72	352.56	1.12496
1.02942	971.42	387.42	373.42	1.18294	**90**	1.02933	971.51	387.58	373.37	1.18280
1.03298	968.07	408.31	394.26	1.24007	**95**	1.03289	968.16	408.47	394.21	1.23993
1.03668	964.61	429.23	415.13	1.29651	**100**	1.03659	964.70	429.38	415.08	1.29636
1.04053	961.05	450.18	436.03	1.35229	**105**	1.04043	961.14	450.33	435.97	1.35213
1.04452	957.38	471.17	456.96	1.40742	**110**	1.04442	957.47	471.32	456.90	1.40726
1.04865	953.60	492.19	477.93	1.46193	**115**	1.04855	953.70	492.33	477.86	1.46176
1.05294	949.73	513.25	498.93	1.51584	**120**	1.05283	949.82	513.39	498.86	1.51566
1.05737	945.75	534.35	519.97	1.56917	**125**	1.05726	945.84	534.49	519.90	1.56899
1.06195	941.66	555.49	541.05	1.62193	**130**	1.06184	941.76	555.63	540.97	1.62175
1.06669	937.48	576.68	562.17	1.67416	**135**	1.06657	937.58	576.81	562.09	1.67397
1.07158	933.20	597.91	583.33	1.72586	**140**	1.07146	933.30	598.04	583.25	1.72566
1.07664	928.82	619.19	604.54	1.77706	**145**	1.07652	928.92	619.32	604.46	1.77686
1.0819	924.3	640.5	625.8	1.8278	**150**	1.0817	924.4	640.6	625.7	1.8276
1.0873	919.7	661.9	647.1	1.8780	**155**	1.0871	919.9	662.0	647.0	1.8778
1.0928	915.1	683.3	668.5	1.9278	**160**	1.0927	915.2	683.5	668.4	1.9276
1.0986	910.3	704.9	689.9	1.9772	**165**	1.0984	910.4	705.0	689.8	1.9769
1.1045	905.4	726.4	711.4	2.0261	**170**	1.1044	905.5	726.5	711.3	2.0259
1.1107	900.4	748.1	733.0	2.0747	**175**	1.1105	900.5	748.2	732.8	2.0744
1.1170	895.2	769.8	754.6	2.1229	**180**	1.1169	895.4	769.9	754.5	2.1226
1.1236	890.0	791.6	776.3	2.1707	**185**	1.1234	890.1	791.7	776.2	2.1704
1.1304	884.7	813.5	798.1	2.2182	**190**	1.1302	884.8	813.6	798.0	2.2179
1.1374	879.2	835.4	820.0	2.2654	**195**	1.1372	879.3	835.5	819.8	2.2651
1.1447	873.6	857.5	841.9	2.3123	**200**	1.1445	873.8	857.6	841.8	2.3120
1.1522	867.9	879.7	864.0	2.3589	**205**	1.1520	868.0	879.8	863.9	2.3586
1.1600	862.1	902.0	886.2	2.4053	**210**	1.1598	862.2	902.0	886.0	2.4049
1.1681	856.1	924.4	908.5	2.4514	**215**	1.1679	856.2	924.4	908.3	2.4511
1.1765	849.9	946.9	930.9	2.4974	**220**	1.1763	850.1	947.0	930.7	2.4970
1.1853	843.7	969.6	953.5	2.5431	**225**	1.1851	843.8	969.7	953.3	2.5428
1.1944	837.2	992.4	976.2	2.5887	**230**	1.1942	837.4	992.5	976.0	2.5884
1.2039	830.6	1015.4	999.1	2.6342	**235**	1.2036	830.8	1015.5	998.9	2.6338
1.2138	823.9	1038.6	1022.1	2.6796	**240**	1.2135	824.1	1038.7	1021.9	2.6792
1.2241	816.9	1062.0	1045.3	2.7250	**245**	1.2238	817.1	1062.0	1045.1	2.7245
1.2349	809.8	1085.6	1068.8	2.7703	**250**	1.2346	810.0	1085.6	1068.6	2.7698
1.2463	802.4	1109.4	1092.4	2.8156	**255**	1.2459	802.6	1109.4	1092.2	2.8151
1.2582	794.8	1133.5	1116.3	2.8609	**260**	1.2578	795.0	1133.4	1116.1	2.8604
1.2707	787.0	1157.8	1140.5	2.9063	**265**	1.2703	787.2	1157.8	1140.2	2.9058
1.2839	778.9	1182.4	1165.0	2.9519	**270**	1.2835	779.1	1182.4	1164.7	2.9514
1.2979	770.5	1207.4	1189.7	2.9977	**275**	1.2974	770.8	1207.3	1189.4	2.9971
1.3127	761.8	1232.7	1214.9	3.0437	**280**	1.3122	762.1	1232.6	1214.5	3.0431
1.3284	752.8	1258.5	1240.4	3.0900	**285**	1.3279	753.1	1258.4	1240.0	3.0893
1.3453	743.3	1284.6	1266.3	3.1367	**290**	1.3447	743.7	1284.5	1266.0	3.1360
1.3634	733.5	1311.3	1292.8	3.1839	**295**	1.3627	733.8	1311.2	1292.4	3.1831

Tafel 3. Druckwasser und überhitzter Dampf (Fortsetzung)

136 bar						138 bar				
$10^3 v$	ϱ	h	u	s	t	$10^3 v$	ϱ	h	u	s
m^3/kg	kg/m^3	kJ/kg		kJ/kgK	°C	m^3/kg	kg/m^3	kJ/kg		kJ/kg K
1.3829	723.1	1338.6	1319.8	3.2317	**300**	1.3821	723.5	1338.4	1319.4	3.2309
1.4041	712.2	1366.6	1347.5	3.2803	**305**	1.4033	712.6	1366.4	1347.0	3.2794
1.4273	700.6	1395.4	1375.9	3.3298	**310**	1.4263	701.1	1395.1	1375.4	3.3288
1.4530	688.2	1425.1	1405.3	3.3805	**315**	1.4518	688.8	1424.7	1404.7	3.3795
1.4817	674.9	1455.9	1435.8	3.4328	**320**	1.4803	675.5	1455.5	1435.0	3.4315
1.5143	660.4	1488.2	1467.6	3.4869	**325**	1.5127	661.1	1487.7	1466.8	3.4856
1.5522	644.2	1522.3	1501.2	3.5438	**330**	1.5502	645.1	1521.7	1500.3	3.5422
12.075	82.82	2653.2	2489.0	5.4053	**335**	1.5950	627.0	1558.2	1536.2	3.6025
12.787	78.21	2699.1	2525.2	5.4804	**340**	12.385	80.74	2685.2	2514.3	5.4537
13.402	74.62	2738.1	2555.8	5.5437	**345**	13.020	76.81	2726.2	2546.5	5.5203
13.951	71.68	2772.5	2582.7	5.5992	**350**	13.582	73.63	2762.1	2574.6	5.5781
14.453	69.19	2803.6	2607.0	5.6489	**355**	14.092	70.96	2794.2	2599.8	5.6295
14.919	67.03	2832.2	2629.3	5.6943	**360**	14.563	68.67	2823.7	2622.7	5.6762
15.355	65.13	2858.8	2650.0	5.7362	**365**	15.003	66.65	2851.0	2644.0	5.7192
15.767	63.42	2883.8	2669.4	5.7752	**370**	15.417	64.86	2876.6	2663.8	5.7591
16.159	61.88	2907.4	2687.7	5.8118	**375**	15.811	63.25	2900.7	2682.5	5.7964
16.534	60.48	2930.0	2705.1	5.8464	**380**	16.187	61.78	2923.6	2700.2	5.8317
16.895	59.19	2951.5	2721.7	5.8793	**385**	16.548	60.43	2945.5	2717.2	5.8651
17.243	58.00	2972.2	2737.7	5.9106	**390**	16.896	59.19	2966.6	2733.4	5.8969
17.579	56.89	2992.2	2753.1	5.9406	**395**	17.232	58.03	2986.8	2749.0	5.9274
17.905	55.85	3011.5	2768.0	5.9694	**400**	17.558	56.96	3006.4	2764.1	5.9566
18.532	53.96	3048.5	2796.5	6.0240	**410**	18.182	55.00	3043.9	2792.9	6.0118
19.130	52.27	3083.7	2823.5	6.0752	**420**	18.777	53.26	3079.4	2820.3	6.0635
19.703	50.75	3117.4	2849.5	6.1234	**430**	19.347	51.69	3113.4	2846.4	6.1122
20.256	49.37	3149.9	2874.4	6.1693	**440**	19.897	50.26	3146.2	2871.6	6.1585
20.791	48.10	3181.3	2898.6	6.2131	**450**	20.428	48.95	3177.9	2896.0	6.2026
21.311	46.92	3211.9	2922.1	6.2551	**460**	20.944	47.75	3208.7	2919.6	6.2449
21.818	45.83	3241.8	2945.1	6.2956	**470**	21.447	46.63	3238.7	2942.7	6.2856
22.313	44.82	3271.0	2967.6	6.3346	**480**	21.938	45.58	3268.1	2965.3	6.3249
22.798	43.86	3299.7	2989.6	6.3724	**490**	22.418	44.61	3296.9	2987.5	6.3629
23.273	42.97	3327.9	3011.4	6.4092	**500**	22.890	43.69	3325.2	3009.4	6.3998
24.200	41.32	3383.1	3054.0	6.4797	**520**	23.808	42.00	3380.7	3052.2	6.4706
25.100	39.84	3437.0	3095.7	6.5468	**540**	24.698	40.49	3434.8	3094.0	6.5380
25.977	38.50	3490.0	3136.7	6.6112	**560**	25.566	39.11	3488.0	3135.2	6.6026
26.835	37.27	3542.2	3177.2	6.6731	**580**	26.414	37.86	3540.3	3175.8	6.6646
27.678	36.13	3593.8	3217.4	6.7328	**600**	27.248	36.70	3592.0	3216.0	6.7245
28.50	35.08	3644.9	3257.2	6.7907	**620**	28.06	35.63	3643.2	3256.0	6.7825
29.32	34.11	3695.6	3296.9	6.8469	**640**	28.87	34.64	3694.1	3295.7	6.8388
30.12	33.20	3746.1	3336.4	6.9015	**660**	29.66	33.71	3744.6	3335.3	6.8936
30.91	32.35	3796.3	3375.9	6.9548	**680**	30.45	32.84	3795.0	3374.8	6.9470
31.70	31.55	3846.4	3415.3	7.0069	**700**	31.22	32.03	3845.2	3414.3	6.9991
32.48	30.79	3896.4	3454.7	7.0577	**720**	31.99	31.26	3895.3	3453.8	7.0501
33.25	30.08	3946.4	3494.2	7.1075	**740**	32.75	30.53	3945.3	3493.3	7.0999
34.01	29.40	3996.3	3533.8	7.1564	**760**	33.51	29.85	3995.3	3532.9	7.1488
34.77	28.76	4046.3	3573.4	7.2042	**780**	34.25	29.19	4045.3	3572.6	7.1967
35.53	28.15	4096.3	3613.1	7.2513	**800**	35.00	28.57	4095.3	3612.3	7.2438
37.39	26.74	4221.6	3713.0	7.3654	**850**	36.84	27.14	4220.7	3712.3	7.3580
39.23	25.49	4347.5	3813.9	7.4750	**900**	38.66	25.87	4346.7	3813.3	7.4678
41.05	24.36	4474.2	3915.8	7.5808	**950**	40.45	24.72	4473.5	3915.2	7.5736
42.86	23.33	4601.8	4018.9	7.6831	**1000**	42.24	23.68	4601.2	4018.4	7.6759
46.44	21.53	4860.	4229.	7.879	**1100**	45.76	21.85	4860.	4228.	7.871
49.98	20.01	5123.	4444.	8.063	**1200**	49.25	20.30	5123.	4443.	8.056
53.49	18.69	5391.	4663.	8.239	**1300**	52.72	18.97	5390.	4663.	8.232
56.98	17.55	5662.	4887.	8.406	**1400**	56.16	17.81	5662.	4887.	8.399
60.46	16.54	5938.	5116.	8.567	**1500**	59.59	16.78	5938.	5116.	8.560
63.92	15.64	6218.	5349.	8.720	**1600**	63.00	15.87	6218.	5349.	8.713
67.38	14.84	6502.	5585.	8.868	**1700**	66.41	15.06	6502.	5585.	8.861
70.82	14.12	6789.	5825.	9.009	**1800**	69.81	14.33	6789.	5825.	9.003
74.26	13.47	7079.	6069.	9.146	**1900**	73.20	13.66	7079.	6069.	9.139
77.70	12.87	7372.	6315.	9.278	**2000**	76.58	13.06	7372.	6315.	9.271

Tafel 3. Druckwasser und überhitzter Dampf (Fortsetzung)

140 bar (t_s = 336.701 °C)						142 bar (t_s = 337.824 °C)				
$10^3 v$	ϱ	h	u	s	t	$10^3 v$	ϱ	h	u	s
m³/kg	kg/m³	kJ/kg		kJ/kgK	°C	m³/kg	kg/m³	kJ/kg		kJ/kg K
1.6096	621.3	1570.4	1547.9	3.6220	t_l	1.6188	617.8	1578.3	1555.3	3.6344
11.485	87.07	2637.1	2476.3	5.3711	t_g	11.245	88.93	2631.9	2472.2	5.3589
0.99325	1006.79	14.11	0.21	0.00058	0	0.99316	1006.89	14.31	0.21	0.00058
0.99333	1006.71	34.85	20.94	0.07580	5	0.99324	1006.81	35.04	20.94	0.07579
0.99377	1006.27	55.53	41.62	0.14952	10	0.99368	1006.36	55.73	41.62	0.14949
0.99451	1005.52	76.22	62.30	0.22193	15	0.99442	1005.61	76.41	62.29	0.22189
0.99553	1004.49	96.92	82.98	0.29315	20	0.99544	1004.58	97.10	82.97	0.29310
0.99678	1003.23	117.63	103.68	0.36322	25	0.99669	1003.32	117.82	103.66	0.36317
0.99825	1001.75	138.37	124.39	0.43218	30	0.99816	1001.84	138.55	124.37	0.43212
0.99992	1000.08	159.11	145.11	0.50004	35	0.99984	1000.16	159.29	145.09	0.49997
1.00178	998.22	179.86	165.83	0.56683	40	1.00170	998.30	180.03	165.81	0.56676
1.00382	996.19	200.61	186.55	0.63258	45	1.00374	996.28	200.78	186.53	0.63249
1.00603	994.01	221.36	207.28	0.69730	50	1.00595	994.09	221.53	207.25	0.69721
1.00840	991.67	242.12	228.00	0.76104	55	1.00832	991.75	242.29	227.97	0.76094
1.01093	989.19	262.88	248.73	0.82383	60	1.01084	989.27	263.05	248.69	0.82373
1.01361	986.57	283.65	269.46	0.88572	65	1.01353	986.65	283.81	269.42	0.88560
1.01645	983.82	304.43	290.20	0.94672	70	1.01636	983.91	304.59	290.16	0.94660
1.01943	980.94	325.23	310.95	1.00689	75	1.01934	981.03	325.39	310.91	1.00676
1.02255	977.95	346.04	331.72	1.06624	80	1.02246	978.03	346.20	331.68	1.06611
1.02582	974.83	366.87	352.51	1.12483	85	1.02573	974.92	367.03	352.47	1.12469
1.02924	971.60	387.73	373.32	1.18266	90	1.02914	971.68	387.89	373.27	1.18252
1.03279	968.25	408.62	394.16	1.23978	95	1.03270	968.34	408.77	394.11	1.23964
1.03649	964.80	429.53	415.02	1.29621	100	1.03639	964.89	429.69	414.97	1.29606
1.04033	961.23	450.48	435.92	1.35198	105	1.04023	961.32	450.63	435.86	1.35182
1.04432	957.56	471.46	456.84	1.40709	110	1.04421	957.66	471.61	456.78	1.40693
1.04845	953.79	492.48	477.80	1.46159	115	1.04834	953.89	492.62	477.74	1.46142
1.05272	949.92	513.53	498.80	1.51549	120	1.05262	950.01	513.68	498.73	1.51532
1.05715	945.94	534.63	519.83	1.56881	125	1.05704	946.04	534.77	519.76	1.56863
1.06173	941.86	555.76	540.90	1.62156	130	1.06161	941.96	555.90	540.83	1.62138
1.06646	937.68	576.94	562.01	1.67378	135	1.06634	937.79	577.08	561.94	1.67358
1.07135	933.41	598.17	583.17	1.72547	140	1.07123	933.51	598.30	583.09	1.72527
1.07640	929.03	619.45	604.38	1.77665	145	1.07627	929.13	619.58	604.29	1.77645
1.0816	924.5	640.8	625.6	1.8273	150	1.0815	924.7	640.9	625.5	1.8271
1.0870	920.0	662.2	646.9	1.8776	155	1.0869	920.1	662.3	646.8	1.8774
1.0926	915.3	683.6	668.3	1.9274	160	1.0924	915.4	683.7	668.2	1.9271
1.0983	910.5	705.1	689.7	1.9767	165	1.0982	910.6	705.2	689.6	1.9765
1.1042	905.6	726.7	711.2	2.0256	170	1.1041	905.7	726.8	711.1	2.0254
1.1104	900.6	748.3	732.7	2.0742	175	1.1102	900.7	748.4	732.6	2.0739
1.1167	895.5	770.0	754.4	2.1224	180	1.1166	895.6	770.1	754.2	2.1221
1.1233	890.3	791.8	776.1	2.1702	185	1.1231	890.4	791.9	775.9	2.1699
1.1300	884.9	813.6	797.8	2.2176	190	1.1299	885.1	813.7	797.7	2.2174
1.1370	879.5	835.6	819.7	2.2648	195	1.1369	879.6	835.7	819.6	2.2645
1.1443	873.9	857.7	841.7	2.3117	200	1.1441	874.0	857.8	841.5	2.3114
1.1518	868.2	879.8	863.7	2.3583	205	1.1516	868.3	879.9	863.6	2.3580
1.1596	862.4	902.1	885.9	2.4046	210	1.1594	862.5	902.2	885.7	2.4043
1.1677	856.4	924.5	908.2	2.4508	215	1.1675	856.5	924.6	908.0	2.4504
1.1761	850.3	947.0	930.6	2.4967	220	1.1759	850.4	947.1	930.4	2.4963
1.1848	844.0	969.7	953.1	2.5424	225	1.1846	844.2	969.8	953.0	2.5421
1.1939	837.6	992.5	975.8	2.5880	230	1.1937	837.8	992.6	975.6	2.5876
1.2034	831.0	1015.5	998.7	2.6335	235	1.2031	831.2	1015.6	998.5	2.6331
1.2132	824.3	1038.7	1021.7	2.6788	240	1.2129	824.4	1038.7	1021.5	2.6784
1.2235	817.3	1062.0	1044.9	2.7241	245	1.2232	817.5	1062.1	1044.7	2.7237
1.2343	810.2	1085.6	1068.3	2.7694	250	1.2340	810.4	1085.6	1068.1	2.7689
1.2456	802.8	1109.4	1092.0	2.8146	255	1.2452	803.1	1109.4	1091.7	2.8142
1.2574	795.3	1133.4	1115.8	2.8599	260	1.2571	795.5	1133.4	1115.6	2.8595
1.2699	787.5	1157.7	1140.0	2.9053	265	1.2695	787.7	1157.7	1139.7	2.9048
1.2830	779.4	1182.4	1164.4	2.9508	270	1.2826	779.7	1182.3	1164.1	2.9503
1.2969	771.1	1207.3	1189.1	2.9965	275	1.2965	771.3	1207.2	1188.8	2.9959
1.3117	762.4	1232.6	1214.2	3.0424	280	1.3112	762.7	1232.5	1213.9	3.0418
1.3273	753.4	1258.3	1239.7	3.0887	285	1.3268	753.7	1258.2	1239.3	3.0880
1.3441	744.0	1284.4	1265.6	3.1353	290	1.3435	744.3	1284.3	1265.2	3.1346
1.3620	734.2	1311.0	1292.0	3.1824	295	1.3613	734.6	1310.9	1291.6	3.1817

Tafel 3. Druckwasser und überhitzter Dampf (Fortsetzung)

140 bar						142 bar				
$10^3 v$	ϱ	h	u	s	t	$10^3 v$	ϱ	h	u	s
m³/kg	kg/m³	kJ/kg		kJ/kgK	°C	m³/kg	kg/m³	kJ/kg		kJ/kg K
1.3814	723.9	1338.3	1318.9	3.2301	**300**	1.3806	724.3	1338.1	1318.5	3.2293
1.4024	713.1	1366.1	1346.5	3.2785	**305**	1.4015	713.5	1365.9	1346.0	3.2777
1.4254	701.6	1394.8	1374.8	3.3279	**310**	1.4244	702.1	1394.5	1374.3	3.3269
1.4507	689.3	1424.4	1404.1	3.3784	**315**	1.4496	689.8	1424.0	1403.5	3.3773
1.4790	676.1	1455.1	1434.4	3.4303	**320**	1.4777	676.7	1454.6	1433.7	3.4291
1.5111	661.8	1487.1	1466.0	3.4842	**325**	1.5095	662.5	1486.6	1465.2	3.4828
1.5482	645.9	1521.0	1499.3	3.5406	**330**	1.5462	646.7	1520.3	1498.4	3.5390
1.5924	628.0	1557.3	1535.0	3.6005	**335**	1.5898	629.0	1556.5	1533.9	3.5986
11.985	83.44	2670.6	2502.8	5.4258	**340**	11.585	86.32	2655.1	2490.6	5.3967
12.642	79.10	2713.9	2536.9	5.4962	**345**	12.269	81.51	2701.0	2526.8	5.4714
13.218	75.65	2751.3	2566.2	5.5565	**350**	12.860	77.76	2740.2	2557.6	5.5345
13.737	72.79	2784.7	2592.3	5.6098	**355**	13.389	74.69	2774.8	2584.7	5.5898
14.214	70.35	2815.0	2616.0	5.6580	**360**	13.873	72.08	2806.1	2609.1	5.6395
14.659	68.22	2843.0	2637.8	5.7020	**365**	14.322	69.82	2834.9	2631.5	5.6848
15.076	66.33	2869.2	2658.1	5.7429	**370**	14.743	67.83	2861.7	2652.3	5.7266
15.472	64.63	2893.8	2677.2	5.7810	**375**	15.141	66.05	2886.9	2671.9	5.7656
15.849	63.10	2917.2	2695.3	5.8170	**380**	15.519	64.44	2910.7	2690.3	5.8022
16.210	61.69	2939.5	2712.5	5.8509	**385**	15.881	62.97	2933.4	2707.8	5.8368
16.558	60.39	2960.8	2729.0	5.8833	**390**	16.229	61.62	2955.1	2724.6	5.8696
16.894	59.19	2981.4	2744.9	5.9142	**395**	16.565	60.37	2975.9	2740.7	5.9010
17.219	58.08	3001.3	2760.2	5.9438	**400**	16.889	59.21	2996.0	2756.2	5.9310
17.842	56.05	3039.2	2789.4	5.9997	**410**	17.511	57.11	3034.4	2785.8	5.9876
18.434	54.25	3075.1	2817.0	6.0519	**420**	18.101	55.25	3070.7	2813.7	6.0403
19.002	52.63	3109.4	2843.4	6.1011	**430**	18.665	53.58	3105.4	2840.4	6.0900
19.547	51.16	3142.5	2868.8	6.1477	**440**	19.208	52.06	3138.7	2865.9	6.1370
20.075	49.81	3174.4	2893.3	6.1922	**450**	19.732	50.68	3170.9	2890.7	6.1818
20.588	48.57	3205.4	2917.2	6.2348	**460**	20.241	49.40	3202.1	2914.7	6.2247
21.087	47.42	3235.6	2940.4	6.2757	**470**	20.736	48.23	3232.5	2938.0	6.2659
21.573	46.35	3265.2	2963.1	6.3152	**480**	21.219	47.13	3262.2	2960.9	6.3056
22.050	45.35	3294.1	2985.4	6.3534	**490**	21.691	46.10	3291.3	2983.3	6.3440
22.517	44.41	3322.6	3007.4	6.3905	**500**	22.154	45.14	3320.0	3005.4	6.3813
23.426	42.69	3378.3	3050.3	6.4616	**520**	23.055	43.37	3375.9	3048.5	6.4527
24.308	41.14	3432.6	3092.3	6.5293	**540**	23.928	41.79	3430.4	3090.7	6.5206
25.166	39.74	3485.9	3133.6	6.5940	**560**	24.778	40.36	3483.9	3132.1	6.5856
26.005	38.45	3538.4	3174.3	6.6563	**580**	25.608	39.05	3536.5	3172.9	6.6480
26.828	37.28	3590.3	3214.7	6.7163	**600**	26.421	37.85	3588.5	3213.3	6.7082
27.64	36.19	3641.6	3254.7	6.7745	**620**	27.22	36.74	3640.0	3253.4	6.7665
28.43	35.17	3692.5	3294.5	6.8309	**640**	28.01	35.71	3691.0	3293.3	6.8230
29.22	34.23	3743.2	3334.2	6.8858	**660**	28.78	34.74	3741.8	3333.1	6.8780
29.99	33.34	3793.6	3373.8	6.9392	**680**	29.55	33.84	3792.3	3372.7	6.9316
30.76	32.51	3843.9	3413.3	6.9914	**700**	30.30	33.00	3842.6	3412.3	6.9839
31.52	31.73	3894.1	3452.8	7.0425	**720**	31.05	32.20	3892.9	3451.9	7.0350
32.27	30.99	3944.1	3492.4	7.0924	**740**	31.80	31.45	3943.0	3491.5	7.0850
33.01	30.29	3994.2	3532.0	7.1413	**760**	32.53	30.74	3993.1	3531.2	7.1339
33.75	29.63	4044.3	3571.8	7.1893	**780**	33.26	30.06	4043.3	3570.9	7.1820
34.49	29.00	4094.4	3611.6	7.2364	**800**	33.99	29.42	4093.4	3610.8	7.2292
36.30	27.55	4219.9	3711.6	7.3507	**850**	35.78	27.95	4219.0	3710.9	7.3436
38.10	26.25	4346.0	3812.6	7.4606	**900**	37.55	26.63	4345.2	3812.0	7.4535
39.87	25.08	4472.8	3914.7	7.5665	**950**	39.30	25.44	4472.2	3914.1	7.5595
41.63	24.02	4600.7	4017.9	7.6689	**1000**	41.04	24.37	4600.1	4017.3	7.6619
45.11	22.17	4859.	4228.	7.864	**1100**	44.47	22.49	4859.	4227.	7.858
48.55	20.60	5122.	4443.	8.049	**1200**	47.87	20.89	5122.	4442.	8.043
51.97	19.24	5390.	4662.	8.225	**1300**	51.24	19.52	5390.	4662.	8.218
55.36	18.06	5662.	4887.	8.393	**1400**	54.59	18.32	5662.	4886.	8.386
58.74	17.02	5938.	5116.	8.553	**1500**	57.92	17.27	5938.	5115.	8.546
62.11	16.10	6218.	5348.	8.706	**1600**	61.24	16.33	6218.	5348.	8.700
65.47	15.28	6501.	5585.	8.854	**1700**	64.55	15.49	6501.	5585.	8.847
68.82	14.53	6788.	5825.	8.996	**1800**	67.85	14.74	6788.	5825.	8.989
72.16	13.86	7079.	6068.	9.132	**1900**	71.15	14.05	7079.	6068.	9.126
75.50	13.25	7372.	6315.	9.264	**2000**	74.44	13.43	7372.	6315.	9.258

Tafel 3. Druckwasser und überhitzter Dampf (Fortsetzung)

144 bar (t_s = 338.934 °C)						146 bar (t_s = 340.032 °C)				
$10^3 v$	ϱ	h	u	s	t	$10^3 v$	ϱ	h	u	s
m^3/kg	kg/m^3	kJ/kg		kJ/kg K	°C	m^3/kg	kg/m^3	kJ/kg		kJ/kg K
1.6281	614.2	1586.2	1562.7	3.6468	t_l	1.6376	610.7	1594.1	1570.2	3.6591
11.011	90.82	2626.6	2468.0	5.3465	t_g	10.782	92.75	2621.2	2463.8	5.3342
0.99306	1006.99	14.51	0.21	0.00059	**0**	0.99296	1007.09	14.71	0.21	0.00059
0.99314	1006.90	35.24	20.94	0.07578	**5**	0.99305	1007.00	35.43	20.94	0.07577
0.99358	1006.46	55.92	41.61	0.14947	**10**	0.99349	1006.55	56.11	41.60	0.14944
0.99433	1005.70	76.60	62.28	0.22186	**15**	0.99424	1005.79	76.78	62.27	0.22182
0.99535	1004.67	97.29	82.96	0.29306	**20**	0.99526	1004.76	97.47	82.94	0.29301
0.99660	1003.41	118.00	103.65	0.36311	**25**	0.99652	1003.49	118.18	103.63	0.36306
0.99808	1001.93	138.73	124.36	0.43206	**30**	0.99799	1002.01	138.91	124.34	0.43199
0.99975	1000.25	159.46	145.07	0.49990	**35**	0.99967	1000.33	159.64	145.05	0.49983
1.00161	998.39	180.21	165.78	0.56668	**40**	1.00153	998.47	180.38	165.76	0.56660
1.00365	996.36	200.95	186.50	0.63241	**45**	1.00357	996.45	201.13	186.48	0.63232
1.00586	994.17	221.70	207.22	0.69712	**50**	1.00577	994.26	221.88	207.19	0.69703
1.00823	991.84	242.46	227.94	0.76085	**55**	1.00814	991.92	242.63	227.91	0.76075
1.01076	989.36	263.21	248.66	0.82363	**60**	1.01067	989.44	263.38	248.63	0.82352
1.01344	986.74	283.98	269.39	0.88549	**65**	1.01335	986.82	284.15	269.35	0.88538
1.01627	983.99	304.76	290.12	0.94649	**70**	1.01618	984.08	304.92	290.08	0.94637
1.01925	981.12	325.55	310.87	1.00664	**75**	1.01916	981.20	325.71	310.83	1.00652
1.02237	978.12	346.36	331.64	1.06599	**80**	1.02228	978.20	346.52	331.59	1.06586
1.02564	975.00	367.19	352.42	1.12456	**85**	1.02555	975.09	367.35	352.37	1.12442
1.02905	971.77	388.04	373.23	1.18238	**90**	1.02896	971.86	388.20	373.18	1.18225
1.03260	968.43	408.93	394.06	1.23949	**95**	1.03251	968.52	409.08	394.00	1.23935
1.03630	964.98	429.84	414.91	1.29591	**100**	1.03620	965.07	429.99	414.86	1.29576
1.04013	961.42	450.78	435.80	1.35166	**105**	1.04003	961.51	450.93	435.74	1.35151
1.04411	957.75	471.76	456.72	1.40677	**110**	1.04401	957.84	471.90	456.66	1.40661
1.04824	953.98	492.77	477.67	1.46126	**115**	1.04814	954.07	492.91	477.61	1.46109
1.05251	950.11	513.82	498.66	1.51514	**120**	1.05241	950.20	513.96	498.59	1.51497
1.05693	946.14	534.91	519.69	1.56845	**125**	1.05682	946.23	535.05	519.62	1.56827
1.06150	942.06	556.04	540.75	1.62119	**130**	1.06139	942.16	556.18	540.68	1.62100
1.06623	937.89	577.21	561.86	1.67339	**135**	1.06611	937.99	577.35	561.78	1.67320
1.07111	933.61	598.44	583.01	1.72507	**140**	1.07099	933.71	598.57	582.93	1.72487
1.07615	929.24	619.70	604.21	1.77624	**145**	1.07603	929.34	619.83	604.12	1.77604
1.0814	924.8	641.0	625.5	1.8269	**150**	1.0812	924.9	641.2	625.4	1.8267
1.0867	920.2	662.4	646.8	1.8771	**155**	1.0866	920.3	662.5	646.7	1.8769
1.0923	915.5	683.8	668.1	1.9269	**160**	1.0922	915.6	684.0	668.0	1.9267
1.0980	910.7	705.3	689.5	1.9762	**165**	1.0979	910.8	705.4	689.4	1.9760
1.1040	905.8	726.9	711.0	2.0252	**170**	1.1038	906.0	727.0	710.9	2.0249
1.1101	900.8	748.5	732.5	2.0737	**175**	1.1099	901.0	748.6	732.4	2.0734
1.1164	895.7	770.2	754.1	2.1218	**180**	1.1162	895.9	770.3	754.0	2.1216
1.1229	890.5	792.0	775.8	2.1696	**185**	1.1228	890.7	792.1	775.7	2.1694
1.1297	885.2	813.8	797.6	2.2171	**190**	1.1295	885.3	813.9	797.5	2.2168
1.1367	879.7	835.8	819.4	2.2642	**195**	1.1365	879.9	835.9	819.3	2.2640
1.1439	874.2	857.8	841.4	2.3111	**200**	1.1437	874.3	857.9	841.2	2.3108
1.1514	868.5	880.0	863.4	2.3577	**205**	1.1512	868.6	880.1	863.3	2.3574
1.1592	862.7	902.3	885.6	2.4040	**210**	1.1590	862.8	902.3	885.4	2.4037
1.1673	856.7	924.7	907.8	2.4501	**215**	1.1671	856.9	924.7	907.7	2.4498
1.1756	850.6	947.2	930.2	2.4960	**220**	1.1754	850.8	947.2	930.1	2.4956
1.1843	844.3	969.8	952.8	2.5417	**225**	1.1841	844.5	969.9	952.6	2.5413
1.1934	837.9	992.6	975.5	2.5873	**230**	1.1932	838.1	992.7	975.3	2.5869
1.2028	831.4	1015.6	998.3	2.6327	**235**	1.2026	831.6	1015.7	998.1	2.6323
1.2127	824.6	1038.8	1021.3	2.6780	**240**	1.2124	824.8	1038.8	1021.1	2.6776
1.2229	817.7	1062.1	1044.5	2.7233	**245**	1.2226	817.9	1062.1	1044.3	2.7229
1.2337	810.6	1085.6	1067.9	2.7685	**250**	1.2333	810.8	1085.7	1067.7	2.7681
1.2449	803.3	1109.4	1091.5	2.8137	**255**	1.2446	803.5	1109.4	1091.2	2.8133
1.2567	795.7	1133.4	1115.3	2.8590	**260**	1.2563	796.0	1133.4	1115.1	2.8585
1.2691	788.0	1157.7	1139.4	2.9043	**265**	1.2687	788.2	1157.7	1139.2	2.9038
1.2822	779.9	1182.3	1163.8	2.9498	**270**	1.2818	780.2	1182.2	1163.5	2.9492
1.2960	771.6	1207.2	1188.5	2.9954	**275**	1.2955	771.9	1207.1	1188.2	2.9948
1.3107	763.0	1232.4	1213.6	3.0412	**280**	1.3102	763.3	1232.4	1213.2	3.0406
1.3262	754.0	1258.1	1239.0	3.0874	**285**	1.3257	754.3	1258.0	1238.6	3.0867
1.3429	744.7	1284.2	1264.8	3.1339	**290**	1.3423	745.0	1284.0	1264.4	3.1332
1.3607	734.9	1310.7	1291.1	3.1809	**295**	1.3600	735.3	1310.6	1290.7	3.1802

Tafel 3. Druckwasser und überhitzter Dampf (Fortsetzung)

144 bar						146 bar				
$10^3 v$	ϱ	h	u	s	t	$10^3 v$	ϱ	h	u	s
m³/kg	kg/m³	kJ/kg		kJ/kg K	°C	m³/kg	kg/m³	kJ/kg		kJ/kg K
1.3799	724.7	1337.9	1318.0	3.2285	**300**	1.3791	725.1	1337.7	1317.6	3.2277
1.4007	713.9	1365.7	1345.5	3.2768	**305**	1.3999	714.4	1365.5	1345.0	3.2759
1.4234	702.5	1394.3	1373.8	3.3260	**310**	1.4225	703.0	1394.0	1373.2	3.3250
1.4485	690.4	1423.7	1402.8	3.3763	**315**	1.4474	690.9	1423.4	1402.2	3.3752
1.4764	677.3	1454.2	1433.0	3.4279	**320**	1.4751	677.9	1453.8	1432.3	3.4268
1.5079	663.2	1486.1	1464.4	3.4815	**325**	1.5064	663.8	1485.6	1463.6	3.4801
1.5443	647.6	1519.7	1497.5	3.5374	**330**	1.5424	648.4	1519.1	1496.5	3.5358
1.5873	630.0	1555.6	1532.8	3.5967	**335**	1.5849	631.0	1554.8	1531.7	3.5948
11.183	89.42	2638.5	2477.5	5.3661	**340**	1.6372	610.8	1593.8	1569.9	3.6587
11.898	84.05	2687.6	2516.2	5.4457	**345**	11.528	86.74	2673.4	2505.1	5.4190
12.507	79.96	2728.7	2548.6	5.5119	**350**	12.158	82.25	2716.7	2539.2	5.4888
13.048	76.64	2764.7	2576.8	5.5695	**355**	12.711	78.67	2754.2	2568.6	5.5487
13.539	73.86	2797.0	2602.0	5.6208	**360**	13.211	75.70	2787.7	2594.8	5.6018
13.993	71.47	2826.6	2625.1	5.6673	**365**	13.670	73.15	2818.1	2618.6	5.6497
14.417	69.36	2854.1	2646.5	5.7102	**370**	14.098	70.93	2846.3	2640.5	5.6937
14.817	67.49	2879.8	2666.4	5.7500	**375**	14.501	68.96	2872.6	2660.9	5.7344
15.197	65.80	2904.1	2685.2	5.7874	**380**	14.883	67.19	2897.4	2680.1	5.7725
15.560	64.27	2927.2	2703.1	5.8226	**385**	15.246	65.59	2920.9	2698.3	5.8083
15.908	62.86	2949.2	2720.1	5.8560	**390**	15.595	64.12	2943.3	2715.6	5.8423
16.244	61.56	2970.4	2736.5	5.8878	**395**	15.931	62.77	2964.8	2732.2	5.8746
16.568	60.36	2990.8	2752.2	5.9182	**400**	16.255	61.52	2985.5	2748.2	5.9054
17.188	58.18	3029.6	2782.1	5.9755	**410**	16.874	59.26	3024.8	2778.5	5.9634
17.776	56.26	3066.4	2810.4	6.0288	**420**	17.460	57.27	3061.9	2807.0	6.0174
18.338	54.53	3101.3	2837.3	6.0790	**430**	18.019	55.50	3097.3	2834.2	6.0680
18.878	52.97	3134.9	2863.1	6.1264	**440**	18.556	53.89	3131.1	2860.2	6.1158
19.399	51.55	3167.3	2888.0	6.1715	**450**	19.074	52.43	3163.8	2885.3	6.1613
19.904	50.24	3198.8	2912.2	6.2147	**460**	19.576	51.08	3195.4	2909.6	6.2048
20.395	49.03	3229.4	2935.7	6.2562	**470**	20.064	49.84	3226.2	2933.3	6.2465
20.874	47.91	3259.3	2958.7	6.2961	**480**	20.539	48.69	3256.3	2956.4	6.2867
21.343	46.85	3288.5	2981.2	6.3347	**490**	21.004	47.61	3285.7	2979.1	6.3255
21.802	45.87	3317.3	3003.3	6.3722	**500**	21.459	46.60	3314.6	3001.3	6.3631
22.694	44.06	3373.5	3046.7	6.4439	**520**	22.343	44.76	3371.0	3044.8	6.4351
23.559	42.45	3428.2	3089.0	6.5121	**540**	23.200	43.10	3426.0	3087.3	6.5036
24.400	40.98	3481.9	3130.5	6.5772	**560**	24.033	41.61	3479.8	3128.9	6.5690
25.222	39.65	3534.6	3171.5	6.6398	**580**	24.846	40.25	3532.8	3170.0	6.6318
26.026	38.42	3586.8	3212.0	6.7002	**600**	25.642	39.00	3585.0	3210.6	6.6923
26.82	37.29	3638.3	3252.2	6.7586	**620**	26.42	37.84	3636.7	3250.9	6.7508
27.59	36.24	3689.5	3292.1	6.8153	**640**	27.19	36.77	3688.0	3290.9	6.8076
28.36	35.26	3740.3	3331.9	6.8704	**660**	27.95	35.78	3738.9	3330.8	6.8628
29.12	34.34	3790.9	3371.7	6.9240	**680**	28.70	34.84	3789.6	3370.6	6.9165
29.87	33.48	3841.4	3411.3	6.9764	**700**	29.44	33.97	3840.1	3410.3	6.9690
30.61	32.67	3891.7	3450.9	7.0275	**720**	30.17	33.15	3890.5	3450.0	7.0202
31.34	31.91	3941.9	3490.6	7.0776	**740**	30.89	32.37	3940.8	3489.7	7.0704
32.07	31.19	3992.1	3530.3	7.1267	**760**	31.61	31.63	3991.0	3529.5	7.1195
32.79	30.50	4042.3	3570.1	7.1748	**780**	32.33	30.94	4041.2	3569.3	7.1676
33.50	29.85	4092.4	3610.0	7.2220	**800**	33.03	30.27	4091.5	3609.2	7.2149
35.27	28.35	4218.2	3710.2	7.3365	**850**	34.78	28.75	4217.3	3709.5	7.3295
37.02	27.01	4344.5	3811.3	7.4465	**900**	36.51	27.39	4343.7	3810.7	7.4396
38.75	25.81	4471.5	3913.5	7.5525	**950**	38.21	26.17	4470.8	3912.9	7.5457
40.46	24.71	4599.5	4016.8	7.6551	**1000**	39.91	25.06	4598.9	4016.3	7.6483
43.85	22.80	4858.	4227.	7.851	**1100**	43.25	23.12	4858.	4226.	7.844
47.20	21.18	5122.	4442.	8.036	**1200**	46.56	21.48	5121.	4442.	8.029
50.53	19.79	5389.	4662.	8.212	**1300**	49.84	20.07	5389.	4661.	8.205
53.83	18.58	5661.	4886.	8.379	**1400**	53.10	18.83	5661.	4886.	8.373
57.12	17.51	5937.	5115.	8.540	**1500**	56.34	17.75	5937.	5115.	8.533
60.39	16.56	6217.	5348.	8.693	**1600**	59.57	16.79	6217.	5348.	8.687
63.66	15.71	6501.	5584.	8.841	**1700**	62.79	15.93	6501.	5584.	8.834
66.92	14.94	6788.	5825.	8.983	**1800**	66.01	15.15	6788.	5824.	8.976
70.17	14.25	7078.	6068.	9.119	**1900**	69.21	14.45	7078.	6068.	9.113
73.41	13.62	7372.	6314.	9.251	**2000**	72.42	13.81	7372.	6314.	9.245

Tafel 3. Druckwasser und überhitzter Dampf (Fortsetzung)

148 bar ($t_s = 341.118$ °C)						150 bar ($t_s = 342.192$ °C)				
$10^3 v$	ϱ	h	u	s	t	$10^3 v$	ϱ	h	u	s
m^3/kg	kg/m^3	kJ/kg		kJ/kg K	°C	m^3/kg	kg/m^3	kJ/kg		kJ/kg K
1.6472	607.1	1601.9	1577.6	3.6714	t_l	1.6571	603.5	1609.8	1585.0	3.6837
10.558	94.71	2615.7	2459.4	5.3217	t_g	10.339	96.72	2610.1	2455.0	5.3092
0.99286	1007.19	14.91	0.22	0.00059	**0**	0.99277	1007.28	15.11	0.22	0.00060
0.99296	1007.09	35.63	20.93	0.07576	**5**	0.99286	1007.19	35.82	20.93	0.07575
0.99340	1006.64	56.30	41.60	0.14942	**10**	0.99331	1006.73	56.49	41.59	0.14939
0.99415	1005.88	76.97	62.26	0.22179	**15**	0.99407	1005.97	77.16	62.25	0.22175
0.99517	1004.85	97.66	82.93	0.29297	**20**	0.99509	1004.94	97.85	82.92	0.29292
0.99643	1003.58	118.37	103.62	0.36300	**25**	0.99634	1003.67	118.55	103.60	0.36295
0.99791	1002.10	139.09	124.32	0.43193	**30**	0.99782	1002.18	139.27	124.30	0.43187
0.99958	1000.42	159.82	145.03	0.49976	**35**	0.99950	1000.50	160.00	145.01	0.49969
1.00144	998.56	180.56	165.74	0.56652	**40**	1.00136	998.64	180.74	165.72	0.56644
1.00348	996.53	201.30	186.45	0.63224	**45**	1.00340	996.62	201.48	186.42	0.63215
1.00569	994.34	222.05	207.16	0.69693	**50**	1.00560	994.43	222.22	207.13	0.69684
1.00806	992.01	242.80	227.88	0.76065	**55**	1.00797	992.09	242.96	227.85	0.76055
1.01059	989.53	263.55	248.59	0.82342	**60**	1.01050	989.61	263.72	248.56	0.82331
1.01326	986.91	284.31	269.31	0.88527	**65**	1.01318	986.99	284.48	269.28	0.88516
1.01609	984.16	305.08	290.05	0.94626	**70**	1.01601	984.25	305.25	290.01	0.94614
1.01907	981.29	325.87	310.79	1.00640	**75**	1.01898	981.37	326.03	310.75	1.00627
1.02219	978.29	346.68	331.55	1.06573	**80**	1.02210	978.38	346.84	331.50	1.06560
1.02546	975.18	367.50	352.33	1.12429	**85**	1.02536	975.26	367.66	352.28	1.12416
1.02886	971.95	388.35	373.13	1.18211	**90**	1.02877	972.04	388.51	373.08	1.18197
1.03241	968.61	409.23	393.95	1.23920	**95**	1.03232	968.70	409.38	393.90	1.23906
1.03610	965.16	430.14	414.80	1.29561	**100**	1.03601	965.25	430.29	414.75	1.29546
1.03994	961.60	451.08	435.69	1.35135	**105**	1.03984	961.69	451.23	435.63	1.35119
1.04391	957.94	472.05	456.60	1.40645	**110**	1.04381	958.03	472.20	456.54	1.40628
1.04803	954.17	493.06	477.55	1.46092	**115**	1.04793	954.26	493.20	477.48	1.46075
1.05230	950.30	514.10	498.53	1.51479	**120**	1.05219	950.40	514.24	498.46	1.51462
1.05671	946.33	535.19	519.55	1.56809	**125**	1.05661	946.43	535.33	519.48	1.56791
1.06128	942.26	556.31	540.61	1.62082	**130**	1.06117	942.36	556.45	540.53	1.62063
1.06600	938.09	577.48	561.71	1.67301	**135**	1.06588	938.19	577.62	561.63	1.67282
1.07087	933.82	598.70	582.85	1.72467	**140**	1.07075	933.92	598.83	582.77	1.72447
1.07591	929.45	619.96	604.04	1.77583	**145**	1.07579	929.55	620.09	603.96	1.77563
1.0811	925.0	641.3	625.3	1.8265	**150**	1.0810	925.1	641.4	625.2	1.8263
1.0865	920.4	662.6	646.6	1.8767	**155**	1.0863	920.5	662.8	646.5	1.8765
1.0920	915.7	684.1	667.9	1.9265	**160**	1.0919	915.8	684.2	667.8	1.9262
1.0978	911.0	705.6	689.3	1.9758	**165**	1.0976	911.1	705.7	689.2	1.9755
1.1037	906.1	727.1	710.8	2.0247	**170**	1.1035	906.2	727.2	710.7	2.0244
1.1098	901.1	748.7	732.3	2.0732	**175**	1.1096	901.2	748.8	732.2	2.0729
1.1161	896.0	770.4	753.9	2.1213	**180**	1.1159	896.1	770.5	753.8	2.1211
1.1226	890.8	792.2	775.6	2.1691	**185**	1.1225	890.9	792.3	775.5	2.1688
1.1294	885.5	814.0	797.3	2.2165	**190**	1.1292	885.6	814.1	797.2	2.2163
1.1363	880.0	836.0	819.2	2.2637	**195**	1.1362	880.2	836.1	819.0	2.2634
1.1436	874.5	858.0	841.1	2.3105	**200**	1.1434	874.6	858.1	841.0	2.3102
1.1510	868.8	880.2	863.1	2.3571	**205**	1.1509	868.9	880.3	863.0	2.3568
1.1588	863.0	902.4	885.3	2.4034	**210**	1.1586	863.1	902.5	885.1	2.4030
1.1668	857.0	924.8	907.5	2.4494	**215**	1.1666	857.2	924.9	907.4	2.4491
1.1752	850.9	947.3	929.9	2.4953	**220**	1.1750	851.1	947.4	929.8	2.4950
1.1839	844.7	970.0	952.4	2.5410	**225**	1.1836	844.8	970.0	952.3	2.5406
1.1929	838.3	992.7	975.1	2.5865	**230**	1.1927	838.5	992.8	974.9	2.5862
1.2023	831.7	1015.7	997.9	2.6319	**235**	1.2020	831.9	1015.7	997.7	2.6315
1.2121	825.0	1038.8	1020.9	2.6772	**240**	1.2118	825.2	1038.9	1020.7	2.6768
1.2223	818.1	1062.2	1044.1	2.7224	**245**	1.2220	818.3	1062.2	1043.9	2.7220
1.2330	811.0	1085.7	1067.4	2.7676	**250**	1.2327	811.2	1085.7	1067.2	2.7672
1.2442	803.7	1109.4	1091.0	2.8128	**255**	1.2439	803.9	1109.4	1090.8	2.8123
1.2560	796.2	1133.4	1114.8	2.8580	**260**	1.2556	796.4	1133.4	1114.6	2.8575
1.2683	788.4	1157.7	1138.9	2.9033	**265**	1.2679	788.7	1157.6	1138.6	2.9028
1.2813	780.4	1182.2	1163.2	2.9487	**270**	1.2809	780.7	1182.2	1163.0	2.9481
1.2951	772.1	1207.1	1187.9	2.9942	**275**	1.2946	772.4	1207.0	1187.6	2.9937
1.3097	763.6	1232.3	1212.9	3.0400	**280**	1.3092	763.8	1232.2	1212.6	3.0394
1.3251	754.6	1257.9	1238.3	3.0861	**285**	1.3246	754.9	1257.8	1237.9	3.0855
1.3417	745.3	1283.9	1264.1	3.1325	**290**	1.3411	745.7	1283.8	1263.7	3.1319
1.3593	735.6	1310.5	1290.3	3.1794	**295**	1.3587	736.0	1310.3	1289.9	3.1787

Tafel 3. Druckwasser und überhitzter Dampf (Fortsetzung)

148 bar						150 bar				
$10^3 v$	ϱ	h	u	s	t	$10^3 v$	ϱ	h	u	s
m^3/kg	kg/m^3	kJ/kg		kJ/kgK	°C	m^3/kg	kg/m^3	kJ/kg		kJ/kg K
1.3784	725.5	1337.5	1317.1	3.2269	**300**	1.3777	725.9	1337.4	1316.7	3.2261
1.3990	714.8	1365.3	1344.5	3.2751	**305**	1.3982	715.2	1365.0	1344.1	3.2742
1.4215	703.5	1393.7	1372.7	3.3241	**310**	1.4206	703.9	1393.5	1372.1	3.3231
1.4463	691.4	1423.0	1401.6	3.3742	**315**	1.4452	691.9	1422.7	1401.0	3.3731
1.4738	678.5	1453.4	1431.6	3.4256	**320**	1.4725	679.1	1453.0	1431.0	3.4244
1.5048	664.5	1485.1	1462.8	3.4788	**325**	1.5033	665.2	1484.6	1462.1	3.4775
1.5405	649.1	1518.4	1495.6	3.5343	**330**	1.5386	649.9	1517.8	1494.7	3.5327
1.5825	631.9	1554.0	1530.6	3.5929	**335**	1.5801	632.9	1553.2	1529.5	3.5911
1.6339	612.0	1592.7	1568.5	3.6563	**340**	1.6307	613.2	1591.6	1567.1	3.6540
11.159	89.61	2658.5	2493.4	5.3912	**345**	10.788	92.69	2642.7	2480.9	5.3621
11.812	84.66	2704.3	2529.5	5.4650	**350**	11.469	87.19	2691.3	2519.3	5.4404
12.380	80.78	2743.4	2560.2	5.5276	**355**	12.052	82.97	2732.3	2551.5	5.5059
12.888	77.59	2778.1	2587.3	5.5825	**360**	12.571	79.55	2768.2	2579.7	5.5630
13.354	74.88	2809.5	2611.8	5.6319	**365**	13.044	76.67	2800.6	2605.0	5.6139
13.786	72.54	2838.4	2634.3	5.6770	**370**	13.481	74.18	2830.3	2628.1	5.6602
14.192	70.46	2865.3	2655.2	5.7187	**375**	13.889	72.00	2857.8	2649.5	5.7029
14.575	68.61	2890.6	2674.9	5.7576	**380**	14.275	70.05	2883.7	2669.5	5.7426
14.941	66.93	2914.5	2693.4	5.7941	**385**	14.642	68.30	2908.1	2688.4	5.7798
15.290	65.40	2937.3	2711.0	5.8286	**390**	14.992	66.70	2931.3	2706.4	5.8149
15.626	64.00	2959.1	2727.9	5.8614	**395**	15.328	65.24	2953.4	2723.5	5.8482
15.950	62.70	2980.1	2744.1	5.8927	**400**	15.652	63.89	2974.7	2739.9	5.8799
16.568	60.36	3020.0	2774.8	5.9514	**410**	16.269	61.47	3015.1	2771.0	5.9395
17.152	58.30	3057.5	2803.6	6.0060	**420**	16.852	59.34	3053.0	2800.2	5.9946
17.709	56.47	3093.2	2831.1	6.0571	**430**	17.406	57.45	3089.0	2827.9	6.0462
18.243	54.82	3127.3	2857.3	6.1053	**440**	17.938	55.75	3123.5	2854.4	6.0949
18.758	53.31	3160.2	2882.6	6.1511	**450**	18.450	54.20	3156.6	2879.9	6.1410
19.257	51.93	3192.1	2907.1	6.1949	**460**	18.946	52.78	3188.7	2904.6	6.1851
19.741	50.66	3223.1	2930.9	6.2369	**470**	19.427	51.48	3219.9	2928.5	6.2274
20.213	49.47	3253.3	2954.2	6.2773	**480**	19.895	50.26	3250.3	2951.9	6.2680
20.674	48.37	3282.9	2976.9	6.3163	**490**	20.352	49.13	3280.1	2974.8	6.3073
21.125	47.34	3311.9	2999.3	6.3541	**500**	20.800	48.08	3309.3	2997.3	6.3452
22.002	45.45	3368.6	3043.0	6.4265	**520**	21.669	46.15	3366.2	3041.1	6.4179
22.850	43.76	3423.8	3085.6	6.4952	**540**	22.510	44.42	3421.5	3083.9	6.4869
23.675	42.24	3477.8	3127.4	6.5608	**560**	23.327	42.87	3475.7	3125.8	6.5527
24.480	40.85	3530.9	3168.6	6.6238	**580**	24.124	41.45	3529.0	3167.1	6.6158
25.268	39.58	3583.2	3209.3	6.6844	**600**	24.904	40.15	3581.5	3207.9	6.6767
26.04	38.40	3635.1	3249.6	6.7431	**620**	25.67	38.96	3633.4	3248.4	6.7355
26.80	37.31	3686.4	3289.8	6.8000	**640**	26.42	37.85	3684.9	3288.6	6.7925
27.55	36.30	3737.5	3329.7	6.8553	**660**	27.16	36.81	3736.0	3328.6	6.8479
28.29	35.35	3788.2	3369.5	6.9091	**680**	27.90	35.85	3786.9	3368.5	6.9018
29.02	34.46	3838.8	3409.3	6.9617	**700**	28.62	34.94	3837.6	3408.3	6.9544
29.75	33.62	3889.3	3449.0	7.0130	**720**	29.33	34.09	3888.1	3448.1	7.0058
30.46	32.83	3939.6	3488.8	7.0632	**740**	30.04	33.29	3938.5	3487.9	7.0561
31.17	32.08	3989.9	3528.6	7.1123	**760**	30.74	32.53	3988.9	3527.7	7.1053
31.88	31.37	4040.2	3568.5	7.1606	**780**	31.44	31.81	4039.2	3567.6	7.1536
32.58	30.70	4090.5	3608.4	7.2079	**800**	32.13	31.12	4089.6	3607.6	7.2009
34.30	29.15	4216.5	3708.8	7.3226	**850**	33.84	29.55	4215.6	3708.1	7.3158
36.01	27.77	4343.0	3810.1	7.4328	**900**	35.52	28.15	4342.2	3809.4	7.4260
37.69	26.53	4470.2	3912.3	7.5390	**950**	37.18	26.89	4469.5	3911.8	7.5323
39.36	25.41	4598.3	4015.7	7.6416	**1000**	38.83	25.75	4597.7	4015.2	7.6350
42.66	23.44	4857.	4226.	7.838	**1100**	42.09	23.76	4857.	4226.	7.831
45.93	21.77	5121.	4441.	8.023	**1200**	45.32	22.07	5121.	4441.	8.016
49.17	20.34	5389.	4661.	8.199	**1300**	48.51	20.61	5388.	4661.	8.192
52.38	19.09	5661.	4886.	8.366	**1400**	51.69	19.35	5661.	4885.	8.360
55.58	17.99	5937.	5114.	8.527	**1500**	54.85	18.23	5937.	5114.	8.520
58.77	17.01	6217.	5347.	8.680	**1600**	57.99	17.24	6217.	5347.	8.674
61.95	16.14	6501.	5584.	8.828	**1700**	61.13	16.36	6501.	5584.	8.822
65.12	15.36	6788.	5824.	8.970	**1800**	64.26	15.56	6788.	5824.	8.963
68.29	14.64	7078.	6068.	9.107	**1900**	67.38	14.84	7078.	6067.	9.100
71.45	14.00	7372.	6314.	9.238	**2000**	70.50	14.18	7371.	6314.	9.232

Tafel 3. Druckwasser und überhitzter Dampf (Fortsetzung)

160 bar ($t_s = 347.394$ °C)						170 bar ($t_s = 352.335$ °C)				
$10^3 v$	ϱ	h	u	s	t	$10^3 v$	ϱ	h	u	s
m^3/kg	kg/m^3	kJ/kg		kJ/kgK	°C	m^3/kg	kg/m^3	kJ/kg		kJ/kg K
1.7099	584.8	1649.5	1622.1	3.7452	t_l	1.7698	565.0	1690.0	1659.9	3.8073
9.311	107.41	2580.3	2431.3	5.2451	t_g	8.373	119.43	2547.1	2404.8	5.1777
0.99228	1007.78	16.11	0.23	0.00062	0	0.99180	1008.27	17.10	0.24	0.00063
0.99239	1007.66	36.80	20.92	0.07569	5	0.99193	1008.14	37.78	20.91	0.07563
0.99286	1007.19	57.45	41.57	0.14927	10	0.99240	1007.65	58.41	41.54	0.14915
0.99362	1006.42	78.10	62.21	0.22157	15	0.99318	1006.87	79.04	62.16	0.22139
0.99465	1005.38	98.77	82.86	0.29269	20	0.99421	1005.82	99.70	82.80	0.29246
0.99591	1004.10	119.46	103.53	0.36268	25	0.99548	1004.54	120.38	103.45	0.36240
0.99739	1002.62	140.17	124.21	0.43155	30	0.99696	1003.05	141.07	124.12	0.43123
0.99907	1000.93	160.89	144.90	0.49934	35	0.99864	1001.36	161.78	144.80	0.49898
1.00093	999.07	181.61	165.60	0.56605	40	1.00051	999.49	182.49	165.48	0.56566
1.00297	997.04	202.34	186.30	0.63173	45	1.00255	997.46	203.21	186.17	0.63130
1.00518	994.85	223.08	206.99	0.69638	50	1.00475	995.27	223.93	206.85	0.69593
1.00754	992.51	243.81	227.69	0.76006	55	1.00712	992.93	244.66	227.54	0.75957
1.01007	990.03	264.55	248.39	0.82279	60	1.00964	990.45	265.39	248.23	0.82227
1.01274	987.42	285.30	269.10	0.88461	65	1.01231	987.84	286.13	268.92	0.88406
1.01557	984.67	306.06	289.82	0.94556	70	1.01513	985.10	306.88	289.62	0.94498
1.01854	981.80	326.84	310.54	1.00567	75	1.01809	982.23	327.65	310.34	1.00506
1.02165	978.81	347.63	331.29	1.06497	80	1.02120	979.24	348.43	331.07	1.06433
1.02491	975.70	368.45	352.05	1.12349	85	1.02445	976.13	369.23	351.82	1.12283
1.02830	972.47	389.29	372.83	1.18127	90	1.02784	972.91	390.06	372.59	1.18058
1.03184	969.14	410.15	393.64	1.23834	95	1.03137	969.58	410.92	393.38	1.23761
1.03552	965.70	431.04	414.48	1.29471	100	1.03504	966.14	431.80	414.20	1.29396
1.03935	962.14	451.97	435.34	1.35041	105	1.03885	962.60	452.72	435.05	1.34964
1.04331	958.49	472.93	456.24	1.40548	110	1.04281	958.95	473.66	455.94	1.40467
1.04742	954.73	493.92	477.17	1.45992	115	1.04690	955.20	494.65	476.85	1.45908
1.05167	950.87	514.96	498.13	1.51375	120	1.05114	951.35	515.67	497.80	1.51289
1.05607	946.91	536.03	519.13	1.56701	125	1.05553	947.39	536.73	518.78	1.56612
1.06061	942.85	557.14	540.17	1.61971	130	1.06006	943.34	557.83	539.81	1.61878
1.06531	938.69	578.29	561.25	1.67186	135	1.06474	939.19	578.97	560.87	1.67090
1.07017	934.43	599.49	582.37	1.72349	140	1.06958	934.94	600.16	581.97	1.72250
1.07518	930.08	620.74	603.54	1.77461	145	1.07458	930.60	621.39	603.12	1.77359
1.0804	925.6	642.0	624.8	1.8252	150	1.0797	926.2	642.7	624.3	1.8242
1.0857	921.1	663.4	646.0	1.8754	155	1.0851	921.6	664.0	645.6	1.8743
1.0912	916.4	684.8	667.3	1.9251	160	1.0906	917.0	685.4	666.9	1.9240
1.0969	911.6	706.3	688.7	1.9744	165	1.0962	912.2	706.9	688.2	1.9732
1.1028	906.8	727.8	710.1	2.0232	170	1.1021	907.4	728.4	709.6	2.0220
1.1089	901.8	749.4	731.6	2.0717	175	1.1081	902.4	749.9	731.1	2.0705
1.1152	896.7	771.1	753.2	2.1198	180	1.1144	897.4	771.6	752.7	2.1185
1.1216	891.5	792.8	774.9	2.1675	185	1.1208	892.2	793.3	774.3	2.1662
1.1284	886.2	814.6	796.6	2.2149	190	1.1275	886.9	815.1	796.0	2.2135
1.1353	880.8	836.6	818.4	2.2620	195	1.1344	881.5	837.0	817.7	2.2606
1.1425	875.3	858.6	840.3	2.3087	200	1.1416	876.0	859.0	839.6	2.3073
1.1499	869.6	880.7	862.3	2.3552	205	1.1489	870.4	881.1	861.6	2.3537
1.1576	863.9	902.9	884.4	2.4015	210	1.1566	864.6	903.3	883.6	2.3999
1.1656	857.9	925.2	906.6	2.4475	215	1.1645	858.7	925.6	905.8	2.4459
1.1739	851.9	947.7	928.9	2.4933	220	1.1728	852.7	948.1	928.1	2.4916
1.1825	845.7	970.3	951.4	2.5389	225	1.1813	846.5	970.6	950.5	2.5371
1.1914	839.3	993.1	974.0	2.5843	230	1.1902	840.2	993.3	973.1	2.5825
1.2007	832.8	1016.0	996.8	2.6296	235	1.1994	833.7	1016.2	995.8	2.6277
1.2104	826.1	1039.1	1019.7	2.6748	240	1.2091	827.1	1039.3	1018.7	2.6729
1.2206	819.3	1062.3	1042.8	2.7199	245	1.2191	820.3	1062.5	1041.8	2.7179
1.2311	812.3	1085.8	1066.1	2.7650	250	1.2296	813.3	1085.9	1065.0	2.7629
1.2422	805.0	1109.5	1089.6	2.8101	255	1.2406	806.1	1109.5	1088.4	2.8078
1.2538	797.6	1133.4	1113.3	2.8551	260	1.2520	798.7	1133.4	1112.1	2.8528
1.2660	789.9	1157.6	1137.3	2.9003	265	1.2641	791.1	1157.5	1136.0	2.8978
1.2788	782.0	1182.0	1161.6	2.9455	270	1.2768	783.2	1181.9	1160.2	2.9429
1.2924	773.8	1206.8	1186.1	2.9909	275	1.2902	775.1	1206.6	1184.6	2.9881
1.3067	765.3	1231.9	1211.0	3.0365	280	1.3043	766.7	1231.6	1209.4	3.0335
1.3219	756.5	1257.4	1236.2	3.0823	285	1.3193	758.0	1256.9	1234.5	3.0792
1.3381	747.3	1283.2	1261.8	3.1285	290	1.3352	748.9	1282.7	1260.0	3.1252
1.3554	737.8	1309.6	1287.9	3.1751	295	1.3523	739.5	1308.9	1286.0	3.1715

Tafel 3. Druckwasser und überhitzter Dampf (Fortsetzung)

160 bar						170 bar				
$10^3 v$	ϱ	h	u	s	t	$10^3 v$	ϱ	h	u	s
m^3/kg	kg/m^3	kJ/kg		kJ/kg K	°C	m^3/kg	kg/m^3	kJ/kg		kJ/kg K
1.3740	727.8	1336.5	1314.5	3.2222	**300**	1.3705	729.6	1335.7	1312.4	3.2184
1.3941	717.3	1364.0	1341.7	3.2700	**305**	1.3902	719.3	1363.0	1339.4	3.2658
1.4160	706.2	1392.2	1369.5	3.3185	**310**	1.4115	708.5	1391.0	1367.0	3.3140
1.4399	694.5	1421.2	1398.1	3.3680	**315**	1.4348	696.9	1419.7	1395.3	3.3631
1.4664	682.0	1451.1	1427.7	3.4188	**320**	1.4605	684.7	1449.3	1424.5	3.4133
1.4960	668.4	1482.3	1458.3	3.4710	**325**	1.4891	671.6	1480.1	1454.8	3.4649
1.5297	653.7	1514.9	1490.4	3.5253	**330**	1.5214	657.3	1512.2	1486.3	3.5183
1.5689	637.4	1549.4	1524.3	3.5823	**335**	1.5585	641.6	1546.0	1519.5	3.5741
1.6158	618.9	1586.6	1560.7	3.6432	**340**	1.6024	624.1	1582.1	1554.8	3.6332
1.6748	597.1	1627.7	1600.9	3.7099	**345**	1.6562	603.8	1621.4	1593.3	3.6972
9.755	102.51	2615.2	2459.2	5.3013	**350**	1.7269	579.1	1666.1	1636.7	3.7691
10.461	95.59	2669.7	2502.3	5.3884	**355**	8.864	112.82	2588.8	2438.1	5.2442
11.051	90.49	2714.3	2537.5	5.4591	**360**	9.594	104.23	2649.4	2486.3	5.3403
11.570	86.43	2752.9	2567.8	5.5198	**365**	10.190	98.14	2697.7	2524.5	5.4163
12.037	83.08	2787.3	2594.7	5.5735	**370**	10.706	93.41	2738.8	2556.8	5.4805
12.467	80.21	2818.6	2619.1	5.6220	**375**	11.168	89.54	2775.1	2585.3	5.5368
12.867	77.72	2847.4	2641.6	5.6664	**380**	11.590	86.28	2807.9	2610.9	5.5872
13.243	75.51	2874.4	2662.5	5.7075	**385**	11.982	83.46	2838.1	2634.4	5.6332
13.600	73.53	2899.8	2682.2	5.7459	**390**	12.348	80.98	2866.1	2656.2	5.6756
13.940	71.74	2923.8	2700.8	5.7820	**395**	12.695	78.77	2892.4	2676.6	5.7151
14.265	70.10	2946.8	2718.5	5.8162	**400**	13.025	76.78	2917.3	2695.8	5.7522
14.578	68.60	2968.8	2735.5	5.8488	**405**	13.340	74.96	2940.9	2714.1	5.7872
14.881	67.20	2989.9	2751.8	5.8798	**410**	13.643	73.30	2963.6	2731.6	5.8204
15.173	65.91	3010.3	2767.5	5.9096	**415**	13.935	71.76	2985.3	2748.4	5.8521
15.457	64.69	3030.1	2782.8	5.9382	**420**	14.218	70.34	3006.2	2764.5	5.8824
15.734	63.56	3049.3	2797.5	5.9658	**425**	14.491	69.01	3026.5	2780.1	5.9116
16.003	62.49	3067.9	2811.9	5.9925	**430**	14.758	67.76	3046.1	2795.3	5.9396
16.266	61.48	3086.2	2825.9	6.0183	**435**	15.017	66.59	3065.2	2810.0	5.9667
16.524	60.52	3104.0	2839.6	6.0433	**440**	15.270	65.49	3083.9	2824.3	5.9929
16.776	59.61	3121.4	2853.0	6.0677	**445**	15.517	64.45	3102.0	2838.2	6.0183
17.023	58.74	3138.5	2866.1	6.0914	**450**	15.759	63.46	3119.8	2851.9	6.0430
17.505	57.13	3171.7	2891.7	6.1371	**460**	16.229	61.62	3154.3	2878.4	6.0903
17.971	55.65	3203.9	2916.4	6.1807	**470**	16.683	59.94	3187.6	2904.0	6.1354
18.424	54.28	3235.3	2940.5	6.2226	**480**	17.123	58.40	3219.9	2928.8	6.1786
18.865	53.01	3265.8	2964.0	6.2629	**490**	17.550	56.98	3251.3	2952.9	6.2200
19.296	51.82	3295.7	2987.0	6.3018	**500**	17.967	55.66	3282.0	2976.5	6.2599
20.131	49.67	3353.9	3031.8	6.3761	**520**	18.772	53.27	3341.4	3022.3	6.3359
20.937	47.76	3410.3	3075.3	6.4464	**540**	19.547	51.16	3399.0	3066.7	6.4075
21.718	46.05	3465.4	3117.9	6.5133	**560**	20.297	49.27	3455.0	3109.9	6.4756
22.478	44.49	3519.4	3159.8	6.5774	**580**	21.025	47.56	3509.8	3152.4	6.5406
23.221	43.06	3572.6	3201.1	6.6390	**600**	21.736	46.01	3563.7	3194.2	6.6031
23.949	41.76	3625.2	3242.0	6.6985	**620**	22.431	44.58	3616.9	3235.6	6.6633
24.664	40.54	3677.2	3282.6	6.7561	**640**	23.113	43.27	3669.5	3276.5	6.7215
25.368	39.42	3728.8	3322.9	6.8121	**660**	23.784	42.05	3721.6	3317.3	6.7780
26.062	38.37	3780.1	3363.1	6.8665	**680**	24.444	40.91	3773.3	3357.8	6.8328
26.747	37.39	3831.2	3403.2	6.9195	**700**	25.095	39.85	3824.8	3398.2	6.8863
27.42	36.47	3882.1	3443.3	6.9712	**720**	25.74	38.85	3876.1	3438.5	6.9384
28.09	35.60	3932.8	3483.3	7.0218	**740**	26.38	37.91	3927.2	3478.8	6.9894
28.76	34.77	3983.5	3523.4	7.0714	**760**	27.01	37.03	3978.1	3519.1	7.0392
29.41	34.00	4034.1	3563.5	7.1199	**780**	27.63	36.19	4029.1	3559.4	7.0880
30.07	33.26	4084.8	3603.7	7.1675	**800**	28.25	35.40	4079.9	3599.7	7.1359
31.68	31.57	4211.4	3704.5	7.2829	**850**	29.78	33.59	4207.2	3701.0	7.2517
33.27	30.06	4338.5	3806.2	7.3935	**900**	31.28	31.97	4334.7	3803.0	7.3629
34.83	28.71	4466.2	3908.8	7.5002	**950**	32.76	30.52	4462.9	3905.9	7.4698
36.39	27.48	4594.7	4012.5	7.6031	**1000**	34.23	29.21	4591.7	4009.8	7.5731
42.49	23.54	5119.	4439.	7.985	**1200**	39.99	25.01	5117.	4437.	7.956
48.47	20.63	5659.	4884.	8.329	**1400**	45.64	21.91	5658.	4882.	8.300
54.39	18.38	6216.	5346.	8.644	**1600**	51.22	19.52	6215.	5345.	8.615
60.28	16.59	6787.	5823.	8.933	**1800**	56.76	17.62	6787.	5822.	8.905
66.13	15.12	7371.	6313.	9.202	**2000**	62.28	16.06	7371.	6312.	9.174

Tafel 3. Druckwasser und überhitzter Dampf (Fortsetzung)

180 bar (t_s = 357.038 °C)						190 bar (t_s = 361.522 °C)				
$10^3 v$	ϱ	h	u	s	t	$10^3 v$	ϱ	h	u	s
m³/kg	kg/m³	kJ/kg		kJ/kg K	°C	m³/kg	kg/m³	kJ/kg		kJ/kg K
1.8399	543.5	1732.0	1698.9	3.8714	t_l	1.9251	519.4	1776.8	1740.3	3.9393
7.505	133.25	2509.7	2374.6	5.1054	t_g	6.681	149.67	2466.2	2339.3	5.0255
0.99132	1008.75	18.10	0.26	0.00065	0	0.99084	1009.24	19.09	0.27	0.00065
0.99146	1008.61	38.75	20.90	0.07557	5	0.99100	1009.08	39.72	20.89	0.07550
0.99195	1008.11	59.36	41.51	0.14902	10	0.99150	1008.57	60.32	41.48	0.14889
0.99273	1007.32	79.98	62.12	0.22121	15	0.99229	1007.77	80.92	62.07	0.22102
0.99378	1006.26	100.63	82.74	0.29223	20	0.99334	1006.70	101.55	82.68	0.29200
0.99505	1004.97	121.29	103.38	0.36212	25	0.99462	1005.41	122.20	103.30	0.36185
0.99654	1003.47	141.97	124.04	0.43092	30	0.99611	1003.90	142.87	123.95	0.43060
0.99822	1001.78	162.67	144.70	0.49863	35	0.99780	1002.21	163.56	144.60	0.49827
1.00009	999.91	183.37	165.37	0.56527	40	0.99966	1000.34	184.25	165.25	0.56488
1.00212	997.88	204.08	186.04	0.63088	45	1.00170	998.30	204.95	185.91	0.63045
1.00433	995.69	224.79	206.71	0.69547	50	1.00391	996.11	225.65	206.57	0.69501
1.00669	993.35	245.51	227.39	0.75908	55	1.00627	993.77	246.35	227.23	0.75860
1.00921	990.87	266.23	248.06	0.82175	60	1.00878	991.29	267.06	247.90	0.82124
1.01188	988.26	286.96	268.74	0.88352	65	1.01145	988.68	287.78	268.57	0.88297
1.01469	985.52	307.70	289.43	0.94440	70	1.01426	985.94	308.51	289.24	0.94383
1.01765	982.65	328.45	310.14	1.00445	75	1.01721	983.08	329.26	309.93	1.00385
1.02075	979.67	349.23	330.85	1.06369	80	1.02031	980.10	350.02	330.64	1.06306
1.02400	976.56	370.02	351.59	1.12216	85	1.02355	977.00	370.81	351.36	1.12150
1.02738	973.35	390.84	372.35	1.17989	90	1.02692	973.78	391.62	372.10	1.17920
1.03090	970.02	411.68	393.13	1.23690	95	1.03044	970.46	412.45	392.87	1.23618
1.03457	966.59	432.56	413.93	1.29321	100	1.03409	967.04	433.31	413.66	1.29247
1.03837	963.05	453.46	434.77	1.34886	105	1.03788	963.50	454.21	434.49	1.34809
1.04231	959.41	474.40	455.64	1.40387	110	1.04181	959.87	475.13	455.34	1.40307
1.04639	955.66	495.37	476.54	1.45825	115	1.04588	956.13	496.09	476.22	1.45742
1.05062	951.82	516.38	497.47	1.51203	120	1.05010	952.29	517.09	497.14	1.51117
1.05499	947.88	537.43	518.44	1.56523	125	1.05446	948.36	538.13	518.09	1.56434
1.05951	943.83	558.52	539.44	1.61786	130	1.05896	944.32	559.21	539.08	1.61695
1.06418	939.69	579.65	560.49	1.66995	135	1.06362	940.19	580.32	560.11	1.66901
1.06900	935.45	600.82	581.58	1.72152	140	1.06842	935.96	601.49	581.19	1.72054
1.07398	931.12	622.04	602.71	1.77257	145	1.07338	931.63	622.69	602.30	1.77156
1.0791	926.7	643.3	623.9	1.8231	150	1.0785	927.2	644.0	623.5	1.8221
1.0844	922.1	664.6	645.1	1.8732	155	1.0838	922.7	665.3	644.7	1.8722
1.0899	917.5	686.0	666.4	1.9229	160	1.0892	918.1	686.6	665.9	1.9218
1.0955	912.8	707.4	687.7	1.9721	165	1.0949	913.4	708.0	687.2	1.9709
1.1014	907.9	728.9	709.1	2.0209	170	1.1007	908.5	729.5	708.6	2.0197
1.1074	903.0	750.5	730.6	2.0692	175	1.1067	903.6	751.1	730.0	2.0680
1.1136	898.0	772.1	752.1	2.1172	180	1.1129	898.6	772.7	751.5	2.1160
1.1201	892.8	793.8	773.7	2.1649	185	1.1193	893.4	794.4	773.1	2.1636
1.1267	887.6	815.6	795.4	2.2122	190	1.1259	888.2	816.1	794.7	2.2108
1.1336	882.2	837.5	817.1	2.2592	195	1.1327	882.8	838.0	816.5	2.2578
1.1407	876.7	859.5	838.9	2.3058	200	1.1398	877.4	859.9	838.3	2.3044
1.1480	871.1	881.5	860.9	2.3522	205	1.1471	871.8	882.0	860.2	2.3507
1.1556	865.3	903.7	882.9	2.3984	210	1.1546	866.1	904.1	882.2	2.3968
1.1635	859.5	926.0	905.1	2.4442	215	1.1625	860.2	926.4	904.3	2.4426
1.1717	853.5	948.4	927.3	2.4899	220	1.1706	854.3	948.8	926.5	2.4883
1.1802	847.3	970.9	949.7	2.5354	225	1.1790	848.2	971.3	948.9	2.5337
1.1890	841.0	993.6	972.2	2.5807	230	1.1878	841.9	993.9	971.3	2.5789
1.1982	834.6	1016.5	994.9	2.6259	235	1.1969	835.5	1016.7	994.0	2.6240
1.2077	828.0	1039.5	1017.7	2.6709	240	1.2064	828.9	1039.7	1016.8	2.6690
1.2177	821.2	1062.6	1040.7	2.7158	245	1.2163	822.2	1062.8	1039.7	2.7138
1.2281	814.3	1086.0	1063.9	2.7607	250	1.2266	815.3	1086.1	1062.8	2.7586
1.2389	807.1	1109.6	1087.3	2.8056	255	1.2373	808.2	1109.7	1086.1	2.8034
1.2503	799.8	1133.4	1110.9	2.8504	260	1.2486	800.9	1133.4	1109.7	2.8481
1.2622	792.2	1157.4	1134.7	2.8953	265	1.2604	793.4	1157.4	1133.4	2.8929
1.2748	784.4	1181.7	1158.8	2.9403	270	1.2728	785.7	1181.6	1157.4	2.9377
1.2880	776.4	1206.3	1183.2	2.9854	275	1.2859	777.7	1206.2	1181.7	2.9827
1.3020	768.1	1231.3	1207.8	3.0306	280	1.2996	769.4	1231.0	1206.3	3.0278
1.3167	759.5	1256.5	1232.8	3.0761	285	1.3142	760.9	1256.2	1231.2	3.0731
1.3324	750.5	1282.2	1258.2	3.1219	290	1.3297	752.1	1281.7	1256.5	3.1187
1.3492	741.2	1308.3	1284.0	3.1680	295	1.3462	742.9	1307.7	1282.1	3.1646

Tafel 3. Druckwasser und überhitzter Dampf (Fortsetzung)

180 bar						190 bar				
$10^3 v$	ϱ	h	u	s	t	$10^3 v$	ϱ	h	u	s
m³/kg	kg/m³	kJ/kg		kJ/kgK	°C	m³/kg	kg/m³	kJ/kg		kJ/kg K
1.3671	731.5	1334.9	1310.3	3.2146	**300**	1.3638	733.3	1334.2	1308.2	3.2110
1.3864	721.3	1362.0	1337.1	3.2618	**305**	1.3827	723.2	1361.1	1334.9	3.2578
1.4072	710.6	1389.8	1364.5	3.3096	**310**	1.4031	712.7	1388.7	1362.0	3.3053
1.4299	699.3	1418.3	1392.6	3.3583	**315**	1.4252	701.7	1417.0	1389.9	3.3536
1.4549	687.4	1447.6	1421.5	3.4079	**320**	1.4494	689.9	1446.0	1418.5	3.4028
1.4825	674.5	1478.0	1451.3	3.4589	**325**	1.4762	677.4	1476.1	1448.0	3.4532
1.5135	660.7	1509.6	1482.4	3.5115	**330**	1.5061	664.0	1507.2	1478.6	3.5051
1.5489	645.6	1542.8	1514.9	3.5663	**335**	1.5399	649.4	1539.8	1510.5	3.5589
1.5902	628.9	1578.0	1549.3	3.6239	**340**	1.5789	633.3	1574.2	1544.2	3.6152
1.6399	609.8	1615.9	1586.4	3.6856	**345**	1.6252	615.3	1611.0	1580.1	3.6750
1.7028	587.3	1658.2	1627.5	3.7536	**350**	1.6824	594.4	1651.3	1619.4	3.7400
1.7904	558.5	1707.8	1675.6	3.8329	**355**	1.7578	568.9	1697.3	1663.9	3.8134
8.098	123.49	2564.1	2418.3	5.1916	**360**	1.8725	534.1	1754.5	1719.0	3.9041
8.849	113.01	2630.9	2471.6	5.2967	**365**	7.448	134.26	2542.1	2400.6	5.1447
9.447	105.86	2682.7	2512.6	5.3776	**370**	8.211	121.79	2614.6	2458.6	5.2580
9.959	100.41	2726.2	2546.9	5.4450	**375**	8.807	113.55	2669.6	2502.2	5.3431
10.414	96.02	2764.3	2576.9	5.5035	**380**	9.312	107.39	2715.2	2538.3	5.4133
10.828	92.35	2798.5	2603.6	5.5557	**385**	9.759	102.47	2754.9	2569.5	5.4738
11.211	89.20	2829.8	2628.0	5.6031	**390**	10.164	98.39	2790.4	2597.3	5.5276
11.568	86.44	2858.8	2650.6	5.6467	**395**	10.537	94.91	2822.7	2622.5	5.5761
11.905	84.00	2886.0	2671.7	5.6872	**400**	10.885	91.87	2852.6	2645.8	5.6207
12.225	81.80	2911.6	2691.5	5.7251	**405**	11.212	89.19	2880.5	2667.5	5.6620
12.531	79.80	2935.9	2710.4	5.7608	**410**	11.523	86.78	2906.8	2687.9	5.7007
12.824	77.98	2959.1	2728.3	5.7947	**415**	11.819	84.61	2931.8	2707.2	5.7370
13.106	76.30	2981.4	2745.5	5.8270	**420**	12.103	82.63	2955.5	2725.6	5.7714
13.379	74.74	3002.9	2762.0	5.8578	**425**	12.376	80.80	2978.3	2743.2	5.8042
13.643	73.30	3023.6	2778.0	5.8874	**430**	12.639	79.12	3000.2	2760.1	5.8354
13.900	71.94	3043.7	2793.5	5.9158	**435**	12.894	77.55	3021.3	2776.3	5.8654
14.150	70.67	3063.2	2808.5	5.9432	**440**	13.142	76.09	3041.8	2792.1	5.8942
14.393	69.48	3082.1	2823.1	5.9698	**445**	13.383	74.72	3061.7	2807.4	5.9219
14.631	68.35	3100.7	2837.3	5.9955	**450**	13.618	73.43	3081.0	2822.3	5.9488
15.092	66.26	3136.5	2864.8	6.0447	**460**	14.071	71.07	3118.3	2850.9	5.9999
15.536	64.37	3170.9	2891.3	6.0914	**470**	14.506	68.94	3153.9	2878.3	6.0483
15.964	62.64	3204.2	2916.9	6.1358	**480**	14.925	67.00	3188.3	2904.7	6.0942
16.380	61.05	3236.5	2941.7	6.1785	**490**	15.331	65.23	3221.5	2930.2	6.1380
16.784	59.58	3268.0	2965.9	6.2194	**500**	15.724	63.60	3253.8	2955.1	6.1801
17.564	56.94	3328.8	3012.7	6.2971	**520**	16.481	60.68	3316.1	3003.0	6.2596
18.311	54.61	3387.5	3057.9	6.3702	**540**	17.205	58.12	3375.9	3049.0	6.3341
19.033	52.54	3444.5	3101.9	6.4394	**560**	17.902	55.86	3433.9	3093.7	6.4045
19.733	50.68	3500.1	3144.9	6.5054	**580**	18.577	53.83	3490.4	3137.4	6.4715
20.415	48.98	3554.8	3187.3	6.5687	**600**	19.233	51.99	3545.7	3180.3	6.5357
21.081	47.44	3608.6	3229.1	6.6296	**620**	19.873	50.32	3600.2	3222.6	6.5973
21.734	46.01	3661.7	3270.5	6.6885	**640**	20.500	48.78	3653.9	3264.4	6.6568
22.375	44.69	3714.3	3311.6	6.7455	**660**	21.115	47.36	3707.0	3305.8	6.7143
23.006	43.47	3766.5	3352.4	6.8008	**680**	21.719	46.04	3759.7	3347.0	6.7702
23.628	42.32	3818.4	3393.1	6.8547	**700**	22.315	44.81	3812.0	3388.0	6.8245
24.242	41.25	3870.0	3433.7	6.9072	**720**	22.902	43.66	3864.0	3428.8	6.8774
24.848	40.24	3921.5	3474.2	6.9585	**740**	23.482	42.59	3915.7	3469.6	6.9290
25.448	39.30	3972.8	3514.7	7.0086	**760**	24.055	41.57	3967.4	3510.3	6.9794
26.042	38.40	4024.0	3555.2	7.0577	**780**	24.622	40.61	4018.9	3551.0	7.0288
26.63	37.55	4075.1	3595.7	7.1058	**800**	25.18	39.71	4070.3	3591.8	7.0772
28.08	35.61	4202.9	3697.4	7.2222	**850**	26.57	37.64	4198.7	3693.9	7.1941
29.51	33.89	4331.0	3799.8	7.3338	**900**	27.93	35.80	4327.2	3796.6	7.3061
30.92	32.34	4459.5	3903.0	7.4411	**950**	29.27	34.16	4456.2	3900.0	7.4138
32.31	30.95	4588.8	4007.2	7.5446	**1000**	30.60	32.68	4585.8	4004.5	7.5176
37.77	26.48	5115.	4435.	7.928	**1200**	35.78	27.95	5113.	4433.	7.902
43.11	23.19	5657.	4881.	8.273	**1400**	40.86	24.47	5655.	4879.	8.247
48.39	20.66	6214.	5343.	8.588	**1600**	45.87	21.80	6214.	5342.	8.562
53.63	18.64	6786.	5821.	8.878	**1800**	50.84	19.67	6786.	5820.	8.852
58.85	16.99	7371.	6311.	9.147	**2000**	55.78	17.93	7370.	6310.	9.122

Tafel 3. Druckwasser und überhitzter Dampf (Fortsetzung)

200 bar ($t_s = 365.800$ °C)						210 bar ($t_s = 369.881$ °C)				
$10^3 v$	ϱ	h	u	s	t	$10^3 v$	ϱ	h	u	s
m³/kg	kg/m³	kJ/kg		kJ/kgK	°C	m³/kg	kg/m³	kJ/kg		kJ/kg K
2.0360	**491.2**	**1826.7**	**1786.0**	**4.0146**	t_l	**2.2003**	**454.5**	**1887.6**	**1841.4**	**4.1062**
5.874	**170.25**	**2413.6**	**2296.1**	**4.9330**	t_g	**5.020**	**199.19**	**2342.8**	**2237.4**	**4.8141**
0.99037	1009.73	20.08	0.28	0.00066	**0**	0.98989	1010.21	21.08	0.29	0.00066
0.99054	1009.55	40.69	20.88	0.07543	**5**	0.99008	1010.02	41.67	20.87	0.07536
0.99105	1009.03	61.27	41.45	0.14876	**10**	0.99060	1009.49	62.23	41.42	0.14862
0.99185	1008.21	81.86	62.03	0.22084	**15**	0.99141	1008.66	82.80	61.98	0.22065
0.99291	1007.14	102.48	82.62	0.29176	**20**	0.99248	1007.58	103.40	82.56	0.29153
0.99420	1005.84	123.11	103.23	0.36157	**25**	0.99377	1006.27	124.02	103.16	0.36129
0.99569	1004.33	143.77	123.86	0.43028	**30**	0.99527	1004.76	144.67	123.77	0.42996
0.99738	1002.63	164.44	144.50	0.49792	**35**	0.99696	1003.05	165.33	144.40	0.49756
0.99924	1000.76	185.13	165.14	0.56449	**40**	0.99883	1001.18	186.00	165.03	0.56410
1.00128	998.72	205.81	185.79	0.63003	**45**	1.00086	999.14	206.68	185.66	0.62960
1.00349	996.53	226.50	206.43	0.69456	**50**	1.00307	996.94	227.36	206.29	0.69410
1.00585	994.19	247.20	227.08	0.75811	**55**	1.00542	994.61	248.04	226.93	0.75762
1.00836	991.71	267.90	247.73	0.82072	**60**	1.00793	992.13	268.74	247.57	0.82020
1.01102	989.10	288.61	268.39	0.88242	**65**	1.01059	989.52	289.44	268.21	0.88187
1.01383	986.36	309.33	289.05	0.94325	**70**	1.01339	986.78	310.15	288.87	0.94267
1.01677	983.50	330.07	309.73	1.00324	**75**	1.01634	983.92	330.87	309.53	1.00264
1.01986	980.52	350.82	330.42	1.06243	**80**	1.01942	980.95	351.62	330.21	1.06180
1.02309	977.43	371.59	351.13	1.12084	**85**	1.02265	977.86	372.38	350.91	1.12018
1.02646	974.22	392.39	371.86	1.17851	**90**	1.02601	974.65	393.17	371.62	1.17782
1.02997	970.90	413.22	392.62	1.23546	**95**	1.02951	971.34	413.98	392.36	1.23475
1.03361	967.48	434.07	413.40	1.29172	**100**	1.03314	967.92	434.83	413.13	1.29098
1.03740	963.95	454.95	434.20	1.34732	**105**	1.03691	964.40	455.70	433.92	1.34655
1.04132	960.32	475.87	455.04	1.40227	**110**	1.04082	960.78	476.60	454.75	1.40147
1.04538	956.59	496.82	475.91	1.45659	**115**	1.04487	957.05	497.54	475.60	1.45577
1.04958	952.76	517.81	496.81	1.51032	**120**	1.04906	953.23	518.52	496.49	1.50946
1.05393	948.83	538.83	517.75	1.56346	**125**	1.05340	949.31	539.53	517.41	1.56257
1.05842	944.81	559.90	538.73	1.61603	**130**	1.05787	945.29	560.59	538.37	1.61512
1.06305	940.69	581.00	559.74	1.66806	**135**	1.06250	941.18	581.68	559.37	1.66712
1.06784	936.47	602.15	580.79	1.71957	**140**	1.06727	936.97	602.82	580.40	1.71859
1.07279	932.15	623.35	601.89	1.77056	**145**	1.07220	932.66	624.00	601.48	1.76956
1.0779	927.7	644.6	623.0	1.8211	**150**	1.0773	928.3	645.2	622.6	1.8200
1.0832	923.2	665.9	644.2	1.8711	**155**	1.0825	923.8	666.5	643.8	1.8700
1.0886	918.6	687.2	665.5	1.9207	**160**	1.0879	919.2	687.8	665.0	1.9196
1.0942	913.9	708.6	686.7	1.9698	**165**	1.0935	914.5	709.2	686.3	1.9687
1.1000	909.1	730.1	708.1	2.0185	**170**	1.0993	909.7	730.7	707.6	2.0173
1.1059	904.2	751.6	729.5	2.0668	**175**	1.1052	904.8	752.2	729.0	2.0656
1.1121	899.2	773.2	751.0	2.1147	**180**	1.1114	899.8	773.8	750.4	2.1135
1.1185	894.1	794.9	772.5	2.1623	**185**	1.1177	894.7	795.4	771.9	2.1610
1.1251	888.8	816.6	794.1	2.2095	**190**	1.1242	889.5	817.1	793.5	2.2082
1.1318	883.5	838.5	815.8	2.2564	**195**	1.1310	884.2	839.0	815.2	2.2550
1.1389	878.1	860.4	837.6	2.3030	**200**	1.1380	878.7	860.9	837.0	2.3015
1.1461	872.5	882.4	859.5	2.3493	**205**	1.1452	873.2	882.9	858.8	2.3478
1.1537	866.8	904.5	881.5	2.3953	**210**	1.1527	867.5	904.9	880.7	2.3938
1.1615	861.0	926.8	903.5	2.4411	**215**	1.1604	861.7	927.2	902.8	2.4395
1.1695	855.0	949.1	925.7	2.4866	**220**	1.1685	855.8	949.5	924.9	2.4850
1.1779	849.0	971.6	948.0	2.5320	**225**	1.1768	849.8	971.9	947.2	2.5303
1.1866	842.7	994.2	970.5	2.5771	**230**	1.1854	843.6	994.5	969.6	2.5754
1.1956	836.4	1017.0	993.1	2.6221	**235**	1.1944	837.2	1017.2	992.1	2.6203
1.2051	829.8	1039.9	1015.8	2.6670	**240**	1.2037	830.7	1040.1	1014.8	2.6651
1.2148	823.1	1063.0	1038.7	2.7118	**245**	1.2135	824.1	1063.2	1037.7	2.7098
1.2251	816.3	1086.3	1061.8	2.7565	**250**	1.2236	817.3	1086.4	1060.7	2.7544
1.2357	809.2	1109.7	1085.0	2.8012	**255**	1.2342	810.3	1109.8	1083.9	2.7990
1.2469	802.0	1133.4	1108.5	2.8458	**260**	1.2452	803.1	1133.5	1107.3	2.8435
1.2586	794.5	1157.3	1132.2	2.8905	**265**	1.2568	795.7	1157.3	1130.9	2.8881
1.2709	786.9	1181.5	1156.1	2.9352	**270**	1.2689	788.1	1181.4	1154.8	2.9327
1.2838	779.0	1206.0	1180.3	2.9800	**275**	1.2817	780.2	1205.8	1178.9	2.9774
1.2974	770.8	1230.7	1204.8	3.0250	**280**	1.2951	772.1	1230.5	1203.3	3.0222
1.3118	762.3	1255.8	1229.6	3.0701	**285**	1.3093	763.8	1255.5	1228.0	3.0672
1.3270	753.6	1281.3	1254.7	3.1155	**290**	1.3244	755.1	1280.8	1253.0	3.1124
1.3432	744.5	1307.1	1280.3	3.1612	**295**	1.3403	746.1	1306.6	1278.4	3.1579

Tafel 3. Druckwasser und überhitzter Dampf (Fortsetzung)

200 bar						210 bar				
$10^3 v$	ϱ	h	u	s	t	$10^3 v$	ϱ	h	u	s
m^3/kg	kg/m^3	kJ/kg		kJ/kgK	°C	m^3/kg	kg/m^3	kJ/kg		kJ/kg K
1.3605	735.0	1333.4	1306.2	3.2073	**300**	1.3573	736.7	1332.8	1304.3	3.2038
1.3790	725.1	1360.3	1332.7	3.2539	**305**	1.3755	727.0	1359.4	1330.6	3.2501
1.3990	714.8	1387.7	1359.7	3.3011	**310**	1.3951	716.8	1386.7	1357.4	3.2970
1.4206	703.9	1415.7	1387.3	3.3490	**315**	1.4162	706.1	1414.5	1384.8	3.3445
1.4442	692.4	1444.5	1415.6	3.3978	**320**	1.4392	694.8	1443.1	1412.8	3.3929
1.4702	680.2	1474.2	1444.8	3.4476	**325**	1.4644	682.9	1472.5	1441.7	3.4423
1.4990	667.1	1505.0	1475.0	3.4988	**330**	1.4923	670.1	1502.9	1471.5	3.4929
1.5314	653.0	1537.0	1506.4	3.5518	**335**	1.5235	656.4	1534.4	1502.5	3.5450
1.5685	637.5	1570.7	1539.4	3.6070	**340**	1.5589	641.5	1567.5	1534.8	3.5992
1.6120	620.4	1606.6	1574.3	3.6652	**345**	1.5999	625.1	1602.5	1568.9	3.6560
1.6645	600.8	1645.4	1612.1	3.7277	**350**	1.6486	606.6	1640.0	1605.4	3.7165
1.7314	577.6	1688.6	1654.0	3.7968	**355**	1.7090	585.1	1681.2	1645.4	3.7823
1.8248	548.0	1739.7	1703.2	3.8778	**360**	1.7890	559.0	1728.3	1690.8	3.8570
1.9900	502.5	1810.4	1770.6	3.9890	**365**	1.9103	523.5	1787.0	1746.9	3.9493
6.905	144.82	2523.8	2385.7	5.1050	**370**	5.090	196.47	2351.4	2244.5	4.8274
7.668	130.42	2601.0	2447.6	5.2246	**375**	6.461	154.78	2510.0	2374.4	5.0734
8.256	121.13	2658.6	2493.4	5.3131	**380**	7.208	138.73	2590.3	2438.9	5.1968
8.752	114.27	2706.0	2531.0	5.3855	**385**	7.782	128.49	2649.8	2486.4	5.2875
9.188	108.83	2747.0	2563.3	5.4476	**390**	8.266	120.98	2698.6	2525.1	5.3614
9.583	104.35	2783.6	2592.0	5.5025	**395**	8.690	115.07	2740.8	2558.3	5.4247
9.946	100.54	2816.9	2617.9	5.5521	**400**	9.074	110.21	2778.2	2587.7	5.4806
10.284	97.24	2847.5	2641.8	5.5975	**405**	9.426	106.09	2812.2	2614.3	5.5309
10.602	94.32	2876.1	2664.1	5.6395	**410**	9.754	102.52	2843.5	2638.7	5.5769
10.903	91.72	2903.0	2684.9	5.6787	**415**	10.062	99.38	2872.7	2661.4	5.6195
11.190	89.37	2928.5	2704.7	5.7156	**420**	10.354	96.58	2900.1	2682.7	5.6591
11.464	87.23	2952.7	2723.4	5.7505	**425**	10.631	94.06	2926.0	2702.8	5.6964
11.728	85.26	2975.9	2741.4	5.7836	**430**	10.897	91.77	2950.7	2721.9	5.7317
11.983	83.45	2998.3	2758.6	5.8152	**435**	11.153	89.67	2974.3	2740.1	5.7651
12.230	81.77	3019.8	2775.2	5.8455	**440**	11.399	87.73	2997.0	2757.6	5.7970
12.469	80.20	3040.6	2791.2	5.8746	**445**	11.637	85.93	3018.9	2774.5	5.8276
12.701	78.73	3060.8	2806.8	5.9026	**450**	11.868	84.26	3040.0	2790.8	5.8569
13.149	76.05	3099.6	2836.6	5.9559	**460**	12.312	81.22	3080.4	2821.9	5.9125
13.577	73.65	3136.6	2865.0	6.0060	**470**	12.734	78.53	3118.8	2851.4	5.9644
13.988	71.49	3172.0	2892.3	6.0534	**480**	13.138	76.12	3155.5	2879.6	6.0134
14.384	69.52	3206.3	2918.6	6.0986	**490**	13.527	73.93	3190.7	2906.7	6.0600
14.769	67.71	3239.4	2944.1	6.1417	**500**	13.903	71.93	3224.8	2932.9	6.1043
15.506	64.49	3303.2	2993.1	6.2232	**520**	14.622	68.39	3290.1	2983.0	6.1877
16.208	61.70	3364.2	3040.1	6.2992	**540**	15.306	65.33	3352.4	3031.0	6.2653
16.883	59.23	3423.2	3085.5	6.3708	**560**	15.962	62.65	3412.4	3077.2	6.3382
17.536	57.03	3480.6	3129.8	6.4389	**580**	16.594	60.26	3470.7	3122.2	6.4073
18.169	55.04	3536.7	3173.3	6.5039	**600**	17.206	58.12	3527.5	3166.2	6.4732
18.786	53.23	3591.7	3216.0	6.5663	**620**	17.803	56.17	3583.3	3209.4	6.5363
19.390	51.57	3646.0	3258.2	6.6264	**640**	18.385	54.39	3638.1	3252.1	6.5970
19.981	50.05	3699.7	3300.1	6.6845	**660**	18.955	52.76	3692.3	3294.3	6.6557
20.562	48.63	3752.8	3341.6	6.7408	**680**	19.514	51.24	3745.9	3336.1	6.7125
21.133	47.32	3805.5	3382.8	6.7955	**700**	20.064	49.84	3799.0	3377.7	6.7677
21.696	46.09	3857.9	3424.0	6.8488	**720**	20.606	48.53	3851.8	3419.1	6.8214
22.252	44.94	3910.0	3465.0	6.9008	**740**	21.140	47.30	3904.3	3460.3	6.8737
22.802	43.86	3961.9	3505.9	6.9515	**760**	21.667	46.15	3956.5	3501.5	6.9248
23.345	42.84	4013.7	3546.8	7.0012	**780**	22.189	45.07	4008.6	3542.6	6.9747
23.883	41.87	4065.4	3587.8	7.0498	**800**	22.705	44.04	4060.6	3583.8	7.0236
25.207	39.67	4194.4	3690.3	7.1673	**850**	23.975	41.71	4190.2	3686.7	7.1416
26.508	37.72	4323.5	3793.3	7.2797	**900**	25.221	39.65	4319.7	3790.1	7.2545
27.785	35.99	4452.9	3897.1	7.3877	**950**	26.446	37.81	4449.5	3894.2	7.3628
29.053	34.42	4582.8	4001.8	7.4919	**1000**	27.655	36.16	4579.9	3999.1	7.4673
34.00	29.41	5111.	4431.	7.877	**1200**	32.38	30.88	5109.	4429.	7.853
38.83	25.75	5654.	4878.	8.223	**1400**	36.99	27.03	5653.	4876.	8.199
43.59	22.94	6213.	5341.	8.538	**1600**	41.54	24.07	6212.	5340.	8.515
48.32	20.69	6785.	5819.	8.828	**1800**	46.04	21.72	6785.	5818.	8.805
53.02	18.86	7370.	6310.	9.098	**2000**	50.53	19.79	7370.	6309.	9.075

Tafel 3. Druckwasser und überhitzter Dampf (Fortsetzung)

220 bar ($t_s = 373.767$ °C)						230 bar				
$10^3 v$	ϱ	h	u	s	t	$10^3 v$	ϱ	h	u	s
m³/kg	kg/m³	kJ/kg		kJ/kgK	°C	m³/kg	kg/m³	kJ/kg		kJ/kg K
2.70	**370**	**2013**	**1953**	**4.30**	t_l					
3.65	**274**	**2176**	**2096**	**4.55**	t_g					
0.98942	1010.69	22.06	0.30	0.00066	**0**	0.98894	1011.18	23.05	0.31	0.00065
0.98962	1010.49	42.63	20.86	0.07528	**5**	0.98916	1010.95	43.60	20.85	0.07521
0.99016	1009.94	63.18	41.40	0.14849	**10**	0.98971	1010.39	64.13	41.37	0.14835
0.99098	1009.10	83.73	61.94	0.22046	**15**	0.99054	1009.55	84.67	61.89	0.22027
0.99205	1008.01	104.32	82.50	0.29129	**20**	0.99162	1008.45	105.24	82.44	0.29105
0.99335	1006.70	124.93	103.08	0.36101	**25**	0.99292	1007.13	125.84	103.01	0.36073
0.99485	1005.18	145.57	123.68	0.42964	**30**	0.99443	1005.61	146.47	123.60	0.42932
0.99654	1003.47	166.22	144.30	0.49720	**35**	0.99612	1003.90	167.11	144.19	0.49685
0.99841	1001.59	186.87	164.91	0.56371	**40**	0.99799	1002.01	187.75	164.80	0.56332
1.00045	999.55	207.54	185.53	0.62918	**45**	1.00003	999.97	208.41	185.41	0.62876
1.00265	997.36	228.21	206.16	0.69365	**50**	1.00223	997.77	229.07	206.02	0.69319
1.00501	995.02	248.89	226.78	0.75714	**55**	1.00458	995.44	249.73	226.63	0.75665
1.00751	992.54	269.57	247.41	0.81969	**60**	1.00709	992.96	270.41	247.24	0.81917
1.01017	989.94	290.26	268.04	0.88133	**65**	1.00974	990.35	291.09	267.86	0.88078
1.01296	987.20	310.96	288.68	0.94210	**70**	1.01253	987.62	311.78	288.49	0.94153
1.01590	984.34	331.68	309.33	1.00204	**75**	1.01547	984.77	332.49	309.13	1.00143
1.01898	981.37	352.41	330.00	1.06117	**80**	1.01854	981.80	353.21	329.78	1.06054
1.02220	978.28	373.16	350.68	1.11953	**85**	1.02175	978.71	373.95	350.45	1.11887
1.02555	975.08	393.94	371.38	1.17714	**90**	1.02510	975.52	394.72	371.15	1.17645
1.02904	971.78	414.75	392.11	1.23404	**95**	1.02858	972.21	415.52	391.86	1.23332
1.03267	968.36	435.58	412.86	1.29024	**100**	1.03220	968.80	436.34	412.60	1.28950
1.03643	964.85	456.44	433.64	1.34578	**105**	1.03595	965.29	457.19	433.37	1.34501
1.04034	961.23	477.34	454.45	1.40068	**110**	1.03984	961.68	478.08	454.16	1.39988
1.04437	957.51	498.27	475.29	1.45495	**115**	1.04387	957.97	499.00	474.99	1.45412
1.04855	953.70	519.23	496.17	1.50861	**120**	1.04804	954.16	519.95	495.84	1.50776
1.05287	949.78	540.23	517.07	1.56170	**125**	1.05234	950.26	540.94	516.74	1.56082
1.05733	945.77	561.27	538.02	1.61422	**130**	1.05679	946.26	561.97	537.66	1.61331
1.06194	941.67	582.36	559.00	1.66619	**135**	1.06139	942.16	583.04	558.63	1.66525
1.06670	937.47	603.48	580.02	1.71763	**140**	1.06613	937.97	604.15	579.63	1.71666
1.07161	933.17	624.65	601.08	1.76856	**145**	1.07102	933.69	625.31	600.67	1.76756
1.0767	928.8	645.9	622.2	1.8190	**150**	1.0761	929.3	646.5	621.8	1.8180
1.0819	924.3	667.1	643.3	1.8690	**155**	1.0813	924.8	667.8	642.9	1.8679
1.0873	919.7	688.5	664.5	1.9185	**160**	1.0866	920.3	689.1	664.1	1.9174
1.0929	915.0	709.8	685.8	1.9675	**165**	1.0922	915.6	710.4	685.3	1.9664
1.0986	910.3	731.3	707.1	2.0162	**170**	1.0979	910.8	731.8	706.6	2.0150
1.1045	905.4	752.8	728.5	2.0644	**175**	1.1038	906.0	753.3	727.9	2.0632
1.1106	900.4	774.3	749.9	2.1122	**180**	1.1099	901.0	774.9	749.3	2.1110
1.1169	895.3	795.9	771.4	2.1597	**185**	1.1162	895.9	796.5	770.8	2.1584
1.1234	890.1	817.7	792.9	2.2068	**190**	1.1226	890.8	818.2	792.3	2.2055
1.1302	884.8	839.4	814.6	2.2536	**195**	1.1293	885.5	839.9	814.0	2.2523
1.1371	879.4	861.3	836.3	2.3001	**200**	1.1362	880.1	861.8	835.7	2.2987
1.1443	873.9	883.3	858.1	2.3463	**205**	1.1434	874.6	883.7	857.4	2.3449
1.1517	868.2	905.4	880.0	2.3922	**210**	1.1508	869.0	905.8	879.3	2.3907
1.1594	862.5	927.5	902.0	2.4379	**215**	1.1584	863.2	927.9	901.3	2.4363
1.1674	856.6	949.8	924.2	2.4833	**220**	1.1664	857.4	950.2	923.4	2.4817
1.1757	850.6	972.3	946.4	2.5286	**225**	1.1746	851.4	972.6	945.6	2.5269
1.1843	844.4	994.8	968.8	2.5736	**230**	1.1831	845.2	995.1	967.9	2.5719
1.1932	838.1	1017.5	991.3	2.6185	**235**	1.1920	839.0	1017.8	990.4	2.6167
1.2024	831.6	1040.3	1013.9	2.6632	**240**	1.2012	832.5	1040.6	1013.0	2.6613
1.2121	825.0	1063.4	1036.7	2.7078	**245**	1.2107	825.9	1063.5	1035.7	2.7059
1.2221	818.2	1086.5	1059.7	2.7524	**250**	1.2207	819.2	1086.7	1058.6	2.7503
1.2326	811.3	1109.9	1082.8	2.7969	**255**	1.2311	812.3	1110.0	1081.7	2.7947
1.2436	804.1	1133.5	1106.1	2.8413	**260**	1.2419	805.2	1133.6	1105.0	2.8391
1.2550	796.8	1157.3	1129.7	2.8857	**265**	1.2533	797.9	1157.3	1128.5	2.8834
1.2670	789.2	1181.4	1153.5	2.9302	**270**	1.2652	790.4	1181.3	1152.2	2.9278
1.2797	781.5	1205.7	1177.5	2.9748	**275**	1.2777	782.7	1205.5	1176.2	2.9722
1.2929	773.4	1230.3	1201.8	3.0195	**280**	1.2908	774.7	1230.1	1200.4	3.0167
1.3070	765.1	1255.2	1226.4	3.0643	**285**	1.3046	766.5	1254.9	1224.9	3.0614
1.3218	756.6	1280.4	1251.4	3.1093	**290**	1.3192	758.0	1280.1	1249.7	3.1063
1.3375	747.7	1306.1	1276.7	3.1547	**295**	1.3347	749.2	1305.6	1274.9	3.1514

Tafel 3. Druckwasser und überhitzter Dampf (Fortsetzung)

220 bar						230 bar				
$10^3 v$	ϱ	h	u	s	t	$10^3 v$	ϱ	h	u	s
m³/kg	kg/m³	kJ/kg		kJ/kgK	°C	m³/kg	kg/m³	kJ/kg		kJ/kg K
1.3542	738.4	1332.1	1302.3	3.2003	300	1.3512	740.1	1331.5	1300.4	3.1969
1.3721	728.8	1358.7	1328.5	3.2464	305	1.3688	730.6	1357.9	1326.4	3.2427
1.3913	718.8	1385.7	1355.1	3.2930	310	1.3876	720.7	1384.8	1352.9	3.2890
1.4120	708.2	1413.4	1382.3	3.3402	315	1.4078	710.3	1412.3	1379.9	3.3359
1.4344	697.2	1441.7	1410.1	3.3882	320	1.4297	699.4	1440.4	1407.5	3.3835
1.4589	685.5	1470.8	1438.7	3.4371	325	1.4536	688.0	1469.2	1435.8	3.4320
1.4859	673.0	1500.9	1468.2	3.4871	330	1.4798	675.8	1499.0	1464.9	3.4815
1.5159	659.7	1532.0	1498.7	3.5385	335	1.5088	662.8	1529.7	1495.0	3.5323
1.5498	645.2	1564.5	1530.4	3.5918	340	1.5413	648.8	1561.8	1526.3	3.5847
1.5887	629.5	1598.8	1563.8	3.6474	345	1.5783	633.6	1595.3	1559.0	3.6392
1.6343	611.9	1635.2	1599.3	3.7061	350	1.6212	616.8	1630.9	1593.6	3.6965
1.6896	591.9	1674.8	1637.6	3.7694	355	1.6724	597.9	1669.1	1630.6	3.7576
1.7602	568.1	1719.0	1680.3	3.8395	360	1.7359	576.1	1711.1	1671.2	3.8242
1.8587	538.0	1771.3	1730.4	3.9216	365	1.8201	549.4	1759.1	1717.3	3.8998
2.0284	493.0	1842.4	1797.8	4.0326	370	1.9462	513.8	1818.7	1773.9	3.9927
4.864	205.58	2349.7	2242.7	4.8172	375	2.2164	451.18	1913.6	1862.7	4.1397
6.103	163.85	2501.3	2367.0	5.0503	380	4.7395	210.99	2358.8	2249.8	4.8238
6.822	146.59	2582.8	2432.7	5.1746	385	5.8197	171.83	2497.4	2363.5	5.0352
7.377	135.56	2643.4	2481.1	5.2664	390	6.4981	153.89	2578.4	2428.9	5.1578
7.844	127.48	2693.2	2520.6	5.3411	395	7.0289	142.27	2639.3	2477.7	5.2495
8.255	121.13	2736.1	2554.5	5.4051	400	7.4789	133.71	2689.6	2517.6	5.3244
8.627	115.92	2774.2	2584.4	5.4616	405	7.875	126.98	2733.0	2551.9	5.3886
8.968	111.51	2808.8	2611.5	5.5124	410	8.233	121.46	2771.6	2582.2	5.4454
9.285	107.70	2840.7	2636.4	5.5589	415	8.563	116.79	2806.6	2609.7	5.4965
9.583	104.35	2870.3	2659.5	5.6018	420	8.869	112.75	2838.9	2634.9	5.5432
9.866	101.36	2898.1	2681.1	5.6418	425	9.158	109.20	2868.9	2658.3	5.5863
10.134	98.68	2924.5	2701.5	5.6794	430	9.430	106.04	2897.1	2680.2	5.6265
10.391	96.23	2949.5	2720.9	5.7149	435	9.690	103.20	2923.8	2700.9	5.6643
10.638	94.00	2973.5	2739.4	5.7486	440	9.939	100.62	2949.1	2720.5	5.7000
10.876	91.94	2996.5	2757.2	5.7807	445	10.177	98.26	2973.4	2739.3	5.7339
11.107	90.04	3018.6	2774.3	5.8115	450	10.408	96.08	2996.6	2757.3	5.7662
11.547	86.60	3060.8	2806.8	5.8694	460	10.846	92.20	3040.7	2791.3	5.8268
11.965	83.58	3100.7	2837.5	5.9234	470	11.260	88.81	3082.2	2823.2	5.8829
12.363	80.88	3138.6	2866.6	5.9741	480	11.654	85.81	3121.4	2853.4	5.9354
12.746	78.46	3175.0	2894.6	6.0221	490	12.031	83.12	3158.9	2882.2	5.9848
13.115	76.25	3210.0	2921.5	6.0677	500	12.394	80.68	3195.0	2909.9	6.0317
13.819	72.37	3276.9	2972.9	6.1531	520	13.084	76.43	3263.5	2962.6	6.1193
14.486	69.03	3340.5	3021.8	6.2323	540	13.736	72.80	3328.4	3012.5	6.2001
15.123	66.12	3401.5	3068.8	6.3065	560	14.358	69.65	3390.6	3060.4	6.2757
15.737	63.54	3460.7	3114.5	6.3767	580	14.955	66.87	3450.7	3106.7	6.3469
16.331	61.23	3518.3	3159.0	6.4434	600	15.532	64.38	3509.1	3151.8	6.4146
16.909	59.14	3574.8	3202.8	6.5073	620	16.092	62.14	3566.2	3196.1	6.4793
17.472	57.24	3630.2	3245.8	6.5687	640	16.638	60.10	3622.3	3239.6	6.5414
18.022	55.49	3684.9	3288.4	6.6280	660	17.171	58.24	3677.5	3282.6	6.6012
18.562	53.87	3739.0	3330.6	6.6853	680	17.693	56.52	3732.0	3325.1	6.6590
19.092	52.38	3792.5	3372.5	6.7409	700	18.205	54.93	3786.0	3367.3	6.7151
19.614	50.98	3845.7	3414.2	6.7950	720	18.709	53.45	3839.6	3409.3	6.7696
20.129	49.68	3898.5	3455.7	6.8477	740	19.206	52.07	3892.8	3451.0	6.8226
20.637	48.46	3951.1	3497.1	6.8991	760	19.696	50.77	3945.7	3492.7	6.8743
21.138	47.31	4003.5	3538.4	6.9493	780	20.179	49.56	3998.3	3534.2	6.9248
21.635	46.22	4055.7	3579.7	6.9984	800	20.658	48.41	4050.8	3575.7	6.9742
22.855	43.75	4185.9	3683.1	7.1170	850	21.833	45.80	4181.7	3679.5	7.0933
24.051	41.58	4316.0	3786.8	7.2303	900	22.983	43.51	4312.2	3783.6	7.2070
25.227	39.64	4446.2	3891.2	7.3390	950	24.113	41.47	4442.9	3888.3	7.3161
26.387	37.90	4576.9	3996.4	7.4437	1000	25.228	39.64	4573.9	3993.7	7.4211
30.91	32.35	5107.	4427.	7.830	1200	29.57	33.82	5105.	4425.	7.809
35.32	28.31	5652.	4874.	8.177	1400	33.80	29.59	5650.	4873.	8.156
39.67	25.21	6211.	5338.	8.493	1600	37.96	26.34	6210.	5337.	8.472
43.98	22.74	6784.	5817.	8.783	1800	42.09	23.76	6784.	5816.	8.762
48.26	20.72	7369.	6308.	9.053	2000	46.18	21.65	7369.	6307.	9.032

Tafel 3. Druckwasser und überhitzter Dampf (Fortsetzung)

240 bar						250 bar				
$10^3 v$	ϱ	h	u	s	t	$10^3 v$	ϱ	h	u	s
m^3/kg	kg/m^3	kJ/kg		kJ/kgK	°C	m^3/kg	kg/m^3	kJ/kg		kJ/kg K
0.98847	1011.66	24.04	0.31	0.00064	**0**	0.98800	1012.14	25.02	0.32	0.00063
0.98871	1011.42	44.57	20.84	0.07513	**5**	0.98826	1011.88	45.53	20.83	0.07504
0.98927	1010.85	65.08	41.34	0.14821	**10**	0.98883	1011.30	66.03	41.31	0.14807
0.99011	1009.99	85.61	61.85	0.22008	**15**	0.98967	1010.43	86.54	61.80	0.21988
0.99119	1008.89	106.17	82.38	0.29081	**20**	0.99077	1009.32	107.09	82.32	0.29057
0.99250	1007.56	126.75	102.93	0.36045	**25**	0.99208	1007.99	127.66	102.86	0.36016
0.99401	1006.03	147.36	123.51	0.42900	**30**	0.99359	1006.45	148.26	123.42	0.42868
0.99570	1004.31	167.99	144.09	0.49649	**35**	0.99529	1004.73	168.88	143.99	0.49613
0.99758	1002.43	188.63	164.69	0.56293	**40**	0.99716	1002.85	189.50	164.57	0.56253
0.99962	1000.38	209.27	185.28	0.62833	**45**	0.99920	1000.80	210.14	185.16	0.62791
1.00181	998.19	229.92	205.88	0.69273	**50**	1.00140	998.60	230.78	205.74	0.69228
1.00417	995.85	250.58	226.48	0.75616	**55**	1.00375	996.26	251.42	226.33	0.75568
1.00667	993.37	271.24	247.08	0.81865	**60**	1.00625	993.79	272.08	246.92	0.81814
1.00932	990.77	291.91	267.69	0.88024	**65**	1.00889	991.18	292.74	267.52	0.87970
1.01211	988.04	312.59	288.30	0.94095	**70**	1.01168	988.45	313.41	288.12	0.94038
1.01504	985.19	333.29	308.93	1.00083	**75**	1.01460	985.61	334.10	308.73	1.00023
1.01810	982.22	354.01	329.57	1.05991	**80**	1.01767	982.64	354.80	329.36	1.05928
1.02131	979.14	374.74	350.23	1.11821	**85**	1.02086	979.56	375.53	350.01	1.11756
1.02465	975.95	395.50	370.91	1.17577	**90**	1.02420	976.37	396.28	370.67	1.17509
1.02812	972.65	416.28	391.61	1.23262	**95**	1.02766	973.08	417.05	391.36	1.23191
1.03173	969.24	437.10	412.34	1.28877	**100**	1.03127	969.68	437.85	412.07	1.28803
1.03548	965.74	457.94	433.09	1.34425	**105**	1.03500	966.18	458.69	432.81	1.34349
1.03936	962.13	478.81	453.87	1.39909	**110**	1.03887	962.58	479.55	453.58	1.39830
1.04337	958.43	499.72	474.68	1.45331	**115**	1.04288	958.89	500.45	474.38	1.45249
1.04753	954.63	520.66	495.52	1.50692	**120**	1.04702	955.09	521.38	495.20	1.50607
1.05182	950.73	541.64	516.40	1.55994	**125**	1.05130	951.20	542.35	516.07	1.55907
1.05626	946.74	562.66	537.31	1.61240	**130**	1.05572	947.22	563.36	536.96	1.61150
1.06084	942.65	583.72	558.26	1.66432	**135**	1.06029	943.14	584.40	557.89	1.66339
1.06556	938.47	604.82	579.25	1.71570	**140**	1.06500	938.97	605.49	578.86	1.71474
1.07044	934.20	625.96	600.27	1.76657	**145**	1.06986	934.70	626.62	599.87	1.76558
1.0755	929.8	647.2	621.3	1.8169	**150**	1.0749	930.3	647.8	620.9	1.8159
1.0860	920.8	689.7	663.6	1.9163	**160**	1.0854	921.3	690.3	663.2	1.9152
1.0972	911.4	732.4	706.1	2.0138	**170**	1.0965	912.0	733.0	705.6	2.0127
1.1091	901.6	775.4	748.8	2.1098	**180**	1.1084	902.2	776.0	748.3	2.1085
1.1218	891.4	818.7	791.8	2.2042	**190**	1.1211	892.0	819.2	791.2	2.2029
1.1354	880.8	862.3	835.0	2.2973	**200**	1.1345	881.4	862.7	834.4	2.2959
1.1499	869.7	906.2	878.6	2.3892	**210**	1.1489	870.4	906.6	877.9	2.3877
1.1653	858.1	950.6	922.6	2.4801	**220**	1.1643	858.9	951.0	921.8	2.4785
1.1820	846.0	995.4	967.1	2.5701	**230**	1.1808	846.9	995.7	966.2	2.5684
1.1999	833.4	1040.8	1012.0	2.6595	**240**	1.1986	834.3	1041.1	1011.1	2.6576
1.2193	820.2	1086.9	1057.6	2.7483	**250**	1.2179	821.1	1087.0	1056.6	2.7463
1.2403	806.2	1133.6	1103.8	2.8369	**260**	1.2387	807.3	1133.7	1102.7	2.8347
1.2633	791.6	1181.2	1150.9	2.9253	**270**	1.2615	792.7	1181.2	1149.7	2.9230
1.2887	776.0	1229.9	1198.9	3.0141	**280**	1.2866	777.3	1229.7	1197.5	3.0114
1.3167	759.4	1279.7	1248.1	3.1033	**290**	1.3143	760.9	1279.3	1246.5	3.1004
1.3482	741.7	1330.9	1298.6	3.1935	**300**	1.3453	743.3	1330.4	1296.7	3.1902
1.3655	732.3	1357.2	1324.4	3.2391	**305**	1.3623	734.1	1356.5	1322.5	3.2356
1.3840	722.6	1383.9	1350.7	3.2852	**310**	1.3804	724.4	1383.1	1348.6	3.2814
1.4038	712.4	1411.2	1377.5	3.3318	**315**	1.3999	714.3	1410.2	1375.2	3.3277
1.4252	701.7	1439.1	1404.9	3.3790	**320**	1.4208	703.8	1437.9	1402.4	3.3746
1.4485	690.4	1467.7	1433.0	3.4271	**325**	1.4435	692.8	1466.3	1430.2	3.4223
1.4739	678.5	1497.2	1461.8	3.4761	**330**	1.4683	681.1	1495.5	1458.8	3.4708
1.5020	665.8	1527.6	1491.5	3.5263	**335**	1.4954	668.7	1525.5	1488.2	3.5205
1.5332	652.2	1559.1	1522.3	3.5779	**340**	1.5256	655.5	1556.7	1518.5	3.5714
1.5686	637.5	1592.1	1554.5	3.6315	**345**	1.5595	641.2	1589.1	1550.1	3.6241
1.6092	621.4	1626.9	1588.2	3.6875	**350**	1.5981	625.7	1623.1	1583.2	3.6790
1.6570	603.5	1663.9	1624.2	3.7467	**355**	1.6430	608.7	1659.2	1618.2	3.7366
1.7150	583.1	1704.2	1663.0	3.8106	**360**	1.6965	589.4	1698.1	1655.7	3.7982

Tafel 3. Druckwasser und überhitzter Dampf (Fortsetzung)

240 bar						250 bar				
$10^3 v$	ϱ	h	u	s	t	$10^3 v$	ϱ	h	u	s
m^3/kg	kg/m^3	kJ/kg		kJ/kgK	°C	m^3/kg	kg/m^3	kJ/kg		kJ/kg K
1.7890	558.97	1749.2	1706.3	3.8814	**365**	1.7630	567.21	1740.8	1696.7	3.8654
1.8917	528.63	1802.3	1756.9	3.9642	**370**	1.8506	540.37	1789.6	1743.3	3.9415
2.0614	485.11	1872.6	1823.2	4.0731	**375**	1.9794	505.20	1849.3	1799.8	4.0340
2.6012	384.44	2023.8	1961.3	4.3053	**380**	2.2221	450.02	1936.4	1880.8	4.1679
4.6633	214.44	2373.0	2261.1	4.8383	**385**	3.1760	314.86	2156.2	2076.8	4.5028
5.5957	178.71	2497.8	2363.5	5.0273	**390**	4.6121	216.82	2389.7	2274.4	4.8565
6.228	160.58	2576.9	2427.4	5.1461	**395**	5.418	184.58	2501.8	2366.4	5.0250
6.731	148.56	2637.5	2476.0	5.2365	**400**	6.001	166.63	2578.1	2428.1	5.1388
7.161	139.64	2687.9	2516.0	5.3110	**405**	6.476	154.41	2637.9	2476.0	5.2272
7.542	132.60	2731.5	2550.5	5.3751	**410**	6.885	145.24	2687.9	2515.8	5.3007
7.886	126.80	2770.4	2581.1	5.4318	**415**	7.249	137.95	2731.5	2550.2	5.3643
8.204	121.89	2805.7	2608.8	5.4829	**420**	7.580	131.93	2770.4	2580.9	5.4207
8.500	117.65	2838.2	2634.2	5.5297	**425**	7.885	126.82	2805.9	2608.7	5.4716
8.778	113.92	2868.5	2657.8	5.5729	**430**	8.170	122.40	2838.6	2634.3	5.5183
9.041	110.60	2897.0	2680.0	5.6133	**435**	8.438	118.51	2869.1	2658.1	5.5615
9.292	107.62	2923.9	2700.9	5.6512	**440**	8.692	115.04	2897.7	2680.4	5.6018
9.532	104.91	2949.5	2720.7	5.6869	**445**	8.935	111.92	2924.8	2701.5	5.6397
9.763	102.43	2974.0	2739.7	5.7209	**450**	9.167	109.09	2950.6	2721.5	5.6755
9.986	100.14	2997.5	2757.8	5.7533	**455**	9.390	106.50	2975.3	2740.6	5.7096
10.201	98.03	3020.1	2775.3	5.7843	**460**	9.605	104.11	2999.0	2758.9	5.7420
10.410	96.06	3042.0	2792.2	5.8141	**465**	9.813	101.91	3021.8	2776.5	5.7730
10.613	94.23	3063.2	2808.5	5.8427	**470**	10.015	99.85	3043.9	2793.5	5.8028
10.810	92.51	3083.9	2824.4	5.8704	**475**	10.211	97.93	3065.3	2810.0	5.8315
11.003	90.89	3103.9	2839.9	5.8971	**480**	10.402	96.14	3086.1	2826.0	5.8592
11.191	89.36	3123.5	2854.9	5.9230	**485**	10.588	94.44	3106.3	2841.6	5.8860
11.375	87.91	3142.6	2869.6	5.9481	**490**	10.770	92.85	3126.1	2856.8	5.9119
11.556	86.54	3161.4	2884.0	5.9726	**495**	10.948	91.34	3145.3	2871.6	5.9371
11.732	85.23	3179.7	2898.1	5.9964	**500**	11.123	89.90	3164.2	2886.1	5.9616
12.077	82.80	3215.4	2925.6	6.0423	**510**	11.462	87.24	3200.9	2914.3	6.0087
12.410	80.58	3250.0	2952.1	6.0862	**520**	11.790	84.82	3236.3	2941.5	6.0536
12.734	78.53	3283.5	2977.9	6.1282	**530**	12.107	82.60	3270.6	2967.9	6.0966
13.048	76.64	3316.2	3003.1	6.1687	**540**	12.416	80.54	3304.0	2993.6	6.1379
13.355	74.88	3348.2	3027.7	6.2078	**550**	12.716	78.64	3336.5	3018.6	6.1778
13.656	73.23	3379.5	3051.8	6.2456	**560**	13.010	76.87	3368.4	3043.2	6.2162
13.950	71.69	3410.3	3075.5	6.2823	**570**	13.297	75.21	3399.7	3067.3	6.2535
14.238	70.24	3440.6	3098.8	6.3180	**580**	13.578	73.65	3430.4	3090.9	6.2898
14.521	68.87	3470.4	3121.9	6.3527	**590**	13.854	72.18	3460.6	3114.3	6.3250
14.799	67.57	3499.8	3144.6	6.3866	**600**	14.126	70.79	3490.4	3137.3	6.3593
15.344	65.17	3557.6	3189.3	6.4521	**620**	14.655	68.23	3549.0	3182.6	6.4256
15.873	63.00	3614.3	3233.3	6.5148	**640**	15.170	65.92	3606.3	3227.0	6.4891
16.390	61.01	3670.0	3276.7	6.5752	**660**	15.672	63.81	3662.6	3270.8	6.5501
16.896	59.19	3725.1	3319.6	6.6336	**680**	16.163	61.87	3718.1	3314.0	6.6089
17.392	57.50	3779.5	3362.1	6.6901	**700**	16.644	60.08	3773.0	3356.8	6.6659
17.880	55.93	3833.4	3404.3	6.7450	**720**	17.117	58.42	3827.3	3399.4	6.7212
18.360	54.47	3887.0	3446.3	6.7983	**740**	17.582	56.88	3881.2	3441.7	6.7749
18.833	53.10	3940.2	3488.2	6.8504	**760**	18.040	55.43	3934.8	3483.8	6.8272
19.300	51.81	3993.2	3530.0	6.9012	**780**	18.492	54.08	3988.0	3525.7	6.8783
19.762	50.60	4046.0	3571.7	6.9508	**800**	18.938	52.80	4041.1	3567.6	6.9282
20.895	47.86	4177.4	3675.9	7.0705	**850**	20.033	49.92	4173.1	3672.3	7.0485
22.004	45.45	4308.5	3780.4	7.1847	**900**	21.104	47.39	4304.7	3777.1	7.1631
23.093	43.30	4439.6	3885.3	7.2941	**950**	22.154	45.14	4436.2	3882.4	7.2729
24.165	41.38	4571.0	3991.0	7.3994	**1000**	23.188	43.13	4568.0	3988.3	7.3785
28.34	35.29	5103.	4423.	7.788	**1200**	27.21	36.75	5101.	4421.	7.767
32.40	30.86	5649.	4871.	8.135	**1400**	31.12	32.14	5648.	4870.	8.115
36.40	27.47	6209.	5336.	8.451	**1600**	34.96	28.61	6209.	5335.	8.432
40.35	24.78	6783.	5815.	8.742	**1800**	38.76	25.80	6783.	5814.	8.723
44.28	22.58	7369.	6306.	9.012	**2000**	42.54	23.51	7369.	6305.	8.993

Tafel 3. Druckwasser und überhitzter Dampf (Fortsetzung)

260 bar						270 bar				
$10^3 v$ m³/kg	ϱ kg/m³	h kJ/kg	u kJ/kg	s kJ/kgK	t °C	$10^3 v$ m³/kg	ϱ kg/m³	h kJ/kg	u kJ/kg	s kJ/kg K
0.98754	1012.62	26.01	0.33	0.00061	**0**	0.98707	1013.10	26.99	0.34	0.00059
0.98780	1012.35	46.50	20.82	0.07496	**5**	0.98735	1012.81	47.46	20.80	0.07487
0.98839	1011.75	66.98	41.28	0.14792	**10**	0.98795	1012.20	67.92	41.25	0.14778
0.98924	1010.87	87.47	61.75	0.21969	**15**	0.98881	1011.32	88.41	61.71	0.21949
0.99034	1009.75	108.01	82.26	0.29033	**20**	0.98992	1010.19	108.93	82.20	0.29009
0.99166	1008.41	128.57	102.79	0.35988	**25**	0.99124	1008.84	129.48	102.71	0.35960
0.99317	1006.87	149.16	123.33	0.42836	**30**	0.99276	1007.29	150.05	123.25	0.42804
0.99487	1005.15	169.76	143.89	0.49577	**35**	0.99446	1005.57	170.65	143.80	0.49542
0.99675	1003.26	190.38	164.46	0.56214	**40**	0.99634	1003.68	191.25	164.35	0.56175
0.99879	1001.21	211.00	185.03	0.62748	**45**	0.99838	1001.63	211.87	184.91	0.62706
1.00099	999.01	231.63	205.61	0.69182	**50**	1.00057	999.43	232.49	205.47	0.69137
1.00334	996.68	252.27	226.18	0.75519	**55**	1.00292	997.09	253.11	226.03	0.75471
1.00583	994.20	272.91	246.76	0.81762	**60**	1.00542	994.61	273.75	246.60	0.81711
1.00847	991.60	293.56	267.34	0.87915	**65**	1.00805	992.01	294.39	267.17	0.87861
1.01125	988.87	314.23	287.93	0.93981	**70**	1.01083	989.28	315.04	287.75	0.93924
1.01417	986.02	334.90	308.54	0.99964	**75**	1.01375	986.44	335.71	308.34	0.99904
1.01723	983.06	355.60	329.15	1.05866	**80**	1.01680	983.48	356.40	328.94	1.05803
1.02042	979.99	376.32	349.78	1.11691	**85**	1.01998	980.41	377.10	349.56	1.11626
1.02375	976.80	397.05	370.44	1.17441	**90**	1.02330	977.23	397.83	370.20	1.17373
1.02721	973.51	417.82	391.11	1.23120	**95**	1.02675	973.94	418.59	390.86	1.23050
1.03080	970.12	438.61	411.81	1.28730	**100**	1.03034	970.56	439.37	411.55	1.28657
1.03453	966.63	459.43	432.54	1.34273	**105**	1.03406	967.07	460.18	432.26	1.34197
1.03839	963.03	480.29	453.29	1.39752	**110**	1.03791	963.48	481.03	453.00	1.39673
1.04238	959.34	501.17	474.07	1.45168	**115**	1.04189	959.79	501.90	473.77	1.45086
1.04651	955.55	522.10	494.89	1.50523	**120**	1.04601	956.01	522.81	494.57	1.50439
1.05078	951.67	543.05	515.73	1.55820	**125**	1.05027	952.14	543.76	515.40	1.55734
1.05519	947.69	564.05	536.61	1.61061	**130**	1.05466	948.17	564.74	536.27	1.60971
1.05974	943.62	585.08	557.53	1.66246	**135**	1.05920	944.11	585.77	557.17	1.66154
1.06444	939.46	606.16	578.48	1.71379	**140**	1.06388	939.96	606.83	578.11	1.71283
1.06928	935.21	627.28	599.48	1.76459	**145**	1.06871	935.71	627.94	599.08	1.76361
1.0743	930.9	648.4	620.5	1.8149	**150**	1.0737	931.4	649.1	620.1	1.8139
1.0847	921.9	690.9	662.7	1.9141	**160**	1.0841	922.4	691.5	662.3	1.9130
1.0959	912.5	733.6	705.1	2.0115	**170**	1.0952	913.1	734.2	704.6	2.0104
1.1077	902.8	776.5	747.7	2.1073	**180**	1.1070	903.4	777.1	747.2	2.1061
1.1203	892.6	819.7	790.6	2.2016	**190**	1.1195	893.3	820.2	790.0	2.2003
1.1337	882.1	863.2	833.7	2.2945	**200**	1.1328	882.7	863.7	833.1	2.2931
1.1480	871.1	907.1	877.2	2.3863	**210**	1.1471	871.8	907.5	876.5	2.3848
1.1633	859.6	951.3	921.1	2.4769	**220**	1.1623	860.4	951.7	920.3	2.4753
1.1797	847.7	996.1	965.4	2.5667	**230**	1.1786	848.5	996.4	964.6	2.5650
1.1974	835.2	1041.3	1010.2	2.6558	**240**	1.1962	836.0	1041.6	1009.3	2.6539
1.2165	822.1	1087.2	1055.6	2.7443	**250**	1.2151	823.0	1087.4	1054.6	2.7423
1.2372	808.3	1133.8	1101.6	2.8325	**260**	1.2356	809.3	1133.9	1100.5	2.8303
1.2597	793.8	1181.2	1148.4	2.9206	**270**	1.2580	794.9	1181.2	1147.2	2.9182
1.2845	778.5	1229.5	1196.1	3.0088	**280**	1.2825	779.7	1229.4	1194.8	3.0062
1.3119	762.3	1279.0	1244.9	3.0975	**290**	1.3095	763.6	1278.7	1243.4	3.0946
1.3425	744.9	1329.9	1295.0	3.1869	**300**	1.3397	746.4	1329.4	1293.2	3.1837
1.3592	735.7	1355.9	1320.5	3.2321	**305**	1.3561	737.4	1355.2	1318.6	3.2287
1.3770	726.2	1382.3	1346.5	3.2777	**310**	1.3737	728.0	1381.6	1344.5	3.2740
1.3961	716.3	1409.3	1373.0	3.3237	**315**	1.3924	718.2	1408.4	1370.8	3.3198
1.4166	705.9	1436.8	1400.0	3.3703	**320**	1.4125	708.0	1435.7	1397.6	3.3661
1.4387	695.1	1465.0	1427.6	3.4176	**325**	1.4341	697.3	1463.7	1425.0	3.4130
1.4628	683.6	1493.9	1455.8	3.4657	**330**	1.4576	686.1	1492.3	1453.0	3.4607
1.4892	671.5	1523.6	1484.9	3.5148	**335**	1.4833	674.2	1521.8	1481.7	3.5094
1.5184	658.6	1554.4	1514.9	3.5652	**340**	1.5115	661.6	1552.2	1511.4	3.5591
1.5509	644.8	1586.3	1546.0	3.6171	**345**	1.5428	648.2	1583.7	1542.0	3.6103
1.5877	629.8	1619.7	1578.4	3.6709	**350**	1.5780	633.7	1616.5	1573.9	3.6632
1.6301	613.5	1654.9	1612.6	3.7272	**355**	1.6182	618.0	1651.0	1607.3	3.7183
1.6800	595.3	1692.6	1648.9	3.7869	**360**	1.6650	600.6	1687.6	1642.6	3.7763

Tafel 3. Druckwasser und überhitzter Dampf (Fortsetzung)

260 bar						270 bar				
$10^3 v$	ϱ	h	u	s	t	$10^3 v$	ϱ	h	u	s
m^3/kg	kg/m^3	kJ/kg		kJ/kg K	°C	m^3/kg	kg/m^3	kJ/kg		kJ/kg K
1.7405	574.5	1733.5	1688.2	3.8512	**365**	1.7208	581.1	1727.0	1680.5	3.8383
1.8175	550.2	1779.1	1731.9	3.9225	**370**	1.7899	558.7	1770.3	1721.9	3.9059
1.9231	520.0	1832.6	1782.6	4.0053	**375**	1.8802	531.8	1819.5	1768.7	3.9821
2.0896	478.6	1901.4	1847.0	4.1109	**380**	2.0098	497.6	1878.9	1824.6	4.0734
2.4511	408.0	2012.8	1949.1	4.2808	**385**	2.2298	448.5	1959.5	1899.3	4.1963
3.5177	284.3	2236.2	2144.8	4.6189	**390**	2.7345	365.7	2095.5	2021.7	4.4021
4.574	218.62	2407.5	2288.6	4.8764	**395**	3.707	269.73	2288.6	2188.5	4.6922
5.275	189.56	2508.7	2371.6	5.0273	**400**	4.545	220.05	2425.9	2303.2	4.8970
5.812	172.07	2581.7	2430.6	5.1353	**405**	5.160	193.79	2517.8	2378.5	5.0330
6.257	159.81	2640.1	2477.4	5.2212	**410**	5.652	176.93	2587.3	2434.7	5.1351
6.645	150.49	2689.5	2516.8	5.2933	**415**	6.068	164.79	2644.1	2480.2	5.2180
6.992	143.02	2732.9	2551.1	5.3560	**420**	6.435	155.40	2692.7	2518.9	5.2883
7.308	136.83	2771.7	2581.7	5.4118	**425**	6.765	147.82	2735.6	2552.9	5.3500
7.601	131.55	2807.2	2609.5	5.4625	**430**	7.068	141.49	2774.2	2583.4	5.4051
7.875	126.98	2839.9	2635.2	5.5089	**435**	7.348	136.09	2809.5	2611.1	5.4552
8.134	122.95	2870.5	2659.1	5.5519	**440**	7.611	131.38	2842.3	2636.8	5.5013
8.379	119.35	2899.3	2681.5	5.5921	**445**	7.860	127.23	2872.9	2660.7	5.5440
8.612	116.11	2926.5	2702.6	5.6300	**450**	8.096	123.52	2901.7	2683.1	5.5840
8.836	113.17	2952.5	2722.8	5.6657	**455**	8.321	120.17	2929.0	2704.4	5.6217
9.052	110.47	2977.3	2742.0	5.6997	**460**	8.538	117.13	2955.1	2724.6	5.6573
9.260	107.99	3001.2	2760.4	5.7321	**465**	8.746	114.34	2980.0	2743.9	5.6912
9.461	105.70	3024.1	2778.2	5.7631	**470**	8.947	111.77	3004.0	2762.4	5.7236
9.656	103.56	3046.4	2795.3	5.7929	**475**	9.141	109.40	3027.0	2780.2	5.7546
9.846	101.57	3067.9	2811.9	5.8216	**480**	9.330	107.18	3049.4	2797.5	5.7843
10.031	99.69	3088.8	2828.0	5.8493	**485**	9.513	105.12	3071.0	2814.2	5.8130
10.211	97.93	3109.2	2843.7	5.8761	**490**	9.692	103.18	3092.1	2830.4	5.8406
10.387	96.27	3129.1	2859.0	5.9021	**495**	9.867	101.35	3112.6	2846.2	5.8674
10.559	94.70	3148.5	2874.0	5.9273	**500**	10.037	99.63	3132.6	2861.6	5.8934
10.894	91.79	3186.2	2902.9	5.9757	**510**	10.368	96.46	3171.3	2891.3	5.9431
11.216	89.15	3222.4	2930.8	6.0217	**520**	10.685	93.59	3208.4	2919.9	5.9902
11.528	86.74	3257.5	2957.8	6.0656	**530**	10.992	90.97	3244.3	2947.5	6.0352
11.831	84.52	3291.6	2984.0	6.1078	**540**	11.290	88.57	3279.1	2974.2	6.0782
12.126	82.47	3324.8	3009.5	6.1484	**550**	11.579	86.36	3312.9	3000.3	6.1196
12.413	80.56	3357.2	3034.5	6.1875	**560**	11.861	84.31	3345.9	3025.7	6.1594
12.694	78.78	3389.0	3058.9	6.2254	**570**	12.136	82.40	3378.2	3050.5	6.1980
12.969	77.11	3420.2	3083.0	6.2622	**580**	12.405	80.61	3409.9	3074.9	6.2353
13.239	75.54	3450.8	3106.6	6.2980	**590**	12.669	78.93	3441.0	3098.9	6.2716
13.503	74.05	3481.1	3130.0	6.3328	**600**	12.928	77.35	3471.6	3122.6	6.3068
14.020	71.33	3540.3	3175.8	6.3998	**620**	13.432	74.45	3531.6	3168.9	6.3747
14.521	68.86	3598.2	3220.7	6.4640	**640**	13.921	71.84	3590.1	3214.3	6.4396
15.010	66.62	3655.1	3264.8	6.5256	**660**	14.396	69.46	3647.6	3258.9	6.5018
15.487	64.57	3711.1	3308.4	6.5850	**680**	14.861	67.29	3704.1	3302.8	6.5617
15.954	62.68	3766.4	3351.6	6.6424	**700**	15.315	65.29	3759.8	3346.3	6.6196
16.413	60.93	3821.1	3394.4	6.6981	**720**	15.761	63.45	3815.0	3389.4	6.6757
16.864	59.30	3875.4	3436.9	6.7522	**740**	16.199	61.73	3869.6	3432.2	6.7301
17.308	57.78	3929.3	3479.3	6.8049	**760**	16.630	60.13	3923.8	3474.8	6.7831
17.746	56.35	3982.9	3521.5	6.8562	**780**	17.055	58.63	3977.7	3517.2	6.8348
18.178	55.01	4036.2	3563.6	6.9064	**800**	17.474	57.23	4031.3	3559.5	6.8853
19.238	51.98	4168.9	3668.7	7.0272	**850**	18.501	54.05	4164.6	3665.1	7.0066
20.273	49.33	4300.9	3773.8	7.1423	**900**	19.503	51.27	4297.2	3770.6	7.1221
21.288	46.98	4432.9	3879.4	7.2524	**950**	20.485	48.82	4429.6	3876.5	7.2326
22.286	44.87	4565.1	3985.6	7.3583	**1000**	21.451	46.62	4562.1	3982.9	7.3388
26.17	38.22	5099.	4419.	7.748	**1200**	25.20	39.68	5097.	4417.	7.729
29.93	33.41	5647.	4868.	8.096	**1400**	28.83	34.68	5645.	4867.	8.078
33.63	29.74	6208.	5333.	8.413	**1600**	32.40	30.87	6207.	5332.	8.395
37.29	26.82	6782.	5813.	8.704	**1800**	35.93	27.83	6782.	5812.	8.686
40.92	24.44	7368.	6304.	8.974	**2000**	39.43	25.36	7368.	6303.	8.956

Tafel 3. Druckwasser und überhitzter Dampf (Fortsetzung)

280 bar						290 bar				
$10^3 v$	ϱ	h	u	s	t	$10^3 v$	ϱ	h	u	s
m^3/kg	kg/m^3	kJ/kg		kJ/kgK	°C	m^3/kg	kg/m^3	kJ/kg		kJ/kg K
0.98660	1013.58	27.97	0.34	0.00057	**0**	0.98614	1014.05	28.95	0.35	0.00054
0.98690	1013.27	48.42	20.79	0.07478	**5**	0.98645	1013.73	49.38	20.78	0.07469
0.98751	1012.65	68.87	41.22	0.14763	**10**	0.98707	1013.10	69.81	41.19	0.14748
0.98838	1011.75	89.34	61.66	0.21929	**15**	0.98795	1012.19	90.27	61.62	0.21909
0.98949	1010.62	109.84	82.14	0.28984	**20**	0.98907	1011.05	110.76	82.08	0.28960
0.99082	1009.26	130.38	102.64	0.35931	**25**	0.99040	1009.69	131.29	102.57	0.35903
0.99234	1007.71	150.95	123.16	0.42771	**30**	0.99193	1008.13	151.84	123.07	0.42739
0.99405	1005.99	171.53	143.70	0.49506	**35**	0.99364	1006.40	172.41	143.60	0.49470
0.99593	1004.09	192.13	164.24	0.56136	**40**	0.99552	1004.50	193.00	164.13	0.56097
0.99797	1002.04	212.73	184.79	0.62664	**45**	0.99756	1002.45	213.59	184.66	0.62621
1.00016	999.84	233.34	205.34	0.69091	**50**	0.99975	1000.25	234.19	205.20	0.69046
1.00251	997.50	253.96	225.89	0.75422	**55**	1.00210	997.91	254.80	225.74	0.75374
1.00500	995.02	274.58	246.44	0.81660	**60**	1.00459	995.43	275.41	246.28	0.81609
1.00764	992.42	295.21	267.00	0.87807	**65**	1.00722	992.83	296.04	266.83	0.87753
1.01041	989.70	315.86	287.57	0.93867	**70**	1.00999	990.11	316.67	287.38	0.93811
1.01332	986.86	336.52	308.14	0.99844	**75**	1.01289	987.27	337.32	307.95	0.99785
1.01637	983.90	357.19	328.73	1.05741	**80**	1.01593	984.32	357.99	328.53	1.05679
1.01954	980.83	377.89	349.34	1.11561	**85**	1.01911	981.25	378.68	349.12	1.11496
1.02286	977.65	398.61	369.97	1.17306	**90**	1.02241	978.08	399.39	369.74	1.17238
1.02630	974.37	419.35	390.62	1.22979	**95**	1.02585	974.80	420.12	390.37	1.22909
1.02988	970.99	440.13	411.29	1.28584	**100**	1.02942	971.42	440.89	411.03	1.28511
1.03359	967.51	460.93	431.99	1.34122	**105**	1.03312	967.94	461.68	431.72	1.34046
1.03743	963.92	481.76	452.72	1.39595	**110**	1.03695	964.37	482.50	452.43	1.39517
1.04140	960.25	502.63	473.47	1.45006	**115**	1.04091	960.70	503.36	473.17	1.44925
1.04551	956.47	523.53	494.25	1.50356	**120**	1.04501	956.93	524.25	493.94	1.50272
1.04975	952.60	544.47	515.07	1.55647	**125**	1.04924	953.07	545.17	514.74	1.55561
1.05414	948.64	565.44	535.92	1.60882	**130**	1.05361	949.12	566.13	535.58	1.60793
1.05866	944.59	586.45	556.81	1.66062	**135**	1.05812	945.07	587.13	556.45	1.65970
1.06332	940.45	607.50	577.73	1.71188	**140**	1.06277	940.94	608.17	577.35	1.71094
1.06814	936.21	628.60	598.69	1.76263	**145**	1.06757	936.71	629.26	598.30	1.76166
1.0731	931.9	649.7	619.7	1.8129	**150**	1.0725	932.4	650.4	619.3	1.8119
1.0835	923.0	692.2	661.8	1.9120	**160**	1.0829	923.5	692.8	661.4	1.9109
1.0945	913.6	734.8	704.1	2.0093	**170**	1.0938	914.2	735.4	703.6	2.0081
1.1062	904.0	777.6	746.7	2.1049	**180**	1.1055	904.5	778.2	746.1	2.1037
1.1187	893.9	820.8	789.4	2.1990	**190**	1.1179	894.5	821.3	788.9	2.1977
1.1320	883.4	864.2	832.5	2.2918	**200**	1.1312	884.1	864.7	831.9	2.2904
1.1462	872.5	907.9	875.9	2.3833	**210**	1.1452	873.2	908.4	875.2	2.3818
1.1613	861.1	952.1	919.6	2.4738	**220**	1.1603	861.8	952.5	918.9	2.4722
1.1775	849.3	996.7	963.7	2.5633	**230**	1.1764	850.0	997.1	962.9	2.5617
1.1949	836.9	1041.8	1008.4	2.6521	**240**	1.1937	837.7	1042.1	1007.5	2.6503
1.2137	823.9	1087.6	1053.6	2.7404	**250**	1.2124	824.8	1087.8	1052.6	2.7384
1.2341	810.3	1134.0	1099.4	2.8282	**260**	1.2326	811.3	1134.1	1098.3	2.8261
1.2562	796.0	1181.1	1146.0	2.9159	**270**	1.2545	797.1	1181.2	1144.8	2.9136
1.2805	781.0	1229.3	1193.4	3.0037	**280**	1.2785	782.2	1229.1	1192.1	3.0011
1.3072	765.0	1278.4	1241.8	3.0918	**290**	1.3050	766.3	1278.2	1240.3	3.0890
1.3370	748.0	1328.9	1291.4	3.1806	**300**	1.3343	749.5	1328.4	1289.7	3.1774
1.3532	739.0	1354.7	1316.8	3.2253	**305**	1.3503	740.6	1354.1	1314.9	3.2220
1.3704	729.7	1380.8	1342.5	3.2704	**310**	1.3672	731.4	1380.2	1340.5	3.2669
1.3888	720.1	1407.5	1368.6	3.3160	**315**	1.3853	721.9	1406.7	1366.5	3.3122
1.4085	710.0	1434.7	1395.2	3.3620	**320**	1.4046	712.0	1433.7	1393.0	3.3579
1.4296	699.5	1462.4	1422.4	3.4086	**325**	1.4253	701.6	1461.3	1419.9	3.4042
1.4526	688.4	1490.9	1450.2	3.4559	**330**	1.4477	690.8	1489.5	1447.5	3.4512
1.4775	676.8	1520.1	1478.7	3.5041	**335**	1.4720	679.3	1518.4	1475.7	3.4989
1.5049	664.5	1550.1	1508.0	3.5533	**340**	1.4985	667.3	1548.1	1504.7	3.5477
1.5351	651.4	1581.2	1538.2	3.6038	**345**	1.5278	654.5	1578.9	1534.5	3.5975
1.5689	637.4	1613.5	1569.6	3.6559	**350**	1.5603	640.9	1610.7	1565.5	3.6488
1.6072	622.2	1647.3	1602.3	3.7099	**355**	1.5969	626.2	1643.9	1597.6	3.7019
1.6513	605.6	1683.0	1636.8	3.7665	**360**	1.6386	610.3	1678.8	1631.3	3.7573

Tafel 3. Druckwasser und überhitzter Dampf (Fortsetzung)

280 bar						290 bar				
$10^3 v$	ϱ	h	u	s	t	$10^3 v$	ϱ	h	u	s
m^3/kg	kg/m^3	kJ/kg		kJ/kgK	°C	m^3/kg	kg/m^3	kJ/kg		kJ/kg K
1.7031	587.2	1721.1	1673.5	3.8265	**365**	1.6872	592.7	1715.9	1666.9	3.8156
1.7660	566.2	1762.6	1713.1	3.8911	**370**	1.7451	573.0	1755.7	1705.1	3.8778
1.8455	541.8	1808.7	1757.0	3.9626	**375**	1.8164	550.5	1799.5	1746.8	3.9455
1.9529	512.1	1862.2	1807.5	4.0448	**380**	1.9088	523.9	1848.9	1793.6	4.0215
2.1140	473.0	1928.9	1869.7	4.1465	**385**	2.0374	490.8	1907.5	1848.4	4.1109
2.4032	416.1	2023.1	1955.8	4.2891	**390**	2.2381	446.8	1982.5	1917.6	4.2244
3.002	333.16	2169.6	2085.5	4.5091	**395**	2.599	384.79	2088.6	2013.2	4.3837
3.827	261.32	2328.8	2221.7	4.7466	**400**	3.213	311.23	2229.9	2136.7	4.5944
4.520	221.23	2444.5	2318.0	4.9179	**405**	3.908	255.87	2362.6	2249.3	4.7909
5.065	197.42	2528.5	2386.7	5.0412	**410**	4.499	222.25	2463.2	2332.8	4.9387
5.516	181.28	2594.5	2440.1	5.1376	**415**	4.986	200.55	2540.5	2395.9	5.0514
5.905	169.34	2649.6	2484.2	5.2172	**420**	5.400	185.18	2603.2	2446.6	5.1422
6.251	159.98	2697.2	2522.1	5.2857	**425**	5.763	173.51	2656.4	2489.2	5.2186
6.564	152.34	2739.5	2555.7	5.3460	**430**	6.089	164.23	2702.9	2526.3	5.2850
6.853	145.92	2777.7	2585.8	5.4003	**435**	6.387	156.58	2744.5	2559.2	5.3439
7.122	140.41	2812.9	2613.5	5.4497	**440**	6.662	150.11	2782.3	2589.1	5.3972
7.374	135.60	2845.5	2639.0	5.4953	**445**	6.919	144.53	2817.1	2616.5	5.4459
7.613	131.35	2876.1	2662.9	5.5377	**450**	7.161	139.65	2849.6	2641.9	5.4909
7.841	127.54	2904.9	2685.3	5.5774	**455**	7.391	135.31	2880.0	2665.7	5.5329
8.058	124.10	2932.2	2706.6	5.6149	**460**	7.609	131.42	2908.8	2688.1	5.5722
8.266	120.97	2958.3	2726.9	5.6503	**465**	7.819	127.90	2936.1	2709.4	5.6094
8.467	118.10	2983.3	2746.2	5.6841	**470**	8.020	124.69	2962.2	2729.6	5.6446
8.661	115.45	3007.3	2764.8	5.7163	**475**	8.214	121.75	2987.2	2749.0	5.6782
8.849	113.00	3030.5	2782.7	5.7472	**480**	8.401	119.03	3011.3	2767.7	5.7102
9.032	110.72	3052.9	2800.0	5.7769	**485**	8.583	116.51	3034.5	2785.6	5.7410
9.210	108.58	3074.7	2816.8	5.8055	**490**	8.760	114.16	3057.0	2803.0	5.7705
9.383	106.58	3095.8	2833.1	5.8331	**495**	8.931	111.96	3078.8	2819.8	5.7990
9.551	104.70	3116.4	2849.0	5.8598	**500**	9.099	109.90	3100.1	2836.2	5.8266
9.878	101.23	3156.2	2879.6	5.9109	**510**	9.422	106.13	3140.9	2867.7	5.8791
10.192	98.12	3194.3	2908.9	5.9592	**520**	9.732	102.75	3180.0	2897.7	5.9286
10.495	95.29	3231.0	2937.1	6.0052	**530**	10.031	99.69	3217.5	2926.6	5.9757
10.787	92.70	3266.5	2964.4	6.0491	**540**	10.319	96.91	3253.8	2954.5	6.0205
11.072	90.32	3301.0	2990.9	6.0913	**550**	10.599	94.35	3288.9	2981.5	6.0635
11.348	88.12	3334.6	3016.8	6.1319	**560**	10.871	91.99	3323.1	3007.9	6.1048
11.618	86.07	3367.4	3042.1	6.1710	**570**	11.136	89.80	3356.5	3033.6	6.1446
11.882	84.16	3399.5	3066.9	6.2089	**580**	11.394	87.76	3389.1	3058.7	6.1831
12.140	82.37	3431.1	3091.2	6.2457	**590**	11.647	85.86	3421.2	3083.4	6.2204
12.393	80.69	3462.1	3115.1	6.2815	**600**	11.895	84.07	3452.6	3107.7	6.2567
12.886	77.60	3522.8	3162.0	6.3502	**620**	12.378	80.79	3514.1	3155.1	6.3263
13.363	74.83	3582.0	3207.9	6.4158	**640**	12.844	77.86	3573.9	3201.5	6.3925
13.827	72.32	3640.0	3252.9	6.4786	**660**	13.297	75.20	3632.5	3246.9	6.4560
14.280	70.03	3697.0	3297.2	6.5391	**680**	13.739	72.79	3690.0	3291.6	6.5170
14.722	67.93	3753.2	3341.0	6.5974	**700**	14.170	70.57	3746.7	3335.7	6.5758
15.156	65.98	3808.8	3384.4	6.6539	**720**	14.593	68.53	3802.6	3379.4	6.6327
15.582	64.18	3863.8	3427.5	6.7087	**740**	15.007	66.63	3858.0	3422.8	6.6879
16.001	62.50	3918.4	3470.3	6.7621	**760**	15.415	64.87	3912.9	3465.8	6.7416
16.413	60.93	3972.6	3513.0	6.8140	**780**	15.817	63.23	3967.4	3508.7	6.7938
16.821	59.45	4026.5	3555.5	6.8647	**800**	16.212	61.68	4021.6	3551.4	6.8448
17.817	56.12	4160.3	3661.4	6.9866	**850**	17.181	58.20	4156.0	3657.8	6.9673
18.789	53.22	4293.4	3767.3	7.1026	**900**	18.124	55.17	4289.7	3764.1	7.0837
19.741	50.66	4426.2	3873.5	7.2135	**950**	19.047	52.50	4422.9	3870.6	7.1949
20.676	48.37	4559.2	3980.2	7.3200	**1000**	19.954	50.12	4556.2	3977.5	7.3017
24.30	41.15	5096.	4415.	7.711	**1200**	23.47	42.62	5094.	4413.	7.694
27.81	35.96	5644.	4865.	8.060	**1400**	26.86	37.23	5643.	4864.	8.043
31.26	31.99	6206.	5331.	8.378	**1600**	30.19	33.12	6205.	5330.	8.361
34.66	28.85	6781.	5811.	8.669	**1800**	33.49	29.86	6781.	5810.	8.652
38.04	26.29	7368.	6303.	8.939	**2000**	36.75	27.21	7368.	6302.	8.923

Tafel 3. Druckwasser und überhitzter Dampf (Fortsetzung)

300 bar						310 bar				
$10^3 v$	ϱ	h	u	s	t	$10^3 v$	ϱ	h	u	s
m^3/kg	kg/m^3	kJ/kg		kJ/kgK	°C	m^3/kg	kg/m^3	kJ/kg		kJ/kg K
0.98568	1014.53	29.92	0.35	0.00051	**0**	0.98522	1015.00	30.90	0.36	0.00048
0.98600	1014.19	50.34	20.76	0.07459	**5**	0.98556	1014.65	51.30	20.75	0.07449
0.98663	1013.55	70.76	41.16	0.14733	**10**	0.98620	1013.99	71.70	41.13	0.14717
0.98753	1012.63	91.20	61.57	0.21889	**15**	0.98710	1013.07	92.13	61.53	0.21869
0.98865	1011.48	111.68	82.02	0.28935	**20**	0.98823	1011.91	112.59	81.96	0.28910
0.98999	1010.11	132.19	102.49	0.35874	**25**	0.98958	1010.53	133.10	102.42	0.35845
0.99152	1008.55	152.73	122.99	0.42707	**30**	0.99111	1008.97	153.63	122.90	0.42674
0.99323	1006.82	173.30	143.50	0.49434	**35**	0.99282	1007.23	174.18	143.40	0.49398
0.99511	1004.91	193.87	164.02	0.56057	**40**	0.99470	1005.33	194.74	163.91	0.56018
0.99715	1002.86	214.45	184.54	0.62579	**45**	0.99674	1003.27	215.32	184.42	0.62536
0.99934	1000.66	235.05	205.07	0.69001	**50**	0.99894	1001.06	235.90	204.93	0.68955
1.00169	998.32	255.64	225.59	0.75326	**55**	1.00128	998.72	256.49	225.45	0.75277
1.00417	995.84	276.25	246.12	0.81557	**60**	1.00376	996.25	277.08	245.96	0.81506
1.00680	993.24	296.86	266.66	0.87699	**65**	1.00639	993.65	297.69	266.49	0.87645
1.00957	990.52	317.49	287.20	0.93754	**70**	1.00915	990.93	318.30	287.02	0.93697
1.01247	987.68	338.13	307.75	0.99725	**75**	1.01205	988.10	338.93	307.56	0.99666
1.01550	984.73	358.79	328.32	1.05617	**80**	1.01508	985.15	359.58	328.11	1.05555
1.01867	981.67	379.46	348.90	1.11431	**85**	1.01824	982.09	380.25	348.69	1.11366
1.02197	978.50	400.16	369.51	1.17171	**90**	1.02153	978.92	400.94	369.27	1.17104
1.02540	975.23	420.89	390.13	1.22839	**95**	1.02495	975.66	421.66	389.89	1.22770
1.02896	971.86	441.64	410.78	1.28439	**100**	1.02850	972.29	442.40	410.52	1.28366
1.03265	968.38	462.43	431.45	1.33971	**105**	1.03218	968.82	463.18	431.18	1.33896
1.03647	964.81	483.24	452.15	1.39439	**110**	1.03600	965.25	483.98	451.86	1.39361
1.04042	961.15	504.09	472.87	1.44844	**115**	1.03994	961.59	504.81	472.58	1.44764
1.04451	957.39	524.96	493.63	1.50189	**120**	1.04401	957.84	525.68	493.32	1.50106
1.04873	953.53	545.88	514.42	1.55475	**125**	1.04822	953.99	546.59	514.09	1.55390
1.05309	949.59	566.83	535.24	1.60704	**130**	1.05257	950.06	567.53	534.90	1.60616
1.05758	945.55	587.82	556.09	1.65879	**135**	1.05705	946.03	588.50	555.73	1.65787
1.06222	941.42	608.85	576.98	1.70999	**140**	1.06167	941.91	609.52	576.61	1.70905
1.06700	937.21	629.92	597.91	1.76069	**145**	1.06644	937.70	630.58	597.52	1.75972
1.0719	932.9	651.0	618.9	1.8109	**150**	1.0713	933.4	651.7	618.5	1.8099
1.0822	924.0	693.4	660.9	1.9098	**160**	1.0816	924.5	694.0	660.5	1.9088
1.0932	914.8	736.0	703.2	2.0070	**170**	1.0925	915.3	736.6	702.7	2.0059
1.1048	905.1	778.8	745.6	2.1025	**180**	1.1041	905.7	779.3	745.1	2.1013
1.1172	895.1	821.8	788.3	2.1965	**190**	1.1164	895.7	822.3	787.7	2.1952
1.1303	884.7	865.2	831.2	2.2890	**200**	1.1295	885.3	865.6	830.6	2.2877
1.1443	873.9	908.8	874.5	2.3804	**210**	1.1434	874.5	909.3	873.8	2.3790
1.1593	862.6	952.9	918.1	2.4707	**220**	1.1583	863.3	953.3	917.4	2.4691
1.1753	850.8	997.4	962.1	2.5600	**230**	1.1743	851.6	997.7	961.3	2.5583
1.1925	838.6	1042.4	1006.6	2.6485	**240**	1.1913	839.4	1042.7	1005.7	2.6468
1.2110	825.7	1088.0	1051.6	2.7365	**250**	1.2097	826.6	1088.2	1050.7	2.7346
1.2311	812.3	1134.2	1097.3	2.8240	**260**	1.2296	813.3	1134.3	1096.2	2.8219
1.2528	798.2	1181.2	1143.6	2.9113	**270**	1.2512	799.3	1181.2	1142.4	2.9091
1.2766	783.3	1229.0	1190.7	2.9986	**280**	1.2747	784.5	1228.9	1189.4	2.9962
1.3027	767.6	1277.9	1238.8	3.0862	**290**	1.3005	768.9	1277.7	1237.4	3.0835
1.3317	750.9	1328.0	1288.0	3.1744	**300**	1.3291	752.4	1327.6	1286.4	3.1713
1.3474	742.2	1353.6	1313.1	3.2188	**305**	1.3446	743.7	1353.0	1311.4	3.2155
1.3641	733.1	1379.5	1338.6	3.2635	**310**	1.3610	734.7	1378.9	1336.7	3.2600
1.3818	723.7	1405.9	1364.4	3.3085	**315**	1.3785	725.4	1405.1	1362.4	3.3049
1.4008	713.9	1432.8	1390.7	3.3540	**320**	1.3971	715.8	1431.8	1388.5	3.3501
1.4211	703.7	1460.1	1417.5	3.4000	**325**	1.4170	705.7	1459.1	1415.1	3.3958
1.4430	693.0	1488.1	1444.9	3.4466	**330**	1.4384	695.2	1486.9	1442.3	3.4421
1.4667	681.8	1516.8	1472.8	3.4939	**335**	1.4615	684.2	1515.3	1470.0	3.4891
1.4925	670.0	1546.3	1501.5	3.5422	**340**	1.4867	672.6	1544.5	1498.4	3.5369
1.5208	657.5	1576.6	1531.0	3.5915	**345**	1.5141	660.4	1574.5	1527.6	3.5856
1.5522	644.3	1608.1	1561.5	3.6421	**350**	1.5444	647.5	1605.6	1557.7	3.6356
1.5872	630.0	1640.7	1593.1	3.6943	**355**	1.5781	633.7	1637.7	1588.8	3.6870
1.6269	614.7	1674.9	1626.1	3.7486	**360**	1.6160	618.8	1671.3	1621.2	3.7403

Tafel 3. Druckwasser und überhitzter Dampf (Fortsetzung)

300 bar						310 bar				
$10^3 v$	ϱ	h	u	s	t	$10^3 v$	ϱ	h	u	s
m^3/kg	kg/m^3	kJ/kg		kJ/kgK	°C	m^3/kg	kg/m^3	kJ/kg		kJ/kg K
1.6726	597.9	1711.0	1660.9	3.8054	**365**	1.6592	602.7	1706.6	1655.2	3.7958
1.7264	579.3	1749.6	1697.8	3.8656	**370**	1.7095	585.0	1744.1	1691.1	3.8543
1.7913	558.3	1791.4	1737.7	3.9303	**375**	1.7692	565.2	1784.3	1729.5	3.9166
1.8728	534.0	1837.8	1781.7	4.0017	**380**	1.8424	542.8	1828.3	1771.2	3.9843
1.9807	504.9	1891.1	1831.7	4.0829	**385**	1.9360	516.5	1877.7	1817.7	4.0596
2.1353	468.3	1955.4	1891.4	4.1802	**390**	2.0624	484.9	1935.2	1871.3	4.1466
2.381	420.04	2038.8	1967.4	4.3055	**395**	2.2467	445.10	2005.5	1935.9	4.2522
2.793	358.05	2150.7	2066.9	4.4723	**400**	2.5341	394.62	2095.5	2016.9	4.3863
3.373	296.45	2279.2	2178.0	4.6625	**405**	2.9669	337.05	2206.3	2114.4	4.5504
3.967	252.10	2392.5	2273.5	4.8290	**410**	3.4954	286.09	2320.9	2212.5	4.7187
4.481	223.15	2481.9	2347.5	4.9594	**415**	4.0104	249.35	2419.8	2295.5	4.8630
4.919	203.27	2553.4	2405.8	5.0629	**420**	4.4651	223.96	2500.5	2362.0	4.9798
5.300	188.66	2613.0	2454.0	5.1486	**425**	4.862	205.66	2567.1	2416.3	5.0755
5.639	177.32	2664.3	2495.1	5.2218	**430**	5.214	191.79	2623.7	2462.1	5.1564
5.946	168.17	2709.6	2531.2	5.2860	**435**	5.531	180.81	2673.2	2501.7	5.2265
6.228	160.55	2750.4	2563.6	5.3435	**440**	5.820	171.83	2717.3	2536.9	5.2886
6.491	154.07	2787.8	2593.0	5.3956	**445**	6.087	164.28	2757.3	2568.6	5.3445
6.736	148.45	2822.3	2620.2	5.4435	**450**	6.337	157.81	2794.1	2597.6	5.3955
6.968	143.51	2854.5	2645.4	5.4879	**455**	6.572	152.17	2828.2	2624.4	5.4425
7.189	139.11	2884.7	2669.1	5.5293	**460**	6.794	147.19	2860.1	2649.4	5.4861
7.399	135.15	2913.4	2691.4	5.5683	**465**	7.006	142.74	2890.1	2673.0	5.5270
7.601	131.56	2940.7	2712.6	5.6051	**470**	7.208	138.73	2918.6	2695.2	5.5655
7.795	128.29	2966.7	2732.9	5.6400	**475**	7.402	135.09	2945.8	2716.3	5.6019
7.982	125.28	2991.7	2752.3	5.6734	**480**	7.590	131.76	2971.8	2736.5	5.6366
8.163	122.50	3015.8	2770.9	5.7052	**485**	7.770	128.70	2996.8	2755.9	5.6696
8.339	119.92	3039.1	2788.9	5.7358	**490**	7.945	125.86	3020.8	2774.5	5.7013
8.510	117.51	3061.6	2806.3	5.7652	**495**	8.115	123.23	3044.1	2792.5	5.7316
8.676	115.26	3083.5	2823.2	5.7936	**500**	8.280	120.77	3066.6	2809.9	5.7609
8.997	111.15	3125.5	2855.6	5.8476	**510**	8.598	116.30	3109.8	2843.3	5.8164
9.303	107.49	3165.5	2886.4	5.8984	**520**	8.902	112.34	3150.9	2875.0	5.8685
9.598	104.19	3203.9	2916.0	5.9465	**530**	9.193	108.78	3190.2	2905.2	5.9178
9.883	101.19	3240.9	2944.5	5.9923	**540**	9.474	105.55	3228.0	2934.3	5.9646
10.158	98.44	3276.8	2972.0	6.0362	**550**	9.745	102.61	3264.6	2962.5	6.0092
10.425	95.92	3311.6	2998.8	6.0782	**560**	10.009	99.91	3300.0	2989.7	6.0520
10.686	93.58	3345.5	3025.0	6.1187	**570**	10.265	97.42	3334.5	3016.3	6.0932
10.940	91.41	3378.7	3050.5	6.1578	**580**	10.515	95.11	3368.2	3042.2	6.1329
11.188	89.38	3411.2	3075.5	6.1956	**590**	10.758	92.95	3401.1	3067.6	6.1713
11.431	87.48	3443.1	3100.1	6.2324	**600**	10.997	90.93	3433.5	3092.6	6.2085
11.903	84.01	3505.3	3148.2	6.3028	**620**	11.460	87.26	3496.4	3141.2	6.2799
12.360	80.91	3565.8	3195.0	6.3698	**640**	11.907	83.98	3557.6	3188.5	6.3476
12.803	78.11	3624.9	3240.8	6.4339	**660**	12.340	81.04	3617.3	3234.8	6.4123
13.234	75.56	3682.9	3285.9	6.4954	**680**	12.762	78.36	3675.9	3280.3	6.4744
13.655	73.23	3740.1	3330.4	6.5547	**700**	13.173	75.91	3733.4	3325.1	6.5341
14.067	71.09	3796.4	3374.4	6.6120	**720**	13.576	73.66	3790.2	3369.4	6.5919
14.471	69.10	3852.2	3418.0	6.6676	**740**	13.970	71.58	3846.3	3413.3	6.6478
14.869	67.26	3907.4	3461.3	6.7216	**760**	14.357	69.65	3901.9	3456.8	6.7021
15.259	65.53	3962.2	3504.4	6.7741	**780**	14.739	67.85	3957.0	3500.1	6.7550
15.645	63.92	4016.7	3547.3	6.8254	**800**	15.114	66.16	4011.8	3543.3	6.8065
16.587	60.29	4151.8	3654.2	6.9484	**850**	16.031	62.38	4147.5	3650.5	6.9301
17.504	57.13	4285.9	3760.8	7.0653	**900**	16.923	59.09	4282.2	3757.5	7.0474
18.400	54.35	4419.6	3867.6	7.1769	**950**	17.795	56.19	4416.3	3864.6	7.1594
19.281	51.87	4553.3	3974.8	7.2840	**1000**	18.651	53.62	4550.3	3972.1	7.2668
22.69	44.08	5092.	4411.	7.677	**1200**	21.96	45.54	5090.	4409.	7.660
25.98	38.50	5642.	4862.	8.027	**1400**	25.15	39.77	5640.	4861.	8.011
29.20	34.25	6205.	5329.	8.344	**1600**	28.27	35.37	6204.	5327.	8.329
32.39	30.88	6780.	5809.	8.636	**1800**	31.36	31.89	6780.	5808.	8.621
35.55	28.13	7367.	6301.	8.907	**2000**	34.42	29.05	7367.	6300.	8.891

Tafel 3. Druckwasser und überhitzter Dampf (Fortsetzung)

320 bar						330 bar				
$10^3 v$	ϱ	h	u	s	t	$10^3 v$	ϱ	h	u	s
m^3/kg	kg/m^3	kJ/kg		kJ/kgK	°C	m^3/kg	kg/m^3	kJ/kg		kJ/kg K
0.98476	1015.48	31.88	0.36	0.00044	**0**	0.98430	1015.95	32.85	0.37	0.00040
0.98511	1015.11	52.26	20.74	0.07439	**5**	0.98467	1015.57	53.22	20.72	0.07429
0.98577	1014.44	72.64	41.10	0.14702	**10**	0.98533	1014.88	73.58	41.07	0.14686
0.98668	1013.50	93.05	61.48	0.21848	**15**	0.98625	1013.94	93.98	61.44	0.21827
0.98782	1012.33	113.51	81.90	0.28885	**20**	0.98740	1012.76	114.42	81.84	0.28860
0.98916	1010.96	134.00	102.35	0.35816	**25**	0.98875	1011.38	134.90	102.27	0.35787
0.99070	1009.39	154.52	122.82	0.42642	**30**	0.99029	1009.80	155.41	122.73	0.42609
0.99242	1007.64	175.06	143.30	0.49362	**35**	0.99201	1008.06	175.94	143.20	0.49326
0.99430	1005.74	195.61	163.80	0.55979	**40**	0.99389	1006.15	196.49	163.69	0.55940
0.99634	1003.68	216.18	184.30	0.62494	**45**	0.99593	1004.08	217.04	184.17	0.62452
0.99853	1001.47	236.75	204.80	0.68910	**50**	0.99813	1001.88	237.60	204.66	0.68864
1.00087	999.13	257.33	225.30	0.75229	**55**	1.00046	999.54	258.17	225.16	0.75181
1.00335	996.66	277.91	245.81	0.81455	**60**	1.00294	997.06	278.75	245.65	0.81404
1.00597	994.06	298.51	266.32	0.87591	**65**	1.00556	994.47	299.33	266.15	0.87537
1.00873	991.34	319.12	286.84	0.93641	**70**	1.00832	991.75	319.93	286.66	0.93584
1.01162	988.51	339.74	307.37	0.99607	**75**	1.01120	988.92	340.54	307.17	0.99548
1.01465	985.56	360.38	327.91	1.05493	**80**	1.01422	985.98	361.17	327.71	1.05431
1.01780	982.51	381.04	348.47	1.11302	**85**	1.01737	982.92	381.82	348.25	1.11238
1.02109	979.35	401.72	369.04	1.17037	**90**	1.02065	979.77	402.50	368.82	1.16970
1.02450	976.08	422.43	389.64	1.22700	**95**	1.02406	976.51	423.20	389.40	1.22630
1.02805	972.72	443.16	410.26	1.28294	**100**	1.02760	973.15	443.92	410.01	1.28222
1.03172	969.25	463.92	430.91	1.33821	**105**	1.03126	969.69	464.67	430.64	1.33747
1.03552	965.69	484.72	451.58	1.39284	**110**	1.03505	966.13	485.46	451.30	1.39207
1.03946	962.04	505.54	472.28	1.44684	**115**	1.03898	962.49	506.27	471.99	1.44604
1.04352	958.29	526.40	493.01	1.50023	**120**	1.04303	958.75	527.12	492.70	1.49941
1.04772	954.46	547.29	513.77	1.55304	**125**	1.04721	954.91	548.00	513.44	1.55219
1.05205	950.53	568.22	534.56	1.60528	**130**	1.05153	950.99	568.92	534.22	1.60440
1.05652	946.51	589.19	555.38	1.65697	**135**	1.05599	946.98	589.88	555.03	1.65606
1.06112	942.40	610.19	576.24	1.70812	**140**	1.06058	942.88	610.87	575.87	1.70718
1.06587	938.20	631.24	597.13	1.75875	**145**	1.06531	938.69	631.90	596.75	1.75779
1.0708	933.9	652.3	618.1	1.8089	**150**	1.0702	934.4	653.0	617.7	1.8079
1.0810	925.1	694.6	660.0	1.9077	**160**	1.0804	925.6	695.3	659.6	1.9067
1.0919	915.9	737.2	702.2	2.0047	**170**	1.0912	916.4	737.7	701.7	2.0036
1.1034	906.3	779.9	744.6	2.1001	**180**	1.1027	906.9	780.4	744.1	2.0989
1.1157	896.3	822.9	787.2	2.1939	**190**	1.1149	896.9	823.4	786.6	2.1927
1.1287	886.0	866.1	830.0	2.2863	**200**	1.1279	886.6	866.6	829.4	2.2850
1.1426	875.2	909.7	873.2	2.3775	**210**	1.1417	875.9	910.2	872.5	2.3761
1.1574	864.0	953.7	916.7	2.4676	**220**	1.1564	864.8	954.1	915.9	2.4661
1.1732	852.4	998.1	960.5	2.5567	**230**	1.1721	853.1	998.4	959.8	2.5551
1.1902	840.2	1043.0	1004.9	2.6450	**240**	1.1890	841.0	1043.2	1004.0	2.6432
1.2084	827.5	1088.4	1049.7	2.7327	**250**	1.2071	828.4	1088.6	1048.8	2.7308
1.2281	814.2	1134.4	1095.1	2.8199	**260**	1.2267	815.2	1134.6	1094.1	2.8178
1.2495	800.3	1181.2	1141.2	2.9068	**270**	1.2479	801.4	1181.3	1140.1	2.9046
1.2728	785.7	1228.9	1188.1	2.9937	**280**	1.2709	786.8	1228.8	1186.8	2.9913
1.2984	770.2	1277.5	1235.9	3.0808	**290**	1.2962	771.5	1277.2	1234.5	3.0781
1.3266	753.8	1327.2	1284.7	3.1683	**300**	1.3241	755.2	1326.8	1283.1	3.1654
1.3419	745.2	1352.6	1309.6	3.2124	**305**	1.3392	746.7	1352.1	1307.9	3.2093
1.3581	736.3	1378.3	1334.8	3.2567	**310**	1.3551	737.9	1377.7	1333.0	3.2534
1.3752	727.2	1404.4	1360.4	3.3013	**315**	1.3720	728.8	1403.7	1358.4	3.2978
1.3935	717.6	1431.0	1386.4	3.3463	**320**	1.3900	719.4	1430.2	1384.3	3.3425
1.4130	707.7	1458.0	1412.8	3.3917	**325**	1.4092	709.6	1457.1	1410.6	3.3877
1.4340	697.4	1485.7	1439.8	3.4377	**330**	1.4297	699.4	1484.5	1437.3	3.4334
1.4566	686.5	1513.9	1467.3	3.4843	**335**	1.4518	688.8	1512.5	1464.6	3.4797
1.4811	675.2	1542.8	1495.4	3.5317	**340**	1.4756	677.7	1541.2	1492.5	3.5266
1.5077	663.2	1572.5	1524.3	3.5800	**345**	1.5016	666.0	1570.7	1521.1	3.5745
1.5370	650.6	1603.2	1554.0	3.6293	**350**	1.5300	653.6	1601.0	1550.5	3.6233
1.5695	637.2	1634.9	1584.7	3.6801	**355**	1.5613	640.5	1632.3	1580.8	3.6733
1.6057	622.8	1667.9	1616.6	3.7324	**360**	1.5961	626.5	1664.8	1612.1	3.7249

Tafel 3. Druckwasser und überhitzter Dampf (Fortsetzung)

320 bar						330 bar				
$10^3 v$	ϱ	h	u	s	t	$10^3 v$	ϱ	h	u	s
m^3/kg	kg/m^3	kJ/kg		kJ/kgK	°C	m^3/kg	kg/m^3	kJ/kg		kJ/kg K
1.6468	607.2	1702.5	1649.8	3.7868	**365**	1.6353	611.5	1698.7	1644.7	3.7782
1.6941	590.3	1739.0	1684.8	3.8437	**370**	1.6800	595.2	1734.3	1678.9	3.8338
1.7495	571.6	1777.9	1721.9	3.9040	**375**	1.7318	577.4	1772.1	1715.0	3.8924
1.8162	550.6	1820.0	1761.9	3.9687	**380**	1.7931	557.7	1812.6	1753.5	3.9547
1.8991	526.6	1866.5	1805.7	4.0396	**385**	1.8678	535.4	1856.8	1795.2	4.0220
2.0066	498.4	1919.2	1855.0	4.1194	**390**	1.9617	509.8	1906.0	1841.2	4.0964
2.1542	464.21	1981.1	1912.2	4.2124	**395**	2.0851	479.6	1962.1	1893.3	4.1808
2.3690	422.12	2056.8	1981.0	4.3252	**400**	2.2551	443.4	2028.3	1953.9	4.2795
2.6871	372.15	2149.9	2063.9	4.4631	**405**	2.4970	400.5	2107.9	2025.5	4.3972
3.1149	321.04	2255.3	2155.6	4.6178	**410**	2.8305	353.3	2200.6	2107.2	4.5335
3.5903	278.53	2357.3	2242.4	4.7666	**415**	3.2380	308.8	2298.5	2191.6	4.6762
4.0437	247.30	2445.3	2315.9	4.8940	**420**	3.6654	272.8	2389.9	2268.9	4.8085
4.451	224.69	2518.9	2376.5	4.9999	**425**	4.070	245.72	2469.3	2335.0	4.9227
4.813	207.78	2581.2	2427.2	5.0888	**430**	4.437	225.37	2537.2	2390.7	5.0196
5.138	194.62	2635.2	2470.8	5.1653	**435**	4.769	209.67	2595.8	2438.4	5.1027
5.434	184.01	2682.9	2509.0	5.2325	**440**	5.072	197.18	2647.3	2479.9	5.1752
5.707	175.22	2725.8	2543.2	5.2924	**445**	5.349	186.95	2693.3	2516.8	5.2395
5.961	167.76	2765.0	2574.2	5.3468	**450**	5.607	178.36	2735.1	2550.1	5.2974
6.198	161.33	2801.1	2602.8	5.3966	**455**	5.847	171.03	2773.4	2580.4	5.3502
6.423	155.69	2834.8	2629.2	5.4426	**460**	6.074	164.65	2808.9	2608.4	5.3988
6.636	150.69	2866.3	2654.0	5.4855	**465**	6.288	159.03	2842.0	2634.5	5.4439
6.839	146.22	2896.2	2677.3	5.5258	**470**	6.492	154.03	2873.2	2659.0	5.4860
7.034	142.17	2924.5	2699.4	5.5638	**475**	6.687	149.54	2902.8	2682.1	5.5256
7.221	138.49	2951.5	2720.5	5.5998	**480**	6.874	145.47	2930.9	2704.1	5.5631
7.401	135.11	2977.4	2740.6	5.6341	**485**	7.055	141.75	2957.8	2725.0	5.5987
7.576	132.00	3002.3	2759.9	5.6669	**490**	7.229	138.34	2983.6	2745.0	5.6326
7.745	129.12	3026.4	2778.5	5.6982	**495**	7.397	135.19	3008.4	2764.3	5.6650
7.909	126.43	3049.6	2796.5	5.7284	**500**	7.561	132.27	3032.4	2782.9	5.6961
8.225	121.58	3094.0	2830.9	5.7855	**510**	7.874	127.00	3078.1	2818.2	5.7549
8.526	117.29	3136.2	2863.4	5.8390	**520**	8.172	122.36	3121.3	2851.6	5.8097
8.814	113.46	3176.4	2894.4	5.8894	**530**	8.458	118.24	3162.5	2883.4	5.8613
9.091	110.00	3215.0	2924.1	5.9372	**540**	8.732	114.53	3201.9	2913.8	5.9101
9.359	106.85	3252.3	2952.8	5.9827	**550**	8.996	111.16	3239.9	2943.0	5.9565
9.618	103.97	3288.4	2980.6	6.0263	**560**	9.252	108.09	3276.7	2971.3	6.0009
9.871	101.31	3323.4	3007.6	6.0681	**570**	9.500	105.26	3312.3	2998.8	6.0434
10.116	98.85	3357.6	3033.9	6.1085	**580**	9.742	102.65	3347.1	3025.6	6.0844
10.356	96.56	3391.1	3059.7	6.1474	**590**	9.978	100.22	3381.0	3051.7	6.1239
10.590	94.43	3423.8	3084.9	6.1851	**600**	10.208	97.96	3414.2	3077.3	6.1622
11.045	90.54	3487.6	3134.2	6.2573	**620**	10.654	93.86	3478.7	3127.1	6.2353
11.483	87.09	3549.4	3182.0	6.3258	**640**	11.084	90.22	3541.2	3175.5	6.3045
11.907	83.98	3609.7	3228.7	6.3912	**660**	11.500	86.95	3602.1	3222.6	6.3705
12.320	81.17	3668.8	3274.6	6.4538	**680**	11.904	84.00	3661.7	3268.9	6.4336
12.722	78.61	3726.8	3319.7	6.5140	**700**	12.298	81.31	3720.2	3314.4	6.4944
13.115	76.25	3784.0	3364.3	6.5722	**720**	12.683	78.85	3777.8	3359.3	6.5530
13.500	74.07	3840.5	3408.5	6.6285	**740**	13.059	76.57	3834.7	3403.7	6.6097
13.878	72.05	3896.4	3452.3	6.6832	**760**	13.429	74.47	3890.9	3447.8	6.6646
14.250	70.17	3951.9	3495.8	6.7363	**780**	13.792	72.51	3946.7	3491.5	6.7181
14.617	68.42	4006.9	3539.2	6.7881	**800**	14.149	70.67	4002.0	3535.1	6.7701
15.511	64.47	4143.2	3646.9	6.9123	**850**	15.022	66.57	4139.0	3643.3	6.8949
16.379	61.05	4278.4	3754.3	7.0300	**900**	15.869	63.02	4274.7	3751.0	7.0131
17.228	58.04	4413.0	3861.7	7.1423	**950**	16.695	59.90	4409.7	3858.7	7.1258
18.060	55.37	4547.4	3969.4	7.2500	**1000**	17.505	57.13	4544.4	3966.7	7.2338
21.27	47.01	5088.	4407.	7.644	**1200**	20.63	48.47	5086.	4405.	7.629
24.37	41.03	5639.	4859.	7.995	**1400**	23.64	42.30	5638.	4858.	7.980
27.40	36.49	6203.	5326.	8.313	**1600**	26.58	37.62	6202.	5325.	8.299
30.40	32.90	6779.	5807.	8.606	**1800**	29.49	33.91	6779.	5806.	8.591
33.36	29.97	7367.	6299.	8.876	**2000**	32.37	30.89	7367.	6298.	8.862

Tafel 3. Druckwasser und überhitzter Dampf (Fortsetzung)

340 bar						350 bar				
$10^3 v$	ϱ	h	u	s	t	$10^3 v$	ϱ	h	u	s
m^3/kg	kg/m^3	kJ/kg		kJ/kgK	°C	m^3/kg	kg/m^3	kJ/kg		kJ/kg K
0.98384	1016.42	33.82	0.37	0.00036	**0**	0.98339	1016.89	34.79	0.37	0.00031
0.98423	1016.02	54.17	20.71	0.07418	**5**	0.98379	1016.48	55.12	20.69	0.07407
0.98490	1015.33	74.52	41.04	0.14670	**10**	0.98447	1015.77	75.46	41.00	0.14654
0.98583	1014.37	94.91	61.39	0.21807	**15**	0.98541	1014.81	95.83	61.34	0.21786
0.98698	1013.19	115.34	81.78	0.28835	**20**	0.98657	1013.61	116.25	81.72	0.28810
0.98834	1011.80	135.80	102.20	0.35758	**25**	0.98793	1012.22	136.70	102.13	0.35729
0.98989	1010.22	156.30	122.65	0.42576	**30**	0.98948	1010.63	157.19	122.56	0.42544
0.99160	1008.47	176.82	143.11	0.49290	**35**	0.99120	1008.88	177.70	143.01	0.49254
0.99349	1006.55	197.36	163.58	0.55900	**40**	0.99309	1006.96	198.23	163.47	0.55861
0.99553	1004.49	217.90	184.05	0.62409	**45**	0.99513	1004.90	218.76	183.93	0.62367
0.99772	1002.28	238.45	204.53	0.68819	**50**	0.99732	1002.69	239.31	204.40	0.68774
1.00006	999.94	259.01	225.01	0.75133	**55**	0.99965	1000.35	259.86	224.87	0.75085
1.00254	997.47	279.58	245.49	0.81353	**60**	1.00213	997.87	280.41	245.34	0.81302
1.00515	994.87	300.16	265.98	0.87484	**65**	1.00474	995.28	300.98	265.82	0.87430
1.00790	992.16	320.75	286.48	0.93528	**70**	1.00749	992.57	321.56	286.30	0.93471
1.01079	989.33	341.35	306.98	0.99489	**75**	1.01037	989.74	342.16	306.79	0.99430
1.01380	986.39	361.97	327.50	1.05370	**80**	1.01338	986.80	362.77	327.30	1.05308
1.01694	983.34	382.61	348.04	1.11173	**85**	1.01651	983.75	383.40	347.82	1.11109
1.02022	980.19	403.28	368.59	1.16903	**90**	1.01978	980.60	404.05	368.36	1.16836
1.02362	976.93	423.96	389.16	1.22561	**95**	1.02317	977.35	424.73	388.92	1.22492
1.02714	973.57	444.68	409.76	1.28150	**100**	1.02669	974.00	445.44	409.50	1.28078
1.03080	970.12	465.42	430.38	1.33672	**105**	1.03034	970.55	466.17	430.11	1.33598
1.03458	966.57	486.20	451.02	1.39130	**110**	1.03412	967.01	486.94	450.74	1.39053
1.03850	962.93	507.00	471.69	1.44524	**115**	1.03802	963.37	507.73	471.40	1.44445
1.04254	959.20	527.84	492.39	1.49859	**120**	1.04205	959.65	528.56	492.09	1.49777
1.04671	955.37	548.71	513.12	1.55134	**125**	1.04621	955.83	549.42	512.80	1.55049
1.05102	951.46	569.62	533.88	1.60353	**130**	1.05051	951.92	570.32	533.55	1.60265
1.05546	947.45	590.56	554.68	1.65516	**135**	1.05494	947.93	591.25	554.33	1.65426
1.06004	943.36	611.55	575.50	1.70625	**140**	1.05950	943.84	612.22	575.14	1.70532
1.06476	939.18	632.57	596.37	1.75683	**145**	1.06420	939.67	633.23	595.98	1.75587
1.0696	934.9	653.6	617.3	1.8069	**150**	1.0690	935.4	654.3	616.9	1.8059
1.0798	926.1	695.9	659.2	1.9056	**160**	1.0792	926.6	696.5	658.7	1.9046
1.0906	917.0	738.3	701.3	2.0025	**170**	1.0899	917.5	738.9	700.8	2.0014
1.1020	907.4	781.0	743.5	2.0977	**180**	1.1013	908.0	781.6	743.0	2.0966
1.1142	897.5	823.9	786.1	2.1914	**190**	1.1134	898.1	824.5	785.5	2.1902
1.1271	887.3	867.1	828.8	2.2837	**200**	1.1263	887.9	867.6	828.2	2.2823
1.1408	876.6	910.6	871.8	2.3747	**210**	1.1399	877.2	911.1	871.2	2.3733
1.1554	865.5	954.5	915.2	2.4645	**220**	1.1545	866.2	954.9	914.5	2.4630
1.1711	853.9	998.8	959.0	2.5534	**230**	1.1700	854.7	999.1	958.2	2.5518
1.1878	841.9	1043.5	1003.2	2.6415	**240**	1.1867	842.7	1043.8	1002.3	2.6398
1.2058	829.3	1088.8	1047.8	2.7289	**250**	1.2046	830.2	1089.1	1046.9	2.7270
1.2252	816.2	1134.7	1093.1	2.8158	**260**	1.2238	817.1	1134.9	1092.0	2.8138
1.2463	802.4	1181.3	1139.0	2.9024	**270**	1.2447	803.4	1181.4	1137.8	2.9002
1.2691	787.9	1228.7	1185.6	2.9889	**280**	1.2673	789.1	1228.7	1184.3	2.9865
1.2941	772.7	1277.1	1233.1	3.0755	**290**	1.2921	774.0	1276.9	1231.7	3.0729
1.3217	756.6	1326.5	1281.5	3.1625	**300**	1.3193	758.0	1326.1	1280.0	3.1596
1.3366	748.2	1351.6	1306.2	3.2062	**305**	1.3340	749.6	1351.2	1304.5	3.2031
1.3523	739.5	1377.2	1331.2	3.2501	**310**	1.3495	741.0	1376.6	1329.4	3.2469
1.3689	730.5	1403.1	1356.5	3.2943	**315**	1.3659	732.1	1402.4	1354.6	3.2909
1.3866	721.2	1429.4	1382.2	3.3389	**320**	1.3832	722.9	1428.6	1380.2	3.3353
1.4054	711.5	1456.1	1408.3	3.3838	**325**	1.4017	713.4	1455.2	1406.2	3.3799
1.4255	701.5	1483.4	1434.9	3.4292	**330**	1.4215	703.5	1482.3	1432.6	3.4251
1.4471	691.0	1511.2	1462.0	3.4751	**335**	1.4426	693.2	1510.0	1459.5	3.4707
1.4704	680.1	1539.7	1489.7	3.5217	**340**	1.4654	682.4	1538.2	1486.9	3.5170
1.4957	668.6	1568.8	1518.0	3.5691	**345**	1.4900	671.1	1567.1	1515.0	3.5639
1.5232	656.5	1598.8	1547.0	3.6174	**350**	1.5168	659.3	1596.8	1543.7	3.6118
1.5535	643.7	1629.8	1576.9	3.6669	**355**	1.5461	646.8	1627.4	1573.3	3.6606
1.5870	630.1	1661.8	1607.8	3.7177	**360**	1.5784	633.6	1659.0	1603.7	3.7107

Tafel 3. Druckwasser und überhitzter Dampf (Fortsetzung)

340 bar						350 bar				
10^3v	ϱ	h	u	s	t	10^3v	ϱ	h	u	s
m^3/kg	kg/m^3	kJ/kg		kJ/kgK	°C	m^3/kg	kg/m^3	kJ/kg		kJ/kg K
1.6245	615.6	1695.1	1639.9	3.7701	**365**	1.6143	619.5	1691.8	1635.3	3.7623
1.6669	599.9	1730.0	1673.3	3.8245	**370**	1.6547	604.3	1726.0	1668.1	3.8157
1.7156	582.9	1766.8	1708.5	3.8815	**375**	1.7007	588.0	1761.9	1702.4	3.8714
1.7725	564.2	1806.0	1745.7	3.9418	**380**	1.7540	570.1	1800.0	1738.6	3.9299
1.8406	543.3	1848.3	1785.7	4.0063	**385**	1.8167	550.5	1840.7	1777.1	3.9920
1.9243	519.7	1894.7	1829.3	4.0765	**390**	1.8923	528.5	1884.9	1818.6	4.0588
2.0306	492.5	1946.6	1877.6	4.1545	**395**	1.9860	503.5	1933.6	1864.1	4.1320
2.1711	460.6	2006.2	1932.4	4.2433	**400**	2.1057	474.9	1988.3	1914.6	4.2136
2.3628	423.2	2075.9	1995.6	4.3466	**405**	2.2634	441.8	2050.9	1971.7	4.3063
2.6244	381.0	2157.2	2068.0	4.4660	**410**	2.4735	404.3	2123.0	2036.5	4.4122
2.9593	337.9	2247.0	2146.4	4.5969	**415**	2.7459	364.2	2204.0	2107.9	4.5302
3.3402	299.4	2337.0	2223.5	4.7272	**420**	3.0724	325.5	2289.2	2181.7	4.6536
3.726	268.39	2419.7	2293.0	4.8461	**425**	3.425	291.94	2371.9	2252.1	4.7726
4.090	244.49	2492.2	2353.2	4.9496	**430**	3.776	264.86	2447.4	2315.3	4.8803
4.425	226.00	2555.3	2404.9	5.0390	**435**	4.106	243.52	2514.3	2370.5	4.9750
4.731	211.37	2610.7	2449.8	5.1169	**440**	4.413	226.59	2573.3	2418.8	5.0581
5.012	199.50	2659.9	2489.5	5.1858	**445**	4.697	212.91	2625.8	2461.4	5.1314
5.273	189.64	2704.4	2525.1	5.2474	**450**	4.960	201.63	2672.9	2499.4	5.1969
5.516	181.29	2744.9	2557.4	5.3033	**455**	5.205	192.13	2715.9	2533.7	5.2561
5.745	174.08	2782.4	2587.0	5.3546	**460**	5.435	184.00	2755.3	2565.1	5.3101
5.960	167.78	2817.2	2614.6	5.4019	**465**	5.652	176.94	2791.9	2594.1	5.3598
6.165	162.20	2849.9	2640.3	5.4461	**470**	5.857	170.72	2826.1	2621.1	5.4060
6.361	157.21	2880.7	2664.4	5.4874	**475**	6.054	165.19	2858.3	2646.4	5.4491
6.548	152.71	2910.0	2687.3	5.5264	**480**	6.241	160.23	2888.7	2670.3	5.4897
6.728	148.62	2937.9	2709.1	5.5633	**485**	6.421	155.74	2917.7	2692.9	5.5280
6.902	144.88	2964.6	2729.9	5.5984	**490**	6.594	151.65	2945.3	2714.5	5.5643
7.070	141.44	2990.2	2749.8	5.6319	**495**	6.762	147.89	2971.8	2735.1	5.5989
7.233	138.26	3014.9	2769.0	5.6640	**500**	6.924	144.43	2997.3	2755.0	5.6320
7.544	132.55	3062.0	2805.5	5.7244	**510**	7.233	138.25	3045.7	2792.5	5.6942
7.840	127.55	3106.3	2839.7	5.7807	**520**	7.527	132.86	3091.2	2827.7	5.7519
8.122	123.12	3148.4	2872.3	5.8335	**530**	7.807	128.09	3134.3	2861.1	5.8060
8.394	119.14	3188.7	2903.4	5.8833	**540**	8.075	123.84	3175.5	2892.8	5.8569
8.655	115.54	3227.5	2933.2	5.9307	**550**	8.333	120.00	3215.0	2923.3	5.9052
8.907	112.27	3264.9	2962.0	5.9759	**560**	8.583	116.51	3253.0	2952.7	5.9512
9.152	109.26	3301.1	2990.0	6.0191	**570**	8.824	113.32	3289.9	2981.1	5.9952
9.390	106.49	3336.4	3017.1	6.0607	**580**	9.059	110.39	3325.7	3008.7	6.0374
9.622	103.92	3370.8	3043.7	6.1008	**590**	9.288	107.67	3360.6	3035.6	6.0781
9.849	101.53	3404.5	3069.6	6.1396	**600**	9.511	105.15	3394.7	3061.9	6.1174
10.288	97.20	3469.8	3120.0	6.2136	**620**	9.942	100.58	3460.9	3112.9	6.1923
10.710	93.37	3533.0	3168.9	6.2836	**640**	10.357	96.56	3524.8	3162.3	6.2630
11.118	89.95	3594.5	3216.5	6.3502	**660**	10.757	92.96	3586.9	3210.4	6.3303
11.514	86.85	3654.6	3263.2	6.4139	**680**	11.146	89.72	3647.5	3257.4	6.3946
11.899	84.04	3713.6	3309.0	6.4751	**700**	11.523	86.78	3706.9	3303.6	6.4563
12.276	81.46	3771.6	3354.2	6.5342	**720**	11.892	84.09	3765.4	3349.2	6.5157
12.644	79.09	3828.8	3398.9	6.5912	**740**	12.253	81.61	3823.0	3394.2	6.5732
13.005	76.89	3885.4	3443.3	6.6465	**760**	12.607	79.32	3879.9	3438.7	6.6288
13.360	74.85	3941.5	3487.2	6.7003	**780**	12.954	77.20	3936.3	3482.9	6.6829
13.710	72.94	3997.1	3531.0	6.7526	**800**	13.295	75.21	3992.2	3526.9	6.7355
14.561	68.67	4134.7	3639.6	6.8779	**850**	14.128	70.78	4130.4	3636.0	6.8614
15.388	64.99	4270.9	3747.7	6.9966	**900**	14.935	66.96	4267.2	3744.4	6.9805
16.194	61.75	4406.3	3855.8	7.1096	**950**	15.721	63.61	4403.0	3852.8	7.0939
16.983	58.88	4541.5	3964.0	7.2179	**1000**	16.491	60.64	4538.5	3961.3	7.2025
20.03	49.94	5084.	4403.	7.614	**1200**	19.46	51.40	5082.	4401.	7.599
22.95	43.57	5637.	4856.	7.965	**1400**	22.31	44.83	5636.	4855.	7.951
25.82	38.74	6201.	5324.	8.284	**1600**	25.09	39.86	6201.	5323.	8.270
28.64	34.92	6778.	5805.	8.577	**1800**	27.83	35.93	6778.	5804.	8.563
31.44	31.81	7366.	6298.	8.847	**2000**	30.55	32.73	7366.	6297.	8.834

Tafel 3. Druckwasser und überhitzter Dampf (Fortsetzung)

360 bar						370 bar				
$10^3 v$	ϱ	h	u	s	t	$10^3 v$	ϱ	h	u	s
m³/kg	kg/m³	kJ/kg		kJ/kgK	°C	m³/kg	kg/m³	kJ/kg		kJ/kg K
0.98294	1017.36	35.76	0.38	0.00026	**0**	0.98248	1017.83	36.73	0.38	0.00021
0.98335	1016.93	56.08	20.68	0.07396	**5**	0.98291	1017.39	57.03	20.66	0.07385
0.98405	1016.21	76.40	40.97	0.14637	**10**	0.98362	1016.65	77.34	40.94	0.14621
0.98499	1015.24	96.76	61.30	0.21765	**15**	0.98457	1015.67	97.68	61.25	0.21743
0.98616	1014.04	117.16	81.66	0.28785	**20**	0.98574	1014.46	118.07	81.60	0.28759
0.98752	1012.63	137.61	102.05	0.35700	**25**	0.98712	1013.05	138.51	101.98	0.35671
0.98907	1011.05	158.08	122.48	0.42511	**30**	0.98867	1011.46	158.97	122.39	0.42478
0.99080	1009.29	178.58	142.91	0.49218	**35**	0.99040	1009.70	179.46	142.82	0.49182
0.99269	1007.37	199.10	163.36	0.55822	**40**	0.99229	1007.77	199.97	163.25	0.55783
0.99473	1005.30	219.62	183.81	0.62325	**45**	0.99433	1005.71	220.48	183.69	0.62282
0.99692	1003.09	240.16	204.27	0.68729	**50**	0.99652	1003.50	241.01	204.14	0.68683
0.99925	1000.75	260.70	224.72	0.75036	**55**	0.99885	1001.15	261.54	224.58	0.74988
1.00172	998.28	281.25	245.18	0.81251	**60**	1.00132	998.68	282.08	245.03	0.81201
1.00433	995.68	301.80	265.65	0.87376	**65**	1.00393	996.09	302.63	265.48	0.87323
1.00708	992.97	322.38	286.12	0.93415	**70**	1.00667	993.38	323.19	285.94	0.93359
1.00995	990.15	342.96	306.60	0.99371	**75**	1.00954	990.55	343.77	306.41	0.99312
1.01296	987.21	363.56	327.10	1.05247	**80**	1.01253	987.62	364.36	326.90	1.05185
1.01609	984.17	384.19	347.61	1.11045	**85**	1.01566	984.58	384.97	347.39	1.10981
1.01935	981.02	404.83	368.13	1.16770	**90**	1.01891	981.44	405.61	367.91	1.16703
1.02273	977.77	425.50	388.68	1.22423	**95**	1.02229	978.19	426.27	388.45	1.22354
1.02625	974.43	446.20	409.25	1.28007	**100**	1.02580	974.85	446.96	409.00	1.27935
1.02988	970.98	466.92	429.85	1.33524	**105**	1.02943	971.41	467.67	429.58	1.33450
1.03365	967.45	487.68	450.46	1.38976	**110**	1.03319	967.88	488.42	450.19	1.38899
1.03754	963.82	508.46	471.11	1.44366	**115**	1.03707	964.26	509.19	470.82	1.44287
1.04156	960.09	529.28	491.78	1.49695	**120**	1.04108	960.54	530.00	491.48	1.49613
1.04571	956.28	550.13	512.48	1.54965	**125**	1.04522	956.74	550.84	512.17	1.54881
1.05000	952.38	571.02	533.22	1.60178	**130**	1.04949	952.85	571.72	532.88	1.60091
1.05441	948.40	591.94	553.98	1.65336	**135**	1.05389	948.86	592.63	553.63	1.65246
1.05896	944.32	612.90	574.78	1.70440	**140**	1.05843	944.80	613.58	574.41	1.70348
1.06365	940.16	633.90	595.61	1.75492	**145**	1.06310	940.64	634.56	595.23	1.75397
1.0685	935.9	654.9	616.5	1.8049	**150**	1.0679	936.4	655.6	616.1	1.8040
1.0786	927.1	697.1	658.3	1.9035	**160**	1.0780	927.7	697.8	657.9	1.9025
1.0893	918.0	739.5	700.3	2.0003	**170**	1.0886	918.6	740.1	699.9	1.9992
1.1006	908.6	782.2	742.5	2.0954	**180**	1.0999	909.1	782.7	742.0	2.0942
1.1127	898.7	825.0	784.9	2.1889	**190**	1.1119	899.3	825.5	784.4	2.1877
1.1255	888.5	868.1	827.6	2.2810	**200**	1.1247	889.1	868.6	827.0	2.2797
1.1391	877.9	911.6	870.5	2.3718	**210**	1.1382	878.6	912.0	869.9	2.3704
1.1536	866.9	955.3	913.8	2.4615	**220**	1.1526	867.6	955.7	913.1	2.4600
1.1690	855.4	999.5	957.4	2.5502	**230**	1.1680	856.2	999.9	956.7	2.5486
1.1856	843.5	1044.1	1001.5	2.6381	**240**	1.1844	844.3	1044.5	1000.6	2.6363
1.2033	831.0	1089.3	1046.0	2.7252	**250**	1.2021	831.9	1089.5	1045.1	2.7234
1.2224	818.0	1135.0	1091.0	2.8118	**260**	1.2210	819.0	1135.2	1090.0	2.8098
1.2431	804.4	1181.5	1136.7	2.8981	**270**	1.2415	805.5	1181.5	1135.6	2.8959
1.2655	790.2	1228.6	1183.1	2.9842	**280**	1.2638	791.3	1228.6	1181.9	2.9818
1.2900	775.2	1276.7	1230.3	3.0703	**290**	1.2880	776.4	1276.6	1228.9	3.0677
1.3169	759.3	1325.8	1278.4	3.1567	**300**	1.3146	760.7	1325.5	1276.9	3.1539
1.3314	751.1	1350.8	1302.9	3.2001	**305**	1.3289	752.5	1350.4	1301.3	3.1972
1.3467	742.6	1376.1	1327.7	3.2437	**310**	1.3440	744.0	1375.7	1325.9	3.2406
1.3629	733.8	1401.8	1352.8	3.2876	**315**	1.3599	735.3	1401.2	1350.9	3.2843
1.3800	724.7	1427.9	1378.2	3.3317	**320**	1.3768	726.3	1427.2	1376.2	3.3282
1.3981	715.2	1454.4	1404.0	3.3762	**325**	1.3946	717.0	1453.5	1401.9	3.3724
1.4175	705.5	1481.3	1430.3	3.4210	**330**	1.4137	707.4	1480.3	1428.0	3.4171
1.4382	695.3	1508.8	1457.0	3.4664	**335**	1.4340	697.4	1507.6	1454.6	3.4621
1.4605	684.7	1536.8	1484.2	3.5123	**340**	1.4558	686.9	1535.5	1481.6	3.5077
1.4845	673.6	1565.5	1512.0	3.5589	**345**	1.4792	676.0	1563.9	1509.2	3.5539
1.5105	662.0	1594.9	1540.5	3.6063	**350**	1.5046	664.6	1593.1	1537.4	3.6009
1.5389	649.8	1625.1	1569.7	3.6546	**355**	1.5321	652.7	1623.0	1566.3	3.6487
1.5702	636.9	1656.3	1599.8	3.7040	**360**	1.5623	640.1	1653.8	1596.0	3.6976

Tafel 3. Druckwasser und überhitzter Dampf (Fortsetzung)

360 bar						370 bar				
$10^3 v$	ϱ	h	u	s	t	$10^3 v$	ϱ	h	u	s
m^3/kg	kg/m^3	kJ/kg		kJ/kg K	°C	m^3/kg	kg/m^3	kJ/kg		kJ/kg K
1.6047	623.2	1688.6	1630.9	3.7549	**365**	1.5956	626.7	1685.7	1626.6	3.7477
1.6433	608.5	1722.2	1663.1	3.8073	**370**	1.6326	612.5	1718.7	1658.3	3.7993
1.6870	592.8	1757.4	1696.7	3.8618	**375**	1.6742	597.3	1753.2	1691.3	3.8527
1.7370	575.7	1794.5	1731.9	3.9187	**380**	1.7215	580.9	1789.4	1725.7	3.9083
1.7953	557.0	1833.9	1769.2	3.9788	**385**	1.7759	563.1	1827.6	1761.9	3.9667
1.8644	536.4	1876.2	1809.1	4.0429	**390**	1.8397	543.6	1868.4	1800.4	4.0284
1.9483	513.3	1922.3	1852.2	4.1122	**395**	1.9158	522.0	1912.5	1841.6	4.0946
2.0528	487.1	1973.4	1899.5	4.1883	**400**	2.0087	497.8	1960.6	1886.3	4.1663
2.1864	457.4	2030.7	1952.0	4.2731	**405**	2.1246	470.7	2013.8	1935.2	4.2451
2.3599	423.7	2095.7	2010.7	4.3686	**410**	2.2714	440.3	2073.3	1989.3	4.3325
2.5834	387.1	2168.7	2075.7	4.4751	**415**	2.4580	406.8	2139.8	2048.8	4.4294
2.8583	349.9	2247.6	2144.7	4.5894	**420**	2.6891	371.9	2212.4	2112.9	4.5345
3.171	315.40	2327.8	2213.6	4.7046	**425**	2.960	337.83	2288.2	2178.7	4.6436
3.497	285.98	2404.0	2278.1	4.8134	**430**	3.256	307.16	2363.2	2242.7	4.7506
3.817	262.02	2473.4	2336.0	4.9118	**435**	3.557	281.12	2433.7	2302.1	4.8505
4.119	242.75	2535.6	2387.3	4.9992	**440**	3.851	259.68	2498.1	2355.7	4.9412
4.402	227.15	2591.1	2432.6	5.0768	**445**	4.130	242.14	2556.3	2403.5	5.0224
4.666	214.32	2641.0	2473.0	5.1461	**450**	4.392	227.68	2608.7	2446.2	5.0952
4.912	203.57	2686.3	2509.5	5.2085	**455**	4.638	215.60	2656.4	2484.7	5.1608
5.143	194.43	2727.8	2542.7	5.2653	**460**	4.869	205.36	2699.9	2519.8	5.2205
5.361	186.53	2766.2	2573.2	5.3175	**465**	5.088	196.56	2740.1	2551.9	5.2751
5.567	179.62	2802.0	2601.5	5.3658	**470**	5.294	188.89	2777.5	2581.6	5.3255
5.764	173.50	2835.5	2628.0	5.4108	**475**	5.491	182.13	2812.4	2609.3	5.3724
5.951	168.03	2867.2	2652.9	5.4530	**480**	5.678	176.12	2845.3	2635.2	5.4163
6.131	163.10	2897.2	2676.5	5.4927	**485**	5.858	170.72	2876.5	2659.7	5.4575
6.304	158.63	2925.8	2698.9	5.5303	**490**	6.030	165.83	2906.1	2683.0	5.4964
6.471	154.54	2953.2	2720.2	5.5661	**495**	6.196	161.39	2934.4	2705.1	5.5334
6.632	150.78	2979.5	2740.7	5.6002	**500**	6.357	157.31	2961.5	2726.3	5.5685
6.940	144.09	3029.3	2779.4	5.6642	**510**	6.663	150.08	3012.7	2766.2	5.6344
7.232	138.28	3075.9	2815.6	5.7234	**520**	6.953	143.83	3060.6	2803.3	5.6951
7.509	133.17	3120.1	2849.7	5.7787	**530**	7.228	138.35	3105.8	2838.3	5.7517
7.775	128.62	3162.1	2882.2	5.8307	**540**	7.491	133.50	3148.7	2871.5	5.8048
8.030	124.53	3202.4	2913.3	5.8800	**550**	7.743	129.14	3189.8	2903.2	5.8550
8.276	120.83	3241.2	2943.2	5.9268	**560**	7.987	125.20	3229.2	2933.7	5.9027
8.515	117.44	3278.6	2972.1	5.9715	**570**	8.223	121.62	3267.3	2963.1	5.9482
8.746	114.33	3315.0	3000.2	6.0144	**580**	8.451	118.33	3304.3	2991.6	5.9917
8.972	111.46	3350.4	3027.5	6.0557	**590**	8.673	115.30	3340.2	3019.3	6.0336
9.191	108.80	3385.0	3054.1	6.0955	**600**	8.890	112.49	3375.2	3046.3	6.0739
9.616	104.00	3452.0	3105.8	6.1713	**620**	9.308	107.44	3443.0	3098.6	6.1507
10.023	99.77	3516.6	3155.7	6.2428	**640**	9.709	103.00	3508.3	3149.1	6.2230
10.417	96.00	3579.3	3204.2	6.3108	**660**	10.095	99.06	3571.6	3198.1	6.2916
10.798	92.61	3640.4	3251.7	6.3756	**680**	10.470	95.51	3633.3	3245.9	6.3570
11.169	89.54	3700.3	3298.2	6.4378	**700**	10.834	92.31	3693.7	3292.8	6.4197
11.530	86.73	3759.2	3344.1	6.4977	**720**	11.188	89.38	3753.0	3339.0	6.4800
11.884	84.15	3817.2	3389.4	6.5555	**740**	11.535	86.69	3811.3	3384.6	6.5382
12.230	81.77	3874.5	3434.2	6.6115	**760**	11.874	84.22	3869.0	3429.6	6.5945
12.570	79.55	3931.2	3478.6	6.6659	**780**	12.207	81.92	3926.0	3474.3	6.6492
12.904	77.49	3987.3	3522.8	6.7187	**800**	12.534	79.78	3982.5	3518.7	6.7023
13.718	72.90	4126.2	3632.3	6.8452	**850**	13.331	75.01	4121.9	3628.7	6.8293
14.507	68.93	4263.4	3741.2	6.9647	**900**	14.102	70.91	4259.7	3737.9	6.9493
15.275	65.47	4399.7	3849.8	7.0785	**950**	14.853	67.33	4396.4	3846.9	7.0635
16.027	62.40	4535.6	3958.7	7.1874	**1000**	15.587	64.15	4532.7	3956.0	7.1727
18.92	52.86	5081.	4400.	7.585	**1200**	18.41	54.32	5079.	4398.	7.571
21.69	46.10	5634.	4853.	7.937	**1400**	21.12	47.36	5633.	4852.	7.924
24.40	40.98	6200.	5321.	8.257	**1600**	23.76	42.09	6199.	5320.	8.243
27.08	36.93	6777.	5803.	8.549	**1800**	26.36	37.94	6777.	5802.	8.536
29.72	33.64	7366.	6296.	8.820	**2000**	28.94	34.56	7366.	6295.	8.807

Tafel 3. Druckwasser und überhitzter Dampf (Fortsetzung)

380 bar						390 bar				
$10^3 v$	ϱ	h	u	s	t	$10^3 v$	ϱ	h	u	s
m^3/kg	kg/m^3	kJ/kg		kJ/kgK	°C	m^3/kg	kg/m^3	kJ/kg		kJ/kg K
0.98203	1018.29	37.70	0.38	0.00015	**0**	0.98158	1018.76	38.66	0.38	0.00009
0.98247	1017.84	57.98	20.65	0.07373	**5**	0.98204	1018.29	58.93	20.63	0.07362
0.98319	1017.09	78.27	40.91	0.14604	**10**	0.98277	1017.53	79.21	40.88	0.14587
0.98415	1016.10	98.60	61.21	0.21722	**15**	0.98374	1016.53	99.53	61.16	0.21700
0.98533	1014.88	118.98	81.54	0.28734	**20**	0.98492	1015.31	119.89	81.48	0.28708
0.98671	1013.47	139.41	101.91	0.35641	**25**	0.98631	1013.88	140.30	101.84	0.35612
0.98827	1011.87	159.86	122.31	0.42445	**30**	0.98787	1012.28	160.75	122.22	0.42412
0.99000	1010.10	180.34	142.72	0.49145	**35**	0.98960	1010.51	181.22	142.62	0.49109
0.99189	1008.18	200.83	163.14	0.55743	**40**	0.99149	1008.58	201.70	163.04	0.55704
0.99393	1006.11	221.34	183.57	0.62240	**45**	0.99353	1006.51	222.20	183.45	0.62198
0.99612	1003.90	241.86	204.00	0.68638	**50**	0.99572	1004.30	242.71	203.87	0.68593
0.99845	1001.55	262.38	224.44	0.74940	**55**	0.99805	1001.96	263.22	224.30	0.74892
1.00092	999.08	282.91	244.88	0.81150	**60**	1.00052	999.49	283.74	244.72	0.81099
1.00352	996.49	303.45	265.32	0.87270	**65**	1.00312	996.89	304.27	265.15	0.87216
1.00626	993.78	324.00	285.77	0.93303	**70**	1.00585	994.19	324.82	285.59	0.93247
1.00912	990.96	344.57	306.22	0.99254	**75**	1.00871	991.37	345.38	306.04	0.99195
1.01212	988.03	365.16	326.70	1.05124	**80**	1.01170	988.44	365.95	326.50	1.05063
1.01524	984.99	385.76	347.18	1.10918	**85**	1.01481	985.40	386.55	346.97	1.10854
1.01848	981.85	406.39	367.69	1.16637	**90**	1.01805	982.27	407.17	367.46	1.16571
1.02186	978.61	427.04	388.21	1.22285	**95**	1.02142	979.03	427.81	387.97	1.22216
1.02535	975.27	447.72	408.75	1.27864	**100**	1.02491	975.70	448.48	408.50	1.27793
1.02897	971.84	468.42	429.32	1.33376	**105**	1.02852	972.27	469.17	429.06	1.33302
1.03272	968.31	489.16	449.91	1.38823	**110**	1.03226	968.75	489.90	449.64	1.38747
1.03660	964.70	509.92	470.53	1.44208	**115**	1.03613	965.13	510.65	470.25	1.44129
1.04060	960.99	530.72	491.18	1.49532	**120**	1.04012	961.43	531.44	490.88	1.49451
1.04472	957.19	551.55	511.85	1.54797	**125**	1.04423	957.64	552.26	511.54	1.54713
1.04898	953.30	572.42	532.55	1.60005	**130**	1.04848	953.76	573.12	532.23	1.59918
1.05337	949.33	593.32	553.29	1.65157	**135**	1.05286	949.80	594.01	552.95	1.65068
1.05790	945.27	614.25	574.05	1.70256	**140**	1.05736	945.75	614.93	573.70	1.70164
1.06255	941.13	635.23	594.85	1.75302	**145**	1.06201	941.61	635.90	594.48	1.75208
1.0674	936.9	656.2	615.7	1.8030	**150**	1.0668	937.4	656.9	615.3	1.8020
1.0774	928.2	698.4	657.5	1.9015	**160**	1.0768	928.7	699.0	657.0	1.9004
1.0880	919.1	740.7	699.4	1.9981	**170**	1.0874	919.6	741.4	698.9	1.9970
1.0993	909.7	783.3	741.5	2.0931	**180**	1.0986	910.3	783.9	741.0	2.0919
1.1112	899.9	826.1	783.9	2.1864	**190**	1.1105	900.5	826.6	783.3	2.1852
1.1239	889.8	869.1	826.4	2.2784	**200**	1.1231	890.4	869.6	825.8	2.2771
1.1374	879.2	912.5	869.3	2.3691	**210**	1.1365	879.9	912.9	868.6	2.3677
1.1517	868.3	956.2	912.4	2.4586	**220**	1.1508	869.0	956.6	911.7	2.4571
1.1670	856.9	1000.2	955.9	2.5470	**230**	1.1660	857.7	1000.6	955.1	2.5455
1.1833	845.1	1044.8	999.8	2.6347	**240**	1.1822	845.9	1045.1	999.0	2.6330
1.2008	832.7	1089.8	1044.2	2.7215	**250**	1.1996	833.6	1090.0	1043.3	2.7197
1.2197	819.9	1135.4	1089.0	2.8079	**260**	1.2183	820.8	1135.6	1088.0	2.8059
1.2400	806.4	1181.6	1134.5	2.8938	**270**	1.2385	807.4	1181.7	1133.4	2.8917
1.2620	792.4	1228.6	1180.7	2.9795	**280**	1.2603	793.4	1228.6	1179.5	2.9772
1.2860	777.6	1276.4	1227.6	3.0652	**290**	1.2841	778.8	1276.3	1226.2	3.0627
1.3123	762.0	1325.3	1275.4	3.1511	**300**	1.3101	763.3	1325.0	1273.9	3.1484
1.3265	753.9	1350.1	1299.7	3.1943	**305**	1.3241	755.2	1349.7	1298.1	3.1914
1.3414	745.5	1375.2	1324.3	3.2376	**310**	1.3388	747.0	1374.8	1322.6	3.2345
1.3571	736.9	1400.7	1349.1	3.2810	**315**	1.3542	738.4	1400.2	1347.3	3.2778
1.3736	728.0	1426.5	1374.3	3.3248	**320**	1.3706	729.6	1425.9	1372.4	3.3214
1.3912	718.8	1452.7	1399.9	3.3688	**325**	1.3879	720.5	1452.0	1397.8	3.3652
1.4099	709.3	1479.4	1425.8	3.4132	**330**	1.4063	711.1	1478.5	1423.7	3.4093
1.4298	699.4	1506.5	1452.2	3.4580	**335**	1.4258	701.4	1505.5	1449.9	3.4539
1.4512	689.1	1534.2	1479.0	3.5033	**340**	1.4467	691.2	1532.9	1476.5	3.4989
1.4741	678.4	1562.4	1506.4	3.5491	**345**	1.4691	680.7	1561.0	1503.7	3.5444
1.4988	667.2	1591.3	1534.4	3.5957	**350**	1.4932	669.7	1589.7	1531.4	3.5906
1.5256	655.5	1621.0	1563.0	3.6431	**355**	1.5193	658.2	1619.0	1559.8	3.6375
1.5549	643.1	1651.4	1592.3	3.6914	**360**	1.5477	646.1	1649.2	1588.8	3.6854

Tafel 3. Druckwasser und überhitzter Dampf (Fortsetzung)

380 bar						390 bar				
$10^3 v$	ϱ	h	u	s	t	$10^3 v$	ϱ	h	u	s
m^3/kg	kg/m^3	kJ/kg		kJ/kg K	°C	m^3/kg	kg/m^3	kJ/kg		kJ/kg K
1.5870	630.1	1682.9	1622.6	3.7408	**365**	1.5788	633.4	1680.2	1618.7	3.7342
1.6226	616.3	1715.4	1653.8	3.7916	**370**	1.6130	619.9	1712.3	1649.4	3.7843
1.6623	601.6	1749.3	1686.1	3.8441	**375**	1.6511	605.7	1745.6	1681.2	3.8359
1.7071	585.8	1784.7	1719.8	3.8985	**380**	1.6937	590.4	1780.3	1714.2	3.8892
1.7583	568.7	1821.9	1755.1	3.9553	**385**	1.7421	574.0	1816.7	1748.7	3.9447
1.8176	550.2	1861.4	1792.4	4.0151	**390**	1.7976	556.3	1855.0	1784.9	4.0027
1.8874	529.8	1903.7	1832.0	4.0786	**395**	1.8621	537.0	1895.9	1823.2	4.0640
1.9711	507.3	1949.5	1874.6	4.1468	**400**	1.9384	515.9	1939.6	1864.0	4.1293
2.0734	482.3	1999.5	1920.7	4.2208	**405**	2.0301	492.6	1987.0	1907.9	4.1995
2.2004	454.5	2054.7	1971.1	4.3019	**410**	2.1418	466.9	2038.8	1955.2	4.2755
2.3591	423.9	2115.8	2026.1	4.3910	**415**	2.2792	438.8	2095.5	2006.6	4.3582
2.5550	391.4	2182.6	2085.5	4.4878	**420**	2.4474	408.6	2157.5	2062.0	4.4479
2.789	358.62	2253.7	2147.7	4.5900	**425**	2.649	377.5	2223.8	2120.5	4.5433
3.051	327.73	2325.9	2210.0	4.6931	**430**	2.880	347.2	2292.6	2180.2	4.6414
3.329	300.36	2396.0	2269.5	4.7925	**435**	3.132	319.2	2361.0	2238.9	4.7385
3.609	277.11	2461.6	2324.5	4.8848	**440**	3.393	294.7	2426.7	2294.4	4.8309
3.880	257.74	2521.8	2374.3	4.9688	**445**	3.653	273.8	2488.0	2345.6	4.9166
4.138	241.65	2576.4	2419.2	5.0446	**450**	3.904	256.1	2544.4	2392.2	4.9949
4.382	228.19	2626.2	2459.7	5.1133	**455**	4.145	241.27	2596.1	2434.5	5.0661
4.613	216.79	2671.8	2496.5	5.1756	**460**	4.373	228.67	2643.6	2473.0	5.1310
4.830	207.02	2713.8	2530.2	5.2327	**465**	4.589	217.89	2687.3	2508.3	5.1904
5.037	198.54	2752.7	2561.3	5.2853	**470**	4.795	208.55	2727.8	2540.8	5.2451
5.233	191.09	2789.1	2590.3	5.3341	**475**	4.991	200.38	2765.6	2571.0	5.2958
5.420	184.49	2823.3	2617.3	5.3796	**480**	5.177	193.16	2801.0	2599.1	5.3431
5.599	178.59	2855.6	2642.8	5.4223	**485**	5.356	186.71	2834.5	2625.6	5.3873
5.771	173.27	2886.2	2666.9	5.4626	**490**	5.527	180.92	2866.1	2650.6	5.4289
5.937	168.43	2915.4	2689.8	5.5008	**495**	5.692	175.68	2896.3	2674.3	5.4683
6.097	164.02	2943.3	2711.7	5.5370	**500**	5.851	170.90	2925.1	2696.9	5.5057
6.402	156.21	2996.0	2752.8	5.6047	**510**	6.154	162.49	2979.2	2739.2	5.5753
6.689	149.50	3045.1	2790.9	5.6670	**520**	6.440	155.29	3029.6	2778.4	5.6392
6.962	143.64	3091.4	2826.8	5.7250	**530**	6.710	149.03	3076.9	2815.2	5.6984
7.222	138.46	3135.2	2860.7	5.7792	**540**	6.968	143.50	3121.7	2849.9	5.7538
7.473	133.82	3177.1	2893.1	5.8304	**550**	7.216	138.58	3164.3	2882.9	5.8060
7.713	129.65	3217.2	2924.1	5.8789	**560**	7.454	134.15	3205.2	2914.5	5.8554
7.946	125.85	3256.0	2954.0	5.9251	**570**	7.684	130.14	3244.6	2944.9	5.9024
8.172	122.38	3293.5	2983.0	5.9694	**580**	7.907	126.47	3282.7	2974.3	5.9473
8.391	119.18	3329.9	3011.1	6.0118	**590**	8.123	123.11	3319.7	3002.9	5.9904
8.604	116.22	3365.4	3038.5	6.0527	**600**	8.334	120.00	3355.6	3030.6	6.0318
9.016	110.92	3434.0	3091.4	6.1304	**620**	8.740	114.42	3425.1	3084.2	6.1104
9.411	106.26	3500.0	3142.4	6.2035	**640**	9.128	109.55	3491.8	3135.8	6.1843
9.791	102.14	3564.0	3191.9	6.2727	**660**	9.502	105.24	3556.3	3185.7	6.2542
10.159	98.44	3626.2	3240.2	6.3387	**680**	9.864	101.38	3619.1	3234.4	6.3208
10.516	95.09	3687.0	3287.4	6.4019	**700**	10.215	97.89	3680.4	3282.0	6.3844
10.864	92.05	3746.7	3333.9	6.4626	**720**	10.557	94.72	3740.5	3328.8	6.4456
11.204	89.25	3805.5	3379.8	6.5212	**740**	10.891	91.82	3799.7	3374.9	6.5046
11.537	86.68	3863.5	3425.1	6.5779	**760**	11.217	89.15	3858.0	3420.5	6.5616
11.863	84.29	3920.8	3470.0	6.6328	**780**	11.537	86.67	3915.6	3465.7	6.6168
12.184	82.07	3977.6	3514.6	6.6862	**800**	11.852	84.37	3972.7	3510.5	6.6705
12.964	77.14	4117.7	3625.0	6.8138	**850**	12.616	79.26	4113.4	3621.4	6.7987
13.719	72.89	4255.9	3734.6	6.9343	**900**	13.355	74.88	4252.2	3731.4	6.9196
14.453	69.19	4393.1	3843.9	7.0488	**950**	14.074	71.05	4389.8	3841.0	7.0345
15.171	65.91	4529.8	3953.3	7.1583	**1000**	14.776	67.68	4526.8	3950.6	7.1442
17.93	55.78	5077.	4396.	7.557	**1200**	17.47	57.24	5075.	4394.	7.544
20.57	48.62	5632.	4850.	7.911	**1400**	20.05	49.88	5631.	4849.	7.898
23.14	43.21	6198.	5319.	8.230	**1600**	22.56	44.33	6198.	5318.	8.218
25.68	38.94	6776.	5801.	8.524	**1800**	25.03	39.95	6776.	5800.	8.511
28.19	35.47	7365.	6294.	8.795	**2000**	27.48	36.39	7365.	6293.	8.782

Tafel 3. Druckwasser und überhitzter Dampf (Fortsetzung)

400 bar						420 bar				
$10^3 v$	ϱ	h	u	s	t	$10^3 v$	ϱ	h	u	s
m^3/kg	kg/m^3	kJ/kg		kJ/kgK	°C	m^3/kg	kg/m^3	kJ/kg		kJ/kg K
0.98114	1019.23	39.63	0.38	0.00003	**0**	0.98025	1020.15	41.55	0.38	−0.00010
0.98161	1018.74	59.88	20.61	0.07349	**5**	0.98074	1019.64	61.77	20.58	0.07325
0.98235	1017.97	80.14	40.85	0.14570	**10**	0.98150	1018.85	82.00	40.78	0.14535
0.98332	1016.96	100.45	61.11	0.21679	**15**	0.98250	1017.81	102.29	61.02	0.21635
0.98452	1015.73	120.80	81.42	0.28682	**20**	0.98370	1016.57	122.62	81.30	0.28630
0.98590	1014.30	141.20	101.77	0.35582	**25**	0.98510	1015.13	143.00	101.62	0.35523
0.98747	1012.69	161.64	122.14	0.42379	**30**	0.98667	1013.51	163.41	121.97	0.42313
0.98920	1010.92	182.10	142.53	0.49073	**35**	0.98841	1011.73	183.85	142.34	0.49000
0.99109	1008.99	202.57	162.93	0.55665	**40**	0.99030	1009.79	204.31	162.71	0.55586
0.99313	1006.91	223.06	183.33	0.62155	**45**	0.99234	1007.71	224.78	183.10	0.62071
0.99532	1004.70	243.56	203.74	0.68548	**50**	0.99453	1005.50	245.25	203.48	0.68457
0.99765	1002.36	264.06	224.15	0.74844	**55**	0.99686	1003.15	265.74	223.87	0.74749
1.00011	999.89	284.57	244.57	0.81048	**60**	0.99932	1000.68	286.24	244.26	0.80947
1.00271	997.29	305.10	264.99	0.87163	**65**	1.00191	998.09	306.74	264.66	0.87056
1.00544	994.59	325.63	285.41	0.93191	**70**	1.00463	995.39	327.26	285.06	0.93080
1.00830	991.77	346.18	305.85	0.99137	**75**	1.00748	992.58	347.79	305.48	0.99020
1.01128	988.84	366.75	326.30	1.05002	**80**	1.01045	989.65	368.34	325.90	1.04880
1.01439	985.81	387.34	346.76	1.10791	**85**	1.01355	986.63	388.91	346.34	1.10664
1.01763	982.68	407.94	367.24	1.16505	**90**	1.01677	983.50	409.50	366.80	1.16373
1.02098	979.45	428.58	387.74	1.22148	**95**	1.02012	980.28	430.12	387.27	1.22011
1.02447	976.12	449.24	408.26	1.27722	**100**	1.02359	976.96	450.76	407.77	1.27580
1.02807	972.69	469.92	428.80	1.33229	**105**	1.02718	973.54	471.42	428.28	1.33082
1.03180	969.18	490.64	449.37	1.38671	**110**	1.03089	970.04	492.12	448.82	1.38520
1.03566	965.57	511.39	469.96	1.44051	**115**	1.03472	966.44	512.85	469.39	1.43895
1.03964	961.88	532.16	490.58	1.49370	**120**	1.03868	962.76	533.61	489.98	1.49208
1.04374	958.09	552.97	511.22	1.54630	**125**	1.04277	958.99	554.40	510.60	1.54463
1.04798	954.22	573.82	531.90	1.59832	**130**	1.04698	955.13	575.22	531.25	1.59661
1.05234	950.26	594.70	552.60	1.64979	**135**	1.05132	951.19	596.08	551.92	1.64803
1.05684	946.22	615.61	573.34	1.70073	**140**	1.05579	947.16	616.97	572.63	1.69891
1.06147	942.09	636.57	594.11	1.75114	**145**	1.06039	943.05	637.90	593.37	1.74926
1.0662	937.9	657.6	614.9	1.8010	**150**	1.0651	938.9	658.9	614.1	1.7991
1.0762	929.2	699.7	656.6	1.8994	**160**	1.0750	930.2	700.9	655.8	1.8974
1.0867	920.2	742.0	698.5	1.9959	**170**	1.0855	921.2	743.2	697.6	1.9938
1.0979	910.8	784.5	740.5	2.0907	**180**	1.0966	911.9	785.6	739.5	2.0885
1.1098	901.1	827.2	782.8	2.1840	**190**	1.1083	902.3	828.3	781.7	2.1816
1.1223	891.0	870.1	825.3	2.2758	**200**	1.1208	892.2	871.2	824.1	2.2732
1.1357	880.5	913.4	868.0	2.3663	**210**	1.1340	881.8	914.4	866.7	2.3636
1.1499	869.7	957.0	911.0	2.4556	**220**	1.1481	871.0	957.9	909.7	2.4527
1.1650	858.4	1001.0	954.4	2.5439	**230**	1.1630	859.8	1001.8	952.9	2.5408
1.1811	846.7	1045.4	998.2	2.6313	**240**	1.1790	848.2	1046.1	996.5	2.6280
1.1984	834.4	1090.3	1042.4	2.7179	**250**	1.1960	836.1	1090.8	1040.6	2.7144
1.2170	821.7	1135.7	1087.1	2.8040	**260**	1.2143	823.5	1136.1	1085.1	2.8002
1.2370	808.4	1181.8	1132.3	2.8896	**270**	1.2340	810.4	1182.1	1130.2	2.8855
1.2586	794.5	1228.6	1178.3	2.9750	**280**	1.2553	796.6	1228.7	1175.9	2.9705
1.2822	779.9	1276.2	1224.9	3.0603	**290**	1.2784	782.2	1276.0	1222.3	3.0554
1.3079	764.6	1324.8	1272.4	3.1457	**300**	1.3036	767.1	1324.3	1269.6	3.1404
1.3362	748.4	1374.4	1320.9	3.2315	**310**	1.3312	751.2	1373.6	1317.7	3.2257
1.3676	731.2	1425.3	1370.6	3.3180	**320**	1.3618	734.3	1424.1	1366.9	3.3115
1.4027	712.9	1477.6	1421.5	3.4056	**330**	1.3958	716.4	1476.0	1417.4	3.3983
1.4424	693.3	1531.8	1474.1	3.4946	**340**	1.4341	697.3	1529.6	1469.3	3.4863
1.4879	672.1	1588.1	1528.5	3.5857	**350**	1.4776	676.8	1585.1	1523.0	3.5761
1.5133	660.8	1617.2	1556.6	3.6322	**355**	1.5018	665.8	1613.7	1550.6	3.6219
1.5409	649.0	1647.0	1585.4	3.6795	**360**	1.5280	654.5	1643.0	1578.8	3.6683
1.5710	636.5	1677.7	1614.9	3.7278	**365**	1.5563	642.5	1673.1	1607.7	3.7156
1.6040	623.4	1709.4	1645.2	3.7772	**370**	1.5872	630.0	1704.0	1637.3	3.7638
1.6405	609.6	1742.2	1676.5	3.8280	**375**	1.6211	616.9	1735.8	1667.7	3.8132
1.6813	594.8	1776.2	1709.0	3.8803	**380**	1.6586	602.9	1768.8	1699.1	3.8639
1.7271	579.0	1811.8	1742.7	3.9346	**385**	1.7002	588.2	1803.0	1731.6	3.9161

Tafel 3. Druckwasser und überhitzter Dampf (Fortsetzung)

400 bar						420 bar				
$10^3 v$	ϱ	h	u	s	t	$10^3 v$	ϱ	h	u	s
m^3/kg	kg/m^3	kJ/kg		kJ/kgK	°C	m^3/kg	kg/m^3	kJ/kg		kJ/kg K
1.7793	562.0	1849.2	1778.0	3.9912	**390**	1.7470	572.4	1838.8	1765.4	3.9702
1.8394	543.6	1888.7	1815.1	4.0506	**395**	1.8000	555.6	1876.2	1800.6	4.0264
1.9096	523.7	1930.8	1854.5	4.1134	**400**	1.8607	537.4	1915.7	1837.5	4.0853
1.9927	501.8	1976.1	1896.4	4.1803	**405**	1.9310	517.9	1957.5	1876.4	4.1472
2.0925	477.9	2025.0	1941.3	4.2522	**410**	2.0131	496.7	2002.2	1917.6	4.2128
2.2132	451.8	2078.2	1989.7	4.3298	**415**	2.1101	473.9	2050.0	1961.4	4.2826
2.3595	423.8	2136.0	2041.6	4.4135	**420**	2.2250	449.4	2101.4	2007.9	4.3569
2.5345	394.6	2198.0	2096.6	4.5026	**425**	2.3608	423.6	2156.3	2057.1	4.4359
2.7377	365.3	2263.1	2153.6	4.5955	**430**	2.5192	397.0	2214.4	2108.6	4.5188
2.9639	337.4	2329.1	2210.6	4.6891	**435**	2.6994	370.5	2274.7	2161.4	4.6043
3.2043	312.1	2393.9	2265.7	4.7803	**440**	2.8978	345.1	2335.8	2214.1	4.6903
3.4492	289.9	2455.6	2317.6	4.8664	**445**	3.1086	321.7	2396.0	2265.5	4.7744
3.691	270.91	2513.1	2365.5	4.9463	**450**	3.325	300.76	2454.0	2314.4	4.8549
3.926	254.74	2566.4	2409.3	5.0197	**455**	3.541	282.38	2508.9	2360.2	4.9306
4.150	240.96	2615.4	2449.4	5.0868	**460**	3.753	266.42	2560.4	2402.7	5.0009
4.364	229.14	2660.8	2486.2	5.1484	**465**	3.959	252.58	2608.3	2442.0	5.0661
4.568	218.91	2702.8	2520.1	5.2052	**470**	4.157	240.55	2653.0	2478.4	5.1265
4.762	209.98	2742.0	2551.5	5.2577	**475**	4.347	230.03	2694.7	2512.2	5.1824
4.948	202.10	2778.7	2580.8	5.3067	**480**	4.530	220.77	2733.9	2543.6	5.2346
5.126	195.09	2813.3	2608.2	5.3524	**485**	4.705	212.56	2770.6	2573.0	5.2832
5.296	188.81	2846.0	2634.1	5.3954	**490**	4.873	205.22	2805.4	2600.7	5.3289
5.461	183.13	2877.0	2658.6	5.4360	**495**	5.035	198.62	2838.3	2626.9	5.3720
5.619	177.97	2906.7	2681.9	5.4745	**500**	5.191	192.64	2869.7	2651.7	5.4127
5.772	173.26	2935.1	2704.2	5.5111	**505**	5.342	187.20	2899.7	2675.3	5.4513
5.920	168.92	2962.3	2725.5	5.5460	**510**	5.488	182.22	2928.4	2697.9	5.4881
6.064	164.92	2988.6	2746.1	5.5794	**515**	5.630	177.64	2956.0	2719.5	5.5232
6.203	161.21	3014.0	2765.8	5.6115	**520**	5.767	173.40	2982.6	2740.3	5.5568
6.339	157.75	3038.5	2785.0	5.6424	**525**	5.901	169.47	3008.3	2760.4	5.5891
6.472	154.52	3062.3	2803.5	5.6721	**530**	6.031	165.80	3033.1	2779.8	5.6202
6.601	151.49	3085.5	2821.5	5.7009	**535**	6.158	162.38	3057.3	2798.6	5.6502
6.728	148.64	3108.1	2839.0	5.7287	**540**	6.283	159.17	3080.8	2816.9	5.6791
6.851	145.95	3130.1	2856.0	5.7557	**545**	6.404	156.15	3103.6	2834.6	5.7071
6.973	143.42	3151.6	2872.6	5.7819	**550**	6.523	153.31	3125.9	2852.0	5.7343
7.208	138.73	3193.2	2904.9	5.8321	**560**	6.754	148.07	3169.0	2885.4	5.7864
7.436	134.49	3233.2	2935.8	5.8799	**570**	6.976	143.35	3210.4	2917.4	5.8357
7.656	130.62	3271.9	2965.7	5.9255	**580**	7.191	139.06	3250.2	2948.2	5.8827
7.869	127.08	3309.4	2994.6	5.9692	**590**	7.399	135.15	3288.7	2978.0	5.9276
8.077	123.81	3345.8	3022.7	6.0111	**600**	7.602	131.55	3326.2	3006.9	5.9707
8.477	117.96	3416.1	3077.0	6.0907	**620**	7.991	125.14	3398.1	3062.5	6.0522
8.860	112.87	3483.5	3129.1	6.1654	**640**	8.363	119.57	3467.0	3115.7	6.1284
9.228	108.36	3548.7	3179.5	6.2360	**660**	8.721	114.67	3533.4	3167.1	6.2004
9.584	104.34	3612.0	3228.6	6.3031	**680**	9.066	110.31	3597.7	3217.0	6.2686
9.930	100.71	3673.8	3276.6	6.3673	**700**	9.400	106.39	3660.5	3265.7	6.3338
10.265	97.41	3734.3	3323.7	6.4289	**720**	9.725	102.83	3721.9	3313.5	6.3963
10.593	94.40	3793.9	3370.1	6.4882	**740**	10.041	99.59	3782.2	3360.5	6.4564
10.914	91.63	3852.5	3416.0	6.5456	**760**	10.351	96.61	3841.6	3406.9	6.5144
11.228	89.06	3910.5	3461.4	6.6011	**780**	10.654	93.86	3900.2	3452.7	6.5706
11.536	86.68	3967.8	3506.4	6.6551	**800**	10.951	91.31	3958.1	3498.2	6.6251
12.286	81.39	4109.2	3617.7	6.7838	**850**	11.673	85.67	4100.7	3610.4	6.7549
13.010	76.86	4248.5	3728.1	6.9052	**900**	12.369	80.85	4241.0	3721.5	6.8772
13.714	72.92	4386.5	3838.0	7.0204	**950**	13.045	76.66	4380.0	3832.1	6.9932
14.401	69.44	4523.9	3947.9	7.1305	**1000**	13.705	72.97	4518.1	3942.5	7.1039
17.03	58.70	5073.	4392.	7.531	**1200**	16.23	61.62	5069.	4388.	7.506
19.55	51.14	5630.	4847.	7.885	**1400**	18.64	53.66	5627.	4844.	7.861
22.01	45.44	6197.	5317.	8.205	**1600**	20.98	47.67	6195.	5314.	8.182
24.42	40.95	6776.	5799.	8.499	**1800**	23.28	42.95	6775.	5797.	8.476
26.81	37.30	7365.	6292.	8.770	**2000**	25.56	39.12	7364.	6291.	8.747

Tafel 3. Druckwasser und überhitzter Dampf (Fortsetzung)

440 bar						460 bar				
$10^3 v$	ϱ	h	u	s	t	$10^3 v$	ϱ	h	u	s
m^3/kg	kg/m^3	kJ/kg		kJ/kgK	°C	m^3/kg	kg/m^3	kJ/kg		kJ/kg K
0.97936	1021.08	43.47	0.38	-0.00025	**0**	0.97848	1021.99	45.39	0.38	-0.00041
0.97988	1020.53	63.66	20.54	0.07299	**5**	0.97903	1021.42	65.54	20.51	0.07272
0.98066	1019.72	83.87	40.72	0.14499	**10**	0.97983	1020.58	85.72	40.65	0.14463
0.98168	1018.67	104.12	60.93	0.21590	**15**	0.98086	1019.52	105.96	60.84	0.21545
0.98289	1017.41	124.43	81.18	0.28578	**20**	0.98209	1018.24	126.24	81.07	0.28525
0.98430	1015.95	144.79	101.48	0.35464	**25**	0.98350	1016.77	146.58	101.34	0.35404
0.98588	1014.33	165.18	121.80	0.42247	**30**	0.98509	1015.14	166.95	121.64	0.42180
0.98762	1012.54	185.60	142.15	0.48928	**35**	0.98684	1013.34	187.35	141.96	0.48855
0.98952	1010.60	206.04	162.50	0.55507	**40**	0.98873	1011.39	207.77	162.29	0.55428
0.99156	1008.51	226.49	182.86	0.61986	**45**	0.99078	1009.31	228.20	182.63	0.61902
0.99374	1006.29	246.95	203.23	0.68367	**50**	0.99296	1007.09	248.65	202.97	0.68277
0.99607	1003.95	267.42	223.59	0.74653	**55**	0.99528	1004.74	269.10	223.31	0.74557
0.99852	1001.48	287.90	243.96	0.80846	**60**	0.99773	1002.27	289.56	243.66	0.80745
1.00111	998.89	308.39	264.34	0.86950	**65**	1.00032	999.68	310.03	264.01	0.86844
1.00382	996.19	328.89	284.72	0.92968	**70**	1.00302	996.99	330.51	284.37	0.92857
1.00666	993.38	349.40	305.11	0.98904	**75**	1.00586	994.18	351.01	304.74	0.98788
1.00963	990.46	369.93	325.51	1.04759	**80**	1.00881	991.27	371.52	325.12	1.04638
1.01272	987.44	390.48	345.92	1.10538	**85**	1.01189	988.25	392.06	345.51	1.10412
1.01593	984.32	411.06	366.36	1.16242	**90**	1.01509	985.14	412.61	365.92	1.16112
1.01926	981.10	431.65	386.81	1.21875	**95**	1.01840	981.93	433.19	386.35	1.21740
1.02271	977.79	452.28	407.28	1.27440	**100**	1.02184	978.62	453.80	406.79	1.27299
1.02629	974.39	472.93	427.77	1.32937	**105**	1.02540	975.23	474.43	427.26	1.32792
1.02998	970.89	493.61	448.29	1.38369	**110**	1.02908	971.74	495.09	447.75	1.38219
1.03380	967.31	514.31	468.83	1.43739	**115**	1.03288	968.17	515.78	468.27	1.43584
1.03774	963.64	535.05	489.39	1.49048	**120**	1.03680	964.51	536.50	488.81	1.48888
1.04180	959.88	555.82	509.98	1.54298	**125**	1.04084	960.76	557.25	509.37	1.54133
1.04599	956.03	576.63	530.60	1.59490	**130**	1.04500	956.93	578.03	529.96	1.59321
1.05030	952.11	597.46	551.25	1.64627	**135**	1.04930	953.02	598.85	550.58	1.64452
1.05475	948.10	618.34	571.93	1.69710	**140**	1.05371	949.02	619.70	571.23	1.69530
1.05932	944.00	639.25	592.63	1.74740	**145**	1.05826	944.95	640.59	591.91	1.74555
1.0640	939.8	660.2	613.4	1.7972	**150**	1.0629	940.8	661.5	612.6	1.7953
1.0739	931.2	702.2	655.0	1.8953	**160**	1.0727	932.2	703.5	654.1	1.8933
1.0843	922.3	744.4	696.7	1.9916	**170**	1.0830	923.3	745.6	695.8	1.9895
1.0953	913.0	786.8	738.6	2.0862	**180**	1.0940	914.1	787.9	737.6	2.0839
1.1069	903.4	829.4	780.7	2.1792	**190**	1.1055	904.6	830.5	779.6	2.1768
1.1193	893.4	872.2	823.0	2.2707	**200**	1.1178	894.6	873.2	821.8	2.2681
1.1324	883.1	915.3	865.5	2.3608	**210**	1.1307	884.4	916.3	864.3	2.3582
1.1463	872.4	958.8	908.3	2.4498	**220**	1.1445	873.7	959.6	907.0	2.4470
1.1611	861.3	1002.5	951.5	2.5377	**230**	1.1591	862.7	1003.3	950.0	2.5347
1.1768	849.7	1046.7	995.0	2.6247	**240**	1.1747	851.3	1047.4	993.4	2.6215
1.1937	837.7	1091.4	1038.9	2.7109	**250**	1.1914	839.4	1092.0	1037.2	2.7074
1.2117	825.3	1136.6	1083.2	2.7964	**260**	1.2092	827.0	1137.0	1081.4	2.7927
1.2311	812.3	1182.3	1128.1	2.8814	**270**	1.2283	814.1	1182.6	1126.1	2.8774
1.2521	798.7	1228.7	1173.6	2.9661	**280**	1.2489	800.7	1228.8	1171.4	2.9618
1.2747	784.5	1275.9	1219.8	3.0506	**290**	1.2712	786.7	1275.8	1217.3	3.0459
1.2994	769.6	1323.9	1266.8	3.1352	**300**	1.2954	772.0	1323.6	1264.0	3.1301
1.3264	753.9	1372.9	1314.6	3.2199	**310**	1.3218	756.6	1372.3	1311.5	3.2143
1.3562	737.4	1423.1	1363.4	3.3052	**320**	1.3508	740.3	1422.1	1360.0	3.2990
1.3892	719.8	1474.5	1413.4	3.3912	**330**	1.3829	723.1	1473.2	1409.5	3.3843
1.4262	701.2	1527.5	1464.8	3.4783	**340**	1.4187	704.9	1525.6	1460.4	3.4706
1.4680	681.2	1582.3	1517.7	3.5670	**350**	1.4589	685.4	1579.8	1512.7	3.5582
1.4911	670.6	1610.5	1544.9	3.6121	**355**	1.4811	675.2	1607.6	1539.5	3.6027
1.5160	659.6	1639.3	1572.6	3.6577	**360**	1.5048	664.5	1636.0	1566.8	3.6477
1.5428	648.2	1668.8	1600.9	3.7041	**365**	1.5303	653.5	1665.0	1594.6	3.6933
1.5719	636.2	1699.1	1629.9	3.7513	**370**	1.5578	641.9	1694.6	1623.0	3.7396
1.6036	623.6	1730.2	1659.6	3.7995	**375**	1.5876	629.9	1725.0	1652.0	3.7867
1.6383	610.4	1762.2	1690.1	3.8487	**380**	1.6200	617.3	1756.3	1681.8	3.8347
1.6766	596.5	1795.3	1721.6	3.8992	**385**	1.6555	604.1	1788.5	1712.3	3.8838

Tafel 3. Druckwasser und überhitzter Dampf (Fortsetzung)

440 bar						460 bar				
$10^3 v$	ϱ	h	u	s	t	$10^3 v$	ϱ	h	u	s
m^3/kg	kg/m^3	kJ/kg		kJ/kg K	°C	m^3/kg	kg/m^3	kJ/kg		kJ/kg K
1.7191	581.7	1829.7	1754.1	3.9513	**390**	1.6945	590.1	1821.7	1743.8	3.9341
1.7666	566.0	1865.5	1787.8	4.0051	**395**	1.7378	575.4	1856.2	1776.3	3.9859
1.8203	549.4	1902.9	1822.9	4.0609	**400**	1.7860	559.9	1892.0	1809.9	4.0393
1.8814	531.5	1942.3	1859.5	4.1191	**405**	1.8402	543.4	1929.4	1844.8	4.0947
1.9514	512.4	1983.8	1898.0	4.1801	**410**	1.9014	525.9	1968.6	1881.1	4.1522
2.0324	492.0	2027.8	1938.4	4.2443	**415**	1.9710	507.4	2009.7	1919.0	4.2121
2.1265	470.3	2074.5	1981.0	4.3120	**420**	2.0506	487.7	2053.0	1958.7	4.2748
2.2360	447.2	2124.2	2025.8	4.3833	**425**	2.1418	466.9	2098.6	2000.1	4.3404
2.3627	423.2	2176.6	2072.6	4.4581	**430**	2.2462	445.2	2146.6	2043.3	4.4089
2.5075	398.8	2231.4	2121.1	4.5358	**435**	2.3650	422.8	2196.9	2088.1	4.4801
2.6696	374.6	2287.9	2170.5	4.6153	**440**	2.4985	400.2	2248.9	2134.0	4.5534
2.8464	351.3	2344.9	2219.7	4.6950	**445**	2.6462	377.9	2302.2	2180.5	4.6278
3.033	329.6	2401.3	2267.9	4.7732	**450**	2.805	356.5	2355.8	2226.8	4.7023
3.226	309.9	2456.0	2314.1	4.8486	**455**	2.973	336.3	2408.9	2272.2	4.7755
3.421	292.3	2508.3	2357.8	4.9202	**460**	3.147	317.8	2460.7	2316.0	4.8463
3.613	276.8	2557.8	2398.8	4.9875	**465**	3.322	301.0	2510.6	2357.8	4.9141
3.801	263.1	2604.4	2437.2	5.0504	**470**	3.498	285.9	2558.2	2397.3	4.9784
3.984	251.0	2648.2	2472.9	5.1092	**475**	3.670	272.5	2603.3	2434.5	5.0389
4.161	240.33	2689.4	2506.3	5.1640	**480**	3.839	260.50	2646.1	2469.5	5.0959
4.332	230.86	2728.2	2537.6	5.2154	**485**	4.003	249.81	2686.6	2502.4	5.1494
4.496	222.41	2764.9	2567.0	5.2636	**490**	4.162	240.25	2724.9	2533.4	5.1998
4.655	214.83	2799.6	2594.8	5.3089	**495**	4.317	231.65	2761.2	2562.7	5.2473
4.808	207.98	2832.6	2621.1	5.3518	**500**	4.466	223.89	2795.8	2590.4	5.2922
4.957	201.75	2864.1	2646.1	5.3924	**505**	4.611	216.85	2828.8	2616.6	5.3347
5.100	196.07	2894.3	2669.9	5.4310	**510**	4.752	210.44	2860.3	2641.7	5.3750
5.239	190.86	2923.2	2692.7	5.4678	**515**	4.888	204.56	2890.5	2665.6	5.4135
5.375	186.06	2951.0	2714.5	5.5030	**520**	5.021	199.16	2919.5	2688.6	5.4502
5.506	181.62	2977.9	2735.6	5.5368	**525**	5.150	194.17	2947.5	2710.6	5.4854
5.634	177.49	3003.8	2755.9	5.5692	**530**	5.276	189.55	2974.5	2731.8	5.5191
5.759	173.64	3028.9	2775.6	5.6004	**535**	5.398	185.25	3000.6	2752.3	5.5515
5.881	170.04	3053.3	2794.6	5.6305	**540**	5.518	181.24	3025.9	2772.1	5.5827
6.000	166.67	3077.1	2813.1	5.6596	**545**	5.634	177.48	3050.5	2791.3	5.6129
6.117	163.49	3100.2	2831.1	5.6877	**550**	5.749	173.95	3074.5	2810.0	5.6421
6.343	157.66	3144.8	2865.7	5.7416	**560**	5.970	167.50	3120.5	2845.9	5.6977
6.560	152.43	3187.4	2898.8	5.7925	**570**	6.183	161.73	3164.5	2880.1	5.7502
6.770	147.70	3228.5	2930.6	5.8409	**580**	6.389	156.53	3206.8	2912.9	5.8000
6.974	143.39	3268.1	2961.2	5.8870	**590**	6.587	151.80	3247.4	2944.4	5.8474
7.171	139.44	3306.5	2990.9	5.9312	**600**	6.780	147.48	3286.8	2974.9	5.8927
7.551	132.43	3380.1	3047.9	6.0147	**620**	7.151	139.85	3362.2	3033.3	5.9781
7.913	126.37	3450.4	3102.3	6.0925	**640**	7.503	133.27	3433.9	3088.8	6.0576
8.260	121.06	3518.1	3154.6	6.1658	**660**	7.841	127.53	3502.8	3142.1	6.1322
8.595	116.35	3583.6	3205.4	6.2352	**680**	8.167	122.45	3569.4	3193.7	6.2028
8.919	112.12	3647.3	3254.8	6.3014	**700**	8.481	117.91	3634.1	3243.9	6.2699
9.234	108.30	3709.5	3303.3	6.3647	**720**	8.786	113.81	3697.2	3293.0	6.3342
9.540	104.82	3770.6	3350.8	6.4256	**740**	9.084	110.09	3759.0	3341.2	6.3958
9.840	101.63	3830.7	3397.7	6.4843	**760**	9.373	106.68	3819.8	3388.6	6.4552
10.132	98.69	3889.9	3444.1	6.5411	**780**	9.657	103.55	3879.6	3435.4	6.5126
10.420	95.97	3948.4	3489.9	6.5961	**800**	9.935	100.66	3938.7	3481.7	6.5681
11.116	89.96	4092.3	3603.2	6.7271	**850**	10.608	94.27	4083.8	3595.9	6.7003
11.787	84.84	4233.6	3715.0	6.8503	**900**	11.256	88.84	4226.2	3708.5	6.8244
12.438	80.40	4373.4	3826.2	6.9670	**950**	11.883	84.15	4366.9	3820.3	6.9418
13.072	76.50	4512.3	3937.1	7.0783	**1000**	12.495	80.03	4506.5	3931.8	7.0537
15.49	64.54	5066.	4384.	7.482	**1200**	14.82	67.45	5062.	4380.	7.459
17.80	56.17	5625.	4841.	7.838	**1400**	17.04	58.68	5622.	4838.	7.816
20.05	49.89	6194.	5312.	8.159	**1600**	19.19	52.10	6192.	5309.	8.137
22.25	44.94	6774.	5795.	8.453	**1800**	21.31	46.94	6773.	5793.	8.432
24.43	40.94	7364.	6289.	8.725	**2000**	23.39	42.75	7364.	6288.	8.704

Tafel 3. Druckwasser und überhitzter Dampf (Fortsetzung)

480 bar						500 bar				
$10^3 v$	ϱ	h	u	s	t	$10^3 v$	ϱ	h	u	s
m^3/kg	kg/m^3	kJ/kg		kJ/kg K	°C	m^3/kg	kg/m^3	kJ/kg		kJ/kg K
0.97760	1022.91	47.30	0.37	-0.00058	**0**	0.97674	1023.82	49.20	0.36	-0.00076
0.97818	1022.31	67.42	20.47	0.07244	**5**	0.97734	1023.19	69.30	20.43	0.07216
0.97900	1021.45	87.58	40.59	0.14426	**10**	0.97818	1022.31	89.43	40.52	0.14388
0.98005	1020.36	107.78	60.74	0.21500	**15**	0.97924	1021.20	109.61	60.65	0.21454
0.98129	1019.07	128.05	80.95	0.28472	**20**	0.98049	1019.90	129.85	80.83	0.28419
0.98271	1017.59	148.36	101.19	0.35343	**25**	0.98192	1018.41	150.15	101.05	0.35283
0.98430	1015.95	168.72	121.47	0.42113	**30**	0.98352	1016.75	170.48	121.31	0.42046
0.98606	1014.14	189.10	141.77	0.48782	**35**	0.98528	1014.94	190.84	141.58	0.48709
0.98796	1012.19	209.50	162.08	0.55349	**40**	0.98718	1012.98	211.23	161.87	0.55270
0.99000	1010.10	229.91	182.39	0.61817	**45**	0.98923	1010.89	231.62	182.16	0.61732
0.99218	1007.88	250.34	202.72	0.68187	**50**	0.99141	1008.66	252.03	202.46	0.68097
0.99450	1005.53	270.77	223.04	0.74462	**55**	0.99373	1006.31	272.45	222.76	0.74367
0.99695	1003.06	291.22	243.36	0.80645	**60**	0.99617	1003.84	292.88	243.07	0.80544
0.99953	1000.47	311.67	263.69	0.86739	**65**	0.99874	1001.26	313.31	263.38	0.86633
1.00223	997.78	332.14	284.03	0.92747	**70**	1.00143	998.57	333.76	283.69	0.92636
1.00505	994.97	352.62	304.38	0.98672	**75**	1.00425	995.77	354.23	304.01	0.98557
1.00800	992.07	373.12	324.73	1.04518	**80**	1.00719	992.86	374.71	324.35	1.04398
1.01106	989.06	393.63	345.10	1.10287	**85**	1.01024	989.86	395.21	344.69	1.10162
1.01425	985.95	414.17	365.49	1.15982	**90**	1.01342	986.76	415.73	365.06	1.15852
1.01756	982.75	434.73	385.89	1.21605	**95**	1.01671	983.56	436.27	385.44	1.21471
1.02098	979.45	455.32	406.31	1.27160	**100**	1.02012	980.27	456.84	405.84	1.27021
1.02452	976.06	475.93	426.76	1.32647	**105**	1.02365	976.90	477.44	426.26	1.32504
1.02818	972.59	496.58	447.22	1.38070	**110**	1.02729	973.43	498.06	446.70	1.37922
1.03196	969.03	517.25	467.71	1.43430	**115**	1.03106	969.88	518.72	467.16	1.43277
1.03586	965.38	537.95	488.23	1.48729	**120**	1.03494	966.24	539.40	487.65	1.48571
1.03989	961.64	558.68	508.77	1.53969	**125**	1.03894	962.52	560.11	508.16	1.53807
1.04403	957.83	579.44	529.33	1.59152	**130**	1.04306	958.72	580.85	528.70	1.58984
1.04830	953.93	600.24	549.92	1.64279	**135**	1.04730	954.83	601.63	549.27	1.64106
1.05269	949.95	621.07	570.54	1.69351	**140**	1.05167	950.87	622.44	569.86	1.69173
1.05721	945.89	641.94	591.19	1.74371	**145**	1.05617	946.82	643.28	590.48	1.74188
1.0619	941.7	662.8	611.9	1.7934	**150**	1.0608	942.7	664.2	611.1	1.7915
1.0716	933.2	704.8	653.3	1.8913	**160**	1.0704	934.2	706.0	652.5	1.8893
1.0818	924.4	746.8	694.9	1.9874	**170**	1.0806	925.4	748.1	694.0	1.9853
1.0927	915.2	789.1	736.7	2.0817	**180**	1.0914	916.3	790.3	735.7	2.0795
1.1041	905.7	831.6	778.6	2.1744	**190**	1.1028	906.8	832.7	777.6	2.1720
1.1163	895.8	874.3	820.7	2.2656	**200**	1.1148	897.0	875.3	819.6	2.2631
1.1291	885.6	917.3	863.1	2.3555	**210**	1.1276	886.9	918.2	861.9	2.3529
1.1428	875.1	960.5	905.7	2.4441	**220**	1.1411	876.4	961.4	904.4	2.4413
1.1573	864.1	1004.1	948.6	2.5317	**230**	1.1554	865.5	1005.0	947.2	2.5287
1.1727	852.8	1048.1	991.8	2.6183	**240**	1.1706	854.2	1048.9	990.3	2.6151
1.1891	841.0	1092.6	1035.5	2.7040	**250**	1.1869	842.5	1093.2	1033.8	2.7006
1.2067	828.7	1137.5	1079.5	2.7890	**260**	1.2042	830.4	1137.9	1077.7	2.7854
1.2255	816.0	1182.9	1124.1	2.8735	**270**	1.2228	817.8	1183.3	1122.1	2.8696
1.2458	802.7	1229.0	1169.2	2.9575	**280**	1.2428	804.6	1229.2	1167.0	2.9534
1.2677	788.8	1275.8	1214.9	3.0413	**290**	1.2643	790.9	1275.8	1212.5	3.0368
1.2914	774.3	1323.3	1261.3	3.1251	**300**	1.2876	776.6	1323.1	1258.7	3.1202
1.3173	759.1	1371.8	1308.6	3.2089	**310**	1.3129	761.7	1371.3	1305.6	3.2035
1.3456	743.2	1421.3	1356.7	3.2930	**320**	1.3406	745.9	1420.5	1353.4	3.2871
1.3768	726.3	1471.9	1405.8	3.3776	**330**	1.3710	729.4	1470.7	1402.2	3.3712
1.4115	708.5	1523.9	1456.1	3.4631	**340**	1.4046	711.9	1522.3	1452.1	3.4559
1.4503	689.5	1577.5	1507.9	3.5498	**350**	1.4422	693.4	1575.3	1503.2	3.5417
1.4716	679.5	1604.9	1534.3	3.5937	**355**	1.4627	683.7	1602.5	1529.3	3.5851
1.4943	669.2	1632.9	1561.2	3.6381	**360**	1.4845	673.6	1630.1	1555.8	3.6289
1.5186	658.5	1661.4	1588.5	3.6829	**365**	1.5077	663.3	1658.2	1582.8	3.6731
1.5447	647.4	1690.6	1616.4	3.7284	**370**	1.5326	652.5	1686.9	1610.2	3.7179
1.5729	635.8	1720.4	1644.9	3.7746	**375**	1.5593	641.3	1716.1	1638.2	3.7632
1.6033	623.7	1750.9	1674.0	3.8216	**380**	1.5880	629.7	1746.1	1666.7	3.8093
1.6365	611.1	1782.3	1703.8	3.8694	**385**	1.6191	617.6	1776.8	1695.8	3.8561

Tafel 3. Druckwasser und überhitzter Dampf (Fortsetzung)

480 bar						500 bar				
$10^3 v$	ϱ	h	u	s	t	$10^3 v$	ϱ	h	u	s
m³/kg	kg/m³	kJ/kg		kJ/kg K	°C	m³/kg	kg/m³	kJ/kg		kJ/kg K
1.6727	597.9	1814.6	1734.4	3.9184	**390**	1.6529	605.0	1808.3	1725.6	3.9037
1.7124	584.0	1848.0	1765.8	3.9685	**395**	1.6898	591.8	1840.7	1756.2	3.9524
1.7563	569.4	1882.5	1798.2	4.0199	**400**	1.7301	578.0	1874.1	1787.6	4.0022
1.8051	554.0	1918.3	1831.7	4.0729	**405**	1.7746	563.5	1908.6	1819.9	4.0533
1.8595	537.8	1955.6	1866.3	4.1277	**410**	1.8237	548.3	1944.4	1853.2	4.1058
1.9207	520.7	1994.5	1902.3	4.1844	**415**	1.8783	532.4	1981.5	1887.5	4.1600
1.9896	502.6	2035.1	1939.6	4.2433	**420**	1.9392	515.7	2020.0	1923.1	4.2158
2.0677	483.6	2077.7	1978.5	4.3045	**425**	2.0074	498.2	2060.2	1959.8	4.2736
2.1560	463.8	2122.3	2018.8	4.3681	**430**	2.0838	479.9	2102.0	1997.8	4.3332
2.2557	443.3	2168.8	2060.5	4.4340	**435**	2.1692	461.0	2145.5	2037.1	4.3949
2.3675	422.4	2217.0	2103.4	4.5019	**440**	2.2646	441.6	2190.6	2077.4	4.4584
2.4913	401.4	2266.7	2147.1	4.5713	**445**	2.3701	421.9	2237.1	2118.6	4.5233
2.627	380.7	2317.3	2191.2	4.6414	**450**	2.4858	402.3	2284.7	2160.4	4.5894
2.772	360.8	2368.0	2235.0	4.7114	**455**	2.6109	383.0	2332.9	2202.4	4.6558
2.924	342.0	2418.3	2278.0	4.7802	**460**	2.7440	364.4	2381.2	2244.0	4.7219
3.082	324.5	2467.6	2319.6	4.8471	**465**	2.8835	346.8	2429.1	2284.9	4.7870
3.241	308.5	2515.2	2359.6	4.9115	**470**	3.0273	330.3	2476.0	2324.7	4.8503
3.401	294.0	2560.9	2397.7	4.9728	**475**	3.1734	315.1	2521.7	2363.0	4.9115
3.560	280.91	2604.7	2433.8	5.0311	**480**	3.320	301.2	2565.7	2399.7	4.9702
3.716	269.12	2646.3	2467.9	5.0862	**485**	3.466	288.5	2608.0	2434.7	5.0262
3.868	258.51	2685.9	2500.2	5.1382	**490**	3.611	276.9	2648.5	2467.9	5.0794
4.017	248.93	2723.6	2530.8	5.1875	**495**	3.753	266.5	2687.2	2499.6	5.1300
4.162	240.27	2759.5	2559.8	5.2341	**500**	3.892	257.0	2724.2	2529.6	5.1780
4.303	232.40	2793.8	2587.3	5.2783	**505**	4.028	248.28	2759.6	2558.3	5.2237
4.440	225.24	2826.6	2613.5	5.3203	**510**	4.160	240.37	2793.5	2585.5	5.2671
4.573	218.68	2858.0	2638.5	5.3603	**515**	4.290	233.12	2826.1	2611.6	5.3085
4.702	212.65	2888.2	2662.5	5.3985	**520**	4.416	226.47	2857.3	2636.5	5.3480
4.829	207.10	2917.3	2685.5	5.4350	**525**	4.539	220.33	2887.4	2660.4	5.3858
4.952	201.96	2945.3	2707.6	5.4700	**530**	4.659	214.66	2916.4	2683.4	5.4220
5.071	197.18	2972.4	2728.9	5.5036	**535**	4.776	209.40	2944.4	2705.6	5.4568
5.188	192.73	2998.6	2749.6	5.5360	**540**	4.890	204.50	2971.5	2727.0	5.4902
5.303	188.58	3024.1	2769.5	5.5672	**545**	5.002	199.93	2997.7	2747.7	5.5224
5.415	184.68	3048.8	2788.9	5.5973	**550**	5.111	195.65	3023.3	2767.7	5.5535
5.632	177.57	3096.3	2826.0	5.6547	**560**	5.323	187.85	3072.3	2806.1	5.6127
5.840	171.23	3141.7	2861.3	5.7088	**570**	5.527	180.92	3118.9	2842.5	5.6684
6.041	165.54	3185.1	2895.1	5.7600	**580**	5.724	174.71	3163.5	2877.3	5.7209
6.235	160.37	3226.9	2927.6	5.8087	**590**	5.914	169.09	3206.3	2910.6	5.7709
6.424	155.67	3267.2	2958.8	5.8552	**600**	6.098	163.99	3247.7	2942.7	5.8184
6.785	147.38	3344.3	3018.6	5.9425	**620**	6.451	155.01	3326.5	3003.9	5.9077
7.129	140.27	3417.5	3075.3	6.0235	**640**	6.787	147.35	3401.1	3061.8	5.9903
7.458	134.08	3487.6	3129.6	6.0995	**660**	7.107	140.70	3472.5	3117.1	6.0677
7.775	128.62	3555.3	3182.1	6.1712	**680**	7.416	134.85	3541.2	3170.4	6.1406
8.081	123.75	3620.9	3233.0	6.2394	**700**	7.713	129.64	3607.8	3222.1	6.2097
8.377	119.37	3684.9	3282.8	6.3045	**720**	8.002	124.97	3672.6	3272.6	6.2757
8.666	115.40	3747.5	3331.5	6.3669	**740**	8.282	120.74	3736.0	3321.9	6.3388
8.947	111.77	3809.0	3379.5	6.4270	**760**	8.555	116.89	3798.2	3370.4	6.3996
9.222	108.44	3869.4	3426.8	6.4849	**780**	8.822	113.35	3859.3	3418.1	6.4582
9.491	105.36	3929.1	3473.5	6.5411	**800**	9.083	110.09	3919.5	3465.3	6.5148
10.143	98.59	4075.4	3588.6	6.6744	**850**	9.715	102.93	4067.1	3581.3	6.6492
10.769	92.86	4218.9	3702.0	6.7993	**900**	10.322	96.88	4211.5	3695.4	6.7751
11.375	87.91	4360.4	3814.4	6.9175	**950**	10.908	91.67	4353.9	3808.5	6.8940
11.965	83.57	4500.7	3926.4	7.0299	**1000**	11.479	87.12	4495.0	3921.1	7.0070
14.21	70.37	5058.	4376.	7.437	**1200**	13.65	73.28	5055.	4372.	7.415
16.34	61.19	5620.	4836.	7.794	**1400**	15.70	63.69	5618.	4833.	7.774
18.41	54.31	6191.	5307.	8.116	**1600**	17.69	56.52	6189.	5305.	8.096
20.44	48.92	6772.	5791.	8.411	**1800**	19.64	50.91	6771.	5789.	8.391
22.44	44.56	7363.	6286.	8.683	**2000**	21.57	46.36	7363.	6284.	8.664

Tafel 3. Druckwasser und überhitzter Dampf (Fortsetzung)

520 bar						540 bar				
$10^3 v$	ϱ	h	u	s	t	$10^3 v$	ϱ	h	u	s
m³/kg	kg/m³	kJ/kg		kJ/kgK	°C	m³/kg	kg/m³	kJ/kg		kJ/kg K
0.97587	1024.73	51.10	0.36	-0.00095	**0**	0.97501	1025.63	53.00	0.34	-0.00116
0.97650	1024.07	71.17	20.39	0.07186	**5**	0.97566	1024.94	73.04	20.35	0.07156
0.97736	1023.16	91.27	40.45	0.14349	**10**	0.97655	1024.02	93.12	40.38	0.14310
0.97843	1022.04	111.43	60.56	0.21407	**15**	0.97763	1022.88	113.25	60.46	0.21360
0.97970	1020.72	131.66	80.71	0.28364	**20**	0.97891	1021.54	133.45	80.59	0.28310
0.98114	1019.22	151.93	100.91	0.35222	**25**	0.98036	1020.03	153.71	100.77	0.35161
0.98275	1017.55	172.24	121.14	0.41979	**30**	0.98198	1018.35	174.00	120.98	0.41911
0.98451	1015.74	192.59	141.39	0.48635	**35**	0.98374	1016.53	194.33	141.21	0.48562
0.98641	1013.77	212.95	161.66	0.55191	**40**	0.98565	1014.56	214.68	161.45	0.55112
0.98846	1011.67	233.33	181.93	0.61648	**45**	0.98770	1012.46	235.04	181.71	0.61563
0.99064	1009.45	253.72	202.21	0.68007	**50**	0.98988	1010.23	255.41	201.96	0.67917
0.99295	1007.10	274.12	222.49	0.74272	**55**	0.99219	1007.88	275.80	222.22	0.74177
0.99539	1004.63	294.53	242.77	0.80444	**60**	0.99462	1005.41	296.19	242.48	0.80344
0.99796	1002.04	314.95	263.06	0.86528	**65**	0.99718	1002.83	316.59	262.75	0.86423
1.00065	999.35	335.39	283.35	0.92526	**70**	0.99986	1000.14	337.01	283.02	0.92416
1.00346	996.56	355.83	303.65	0.98442	**75**	1.00267	997.34	357.44	303.30	0.98327
1.00638	993.66	376.30	323.97	1.04278	**80**	1.00558	994.45	377.89	323.59	1.04159
1.00943	990.66	396.78	344.29	1.10037	**85**	1.00862	991.45	398.35	343.89	1.09913
1.01259	987.56	417.28	364.63	1.15723	**90**	1.01177	988.36	418.84	364.21	1.15594
1.01587	984.37	437.81	384.99	1.21337	**95**	1.01504	985.18	439.35	384.54	1.21204
1.01927	981.09	458.37	405.36	1.26882	**100**	1.01842	981.91	459.89	404.89	1.26744
1.02278	977.72	478.94	425.76	1.32360	**105**	1.02192	978.55	480.45	425.27	1.32218
1.02641	974.27	499.55	446.18	1.37774	**110**	1.02553	975.10	501.04	445.66	1.37627
1.03016	970.73	520.18	466.62	1.43125	**115**	1.02926	971.57	521.65	466.07	1.42973
1.03402	967.10	540.85	487.08	1.48414	**120**	1.03311	967.95	542.30	486.51	1.48258
1.03800	963.39	561.54	507.57	1.53645	**125**	1.03707	964.26	562.98	506.97	1.53483
1.04210	959.60	582.27	528.08	1.58817	**130**	1.04115	960.48	583.68	527.46	1.58651
1.04632	955.73	603.02	548.61	1.63934	**135**	1.04534	956.62	604.42	547.97	1.63763
1.05066	951.78	623.81	569.18	1.68997	**140**	1.04966	952.69	625.19	568.50	1.68821
1.05513	947.75	644.64	589.77	1.74007	**145**	1.05411	948.67	645.99	589.07	1.73826
1.0597	943.6	665.5	610.4	1.7897	**150**	1.0587	944.6	666.8	609.7	1.7878
1.0693	935.2	707.3	651.7	1.8873	**160**	1.0682	936.2	708.6	650.9	1.8854
1.0794	926.4	749.3	693.2	1.9832	**170**	1.0782	927.4	750.5	692.3	1.9811
1.0901	917.3	791.5	734.8	2.0773	**180**	1.0889	918.4	792.7	733.9	2.0751
1.1014	907.9	833.8	776.6	2.1697	**190**	1.1001	909.0	835.0	775.6	2.1674
1.1134	898.2	876.4	818.5	2.2607	**200**	1.1119	899.3	877.5	817.4	2.2582
1.1260	888.1	919.2	860.7	2.3503	**210**	1.1244	889.3	920.2	859.5	2.3477
1.1394	877.7	962.4	903.1	2.4386	**220**	1.1377	879.0	963.3	901.8	2.4358
1.1536	866.9	1005.8	945.8	2.5258	**230**	1.1518	868.2	1006.6	944.4	2.5229
1.1686	855.7	1049.6	988.8	2.6120	**240**	1.1667	857.1	1050.3	987.3	2.6089
1.1847	844.1	1093.8	1032.2	2.6973	**250**	1.1826	845.6	1094.4	1030.6	2.6940
1.2018	832.1	1138.5	1076.0	2.7818	**260**	1.1995	833.7	1139.0	1074.2	2.7783
1.2202	819.6	1183.6	1120.2	2.8658	**270**	1.2176	821.3	1184.0	1118.3	2.8620
1.2398	806.6	1229.4	1164.9	2.9493	**280**	1.2369	808.5	1229.6	1162.8	2.9452
1.2610	793.0	1275.8	1210.2	3.0324	**290**	1.2578	795.1	1275.8	1207.9	3.0280
1.2839	778.9	1322.9	1256.2	3.1153	**300**	1.2802	781.1	1322.8	1253.6	3.1106
1.3087	764.1	1370.9	1302.8	3.1983	**310**	1.3046	766.5	1370.5	1300.0	3.1932
1.3357	748.7	1419.7	1350.3	3.2814	**320**	1.3310	751.3	1419.1	1347.2	3.2758
1.3654	732.4	1469.7	1398.7	3.3649	**330**	1.3600	735.3	1468.7	1395.3	3.3587
1.3981	715.3	1520.8	1448.1	3.4490	**340**	1.3918	718.5	1519.4	1444.3	3.4422
1.4344	697.1	1573.3	1498.7	3.5339	**350**	1.4270	700.8	1571.5	1494.4	3.5264
1.4542	687.7	1600.2	1524.6	3.5768	**355**	1.4461	691.5	1598.1	1520.0	3.5688
1.4751	677.9	1627.4	1550.7	3.6201	**360**	1.4663	682.0	1625.0	1545.8	3.6116
1.4974	667.8	1655.2	1577.3	3.6637	**365**	1.4877	672.2	1652.4	1572.1	3.6547
1.5212	657.4	1683.4	1604.3	3.7078	**370**	1.5105	662.0	1680.3	1598.7	3.6982
1.5466	646.6	1712.3	1631.8	3.7524	**375**	1.5348	651.5	1708.7	1625.8	3.7422
1.5739	635.4	1741.7	1659.8	3.7976	**380**	1.5608	640.7	1737.6	1653.3	3.7866
1.6033	623.7	1771.7	1688.4	3.8435	**385**	1.5886	629.5	1767.1	1681.3	3.8316

Tafel 3. Druckwasser und überhitzter Dampf (Fortsetzung)

520 bar						540 bar				
$10^3 v$	ϱ	h	u	s	t	$10^3 v$	ϱ	h	u	s
m^3/kg	kg/m^3	kJ/kg		kJ/kgK	°C	m^3/kg	kg/m^3	kJ/kg		kJ/kg K
1.6350	611.6	1802.5	1717.5	3.8901	**390**	1.6185	617.9	1797.3	1709.9	3.8773
1.6694	599.0	1834.1	1747.3	3.9376	**395**	1.6508	605.8	1828.2	1739.0	3.9237
1.7068	585.9	1866.6	1777.8	3.9860	**400**	1.6857	593.2	1859.8	1768.8	3.9709
1.7477	572.2	1900.0	1809.1	4.0355	**405**	1.7236	580.2	1892.3	1799.3	4.0190
1.7925	557.9	1934.5	1841.3	4.0861	**410**	1.7650	566.6	1925.7	1830.4	4.0681
1.8420	542.9	1970.1	1874.4	4.1381	**415**	1.8102	552.4	1960.2	1862.4	4.1183
1.8966	527.3	2007.0	1908.4	4.1915	**420**	1.8597	537.7	1995.6	1895.2	4.1697
1.9571	511.0	2045.3	1943.5	4.2465	**425**	1.9142	522.4	2032.3	1928.9	4.2223
2.0243	494.0	2084.9	1979.6	4.3030	**430**	1.9742	506.5	2070.1	1963.5	4.2763
2.0989	476.4	2126.0	2016.8	4.3612	**435**	2.0404	490.1	2109.2	1999.0	4.3317
2.1816	458.4	2168.4	2055.0	4.4210	**440**	2.1132	473.2	2149.5	2035.4	4.3884
2.2729	440.0	2212.2	2094.0	4.4822	**445**	2.1932	456.0	2191.0	2072.6	4.4464
2.3729	421.4	2257.1	2133.8	4.5445	**450**	2.2807	438.5	2233.6	2110.4	4.5055
2.4813	403.0	2302.9	2173.8	4.6075	**455**	2.3756	420.9	2277.0	2148.7	4.5654
2.5977	385.0	2349.0	2213.9	4.6707	**460**	2.4777	403.6	2321.1	2187.3	4.6257
2.7207	367.5	2395.2	2253.7	4.7334	**465**	2.5865	386.6	2365.4	2225.8	4.6859
2.8492	351.0	2440.9	2292.8	4.7952	**470**	2.7009	370.2	2409.7	2263.9	4.7457
2.9815	335.4	2485.8	2330.8	4.8554	**475**	2.8201	354.6	2453.6	2301.3	4.8046
3.116	320.9	2529.6	2367.6	4.9138	**480**	2.942	339.9	2496.7	2337.8	4.8620
3.251	307.6	2572.1	2403.0	4.9699	**485**	3.067	326.1	2538.9	2373.2	4.9178
3.387	295.3	2613.0	2436.9	5.0238	**490**	3.192	313.2	2579.8	2407.4	4.9717
3.521	284.0	2652.4	2469.3	5.0752	**495**	3.318	301.4	2619.5	2440.3	5.0235
3.653	273.7	2690.2	2500.2	5.1243	**500**	3.443	290.5	2657.8	2471.9	5.0731
3.783	264.33	2726.5	2529.8	5.1710	**505**	3.566	280.39	2694.7	2502.1	5.1207
3.911	255.71	2761.3	2558.0	5.2157	**510**	3.688	271.13	2730.2	2531.0	5.1662
4.035	247.80	2794.8	2584.9	5.2583	**515**	3.808	262.60	2764.4	2558.8	5.2098
4.158	240.53	2827.0	2610.8	5.2990	**520**	3.926	254.73	2797.4	2585.4	5.2515
4.277	233.82	2857.9	2635.5	5.3379	**525**	4.041	247.46	2829.2	2611.0	5.2915
4.394	227.61	2887.8	2659.4	5.3752	**530**	4.154	240.73	2859.9	2635.6	5.3298
4.508	221.85	2916.7	2682.3	5.4111	**535**	4.265	234.48	2889.5	2659.2	5.3666
4.619	216.49	2944.6	2704.4	5.4455	**540**	4.373	228.67	2918.2	2682.1	5.4020
4.728	211.50	2971.7	2725.8	5.4787	**545**	4.479	223.25	2946.0	2704.2	5.4361
4.835	206.82	2998.0	2746.6	5.5107	**550**	4.583	218.18	2973.0	2725.5	5.4690
5.042	198.33	3048.4	2786.2	5.5716	**560**	4.786	208.96	3024.8	2766.4	5.5315
5.241	190.79	3096.3	2823.7	5.6288	**570**	4.980	200.80	3073.9	2805.0	5.5901
5.434	184.04	3142.1	2859.5	5.6827	**580**	5.168	193.50	3120.8	2841.7	5.6454
5.619	177.95	3185.9	2893.7	5.7339	**590**	5.349	186.94	3165.7	2876.8	5.6977
5.799	172.43	3228.2	2926.6	5.7826	**600**	5.525	180.98	3208.9	2910.6	5.7475
6.144	162.75	3308.7	2989.2	5.8737	**620**	5.862	170.58	3291.1	2974.5	5.8405
6.472	154.52	3384.8	3048.3	5.9580	**640**	6.182	161.76	3368.6	3034.8	5.9264
6.785	147.39	3457.4	3104.6	6.0366	**660**	6.488	154.14	3442.4	3092.1	6.0064
7.085	141.14	3527.2	3158.8	6.1107	**680**	6.781	147.48	3513.3	3147.2	6.0815
7.375	135.59	3594.8	3211.3	6.1808	**700**	7.064	141.57	3581.8	3200.4	6.1527
7.656	130.61	3660.5	3262.3	6.2476	**720**	7.337	136.29	3648.3	3252.1	6.2203
7.929	126.12	3724.6	3312.3	6.3116	**740**	7.603	131.53	3713.2	3302.7	6.2850
8.195	122.03	3787.4	3361.3	6.3730	**760**	7.861	127.20	3776.7	3352.2	6.3471
8.454	118.29	3849.1	3409.5	6.4321	**780**	8.114	123.25	3839.1	3400.9	6.4069
8.708	114.84	3909.9	3457.1	6.4893	**800**	8.360	119.61	3900.4	3449.0	6.4646
9.321	107.29	4058.7	3574.1	6.6249	**850**	8.956	111.65	4050.5	3566.8	6.6012
9.909	100.92	4204.2	3688.9	6.7516	**900**	9.528	104.96	4197.0	3682.5	6.7289
10.478	95.44	4347.5	3802.6	6.8712	**950**	10.079	99.22	4341.1	3796.8	6.8492
11.030	90.66	4489.3	3915.7	6.9848	**1000**	10.615	94.21	4483.6	3910.4	6.9634
13.13	76.18	5051.	4369.	7.395	**1200**	12.64	79.09	5047.	4365.	7.375
15.11	66.19	5615.	4830.	7.754	**1400**	14.56	68.68	5613.	4827.	7.735
17.03	58.73	6188.	5302.	8.077	**1600**	16.41	60.93	6186.	5300.	8.058
18.91	52.89	6770.	5787.	8.372	**1800**	18.23	54.86	6769.	5785.	8.354
20.76	48.16	7362.	6283.	8.645	**2000**	20.02	49.96	7362.	6281.	8.627

Tafel 3. Druckwasser und überhitzter Dampf (Fortsetzung)

560 bar						580 bar				
$10^3 v$ m³/kg	ϱ kg/m³	h kJ/kg	u kJ/kg	s kJ/kg K	t °C	$10^3 v$ m³/kg	ϱ kg/m³	h kJ/kg	u kJ/kg	s kJ/kg K
0.97416	1026.53	54.89	0.33	-0.00137	**0**	0.97331	1027.42	56.77	0.32	-0.00160
0.97483	1025.82	74.90	20.31	0.07124	**5**	0.97401	1026.68	76.76	20.27	0.07092
0.97574	1024.87	94.96	40.31	0.14270	**10**	0.97493	1025.71	96.79	40.25	0.14229
0.97684	1023.71	115.07	60.37	0.21312	**15**	0.97605	1024.54	116.89	60.27	0.21264
0.97813	1022.36	135.25	80.48	0.28255	**20**	0.97735	1023.17	137.04	80.36	0.28200
0.97959	1020.84	155.48	100.63	0.35099	**25**	0.97882	1021.64	157.26	100.49	0.35037
0.98121	1019.15	175.76	120.81	0.41844	**30**	0.98045	1019.94	177.52	120.65	0.41776
0.98298	1017.32	196.07	141.02	0.48488	**35**	0.98222	1018.10	197.81	140.84	0.48415
0.98489	1015.34	216.40	161.25	0.55033	**40**	0.98413	1016.12	218.12	161.04	0.54954
0.98694	1013.24	236.75	181.48	0.61479	**45**	0.98618	1014.01	238.45	181.25	0.61394
0.98912	1011.00	257.10	201.71	0.67827	**50**	0.98836	1011.78	258.79	201.47	0.67738
0.99142	1008.65	277.47	221.95	0.74082	**55**	0.99066	1009.42	279.14	221.68	0.73987
0.99386	1006.18	297.85	242.19	0.80244	**60**	0.99309	1006.96	299.50	241.90	0.80145
0.99641	1003.60	318.23	262.43	0.86318	**65**	0.99564	1004.38	319.87	262.12	0.86214
0.99909	1000.91	338.63	282.68	0.92307	**70**	0.99831	1001.69	340.26	282.35	0.92198
1.00188	998.12	359.05	302.94	0.98213	**75**	1.00110	998.90	360.65	302.59	0.98099
1.00479	995.23	379.48	323.21	1.04040	**80**	1.00400	996.02	381.07	322.84	1.03921
1.00782	992.24	399.93	343.49	1.09790	**85**	1.00702	993.03	401.50	343.10	1.09667
1.01096	989.16	420.40	363.79	1.15466	**90**	1.01015	989.95	421.96	363.37	1.15338
1.01421	985.99	440.89	384.10	1.21071	**95**	1.01339	986.79	442.43	383.66	1.20939
1.01758	982.72	461.41	404.43	1.26607	**100**	1.01675	983.53	462.94	403.96	1.26470
1.02107	979.37	481.96	424.78	1.32076	**105**	1.02022	980.18	483.46	424.29	1.31935
1.02466	975.93	502.53	445.15	1.37480	**110**	1.02380	976.76	504.02	444.64	1.37334
1.02837	972.41	523.13	465.54	1.42822	**115**	1.02749	973.24	524.60	465.00	1.42671
1.03220	968.80	543.75	485.95	1.48102	**120**	1.03130	969.65	545.21	485.39	1.47947
1.03614	965.12	564.41	506.39	1.53323	**125**	1.03522	965.98	565.85	505.80	1.53163
1.04020	961.35	585.10	526.85	1.58486	**130**	1.03926	962.22	586.51	526.24	1.58322
1.04438	957.51	605.81	547.33	1.63594	**135**	1.04341	958.39	607.21	546.69	1.63425
1.04867	953.59	626.56	567.84	1.68646	**140**	1.04769	954.48	627.94	567.18	1.68473
1.05309	949.59	647.34	588.37	1.73646	**145**	1.05208	950.50	648.70	587.68	1.73468
1.0576	945.5	668.2	608.9	1.7859	**150**	1.0566	946.4	669.5	608.2	1.7841
1.0671	937.1	709.9	650.1	1.8834	**160**	1.0660	938.1	711.2	649.4	1.8815
1.0771	928.4	751.8	691.5	1.9790	**170**	1.0759	929.4	753.0	690.6	1.9770
1.0876	919.4	793.8	732.9	2.0729	**180**	1.0864	920.5	795.0	732.0	2.0707
1.0987	910.1	836.1	774.6	2.1651	**190**	1.0974	911.2	837.2	773.6	2.1628
1.1105	900.5	878.5	816.4	2.2558	**200**	1.1091	901.6	879.6	815.3	2.2534
1.1229	890.5	921.2	858.4	2.3451	**210**	1.1214	891.7	922.3	857.2	2.3426
1.1361	880.2	964.2	900.6	2.4331	**220**	1.1344	881.5	965.2	899.4	2.4304
1.1500	869.6	1007.5	943.1	2.5200	**230**	1.1482	870.9	1008.3	941.7	2.5171
1.1647	858.6	1051.1	985.9	2.6058	**240**	1.1628	860.0	1051.9	984.4	2.6028
1.1804	847.1	1095.1	1029.0	2.6907	**250**	1.1783	848.6	1095.8	1027.4	2.6875
1.1971	835.3	1139.5	1072.5	2.7748	**260**	1.1949	836.9	1140.1	1070.8	2.7714
1.2150	823.1	1184.4	1116.4	2.8583	**270**	1.2125	824.8	1184.9	1114.5	2.8546
1.2341	810.3	1229.9	1160.8	2.9412	**280**	1.2313	812.1	1230.2	1158.8	2.9373
1.2546	797.1	1275.9	1205.7	3.0237	**290**	1.2515	799.0	1276.1	1203.5	3.0195
1.2767	783.3	1322.7	1251.2	3.1060	**300**	1.2732	785.4	1322.6	1248.8	3.1015
1.3005	768.9	1370.2	1297.3	3.1881	**310**	1.2966	771.2	1369.9	1294.7	3.1832
1.3265	753.9	1418.5	1344.2	3.2703	**320**	1.3220	756.4	1418.0	1341.3	3.2650
1.3547	738.2	1467.8	1391.9	3.3527	**330**	1.3497	740.9	1467.0	1388.7	3.3469
1.3857	721.6	1518.2	1440.6	3.4356	**340**	1.3799	724.7	1517.0	1437.0	3.4292
1.4199	704.3	1569.8	1490.3	3.5190	**350**	1.4131	707.6	1568.2	1486.2	3.5120
1.4384	695.2	1596.1	1515.5	3.5611	**355**	1.4310	698.8	1594.3	1511.3	3.5536
1.4579	685.9	1622.8	1541.1	3.6034	**360**	1.4499	689.7	1620.7	1536.6	3.5955
1.4786	676.3	1649.9	1567.1	3.6460	**365**	1.4698	680.3	1647.5	1562.2	3.6377
1.5005	666.5	1677.4	1593.4	3.6890	**370**	1.4909	670.7	1674.7	1588.2	3.6801
1.5237	656.3	1705.4	1620.0	3.7323	**375**	1.5133	660.8	1702.3	1614.5	3.7229
1.5485	645.8	1733.9	1647.1	3.7761	**380**	1.5370	650.6	1730.4	1641.3	3.7661
1.5750	634.9	1762.9	1674.7	3.8204	**385**	1.5623	640.1	1759.0	1668.4	3.8097

Tafel 3. Druckwasser und überhitzter Dampf (Fortsetzung)

560 bar						580 bar				
$10^3 v$	ϱ	h	u	s	t	$10^3 v$	ϱ	h	u	s
m^3/kg	kg/m^3	kJ/kg		kJ/kgK	°C	m^3/kg	kg/m^3	kJ/kg		kJ/kg K
1.6033	623.7	1792.5	1702.7	3.8652	**390**	1.5892	629.2	1788.1	1695.9	3.8538
1.6338	612.1	1822.8	1731.3	3.9107	**395**	1.6181	618.0	1817.8	1724.0	3.8984
1.6666	600.0	1853.7	1760.4	3.9568	**400**	1.6490	606.4	1848.1	1752.5	3.9436
1.7020	587.6	1885.4	1790.1	4.0037	**405**	1.6822	594.4	1879.1	1781.6	3.9895
1.7403	574.6	1917.9	1820.4	4.0515	**410**	1.7181	582.0	1910.8	1811.2	4.0361
1.7820	561.2	1951.3	1851.5	4.1002	**415**	1.7568	569.2	1943.3	1841.4	4.0834
1.8275	547.2	1985.6	1883.2	4.1498	**420**	1.7988	555.9	1976.6	1872.3	4.1316
1.8770	532.8	2020.9	1915.8	4.2006	**425**	1.8443	542.2	2010.8	1903.8	4.1807
1.9313	517.8	2057.2	1949.1	4.2524	**430**	1.8938	528.0	2045.8	1936.0	4.2308
1.9907	502.3	2094.6	1983.2	4.3055	**435**	1.9477	513.4	2081.8	1968.9	4.2818
2.0556	486.5	2133.1	2018.0	4.3596	**440**	2.0064	498.4	2118.8	2002.5	4.3339
2.1267	470.2	2172.7	2053.6	4.4149	**445**	2.0701	483.1	2156.7	2036.7	4.3869
2.2041	453.7	2213.3	2089.8	4.4712	**450**	2.1394	467.4	2195.6	2071.5	4.4407
2.2879	437.1	2254.7	2126.6	4.5283	**455**	2.2142	451.6	2235.2	2106.8	4.4954
2.3783	420.5	2296.8	2163.6	4.5859	**460**	2.2948	435.8	2275.6	2142.5	4.5506
2.4748	404.1	2339.3	2200.8	4.6438	**465**	2.3809	420.0	2316.4	2178.4	4.6062
2.5769	388.1	2382.1	2237.8	4.7014	**470**	2.4724	404.5	2357.6	2214.2	4.6618
2.6838	372.6	2424.7	2274.4	4.7586	**475**	2.5687	389.3	2398.9	2249.9	4.7171
2.795	357.8	2466.9	2310.4	4.8148	**480**	2.669	374.7	2440.0	2285.2	4.7719
2.909	343.8	2508.4	2345.5	4.8698	**485**	2.773	360.6	2480.7	2319.9	4.8258
3.024	330.6	2549.1	2379.7	4.9232	**490**	2.879	347.3	2520.8	2353.8	4.8785
3.141	318.4	2588.7	2412.8	4.9750	**495**	2.987	334.8	2560.1	2386.9	4.9298
3.258	306.9	2627.2	2444.7	5.0249	**500**	3.096	323.0	2598.5	2418.9	4.9796
3.375	296.3	2664.4	2475.4	5.0729	**505**	3.206	311.9	2635.8	2449.9	5.0278
3.491	286.5	2700.4	2504.9	5.1190	**510**	3.315	301.6	2672.1	2479.8	5.0742
3.605	277.4	2735.2	2533.3	5.1633	**515**	3.424	292.1	2707.3	2508.7	5.1190
3.718	269.0	2768.8	2560.6	5.2058	**520**	3.531	283.2	2741.3	2536.5	5.1620
3.829	261.2	2801.3	2586.9	5.2466	**525**	3.638	274.9	2774.3	2563.3	5.2035
3.938	253.96	2832.6	2612.1	5.2858	**530**	3.742	267.20	2806.2	2589.2	5.2434
4.045	247.23	2863.0	2636.5	5.3235	**535**	3.846	260.03	2837.2	2614.1	5.2818
4.150	240.97	2892.4	2660.0	5.3597	**540**	3.947	253.34	2867.1	2638.2	5.3187
4.253	235.13	2920.8	2682.7	5.3946	**545**	4.047	247.09	2896.2	2661.5	5.3544
4.354	229.66	2948.5	2704.7	5.4283	**550**	4.145	241.24	2924.5	2684.0	5.3888
4.551	219.73	3001.5	2746.6	5.4923	**560**	4.337	230.60	2978.6	2727.1	5.4542
4.741	210.94	3051.8	2786.3	5.5524	**570**	4.521	221.17	3030.0	2767.8	5.5156
4.924	203.09	3099.8	2824.0	5.6089	**580**	4.700	212.77	3079.0	2806.4	5.5733
5.101	196.03	3145.7	2860.0	5.6624	**590**	4.873	205.21	3125.9	2843.3	5.6279
5.273	189.64	3189.8	2894.5	5.7133	**600**	5.041	198.38	3170.9	2878.6	5.6798
5.602	178.50	3273.6	2959.9	5.8081	**620**	5.362	186.49	3256.3	2945.3	5.7765
5.915	169.07	3352.5	3021.3	5.8955	**640**	5.667	176.45	3336.6	3007.9	5.8654
6.213	160.95	3427.6	3079.6	5.9768	**660**	5.959	167.82	3412.8	3067.2	5.9480
6.499	153.87	3499.5	3135.5	6.0531	**680**	6.238	160.30	3485.8	3124.0	6.0254
6.775	147.60	3568.9	3189.5	6.1252	**700**	6.508	153.67	3556.1	3178.7	6.0984
7.042	142.01	3636.3	3241.9	6.1937	**720**	6.768	147.76	3624.3	3231.8	6.1678
7.301	136.97	3701.9	3293.1	6.2591	**740**	7.020	142.44	3690.7	3283.5	6.2339
7.553	132.40	3766.1	3343.1	6.3219	**760**	7.266	137.62	3755.5	3334.1	6.2973
7.799	128.23	3829.1	3392.3	6.3822	**780**	7.506	133.23	3819.1	3383.8	6.3583
8.039	124.40	3891.0	3440.8	6.4405	**800**	7.740	129.20	3881.6	3432.7	6.4170
8.618	116.03	4042.2	3559.6	6.5783	**850**	8.304	120.42	4034.0	3552.4	6.5559
9.174	109.01	4189.7	3676.0	6.7068	**900**	8.845	113.06	4182.5	3669.5	6.6853
9.709	102.99	4334.7	3790.9	6.8278	**950**	9.365	106.78	4328.3	3785.1	6.8070
10.229	97.76	4477.9	3905.1	6.9425	**1000**	9.870	101.31	4472.3	3899.8	6.9223
12.20	81.99	5044.	4361.	7.355	**1200**	11.78	84.89	5040.	4357.	7.337
14.05	71.17	5611.	4824.	7.716	**1400**	13.58	73.65	5608.	4821.	7.698
15.84	63.12	6185.	5298.	8.040	**1600**	15.31	65.31	6184.	5295.	8.023
17.60	56.83	6769.	5783.	8.336	**1800**	17.01	58.80	6768.	5781.	8.319
19.32	51.75	7361.	6279.	8.609	**2000**	18.68	53.54	7361.	6278.	8.593

Tafel 3. Druckwasser und überhitzter Dampf (Fortsetzung)

600 bar						620 bar				
$10^3 v$	ϱ	h	u	s	t	$10^3 v$	ϱ	h	u	s
m^3/kg	kg/m^3	kJ/kg		kJ/kgK	°C	m^3/kg	kg/m^3	kJ/kg		kJ/kg K
0.97247	1028.31	58.65	0.30	-0.00184	**0**	0.97163	1029.20	60.53	0.29	-0.00208
0.97319	1027.55	78.62	20.23	0.07059	**5**	0.97237	1028.41	80.47	20.18	0.07025
0.97413	1026.56	98.62	40.18	0.14188	**10**	0.97333	1027.40	100.45	40.11	0.14146
0.97526	1025.36	118.70	60.18	0.21215	**15**	0.97448	1026.19	120.50	60.09	0.21166
0.97658	1023.99	138.83	80.24	0.28144	**20**	0.97581	1024.79	140.62	80.12	0.28088
0.97805	1022.44	159.03	100.35	0.34975	**25**	0.97729	1023.24	160.80	100.21	0.34913
0.97969	1020.74	179.27	120.49	0.41708	**30**	0.97893	1021.52	181.02	120.33	0.41639
0.98146	1018.89	199.54	140.66	0.48341	**35**	0.98071	1019.67	201.28	140.47	0.48267
0.98338	1016.90	219.84	160.84	0.54874	**40**	0.98263	1017.68	221.56	160.64	0.54795
0.98543	1014.79	240.15	181.03	0.61309	**45**	0.98468	1015.56	241.85	180.80	0.61225
0.98761	1012.55	260.48	201.22	0.67648	**50**	0.98686	1013.32	262.16	200.98	0.67558
0.98991	1010.19	280.81	221.42	0.73892	**55**	0.98916	1010.96	282.48	221.15	0.73798
0.99233	1007.73	301.16	241.62	0.80045	**60**	0.99158	1008.49	302.81	241.33	0.79946
0.99488	1005.15	321.51	261.82	0.86110	**65**	0.99412	1005.92	323.15	261.51	0.86006
0.99754	1002.46	341.88	282.02	0.92089	**70**	0.99678	1003.23	343.50	281.70	0.91980
1.00032	999.68	362.26	302.24	0.97985	**75**	0.99955	1000.45	363.86	301.89	0.97872
1.00321	996.80	382.66	322.47	1.03803	**80**	1.00243	997.57	384.25	322.10	1.03685
1.00622	993.82	403.08	342.70	1.09544	**85**	1.00543	994.60	404.65	342.31	1.09422
1.00934	990.75	423.51	362.95	1.15211	**90**	1.00854	991.53	425.07	362.54	1.15084
1.01257	987.58	443.98	383.22	1.20807	**95**	1.01176	988.38	445.52	382.79	1.20676
1.01592	984.33	464.46	403.51	1.26334	**100**	1.01509	985.13	465.99	403.05	1.26198
1.01937	981.00	484.97	423.81	1.31794	**105**	1.01853	981.81	486.48	423.33	1.31654
1.02294	977.58	505.51	444.13	1.37189	**110**	1.02208	978.39	507.00	443.63	1.37045
1.02662	974.07	526.07	464.47	1.42522	**115**	1.02574	974.90	527.55	463.95	1.42373
1.03041	970.49	546.66	484.84	1.47793	**120**	1.02952	971.33	548.12	484.29	1.47639
1.03431	966.83	567.28	505.22	1.53005	**125**	1.03340	967.68	568.72	504.65	1.52847
1.03833	963.09	587.93	525.63	1.58159	**130**	1.03740	963.95	589.35	525.03	1.57996
1.04246	959.27	608.61	546.06	1.63257	**135**	1.04151	960.14	610.01	545.44	1.63089
1.04671	955.38	629.32	566.52	1.68300	**140**	1.04574	956.26	630.70	565.87	1.68128
1.05108	951.41	650.06	587.00	1.73290	**145**	1.05008	952.31	651.43	586.32	1.73113
1.0556	947.4	670.8	607.5	1.7823	**150**	1.0545	948.3	672.2	606.8	1.7805
1.0649	939.0	712.5	648.6	1.8796	**160**	1.0638	940.0	713.8	647.8	1.8777
1.0748	930.4	754.3	689.8	1.9750	**170**	1.0736	931.4	755.5	689.0	1.9729
1.0852	921.5	796.2	731.1	2.0686	**180**	1.0840	922.5	797.4	730.2	2.0665
1.0961	912.3	838.4	772.6	2.1606	**190**	1.0948	913.4	839.5	771.7	2.1583
1.1077	902.8	880.7	814.3	2.2510	**200**	1.1063	903.9	881.8	813.2	2.2486
1.1199	892.9	923.3	856.1	2.3400	**210**	1.1184	894.1	924.3	855.0	2.3375
1.1328	882.8	966.1	898.1	2.4278	**220**	1.1312	884.0	967.1	896.9	2.4251
1.1465	872.2	1009.2	940.4	2.5143	**230**	1.1448	873.5	1010.1	939.1	2.5115
1.1609	861.4	1052.7	983.0	2.5998	**240**	1.1591	862.8	1053.5	981.6	2.5968
1.1763	850.1	1096.5	1025.9	2.6843	**250**	1.1743	851.6	1097.2	1024.4	2.6812
1.1926	838.5	1140.7	1069.1	2.7680	**260**	1.1904	840.1	1141.3	1067.5	2.7647
1.2100	826.4	1185.3	1112.7	2.8510	**270**	1.2076	828.1	1185.8	1110.9	2.8475
1.2286	813.9	1230.5	1156.8	2.9334	**280**	1.2259	815.7	1230.8	1154.8	2.9296
1.2485	801.0	1276.2	1201.3	3.0154	**290**	1.2455	802.9	1276.4	1199.2	3.0113
1.2698	787.5	1322.6	1246.4	3.0970	**300**	1.2665	789.6	1322.6	1244.1	3.0926
1.2928	773.5	1369.7	1292.1	3.1784	**310**	1.2891	775.7	1369.5	1289.6	3.1737
1.3177	758.9	1417.5	1338.5	3.2597	**320**	1.3136	761.3	1417.1	1335.7	3.2546
1.3448	743.6	1466.2	1385.5	3.3412	**330**	1.3400	746.3	1465.6	1382.5	3.3356
1.3743	727.7	1515.9	1433.5	3.4229	**340**	1.3688	730.6	1514.9	1430.1	3.4168
1.4066	710.9	1566.7	1482.3	3.5051	**350**	1.4003	714.1	1565.4	1478.5	3.4984
1.4423	693.3	1618.7	1532.2	3.5879	**360**	1.4350	696.9	1616.9	1528.0	3.5805
1.4819	674.8	1672.2	1583.3	3.6716	**370**	1.4733	678.8	1669.9	1578.5	3.6634
1.5262	655.2	1727.2	1635.6	3.7565	**380**	1.5159	659.7	1724.2	1630.3	3.7473
1.5761	634.5	1784.1	1689.5	3.8429	**390**	1.5637	639.5	1780.3	1683.4	3.8325
1.6328	612.5	1843.0	1745.1	3.9312	**400**	1.6177	618.1	1838.3	1738.0	3.9194

Tafel 3. Druckwasser und überhitzter Dampf (Fortsetzung)

600 bar						620 bar				
$10^3 v$ m³/kg	ϱ kg/m³	h kJ/kg	u kJ/kg	s kJ/kgK	t °C	$10^3 v$ m³/kg	ϱ kg/m³	h kJ/kg	u kJ/kg	s kJ/kg K
1.6978	589.0	1904.4	1802.5	4.0216	**410**	1.6792	595.5	1898.5	1794.4	4.0081
1.7731	564.0	1968.5	1862.1	4.1148	**420**	1.7498	571.5	1961.2	1852.7	4.0991
1.8608	537.4	2035.7	1924.0	4.2110	**430**	1.8313	546.1	2026.5	1913.0	4.1928
1.9635	509.3	2106.2	1988.4	4.3106	**440**	1.9259	519.2	2094.9	1975.5	4.2893
2.0839	479.9	2180.0	2055.0	4.4134	**450**	2.0357	491.2	2166.2	2040.0	4.3886
2.2238	449.7	2256.9	2123.5	4.5190	**460**	2.1626	462.4	2240.4	2106.3	4.4905
2.3835	419.5	2336.0	2193.0	4.6261	**470**	2.3073	433.4	2316.7	2173.7	4.5939
2.5614	390.4	2415.9	2262.2	4.7329	**480**	2.4688	405.1	2394.2	2241.1	4.6974
2.7536	363.2	2495.0	2329.8	4.8373	**490**	2.6445	378.1	2471.5	2307.5	4.7994
2.9547	338.4	2571.9	2394.6	4.9373	**500**	2.8304	353.3	2547.2	2371.8	4.8980
3.160	316.5	2645.4	2455.8	5.0319	**510**	3.022	330.9	2620.4	2433.0	4.9920
3.365	297.2	2715.1	2513.2	5.1203	**520**	3.216	311.0	2690.2	2490.8	5.0806
3.566	280.4	2780.8	2566.8	5.2026	**530**	3.408	293.4	2756.4	2545.1	5.1635
3.763	265.7	2842.7	2616.9	5.2792	**540**	3.597	278.0	2819.0	2596.0	5.2410
3.955	252.8	2901.0	2663.7	5.3505	**550**	3.781	264.5	2878.3	2643.8	5.3134
4.140	241.53	2956.2	2707.8	5.4172	**560**	3.961	252.48	2934.4	2688.8	5.3812
4.320	231.48	3008.7	2749.5	5.4797	**570**	4.135	241.83	2987.7	2731.3	5.4449
4.494	222.52	3058.6	2789.0	5.5386	**580**	4.304	232.33	3038.6	2771.7	5.5048
4.663	214.47	3106.4	2826.6	5.5943	**590**	4.469	223.78	3087.2	2810.1	5.5615
4.826	207.20	3152.3	2862.7	5.6471	**600**	4.628	216.07	3133.9	2846.9	5.6153
4.985	200.59	3196.5	2897.3	5.6975	**610**	4.783	209.05	3178.8	2882.3	5.6665
5.140	194.54	3239.2	2930.8	5.7456	**620**	4.935	202.65	3222.3	2916.3	5.7154
5.291	189.00	3280.6	2963.1	5.7916	**630**	5.082	196.77	3264.3	2949.2	5.7622
5.438	183.88	3320.8	2994.5	5.8359	**640**	5.226	191.36	3305.2	2981.2	5.8072
5.582	179.14	3359.9	3025.0	5.8786	**650**	5.366	186.34	3344.9	3012.2	5.8505
5.723	174.73	3398.2	3054.8	5.9198	**660**	5.504	181.69	3383.7	3042.5	5.8923
5.861	170.62	3435.6	3083.9	5.9596	**670**	5.639	177.35	3421.6	3072.0	5.9327
5.996	166.78	3472.2	3112.4	5.9983	**680**	5.771	173.29	3458.7	3100.9	5.9718
6.129	163.17	3508.1	3140.4	6.0358	**690**	5.900	169.48	3495.1	3129.3	6.0098
6.259	159.77	3543.5	3167.9	6.0723	**700**	6.028	165.90	3530.9	3157.2	6.0467
6.387	156.56	3578.2	3195.0	6.1078	**710**	6.153	162.53	3566.0	3184.6	6.0827
6.513	153.53	3612.4	3221.6	6.1424	**720**	6.276	159.34	3600.7	3211.6	6.1177
6.637	150.66	3646.2	3248.0	6.1763	**730**	6.397	156.32	3634.8	3238.2	6.1519
6.760	147.93	3679.5	3274.0	6.2093	**740**	6.517	153.45	3668.5	3264.4	6.1853
6.880	145.34	3712.5	3299.7	6.2417	**750**	6.635	150.73	3701.8	3290.4	6.2180
6.999	142.87	3745.1	3325.1	6.2734	**760**	6.751	148.13	3734.7	3316.1	6.2500
7.117	140.51	3777.3	3350.3	6.3044	**770**	6.866	145.65	3767.2	3341.5	6.2813
7.233	138.25	3809.2	3375.2	6.3349	**780**	6.979	143.29	3799.4	3366.7	6.3121
7.348	136.09	3840.9	3400.0	6.3648	**790**	7.091	141.03	3831.3	3391.7	6.3423
7.461	134.02	3872.3	3424.6	6.3942	**800**	7.202	138.86	3863.0	3416.5	6.3719
7.685	130.13	3934.3	3473.2	6.4515	**820**	7.419	134.78	3925.6	3465.6	6.4297
7.904	126.52	3995.6	3521.3	6.5070	**840**	7.633	131.01	3987.3	3514.0	6.4856
8.119	123.18	4056.1	3569.0	6.5609	**860**	7.842	127.51	4048.2	3562.0	6.5399
8.330	120.05	4116.0	3616.2	6.6133	**880**	8.048	124.25	4108.5	3609.5	6.5926
8.538	117.13	4175.4	3663.1	6.6644	**900**	8.251	121.20	4168.3	3656.7	6.6440
8.743	114.38	4234.3	3709.8	6.7142	**920**	8.451	118.33	4227.5	3703.6	6.6941
8.945	111.80	4292.8	3756.2	6.7628	**940**	8.647	115.64	4286.4	3750.3	6.7430
9.144	109.36	4351.1	3802.4	6.8104	**960**	8.842	113.10	4344.9	3796.7	6.7909
9.341	107.05	4409.0	3848.5	6.8570	**980**	9.034	110.70	4403.1	3843.1	6.8377
9.536	104.87	4466.7	3894.5	6.9027	**1000**	9.223	108.42	4461.1	3889.3	6.8836
11.39	87.79	5037.	4353.	7.319	**1200**	11.03	90.69	5033.	4350.	7.301
13.13	76.14	5606.	4818.	7.681	**1400**	12.72	78.61	5604.	4815.	7.664
14.82	67.50	6182.	5293.	8.006	**1600**	14.35	69.68	6181.	5291.	7.990
16.46	60.76	6767.	5779.	8.303	**1800**	15.94	62.72	6766.	5777.	8.287
18.07	55.33	7361.	6276.	8.576	**2000**	17.51	57.11	7360.	6275.	8.560

Tafel 3. Druckwasser und überhitzter Dampf (Fortsetzung)

640 bar						660 bar				
$10^3 v$	ϱ	h	u	s	t	$10^3 v$	ϱ	h	u	s
m³/kg	kg/m³	kJ/kg		kJ/kgK	°C	m³/kg	kg/m³	kJ/kg		kJ/kg K
0.97080	1030.08	62.40	0.27	-0.00234	**0**	0.96997	1030.96	64.27	0.25	-0.00261
0.97156	1029.27	82.32	20.14	0.06991	**5**	0.97076	1030.12	84.16	20.09	0.06955
0.97254	1028.23	102.28	40.03	0.14104	**10**	0.97175	1029.07	104.10	39.96	0.14060
0.97370	1027.01	122.31	59.99	0.21116	**15**	0.97293	1027.82	124.11	59.90	0.21066
0.97504	1025.60	142.41	80.01	0.28032	**20**	0.97428	1026.40	144.19	79.89	0.27975
0.97653	1024.03	162.57	100.07	0.34850	**25**	0.97578	1024.82	164.33	99.93	0.34787
0.97818	1022.31	182.77	120.17	0.41571	**30**	0.97743	1023.09	184.52	120.01	0.41502
0.97996	1020.45	203.01	140.29	0.48193	**35**	0.97922	1021.22	204.74	140.11	0.48118
0.98188	1018.45	223.27	160.43	0.54715	**40**	0.98114	1019.22	224.99	160.23	0.54636
0.98393	1016.33	243.55	180.58	0.61140	**45**	0.98319	1017.09	245.25	180.36	0.61056
0.98611	1014.08	263.85	200.73	0.67469	**50**	0.98537	1014.85	265.53	200.49	0.67379
0.98841	1011.73	284.15	220.89	0.73703	**55**	0.98767	1012.49	285.81	220.63	0.73609
0.99083	1009.26	304.46	241.05	0.79847	**60**	0.99008	1010.02	306.11	240.77	0.79748
0.99336	1006.68	324.78	261.21	0.85902	**65**	0.99261	1007.44	326.42	260.91	0.85798
0.99602	1004.00	345.12	281.37	0.91872	**70**	0.99526	1004.76	346.74	281.05	0.91763
0.99878	1001.22	365.47	301.55	0.97759	**75**	0.99802	1001.99	367.07	301.21	0.97646
1.00166	998.35	385.84	321.73	1.03568	**80**	1.00088	999.12	387.43	321.37	1.03450
1.00465	995.38	406.22	341.93	1.09300	**85**	1.00386	996.15	407.80	341.54	1.09178
1.00774	992.32	426.63	362.13	1.14958	**90**	1.00695	993.10	428.19	361.73	1.14832
1.01095	989.17	447.06	382.36	1.20545	**95**	1.01015	989.95	448.60	381.93	1.20415
1.01427	985.93	467.51	402.60	1.26063	**100**	1.01345	986.72	469.04	402.15	1.25928
1.01770	982.61	487.99	422.85	1.31514	**105**	1.01687	983.41	489.50	422.38	1.31375
1.02123	979.21	508.49	443.13	1.36901	**110**	1.02039	980.02	509.98	442.64	1.36757
1.02488	975.72	529.02	463.43	1.42224	**115**	1.02402	976.54	530.50	462.91	1.42076
1.02863	972.16	549.58	483.74	1.47486	**120**	1.02776	972.99	551.04	483.20	1.47334
1.03250	968.52	570.16	504.08	1.52689	**125**	1.03161	969.36	571.60	503.52	1.52533
1.03648	964.80	590.77	524.44	1.57834	**130**	1.03557	965.66	592.20	523.85	1.57673
1.04057	961.01	611.42	544.82	1.62923	**135**	1.03964	961.88	612.82	544.21	1.62758
1.04477	957.14	632.09	565.22	1.67957	**140**	1.04382	958.02	633.47	564.58	1.67787
1.04909	953.20	652.79	585.65	1.72938	**145**	1.04811	954.09	654.16	584.98	1.72763
1.0535	949.2	673.5	606.1	1.7787	**150**	1.0525	950.1	674.9	605.4	1.7769
1.0628	940.9	715.1	647.1	1.8758	**160**	1.0617	941.9	716.4	646.3	1.8739
1.0725	932.4	756.8	688.2	1.9709	**170**	1.0714	933.4	758.1	687.3	1.9689
1.0828	923.6	798.7	729.4	2.0644	**180**	1.0816	924.6	799.9	728.5	2.0623
1.0936	914.4	840.7	770.7	2.1561	**190**	1.0923	915.5	841.8	769.8	2.1539
1.1050	905.0	882.9	812.2	2.2463	**200**	1.1036	906.1	884.0	811.2	2.2440
1.1170	895.3	925.4	853.9	2.3351	**210**	1.1155	896.4	926.4	852.8	2.3326
1.1297	885.2	968.0	895.7	2.4225	**220**	1.1281	886.4	969.0	894.6	2.4199
1.1431	874.8	1011.0	937.8	2.5087	**230**	1.1414	876.1	1011.9	936.6	2.5060
1.1572	864.1	1054.3	980.2	2.5939	**240**	1.1554	865.5	1055.1	978.8	2.5910
1.1723	853.0	1097.9	1022.9	2.6781	**250**	1.1703	854.5	1098.6	1021.4	2.6750
1.1882	841.6	1141.9	1065.8	2.7614	**260**	1.1861	843.1	1142.5	1064.2	2.7581
1.2052	829.7	1186.3	1109.2	2.8439	**270**	1.2029	831.4	1186.8	1107.4	2.8405
1.2233	817.5	1231.2	1152.9	2.9259	**280**	1.2207	819.2	1231.6	1151.0	2.9221
1.2426	804.8	1276.7	1197.1	3.0073	**290**	1.2397	806.6	1276.9	1195.1	3.0033
1.2633	791.6	1322.7	1241.8	3.0883	**300**	1.2601	793.6	1322.8	1239.6	3.0840
1.2855	777.9	1369.3	1287.1	3.1690	**310**	1.2820	780.0	1369.3	1284.6	3.1644
1.3095	763.7	1416.7	1332.9	3.2496	**320**	1.3055	766.0	1416.4	1330.3	3.2447
1.3354	748.8	1464.9	1379.5	3.3302	**330**	1.3309	751.3	1464.4	1376.5	3.3248
1.3636	733.4	1514.0	1426.8	3.4109	**340**	1.3585	736.1	1513.2	1423.5	3.4051
1.3943	717.2	1564.1	1474.9	3.4919	**350**	1.3885	720.2	1562.9	1471.3	3.4855
1.4280	700.3	1615.3	1523.9	3.5733	**360**	1.4212	703.6	1613.7	1519.9	3.5664
1.4651	682.6	1667.7	1573.9	3.6555	**370**	1.4573	686.2	1665.7	1569.5	3.6478
1.5062	663.9	1721.5	1625.1	3.7385	**380**	1.4970	668.0	1718.9	1620.1	3.7300
1.5522	644.3	1776.9	1677.5	3.8226	**390**	1.5412	648.8	1773.6	1671.9	3.8131
1.6037	623.5	1834.0	1731.4	3.9081	**400**	1.5906	628.7	1830.0	1725.0	3.8974

Tafel 3. Druckwasser und überhitzter Dampf (Fortsetzung)

640 bar						660 bar				
$10^3 v$	ϱ	h	u	s	t	$10^3 v$	ϱ	h	u	s
m³/kg	kg/m³	kJ/kg		kJ/kgK	°C	m³/kg	kg/m³	kJ/kg		kJ/kg K
1.6621	601.7	1893.1	1786.8	3.9953	**410**	1.6462	607.5	1888.2	1779.5	3.9832
1.7285	578.5	1954.5	1843.9	4.0845	**420**	1.7090	585.1	1948.4	1835.6	4.0707
1.8047	554.1	2018.3	1902.8	4.1759	**430**	1.7806	561.6	2010.8	1893.3	4.1601
1.8924	528.4	2084.7	1963.6	4.2697	**440**	1.8623	537.0	2075.6	1952.7	4.2516
1.9934	501.7	2153.9	2026.3	4.3660	**450**	1.9558	511.3	2142.8	2013.7	4.3452
2.1094	474.1	2225.6	2090.6	4.4645	**460**	2.0625	484.8	2212.4	2076.3	4.4408
2.2411	446.2	2299.5	2156.1	4.5646	**470**	2.1833	458.0	2284.1	2140.0	4.5378
2.3885	418.7	2374.7	2221.8	4.6651	**480**	2.3183	431.4	2357.1	2204.1	4.6355
2.5495	392.2	2450.1	2286.9	4.7645	**490**	2.4663	405.5	2430.6	2267.9	4.7325
2.7213	367.5	2524.6	2350.4	4.8615	**500**	2.6251	380.9	2503.7	2330.4	4.8276
2.900	344.8	2597.0	2411.4	4.9546	**510**	2.792	358.2	2575.2	2391.0	4.9195
3.082	324.4	2666.7	2469.4	5.0430	**520**	2.963	337.5	2644.5	2449.0	5.0074
3.265	306.3	2733.1	2524.2	5.1263	**530**	3.136	318.9	2711.0	2504.1	5.0908
3.445	290.2	2796.3	2575.8	5.2044	**540**	3.308	302.3	2774.5	2556.2	5.1693
3.623	276.0	2856.2	2624.4	5.2777	**550**	3.479	287.5	2835.0	2605.4	5.2432
3.796	263.41	2913.1	2670.2	5.3464	**560**	3.646	274.29	2892.5	2651.9	5.3128
3.965	252.19	2967.3	2713.5	5.4110	**570**	3.809	262.53	2947.4	2696.0	5.3782
4.130	242.15	3018.9	2754.6	5.4719	**580**	3.969	251.98	2999.8	2737.9	5.4400
4.289	233.13	3068.4	2793.8	5.5295	**590**	4.124	242.48	3049.9	2777.8	5.4984
4.445	224.97	3115.8	2831.3	5.5842	**600**	4.275	233.90	3098.1	2815.9	5.5539
4.596	217.56	3161.5	2867.3	5.6362	**610**	4.423	226.09	3144.4	2852.5	5.6067
4.744	210.79	3205.6	2902.0	5.6859	**620**	4.567	218.97	3189.2	2887.8	5.6571
4.888	204.59	3248.3	2935.5	5.7334	**630**	4.707	212.43	3232.5	2921.8	5.7053
5.028	198.87	3289.8	2967.9	5.7791	**640**	4.845	206.42	3274.6	2954.8	5.7516
5.166	193.58	3330.1	2999.5	5.8230	**650**	4.979	200.85	3315.4	2986.8	5.7961
5.300	188.68	3369.4	3030.2	5.8653	**660**	5.110	195.69	3355.3	3018.0	5.8391
5.432	184.10	3407.8	3060.2	5.9063	**670**	5.239	190.88	3394.2	3048.4	5.8805
5.561	179.83	3445.4	3089.5	5.9459	**680**	5.365	186.40	3432.2	3078.2	5.9207
5.688	175.82	3482.3	3118.3	5.9844	**690**	5.489	182.19	3469.5	3107.3	5.9596
5.812	172.06	3518.4	3146.5	6.0218	**700**	5.610	178.24	3506.1	3135.8	5.9974
5.934	168.51	3554.0	3174.2	6.0581	**710**	5.730	174.52	3542.1	3163.9	6.0341
6.055	165.16	3589.0	3201.5	6.0936	**720**	5.848	171.01	3577.5	3191.5	6.0700
6.173	161.99	3623.5	3228.4	6.1281	**730**	5.963	167.69	3612.3	3218.7	6.1049
6.290	158.99	3657.5	3255.0	6.1619	**740**	6.078	164.54	3646.7	3245.6	6.1390
6.405	156.13	3691.1	3281.2	6.1949	**750**	6.190	161.55	3680.6	3272.1	6.1723
6.518	153.41	3724.3	3307.2	6.2272	**760**	6.301	158.70	3714.1	3298.2	6.2049
6.631	150.82	3757.2	3332.8	6.2588	**770**	6.411	155.99	3747.3	3324.2	6.2368
6.741	148.34	3789.7	3358.2	6.2898	**780**	6.519	153.41	3780.0	3349.8	6.2681
6.851	145.97	3821.9	3383.5	6.3203	**790**	6.626	150.93	3812.5	3375.2	6.2988
6.959	143.71	3853.8	3408.4	6.3501	**800**	6.731	148.56	3844.7	3400.4	6.3289
7.171	139.44	3916.9	3457.9	6.4084	**820**	6.939	144.12	3908.2	3450.3	6.3876
7.380	135.51	3979.0	3506.7	6.4647	**840**	7.142	140.01	3970.8	3499.4	6.4443
7.584	131.85	4040.4	3555.0	6.5193	**860**	7.342	136.20	4032.6	3548.0	6.4993
7.785	128.45	4101.1	3602.8	6.5724	**880**	7.538	132.66	4093.7	3596.2	6.5528
7.983	125.27	4161.2	3650.3	6.6241	**900**	7.731	129.35	4154.2	3643.9	6.6048
8.177	122.29	4220.8	3697.5	6.6745	**920**	7.921	126.25	4214.1	3691.4	6.6554
8.369	119.49	4280.0	3744.4	6.7237	**940**	8.108	123.33	4273.7	3738.5	6.7049
8.559	116.84	4338.8	3791.1	6.7718	**960**	8.293	120.59	4332.8	3785.4	6.7532
8.745	114.34	4397.3	3837.6	6.8189	**980**	8.475	117.99	4391.5	3832.2	6.8005
8.930	111.98	4455.5	3884.0	6.8650	**1000**	8.655	115.54	4450.0	3878.8	6.8468
10.69	93.58	5030.	4346.	7.284	**1200**	10.37	96.47	5026.	4342.	7.267
12.33	81.09	5602.	4812.	7.648	**1400**	11.97	83.56	5599.	4809.	7.632
13.92	71.86	6179.	5289.	7.974	**1600**	13.51	74.03	6178.	5286.	7.959
15.46	64.67	6765.	5776.	8.271	**1800**	15.01	66.62	6764.	5774.	8.256
16.98	58.88	7360.	6273.	8.545	**2000**	16.49	60.66	7360.	6271.	8.530

Tafel 3. Druckwasser und überhitzter Dampf (Fortsetzung)

680 bar						700 bar				
$10^3 v$	ϱ	h	u	s	t	$10^3 v$	ϱ	h	u	s
m³/kg	kg/m³	kJ/kg		kJ/kgK	°C	m³/kg	kg/m³	kJ/kg		kJ/kg K
0.96915	1031.84	66.13	0.23	-0.00289	**0**	0.96833	1032.71	67.99	0.21	-0.00318
0.96996	1030.97	86.00	20.04	0.06919	**5**	0.96916	1031.82	87.84	19.99	0.06882
0.97097	1029.90	105.92	39.89	0.14016	**10**	0.97019	1030.72	107.73	39.82	0.13972
0.97216	1028.64	125.91	59.80	0.21015	**15**	0.97140	1029.45	127.70	59.71	0.20964
0.97352	1027.20	145.97	79.77	0.27917	**20**	0.97276	1028.00	147.75	79.65	0.27860
0.97503	1025.61	166.09	99.79	0.34724	**25**	0.97428	1026.39	167.85	99.65	0.34660
0.97669	1023.87	186.26	119.85	0.41433	**30**	0.97595	1024.65	188.01	119.69	0.41364
0.97848	1021.99	206.47	139.93	0.48044	**35**	0.97774	1022.76	208.20	139.75	0.47970
0.98041	1019.99	226.70	160.03	0.54556	**40**	0.97967	1020.75	228.41	159.83	0.54477
0.98246	1017.86	246.95	180.14	0.60971	**45**	0.98172	1018.62	248.64	179.92	0.60887
0.98463	1015.61	267.21	200.25	0.67290	**50**	0.98390	1016.36	268.89	200.02	0.67201
0.98693	1013.25	287.48	220.37	0.73515	**55**	0.98619	1014.00	289.14	220.11	0.73421
0.98934	1010.78	307.76	240.49	0.79649	**60**	0.98860	1011.53	309.41	240.21	0.79550
0.99187	1008.20	328.05	260.61	0.85695	**65**	0.99112	1008.96	329.69	260.31	0.85591
0.99450	1005.53	348.36	280.73	0.91655	**70**	0.99376	1006.28	349.98	280.41	0.91548
0.99726	1002.75	368.68	300.86	0.97534	**75**	0.99650	1003.51	370.28	300.53	0.97422
1.00012	999.88	389.01	321.01	1.03334	**80**	0.99935	1000.65	390.60	320.65	1.03217
1.00309	996.92	409.37	341.16	1.09057	**85**	1.00231	997.69	410.94	340.78	1.08936
1.00617	993.87	429.74	361.32	1.14707	**90**	1.00538	994.65	431.30	360.92	1.14581
1.00935	990.74	450.14	381.50	1.20285	**95**	1.00856	991.52	451.68	381.08	1.20156
1.01264	987.51	470.56	401.70	1.25794	**100**	1.01184	988.30	472.09	401.26	1.25661
1.01604	984.21	491.01	421.91	1.31237	**105**	1.01523	985.00	492.52	421.45	1.31099
1.01955	980.82	511.48	442.15	1.36615	**110**	1.01872	981.63	512.97	441.66	1.36473
1.02317	977.36	531.97	462.40	1.41929	**115**	1.02232	978.17	533.45	461.89	1.41783
1.02689	973.82	552.49	482.67	1.47183	**120**	1.02602	974.64	553.96	482.13	1.47032
1.03072	970.20	573.04	502.96	1.52377	**125**	1.02984	971.03	574.49	502.40	1.52222
1.03466	966.50	593.62	523.27	1.57513	**130**	1.03376	967.35	595.05	522.69	1.57354
1.03871	962.73	614.23	543.60	1.62593	**135**	1.03779	963.59	615.64	542.99	1.62429
1.04287	958.89	634.86	563.95	1.67618	**140**	1.04193	959.76	636.25	563.32	1.67450
1.04714	954.98	655.53	584.32	1.72589	**145**	1.04618	955.86	656.90	583.66	1.72417
1.0515	951.0	676.2	604.7	1.7751	**150**	1.0505	951.9	677.6	604.0	1.7733
1.0607	942.8	717.7	645.6	1.8720	**160**	1.0596	943.7	719.0	644.8	1.8701
1.0703	934.3	759.3	686.5	1.9670	**170**	1.0692	935.3	760.6	685.7	1.9650
1.0804	925.6	801.1	727.6	2.0602	**180**	1.0792	926.6	802.3	726.8	2.0581
1.0911	916.5	843.0	768.8	2.1517	**190**	1.0898	917.6	844.2	767.9	2.1495
1.1023	907.2	885.1	810.2	2.2416	**200**	1.1010	908.3	886.2	809.2	2.2394
1.1141	897.6	927.4	851.7	2.3302	**210**	1.1127	898.7	928.5	850.6	2.3277
1.1266	887.6	970.0	893.4	2.4173	**220**	1.1251	888.8	971.0	892.2	2.4148
1.1397	877.4	1012.8	935.3	2.5033	**230**	1.1381	878.6	1013.7	934.1	2.5006
1.1537	866.8	1055.9	977.5	2.5881	**240**	1.1519	868.1	1056.8	976.1	2.5853
1.1684	855.9	1099.4	1019.9	2.6719	**250**	1.1665	857.3	1100.1	1018.5	2.6689
1.1840	844.6	1143.2	1062.6	2.7549	**260**	1.1819	846.1	1143.8	1061.1	2.7517
1.2005	833.0	1187.4	1105.7	2.8370	**270**	1.1983	834.5	1187.9	1104.0	2.8336
1.2182	820.9	1232.0	1149.2	2.9185	**280**	1.2157	822.6	1232.5	1147.4	2.9149
1.2370	808.4	1277.2	1193.1	2.9994	**290**	1.2342	810.2	1277.5	1191.1	2.9955
1.2570	795.5	1322.9	1237.4	3.0798	**300**	1.2540	797.4	1323.0	1235.2	3.0757
1.2785	782.1	1369.2	1282.2	3.1599	**310**	1.2752	784.2	1369.2	1279.9	3.1555
1.3017	768.2	1416.2	1327.7	3.2398	**320**	1.2979	770.5	1415.9	1325.1	3.2351
1.3266	753.8	1463.9	1373.7	3.3196	**330**	1.3224	756.2	1463.4	1370.9	3.3145
1.3536	738.8	1512.4	1420.4	3.3994	**340**	1.3488	741.4	1511.7	1417.3	3.3938
1.3828	723.1	1561.8	1467.8	3.4793	**350**	1.3774	726.0	1560.8	1464.4	3.4733
1.4148	706.8	1612.3	1516.1	3.5596	**360**	1.4085	710.0	1610.9	1512.3	3.5530
1.4498	689.8	1663.8	1565.2	3.6404	**370**	1.4426	693.2	1662.0	1561.1	3.6331
1.4883	671.9	1716.5	1615.3	3.7217	**380**	1.4799	675.7	1714.3	1610.7	3.7138
1.5309	653.2	1770.6	1666.5	3.8039	**390**	1.5210	657.4	1767.9	1661.4	3.7951
1.5783	633.6	1826.3	1718.9	3.8872	**400**	1.5667	638.3	1822.8	1713.1	3.8774

Tafel 3. Druckwasser und überhitzter Dampf (Fortsetzung)

680 bar						700 bar				
$10^3 v$	ϱ	h	u	s	t	$10^3 v$	ϱ	h	u	s
m^3/kg	kg/m^3	kJ/kg		kJ/kg K	°C	m^3/kg	kg/m^3	kJ/kg		kJ/kg K
1.6313	613.0	1883.6	1772.6	3.9717	**410**	1.6174	618.3	1879.3	1766.1	3.9607
1.6910	591.4	1942.7	1827.7	4.0577	**420**	1.6743	597.3	1937.5	1820.3	4.0453
1.7585	568.7	2003.9	1884.3	4.1453	**430**	1.7382	575.3	1997.6	1875.9	4.1313
1.8351	544.9	2067.2	1942.4	4.2347	**440**	1.8103	552.4	2059.6	1932.9	4.2189
1.9221	520.3	2132.8	2002.1	4.3260	**450**	1.8917	528.6	2123.6	1991.2	4.3081
2.0209	494.8	2200.5	2063.1	4.4190	**460**	1.9836	504.1	2189.7	2050.8	4.3987
2.1323	469.0	2270.1	2125.1	4.5133	**470**	2.0868	479.2	2257.5	2111.4	4.4906
2.2565	443.2	2341.2	2187.7	4.6083	**480**	2.2018	454.2	2326.7	2172.6	4.5832
2.3930	417.9	2412.9	2250.2	4.7029	**490**	2.3280	429.5	2396.8	2233.8	4.6756
2.5400	393.7	2484.5	2311.8	4.7961	**500**	2.4645	405.8	2466.9	2294.4	4.7669
2.695	371.0	2555.1	2371.8	4.8868	**510**	2.609	383.2	2536.4	2353.7	4.8561
2.856	350.1	2623.8	2429.6	4.9739	**520**	2.760	362.3	2604.4	2411.1	4.9424
3.020	331.2	2690.1	2484.8	5.0571	**530**	2.915	343.1	2670.3	2466.3	5.0251
3.184	314.1	2753.7	2537.2	5.1358	**540**	3.071	325.6	2733.9	2519.0	5.1038
3.347	298.8	2814.6	2587.0	5.2101	**550**	3.227	309.9	2795.0	2569.1	5.1784
3.508	285.08	2872.6	2634.1	5.2803	**560**	3.381	295.8	2853.4	2616.8	5.2490
3.666	272.81	2928.1	2678.8	5.3464	**570**	3.534	283.0	2909.4	2662.0	5.3157
3.820	261.78	2981.1	2721.3	5.4090	**580**	3.683	271.5	2963.0	2705.2	5.3789
3.971	251.83	3031.9	2761.9	5.4682	**590**	3.829	261.1	3014.4	2746.3	5.4388
4.118	242.82	3080.7	2800.7	5.5244	**600**	3.972	251.7	3063.8	2785.7	5.4957
4.262	234.63	3127.7	2837.9	5.5779	**610**	4.112	243.17	3111.3	2823.5	5.5499
4.402	227.15	3173.1	2873.7	5.6290	**620**	4.249	235.34	3157.3	2859.8	5.6016
4.539	220.30	3217.0	2908.3	5.6779	**630**	4.383	228.16	3201.7	2894.9	5.6511
4.673	213.98	3259.6	2941.8	5.7248	**640**	4.514	221.55	3244.9	2928.9	5.6986
4.804	208.14	3301.0	2974.3	5.7699	**650**	4.642	215.44	3286.8	2961.9	5.7443
4.933	202.73	3341.3	3005.9	5.8134	**660**	4.767	209.77	3327.6	2993.9	5.7882
5.059	197.69	3380.7	3036.7	5.8553	**670**	4.890	204.50	3367.4	3025.1	5.8307
5.182	192.98	3419.2	3066.9	5.8959	**680**	5.011	199.58	3406.4	3055.6	5.8718
5.303	188.57	3456.9	3096.3	5.9353	**690**	5.129	194.97	3444.5	3085.5	5.9116
5.422	184.44	3493.9	3125.3	5.9735	**700**	5.245	190.65	3481.9	3114.7	5.9502
5.539	180.54	3530.3	3153.7	6.0107	**710**	5.360	186.58	3518.6	3143.5	5.9878
5.654	176.87	3566.0	3181.6	6.0469	**720**	5.472	182.74	3554.7	3171.7	6.0243
5.767	173.40	3601.2	3209.1	6.0821	**730**	5.583	179.12	3590.3	3199.5	6.0599
5.879	170.11	3635.9	3236.2	6.1166	**740**	5.692	175.68	3625.3	3226.9	6.0946
5.989	166.98	3670.2	3262.9	6.1502	**750**	5.800	172.43	3659.9	3253.9	6.1286
6.097	164.01	3704.0	3289.4	6.1831	**760**	5.906	169.33	3694.0	3280.6	6.1618
6.204	161.18	3737.4	3315.5	6.2153	**770**	6.010	166.38	3727.7	3307.0	6.1942
6.310	158.48	3770.5	3341.4	6.2468	**780**	6.114	163.56	3761.0	3333.1	6.2260
6.414	155.90	3803.2	3367.0	6.2778	**790**	6.216	160.88	3794.0	3358.9	6.2572
6.518	153.43	3835.6	3392.4	6.3081	**800**	6.317	158.30	3826.7	3384.5	6.2878
6.721	148.79	3899.7	3442.7	6.3672	**820**	6.516	153.48	3891.2	3435.1	6.3474
6.920	144.52	3962.7	3492.2	6.4244	**840**	6.710	149.03	3954.7	3485.0	6.4049
7.115	140.56	4024.9	3541.1	6.4798	**860**	6.901	144.91	4017.3	3534.2	6.4607
7.306	136.87	4086.4	3589.6	6.5335	**880**	7.088	141.09	4079.1	3583.0	6.5148
7.495	133.43	4147.2	3637.6	6.5858	**900**	7.272	137.51	4140.3	3631.3	6.5674
7.680	130.21	4207.5	3685.3	6.6368	**920**	7.453	134.17	4200.9	3679.2	6.6186
7.863	127.18	4267.3	3732.7	6.6865	**940**	7.632	131.03	4261.1	3726.8	6.6686
8.043	124.33	4326.7	3779.8	6.7351	**960**	7.808	128.08	4320.8	3774.2	6.7174
8.221	121.64	4385.8	3826.8	6.7826	**980**	7.982	125.29	4380.1	3821.4	6.7651
8.397	119.09	4444.5	3873.6	6.8291	**1000**	8.153	122.65	4439.1	3868.4	6.8118
10.06	99.36	5023.	4338.	7.251	**1200**	9.78	102.24	5019.	4334.	7.235
11.63	86.02	5597.	4806.	7.617	**1400**	11.30	88.48	5595.	4804.	7.601
13.12	76.20	6176.	5284.	7.944	**1600**	12.76	78.36	6175.	5282.	7.929
14.58	68.57	6764.	5772.	8.241	**1800**	14.18	70.51	6763.	5770.	8.227
16.02	62.43	7359.	6270.	8.516	**2000**	15.58	64.19	7359.	6268.	8.502

Tafel 3. Druckwasser und überhitzter Dampf (Fortsetzung)

750 bar						800 bar				
$10^3 v$	ϱ	h	u	s	t	$10^3 v$	ϱ	h	u	s
m³/kg	kg/m³	kJ/kg		kJ/kgK	°C	m³/kg	kg/m³	kJ/kg		kJ/kg K
0.96631	1034.87	72.62	0.15	-0.00394	**0**	0.96432	1037.00	77.22	0.08	-0.00476
0.96719	1033.92	92.41	19.87	0.06786	**5**	0.96525	1036.00	96.96	19.74	0.06686
0.96826	1032.78	112.26	39.64	0.13858	**10**	0.96636	1034.81	116.76	39.45	0.13741
0.96950	1031.46	132.18	59.47	0.20833	**15**	0.96763	1033.45	136.64	59.23	0.20700
0.97090	1029.98	152.18	79.36	0.27714	**20**	0.96905	1031.94	156.60	79.07	0.27566
0.97244	1028.35	172.24	99.31	0.34500	**25**	0.97061	1030.28	176.62	98.97	0.34339
0.97411	1026.57	192.36	119.30	0.41190	**30**	0.97230	1028.49	196.69	118.91	0.41015
0.97592	1024.67	212.51	139.31	0.47783	**35**	0.97412	1026.57	216.80	138.87	0.47595
0.97785	1022.65	232.68	159.34	0.54278	**40**	0.97606	1024.53	236.94	158.86	0.54078
0.97991	1020.50	252.87	179.38	0.60675	**45**	0.97812	1022.37	257.10	178.85	0.60464
0.98208	1018.25	273.08	199.43	0.66977	**50**	0.98029	1020.11	277.27	198.84	0.66754
0.98437	1015.88	293.30	219.47	0.73186	**55**	0.98257	1017.74	297.45	218.84	0.72952
0.98677	1013.41	313.53	239.52	0.79304	**60**	0.98496	1015.27	317.64	238.84	0.79059
0.98928	1010.84	333.77	259.57	0.85334	**65**	0.98746	1012.70	337.85	258.85	0.85078
0.99190	1008.17	354.02	279.63	0.91280	**70**	0.99007	1010.03	358.06	278.86	0.91013
0.99463	1005.40	374.29	299.69	0.97143	**75**	0.99278	1007.27	378.29	298.87	0.96866
0.99746	1002.54	394.57	319.76	1.02928	**80**	0.99560	1004.42	398.54	318.89	1.02640
1.00040	999.60	414.87	339.84	1.08636	**85**	0.99852	1001.49	418.80	338.92	1.08338
1.00345	996.57	435.19	359.94	1.14271	**90**	1.00154	998.47	439.09	358.96	1.13962
1.00659	993.45	455.54	380.04	1.19834	**95**	1.00466	995.36	459.39	379.02	1.19516
1.00985	990.25	475.90	400.16	1.25329	**100**	1.00788	992.18	479.72	399.09	1.25000
1.01320	986.97	496.29	420.30	1.30757	**105**	1.01120	988.92	500.07	419.17	1.30418
1.01666	983.61	516.71	440.46	1.36120	**110**	1.01463	985.58	520.45	439.28	1.35771
1.02022	980.18	537.15	460.63	1.41420	**115**	1.01815	982.17	540.85	459.39	1.41060
1.02389	976.67	557.61	480.82	1.46658	**120**	1.02178	978.68	561.27	479.53	1.46289
1.02766	973.09	578.10	501.03	1.51838	**125**	1.02551	975.12	581.72	499.68	1.51458
1.03153	969.43	598.62	521.25	1.56959	**130**	1.02934	971.50	602.20	519.85	1.56568
1.03551	965.71	619.16	541.50	1.62023	**135**	1.03327	967.80	622.70	540.04	1.61622
1.03960	961.91	639.73	561.76	1.67033	**140**	1.03731	964.03	643.23	560.24	1.66621
1.04380	958.04	660.33	582.05	1.71989	**145**	1.04146	960.19	663.78	580.46	1.71566
1.0481	954.1	681.0	602.4	1.7689	**150**	1.0457	956.3	684.4	600.7	1.7646
1.0571	946.0	722.3	643.0	1.8655	**160**	1.0545	948.3	725.6	641.2	1.8609
1.0665	937.7	763.8	683.8	1.9601	**170**	1.0638	940.0	767.0	681.9	1.9553
1.0764	929.1	805.4	724.7	2.0530	**180**	1.0736	931.5	808.5	722.6	2.0479
1.0868	920.2	847.1	765.6	2.1441	**190**	1.0838	922.7	850.1	763.4	2.1388
1.0977	911.0	889.1	806.7	2.2337	**200**	1.0946	913.6	891.9	804.3	2.2281
1.1092	901.5	931.2	848.0	2.3218	**210**	1.1059	904.3	933.9	845.4	2.3159
1.1214	891.8	973.5	889.4	2.4085	**220**	1.1177	894.7	976.1	886.7	2.4023
1.1341	881.7	1016.1	931.0	2.4940	**230**	1.1302	884.8	1018.5	928.1	2.4875
1.1476	871.4	1058.9	972.9	2.5783	**240**	1.1434	874.6	1061.1	969.7	2.5714
1.1618	860.7	1102.1	1014.9	2.6615	**250**	1.1573	864.1	1104.1	1011.5	2.6543
1.1768	849.7	1145.5	1057.3	2.7438	**260**	1.1720	853.3	1147.3	1053.6	2.7362
1.1928	838.4	1189.4	1099.9	2.8253	**270**	1.1875	842.1	1190.9	1095.9	2.8172
1.2097	826.7	1233.6	1142.9	2.9060	**280**	1.2039	830.7	1234.9	1138.6	2.8975
1.2276	814.6	1278.3	1186.3	2.9861	**290**	1.2213	818.8	1279.3	1181.6	2.9770
1.2467	802.1	1323.5	1230.0	3.0657	**300**	1.2397	806.6	1324.2	1225.0	3.0560
1.2671	789.2	1369.3	1274.2	3.1448	**310**	1.2594	794.0	1369.5	1268.8	3.1344
1.2889	775.9	1415.6	1318.9	3.2235	**320**	1.2804	781.0	1415.4	1313.0	3.2125
1.3123	762.0	1462.5	1364.1	3.3021	**330**	1.3028	767.6	1461.9	1357.7	3.2902
1.3374	747.7	1510.2	1409.9	3.3804	**340**	1.3268	753.7	1509.1	1402.9	3.3677
1.3645	732.8	1558.7	1456.3	3.4588	**350**	1.3526	739.3	1556.9	1448.7	3.4451
1.3939	717.4	1607.9	1503.4	3.5373	**360**	1.3804	724.4	1605.5	1495.1	3.5224
1.4258	701.4	1658.1	1551.2	3.6159	**370**	1.4104	709.0	1654.9	1542.0	3.5998
1.4605	684.7	1709.4	1599.8	3.6949	**380**	1.4429	693.0	1705.2	1589.7	3.6774
1.4985	667.3	1761.7	1649.3	3.7744	**390**	1.4783	676.5	1756.4	1638.1	3.7553
1.5402	649.3	1815.1	1699.6	3.8545	**400**	1.5168	659.3	1808.7	1687.3	3.8335

Tafel 3. Druckwasser und überhitzter Dampf (Fortsetzung)

750 bar						800 bar				
$10^3 v$	ϱ	h	u	s	t	$10^3 v$	ϱ	h	u	s
m^3/kg	kg/m^3	kJ/kg		kJ/kgK	°C	m^3/kg	kg/m^3	kJ/kg		kJ/kg K
1.5862	630.4	1869.9	1751.0	3.9353	**410**	1.5590	641.4	1862.0	1737.3	3.9122
1.6371	610.8	1926.1	1803.3	4.0169	**420**	1.6052	623.0	1916.6	1788.2	3.9915
1.6937	590.4	1983.8	1856.8	4.0996	**430**	1.6561	603.8	1972.4	1839.9	4.0714
1.7567	569.3	2043.1	1911.4	4.1833	**440**	1.7122	584.1	2029.5	1892.5	4.1520
1.8269	547.4	2104.0	1967.0	4.2681	**450**	1.7740	563.7	2087.9	1946.0	4.2334
1.9052	524.9	2166.5	2023.6	4.3539	**460**	1.8423	542.8	2147.7	2000.3	4.3155
1.9923	501.9	2230.6	2081.1	4.4407	**470**	1.9176	521.5	2208.8	2055.4	4.3982
2.0886	478.8	2295.9	2139.2	4.5280	**480**	2.0002	499.9	2270.9	2110.9	4.4813
2.1943	455.7	2362.1	2197.6	4.6154	**490**	2.0905	478.4	2334.0	2166.8	4.5645
2.3088	433.1	2428.8	2255.7	4.7022	**500**	2.1882	457.0	2397.7	2222.6	4.6474
2.4312	411.3	2495.4	2313.1	4.7878	**510**	2.2930	436.1	2461.5	2278.1	4.7294
2.5601	390.6	2561.3	2369.3	4.8714	**520**	2.4040	416.0	2525.1	2332.8	4.8101
2.6940	371.2	2625.9	2423.9	4.9523	**530**	2.5203	396.8	2588.0	2386.4	4.8889
2.8310	353.2	2688.9	2476.6	5.0302	**540**	2.6405	378.7	2649.8	2438.5	4.9654
2.9697	336.7	2749.9	2527.2	5.1048	**550**	2.7634	361.9	2710.1	2489.1	5.0391
3.109	321.7	2808.8	2575.6	5.1759	**560**	2.888	346.3	2768.8	2537.8	5.1100
3.247	308.0	2865.5	2621.9	5.2436	**570**	3.013	331.9	2825.7	2584.7	5.1779
3.384	295.5	2920.0	2666.2	5.3079	**580**	3.138	318.7	2880.8	2629.7	5.2428
3.519	284.2	2972.6	2708.6	5.3691	**590**	3.262	306.6	2934.0	2673.0	5.3048
3.652	273.8	3023.2	2749.3	5.4274	**600**	3.385	295.4	2985.4	2714.6	5.3640
3.782	264.38	3072.0	2788.3	5.4830	**610**	3.506	285.2	3035.1	2754.7	5.4207
3.910	255.74	3119.2	2825.9	5.5361	**620**	3.625	275.9	3083.3	2793.3	5.4749
4.036	247.79	3164.9	2862.2	5.5870	**630**	3.742	267.2	3130.0	2830.6	5.5269
4.159	240.46	3209.2	2897.3	5.6358	**640**	3.858	259.2	3175.3	2866.7	5.5768
4.279	233.69	3252.3	2931.3	5.6827	**650**	3.971	251.8	3219.4	2901.7	5.6248
4.397	227.40	3294.2	2964.4	5.7279	**660**	4.082	244.95	3262.3	2935.7	5.6710
4.514	221.55	3335.1	2996.6	5.7715	**670**	4.192	238.55	3304.2	2968.8	5.7157
4.628	216.10	3375.1	3028.0	5.8137	**680**	4.300	232.58	3345.0	3001.1	5.7588
4.739	210.99	3414.2	3058.7	5.8545	**690**	4.406	226.99	3385.0	3032.6	5.8005
4.850	206.20	3452.5	3088.8	5.8941	**700**	4.510	221.74	3424.2	3063.4	5.8410
4.958	201.70	3490.1	3118.3	5.9326	**710**	4.612	216.81	3462.7	3093.7	5.8803
5.064	197.46	3527.1	3147.3	5.9700	**720**	4.713	212.17	3500.4	3123.3	5.9185
5.169	193.45	3563.5	3175.8	6.0064	**730**	4.813	207.78	3537.5	3152.5	5.9557
5.273	189.66	3599.3	3203.8	6.0419	**740**	4.911	203.63	3574.1	3181.2	5.9919
5.375	186.06	3634.6	3231.5	6.0766	**750**	5.008	199.70	3610.1	3209.4	6.0273
5.475	182.64	3669.4	3258.8	6.1105	**760**	5.103	195.96	3645.6	3237.3	6.0618
5.574	179.39	3703.8	3285.7	6.1436	**770**	5.197	192.41	3680.6	3264.8	6.0956
5.672	176.29	3737.8	3312.4	6.1760	**780**	5.290	189.03	3715.2	3292.0	6.1286
5.769	173.34	3771.4	3338.7	6.2078	**790**	5.382	185.80	3749.4	3318.9	6.1609
5.865	170.51	3804.7	3364.8	6.2390	**800**	5.473	182.72	3783.3	3345.5	6.1926
6.053	165.21	3870.3	3416.4	6.2996	**820**	5.652	176.94	3850.0	3397.9	6.2542
6.237	160.33	3934.9	3467.1	6.3581	**840**	5.826	171.63	3915.6	3449.5	6.3137
6.418	155.82	3998.5	3517.1	6.4147	**860**	5.998	166.72	3980.1	3500.3	6.3711
6.595	151.63	4061.2	3566.6	6.4696	**880**	6.166	162.17	4043.8	3550.5	6.4268
6.769	147.73	4123.3	3615.6	6.5230	**900**	6.332	157.94	4106.6	3600.1	6.4809
6.941	144.08	4184.7	3664.2	6.5749	**920**	6.494	153.98	4168.8	3649.3	6.5335
7.110	140.66	4245.6	3712.4	6.6255	**940**	6.655	150.27	4230.5	3698.1	6.5847
7.276	137.44	4306.0	3760.3	6.6749	**960**	6.813	146.79	4291.6	3746.6	6.6346
7.440	134.40	4366.0	3808.0	6.7232	**980**	6.968	143.51	4352.2	3794.7	6.6834
7.603	131.53	4425.7	3855.5	6.7704	**1000**	7.122	140.41	4412.5	3842.7	6.7311
9.138	109.43	5011.	4325.	7.197	**1200**	8.576	116.60	5002.	4316.	7.161
10.569	94.62	5589.	4797.	7.566	**1400**	9.928	100.73	5584.	4789.	7.532
11.939	83.76	6171.	5276.	7.894	**1600**	11.220	89.13	6168.	5270.	7.862
13.271	75.35	6761.	5765.	8.193	**1800**	12.475	80.16	6759.	5761.	8.161
14.579	68.59	7358.	6264.	8.468	**2000**	13.706	72.96	7357.	6261.	8.437

Tafel 3. Druckwasser und überhitzter Dampf (Fortsetzung)

850 bar						900 bar				
$10^3 v$	ϱ	h	u	s	t	$10^3 v$	ϱ	h	u	s
m³/kg	kg/m³	kJ/kg		kJ/kgK	°C	m³/kg	kg/m³	kJ/kg		kJ/kg K
0.96236	1039.12	81.80	0.00	-0.00563	**0**	0.96043	1041.20	86.35	-0.08	-0.00655
0.96334	1038.05	101.49	19.61	0.06581	**5**	0.96146	1040.09	106.00	19.47	0.06472
0.96449	1036.82	121.25	39.26	0.13620	**10**	0.96264	1038.81	125.71	39.07	0.13496
0.96579	1035.42	141.08	58.99	0.20564	**15**	0.96397	1037.38	145.51	58.75	0.20425
0.96723	1033.88	161.00	78.78	0.27416	**20**	0.96544	1035.80	165.38	78.49	0.27264
0.96881	1032.19	180.98	98.63	0.34175	**25**	0.96703	1034.09	185.33	98.29	0.34010
0.97052	1030.38	201.02	118.52	0.40839	**30**	0.96875	1032.26	205.33	118.14	0.40662
0.97234	1028.44	221.09	138.44	0.47407	**35**	0.97059	1030.31	225.36	138.01	0.47218
0.97429	1026.39	241.19	158.38	0.53878	**40**	0.97254	1028.24	245.43	157.90	0.53678
0.97635	1024.23	261.31	178.32	0.60252	**45**	0.97460	1026.07	265.52	177.80	0.60041
0.97851	1021.96	281.45	198.27	0.66532	**50**	0.97676	1023.79	285.62	197.71	0.66310
0.98079	1019.58	301.59	218.22	0.72718	**55**	0.97904	1021.41	305.73	217.61	0.72485
0.98318	1017.11	321.75	238.18	0.78815	**60**	0.98142	1018.93	325.85	237.52	0.78571
0.98567	1014.54	341.92	258.13	0.84823	**65**	0.98390	1016.37	345.98	257.43	0.84570
0.98826	1011.88	362.10	278.09	0.90748	**70**	0.98648	1013.71	366.13	277.35	0.90484
0.99096	1009.12	382.29	298.06	0.96590	**75**	0.98916	1010.96	386.29	297.26	0.96316
0.99376	1006.28	402.50	318.03	1.02354	**80**	0.99194	1008.12	406.46	317.19	1.02070
0.99665	1003.36	422.73	338.02	1.08042	**85**	0.99482	1005.21	426.66	337.12	1.07748
0.99965	1000.35	442.98	358.01	1.13656	**90**	0.99779	1002.21	446.87	357.07	1.13353
1.00275	997.26	463.25	378.01	1.19200	**95**	1.00087	999.13	467.10	377.03	1.18886
1.00594	994.09	483.54	398.03	1.24674	**100**	1.00404	995.98	487.36	396.99	1.24351
1.00924	990.85	503.85	418.07	1.30082	**105**	1.00730	992.75	507.64	416.98	1.29749
1.01263	987.53	524.19	438.12	1.35425	**110**	1.01066	989.45	527.94	436.98	1.35082
1.01612	984.13	544.55	458.18	1.40705	**115**	1.01412	986.08	548.26	456.99	1.40352
1.01971	980.67	564.94	478.26	1.45923	**120**	1.01767	982.64	568.61	477.02	1.45561
1.02340	977.14	585.35	498.36	1.51082	**125**	1.02132	979.13	588.98	497.06	1.50710
1.02719	973.53	605.78	518.47	1.56182	**130**	1.02507	975.55	609.37	517.12	1.55800
1.03107	969.86	626.24	538.60	1.61226	**135**	1.02891	971.90	629.79	537.19	1.60834
1.03506	966.12	646.73	558.75	1.66214	**140**	1.03285	968.19	650.24	557.28	1.65813
1.03916	962.32	667.24	578.91	1.71149	**145**	1.03690	964.42	670.71	577.38	1.70737
1.0434	958.4	687.8	599.1	1.7603	**150**	1.0410	960.6	691.2	597.5	1.7561
1.0521	950.5	728.9	639.5	1.8564	**160**	1.0496	952.7	732.3	637.8	1.8520
1.0612	942.3	770.2	680.0	1.9506	**170**	1.0587	944.6	773.4	678.2	1.9460
1.0708	933.9	811.6	720.6	2.0430	**180**	1.0681	936.2	814.7	718.6	2.0381
1.0809	925.2	853.1	761.2	2.1336	**190**	1.0780	927.6	856.1	759.1	2.1285
1.0915	916.2	894.8	802.0	2.2227	**200**	1.0884	918.7	897.7	799.7	2.2173
1.1026	907.0	936.6	842.9	2.3102	**210**	1.0994	909.6	939.4	840.5	2.3046
1.1142	897.5	978.7	884.0	2.3963	**220**	1.1108	900.3	981.3	881.3	2.3904
1.1265	887.7	1020.9	925.2	2.4811	**230**	1.1228	890.6	1023.4	922.4	2.4749
1.1394	877.7	1063.4	966.6	2.5647	**240**	1.1354	880.7	1065.7	963.6	2.5582
1.1529	867.3	1106.2	1008.2	2.6473	**250**	1.1487	870.5	1108.3	1004.9	2.6404
1.1673	856.7	1149.2	1050.0	2.7288	**260**	1.1627	860.1	1151.2	1046.5	2.7215
1.1823	845.8	1192.6	1092.1	2.8094	**270**	1.1774	849.3	1194.3	1088.4	2.8017
1.1983	834.5	1236.3	1134.5	2.8891	**280**	1.1930	838.3	1237.8	1130.5	2.8811
1.2152	822.9	1280.4	1177.2	2.9682	**290**	1.2094	826.9	1281.7	1172.8	2.9596
1.2331	811.0	1325.0	1220.2	3.0466	**300**	1.2267	815.2	1325.9	1215.5	3.0375
1.2521	798.7	1370.0	1263.6	3.1245	**310**	1.2451	803.1	1370.6	1258.6	3.1148
1.2723	786.0	1415.5	1307.4	3.2018	**320**	1.2646	790.7	1415.8	1302.0	3.1916
1.2938	772.9	1461.6	1351.6	3.2788	**330**	1.2854	778.0	1461.4	1345.8	3.2679
1.3169	759.4	1508.2	1396.3	3.3555	**340**	1.3075	764.8	1507.6	1390.0	3.3439
1.3415	745.4	1555.5	1441.5	3.4320	**350**	1.3311	751.3	1554.4	1434.6	3.4196
1.3679	731.0	1603.5	1487.2	3.5084	**360**	1.3563	737.3	1601.8	1479.7	3.4950
1.3963	716.2	1652.1	1533.5	3.5847	**370**	1.3832	722.9	1649.9	1525.4	3.5703
1.4269	700.8	1701.6	1580.3	3.6610	**380**	1.4122	708.1	1698.6	1571.5	3.6455
1.4600	684.9	1751.9	1627.8	3.7374	**390**	1.4434	692.8	1748.1	1618.2	3.7208
1.4959	668.5	1803.1	1676.0	3.8141	**400**	1.4770	677.0	1798.4	1665.5	3.7960

Tafel 3. Druckwasser und überhitzter Dampf (Fortsetzung)

850 bar						900 bar				
$10^3 v$	ϱ	h	u	s	t	$10^3 v$	ϱ	h	u	s
m^3/kg	kg/m^3	kJ/kg		kJ/kgK	°C	m^3/kg	kg/m^3	kJ/kg		kJ/kg K
1.5349	651.5	1855.3	1724.8	3.8910	**410**	1.5133	660.8	1849.6	1713.4	3.8714
1.5773	634.0	1908.5	1774.4	3.9683	**420**	1.5526	644.1	1901.6	1761.8	3.9470
1.6236	615.9	1962.7	1824.7	4.0460	**430**	1.5952	626.9	1954.5	1810.9	4.0228
1.6743	597.3	2018.1	1875.7	4.1241	**440**	1.6414	609.2	2008.4	1860.6	4.0989
1.7297	578.1	2074.5	1927.5	4.2027	**450**	1.6916	591.1	2063.2	1910.9	4.1752
1.7903	558.6	2132.1	1979.9	4.2818	**460**	1.7462	572.7	2118.9	1961.8	4.2518
1.8566	538.6	2190.7	2032.9	4.3613	**470**	1.8055	553.9	2175.6	2013.1	4.3286
1.9289	518.4	2250.4	2086.4	4.4410	**480**	1.8698	534.8	2233.1	2064.9	4.4055
2.0074	498.1	2310.8	2140.2	4.5207	**490**	1.9392	515.7	2291.4	2116.9	4.4823
2.0923	477.9	2371.9	2194.0	4.6002	**500**	2.0140	496.5	2350.3	2169.0	4.5590
2.1832	458.0	2433.3	2247.7	4.6791	**510**	2.0940	477.6	2409.5	2221.0	4.6351
2.2798	438.6	2494.7	2300.9	4.7570	**520**	2.1790	458.9	2468.9	2272.8	4.7104
2.3815	419.9	2555.7	2353.3	4.8334	**530**	2.2686	440.8	2528.1	2323.9	4.7846
2.4873	402.0	2616.0	2404.6	4.9081	**540**	2.3623	423.3	2586.9	2374.3	4.8574
2.5964	385.2	2675.4	2454.7	4.9806	**550**	2.4594	406.6	2645.0	2423.7	4.9284
2.708	369.3	2733.4	2503.3	5.0507	**560**	2.559	390.7	2702.2	2471.9	4.9975
2.821	354.5	2790.1	2550.3	5.1183	**570**	2.661	375.8	2758.3	2518.8	5.0644
2.934	340.8	2845.2	2595.8	5.1833	**580**	2.764	361.8	2813.1	2564.4	5.1291
3.048	328.1	2898.7	2639.6	5.2456	**590**	2.868	348.7	2866.6	2608.5	5.1914
3.160	316.4	2950.6	2681.9	5.3054	**600**	2.972	336.5	2918.7	2651.3	5.2514
3.273	305.6	3000.9	2722.8	5.3628	**610**	3.075	325.2	2969.4	2692.6	5.3091
3.383	295.6	3049.8	2762.2	5.4178	**620**	3.178	314.7	3018.7	2732.7	5.3646
3.493	286.3	3097.2	2800.3	5.4706	**630**	3.280	304.9	3066.7	2771.5	5.4180
3.601	277.7	3143.4	2837.3	5.5214	**640**	3.381	295.8	3113.4	2809.1	5.4695
3.707	269.7	3188.2	2873.1	5.5703	**650**	3.481	287.3	3158.9	2845.7	5.5191
3.812	262.31	3232.0	2907.9	5.6174	**660**	3.579	279.4	3203.3	2881.2	5.5669
3.916	255.39	3274.7	2941.8	5.6629	**670**	3.677	272.0	3246.7	2915.8	5.6131
4.017	248.92	3316.3	2974.9	5.7069	**680**	3.773	265.1	3289.1	2949.5	5.6578
4.117	242.87	3357.1	3007.1	5.7494	**690**	3.867	258.6	3330.5	2982.5	5.7011
4.216	237.19	3397.1	3038.7	5.7907	**700**	3.961	252.5	3371.1	3014.7	5.7431
4.313	231.84	3436.3	3069.6	5.8308	**710**	4.053	246.74	3411.0	3046.2	5.7838
4.409	226.81	3474.7	3100.0	5.8697	**720**	4.144	241.33	3450.1	3077.2	5.8234
4.503	222.05	3512.5	3129.7	5.9076	**730**	4.233	236.22	3488.5	3107.5	5.8619
4.597	217.56	3549.7	3159.0	5.9445	**740**	4.322	231.39	3526.3	3137.4	5.8994
4.688	213.29	3586.4	3187.9	5.9805	**750**	4.409	226.80	3563.6	3166.8	5.9360
4.779	209.25	3622.5	3216.3	6.0156	**760**	4.495	222.45	3600.3	3195.7	5.9717
4.869	205.40	3658.1	3244.3	6.0499	**770**	4.581	218.32	3636.5	3224.2	6.0065
4.957	201.73	3693.3	3272.0	6.0835	**780**	4.665	214.38	3672.2	3252.4	6.0406
5.044	198.24	3728.1	3299.4	6.1164	**790**	4.748	210.62	3707.5	3280.2	6.0740
5.131	194.90	3762.5	3326.4	6.1486	**800**	4.830	207.03	3742.4	3307.7	6.1067
5.301	188.65	3830.3	3379.7	6.2112	**820**	4.992	200.32	3811.2	3361.9	6.1701
5.467	182.91	3896.8	3432.1	6.2715	**840**	5.151	194.15	3878.6	3415.0	6.2312
5.630	177.61	3962.2	3483.7	6.3297	**860**	5.306	188.46	3944.9	3467.3	6.2903
5.790	172.70	4026.7	3534.5	6.3861	**880**	5.459	183.19	4010.2	3518.9	6.3474
5.948	168.13	4090.4	3584.8	6.4409	**900**	5.609	178.29	4074.6	3569.8	6.4028
6.103	163.86	4153.3	3634.6	6.4941	**920**	5.757	173.72	4138.2	3620.2	6.4566
6.255	159.87	4215.7	3684.0	6.5459	**940**	5.902	169.44	4201.2	3670.1	6.5089
6.405	156.12	4277.4	3733.0	6.5964	**960**	6.045	165.42	4263.6	3719.6	6.5600
6.554	152.59	4338.7	3781.7	6.6457	**980**	6.186	161.64	4325.5	3768.7	6.6097
6.700	149.26	4399.6	3830.1	6.6939	**1000**	6.326	158.08	4386.9	3817.6	6.6584
8.081	123.75	4994.	4307.	7.127	**1200**	7.641	130.87	4985.	4298.	7.095
9.362	106.81	5578.	4782.	7.500	**1400**	8.861	112.86	5573.	4776.	7.469
10.585	94.47	6165.	5265.	7.831	**1600**	10.022	99.78	6161.	5259.	7.801
11.772	84.95	6757.	5756.	8.131	**1800**	11.147	89.71	6755.	5752.	8.102
12.935	77.31	7356.	6257.	8.407	**2000**	12.249	81.64	7355.	6253.	8.379

Tafel 3. Druckwasser und überhitzter Dampf (Fortsetzung)

950 bar						1000 bar				
$10^3 v$	ϱ	h	u	s	t	$10^3 v$	ϱ	h	u	s
m^3/kg	kg/m^3	kJ/kg		kJ/kgK	°C	m^3/kg	kg/m^3	kJ/kg		kJ/kg K
0.95853	1043.27	90.89	-0.17	-0.00752	**0**	0.95666	1045.31	95.40	-0.27	-0.00854
0.95960	1042.10	110.49	19.33	0.06359	**5**	0.95777	1044.09	114.96	19.18	0.06243
0.96082	1040.78	130.16	38.88	0.13368	**10**	0.95902	1042.73	134.59	38.69	0.13238
0.96218	1039.31	149.91	58.51	0.20284	**15**	0.96041	1041.23	154.31	58.27	0.20141
0.96366	1037.71	169.75	78.21	0.27110	**20**	0.96191	1039.59	174.11	77.92	0.26954
0.96528	1035.97	189.66	97.96	0.33844	**25**	0.96354	1037.84	193.98	97.63	0.33676
0.96701	1034.12	209.62	117.76	0.40484	**30**	0.96529	1035.96	213.91	117.38	0.40304
0.96885	1032.15	229.63	137.59	0.47028	**35**	0.96714	1033.98	233.88	137.17	0.46838
0.97081	1030.07	249.66	157.43	0.53477	**40**	0.96910	1031.89	253.88	156.97	0.53276
0.97287	1027.89	269.71	177.29	0.59829	**45**	0.97116	1029.69	273.90	176.78	0.59618
0.97504	1025.60	289.78	197.15	0.66087	**50**	0.97333	1027.40	293.93	196.60	0.65866
0.97731	1023.22	309.86	217.01	0.72253	**55**	0.97559	1025.02	313.98	216.42	0.72021
0.97968	1020.74	329.94	236.87	0.78329	**60**	0.97796	1022.54	334.03	236.24	0.78087
0.98215	1018.18	350.04	256.74	0.84317	**65**	0.98042	1019.97	354.10	256.06	0.84066
0.98472	1015.52	370.16	276.61	0.90221	**70**	0.98298	1017.32	374.18	275.88	0.89960
0.98738	1012.78	390.28	296.48	0.96044	**75**	0.98563	1014.58	394.27	295.71	0.95773
0.99015	1009.95	410.42	316.36	1.01788	**80**	0.98838	1011.76	414.38	315.54	1.01508
0.99301	1007.04	430.58	336.25	1.07457	**85**	0.99122	1008.86	434.51	335.38	1.07167
0.99596	1004.06	450.76	356.14	1.13052	**90**	0.99415	1005.88	454.65	355.23	1.12752
0.99901	1000.99	470.96	376.05	1.18576	**95**	0.99718	1002.83	474.81	375.10	1.18267
1.00215	997.85	491.18	395.97	1.24031	**100**	1.00030	999.70	495.00	394.97	1.23713
1.00539	994.64	511.42	415.91	1.29419	**105**	1.00350	996.51	515.21	414.86	1.29092
1.00872	991.36	531.68	435.86	1.34743	**110**	1.00681	993.24	535.43	434.75	1.34407
1.01214	988.00	551.97	455.82	1.40004	**115**	1.01020	989.91	555.69	454.67	1.39658
1.01566	984.58	572.28	475.79	1.45203	**120**	1.01368	986.50	575.96	474.59	1.44848
1.01927	981.09	592.62	495.78	1.50342	**125**	1.01726	983.04	596.26	494.53	1.49978
1.02298	977.54	612.97	515.79	1.55423	**130**	1.02092	979.50	616.58	514.48	1.55050
1.02678	973.92	633.35	535.81	1.60447	**135**	1.02469	975.91	636.92	534.45	1.60064
1.03068	970.23	653.76	555.84	1.65416	**140**	1.02854	972.25	657.28	554.43	1.65023
1.03468	966.49	674.18	575.89	1.70330	**145**	1.03249	968.53	677.67	574.42	1.69928
1.0388	962.7	694.6	596.0	1.7519	**150**	1.0365	964.8	698.1	594.4	1.7478
1.0473	954.9	735.6	636.1	1.8476	**160**	1.0449	957.0	739.0	634.5	1.8433
1.0562	946.8	776.7	676.4	1.9414	**170**	1.0537	949.0	780.0	674.6	1.9369
1.0655	938.5	817.9	716.7	2.0333	**180**	1.0629	940.8	821.1	714.8	2.0286
1.0753	930.0	859.2	757.0	2.1235	**190**	1.0725	932.4	862.3	755.0	2.1185
1.0855	921.2	900.6	797.5	2.2120	**200**	1.0826	923.7	903.6	795.3	2.2068
1.0962	912.2	942.2	838.1	2.2990	**210**	1.0931	914.8	945.1	835.8	2.2936
1.1075	903.0	984.0	878.8	2.3846	**220**	1.1042	905.6	986.7	876.3	2.3789
1.1192	893.5	1026.0	919.6	2.4688	**230**	1.1158	896.2	1028.5	917.0	2.4628
1.1316	883.7	1068.1	960.6	2.5518	**240**	1.1279	886.6	1070.6	957.8	2.5455
1.1446	873.7	1110.5	1001.8	2.6336	**250**	1.1406	876.7	1112.8	998.7	2.6270
1.1583	863.4	1153.2	1043.2	2.7144	**260**	1.1540	866.6	1155.3	1039.9	2.7075
1.1726	852.8	1196.2	1084.8	2.7942	**270**	1.1680	856.1	1198.0	1081.2	2.7870
1.1878	841.9	1239.4	1126.6	2.8732	**280**	1.1828	845.4	1241.1	1122.8	2.8655
1.2038	830.7	1283.0	1168.7	2.9513	**290**	1.1984	834.5	1284.5	1164.6	2.9432
1.2206	819.3	1327.0	1211.1	3.0287	**300**	1.2148	823.2	1328.2	1206.7	3.0202
1.2385	807.5	1371.4	1253.8	3.1055	**310**	1.2321	811.6	1372.3	1249.1	3.0965
1.2573	795.3	1416.2	1296.8	3.1817	**320**	1.2504	799.8	1416.8	1291.8	3.1722
1.2774	782.9	1461.5	1340.2	3.2574	**330**	1.2697	787.6	1461.8	1334.8	3.2473
1.2986	770.1	1507.3	1383.9	3.3327	**340**	1.2902	775.1	1507.2	1378.2	3.3220
1.3212	756.9	1553.6	1428.1	3.4076	**350**	1.3120	762.2	1553.1	1421.9	3.3962
1.3453	743.3	1600.5	1472.7	3.4823	**360**	1.3351	749.0	1599.5	1466.0	3.4701
1.3711	729.3	1648.0	1517.7	3.5567	**370**	1.3597	735.4	1646.4	1510.5	3.5437
1.3986	715.0	1696.1	1563.2	3.6309	**380**	1.3859	721.5	1694.0	1555.4	3.6170
1.4281	700.2	1744.9	1609.2	3.7051	**390**	1.4139	707.2	1742.1	1600.7	3.6902
1.4597	685.1	1794.4	1655.7	3.7791	**400**	1.4439	692.6	1790.9	1646.5	3.7632

Tafel 3. Druckwasser und überhitzter Dampf (Fortsetzung)

950 bar						1000 bar				
$10^3 v$	ϱ	h	u	s	t	$10^3 v$	ϱ	h	u	s
m^3/kg	kg/m^3	kJ/kg		kJ/kgK	°C	m^3/kg	kg/m^3	kJ/kg		kJ/kg K
1.4938	669.5	1844.6	1702.7	3.8532	**410**	1.4759	677.5	1840.4	1692.8	3.8361
1.5304	653.4	1895.6	1750.2	3.9273	**420**	1.5103	662.1	1890.5	1739.5	3.9089
1.5699	637.0	1947.4	1798.3	4.0015	**430**	1.5471	646.4	1941.3	1786.6	3.9817
1.6125	620.2	2000.0	1846.8	4.0758	**440**	1.5867	630.2	1992.8	1834.2	4.0545
1.6585	603.0	2053.5	1895.9	4.1502	**450**	1.6292	613.8	2045.1	1882.2	4.1273
1.7082	585.4	2107.7	1945.4	4.2247	**460**	1.6749	597.1	2098.1	1930.6	4.2000
1.7618	567.6	2162.8	1995.4	4.2993	**470**	1.7239	580.1	2151.7	1979.3	4.2727
1.8197	549.5	2218.5	2045.7	4.3738	**480**	1.7766	562.9	2206.0	2028.3	4.3453
1.8819	531.4	2275.0	2096.2	4.4483	**490**	1.8329	545.6	2260.9	2077.6	4.4176
1.9487	513.2	2331.9	2146.8	4.5224	**500**	1.8932	528.2	2316.2	2126.9	4.4897
2.0199	495.1	2389.3	2197.4	4.5962	**510**	1.9573	510.9	2372.0	2176.2	4.5613
2.0955	477.2	2446.9	2247.8	4.6692	**520**	2.0253	493.8	2427.9	2225.4	4.6324
2.1753	459.7	2504.4	2297.8	4.7413	**530**	2.0969	476.9	2484.0	2274.3	4.7026
2.2589	442.7	2561.7	2347.2	4.8123	**540**	2.1721	460.4	2539.9	2322.7	4.7718
2.3458	426.3	2618.6	2395.8	4.8818	**550**	2.2504	444.4	2595.5	2370.5	4.8398
2.4356	410.6	2674.8	2443.4	4.9496	**560**	2.3315	428.9	2650.7	2417.5	4.9064
2.5275	395.6	2730.1	2490.0	5.0156	**570**	2.4148	414.1	2705.2	2463.7	4.9714
2.6211	381.5	2784.5	2535.5	5.0797	**580**	2.5001	400.0	2758.8	2508.8	5.0347
2.7158	368.2	2837.7	2579.7	5.1417	**590**	2.5867	386.6	2811.6	2552.9	5.0961
2.8112	355.7	2889.7	2622.6	5.2016	**600**	2.6743	373.9	2863.4	2595.9	5.1558
2.907	344.0	2940.4	2664.3	5.2594	**610**	2.762	362.0	2914.0	2637.8	5.2135
3.002	333.1	2990.0	2704.8	5.3152	**620**	2.851	350.8	2963.6	2678.5	5.2693
3.097	322.9	3038.3	2744.1	5.3690	**630**	2.939	340.2	3012.1	2718.2	5.3233
3.191	313.3	3085.5	2782.3	5.4209	**640**	3.027	330.3	3059.5	2756.8	5.3755
3.285	304.4	3131.5	2819.4	5.4710	**650**	3.115	321.0	3105.8	2794.4	5.4259
3.378	296.1	3176.4	2855.5	5.5194	**660**	3.202	312.3	3151.1	2831.0	5.4748
3.469	288.2	3220.3	2890.7	5.5662	**670**	3.288	304.1	3195.5	2866.7	5.5220
3.560	280.9	3263.2	2925.0	5.6115	**680**	3.373	296.4	3238.9	2901.5	5.5678
3.649	274.0	3305.3	2958.6	5.6554	**690**	3.458	289.2	3281.4	2935.6	5.6121
3.738	267.6	3346.5	2991.4	5.6979	**700**	3.542	282.4	3323.1	2968.9	5.6552
3.825	261.45	3386.9	3023.5	5.7393	**710**	3.624	275.9	3364.0	3001.5	5.6970
3.911	255.69	3426.6	3055.0	5.7794	**720**	3.706	269.8	3404.1	3033.5	5.7377
3.996	250.24	3465.5	3085.9	5.8185	**730**	3.787	264.1	3443.6	3064.9	5.7772
4.080	245.08	3503.9	3116.3	5.8565	**740**	3.867	258.6	3482.5	3095.8	5.8158
4.163	240.19	3541.7	3146.2	5.8936	**750**	3.946	253.4	3520.7	3126.1	5.8534
4.245	235.55	3578.9	3175.6	5.9298	**760**	4.024	248.50	3558.4	3156.0	5.8900
4.327	231.13	3615.6	3204.6	5.9652	**770**	4.101	243.81	3595.6	3185.5	5.9258
4.407	226.93	3651.9	3233.2	5.9998	**780**	4.178	239.35	3632.3	3214.5	5.9608
4.486	222.91	3687.7	3261.5	6.0336	**790**	4.254	235.09	3668.5	3243.2	5.9951
4.564	219.08	3723.0	3289.4	6.0667	**800**	4.328	231.03	3704.3	3271.5	6.0286
4.719	211.91	3792.7	3344.4	6.1310	**820**	4.476	223.42	3774.8	3327.2	6.0937
4.870	205.33	3860.9	3398.2	6.1929	**840**	4.621	216.42	3843.9	3381.8	6.1563
5.019	199.25	3928.0	3451.2	6.2526	**860**	4.762	209.97	3911.7	3435.5	6.2167
5.165	193.63	3994.1	3503.4	6.3104	**880**	4.902	204.00	3978.5	3488.3	6.2751
5.308	188.40	4059.2	3555.0	6.3664	**900**	5.039	198.45	4044.3	3540.4	6.3317
5.449	183.52	4123.5	3605.9	6.4208	**920**	5.174	193.28	4109.3	3591.9	6.3866
5.588	178.96	4187.2	3656.3	6.4737	**940**	5.307	188.44	4173.5	3642.8	6.4400
5.725	174.69	4250.2	3706.4	6.5252	**960**	5.438	183.90	4237.1	3693.3	6.4920
5.860	170.66	4312.6	3756.0	6.5755	**980**	5.567	179.63	4300.1	3743.4	6.5427
5.993	166.87	4374.6	3805.3	6.6245	**1000**	5.694	175.61	4362.6	3793.2	6.5921
7.249	137.95	4977.	4289.	7.064	**1200**	6.896	145.01	4970.	4280.	7.035
8.411	118.89	5568.	4769.	7.440	**1400**	8.007	124.89	5563.	4762.	7.413
9.517	105.07	6158.	5254.	7.774	**1600**	9.064	110.33	6155.	5248.	7.747
10.588	94.45	6753.	5747.	8.075	**1800**	10.085	99.16	6751.	5743.	8.049
11.636	85.94	7354.	6249.	8.352	**2000**	11.083	90.23	7354.	6245.	8.327

Tafel 3. Druckwasser und überhitzter Dampf (Fortsetzung)

1050 bar						1100 bar				
$10^3 v$	ϱ	h	u	s	t	$10^3 v$	ϱ	h	u	s
m^3/kg	kg/m^3	kJ/kg		kJ/kgK	°C	m^3/kg	kg/m^3	kJ/kg		kJ/kg K
0.9548	1047.3	99.9	-0.4	-0.0096	**0**	0.9530	1049.3	104.4	-0.5	-0.0107
0.9572	1044.7	139.0	38.5	0.1310	**10**	0.9555	1046.6	143.4	38.3	0.1297
0.9602	1041.5	178.5	77.6	0.2680	**20**	0.9585	1043.3	182.8	77.3	0.2664
0.9636	1037.8	218.2	117.0	0.4012	**30**	0.9619	1039.6	222.5	116.6	0.3994
0.9674	1033.7	258.1	156.5	0.5307	**40**	0.9657	1035.5	262.3	156.1	0.5287
0.9716	1029.2	298.1	196.1	0.6564	**50**	0.9700	1031.0	302.2	195.5	0.6542
0.9763	1024.3	338.1	235.6	0.7785	**60**	0.9746	1026.1	342.2	235.0	0.7761
0.9813	1019.1	378.2	275.2	0.8970	**70**	0.9796	1020.9	382.2	274.5	0.8944
0.9866	1013.6	418.3	314.7	1.0123	**80**	0.9849	1015.3	422.3	313.9	1.0095
0.9924	1007.7	458.5	354.3	1.1246	**90**	0.9906	1009.5	462.4	353.5	1.1216
0.9985	1001.5	498.8	394.0	1.2340	**100**	0.9967	1003.4	502.6	393.0	1.2309
1.0049	995.1	539.2	433.7	1.3407	**110**	1.0031	997.0	542.9	432.6	1.3374
1.0117	988.4	579.6	473.4	1.4450	**120**	1.0098	990.3	583.3	472.3	1.4415
1.0189	981.4	620.2	513.2	1.5468	**130**	1.0169	983.4	623.8	511.9	1.5431
1.0264	974.2	660.8	553.0	1.6464	**140**	1.0244	976.2	664.4	551.7	1.6425
1.0343	966.8	701.5	592.9	1.7437	**150**	1.0322	968.8	705.0	591.5	1.7397
1.0426	959.1	742.3	632.9	1.8391	**160**	1.0404	961.2	745.7	631.3	1.8348
1.0513	951.2	783.2	672.9	1.9324	**170**	1.0489	953.4	786.5	671.2	1.9280
1.0604	943.1	824.2	712.9	2.0239	**180**	1.0579	945.3	827.5	711.1	2.0193
1.0698	934.7	865.4	753.0	2.1136	**190**	1.0672	937.0	868.5	751.1	2.1088
1.0798	926.1	906.6	793.2	2.2017	**200**	1.0770	928.5	909.6	791.1	2.1967
1.0901	917.3	948.0	833.5	2.2882	**210**	1.0872	919.8	950.9	831.3	2.2830
1.1010	908.3	989.5	873.9	2.3733	**220**	1.0979	910.8	992.2	871.5	2.3678
1.1124	899.0	1031.2	914.4	2.4570	**230**	1.1091	901.7	1033.8	911.8	2.4512
1.1243	889.5	1073.0	955.0	2.5394	**240**	1.1207	892.3	1075.5	952.3	2.5333
1.1368	879.7	1115.1	995.8	2.6206	**250**	1.1330	882.6	1117.5	992.9	2.6143
1.1498	869.7	1157.4	1036.7	2.7007	**260**	1.1458	872.8	1159.6	1033.6	2.6941
1.1636	859.4	1200.0	1077.8	2.7798	**270**	1.1592	862.6	1202.0	1074.5	2.7729
1.1780	848.9	1242.9	1119.2	2.8580	**280**	1.1733	852.3	1244.7	1115.6	2.8507
1.1932	838.1	1286.0	1160.7	2.9354	**290**	1.1881	841.7	1287.7	1157.0	2.9277
1.2091	827.0	1329.5	1202.6	3.0119	**300**	1.2037	830.8	1330.9	1198.5	3.0038
1.2437	804.1	1417.6	1287.0	3.1629	**320**	1.2373	808.2	1418.5	1282.4	3.1539
1.2822	779.9	1507.2	1372.6	3.3116	**340**	1.2746	784.6	1507.5	1367.3	3.3016
1.3254	754.5	1598.7	1459.6	3.4584	**360**	1.3163	759.7	1598.2	1453.4	3.4472
1.3741	727.7	1692.2	1548.0	3.6038	**380**	1.3630	733.7	1690.8	1540.9	3.5912
1.4292	699.7	1788.0	1637.9	3.7481	**400**	1.4156	706.4	1785.4	1629.7	3.7338
1.4919	670.3	1886.0	1729.4	3.8917	**420**	1.4750	678.0	1882.2	1719.9	3.8755
1.5634	639.6	1986.6	1822.4	4.0347	**440**	1.5423	648.4	1981.2	1811.5	4.0162
1.6453	607.8	2089.7	1916.9	4.1773	**460**	1.6188	617.7	2082.4	1904.3	4.1562
1.7389	575.1	2195.1	2012.6	4.3192	**480**	1.7055	586.3	2185.7	1998.1	4.2952
1.8453	541.9	2302.7	2108.9	4.4601	**500**	1.8034	554.5	2290.8	2092.5	4.4330
1.9652	508.9	2411.6	2205.2	4.5991	**520**	1.9132	522.7	2397.3	2186.8	4.5689
2.0982	476.6	2520.9	2300.6	4.7352	**540**	2.0345	491.5	2504.2	2280.4	4.7020
2.2428	445.9	2629.4	2393.9	4.8671	**560**	2.1666	461.6	2610.6	2372.3	4.8314
2.3966	417.3	2736.0	2484.3	4.9935	**580**	2.3074	433.4	2715.6	2461.8	4.9558
2.5566	391.1	2839.6	2571.1	5.1135	**600**	2.4547	407.4	2818.1	2548.0	5.0746
2.720	367.6	2939.	2654.	5.227	**620**	2.606	383.7	2917.	2631.	5.187
2.884	346.7	3035.	2733.	5.333	**640**	2.759	362.4	3013.	2710.	5.293
3.048	328.1	3128.	2808.	5.433	**660**	2.913	343.3	3106.	2785.	5.393
3.210	311.6	3216.	2879.	5.526	**680**	3.065	326.3	3194.	2857.	5.488
3.369	296.9	3301.	2947.	5.615	**700**	3.215	311.0	3280.	2926.	5.576
3.753	266.5	3501.	3107.	5.815	**750**	3.581	279.3	3482.	3088.	5.778
4.118	242.8	3686.	3254.	5.992	**800**	3.929	254.5	3669.	3237.	5.957
4.465	223.9	3862.	3393.	6.152	**850**	4.262	234.6	3846.	3378.	6.119
4.798	208.4	4030.	3526.	6.298	**900**	4.580	218.3	4016.	3512.	6.267
5.117	195.4	4192.	3655.	6.434	**950**	4.887	204.6	4180.	3642.	6.403
5.426	184.3	4351.	3781.	6.561	**1000**	5.183	192.9	4340.	3769.	6.531
6.578	152.0	4962.	4271.	7.007	**1200**	6.289	159.0	4954.	4262.	6.980
7.642	130.9	5557.	4755.	7.386	**1400**	7.310	136.8	5553.	4748.	7.361
8.653	115.6	6152.	5243.	7.722	**1600**	8.280	120.8	6148.	5238.	7.697
9.630	103.8	6749.	5738.	8.025	**1800**	9.216	108.5	6748.	5734.	8.001
10.583	94.5	7353.	6242.	8.303	**2000**	10.129	98.7	7352.	6238.	8.280

Tafel 3. Druckwasser und überhitzter Dampf (Fortsetzung)

1150 bar						1200 bar				
$10^3 v$	ϱ	h	u	s	t	$10^3 v$	ϱ	h	u	s
m³/kg	kg/m³	kJ/kg		kJ/kg K	°C	m³/kg	kg/m³	kJ/kg		kJ/kg K
0.9512	1051.3	108.8	-0.6	-0.0118	**0**	0.9495	1053.2	113.2	-0.7	-0.0130
0.9538	1048.5	147.8	38.1	0.1283	**10**	0.9521	1050.3	152.1	37.9	0.1269
0.9568	1045.2	187.1	77.1	0.2647	**20**	0.9551	1047.0	191.4	76.8	0.2631
0.9602	1041.4	226.7	116.3	0.3976	**30**	0.9586	1043.2	230.9	115.9	0.3958
0.9641	1037.2	266.5	155.6	0.5267	**40**	0.9625	1039.0	270.7	155.2	0.5247
0.9683	1032.7	306.3	195.0	0.6520	**50**	0.9667	1034.4	310.5	194.5	0.6498
0.9729	1027.8	346.3	234.4	0.7737	**60**	0.9713	1029.6	350.3	233.8	0.7713
0.9779	1022.6	386.2	273.8	0.8918	**70**	0.9762	1024.3	390.2	273.1	0.8893
0.9832	1017.1	426.2	313.2	1.0068	**80**	0.9815	1018.8	430.2	312.4	1.0040
0.9889	1011.3	466.3	352.6	1.1187	**90**	0.9871	1013.0	470.2	351.7	1.1158
0.9949	1005.2	506.5	392.1	1.2278	**100**	0.9931	1006.9	510.3	391.1	1.2247
1.0012	998.8	546.7	431.6	1.3342	**110**	0.9994	1000.6	550.5	430.5	1.3309
1.0079	992.2	587.0	471.1	1.4380	**120**	1.0060	994.0	590.7	470.0	1.4346
1.0149	985.3	627.4	510.7	1.5395	**130**	1.0130	987.2	631.0	509.5	1.5359
1.0223	978.2	667.9	550.3	1.6387	**140**	1.0203	980.1	671.5	549.0	1.6350
1.0300	970.8	708.5	590.0	1.7357	**150**	1.0280	972.8	712.0	588.6	1.7318
1.0381	963.3	749.1	629.7	1.8307	**160**	1.0359	965.3	752.5	628.2	1.8266
1.0466	955.5	789.9	669.5	1.9237	**170**	1.0443	957.6	793.2	667.9	1.9194
1.0554	947.5	830.7	709.3	2.0147	**180**	1.0530	949.7	833.9	707.6	2.0103
1.0646	939.3	871.6	749.2	2.1041	**190**	1.0621	941.5	874.7	747.3	2.0994
1.0743	930.9	912.6	789.1	2.1917	**200**	1.0716	933.2	915.7	787.1	2.1868
1.0843	922.2	953.8	829.1	2.2778	**210**	1.0815	924.6	956.7	826.9	2.2727
1.0948	913.4	995.1	869.2	2.3623	**220**	1.0919	915.9	997.9	866.9	2.3570
1.1058	904.3	1036.5	909.3	2.4455	**230**	1.1027	906.9	1039.2	906.9	2.4400
1.1173	895.0	1078.1	949.6	2.5274	**240**	1.1139	897.7	1080.7	947.0	2.5216
1.1293	885.5	1119.9	990.0	2.6081	**250**	1.1257	888.3	1122.4	987.3	2.6020
1.1419	875.8	1161.9	1030.6	2.6876	**260**	1.1380	878.7	1164.2	1027.6	2.6812
1.1550	865.8	1204.1	1071.3	2.7661	**270**	1.1509	868.9	1206.3	1068.2	2.7594
1.1688	855.6	1246.6	1112.2	2.8436	**280**	1.1644	858.8	1248.6	1108.9	2.8366
1.1833	845.1	1289.4	1153.3	2.9202	**290**	1.1786	848.5	1291.1	1149.7	2.9129
1.1984	834.4	1332.4	1194.6	2.9959	**300**	1.1934	838.0	1334.0	1190.8	2.9883
1.2311	812.3	1419.5	1277.9	3.1452	**320**	1.2252	816.2	1420.6	1273.5	3.1367
1.2673	789.1	1507.9	1362.2	3.2919	**340**	1.2604	793.4	1508.5	1357.2	3.2825
1.3076	764.8	1597.9	1447.6	3.4364	**360**	1.2993	769.6	1597.9	1441.9	3.4259
1.3525	739.4	1689.7	1534.2	3.5790	**380**	1.3426	744.8	1688.8	1527.7	3.5674
1.4028	712.8	1783.3	1622.0	3.7202	**400**	1.3909	719.0	1781.5	1614.6	3.7072
1.4594	685.2	1878.9	1711.0	3.8601	**420**	1.4448	692.1	1876.0	1702.6	3.8455
1.5230	656.6	1976.4	1801.3	3.9988	**440**	1.5052	664.3	1972.3	1791.7	3.9824
1.5948	627.0	2076.0	1892.6	4.1365	**460**	1.5729	635.8	2070.4	1881.6	4.1180
1.6756	596.8	2177.4	1984.7	4.2730	**480**	1.6487	606.5	2170.1	1972.3	4.2523
1.7664	566.1	2280.5	2077.3	4.4081	**500**	1.7333	576.9	2271.4	2063.4	4.3849
1.8675	535.5	2384.7	2170.0	4.5412	**520**	1.8271	547.3	2373.7	2154.4	4.5156
1.9790	505.3	2489.5	2261.9	4.6716	**540**	1.9302	518.1	2476.5	2244.9	4.6436
2.1002	476.1	2594.0	2352.5	4.7986	**560**	2.0421	489.7	2579.2	2334.1	4.7684
2.2298	448.5	2697.3	2440.9	4.9211	**580**	2.1618	462.6	2681.0	2421.6	4.8891
2.3659	422.7	2798.7	2526.6	5.0386	**600**	2.2879	437.1	2781.1	2506.6	5.0052
2.506	399.0	2897.	2609.	5.150	**620**	2.419	413.5	2879.	2589.	5.116
2.649	377.4	2993.	2688.	5.256	**640**	2.552	391.8	2974.	2668.	5.221
2.793	358.0	3085.	2764.	5.356	**660**	2.687	372.1	3066.	2744.	5.321
2.937	340.5	3174.	2837.	5.451	**680**	2.823	354.3	3156.	2817.	5.416
3.079	324.8	3260.	2906.	5.540	**700**	2.957	338.1	3242.	2887.	5.506
3.426	291.8	3464.	3069.	5.744	**750**	3.288	304.2	3446.	3052.	5.710
3.759	266.0	3653.	3220.	5.924	**800**	3.606	277.3	3637.	3204.	5.892
4.078	245.2	3831.	3362.	6.087	**850**	3.911	255.7	3817.	3348.	6.056
4.384	228.1	4002.	3498.	6.236	**900**	4.205	237.8	3989.	3485.	6.207
4.678	213.8	4168.	3630.	6.374	**950**	4.488	222.8	4156.	3617.	6.346
4.963	201.5	4329.	3758.	6.503	**1000**	4.762	210.0	4318.	3746.	6.475
6.026	165.9	4947.	4254.	6.954	**1200**	5.786	172.8	4940.	4245.	6.929
7.008	142.7	5548.	4742.	7.337	**1400**	6.731	148.6	5543.	4735.	7.313
7.939	126.0	6145.	5232.	7.674	**1600**	7.627	131.1	6142.	5227.	7.652
8.838	113.2	6746.	5729.	7.979	**1800**	8.491	117.8	6744.	5725.	7.957
9.714	102.9	7351.	6234.	8.257	**2000**	9.333	107.1	7351.	6231.	8.236

Tafel 3. Druckwasser und überhitzter Dampf (Fortsetzung)

1300 bar						1400 bar				
$10^3 v$	ϱ	h	u	s	t	$10^3 v$	ϱ	h	u	s
m³/kg	kg/m³	kJ/kg		kJ/kg K	°C	m³/kg	kg/m³	kJ/kg		kJ/kg K
0.9460	1057.0	122.1	-0.9	-0.0154	**0**	0.9427	1060.7	130.8	-1.2	-0.0180
0.9488	1054.0	160.8	37.5	0.1240	**10**	0.9455	1057.6	169.5	37.1	0.1211
0.9519	1050.6	200.0	76.2	0.2598	**20**	0.9487	1054.1	208.5	75.7	0.2565
0.9554	1046.7	239.4	115.2	0.3921	**30**	0.9522	1050.1	247.8	114.5	0.3884
0.9593	1042.5	279.0	154.3	0.5206	**40**	0.9561	1045.9	287.3	153.5	0.5166
0.9635	1037.9	318.7	193.4	0.6454	**50**	0.9604	1041.3	326.9	192.4	0.6410
0.9681	1033.0	358.4	232.6	0.7665	**60**	0.9649	1036.4	366.5	231.4	0.7618
0.9730	1027.8	398.2	271.7	0.8842	**70**	0.9698	1031.1	406.2	270.4	0.8791
0.9782	1022.3	438.1	310.9	0.9986	**80**	0.9750	1025.7	445.9	309.4	0.9932
0.9838	1016.5	478.0	350.1	1.1100	**90**	0.9805	1019.9	485.7	348.4	1.1043
0.9897	1010.5	517.9	389.3	1.2186	**100**	0.9863	1013.9	525.6	387.5	1.2126
0.9959	1004.2	558.0	428.5	1.3245	**110**	0.9924	1007.7	565.5	426.6	1.3182
1.0024	997.6	598.1	467.8	1.4279	**120**	0.9988	1001.2	605.5	465.7	1.4213
1.0092	990.9	638.3	507.1	1.5289	**130**	1.0055	994.5	645.6	504.8	1.5219
1.0164	983.9	678.6	546.5	1.6276	**140**	1.0125	987.6	685.7	544.0	1.6203
1.0239	976.7	718.9	585.8	1.7241	**150**	1.0199	980.5	726.0	583.2	1.7165
1.0317	969.3	759.4	625.2	1.8185	**160**	1.0275	973.2	766.2	622.4	1.8106
1.0398	961.7	799.9	664.7	1.9109	**170**	1.0355	965.7	806.6	661.6	1.9027
1.0483	953.9	840.4	704.2	2.0015	**180**	1.0438	958.0	847.0	700.9	1.9929
1.0572	945.9	881.1	743.7	2.0902	**190**	1.0524	950.2	887.5	740.2	2.0813
1.0664	937.7	921.8	783.2	2.1773	**200**	1.0614	942.1	928.1	779.5	2.1680
1.0761	929.3	962.7	822.8	2.2627	**210**	1.0708	933.9	968.7	818.8	2.2530
1.0861	920.7	1003.7	862.5	2.3466	**220**	1.0805	925.5	1009.5	858.2	2.3365
1.0965	912.0	1044.8	902.2	2.4291	**230**	1.0907	916.9	1050.4	897.7	2.4186
1.1075	903.0	1086.0	942.0	2.5103	**240**	1.1012	908.1	1091.4	937.2	2.4993
1.1188	893.8	1127.4	981.9	2.5902	**250**	1.1122	899.1	1132.6	976.9	2.5787
1.1307	884.4	1169.0	1022.0	2.6689	**260**	1.1237	889.9	1173.9	1016.6	2.6570
1.1431	874.8	1210.7	1062.1	2.7465	**270**	1.1356	880.6	1215.4	1056.4	2.7341
1.1560	865.0	1252.7	1102.4	2.8231	**280**	1.1481	871.0	1257.1	1096.3	2.8101
1.1696	855.0	1294.9	1142.9	2.8987	**290**	1.1611	861.3	1299.0	1136.4	2.8852
1.1837	844.8	1337.4	1183.5	2.9735	**300**	1.1746	851.3	1341.1	1176.6	2.9593
1.2140	823.7	1423.1	1265.3	3.1205	**320**	1.2035	830.9	1426.0	1257.5	3.1050
1.2473	801.7	1510.0	1347.9	3.2645	**340**	1.2352	809.6	1512.0	1339.1	3.2476
1.2839	778.9	1598.2	1431.3	3.4061	**360**	1.2698	787.6	1599.2	1421.4	3.3874
1.3243	755.1	1687.8	1515.6	3.5454	**380**	1.3077	764.7	1687.5	1504.5	3.5249
1.3690	730.5	1778.9	1600.9	3.6827	**400**	1.3494	741.1	1777.2	1588.3	3.6601
1.4185	705.0	1871.4	1687.0	3.8182	**420**	1.3952	716.7	1868.2	1672.8	3.7932
1.4734	678.7	1965.5	1774.0	3.9520	**440**	1.4457	691.7	1960.4	1758.0	3.9244
1.5343	651.8	2061.1	1861.6	4.0842	**460**	1.5011	666.2	2053.9	1843.7	4.0537
1.6018	624.3	2158.0	1949.8	4.2146	**480**	1.5621	640.2	2148.5	1929.8	4.1810
1.6763	596.5	2256.2	2038.2	4.3432	**500**	1.6288	613.9	2244.1	2016.1	4.3063
1.7583	568.7	2355.2	2126.6	4.4697	**520**	1.7017	587.7	2340.5	2102.2	4.4293
1.8478	541.2	2454.7	2214.5	4.5936	**540**	1.7808	561.6	2437.3	2188.0	4.5499
1.9446	514.2	2554.2	2301.4	4.7145	**560**	1.8659	535.9	2534.1	2272.9	4.6675
2.0481	488.2	2653.2	2386.9	4.8319	**580**	1.9569	511.0	2630.6	2356.6	4.7819
2.1575	463.5	2751.0	2470.5	4.9452	**600**	2.0530	487.1	2726.2	2438.8	4.8927
2.271	440.2	2847.	2552.	5.054	**620**	2.153	464.4	2821.	2519.	5.000
2.389	418.6	2941.	2631.	5.158	**640**	2.257	443.0	2913.	2597.	5.102
2.508	398.7	3033.	2707.	5.257	**660**	2.364	423.1	3004.	2673.	5.201
2.629	380.4	3122.	2780.	5.352	**680**	2.472	404.6	3093.	2747.	5.295
2.750	363.6	3209.	2851.	5.442	**700**	2.581	387.5	3179.	2818.	5.385
3.049	327.9	3415.	3018.	5.648	**750**	2.853	350.5	3386.	2987.	5.592
3.340	299.4	3607.	3173.	5.833	**800**	3.120	320.5	3581.	3144.	5.778
3.622	276.1	3790.	3319.	5.999	**850**	3.380	295.9	3765.	3292.	5.946
3.893	256.9	3965.	3459.	6.151	**900**	3.631	275.4	3942.	3434.	6.100
4.155	240.6	4133.	3593.	6.292	**950**	3.875	258.1	4113.	3570.	6.242
4.410	226.8	4298.	3724.	6.423	**1000**	4.112	243.2	4279.	3703.	6.375
5.362	186.5	4926.	4229.	6.882	**1200**	5.001	199.9	4913.	4213.	6.838
6.242	160.2	5534.	4722.	7.269	**1400**	5.824	171.7	5525.	4710.	7.228
7.076	141.3	6137.	5217.	7.609	**1600**	6.603	151.4	6131.	5206.	7.570
7.878	126.9	6741.	5717.	7.916	**1800**	7.354	136.0	6738.	5708.	7.878
8.660	115.5	7349.	6223.	8.196	**2000**	8.083	123.7	7348.	6216.	8.159

Tafel 3. Druckwasser und überhitzter Dampf (Fortsetzung)

1500 bar						1600 bar				
$10^3 v$	ϱ	h	u	s	t	$10^3 v$	ϱ	h	u	s
m^3/kg	kg/m^3	kJ/kg		kJ/kgK	°C	m^3/kg	kg/m^3	kJ/kg		kJ/kg K
0.9395	1064.4	139.5	−1.4	−0.0206	**0**	0.9364	1067.9	148.2	−1.7	−0.0233
0.9424	1061.2	178.1	36.7	0.1180	**10**	0.9393	1064.6	186.6	36.3	0.1150
0.9456	1057.5	217.0	75.1	0.2531	**20**	0.9426	1060.9	225.4	74.6	0.2497
0.9492	1053.5	256.2	113.8	0.3846	**30**	0.9462	1056.9	264.5	113.1	0.3809
0.9531	1049.2	295.6	152.6	0.5125	**40**	0.9501	1052.5	303.8	151.8	0.5084
0.9573	1044.6	335.1	191.5	0.6366	**50**	0.9543	1047.9	343.2	190.5	0.6323
0.9618	1039.7	374.6	230.3	0.7571	**60**	0.9588	1042.9	382.6	229.2	0.7524
0.9667	1034.5	414.2	269.2	0.8741	**70**	0.9636	1037.7	422.1	267.9	0.8692
0.9718	1029.0	453.8	308.0	0.9879	**80**	0.9687	1032.3	461.6	306.6	0.9827
0.9773	1023.3	493.5	346.9	1.0987	**90**	0.9741	1026.6	501.2	345.3	1.0932
0.9830	1017.3	533.2	385.8	1.2067	**100**	0.9798	1020.6	540.8	384.1	1.2008
0.9890	1011.1	573.0	424.7	1.3120	**110**	0.9857	1014.5	580.6	422.8	1.3059
0.9953	1004.7	612.9	463.6	1.4148	**120**	0.9919	1008.1	620.3	461.6	1.4083
1.0019	998.1	652.9	502.6	1.5151	**130**	0.9984	1001.6	660.2	500.4	1.5084
1.0088	991.3	692.9	541.6	1.6132	**140**	1.0052	994.8	700.1	539.3	1.6062
1.0160	984.2	733.0	580.6	1.7091	**150**	1.0123	987.9	740.1	578.1	1.7018
1.0235	977.0	773.2	619.6	1.8029	**160**	1.0196	980.8	780.1	617.0	1.7953
1.0313	969.6	813.4	658.7	1.8947	**170**	1.0272	973.5	820.2	655.8	1.8868
1.0394	962.1	853.6	697.7	1.9845	**180**	1.0352	966.0	860.3	694.7	1.9763
1.0479	954.3	894.0	736.8	2.0726	**190**	1.0434	958.4	900.5	733.6	2.0641
1.0566	946.4	934.4	775.9	2.1589	**200**	1.0520	950.6	940.8	772.4	2.1501
1.0657	938.3	974.9	815.0	2.2436	**210**	1.0609	942.6	981.1	811.3	2.2344
1.0752	930.0	1015.5	854.2	2.3267	**220**	1.0701	934.5	1021.5	850.3	2.3172
1.0851	921.6	1056.2	893.4	2.4084	**230**	1.0797	926.2	1062.0	889.3	2.3985
1.0953	913.0	1097.0	932.7	2.4887	**240**	1.0896	917.8	1102.6	928.3	2.4784
1.1059	904.2	1137.9	972.0	2.5677	**250**	1.0999	909.2	1143.3	967.3	2.5570
1.1170	895.2	1179.0	1011.4	2.6455	**260**	1.1106	900.4	1184.2	1006.5	2.6344
1.1285	886.1	1220.2	1050.9	2.7221	**270**	1.1218	891.4	1225.2	1045.7	2.7106
1.1405	876.8	1261.6	1090.5	2.7977	**280**	1.1334	882.3	1266.3	1085.0	2.7856
1.1530	867.3	1303.2	1130.2	2.8722	**290**	1.1454	873.1	1307.6	1124.4	2.8597
1.1660	857.6	1345.0	1170.1	2.9457	**300**	1.1579	863.6	1349.2	1163.9	2.9327
1.1937	837.7	1429.2	1250.2	3.0902	**320**	1.1845	844.2	1432.7	1243.2	3.0761
1.2239	817.1	1514.4	1330.8	3.2315	**340**	1.2133	824.2	1517.2	1323.1	3.2161
1.2567	795.7	1600.6	1412.1	3.3698	**360**	1.2446	803.5	1602.6	1403.5	3.3531
1.2925	773.7	1688.0	1494.1	3.5056	**380**	1.2785	782.2	1688.9	1484.4	3.4874
1.3316	751.0	1776.4	1576.6	3.6389	**400**	1.3154	760.3	1776.3	1565.8	3.6191
1.3743	727.6	1865.9	1659.8	3.7701	**420**	1.3554	737.8	1864.6	1647.8	3.7485
1.4210	703.7	1956.6	1743.5	3.8990	**440**	1.3990	714.8	1954.0	1730.1	3.8755
1.4721	679.3	2048.4	1827.6	4.0259	**460**	1.4463	691.4	2044.2	1812.8	4.0003
1.5277	654.6	2141.1	1911.9	4.1506	**480**	1.4976	667.8	2135.2	1895.6	4.1228
1.5883	629.6	2234.6	1996.3	4.2732	**500**	1.5530	643.9	2227.0	1978.5	4.2430
1.6539	604.6	2328.7	2080.6	4.3934	**520**	1.6129	620.0	2319.2	2061.2	4.3608
1.7248	579.8	2423.2	2164.5	4.5110	**540**	1.6771	596.3	2411.8	2143.5	4.4761
1.8008	555.3	2517.8	2247.7	4.6259	**560**	1.7458	572.8	2504.5	2225.1	4.5887
1.8818	531.4	2612.1	2329.8	4.7378	**580**	1.8187	549.8	2596.9	2305.9	4.6983
1.9673	508.3	2705.8	2410.7	4.8463	**600**	1.8956	527.5	2688.8	2385.5	4.8048
2.057	486.2	2798.	2490.	4.951	**620**	1.976	506.1	2780.	2464.	4.908
2.150	465.2	2890.	2567.	5.052	**640**	2.060	485.5	2870.	2541.	5.008
2.245	445.4	2980.	2643.	5.150	**660**	2.146	466.0	2959.	2616.	5.104
2.342	427.0	3068.	2716.	5.243	**680**	2.234	447.7	3046.	2689.	5.196
2.441	409.7	3154.	2788.	5.333	**700**	2.323	430.4	3132.	2760.	5.285
2.689	371.9	3361.	2958.	5.540	**750**	2.550	392.2	3338.	2930.	5.493
2.934	340.8	3557.	3116.	5.727	**800**	2.777	360.1	3535.	3091.	5.680
3.175	315.0	3743.	3267.	5.896	**850**	3.000	333.4	3722.	3242.	5.851
3.409	293.4	3921.	3410.	6.052	**900**	3.218	310.8	3902.	3387.	6.007
3.636	275.0	4093.	3548.	6.196	**950**	3.431	291.5	4076.	3527.	6.152
3.857	259.2	4261.	3682.	6.330	**1000**	3.638	274.9	4244.	3662.	6.288
4.691	213.2	4900.	4197.	6.797	**1200**	4.421	226.2	4889.	4182.	6.758
5.463	183.0	5517.	4697.	7.189	**1400**	5.149	194.2	5509.	4685.	7.153
6.195	161.4	6126.	5196.	7.533	**1600**	5.838	171.3	6121.	5187.	7.498
6.899	145.0	6735.	5700.	7.842	**1800**	6.501	153.8	6732.	5692.	7.808
7.583	131.9	7347.	6209.	8.124	**2000**	7.146	139.9	7346.	6202.	8.091

Tafel 3. Druckwasser und überhitzter Dampf (Fortsetzung)

1700 bar						1800 bar				
$10^3 v$	ϱ	h	u	s	t	$10^3 v$	ϱ	h	u	s
m^3/kg	kg/m^3	kJ/kg		kJ/kgK	°C	m^3/kg	kg/m^3	kJ/kg		kJ/kg K
0.9334	1071.3	156.8	−1.9	−0.0260	**0**	0.9305	1074.7	165.3	−2.2	−0.0287
0.9363	1068.0	195.1	35.9	0.1119	**10**	0.9335	1071.3	203.6	35.5	0.1087
0.9396	1064.2	233.8	74.1	0.2462	**20**	0.9368	1067.5	242.2	73.5	0.2427
0.9433	1060.1	272.8	112.5	0.3771	**30**	0.9404	1063.4	281.1	111.8	0.3733
0.9472	1055.8	312.0	151.0	0.5044	**40**	0.9443	1058.9	320.2	150.2	0.5003
0.9514	1051.1	351.3	189.6	0.6279	**50**	0.9485	1054.3	359.4	188.7	0.6235
0.9559	1046.1	390.7	228.2	0.7478	**60**	0.9530	1049.3	398.7	227.1	0.7432
0.9607	1040.9	430.0	266.7	0.8642	**70**	0.9578	1044.1	438.0	265.6	0.8593
0.9657	1035.5	469.5	305.3	0.9775	**80**	0.9628	1038.7	477.3	304.0	0.9723
0.9710	1029.8	508.9	343.9	1.0877	**90**	0.9680	1033.0	516.7	342.4	1.0822
0.9766	1023.9	548.5	382.4	1.1951	**100**	0.9736	1027.2	556.1	380.9	1.1894
0.9825	1017.8	588.1	421.1	1.2998	**110**	0.9793	1021.1	595.6	419.3	1.2939
0.9886	1011.5	627.8	459.7	1.4020	**120**	0.9854	1014.8	635.2	457.8	1.3958
0.9950	1005.0	667.5	498.3	1.5019	**130**	0.9917	1008.4	674.8	496.3	1.4954
1.0017	998.3	707.3	537.0	1.5994	**140**	0.9982	1001.8	714.5	534.8	1.5926
1.0086	991.5	747.1	575.7	1.6947	**150**	1.0050	995.0	754.3	573.3	1.6877
1.0158	984.4	787.1	614.4	1.7879	**160**	1.0121	988.0	794.0	611.9	1.7806
1.0233	977.2	827.0	653.0	1.8791	**170**	1.0194	980.9	833.9	650.4	1.8715
1.0311	969.9	867.0	691.7	1.9683	**180**	1.0271	973.7	873.8	688.9	1.9605
1.0391	962.4	907.1	730.4	2.0558	**190**	1.0349	966.2	913.7	727.4	2.0477
1.0475	954.7	947.2	769.1	2.1415	**200**	1.0431	958.7	953.6	765.9	2.1331
1.0561	946.8	987.4	807.8	2.2255	**210**	1.0516	951.0	993.7	804.4	2.2168
1.0651	938.9	1027.6	846.5	2.3079	**220**	1.0603	943.1	1033.8	842.9	2.2989
1.0744	930.7	1067.9	885.3	2.3889	**230**	1.0694	935.1	1073.9	881.4	2.3795
1.0841	922.4	1108.3	924.1	2.4684	**240**	1.0788	926.9	1114.2	920.0	2.4587
1.0941	914.0	1148.9	962.9	2.5467	**250**	1.0886	918.6	1154.5	958.6	2.5366
1.1045	905.4	1189.5	1001.7	2.6236	**260**	1.0987	910.2	1195.0	997.2	2.6132
1.1153	896.6	1230.3	1040.7	2.6994	**270**	1.1091	901.6	1235.5	1035.9	2.6886
1.1265	887.7	1271.2	1079.7	2.7740	**280**	1.1200	892.9	1276.2	1074.6	2.7628
1.1381	878.6	1312.3	1118.8	2.8476	**290**	1.1312	884.0	1317.1	1113.4	2.8360
1.1502	869.4	1353.5	1158.0	2.9202	**300**	1.1429	875.0	1358.0	1152.3	2.9081
1.1758	850.5	1436.5	1236.6	3.0625	**320**	1.1675	856.5	1440.5	1230.4	3.0495
1.2034	831.0	1520.3	1315.7	3.2015	**340**	1.1940	837.5	1523.7	1308.7	3.1874
1.2332	810.9	1604.9	1395.3	3.3372	**360**	1.2226	817.9	1607.6	1387.5	3.3221
1.2655	790.2	1690.4	1475.3	3.4702	**380**	1.2534	797.9	1692.3	1466.7	3.4538
1.3004	769.0	1776.8	1555.7	3.6005	**400**	1.2865	777.3	1777.8	1546.3	3.5828
1.3382	747.3	1864.1	1636.6	3.7282	**420**	1.3223	756.3	1864.1	1626.1	3.7091
1.3790	725.2	1952.2	1717.8	3.8536	**440**	1.3608	734.9	1951.2	1706.3	3.8330
1.4231	702.7	2041.1	1799.2	3.9765	**460**	1.4022	713.2	2039.0	1786.6	3.9544
1.4708	679.9	2130.7	1880.7	4.0971	**480**	1.4467	691.2	2127.4	1867.0	4.0733
1.5220	657.0	2221.0	1962.2	4.2154	**500**	1.4943	669.2	2216.3	1947.3	4.1898
1.5770	634.1	2311.6	2043.5	4.3311	**520**	1.5453	647.1	2305.5	2027.4	4.3038
1.6358	611.3	2402.6	2124.5	4.4443	**540**	1.5996	625.2	2395.0	2107.1	4.4152
1.6985	588.8	2493.5	2204.8	4.5549	**560**	1.6572	603.4	2484.6	2186.3	4.5240
1.7648	566.6	2584.3	2284.3	4.6626	**580**	1.7180	582.1	2573.9	2264.7	4.6300
1.8346	545.1	2674.7	2362.8	4.7673	**600**	1.7819	561.2	2663.0	2342.2	4.7331
1.908	524.2	2764.	2440.	4.869	**620**	1.849	540.9	2751.	2419.	4.833
1.983	504.2	2853.	2516.	4.967	**640**	1.918	521.4	2839.	2494.	4.930
2.062	485.0	2941.	2591.	5.062	**660**	1.990	502.6	2926.	2568.	5.024
2.142	466.9	3028.	2663.	5.154	**680**	2.063	484.7	3012.	2640.	5.115
2.224	449.7	3113.	2735.	5.242	**700**	2.138	467.7	3096.	2711.	5.203
2.432	411.2	3319.	2905.	5.449	**750**	2.330	429.2	3301.	2882.	5.409
2.641	378.6	3515.	3066.	5.637	**800**	2.524	396.1	3498.	3044.	5.596
2.849	351.0	3704.	3219.	5.808	**850**	2.718	367.9	3687.	3197.	5.768
3.053	327.6	3884.	3365.	5.966	**900**	2.909	343.8	3868.	3345.	5.927
3.252	307.5	4059.	3506.	6.112	**950**	3.096	323.0	4044.	3487.	6.073
3.447	290.1	4229.	3643.	6.248	**1000**	3.279	304.9	4215.	3625.	6.210
4.185	238.9	4878.	4167.	6.722	**1200**	3.977	251.5	4868.	4152.	6.687
4.872	205.3	5502.	4673.	7.118	**1400**	4.627	216.1	5495.	4662.	7.086
5.524	181.0	6116.	5177.	7.465	**1600**	5.245	190.7	6112.	5168.	7.434
6.151	162.6	6729.	5684.	7.777	**1800**	5.840	171.2	6727.	5676.	7.746
6.760	147.9	7345.	6196.	8.060	**2000**	6.417	155.8	7344.	6189.	8.031

Tafel 3. Druckwasser und überhitzter Dampf (Fortsetzung)

1900 bar						2000 bar				
$10^3 v$	ϱ	h	u	s	t	$10^3 v$	ϱ	h	u	s
m³/kg	kg/m³	kJ/kg		kJ/kg K	°C	m³/kg	kg/m³	kJ/kg		kJ/kg K
0.9277	1077.9	173.9	-2.4	-0.0314	**0**	0.9250	1081.1	182.4	-2.6	-0.0342
0.9306	1074.5	212.0	35.2	0.1056	**10**	0.9279	1077.7	220.4	34.8	0.1024
0.9340	1070.7	250.5	73.0	0.2392	**20**	0.9312	1073.8	258.8	72.5	0.2357
0.9376	1066.5	289.3	111.2	0.3695	**30**	0.9349	1069.6	297.6	110.6	0.3658
0.9415	1062.1	328.4	149.5	0.4962	**40**	0.9388	1065.2	336.5	148.7	0.4922
0.9457	1057.4	367.5	187.8	0.6192	**50**	0.9430	1060.4	375.5	186.9	0.6149
0.9502	1052.4	406.7	226.1	0.7386	**60**	0.9474	1055.5	414.6	225.1	0.7340
0.9549	1047.2	445.9	264.4	0.8545	**70**	0.9521	1050.3	453.7	263.3	0.8497
0.9599	1041.8	485.1	302.7	0.9672	**80**	0.9570	1044.9	492.9	301.5	0.9621
0.9651	1036.2	524.4	341.0	1.0769	**90**	0.9622	1039.3	532.1	339.6	1.0716
0.9705	1030.3	563.7	379.3	1.1838	**100**	0.9676	1033.5	571.3	377.8	1.1782
0.9763	1024.3	603.1	417.6	1.2880	**110**	0.9732	1027.5	610.7	416.0	1.2822
0.9822	1018.1	642.6	456.0	1.3897	**120**	0.9791	1021.3	650.0	454.2	1.3837
0.9884	1011.7	682.1	494.3	1.4890	**130**	0.9852	1015.0	689.5	492.4	1.4827
0.9949	1005.2	721.7	532.7	1.5860	**140**	0.9916	1008.5	729.0	530.7	1.5795
1.0016	998.4	761.4	571.1	1.6808	**150**	0.9982	1001.8	768.5	568.9	1.6740
1.0085	991.6	801.1	609.4	1.7735	**160**	1.0050	995.0	808.1	607.1	1.7665
1.0157	984.5	840.8	647.8	1.8641	**170**	1.0121	988.1	847.7	645.3	1.8569
1.0232	977.4	880.5	686.1	1.9529	**180**	1.0194	981.0	887.3	683.5	1.9453
1.0309	970.0	920.3	724.5	2.0397	**190**	1.0269	973.8	927.0	721.6	2.0320
1.0389	962.6	960.2	762.8	2.1248	**200**	1.0348	966.4	966.7	759.8	2.1168
1.0471	955.0	1000.1	801.1	2.2083	**210**	1.0428	958.9	1006.5	797.9	2.1999
1.0557	947.2	1040.0	839.4	2.2901	**220**	1.0512	951.3	1046.3	836.1	2.2815
1.0646	939.4	1080.0	877.7	2.3704	**230**	1.0599	943.5	1086.2	874.2	2.3615
1.0737	931.3	1120.1	916.1	2.4493	**240**	1.0688	935.6	1126.1	912.3	2.4401
1.0832	923.2	1160.3	954.5	2.5268	**250**	1.0780	927.6	1166.1	950.5	2.5173
1.0930	914.9	1200.5	992.9	2.6031	**260**	1.0876	919.5	1206.2	988.7	2.5932
1.1032	906.5	1240.9	1031.3	2.6781	**270**	1.0974	911.2	1246.4	1026.9	2.6679
1.1137	897.9	1281.4	1069.8	2.7519	**280**	1.1077	902.8	1286.7	1065.1	2.7414
1.1246	889.2	1322.0	1108.3	2.8247	**290**	1.1182	894.3	1327.1	1103.4	2.8138
1.1359	880.4	1362.8	1146.9	2.8964	**300**	1.1291	885.6	1367.6	1141.8	2.8851
1.1596	862.3	1444.7	1224.4	3.0370	**320**	1.1521	868.0	1449.1	1218.7	3.0249
1.1852	843.8	1527.3	1302.1	3.1739	**340**	1.1768	849.8	1531.1	1295.8	3.1609
1.2126	824.7	1610.6	1380.2	3.3076	**360**	1.2031	831.2	1613.9	1373.2	3.2937
1.2420	805.1	1694.6	1458.6	3.4382	**380**	1.2314	812.1	1697.2	1450.9	3.4233
1.2736	785.1	1779.3	1537.3	3.5660	**400**	1.2616	792.7	1781.2	1528.9	3.5500
1.3076	764.8	1864.8	1616.3	3.6911	**420**	1.2939	772.8	1865.9	1607.1	3.6739
1.3440	744.0	1950.9	1695.5	3.8136	**440**	1.3285	752.7	1951.2	1685.5	3.7952
1.3831	723.0	2037.7	1774.9	3.9335	**460**	1.3655	732.3	2037.0	1763.9	3.9139
1.4248	701.8	2124.9	1854.2	4.0510	**480**	1.4049	711.8	2123.3	1842.3	4.0301
1.4694	680.5	2212.7	1933.5	4.1660	**500**	1.4468	691.2	2210.0	1920.7	4.1437
1.5169	659.2	2300.7	2012.5	4.2784	**520**	1.4913	670.6	2297.0	1998.7	4.2548
1.5673	638.0	2389.0	2091.2	4.3883	**540**	1.5384	650.0	2384.1	2076.4	4.3632
1.6207	617.0	2477.2	2169.3	4.4955	**560**	1.5881	629.7	2471.3	2153.6	4.4691
1.6769	596.4	2565.4	2246.8	4.6000	**580**	1.6403	609.6	2558.3	2230.2	4.5723
1.7358	576.1	2653.2	2323.4	4.7018	**600**	1.6950	590.0	2645.0	2306.0	4.6728
1.797	556.4	2740.	2399.	4.801	**620**	1.752	570.8	2731.	2381.	4.770
1.861	537.3	2827.	2474.	4.897	**640**	1.811	552.1	2817.	2455.	4.865
1.927	518.9	2913.	2547.	4.990	**660**	1.872	534.1	2902.	2528.	4.957
1.995	501.3	2998.	2619.	5.080	**680**	1.935	516.8	2986.	2599.	5.047
2.064	484.5	3082.	2689.	5.167	**700**	1.999	500.2	3069.	2669.	5.133
2.242	446.1	3286.	2860.	5.371	**750**	2.164	462.1	3272.	2840.	5.337
2.422	412.8	3482.	3022.	5.559	**800**	2.333	428.7	3469.	3002.	5.524
2.603	384.1	3671.	3177.	5.731	**850**	2.502	399.7	3658.	3157.	5.696
2.782	359.4	3854.	3325.	5.890	**900**	2.671	374.4	3841.	3306.	5.855
2.959	338.0	4030.	3468.	6.037	**950**	2.837	352.5	4018.	3451.	6.003
3.132	319.3	4202.	3607.	6.175	**1000**	3.000	333.3	4191.	3591.	6.142
3.792	263.7	4859.	4138.	6.654	**1200**	3.627	275.7	4850.	4125.	6.623
4.409	226.8	5488.	4650.	7.055	**1400**	4.214	237.3	5482.	4639.	7.026
4.997	200.1	6108.	5158.	7.405	**1600**	4.773	209.5	6104.	5149.	7.377
5.562	179.8	6725.	5668.	7.718	**1800**	5.312	188.3	6723.	5660.	7.691
6.111	163.6	7343.	6182.	8.003	**2000**	5.835	171.4	7343.	6176.	7.976

Tafel 3. Druckwasser und überhitzter Dampf (Fortsetzung)

2200 bar						2400				
$10^3 v$	ϱ	h	u	s	t	$10^3 v$	ϱ	h	u	s
m³/kg	kg/m³	kJ/kg		kJ/kgK	°C	m³/kg	kg/m³	kJ/kg		kJ/kg K
0.9197	1087.3	199.4	-3.0	-0.0396	**0**	0.9148	1093.1	216.3	-3.3	-0.0448
0.9226	1083.8	237.1	34.1	0.0961	**10**	0.9177	1089.7	253.8	33.5	0.0899
0.9260	1080.0	275.3	71.6	0.2287	**20**	0.9209	1085.8	291.7	70.7	0.2218
0.9296	1075.7	313.9	109.4	0.3582	**30**	0.9246	1081.6	330.2	108.3	0.3506
0.9335	1071.2	352.7	147.3	0.4841	**40**	0.9285	1077.1	368.8	146.0	0.4760
0.9377	1066.5	391.6	185.3	0.6063	**50**	0.9326	1072.3	407.5	183.7	0.5978
0.9421	1061.5	430.5	223.2	0.7249	**60**	0.9369	1067.3	446.3	221.4	0.7160
0.9467	1056.3	469.5	261.2	0.8401	**70**	0.9415	1062.1	485.1	259.2	0.8307
0.9515	1050.9	508.4	299.1	0.9521	**80**	0.9463	1056.8	523.9	296.8	0.9423
0.9566	1045.4	547.5	337.0	1.0611	**90**	0.9512	1051.3	562.8	334.5	1.0508
0.9619	1039.6	586.6	374.9	1.1673	**100**	0.9564	1045.6	601.8	372.2	1.1566
0.9674	1033.7	625.7	412.9	1.2708	**110**	0.9618	1039.7	640.7	409.9	1.2597
0.9731	1027.6	664.9	450.8	1.3718	**120**	0.9674	1033.7	679.8	447.6	1.3603
0.9791	1021.4	704.2	488.8	1.4704	**130**	0.9732	1027.6	718.9	485.3	1.4585
0.9852	1015.0	743.5	526.7	1.5668	**140**	0.9792	1021.3	758.0	523.0	1.5544
0.9916	1008.4	782.8	564.7	1.6609	**150**	0.9854	1014.8	797.2	560.7	1.6481
0.9982	1001.8	822.2	602.6	1.7528	**160**	0.9918	1008.3	836.4	598.4	1.7396
1.0050	995.0	861.6	640.5	1.8428	**170**	0.9984	1001.6	875.6	636.0	1.8291
1.0121	988.1	901.0	678.4	1.9308	**180**	1.0052	994.9	914.8	673.6	1.9167
1.0194	981.0	940.5	716.2	2.0169	**190**	1.0122	988.0	954.1	711.2	2.0024
1.0269	973.8	980.0	754.1	2.1012	**200**	1.0194	981.0	993.4	748.7	2.0862
1.0346	966.5	1019.5	791.9	2.1838	**210**	1.0269	973.8	1032.6	786.2	2.1684
1.0426	959.1	1059.0	829.7	2.2649	**220**	1.0345	966.6	1072.0	823.7	2.2490
1.0509	951.6	1098.6	867.4	2.3443	**230**	1.0424	959.3	1111.3	861.1	2.3279
1.0594	943.9	1138.3	905.2	2.4224	**240**	1.0506	951.9	1150.7	898.6	2.4055
1.0682	936.2	1178.0	943.0	2.4990	**250**	1.0590	944.3	1190.1	936.0	2.4816
1.0773	928.3	1217.7	980.8	2.5743	**260**	1.0676	936.7	1229.6	973.4	2.5563
1.0866	920.3	1257.6	1018.5	2.6484	**270**	1.0765	928.9	1269.2	1010.8	2.6298
1.0963	912.2	1297.5	1056.4	2.7212	**280**	1.0857	921.1	1308.8	1048.2	2.7021
1.1062	904.0	1337.6	1094.2	2.7929	**290**	1.0951	913.1	1348.5	1085.7	2.7732
1.1165	895.6	1377.7	1132.1	2.8636	**300**	1.1049	905.1	1388.3	1123.1	2.8433
1.1381	878.6	1458.3	1207.9	3.0019	**320**	1.1252	888.7	1468.1	1198.1	2.9802
1.1611	861.2	1539.5	1284.0	3.1364	**340**	1.1468	872.0	1548.4	1273.2	3.1134
1.1856	843.4	1621.1	1360.3	3.2674	**360**	1.1698	854.9	1629.2	1348.4	3.2430
1.2118	825.2	1703.3	1436.7	3.3952	**380**	1.1941	837.4	1710.4	1423.8	3.3693
1.2396	806.7	1786.1	1513.4	3.5200	**400**	1.2199	819.7	1792.1	1499.3	3.4924
1.2692	787.9	1869.4	1590.2	3.6420	**420**	1.2473	801.7	1874.2	1574.9	3.6127
1.3007	768.8	1953.2	1667.0	3.7612	**440**	1.2762	783.6	1956.8	1650.5	3.7301
1.3341	749.6	2037.4	1743.9	3.8777	**460**	1.3068	765.2	2039.7	1726.1	3.8448
1.3696	730.2	2122.1	1820.8	3.9916	**480**	1.3391	746.8	2123.0	1801.6	3.9568
1.4071	710.7	2207.0	1897.5	4.1029	**500**	1.3731	728.3	2206.5	1876.9	4.0663
1.4467	691.2	2292.2	1973.9	4.2116	**520**	1.4088	709.8	2290.1	1952.0	4.1731
1.4884	671.9	2377.4	2050.0	4.3178	**540**	1.4463	691.4	2373.9	2026.7	4.2773
1.5322	652.7	2462.7	2125.6	4.4213	**560**	1.4855	673.2	2457.5	2101.0	4.3790
1.5780	633.7	2547.8	2200.6	4.5223	**580**	1.5264	655.1	2541.1	2174.8	4.4781
1.6258	615.1	2632.6	2275.0	4.6206	**600**	1.5690	637.4	2624.5	2247.9	4.5747
1.676	596.8	2717.	2349.	4.716	**620**	1.613	619.9	2707.	2320.	4.669
1.727	579.0	2801.	2421.	4.809	**640**	1.659	602.9	2790.	2392.	4.760
1.780	561.8	2885.	2493.	4.900	**660**	1.706	586.3	2872.	2463.	4.849
1.835	545.1	2967.	2564.	4.987	**680**	1.754	570.2	2954.	2533.	4.936
1.890	529.0	3049.	2633.	5.073	**700**	1.803	554.6	3035.	2602.	5.020
2.034	491.5	3250.	2803.	5.274	**750**	1.930	518.0	3233.	2770.	5.219
2.183	458.2	3445.	2965.	5.460	**800**	2.062	485.0	3427.	2932.	5.404
2.332	428.7	3634.	3121.	5.632	**850**	2.196	455.4	3616.	3089.	5.576
2.482	402.9	3818.	3272.	5.792	**900**	2.330	429.2	3799.	3240.	5.735
2.631	380.1	3996.	3417.	5.941	**950**	2.464	405.8	3978.	3387.	5.885
2.778	360.0	4170.	3559.	6.080	**1000**	2.597	385.0	4153.	3530.	6.025
3.345	299.0	4835.	4099.	6.566	**1200**	3.113	321.2	4822.	4075.	6.513
3.879	257.8	5472.	4618.	6.971	**1400**	3.603	277.6	5463.	4598.	6.921
4.389	227.8	6097.	5132.	7.325	**1600**	4.071	245.6	6092.	5115.	7.277
4.881	204.9	6720.	5646.	7.640	**1800**	4.524	221.1	6717.	5631.	7.594
5.360	186.6	7342.	6163.	7.927	**2000**	4.964	201.4	7342.	6151.	7.882

Tafel 3. Druckwasser und überhitzter Dampf (Fortsetzung)

2600 bar						2800 bar				
$10^3 v$	ϱ	h	u	s	t	$10^3 v$	ϱ	h	u	s
m³/kg	kg/m³	kJ/kg		kJ/kgK	°C	m³/kg	kg/m³	kJ/kg		kJ/kg K
0.9102	1098.7	233.2	-3.5	-0.0498	**0**	0.9058	1104.0	250.1	-3.6	-0.0544
0.9129	1095.4	270.3	33.0	0.0839	**10**	0.9084	1100.9	286.9	32.5	0.0779
0.9161	1091.5	308.1	69.9	0.2149	**20**	0.9115	1097.0	324.4	69.1	0.2081
0.9197	1087.3	346.3	107.2	0.3431	**30**	0.9151	1092.8	362.4	106.2	0.3356
0.9236	1082.7	384.8	144.7	0.4680	**40**	0.9189	1088.2	400.7	143.4	0.4601
0.9277	1077.9	423.4	182.2	0.5894	**50**	0.9230	1083.4	439.2	180.8	0.5810
0.9320	1073.0	462.1	219.7	0.7071	**60**	0.9272	1078.5	477.7	218.1	0.6984
0.9365	1067.8	500.7	257.2	0.8215	**70**	0.9317	1073.3	516.3	255.4	0.8123
0.9412	1062.5	539.4	294.7	0.9326	**80**	0.9363	1068.0	554.8	292.7	0.9231
0.9461	1057.0	578.1	332.2	1.0408	**90**	0.9411	1062.6	593.4	329.9	1.0309
0.9512	1051.4	616.9	369.6	1.1461	**100**	0.9461	1057.0	632.1	367.2	1.1359
0.9564	1045.6	655.8	407.1	1.2489	**110**	0.9512	1051.3	670.8	404.4	1.2382
0.9619	1039.6	694.7	444.6	1.3491	**120**	0.9566	1045.4	709.5	441.7	1.3381
0.9675	1033.6	733.6	482.0	1.4469	**130**	0.9621	1039.4	748.3	478.9	1.4355
0.9734	1027.4	772.6	519.5	1.5424	**140**	0.9678	1033.3	787.2	516.2	1.5307
0.9794	1021.0	811.6	557.0	1.6357	**150**	0.9736	1027.1	826.0	553.4	1.6236
0.9856	1014.6	850.6	594.4	1.7268	**160**	0.9797	1020.8	864.9	590.6	1.7144
0.9920	1008.1	889.7	631.7	1.8159	**170**	0.9859	1014.3	903.8	627.7	1.8032
0.9986	1001.4	928.7	669.1	1.9031	**180**	0.9923	1007.8	942.7	664.8	1.8900
1.0053	994.7	967.8	706.4	1.9884	**190**	0.9988	1001.2	981.6	701.9	1.9749
1.0123	987.8	1006.9	743.7	2.0718	**200**	1.0055	994.5	1020.5	738.9	2.0579
1.0195	980.9	1045.9	780.9	2.1536	**210**	1.0125	987.7	1059.4	775.9	2.1393
1.0269	973.8	1085.0	818.1	2.2337	**220**	1.0196	980.8	1098.3	812.8	2.2190
1.0345	966.7	1124.2	855.2	2.3122	**230**	1.0269	973.8	1137.2	849.7	2.2971
1.0423	959.5	1163.3	892.3	2.3893	**240**	1.0344	966.8	1176.1	886.5	2.3738
1.0503	952.1	1202.5	929.4	2.4649	**250**	1.0421	959.6	1215.1	923.3	2.4490
1.0586	944.7	1241.7	966.5	2.5392	**260**	1.0500	952.4	1254.1	960.1	2.5228
1.0670	937.2	1281.0	1003.6	2.6122	**270**	1.0581	945.1	1293.1	996.8	2.5953
1.0758	929.6	1320.4	1040.7	2.6839	**280**	1.0665	937.7	1332.2	1033.6	2.6666
1.0848	921.9	1359.8	1077.7	2.7545	**290**	1.0751	930.2	1371.3	1070.3	2.7368
1.0940	914.1	1399.2	1114.8	2.8240	**300**	1.0839	922.6	1410.5	1107.1	2.8057
1.1133	898.2	1478.4	1189.0	2.9599	**320**	1.1022	907.3	1489.1	1180.5	2.9405
1.1337	882.1	1558.0	1263.2	3.0918	**340**	1.1215	891.6	1568.0	1254.0	3.0714
1.1553	865.6	1637.9	1337.6	3.2201	**360**	1.1419	875.7	1647.3	1327.5	3.1985
1.1781	848.8	1718.3	1412.0	3.3450	**380**	1.1634	859.6	1726.9	1401.1	3.3223
1.2022	831.8	1799.0	1486.5	3.4668	**400**	1.1860	843.2	1806.8	1474.7	3.4428
1.2276	814.6	1880.2	1561.0	3.5856	**420**	1.2098	826.6	1887.1	1548.3	3.5604
1.2544	797.2	1961.7	1635.5	3.7015	**440**	1.2348	809.9	1967.7	1621.9	3.6750
1.2827	779.6	2043.5	1710.0	3.8147	**460**	1.2610	793.0	2048.5	1695.4	3.7868
1.3123	762.0	2125.6	1784.4	3.9251	**480**	1.2885	776.1	2129.6	1768.8	3.8959
1.3435	744.3	2207.9	1858.6	4.0329	**500**	1.3173	759.1	2210.8	1842.0	4.0023
1.3761	726.7	2290.3	1932.5	4.1381	**520**	1.3473	742.2	2292.1	1914.9	4.1062
1.4102	709.1	2372.7	2006.1	4.2408	**540**	1.3786	725.4	2373.5	1987.5	4.2075
1.4457	691.7	2455.1	2079.2	4.3409	**560**	1.4111	708.6	2454.8	2059.7	4.3063
1.4827	674.5	2537.4	2151.9	4.4385	**580**	1.4449	692.1	2536.0	2131.4	4.4026
1.5210	657.5	2619.5	2224.0	4.5336	**600**	1.4798	675.8	2617.0	2202.6	4.4964
1.561	640.7	2701.	2295.	4.626	**620**	1.516	659.7	2698.	2273.	4.588
1.602	624.4	2783.	2366.	4.716	**640**	1.553	643.9	2778.	2343.	4.677
1.644	608.4	2864.	2436.	4.804	**660**	1.591	628.5	2858.	2413.	4.764
1.687	592.8	2944.	2506.	4.889	**680**	1.630	613.4	2938.	2481.	4.848
1.731	577.7	3024.	2574.	4.972	**700**	1.670	598.7	3017.	2549.	4.930
1.845	542.0	3221.	2741.	5.170	**750**	1.773	563.9	3212.	2715.	5.126
1.963	509.4	3413.	2903.	5.353	**800**	1.880	531.9	3403.	2877.	5.308
2.083	480.0	3601.	3060.	5.525	**850**	1.989	502.7	3590.	3033.	5.478
2.205	453.6	3785.	3211.	5.684	**900**	2.100	476.2	3773.	3185.	5.638
2.326	429.8	3964.	3359.	5.834	**950**	2.211	452.3	3952.	3333.	5.787
2.447	408.6	4139.	3503.	5.974	**1000**	2.322	430.7	4128.	3478.	5.928
2.920	342.5	4811.	4052.	6.465	**1200**	2.757	362.7	4803.	4031.	6.421
3.371	296.6	5456.	4579.	6.875	**1400**	3.174	315.0	5450.	4561.	6.833
3.804	262.9	6088.	5099.	7.232	**1600**	3.576	279.6	6085.	5084.	7.191
4.222	236.8	6716.	5618.	7.551	**1800**	3.965	252.2	6715.	5605.	7.511
4.630	216.0	7343.	6139.	7.840	**2000**	4.344	230.2	7344.	6128.	7.801

Tafel 3. Druckwasser und überhitzter Dampf (Fortsetzung)

3000 bar						3200 bar				
$10^3 v$	ϱ	h	u	s	t	$10^3 v$	ϱ	h	u	s
m^3/kg	kg/m^3	kJ/kg		kJ/kgK	°C	m^3/kg	kg/m^3	kJ/kg		kJ/kg K
0.9016	1109.1	267.0	-3.5	-0.0587	**0**	0.8976	1114.1	283.9	-3.4	-0.0626
0.9041	1106.1	303.4	32.2	0.0722	**10**	0.8999	1111.2	319.9	31.9	0.0668
0.9071	1102.4	340.6	68.5	0.2014	**20**	0.9029	1107.6	356.8	67.8	0.1948
0.9106	1098.1	378.4	105.2	0.3283	**30**	0.9063	1103.3	394.4	104.4	0.3210
0.9144	1093.6	416.6	142.3	0.4522	**40**	0.9101	1098.8	432.4	141.2	0.4444
0.9184	1088.8	455.0	179.4	0.5727	**50**	0.9141	1094.0	470.6	178.1	0.5646
0.9226	1083.8	493.4	216.6	0.6897	**60**	0.9182	1089.1	508.9	215.1	0.6812
0.9270	1078.7	531.8	253.7	0.8034	**70**	0.9225	1084.0	547.2	252.0	0.7945
0.9316	1073.4	570.2	290.7	0.9138	**80**	0.9270	1078.7	585.5	288.9	0.9046
0.9363	1068.0	608.7	327.8	1.0212	**90**	0.9317	1073.3	623.9	325.8	1.0117
0.9412	1062.5	647.2	364.8	1.1258	**100**	0.9365	1067.8	662.3	362.6	1.1160
0.9463	1056.8	685.8	401.9	1.2278	**110**	0.9414	1062.2	700.7	399.5	1.2177
0.9515	1051.0	724.4	438.9	1.3274	**120**	0.9466	1056.5	739.2	436.3	1.3169
0.9569	1045.1	763.1	476.0	1.4245	**130**	0.9518	1050.6	777.8	473.2	1.4137
0.9624	1039.1	801.8	513.0	1.5193	**140**	0.9572	1044.7	816.4	510.0	1.5082
0.9681	1032.9	840.5	550.0	1.6119	**150**	0.9628	1038.6	854.9	546.8	1.6005
0.9740	1026.7	879.2	587.0	1.7024	**160**	0.9685	1032.5	893.5	583.6	1.6906
0.9800	1020.4	917.9	623.9	1.7908	**170**	0.9744	1026.3	932.2	620.3	1.7787
0.9862	1014.0	956.7	660.8	1.8772	**180**	0.9804	1020.0	970.7	657.0	1.8649
0.9926	1007.5	995.4	697.7	1.9618	**190**	0.9866	1013.6	1009.3	693.6	1.9491
0.9991	1000.9	1034.2	734.4	2.0445	**200**	0.9929	1007.2	1047.9	730.2	2.0315
1.0058	994.3	1072.9	771.1	2.1255	**210**	0.9994	1000.6	1086.5	766.7	2.1122
1.0126	987.5	1111.6	807.8	2.2049	**220**	1.0060	994.0	1125.1	803.1	2.1912
1.0197	980.7	1150.3	844.4	2.2826	**230**	1.0128	987.4	1163.6	839.5	2.2686
1.0269	973.8	1189.1	881.0	2.3589	**240**	1.0198	980.6	1202.2	875.9	2.3445
1.0343	966.8	1227.8	917.6	2.4337	**250**	1.0269	973.8	1240.8	912.1	2.4189
1.0419	959.8	1266.6	954.1	2.5071	**260**	1.0342	966.9	1279.3	948.4	2.4920
1.0497	952.6	1305.4	990.5	2.5792	**270**	1.0417	959.9	1317.9	984.6	2.5637
1.0577	945.4	1344.3	1027.0	2.6501	**280**	1.0494	952.9	1356.6	1020.8	2.6342
1.0659	938.2	1383.2	1063.4	2.7198	**290**	1.0573	945.8	1395.3	1056.9	2.7035
1.0743	930.8	1422.1	1099.8	2.7883	**300**	1.0653	938.7	1434.0	1093.1	2.7716
1.0918	915.9	1500.2	1172.6	2.9222	**320**	1.0820	924.2	1511.5	1165.3	2.9047
1.1102	900.8	1578.5	1245.4	3.0520	**340**	1.0996	909.5	1589.3	1237.5	3.0336
1.1295	885.3	1657.1	1318.2	3.1782	**360**	1.1179	894.5	1667.3	1309.6	3.1589
1.1498	869.7	1736.0	1391.1	3.3009	**380**	1.1372	879.3	1745.6	1381.7	3.2806
1.1711	853.9	1815.2	1463.9	3.4203	**400**	1.1574	864.0	1824.2	1453.8	3.3991
1.1935	837.9	1894.7	1536.7	3.5367	**420**	1.1785	848.5	1903.0	1525.9	3.5145
1.2169	821.7	1974.5	1609.4	3.6502	**440**	1.2006	832.9	1982.1	1597.9	3.6269
1.2415	805.5	2054.5	1682.1	3.7608	**460**	1.2236	817.2	2061.3	1669.8	3.7365
1.2671	789.2	2134.7	1754.6	3.8687	**480**	1.2477	801.5	2140.8	1741.5	3.8434
1.2939	772.9	2215.0	1826.9	3.9740	**500**	1.2727	785.7	2220.3	1813.0	3.9476
1.3217	756.6	2295.4	1898.9	4.0767	**520**	1.2987	770.0	2299.9	1884.3	4.0493
1.3507	740.4	2375.8	1970.6	4.1768	**540**	1.3256	754.4	2379.5	1955.3	4.1484
1.3807	724.3	2456.2	2042.0	4.2744	**560**	1.3535	738.8	2459.0	2025.9	4.2450
1.4118	708.3	2536.5	2112.9	4.3696	**580**	1.3823	723.4	2538.5	2096.1	4.3392
1.4439	692.6	2616.5	2183.4	4.4624	**600**	1.4121	708.2	2617.7	2165.9	4.4311
1.477	677.1	2696.	2253.	4.553	**620**	1.443	693.2	2697.	2235.	4.521
1.511	661.8	2776.	2323.	4.641	**640**	1.474	678.4	2776.	2304.	4.608
1.546	646.9	2855.	2391.	4.727	**660**	1.506	663.9	2854.	2372.	4.693
1.582	632.3	2934.	2459.	4.810	**680**	1.539	649.7	2932.	2439.	4.775
1.618	618.0	3012.	2527.	4.891	**700**	1.573	635.9	3010.	2506.	4.856
1.712	584.0	3206.	2692.	5.085	**750**	1.659	602.7	3202.	2671.	5.049
1.810	552.6	3396.	2853.	5.267	**800**	1.749	571.8	3391.	2831.	5.229
1.909	523.7	3582.	3009.	5.436	**850**	1.841	543.3	3576.	2987.	5.398
2.011	497.4	3764.	3161.	5.595	**900**	1.934	517.1	3758.	3139.	5.556
2.113	473.4	3943.	3310.	5.745	**950**	2.028	493.1	3937.	3288.	5.706
2.215	451.6	4119.	3455.	5.886	**1000**	2.122	471.2	4113.	3433.	5.846
2.617	382.1	4796.	4011.	6.380	**1200**	2.496	400.7	4791.	3992.	6.341
3.005	332.8	5446.	4544.	6.794	**1400**	2.858	349.9	5443.	4528.	6.757
3.380	295.9	6083.	5069.	7.153	**1600**	3.209	311.6	6082.	5055.	7.118
3.743	267.2	6715.	5592.	7.474	**1800**	3.549	281.7	6716.	5580.	7.439
4.098	244.0	7346.	6117.	7.765	**2000**	3.882	257.6	7349.	6106.	7.731

Tafel 3. Druckwasser und überhitzter Dampf (Fortsetzung)

3400 bar						3600 bar				
$10^3 v$	ϱ	h	u	s	t	$10^3 v$	ϱ	h	u	s
m^3/kg	kg/m^3	kJ/kg		kJ/kgK	°C	m^3/kg	kg/m^3	kJ/kg		kJ/kg K
0.8938	1118.8	300.8	-3.0	-0.0661	**0**	0.8901	1123.4	317.9	-2.6	-0.0691
0.8959	1116.2	336.4	31.8	0.0616	**10**	0.8920	1121.0	352.8	31.7	0.0566
0.8988	1112.6	372.9	67.3	0.1883	**20**	0.8948	1117.5	389.0	66.8	0.1820
0.9022	1108.4	410.3	103.5	0.3137	**30**	0.8982	1113.4	426.1	102.8	0.3066
0.9059	1103.9	448.2	140.1	0.4367	**40**	0.9019	1108.8	463.8	139.2	0.4290
0.9099	1099.1	486.3	176.9	0.5565	**50**	0.9058	1104.0	501.8	175.7	0.5485
0.9140	1094.1	524.4	213.7	0.6728	**60**	0.9098	1099.1	539.9	212.4	0.6645
0.9182	1089.1	562.6	250.4	0.7858	**70**	0.9140	1094.0	578.0	248.9	0.7771
0.9226	1083.9	600.8	287.1	0.8955	**80**	0.9184	1088.9	616.1	285.5	0.8866
0.9272	1078.5	639.1	323.8	1.0023	**90**	0.9229	1083.6	654.2	322.0	0.9931
0.9319	1073.1	677.4	360.5	1.1063	**100**	0.9275	1078.1	692.4	358.5	1.0968
0.9368	1067.5	715.7	397.2	1.2077	**110**	0.9323	1072.6	730.6	395.0	1.1979
0.9418	1061.8	754.1	433.9	1.3066	**120**	0.9372	1067.0	768.9	431.5	1.2965
0.9470	1056.0	792.5	470.5	1.4031	**130**	0.9423	1061.3	807.2	468.0	1.3927
0.9523	1050.1	831.0	507.2	1.4973	**140**	0.9474	1055.5	845.6	504.5	1.4867
0.9577	1044.2	869.4	543.8	1.5893	**150**	0.9528	1049.6	883.9	540.9	1.5784
0.9633	1038.1	907.9	580.4	1.6792	**160**	0.9582	1043.6	922.3	577.4	1.6680
0.9690	1032.0	946.4	616.9	1.7670	**170**	0.9638	1037.6	960.7	613.7	1.7556
0.9748	1025.8	984.9	653.4	1.8529	**180**	0.9695	1031.5	999.0	650.0	1.8412
0.9808	1019.6	1023.3	689.8	1.9368	**190**	0.9753	1025.3	1037.3	686.2	1.9248
0.9870	1013.2	1061.8	726.2	2.0189	**200**	0.9813	1019.1	1075.6	722.4	2.0067
0.9932	1006.8	1100.2	762.5	2.0993	**210**	0.9874	1012.8	1113.9	758.5	2.0868
0.9997	1000.3	1138.6	798.7	2.1780	**220**	0.9936	1006.5	1152.2	794.5	2.1652
1.0062	993.8	1177.0	834.9	2.2551	**230**	1.0000	1000.0	1190.5	830.5	2.2420
1.0130	987.2	1215.4	871.0	2.3306	**240**	1.0065	993.6	1228.7	866.4	2.3172
1.0199	980.5	1253.8	907.0	2.4047	**250**	1.0131	987.0	1267.0	902.2	2.3910
1.0269	973.8	1292.2	943.1	2.4775	**260**	1.0199	980.4	1305.2	938.0	2.4635
1.0341	967.0	1330.6	979.0	2.5489	**270**	1.0269	973.8	1343.4	973.8	2.5345
1.0415	960.1	1369.1	1014.9	2.6190	**280**	1.0340	967.1	1381.7	1009.5	2.6043
1.0491	953.2	1407.5	1050.8	2.6879	**290**	1.0413	960.3	1420.0	1045.1	2.6729
1.0568	946.2	1446.0	1086.7	2.7557	**300**	1.0487	953.5	1458.3	1080.8	2.7403
1.0728	932.1	1523.1	1158.4	2.8879	**320**	1.0641	939.8	1535.0	1151.9	2.8719
1.0896	917.8	1600.4	1230.0	3.0161	**340**	1.0802	925.8	1611.9	1223.0	2.9993
1.1071	903.3	1678.0	1301.5	3.1405	**360**	1.0969	911.6	1688.9	1294.0	3.1230
1.1255	888.5	1755.7	1373.1	3.2614	**380**	1.1144	897.3	1766.2	1365.0	3.2431
1.1446	873.7	1833.7	1444.5	3.3790	**400**	1.1327	882.9	1843.6	1435.8	3.3599
1.1646	858.6	1911.9	1515.9	3.4935	**420**	1.1517	868.3	1921.3	1506.6	3.4736
1.1855	843.5	1990.3	1587.2	3.6050	**440**	1.1715	853.6	1999.1	1577.3	3.5843
1.2073	828.3	2068.9	1658.4	3.7137	**460**	1.1921	838.8	2077.1	1647.9	3.6921
1.2299	813.1	2147.6	1729.5	3.8196	**480**	1.2135	824.1	2155.2	1718.3	3.7972
1.2534	797.8	2226.4	1800.3	3.9229	**500**	1.2357	809.3	2233.4	1788.5	3.8997
1.2777	782.6	2305.3	1870.9	4.0236	**520**	1.2586	794.5	2311.6	1858.5	3.9996
1.3030	767.5	2384.2	1941.2	4.1219	**540**	1.2823	779.8	2389.8	1928.2	4.0970
1.3290	752.4	2463.0	2011.1	4.2176	**560**	1.3068	765.2	2468.0	1997.6	4.1920
1.3559	737.5	2541.7	2080.7	4.3110	**580**	1.3320	750.7	2546.1	2066.5	4.2846
1.3836	722.7	2620.3	2149.9	4.4020	**600**	1.3579	736.4	2624.0	2135.1	4.3748
1.412	708.2	2699.	2219.	4.491	**620**	1.385	722.3	2702.	2203.	4.463
1.441	693.9	2777.	2287.	4.577	**640**	1.412	708.3	2779.	2271.	4.549
1.471	679.8	2854.	2354.	4.661	**660**	1.440	694.6	2856.	2338.	4.632
1.502	666.0	2932.	2421.	4.743	**680**	1.468	681.2	2933.	2405.	4.714
1.533	652.5	3009.	2488.	4.823	**700**	1.497	668.0	3010.	2471.	4.793
1.613	620.0	3200.	2651.	5.015	**750**	1.572	636.3	3199.	2634.	4.983
1.696	589.7	3387.	2811.	5.194	**800**	1.649	606.5	3386.	2793.	5.161
1.781	561.6	3572.	2967.	5.362	**850**	1.728	578.8	3570.	2948.	5.329
1.867	535.6	3754.	3119.	5.520	**900**	1.808	553.1	3751.	3100.	5.487
1.954	511.7	3932.	3268.	5.669	**950**	1.889	529.3	3929.	3249.	5.635
2.042	489.8	4108.	3414.	5.810	**1000**	1.971	507.3	4105.	3395.	5.776
2.390	418.4	4787.	3974.	6.306	**1200**	2.297	435.3	4785.	3958.	6.272
2.730	366.3	5441.	4513.	6.722	**1400**	2.616	382.2	5440.	4498.	6.690
3.059	326.9	6082.	5042.	7.084	**1600**	2.926	341.7	6083.	5029.	7.053
3.379	295.9	6718.	5569.	7.407	**1800**	3.228	309.7	6720.	5558.	7.376
3.692	270.8	7352.	6096.	7.699	**2000**	3.524	283.7	7355.	6087.	7.668

Tafel 3. Druckwasser und überhitzter Dampf (Fortsetzung)

3800 bar						4000 bar				
$10^3 v$	ϱ	h	u	s	t	$10^3 v$	ϱ	h	u	s
m³/kg	kg/m³	kJ/kg		kJ/kgK	°C	m³/kg	kg/m³	kJ/kg		kJ/kg K
0.8866	1127.9	335.0	-2.0	-0.0716	**0**	0.8832	1132.2	352.1	-1.2	-0.0736
0.8883	1125.7	369.3	31.8	0.0520	**10**	0.8847	1130.3	385.8	32.0	0.0477
0.8910	1122.4	405.0	66.5	0.1759	**20**	0.8872	1127.1	421.0	66.2	0.1699
0.8943	1118.2	441.9	102.1	0.2995	**30**	0.8905	1123.0	457.6	101.4	0.2925
0.8980	1113.6	479.5	138.2	0.4214	**40**	0.8942	1118.4	495.0	137.3	0.4139
0.9018	1108.8	517.3	174.6	0.5405	**50**	0.8980	1113.6	532.8	173.6	0.5326
0.9059	1103.9	555.3	211.1	0.6563	**60**	0.9020	1108.7	570.7	209.9	0.6482
0.9100	1098.9	593.3	247.5	0.7687	**70**	0.9061	1103.6	608.6	246.2	0.7603
0.9143	1093.8	631.3	283.9	0.8778	**80**	0.9103	1098.5	646.5	282.4	0.8692
0.9187	1088.5	669.4	320.3	0.9840	**90**	0.9147	1093.3	684.5	318.6	0.9751
0.9233	1083.1	707.4	356.6	1.0875	**100**	0.9191	1088.0	722.4	354.8	1.0783
0.9279	1077.7	745.6	392.9	1.1883	**110**	0.9237	1082.6	760.5	391.0	1.1789
0.9328	1072.1	783.7	429.3	1.2866	**120**	0.9285	1077.1	798.5	427.2	1.2770
0.9377	1066.4	822.0	465.6	1.3826	**130**	0.9333	1071.5	836.7	463.3	1.3727
0.9428	1060.7	860.2	501.9	1.4763	**140**	0.9383	1065.8	874.8	499.5	1.4662
0.9480	1054.9	898.4	538.2	1.5678	**150**	0.9434	1060.0	913.0	535.6	1.5574
0.9533	1049.0	936.7	574.4	1.6572	**160**	0.9486	1054.2	951.1	571.7	1.6465
0.9587	1043.0	975.0	610.6	1.7445	**170**	0.9539	1048.4	989.3	607.7	1.7336
0.9643	1037.0	1013.2	646.8	1.8298	**180**	0.9593	1042.4	1027.4	643.7	1.8187
0.9700	1031.0	1051.4	682.8	1.9132	**190**	0.9648	1036.5	1065.5	679.6	1.9019
0.9758	1024.8	1089.6	718.8	1.9948	**200**	0.9705	1030.4	1103.6	715.4	1.9832
0.9817	1018.6	1127.8	754.7	2.0746	**210**	0.9762	1024.3	1141.6	751.1	2.0628
0.9877	1012.4	1165.9	790.6	2.1527	**220**	0.9821	1018.2	1179.7	786.8	2.1407
0.9939	1006.1	1204.0	826.3	2.2293	**230**	0.9881	1012.0	1217.7	822.4	2.2170
1.0002	999.8	1242.1	862.0	2.3043	**240**	0.9943	1005.8	1255.6	857.9	2.2917
1.0067	993.4	1280.2	897.7	2.3778	**250**	1.0005	999.5	1293.6	893.4	2.3650
1.0133	986.9	1318.3	933.3	2.4499	**260**	1.0069	993.2	1331.5	928.8	2.4368
1.0200	980.4	1356.4	968.8	2.5207	**270**	1.0134	986.8	1369.5	964.1	2.5073
1.0269	973.8	1394.5	1004.3	2.5902	**280**	1.0200	980.4	1407.4	999.4	2.5766
1.0339	967.2	1432.6	1039.7	2.6585	**290**	1.0268	973.9	1445.4	1034.6	2.6445
1.0410	960.6	1470.7	1075.1	2.7256	**300**	1.0337	967.4	1483.3	1069.8	2.7114
1.0558	947.1	1547.1	1145.8	2.8565	**320**	1.0480	954.2	1559.3	1140.1	2.8417
1.0713	933.5	1623.5	1216.4	2.9833	**340**	1.0628	940.9	1635.4	1210.3	2.9678
1.0873	919.7	1700.1	1286.9	3.1062	**360**	1.0782	927.4	1711.6	1280.3	3.0901
1.1041	905.7	1776.9	1357.4	3.2256	**380**	1.0943	913.8	1788.0	1350.3	3.2089
1.1215	891.7	1853.9	1427.7	3.3417	**400**	1.1110	900.1	1864.5	1420.1	3.3243
1.1396	877.5	1931.0	1498.0	3.4546	**420**	1.1283	886.3	1941.2	1489.9	3.4366
1.1585	863.2	2008.3	1568.1	3.5646	**440**	1.1463	872.4	2018.0	1559.5	3.5458
1.1781	848.9	2085.8	1638.1	3.6717	**460**	1.1649	858.4	2095.0	1629.0	3.6522
1.1983	834.5	2163.3	1708.0	3.7760	**480**	1.1842	844.4	2172.0	1698.3	3.7559
1.2193	820.1	2241.0	1777.6	3.8777	**500**	1.2042	830.5	2249.1	1767.4	3.8570
1.2410	805.8	2318.6	1847.0	3.9769	**520**	1.2247	816.5	2326.2	1836.3	3.9554
1.2634	791.5	2396.3	1916.2	4.0736	**540**	1.2460	802.6	2403.4	1905.0	4.0515
1.2865	777.3	2473.9	1985.0	4.1679	**560**	1.2678	788.8	2480.4	1973.3	4.1451
1.3102	763.2	2551.3	2053.5	4.2598	**580**	1.2902	775.1	2557.4	2041.3	4.2364
1.3346	749.3	2628.7	2121.5	4.3494	**600**	1.3132	761.5	2634.2	2108.9	4.3254
1.360	735.5	2706.	2189.	4.437	**620**	1.337	748.1	2711.	2176.	4.412
1.385	721.9	2783.	2256.	4.522	**640**	1.361	734.8	2787.	2243.	4.497
1.411	708.6	2859.	2323.	4.605	**660**	1.385	721.8	2864.	2309.	4.579
1.438	695.5	2936.	2389.	4.686	**680**	1.411	709.0	2939.	2375.	4.660
1.465	682.6	3012.	2455.	4.765	**700**	1.436	696.4	3015.	2441.	4.738
1.535	651.6	3200.	2617.	4.954	**750**	1.502	666.0	3203.	2602.	4.926
1.607	622.3	3386.	2776.	5.131	**800**	1.569	637.3	3388.	2760.	5.103
1.681	595.0	3570.	2931.	5.298	**850**	1.638	610.3	3570.	2915.	5.269
1.756	569.5	3750.	3083.	5.455	**900**	1.709	585.1	3750.	3067.	5.426
1.832	545.9	3928.	3232.	5.604	**950**	1.780	561.7	3928.	3216.	5.574
1.908	524.0	4103.	3378.	5.744	**1000**	1.852	539.9	4103.	3362.	5.715
2.215	451.6	4784.	3942.	6.241	**1200**	2.141	467.1	4784.	3927.	6.212
2.515	397.6	5440.	4485.	6.659	**1400**	2.425	412.4	5442.	4472.	6.630
2.808	356.1	6085.	5017.	7.023	**1600**	2.702	370.1	6087.	5006.	6.995
3.094	323.2	6723.	5547.	7.347	**1800**	2.973	336.3	6726.	5537.	7.319
3.374	296.4	7360.	6077.	7.640	**2000**	3.239	308.7	7364.	6068.	7.613

Tafel 3. Druckwasser und überhitzter Dampf (Fortsetzung)

4500 bar						5000 bar				
$10^3 v$	ϱ	h	u	s	t	$10^3 v$	ϱ	h	u	s
m^3/kg	kg/m^3	kJ/kg		kJ/kgK	°C	m^3/kg	kg/m^3	kJ/kg		kJ/kg K
0.8751	1142.7	395.4	1.6	-0.0760	**0**	0.8676	1152.6	439.4	5.6	-0.0744
0.8760	1141.5	427.2	33.0	0.0384	**10**	0.8678	1152.4	468.9	35.0	0.0315
0.8783	1138.6	460.9	65.7	0.1554	**20**	0.8697	1149.8	500.6	65.8	0.1417
0.8815	1134.5	496.6	100.0	0.2751	**30**	0.8729	1145.7	535.2	98.8	0.2577
0.8851	1129.8	533.6	135.3	0.3951	**40**	0.8766	1140.8	571.7	133.4	0.3761
0.8889	1124.9	571.2	171.1	0.5131	**50**	0.8804	1135.8	609.1	168.9	0.4938
0.8928	1120.0	608.9	207.1	0.6282	**60**	0.8843	1130.8	646.8	204.7	0.6086
0.8968	1115.0	646.7	243.1	0.7399	**70**	0.8882	1125.8	684.5	240.4	0.7200
0.9009	1110.0	684.4	279.0	0.8482	**80**	0.8922	1120.9	722.1	276.0	0.8280
0.9051	1104.9	722.1	314.8	0.9536	**90**	0.8962	1115.9	759.6	311.5	0.9329
0.9094	1099.7	759.9	350.7	1.0561	**100**	0.9003	1110.8	797.2	347.0	1.0349
0.9138	1094.4	797.7	386.5	1.1561	**110**	0.9045	1105.6	834.8	382.5	1.1343
0.9183	1089.0	835.5	422.3	1.2536	**120**	0.9088	1100.4	872.4	418.0	1.2312
0.9229	1083.6	873.4	458.1	1.3487	**130**	0.9132	1095.0	910.1	453.5	1.3259
0.9276	1078.0	911.3	493.9	1.4417	**140**	0.9177	1089.7	947.8	489.0	1.4183
0.9324	1072.4	949.3	529.7	1.5324	**150**	0.9223	1084.2	985.6	524.4	1.5086
0.9374	1066.8	987.2	565.4	1.6210	**160**	0.9270	1078.7	1023.3	559.8	1.5967
0.9424	1061.1	1025.1	601.0	1.7075	**170**	0.9318	1073.2	1061.0	595.1	1.6829
0.9475	1055.4	1063.0	636.6	1.7921	**180**	0.9366	1067.7	1098.7	630.4	1.7670
0.9527	1049.6	1100.9	672.2	1.8748	**190**	0.9416	1062.1	1136.4	665.6	1.8492
0.9580	1043.8	1138.7	707.6	1.9556	**200**	0.9466	1056.5	1174.0	700.7	1.9296
0.9634	1037.9	1176.5	743.0	2.0346	**210**	0.9517	1050.8	1211.6	735.8	2.0082
0.9689	1032.1	1214.3	778.2	2.1120	**220**	0.9568	1045.1	1249.1	770.7	2.0851
0.9745	1026.1	1252.0	813.4	2.1877	**230**	0.9621	1039.4	1286.6	805.6	2.1603
0.9803	1020.1	1289.7	848.6	2.2619	**240**	0.9674	1033.7	1324.1	840.4	2.2340
0.9861	1014.1	1327.3	883.6	2.3346	**250**	0.9729	1027.9	1361.5	875.1	2.3062
0.9920	1008.1	1365.0	918.6	2.4058	**260**	0.9784	1022.1	1398.9	909.7	2.3770
0.9980	1002.0	1402.6	953.5	2.4757	**270**	0.9840	1016.3	1436.2	944.2	2.4464
1.0041	995.9	1440.2	988.3	2.5443	**280**	0.9897	1010.4	1473.5	978.7	2.5145
1.0104	989.7	1477.8	1023.1	2.6117	**290**	0.9955	1004.5	1510.9	1013.1	2.5814
1.0167	983.5	1515.4	1057.9	2.6779	**300**	1.0014	998.6	1548.2	1047.4	2.6470
1.0298	971.0	1590.6	1127.2	2.8069	**320**	1.0135	986.7	1622.7	1116.0	2.7749
1.0434	958.4	1665.9	1196.4	2.9317	**340**	1.0260	974.7	1697.3	1184.3	2.8986
1.0574	945.7	1741.2	1265.4	3.0526	**360**	1.0389	962.5	1772.0	1252.5	3.0184
1.0720	932.8	1816.7	1334.3	3.1700	**380**	1.0523	950.3	1846.7	1320.5	3.1345
1.0871	919.9	1892.3	1403.1	3.2839	**400**	1.0660	938.1	1921.4	1388.4	3.2473
1.103	906.9	1968.	1472.	3.395	**420**	1.080	925.7	1996.	1456.	3.357
1.119	893.8	2044.	1540.	3.503	**440**	1.095	913.3	2071.	1524.	3.463
1.136	880.7	2120.	1609.	3.607	**460**	1.110	900.9	2146.	1591.	3.567
1.153	867.5	2196.	1677.	3.710	**480**	1.126	888.5	2221.	1659.	3.668
1.170	854.4	2272.	1745.	3.809	**500**	1.142	876.0	2296.	1726.	3.767
1.189	841.2	2348.	1813.	3.906	**520**	1.158	863.6	2371.	1793.	3.862
1.207	828.2	2424.	1880.	4.001	**540**	1.175	851.2	2447.	1859.	3.956
1.227	815.2	2500.	1948.	4.093	**560**	1.192	838.9	2522.	1926.	4.047
1.246	802.3	2575.	2014.	4.183	**580**	1.210	826.7	2597.	1992.	4.136
1.267	789.5	2651.	2081.	4.271	**600**	1.228	814.6	2671.	2058.	4.223
1.287	776.8	2727.	2147.	4.357	**620**	1.246	802.6	2746.	2123.	4.307
1.308	764.3	2802.	2213.	4.440	**640**	1.265	790.7	2821.	2188.	4.390
1.330	752.0	2877.	2279.	4.521	**660**	1.284	778.9	2895.	2253.	4.470
1.352	739.8	2952.	2344.	4.601	**680**	1.303	767.3	2969.	2318.	4.549
1.374	727.9	3027.	2409.	4.678	**700**	1.323	755.9	3043.	2382.	4.626
1.431	698.9	3212.	2568.	4.864	**750**	1.373	728.2	3227.	2540.	4.810
1.489	671.4	3396.	2725.	5.039	**800**	1.425	701.7	3409.	2696.	4.983
1.550	645.4	3577.	2880.	5.204	**850**	1.478	676.6	3589.	2850.	5.147
1.611	620.9	3756.	3031.	5.360	**900**	1.532	652.8	3767.	3001.	5.302
1.672	597.9	3933.	3180.	5.508	**950**	1.586	630.4	3943.	3149.	5.449
1.735	576.4	4107.	3326.	5.648	**1000**	1.641	609.2	4117.	3296.	5.589
1.986	503.5	4788.	3894.	6.144	**1200**	1.864	536.6	4797.	3865.	6.085
2.235	447.4	5448.	4442.	6.565	**1400**	2.085	479.6	5458.	4416.	6.506
2.480	403.2	6096.	4980.	6.930	**1600**	2.303	434.2	6108.	4956.	6.873
2.720	367.7	6738.	5514.	7.256	**1800**	2.518	397.1	6752.	5493.	7.200
2.956	338.3	7378.	6048.	7.551	**2000**	2.730	366.3	7394.	6029.	7.495

Tafel 3. Druckwasser und überhitzter Dampf (Fortsetzung)

5500 bar						6000 bar				
$10^3 v$	ϱ	h	u	s	t	$10^3 v$	ϱ	h	u	s
m^3/kg	kg/m^3	kJ/kg		kJ/kg K	°C	m^3/kg	kg/m^3	kJ/kg		kJ/kg K
					0					
0.8599	1163.0	510.9	38.0	0.0274	**10**	0.8523	1173.4	553.5	42.1	0.0265
0.8614	1160.8	540.1	66.3	0.1288	**20**	0.8534	1171.8	579.4	67.4	0.1166
0.8646	1156.6	573.2	97.7	0.2399	**30**	0.8566	1167.4	610.7	96.7	0.2213
0.8684	1151.5	609.2	131.6	0.3567	**40**	0.8606	1161.9	646.1	129.7	0.3364
0.8724	1146.3	646.6	166.8	0.4742	**50**	0.8648	1156.3	683.5	164.7	0.4540
0.8763	1141.1	684.4	202.4	0.5892	**60**	0.8688	1151.0	721.5	200.2	0.5697
0.8802	1136.1	722.1	238.0	0.7007	**70**	0.8726	1146.0	759.4	235.8	0.6817
0.8840	1131.2	759.6	273.4	0.8085	**80**	0.8764	1141.1	796.9	271.1	0.7896
0.8879	1126.3	797.0	308.7	0.9130	**90**	0.8801	1136.2	834.3	306.2	0.8939
0.8918	1121.3	834.4	343.9	1.0145	**100**	0.8839	1131.3	871.5	341.2	0.9950
0.8958	1116.3	871.8	379.1	1.1134	**110**	0.8878	1126.4	908.7	376.1	1.0935
0.9000	1111.1	909.2	414.2	1.2099	**120**	0.8917	1121.4	946.0	411.0	1.1895
0.9042	1106.0	946.7	449.4	1.3041	**130**	0.8957	1116.4	983.3	445.9	1.2832
0.9085	1100.7	984.3	484.6	1.3961	**140**	0.8999	1111.3	1020.7	480.8	1.3748
0.9129	1095.4	1021.8	519.8	1.4859	**150**	0.9041	1106.1	1058.1	515.7	1.4643
0.9173	1090.1	1059.4	554.9	1.5737	**160**	0.9083	1100.9	1095.5	550.5	1.5517
0.9219	1084.7	1097.0	589.9	1.6594	**170**	0.9126	1095.7	1132.9	585.4	1.6371
0.9265	1079.3	1134.5	624.9	1.7432	**180**	0.9170	1090.5	1170.3	620.1	1.7205
0.9312	1073.9	1172.0	659.9	1.8250	**19C**	0.9215	1085.2	1207.7	654.8	1.8020
0.9359	1068.5	1209.5	694.7	1.9050	**200**	0.9260	1079.9	1245.0	689.4	1.8817
0.9407	1063.0	1246.9	729.4	1.9832	**210**	0.9306	1074.6	1282.2	723.9	1.9596
0.9456	1057.5	1284.2	764.1	2.0597	**220**	0.9352	1069.3	1319.4	758.3	2.0358
0.9506	1052.0	1321.5	798.7	2.1346	**230**	0.9399	1063.9	1356.5	792.6	2.1103
0.9556	1046.4	1358.7	833.1	2.2079	**240**	0.9447	1058.6	1393.6	826.8	2.1833
0.9607	1040.9	1395.9	867.5	2.2797	**250**	0.9495	1053.2	1430.6	860.9	2.2547
0.9659	1035.3	1433.1	901.8	2.3501	**260**	0.9544	1047.8	1467.6	895.0	2.3247
0.9712	1029.7	1470.2	936.1	2.4190	**270**	0.9593	1042.4	1504.5	928.9	2.3934
0.9765	1024.1	1507.3	970.2	2.4867	**280**	0.9643	1037.0	1541.4	962.8	2.4607
0.9819	1018.4	1544.4	1004.3	2.5531	**290**	0.9694	1031.5	1578.3	996.6	2.5267
0.9874	1012.7	1581.4	1038.3	2.6183	**300**	0.9746	1026.1	1615.1	1030.4	2.5915
0.9987	1001.3	1655.5	1106.2	2.7453	**320**	0.9851	1015.1	1688.7	1097.6	2.7177
1.0103	989.8	1729.5	1173.8	2.8680	**340**	0.9959	1004.1	1762.2	1164.7	2.8396
1.0222	978.3	1803.5	1241.3	2.9868	**360**	1.0070	993.0	1835.7	1231.5	2.9576
1.0345	966.6	1877.6	1308.6	3.1020	**380**	1.0185	981.9	1909.3	1298.2	3.0719
1.0472	954.9	1951.7	1375.7	3.2138	**400**	1.0302	970.7	1982.8	1364.7	3.1828
1.060	943.2	2026.	1443.	3.322	**420**	1.042	959.4	2056.	1431.	3.291
1.074	931.4	2100.	1510.	3.428	**440**	1.055	948.2	2130.	1497.	3.395
1.087	919.6	2174.	1576.	3.531	**460**	1.067	936.9	2204.	1563.	3.497
1.102	907.7	2249.	1643.	3.631	**480**	1.080	925.6	2277.	1629.	3.596
1.116	895.9	2323.	1709.	3.728	**500**	1.094	914.3	2351.	1695.	3.693
1.131	884.1	2397.	1775.	3.823	**520**	1.107	903.0	2425.	1760.	3.787
1.146	872.3	2472.	1841.	3.915	**540**	1.121	891.8	2498.	1826.	3.879
1.162	860.6	2546.	1907.	4.006	**560**	1.136	880.6	2572.	1891.	3.968
1.178	849.0	2620.	1972.	4.094	**580**	1.150	869.5	2645.	1955.	4.055
1.194	837.4	2694.	2037.	4.180	**600**	1.165	858.4	2719.	2020.	4.140
1.211	825.9	2768.	2102.	4.263	**620**	1.180	847.4	2792.	2084.	4.223
1.228	814.6	2842.	2167.	4.345	**640**	1.195	836.6	2866.	2148.	4.305
1.245	803.4	2916.	2231.	4.425	**660**	1.211	825.8	2939.	2212.	4.384
1.262	792.3	2989.	2295.	4.503	**680**	1.227	815.2	3012.	2276.	4.461
1.280	781.4	3062.	2359.	4.579	**700**	1.243	804.7	3084.	2339.	4.537
1.325	754.7	3245.	2516.	4.762	**750**	1.284	779.0	3265.	2495.	4.718
1.371	729.2	3425.	2671.	4.934	**800**	1.326	754.3	3445.	2649.	4.889
1.419	704.9	3604.	2824.	5.097	**850**	1.368	730.7	3623.	2802.	5.051
1.467	681.7	3781.	2975.	5.251	**900**	1.412	708.2	3799.	2952.	5.205
1.516	659.8	3957.	3123.	5.397	**950**	1.456	686.8	3974.	3100.	5.351
1.565	639.0	4130.	3270.	5.537	**1000**	1.501	666.4	4147.	3247.	5.490
1.764	567.0	4810.	3840.	6.033	**1200**	1.681	595.0	4826.	3818.	5.985
1.963	509.5	5472.	4392.	6.454	**1400**	1.861	537.4	5489.	4372.	6.407
2.159	463.1	6123.	4935.	6.822	**1600**	2.040	490.2	6141.	4917.	6.775
2.354	424.9	6768.	5474.	7.149	**1800**	2.217	451.1	6787.	5457.	7.103
2.545	392.9	7412.	6012.	7.445	**2000**	2.392	418.1	7431.	5996.	7.400

Tafel 3. Druckwasser und überhitzter Dampf (Fortsetzung)

6500 bar						7000 bar				
$10^3 v$	ϱ	h	u	s	t	$10^3 v$	ϱ	h	u	s
m^3/kg	kg/m^3	kJ/kg		kJ/kgK	°C	m^3/kg	kg/m^3	kJ/kg		kJ/kg K
					0					
					10					
0.8456	1182.6	618.6	68.9	0.1053	**20**					
0.8488	1178.1	647.4	95.7	0.2018	**30**	0.8413	1188.6	683.4	94.5	0.1813
0.8531	1172.2	682.2	127.7	0.3148	**40**	0.8459	1182.2	717.4	125.3	0.2916
0.8575	1166.1	719.8	162.4	0.4331	**50**	0.8506	1175.7	755.4	160.0	0.4111
0.8617	1160.5	758.2	198.1	0.5500	**60**	0.8549	1169.7	794.4	196.0	0.5298
0.8655	1155.4	796.3	233.8	0.6628	**70**	0.8588	1164.4	833.0	231.8	0.6441
0.8692	1150.5	834.1	269.1	0.7712	**80**	0.8625	1159.5	871.0	267.3	0.7532
0.8728	1145.7	871.4	304.1	0.8755	**90**	0.8660	1154.8	908.4	302.2	0.8577
0.8765	1140.9	908.5	338.8	0.9763	**100**	0.8695	1150.1	945.5	336.9	0.9584
0.8802	1136.1	945.6	373.5	1.0744	**110**	0.8730	1145.4	982.4	371.3	1.0561
0.8839	1131.3	982.7	408.2	1.1700	**120**	0.8766	1140.7	1019.4	405.7	1.1513
0.8878	1126.4	1019.9	442.8	1.2633	**130**	0.8803	1135.9	1056.4	440.1	1.2442
0.8917	1121.4	1057.1	477.5	1.3545	**140**	0.8841	1131.1	1093.4	474.6	1.3350
0.8958	1116.4	1094.3	512.1	1.4436	**150**	0.8879	1126.2	1130.6	509.0	1.4238
0.8998	1111.3	1131.6	546.7	1.5307	**160**	0.8918	1121.3	1167.7	543.4	1.5106
0.9040	1106.2	1168.9	581.3	1.6157	**170**	0.8958	1116.3	1204.9	577.8	1.5954
0.9082	1101.1	1206.2	615.8	1.6989	**180**	0.8998	1111.3	1242.0	612.1	1.6782
0.9124	1096.0	1243.4	650.3	1.7801	**190**	0.9039	1106.3	1279.1	646.4	1.7592
0.9167	1090.8	1280.5	684.7	1.8595	**200**	0.9080	1101.3	1316.2	680.5	1.8384
0.9211	1085.7	1317.7	718.9	1.9371	**210**	0.9122	1096.3	1353.1	714.6	1.9157
0.9255	1080.5	1354.7	753.1	2.0130	**220**	0.9164	1091.3	1390.1	748.6	1.9914
0.9299	1075.3	1391.7	787.2	2.0873	**230**	0.9206	1086.2	1427.0	782.5	2.0654
0.9345	1070.1	1428.6	821.2	2.1600	**240**	0.9249	1081.2	1463.8	816.3	2.1379
0.9390	1064.9	1465.5	855.1	2.2311	**250**	0.9292	1076.2	1500.5	850.0	2.2088
0.9436	1059.7	1502.3	888.9	2.3008	**260**	0.9336	1071.1	1537.2	883.6	2.2782
0.9483	1054.5	1539.1	922.7	2.3692	**270**	0.9380	1066.1	1573.8	917.2	2.3463
0.9531	1049.3	1575.8	956.3	2.4361	**280**	0.9425	1061.0	1610.4	950.6	2.4130
0.9578	1044.0	1612.5	989.9	2.5019	**290**	0.9471	1055.9	1646.9	984.0	2.4784
0.9627	1038.8	1649.1	1023.4	2.5663	**300**	0.9516	1050.8	1683.4	1017.2	2.5426
0.9726	1028.2	1722.3	1090.1	2.6919	**320**	0.9610	1040.6	1756.2	1083.6	2.6676
0.9827	1017.6	1795.4	1156.7	2.8131	**340**	0.9705	1030.4	1829.0	1149.7	2.7882
0.9931	1006.9	1868.5	1223.0	2.9304	**360**	0.9803	1020.1	1901.7	1215.5	2.9049
1.0038	996.2	1941.5	1289.1	3.0440	**380**	0.9903	1009.8	1974.3	1281.1	3.0179
1.0147	985.5	2014.6	1355.0	3.1541	**400**	1.0005	999.5	2047.0	1346.6	3.1274
1.026	974.7	2088.	1421.	3.261	**420**	1.011	989.2	2120.	1412.	3.234
1.037	963.9	2161.	1486.	3.365	**440**	1.022	978.8	2192.	1477.	3.337
1.049	953.1	2234.	1552.	3.466	**460**	1.033	968.4	2265.	1542.	3.437
1.061	942.3	2307.	1617.	3.565	**480**	1.044	958.0	2337.	1607.	3.535
1.074	931.5	2380.	1682.	3.660	**500**	1.055	947.6	2410.	1671.	3.630
1.086	920.7	2453.	1747.	3.754	**520**	1.067	937.2	2483.	1736.	3.723
1.099	909.9	2526.	1812.	3.845	**540**	1.079	926.9	2555.	1800.	3.814
1.112	899.2	2599.	1876.	3.934	**560**	1.091	916.6	2628.	1864.	3.902
1.125	888.5	2672.	1941.	4.020	**580**	1.103	906.3	2700.	1928.	3.988
1.139	877.9	2745.	2005.	4.105	**600**	1.116	896.1	2773.	1992.	4.072
1.153	867.4	2818.	2069.	4.187	**620**	1.129	886.0	2845.	2055.	4.154
1.167	856.9	2891.	2132.	4.268	**640**	1.142	875.9	2918.	2118.	4.234
1.181	846.6	2963.	2196.	4.346	**660**	1.155	865.9	2990.	2181.	4.312
1.196	836.3	3036.	2259.	4.423	**680**	1.168	856.1	3062.	2244.	4.388
1.210	826.2	3108.	2321.	4.498	**700**	1.182	846.3	3134.	2306.	4.463
1.248	801.4	3288.	2477.	4.678	**750**	1.216	822.3	3312.	2461.	4.642
1.286	777.6	3467.	2631.	4.849	**800**	1.251	799.2	3490.	2614.	4.812
1.325	754.6	3644.	2782.	5.010	**850**	1.287	776.9	3667.	2766.	4.972
1.365	732.7	3819.	2932.	5.163	**900**	1.324	755.4	3842.	2915.	5.125
1.405	711.7	3994.	3080.	5.309	**950**	1.361	734.9	4015.	3063.	5.270
1.446	691.7	4167.	3227.	5.447	**1000**	1.398	715.3	4188.	3209.	5.408
1.610	621.2	4845.	3798.	5.942	**1200**	1.549	645.6	4866.	3781.	5.903
1.775	563.5	5507.	4354.	6.364	**1400**	1.701	588.0	5528.	4338.	6.325
1.939	515.8	6160.	4900.	6.733	**1600**	1.852	540.0	6182.	4885.	6.693
2.101	476.0	6808.	5442.	7.061	**1800**	2.002	499.6	6830.	5428.	7.022
2.262	442.1	7453.	5983.	7.358	**2000**	2.150	465.0	7476.	5970.	7.320

Tafel 3. Druckwasser und überhitzter Dampf (Fortsetzung)

7500 bar						8000 bar				
$10^3 v$	ϱ	h	u	s	t	$10^3 v$	ϱ	h	u	s
m^3/kg	kg/m^3	kJ/kg		kJ/kgK	°C	m^3/kg	kg/m^3	kJ/kg		kJ/kg K
					0					
					10					
					20					
0.8342	1198.7	718.9	93.2	0.1602	**30**					
0.8390	1191.9	751.8	122.6	0.2670	**40**	0.8325	1201.2	785.5	119.5	0.2412
0.8440	1184.9	790.3	157.3	0.3879	**50**	0.8377	1193.8	824.5	154.3	0.3635
0.8485	1178.6	830.0	193.7	0.5090	**60**	0.8424	1187.1	865.2	191.3	0.4876
0.8525	1173.1	869.3	230.0	0.6252	**70**	0.8464	1181.4	905.3	228.1	0.6062
0.8561	1168.1	907.7	265.6	0.7355	**80**	0.8500	1176.4	944.2	264.2	0.7181
0.8595	1163.4	945.3	300.7	0.8405	**90**	0.8534	1171.8	982.1	299.4	0.8238
0.8629	1158.9	982.4	335.2	0.9412	**100**	0.8567	1167.3	1019.2	333.9	0.9247
0.8663	1154.4	1019.2	369.5	1.0387	**110**	0.8599	1162.9	1056.0	368.1	1.0219
0.8697	1149.8	1056.0	403.7	1.1334	**120**	0.8632	1158.5	1092.6	402.1	1.1164
0.8733	1145.1	1092.9	437.9	1.2259	**130**	0.8666	1154.0	1129.3	436.0	1.2085
0.8769	1140.4	1129.8	472.1	1.3164	**140**	0.8700	1149.4	1166.1	470.0	1.2985
0.8806	1135.6	1166.7	506.3	1.4048	**150**	0.8736	1144.7	1202.9	504.0	1.3866
0.8843	1130.8	1203.8	540.5	1.4913	**160**	0.8772	1140.1	1239.8	538.1	1.4728
0.8881	1126.0	1240.8	574.7	1.5758	**170**	0.8808	1135.3	1276.7	572.1	1.5571
0.8919	1121.1	1277.8	608.9	1.6585	**180**	0.8845	1130.6	1313.7	606.1	1.6395
0.8958	1116.3	1314.8	642.9	1.7392	**190**	0.8882	1125.9	1350.6	640.0	1.7201
0.8998	1111.4	1351.8	677.0	1.8182	**200**	0.8920	1121.1	1387.4	673.8	1.7988
0.9037	1106.5	1388.7	710.9	1.8953	**210**	0.8958	1116.3	1424.2	707.6	1.8758
0.9078	1101.6	1425.5	744.7	1.9708	**220**	0.8996	1111.6	1461.0	741.3	1.9511
0.9118	1096.7	1462.3	778.4	2.0446	**230**	0.9035	1106.8	1497.6	774.8	2.0247
0.9159	1091.8	1499.0	812.0	2.1168	**240**	0.9074	1102.0	1534.3	808.3	2.0967
0.9200	1086.9	1535.6	845.6	2.1875	**250**	0.9114	1097.3	1570.8	841.7	2.1672
0.9242	1082.0	1572.2	879.0	2.2567	**260**	0.9153	1092.5	1607.2	875.0	2.2363
0.9284	1077.1	1608.7	912.4	2.3246	**270**	0.9193	1087.7	1643.6	908.2	2.3039
0.9327	1072.2	1645.1	945.6	2.3911	**280**	0.9234	1083.0	1680.0	941.3	2.3702
0.9370	1067.3	1681.5	978.8	2.4563	**290**	0.9275	1078.2	1716.3	974.3	2.4352
0.9413	1062.4	1717.9	1011.9	2.5202	**300**	0.9316	1073.4	1752.5	1007.2	2.4990
0.9501	1052.5	1790.4	1077.8	2.6447	**320**	0.9400	1063.9	1824.8	1072.8	2.6230
0.9591	1042.6	1862.9	1143.5	2.7648	**340**	0.9485	1054.3	1897.0	1138.2	2.7427
0.9683	1032.7	1935.2	1209.0	2.8809	**360**	0.9572	1044.7	1969.0	1203.3	2.8583
0.9777	1022.8	2007.5	1274.2	2.9933	**380**	0.9661	1035.1	2041.0	1268.2	2.9703
0.9873	1012.8	2079.8	1339.3	3.1023	**400**	0.9751	1025.5	2113.0	1332.9	3.0787
0.9972	1002.8	2152.	1404.	3.208	**420**	0.9844	1015.9	2185.	1397.	3.184
1.0072	992.9	2224.	1469.	3.311	**440**	0.9938	1006.2	2257.	1462.	3.286
1.0174	982.9	2296.	1533.	3.411	**460**	1.0034	996.6	2329.	1526.	3.386
1.0279	972.9	2369.	1598.	3.508	**480**	1.0132	987.0	2400.	1590.	3.482
1.0385	962.9	2441.	1662.	3.602	**500**	1.0232	977.3	2472.	1654.	3.576
1.049	952.9	2513.	1726.	3.695	**520**	1.033	967.7	2544.	1717.	3.668
1.061	942.9	2585.	1790.	3.785	**540**	1.044	958.1	2616.	1781.	3.758
1.072	933.0	2657.	1854.	3.872	**560**	1.054	948.5	2688.	1844.	3.845
1.083	923.1	2729.	1917.	3.958	**580**	1.065	938.9	2759.	1907.	3.930
1.095	913.2	2802.	1980.	4.041	**600**	1.076	929.4	2831.	1970.	4.013
1.107	903.5	2873.	2043.	4.123	**620**	1.087	920.0	2903.	2033.	4.094
1.119	893.8	2945.	2106.	4.202	**640**	1.098	910.6	2974.	2095.	4.173
1.131	884.1	3017.	2169.	4.280	**660**	1.110	901.3	3045.	2158.	4.250
1.143	874.6	3089.	2231.	4.356	**680**	1.121	892.0	3117.	2220.	4.326
1.156	865.1	3160.	2293.	4.430	**700**	1.133	882.9	3188.	2282.	4.400
1.188	841.9	3338.	2447.	4.608	**750**	1.162	860.4	3365.	2435.	4.577
1.220	819.4	3515.	2600.	4.777	**800**	1.193	838.5	3541.	2587.	4.746
1.254	797.7	3691.	2751.	4.937	**850**	1.224	817.3	3717.	2738.	4.905
1.287	776.8	3866.	2900.	5.090	**900**	1.255	796.9	3891.	2887.	5.057
1.322	756.7	4039.	3048.	5.234	**950**	1.287	777.2	4064.	3034.	5.201
1.356	737.5	4211.	3194.	5.372	**1000**	1.319	758.4	4235.	3180.	5.339
1.496	668.6	4888.	3766.	5.866	**1200**	1.448	690.4	4912.	3753.	5.832
1.636	611.2	5551.	4324.	6.288	**1400**	1.579	633.2	5574.	4311.	6.254
1.776	563.0	6204.	4872.	6.657	**1600**	1.710	584.9	6228.	4861.	6.623
1.915	522.1	6853.	5416.	6.986	**1800**	1.840	543.6	6877.	5406.	6.953
2.054	486.9	7499.	5959.	7.284	**2000**	1.969	507.9	7524.	5949.	7.251

Tafel 3. Druckwasser und überhitzter Dampf (Fortsetzung)

8500 bar						9000 bar				
$10^3 v$	ϱ	h	u	s	t	$10^3 v$	ϱ	h	u	s
m^3/kg	kg/m^3	kJ/kg		kJ/kgK	°C	m^3/kg	kg/m^3	kJ/kg		kJ/kg K
					0					
					10					
					20					
					30					
0.8265	1210.0	818.8	116.3	0.2149	**40**					
0.8318	1202.3	858.0	151.0	0.3382	**50**	0.8262	1210.4	891.1	147.5	0.3124
0.8366	1195.4	899.8	188.7	0.4655	**60**	0.8311	1203.2	934.0	186.0	0.4430
0.8407	1189.5	940.9	226.3	0.5871	**70**	0.8353	1197.2	976.2	224.4	0.5679
0.8443	1184.4	980.5	262.8	0.7009	**80**	0.8389	1192.1	1016.6	261.6	0.6839
0.8476	1179.8	1018.7	298.3	0.8076	**90**	0.8421	1187.5	1055.2	297.4	0.7919
0.8507	1175.4	1056.0	332.8	0.9088	**100**	0.8451	1183.3	1092.7	332.1	0.8936
0.8539	1171.2	1092.7	366.9	1.0059	**110**	0.8481	1179.1	1129.4	366.1	0.9907
0.8570	1166.8	1129.2	400.8	1.1000	**120**	0.8511	1174.9	1165.8	399.8	1.0845
0.8602	1162.5	1165.7	434.5	1.1918	**130**	0.8542	1170.7	1202.2	433.4	1.1758
0.8635	1158.0	1202.3	468.3	1.2814	**140**	0.8574	1166.4	1238.6	467.0	1.2651
0.8669	1153.5	1239.0	502.1	1.3692	**150**	0.8606	1162.0	1275.2	500.6	1.3525
0.8704	1148.9	1275.8	536.0	1.4551	**160**	0.8639	1157.5	1311.8	534.3	1.4381
0.8739	1144.3	1312.6	569.8	1.5391	**170**	0.8673	1153.1	1348.5	568.0	1.5219
0.8774	1139.7	1349.5	603.7	1.6213	**180**	0.8707	1148.5	1385.2	601.6	1.6039
0.8810	1135.1	1386.3	637.4	1.7017	**190**	0.8741	1144.0	1422.0	635.3	1.6840
0.8846	1130.5	1423.1	671.1	1.7803	**200**	0.8776	1139.5	1458.7	668.9	1.7625
0.8883	1125.8	1459.8	704.8	1.8571	**210**	0.8811	1135.0	1495.3	702.4	1.8391
0.8919	1121.2	1496.5	738.3	1.9322	**220**	0.8846	1130.4	1531.9	735.8	1.9141
0.8956	1116.5	1533.0	771.8	2.0057	**230**	0.8882	1125.9	1568.5	769.1	1.9874
0.8994	1111.9	1569.6	805.1	2.0775	**240**	0.8918	1121.4	1604.9	802.3	2.0592
0.9031	1107.2	1606.0	838.3	2.1479	**250**	0.8954	1116.9	1641.3	835.5	2.1294
0.9069	1102.6	1642.4	871.5	2.2168	**260**	0.8990	1112.3	1677.6	868.5	2.1981
0.9108	1098.0	1678.7	904.6	2.2842	**270**	0.9027	1107.8	1713.8	901.4	2.2655
0.9146	1093.3	1715.0	937.5	2.3504	**280**	0.9064	1103.3	1750.0	934.3	2.3314
0.9185	1088.7	1751.1	970.4	2.4152	**290**	0.9101	1098.8	1786.1	967.0	2.3961
0.9225	1084.1	1787.3	1003.2	2.4788	**300**	0.9138	1094.3	1822.1	999.7	2.4595
0.9304	1074.8	1859.4	1068.5	2.6024	**320**	0.9214	1085.3	1894.0	1064.8	2.5829
0.9385	1065.5	1931.3	1133.6	2.7217	**340**	0.9291	1076.3	1965.8	1129.6	2.7018
0.9467	1056.3	2003.1	1198.4	2.8370	**360**	0.9369	1067.3	2037.4	1194.1	2.8167
0.9551	1047.0	2074.8	1262.9	2.9485	**380**	0.9449	1058.3	2108.8	1258.4	2.9278
0.9637	1037.7	2146.5	1327.3	3.0565	**400**	0.9530	1049.3	2180.2	1322.5	3.0355
0.9724	1028.4	2218.	1391.	3.161	**420**	0.9613	1040.3	2252.	1386.	3.140
0.9813	1019.0	2290.	1455.	3.263	**440**	0.9697	1031.3	2323.	1450.	3.241
0.9904	1009.7	2361.	1519.	3.362	**460**	0.9782	1022.3	2394.	1514.	3.340
0.9996	1000.4	2433.	1583.	3.458	**480**	0.9869	1013.2	2465.	1577.	3.436
1.0090	991.1	2504.	1647.	3.552	**500**	0.9958	1004.2	2537.	1640.	3.529
1.019	981.8	2576.	1710.	3.643	**520**	1.005	995.2	2608.	1703.	3.620
1.028	972.5	2647.	1773.	3.732	**540**	1.014	986.2	2679.	1766.	3.708
1.038	963.2	2718.	1836.	3.819	**560**	1.023	977.3	2750.	1829.	3.795
1.048	954.0	2790.	1899.	3.904	**580**	1.033	968.3	2821.	1892.	3.879
1.058	944.8	2861.	1962.	3.986	**600**	1.042	959.4	2892.	1954.	3.961
1.069	935.7	2932.	2024.	4.067	**620**	1.052	950.6	2963.	2016.	4.042
1.079	926.6	3004.	2086.	4.146	**640**	1.062	941.8	3034.	2078.	4.120
1.090	917.5	3075.	2148.	4.223	**660**	1.072	933.0	3105.	2140.	4.197
1.101	908.6	3146.	2210.	4.298	**680**	1.082	924.3	3175.	2202.	4.272
1.111	899.7	3216.	2272.	4.371	**700**	1.092	915.7	3246.	2263.	4.345
1.139	877.8	3393.	2425.	4.548	**750**	1.118	894.4	3422.	2415.	4.521
1.167	856.5	3569.	2576.	4.716	**800**	1.145	873.7	3597.	2567.	4.688
1.196	835.9	3743.	2726.	4.875	**850**	1.172	853.5	3771.	2717.	4.847
1.226	815.9	3917.	2875.	5.026	**900**	1.199	834.0	3944.	2865.	4.998
1.255	796.7	4089.	3023.	5.170	**950**	1.227	815.1	4116.	3012.	5.142
1.285	778.1	4261.	3169.	5.308	**1000**	1.255	796.9	4287.	3158.	5.279
1.406	711.0	4937.	3741.	5.801	**1200**	1.369	730.7	4962.	3731.	5.771
1.529	654.2	5599.	4300.	6.223	**1400**	1.483	674.2	5625.	4290.	6.193
1.651	605.8	6253.	4850.	6.592	**1600**	1.598	625.8	6279.	4841.	6.562
1.772	564.2	6903.	5396.	6.921	**1800**	1.712	584.0	6929.	5387.	6.892
1.894	528.1	7550.	5940.	7.219	**2000**	1.826	547.5	7576.	5932.	7.190

Tafel 3. Druckwasser und überhitzter Dampf (Fortsetzung)

9500 bar						10000 bar				
$10^3 v$	ϱ	h	u	s	t	$10^3 v$	ϱ	h	u	s
m³/kg	kg/m³	kJ/kg		kJ/kgK	°C	m³/kg	kg/m³	kJ/kg		kJ/kg K
					0					
					10					
					20					
					30					
					40					
0.8210	1218.0	923.9	143.9	0.2864	**50**					
0.8259	1210.7	967.8	183.2	0.4202	**60**	0.8211	1217.9	1001.4	180.3	0.3974
0.8301	1204.6	1011.2	222.6	0.5486	**70**	0.8253	1211.7	1046.0	220.7	0.5293
0.8337	1199.5	1052.5	260.5	0.6672	**80**	0.8288	1206.5	1088.2	259.4	0.6507
0.8369	1194.9	1091.7	296.7	0.7766	**90**	0.8319	1202.1	1128.0	296.1	0.7618
0.8398	1190.8	1129.3	331.5	0.8789	**100**	0.8347	1198.0	1165.9	331.2	0.8648
0.8426	1186.7	1166.1	365.5	0.9760	**110**	0.8374	1194.1	1202.7	365.3	0.9621
0.8455	1182.7	1202.4	399.1	1.0696	**120**	0.8402	1190.2	1238.9	398.7	1.0554
0.8485	1178.6	1238.6	432.5	1.1605	**130**	0.8430	1186.3	1275.0	432.0	1.1460
0.8515	1174.4	1274.9	465.9	1.2494	**140**	0.8459	1182.2	1311.1	465.2	1.2345
0.8546	1170.2	1311.3	499.4	1.3365	**150**	0.8488	1178.1	1347.3	498.5	1.3211
0.8578	1165.8	1347.8	532.9	1.4218	**160**	0.8519	1173.9	1383.7	531.9	1.4061
0.8610	1161.5	1384.4	566.4	1.5053	**170**	0.8550	1169.6	1420.2	565.3	1.4894
0.8642	1157.1	1421.0	600.0	1.5871	**180**	0.8581	1165.4	1456.8	598.7	1.5710
0.8675	1152.7	1457.7	633.5	1.6671	**190**	0.8613	1161.1	1493.3	632.1	1.6508
0.8709	1148.3	1494.3	667.0	1.7453	**200**	0.8645	1156.7	1529.9	665.4	1.7289
0.8743	1143.8	1530.9	700.3	1.8219	**210**	0.8677	1152.4	1566.4	698.7	1.8053
0.8776	1139.4	1567.4	733.7	1.8967	**220**	0.8710	1148.1	1602.9	731.9	1.8800
0.8811	1135.0	1603.9	766.9	1.9699	**230**	0.8743	1143.8	1639.3	765.0	1.9531
0.8845	1130.6	1640.3	800.0	2.0416	**240**	0.8776	1139.5	1675.7	798.1	2.0246
0.8880	1126.2	1676.6	833.0	2.1117	**250**	0.8809	1135.2	1711.9	831.0	2.0946
0.8915	1121.8	1712.8	866.0	2.1803	**260**	0.8843	1130.9	1748.1	863.9	2.1632
0.8950	1117.4	1749.0	898.8	2.2475	**270**	0.8876	1126.6	1784.2	896.6	2.2303
0.8985	1113.0	1785.1	931.5	2.3133	**280**	0.8910	1122.3	1820.3	929.2	2.2960
0.9020	1108.6	1821.1	964.2	2.3779	**290**	0.8944	1118.0	1856.2	961.8	2.3604
0.9056	1104.2	1857.1	996.8	2.4412	**300**	0.8978	1113.8	1892.1	994.3	2.4236
0.9129	1095.5	1928.8	1061.6	2.5642	**320**	0.9048	1105.3	1963.7	1059.0	2.5464
0.9202	1086.7	2000.4	1126.2	2.6828	**340**	0.9118	1096.8	2035.1	1123.3	2.6648
0.9277	1078.0	2071.8	1190.5	2.7974	**360**	0.9189	1088.3	2106.3	1187.4	2.7791
0.9352	1069.2	2143.0	1254.6	2.9082	**380**	0.9261	1079.8	2177.4	1251.3	2.8896
0.9429	1060.5	2214.2	1318.4	3.0155	**400**	0.9334	1071.3	2248.4	1314.9	2.9966
0.9508	1051.8	2285.	1382.	3.120	**420**	0.9409	1062.8	2319.	1378.	3.100
0.9587	1043.0	2356.	1446.	3.221	**440**	0.9484	1054.4	2390.	1442.	3.201
0.9668	1034.3	2427.	1509.	3.319	**460**	0.9561	1045.9	2461.	1505.	3.299
0.9751	1025.6	2498.	1572.	3.414	**480**	0.9639	1037.4	2532.	1568.	3.394
0.9835	1016.8	2569.	1635.	3.507	**500**	0.9719	1028.9	2602.	1630.	3.487
0.9919	1008.1	2640.	1698.	3.598	**520**	0.9801	1020.5	2673.	1693.	3.577
1.0006	999.4	2711.	1760.	3.686	**540**	0.9884	1012.0	2743.	1755.	3.665
1.0094	990.7	2782.	1823.	3.772	**560**	0.9964	1003.6	2814.	1818.	3.751
1.0182	982.1	2853.	1885.	3.856	**580**	1.0049	995.2	2885.	1880.	3.834
1.0270	973.4	2923.	1947.	3.938	**600**	1.0135	986.8	2955.	1942.	3.916
1.036	964.8	2994.	2009.	4.018	**620**	1.022	978.5	3025.	2003.	3.996
1.046	956.3	3064.	2071.	4.096	**640**	1.031	970.2	3096.	2065.	4.073
1.055	947.8	3135.	2133.	4.172	**660**	1.040	961.9	3166.	2126.	4.150
1.065	939.3	3205.	2194.	4.247	**680**	1.049	953.7	3236.	2188.	4.224
1.074	931.0	3276.	2255.	4.320	**700**	1.058	945.6	3306.	2249.	4.297
1.099	910.3	3451.	2407.	4.496	**750**	1.081	925.4	3481.	2400.	4.472
1.124	890.1	3626.	2558.	4.662	**800**	1.104	905.7	3655.	2551.	4.638
1.149	870.4	3799.	2708.	4.821	**850**	1.128	886.5	3828.	2700.	4.796
1.175	851.3	3972.	2856.	4.971	**900**	1.152	867.8	4001.	2848.	4.946
1.201	832.8	4144.	3003.	5.114	**950**	1.177	849.6	4172.	2995.	5.089
1.227	814.9	4315.	3149.	5.251	**1000**	1.202	832.1	4343.	3141.	5.226
1.334	749.5	4989.	3721.	5.743	**1200**	1.303	767.6	5016.	3713.	5.717
1.442	693.3	5651.	4281.	6.165	**1400**	1.405	711.8	5679.	4274.	6.139
1.550	645.0	6306.	4833.	6.535	**1600**	1.507	663.4	6333.	4826.	6.508
1.658	603.0	6955.	5380.	6.864	**1800**	1.609	621.3	6983.	5373.	6.838
1.766	566.2	7603.	5925.	7.162	**2000**	1.711	584.3	7630.	5919.	7.136

Tafel 3. Druckwasser und überhitzter Dampf (Fortsetzung)

11000 bar						12000 bar				
$10^3 v$	ϱ	h	u	s	t	$10^3 v$	ϱ	h	u	s
m^3/kg	kg/m^3	kJ/kg		kJ/kg K	°C	m^3/kg	kg/m^3	kJ/kg		kJ/kg K
					0					
					10					
					20					
					30					
					40					
					50					
					60					
0.8163	1225	1115	217	0.492	**70**					
0.8197	1220	1159	258	0.619	**80**	0.8115	1232	1230	256	0.589
0.8226	1216	1200	296	0.734	**90**	0.8142	1228	1273	296	0.707
0.8252	1212	1239	331	0.838	**100**	0.8166	1225	1312	332	0.814
0.8277	1208	1276	366	0.936	**110**	0.8188	1221	1349	367	0.913
0.8302	1205	1312	399	1.029	**120**	0.8210	1218	1385	400	1.005
0.8327	1201	1348	432	1.119	**130**	0.8233	1215	1421	433	1.094
0.8354	1197	1384	465	1.206	**140**	0.8257	1211	1456	465	1.181
0.8381	1193	1420	498	1.292	**150**	0.8282	1207	1492	498	1.266
0.8409	1189	1456	531	1.377	**160**	0.8307	1204	1527	531	1.350
0.8437	1185	1492	564	1.459	**170**	0.8334	1200	1563	563	1.432
0.8466	1181	1528	597	1.541	**180**	0.8360	1196	1600	596	1.512
0.8496	1177	1565	630	1.620	**190**	0.8388	1192	1636	629	1.592
0.8525	1173	1601	663	1.698	**200**	0.8415	1188	1672	662	1.669
0.8555	1169	1637	696	1.774	**210**	0.8443	1184	1708	695	1.745
0.8586	1165	1674	729	1.849	**220**	0.8471	1180	1745	728	1.819
0.8616	1161	1710	762	1.921	**230**	0.8499	1177	1781	761	1.892
0.8647	1157	1746	795	1.993	**240**	0.8528	1173	1817	794	1.963
0.8677	1152	1783	828	2.063	**250**	0.8556	1169	1853	826	2.033
0.8708	1148	1819	861	2.131	**260**	0.8585	1165	1889	859	2.101
0.8739	1144	1855	893	2.198	**270**	0.8614	1161	1925	891	2.168
0.8771	1140	1891	926	2.263	**280**	0.8643	1157	1961	924	2.233
0.8802	1136	1926	958	2.328	**290**	0.8672	1153	1997	956	2.297
0.8834	1132	1962	991	2.391	**300**	0.8701	1149	2033	988	2.360
0.8897	1124	2034	1055	2.513	**320**	0.8760	1142	2104	1053	2.482
0.8961	1116	2105	1119	2.631	**340**	0.8819	1134	2175	1116	2.600
0.9026	1108	2176	1183	2.745	**360**	0.8879	1126	2245	1180	2.713
0.9092	1100	2246	1246	2.855	**380**	0.8939	1119	2316	1243	2.823
0.9159	1092	2317	1310	2.961	**400**	0.9000	1111	2386	1306	2.929
0.9227	1084	2388	1373	3.065	**420**	0.9062	1104	2456	1369	3.032
0.9295	1076	2458	1436	3.165	**440**	0.9125	1096	2527	1432	3.132
0.9365	1068	2528	1498	3.262	**460**	0.9188	1088	2597	1494	3.229
0.9435	1060	2599	1561	3.357	**480**	0.9252	1081	2667	1556	3.323
0.9507	1052	2669	1623	3.449	**500**	0.9317	1073	2737	1618	3.414
0.9580	1044	2739	1685	3.538	**520**	0.9383	1066	2806	1680	3.504
0.9653	1036	2809	1747	3.626	**540**	0.9450	1058	2876	1742	3.591
0.9728	1028	2879	1809	3.711	**560**	0.9518	1051	2946	1804	3.675
0.9803	1020	2950	1871	3.794	**580**	0.9586	1043	3016	1865	3.758
0.9880	1012	3020	1933	3.875	**600**	0.9655	1036	3085	1927	3.839
0.9958	1004	3089	1994	3.954	**620**	0.9725	1028	3155	1988	3.917
1.0036	996	3159	2055	4.032	**640**	0.9796	1021	3224	2049	3.994
1.0115	989	3229	2117	4.107	**660**	0.9868	1013	3294	2110	4.070
1.0196	981	3299	2177	4.181	**680**	0.9940	1006	3363	2170	4.143
1.0277	973	3369	2238	4.254	**700**	1.0014	999	3432	2231	4.215
1.048	954	3542	2389	4.428	**750**	1.020	980	3605	2381	4.388
1.069	935	3715	2539	4.593	**800**	1.039	962	3778	2531	4.553
1.091	917	3888	2688	4.750	**850**	1.058	945	3949	2679	4.709
1.113	899	4059	2836	4.900	**900**	1.078	928	4120	2827	4.858
1.135	881	4230	2982	5.042	**950**	1.098	911	4290	2973	5.000
1.157	864	4400	3128	5.178	**1000**	1.118	894	4460	3118	5.136
1.248	802	5073	3700	5.669	**1200**	1.200	833	5131	3691	5.625
1.339	747	5734	4261	6.090	**1400**	1.283	779	5792	4252	6.046
1.432	698	6389	4814	6.460	**1600**	1.367	731	6446	4805	6.416
1.524	656	7039	5362	6.789	**1800**	1.451	689	7096	5354	6.745
1.616	619	7687	5909	7.088	**2000**	1.536	651	7744	5901	7.044

Tafel 3. Druckwasser und überhitzter Dampf (Fortsetzung)

14000 bar						16000 bar				
$10^3 v$ m³/kg	ϱ kg/m³	h kJ/kg	u kJ/kg	s kJ/kg K	t °C	$10^3 v$ m³/kg	ϱ kg/m³	h kJ/kg	u kJ/kg	s kJ/kg K
					0					
					10					
					20					
					30					
					40					
					50					
					60					
					70					
					80					
					90					
0.8013	1248	1459	337	0.774	**100**					
0.8031	1245	1496	372	0.873	**110**					
0.8048	1243	1532	405	0.965	**120**	0.7908	1265	1680	415	0.935
0.8066	1240	1567	438	1.053	**130**	0.7921	1262	1714	446	1.020
0.8085	1237	1601	470	1.137	**140**	0.7936	1260	1747	477	1.102
0.8105	1234	1636	501	1.220	**150**	0.7952	1258	1781	509	1.183
0.8126	1231	1671	533	1.302	**160**	0.7969	1255	1815	540	1.263
0.8148	1227	1707	566	1.383	**170**	0.7987	1252	1850	572	1.342
0.8171	1224	1742	598	1.462	**180**	0.8007	1249	1885	604	1.420
0.8195	1220	1778	631	1.541	**190**	0.8026	1246	1920	636	1.497
0.8218	1217	1814	663	1.617	**200**	0.8047	1243	1956	668	1.573
0.8242	1213	1850	696	1.693	**210**	0.8068	1240	1991	700	1.648
0.8267	1210	1886	729	1.767	**220**	0.8089	1236	2027	733	1.721
0.8291	1206	1922	761	1.839	**230**	0.8110	1233	2063	765	1.793
0.8316	1202	1958	794	1.910	**240**	0.8132	1230	2099	798	1.864
0.8341	1199	1994	826	1.979	**250**	0.8153	1226	2135	830	1.933
0.8366	1195	2030	859	2.048	**260**	0.8175	1223	2171	863	2.001
0.8391	1192	2066	891	2.114	**270**	0.8197	1220	2206	895	2.067
0.8416	1188	2102	924	2.179	**280**	0.8219	1217	2242	927	2.133
0.8441	1185	2137	956	2.243	**290**	0.8241	1213	2278	959	2.196
0.8466	1181	2173	988	2.306	**300**	0.8263	1210	2313	991	2.259
0.8517	1174	2244	1052	2.428	**320**	0.8307	1204	2384	1055	2.380
0.8567	1167	2315	1115	2.545	**340**	0.8351	1197	2455	1119	2.497
0.8619	1160	2385	1179	2.658	**360**	0.8395	1191	2525	1182	2.610
0.8670	1153	2455	1241	2.767	**380**	0.8440	1185	2595	1245	2.719
0.8722	1147	2525	1304	2.873	**400**	0.8484	1179	2665	1307	2.824
0.8774	1140	2595	1367	2.975	**420**	0.8529	1172	2734	1370	2.926
0.8827	1133	2665	1429	3.074	**440**	0.8575	1166	2804	1432	3.025
0.8881	1126	2734	1491	3.170	**460**	0.8621	1160	2873	1494	3.121
0.8935	1119	2804	1553	3.264	**480**	0.8667	1154	2942	1555	3.213
0.8989	1112	2873	1615	3.355	**500**	0.8713	1148	3011	1617	3.304
0.9045	1106	2942	1676	3.443	**520**	0.8760	1142	3080	1678	3.392
0.9100	1099	3012	1738	3.529	**540**	0.8807	1135	3149	1739	3.477
0.9157	1092	3081	1799	3.613	**560**	0.8855	1129	3217	1801	3.561
0.9214	1085	3150	1860	3.695	**580**	0.8903	1123	3286	1861	3.642
0.9271	1079	3219	1921	3.775	**600**	0.8952	1117	3355	1922	3.722
0.9330	1072	3288	1982	3.853	**620**	0.9001	1111	3423	1983	3.799
0.9388	1065	3357	2042	3.929	**640**	0.9051	1105	3491	2043	3.875
0.9448	1058	3426	2103	4.004	**660**	0.9101	1099	3560	2103	3.949
0.9508	1052	3494	2163	4.077	**680**	0.9152	1093	3628	2164	4.021
0.9569	1045	3563	2223	4.148	**700**	0.9203	1087	3696	2224	4.092
0.9723	1028	3734	2373	4.320	**750**	0.9333	1071	3866	2373	4.263
0.9880	1012	3905	2522	4.483	**800**	0.9465	1056	4036	2521	4.425
1.0040	996	4075	2670	4.638	**850**	0.9601	1042	4205	2669	4.579
1.0203	980	4245	2817	4.786	**900**	0.9738	1027	4374	2816	4.725
1.0368	964	4414	2963	4.927	**950**	0.9878	1012	4542	2961	4.866
1.0536	949	4583	3108	5.062	**1000**	1.0019	998	4709	3106	5.000
1.122	891	5251	3680	5.550	**1200**	1.060	943	5374	3678	5.485
1.192	839	5911	4242	5.970	**1400**	1.120	893	6032	4240	5.904
1.263	792	6564	4796	6.338	**1600**	1.181	846	6684	4794	6.272
1.334	749	7214	5345	6.668	**1800**	1.243	804	7333	5344	6.601
1.406	711	7861	5893	6.966	**2000**	1.305	766	7980	5891	6.899

Tafel 3. Druckwasser und überhitzter Dampf (Fortsetzung)

18000 bar					t	20000 bar				
$10^3 v$	ϱ	h	u	s	t	$10^3 v$	ϱ	h	u	s
m^3/kg	kg/m^3	kJ/kg		kJ/kgK	°C	m^3/kg	kg/m^3	kJ/kg		kJ/kg K
					0					
					10					
					20					
					30					
					40					
					50					
					60					
					70					
					80					
					90					
					100					
					110					
					120					
					130					
0.7804	1281	1894	489	1.076	**140**					
0.7817	1279	1926	519	1.154	**150**					
0.7830	1277	1959	550	1.231	**160**	0.7706	1298	2104	562	1.205
0.7845	1275	1993	581	1.308	**170**	0.7718	1296	2136	593	1.280
0.7861	1272	2027	612	1.384	**180**	0.7731	1294	2169	623	1.354
0.7878	1269	2062	644	1.460	**190**	0.7745	1291	2203	654	1.428
0.7895	1267	2097	676	1.535	**200**	0.7759	1289	2238	686	1.502
0.7913	1264	2132	708	1.609	**210**	0.7775	1286	2273	718	1.575
0.7931	1261	2168	740	1.681	**220**	0.7790	1284	2308	750	1.647
0.7950	1258	2203	772	1.753	**230**	0.7807	1281	2343	782	1.718
0.7969	1255	2239	805	1.823	**240**	0.7823	1278	2379	814	1.788
0.7988	1252	2275	837	1.892	**250**	0.7840	1276	2414	847	1.857
0.8007	1249	2311	869	1.960	**260**	0.7856	1273	2450	879	1.924
0.8026	1246	2346	902	2.026	**270**	0.7873	1270	2486	911	1.990
0.8045	1243	2382	934	2.091	**280**	0.7890	1267	2521	943	2.055
0.8064	1240	2418	966	2.155	**290**	0.7907	1265	2557	975	2.119
0.8084	1237	2453	998	2.218	**300**	0.7924	1262	2592	1008	2.181
0.8122	1231	2524	1062	2.339	**320**	0.7958	1257	2663	1072	2.303
0.8161	1225	2594	1125	2.456	**340**	0.7992	1251	2734	1135	2.420
0.8200	1220	2665	1189	2.569	**360**	0.8026	1246	2804	1199	2.532
0.8238	1214	2734	1252	2.677	**380**	0.8060	1241	2874	1262	2.641
0.8277	1208	2804	1314	2.782	**400**	0.8094	1235	2943	1324	2.746
0.8317	1202	2874	1377	2.884	**420**	0.8129	1230	3013	1387	2.847
0.8356	1197	2943	1439	2.982	**440**	0.8163	1225	3082	1449	2.946
0.8395	1191	3012	1501	3.078	**460**	0.8197	1220	3150	1511	3.041
0.8435	1186	3081	1562	3.171	**480**	0.8232	1215	3219	1573	3.133
0.8475	1180	3149	1624	3.261	**500**	0.8267	1210	3288	1634	3.223
0.8516	1174	3218	1685	3.348	**520**	0.8302	1205	3356	1696	3.310
0.8556	1169	3286	1746	3.433	**540**	0.8337	1199	3424	1757	3.395
0.8597	1163	3355	1807	3.516	**560**	0.8372	1194	3492	1818	3.478
0.8639	1158	3423	1868	3.597	**580**	0.8408	1189	3560	1879	3.559
0.8680	1152	3491	1929	3.676	**600**	0.8444	1184	3628	1940	3.637
0.8722	1146	3559	1989	3.754	**620**	0.8481	1179	3696	2000	3.714
0.8765	1141	3627	2050	3.829	**640**	0.8517	1174	3764	2060	3.789
0.8808	1135	3695	2110	3.902	**660**	0.8554	1169	3831	2121	3.862
0.8851	1130	3763	2170	3.974	**680**	0.8591	1164	3899	2181	3.934
0.8895	1124	3831	2230	4.045	**700**	0.8629	1159	3966	2241	4.004
0.9005	1110	4000	2379	4.214	**750**	0.8724	1146	4135	2390	4.173
0.9118	1097	4169	2527	4.375	**800**	0.8822	1134	4302	2538	4.333
0.9234	1083	4337	2675	4.528	**850**	0.8921	1121	4470	2685	4.485
0.9351	1069	4504	2821	4.674	**900**	0.9022	1108	4636	2832	4.630
0.9471	1056	4671	2967	4.814	**950**	0.9125	1096	4802	2977	4.769
0.9592	1042	4838	3111	4.947	**1000**	0.9230	1083	4968	3122	4.902
1.009	991	5500	3683	5.430	**1200**	0.9665	1035	5627	3694	5.382
1.061	942	6155	4245	5.847	**1400**	1.0121	988	6280	4256	5.798
1.115	897	6806	4799	6.215	**1600**	1.0593	944	6928	4810	6.164
1.169	855	7453	5349	6.543	**1800**	1.1075	903	7574	5359	6.492
1.224	817	8099	5896	6.840	**2000**	1.1566	865	8218	5905	6.788

Tafel 3. Druckwasser und überhitzter Dampf (Fortsetzung)

25000 bar						30000 bar				
$10^3 v$	ϱ	h	u	s	t	$10^3 v$	ϱ	h	u	s
m^3/kg	kg/m^3	kJ/kg		kJ/kg K	°C	m^3/kg	kg/m^3	kJ/kg		kJ/kg K
					0					
					10					
					20					
					30					
					40					
					50					
					60					
					70					
					80					
					90					
					100					
					110					
					120					
					130					
					140					
					150					
					160					
					170					
					180					
					190					
0.747	1338	2590	722	1.442	**200**					
0.748	1336	2623	753	1.512	**210**					
0.749	1334	2657	784	1.581	**220**					
0.750	1333	2692	816	1.650	**230**					
0.752	1331	2726	847	1.718	**240**					
0.753	1328	2761	879	1.786	**250**	0.728	1374	3106	923	1.737
0.754	1326	2797	912	1.853	**260**	0.728	1373	3140	955	1.802
0.755	1324	2832	944	1.918	**270**	0.729	1371	3175	987	1.866
0.756	1322	2867	976	1.983	**280**	0.730	1370	3210	1019	1.930
0.758	1320	2903	1008	2.046	**290**	0.731	1368	3245	1052	1.993
0.759	1318	2938	1041	2.108	**300**	0.732	1366	3280	1084	2.055
0.761	1313	3009	1105	2.230	**320**	0.734	1363	3350	1149	2.175
0.764	1309	3079	1169	2.346	**340**	0.736	1359	3420	1214	2.292
0.766	1305	3149	1233	2.459	**360**	0.737	1356	3491	1278	2.405
0.769	1301	3219	1297	2.568	**380**	0.739	1353	3561	1343	2.514
0.771	1296	3289	1360	2.673	**400**	0.741	1349	3630	1407	2.619
0.774	1292	3358	1423	2.774	**420**	0.743	1346	3700	1471	2.720
0.776	1288	3427	1486	2.872	**440**	0.745	1343	3769	1534	2.819
0.779	1284	3496	1549	2.967	**460**	0.747	1339	3838	1598	2.914
0.781	1280	3564	1611	3.060	**480**	0.749	1336	3906	1661	3.006
0.784	1276	3633	1673	3.149	**500**	0.750	1333	3974	1723	3.095
0.786	1272	3701	1735	3.236	**520**	0.752	1330	4042	1786	3.182
0.789	1268	3769	1796	3.321	**540**	0.754	1326	4110	1848	3.267
0.791	1263	3836	1858	3.403	**560**	0.756	1323	4178	1910	3.349
0.794	1259	3904	1919	3.483	**580**	0.758	1320	4245	1972	3.429
0.797	1255	3971	1980	3.561	**600**	0.760	1317	4312	2034	3.506
0.799	1251	4039	2041	3.637	**620**	0.761	1313	4379	2095	3.582
0.802	1247	4106	2102	3.712	**640**	0.763	1310	4446	2156	3.656
0.804	1243	4173	2162	3.784	**660**	0.765	1307	4513	2218	3.729
0.807	1239	4240	2222	3.855	**680**	0.767	1304	4579	2278	3.799
0.810	1235	4307	2283	3.925	**700**	0.769	1301	4646	2339	3.868
0.816	1225	4473	2432	4.092	**750**	0.774	1292	4811	2490	4.034
0.823	1215	4639	2581	4.250	**800**	0.779	1284	4976	2640	4.191
0.830	1205	4804	2729	4.400	**850**	0.784	1276	5140	2789	4.340
0.837	1194	4969	2876	4.544	**900**	0.789	1268	5303	2936	4.482
0.845	1184	5133	3022	4.681	**950**	0.794	1259	5466	3083	4.618
0.852	1174	5297	3167	4.812	**1000**	0.799	1251	5628	3229	4.748
0.883	1132	5948	3739	5.287	**1200**	0.822	1216	6271	3803	5.217
0.917	1091	6593	4301	5.698	**1400**	0.847	1180	6908	4365	5.623
0.952	1050	7235	4854	6.060	**1600**	0.875	1144	7541	4917	5.980
0.989	1011	7874	5401	6.384	**1800**	0.903	1107	8172	5462	6.300
1.028	973	8513	5944	6.679	**2000**	0.934	1070	8804	6002	6.591

Tafel 4. Kritisches Gebiet: Isochoren für $t \geq t_s$

t	p	h	u	s	p	h	u	s	p	h	u	s
°C	bar	kJ/kg		kJ/kgK	bar	kJ/kg		kJ/kgK	bar	kJ/kg		kJ/kgK
	100 kg/m³ (t_s= 343.879 °C)				105 kg/m³ (t_s= 346.295 °C)				110 kg/m³ (t_s= 348.536 °C)			
t_s	153.19	2600.9	2447.7	5.2890	157.84	2587.0	2436.6	5.2592	162.27	2573.1	2425.6	5.2302
344	153.29	2601.4	2448.1	5.2897								
346	155.07	2610.2	2455.1	5.3010								
348	156.84	2618.8	2462.0	5.3121	159.45	2594.5	2442.7	5.2689				
350	158.59	2627.4	2468.8	5.3231	161.32	2603.3	2449.7	5.2801	163.72	2579.6	2430.8	5.2386
355	162.93	2648.5	2485.5	5.3498	165.93	2624.8	2466.8	5.3075	168.62	2601.7	2448.4	5.2667
360	167.20	2669.0	2501.8	5.3757	170.48	2645.9	2483.5	5.3340	173.44	2623.1	2465.5	5.2938
365	171.41	2689.1	2517.7	5.4006	174.96	2666.4	2499.8	5.3596	178.20	2644.1	2482.1	5.3199
370	175.56	2708.8	2533.2	5.4249	179.38	2686.5	2515.6	5.3844	182.88	2664.6	2498.3	5.3452
380	183.69	2746.9	2563.2	5.4711	188.04	2725.4	2546.3	5.4317	192.07	2704.2	2529.6	5.3935
390	191.63	2783.6	2592.0	5.5148	196.49	2762.8	2575.6	5.4763	201.03	2742.3	2559.6	5.4390
400	199.40	2819.1	2619.7	5.5563	204.75	2798.9	2603.9	5.5185	209.80	2779.0	2588.3	5.4821
410	207.02	2853.5	2646.4	5.5958	212.85	2833.9	2631.1	5.5587	218.39	2814.6	2616.0	5.5230
420	214.49	2886.9	2672.4	5.6335	220.81	2867.8	2657.5	5.5971	226.82	2849.1	2642.9	5.5620
430	221.85	2919.5	2697.7	5.6697	228.63	2900.9	2683.2	5.6338	235.11	2882.6	2668.9	5.5993
440	229.09	2951.4	2722.3	5.7044	236.33	2933.3	2708.2	5.6691	243.27	2915.4	2694.3	5.6351
450	236.23	2982.6	2746.4	5.7380	243.92	2964.9	2732.6	5.7031	251.32	2947.5	2719.0	5.6695
460	243.29	3013.3	2770.0	5.7704	251.42	2996.0	2756.5	5.7360	259.27	2978.9	2743.2	5.7028
470	250.26	3043.4	2793.2	5.8018	258.83	3026.5	2780.0	5.7678	267.12	3009.8	2767.0	5.7350
480	257.15	3073.1	2816.0	5.8323	266.15	3056.5	2803.1	5.7986	274.89	3040.2	2790.3	5.7662
490	263.98	3102.4	2838.5	5.8620	273.41	3086.2	2825.8	5.8286	282.57	3070.2	2813.3	5.7965
500	270.74	3131.4	2860.7	5.8909	280.59	3115.5	2848.2	5.8578	290.18	3099.8	2835.9	5.8260
520	284.09	3188.4	2904.3	5.9467	294.78	3173.1	2892.3	5.9141	305.21	3157.9	2880.5	5.8828
540	297.24	3244.5	2947.2	6.0001	308.74	3229.7	2935.6	5.9680	320.01	3215.0	2924.1	5.9371
560	310.22	3299.8	2989.5	6.0515	322.52	3285.4	2978.3	6.0198	334.60	3271.2	2967.1	5.9893
580	323.04	3354.4	3031.4	6.1011	336.13	3340.5	3020.4	6.0698	349.01	3326.8	3009.5	6.0397
600	335.72	3408.6	3072.9	6.1492	349.60	3395.1	3062.2	6.1182	363.27	3381.8	3051.6	6.0884
	115 kg/m³ (t_s= 350.616 °C)				120 kg/m³ (t_s= 352.549 °C)				125 kg/m³ (t_s= 354.345 °C)			
t_s	166.46	2559.3	2414.5	5.2020	170.44	2545.6	2403.5	5.1746	174.21	2531.9	2392.6	5.1480
352	167.90	2565.5	2419.5	5.2100								
354	169.97	2574.5	2426.7	5.2215	172.03	2552.2	2408.8	5.1831				
356	172.03	2583.4	2433.8	5.2328	174.19	2561.2	2416.1	5.1946	176.10	2539.5	2398.7	5.1577
358	174.08	2592.2	2440.8	5.2439	176.35	2570.2	2423.2	5.2060	178.37	2548.7	2406.0	5.1693
360	176.11	2600.9	2447.7	5.2548	178.49	2579.0	2430.3	5.2172	180.62	2557.7	2413.2	5.1807
365	181.13	2622.2	2464.7	5.2816	183.79	2600.8	2447.6	5.2444	186.19	2579.8	2430.9	5.2085
370	186.09	2643.1	2481.3	5.3074	189.02	2622.0	2464.5	5.2708	191.68	2601.4	2448.1	5.2353
380	195.80	2683.5	2513.2	5.3567	199.26	2663.1	2497.1	5.3210	202.45	2643.1	2481.2	5.2864
390	205.28	2722.2	2543.7	5.4030	209.25	2702.5	2528.1	5.3682	212.96	2683.1	2512.7	5.3344
400	214.55	2759.5	2573.0	5.4468	219.02	2740.4	2557.9	5.4127	223.24	2721.6	2543.0	5.3796
410	223.63	2795.6	2601.2	5.4884	228.60	2777.0	2586.5	5.4549	233.31	2758.7	2572.0	5.4225
420	232.55	2830.6	2628.4	5.5280	238.00	2812.5	2614.1	5.4951	243.20	2794.6	2600.1	5.4632
430	241.31	2864.7	2654.8	5.5658	247.24	2847.0	2640.9	5.5335	252.92	2829.6	2627.2	5.5021
440	249.94	2897.9	2680.5	5.6021	256.35	2880.6	2667.0	5.5703	262.50	2863.6	2653.6	5.5394
450	258.45	2930.3	2705.6	5.6370	265.32	2913.4	2692.3	5.6056	271.94	2896.8	2679.3	5.5751
460	266.85	2962.1	2730.1	5.6707	274.17	2945.6	2717.1	5.6396	281.25	2929.3	2704.3	5.6095
470	275.15	2993.4	2754.1	5.7032	282.92	2977.2	2741.4	5.6725	290.46	2961.2	2728.9	5.6428
480	283.36	3024.1	2777.7	5.7348	291.58	3008.2	2765.3	5.7044	299.56	2992.6	2752.9	5.6750
490	291.48	3054.4	2800.9	5.7654	300.14	3038.8	2788.7	5.7353	308.57	3023.5	2776.6	5.7062
500	299.52	3084.3	2823.8	5.7952	308.62	3069.0	2811.8	5.7654	317.50	3053.9	2799.9	5.7365
520	315.40	3143.0	2868.7	5.8525	325.37	3128.2	2857.1	5.8232	335.11	3113.7	2845.6	5.7948
540	331.04	3200.6	2912.7	5.9073	341.84	3186.3	2901.4	5.8784	352.44	3172.2	2890.2	5.8505
560	346.45	3257.2	2956.0	5.9599	358.10	3243.4	2945.0	5.9314	369.54	3229.8	2934.1	5.9038
580	361.68	3313.2	2998.7	6.0106	374.14	3299.8	2988.0	5.9824	386.42	3286.6	2977.4	5.9552
600	376.73	3368.6	3041.0	6.0596	390.01	3355.6	3030.6	6.0318	403.11	3342.8	3020.3	6.0048

Tafel 4. Kritisches Gebiet: Isochoren für $t \geq t_s$ (Fortsetzung)

t	p	h	u	s	p	h	u	s	p	h	u	s
°C	bar	kJ/kg		kJ/kgK	bar	kJ/kg		kJ/kgK	bar	kJ/kg		kJ/kgK
	130 kg/m³ (t_s= 356.015 °C)				135 kg/m³ (t_s= 357.568 °C)				140 kg/m³ (t_s= 359.012 °C)			
t_s	177.78	2518.4	2381.7	5.1220	181.16	2505.0	2370.8	5.0966	184.34	2491.7	2360.0	5.0719
358	180.14	2527.6	2389.0	5.1337	181.69	2507.0	2372.4	5.0992				
360	182.50	2536.8	2396.4	5.1453	184.16	2516.3	2379.9	5.1110	185.61	2496.3	2363.7	5.0778
362	184.85	2545.8	2403.6	5.1568	186.62	2525.5	2387.3	5.1227	188.18	2505.6	2371.2	5.0896
364	187.18	2554.8	2410.8	5.1680	189.06	2534.6	2394.6	5.1342	190.72	2514.9	2378.7	5.1013
366	189.50	2563.7	2417.9	5.1792	191.48	2543.6	2401.8	5.1455	193.25	2524.0	2386.0	5.1128
368	191.81	2572.5	2424.9	5.1901	193.89	2552.6	2408.9	5.1566	195.77	2533.1	2393.2	5.1241
370	194.10	2581.2	2431.9	5.2010	196.30	2561.4	2416.0	5.1676	198.28	2542.0	2400.4	5.1353
375	199.79	2602.6	2448.9	5.2274	202.24	2583.1	2433.3	5.1945	204.48	2564.1	2418.0	5.1625
380	205.40	2623.6	2465.6	5.2529	208.11	2604.4	2450.2	5.2204	210.61	2585.6	2435.1	5.1889
390	216.42	2664.1	2497.6	5.3017	219.65	2645.5	2482.8	5.2699	222.66	2627.2	2468.2	5.2390
400	227.20	2703.1	2528.3	5.3476	230.94	2685.0	2513.9	5.3165	234.46	2667.2	2499.7	5.2863
410	237.77	2740.7	2557.8	5.3911	242.01	2723.0	2543.8	5.3605	246.02	2705.7	2530.0	5.3309
420	248.15	2777.1	2586.2	5.4323	252.87	2759.9	2572.6	5.4024	257.38	2742.9	2559.1	5.3732
430	258.36	2812.4	2613.7	5.4717	263.56	2795.6	2600.4	5.4422	268.55	2779.1	2587.2	5.4135
440	268.41	2846.8	2640.4	5.5094	274.09	2830.4	2627.4	5.4803	279.56	2814.2	2614.5	5.4520
450	278.32	2880.4	2666.3	5.5456	284.47	2864.3	2653.6	5.5169	290.41	2848.5	2641.0	5.4890
460	288.10	2913.3	2691.7	5.5804	294.72	2897.5	2679.2	5.5520	301.13	2882.0	2666.9	5.5245
470	297.76	2945.5	2716.5	5.6139	304.85	2930.0	2704.2	5.5859	311.72	2914.8	2692.1	5.5587
480	307.32	2977.2	2740.8	5.6464	314.86	2962.0	2728.8	5.6187	322.20	2947.0	2716.9	5.5917
490	316.78	3008.3	2764.6	5.6779	324.78	2993.4	2752.8	5.6505	332.57	2978.7	2741.2	5.6238
500	326.15	3039.0	2788.1	5.7085	334.59	3024.4	2776.5	5.6813	342.84	3009.9	2765.0	5.6549
520	344.64	3099.3	2834.2	5.7673	353.97	3085.1	2822.9	5.7406	363.12	3071.2	2811.8	5.7146
540	362.84	3158.3	2879.2	5.8233	373.05	3144.6	2868.2	5.7970	383.08	3131.0	2857.4	5.7714
560	380.79	3216.3	2923.4	5.8770	391.86	3203.0	2912.7	5.8510	402.76	3189.9	2902.2	5.8258
580	398.51	3273.5	2967.0	5.9287	410.43	3260.6	2956.6	5.9030	422.19	3247.8	2946.3	5.8780
600	416.03	3330.1	3010.0	5.9786	428.79	3317.5	2999.9	5.9532	441.40	3305.1	2989.8	5.9285
	145 kg/m³ (t_s= 360.354 °C)				150 kg/m³ (t_s= 361.601 °C)				155 kg/m³ (t_s= 362.760 °C)			
t_s	187.35	2478.5	2349.2	5.0477	190.18	2465.4	2338.6	5.0240	192.85	2452.4	2328.0	5.0008
362	189.54	2486.2	2355.5	5.0575	190.73	2467.3	2340.1	5.0264				
364	192.19	2495.6	2363.0	5.0694	193.49	2476.7	2347.7	5.0384	194.62	2458.3	2332.8	5.0083
366	194.83	2504.9	2370.5	5.0810	196.23	2486.1	2355.3	5.0502	197.46	2467.8	2340.4	5.0203
368	197.45	2514.0	2377.8	5.0925	198.95	2495.4	2362.8	5.0619	200.28	2477.2	2348.0	5.0321
370	200.06	2523.1	2385.1	5.1039	201.66	2504.6	2370.1	5.0734	203.10	2486.5	2355.4	5.0437
375	206.53	2545.4	2403.0	5.1315	208.38	2527.1	2388.2	5.1014	210.07	2509.3	2373.7	5.0721
380	212.91	2567.2	2420.3	5.1582	215.03	2549.2	2405.8	5.1284	216.96	2531.5	2391.6	5.0995
385	219.23	2588.5	2437.3	5.1841	221.59	2570.7	2423.0	5.1546	223.78	2553.3	2408.9	5.1260
390	225.47	2609.3	2453.8	5.2091	228.09	2591.8	2439.7	5.1800	230.52	2574.6	2425.9	5.1516
395	231.65	2629.7	2470.0	5.2333	234.52	2612.4	2456.1	5.2045	237.20	2595.4	2442.4	5.1765
400	237.76	2649.7	2485.8	5.2569	240.88	2632.6	2472.1	5.2284	243.82	2615.9	2458.6	5.2006
410	249.82	2688.7	2516.4	5.3021	253.44	2672.0	2503.0	5.2740	256.86	2655.6	2489.9	5.2467
420	261.67	2726.3	2545.9	5.3449	265.78	2710.0	2532.8	5.3173	269.69	2694.0	2520.0	5.2905
430	273.33	2762.8	2574.3	5.3856	277.92	2746.8	2561.5	5.3585	282.32	2731.1	2549.0	5.3320
440	284.82	2798.3	2601.9	5.4245	289.89	2782.6	2589.4	5.3978	294.78	2767.2	2577.1	5.3717
450	296.15	2832.9	2628.6	5.4618	301.70	2817.5	2616.4	5.4354	307.06	2802.4	2604.3	5.4096
460	307.34	2866.7	2654.7	5.4976	313.36	2851.6	2642.7	5.4715	319.20	2836.8	2630.9	5.4461
470	318.40	2899.8	2680.2	5.5322	324.89	2885.0	2668.4	5.5063	331.21	2870.4	2656.8	5.4812
480	329.34	2932.3	2705.1	5.5655	336.30	2917.8	2693.6	5.5400	343.08	2903.4	2682.1	5.5151
490	340.17	2964.2	2729.6	5.5978	347.59	2950.0	2718.2	5.5725	354.84	2935.9	2707.0	5.5478
500	350.90	2995.7	2753.7	5.6291	358.78	2981.7	2742.5	5.6041	366.49	2967.8	2731.4	5.5796
520	372.08	3057.4	2800.8	5.6893	380.87	3043.8	2789.9	5.6646	389.50	3030.4	2779.1	5.6405
540	392.93	3117.7	2846.7	5.7464	402.62	3104.5	2836.1	5.7221	412.16	3091.5	2825.6	5.6984
560	413.49	3176.9	2891.7	5.8011	424.07	3164.1	2881.4	5.7772	434.50	3151.4	2871.1	5.7538
580	433.79	3235.2	2936.1	5.8537	445.25	3222.8	2925.9	5.8300	456.57	3210.5	2915.9	5.8069
600	453.86	3292.8	2979.8	5.9045	466.18	3280.7	2969.9	5.8810	478.38	3268.8	2960.1	5.8582

Tafel 4. Kritisches Gebiet: Isochoren für $t \geq t_s$ (Fortsetzung)

t °C	p bar	h kJ/kg	u kJ/kg	s kJ/kgK	p bar	h kJ/kg	u kJ/kg	s kJ/kgK	p bar	h kJ/kg	u kJ/kg	s kJ/kgK
	160 kg/m³ (t_s = 363.834 °C)				165 kg/m³ (t_s = 364.832 °C)				170 kg/m³ (t_s = 365.755 °C)			
t_s	195.35	2439.5	2317.4	4.9781	197.70	2426.8	2307.0	4.9559	199.89	2414.2	2296.6	4.9340
364	195.59	2440.3	2318.1	4.9791								
366	198.53	2449.9	2325.8	4.9912	199.47	2432.4	2311.5	4.9630	200.28	2415.4	2297.5	4.9355
368	201.46	2459.4	2333.5	5.0032	202.50	2442.0	2319.3	4.9751	203.40	2425.0	2305.4	4.9477
370	204.37	2468.8	2341.0	5.0150	205.51	2451.5	2326.9	4.9870	206.51	2434.6	2313.1	4.9598
375	211.60	2491.8	2359.6	5.0437	212.98	2474.7	2345.6	5.0160	214.22	2458.0	2332.0	4.9891
380	218.74	2514.3	2377.6	5.0714	220.36	2497.4	2363.9	5.0440	221.85	2480.9	2350.4	5.0174
385	225.80	2536.3	2395.1	5.0982	227.67	2519.6	2381.6	5.0711	229.40	2503.3	2368.3	5.0447
390	232.80	2557.8	2412.3	5.1241	234.91	2541.3	2398.9	5.0973	236.88	2525.1	2385.8	5.0712
395	239.72	2578.8	2429.0	5.1492	242.08	2562.5	2415.8	5.1226	244.29	2546.5	2402.8	5.0968
400	246.58	2599.4	2445.3	5.1735	249.18	2583.3	2432.3	5.1472	251.64	2567.5	2419.5	5.1216
410	260.12	2639.5	2476.9	5.2202	263.21	2623.7	2464.2	5.1943	266.15	2608.3	2451.7	5.1691
420	273.44	2678.2	2507.3	5.2643	277.02	2662.8	2494.9	5.2388	280.44	2647.6	2482.6	5.2140
430	286.55	2715.7	2536.6	5.3063	290.62	2700.5	2524.4	5.2811	294.53	2685.6	2512.4	5.2566
440	299.49	2752.1	2564.9	5.3463	304.04	2737.2	2553.0	5.3215	308.43	2722.6	2541.2	5.2973
450	312.26	2787.6	2592.4	5.3846	317.29	2773.0	2580.7	5.3601	322.16	2758.6	2569.1	5.3362
460	324.87	2822.2	2619.2	5.4213	330.38	2807.9	2607.6	5.3971	335.74	2793.7	2596.2	5.3734
470	337.35	2856.1	2645.3	5.4566	343.34	2842.0	2633.9	5.4327	349.17	2828.1	2622.7	5.4093
480	349.70	2889.4	2670.8	5.4908	356.16	2875.5	2659.6	5.4671	362.47	2861.8	2648.6	5.4439
490	361.93	2922.0	2695.8	5.5238	368.86	2908.4	2684.8	5.5003	375.64	2894.9	2673.9	5.4773
500	374.05	2954.2	2720.4	5.5558	381.45	2940.7	2709.5	5.5325	388.70	2927.5	2698.8	5.5097
520	397.98	3017.1	2768.4	5.6171	406.31	3004.1	2757.8	5.5942	414.50	2991.2	2747.4	5.5718
540	421.55	3078.6	2815.2	5.6753	430.80	3066.0	2804.9	5.6527	439.92	3053.5	2794.7	5.6306
560	444.79	3139.0	2861.0	5.7310	454.96	3126.6	2850.9	5.7087	465.00	3114.5	2840.9	5.6869
580	467.75	3198.3	2906.0	5.7844	478.82	3186.4	2896.2	5.7623	489.78	3174.5	2886.4	5.7408
600	490.45	3257.0	2950.4	5.8359	502.42	3245.3	2940.8	5.8141	514.27	3233.8	2931.3	5.7928
	175 kg/m³ (t_s = 366.609 °C)				180 kg/m³ (t_s = 367.397 °C)				185 kg/m³ (t_s = 368.123 °C)			
t_s	201.95	2401.7	2286.3	4.9126	203.86	2389.3	2276.0	4.8916	205.64	2377.0	2265.8	4.8709
368	204.18	2408.4	2291.7	4.9212	204.86	2392.2	2278.4	4.8953				
370	207.39	2418.0	2299.5	4.9333	208.15	2401.9	2286.3	4.9076	208.82	2386.2	2273.3	4.8825
375	215.34	2441.7	2318.7	4.9629	216.34	2425.8	2305.6	4.9374	217.24	2410.2	2292.8	4.9127
380	223.20	2464.8	2337.2	4.9915	224.44	2449.0	2324.3	4.9663	225.57	2433.6	2311.7	4.9417
385	231.00	2487.3	2355.3	5.0191	232.47	2471.7	2342.5	4.9941	233.83	2456.4	2330.0	4.9697
390	238.72	2509.3	2372.9	5.0457	240.43	2493.9	2360.3	5.0210	242.02	2478.7	2347.9	4.9968
395	246.37	2530.9	2390.1	5.0715	248.32	2515.6	2377.6	5.0470	250.15	2500.6	2365.4	5.0230
400	253.96	2552.0	2406.9	5.0966	256.15	2536.9	2394.6	5.0722	258.21	2522.0	2382.4	5.0484
410	268.95	2593.1	2439.4	5.1445	271.62	2578.2	2427.3	5.1205	274.16	2563.6	2415.4	5.0970
420	283.73	2632.7	2470.5	5.1897	286.87	2618.0	2458.7	5.1661	289.90	2603.7	2447.0	5.1430
430	298.30	2671.0	2500.5	5.2327	301.93	2656.6	2488.9	5.2094	305.43	2642.5	2477.4	5.1866
440	312.68	2708.2	2529.5	5.2737	316.79	2694.1	2518.1	5.2506	320.78	2680.2	2506.8	5.2281
450	326.89	2744.5	2557.7	5.3128	331.49	2730.5	2546.4	5.2900	335.96	2716.9	2535.3	5.2677
460	340.95	2779.8	2585.0	5.3504	346.03	2766.1	2573.9	5.3278	350.98	2752.7	2562.9	5.3057
470	354.86	2814.4	2611.6	5.3865	360.42	2800.9	2600.7	5.3641	365.85	2787.7	2589.9	5.3422
480	368.64	2848.3	2637.7	5.4213	374.68	2835.0	2626.9	5.3991	380.59	2822.0	2616.2	5.3774
490	382.29	2881.6	2663.2	5.4549	388.81	2868.5	2652.5	5.4329	395.21	2855.7	2642.0	5.4115
500	395.82	2914.4	2688.2	5.4875	402.82	2901.5	2677.7	5.4657	409.70	2888.8	2667.3	5.4444
520	422.57	2978.5	2737.0	5.5499	430.52	2966.0	2726.8	5.5284	438.35	2953.6	2716.7	5.5074
540	448.93	3041.1	2784.6	5.6090	457.82	3028.9	2774.6	5.5879	466.60	3016.9	2764.7	5.5672
560	474.93	3102.5	2831.1	5.6655	484.76	3090.6	2821.3	5.6447	494.49	3078.9	2811.6	5.6242
580	500.63	3162.8	2876.8	5.7197	511.38	3151.3	2867.2	5.6991	522.05	3139.9	2857.7	5.6789
600	526.04	3222.4	2921.8	5.7719	537.71	3211.1	2912.4	5.7515	549.30	3200.0	2903.1	5.7315

Tafel 4. Kritisches Gebiet: Isochoren für $t \geq t_s$ (Fortsetzung)

t	p	h	u	s	p	h	u	s	p	h	u	s
°C	bar	kJ/kg		kJ/kgK	bar	kJ/kg		kJ/kgK	bar	kJ/kg		kJ/kgK
	190 kg/m³ (t_s = 368.792 °C)				200 kg/m³ (t_s = 369.966 °C)				210 kg/m³ (t_s = 370.942 °C)			
t_s	207.29	2364.8	2255.7	4.8506	210.22	2340.8	2235.7	4.8109	212.68	2317.3	2216.0	4.7724
370	209.39	2370.8	2260.6	4.8581	210.28	2341.0	2235.9	4.8111				
372	212.86	2380.5	2268.5	4.8704	213.93	2350.9	2243.9	4.8236	214.71	2322.6	2220.3	4.7792
374	216.32	2390.2	2276.3	4.8825	217.57	2360.7	2251.9	4.8360	218.53	2332.6	2228.5	4.7918
376	219.76	2399.7	2284.1	4.8945	221.19	2370.4	2259.8	4.8481	222.33	2342.4	2236.5	4.8041
378	223.18	2409.2	2291.7	4.9062	224.79	2379.9	2267.5	4.8600	226.10	2352.0	2244.3	4.8162
380	226.60	2418.5	2299.2	4.9178	228.39	2389.4	2275.2	4.8717	229.87	2361.5	2252.1	4.8280
385	235.09	2441.5	2317.7	4.9460	237.33	2412.6	2293.9	4.9003	239.24	2384.9	2271.0	4.8569
390	243.51	2463.9	2335.8	4.9733	246.20	2435.2	2312.1	4.9279	248.56	2407.8	2289.4	4.8848
395	251.87	2485.9	2353.3	4.9997	255.02	2457.4	2329.9	4.9547	257.82	2430.1	2307.4	4.9117
400	260.17	2507.4	2370.5	5.0253	263.78	2479.2	2347.3	4.9805	267.03	2452.1	2324.9	4.9379
410	276.59	2549.3	2403.7	5.0742	281.13	2521.4	2380.9	5.0300	285.31	2494.7	2358.8	4.9879
420	292.80	2589.6	2435.5	5.1204	298.29	2562.2	2413.0	5.0768	303.40	2535.7	2391.3	5.0351
430	308.81	2628.6	2466.1	5.1643	315.26	2601.6	2444.0	5.1211	321.31	2575.5	2422.5	5.0798
440	324.64	2666.5	2495.7	5.2060	332.05	2639.9	2473.9	5.1633	339.06	2614.1	2452.7	5.1224
450	340.31	2703.4	2524.3	5.2459	348.68	2677.1	2502.8	5.2036	356.66	2651.7	2481.9	5.1631
460	355.81	2739.4	2552.1	5.2841	365.15	2713.5	2530.9	5.2422	374.11	2688.4	2510.2	5.2020
470	371.17	2774.6	2579.2	5.3208	381.48	2749.0	2558.3	5.2793	391.42	2724.3	2537.9	5.2395
480	386.39	2809.1	2605.7	5.3562	397.68	2783.9	2585.0	5.3151	408.60	2759.4	2564.8	5.2755
490	401.49	2842.9	2631.6	5.3904	413.75	2818.1	2611.2	5.3496	425.65	2793.9	2591.2	5.3103
500	416.47	2876.3	2657.1	5.4235	429.70	2851.7	2636.9	5.3830	442.58	2827.9	2617.1	5.3440
520	446.08	2941.4	2706.7	5.4869	461.26	2917.5	2686.9	5.4469	476.11	2894.3	2667.6	5.4085
540	475.29	3005.0	2754.9	5.5469	492.40	2981.7	2735.5	5.5075	509.22	2959.1	2716.6	5.4695
560	504.13	3067.3	2802.0	5.6042	523.17	3044.6	2783.1	5.5652	541.94	3022.5	2764.5	5.5276
580	532.63	3128.6	2848.3	5.6590	553.58	3106.5	2829.7	5.6205	574.30	3084.9	2811.4	5.5834
600	560.82	3189.0	2893.9	5.7119	583.68	3167.5	2875.6	5.6737	606.33	3146.4	2857.7	5.6370
	220 kg/m³ (t_s = 371.740 °C)				230 kg/m³ (t_s = 372.381 °C)				240 kg/m³ (t_s = 372.883 °C)			
t_s	214.72	2294.1	2196.5	4.7350	216.38	2271.3	2177.2	4.6985	217.69	2248.9	2158.2	4.6629
372	215.25	2295.4	2197.6	4.7367								
374	219.25	2305.6	2206.0	4.7496	219.77	2279.8	2184.3	4.7094	220.13	2255.0	2163.3	4.6708
376	223.22	2315.6	2214.1	4.7623	223.91	2290.0	2192.7	4.7224	224.44	2265.6	2172.1	4.6844
378	227.16	2325.3	2222.1	4.7745	228.02	2299.9	2200.8	4.7348	228.71	2275.6	2180.3	4.6970
380	231.09	2334.9	2229.9	4.7864	232.11	2309.5	2208.6	4.7468	232.95	2285.2	2188.2	4.7091
385	240.89	2358.4	2249.0	4.8155	242.31	2333.1	2227.8	4.7761	243.55	2308.9	2207.4	4.7385
390	250.63	2381.4	2267.5	4.8436	252.47	2356.2	2246.5	4.8044	254.12	2332.1	2226.2	4.7669
395	260.33	2404.0	2285.6	4.8708	262.60	2378.9	2264.7	4.8317	264.67	2354.8	2244.5	4.7943
400	269.99	2426.0	2303.3	4.8972	272.69	2401.0	2282.5	4.8582	275.19	2377.0	2262.3	4.8210
410	289.17	2468.9	2337.5	4.9475	292.77	2444.1	2316.8	4.9089	296.14	2420.2	2296.9	4.8719
420	308.18	2510.3	2370.2	4.9951	312.70	2485.7	2349.8	4.9568	316.99	2462.0	2330.0	4.9200
430	327.04	2550.3	2401.7	5.0402	332.49	2526.0	2381.5	5.0022	337.72	2502.5	2361.8	4.9656
440	345.75	2589.2	2432.1	5.0831	352.16	2565.2	2412.0	5.0454	358.33	2541.9	2392.5	5.0090
450	364.31	2627.1	2461.5	5.1241	371.69	2603.3	2441.7	5.0866	378.84	2580.2	2422.3	5.0505
460	382.74	2664.1	2490.1	5.1634	391.09	2640.5	2470.4	5.1261	399.23	2617.6	2451.3	5.0902
470	401.03	2700.2	2517.9	5.2011	410.38	2676.9	2498.5	5.1641	419.50	2654.2	2479.4	5.1284
480	419.20	2735.7	2545.1	5.2374	429.54	2712.6	2525.8	5.2007	439.67	2690.1	2506.9	5.1652
490	437.24	2770.4	2571.7	5.2725	448.58	2747.6	2552.6	5.2360	459.73	2725.4	2533.9	5.2007
500	455.17	2804.7	2597.8	5.3064	467.51	2782.1	2578.8	5.2702	479.67	2760.1	2560.3	5.2350
520	490.69	2871.6	2648.6	5.3713	505.05	2849.6	2630.0	5.3355	519.25	2828.1	2611.7	5.3008
540	525.79	2936.9	2698.0	5.4328	542.17	2915.4	2679.7	5.3973	558.43	2894.4	2661.7	5.3630
560	560.50	3000.9	2746.2	5.4914	578.90	2979.9	2728.2	5.4563	597.21	2959.3	2710.5	5.4223
580	594.84	3063.8	2793.5	5.5475	615.26	3043.3	2775.8	5.5127	635.62	3023.2	2758.4	5.4790
600	628.84	3125.9	2840.0	5.6014	651.27	3105.8	2822.6	5.5670	673.67	3086.2	2805.5	5.5336

Tafel 4. Kritisches Gebiet: Isochoren für $t \geq t_s$ (Fortsetzung)

t °C	p bar	h kJ/kg	u kJ/kg	s kJ/kgK	p bar	h kJ/kg	u kJ/kg	s kJ/kgK	p bar	h kJ/kg	u kJ/kg	s kJ/kgK
	250 kg/m³ (t_s = 373.257 °C)				260 kg/m³ (t_s = 373.522 °C)				270 kg/m³ (t_s = 373.712 °C)			
t_s	218.67	2226.9	2139.4	4.6282	219.36	2205.2	2120.8	4.5943	219.86	2184.1	2102.7	4.5614
374	220.36	2231.2	2143.0	4.6338	220.50	2208.2	2123.4	4.5982	220.56	2186.0	2104.3	4.5639
375	222.61	2236.8	2147.7	4.6411	222.84	2214.1	2128.4	4.6060	222.99	2192.3	2109.7	4.5723
376	224.84	2242.2	2152.2	4.6480	225.15	2219.7	2133.1	4.6133	225.38	2198.2	2114.7	4.5800
377	227.06	2247.3	2156.5	4.6546	227.44	2225.0	2137.5	4.6200	227.74	2203.6	2119.3	4.5870
378	229.26	2252.3	2160.6	4.6609	229.72	2230.0	2141.7	4.6264	230.10	2208.7	2123.5	4.5935
379	231.47	2257.2	2164.6	4.6670	232.00	2235.0	2145.7	4.6326	232.44	2213.7	2127.6	4.5997
380	233.66	2262.0	2168.5	4.6731	234.27	2239.8	2149.7	4.6387	234.79	2218.5	2131.5	4.6058
385	244.65	2285.7	2187.8	4.7025	245.63	2263.5	2169.0	4.6682	246.53	2242.1	2150.8	4.6353
390	255.62	2308.9	2206.6	4.7310	257.00	2286.7	2187.8	4.6966	258.28	2265.3	2169.6	4.6637
395	266.58	2331.6	2225.0	4.7585	268.36	2309.4	2206.2	4.7242	270.04	2288.0	2188.0	4.6913
400	277.52	2353.9	2242.9	4.7852	279.72	2331.7	2224.1	4.7510	281.82	2310.3	2205.9	4.7180
410	299.35	2397.3	2277.5	4.8363	302.41	2375.1	2258.8	4.8021	305.37	2353.7	2240.6	4.7692
420	321.10	2439.2	2310.7	4.8846	325.06	2417.1	2292.1	4.8505	328.92	2395.8	2273.9	4.8176
430	342.76	2479.8	2342.7	4.9304	347.66	2457.8	2324.1	4.8964	352.45	2436.6	2306.0	4.8636
440	364.33	2519.3	2373.6	4.9740	370.19	2497.5	2355.1	4.9401	375.95	2476.3	2337.0	4.9074
450	385.81	2557.8	2403.5	5.0156	392.64	2536.1	2385.1	4.9819	399.39	2515.0	2367.1	4.9493
460	407.19	2595.4	2432.5	5.0555	415.02	2573.9	2414.2	5.0219	422.77	2552.9	2396.4	4.9894
470	428.47	2632.2	2460.8	5.0939	437.31	2610.9	2442.7	5.0604	446.08	2590.1	2424.9	5.0280
480	449.64	2668.3	2488.5	5.1308	459.51	2647.1	2470.4	5.0975	469.32	2626.5	2452.7	5.0652
490	470.72	2703.8	2515.5	5.1665	481.62	2682.8	2497.6	5.1334	492.47	2662.4	2480.0	5.1012
500	491.70	2738.7	2542.1	5.2010	503.64	2717.9	2524.2	5.1681	515.55	2697.7	2506.7	5.1360
520	533.35	2807.1	2593.8	5.2671	547.39	2786.7	2576.2	5.2344	561.43	2766.8	2558.9	5.2026
540	574.61	2873.9	2644.0	5.3297	590.76	2853.9	2626.7	5.2973	606.94	2834.4	2609.6	5.2658
560	615.47	2939.3	2693.1	5.3893	633.75	2919.7	2676.0	5.3572	652.09	2900.6	2659.1	5.3259
580	655.97	3003.6	2741.2	5.4463	676.37	2984.5	2724.3	5.4145	696.87	2965.8	2707.7	5.3835
600	696.10	3067.0	2788.6	5.5012	718.62	3048.3	2771.9	5.4697	741.28	3030.0	2755.5	5.4390
	280 kg/m³ (t_s = 373.829 °C)				290 kg/m³ (t_s = 373.919 °C)				300 kg/m³ (t_s = 373.957 °C)			
t_s	220.16	2163.6	2085.0	4.5295	220.39	2143.9	2067.9	4.4989	220.49	2124.8	2051.3	4.4693
374	220.59	2164.8	2086.0	4.5311	220.60	2144.4	2068.4	4.4997	220.60	2125.1	2051.6	4.4698
375	223.09	2171.4	2091.8	4.5400	223.16	2151.4	2074.5	4.5091	223.21	2132.3	2057.9	4.4796
376	225.55	2177.6	2097.0	4.5481	225.68	2157.8	2080.0	4.5176	225.79	2138.8	2063.6	4.4883
377	227.99	2183.1	2101.7	4.5553	228.19	2163.5	2084.8	4.5250	228.36	2144.6	2068.5	4.4959
378	230.41	2188.3	2106.0	4.5619	230.68	2168.7	2089.2	4.5317	230.93	2149.9	2072.9	4.5027
379	232.83	2193.2	2110.1	4.5682	233.17	2173.7	2093.3	4.5380	233.49	2154.8	2077.0	4.5090
380	235.25	2198.1	2114.1	4.5743	235.66	2178.5	2097.2	4.5441	236.05	2159.6	2081.0	4.5150
385	247.36	2221.7	2133.3	4.6037	248.14	2202.0	2116.4	4.5734	248.90	2183.1	2100.1	4.5442
390	259.50	2244.8	2152.1	4.6321	260.66	2225.0	2135.1	4.6017	261.81	2206.0	2118.7	4.5724
395	271.66	2267.4	2170.4	4.6596	273.23	2247.6	2153.4	4.6291	274.77	2228.5	2136.9	4.5997
400	283.84	2289.7	2188.3	4.6863	285.83	2269.8	2171.3	4.6558	287.79	2250.7	2154.7	4.6263
410	308.26	2333.1	2223.0	4.7375	311.11	2313.2	2205.9	4.7068	313.95	2293.9	2189.2	4.6772
420	332.72	2375.1	2256.3	4.7859	336.48	2355.2	2239.2	4.7552	340.23	2335.9	2222.4	4.7254
430	357.19	2416.0	2288.4	4.8318	361.89	2396.0	2271.2	4.8011	366.60	2376.7	2254.5	4.7713
440	381.65	2455.8	2319.5	4.8757	387.33	2435.9	2302.3	4.8450	393.03	2416.5	2285.5	4.8152
450	406.08	2494.6	2349.6	4.9176	412.77	2474.8	2332.4	4.8869	419.49	2455.5	2315.6	4.8571
460	430.48	2532.6	2378.9	4.9579	438.19	2512.9	2361.8	4.9272	445.95	2493.6	2345.0	4.8974
470	454.82	2569.9	2407.4	4.9966	463.58	2550.2	2390.4	4.9660	472.41	2531.1	2373.6	4.9362
480	479.11	2606.5	2435.3	5.0339	488.93	2586.9	2418.3	5.0034	498.83	2567.9	2401.6	4.9736
490	503.32	2642.4	2462.7	5.0699	514.22	2623.0	2445.7	5.0395	525.21	2604.1	2429.1	5.0098
500	527.47	2677.9	2489.5	5.1049	539.45	2658.6	2472.6	5.0745	551.54	2639.9	2456.0	5.0449
520	575.51	2747.4	2541.9	5.1717	589.69	2728.5	2525.1	5.1415	604.02	2710.0	2508.6	5.1121
540	623.21	2815.3	2592.7	5.2351	639.61	2796.7	2576.2	5.2051	656.20	2778.6	2559.8	5.1759
560	670.55	2881.9	2642.5	5.2955	689.19	2863.7	2626.1	5.2657	708.05	2845.9	2609.9	5.2367
580	717.53	2947.5	2691.2	5.3533	738.41	2929.7	2675.0	5.3238	759.56	2912.2	2659.1	5.2950
600	764.14	3012.2	2739.3	5.4090	787.26	2994.7	2723.3	5.3797	810.70	2977.7	2707.5	5.3511

Tafel 4. Kritisches Gebiet: Isochoren für $t \geq t_s$ (Fortsetzung)

t °C	p bar	h kJ/kg	u kJ/kg	s kJ/kgK	p bar	h kJ/kg	u kJ/kg	s kJ/kgK	p bar	h kJ/kg	u kJ/kg	s kJ/kgK
	310 kg/m³ (t_s= 373.973 °C)				320 kg/m³ (t_s= 373.976 °C)				330 kg/m³ (t_s= 373.975 °C)			
t_s	220.53	2106.5	2035.4	4.4411	220.54	2089.1	2020.2	4.4142	220.54	2072.7	2005.8	4.3888
374	220.60	2106.7	2035.6	4.4414	220.61	2089.3	2020.4	4.4145	220.62	2072.9	2006.0	4.3891
375	223.25	2114.1	2042.1	4.4515	223.29	2096.7	2026.9	4.4246	223.33	2080.1	2012.5	4.3990
376	225.89	2120.7	2047.8	4.4603	225.98	2103.3	2032.7	4.4335	226.07	2086.6	2018.1	4.4077
377	228.52	2126.5	2052.8	4.4680	228.67	2109.1	2037.7	4.4411	228.83	2092.4	2023.0	4.4153
378	231.15	2131.8	2057.2	4.4748	231.37	2114.4	2042.1	4.4479	231.59	2097.6	2027.4	4.4220
379	233.78	2136.7	2061.3	4.4811	234.07	2119.3	2046.1	4.4542	234.37	2102.4	2031.4	4.4282
380	236.42	2141.5	2065.3	4.4871	236.78	2124.0	2050.0	4.4601	237.15	2107.2	2035.3	4.4341
385	249.64	2164.8	2084.3	4.5161	250.39	2147.2	2068.9	4.4890	251.15	2130.1	2054.0	4.4627
390	262.94	2187.6	2102.8	4.5441	264.09	2169.9	2087.4	4.5168	265.26	2152.7	2072.3	4.4904
395	276.32	2210.1	2120.9	4.5714	277.88	2192.2	2105.4	4.5439	279.48	2174.9	2090.2	4.5173
400	289.76	2232.1	2138.6	4.5978	291.75	2214.2	2123.0	4.5702	293.79	2196.8	2107.8	4.5434
410	316.80	2275.2	2173.0	4.6485	319.69	2257.1	2157.2	4.6207	322.66	2239.6	2141.8	4.5937
420	344.02	2317.1	2206.1	4.6966	347.86	2298.9	2190.2	4.6686	351.79	2281.3	2174.7	4.6414
430	371.36	2357.9	2238.1	4.7424	376.19	2339.7	2222.1	4.7143	381.13	2322.0	2206.5	4.6869
440	398.79	2397.8	2269.1	4.7862	404.65	2379.5	2253.0	4.7580	410.63	2361.7	2237.3	4.7305
450	426.28	2436.7	2299.2	4.8281	433.19	2418.5	2283.1	4.7999	440.25	2400.7	2267.3	4.7723
460	453.80	2474.9	2328.5	4.8684	461.79	2456.7	2312.4	4.8401	469.94	2439.0	2296.6	4.8125
470	481.33	2512.5	2357.2	4.9072	490.41	2494.3	2341.0	4.8789	499.69	2476.6	2325.2	4.8512
480	508.85	2549.4	2385.2	4.9447	519.05	2531.3	2369.1	4.9164	529.46	2513.7	2353.2	4.8887
490	536.35	2585.7	2412.7	4.9809	547.67	2567.7	2396.6	4.9526	559.24	2550.2	2380.7	4.9250
500	563.80	2621.6	2439.7	5.0160	576.27	2603.7	2423.6	4.9878	589.00	2586.3	2407.8	4.9602
520	618.55	2691.9	2492.4	5.0834	633.34	2674.3	2476.4	5.0553	648.43	2657.2	2460.7	5.0277
540	673.03	2760.9	2543.7	5.1473	690.16	2743.5	2527.9	5.1193	707.65	2726.6	2512.2	5.0919
560	727.20	2828.5	2594.0	5.2083	746.70	2811.6	2578.2	5.1805	766.60	2795.0	2562.7	5.1532
580	781.04	2895.2	2643.3	5.2668	802.91	2878.6	2627.7	5.2392	825.24	2862.3	2612.3	5.2121
600	834.52	2961.0	2691.8	5.3231	858.77	2944.8	2676.4	5.2956	883.53	2928.9	2661.1	5.2687
	340 kg/m³ (t_s= 373.966 °C)				350 kg/m³ (t_s= 373.937 °C)				360 kg/m³ (t_s= 373.876 °C)			
t_s	220.52	2057.0	1992.2	4.3646	220.49	2042.0	1979.0	4.3414	220.34	2027.4	1966.2	4.3189
374	220.64	2057.3	1992.4	4.3650	220.66	2042.4	1979.4	4.3420	220.68	2028.2	1966.9	4.3200
375	223.38	2064.3	1998.6	4.3745	223.45	2049.1	1985.2	4.3511	223.53	2034.4	1972.3	4.3284
376	226.17	2070.6	2004.1	4.3830	226.29	2055.1	1990.5	4.3591	226.45	2040.2	1977.3	4.3361
377	228.99	2076.2	2008.9	4.3904	229.19	2060.6	1995.1	4.3663	229.42	2045.5	1981.7	4.3429
378	231.83	2081.3	2013.1	4.3969	232.10	2065.6	1999.3	4.3727	232.42	2050.4	1985.8	4.3491
379	234.69	2086.1	2017.1	4.4031	235.04	2070.4	2003.2	4.3787	235.43	2055.0	1989.6	4.3550
380	237.55	2090.8	2021.0	4.4089	237.98	2075.0	2007.0	4.3845	238.46	2059.6	1993.4	4.3608
385	251.95	2113.7	2039.6	4.4373	252.81	2097.7	2025.4	4.4126	253.73	2082.1	2011.6	4.3886
390	266.49	2136.1	2057.7	4.4648	267.78	2119.9	2043.4	4.4399	269.16	2104.3	2029.5	4.4156
395	281.15	2158.2	2075.5	4.4915	282.89	2141.9	2061.1	4.4664	284.75	2126.1	2047.0	4.4419
400	295.91	2179.9	2092.9	4.5175	298.13	2163.5	2078.4	4.4922	300.47	2147.6	2064.1	4.4675
410	325.72	2222.6	2126.8	4.5674	328.91	2206.0	2112.0	4.5418	332.27	2189.9	2097.6	4.5168
420	355.85	2264.1	2159.5	4.6149	360.06	2247.4	2144.5	4.5890	364.47	2231.1	2129.9	4.5638
430	386.22	2304.7	2191.1	4.6603	391.50	2287.9	2176.1	4.6342	397.00	2271.5	2161.3	4.6087
440	416.79	2344.4	2221.9	4.7037	423.16	2327.6	2206.7	4.6775	429.78	2311.2	2191.8	4.6518
450	447.50	2383.4	2251.8	4.7454	455.00	2366.5	2236.5	4.7190	462.78	2350.1	2221.5	4.6933
460	478.32	2421.7	2281.0	4.7855	486.96	2404.8	2265.7	4.7591	495.92	2388.4	2250.6	4.7332
470	509.21	2459.4	2309.6	4.8242	519.02	2442.5	2294.2	4.7977	529.18	2426.1	2279.1	4.7718
480	540.15	2496.5	2337.6	4.8617	551.15	2479.7	2322.2	4.8352	562.52	2463.3	2307.1	4.8092
490	571.10	2533.1	2365.1	4.8979	583.31	2516.4	2349.7	4.8714	595.91	2500.1	2334.6	4.8454
500	602.05	2569.2	2392.2	4.9332	615.48	2552.6	2376.8	4.9067	629.33	2536.4	2361.6	4.8806
520	663.90	2640.4	2445.1	5.0008	679.78	2624.0	2429.8	4.9743	696.16	2608.0	2414.6	4.9483
540	725.56	2710.1	2496.7	5.0651	743.95	2694.0	2481.5	5.0387	762.87	2678.3	2466.4	5.0128
560	786.97	2778.8	2547.3	5.1265	807.88	2762.9	2532.1	5.1002	829.38	2747.5	2517.1	5.0744
580	848.08	2846.5	2597.0	5.1855	871.52	2831.0	2581.9	5.1593	895.60	2815.8	2567.0	5.1336
600	908.86	2913.3	2646.0	5.2423	934.82	2898.2	2631.1	5.2163	961.50	2883.4	2616.3	5.1907

Tafel 4. Kritisches Gebiet: Isochoren für $t \geq t_s$ (Fortsetzung)

t	p	h	u	s	p	h	u	s	p	h	u	s
°C	bar	kJ/kg		kJ/kgK	bar	kJ/kg		kJ/kgK	bar	kJ/kg		kJ/kgK
	370 kg/m³ (t_s= 373.770 °C)				380 kg/m³ (t_s= 373.607 °C)				390 kg/m³ (t_s= 373.374 °C)			
t_s	220.06	2013.0	1953.5	4.2968	219.62	1998.7	1941.0	4.2749	218.99	1984.4	1928.3	4.2531
374	220.72	2014.4	1954.7	4.2987	220.79	2000.9	1942.8	4.2779	220.92	1987.7	1931.0	4.2573
375	223.65	2020.2	1959.8	4.3065	223.82	2006.4	1947.5	4.2850	224.07	1992.8	1935.3	4.2639
376	226.65	2025.7	1964.4	4.3136	226.92	2011.5	1951.8	4.2917	227.28	1997.7	1939.4	4.2702
377	229.70	2030.7	1968.7	4.3201	230.07	2016.4	1955.9	4.2979	230.54	2002.4	1943.3	4.2762
378	232.79	2035.5	1972.6	4.3262	233.25	2021.1	1959.7	4.3038	233.83	2007.0	1947.0	4.2819
379	235.90	2040.1	1976.4	4.3320	236.46	2025.6	1963.4	4.3095	237.13	2011.5	1950.7	4.2875
380	239.02	2044.7	1980.1	4.3377	239.67	2030.1	1967.1	4.3151	240.45	2015.9	1954.3	4.2930
385	254.75	2067.0	1998.1	4.3652	255.89	2052.3	1984.9	4.3424	257.18	2037.9	1971.9	4.3200
390	270.66	2089.0	2015.8	4.3920	272.30	2074.1	2002.4	4.3689	274.12	2059.6	1989.3	4.3462
395	286.74	2110.7	2033.2	4.4180	288.90	2095.6	2019.6	4.3947	291.26	2081.0	2006.3	4.3718
400	302.96	2132.1	2050.2	4.4434	305.65	2116.9	2036.5	4.4199	308.57	2102.2	2023.0	4.3968
410	335.81	2174.1	2083.4	4.4924	339.59	2158.8	2069.4	4.4684	343.64	2143.8	2055.7	4.4450
420	369.11	2215.3	2115.5	4.5391	374.02	2199.8	2101.4	4.5148	379.25	2184.7	2087.4	4.4911
430	402.76	2255.6	2146.7	4.5838	408.84	2240.0	2132.4	4.5593	415.28	2224.8	2118.3	4.5353
440	436.71	2295.1	2177.1	4.6267	443.99	2279.5	2162.7	4.6020	451.66	2264.2	2148.4	4.5778
450	470.89	2334.0	2206.8	4.6680	479.39	2318.4	2192.2	4.6432	488.33	2303.0	2177.8	4.6188
460	505.25	2372.3	2235.8	4.7078	514.99	2356.7	2221.1	4.6829	525.22	2341.3	2206.7	4.6584
470	539.74	2410.1	2264.2	4.7463	550.75	2394.4	2249.5	4.7213	562.28	2379.1	2235.0	4.6967
480	574.33	2447.3	2292.1	4.7836	586.62	2431.7	2277.4	4.7586	599.47	2416.5	2262.8	4.7339
490	608.98	2484.2	2319.6	4.8199	622.57	2468.6	2304.8	4.7947	636.75	2453.4	2290.2	4.7700
500	643.67	2520.6	2346.6	4.8551	658.57	2505.1	2331.8	4.8299	674.10	2490.0	2317.2	4.8052
520	713.09	2592.4	2399.6	4.9228	730.63	2577.1	2384.8	4.8976	748.87	2562.2	2370.2	4.8728
540	782.41	2662.9	2451.4	4.9873	802.63	2647.9	2436.7	4.9622	823.61	2633.2	2422.0	4.9374
560	851.55	2732.4	2502.2	5.0490	874.47	2717.7	2487.5	5.0240	898.20	2703.3	2473.0	4.9993
580	920.42	2801.0	2552.3	5.1083	946.04	2786.6	2537.7	5.0834	972.55	2772.5	2523.2	5.0589
600	988.97	2868.9	2601.6	5.1655	1017.31	2854.8	2587.1	5.1407	1046.59	2841.1	2572.7	5.1163
	400 kg/m³ (t_s= 373.076 °C)				410 kg/m³ (t_s= 372.731 °C)				420 kg/m³ (t_s= 372.281 °C)			
t_s	218.19	1970.0	1915.5	4.2311	217.29	1955.6	1902.6	4.2092	216.12	1940.9	1889.4	4.1868
374	221.16	1974.6	1919.3	4.2370	221.56	1961.6	1907.5	4.2167	222.16	1948.7	1895.8	4.1966
375	224.44	1979.4	1923.3	4.2431	224.98	1966.2	1911.3	4.2226	225.72	1953.1	1899.4	4.2022
376	227.77	1984.1	1927.1	4.2491	228.44	1970.7	1915.0	4.2283	229.32	1957.6	1903.0	4.2077
377	231.15	1988.7	1930.9	4.2549	231.93	1975.2	1918.6	4.2339	232.93	1962.0	1906.5	4.2132
378	234.54	1993.2	1934.5	4.2605	235.44	1979.6	1922.2	4.2393	236.57	1966.4	1910.0	4.2185
379	237.96	1997.6	1938.1	4.2659	238.97	1984.0	1925.7	4.2448	240.22	1970.7	1913.5	4.2239
380	241.38	2002.0	1941.7	4.2714	242.51	1988.4	1929.2	4.2501	243.88	1975.1	1917.0	4.2292
385	258.66	2023.8	1959.1	4.2981	260.36	2010.0	1946.5	4.2765	262.34	1996.5	1934.1	4.2553
390	276.16	2045.4	1976.3	4.3240	278.45	2031.4	1963.5	4.3022	281.05	2017.8	1950.9	4.2807
395	293.86	2066.6	1993.2	4.3494	296.75	2052.6	1980.2	4.3273	299.99	2038.9	1967.4	4.3056
400	311.75	2087.7	2009.8	4.3741	315.25	2073.6	1996.7	4.3518	319.12	2059.7	1983.7	4.3299
410	348.02	2129.2	2042.2	4.4219	352.76	2114.9	2028.8	4.3993	357.94	2100.9	2015.6	4.3769
420	384.85	2169.9	2073.7	4.4677	390.87	2155.5	2060.1	4.4447	397.38	2141.3	2046.7	4.4221
430	422.14	2209.9	2104.4	4.5117	429.46	2195.4	2090.6	4.4884	437.33	2181.1	2077.0	4.4655
440	459.80	2249.3	2134.3	4.5540	468.46	2234.7	2120.4	4.5305	477.70	2220.4	2106.7	4.5074
450	497.77	2288.1	2163.6	4.5948	507.78	2273.5	2149.6	4.5711	518.42	2259.2	2135.7	4.5478
460	535.98	2326.4	2192.4	4.6342	547.36	2311.8	2178.3	4.6105	559.42	2297.5	2164.3	4.5870
470	574.39	2364.2	2220.6	4.6725	587.15	2349.6	2206.4	4.6486	600.63	2335.3	2192.3	4.6250
480	612.93	2401.6	2248.4	4.7096	627.09	2387.0	2234.1	4.6856	642.02	2372.8	2220.0	4.6620
490	651.59	2438.6	2275.7	4.7457	667.15	2424.1	2261.4	4.7216	683.53	2410.0	2247.2	4.6979
500	690.31	2475.3	2302.7	4.7808	707.30	2460.9	2288.3	4.7567	725.13	2446.8	2274.1	4.7330
520	767.87	2547.6	2355.7	4.8484	787.72	2533.4	2341.3	4.8243	808.50	2519.6	2327.1	4.8006
540	845.43	2618.9	2407.6	4.9130	868.16	2605.0	2393.2	4.8890	891.90	2591.3	2379.0	4.8652
560	922.85	2689.3	2458.6	4.9750	948.48	2675.6	2444.3	4.9510	975.19	2662.3	2430.1	4.9273
580	1000.03	2758.8	2508.8	5.0346	1028.57	2745.5	2494.6	5.0107	1058.27	2732.4	2480.5	4.9871
600	1076.91	2827.7	2558.5	5.0922	1108.36	2814.7	2544.3	5.0684	1141.04	2802.0	2530.3	5.0448

Tafel 4. Kritisches Gebiet: Isochoren für $t \geq t_s$ (Fortsetzung)

t	p	h	u	s	p	h	u	s	p	h	u	s
°C	bar	kJ/kg		kJ/kgK	bar	kJ/kg		kJ/kgK	bar	kJ/kg		kJ/kgK
	425 kg/m³ (t_s= 372.017 °C)				430 kg/m³ (t_s= 371.724 °C)				435 kg/m³ (t_s= 371.403 °C)			
t_s	215.44	1933.4	1882.7	4.175	214.68	1925.8	1875.9	4.164	213.86	1918.2	1869.0	4.152
372					215.69	1927.1	1876.9	4.165	216.08	1920.8	1871.1	4.155
374	222.55	1942.3	1889.9	4.186	223.02	1935.9	1884.0	4.176	223.57	1929.6	1878.2	4.166
376	229.85	1951.1	1897.0	4.197	230.46	1944.7	1891.1	4.187	231.15	1938.3	1885.1	4.177
378	237.23	1959.8	1904.0	4.208	237.97	1953.3	1898.0	4.198	238.80	1946.9	1892.0	4.187
380	244.67	1968.5	1910.9	4.218	245.54	1962.0	1904.8	4.208	246.50	1955.5	1898.8	4.198
385	263.45	1989.9	1927.9	4.244	264.65	1983.3	1921.8	4.234	265.95	1976.8	1915.6	4.223
390	282.49	2011.1	1944.6	4.270	284.02	2004.5	1938.4	4.259	285.66	1997.9	1932.2	4.249
395	301.75	2032.1	1961.1	4.294	303.62	2025.4	1954.8	4.284	305.60	2018.8	1948.5	4.273
400	321.22	2052.9	1977.3	4.319	323.42	2046.2	1970.9	4.308	325.76	2039.5	1964.6	4.297
410	360.71	2094.0	2009.1	4.365	363.61	2087.1	2002.6	4.354	366.65	2080.4	1996.1	4.343
420	400.83	2134.4	2040.0	4.410	404.43	2127.5	2033.4	4.399	408.19	2120.7	2026.8	4.388
430	441.48	2174.1	2070.3	4.454	445.80	2167.2	2063.5	4.442	450.28	2160.4	2056.9	4.431
440	482.57	2213.4	2099.8	4.495	487.60	2206.4	2093.0	4.484	492.83	2199.6	2086.3	4.473
450	524.00	2252.1	2128.8	4.536	529.77	2245.2	2122.0	4.524	535.74	2238.3	2115.2	4.513
460	565.72	2290.4	2157.3	4.575	572.23	2283.5	2150.4	4.563	578.95	2276.6	2143.5	4.552
470	607.67	2328.3	2185.3	4.613	614.92	2321.4	2178.4	4.601	622.39	2314.6	2171.5	4.590
480	649.79	2365.8	2213.0	4.650	657.79	2358.9	2206.0	4.638	666.03	2352.1	2199.0	4.627
490	692.05	2403.0	2240.2	4.686	700.80	2396.2	2233.2	4.674	709.80	2389.4	2226.2	4.662
500	734.40	2439.9	2267.1	4.721	743.91	2433.1	2260.1	4.709	753.68	2426.3	2253.1	4.697
520	819.26	2512.8	2320.0	4.788	830.30	2506.1	2313.0	4.777	841.61	2499.4	2305.9	4.765
540	904.18	2584.7	2371.9	4.853	916.74	2578.1	2364.9	4.841	929.60	2571.6	2357.9	4.830
560	988.99	2655.7	2423.0	4.915	1003.08	2649.3	2416.0	4.903	1017.50	2642.9	2409.0	4.892
580	1073.58	2726.1	2473.5	4.975	1089.21	2719.8	2466.5	4.963	1105.19	2713.6	2459.5	4.952
600	1157.86	2795.8	2523.3	5.033	1175.03	2789.7	2516.4	5.021	1192.56	2783.6	2509.5	5.010
	440 kg/m³ (t_s= 371.055 °C)				445 kg/m³ (t_s= 370.677 °C)				450 kg/m³ (t_s= 370.271 °C)			
t_s	212.97	1910.5	1862.1	4.140	212.01	1902.6	1855.0	4.128	210.98	1894.7	1847.9	4.117
372	216.55	1914.6	1865.4	4.145	217.13	1908.4	1859.6	4.136	217.81	1902.2	1853.8	4.126
374	224.20	1923.3	1872.3	4.156	224.93	1917.0	1866.5	4.146	225.77	1910.8	1860.6	4.136
376	231.93	1931.9	1879.2	4.167	232.80	1925.6	1873.3	4.157	233.79	1919.4	1867.4	4.147
378	239.72	1940.5	1886.0	4.177	240.74	1934.2	1880.1	4.167	241.87	1927.9	1874.2	4.157
380	247.56	1949.1	1892.8	4.188	248.72	1942.7	1886.8	4.178	249.99	1936.4	1880.9	4.167
385	267.35	1970.3	1909.5	4.213	268.87	1963.9	1903.5	4.203	270.52	1957.5	1897.4	4.193
390	287.41	1991.3	1926.0	4.238	289.29	1984.9	1919.9	4.228	291.31	1978.4	1913.7	4.217
395	307.71	2012.2	1942.2	4.262	309.95	2005.7	1936.0	4.252	312.34	1999.2	1929.8	4.242
400	328.22	2032.8	1958.2	4.286	330.83	2026.3	1951.9	4.276	333.59	2019.8	1945.6	4.265
410	369.84	2073.7	1989.6	4.333	373.18	2067.0	1983.2	4.322	376.70	2060.5	1976.8	4.311
420	412.11	2113.9	2020.2	4.377	416.21	2107.2	2013.7	4.366	420.50	2100.6	2007.2	4.355
430	454.95	2153.6	2050.2	4.420	459.81	2146.9	2043.6	4.409	464.87	2140.2	2036.9	4.398
440	498.24	2192.8	2079.5	4.461	503.86	2186.1	2072.8	4.450	509.70	2179.4	2066.1	4.439
450	541.91	2231.5	2108.4	4.502	548.30	2224.8	2101.6	4.490	554.93	2218.1	2094.8	4.479
460	585.88	2269.8	2136.7	4.540	593.05	2263.1	2129.9	4.529	600.47	2256.5	2123.1	4.518
470	630.10	2307.8	2164.6	4.578	638.05	2301.1	2157.7	4.567	646.26	2294.5	2150.9	4.556
480	674.51	2345.4	2192.1	4.615	683.24	2338.7	2185.2	4.604	692.25	2332.2	2178.3	4.592
490	719.06	2382.7	2219.3	4.651	728.58	2376.1	2212.3	4.639	738.39	2369.5	2205.4	4.628
500	763.71	2419.7	2246.1	4.686	774.03	2413.1	2239.2	4.674	784.64	2406.6	2232.2	4.663
520	853.21	2492.9	2299.0	4.753	865.11	2486.4	2292.0	4.742	877.34	2480.0	2285.1	4.730
540	942.78	2565.2	2350.9	4.818	956.28	2558.8	2343.9	4.806	970.12	2552.6	2337.0	4.795
560	1032.25	2636.7	2402.1	4.880	1047.35	2630.5	2395.1	4.869	1062.80	2624.4	2388.2	4.857
580	1121.51	2707.5	2452.6	4.940	1138.20	2701.4	2445.7	4.929	1155.27	2695.5	2438.8	4.917
600	1210.46	2777.7	2502.6	4.998	1228.75	2771.8	2495.7	4.987	1247.43	2766.1	2488.9	4.975

Tafel 4. Kritisches Gebiet: Isochoren für $t \geq t_s$ (Fortsetzung)

t	p	h	u	s	p	h	u	s	p	h	u	s
°C	bar	kJ/kg		kJ/kgK	bar	kJ/kg		kJ/kgK	bar	kJ/kg		kJ/kgK
	455 kg/m³ (t_s= 369.744 °C)				460 kg/m³ (t_s= 369.370 °C)				465 kg/m³ (t_s= 368.876 °C)			
t_s	209.52	1886.4	1840.3	4.104	208.72	1878.7	1833.3	4.092	207.50	1870.6	1826.0	4.080
370	210.55	1887.5	1841.2	4.105	211.30	1881.4	1835.5	4.096	212.18	1875.4	1829.8	4.086
372	218.60	1896.1	1848.0	4.116	219.51	1890.0	1842.3	4.106	220.55	1883.9	1836.5	4.097
374	226.71	1904.7	1854.8	4.126	227.78	1898.5	1849.0	4.117	228.99	1892.5	1843.2	4.107
376	234.89	1913.2	1861.6	4.137	236.11	1907.0	1855.7	4.127	237.48	1900.9	1849.9	4.117
378	243.12	1921.7	1868.3	4.147	244.50	1915.5	1862.4	4.137	246.02	1909.4	1856.5	4.127
380	251.39	1930.2	1874.9	4.157	252.93	1924.0	1869.0	4.147	254.61	1917.8	1863.1	4.137
385	272.29	1951.2	1891.4	4.182	274.22	1945.0	1885.3	4.172	276.30	1938.8	1879.3	4.162
390	293.46	1972.1	1907.6	4.207	295.78	1965.8	1901.5	4.197	298.26	1959.5	1895.4	4.187
395	314.88	1992.8	1923.6	4.231	317.58	1986.4	1917.4	4.221	320.47	1980.2	1911.2	4.210
400	336.52	2013.3	1939.4	4.255	339.62	2007.0	1933.1	4.244	342.90	2000.6	1926.9	4.234
410	380.40	2054.0	1970.4	4.300	384.30	2047.5	1964.0	4.290	388.39	2041.2	1957.7	4.279
420	424.98	2094.1	2000.7	4.344	429.67	2087.6	1994.2	4.334	434.59	2081.2	1987.7	4.323
430	470.14	2133.7	2030.4	4.387	475.64	2127.2	2023.8	4.376	481.37	2120.8	2017.2	4.365
440	515.77	2172.8	2059.5	4.428	522.08	2166.3	2052.8	4.417	528.64	2159.9	2046.2	4.406
450	561.80	2211.6	2088.1	4.468	568.92	2205.1	2081.4	4.457	576.31	2198.7	2074.7	4.446
460	608.14	2249.9	2116.3	4.507	616.08	2243.5	2109.5	4.495	624.30	2237.1	2102.8	4.484
470	654.74	2288.0	2144.1	4.544	663.50	2281.5	2137.3	4.533	672.56	2275.1	2130.5	4.522
480	701.54	2325.7	2171.5	4.581	711.13	2319.2	2164.7	4.570	721.02	2312.9	2157.9	4.558
490	748.49	2363.1	2198.6	4.617	758.90	2356.7	2191.7	4.605	769.64	2350.4	2184.9	4.594
500	795.56	2400.2	2225.4	4.651	806.80	2393.9	2218.5	4.640	818.37	2387.7	2211.7	4.629
520	889.89	2473.8	2278.2	4.719	902.79	2467.6	2271.3	4.708	916.04	2461.4	2264.4	4.696
540	984.31	2546.4	2330.1	4.784	998.86	2540.4	2323.2	4.772	1013.80	2534.4	2316.4	4.761
560	1078.63	2618.4	2381.3	4.846	1094.85	2612.5	2374.5	4.834	1111.47	2606.6	2367.6	4.823
580	1172.74	2689.7	2431.9	4.906	1190.61	2683.9	2425.1	4.895	1208.91	2678.3	2418.3	4.883
600	1266.53	2760.4	2482.0	4.964	1286.05	2754.8	2475.2	4.953	1306.02	2749.3	2468.5	4.941
	470 kg/m³ (t_s= 368.350 °C)				475 kg/m³ (t_s= 367.797 °C)				480 kg/m³ (t_s= 367.214 °C)			
t_s	206.19	1862.4	1818.5	4.068	204.84	1854.1	1811.0	4.055	203.41	1845.7	1803.3	4.043
368	204.71	1860.9	1817.3	4.066	205.71	1854.9	1811.6	4.056	206.87	1849.1	1806.0	4.047
370	213.19	1869.4	1824.0	4.076	214.36	1863.5	1818.3	4.067	215.69	1857.6	1812.6	4.057
372	221.74	1877.9	1830.7	4.087	223.07	1872.0	1825.0	4.077	224.58	1866.0	1819.2	4.067
374	230.34	1886.4	1837.4	4.097	231.84	1880.4	1831.6	4.087	233.52	1874.5	1825.8	4.078
376	238.99	1894.9	1844.0	4.107	240.66	1888.9	1838.2	4.098	242.51	1882.9	1832.4	4.088
378	247.69	1903.3	1850.6	4.117	249.54	1897.3	1844.7	4.108	251.56	1891.3	1838.9	4.098
380	256.45	1911.7	1857.1	4.127	258.46	1905.7	1851.2	4.118	260.65	1899.6	1845.3	4.108
385	278.55	1932.6	1873.3	4.152	280.97	1926.5	1867.3	4.142	283.60	1920.4	1861.4	4.132
390	300.91	1953.3	1889.3	4.176	303.76	1947.2	1883.2	4.166	306.82	1941.1	1877.2	4.156
395	323.54	1973.9	1905.1	4.200	326.81	1967.8	1899.0	4.190	330.29	1961.6	1892.8	4.180
400	346.39	1994.4	1920.7	4.223	350.08	1988.2	1914.5	4.213	354.00	1982.0	1908.3	4.203
410	392.71	2034.9	1951.3	4.268	397.25	2028.6	1945.0	4.258	402.03	2022.4	1938.7	4.247
420	439.74	2074.9	1981.3	4.312	445.13	2068.6	1974.9	4.301	450.78	2062.4	1968.5	4.291
430	487.36	2114.4	2010.7	4.354	493.60	2108.1	2004.2	4.343	500.13	2101.9	1997.7	4.333
440	535.47	2153.6	2039.6	4.395	542.57	2147.3	2033.0	4.384	549.97	2141.1	2026.5	4.373
450	583.98	2192.3	2068.1	4.435	591.95	2186.1	2061.4	4.424	600.22	2179.9	2054.8	4.413
460	632.82	2230.7	2096.1	4.473	641.65	2224.5	2089.4	4.462	650.80	2218.3	2082.7	4.451
470	681.93	2268.8	2123.8	4.511	691.62	2262.6	2117.0	4.499	701.65	2256.5	2110.3	4.488
480	731.24	2306.7	2151.1	4.547	741.79	2300.5	2144.3	4.536	752.70	2294.4	2137.6	4.525
490	780.71	2344.2	2178.1	4.583	792.13	2338.1	2171.3	4.572	803.91	2332.0	2164.6	4.560
500	830.29	2381.5	2204.8	4.618	842.58	2375.4	2198.0	4.606	855.24	2369.4	2191.3	4.595
520	929.67	2455.4	2257.6	4.685	943.69	2449.5	2250.8	4.674	958.10	2443.6	2244.0	4.663
540	1029.13	2528.5	2309.5	4.750	1044.88	2522.7	2302.7	4.738	1061.05	2517.0	2295.9	4.727
560	1128.50	2600.9	2360.8	4.812	1145.97	2595.3	2354.0	4.801	1163.89	2589.7	2347.2	4.789
580	1227.64	2672.7	2411.5	4.872	1246.83	2667.2	2404.7	4.861	1266.49	2661.8	2398.0	4.850
600	1326.45	2743.9	2461.7	4.930	1347.35	2738.6	2455.0	4.919	1368.75	2733.4	2448.3	4.908

Tafel 4. Kritisches Gebiet: Isochoren für $t \geq t_s$ (Fortsetzung)

t °C	p bar	h kJ/kg	u kJ/kg	s kJ/kgK	p bar	h kJ/kg	u kJ/kg	s kJ/kgK	p bar	h kJ/kg	u kJ/kg	s kJ/kgK
	485 kg/m³ (t_s= 366.599 °C)				490 kg/m³ (t_s= 365.955 °C)				495 kg/m³ (t_s= 365.280 °C)			
t_s	201.92	1837.3	1795.6	4.030	200.37	1828.8	1787.9	4.017	198.76	1820.1	1780.0	4.004
366					200.58	1828.9	1788.0	4.017	202.10	1823.2	1782.4	4.008
368	208.19	1843.2	1800.3	4.037	209.70	1837.4	1794.6	4.028	211.41	1831.7	1788.9	4.018
370	217.20	1851.7	1806.9	4.048	218.89	1845.9	1801.2	4.038	220.78	1840.1	1795.5	4.028
375	239.95	1872.8	1823.3	4.073	242.10	1866.9	1817.5	4.063	244.46	1861.1	1811.7	4.053
380	263.04	1893.7	1839.4	4.098	265.64	1887.8	1833.6	4.088	268.46	1881.9	1827.7	4.078
385	286.43	1914.4	1855.4	4.122	289.48	1908.5	1849.4	4.112	292.76	1902.6	1843.4	4.102
390	310.09	1935.1	1871.1	4.146	313.59	1929.1	1865.1	4.136	317.34	1923.2	1859.1	4.126
395	334.01	1955.6	1886.7	4.169	337.96	1949.6	1880.6	4.159	342.17	1943.6	1874.5	4.149
400	358.15	1975.9	1902.1	4.192	362.56	1969.9	1895.9	4.182	367.24	1963.9	1889.7	4.172
430	506.95	2095.8	1991.2	4.322	514.07	2089.7	1984.8	4.311	521.52	2083.7	1978.3	4.300
410	407.08	2016.3	1932.4	4.237	412.39	2010.2	1926.1	4.226	417.99	2004.3	1919.8	4.216
420	456.71	2056.2	1962.1	4.280	462.93	2050.2	1955.7	4.269	469.46	2044.2	1949.3	4.259
430	506.95	2095.8	1991.2	4.322	514.07	2089.7	1984.8	4.311	521.52	2083.7	1978.3	4.300
440	557.68	2134.9	2019.9	4.362	565.71	2128.9	2013.4	4.352	574.08	2122.9	2006.9	4.341
450	608.82	2173.7	2048.2	4.402	617.76	2167.7	2041.6	4.391	627.05	2161.7	2035.1	4.380
460	660.29	2212.2	2076.1	4.440	670.14	2206.2	2069.5	4.429	680.35	2200.3	2062.9	4.418
470	712.03	2250.5	2103.6	4.477	722.78	2244.5	2097.0	4.466	733.91	2238.6	2090.3	4.455
480	763.97	2288.4	2130.9	4.514	775.63	2282.5	2124.2	4.503	787.68	2276.6	2117.5	4.492
490	816.08	2326.1	2157.8	4.549	828.64	2320.2	2151.1	4.538	841.61	2314.4	2144.4	4.527
500	868.30	2363.5	2184.5	4.584	881.76	2357.7	2177.8	4.573	895.65	2352.0	2171.1	4.562
520	972.94	2437.8	2237.2	4.651	988.21	2432.2	2230.5	4.640	1003.94	2426.6	2223.8	4.629
540	1077.66	2511.4	2289.2	4.716	1094.74	2505.8	2282.4	4.705	1112.28	2500.4	2275.7	4.694
560	1182.28	2584.2	2340.5	4.778	1201.14	2578.9	2333.7	4.767	1220.51	2573.6	2327.0	4.756
580	1286.64	2656.5	2391.3	4.839	1307.29	2651.3	2384.5	4.828	1328.46	2646.2	2377.9	4.817
600	1390.65	2728.3	2441.6	4.897	1413.07	2723.3	2434.9	4.886	1436.04	2718.4	2428.3	4.875
	500 kg/m³ (t_s= 364.571 °C)				505 kg/m³ (t_s= 363.835 °C)				510 kg/m³ (t_s= 363.065 °C)			
t_s	197.07	1811.4	1772.0	3.991	195.35	1802.7	1764.0	3.978	193.55	1793.8	1755.9	3.965
364					196.14	1803.4	1764.5	3.979	198.13	1797.8	1758.9	3.969
366	203.83	1817.5	1776.7	3.998	205.78	1811.8	1771.1	3.989	207.97	1806.2	1765.4	3.979
368	213.33	1825.9	1783.3	4.009	215.48	1820.2	1777.6	3.999	217.87	1814.6	1771.9	3.990
370	222.89	1834.3	1789.8	4.019	225.24	1828.6	1784.0	4.009	227.83	1823.0	1778.3	4.000
375	247.05	1855.3	1805.9	4.044	249.88	1849.5	1800.1	4.034	252.97	1843.8	1794.2	4.024
380	271.52	1876.1	1821.8	4.068	274.84	1870.3	1815.9	4.058	278.43	1864.6	1810.0	4.048
385	296.30	1896.7	1837.5	4.092	300.10	1890.9	1831.5	4.082	304.19	1885.2	1825.5	4.072
390	321.35	1917.3	1853.0	4.116	325.64	1911.5	1847.0	4.106	330.22	1905.7	1840.9	4.096
395	346.66	1937.7	1868.4	4.139	351.43	1931.9	1862.3	4.129	356.51	1926.1	1856.2	4.118
400	372.19	1958.0	1883.6	4.161	377.45	1952.2	1877.4	4.151	383.02	1946.4	1871.3	4.141
410	423.89	1998.3	1913.5	4.206	430.11	1992.4	1907.3	4.195	436.66	1986.6	1901.0	4.185
420	476.30	2038.2	1943.0	4.248	483.48	2032.3	1936.6	4.238	491.01	2026.5	1930.3	4.227
430	529.31	2077.8	1971.9	4.290	537.45	2071.9	1965.5	4.279	545.96	2066.1	1959.0	4.268
440	582.81	2117.0	2000.4	4.330	591.90	2111.1	1993.9	4.319	601.39	2105.3	1987.4	4.309
450	636.71	2155.8	2028.5	4.369	646.76	2150.0	2022.0	4.358	657.22	2144.3	2015.4	4.348
460	690.95	2194.4	2056.3	4.407	701.95	2188.7	2049.7	4.396	713.38	2183.0	2043.1	4.386
470	745.45	2232.8	2083.7	4.444	757.40	2227.1	2077.1	4.434	769.79	2221.4	2070.5	4.423
480	800.15	2270.9	2110.8	4.481	813.06	2265.2	2104.2	4.470	826.41	2259.6	2097.6	4.459
490	855.01	2308.7	2137.7	4.516	868.86	2303.1	2131.1	4.505	883.18	2297.6	2124.4	4.494
500	909.99	2346.4	2164.4	4.551	924.78	2340.8	2157.7	4.540	940.05	2335.4	2151.0	4.529
520	1020.13	2421.1	2217.0	4.618	1036.81	2415.7	2210.3	4.607	1053.99	2410.3	2203.7	4.596
540	1130.33	2495.1	2269.0	4.683	1148.88	2489.8	2262.3	4.672	1167.95	2484.6	2255.6	4.661
560	1240.39	2568.4	2320.3	4.745	1260.80	2563.3	2313.7	4.734	1281.77	2558.4	2307.0	4.723
580	1350.17	2641.2	2371.2	4.806	1372.44	2636.3	2364.6	4.795	1395.28	2631.5	2357.9	4.784
600	1459.57	2713.6	2421.7	4.864	1483.67	2708.8	2415.0	4.853	1508.37	2704.2	2408.5	4.842

Tafel 5. Spezifische Wärmekapazität bei konstantem Druck in kJ/kg K

t	p (bar)											
°C	0	1	5	10	15	20	25	30	35	40	45	50
0	1.859	4.228	4.226	4.223	4.220	4.218	4.215	4.212	4.210	4.207	4.205	4.202
20	1.863	4.183	4.182	4.180	4.179	4.177	4.175	4.174	4.173	4.171	4.169	4.168
40	1.868	4.182	4.181	4.180	4.179	4.178	4.176	4.175	4.174	4.173	4.172	4.170
60	1.875	4.183	4.182	4.181	4.180	4.178	4.177	4.176	4.175	4.174	4.173	4.172
80	1.882	4.194	4.193	4.192	4.191	4.190	4.189	4.188	4.187	4.186	4.185	4.183
100	1.890	2.042	4.216	4.215	4.214	4.213	4.211	4.210	4.209	4.208	4.207	4.206
120	1.899	2.005	4.248	4.247	4.245	4.244	4.243	4.242	4.240	4.239	4.238	4.237
140	1.908	1.986	4.288	4.286	4.285	4.284	4.282	4.281	4.279	4.278	4.276	4.275
160	1.918	1.977	2.267	4.337	4.335	4.334	4.332	4.330	4.328	4.327	4.325	4.323
180	1.929	1.974	2.188	2.556	4.401	4.399	4.397	4.395	4.392	4.390	4.388	4.386
200	1.940	1.975	2.138	2.400	2.752	4.486	4.484	4.481	4.478	4.475	4.472	4.469
220	1.951	1.980	2.106	2.301	2.547	2.861	4.602	4.598	4.594	4.590	4.587	4.583
240	1.963	1.986	2.087	2.236	2.417	2.635	2.903	3.237	4.757	4.751	4.746	4.740
260	1.975	1.994	2.076	2.194	2.330	2.490	2.678	2.899	3.165	3.488	3.889	4.967
280	1.987	2.003	2.071	2.165	2.272	2.394	2.532	2.689	2.870	3.079	3.324	3.614
300	2.000	2.013	2.069	2.147	2.233	2.328	2.433	2.551	2.681	2.828	2.994	3.181
310	2.006	2.018	2.070	2.141	2.218	2.303	2.396	2.499	2.612	2.738	2.877	3.033
320	2.012	2.023	2.071	2.136	2.206	2.282	2.365	2.456	2.555	2.663	2.783	2.914
330	2.018	2.029	2.073	2.132	2.196	2.265	2.339	2.420	2.507	2.602	2.705	2.817
340	2.025	2.035	2.075	2.130	2.188	2.250	2.318	2.390	2.467	2.551	2.641	2.738
350	2.031	2.040	2.078	2.128	2.182	2.239	2.299	2.364	2.433	2.507	2.587	2.672
360	2.037	2.046	2.081	2.128	2.177	2.229	2.284	2.343	2.405	2.471	2.541	2.616
370	2.044	2.052	2.085	2.128	2.173	2.221	2.271	2.325	2.381	2.440	2.503	2.570
380	2.051	2.058	2.088	2.129	2.170	2.214	2.261	2.309	2.360	2.414	2.471	2.530
390	2.057	2.064	2.093	2.130	2.169	2.209	2.252	2.296	2.343	2.392	2.443	2.497
400	2.064	2.070	2.097	2.132	2.168	2.205	2.245	2.286	2.328	2.373	2.419	2.468
420	2.077	2.083	2.106	2.137	2.168	2.201	2.234	2.269	2.306	2.343	2.382	2.423
440	2.090	2.095	2.116	2.143	2.171	2.199	2.228	2.259	2.290	2.322	2.355	2.389
460	2.104	2.108	2.127	2.150	2.175	2.200	2.226	2.252	2.279	2.307	2.335	2.365
480	2.117	2.121	2.138	2.159	2.181	2.203	2.225	2.249	2.272	2.297	2.322	2.347
500	2.131	2.135	2.150	2.168	2.188	2.208	2.228	2.248	2.269	2.291	2.312	2.335
520	2.145	2.148	2.161	2.178	2.196	2.213	2.231	2.250	2.269	2.287	2.307	2.327
540	2.158	2.162	2.174	2.189	2.205	2.221	2.237	2.253	2.270	2.287	2.304	2.322
560	2.173	2.175	2.186	2.200	2.214	2.229	2.243	2.258	2.273	2.289	2.304	2.320
580	2.187	2.189	2.199	2.212	2.225	2.238	2.251	2.264	2.278	2.292	2.306	2.320
600	2.201	2.203	2.212	2.224	2.236	2.247	2.259	2.272	2.284	2.296	2.309	2.322
650	2.236	2.238	2.245	2.255	2.264	2.274	2.283	2.293	2.303	2.313	2.323	2.333
700	2.272	2.273	2.279	2.287	2.295	2.303	2.310	2.318	2.326	2.335	2.343	2.351
750	2.307	2.308	2.313	2.320	2.326	2.333	2.339	2.346	2.353	2.359	2.366	2.373
800	2.342	2.343	2.348	2.353	2.359	2.364	2.370	2.375	2.381	2.386	2.392	2.398
850	2.377	2.378	2.382	2.386	2.391	2.396	2.400	2.405	2.410	2.415	2.419	2.424
900	2.411	2.412	2.415	2.419	2.423	2.427	2.431	2.435	2.439	2.444	2.448	2.452
950	2.445	2.446	2.448	2.452	2.455	2.459	2.462	2.466	2.469	2.473	2.476	2.480
1000	2.478	2.478	2.481	2.484	2.487	2.490	2.493	2.496	2.499	2.502	2.505	2.508
1100	2.540	2.541	2.543	2.545	2.547	2.550	2.552	2.554	2.557	2.559	2.562	2.564
1200	2.599	2.599	2.601	2.603	2.605	2.606	2.608	2.610	2.612	2.614	2.616	2.618
1300	2.653	2.654	2.655	2.656	2.658	2.660	2.661	2.663	2.664	2.666	2.667	2.669
1400	2.704	2.704	2.705	2.706	2.708	2.709	2.710	2.711	2.713	2.714	2.715	2.717
1500	2.750	2.750	2.751	2.752	2.753	2.754	2.755	2.756	2.757	2.759	2.759	2.761
1600	2.792	2.792	2.793	2.794	2.795	2.796	2.797	2.798	2.799	2.799	2.800	2.801
1700	2.831	2.831	2.832	2.833	2.833	2.834	2.835	2.836	2.837	2.838	2.838	2.839
1800	2.867	2.867	2.868	2.868	2.869	2.870	2.871	2.871	2.872	2.873	2.873	2.874
1900	2.901	2.901	2.901	2.902	2.902	2.903	2.904	2.904	2.905	2.905	2.906	2.907
2000	2.931	2.931	2.932	2.933	2.933	2.934	2.934	2.935	2.935	2.936	2.936	2.937

Tafel 5. Spezifische Wärmekapazität bei konstantem Druck in kJ/kg K (Fortsetzung)

t °C	*p* (bar) 60	70	80	90	100	110	120	130	140	150	160	170
0	4.197	4.192	4.187	4.182	4.177	4.172	4.167	4.162	4.157	4.153	4.148	4.143
20	4.165	4.162	4.159	4.156	4.153	4.150	4.147	4.145	4.142	4.139	4.136	4.133
40	4.168	4.166	4.164	4.161	4.159	4.157	4.154	4.152	4.150	4.148	4.146	4.143
60	4.170	4.168	4.166	4.164	4.161	4.159	4.157	4.155	4.153	4.151	4.149	4.147
80	4.181	4.179	4.177	4.175	4.173	4.171	4.169	4.167	4.165	4.163	4.161	4.159
100	4.204	4.201	4.199	4.197	4.195	4.193	4.190	4.188	4.186	4.184	4.182	4.180
120	4.234	4.232	4.229	4.227	4.224	4.222	4.220	4.217	4.215	4.212	4.210	4.208
140	4.272	4.269	4.266	4.264	4.261	4.258	4.255	4.253	4.250	4.247	4.245	4.242
160	4.320	4.316	4.313	4.310	4.306	4.303	4.300	4.297	4.294	4.290	4.287	4.284
180	4.382	4.377	4.373	4.369	4.365	4.361	4.357	4.353	4.349	4.345	4.341	4.338
200	4.464	4.458	4.453	4.448	4.442	4.437	4.432	4.427	4.422	4.417	4.413	4.408
220	4.575	4.568	4.561	4.554	4.547	4.540	4.533	4.526	4.520	4.513	4.507	4.501
240	4.730	4.719	4.709	4.699	4.689	4.679	4.670	4.661	4.652	4.643	4.634	4.626
260	4.951	4.935	4.919	4.904	4.889	4.875	4.861	4.847	4.834	4.821	4.808	4.796
280	4.394	5.263	5.236	5.211	5.186	5.162	5.140	5.118	5.096	5.076	5.056	5.037
300	3.642	4.272	5.196	5.724	5.675	5.630	5.586	5.546	5.507	5.470	5.435	5.402
310	3.405	3.888	4.545	5.503	6.073	6.002	5.936	5.874	5.817	5.764	5.714	5.667
320	3.221	3.605	4.100	4.767	5.726	7.269	6.461	6.358	6.265	6.180	6.103	6.031
330	3.075	3.389	3.777	4.273	4.932	5.860	7.304	7.172	6.991	6.834	6.696	6.573
340	2.958	3.218	3.532	3.918	4.404	5.039	5.912	7.213	9.449	8.087	7.767	7.505
350	2.861	3.082	3.342	3.652	4.027	4.494	5.092	5.892	7.033	8.838	12.322	9.702
360	2.782	2.971	3.190	3.445	3.746	4.106	4.547	5.100	5.819	6.799	8.240	10.639
370	2.715	2.880	3.067	3.281	3.528	3.816	4.157	4.567	5.071	5.706	6.539	7.688
380	2.660	2.804	2.965	3.148	3.355	3.591	3.864	4.183	4.560	5.013	5.570	6.273
390	2.612	2.740	2.881	3.039	3.215	3.413	3.637	3.893	4.188	4.531	4.936	5.421
400	2.572	2.686	2.810	2.948	3.100	3.269	3.457	3.668	3.906	4.177	4.487	4.846
420	2.508	2.600	2.700	2.808	2.924	3.052	3.190	3.342	3.508	3.691	3.893	4.118
440	2.461	2.537	2.619	2.706	2.799	2.899	3.006	3.120	3.244	3.377	3.522	3.678
460	2.426	2.490	2.558	2.630	2.706	2.787	2.872	2.963	3.059	3.162	3.270	3.386
480	2.400	2.455	2.513	2.573	2.637	2.704	2.774	2.847	2.925	3.006	3.092	3.182
500	2.381	2.428	2.478	2.530	2.584	2.641	2.699	2.761	2.824	2.891	2.960	3.033
520	2.367	2.409	2.452	2.497	2.544	2.592	2.642	2.694	2.748	2.804	2.861	2.921
540	2.358	2.395	2.433	2.472	2.513	2.555	2.598	2.643	2.689	2.736	2.785	2.836
560	2.352	2.385	2.419	2.454	2.489	2.526	2.564	2.603	2.643	2.684	2.726	2.769
580	2.349	2.378	2.409	2.440	2.472	2.504	2.537	2.572	2.607	2.643	2.679	2.717
600	2.348	2.375	2.402	2.430	2.458	2.487	2.517	2.548	2.579	2.610	2.642	2.675
650	2.354	2.375	2.396	2.418	2.440	2.463	2.486	2.509	2.532	2.556	2.581	2.606
700	2.368	2.385	2.402	2.419	2.437	2.455	2.473	2.492	2.510	2.529	2.548	2.567
750	2.387	2.401	2.415	2.429	2.444	2.458	2.473	2.488	2.503	2.518	2.534	2.549
800	2.409	2.421	2.433	2.444	2.456	2.469	2.481	2.493	2.506	2.518	2.531	2.544
850	2.434	2.444	2.454	2.464	2.474	2.484	2.494	2.505	2.515	2.526	2.536	2.547
900	2.460	2.468	2.477	2.486	2.494	2.503	2.512	2.520	2.529	2.538	2.547	2.556
950	2.487	2.494	2.502	2.509	2.516	2.524	2.531	2.539	2.547	2.554	2.562	2.570
1000	2.514	2.521	2.527	2.533	2.540	2.546	2.553	2.560	2.566	2.573	2.579	2.586
1100	2.57	2.57	2.58	2.58	2.59	2.59	2.60	2.60	2.61	2.61	2.62	2.62
1200	2.62	2.63	2.63	2.63	2.64	2.64	2.65	2.65	2.65	2.66	2.66	2.67
1300	2.67	2.68	2.68	2.68	2.68	2.69	2.69	2.69	2.70	2.70	2.70	2.71
1400	2.72	2.72	2.72	2.73	2.73	2.73	2.73	2.74	2.74	2.74	2.75	2.75
1500	2.76	2.76	2.77	2.77	2.77	2.77	2.78	2.78	2.78	2.78	2.78	2.79
1600	2.80	2.81	2.81	2.81	2.81	2.81	2.81	2.82	2.82	2.82	2.82	2.82
1700	2.84	2.84	2.84	2.85	2.85	2.85	2.85	2.85	2.85	2.85	2.86	2.86
1800	2.88	2.88	2.88	2.88	2.88	2.88	2.88	2.88	2.89	2.89	2.89	2.89
1900	2.91	2.91	2.91	2.91	2.91	2.91	2.91	2.92	2.92	2.92	2.92	2.92
2000	2.94	2.94	2.94	2.94	2.94	2.94	2.94	2.95	2.95	2.95	2.95	2.95

Tafel 5. Spezifische Wärmekapazität bei konstantem Druck in kJ/kg K (Fortsetzung)

t	p (bar)											
°C	180	185	190	195	200	205	210	215	220	225	230	235
0	4.139	4.137	4.135	4.132	4.130	4.128	4.126	4.124	4.122	4.119	4.117	4.115
20	4.131	4.129	4.128	4.127	4.125	4.124	4.123	4.121	4.120	4.119	4.117	4.116
40	4.141	4.140	4.139	4.138	4.137	4.136	4.135	4.134	4.133	4.132	4.131	4.129
60	4.145	4.144	4.143	4.142	4.141	4.140	4.139	4.138	4.137	4.136	4.135	4.134
80	4.157	4.156	4.155	4.154	4.153	4.152	4.151	4.150	4.149	4.148	4.147	4.146
100	4.178	4.177	4.176	4.175	4.174	4.173	4.172	4.170	4.169	4.168	4.167	4.166
120	4.206	4.205	4.203	4.202	4.201	4.200	4.199	4.198	4.197	4.196	4.194	4.193
140	4.239	4.238	4.237	4.236	4.234	4.233	4.232	4.231	4.229	4.228	4.227	4.226
160	4.281	4.280	4.278	4.276	4.275	4.274	4.272	4.271	4.269	4.268	4.266	4.265
180	4.334	4.332	4.330	4.328	4.327	4.325	4.323	4.321	4.319	4.318	4.316	4.314
200	4.403	4.401	4.398	4.396	4.394	4.391	4.389	4.387	4.385	4.382	4.380	4.378
220	4.494	4.491	4.488	4.485	4.482	4.479	4.476	4.474	4.471	4.468	4.465	4.462
240	4.617	4.613	4.609	4.605	4.601	4.597	4.593	4.589	4.585	4.581	4.577	4.573
260	4.784	4.778	4.772	4.766	4.761	4.755	4.749	4.744	4.739	4.733	4.728	4.723
280	5.019	5.010	5.001	4.992	4.983	4.975	4.967	4.958	4.950	4.942	4.934	4.927
300	5.370	5.355	5.340	5.325	5.311	5.297	5.283	5.270	5.257	5.243	5.231	5.218
310	5.623	5.601	5.581	5.561	5.541	5.522	5.503	5.485	5.468	5.450	5.433	5.417
320	5.965	5.933	5.903	5.874	5.846	5.818	5.792	5.766	5.742	5.717	5.694	5.671
330	6.463	6.412	6.364	6.317	6.273	6.231	6.190	6.151	6.114	6.078	6.044	6.010
340	7.285	7.187	7.096	7.012	6.933	6.858	6.789	6.723	6.661	6.602	6.546	6.493
350	9.025	8.758	8.526	8.321	8.138	7.974	7.825	7.690	7.567	7.453	7.347	7.250
360	15.798	22.132	13.530	12.328	11.461	10.799	10.272	9.841	9.482	9.170	8.903	8.668
370	9.403	10.639	12.323	14.790	18.863	27.369	68.34	23.733	18.321	15.564	13.871	12.698
380	7.193	7.771	8.458	9.292	10.329	11.660	13.443	15.974	19.861	26.934	43.52	110.24
390	6.013	6.362	6.755	7.202	7.714	8.308	9.006	9.839	10.843	12.111	13.719	15.844
400	5.267	5.506	5.767	6.054	6.371	6.722	7.114	7.555	8.050	8.623	9.277	10.038
420	4.368	4.504	4.649	4.803	4.966	5.140	5.326	5.524	5.735	5.966	6.211	6.477
440	3.847	3.937	4.031	4.129	4.232	4.339	4.451	4.568	4.690	4.820	4.956	5.098
460	3.510	3.574	3.641	3.710	3.782	3.856	3.932	4.012	4.093	4.178	4.266	4.357
480	3.277	3.326	3.376	3.428	3.482	3.536	3.592	3.650	3.709	3.770	3.833	3.897
500	3.108	3.147	3.187	3.228	3.269	3.312	3.355	3.399	3.444	3.491	3.538	3.586
520	2.983	3.015	3.047	3.080	3.113	3.148	3.182	3.218	3.253	3.290	3.327	3.365
540	2.887	2.914	2.941	2.968	2.996	3.024	3.053	3.081	3.111	3.141	3.171	3.201
560	2.813	2.836	2.859	2.882	2.905	2.929	2.953	2.977	3.002	3.026	3.052	3.077
580	2.755	2.774	2.794	2.814	2.834	2.854	2.875	2.896	2.916	2.938	2.959	2.981
600	2.709	2.726	2.743	2.760	2.778	2.795	2.813	2.831	2.849	2.868	2.886	2.905
650	2.631	2.643	2.656	2.669	2.682	2.695	2.708	2.721	2.734	2.748	2.761	2.774
700	2.587	2.597	2.607	2.617	2.627	2.637	2.647	2.657	2.667	2.677	2.688	2.698
750	2.565	2.573	2.581	2.589	2.597	2.605	2.613	2.621	2.629	2.637	2.645	2.653
800	2.556	2.563	2.569	2.576	2.583	2.589	2.596	2.602	2.609	2.615	2.622	2.629
850	2.558	2.563	2.568	2.574	2.579	2.585	2.590	2.596	2.601	2.607	2.612	2.618
900	2.565	2.570	2.574	2.579	2.583	2.588	2.593	2.597	2.602	2.607	2.611	2.616
950	2.577	2.581	2.585	2.589	2.593	2.597	2.601	2.605	2.609	2.613	2.617	2.621
1000	2.593	2.596	2.599	2.603	2.606	2.609	2.613	2.616	2.620	2.623	2.627	2.630
1100	2.63	2.63	2.63	2.64	2.64	2.64	2.64	2.65	2.65	2.65	2.65	2.66
1200	2.67	2.67	2.67	2.68	2.68	2.68	2.68	2.68	2.69	2.69	2.69	2.69
1300	2.71	2.71	2.71	2.72	2.72	2.72	2.72	2.72	2.72	2.72	2.73	2.73
1400	2.75	2.75	2.75	2.75	2.76	2.76	2.76	2.76	2.76	2.76	2.76	2.76
1500	2.79	2.79	2.79	2.79	2.79	2.79	2.80	2.80	2.80	2.80	2.80	2.80
1600	2.83	2.83	2.83	2.83	2.83	2.83	2.83	2.83	2.83	2.83	2.83	2.84
1700	2.86	2.86	2.86	2.86	2.86	2.86	2.86	2.86	2.87	2.87	2.87	2.87
1800	2.89	2.89	2.89	2.89	2.89	2.90	2.90	2.90	2.90	2.90	2.90	2.90
1900	2.92	2.92	2.92	2.92	2.92	2.92	2.93	2.93	2.93	2.93	2.93	2.93
2000	2.95	2.95	2.95	2.95	2.95	2.95	2.95	2.95	2.95	2.95	2.96	2.96

Tafel 5. Spezifische Wärmekapazität bei konstantem Druck in kJ/kg K (Fortsetzung)

t	p (bar)											
°C	240	250	260	270	280	290	300	310	320	330	340	350
0	4.113	4.109	4.105	4.101	4.097	4.093	4.089	4.085	4.081	4.078	4.074	4.070
20	4.115	4.112	4.110	4.107	4.104	4.102	4.100	4.097	4.095	4.092	4.090	4.087
40	4.128	4.126	4.124	4.122	4.120	4.118	4.116	4.114	4.112	4.110	4.108	4.106
60	4.133	4.131	4.129	4.127	4.126	4.124	4.122	4.120	4.118	4.116	4.114	4.113
80	4.145	4.143	4.141	4.139	4.137	4.135	4.133	4.132	4.130	4.128	4.126	4.124
100	4.165	4.163	4.161	4.159	4.157	4.155	4.154	4.152	4.150	4.148	4.146	4.144
120	4.192	4.190	4.188	4.186	4.184	4.181	4.179	4.177	4.175	4.173	4.171	4.169
140	4.224	4.222	4.219	4.217	4.215	4.212	4.210	4.207	4.205	4.203	4.200	4.198
160	4.263	4.260	4.257	4.255	4.252	4.249	4.246	4.243	4.241	4.238	4.235	4.233
180	4.312	4.309	4.305	4.302	4.299	4.295	4.292	4.289	4.285	4.282	4.279	4.276
200	4.376	4.372	4.367	4.363	4.359	4.355	4.350	4.346	4.342	4.338	4.335	4.331
220	4.459	4.454	4.448	4.443	4.437	4.432	4.427	4.422	4.417	4.412	4.407	4.402
240	4.570	4.562	4.555	4.548	4.541	4.534	4.527	4.520	4.514	4.507	4.501	4.494
260	4.717	4.707	4.697	4.687	4.678	4.668	4.659	4.650	4.641	4.632	4.623	4.615
280	4.919	4.904	4.889	4.875	4.861	4.848	4.834	4.822	4.809	4.797	4.785	4.773
300	5.206	5.182	5.160	5.137	5.116	5.095	5.075	5.056	5.037	5.019	5.002	4.984
310	5.401	5.370	5.340	5.311	5.284	5.258	5.232	5.208	5.184	5.162	5.140	5.118
320	5.649	5.607	5.566	5.528	5.492	5.457	5.424	5.392	5.362	5.333	5.305	5.278
330	5.978	5.917	5.860	5.807	5.757	5.709	5.665	5.622	5.582	5.544	5.507	5.473
340	6.442	6.348	6.261	6.182	6.109	6.040	5.977	5.918	5.862	5.810	5.760	5.714
350	7.159	6.994	6.849	6.719	6.603	6.497	6.401	6.313	6.232	6.157	6.087	6.022
360	8.459	8.106	7.814	7.570	7.360	7.178	7.017	6.875	6.747	6.632	6.527	6.432
370	11.827	10.604	9.773	9.164	8.693	8.316	8.005	7.744	7.520	7.326	7.155	7.003
380	65.098	23.376	16.374	13.415	11.741	10.647	9.866	9.277	8.813	8.436	8.123	7.857
390	18.766	29.241	46.279	36.329	23.403	17.493	14.426	12.576	11.337	10.447	9.774	9.244
400	10.931	13.270	16.720	21.797	27.638	29.185	25.080	20.308	16.833	14.480	12.850	11.671
420	6.763	7.410	8.175	9.087	10.175	11.465	12.954	14.564	16.076	17.137	17.451	17.014
440	5.247	5.569	5.925	6.321	6.760	7.247	7.787	8.379	9.023	9.708	10.413	11.104
460	4.451	4.649	4.863	5.092	5.338	5.602	5.885	6.188	6.510	6.852	7.212	7.586
480	3.963	4.100	4.244	4.397	4.558	4.727	4.905	5.092	5.289	5.494	5.709	5.931
500	3.635	3.737	3.843	3.953	4.068	4.188	4.312	4.441	4.575	4.714	4.858	5.006
520	3.403	3.482	3.564	3.648	3.735	3.825	3.918	4.014	4.112	4.213	4.317	4.424
540	3.233	3.296	3.361	3.428	3.497	3.568	3.640	3.714	3.790	3.868	3.947	4.028
560	3.103	3.155	3.209	3.264	3.320	3.377	3.436	3.495	3.556	3.618	3.681	3.745
580	3.002	3.047	3.092	3.138	3.185	3.232	3.281	3.330	3.380	3.431	3.482	3.534
600	2.923	2.961	3.000	3.039	3.079	3.119	3.160	3.202	3.244	3.286	3.329	3.373
650	2.788	2.815	2.843	2.871	2.899	2.928	2.956	2.985	3.015	3.044	3.074	3.104
700	2.708	2.729	2.750	2.771	2.792	2.814	2.836	2.857	2.879	2.901	2.923	2.945
750	2.661	2.678	2.694	2.711	2.728	2.745	2.762	2.778	2.796	2.813	2.830	2.847
800	2.635	2.649	2.662	2.676	2.689	2.703	2.716	2.730	2.744	2.757	2.771	2.785
850	2.623	2.634	2.645	2.657	2.668	2.679	2.690	2.701	2.713	2.724	2.735	2.747
900	2.620	2.630	2.639	2.648	2.658	2.667	2.677	2.686	2.696	2.705	2.715	2.724
950	2.625	2.632	2.640	2.648	2.656	2.664	2.672	2.680	2.688	2.697	2.704	2.713
1000	2.633	2.640	2.647	2.654	2.661	2.668	2.674	2.681	2.688	2.695	2.702	2.709
1100	2.66	2.67	2.67	2.68	2.68	2.69	2.69	2.70	2.70	2.71	2.71	2.72
1200	2.69	2.70	2.70	2.71	2.71	2.71	2.72	2.72	2.73	2.73	2.73	2.74
1300	2.73	2.73	2.74	2.74	2.74	2.75	2.75	2.75	2.76	2.76	2.76	2.77
1400	2.77	2.77	2.77	2.77	2.78	2.78	2.78	2.78	2.79	2.79	2.79	2.80
1500	2.80	2.80	2.81	2.81	2.81	2.81	2.81	2.82	2.82	2.82	2.82	2.83
1600	2.84	2.84	2.84	2.84	2.84	2.85	2.85	2.85	2.85	2.85	2.85	2.86
1700	2.87	2.87	2.87	2.87	2.87	2.88	2.88	2.88	2.88	2.88	2.88	2.89
1800	2.90	2.90	2.90	2.90	2.91	2.91	2.91	2.91	2.91	2.91	2.91	2.91
1900	2.93	2.93	2.93	2.93	2.93	2.93	2.94	2.94	2.94	2.94	2.94	2.94
2000	2.96	2.96	2.96	2.96	2.96	2.96	2.96	2.96	2.96	2.97	2.97	2.97

Tafel 5. Spezifische Wärmekapazität bei konstantem Druck in kJ/kg K (Fortsetzung)

t °C	p (bar) 360	380	400	420	440	460	480	500	520	540	560	580
0	4.067	4.059	4.053	4.046	4.039	4.033	4.027	4.021	4.015	4.009	4.003	3.998
20	4.085	4.080	4.076	4.071	4.067	4.063	4.058	4.054	4.050	4.046	4.042	4.038
40	4.104	4.100	4.097	4.093	4.089	4.085	4.082	4.078	4.075	4.071	4.068	4.064
60	4.111	4.107	4.104	4.100	4.096	4.093	4.090	4.086	4.083	4.080	4.076	4.073
80	4.123	4.119	4.115	4.112	4.108	4.105	4.101	4.098	4.095	4.091	4.088	4.085
100	4.142	4.138	4.135	4.131	4.127	4.124	4.120	4.117	4.113	4.110	4.106	4.103
120	4.167	4.163	4.159	4.155	4.151	4.147	4.143	4.140	4.136	4.132	4.128	4.125
140	4.196	4.191	4.187	4.182	4.178	4.174	4.169	4.165	4.161	4.157	4.153	4.149
160	4.230	4.225	4.220	4.215	4.210	4.205	4.200	4.195	4.190	4.186	4.181	4.177
180	4.272	4.266	4.260	4.254	4.248	4.243	4.237	4.231	4.226	4.220	4.215	4.210
200	4.327	4.319	4.312	4.304	4.297	4.290	4.283	4.277	4.270	4.264	4.257	4.251
220	4.397	4.387	4.378	4.369	4.360	4.352	4.343	4.335	4.327	4.319	4.311	4.304
240	4.488	4.476	4.464	4.452	4.441	4.430	4.420	4.409	4.399	4.389	4.380	4.370
260	4.607	4.590	4.575	4.560	4.545	4.531	4.517	4.504	4.491	4.478	4.466	4.454
280	4.761	4.739	4.718	4.697	4.678	4.659	4.641	4.623	4.607	4.590	4.575	4.559
300	4.968	4.936	4.906	4.877	4.850	4.824	4.799	4.775	4.752	4.731	4.710	4.690
310	5.098	5.059	5.022	4.987	4.955	4.924	4.894	4.866	4.840	4.814	4.790	4.766
320	5.253	5.204	5.158	5.116	5.076	5.039	5.003	4.970	4.938	4.908	4.880	4.853
330	5.439	5.377	5.320	5.267	5.217	5.172	5.129	5.088	5.051	5.015	4.981	4.949
340	5.670	5.588	5.514	5.446	5.384	5.327	5.274	5.225	5.179	5.136	5.096	5.058
350	5.961	5.850	5.752	5.664	5.584	5.512	5.445	5.384	5.328	5.275	5.227	5.181
360	6.344	6.187	6.051	5.933	5.827	5.733	5.648	5.571	5.501	5.436	5.377	5.321
370	6.868	6.633	6.438	6.272	6.129	6.004	5.893	5.794	5.704	5.623	5.550	5.482
380	7.628	7.253	6.957	6.715	6.512	6.340	6.192	6.061	5.946	5.843	5.751	5.667
390	8.815	8.160	7.678	7.307	7.011	6.767	6.562	6.388	6.236	6.104	5.986	5.881
400	10.786	9.545	8.717	8.121	7.670	7.315	7.027	6.789	6.587	6.413	6.262	6.129
420	16.089	13.872	12.004	10.631	9.633	8.890	8.320	7.871	7.509	7.209	6.958	6.744
440	11.731	12.582	12.691	12.184	11.389	10.560	9.810	9.169	8.633	8.185	7.809	7.491
460	7.970	8.736	9.424	9.933	10.187	10.180	9.969	9.635	9.246	8.851	8.474	8.128
480	6.161	6.636	7.118	7.580	7.991	8.317	8.535	8.636	8.629	8.536	8.382	8.190
500	5.158	5.473	5.799	6.127	6.447	6.748	7.016	7.239	7.408	7.519	7.572	7.575
520	4.533	4.757	4.989	5.226	5.463	5.696	5.919	6.127	6.313	6.474	6.604	6.702
540	4.111	4.280	4.454	4.632	4.811	4.990	5.166	5.336	5.498	5.649	5.785	5.905
560	3.810	3.943	4.079	4.217	4.358	4.498	4.638	4.775	4.909	5.038	5.159	5.272
580	3.587	3.695	3.805	3.916	4.029	4.142	4.255	4.367	4.478	4.585	4.689	4.788
600	3.417	3.507	3.597	3.690	3.782	3.876	3.969	4.062	4.154	4.244	4.332	4.418
650	3.134	3.195	3.256	3.318	3.380	3.443	3.505	3.567	3.629	3.690	3.751	3.810
700	2.967	3.012	3.057	3.102	3.148	3.193	3.238	3.283	3.328	3.372	3.416	3.460
750	2.864	2.899	2.933	2.968	3.003	3.037	3.072	3.106	3.141	3.175	3.209	3.242
800	2.799	2.826	2.854	2.882	2.910	2.937	2.965	2.992	3.019	3.046	3.073	3.100
850	2.758	2.781	2.803	2.826	2.849	2.871	2.894	2.916	2.938	2.961	2.983	3.004
900	2.734	2.752	2.771	2.790	2.809	2.828	2.847	2.866	2.884	2.903	2.921	2.939
950	2.721	2.737	2.753	2.769	2.785	2.801	2.817	2.833	2.848	2.864	2.880	2.895
1000	2.716	2.730	2.743	2.757	2.771	2.785	2.798	2.812	2.826	2.839	2.852	2.866
1100	2.72	2.73	2.74	2.75	2.76	2.77	2.79	2.80	2.81	2.82	2.83	2.84
1200	2.74	2.75	2.76	2.77	2.77	2.78	2.79	2.80	2.81	2.81	2.82	2.83
1300	2.77	2.77	2.78	2.79	2.79	2.80	2.81	2.81	2.82	2.83	2.83	2.84
1400	2.80	2.80	2.81	2.81	2.82	2.82	2.83	2.83	2.84	2.84	2.85	2.86
1500	2.83	2.83	2.84	2.84	2.85	2.85	2.85	2.86	2.86	2.87	2.87	2.88
1600	2.86	2.86	2.87	2.87	2.87	2.88	2.88	2.88	2.89	2.89	2.89	2.90
1700	2.89	2.89	2.89	2.90	2.90	2.90	2.91	2.91	2.91	2.91	2.92	2.92
1800	2.92	2.92	2.92	2.92	2.93	2.93	2.93	2.93	2.94	2.94	2.94	2.94
1900	2.94	2.94	2.95	2.95	2.95	2.95	2.96	2.96	2.96	2.96	2.97	2.97
2000	2.97	2.97	2.97	2.97	2.98	2.98	2.98	2.98	2.98	2.99	2.99	2.99

Tafel 5. Spezifische Wärmekapazität bei konstantem Druck in kJ/kg K (Fortsetzung)

t °C	*p* (bar) 600	620	640	660	680	700	720	740	760	780	800
0	3.992	3.987	3.982	3.977	3.972	3.967	3.963	3.958	3.954	3.950	3.945
20	4.034	4.030	4.026	4.023	4.019	4.015	4.012	4.008	4.005	4.002	3.998
40	4.061	4.058	4.054	4.051	4.048	4.045	4.042	4.039	4.036	4.033	4.030
60	4.070	4.067	4.063	4.060	4.057	4.054	4.051	4.048	4.045	4.042	4.040
80	4.082	4.078	4.075	4.072	4.069	4.066	4.063	4.060	4.057	4.054	4.051
100	4.100	4.096	4.093	4.090	4.086	4.083	4.080	4.077	4.074	4.071	4.068
120	4.121	4.118	4.114	4.111	4.107	4.104	4.100	4.097	4.094	4.091	4.087
140	4.145	4.141	4.137	4.134	4.130	4.126	4.122	4.119	4.115	4.112	4.108
160	4.172	4.168	4.163	4.159	4.155	4.151	4.146	4.142	4.138	4.135	4.131
180	4.204	4.199	4.194	4.189	4.184	4.180	4.175	4.170	4.166	4.161	4.157
200	4.245	4.239	4.233	4.227	4.221	4.216	4.210	4.205	4.199	4.194	4.189
220	4.296	4.289	4.282	4.275	4.268	4.261	4.254	4.248	4.242	4.235	4.229
240	4.361	4.352	4.343	4.335	4.326	4.318	4.310	4.302	4.295	4.287	4.280
260	4.443	4.432	4.421	4.410	4.400	4.390	4.380	4.370	4.360	4.351	4.342
280	4.544	4.530	4.516	4.503	4.490	4.477	4.465	4.453	4.441	4.430	4.419
300	4.670	4.652	4.634	4.617	4.600	4.584	4.568	4.553	4.538	4.524	4.510
310	4.744	4.723	4.702	4.683	4.663	4.645	4.627	4.610	4.594	4.578	4.562
320	4.827	4.802	4.778	4.755	4.734	4.713	4.692	4.673	4.654	4.636	4.619
330	4.919	4.890	4.862	4.836	4.811	4.787	4.764	4.742	4.720	4.700	4.680
340	5.022	4.988	4.956	4.925	4.896	4.869	4.842	4.817	4.793	4.770	4.747
350	5.138	5.098	5.060	5.025	4.991	4.959	4.928	4.899	4.871	4.845	4.820
360	5.270	5.222	5.177	5.135	5.095	5.058	5.023	4.989	4.957	4.927	4.898
370	5.420	5.362	5.308	5.258	5.211	5.168	5.126	5.087	5.051	5.016	4.983
380	5.590	5.520	5.456	5.396	5.340	5.289	5.240	5.195	5.153	5.113	5.075
390	5.786	5.700	5.622	5.550	5.484	5.423	5.366	5.313	5.264	5.217	5.174
400	6.011	5.905	5.809	5.723	5.643	5.571	5.504	5.442	5.384	5.331	5.280
420	6.559	6.397	6.254	6.128	6.014	5.911	5.818	5.733	5.655	5.583	5.516
440	7.219	6.985	6.781	6.602	6.444	6.303	6.176	6.062	5.958	5.864	5.777
460	7.817	7.538	7.290	7.070	6.873	6.697	6.539	6.396	6.267	6.150	6.043
480	7.979	7.762	7.549	7.346	7.154	6.975	6.810	6.657	6.516	6.387	6.267
500	7.534	7.459	7.360	7.245	7.121	6.992	6.863	6.736	6.613	6.495	6.383
520	6.768	6.803	6.811	6.795	6.759	6.707	6.644	6.572	6.494	6.413	6.331
540	6.006	6.089	6.152	6.197	6.223	6.234	6.230	6.214	6.187	6.152	6.111
560	5.376	5.468	5.549	5.617	5.674	5.718	5.750	5.772	5.784	5.786	5.780
580	4.882	4.970	5.050	5.123	5.188	5.246	5.295	5.336	5.368	5.394	5.412
600	4.500	4.578	4.653	4.722	4.787	4.846	4.899	4.947	4.990	5.026	5.058
650	3.868	3.925	3.981	4.034	4.086	4.135	4.183	4.228	4.270	4.310	4.348
700	3.503	3.545	3.586	3.627	3.666	3.705	3.742	3.779	3.814	3.847	3.880
750	3.275	3.308	3.340	3.371	3.402	3.433	3.462	3.491	3.520	3.547	3.574
800	3.126	3.152	3.178	3.203	3.228	3.253	3.277	3.301	3.324	3.346	3.369
850	3.026	3.047	3.068	3.089	3.110	3.130	3.150	3.170	3.189	3.208	3.227
900	2.957	2.975	2.993	3.010	3.028	3.045	3.062	3.078	3.095	3.111	3.126
950	2.910	2.926	2.941	2.956	2.970	2.985	2.999	3.014	3.028	3.041	3.055
1000	2.879	2.892	2.905	2.918	2.931	2.943	2.956	2.968	2.980	2.992	3.004
1100	2.85	2.86	2.87	2.88	2.89	2.90	2.90	2.91	2.92	2.93	2.94
1200	2.84	2.85	2.85	2.86	2.87	2.88	2.88	2.89	2.90	2.91	2.91
1300	2.85	2.85	2.86	2.86	2.87	2.88	2.88	2.89	2.89	2.90	2.91
1400	2.86	2.87	2.87	2.88	2.88	2.89	2.89	2.90	2.90	2.91	2.91
1500	2.88	2.88	2.89	2.89	2.90	2.90	2.90	2.91	2.91	2.92	2.92
1600	2.90	2.90	2.91	2.91	2.92	2.92	2.92	2.93	2.93	2.93	2.94
1700	2.92	2.93	2.93	2.93	2.94	2.94	2.94	2.94	2.95	2.95	2.95
1800	2.95	2.95	2.95	2.95	2.96	2.96	2.96	2.96	2.97	2.97	2.97
1900	2.97	2.97	2.97	2.98	2.98	2.98	2.98	2.98	2.99	2.99	2.99
2000	2.99	2.99	3.00	3.00	3.00	3.00	3.00	3.00	3.01	3.01	3.01

Tafel 5. Spezifische Wärmekapazität bei konstantem Druck in kJ/kg K (Fortsetzung)

t °C	p (bar) 850	900	950	1000	1050	1100	1150	1200	1250	1300	1350	1400
0	3.935	3.926	3.917	3.909	3.901	3.894	3.887	3.880	3.874	3.868	3.861	3.856
20	3.990	3.983	3.975	3.968	3.961	3.955	3.948	3.942	3.936	3.930	3.925	3.919
40	4.022	4.015	4.008	4.002	3.995	3.989	3.983	3.977	3.972	3.966	3.961	3.955
60	4.033	4.026	4.019	4.012	4.006	4.000	3.993	3.988	3.982	3.976	3.971	3.965
80	4.044	4.037	4.030	4.023	4.017	4.010	4.004	3.998	3.992	3.986	3.981	3.975
100	4.060	4.053	4.046	4.039	4.032	4.026	4.019	4.013	4.007	4.001	3.995	3.989
120	4.080	4.072	4.064	4.057	4.050	4.043	4.036	4.030	4.023	4.017	4.011	4.004
140	4.100	4.091	4.083	4.075	4.067	4.060	4.053	4.045	4.039	4.032	4.025	4.019
160	4.121	4.112	4.103	4.094	4.085	4.077	4.069	4.061	4.053	4.046	4.039	4.032
180	4.146	4.135	4.125	4.115	4.105	4.096	4.087	4.078	4.070	4.062	4.053	4.046
200	4.176	4.164	4.152	4.141	4.130	4.119	4.109	4.099	4.089	4.080	4.071	4.062
220	4.214	4.200	4.186	4.173	4.160	4.148	4.136	4.124	4.113	4.103	4.092	4.082
240	4.262	4.245	4.228	4.213	4.198	4.183	4.170	4.156	4.144	4.132	4.120	4.108
260	4.321	4.300	4.281	4.262	4.244	4.228	4.211	4.196	4.181	4.167	4.153	4.140
280	4.392	4.367	4.344	4.321	4.300	4.280	4.261	4.243	4.226	4.209	4.193	4.178
300	4.477	4.447	4.418	4.391	4.366	4.342	4.320	4.298	4.278	4.259	4.240	4.223
310	4.526	4.492	4.460	4.430	4.403	4.377	4.352	4.329	4.307	4.286	4.266	4.247
320	4.578	4.540	4.505	4.472	4.442	4.413	4.386	4.361	4.337	4.315	4.293	4.273
330	4.634	4.592	4.553	4.517	4.483	4.452	4.423	4.395	4.369	4.345	4.322	4.300
340	4.695	4.648	4.604	4.564	4.527	4.493	4.461	4.431	4.403	4.377	4.352	4.328
350	4.761	4.708	4.659	4.615	4.574	4.536	4.501	4.469	4.438	4.410	4.383	4.357
360	4.831	4.772	4.718	4.668	4.623	4.582	4.544	4.508	4.475	4.444	4.415	4.388
370	4.907	4.840	4.779	4.725	4.675	4.629	4.587	4.549	4.513	4.479	4.448	4.419
380	4.988	4.912	4.845	4.784	4.729	4.679	4.633	4.591	4.552	4.516	4.482	4.451
390	5.075	4.989	4.914	4.846	4.785	4.730	4.680	4.634	4.592	4.553	4.516	4.483
400	5.168	5.071	4.986	4.911	4.844	4.783	4.728	4.678	4.633	4.590	4.552	4.515
420	5.370	5.246	5.140	5.047	4.965	4.893	4.828	4.769	4.715	4.667	4.622	4.580
440	5.590	5.434	5.302	5.189	5.091	5.005	4.928	4.860	4.798	4.742	4.691	4.644
460	5.812	5.623	5.465	5.331	5.215	5.115	5.026	4.948	4.877	4.814	4.757	4.704
480	6.007	5.792	5.612	5.460	5.328	5.215	5.115	5.027	4.949	4.879	4.815	4.757
500	6.128	5.908	5.720	5.557	5.417	5.294	5.187	5.092	5.007	4.931	4.863	4.801
520	6.127	5.935	5.760	5.604	5.465	5.341	5.232	5.134	5.046	4.967	4.896	4.831
540	5.988	5.851	5.713	5.581	5.457	5.343	5.239	5.145	5.058	4.980	4.909	4.844
560	5.738	5.667	5.579	5.484	5.387	5.293	5.203	5.119	5.040	4.967	4.899	4.836
580	5.430	5.416	5.378	5.324	5.261	5.192	5.123	5.054	4.988	4.924	4.863	4.806
600	5.112	5.138	5.140	5.123	5.091	5.051	5.005	4.955	4.904	4.853	4.802	4.754
650	4.429	4.495	4.545	4.581	4.604	4.615	4.617	4.612	4.600	4.583	4.563	4.541
700	3.955	4.022	4.080	4.129	4.169	4.202	4.228	4.246	4.259	4.267	4.271	4.270
750	3.638	3.696	3.749	3.797	3.840	3.877	3.909	3.937	3.961	3.980	3.995	4.007
800	3.422	3.472	3.518	3.561	3.600	3.636	3.669	3.698	3.724	3.747	3.767	3.785
850	3.271	3.314	3.354	3.392	3.427	3.459	3.490	3.517	3.543	3.566	3.587	3.607
900	3.165	3.201	3.236	3.269	3.300	3.329	3.357	3.382	3.406	3.428	3.449	3.468
950	3.088	3.120	3.150	3.179	3.207	3.233	3.257	3.281	3.303	3.323	3.342	3.360
1000	3.033	3.061	3.087	3.113	3.137	3.161	3.183	3.204	3.224	3.243	3.261	3.277
1100	2.96	2.99	3.01	3.03	3.05	3.07	3.08	3.10	3.12	3.13	3.15	3.16
1200	2.93	2.95	2.97	2.98	3.00	3.01	3.03	3.04	3.06	3.07	3.08	3.10
1300	2.92	2.94	2.95	2.96	2.98	2.99	3.00	3.01	3.03	3.04	3.05	3.06
1400	2.92	2.93	2.95	2.96	2.97	2.98	2.99	3.00	3.01	3.02	3.03	3.04
1500	2.93	2.94	2.95	2.96	2.97	2.98	2.99	3.00	3.00	3.01	3.02	3.03
1600	2.94	2.95	2.96	2.97	2.98	2.98	2.99	3.00	3.01	3.01	3.02	3.03
1700	2.96	2.97	2.97	2.98	2.99	3.00	3.00	3.01	3.01	3.02	3.03	3.03
1800	2.98	2.98	2.99	3.00	3.00	3.01	3.01	3.02	3.02	3.03	3.04	3.04
1900	3.00	3.00	3.01	3.01	3.02	3.02	3.03	3.03	3.04	3.04	3.05	3.05
2000	3.02	3.02	3.02	3.03	3.03	3.04	3.04	3.05	3.05	3.06	3.06	3.06

Tafel 5. Spezifische Wärmekapazität bei konstantem Druck in kJ/kg K (Fortsetzung)

t °C	*p* (bar) 1500	1600	1700	1800	1900	2000	2100	2200	2300	2400	2500
0	3.844	3.833	3.822	3.810	3.799	3.786	3.773	3.760	3.745	3.729	3.713
20	3.909	3.899	3.889	3.880	3.870	3.861	3.852	3.842	3.833	3.823	3.813
40	3.945	3.936	3.926	3.918	3.909	3.901	3.893	3.885	3.878	3.871	3.863
60	3.955	3.945	3.935	3.926	3.918	3.909	3.901	3.894	3.886	3.879	3.872
80	3.964	3.954	3.944	3.935	3.926	3.917	3.909	3.901	3.893	3.885	3.878
100	3.978	3.967	3.957	3.947	3.938	3.929	3.920	3.912	3.904	3.896	3.889
120	3.993	3.981	3.971	3.961	3.951	3.941	3.932	3.924	3.915	3.907	3.899
140	4.006	3.994	3.983	3.972	3.961	3.951	3.942	3.933	3.924	3.915	3.907
160	4.018	4.005	3.993	3.981	3.970	3.959	3.949	3.939	3.930	3.921	3.912
180	4.031	4.016	4.003	3.990	3.978	3.966	3.955	3.944	3.934	3.924	3.915
200	4.05	4.03	4.01	4.00	3.99	3.97	3.96	3.95	3.94	3.93	3.92
220	4.06	4.05	4.03	4.01	4.00	3.98	3.97	3.96	3.94	3.93	3.92
240	4.09	4.07	4.05	4.03	4.01	4.00	3.98	3.97	3.95	3.94	3.93
260	4.12	4.09	4.07	4.05	4.03	4.01	4.00	3.98	3.97	3.95	3.94
280	4.15	4.12	4.10	4.08	4.05	4.03	4.02	4.00	3.98	3.97	3.95
300	4.19	4.16	4.13	4.11	4.08	4.06	4.04	4.02	4.00	3.98	3.97
310	4.21	4.18	4.15	4.12	4.10	4.07	4.05	4.03	4.01	3.99	3.98
320	4.24	4.20	4.17	4.14	4.11	4.09	4.06	4.04	4.02	4.00	3.99
330	4.26	4.22	4.19	4.16	4.13	4.10	4.08	4.06	4.03	4.01	4.00
340	4.28	4.25	4.21	4.18	4.15	4.12	4.09	4.07	4.05	4.03	4.01
350	4.31	4.27	4.23	4.20	4.16	4.13	4.11	4.08	4.06	4.04	4.02
360	4.34	4.29	4.25	4.22	4.18	4.15	4.12	4.10	4.07	4.05	4.03
370	4.37	4.32	4.27	4.24	4.20	4.17	4.14	4.11	4.08	4.06	4.04
380	4.39	4.34	4.30	4.26	4.22	4.18	4.15	4.12	4.10	4.07	4.05
390	4.42	4.37	4.32	4.28	4.24	4.20	4.17	4.14	4.11	4.08	4.06
400	4.45	4.39	4.34	4.30	4.25	4.22	4.18	4.15	4.12	4.10	4.07
420	4.51	4.44	4.39	4.33	4.29	4.25	4.21	4.18	4.15	4.12	4.09
440	4.56	4.49	4.43	4.37	4.32	4.28	4.24	4.20	4.17	4.14	4.11
460	4.61	4.53	4.46	4.40	4.35	4.30	4.26	4.22	4.19	4.16	4.13
480	4.66	4.57	4.50	4.43	4.38	4.33	4.28	4.24	4.20	4.17	4.14
500	4.69	4.60	4.52	4.46	4.40	4.34	4.30	4.25	4.21	4.18	4.15
520	4.72	4.62	4.54	4.47	4.41	4.35	4.30	4.26	4.22	4.19	4.15
540	4.73	4.63	4.55	4.48	4.41	4.36	4.31	4.26	4.22	4.19	4.15
560	4.73	4.63	4.55	4.47	4.41	4.35	4.30	4.26	4.22	4.18	4.15
580	4.70	4.61	4.53	4.46	4.40	4.34	4.30	4.25	4.21	4.17	4.14
600	4.66	4.58	4.51	4.44	4.38	4.33	4.28	4.24	4.20	4.16	4.13
650	4.49	4.44	4.39	4.34	4.29	4.25	4.21	4.17	4.14	4.11	4.08
700	4.26	4.24	4.22	4.19	4.16	4.13	4.10	4.08	4.05	4.03	4.00
750	4.02	4.03	4.03	4.02	4.01	3.99	3.98	3.96	3.95	3.93	3.91
800	3.81	3.83	3.84	3.85	3.85	3.85	3.85	3.84	3.83	3.82	3.81
850	3.64	3.67	3.69	3.70	3.71	3.72	3.72	3.72	3.72	3.72	3.72
900	3.50	3.53	3.55	3.57	3.59	3.60	3.61	3.61	3.62	3.62	3.62
950	3.39	3.42	3.45	3.47	3.48	3.50	3.51	3.52	3.53	3.53	3.54
1000	3.31	3.34	3.36	3.38	3.40	3.41	3.43	3.44	3.45	3.46	3.46
1100	3.19	3.21	3.24	3.26	3.27	3.29	3.30	3.32	3.33	3.34	3.35
1200	3.12	3.14	3.16	3.18	3.19	3.21	3.22	3.24	3.25	3.26	3.27
1300	3.08	3.10	3.11	3.13	3.14	3.16	3.17	3.18	3.19	3.20	3.21
1400	3.05	3.07	3.09	3.10	3.11	3.13	3.14	3.15	3.16	3.17	3.17
1500	3.04	3.06	3.07	3.08	3.10	3.11	3.12	3.13	3.14	3.14	3.15
1600	3.04	3.05	3.07	3.08	3.09	3.10	3.11	3.11	3.12	3.13	3.14
1700	3.04	3.06	3.07	3.08	3.08	3.09	3.10	3.11	3.12	3.12	3.13
1800	3.05	3.06	3.07	3.08	3.09	3.10	3.10	3.11	3.12	3.12	3.13
1900	3.06	3.07	3.08	3.09	3.09	3.10	3.11	3.11	3.12	3.13	3.13
2000	3.07	3.08	3.09	3.09	3.10	3.11	3.11	3.12	3.12	3.13	3.14

Tafel 5. Spezifische Wärmekapazität bei konstantem Druck in kJ/kg K (Fortsetzung)

t	p (bar)											
°C	3000	4000	5000	6000	7000	8000	9000	10000	15000	20000	25000	30000
0	3.61	3.32	2.89									
20	3.76	3.60	3.32	2.85								
40	3.83	3.77	3.71	3.68	3.67	3.64						
60	3.84	3.79	3.77	3.80	3.89	4.06	4.29	4.53				
80	3.85	3.79	3.76	3.74	3.77	3.83	3.95	4.09				
100	3.85	3.80	3.76	3.72	3.70	3.69	3.70	3.72				
120	3.86	3.81	3.77	3.73	3.70	3.66	3.64	3.61	3.47			
140	3.87	3.82	3.77	3.74	3.71	3.68	3.65	3.62	3.41			
160	3.87	3.82	3.77	3.74	3.72	3.69	3.67	3.64	3.48	3.22		
180	3.87	3.81	3.77	3.74	3.71	3.69	3.67	3.66	3.55	3.37		
200	3.87	3.81	3.76	3.73	3.70	3.68	3.67	3.66	3.59	3.47	3.30	
220	3.87	3.80	3.75	3.72	3.69	3.67	3.66	3.64	3.60	3.53	3.42	
240	3.88	3.80	3.74	3.70	3.68	3.66	3.64	3.63	3.60	3.56	3.49	
260	3.88	3.79	3.74	3.69	3.67	3.64	3.63	3.61	3.58	3.56	3.52	3.46
280	3.89	3.79	3.73	3.69	3.65	3.63	3.61	3.60	3.57	3.56	3.54	3.50
300	3.90	3.80	3.73	3.68	3.65	3.62	3.60	3.59	3.55	3.55	3.54	3.52
310	3.90	3.80	3.73	3.68	3.64	3.62	3.60	3.58	3.55	3.54	3.53	3.52
320	3.91	3.80	3.73	3.68	3.64	3.61	3.59	3.57	3.54	3.53	3.53	3.52
330	3.92	3.80	3.73	3.68	3.64	3.61	3.59	3.57	3.53	3.52	3.52	3.52
340	3.92	3.81	3.73	3.68	3.64	3.61	3.58	3.56	3.52	3.52	3.52	3.52
350	3.93	3.81	3.73	3.68	3.63	3.60	3.58	3.56	3.52	3.51	3.51	3.51
360	3.94	3.81	3.73	3.68	3.63	3.60	3.58	3.56	3.51	3.50	3.50	3.50
370	3.95	3.82	3.73	3.68	3.63	3.60	3.57	3.55	3.50	3.49	3.49	3.50
380	3.95	3.82	3.74	3.68	3.63	3.60	3.57	3.55	3.50	3.49	3.49	3.49
390	3.96	3.83	3.74	3.68	3.63	3.60	3.57	3.55	3.49	3.48	3.48	3.48
400	3.97	3.83	3.74	3.68	3.63	3.60	3.57	3.55	3.49	3.47	3.47	3.48
420	3.98	3.84	3.74	3.68	3.63	3.59	3.57	3.54	3.48	3.46	3.46	3.46
440	3.99	3.84	3.75	3.68	3.63	3.59	3.56	3.54	3.47	3.45	3.44	3.45
460	4.01	3.85	3.75	3.68	3.63	3.59	3.56	3.54	3.47	3.44	3.43	3.43
480	4.01	3.85	3.75	3.68	3.63	3.59	3.56	3.53	3.46	3.43	3.42	3.42
500	4.02	3.86	3.75	3.68	3.63	3.59	3.56	3.53	3.46	3.42	3.41	3.41
520	4.02	3.86	3.75	3.68	3.63	3.59	3.56	3.53	3.45	3.42	3.40	3.39
540	4.02	3.85	3.75	3.68	3.63	3.59	3.56	3.53	3.45	3.41	3.39	3.38
560	4.02	3.85	3.75	3.68	3.63	3.59	3.55	3.53	3.44	3.40	3.38	3.37
580	4.01	3.85	3.75	3.68	3.62	3.58	3.55	3.52	3.44	3.40	3.38	3.36
600	4.00	3.84	3.74	3.67	3.62	3.58	3.55	3.52	3.44	3.39	3.37	3.35
650	3.96	3.81	3.72	3.65	3.61	3.57	3.54	3.51	3.43	3.38	3.35	3.33
700	3.90	3.77	3.69	3.63	3.59	3.55	3.53	3.50	3.42	3.37	3.34	3.32
750	3.84	3.73	3.66	3.61	3.57	3.54	3.51	3.49	3.41	3.36	3.32	3.30
800	3.76	3.68	3.62	3.58	3.54	3.52	3.49	3.47	3.40	3.35	3.31	3.29
850	3.69	3.63	3.58	3.54	3.52	3.49	3.47	3.46	3.39	3.34	3.30	3.27
900	3.61	3.58	3.54	3.51	3.49	3.47	3.45	3.44	3.38	3.33	3.29	3.26
950	3.55	3.53	3.50	3.48	3.46	3.45	3.43	3.42	3.37	3.32	3.28	3.25
1000	3.48	3.48	3.47	3.45	3.44	3.42	3.41	3.40	3.36	3.31	3.27	3.23
1100	3.38	3.40	3.40	3.39	3.39	3.38	3.37	3.37	3.33	3.29	3.25	3.21
1200	3.30	3.34	3.35	3.35	3.35	3.34	3.34	3.34	3.31	3.28	3.24	3.20
1300	3.25	3.29	3.30	3.31	3.31	3.31	3.31	3.31	3.29	3.26	3.23	3.18
1400	3.21	3.25	3.27	3.28	3.29	3.29	3.29	3.29	3.28	3.25	3.22	3.17
1500	3.18	3.23	3.25	3.26	3.27	3.27	3.27	3.27	3.26	3.24	3.21	3.17
1600	3.17	3.21	3.23	3.24	3.25	3.25	3.26	3.26	3.25	3.23	3.20	3.16
1700	3.16	3.20	3.22	3.23	3.24	3.24	3.25	3.25	3.24	3.23	3.20	3.16
1800	3.16	3.19	3.21	3.22	3.23	3.24	3.24	3.24	3.24	3.22	3.20	3.16
1900	3.16	3.19	3.21	3.22	3.23	3.23	3.24	3.24	3.24	3.22	3.19	3.16
2000	3.16	3.19	3.21	3.22	3.23	3.23	3.24	3.24	3.23	3.22	3.20	3.16

Tafel 6. Schallgeschwindigkeit in m/s

t °C	*p* (bar) 0	1	5	10	15	20	25	30	35	40	45	50
0	409.5	1401.0	1401.7	1402.6	1403.5	1404.4	1405.2	1406.1	1407.0	1407.8	1408.7	1409.6
20	424.1	1483.2	1483.9	1484.8	1485.7	1486.6	1487.5	1488.4	1489.2	1490.1	1491.0	1491.9
40	438.1	1528.4	1529.1	1530.1	1531.0	1531.9	1532.9	1533.8	1534.7	1535.7	1536.6	1537.5
60	451.6	1549.5	1550.3	1551.3	1552.3	1553.3	1554.3	1555.3	1556.3	1557.3	1558.2	1559.2
80	464.7	1552.8	1553.7	1554.8	1555.8	1556.9	1558.0	1559.1	1560.1	1561.2	1562.2	1563.3
100	477.3	472.8	1542.6	1543.8	1545.0	1546.1	1547.3	1548.4	1549.6	1550.7	1551.9	1553.0
120	489.6	486.1	1519.2	1520.5	1521.8	1523.0	1524.3	1525.6	1526.8	1528.1	1529.3	1530.6
140	501.5	498.7	1484.9	1486.3	1487.7	1489.1	1490.5	1491.9	1493.3	1494.6	1496.0	1497.4
160	513.1	510.8	501.0	1442.4	1443.9	1445.4	1447.0	1448.5	1450.0	1451.5	1453.1	1454.6
180	524.3	522.4	514.4	503.1	1391.0	1392.7	1394.4	1396.1	1397.8	1399.5	1401.2	1402.9
200	535.3	533.7	527.1	517.9	507.6	1331.0	1333.0	1334.9	1336.9	1338.8	1340.7	1342.6
220	546.0	544.7	539.0	531.4	523.1	513.9	1262.4	1264.6	1266.9	1269.1	1271.3	1273.5
240	556.4	555.3	550.5	544.1	537.2	529.8	521.7	512.8	1186.8	1189.4	1192.0	1194.6
260	566.7	565.7	561.5	556.1	550.3	544.1	537.6	530.5	522.9	514.6	505.6	1104.1
280	576.7	575.8	572.2	567.5	562.5	557.3	551.9	546.1	539.9	533.4	526.5	519.0
300	586.4	585.7	582.5	578.4	574.2	569.7	565.1	560.2	555.2	549.8	544.3	538.4
310	591.3	590.5	587.6	583.7	579.8	575.6	571.4	566.9	562.3	557.4	552.3	547.0
320	596.0	595.3	592.6	589.0	585.3	581.4	577.4	573.3	569.1	564.6	560.0	555.2
330	600.7	600.1	597.5	594.1	590.7	587.1	583.4	579.5	575.6	571.5	567.3	562.9
340	605.4	604.8	602.3	599.2	595.9	592.6	589.1	585.6	581.9	578.2	574.3	570.3
350	610.1	609.5	607.2	604.2	601.1	598.0	594.8	591.5	588.1	584.6	581.0	577.3
360	614.6	614.1	611.9	609.1	606.2	603.3	600.3	597.2	594.0	590.8	587.5	584.1
370	619.2	618.7	616.6	614.0	611.3	608.5	605.7	602.8	599.8	596.8	593.7	590.6
380	623.7	623.2	621.3	618.8	616.2	613.6	611.0	608.3	605.5	602.7	599.8	596.9
390	628.2	627.7	625.8	623.5	621.1	618.7	616.2	613.6	611.0	608.4	605.7	603.0
400	632.6	632.2	630.4	628.2	625.9	623.6	621.3	618.9	616.4	614.0	611.5	608.9
420	641.3	640.9	639.4	637.4	635.3	633.3	631.2	629.1	627.0	624.8	622.6	620.4
440	649.9	649.6	648.2	646.4	644.6	642.7	640.9	639.0	637.1	635.2	633.2	631.3
460	658.4	658.1	656.8	655.2	653.6	651.9	650.3	648.6	646.9	645.2	643.5	641.8
480	666.7	666.4	665.3	663.8	662.3	660.9	659.4	657.9	656.4	654.9	653.4	651.8
500	674.9	674.6	673.6	672.3	671.0	669.7	668.3	667.0	665.6	664.3	662.9	661.6
520	683.0	682.7	681.8	680.6	679.4	678.2	677.0	675.8	674.6	673.4	672.2	671.0
540	690.9	690.7	689.8	688.8	687.7	686.7	685.6	684.5	683.4	682.4	681.3	680.2
560	698.7	698.6	697.8	696.8	695.9	694.9	693.9	693.0	692.0	691.1	690.1	689.1
580	706.5	706.3	705.6	704.7	703.9	703.0	702.2	701.3	700.4	699.6	698.7	697.8
600	714.1	713.9	713.3	712.5	711.8	711.0	710.2	709.4	708.7	707.9	707.1	706.4
650	732.7	732.6	732.1	731.5	730.9	730.3	729.8	729.2	728.6	728.0	727.5	726.9
700	750.8	750.7	750.3	749.9	749.4	749.0	748.6	748.1	747.7	747.3	746.9	746.5
750	768.3	768.2	768.0	767.6	767.3	767.0	766.7	766.4	766.1	765.8	765.5	765.2
800	785.4	785.3	785.1	784.9	784.7	784.5	784.3	784.1	783.9	783.7	783.5	783.3
850	802.0	802.0	801.9	801.7	801.6	801.5	801.3	801.2	801.1	801.0	800.9	800.8
900	818.3	818.3	818.2	818.1	818.1	818.0	817.9	817.9	817.8	817.8	817.8	817.7
950	834.2	834.2	834.2	834.2	834.1	834.1	834.1	834.1	834.2	834.2	834.2	834.2
1000	849.8	849.8	849.8	849.8	849.9	849.9	850.0	850.0	850.1	850.2	850.2	850.3
1100	880.0	880.1	880.1	880.3	880.4	880.5	880.6	880.8	880.9	881.0	881.2	881.3
1200	909.2	909.3	909.4	909.6	909.8	909.9	910.1	910.3	910.5	910.7	910.9	911.1
1300	937.5	937.6	937.7	937.9	938.2	938.4	938.6	938.9	939.1	939.4	939.6	939.9
1400	965.0	965.0	965.2	965.5	965.7	966.0	966.3	966.6	966.8	967.1	967.4	967.7
1500	991.7	991.7	991.9	992.2	992.5	992.8	993.1	993.4	993.7	994.0	994.3	994.6
1600	1017.7	1017.8	1018.0	1018.3	1018.6	1018.9	1019.3	1019.6	1019.9	1020.2	1020.5	1020.9
1700	1043.1	1043.1	1043.4	1043.7	1044.1	1044.4	1044.7	1045.1	1045.4	1045.7	1046.1	1046.4
1800	1067.9	1067.9	1068.2	1068.6	1068.9	1069.3	1069.6	1069.9	1070.3	1070.6	1071.0	1071.4
1900	1092.1	1092.2	1092.5	1092.8	1093.2	1093.5	1093.9	1094.3	1094.6	1095.0	1095.3	1095.7
2000	1115.9	1115.9	1116.2	1116.6	1116.9	1117.3	1117.7	1118.0	1118.4	1118.8	1119.1	1119.5

Tafel 6. Schallgeschwindigkeit in m/s (Fortsetzung)

t °C	p (bar) 60	70	80	90	100	110	120	130	140	150	160	170
0	1411.3	1413.0	1414.7	1416.4	1418.1	1419.8	1421.5	1423.2	1424.9	1426.5	1428.2	1429.9
20	1493.6	1495.4	1497.1	1498.9	1500.6	1502.3	1504.0	1505.8	1507.5	1509.2	1510.9	1512.6
40	1539.4	1541.2	1543.0	1544.8	1546.6	1548.4	1550.3	1552.1	1553.8	1555.6	1557.4	1559.2
60	1561.2	1563.1	1565.1	1567.0	1568.9	1570.9	1572.8	1574.7	1576.6	1578.5	1580.4	1582.3
80	1565.4	1567.5	1569.6	1571.7	1573.7	1575.8	1577.9	1579.9	1581.9	1584.0	1586.0	1588.0
100	1555.3	1557.6	1559.8	1562.1	1564.3	1566.6	1568.8	1571.0	1573.2	1575.4	1577.5	1579.7
120	1533.0	1535.5	1537.9	1540.4	1542.8	1545.2	1547.6	1550.0	1552.4	1554.8	1557.1	1559.5
140	1500.1	1502.8	1505.5	1508.1	1510.8	1513.4	1516.1	1518.7	1521.3	1523.9	1526.4	1529.0
160	1457.6	1460.6	1463.5	1466.5	1469.4	1472.3	1475.2	1478.1	1480.9	1483.8	1486.6	1489.4
180	1406.2	1409.6	1412.9	1416.1	1419.4	1422.6	1425.9	1429.1	1432.2	1435.4	1438.5	1441.6
200	1346.4	1350.1	1353.9	1357.6	1361.3	1364.9	1368.5	1372.1	1375.6	1379.2	1382.7	1386.1
220	1277.8	1282.2	1286.4	1290.7	1294.9	1299.0	1303.1	1307.2	1311.3	1315.3	1319.2	1323.1
240	1199.8	1204.8	1209.8	1214.8	1219.7	1224.5	1229.3	1234.0	1238.7	1243.3	1247.9	1252.4
260	1110.3	1116.5	1122.5	1128.5	1134.3	1140.1	1145.8	1151.4	1156.9	1162.4	1167.8	1173.1
280	502.2	1013.8	1021.4	1028.8	1036.1	1043.3	1050.3	1057.2	1064.0	1070.6	1077.2	1083.6
300	525.6	511.0	494.2	909.9	919.7	929.2	938.4	947.3	956.1	964.6	972.9	981.1
310	535.6	523.0	508.7	492.1	851.0	862.4	873.4	884.0	894.2	904.2	913.8	923.2
320	544.9	533.7	521.3	507.4	491.4	472.3	799.2	812.2	824.7	836.7	848.2	859.3
330	553.6	543.6	532.7	520.7	507.3	492.0	474.1	727.7	743.9	759.1	773.4	787.1
340	561.8	552.8	543.1	532.5	521.0	508.3	494.0	477.4	457.3	664.6	684.2	702.4
350	569.6	561.4	552.6	543.3	533.2	522.3	510.3	497.0	481.9	464.1	441.8	593.9
360	577.0	569.5	561.6	553.2	544.3	534.7	524.4	513.3	501.0	487.3	471.7	453.0
370	584.0	577.2	570.0	562.4	554.4	545.9	537.0	527.4	517.0	505.8	493.5	479.8
380	590.8	584.5	577.9	571.0	563.8	556.3	548.3	539.9	531.0	521.5	511.3	500.3
390	597.4	591.6	585.5	579.2	572.7	565.8	558.7	551.3	543.4	535.2	526.6	517.4
400	603.7	598.3	592.7	587.0	581.0	574.8	568.4	561.7	554.8	547.5	540.0	532.1
420	615.8	611.2	606.4	601.5	596.4	591.2	585.9	580.5	574.9	569.1	563.2	557.1
440	627.3	623.2	619.1	614.9	610.6	606.2	601.7	597.1	592.5	587.7	582.9	578.0
460	638.2	634.7	631.1	627.4	623.7	619.9	616.1	612.2	608.3	604.3	600.3	596.3
480	648.7	645.6	642.4	639.2	636.0	632.8	629.5	626.1	622.8	619.4	616.0	612.6
500	658.8	656.1	653.3	650.5	647.7	644.8	642.0	639.1	636.2	633.3	630.5	627.6
520	668.6	666.1	663.7	661.2	658.8	656.3	653.8	651.3	648.8	646.3	643.8	641.4
540	678.0	675.9	673.7	671.5	669.4	667.2	665.0	662.8	660.7	658.5	656.4	654.3
560	687.2	685.3	683.4	681.5	679.6	677.6	675.7	673.8	672.0	670.1	668.2	666.4
580	696.2	694.4	692.8	691.1	689.4	687.7	686.0	684.4	682.8	681.1	679.5	677.9
600	704.8	703.3	701.8	700.4	698.9	697.4	696.0	694.5	693.1	691.7	690.3	688.9
650	725.8	724.7	723.6	722.5	721.4	720.4	719.4	718.3	717.3	716.3	715.4	714.4
700	745.7	744.9	744.1	743.3	742.6	741.9	741.2	740.4	739.8	739.1	738.4	737.8
750	764.7	764.1	763.6	763.1	762.6	762.1	761.7	761.2	760.8	760.4	760.0	759.6
800	782.9	782.6	782.3	782.0	781.7	781.4	781.2	780.9	780.7	780.4	780.2	780.0
850	800.6	800.4	800.3	800.1	800.0	799.9	799.8	799.7	799.6	799.6	799.5	799.5
900	817.7	817.6	817.6	817.6	817.6	817.7	817.7	817.7	817.8	817.8	817.9	818.0
950	834.3	834.4	834.4	834.6	834.7	834.8	835.0	835.1	835.3	835.5	835.6	835.8
1000	850.4	850.6	850.8	851.0	851.2	851.5	851.7	851.9	852.2	852.5	852.7	853.0
1100	882	882	882	883	883	883	884	884	885	885	885	886
1200	912	912	912	913	913	914	914	915	915	916	916	917
1300	940	941	941	942	943	943	944	944	945	945	946	947
1400	968	969	969	970	971	971	972	972	973	974	974	975
1500	995	996	997	997	998	998	999	1000	1000	1001	1002	1002
1600	1022	1022	1023	1024	1024	1025	1026	1026	1027	1028	1028	1029
1700	1047	1048	1049	1049	1050	1051	1051	1052	1053	1054	1054	1055
1800	1072	1073	1073	1074	1075	1076	1076	1077	1078	1079	1079	1080
1900	1096	1097	1098	1099	1099	1100	1101	1102	1102	1103	1104	1105
2000	1120	1121	1122	1122	1123	1124	1125	1126	1126	1127	1128	1129

Tafel 6. Schallgeschwindigkeit in m/s (Fortsetzung)

t °C	p (bar) 180	185	190	195	200	205	210	215	220	225	230	235
0	1431.5	1432.4	1433.2	1434.0	1434.9	1435.7	1436.5	1437.3	1438.1	1439.0	1439.8	1440.6
20	1514.2	1515.1	1515.9	1516.8	1517.6	1518.4	1519.3	1520.1	1520.9	1521.8	1522.6	1523.5
40	1560.9	1561.8	1562.7	1563.6	1564.4	1565.3	1566.2	1567.1	1567.9	1568.8	1569.7	1570.6
60	1584.1	1585.1	1586.0	1586.9	1587.9	1588.8	1589.7	1590.7	1591.6	1592.5	1593.4	1594.3
80	1590.0	1591.0	1592.0	1593.0	1594.0	1595.0	1596.0	1597.0	1598.0	1599.0	1599.9	1600.9
100	1581.9	1582.9	1584.0	1585.1	1586.2	1587.2	1588.3	1589.4	1590.4	1591.5	1592.5	1593.6
120	1561.8	1563.0	1564.2	1565.3	1566.5	1567.6	1568.8	1569.9	1571.1	1572.2	1573.4	1574.5
140	1531.5	1532.8	1534.1	1535.3	1536.6	1537.9	1539.1	1540.4	1541.6	1542.8	1544.1	1545.3
160	1492.2	1493.6	1495.0	1496.4	1497.7	1499.1	1500.5	1501.8	1503.2	1504.6	1505.9	1507.3
180	1444.7	1446.2	1447.8	1449.3	1450.8	1452.3	1453.8	1455.3	1456.8	1458.3	1459.8	1461.3
200	1389.6	1391.3	1393.0	1394.7	1396.4	1398.1	1399.8	1401.4	1403.1	1404.8	1406.4	1408.1
220	1327.1	1329.0	1330.9	1332.8	1334.8	1336.6	1338.5	1340.4	1342.3	1344.2	1346.1	1347.9
240	1256.9	1259.1	1261.3	1263.5	1265.7	1267.9	1270.0	1272.2	1274.3	1276.5	1278.6	1280.7
260	1178.3	1180.9	1183.5	1186.1	1188.6	1191.2	1193.7	1196.2	1198.6	1201.1	1203.6	1206.1
280	1089.9	1093.1	1096.2	1099.2	1102.3	1105.3	1108.3	1111.3	1114.2	1117.2	1120.1	1123.0
300	989.0	992.9	996.8	1000.6	1004.4	1008.1	1011.8	1015.5	1019.1	1022.7	1026.3	1029.8
310	932.3	936.8	941.2	945.5	949.8	954.1	958.3	962.4	966.5	970.6	974.6	978.6
320	870.0	875.2	880.4	885.4	890.4	895.3	900.2	904.9	909.6	914.3	918.8	923.4
330	800.2	806.5	812.7	818.8	824.7	830.5	836.3	841.9	847.3	852.8	858.1	863.4
340	719.3	727.4	735.2	742.8	750.2	757.4	764.4	771.3	777.9	784.5	790.9	797.2
350	619.1	630.6	641.6	652.0	662.0	671.6	680.8	689.7	698.2	706.6	714.7	722.5
360	428.9	412.4	511.1	529.8	546.5	561.8	575.9	589.0	601.3	613.0	624.1	634.7
370	464.1	455.2	445.3	434.1	420.8	403.9	376.9	435.2	462.8	485.5	504.9	522.2
380	488.3	481.8	475.0	467.6	459.8	451.3	441.9	431.5	419.6	405.1	386.6	359.7
390	507.5	502.4	497.0	491.4	485.6	479.5	473.1	466.3	459.2	451.4	443.2	434.3
400	523.8	519.5	515.1	510.5	505.8	501.0	496.0	490.8	485.5	479.9	474.2	468.2
420	550.8	547.5	544.3	540.9	537.6	534.1	530.7	527.1	523.6	519.9	516.2	512.4
440	573.0	570.4	567.9	565.3	562.7	560.1	557.4	554.7	552.1	549.3	546.6	543.8
460	592.2	590.1	588.0	585.9	583.8	581.7	579.6	577.5	575.4	573.2	571.1	568.9
480	609.2	607.5	605.8	604.0	602.3	600.6	598.8	597.1	595.4	593.7	591.9	590.2
500	624.7	623.2	621.8	620.3	618.9	617.4	616.0	614.5	613.1	611.7	610.2	608.8
520	638.9	637.7	636.4	635.2	634.0	632.7	631.5	630.3	629.1	627.9	626.7	625.5
540	652.1	651.1	650.0	648.9	647.9	646.9	645.8	644.8	643.8	642.7	641.7	640.7
560	664.6	663.6	662.7	661.8	660.9	660.0	659.1	658.3	657.4	656.5	655.6	654.8
580	676.3	675.5	674.7	674.0	673.2	672.4	671.7	670.9	670.2	669.4	668.7	667.9
600	687.5	686.8	686.2	685.5	684.8	684.2	683.5	682.8	682.2	681.6	680.9	680.3
650	713.5	713.0	712.5	712.1	711.6	711.2	710.7	710.3	709.8	709.4	709.0	708.6
700	737.2	736.9	736.6	736.3	736.0	735.7	735.4	735.1	734.8	734.5	734.3	734.0
750	759.2	759.0	758.8	758.6	758.5	758.3	758.1	757.9	757.8	757.6	757.5	757.3
800	779.8	779.8	779.7	779.6	779.5	779.4	779.4	779.3	779.2	779.1	779.1	779.0
850	799.4	799.4	799.4	799.4	799.4	799.4	799.4	799.4	799.4	799.4	799.4	799.4
900	818.1	818.2	818.2	818.3	818.3	818.4	818.4	818.5	818.6	818.7	818.7	818.8
950	836.0	836.1	836.2	836.3	836.5	836.6	836.7	836.8	836.9	837.0	837.2	837.3
1000	853.3	853.4	853.6	853.8	853.9	854.1	854.2	854.4	854.5	854.7	854.8	855.0
1100	886	886	887	887	887	887	888	888	888	888	888	889
1200	917	918	918	918	918	919	919	919	919	920	920	920
1300	947	947	948	948	948	949	949	949	949	950	950	950
1400	976	976	976	977	977	977	978	978	978	979	979	979
1500	1003	1004	1004	1004	1005	1005	1005	1006	1006	1006	1007	1007
1600	1030	1030	1031	1031	1031	1032	1032	1032	1033	1033	1033	1034
1700	1056	1056	1056	1057	1057	1058	1058	1058	1059	1059	1059	1060
1800	1081	1081	1082	1082	1082	1083	1083	1084	1084	1084	1085	1085
1900	1105	1106	1106	1107	1107	1107	1108	1108	1108	1109	1109	1110
2000	1129	1130	1130	1131	1131	1131	1132	1132	1132	1133	1133	1134

Tafel 6. Schallgeschwindigkeit in m/s (Fortsetzung)

t	p (bar)											
°C	240	250	260	270	280	290	300	310	320	330	340	350
0	1441.5	1443.1	1444.8	1446.4	1448.0	1449.7	1451.3	1453.0	1454.6	1456.3	1457.9	1459.6
20	1524.3	1526.0	1527.6	1529.3	1530.9	1532.6	1534.2	1535.9	1537.5	1539.1	1540.8	1542.4
40	1571.4	1573.1	1574.9	1576.6	1578.3	1580.0	1581.7	1583.4	1585.1	1586.8	1588.5	1590.2
60	1595.3	1597.1	1598.9	1600.7	1602.6	1604.4	1606.2	1608.0	1609.8	1611.5	1613.3	1615.1
80	1601.9	1603.9	1605.8	1607.8	1609.7	1611.6	1613.5	1615.5	1617.4	1619.3	1621.2	1623.1
100	1594.6	1596.8	1598.9	1600.9	1603.0	1605.1	1607.1	1609.2	1611.2	1613.3	1615.3	1617.3
120	1575.7	1577.9	1580.2	1582.4	1584.7	1586.9	1589.1	1591.3	1593.5	1595.7	1597.9	1600.1
140	1546.6	1549.0	1551.5	1553.9	1556.3	1558.7	1561.1	1563.5	1565.9	1568.3	1570.6	1573.0
160	1508.6	1511.3	1514.0	1516.6	1519.3	1521.9	1524.5	1527.1	1529.7	1532.3	1534.9	1537.4
180	1462.8	1465.8	1468.7	1471.6	1474.5	1477.4	1480.3	1483.1	1486.0	1488.8	1491.6	1494.4
200	1409.8	1413.0	1416.3	1419.5	1422.7	1425.9	1429.1	1432.2	1435.4	1438.5	1441.6	1444.6
220	1349.8	1353.4	1357.1	1360.7	1364.3	1367.9	1371.4	1374.9	1378.4	1381.8	1385.3	1388.7
240	1282.8	1287.0	1291.1	1295.2	1299.3	1303.3	1307.3	1311.3	1315.2	1319.1	1322.9	1326.7
260	1208.5	1213.3	1218.1	1222.8	1227.4	1232.1	1236.6	1241.1	1245.6	1250.0	1254.4	1258.8
280	1125.9	1131.6	1137.2	1142.7	1148.1	1153.5	1158.9	1164.1	1169.3	1174.4	1179.4	1184.4
300	1033.3	1040.2	1047.0	1053.7	1060.2	1066.6	1073.0	1079.2	1085.3	1091.4	1097.3	1103.2
310	982.5	990.2	997.7	1005.1	1012.4	1019.5	1026.5	1033.4	1040.1	1046.7	1053.2	1059.6
320	927.8	936.6	945.1	953.4	961.5	969.5	977.3	984.9	992.4	999.7	1006.9	1013.9
330	868.5	878.6	888.4	897.9	907.1	916.1	924.9	933.5	941.8	950.0	958.0	965.8
340	803.3	815.2	826.7	837.8	848.4	858.8	868.8	878.6	888.0	897.2	906.2	915.0
350	730.1	744.7	758.5	771.8	784.4	796.6	808.3	819.6	830.4	841.0	851.2	861.1
360	644.8	663.7	681.4	697.9	713.4	728.2	742.2	755.5	768.3	780.6	792.4	803.8
370	538.0	566.0	590.6	612.7	632.9	651.6	668.9	685.3	700.7	715.3	729.2	742.5
380	372.1	433.0	475.5	509.5	538.3	563.7	586.4	607.2	626.4	644.3	661.0	676.8
390	424.6	402.5	382.4	394.5	429.2	463.5	493.9	520.9	545.3	567.5	588.0	607.0
400	461.9	448.6	434.3	419.5	407.6	405.9	419.0	441.3	466.2	490.8	514.2	536.1
420	508.5	500.7	492.6	484.3	476.0	467.8	460.0	453.3	448.5	446.7	448.8	455.0
440	541.0	535.4	529.8	524.1	518.4	512.7	507.2	501.8	496.7	492.1	488.2	485.2
460	566.8	562.5	558.2	553.9	549.6	545.4	541.2	537.2	533.3	529.5	526.1	522.9
480	588.4	585.0	581.6	578.2	574.8	571.5	568.2	565.1	562.0	559.0	556.2	553.6
500	607.4	604.5	601.7	599.0	596.2	593.6	590.9	588.4	585.9	583.5	581.2	579.0
520	624.3	621.9	619.6	617.3	615.1	612.8	610.7	608.6	606.5	604.6	602.7	600.9
540	639.7	637.7	635.8	633.8	631.9	630.1	628.3	626.5	624.8	623.2	621.6	620.1
560	653.9	652.2	650.6	648.9	647.3	645.8	644.3	642.8	641.4	640.0	638.7	637.4
580	667.2	665.8	664.3	662.9	661.6	660.3	659.0	657.8	656.6	655.4	654.3	653.2
600	679.7	678.4	677.2	676.1	674.9	673.8	672.7	671.7	670.6	669.7	668.7	667.8
650	708.2	707.3	706.5	705.8	705.0	704.3	703.6	702.9	702.2	701.6	701.0	700.4
700	733.7	733.2	732.7	732.2	731.7	731.3	730.8	730.4	730.0	729.7	729.3	729.0
750	757.2	756.9	756.6	756.3	756.1	755.8	755.6	755.4	755.2	755.0	754.9	754.7
800	778.9	778.8	778.7	778.7	778.6	778.5	778.4	778.4	778.3	778.3	778.3	778.3
850	799.4	799.5	799.5	799.6	799.6	799.7	799.8	799.8	799.9	800.0	800.2	800.3
900	818.9	819.0	819.2	819.3	819.5	819.7	819.9	820.1	820.3	820.5	820.7	820.9
950	837.4	837.6	837.9	838.2	838.4	838.7	839.0	839.2	839.5	839.8	840.1	840.4
1000	855.2	855.5	855.8	856.2	856.5	856.9	857.2	857.6	857.9	858.3	858.7	859.0
1100	889	889	890	890	891	891	892	892	893	893	894	894
1200	921	921	922	922	923	923	924	924	925	926	926	927
1300	951	951	952	953	953	954	954	955	956	956	957	958
1400	980	980	981	982	982	983	984	984	985	986	986	987
1500	1007	1008	1009	1009	1010	1011	1012	1012	1013	1014	1014	1015
1600	1034	1035	1036	1036	1037	1038	1039	1039	1040	1041	1041	1042
1700	1060	1061	1062	1062	1063	1064	1065	1065	1066	1067	1068	1068
1800	1085	1086	1087	1088	1088	1089	1090	1091	1091	1092	1093	1094
1900	1110	1111	1112	1112	1113	1114	1115	1115	1116	1117	1118	1118
2000	1134	1135	1136	1136	1137	1138	1139	1139	1140	1141	1142	1143

Tafel 6. Schallgeschwindigkeit in m/s (Fortsetzung)

t °C	p (bar) 360	380	400	420	440	460	480	500	520	540	560	580
0	1461.2	1464.5	1467.9	1471.2	1474.5	1477.9	1481.3	1484.6	1488.0	1491.5	1494.9	1498.4
20	1544.1	1547.3	1550.6	1553.8	1557.1	1560.3	1563.6	1566.8	1570.0	1573.3	1576.5	1579.7
40	1591.9	1595.3	1598.6	1601.9	1605.2	1608.5	1611.8	1615.1	1618.4	1621.7	1624.9	1628.1
60	1616.9	1620.4	1623.9	1627.4	1630.9	1634.3	1637.8	1641.2	1644.6	1648.0	1651.4	1654.8
80	1624.9	1628.7	1632.4	1636.1	1639.8	1643.5	1647.1	1650.7	1654.3	1657.9	1661.4	1665.0
100	1619.3	1623.4	1627.3	1631.3	1635.2	1639.1	1643.0	1646.8	1650.6	1654.4	1658.2	1662.0
120	1602.2	1606.6	1610.8	1615.1	1619.3	1623.4	1627.6	1631.7	1635.8	1639.8	1643.9	1647.9
140	1575.3	1580.0	1584.6	1589.1	1593.7	1598.2	1602.6	1607.0	1611.4	1615.8	1620.1	1624.4
160	1539.9	1545.0	1550.0	1554.9	1559.8	1564.7	1569.5	1574.2	1579.0	1583.6	1588.3	1592.9
180	1497.1	1502.6	1508.1	1513.5	1518.8	1524.1	1529.3	1534.4	1539.6	1544.6	1549.6	1554.6
200	1447.7	1453.7	1459.7	1465.6	1471.4	1477.2	1482.9	1488.5	1494.1	1499.6	1505.0	1510.4
220	1392.1	1398.8	1405.4	1411.9	1418.3	1424.6	1430.9	1437.1	1443.2	1449.2	1455.2	1461.1
240	1330.5	1338.0	1345.4	1352.6	1359.8	1366.8	1373.7	1380.6	1387.3	1393.9	1400.5	1407.0
260	1263.1	1271.5	1279.8	1288.0	1296.0	1303.9	1311.6	1319.2	1326.7	1334.1	1341.4	1348.5
280	1189.4	1199.1	1208.6	1217.9	1227.0	1235.9	1244.6	1253.2	1261.6	1269.8	1277.9	1285.9
300	1109.0	1120.3	1131.3	1142.0	1152.5	1162.7	1172.6	1182.4	1191.9	1201.2	1210.4	1219.3
310	1065.9	1078.2	1090.2	1101.8	1113.1	1124.0	1134.7	1145.2	1155.4	1165.3	1175.0	1184.5
320	1020.8	1034.3	1047.3	1059.9	1072.1	1084.0	1095.5	1106.7	1117.6	1128.3	1138.6	1148.8
330	973.4	988.3	1002.6	1016.3	1029.6	1042.5	1054.9	1067.0	1078.7	1090.2	1101.3	1112.1
340	923.5	940.0	955.8	970.9	985.4	999.4	1012.9	1026.0	1038.7	1051.0	1062.9	1074.5
350	870.7	889.2	906.8	923.5	939.5	954.8	969.6	983.8	997.5	1010.7	1023.5	1035.9
360	814.8	835.7	855.4	874.1	891.8	908.6	924.8	940.2	955.1	969.4	983.3	996.6
370	755.2	779.2	801.6	822.5	842.2	860.9	878.6	895.5	911.7	927.2	942.1	956.5
380	691.8	719.7	745.2	768.9	790.9	811.7	831.2	849.7	867.4	884.2	900.3	915.8
390	624.8	657.4	686.7	713.5	738.3	761.3	782.8	803.2	822.4	840.7	858.1	874.8
400	556.6	593.9	627.3	657.4	685.0	710.4	734.1	756.3	777.2	797.0	815.8	833.6
420	465.0	492.2	523.5	555.1	585.4	614.0	640.8	666.0	689.7	712.1	733.3	753.4
440	483.3	484.2	492.0	506.3	525.3	547.2	570.3	593.7	616.8	639.3	661.1	682.0
460	520.1	516.0	514.6	516.4	521.9	531.1	543.4	558.3	574.9	592.6	610.9	629.5
480	551.1	546.9	544.0	542.6	543.0	545.6	550.3	557.3	566.3	577.2	589.4	602.8
500	577.0	573.3	570.4	568.4	567.4	567.7	569.2	572.2	576.7	582.6	589.8	598.3
520	599.2	596.1	593.5	591.5	590.2	589.7	590.0	591.3	593.5	596.8	601.1	606.3
540	618.7	616.1	613.9	612.1	610.8	610.0	609.9	610.4	611.6	613.5	616.2	619.6
560	636.2	634.0	632.1	630.6	629.4	628.6	628.3	628.5	629.2	630.4	632.2	634.5
580	652.2	650.4	648.8	647.4	646.4	645.7	645.4	645.4	645.8	646.7	647.9	649.7
600	667.0	665.4	664.1	663.0	662.1	661.5	661.2	661.2	661.5	662.1	663.1	664.4
650	699.9	698.9	698.1	697.4	696.9	696.6	696.4	696.4	696.7	697.1	697.8	698.7
700	728.7	728.1	727.7	727.4	727.2	727.1	727.1	727.3	727.6	728.0	728.7	729.4
750	754.6	754.4	754.3	754.2	754.2	754.4	754.6	754.9	755.3	755.8	756.5	757.2
800	778.3	778.4	778.5	778.7	778.9	779.3	779.6	780.1	780.6	781.2	781.9	782.7
850	800.4	800.7	801.0	801.4	801.8	802.3	802.8	803.4	804.0	804.7	805.5	806.3
900	821.1	821.6	822.1	822.7	823.2	823.8	824.5	825.2	825.9	826.7	827.6	828.4
950	840.7	841.4	842.0	842.7	843.4	844.2	844.9	845.7	846.6	847.4	848.3	849.3
1000	859.4	860.2	861.0	861.8	862.6	863.4	864.3	865.2	866.1	867.1	868.0	869.1
1100	895	896	896	897	899	900	901	902	903	904	905	906
1200	927	928	930	931	932	933	934	935	937	938	939	940
1300	958	959	961	962	963	964	966	967	968	970	971	972
1400	988	989	990	992	993	994	996	997	998	1000	1001	1002
1500	1016	1017	1019	1020	1021	1023	1024	1026	1027	1028	1030	1031
1600	1043	1044	1046	1047	1049	1050	1052	1053	1054	1056	1057	1059
1700	1069	1071	1072	1074	1075	1077	1078	1079	1081	1082	1084	1085
1800	1095	1096	1098	1099	1101	1102	1104	1105	1107	1108	1110	1111
1900	1119	1121	1122	1124	1125	1127	1128	1130	1131	1133	1134	1136
2000	1143	1145	1146	1148	1149	1151	1153	1154	1156	1157	1159	1160

Tafel 6. Schallgeschwindigkeit in m/s (Fortsetzung)

t °C	p (bar) 600	620	640	660	680	700	720	740	760	780	800
0	1501.9	1505.4	1508.9	1512.5	1516.0	1519.6	1523.3	1526.9	1530.6	1534.4	1538.1
20	1583.0	1586.2	1589.4	1592.7	1595.9	1599.2	1602.4	1605.7	1609.0	1612.2	1615.5
40	1631.4	1634.6	1637.8	1641.1	1644.3	1647.5	1650.7	1653.9	1657.0	1660.2	1663.4
60	1658.1	1661.4	1664.8	1668.1	1671.4	1674.6	1677.9	1681.2	1684.4	1687.7	1690.9
80	1668.5	1672.0	1675.5	1679.0	1682.4	1685.9	1689.3	1692.7	1696.1	1699.4	1702.8
100	1665.7	1669.4	1673.1	1676.8	1680.4	1684.0	1687.6	1691.2	1694.8	1698.3	1701.9
120	1651.8	1655.8	1659.7	1663.6	1667.5	1671.3	1675.1	1678.9	1682.7	1686.5	1690.2
140	1628.6	1632.8	1637.0	1641.2	1645.3	1649.4	1653.5	1657.5	1661.5	1665.5	1669.5
160	1597.4	1602.0	1606.5	1610.9	1615.3	1619.7	1624.1	1628.4	1632.7	1636.9	1641.1
180	1559.5	1564.4	1569.3	1574.0	1578.8	1583.5	1588.2	1592.8	1597.4	1601.9	1606.5
200	1515.8	1521.1	1526.3	1531.5	1536.6	1541.7	1546.7	1551.7	1556.6	1561.5	1566.4
220	1466.9	1472.6	1478.3	1483.9	1489.5	1495.0	1500.5	1505.9	1511.2	1516.5	1521.7
240	1413.4	1419.6	1425.9	1432.0	1438.1	1444.1	1450.0	1455.9	1461.6	1467.4	1473.0
260	1355.6	1362.5	1369.3	1376.1	1382.7	1389.3	1395.8	1402.2	1408.5	1414.7	1420.9
280	1293.7	1301.4	1309.0	1316.5	1323.8	1331.0	1338.1	1345.2	1352.1	1358.9	1365.6
300	1228.1	1236.7	1245.1	1253.4	1261.6	1269.6	1277.4	1285.1	1292.8	1300.3	1307.6
310	1193.8	1202.9	1211.9	1220.6	1229.2	1237.7	1246.0	1254.1	1262.1	1270.0	1277.7
320	1158.7	1168.4	1177.8	1187.1	1196.2	1205.1	1213.8	1222.4	1230.8	1239.1	1247.2
330	1122.6	1132.9	1143.0	1152.8	1162.5	1171.9	1181.1	1190.1	1199.0	1207.7	1216.2
340	1085.7	1096.7	1107.4	1117.9	1128.1	1138.0	1147.8	1157.3	1166.6	1175.8	1184.8
350	1048.0	1059.7	1071.1	1082.2	1093.1	1103.6	1113.9	1124.0	1133.8	1143.5	1152.9
360	1009.5	1022.1	1034.2	1046.0	1057.5	1068.7	1079.6	1090.3	1100.7	1110.8	1120.7
370	970.4	983.8	996.8	1009.3	1021.6	1033.4	1045.0	1056.2	1067.2	1077.9	1088.3
380	930.7	945.1	958.9	972.3	985.3	997.9	1010.1	1022.0	1033.5	1044.8	1055.8
390	890.7	906.1	920.8	935.1	948.9	962.2	975.1	987.7	999.8	1011.7	1023.2
400	850.7	867.1	882.8	897.9	912.5	926.6	940.3	953.5	966.3	978.7	990.8
420	772.6	790.9	808.4	825.2	841.4	856.9	871.9	886.4	900.5	914.1	927.3
440	702.1	721.5	740.1	758.0	775.2	791.8	807.9	823.4	838.4	852.9	867.0
460	648.0	666.3	684.3	701.8	719.0	735.7	752.0	767.8	783.1	798.1	812.6
480	617.1	631.9	647.1	662.5	677.9	693.2	708.4	723.4	738.2	752.8	767.0
500	608.0	618.5	629.9	641.8	654.2	667.0	680.0	693.1	706.3	719.5	732.6
520	612.6	619.7	627.7	636.4	645.7	655.6	665.9	676.6	687.6	698.8	710.2
540	623.8	628.7	634.2	640.5	647.4	654.8	662.8	671.2	679.9	689.1	698.5
560	637.5	641.0	645.0	649.7	654.8	660.4	666.6	673.1	680.1	687.4	695.1
580	651.9	654.5	657.6	661.1	665.1	669.5	674.3	679.5	685.1	691.0	697.3
600	666.1	668.2	670.7	673.5	676.7	680.2	684.1	688.3	692.9	697.8	702.9
650	699.9	701.2	702.8	704.7	706.8	709.1	711.7	714.5	717.5	720.8	724.2
700	730.3	731.4	732.7	734.1	735.7	737.5	739.4	741.5	743.8	746.3	748.9
750	758.1	759.1	760.2	761.4	762.8	764.2	765.8	767.6	769.4	771.4	773.5
800	783.6	784.5	785.6	786.7	787.9	789.3	790.7	792.2	793.8	795.6	797.4
850	807.2	808.2	809.2	810.3	811.5	812.7	814.1	815.5	816.9	818.5	820.1
900	829.4	830.3	831.4	832.5	833.6	834.9	836.1	837.5	838.9	840.3	841.8
950	850.3	851.3	852.3	853.5	854.6	855.8	857.1	858.4	859.7	861.1	862.6
1000	870.1	871.2	872.3	873.4	874.6	875.8	877.0	878.3	879.6	881.0	882.4
1100	907	908	909	911	912	913	914	916	917	918	920
1200	941	943	944	945	946	948	949	950	952	953	954
1300	973	975	976	977	979	980	981	983	984	985	987
1400	1004	1005	1006	1008	1009	1010	1012	1013	1015	1016	1017
1500	1033	1034	1035	1037	1038	1039	1041	1042	1044	1045	1047
1600	1060	1062	1063	1064	1066	1067	1069	1070	1072	1073	1074
1700	1087	1088	1090	1091	1093	1094	1095	1097	1098	1100	1101
1800	1113	1114	1115	1117	1118	1120	1121	1123	1124	1126	1127
1900	1137	1139	1140	1142	1143	1145	1146	1148	1149	1151	1152
2000	1162	1163	1165	1166	1168	1169	1171	1172	1174	1175	1176

Tafel 6. Schallgeschwindigkeit in m/s (Fortsetzung)

t °C	p (bar) 850	900	950	1000	1050	1100	1150	1200	1250	1300	1350	1400
0	**1547.6**	**1557.3**	**1567.1**	**1577.1**	**1587.4**	**1597.7**	**1608.3**	**1619.0**	**1629.8**	**1640.8**	**1651.9**	**1663.1**
20	**1623.7**	**1632.0**	**1640.3**	**1648.6**	**1657.0**	**1665.5**	**1674.0**	**1682.6**	**1691.2**	**1699.8**	**1708.5**	**1717.3**
40	**1671.3**	**1679.2**	**1687.1**	**1695.0**	**1702.9**	**1710.7**	**1718.6**	**1726.5**	**1734.3**	**1742.2**	**1750.0**	**1757.9**
60	**1698.9**	**1706.9**	**1714.9**	**1722.7**	**1730.6**	**1738.4**	**1746.1**	**1753.8**	**1761.5**	**1769.1**	**1776.8**	**1784.4**
80	**1711.1**	**1719.4**	**1727.5**	**1735.6**	**1743.6**	**1751.6**	**1759.5**	**1767.3**	**1775.1**	**1782.8**	**1790.5**	**1798.1**
100	**1710.6**	**1719.2**	**1727.8**	**1736.2**	**1744.5**	**1752.8**	**1761.0**	**1769.0**	**1777.0**	**1785.0**	**1792.8**	**1800.6**
120	**1699.4**	**1708.5**	**1717.5**	**1726.3**	**1735.1**	**1743.7**	**1752.2**	**1760.7**	**1769.0**	**1777.2**	**1785.4**	**1793.4**
140	**1679.3**	**1688.9**	**1698.4**	**1707.7**	**1716.9**	**1726.0**	**1735.0**	**1743.8**	**1752.5**	**1761.1**	**1769.6**	**1778.0**
160	**1651.6**	**1661.8**	**1671.9**	**1681.8**	**1691.5**	**1701.1**	**1710.5**	**1719.9**	**1729.0**	**1738.1**	**1747.0**	**1755.8**
180	**1617.6**	**1628.5**	**1639.2**	**1649.8**	**1660.1**	**1670.3**	**1680.2**	**1690.1**	**1699.7**	**1709.3**	**1718.6**	**1727.9**
200	**1578.3**	**1590.0**	**1601.5**	**1612.7**	**1623.7**	**1634.5**	**1645.1**	**1655.5**	**1665.7**	**1675.8**	**1685.7**	**1695.4**
220	**1534.6**	**1547.1**	**1559.4**	**1571.4**	**1583.1**	**1594.6**	**1605.9**	**1617.0**	**1627.8**	**1638.4**	**1648.9**	**1659.2**
240	**1486.9**	**1500.5**	**1513.7**	**1526.5**	**1539.1**	**1551.4**	**1563.4**	**1575.2**	**1586.7**	**1598.0**	**1609.1**	**1619.9**
260	**1436.0**	**1450.6**	**1464.8**	**1478.7**	**1492.2**	**1505.4**	**1518.2**	**1530.8**	**1543.0**	**1555.1**	**1566.8**	**1578.3**
280	**1382.1**	**1397.9**	**1413.4**	**1428.3**	**1442.9**	**1457.0**	**1470.8**	**1484.2**	**1497.3**	**1510.1**	**1522.6**	**1534.8**
300	1325.6	1342.9	1359.6	1375.8	1391.5	1406.7	1421.5	1435.9	1449.9	1463.5	1476.8	1489.7
310	1296.5	1314.6	1332.1	1348.9	1365.2	1381.0	1396.3	1411.2	1425.6	1439.7	1453.4	1466.8
320	1266.9	1285.8	1304.1	1321.6	1338.6	1354.9	1370.8	1386.2	1401.2	1415.7	1429.9	1443.7
330	1236.9	1256.7	1275.7	1294.0	1311.6	1328.6	1345.1	1361.1	1376.5	1391.5	1406.1	1420.4
340	1206.4	1227.2	1247.0	1266.1	1284.4	1302.1	1319.2	1335.7	1351.7	1367.2	1382.3	1396.9
350	1175.7	1197.4	1218.1	1238.0	1257.0	1275.4	1293.1	1310.2	1326.8	1342.8	1358.3	1373.4
360	1144.6	1167.3	1189.0	1209.7	1229.5	1248.6	1267.0	1284.7	1301.8	1318.3	1334.4	1349.9
370	1113.4	1137.2	1159.8	1181.4	1202.0	1221.8	1240.8	1259.1	1276.8	1293.9	1310.4	1326.4
380	1082.1	1107.0	1130.6	1153.0	1174.4	1195.0	1214.7	1233.6	1251.9	1269.5	1286.5	1303.0
390	1050.8	1076.8	1101.4	1124.8	1147.0	1168.3	1188.7	1208.2	1227.1	1245.2	1262.8	1279.7
400	1019.7	1046.8	1072.4	1096.7	1119.8	1141.8	1162.9	1183.1	1202.5	1221.2	1239.2	1256.6
420	958.6	987.9	1015.5	1041.6	1066.2	1089.7	1112.1	1133.6	1154.1	1173.9	1192.9	1211.3
440	900.4	931.7	961.0	988.6	1014.8	1039.6	1063.2	1085.8	1107.4	1128.2	1148.1	1167.3
460	847.3	879.8	910.3	939.1	966.4	992.3	1016.9	1040.5	1063.0	1084.6	1105.4	1125.3
480	801.4	834.1	865.0	894.3	922.3	948.8	974.2	998.4	1021.6	1043.8	1065.2	1085.8
500	764.9	796.3	826.6	855.6	883.4	910.1	935.7	960.2	983.7	1006.3	1028.1	1049.1
520	739.0	767.8	796.2	823.9	850.9	877.0	902.2	926.6	950.1	972.8	994.6	1015.8
540	723.1	748.4	774.1	799.8	825.2	850.1	874.4	898.1	921.1	943.4	965.1	986.2
560	715.5	737.3	759.9	782.9	806.2	829.3	852.3	874.9	897.0	918.7	939.9	960.5
580	714.2	732.6	752.1	772.5	793.4	814.5	835.8	856.9	877.9	898.5	918.9	938.9
600	717.0	732.6	749.5	767.3	785.8	804.9	824.3	843.8	863.3	882.8	902.1	921.2
650	733.8	744.7	756.6	769.5	783.2	797.7	812.7	828.2	844.1	860.2	876.4	892.8
700	756.1	764.2	773.2	783.1	793.7	804.9	816.7	829.0	841.8	854.9	868.4	882.1
750	779.3	785.9	793.2	801.1	809.7	818.8	828.4	838.5	849.1	859.9	871.2	882.7
800	802.3	807.9	814.1	820.8	828.0	835.7	843.8	852.3	861.3	870.6	880.1	890.0
850	824.6	829.5	834.9	840.7	847.0	853.7	860.8	868.2	876.0	884.1	892.5	901.1
900	845.9	850.4	855.3	860.5	866.2	872.1	878.4	885.1	892.0	899.2	906.7	914.4
950	866.4	870.6	875.1	879.9	885.1	890.5	896.2	902.3	908.5	915.0	921.8	928.8
1000	886.1	890.0	894.3	898.8	903.6	908.6	913.9	919.4	925.2	931.2	937.4	943.8
1100	923	927	931	935	939	944	948	953	958	964	969	974
1200	958	961	965	969	973	977	981	986	990	995	1000	1005
1300	990	994	997	1001	1005	1009	1013	1017	1021	1026	1030	1035
1400	1021	1024	1028	1032	1035	1039	1043	1047	1051	1055	1060	1064
1500	1050	1054	1057	1061	1065	1068	1072	1076	1080	1084	1088	1092
1600	1078	1082	1085	1089	1092	1096	1100	1104	1108	1111	1115	1119
1700	1105	1108	1112	1116	1119	1123	1127	1130	1134	1138	1142	1146
1800	1131	1134	1138	1142	1145	1149	1153	1156	1160	1164	1167	1171
1900	1156	1159	1163	1167	1170	1174	1178	1181	1185	1189	1192	1196
2000	1180	1184	1187	1191	1195	1198	1202	1205	1209	1213	1216	1220

Tafel 6. Schallgeschwindigkeit in m/s (Fortsetzung)

t °C	p (bar) 1500	1600	1700	1800	1900	2000	2100	2200	2300	2400	2500
0	1685.9	1708.9	1732.1	1755.5	1778.8	1802.0	1825.0	1847.7	1870.0	1891.9	1913.4
20	1734.9	1752.7	1770.5	1788.4	1806.4	1824.3	1842.1	1859.7	1877.2	1894.4	1911.4
40	1773.7	1789.4	1805.2	1821.0	1836.8	1852.5	1868.3	1883.9	1899.5	1915.0	1930.4
60	1799.5	1814.6	1829.5	1844.4	1859.3	1874.0	1888.8	1903.4	1918.0	1932.6	1947.0
80	1813.2	1828.1	1842.9	1857.5	1872.0	1886.3	1900.6	1914.7	1928.8	1942.7	1956.6
100	1816.0	1831.1	1846.1	1860.8	1875.3	1889.6	1903.8	1917.8	1931.6	1945.3	1958.9
120	1809.3	1824.9	1840.2	1855.2	1870.0	1884.5	1898.8	1912.9	1926.9	1940.6	1954.1
140	1794.6	1810.7	1826.5	1842.0	1857.2	1872.1	1886.7	1901.1	1915.3	1929.2	1942.9
160	1773.0	1789.9	1806.3	1822.3	1838.1	1853.4	1868.5	1883.3	1897.8	1912.1	1926.1
180	1746.0	1763.6	1780.7	1797.4	1813.7	1829.7	1845.3	1860.5	1875.5	1890.1	1904.5
200	1714	1733	1751	1768	1785	1802	1818	1834	1849	1864	1879
220	1679	1699	1717	1736	1753	1771	1787	1804	1820	1835	1851
240	1641	1662	1681	1700	1719	1737	1754	1771	1788	1804	1820
260	1601	1622	1643	1663	1682	1701	1719	1737	1754	1771	1788
280	1558	1581	1603	1624	1644	1664	1683	1701	1719	1737	1754
300	1515	1539	1562	1584	1605	1626	1646	1665	1683	1701	1719
310	1493	1517	1541	1563	1585	1606	1627	1646	1665	1684	1701
320	1470	1496	1520	1543	1565	1587	1607	1627	1647	1666	1684
330	1448	1474	1499	1522	1545	1567	1588	1609	1628	1648	1666
340	1425	1452	1477	1502	1525	1547	1569	1590	1610	1630	1648
350	1402	1430	1456	1481	1505	1528	1550	1571	1592	1611	1631
360	1380	1408	1435	1460	1485	1508	1531	1552	1573	1593	1613
370	1357	1386	1414	1440	1465	1489	1512	1534	1555	1576	1595
380	1334	1364	1392	1419	1445	1469	1493	1515	1537	1558	1578
390	1312	1343	1371	1399	1425	1450	1474	1497	1519	1540	1560
400	1290	1321	1351	1379	1405	1431	1455	1478	1501	1522	1543
420	1246	1279	1310	1339	1367	1393	1418	1442	1466	1488	1509
440	1204	1238	1270	1300	1329	1356	1382	1407	1431	1454	1476
460	1163	1199	1232	1263	1293	1321	1348	1374	1398	1422	1444
480	1125	1161	1195	1228	1258	1287	1315	1341	1366	1391	1414
500	1089	1126	1161	1194	1225	1255	1283	1310	1336	1361	1384
520	1056	1094	1129	1163	1195	1225	1253	1281	1307	1332	1356
540	1026	1064	1100	1134	1166	1197	1226	1253	1280	1305	1330
560	1000	1038	1074	1107	1140	1170	1200	1228	1255	1280	1305
580	978	1015	1050	1084	1116	1147	1176	1204	1231	1257	1282
600	959	995	1029	1062	1094	1125	1154	1182	1209	1235	1260
650	926	958	990	1021	1051	1081	1109	1137	1163	1189	1214
700	910	938	967	995	1023	1050	1077	1103	1128	1153	1177
750	906	931	956	981	1006	1031	1055	1080	1104	1127	1150
800	910	932	954	976	998	1021	1043	1066	1088	1110	1131
850	919	938	957	977	997	1017	1038	1059	1079	1099	1120
900	930	947	965	982	1001	1019	1038	1057	1076	1094	1113
950	943	959	974	991	1007	1024	1041	1059	1076	1094	1111
1000	957	971	986	1001	1016	1032	1047	1063	1080	1096	1112
1100	986	998	1011	1024	1037	1051	1065	1079	1093	1107	1122
1200	1015	1026	1037	1049	1061	1073	1085	1098	1111	1124	1136
1300	1044	1054	1064	1075	1086	1097	1108	1119	1131	1143	1155
1400	1073	1082	1091	1101	1111	1121	1132	1142	1153	1164	1175
1500	1100	1109	1118	1127	1136	1146	1155	1165	1175	1185	1195
1600	1127	1135	1144	1153	1161	1170	1179	1189	1198	1207	1217
1700	1153	1161	1169	1178	1186	1194	1203	1212	1221	1230	1239
1800	1179	1186	1194	1202	1210	1218	1227	1235	1243	1252	1261
1900	1203	1211	1218	1226	1234	1242	1250	1258	1266	1274	1282
2000	1227	1235	1242	1250	1257	1265	1272	1280	1288	1296	1304

Tafel 6. Schallgeschwindigkeit in m/s (Fortsetzung)

t °C	*p* (bar) 3000	4000	5000	6000	7000	8000	9000	10000	15000	20000	25000	30000
0	2012	2161	2273									
20	1990	2108	2163	2181								
40	2005	2135	2234	2316	2423	2606						
60	2018	2152	2272	2382	2493	2619	2766	2928				
80	2025	2154	2275	2388	2497	2603	2711	2821				
100	2025	2149	2265	2374	2476	2574	2667	2758				
120	2020	2141	2252	2356	2453	2544	2630	2711	3071			
140	2009	2129	2237	2337	2430	2517	2598	2675	3008			
160	1993	2113	2221	2318	2408	2492	2571	2644	2962	3227		
180	1973	2094	2201	2298	2386	2468	2545	2616	2924	3177		
200	1949	2072	2180	2276	2364	2445	2520	2590	2890	3135	3352	
220	1923	2048	2157	2253	2341	2420	2495	2564	2858	3099	3309	
240	1894	2022	2132	2229	2316	2396	2470	2538	2828	3065	3271	
260	1864	1995	2106	2204	2292	2371	2445	2513	2800	3034	3237	3423
280	1832	1967	2080	2179	2267	2346	2420	2488	2773	3004	3205	3389
300	1800	1938	2053	2153	2241	2321	2395	2462	2747	2976	3176	3357
310	1784	1923	2039	2140	2228	2309	2382	2450	2734	2962	3161	3342
320	1768	1909	2026	2126	2216	2296	2370	2438	2721	2949	3147	3327
330	1751	1894	2012	2113	2203	2284	2357	2425	2708	2936	3134	3313
340	1735	1879	1998	2100	2190	2271	2345	2413	2696	2923	3120	3299
350	1718	1865	1985	2087	2178	2259	2333	2401	2684	2910	3107	3285
360	1702	1850	1971	2074	2165	2247	2321	2389	2672	2898	3094	3272
370	1686	1835	1957	2062	2153	2234	2309	2377	2660	2886	3081	3259
380	1670	1821	1944	2049	2140	2222	2297	2365	2648	2873	3069	3246
390	1654	1807	1931	2036	2128	2210	2285	2353	2636	2861	3057	3234
400	1638	1793	1918	2023	2116	2198	2273	2342	2624	2850	3045	3221
420	1607	1765	1892	1999	2092	2175	2250	2319	2602	2827	3021	3197
440	1576	1737	1866	1975	2069	2152	2227	2296	2579	2804	2998	3174
460	1547	1711	1842	1951	2046	2130	2205	2275	2558	2782	2976	3151
480	1518	1685	1818	1928	2024	2108	2184	2253	2537	2761	2954	3129
500	1491	1660	1795	1906	2002	2087	2163	2233	2516	2740	2932	3107
520	1464	1637	1772	1885	1982	2067	2143	2213	2496	2719	2912	3086
540	1440	1614	1751	1864	1962	2047	2124	2194	2477	2700	2891	3065
560	1416	1592	1730	1845	1942	2028	2105	2175	2458	2680	2872	3045
580	1394	1571	1711	1826	1924	2010	2087	2157	2440	2662	2852	3025
600	1373	1552	1692	1808	1906	1993	2070	2140	2423	2643	2834	3006
650	1326	1507	1649	1766	1865	1952	2030	2100	2381	2600	2789	2960
700	1288	1469	1611	1729	1829	1916	1994	2064	2343	2560	2747	2916
750	1257	1436	1579	1697	1797	1884	1961	2031	2309	2523	2708	2875
800	1234	1409	1551	1669	1769	1856	1933	2003	2278	2490	2671	2836
850	1217	1387	1527	1644	1744	1831	1908	1977	2250	2458	2637	2799
900	1205	1370	1508	1624	1723	1809	1886	1955	2225	2430	2606	2765
950	1197	1356	1491	1606	1705	1791	1867	1935	2203	2404	2577	2733
1000	1194	1346	1478	1591	1689	1774	1850	1918	2183	2381	2550	2704
1100	1194	1334	1459	1569	1664	1749	1823	1890	2150	2342	2503	2651
1200	1202	1331	1449	1554	1648	1730	1804	1870	2125	2310	2465	2605
1300	1215	1334	1445	1546	1637	1718	1790	1855	2106	2286	2434	2567
1400	1230	1341	1447	1543	1631	1710	1781	1845	2092	2267	2409	2536
1500	1247	1352	1452	1544	1629	1706	1776	1839	2083	2254	2391	2511
1600	1266	1364	1459	1548	1631	1706	1774	1836	2078	2246	2377	2491
1700	1285	1378	1469	1555	1634	1708	1775	1836	2075	2241	2368	2477
1800	1305	1394	1481	1563	1640	1712	1777	1838	2075	2238	2363	2467
1900	1324	1410	1494	1573	1648	1718	1782	1841	2076	2239	2361	2461
2000	1344	1426	1507	1584	1657	1725	1788	1847	2080	2242	2362	2459

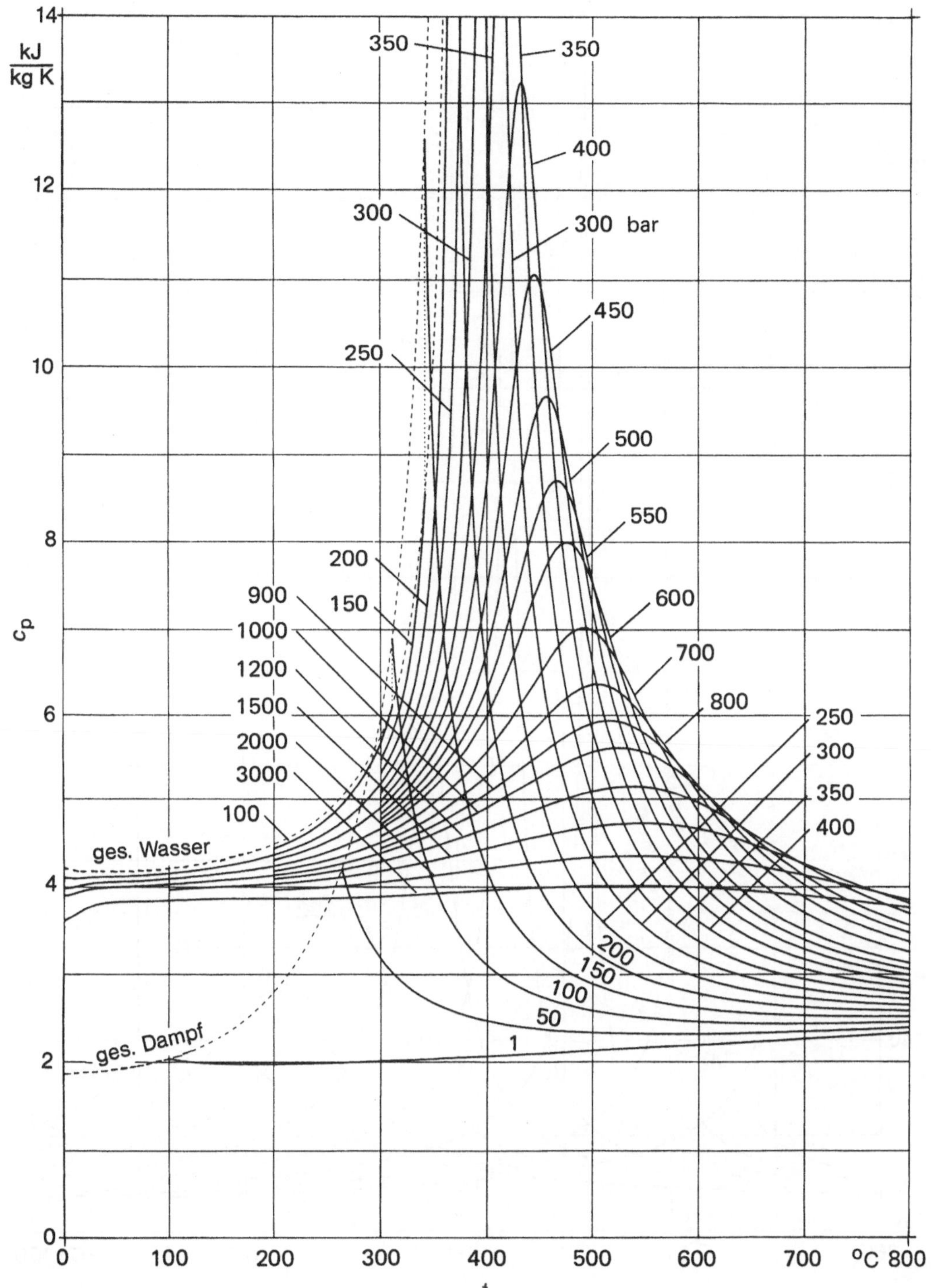

Bild 1. Spezifische Wärmekapazität bei konstantem Druck für Flüssigkeit und Dampf

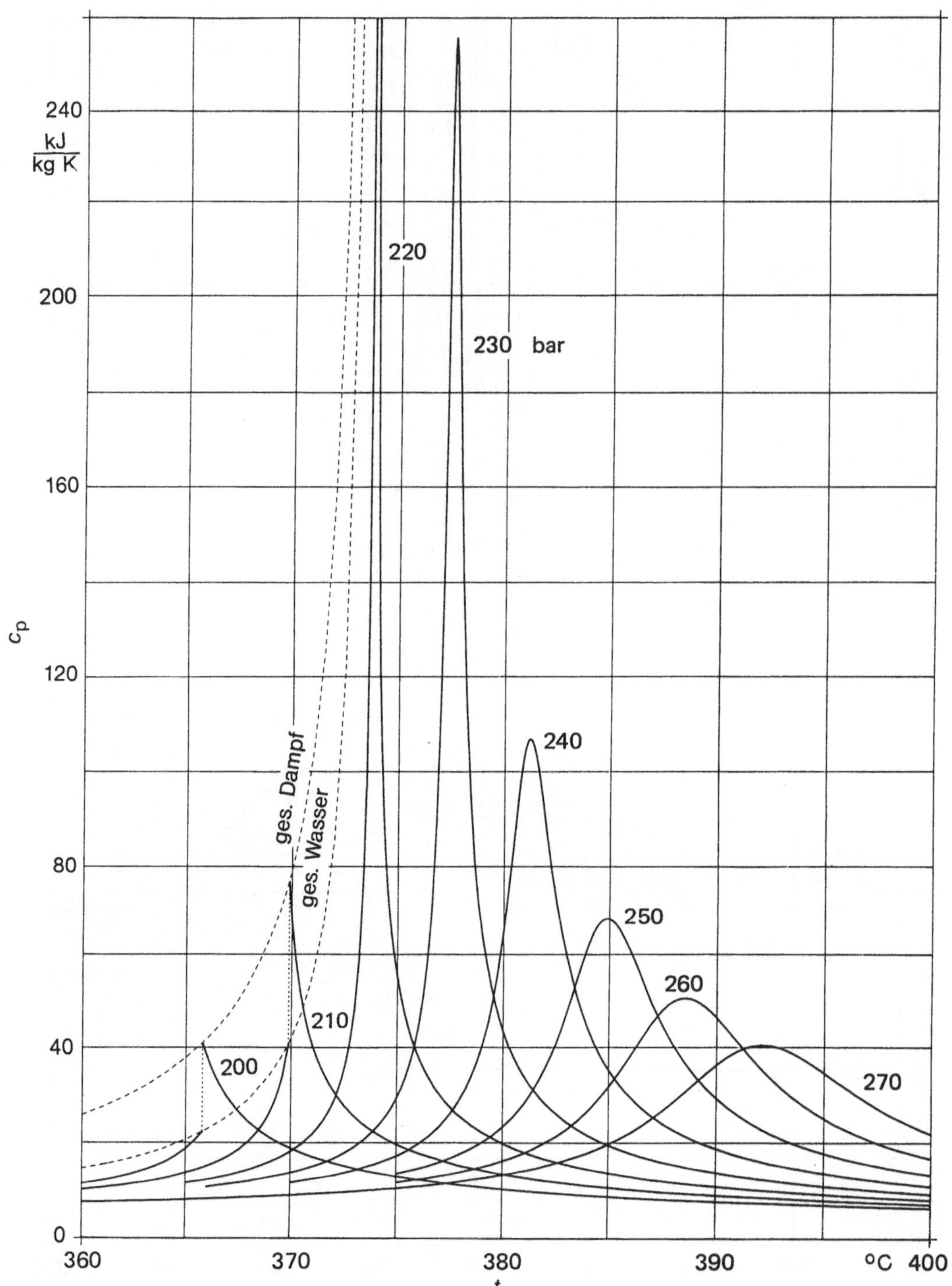

Bild 2. Spezifische Wärmekapazität bei konstantem Druck im kritischen Gebiet

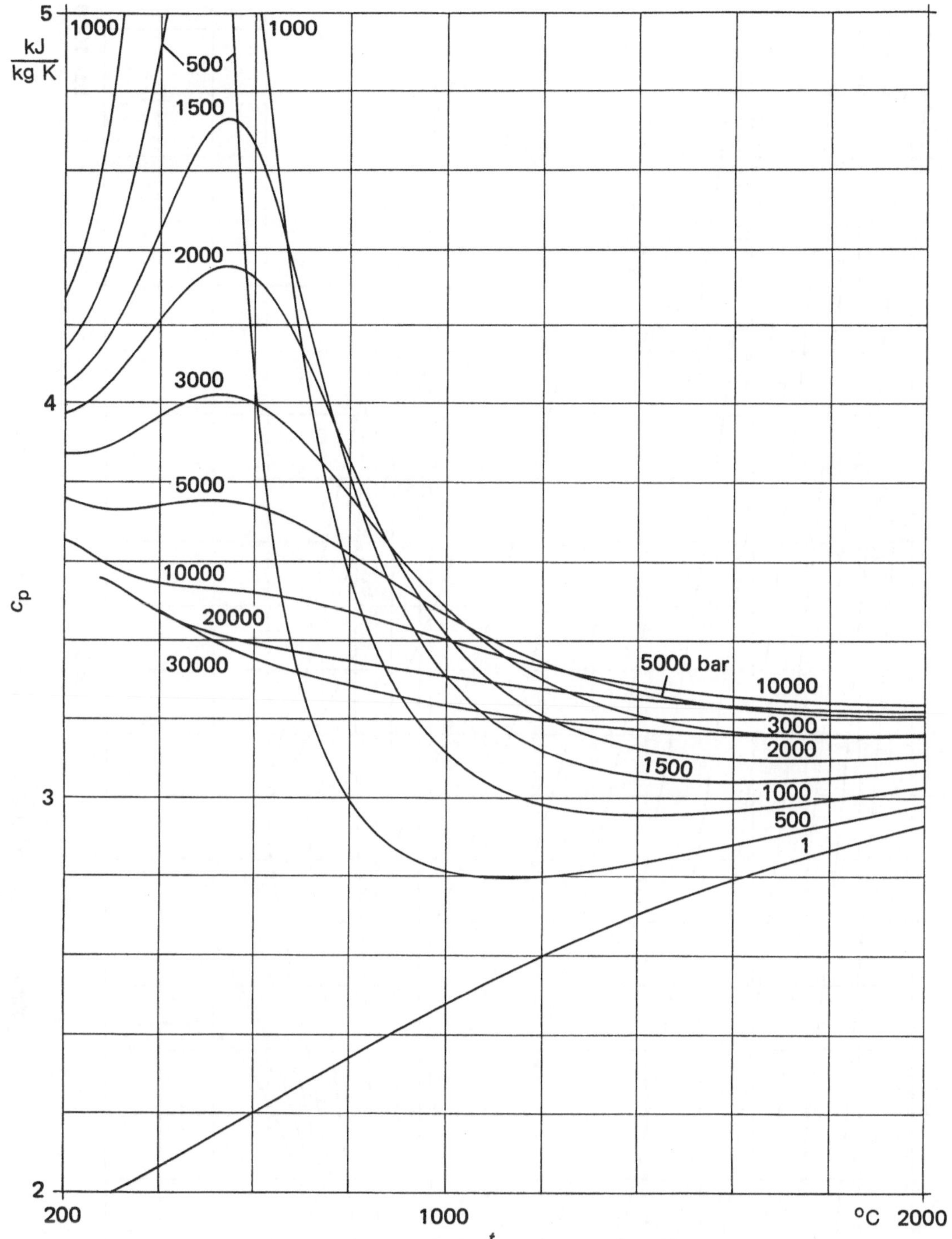

Bild 3. Spezifische Wärmekapazität bei konstantem Druck bei hohen Temperaturen und Drücken

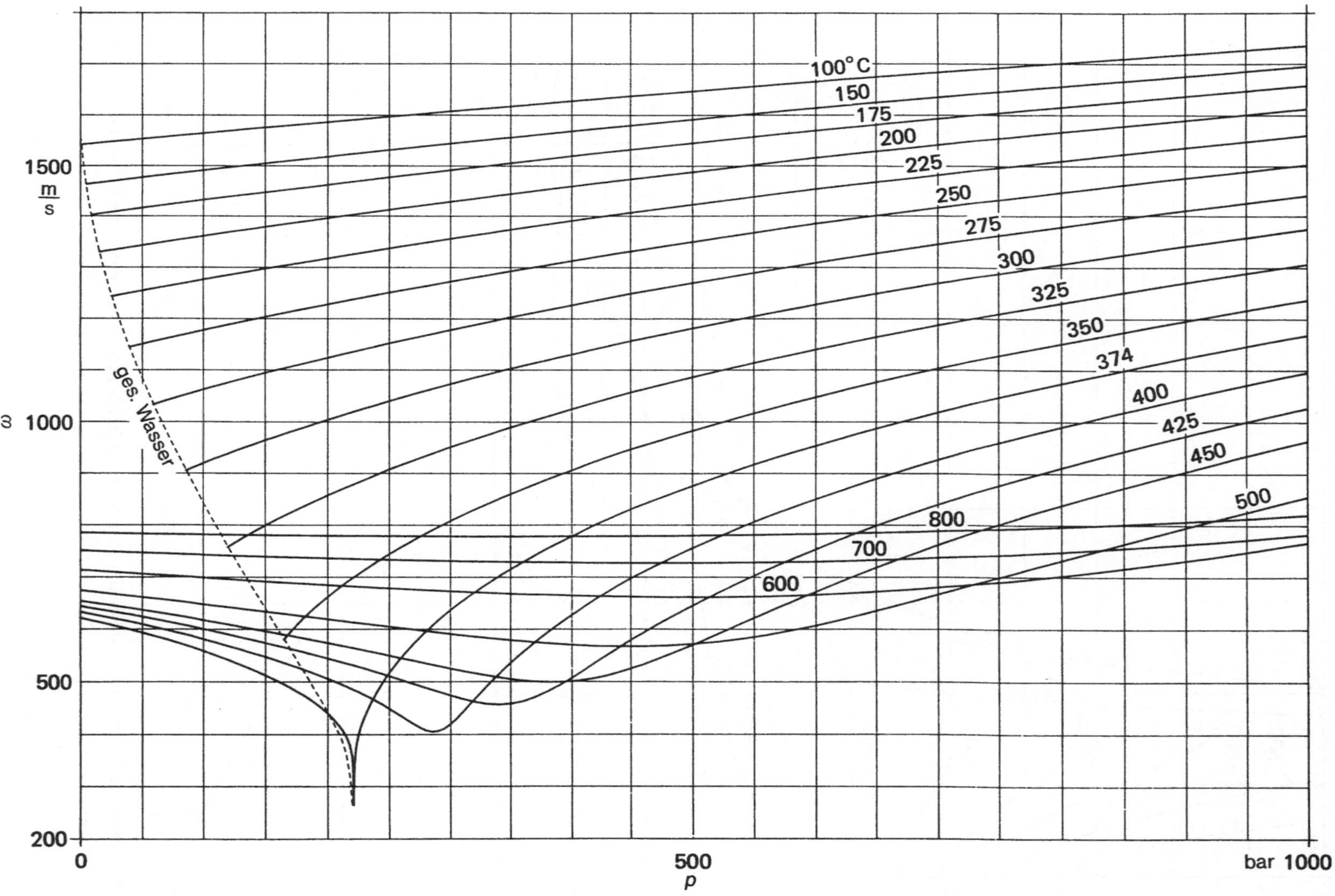

Bild 4. Schallgeschwindigkeit für Flüssigkeit und überkritischen Dampf

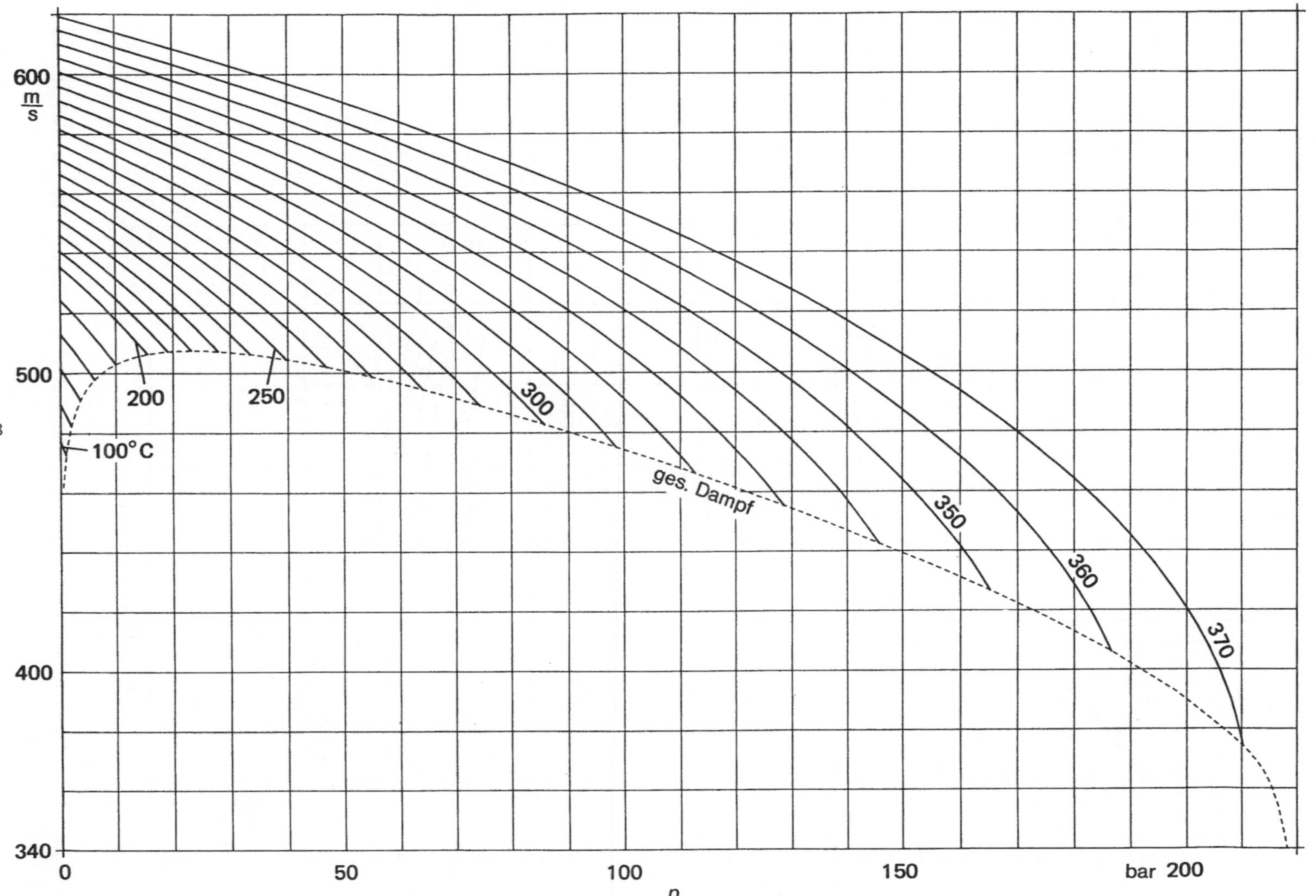

Bild 5. Schallgeschwindigkeit für den Dampf

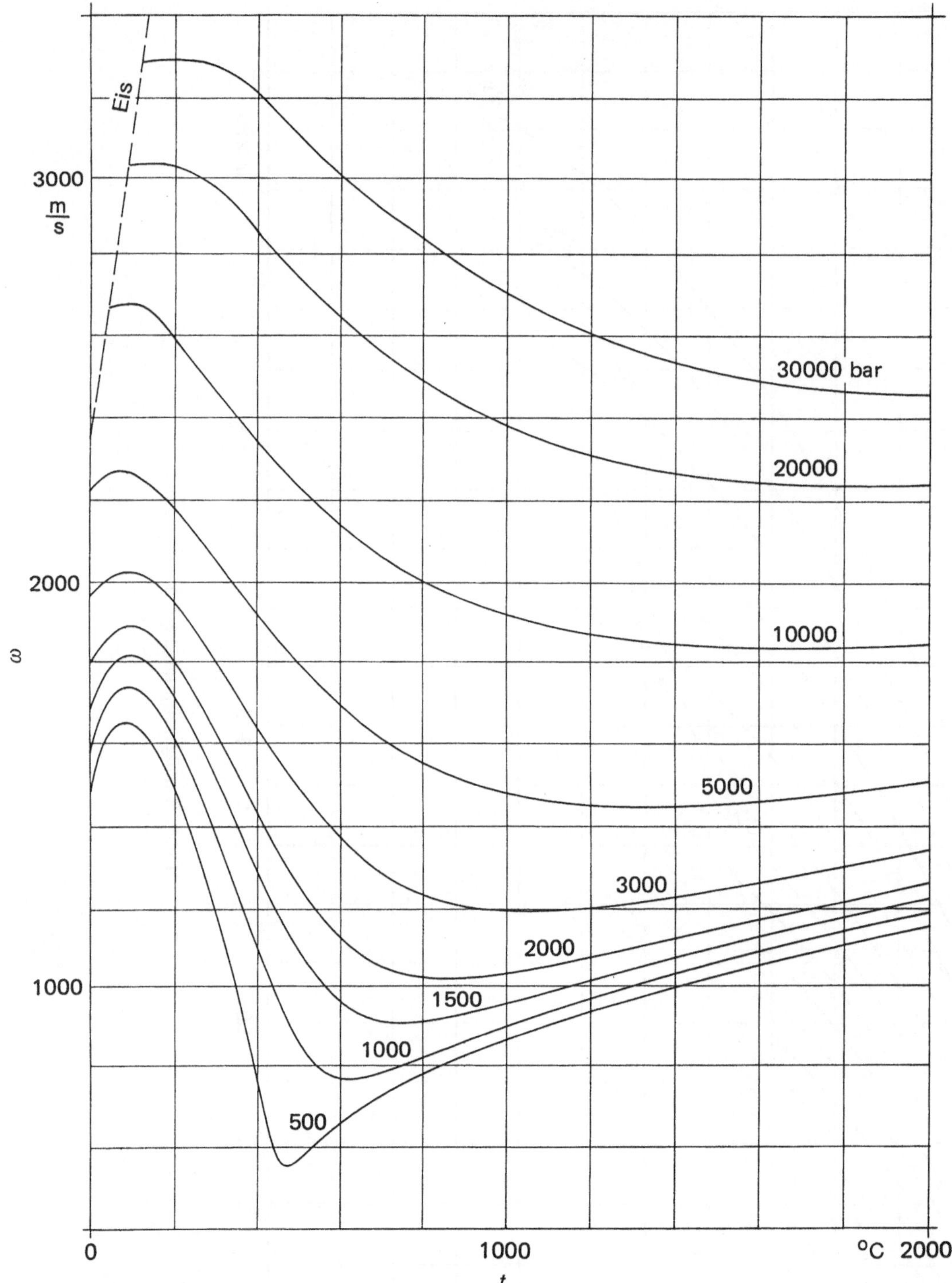

Bild 6. Schallgeschwindigkeit bei hohen Drücken. In der Nähe der Schmelzlinie sind die Isobaren über 5000 bar graphisch extrapoliert; siehe Einführung, Gl. (2)

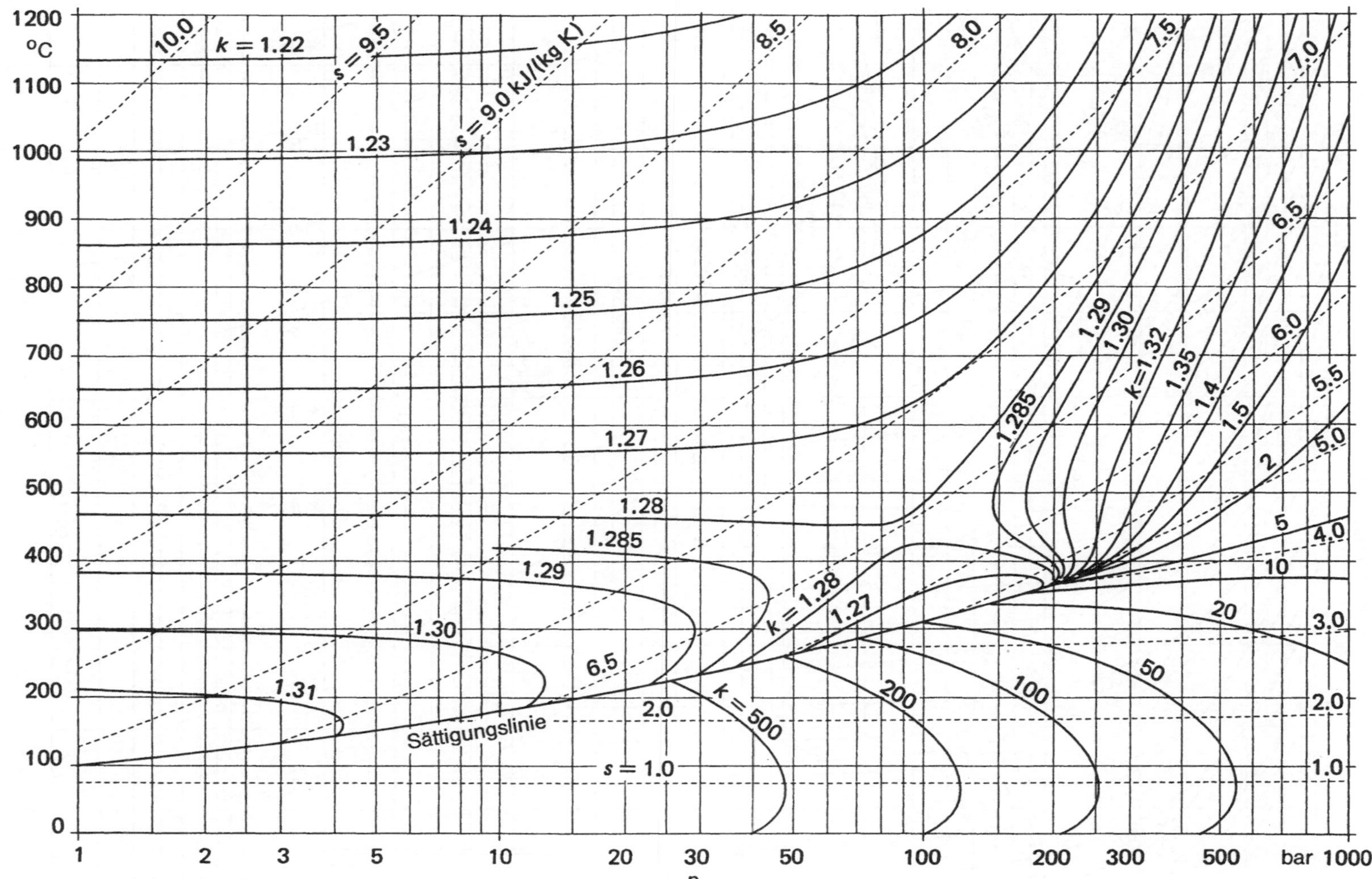

Bild 7. Isentroper Expansionskoeffizient, $k = (\partial \ln p / \partial \ln v)_s$

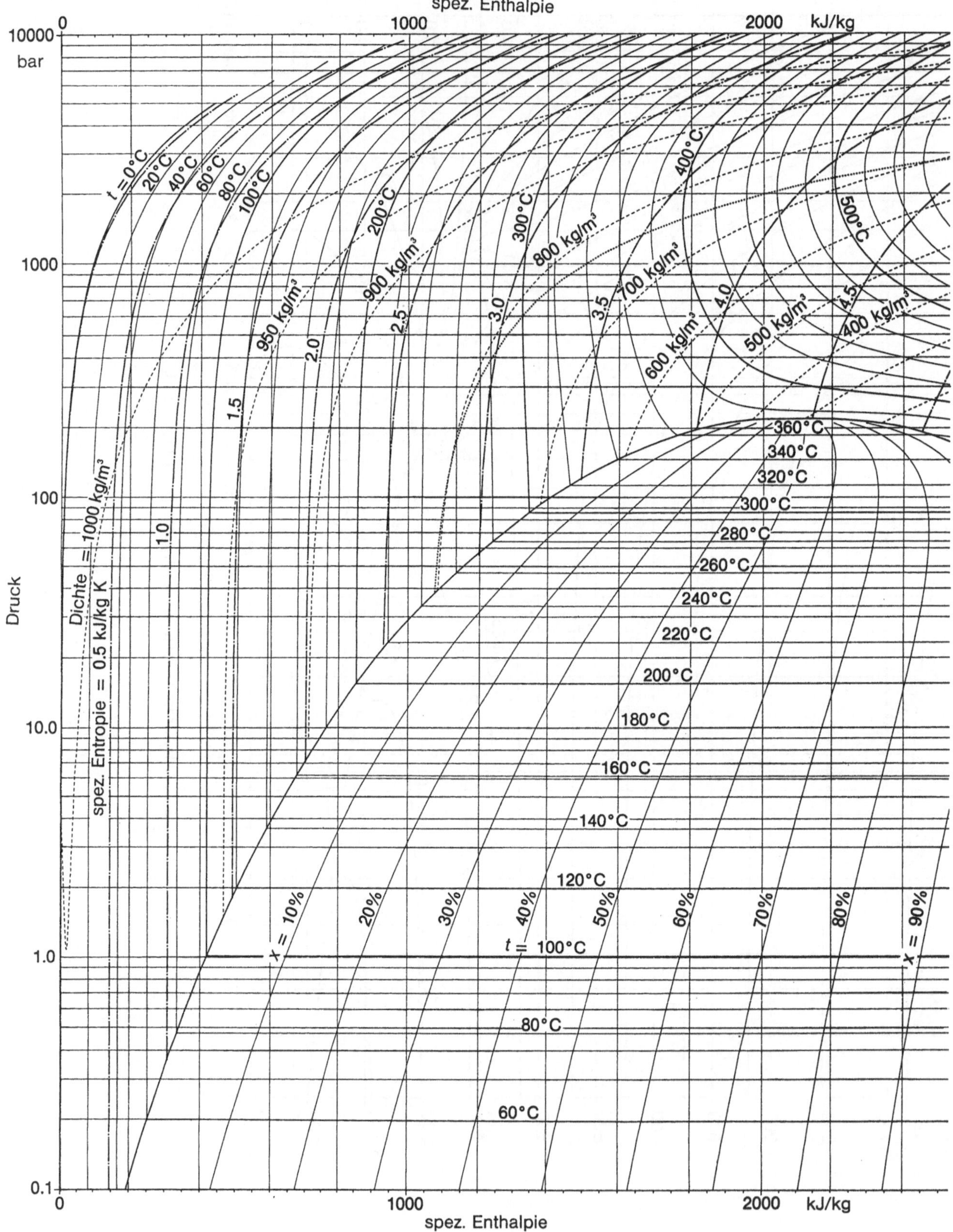

Bild 8. Druck-Enthalpie-Diagramm. *x* bedeutet den Dampfgehalt

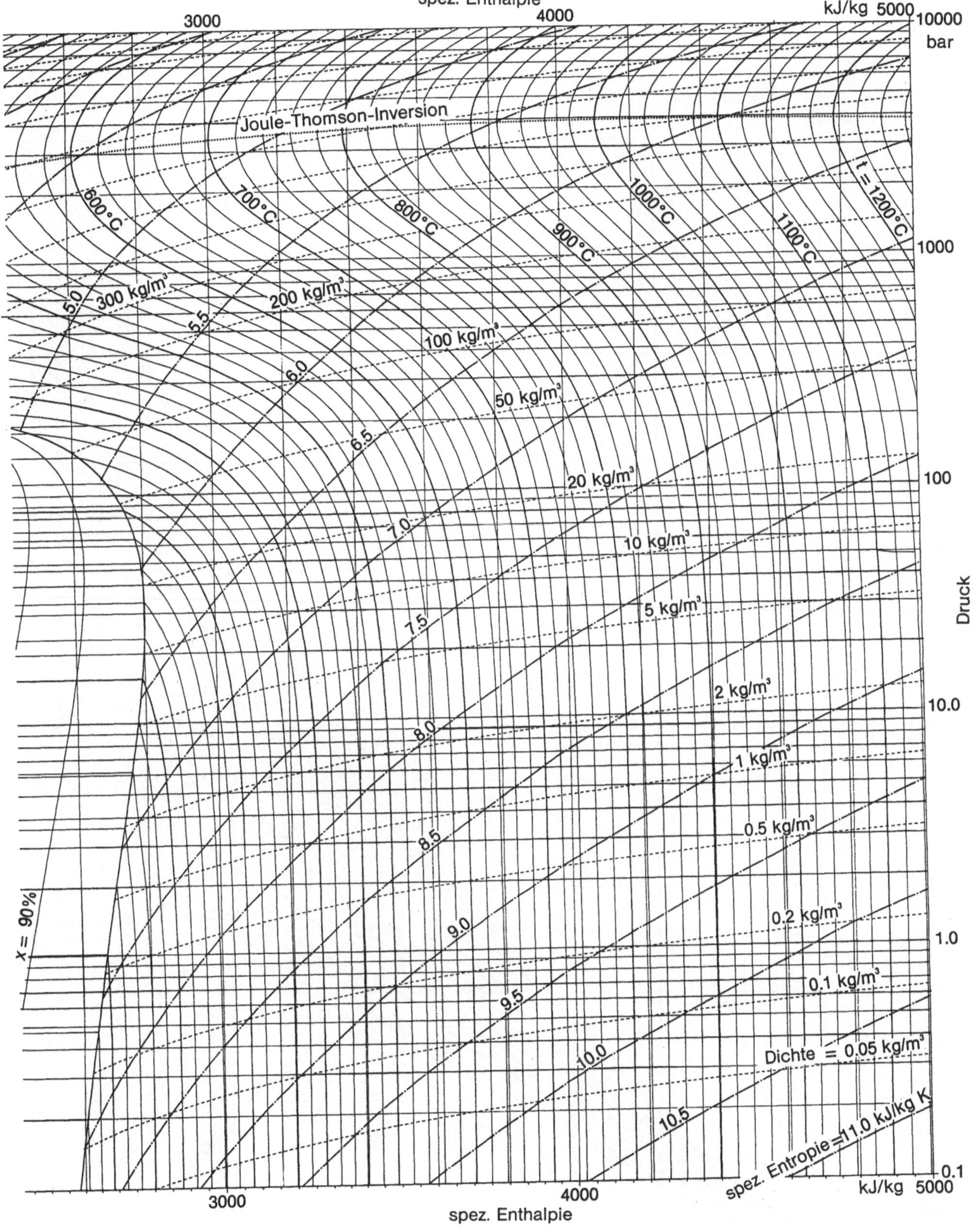
spez. Enthalpie
3000
4000
kJ/kg 5000
10000
bar
Joule-Thomson-Inversion
600°C
700°C
800°C
900°C
1000°C
1100°C
t = 1200°C
1000
300 kg/m³
200 kg/m³
100 kg/m³
50 kg/m³
20 kg/m³
10 kg/m³
5 kg/m³
2 kg/m³
1 kg/m³
0.5 kg/m³
0.2 kg/m³
0.1 kg/m³
Dichte = 0.05 kg/m³
5.0
5.5
6.0
6.5
7.0
7.5
8.0
8.5
9.0
9.5
10.0
10.5
spez. Entropie = 11.0 kJ/kg K
100
10.0
1.0
0.1
Druck
x = 90%
3000
4000
kJ/kg 5000
spez. Enthalpie

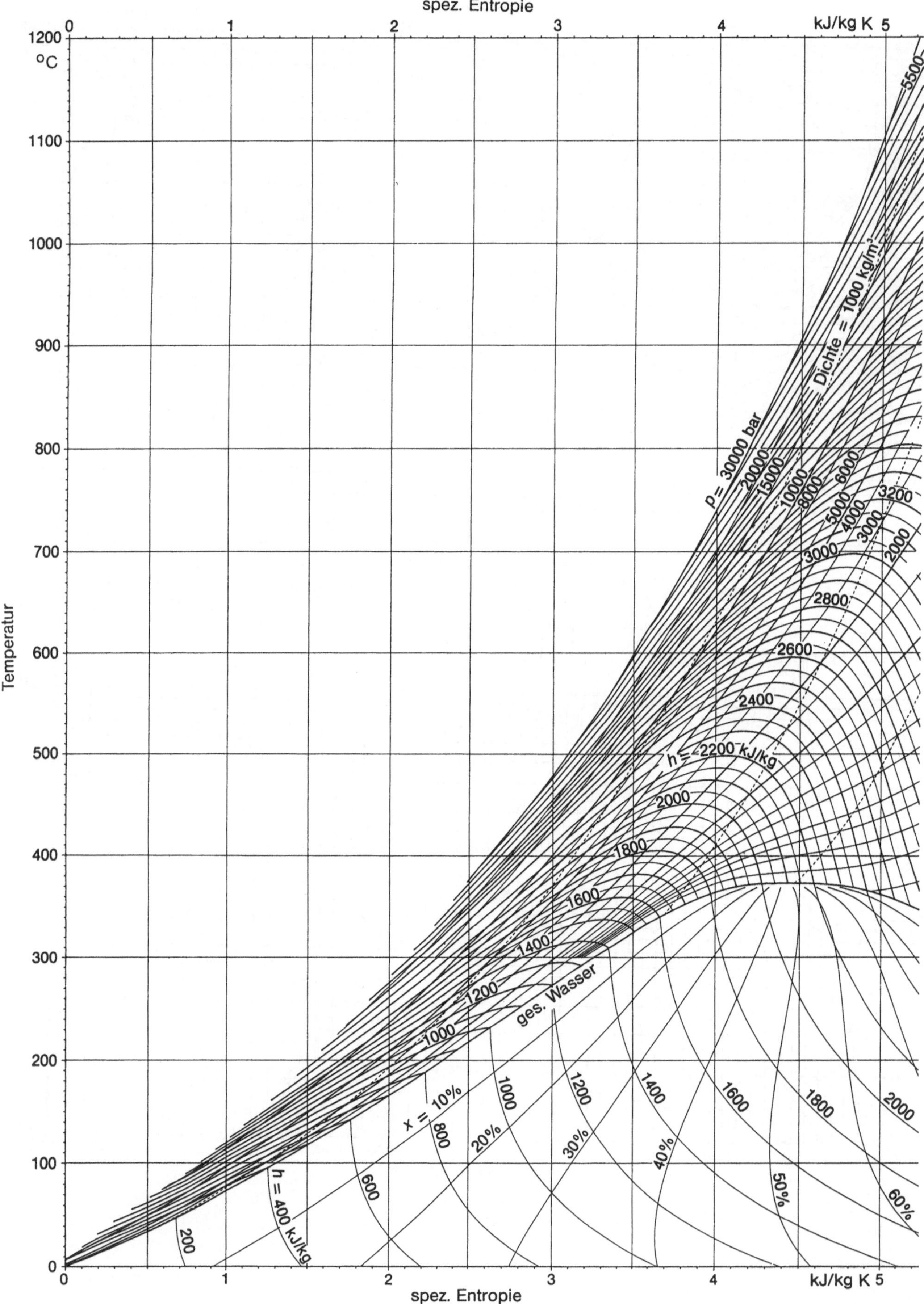

Bild 9. Temperatur-Entropie-Diagramm. *x* bedeutet den Dampfgehalt

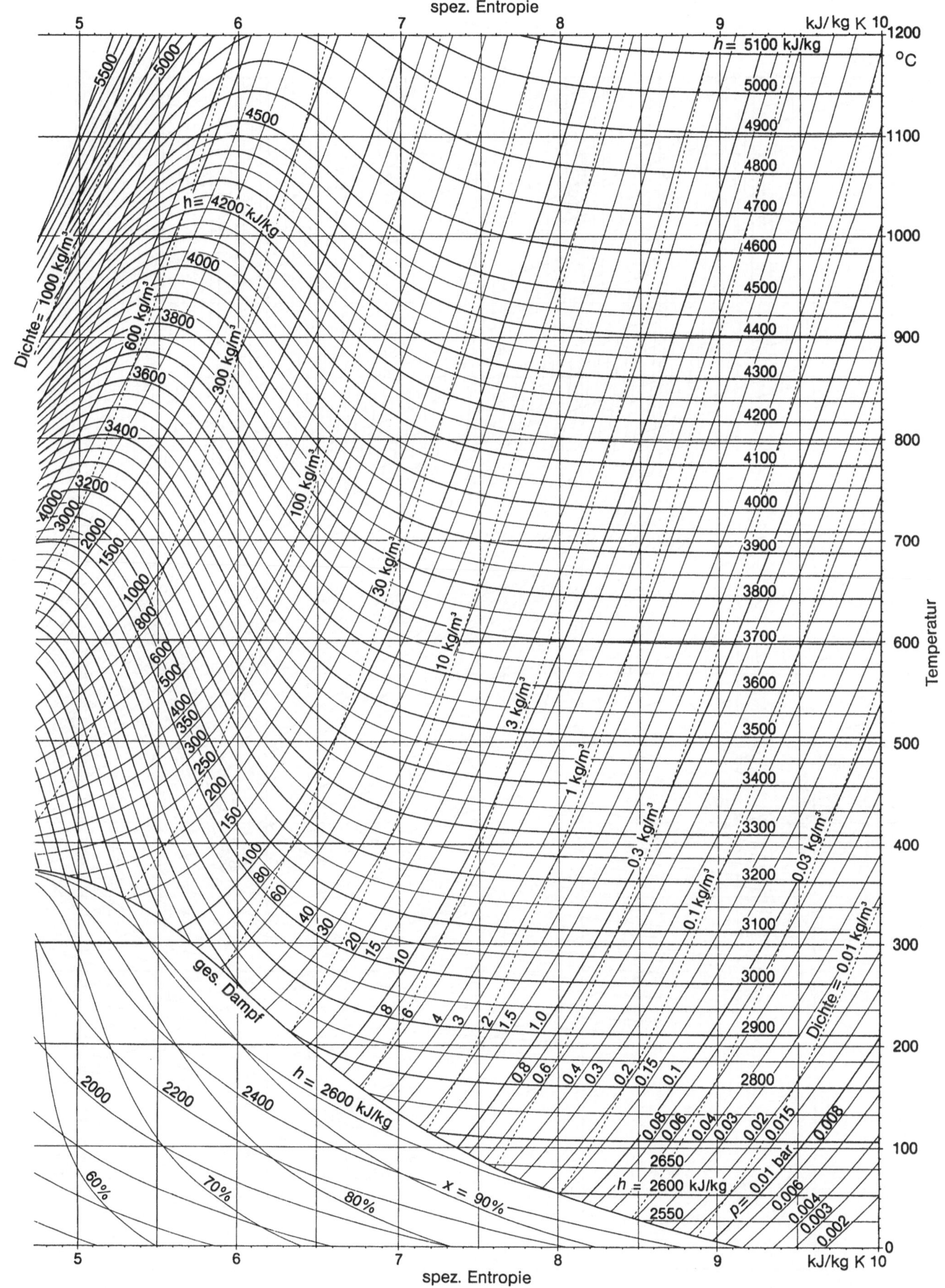
spez. Entropie
5
6
7
8
9
kJ/kg K 10
1200
°C
1100
1000
900
800
700
600
500
400
300
200
100
0
Temperatur
h = 5100 kJ/kg
5000
4900
4800
4700
4600
4500
4400
4300
4200
4100
4000
3900
3800
3700
3600
3500
3400
3300
3200
3100
3000
2900
2800
5500
5000
4500
h = 4200 kJ/kg
4000
3800
3600
3400
3200
Dichte = 1000 kg/m³
600 kg/m³
300 kg/m³
100 kg/m³
30 kg/m³
10 kg/m³
3 kg/m³
1 kg/m³
0.3 kg/m³
0.1 kg/m³
0.03 kg/m³
Dichte = 0.01 kg/m³
4000
3000
2000
1500
1000
800
600
500
400
350
300
250
200
150
100
80
60
40
30
20
15
10
8
6
4
3
2
1.5
1.0
0.8
0.6
0.4
0.3
0.2
0.15
0.1
0.08
0.06
0.04
0.03
0.02
0.015
0.008
p = 0.01 bar
0.006
0.004
0.003
0.002
ges. Dampf
h = 2600 kJ/kg
2650
h = 2600 kJ/kg
2550
2000
2200
2400
60%
70%
80%
x = 90%
5
6
7
8
9
kJ/kg K 10
spez. Entropie

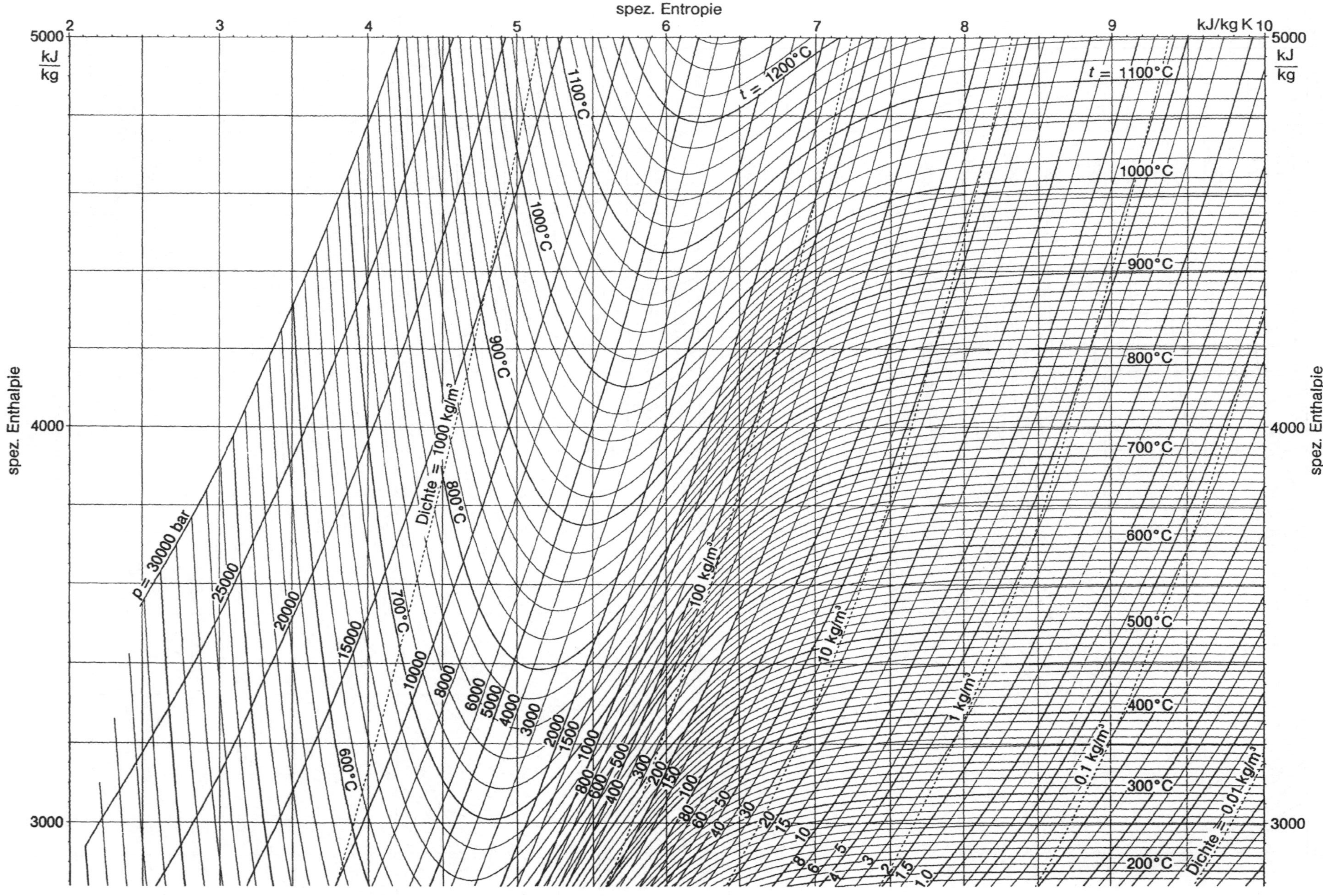
spez. Entropie
2
3
4
5
6
7
8
9
kJ/kg K 10
5000 kJ/kg
4000
3000
spez. Enthalpie
t = 1200°C
1100°C
1000°C
900°C
800°C
700°C
600°C
t = 1100°C
1000°C
900°C
800°C
700°C
600°C
500°C
400°C
300°C
200°C
p = 30000 bar
25000
20000
15000
10000
8000
6000
5000
4000
3000
2000
1500
1000
800
600
500
400
300
200
150
100
80
60
50
40
30
20
15
10
8
6
5
4
3
2
1.5
1.0
Dichte = 1000 kg/m³
100 kg/m³
10 kg/m³
1 kg/m³
0.1 kg/m³
Dichte = 0.01 kg/m³

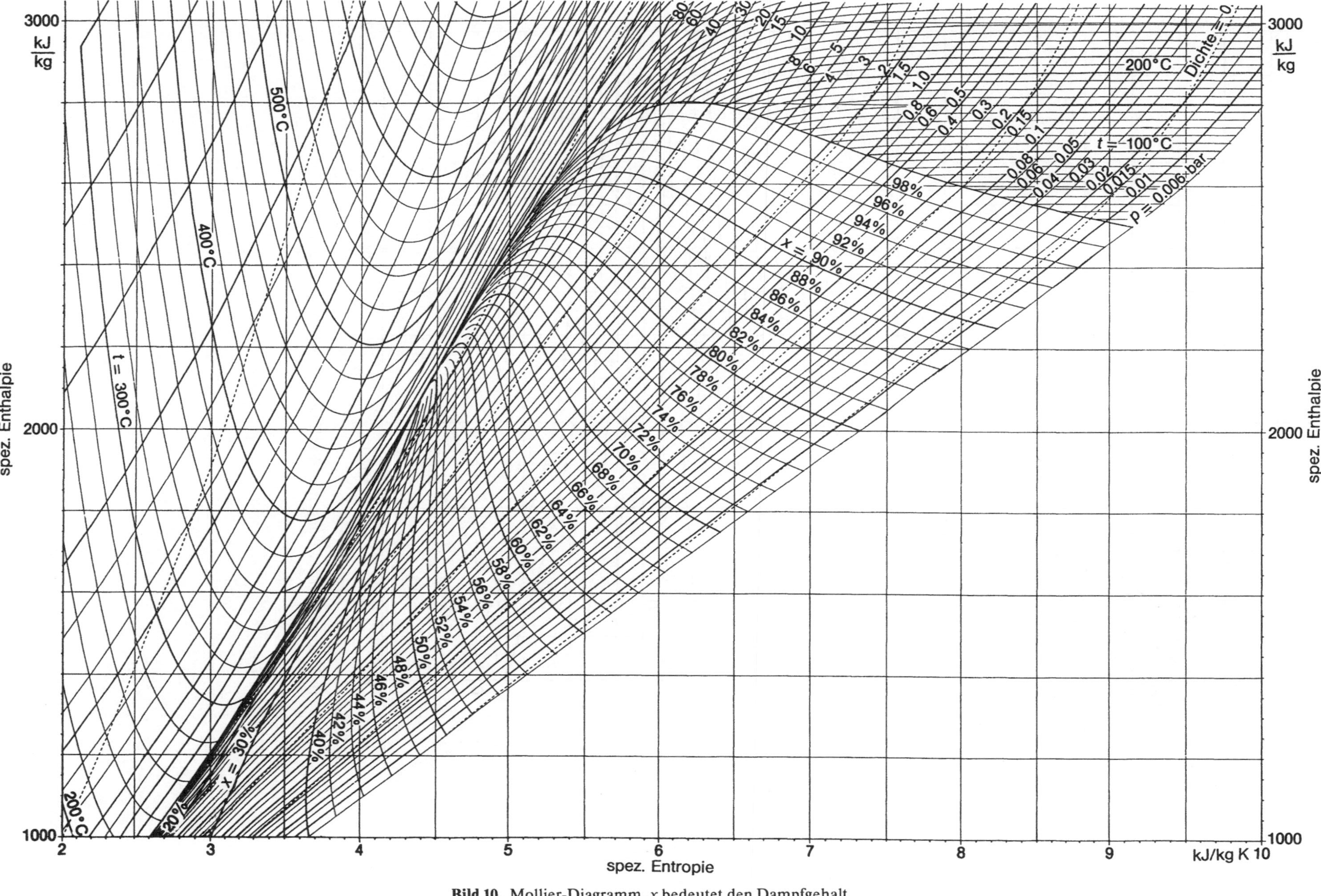

Bild 10. Mollier-Diagramm. *x* bedeutet den Dampfgehalt

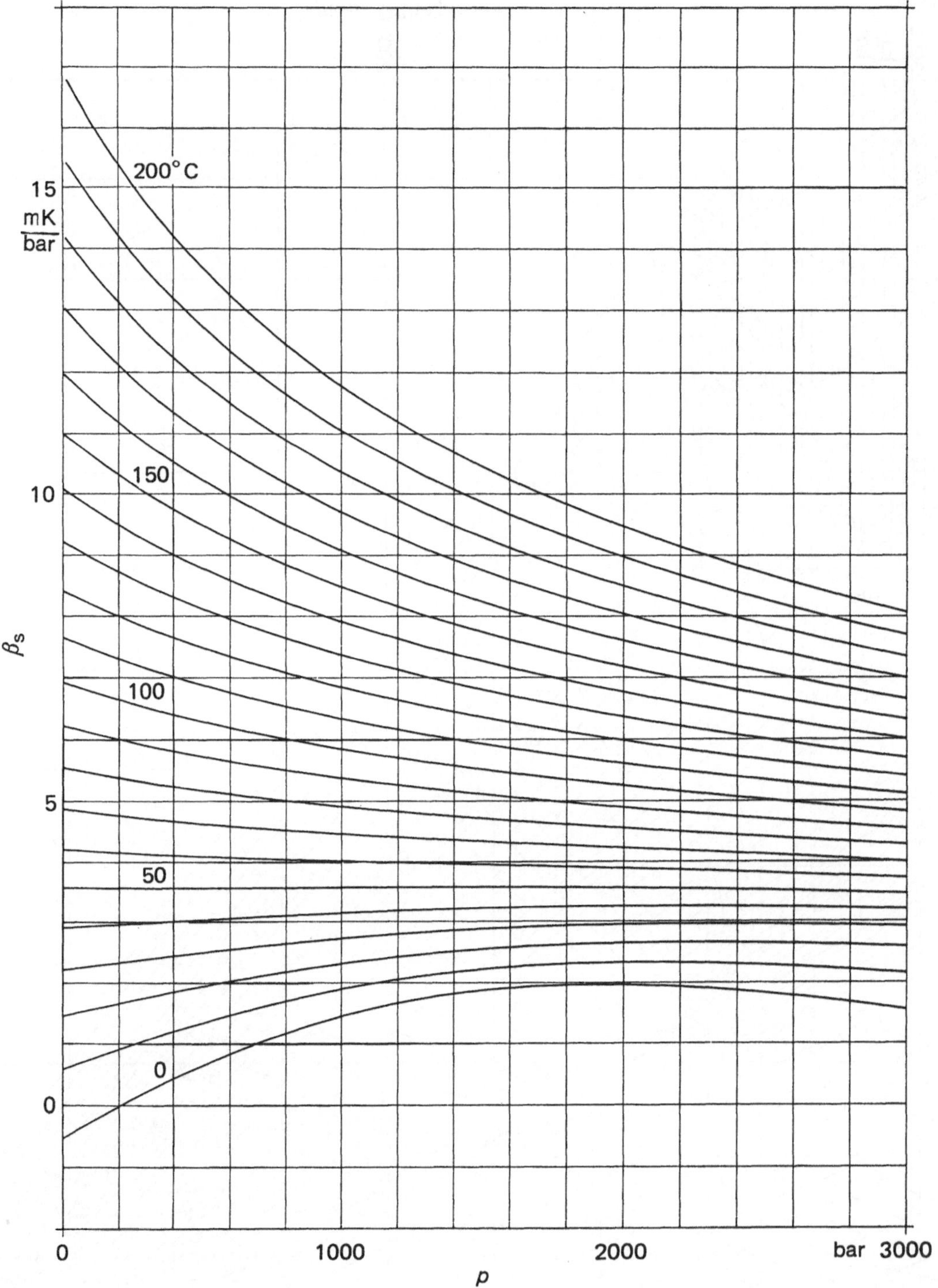

Bild 11. Isentroper Druck-Temperatur-Koeffizient für Wasser, $\beta_s = (\partial T/\partial p)_s$

Transportgrößen und andere thermophysikalische Zustandsgrößen

Tafel 7. Viskosität in μPa s

p bar	*t* (°C) 0	25	50	75	100	150	200	250	300	350	375
1	1792	890.8	547.1	378.4	12.28	14.19	16.18	18.22	20.29	22.37	23.41
5	1791	890.7	547.1	378.5	282.4	182.0	16.07	18.15	20.25	22.35	23.39
10	1790	890.6	547.2	378.6	282.6	182.1	15.93	18.07	20.20	22.32	23.37
25	1786	890.3	547.5	379.0	283.0	182.5	133.9	17.83	20.06	22.24	23.32
50	1780	889.8	547.9	379.6	283.6	183.2	134.5	106.1	19.86	22.15	23.27
75	1775	889.3	548.3	380.2	284.3	183.8	135.1	106.8	19.74	22.13	23.28
100	1769	888.9	548.7	380.9	284.9	184.4	135.7	107.5	86.42	22.18	23.35
125	1764	888.5	549.1	381.5	285.6	185.1	136.3	108.2	87.40	22.39	23.52
150	1759	888.1	549.5	382.1	286.3	185.7	136.9	108.8	88.32	22.91	23.84
175	1754	887.7	550.0	382.7	286.9	186.3	137.5	109.5	89.21	66.85	24.45
200	1749	887.4	550.4	383.4	287.6	186.9	138.1	110.1	90.06	69.21	25.79
225	1744	887.1	550.9	384.0	288.2	187.6	138.7	110.7	90.88	71.10	47.65
250	1739	886.8	551.3	384.6	288.9	188.2	139.3	111.4	91.67	72.71	58.09
275	1735	886.6	551.8	385.2	289.5	188.8	139.9	112.0	92.43	74.14	61.87
300	1731	886.4	552.3	385.9	290.2	189.4	140.5	112.6	93.18	75.43	64.49
350	1722	886.0	553.3	387.2	291.5	190.6	141.6	113.8	94.61	77.71	68.31
400	1714	885.8	554.3	388.4	292.8	191.8	142.8	114.9	95.98	79.72	71.21
450	1707	885.6	555.3	389.7	294.2	193.1	143.9	116.1	97.28	81.52	73.61
500	1700	885.5	556.4	391.0	295.5	194.3	145.0	117.2	98.55	83.19	75.70
550	1694	885.6	557.5	392.3	296.8	195.5	146.1	118.3	99.76	84.73	77.57
600	1687	885.7	558.6	393.6	298.1	196.7	147.2	119.4	100.9	86.19	79.27
650	1682	885.9	559.7	395.0	299.4	197.9	148.3	120.4	102.1	87.57	80.85
700	1676	886.2	560.9	396.3	300.8	199.0	149.3	121.5	103.2	88.88	82.33
800	1667	887.1	563.3	399.0	303.4	201.4	151.5	123.5	105.4	91.35	85.05
900	1659	888.3	565.8	401.7	306.1	203.8	153.6	125.5	107.4	93.65	87.54
1000	1653	889.9	568.4	404.4	308.7	206.1	155.6	127.5	109.4	95.82	89.84

p bar	400	425	450	475	500	550	600	650	700	750	800
1	24.45	25.49	26.52	27.55	28.57	30.61	32.61	34.60	36.55	38.48	40.38
5	24.44	25.48	26.52	27.55	28.58	30.62	32.63	34.61	36.57	38.50	40.39
10	24.42	25.47	26.52	27.55	28.58	30.63	32.64	34.63	36.59	38.52	40.42
25	24.39	25.46	26.52	27.57	28.61	30.67	32.70	34.70	36.66	38.59	40.50
50	24.38	25.47	26.55	27.62	28.67	30.76	32.81	34.82	36.79	38.73	40.63
75	24.40	25.52	26.61	27.70	28.77	30.87	32.93	34.95	36.93	38.88	40.78
100	24.49	25.62	26.72	27.82	28.89	31.01	33.09	35.11	37.09	39.04	40.94
125	24.65	25.77	26.88	27.98	29.06	31.18	33.26	35.28	37.27	39.21	41.11
150	24.91	26.01	27.10	28.19	29.27	31.38	33.45	35.48	37.46	39.39	41.29
175	25.32	26.34	27.39	28.46	29.52	31.62	33.68	35.69	37.66	39.59	41.48
200	25.96	26.80	27.77	28.79	29.82	31.89	33.92	35.93	37.88	39.80	41.68
225	27.03	27.44	28.26	29.20	30.18	32.19	34.20	36.18	38.12	40.03	41.89
250	29.00	28.36	28.89	29.70	30.61	32.54	34.50	36.45	38.38	40.26	42.11
275	33.73	29.70	29.71	30.32	31.12	32.93	34.84	36.75	38.64	40.51	42.35
300	43.83	31.73	30.78	31.06	31.71	33.37	35.20	37.07	38.93	40.77	42.59
350	55.78	39.35	33.97	33.06	33.19	34.40	36.02	37.77	39.55	41.33	43.10
400	61.29	48.69	39.05	35.92	35.16	35.65	36.98	38.56	40.24	41.94	43.65
450	65.01	55.07	45.22	39.72	37.68	37.15	38.07	39.44	40.98	42.60	44.24
500	67.89	59.44	50.71	44.08	40.70	38.88	39.30	40.41	41.79	43.30	44.85
550	70.30	62.76	55.06	48.36	44.02	40.84	40.65	41.45	42.65	44.03	45.50
600	72.40	65.46	58.52	52.16	47.37	42.96	42.12	42.57	43.57	44.81	46.17
650	74.28	67.76	61.36	55.40	50.53	45.18	43.67	43.75	44.52	45.61	46.87
700	75.98	69.79	63.79	58.18	53.38	47.41	45.28	44.98	45.51	46.44	47.58
800	79.04	73.28	67.81	62.72	58.20	51.70	48.55	47.52	47.55	48.15	49.04
900	81.75	76.27	71.11	66.35	62.09	55.51	51.73	50.06	49.62	49.88	50.52
1000	84.22	78.92	73.97	69.42	65.32	58.80	54.66	52.50	51.65	51.58	51.98

Tafel 8. Wärmeleitfähigkeit in mW/K m

p bar	*t* (°C) 0	25	50	75	100	150	200	250	300	350	375
1	561.0	607.2	643.6	666.8	25.08	28.85	33.28	38.17	43.42	48.96	51.83
5	561.3	607.4	643.7	667.0	679.3	682.1	34.93	39.18	44.09	49.44	52.25
10	561.5	607.6	644.0	667.2	679.6	682.4	37.21	40.51	44.95	50.06	52.79
25	562.4	608.3	644.7	668.0	680.4	683.4	664.2	45.16	47.82	52.06	54.53
50	563.7	609.4	645.8	669.2	681.8	685.1	666.4	622.7	53.86	55.99	57.87
75	565.1	610.5	647.0	670.5	683.2	686.8	668.6	625.9	63.11	61.06	62.00
100	566.5	611.7	648.2	671.7	684.5	688.5	670.7	629.0	550.9	68.10	67.35
125	567.9	612.8	649.3	673.0	685.9	690.2	672.8	632.0	556.5	79.15	74.68
150	569.3	613.9	650.5	674.2	687.2	691.8	674.9	635.0	561.8	100.9	85.54
175	570.6	615.1	651.6	675.5	688.6	693.5	677.0	637.9	566.8	452.5	103.7
200	572.0	616.2	652.8	676.7	690.0	695.1	679.1	640.8	571.6	463.3	142.3
225	573.4	617.3	654.0	678.0	691.3	696.8	681.2	643.6	576.2	472.8	441.5
250	574.8	618.5	655.1	679.2	692.7	698.4	683.2	646.3	580.7	481.4	411.4
275	576.1	619.6	656.3	680.4	694.0	700.1	685.3	649.1	585.0	489.1	425.8
300	577.5	620.8	657.4	681.7	695.3	701.7	687.3	651.8	589.1	496.3	438.0
350	580.2	623.0	659.8	684.1	698.0	704.9	691.3	657.0	597.1	509.3	457.5
400	582.9	625.3	662.1	686.6	700.7	708.2	695.3	662.2	604.6	521.0	473.2
450	585.5	627.5	664.4	689.1	703.3	711.4	699.3	667.2	611.7	531.8	486.6
500	588.1	629.8	666.7	691.5	706.0	714.6	703.2	672.1	618.5	541.7	498.5
550	590.7	632.0	668.9	693.9	708.6	717.7	707.0	676.9	625.1	551.0	509.4
600	593.3	634.2	671.2	696.3	711.2	720.9	710.9	681.6	631.3	559.7	519.4
650	595.8	636.4	673.5	698.7	713.8	724.0	714.7	686.3	637.4	568.0	528.8
700	598.3	638.6	675.7	701.1	716.4	727.2	718.5	690.8	643.2	575.9	537.7
800	603.1	642.9	680.2	705.9	721.5	733.4	726.0	699.8	654.5	590.6	554.1
900	607.8	647.2	684.6	710.5	726.6	739.5	733.4	708.6	665.1	604.2	569.1
1000	612.2	651.3	688.9	715.2	731.6	745.6	740.7	717.2	675.4	616.8	583.0

p bar	400	425	450	475	500	550	600	650	700	750	800
1	54.76	57.74	60.77	63.85	66.97	73.35	79.89	86.57	93.37	100.3	107.3
5	55.13	58.08	61.08	64.14	67.25	73.61	80.13	86.80	93.59	100.5	107.5
10	55.61	58.51	61.48	64.51	67.60	73.93	80.44	87.09	93.87	100.8	107.8
25	57.15	59.89	62.75	65.69	68.71	74.94	81.39	88.01	94.75	101.6	108.5
50	60.06	62.49	65.10	67.86	70.74	76.79	83.13	89.67	96.34	103.1	109.9
75	63.56	65.54	67.82	70.33	73.03	78.84	85.04	91.49	98.08	104.8	111.5
100	67.89	69.19	70.99	73.16	75.61	81.11	87.14	93.47	99.97	106.5	113.2
125	73.40	73.63	74.73	76.43	78.53	83.62	89.43	95.63	102.0	108.5	115.0
150	80.69	79.13	79.19	80.20	81.85	86.39	91.92	97.96	104.2	110.6	116.9
175	90.76	86.10	84.54	84.58	85.61	89.45	94.63	100.47	106.6	112.8	119.0
200	105.5	95.12	91.04	89.70	89.89	92.81	97.57	103.2	109.1	115.2	121.2
225	128.6	107.1	99.01	95.70	94.75	96.51	100.7	106.0	111.8	117.7	123.5
250	169.3	123.2	108.8	102.7	100.3	100.6	104.1	109.1	114.6	120.3	126.0
275	249.1	145.5	121.0	111.0	106.6	105.0	107.8	112.4	117.6	123.1	128.6
300	330.1	176.3	136.0	120.6	113.7	109.8	111.7	115.8	120.7	126.0	131.3
350	384.5	259.4	176.5	144.9	130.7	120.8	120.3	123.3	127.5	132.2	137.0
400	414.0	323.3	227.6	175.8	151.6	133.5	130.0	131.5	134.8	138.8	143.1
450	435.0	363.4	276.3	211.3	176.0	147.9	140.6	140.3	142.6	145.9	149.6
500	451.6	391.5	315.6	247.0	202.7	163.7	152.1	149.8	150.9	153.4	156.4
550	465.5	412.8	346.5	279.6	229.7	180.6	164.3	159.8	159.6	161.2	163.4
600	477.7	430.0	371.2	308.0	255.6	198.0	177.0	170.1	168.5	169.1	170.6
650	488.6	444.5	391.4	332.5	279.6	215.4	189.9	180.6	177.6	177.2	177.9
700	498.7	457.1	408.5	353.6	301.5	232.4	202.7	191.0	186.7	185.3	185.2
800	516.8	478.5	436.0	388.0	339.1	264.5	227.5	211.5	204.4	201.1	199.6
900	533.1	496.6	457.9	414.9	369.8	293.5	250.6	230.6	221.1	216.1	213.1
1000	548.0	512.7	476.3	436.9	395.1	319.3	271.8	248.0	236.2	229.7	225.5

Tafel 9. Prandtl-Zahl

p bar	*t* (°C) 0	25	50	75	100	150	200	250	300	350	375
1	13.50	6.137	3.555	2.378	1.000	0.974	0.960	0.950	0.941	0.932	0.928
5	13.48	6.133	3.553	2.377	1.753	1.151	0.984	0.964	0.950	0.939	0.934
10	13.46	6.128	3.551	2.377	1.752	1.150	1.028	0.987	0.965	0.949	0.942
25	13.39	6.113	3.546	2.374	1.751	1.150	0.903	1.096	1.021	0.982	0.969
50	13.27	6.088	3.538	2.371	1.750	1.149	0.902	0.825	1.173	1.057	1.025
75	13.15	6.063	3.529	2.367	1.748	1.148	0.900	0.821	1.466	1.162	1.098
100	13.04	6.039	3.521	2.364	1.746	1.147	0.899	0.817	0.890	1.312	1.191
125	12.93	6.015	3.513	2.360	1.744	1.146	0.897	0.813	0.874	1.545	1.314
150	12.83	5.992	3.505	2.357	1.743	1.145	0.896	0.810	0.860	2.006	1.484
175	12.73	5.970	3.497	2.354	1.741	1.145	0.895	0.806	0.848	1.379	1.753
200	12.63	5.947	3.490	2.350	1.740	1.144	0.894	0.803	0.837	1.216	2.353
225	12.53	5.926	3.482	2.347	1.738	1.143	0.892	0.800	0.827	1.121	8.125
250	12.43	5.904	3.475	2.344	1.736	1.142	0.891	0.798	0.818	1.057	1.937
275	12.34	5.883	3.467	2.341	1.735	1.142	0.890	0.795	0.810	1.009	1.485
300	12.25	5.863	3.460	2.338	1.733	1.141	0.889	0.793	0.803	0.973	1.291
350	12.08	5.823	3.446	2.332	1.731	1.140	0.887	0.788	0.790	0.919	1.103
400	11.92	5.785	3.433	2.326	1.728	1.138	0.885	0.784	0.779	0.880	1.005
450	11.77	5.748	3.420	2.321	1.725	1.137	0.883	0.780	0.769	0.850	0.943
500	11.62	5.713	3.407	2.315	1.723	1.136	0.882	0.777	0.761	0.827	0.899
550	11.48	5.680	3.395	2.310	1.721	1.135	0.880	0.773	0.753	0.807	0.866
600	11.36	5.648	3.384	2.305	1.718	1.134	0.879	0.770	0.747	0.791	0.840
650	11.23	5.617	3.372	2.301	1.716	1.134	0.878	0.768	0.741	0.777	0.818
700	11.12	5.588	3.362	2.296	1.714	1.133	0.876	0.765	0.735	0.765	0.800
800	10.91	5.533	3.342	2.288	1.711	1.131	0.874	0.761	0.726	0.745	0.772
900	10.72	5.483	3.324	2.280	1.707	1.130	0.872	0.757	0.718	0.730	0.750
1000	10.55	5.439	3.307	2.273	1.704	1.129	0.870	0.753	0.712	0.717	0.733

p bar	400	425	450	475	500	550	600	650	700	750	800
1	0.924	0.921	0.917	0.914	0.911	0.905	0.899	0.894	0.890	0.886	0.882
5	0.929	0.925	0.921	0.917	0.913	0.907	0.901	0.895	0.891	0.886	0.882
10	0.936	0.931	0.926	0.921	0.917	0.909	0.902	0.897	0.891	0.887	0.883
25	0.958	0.949	0.941	0.934	0.928	0.917	0.908	0.900	0.894	0.889	0.884
50	1.002	0.983	0.969	0.957	0.946	0.929	0.916	0.906	0.898	0.891	0.886
75	1.055	1.024	1.000	0.982	0.966	0.943	0.925	0.911	0.901	0.894	0.888
100	1.118	1.070	1.035	1.008	0.988	0.956	0.933	0.917	0.904	0.895	0.889
125	1.195	1.123	1.073	1.038	1.010	0.970	0.942	0.921	0.907	0.896	0.889
150	1.290	1.183	1.116	1.069	1.034	0.984	0.950	0.926	0.909	0.897	0.889
175	1.408	1.253	1.163	1.102	1.059	0.998	0.958	0.930	0.911	0.898	0.889
200	1.568	1.336	1.215	1.138	1.085	1.013	0.966	0.934	0.912	0.897	0.888
225	1.812	1.436	1.273	1.177	1.112	1.027	0.974	0.937	0.913	0.897	0.887
250	2.273	1.564	1.339	1.219	1.141	1.042	0.981	0.941	0.914	0.896	0.885
275	3.363	1.737	1.416	1.264	1.171	1.057	0.988	0.944	0.914	0.895	0.883
300	3.329	1.979	1.506	1.314	1.203	1.073	0.996	0.946	0.914	0.894	0.881
350	1.693	2.415	1.729	1.427	1.272	1.104	1.010	0.951	0.914	0.890	0.876
400	1.290	1.922	1.900	1.548	1.345	1.135	1.023	0.955	0.912	0.886	0.871
450	1.118	1.479	1.791	1.627	1.413	1.167	1.037	0.959	0.911	0.882	0.865
500	1.021	1.245	1.542	1.601	1.454	1.195	1.049	0.962	0.909	0.877	0.858
550	0.957	1.109	1.335	1.488	1.447	1.218	1.061	0.965	0.907	0.872	0.852
600	0.911	1.022	1.190	1.354	1.396	1.231	1.071	0.968	0.905	0.868	0.846
650	0.876	0.962	1.089	1.235	1.320	1.231	1.078	0.971	0.904	0.864	0.841
700	0.849	0.917	1.016	1.140	1.238	1.219	1.083	0.974	0.903	0.860	0.836
800	0.808	0.855	0.919	1.005	1.096	1.164	1.079	0.977	0.903	0.855	0.828
900	0.778	0.813	0.859	0.920	0.992	1.091	1.060	0.976	0.903	0.853	0.823
1000	0.755	0.782	0.817	0.863	0.919	1.020	1.030	0.970	0.903	0.853	0.821

Tafel 10. Statische relative Dielektrizitätskonstante

p bar	t (°C) 0	25	50	75	100	125	150	175	200	225	250
100	88.29	78.85	70.27	62.60	55.78	49.71	44.31	39.47	35.11	31.12	27.42
200	88.75	79.24	70.63	62.94	56.11	50.06	44.67	39.85	35.51	31.57	27.94
300	89.20	79.62	70.98	63.28	56.44	50.39	45.01	40.21	35.90	31.99	28.42
400	89.64	79.99	71.32	63.60	56.76	50.71	45.33	40.55	36.26	32.39	28.86
500	90.07	80.36	71.65	63.92	57.07	51.02	45.65	40.88	36.61	32.76	29.27
600	90.48	80.72	71.98	64.23	57.38	51.32	45.96	41.19	36.94	33.12	29.66
700	90.88	81.07	72.30	64.53	57.67	51.61	46.25	41.50	37.26	33.46	30.02
800	91.27	81.41	72.61	64.83	57.96	51.90	46.54	41.79	37.57	33.78	30.37
900	91.65	81.74	72.92	65.12	58.24	52.18	46.82	42.08	37.86	34.09	30.70
1000	92.02	82.07	73.22	65.41	58.52	52.45	47.10	42.36	38.15	34.39	31.01
1200	92.73	82.70	73.81	65.96	59.06	52.98	47.62	42.89	38.70	34.96	31.61
1400	93.39	83.30	74.37	66.49	59.57	53.49	48.13	43.40	39.21	35.49	32.16
1600	94.01	83.88	74.91	67.01	60.07	53.97	48.61	43.88	39.70	35.99	32.67
1800	94.59	84.43	75.43	67.50	60.55	54.44	49.07	44.34	40.17	36.46	33.16
2000	95.14	84.96	75.93	67.98	61.01	54.89	49.52	44.79	40.61	36.91	33.61
2500	96.37	86.19	77.11	69.11	62.10	55.95	50.56	45.82	41.65	37.95	34.67
3000	97.44	87.30	78.19	70.16	63.11	56.94	51.53	46.78	42.59	38.90	35.62
3500	98.40	88.31	79.18	71.13	64.05	57.86	52.42	47.66	43.47	39.76	36.48
4000	99.25	89.26	80.11	72.03	64.93	58.71	53.26	48.48	44.28	40.57	37.28
4500	100.04	90.14	80.98	72.87	65.76	59.52	54.05	49.26	45.04	41.32	38.02
5000	100.77	90.99	81.79	73.66	66.53	60.28	54.80	49.98	45.75	42.02	38.71
6000		92.60	83.30	75.11	67.96	61.68	56.17	51.33	47.07	43.31	39.98
7000			84.69	76.41	69.24	62.95	57.42	52.55	48.26	44.47	41.12
8000			85.95	77.58	70.40	64.10	58.55	53.66	49.35	45.54	42.16
9000				78.65	71.45	65.16	59.60	54.69	50.36	46.52	43.11
10000				79.62	72.41	66.13	60.57	55.64	51.29	47.43	43.99

p bar	275	300	325	350	375	400	450	500	550	600
100	23.90	20.40	1.28	1.23	1.20	1.17	1.14	1.11	1.10	1.08
200	24.54	21.25	17.91	14.09	2.00	1.64	1.42	1.32	1.26	1.22
300	25.10	21.95	18.86	15.69	12.03	5.95	2.07	1.68	1.51	1.41
400	25.60	22.55	19.63	16.75	13.78	10.47	3.85	2.34	1.90	1.69
500	26.07	23.09	20.27	17.57	14.90	12.18	6.58	3.44	2.48	2.07
600	26.49	23.57	20.84	18.25	15.75	13.31	8.54	4.89	3.26	2.57
700	26.89	24.02	21.35	18.84	16.46	14.18	9.89	6.31	4.19	3.17
800	27.27	24.43	21.81	19.37	17.07	14.90	10.90	7.50	5.15	3.83
900	27.62	24.82	22.23	19.84	17.61	15.52	11.72	8.48	6.05	4.52
1000	27.96	25.18	22.63	20.28	18.10	16.06	12.40	9.29	6.87	5.21
1200	28.58	25.85	23.35	21.06	18.94	17.00	13.53	10.60	8.24	6.46
1400	29.16	26.45	23.99	21.74	19.68	17.79	14.44	11.63	9.33	7.53
1600	29.69	27.01	24.57	22.36	20.33	18.47	15.21	12.48	10.23	8.42
1800	30.19	27.53	25.11	22.92	20.92	19.09	15.88	13.20	10.98	9.19
2000	30.66	28.01	25.61	23.44	21.45	19.65	16.48	13.83	11.64	9.85
2500	31.73	29.10	26.73	24.58	22.63	20.85	17.74	15.14	12.98	11.18
3000	32.69	30.07	27.71	25.57	23.63	21.87	18.78	16.19	14.02	12.20
3500	33.55	30.93	28.58	26.45	24.51	22.75	19.67	17.07	14.88	13.03
4000	34.35	31.72	29.37	27.23	25.30	23.54	20.44	17.83	15.61	13.71
4500	35.08	32.45	30.09	27.95	26.01	24.24	21.13	18.49	16.23	14.29
5000	35.76	33.13	30.76	28.61	26.67	24.89	21.75	19.08	16.78	14.79
6000	37.01	34.36	31.96	29.80	27.83	26.03	22.84	20.09	17.70	15.59
7000	38.13	35.45	33.03	30.84	28.85	27.02	23.76	20.93	18.44	16.21
8000	39.14	36.43	33.99	31.78	29.75	27.89	24.56	21.64	19.04	16.69
9000	40.07	37.33	34.86	32.62	30.56	28.66	25.26	22.25	19.53	17.05
10000	40.92	38.16	35.66	33.39	31.30	29.36	25.87	22.77	19.94	17.32

Tafel 11. Zustandsgrößen für koexistierende Phasen: Viskosität η, Wärmeleitfähigkeit λ, Prandtl-Zahl Pr, statische relative Dielektrizitätskonstante ε, Oberflächenspannung σ

t	η_l	η_g	λ_l	λ_g	Pr_l	Pr_g	ε_l	ε_g	σ
°C	µPa s		mW/K m		—		—		mN/m
0.01	1791.	9.22	561.0	17.07	13.50	1.008	87.81	1.000	75.65
10	1308.	9.46	580.0	17.62	9.444	1.006	83.98	1.000	74.22
20	1003.	9.73	598.4	18.23	7.010	1.004	80.26	1.000	72.74
30	798.	10.01	615.4	18.89	5.423	1.003	76.66	1.000	71.20
40	653.	10.31	630.5	19.60	4.332	1.002	73.21	1.000	69.60
50	547.1	10.62	643.5	20.36	3.555	1.001	69.90	1.001	67.95
60	466.8	10.94	654.3	21.19	2.984	1.000	66.73	1.001	66.24
70	404.5	11.26	663.1	22.07	2.554	0.999	63.71	1.001	64.49
80	355.0	11.60	670.0	23.01	2.223	0.999	60.82	1.002	62.68
90	315.1	11.93	675.3	24.02	1.962	0.999	58.06	1.003	60.82
100	282.3	12.28	679.1	25.09	1.753	1.000	55.43	1.004	58.92
110	255.1	12.62	681.7	26.24	1.584	1.001	52.92	1.005	56.97
120	232.2	12.97	683.2	27.46	1.444	1.004	50.53	1.007	54.97
130	212.8	13.32	683.7	28.76	1.328	1.007	48.24	1.009	52.94
140	196.3	13.67	683.3	30.14	1.232	1.013	46.05	1.011	50.86
150	182.0	14.02	682.1	31.59	1.151	1.020	43.96	1.014	48.75
160	169.6	14.37	680.0	33.12	1.082	1.030	41.96	1.018	46.60
170	158.9	14.72	677.1	34.74	1.025	1.042	40.05	1.022	44.41
180	149.4	15.07	673.4	36.44	0.977	1.058	38.21	1.028	42.20
190	141.0	15.42	668.8	38.23	0.937	1.077	36.44	1.034	39.95
200	133.6	15.78	663.4	40.10	0.904	1.101	34.75	1.041	37.68
210	127.0	16.13	657.1	42.07	0.878	1.128	33.11	1.050	35.39
220	121.0	16.49	649.8	44.15	0.857	1.161	31.53	1.061	33.08
230	115.5	16.85	641.4	46.35	0.842	1.200	30.00	1.073	30.75
240	110.5	17.22	632.0	48.70	0.832	1.244	28.52	1.088	28.40
250	105.8	17.59	621.4	51.22	0.827	1.296	27.08	1.105	26.05
260	101.5	17.98	609.4	53.98	0.828	1.355	25.67	1.127	23.70
270	97.4	18.38	596.1	57.04	0.835	1.423	24.29	1.152	21.35
280	93.4	18.80	581.4	60.51	0.848	1.502	22.93	1.183	19.00
290	89.6	19.25	565.2	64.57	0.870	1.593	21.59	1.220	16.67
300	85.8	19.74	547.7	69.47	0.901	1.699	20.26	1.267	14.37
305	84.0	20.00	538.5	72.34	0.921	1.759	19.59	1.295	13.23
310	82.1	20.28	529.0	75.59	0.944	1.824	18.92	1.326	12.10
315	80.2	20.57	519.3	79.29	0.973	1.895	18.25	1.361	10.98
320	78.4	20.89	509.4	83.57	1.006	1.974	17.57	1.402	9.87
325	76.4	21.24	499.4	88.6	1.047	2.063	16.88	1.449	8.78
330	74.4	21.62	489.2	94.5	1.096	2.164	16.18	1.503	7.71
335	72.4	22.04	479.0	101.6	1.157	2.282	15.47	1.567	6.66
340	70.3	22.52	468.7	110.2	1.236	2.424	14.73	1.643	5.64
345	68.1	23.07	458.2	121.0	1.340	2.601	13.96	1.735	4.64
350	65.7	23.72	447.8	134.8	1.486	2.835	13.15	1.849	3.67
355	63.1	24.52	437.3	153.0	1.704	3.167	12.29	1.996	2.75
360	60.2	25.54	427.5	178.5	2.068	3.691	11.34	2.193	1.89
365	56.7	26.94	420.3	217.8	2.796	4.676	10.24	2.481	1.09
370	52.0	29.26	428.8	301.2	5.08	7.66	8.82	2.98	0.40
371	50.7	30.00	439.3	337.2	6.41	9.30	8.44	3.15	0.28
372	49.1	30.95	462.8	397.4	9.11	12.43	7.99	3.37	0.17
373	46.7	32.38	545.4	538.3	18.69	21.19	7.35	3.71	0.07
373.976	39.0		∞		∞		5.34		0.

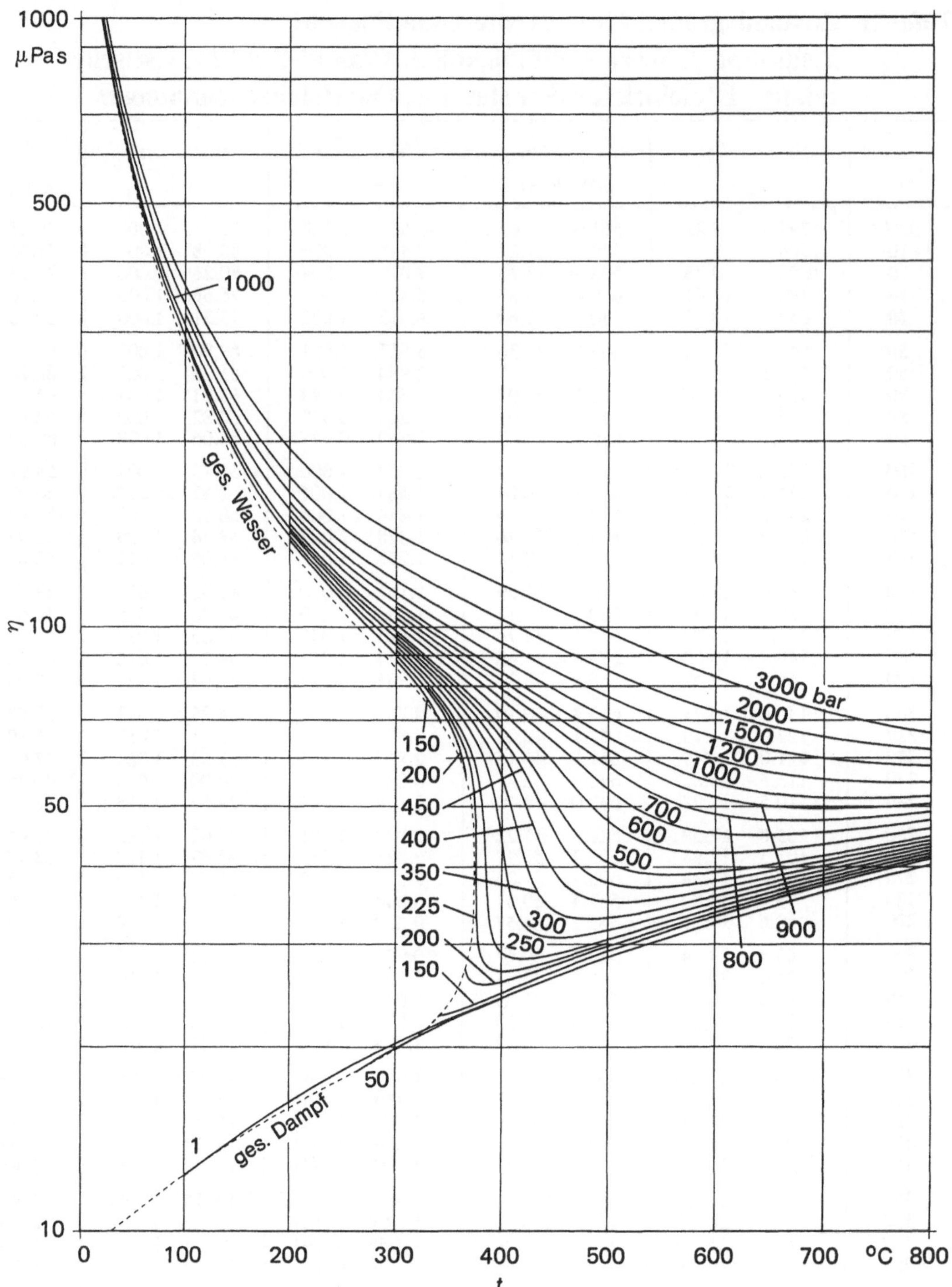

Bild 12. Viskosität (10^{-6} kg/s m = μPa s)

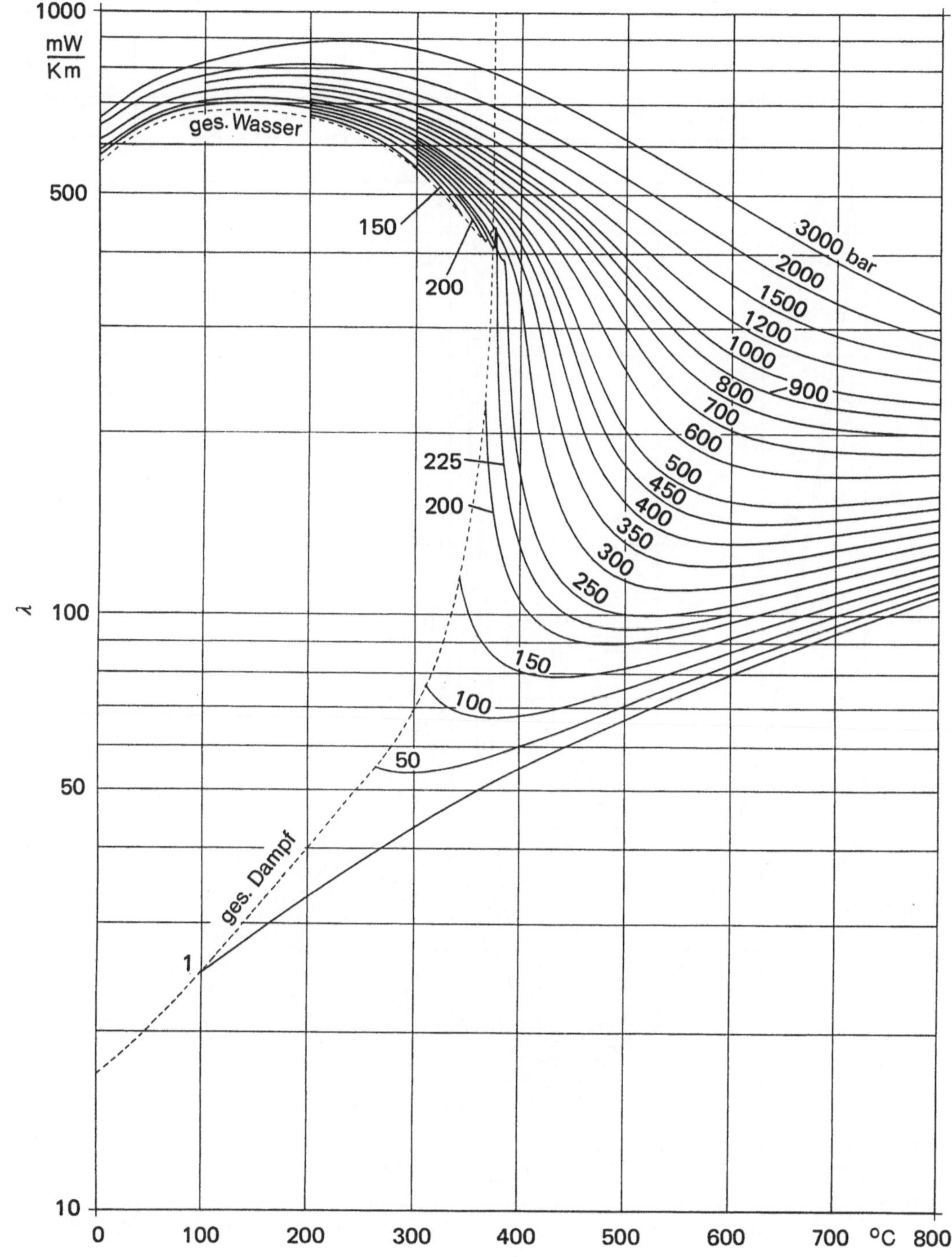

Bild 13. Wärmeleitfähigkeit

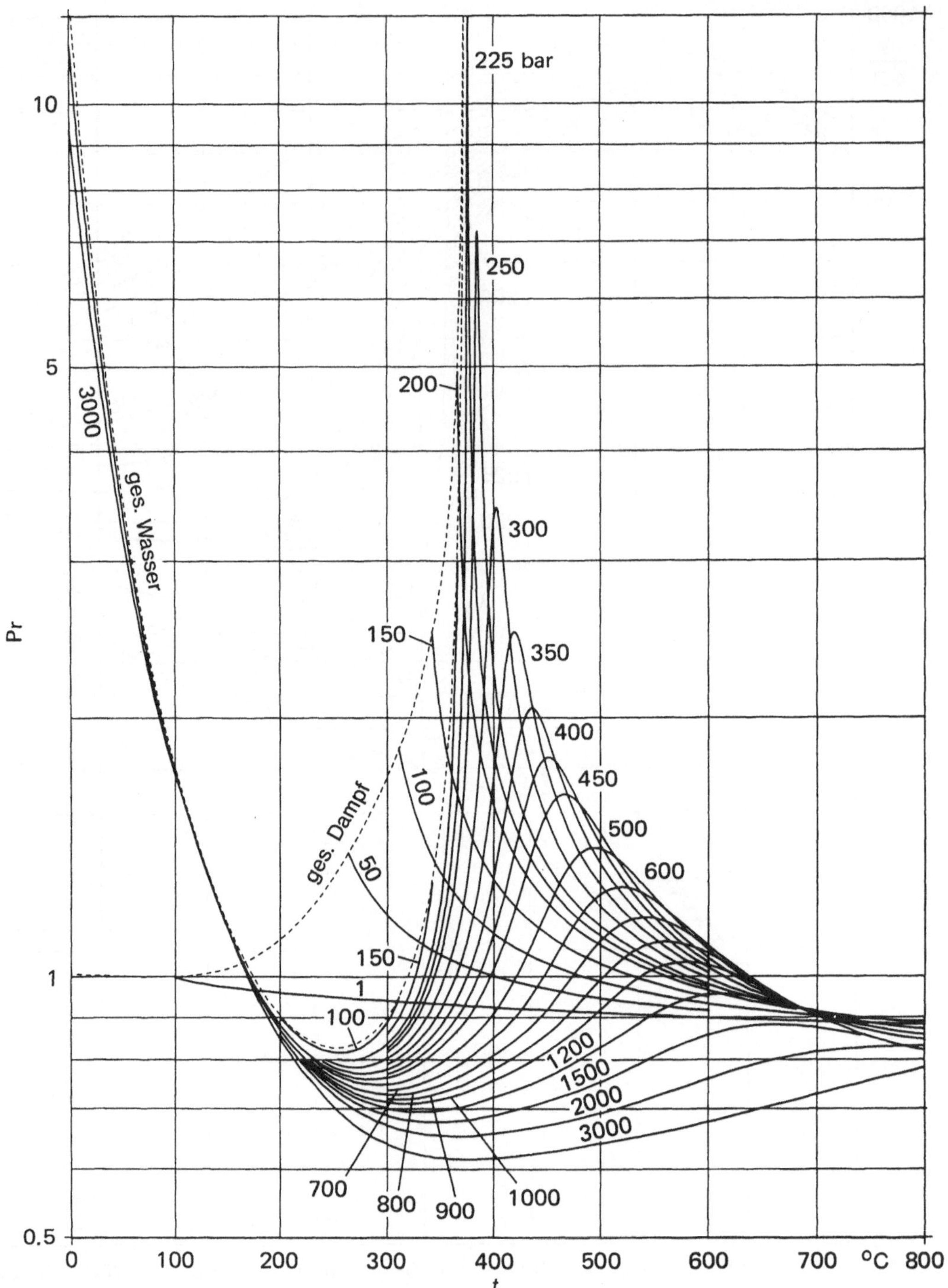

Bild 14. Prandtl-Zahl

Anhang A
Die Helmholtz-Funktion

Ableitung der Gleichung

Die Gleichung für die Helmholtz-Funktion besteht aus drei Teilen. Der erste, im folgenden Basisfunktion genannt, ist aus einer theoretischen Zustandsgleichung hervorgegangen. Diese beschreibt zutreffend das Verhalten im Hochtemperaturbereich bei allen Dichten und das Verhalten der dichten Flüssigkeit bei allen Temperaturen. Der zweite Teil, im folgenden Residualfunktion genannt, liefert Korrekturen der Basisfunktion. Diese Korrekturen sind klein in Bereichen, in denen die Basisfunktion in guter Übereinstimmung mit den Daten ist und in Bereichen jenseits der Gültigkeit der Daten. Der dritte, im folgenden Idealgasfunktion genannt, schließt die thermodynamischen Zustandsgrößen des idealen Gases ein.

Die drei Teile liefern zusammen den Ausdruck für die Helmholtz-Funktion[1] für das Fluid Wasser:

$$A(\varrho, T) = A_{\text{Basis}}(\varrho, T) + A_{\text{Residual}}(\varrho, T) + A_{\text{id. Gas}}(T). \quad \text{(A.1)}$$

Hierzu sind die unabhängigen Variablen die Dichte ϱ in g/cm^3 und die Temperatur T in K. Folgende molekularen Daten wurden verwendet:

molare Masse [1] $M = 18.0152$ g/mol,
universelle Gaskonstante [2] $\bar{R} = 8.31441$ J/mol K,
spezifische Gaskonstante
$R = \bar{R}/M = 0.461522$ J/g K $= 4.61522$ bar cm^3/g K.

Für die Temperatur wurden die Werte der Internationalen Praktischen Temperaturskala (IPTS, 1968) [3] benutzt als Verwirklichung der thermodynamischen Temperaturskala.

Basisfunktion

Die Basisfunktion wurde aus einer Virialtheorie für die Zustandsgleichung eines Fluids nach Ursell-Mayer [4] abgeleitet. Für reale Fluide gilt diese Theorie nur für das verdünnte Gas. Um eine theoretische Gleichung zu erhalten, die für hohe Dichtewerte genau ist, wurden die Virialserien in eine Störungsentwicklung [5, 6] nach der Dichte transformiert, für die der Bezugsterm die Zustandsgleichung eines Fluids ist, das aus Molekülen besteht, die (angenähert) harte Ellipsoide sind. Die so erhaltene Zustandsgleichung ist eine Funktion von nur zwei molekularen Parametern; sie läßt sich leicht integrieren und liefert die Helmholtz-Funktion

$$A_{\text{Basis}}(\varrho, T) = RT\left[-\ln(1-y) - \frac{\beta-1}{1-y} + \frac{\alpha+\beta+1}{2(1-y)^2} + 4y\left(\frac{\bar{B}}{b} - \gamma\right) - \frac{\alpha-\beta+3}{2} + \ln\frac{\varrho RT}{p_0}\right]. \quad \text{(A.2)}$$

Hierin ist $y = b\varrho/4$ eine dimensionslose Dichte; $\alpha = 11$, $\beta = 133/3$ und $\gamma = 7/2$ sind geometrische Konstanten; $p_0 = 1.01325$ bar $= 1$ atm. Die zwei molekularen Parameter b und $\bar{B}$ sind Funktionen der Temperatur:

$$b = b_1 \ln\frac{T}{T_0} + \sum_{j=0,1,3,5} b_j \left(\frac{T_0}{T}\right)^j \quad \text{(A.3)}$$

$$\bar{B} = \sum_{j=0,2,4} B_j \left(\frac{T_0}{T}\right)^j \quad \text{(A.4)}$$

mit $T_0 = 647.073$ K und den Koeffizienten b_j und B_j nach **Tabelle A.1.**

Tabelle A.1. Koeffizienten der Basisfunktion

b_j (cm^3 g^{-1})	j	B_j (cm^3 g^{-1})
0.7478629	0	1.1278334
−0.3540782	1	−0.5944001
0	2	−5.010996
0.007159876	3	0
0	4	0.63684256
−0.003528426	5	0

Residualfunktion

Die Residualfunktion besteht aus 40 Termen. Davon wurden die ersten 36 durch globale Anpassung an die experimentellen Daten nach der Methode der kleinsten Quadrate erhalten. Ihre funktionale Form, dargestellt in Bild A.1, ist die einer Standard-Wachstumskurve: so gehen ihre Beiträge zur Helmholtz-Funktion asymptotisch gegen Null bei der Dichte Null und sind unabhängig von der Dichte bei hohen Dichtewerten; aber sie tragen erheblich bei im Bereich der Dichtewerte, für den Daten

[1] A bedeutet in diesem Buch die spezifische Helmholtz-Funktion (spezifische freie Energie), G die spezifische Gibbs-Funktion (spezifische freie Enthalpie).

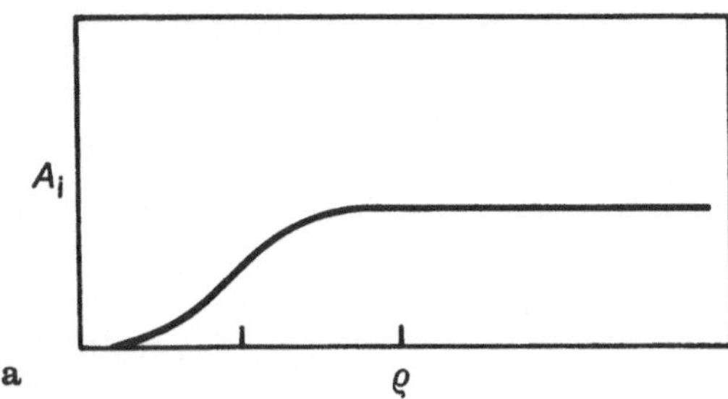

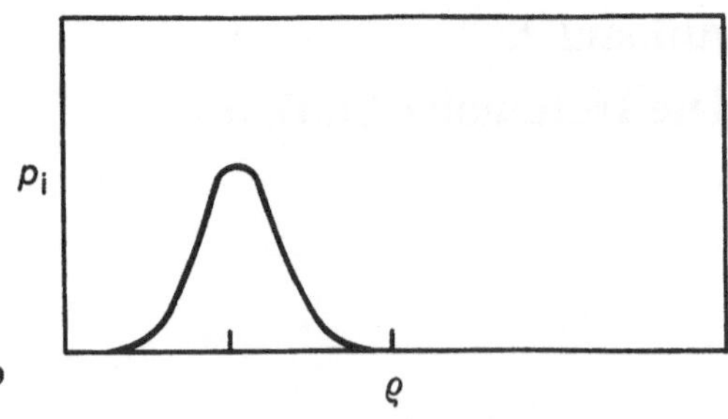

Bild A.1. Funktionale Form der Residualterme $1 \leq i \leq 36$. Die Ordinaten A_i und p_i beziehen sich auf den Beitrag des i-ten Terms zu der spezifischen Helmholtz-Funktion bzw. zu dem Druck

vorhanden sind. Weiterhin wurden drei Terme hinzugefügt, die nur in der unmittelbaren Umgebung des kritischen Punkts beitragen, nämlich für $(t_k - 5\,\mathrm{K}) \leq t \leq (t_k + 5\,\mathrm{K})$ und für $0.20\,\mathrm{g/cm^3} \leq \varrho \leq 0.44\,\mathrm{g/cm^3}$, und ein einzelner Term, der nur im Bereich hoher Drücke und kleiner Temperaturen beiträgt, nämlich für $t < 75\,°\mathrm{C}$ und für $p > 3$ kbar (Bild A.2). Außerhalb dieser sehr begrenzten Bereiche ist die Residualfunktion durch die ersten 36 Terme gegeben. Eine Diskussion der Helmholtz-Funktion, die aus der so beschränkten Residualfunktion (Terme 1 bis 36) besteht, ist in [7] wiedergegeben. Die vollständige Residualfunktion lautet:

$$A_{\mathrm{residual}}(\varrho, T) = \sum_{i=1}^{36} \frac{g_i}{k(i)} \left(\frac{T_0}{T}\right)^{l(i)} (1 - \mathrm{e}^{-\varrho})^{k(i)} + \sum_{i=37}^{40} g_i \delta_i^{l(i)} \exp(-\alpha_i \delta_i^{k(i)} - \beta_i \tau_i^2), \tag{A.5}$$

worin die Koeffizienten g_i durch Anpassung an die Daten erhalten wurden. Die Größen δ_i und τ_i sind reduzierte Dichten bzw. Temperaturen, gegeben durch

$$\delta_i = \frac{\varrho - \varrho_i}{\varrho_i} \quad \text{und} \quad \tau_i = \frac{T - T_i}{T_i}$$

worin ϱ_i und T_i bestimmte Dichte- und Temperaturwerte bedeuten. Die $k(i)$ und $l(i)$ sind ganzzahlig. Werte der Konstanten und Parameter der Residualfunktion sind in Tabelle A.2 zusammengestellt.

Idealgasfunktion

Werte für die thermodynamischen Zustandsgrößen von Wasser im Zustand des idealen Gases wurden kürzlich von Woolley [8] mitgeteilt als Teil einer eingehenden Analyse der Rotations-Vibrations-Struktur des Wassermoleküls. In dieser Arbeit [8] wird eine Summation über die einzelnen Terme der Beiträge der Vibrations- und der Rotationszustände sehr eng angenähert. Das führt zu der Gleichung

$$A_{\mathrm{id.Gas}}(T) = -RT \left[1 + \left(\frac{C_1}{T_R} + C_2 \right) \ln T_R + \sum_{i=3}^{18} C_i T_R^{i-6} \right] \tag{A.6}$$

mit $T_R = T/100$ K. Die Koeffizienten C_i sind in Tabelle A.3 zusammengestellt. Gleichung (A.6) ist für Tempera-

Tabelle A.2. Koeffizienten der Residualfunktion

i	$k(i)$	$l(i)$	$g(i)$ (J g^{-1})	i	$k(i)$	$l(i)$	$g(i)$ (J g^{-1})
1	1	1	−530.62968529023	19	5	4	−1380257.7177877
2	1	2	2274.4901424408	20	5	6	−251099.14369001
3	1	4	787.79333020687	21	6	1	4656182.6115608
4	1	6	−69.830527374994	22	6	2	−7275277.3275387
5	2	1	17863.832875422	23	6	4	417742.46148294
6	2	2	−39514.731563338	24	6	6	1401635.8244614
7	2	4	33803.884280753	25	7	1	−3155523.1392127
8	2	6	−13855.050202703	26	7	2	4792966.6384584
9	3	1	−256374.36613260	27	7	4	409126.64781209
10	3	2	482125.75981415	28	7	6	−1362636.9388386
11	3	4	−341830.16969660	29	9	1	696252.20862664
12	3	6	122231.56417448	30	9	2	−1083490.0096447
13	4	1	1179743.3655832	31	9	4	−227228.27401688
14	4	2	−2173481.0110373	32	9	6	383654.86000660
15	4	4	1082995.2168620	33	3	0	6883.3257944332
16	4	6	−254419.98064049	34	3	3	21757.245522644
17	5	1	−3137777.4947767	35	1	3	− 2662.7944829770
18	5	2	5291191.0757704	36	5	3	− 70730.418082074

i	$k(i)$	$l(i)$	ϱ_i (g cm^{-3})	T_i(K)	α_i	β_i	g_i (J g^{-1})
37	2	0	0.319	640.	34	20000	−0.225
38	2	2	0.319	640.	40	20000	−1.68
39	2	0	0.319	641.6	30	40000	0.055
40	4	0	1.55	270.	1050	25	−93.0

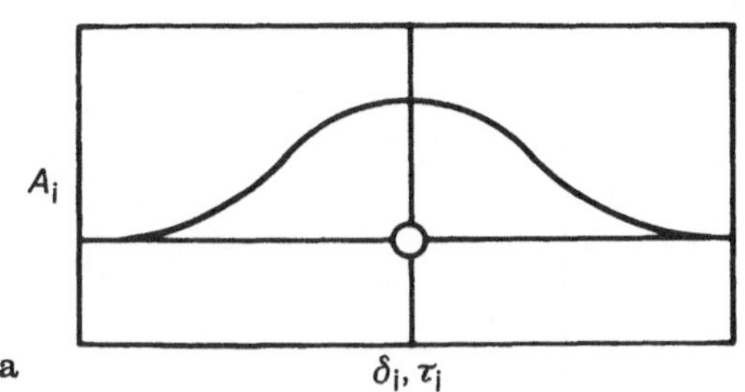

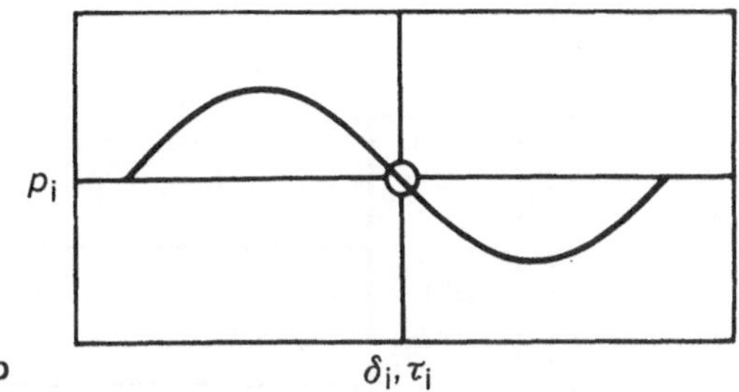

Bild A.2. Funktionale Form der Residualterme $37 \leq i \leq 40$. Die Ordinaten A_i und p_i beziehen sich auf den Beitrag des i-ten Terms zu der spezifischen Helmholtz-Funktion bzw. zu dem Druck. Die Abszissen δ_i und τ_i beziehen sich auf die reduzierte Dichte bzw. die reduzierte Temperatur des i-ten Terms. Vgl. Gl. (A.5)

Tabelle A.3. Koeffizienten der Idealgasfunktion

i	C_i	i	C_i
1	$1.97302710180 \cdot 10^{1}$	10	$4.1238460633 \cdot 10^{-3}$
2	$2.09662681977 \cdot 10^{1}$	11	$-2.7929052852 \cdot 10^{-4}$
3	-0.483429455355	12	$1.4481695261 \cdot 10^{-5}$
4	6.05743189245	13	$-5.6473658748 \cdot 10^{-7}$
5	$2.256023885 \cdot 10^{1}$	14	$1.620044600 \cdot 10^{-8}$
6	-9.875324420	15	$-3.3038227960 \cdot 10^{-10}$
7	-4.3135538513	16	$4.51916067368 \cdot 10^{-12}$
8	$4.581557810 \cdot 10^{-1}$	17	$-3.70734122708 \cdot 10^{-14}$
9	$-4.7754901883 \cdot 10^{-2}$	18	$1.37546068238 \cdot 10^{-16}$

turwerte unterhalb 3000 K anwendbar. Sie ist, innerhalb der Toleranz der Gaskonstanten, genau im Bereich 50 K $\leq T \leq$ 2000 K.

Thermodynamische Zustandsgrößen

Da die Helmholtz-Funktion $A(\varrho,T)$ überall eine einwertige, analytische Funktion ist, kann man von ihr direkt geeignete Ableitungen bilden und erhält, in Übereinstimmung mit dem ersten und zweiten Hauptsatz, alle thermodynamischen Zustandsgrößen in geschlossener Form. In den folgenden Gleichungen sind, soweit nicht anders vermerkt, Temperatur und Dichte die unabhängigen Variablen (Differentiation nach der einen bedeutet, daß die andere konstant gehalten ist).

$$p = \varrho^2 \frac{\partial A}{\partial \varrho} \quad \text{(Druck)}$$

$$\frac{\partial p}{\partial \varrho} = \frac{2}{\varrho} p + \varrho^2 \frac{\partial^2 A}{\partial \varrho^2} \quad \text{(Ableitung nach der Dichte)}$$

$$\frac{\partial p}{\partial T} = \varrho^2 \frac{\partial^2 A}{\partial \varrho \partial T} \quad \text{(Ableitung nach der Temperatur)}$$

$$s = -\frac{\partial A}{\partial T} \quad \text{(spezifische Entropie)}$$

$$u = A + Ts \quad \text{(spezifische innere Energie)}$$

$$h = u + \frac{p}{\varrho} \quad \text{(spezifische Enthalpie)}$$

$$c_v = -T \frac{\partial^2 A}{\partial T^2} \quad \text{(spezifische Wärmekapazität bei konstantem Volumen)}$$

$$G = A + \frac{p}{\varrho} \quad \text{(spezifische Gibbs-Funktion)}$$

$$c_p = c_v + \frac{T}{\varrho^2} \frac{(\partial p/\partial T)^2}{\partial p/\partial \varrho} \quad \text{(spezifische Wärmekapazität bei konstantem Druck)}$$

$$\omega = \left(\frac{c_p}{c_v} \frac{\partial p}{\partial \varrho}\right)^{1/2} \quad \text{(Schallgeschwindigkeit)}$$

$$B = \frac{1}{2RT} \left(\frac{\partial^2 p}{\partial \varrho^2}\right)_{\varrho=0} \quad \text{(Zweiter Virialkoeffizient)}$$

$$\delta_T \equiv \left(\frac{\partial h}{\partial p}\right)_T = \frac{1}{\varrho} - \frac{T}{\varrho^2} \left(\frac{\partial p/\partial T}{\partial p/\partial \varrho}\right) \quad \text{(isothermer Joule-Thomson-Koeffizient)}$$

$$\mu \equiv \left(\frac{\partial T}{\partial p}\right)_h = \frac{\delta_T}{c_p} \quad \text{(Joule-Thomson-Koeffizient)}$$

$$\beta_s \equiv \left(\frac{\partial T}{\partial p}\right)_d = \frac{\delta_T - 1/\varrho}{c_p} \quad \text{(isentroper Temperatur-Druck-Koeffizient)}$$

Thermodynamische Daten für die Ableitung

Die thermodynamischen Daten zur Bestimmung der Koeffizienten der Tabellen A.1 und A.2 enthalten 691 Messungen von einphasigen Zuständen der Flüssigkeit und des Dampfes und 53 Messungen im Koexistenzbereich. Diese Daten und ihr Bereich sind in Bild A.3 dargestellt. Sie enthalten die Datengruppe 1, auf die in der Einführung Bezug genommen wurde.

Daten für den Dampfdruck der gesättigten Flüssigkeit wurden mitgeteilt von Osborne und Mitarbeitern [9] im Bereich 100 °C $< t \leq t_k$, von Stimson [10] für den Bereich 25 °C $\leq t \leq$ 100 °C und von Guildner und Mitarbeitern [11] für den Wert am Tripelpunkt.

Daten für die Dichte der gesättigten Flüssigkeit wurden von Kell et al. [12, 13] für den Bereich $0 \leq t \leq 350$ °C übernommen. Werte für die Dichte des gesättigten Dampfes über den gesamten Bereich und für die gesättigte Flüssigkeit für $t > 350$ °C wurden aus kalorimetrischen Daten (den nicht geglätteten Werten) bestimmt, über die Osborne und Mitarbeiter berichtet hatten [14, 15], und aus dem Dampfdruck.

Daten für die Enthalpie der gesättigten Flüssigkeit im Bereich $0 \leq t \leq 100$ °C (die nicht geglätteten Werte) sind von Osborne und Mitarbeitern [15] angegeben. Daten für die isotherme Kompressibilität stammen von Chen und Mitarbeitern [16]. Außer diesen und den Werten für den Zustand des idealen Gases [8] sind die bei der Ableitung benutzten Daten Messungen von Druck, Dichte und Temperatur (p,ϱ,T).

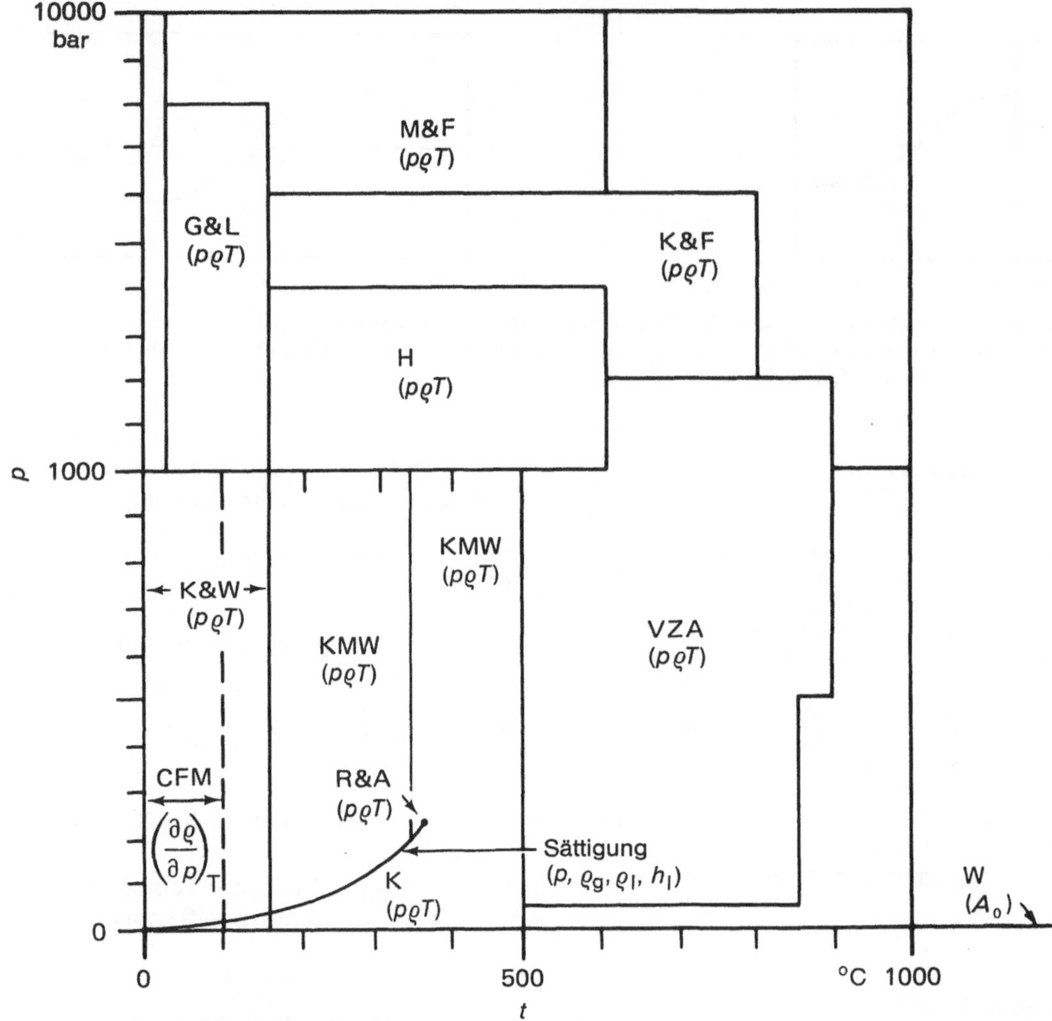

Bild A.3. Daten in Datengruppe 1: Für die Ableitung der Helmholtz-Funktion verwendete Daten. Die Abkürzungen beziehen sich auf folgende Literatur: CFM [16], G&L [20], H [21], K [18], K&F [23], KMW [13, 17], K&W [12], M&F [22], R&A [24, 60], [VZA] 19, [W] 8; Sättigungswerte [9 - 15]

Die präzisen p,ϱ,T-Messungen des National Research Council of Canada [12, 13, 17, 18] wurden für die Einphasenbereiche von Flüssigkeit und Dampf für $0 \leq t \leq 500\,°C$, $0 < p \leq 1$ kbar verwendet. Die sehr genauen p,ϱ,T-Versuche der Nationalen Laboratorien der USSR von Vukalovich et al. [19] erweitern den Datenbereich bis 900 °C.

Für höhere Druckwerte wurden p,ϱ,T-Messungen von Grindley und Lind [20] im Bereich $30\,°C \leq t \leq 150\,°C$, 1 kbar $\leq p \leq$ 8 kbar, Messungen von Hilbert [21] im Bereich $150\,°C < t \leq 600\,°C$, 1 kbar $\leq p \leq$ 4 kbar verwendet. Die p,ϱ,T-Daten von Maier und Franck [22] und Köster und Franck [23] erweitern den Bereich bis 800 °C und 10 kbar, wie es Bild A.3 zeigt.

In der unmittelbaren Nachbarschaft des kritischen Punkts, für die beiden Isothermen $t = 374.067\,°C$ und $t = 375.087\,°C$, benutzen wir p,ϱ,T-Werte von Rivkin et al. [24, 60].

Wie man aus Bild A.3 erkennt, zeigen die für die Ableitung der Gleichung benutzten Daten nur eine vernachlässigbare Überlappung und enthalten größtenteils nur p,ϱ,T-Werte.

Einzelheiten der Anpassung

Basisfunktion

Werte für die Parameter b und $\overline{B}$ wurden durch nichtlineare Anpassung längs Isothermen der Gl. (A.2) an die ausgewählten p,ϱ,T-Daten in Schritten von 50 K gewonnen. Aus diesen Werten wurden die Gln. (A.3) und (A.4) erhalten. Einzelheiten dieses Verfahrens:

Die Gleichung für $\overline{B}$ ist bei hohen Temperaturwerten in Übereinstimmung mit dem intermolekularen Potential nach Stockmayer.

Die Gleichung für b ist bei hohen Temperaturen eine lineare Funktion des Logarithmus der Temperatur. Das ist konsistent mit der Theorie (wenn man eine molekulare Abstoßung annimmt, die exponentiell mit abnehmendem intermolekularen Abstand ansteigt).

Hierdurch ist gesichert, daß die Basisfunktion, und damit die vollständige Helmholtz-Funktion, bei einer Extrapolation nach der Temperatur (und ebenso nach der Dichte) in Übereinstimmung mit der molekularen Theorie bleibt.

Residualfunktion

Die Genauigkeit der Helmholtz-Funktion hängt im wesentlichen von den ersten 36 Termen der Residualfunktion ab, Gl. (A.5). Die Koeffizienten dieser Gleichung wurden durch eine „globale" Anpassung an die Daten nach der Methode der kleinsten Quadrate erhalten, wofür ein lineares Regressionsverfahren verwendet wurde. Für die Anpassung maßgebend waren die Differenzen zwischen den ausgewählten Daten und der Summe der Beiträge aus der Basisfunktion, Gl. (A.2) und der Idealgasfuktion, Gl. (A.6), unter Beachtung folgender Einzelheiten:

Daten in der Nähe des kritischen Punktes wurden nicht zur globalen Anpassung herangezogen. Die Koeffizienten $1 \leq i \leq 36$ wurden nur aus Daten ermittelt, die außerhalb des Rechtecks in Bild A.4 liegen (dort gestrichelt).

Es wurden keine willkürlichen Zwänge ausgeübt. Das heißt, die Gleichung wurde nicht mathematisch gezwungen, irgend welche thermodynamischen Bedingungen oder einen bestimmten Wert zu erfüllen, zum Beispiel p,ϱ,T-Werte am kritischen Punkt.

Die Qualität der Anpassung ist besonders empfindlich gegenüber dem statistischen Gewicht, das man jedem einzelnen Wert, der mitberücksichtigt wurde, zuerkennt. Werte für diese Gewichte wurden aus einer zeitraubenden und mühevollen Überprüfung der Konsistenz zwischen einzelnen Datensätzen abgeleitet, was manchen Probelauf erforderte.

Die Koeffizienten für jene Terme der Residualfunktio, die nur in den sehr schmalen, lokalisierten Bereichen $37 \leq i \leq 40$, Gl. (A.5) beitragen, wurden durch eine Anpassung nach der Methode der kleinsten Quadrate an die Differenz zwischen den p,ϱ,T-Daten und der Summe der Beiträge aus der Basisfunktion und aus den globalen Termen der Residualfunktion (den Termen $1 \leq i \leq 36$) erhalten. Die Anpassung wurde vorgenommen an die p,ϱ,T-Daten von Rivkin et al. [24, 60] für die beiden Isothermen im kritischen Gebiet und an die p,ϱ,T-Daten von Grindley und Lind [20]. Die für die Parameter ϱ_i, T_i, α_i, β_i aufgelisteten Werte stellen sicher, daß diese Terme nur in den angegebenen, lokalisierten Bereichen wesentlich beitragen.

Das Ergebnis dieser Verfahren ist, daß die so abgeleitete Helmholtz-Funktion mit dem Verlauf der Daten für jeden Datensatz konsistent ist, aber nur innerhalb der gegenseitigen Konsistenz zwischen verschiedenen Datensätzen.

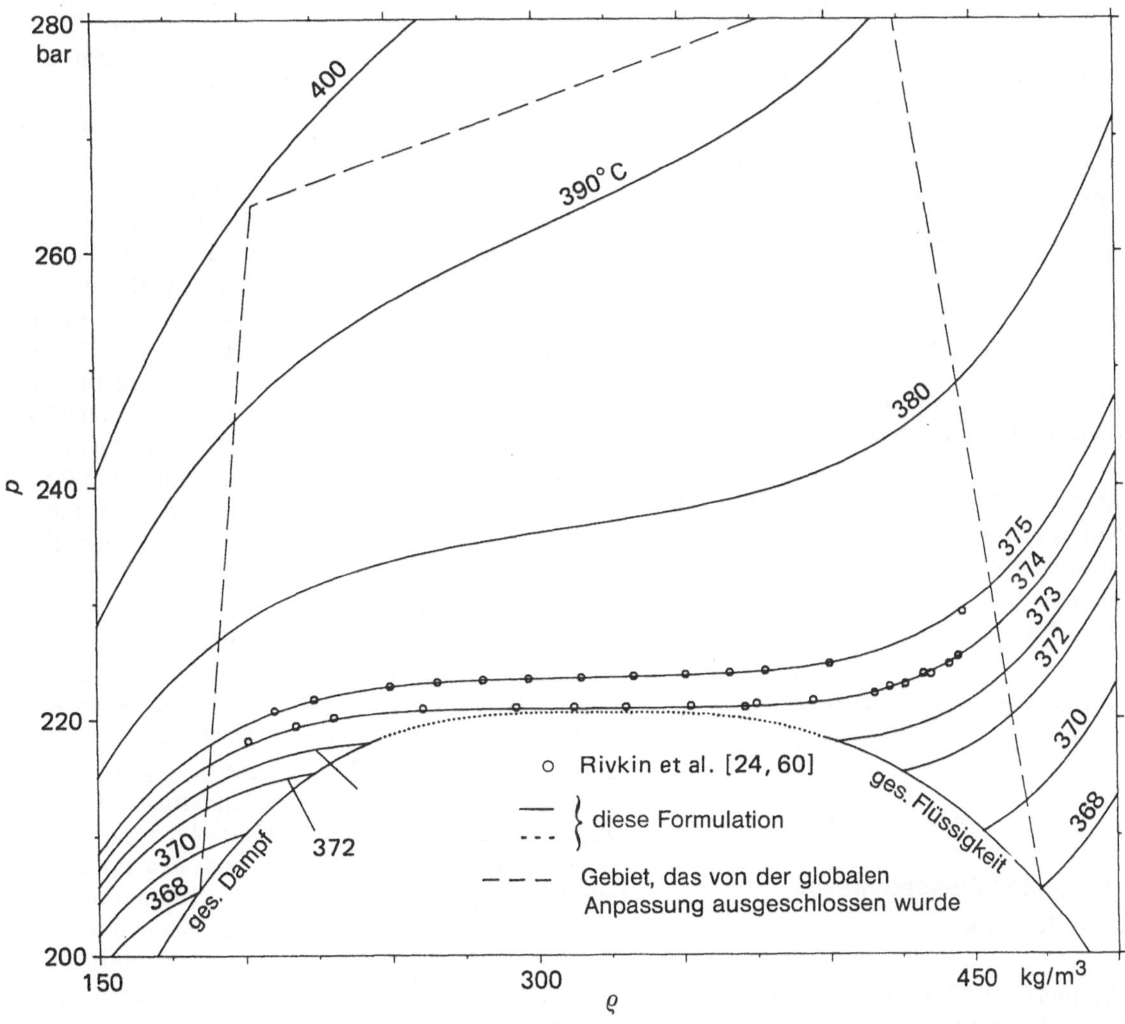

Bild A.4. Das kritische Gebiet. Der gepunktete Teil, der Dom der Koexistenzkurve, ist durch Gl. (A.8) gegeben. Die p, ϱ, T-Daten stammen von Rivkin und Akhundov [24, 60]. Die durchgezogenen Linien sind berechnete Werte. Die gestrichelten Linien umgeben den Bereich, dessen Daten nicht für die globale Anpassung (das heißt für die Residualterme $1 \leq i \leq 36$) herangezogen wurden

Koexistierende Phasen

Die Zustandswerte für die koexistierenden Phasen von Flüssigkeit und Dampf vom Tripelpunkt bis 0.5 K unterhalb der kritischen Temperatur ($0.01\,°C \leq t \leq (t_k - 0.5\,K)$) wurden in genauer Übereinstimmung mit der Bedingung nach Gibbs für das Phasengleichgewicht ermittelt:

$$\Delta G = G_g - G_l = 0, \quad p = \text{const und } t = \text{const} \quad (A.7)$$

wenn G_g und G_l die spezifische freie Enthalpie (spezifische Gibbs-Funktion) des gesättigten Dampfes bzw. der gesättigten Flüssigkeit bedeuten.

Für den Bereich $(t_k - t) \leq 0.5$ K ergibt eine exakte Lösung für die Helmholtz-Funktion unter Benutzung von Gl. (A.7) zu kleine Werte für die Dichte der gesättigten Flüssigkeit. Auch verlaufen in diesem Bereich (dem Dom der Koexistenzkurve) die Isothermen in der Druck-Dichte-Ebene und in der Gibbs-Funktion-Dichte-Ebene nahezu flach, so daß es selbst mit großen Computern schwierig ist, eine Lösung zu erhalten.

Als Alternative zur exakten Lösung wurde in diesem Bereich folgende Potenzgleichung verwendet:

$$\varrho = 0.32189 \pm 0.657128 \left(1 - \frac{T}{647.126}\right)^{0.325} \quad (A.8)$$

T ist in Kelvin einzusetzen, um ϱ in g/cm³ zu erhalten. Der Exponent wurde aus einem Skalengesetz nach Levelt-Sengers et al. [25] abgeleitet. Gl. (A.8) geht glatt in die exakte Lösung, Gl. (A.7), bei $t \approx (t_k - 0.5\,K)$ über. In Bild A.4 bedeutet der durchgezogene Teil der Koexistenzkurve Zustände, die exakt die Gibbs-Bedingung erfüllen, der gepunktete Teil (der Dom) ist durch Gl. (A.8) gegeben. Für übereinstimmende Wasser-Dampf-Zustände, die durch die gepunktete Kurve definiert sind, gilt

$$t = \text{const}, \quad \Delta p \leq 2 \cdot 10^{-4} p,$$
$$\Delta G \leq 2 \cdot 10^{-5} G \approx 0.015 \text{ J/g}. \quad (A.9)$$

Es ist bekannt, daß auch beste Messungen in diesem Bereich nur innerhalb der Toleranzen nach Gl. (A.9) konsistent sind.

Tafelwerte der thermodynamischen Zustandsgrößen im Koexistenzbereich der flüssigen und dampfförmigen Phasen im Dom, also bei $t_k \geq t \geq (t_k - 5\,K)$, beziehen sich auf die durch Gl. (A.8) definierten und in Bild A.4 dargestellten Zustände. Die kritischen Parameter haben folgende Werte:

$$\varrho_k = 0.322 \text{ g/cm}^3, \quad T_k = 647.126 \text{ K} \mathrel{\hat=} 373.976\,°C,$$
$$p_k = 220.55 \text{ bar} \quad (A.10)$$

Vergleich berechneter Zustandswerte mit experimentellen Daten

Die strengste Prüfung für die Bewertung der Helmholtz-Funktion ist ein Vergleich mit Daten aus der Datengruppe 2. (Diese wurde nicht zur Ableitung herangezogen). Unter ihnen befinden sich Daten für die spezifische Wärmekapazität bei konstantem Druck und für die Schallgeschwindigkeit in einem weiten Zustandsbereich, ferner Daten für den Joule-Thomson-Koeffizient, den isentropen Temperatur-Druck-Koeffizient, den zweiten Virialkoeffizient und die spezifische Wärmekapazität bei konstantem Volumen. Solche Messungen erfordern Prüfungen der Helmholtz-Funktion im Bereich der zweiten Ableitungen. Wichtig für die Bewertung sind auch Vergleiche mit den sehr genauen Messungen der spezifischen Verdampfungsenthalpie und mit Messungen aus der Datengruppe 1.

Alle diese Daten sind auf die Internationale Praktische Temperaturskala von 1968 (IPTS 1968) [3] bezogen. Ein großer Teil der für den Vergleich ausgewählten Daten ist aus thermodynamischen Präzisionsmessungen nach dem heutigen Stand des Wissens hervorgegangen.

Koexistierende Phasen

Berechnete thermodynamische Zustandswerte für Zustände, die die Gleichgewichtsbedingungen für Dampf und Flüssigkeit genau erfüllen, Gln. (A.7), sind in Bild A.5 bis A.8 mit Daten verglichen. Dazu gehören auch Vergleiche für den Dampfdruck der gesättigten Flüssigkeit, die koexistierenden Dichten, die spezifische Verdampfungsenthalpie und die spezifische Enthalpie der gesättigten Flüssigkeit. Mit Ausnahme der spezifischen Verdampfungsenthalpie und der spezifischen Enthalpie der gesättigten Flüssigkeit im Bereich $t > 100\,°C$, wurden diese Daten auch für die Ableitung herangezogen (Datengruppe 1).

Die Vergleiche für den Dampfdruck, Bild A.5, zeigen an, daß im ganzen Bereich $0.01\,°C \leq t \leq t_k$ Differenzen zwischen Daten und berechneten Werten innerhalb von 12 Teilen auf 100 000 auftreten. Die größte Differenz für die spezifische Verdampfungsenthalpie, Bild A.6, beträgt zwei Teile auf 10 000 für den Bereich $0.01\,°C \leq t \leq 330\,°C$. Im Temperaturbereich $t > 330\,°C$ sind die Differenzen größer; allerdings sind sie bis 360 °C unter 0.7 J/g (Bild A.8). Differenzen für die spezifische Enthalpie der gesättigten Flüssigkeit, Bild A.8, liegen innerhalb 0.5 J/g im ganzen Bereich $0.01\,°C \leq t \leq t_k$, bei kleinen Temperaturen im Bereich $0.1\,°C \leq t \leq 100\,°C$ liegen sie innerhalb 0.05 J/g.

Differenzen zwischen berechneten und experimentellen Werten der Dichte zeigt Bild A.7. Im Bereich $0 \leq t \leq 330\,°C$ sind die Differenzen kleiner als ein Teil auf 10 000 für die gesättigte Flüssigkeit und liegen innerhalb von etwa zwei Teilen auf 10 000 für den gesättigten Dampf. Im Bereich $330\,°C < t \leq 360\,°C$ liegen die Differenzen für Flüssigkeit und Dampf innerhalb fünf Teilen auf 10 000. Im Bereich $t > 365\,°C$ erzeugen kleine Differenzen zwischen berechneten und experimentellen Werten für den Dampfdruck große Differenzen für die koexistierenden Dichten. In diesem Bereich beziehen sich die Vergleiche in Bild A.7 auf die Dampfdrücke. Jeder Dichte-Temperaturpunkt für die Daten definiert, zusammen mit der Helmholtz-Funktion, einen Druckwert. Diese sind in der Abbildung mit berechneten Druckwerten verglichen.

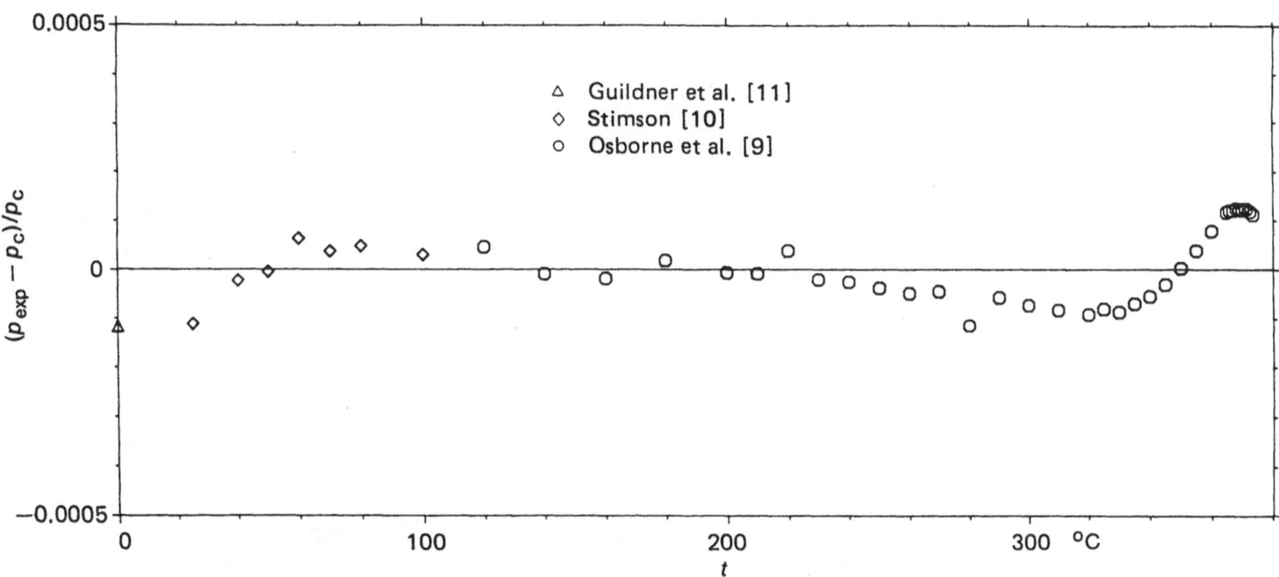

Bild A.5. Dampfdruck der gesättigten Flüssigkeit. Vergleich berechneter Werte mit Daten: Guildner et al. [11] für $t = 0.01\,°C$, Stimson [10] für $25\,°C \leq t \leq 100\,°C$, Osborne et al. [9] für $100\,°C < t \leq 374\,°C$

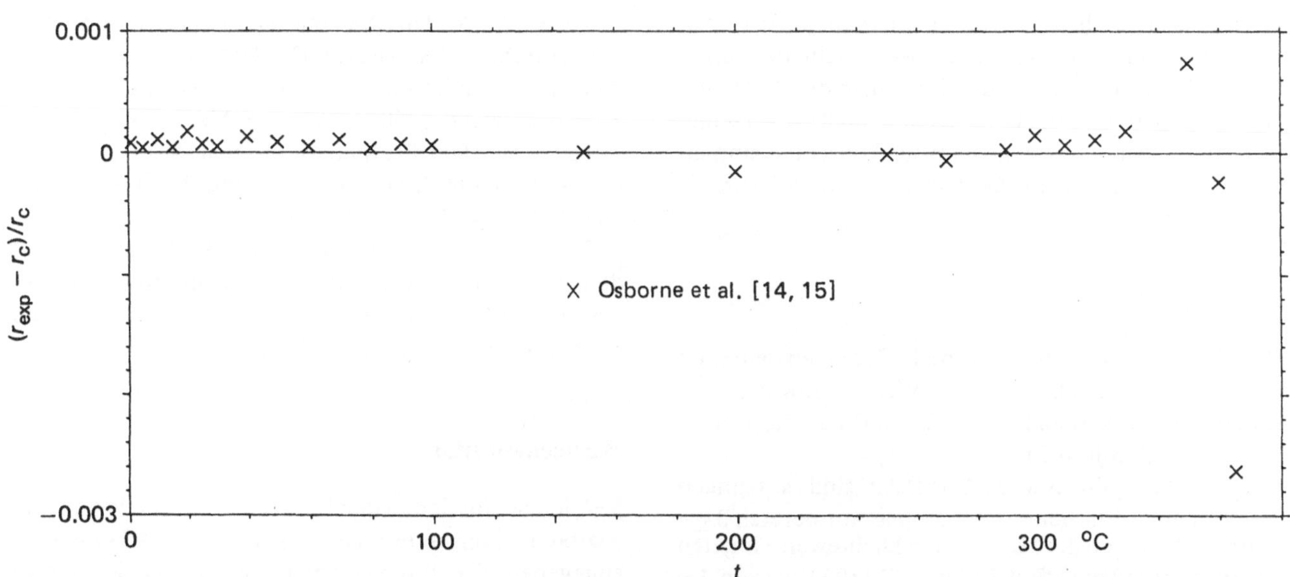

Bild A.6. Spezifische Verdampfungsenthalpie. Vergleich beobachteter Werte von Osborne et al. [14, 15] mit berechneten Werten

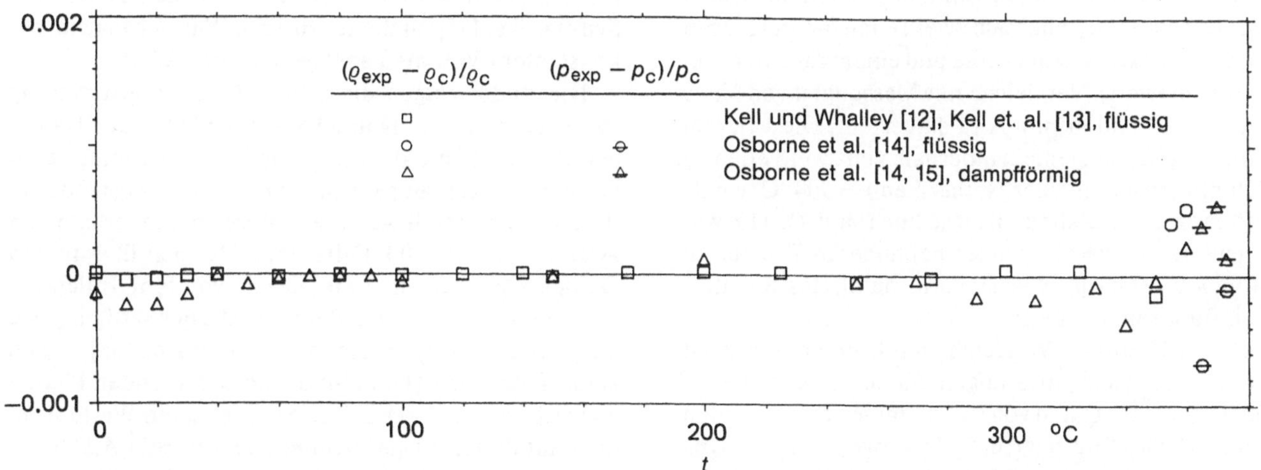

Bild A.7. Dichte von gesättigter Flüssigkeit und Dampf. Vergleich berechneter Werte mit Daten: Kell und Whalley [12], Kell et al. [13], ϱ_l für den Bereich $0.01\,°C \leq t \leq 350\,°C$; Osborne et al. [14, 15], ϱ_l für den Bereich $350\,°C < t < 374\,°C$ und ϱ_g für den Bereich $0.01\,°C \leq t \leq 374\,°C$. Vergleich für Druck: jeder Dichte-Temperatur-Meßwert definiert zusammen mit der Helmholtz-Funktion einen Wert für den Druck p_{exp}. Diese werden im Bereich $365\,°C < t < t_k$ mit berechneten Werten für den Dampfdruck verglichen

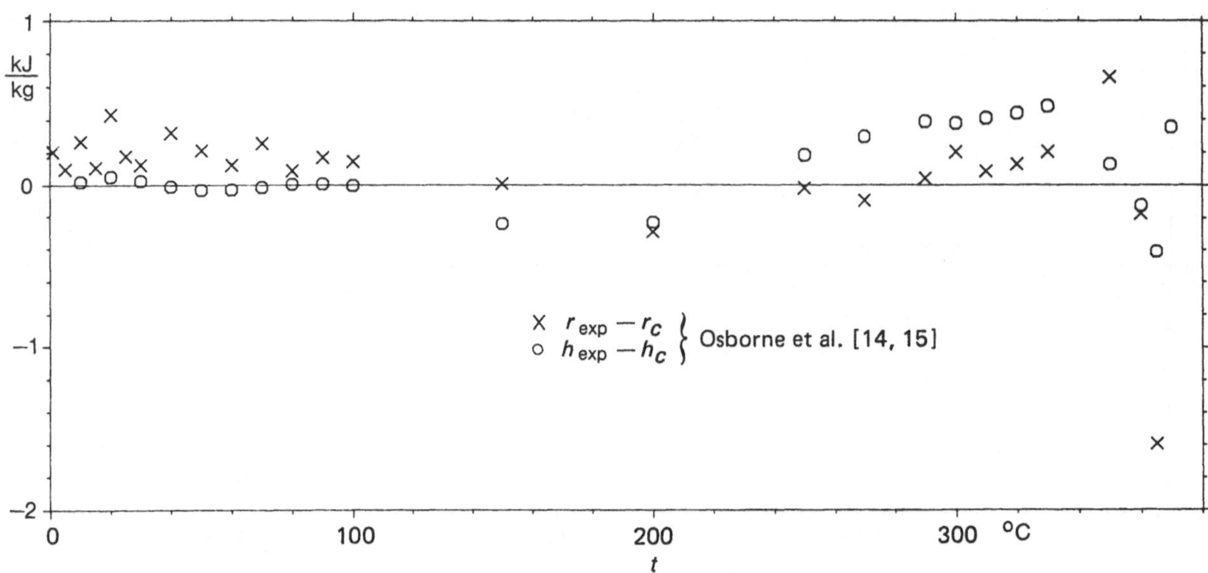

Bild A.8. Spezifische Enthalpie der gesättigten Flüssigkeit und spezifische Verdampfungsenthalpie. Vergleich beobachteter Werte von Osborne et al. [14, 15] mit berechneten Werten

Diese Vergleiche zeigen eine bemerkenswerte Konsistenz zwischen den Ergebnissen der verschiedenen Arten von Experimenten. In der Tat zeigen die Bilder A.5 bis A.8 im Bereich 0.01 °C $\leq t \leq$ 330 °C, daß die verschiedenartigen Daten thermodynamisch konsistent sind innerhalb der Toleranzen, die man der IPTS 1968 zurechnen muß [69].

p, ϱ, T (Einzelphase)

Die Vergleiche zeigen bezogene Differenzen zwischen den Daten und den berechneten Werten. Soweit nichts anderes vermerkt, handelt es sich um Daten der Datengruppe 1 (vgl. Bild A.3).

Die Daten in den Bildern A.9 bis A.11 sind Messungen von Kell und Mitarbeitern. Im Temperaturbereich $0 \leq t \leq$ 100 °C stimmen die berechneten Dichtewerte mit den Daten innerhalb von fünf Teilen auf 100 000 überein. Im Bereich 100 °C $< t \leq$ 350 °C liegt die Übereinstimmung innerhalb von drei Teilen in 10 000. Im Bereich 350 °C $< t \leq$ 500 °C liegt die Übereinstimmung innerhalb von einem Teil auf 1000 (innerhalb zwei Teilen für drei Ausreißer nahe der kritischen Dichte und einem für einen kleinen Dichtewert). Vergleiche mit Messungen von Vukalovich et al. sind in Bild A.12 dargestellt. Die Übereinstimmung liegt allgemein innerhalb von zwei Teilen auf 1000 mit Ausnahme der Isothermen $t = 900$ °C, wo die Differenzen ungefähr doppelt so hoch sind. (In [19] wird berichtet, daß die Messungen bei höheren Temperaturen etwas durch plastische Verformung des Behälters beeinflußt sein können).

Bild A.13 enthält Vergleiche mit Daten aus vier Sätzen von Präzisionsmessungen für die Isotherme $t =$ 500 °C. (Nur die Daten von Kell stammen aus der Datengruppe 1). Das Bild zeigt, daß Messungen höchster Qualität in gegenseitiger Übereinstimmung innerhalb von nur zwei Teilen auf 1000 sind. Daher sollten Anpassungen von zwei Teilen auf 1000 in diesem Druckbereich für die Daten oberhalb 500 °C berechtigt sein.

Die Bilder A.14 bis A.17 enthalten Vergleiche mit Daten für höhere Druckwerte. Die Unterschiede wachsen von einem Maximum von etwa zwei Teilen auf 1000 für Temperaturen $t \leq$ 150 °C zu einem Maximum von etwa 15 Teilen auf 1000 für einen Meßwert auf der Isothermen $t =$ 800 °C (Bild A.14). Die Streuung für einige dieser Daten (Bild A.17) ist ungefähr 1 %.

Nahe dem kritischen Punkt werden Vergleiche mit den Daten von Rivkin et al. für vier Isothermen angegeben (Bild A.18). In diesem Bild bezieht sich die Ordinate auf die bezogene Differenz der Druckwerte.

Wärmekapazität

Vergleiche mit den Daten für die spezifische Wärmekapazität bei konstantem Druck sind in Bild A.19 bis A.22 angegeben. Die durchgezogenen Kurven beziehen sich auf die berechneten Werte und die verschiedenen Symbole auf die Messungen von Sirota und Mitarbeitern [26, 34]. Auch werden Vergleiche mit den Daten von Schomaeker [35] für die spezifische Wärmekapazität bei konstantem Volumen angegeben (Bild A.23).

Die Bilder zeigen die sehr gute Übereinstimmung zwischen Berechnung und Experiment über den Datenbereich. In allen Fällen liegt die Übereinstimmung innerhalb der Genauigkeit der Daten. Für Zustände im flüssigen Bereich liegen die Differenzen innerhalb von zwei Teilen auf 1000. Differenzen für den überhitzten Dampf liegen allgemein innerhalb von fünf Teilen auf 1000, ausgenommen den Bereich nahe der Sättigung, wo die gemessenen c_p-Werte inkonsistent sind [68] zu den kalorimetrischen Daten für die koexistierenden Phasen von Osborne et al. [14, 15]. Die berechneten Werte stimmen mit diesen ausgezeichnet überein (Bild A.8).

Im kritischen Gebiet (Bild A.21) sind die Differenzen größer, liegen aber noch innerhalb der experimentellen Genauigkeit. Daten und berechnete Werte beziehen sich in diesem Bereich auf die mittlere spezifische Wär-

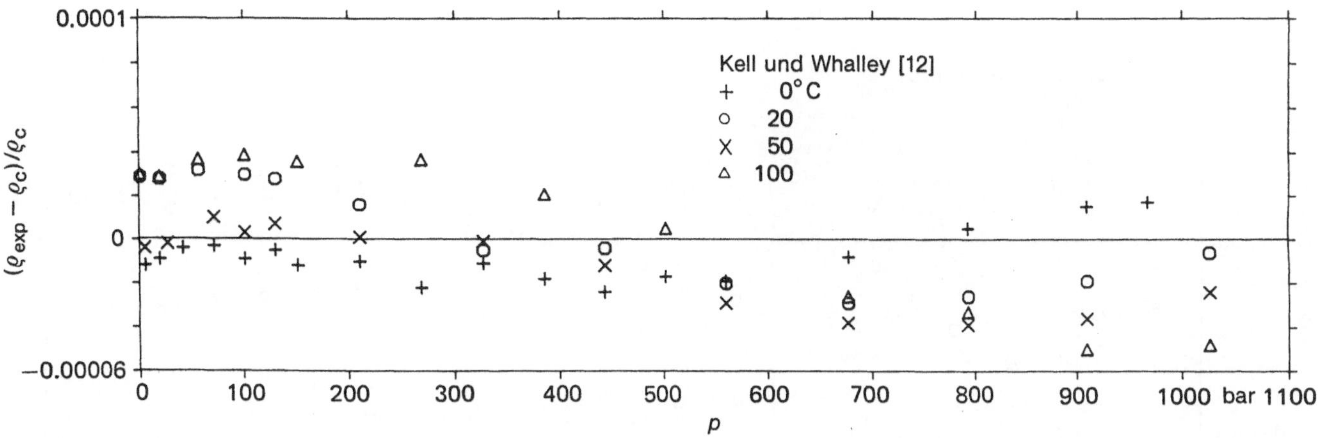

Bild A.9. Dichte von Druckwasser, $0 \leq t \leq 100\,°C$. Vergleich experimenteller Werte von Kell und Whalley [12] mit berechneten Werten

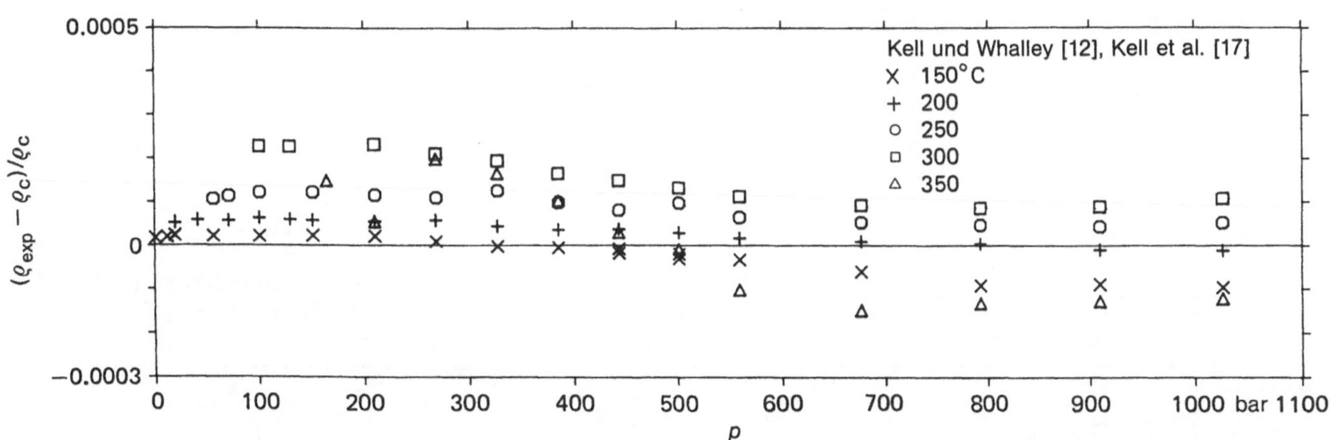

Bild A.10. Dichte von Druckwasser, $150\,°C \leq t \leq 350\,°C$. Vergleich experimenteller Werte von Kell und Mitarbeitern [12, 17] mit berechneten Werten

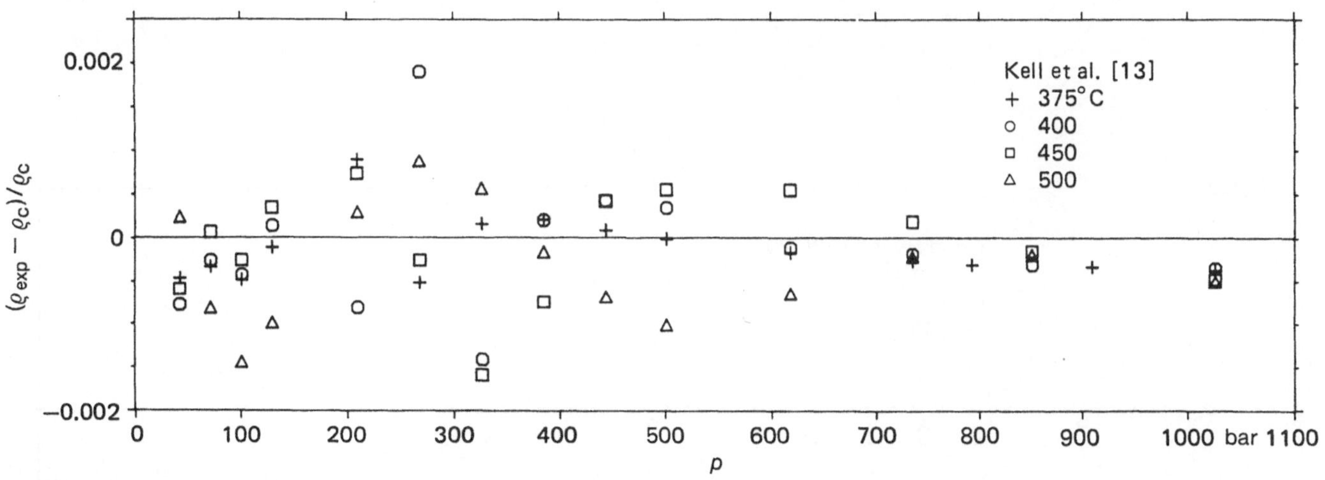

Bild A.11. Dichte von Druckwasser, $375\,°C \leq t \leq 500\,°C$. Vergleich experimenteller Werte von Kell und Mitarbeitern [13] mit berechneten Werten

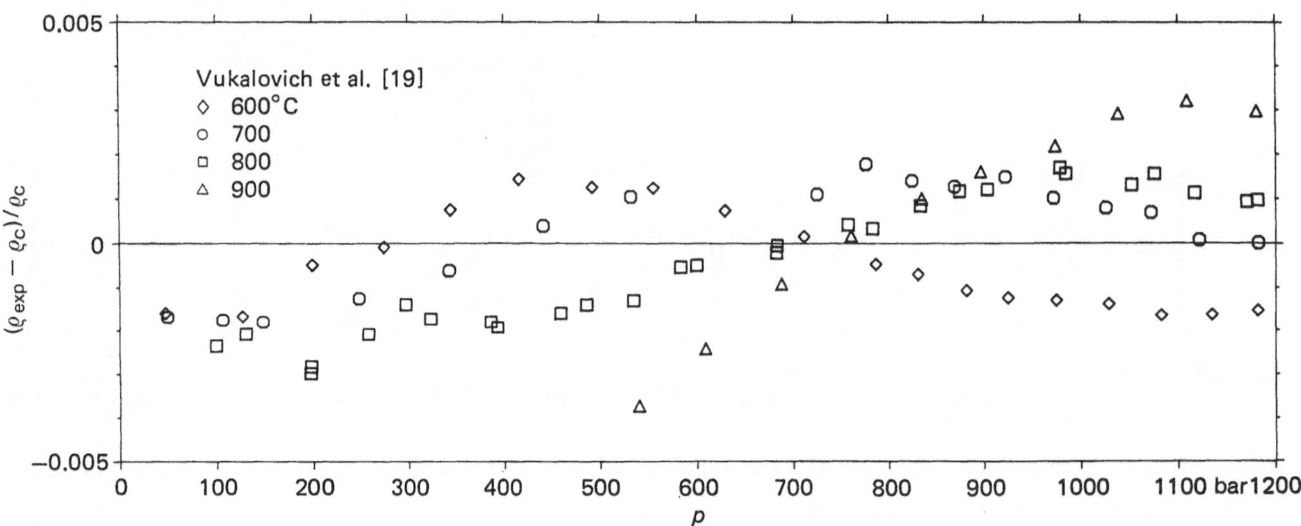

Bild A.12. Dichten von Druckwasser, $600\,°C \leq t \leq 900\,°C$. Vergleich experimenteller Werte von Vukalovich und Mitarbeitern [19] mit berechneten Werten

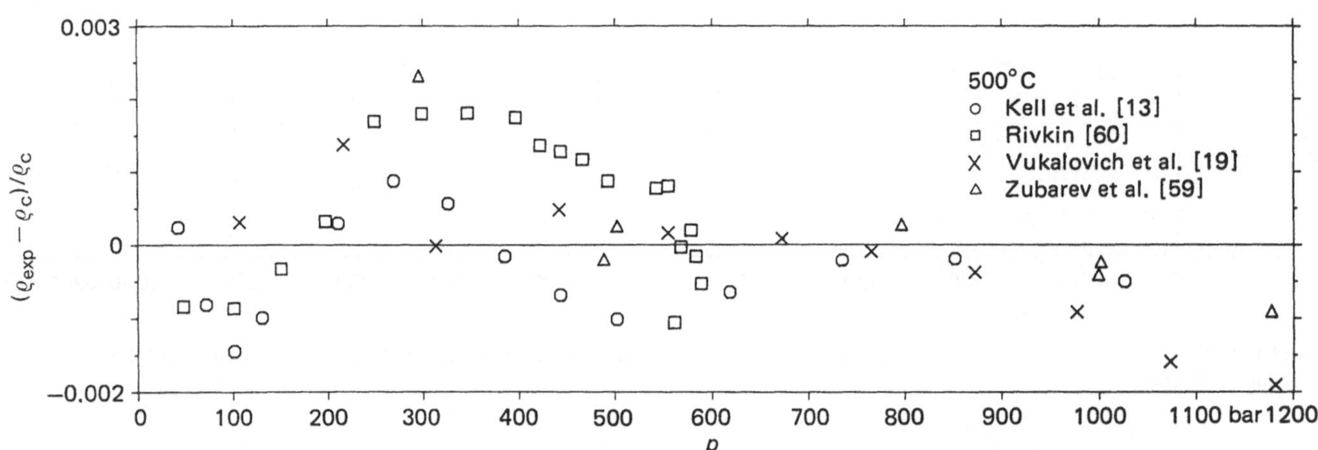

Bild A.13. Dichte von Druckwasser, $t = 500\,°C$. Vergleich der Daten von Kell et al. [13]; Rivkin und Akhundov [60], Vukalovich et al. [19], Zubarev et al. [59] mit berechneten Werten

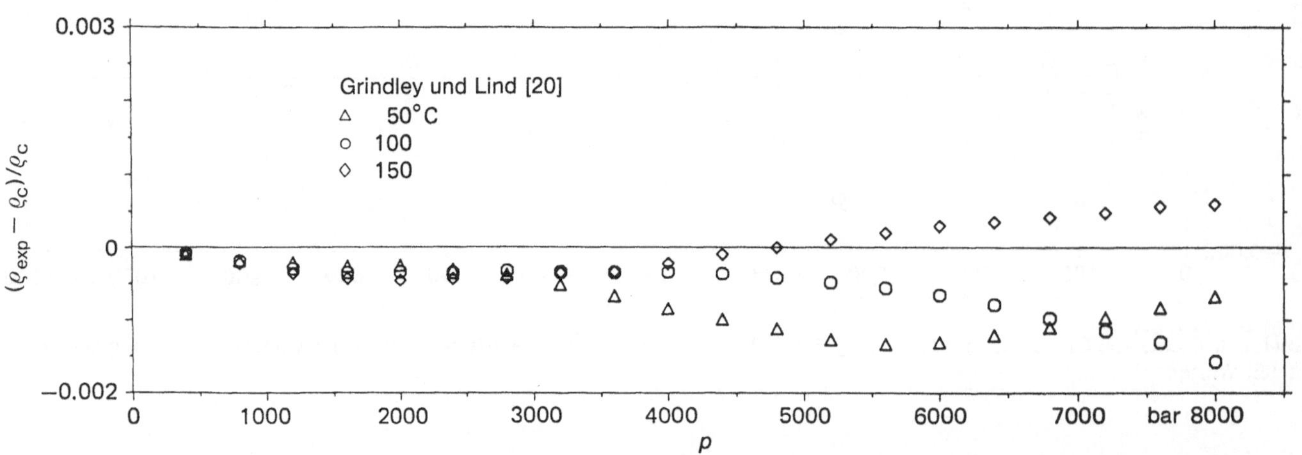

Bild A.14. Dichte von Wasser unter hohem Druck; $50\,°C \leq t \leq 150\,°C$, $500\,bar \leq p \leq 8000\,bar$. Vergleich der Daten von Grindley und Lind [20] mit berechneten Werten

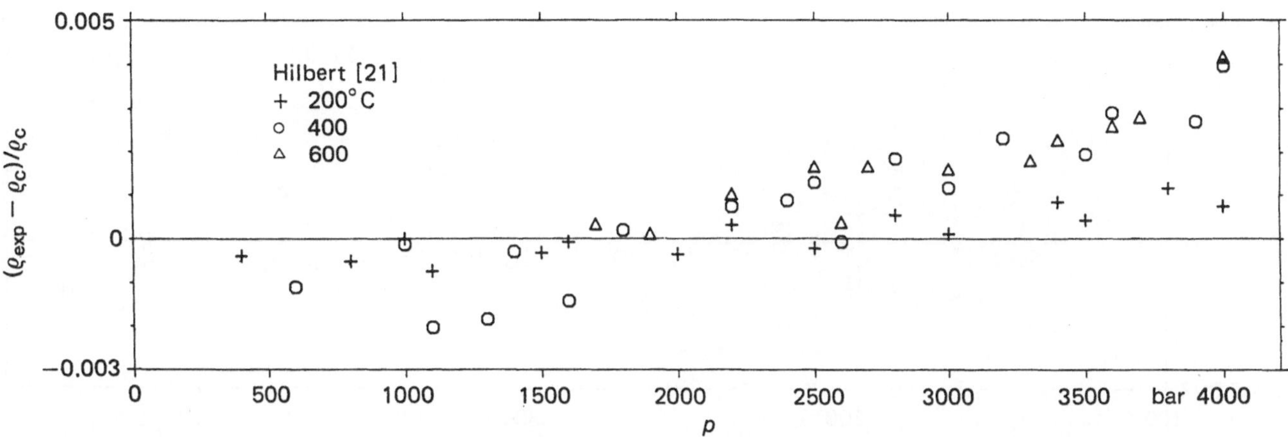

Bild A.15. Dichten von Wasser unter hohem Druck, 200 °C ≤ t ≤ 600 °C, 500 bar ≤ p ≤ 4000 bar. Vergleich der Daten von Hilbert [21] mit berechneten Werten

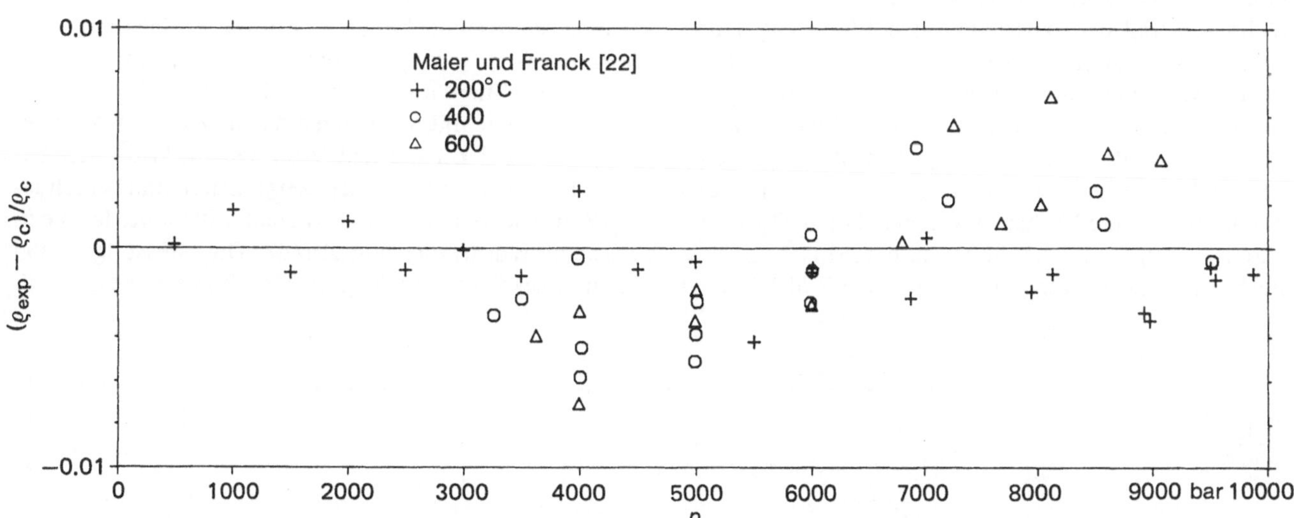

Bild A.16. Dichte von Wasser unter hohem Druck; 200 °C ≤ t ≤ 600 °C, 500 bar ≤ p ≤ 10 000 bar. Vergleich der Daten von Maier und Franck [22] mit berechneten Werten

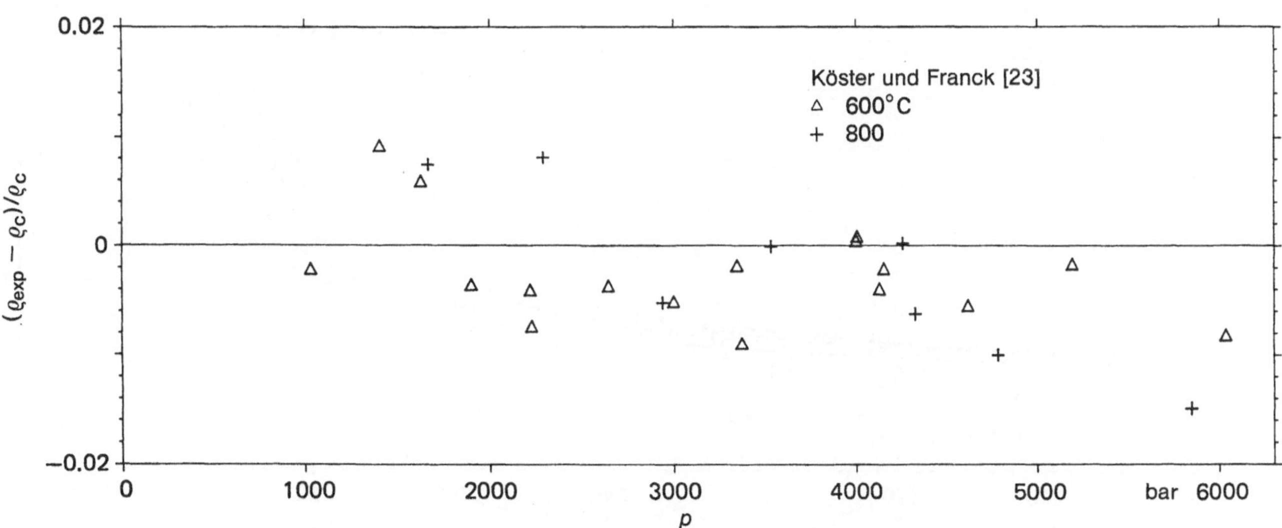

Bild A.17. Dichte von Wasser unter hohem Druck; 600 °C ≤ t ≤ 800 °C, 1000 bar ≤ p ≤ 6000 bar. Vergleich der Daten von Köster und Franck [23] mit berechneten Werten

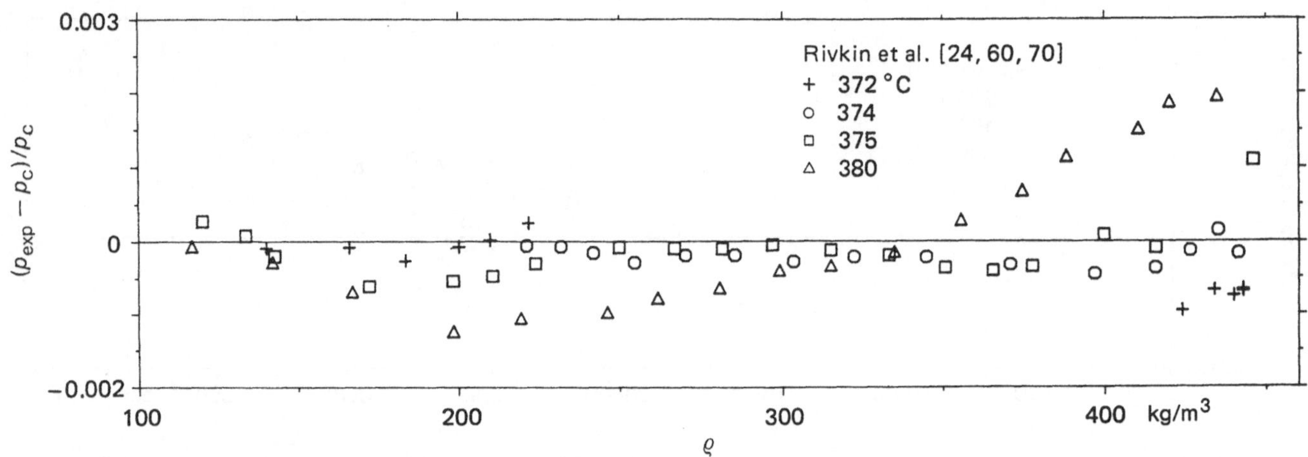

Bild A.18. Bezogene Druckdifferenzen auf Isothermen nahe der kritschen Temperatur. Vergleich der Daten von Rivkin und Akhundov [24, 60, 70] mit berechneten Werten

mekapazität bei konstantem Druck, $\Delta h/\Delta t$. Am meisten fällt die Verschiebung zwischen den Maxima der berechneten und der experimentellen Werte auf. Diese Verschiebung kann man beseitigen, wenn man die Temperaturwerte bei den kalorimetrischen Messungen um 0.05 K erniedrigt [25]. Es trifft sich, daß ±0.05 K etwa der Toleranz der Präzisionsmessungen in diesem Bereich entspricht. Die Differenz im Wert zwischen den Maxima für die Isobare 225 bar ist weniger als 4 %. Diese Isobare ist weniger als 5 bar höher als der kritische Druck. Bei höheren Druckwerten im Bereich von Bild A.22 liegt die Übereinstimmung zwischen berechneten Werten und den Daten innerhalb von 2 %. Die Übereinstimmung ist besser bei höheren Drücken, so daß für die Isobaren 500 bar $\leq p \leq$ 1000 bar die Differenzen mit wenigen Ausnahmen innerhalb von 1 % liegen.

Vergleiche mit Messungen der spezifischen Wärmekapazität bei konstantem Volumen im kritischen Bereich sind in Bild A.23 a–d gezeigt; Daten und berechnete Werte beziehen sich hier auf den Mittelwert der spezifischen Wärmekapazität $\Delta u/\Delta t$. Die Messungen von Schomaeker wurden längs vier Isochoren nahe dem kri-

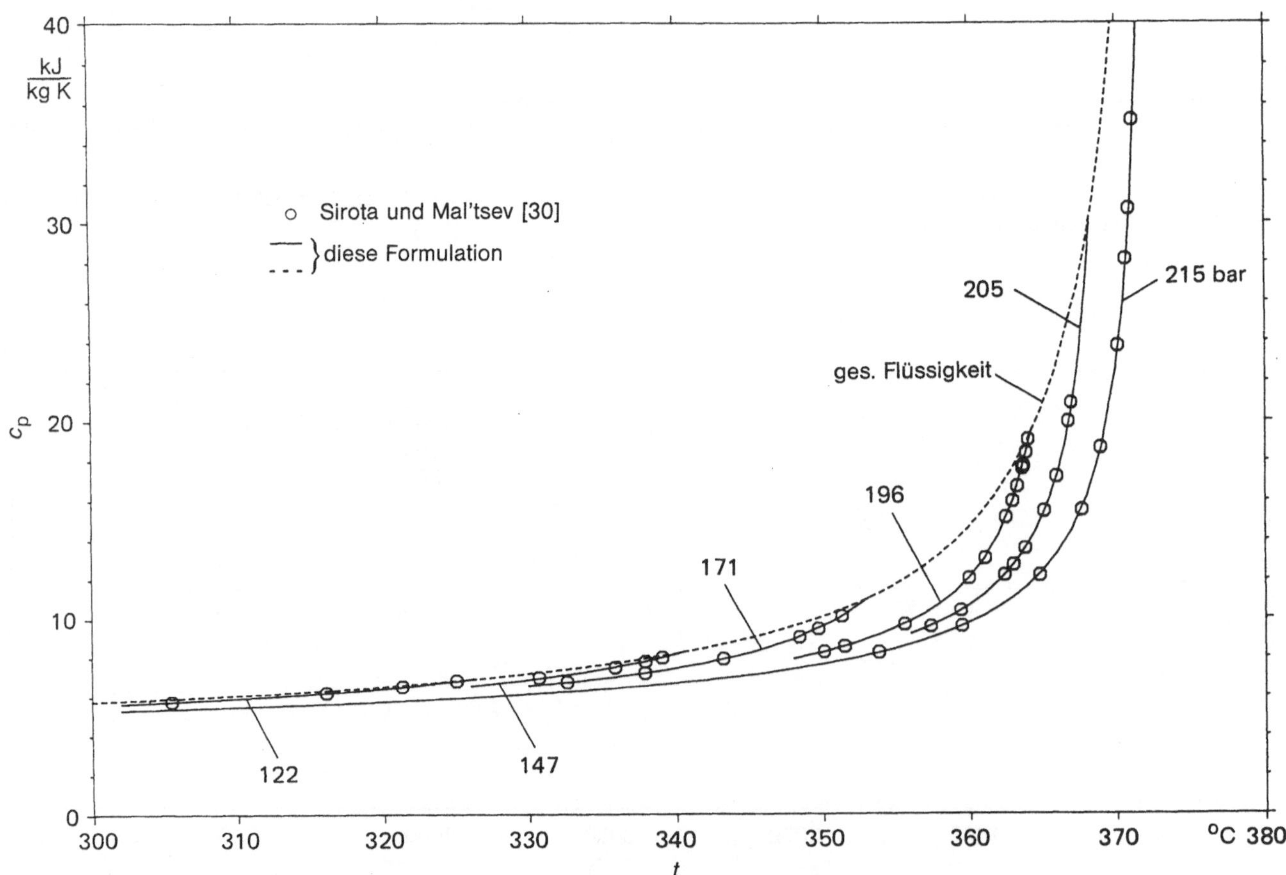

Bild A.19. Spezifische Wärmekapazität bei konstantem Druck von Wasser auf Isobaren. Vergleich der Daten von Sirota und Mal'tsev [30] mit berechneten Werten. Die gestrichelte Linie bezieht sich auf gesättigte Flüssigkeit

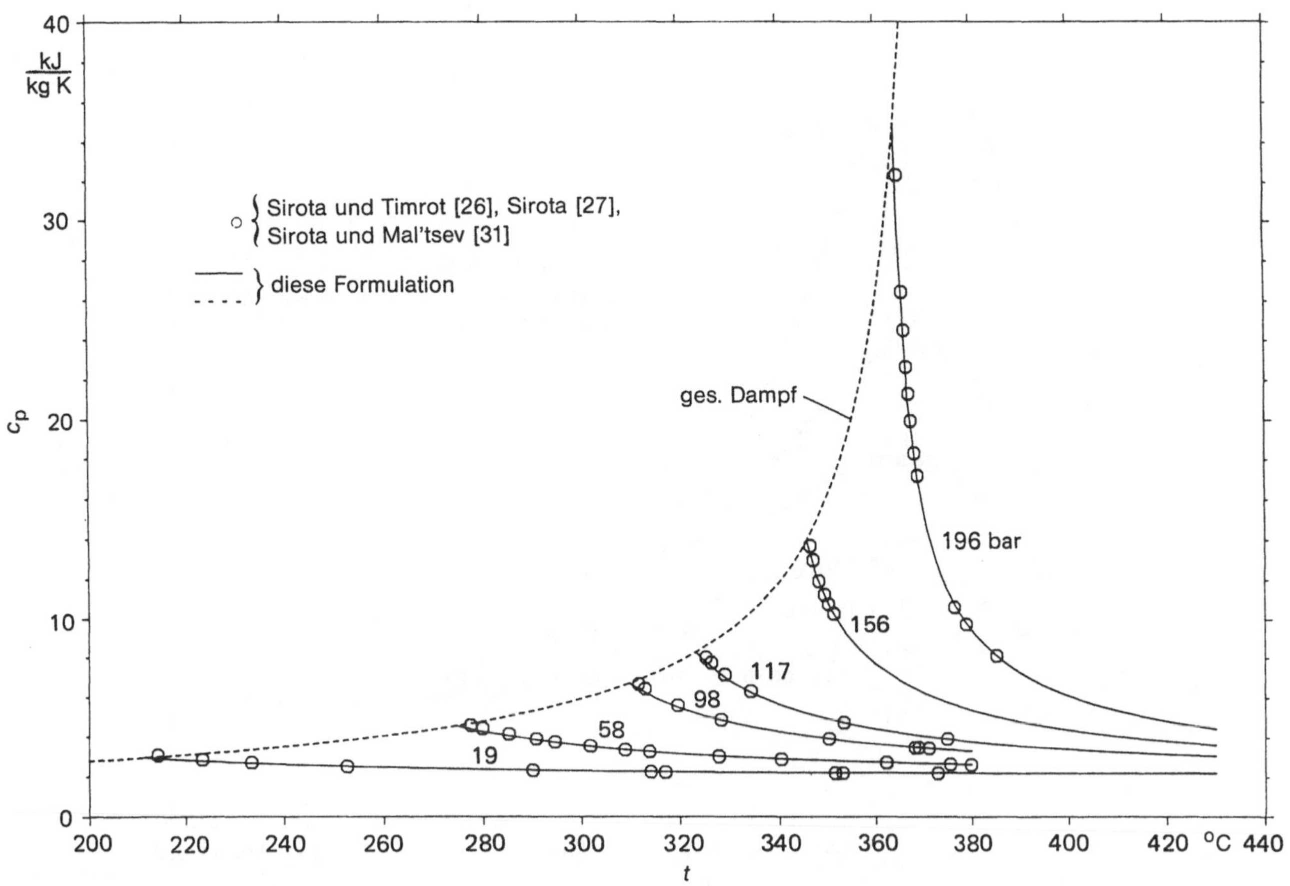

Bild A.20. Spezifische Wärmekapazität bei konstantem Druck von Dampf auf Isobaren. Vergleich der Daten von Sirota und Mitarbeitern [26, 27, 31] mit berechneten Werten. Die gestrichelte Linie bezieht sich auf gesättigten Dampf

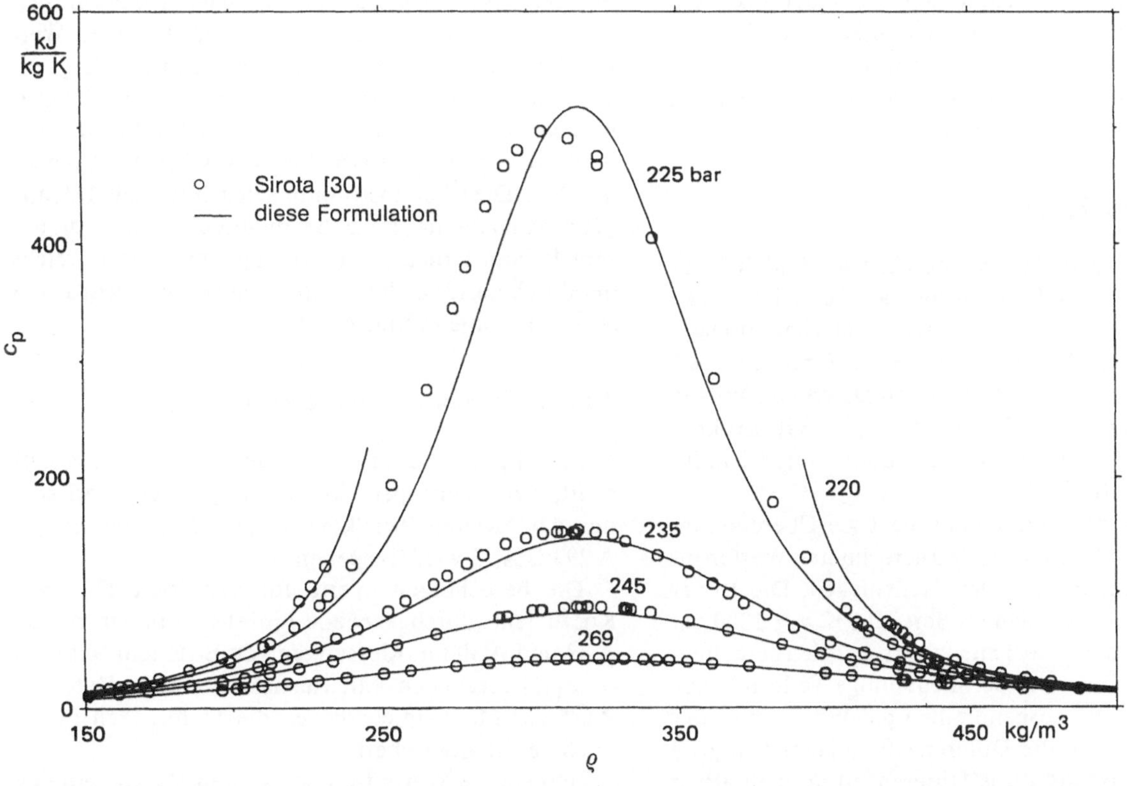

Bild A.21. Spezifische Wärmekapazität bei konstantem Druck auf Isobaren im kritischen Gebiet. Vergleich der Daten von Sirota und Mal'tsev [30] mit berechneten Werten. Die Verschiebung der Maxima kann durch eine geringe Inkonsistenz zwischen Messungen der Temperatur [25] für die c_p-Daten nach Sirota und p,ϱ,T-Daten, die zur Berechnung der Helmholtz-Funktion benutzt werden, entstanden sein

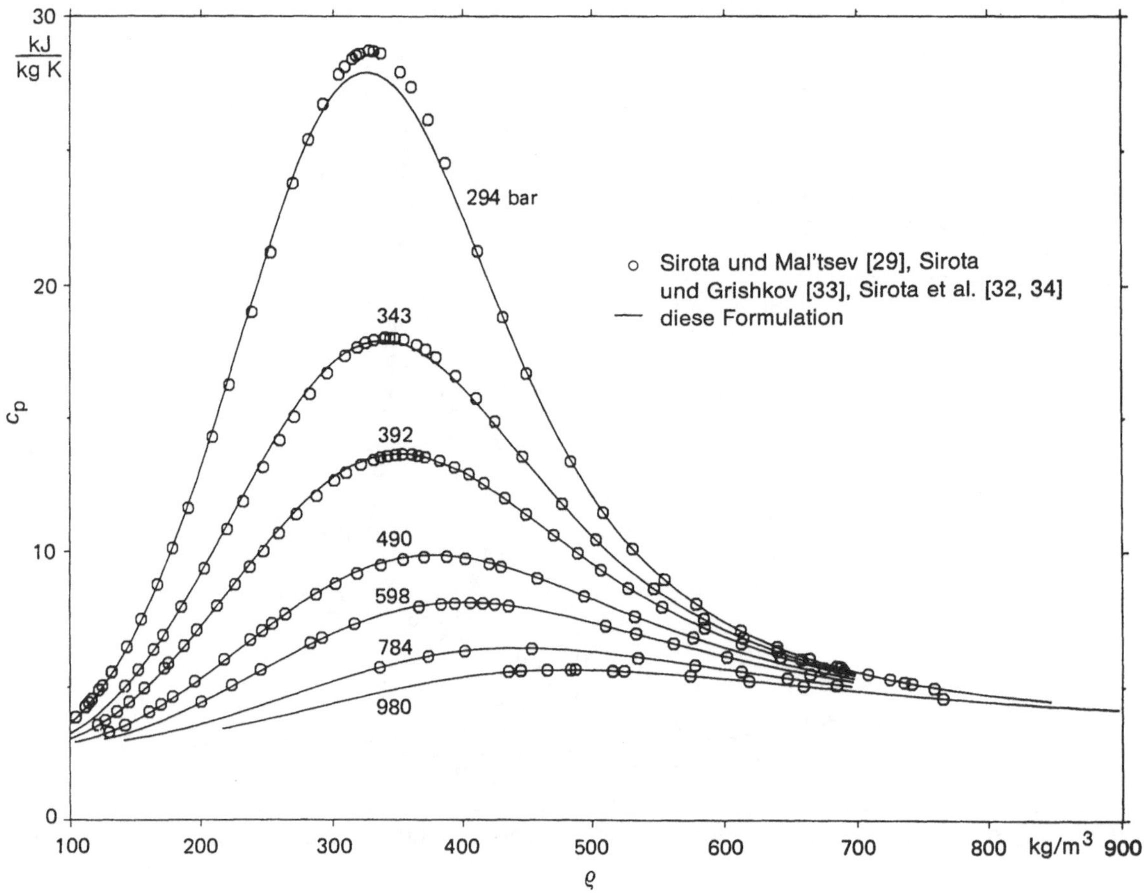

Bild A.22. Spezifische Wärmekapazität bei konstantem Druck auf Isobaren bei überkritischen Drücken. Vergleich der Daten von Sirota und Mitarbeitern [29, 32 - 34] mit berechneten Werten

tischen Dichtewert vorgenommen. Die Bilder zeigen die gute Übereinstimmung zwischen berechneten Werten und Daten, sogar sehr nahe der Sättigungslinie, wo die berechneten Werte den vom Experiment angezeigten scharfen Anstieg wiedergeben.

Schallgeschwindigkeit

Messungen der Schallgeschwindigkeit wurden für Temperaturen von der Gefrierlinie bis 500 °C und für Drücke vom verdünnten Dampf bis zu etwa 10 000 bar durchgeführt. Die Bilder A.24 bis A.28 zeigen Vergleiche zwischen den berechneten Werten und Daten von Wilson [36], Aleksandrov und Mitarbeitern [37 - 39], Erokhin und Kalyanov [40], Novikov und Avdonin [41] und Smith und Lawson [42].

Im Bereich der Formulation liegt die Übereinstimmung zwischen Messungen und gerechneten Werten innerhalb der experimentellen Genauigkeit. Die Bilder A.24 bis A.26 zeigen, daß im Bereich $0 < p \leq 1000$ bar und $t \leq 350$ °C die Unterschiede zwischen den berechneten Werten und dem Experiment einige Teile auf 1000 nicht übersteigen, ausgenommen die Werte längs der Sättigungslinie, wo die Differenzen einigemal so groß sind. Allerdings sind diese Differenzen in qualitativer Übereinstimmung mit kürzlichen Untersuchungen über Versuchsfehler, die durch Vorkondensation verursacht sind [57, 58]. Der für das Minimum berechnete Wert der Schallgeschwindigkeit auf der kritischen Isotherme liegt innerhalb einiger Prozent beim experimentellen Wert. Die Übereinstimmung mit dem Experiment steigt mit steigender Temperatur für $t > t_k$ und liegt bei 500 °C innerhalb fünf Teilen auf 1000 (Bild A.27). In Bild A.28 wird der Vergleich für Druckwerte bis fast 10 000 bar angegeben. Die Übereinstimmung liegt innerhalb 1 %, ausgenommen für die „Ecke" bei niedriger Temperatur und sehr hohem Druck des thermodynamischen Bereichs, der durch Gl. (2) in der Einführung definiert wurde (gestrichelte Linie in Bild A.28).

Andere thermodynamische Koeffizienten

Vergleiche mit Daten für den Joule-Thomson-Koeffizient, den isentropen Druck-Temperatur-Koeffizient und den zweiten Virialkoeffizient sind in den Bildern A.29 bis A.33 wiedergegeben.

Die berechneten Werte für den Joule-Thomson-Koeffizient (durchgezogene Linie) sind in den Bildern A.29 und A.30 mit Messungen von Ertle und Mitarbeitern [43] verglichen. Mit Ausnahme einiger Daten am Rand des Meßbereichs liegen die Differenzen im Bereich der Meßunsicherheit.

Berechnete Werte für den zweiten Virialkoeffizient (durchgezogene Linie) sind in den Bildern A.31 und A.32 mit Werten aus einem Bericht von Le Fevre und Mitarbeitern [44, 45] verglichen. Die Übereinstimmung

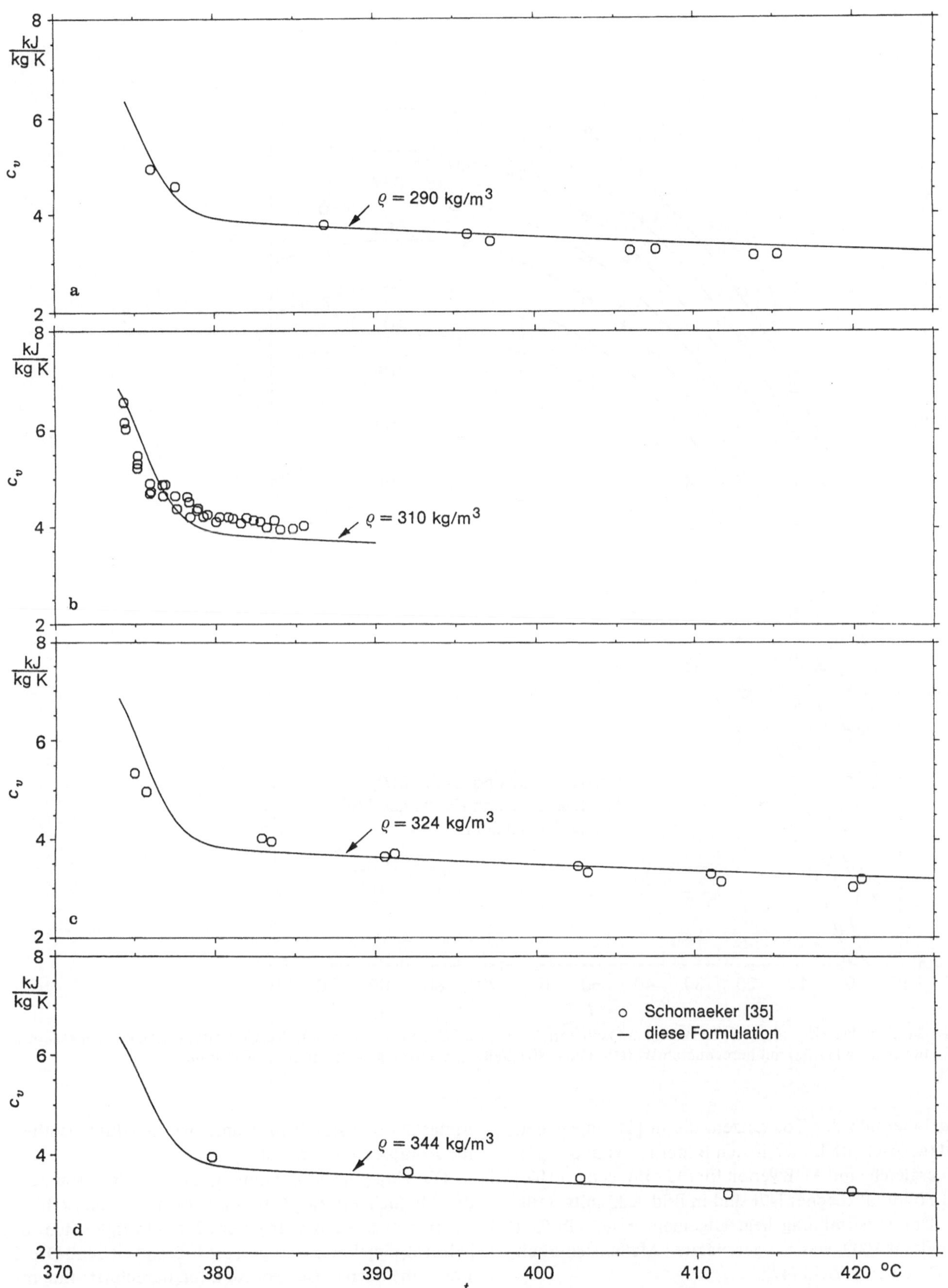

Bild A.23. Spezifische Wärmekapazität bei konstantem Volumen auf Isochoren im kritischen Gebiet. Vergleich der Daten von Schomaeker [35] mit berechneten Werten: **a** $\varrho = 0.290$ g/cm³; **b** $\varrho = 0.310$ g/cm³; **c** $\varrho = 0.324$ g/cm³; **d** $\varrho = 0.344$ g/cm³

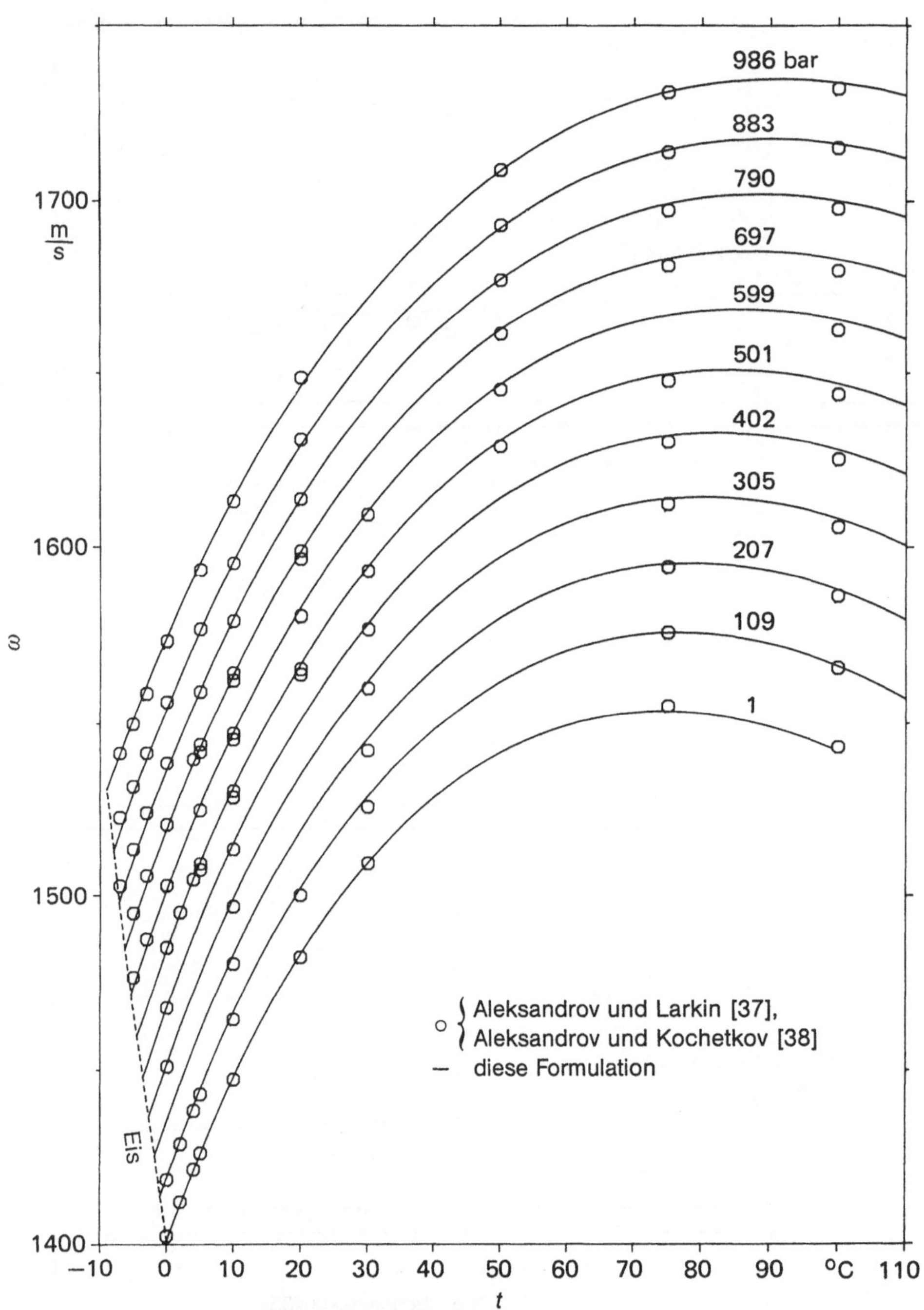

Bild A.24. Schallgeschwindigkeit von Wasser auf Isobaren: $0 \leq t \leq 100\,°C$, $1\ bar \leq p \leq 986\ bar$. Vergleich der Daten von Aleksandrov und Mitarbeitern [37, 38] mit berechneten Werten. Die gestrichelte Linie bezieht sich auf die Gefrierlinie

liegt innerhalb der Toleranzen, die in [44] angegeben sind (gestrichelte Linien in den Bildern A.31 und A.32).

Vergleiche mit Meßwerten für $(\partial T/\partial p)_s$ von Soll [46] und Soll und Rögener [47] sind in Bild A.33 mitgeteilt. Die Übereinstimmung liegt allgemein innerhalb fünf Teilen auf 1000, was der geschätzten Meßunsicherheit der Daten entspricht [47].

Metastabile Zustände

Wasser kann isobar unterkühlt (oder überhitzt) werden, um Zustände zu erreichen, die Teilen der „Schleifen" nach von der Waals im Zweiphasengebiet entsprechen. Diese Nichtgleichgewichtszustände sind metastabil. Metastabile Zustände für Dampf werden durch isotherme Kompression erreicht.

Die Computerprogramme in Anhang B lassen auch die Möglichkeit zu, Zustandsgrößen im metastabilen Bereich zu berechnen. In einem Bericht vergleichen Angell et al. [50] Werte von c_p für die Flüssigkeit beim Druck 1 atm, die nach dieser Formulation berechnet sind, mit experimentellen und theoretischen Werten. Sie teilen folgendes mit:

1. Die Übereinstimmung im Datenbereich ist sehr gut.
2. Die Formulation ergibt genau die Temperatur der Spinodale: $T = 595.9$ K folgt aus der Formulation, $T = 597$ K wird in den Berichten angegeben [51 - 53].
3. Die Formulation ergibt genau den scharfen Anstieg von c_p bei Unterkühlung.

100° C
150
200
250
300
350
374
400
1500
m/s
ω 1000
500
ges. Flüssigkeit
○ Aleksandrov und Kochetkov [38, 39]
◇ Erokhin und Kalyanov [40]
— diese Formulation
0
500
bar 1000
p

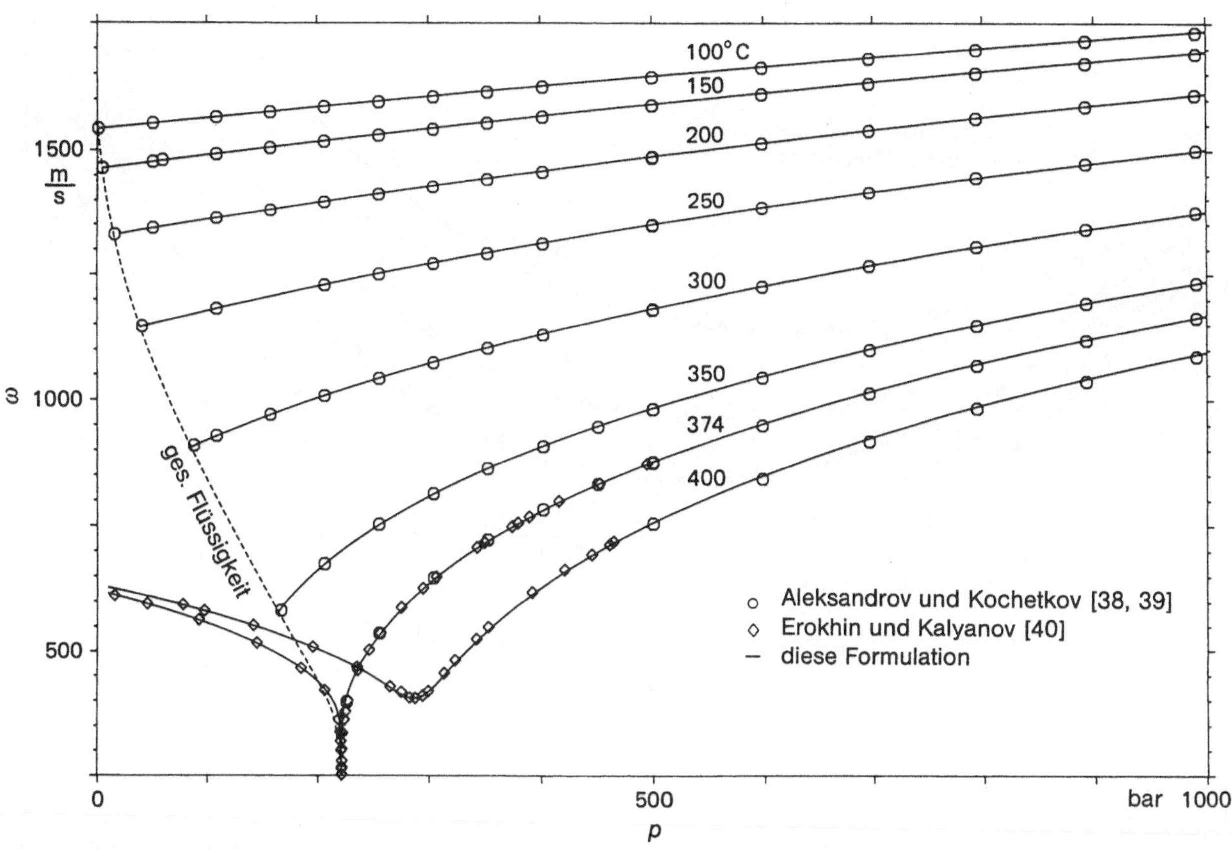

Bild A.25. Schallgeschwindigkeit von Wasser auf Isothermen: $100\,°C \leq t \leq 400\,°C$, $p \leq 1000$ bar. Vergleich der Daten von Aleksandrov und Kochetov [38, 39] und Erokhin und Kal'yanov [40] mit berechneten Werten. Die gestrichelte Linie bezieht sich auf gesättigte Flüssigkeit

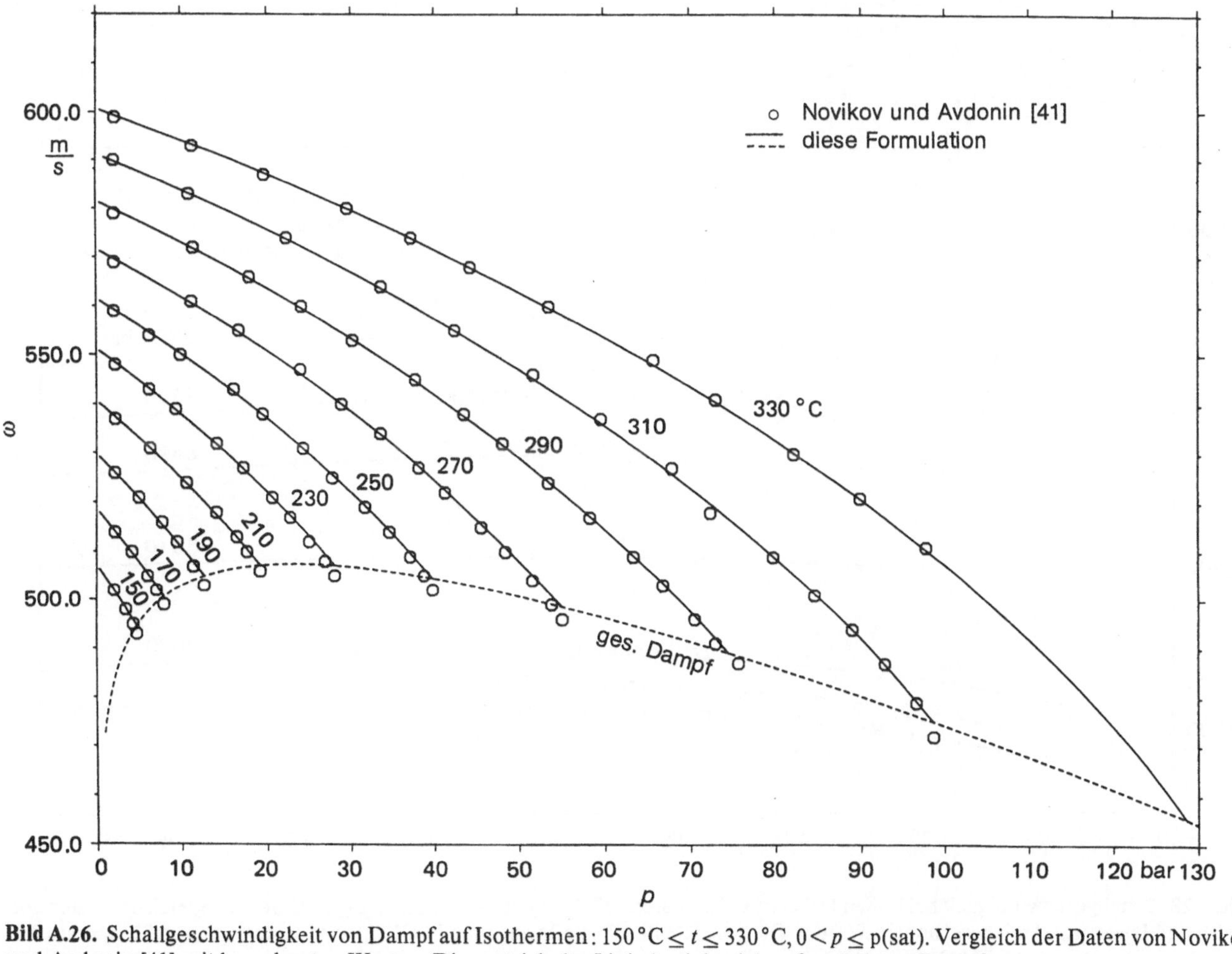

600.0
m/s
550.0
ω
500.0
450.0
○ Novikov und Avdonin [41]
diese Formulation
330 °C
310
290
270
250
230
210
190
170
150
ges. Dampf
0
10
20
30
40
50
60
70
80
90
100
110
120 bar 130
p

Bild A.26. Schallgeschwindigkeit von Dampf auf Isothermen: $150\,°C \leq t \leq 330\,°C$, $0 < p \leq p(\text{sat})$. Vergleich der Daten von Novikov und Avdonin [41] mit berechneten Werten. Die gestrichelte Linie bezieht sich auf gesättigten Dampf

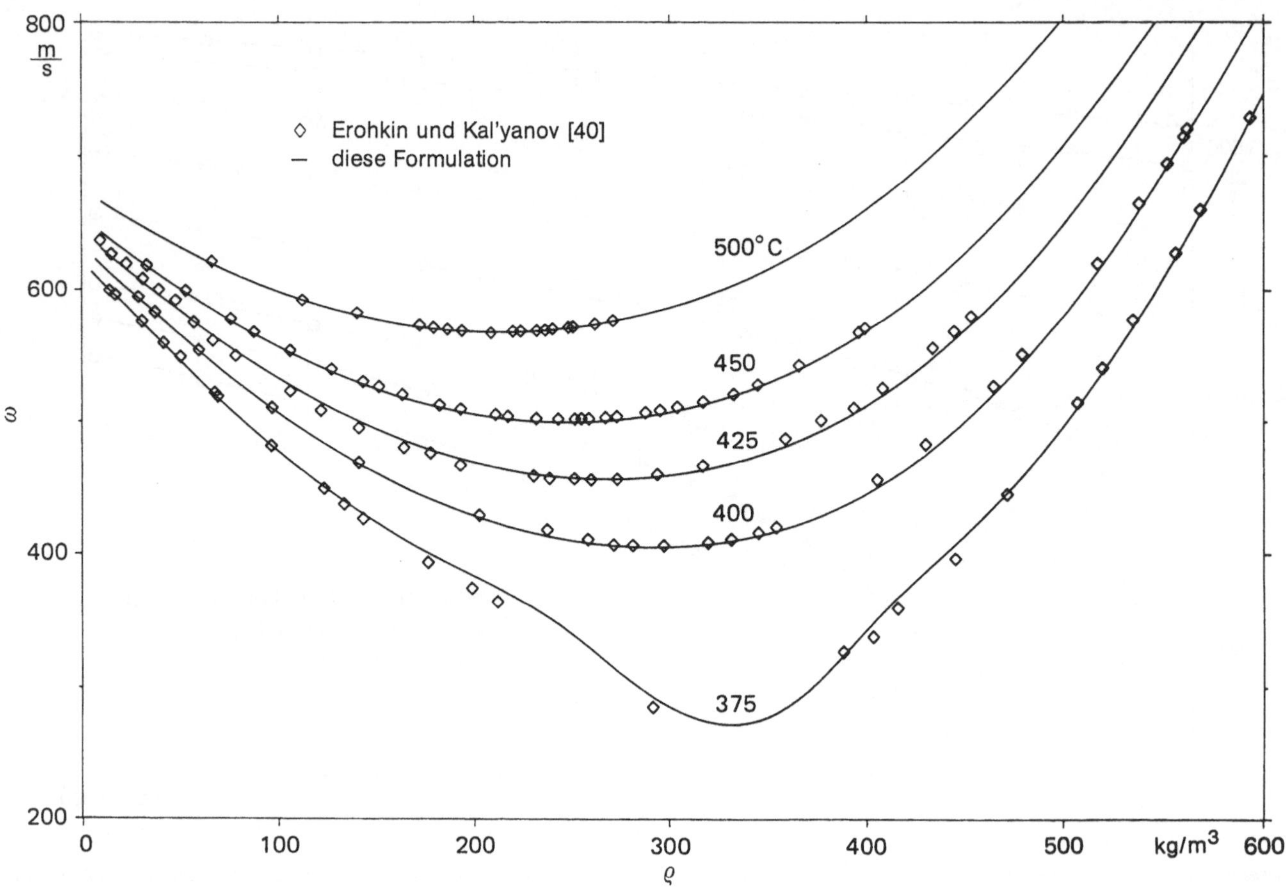

Bild A.27. Schallgeschwindigkeit im überkritischen Gebiet auf Isothermen: $375\,°C \leq t \leq 500\,°C$. Vergleich der Daten von Erokhin und Kal'yanov [40] mit berechneten Werten

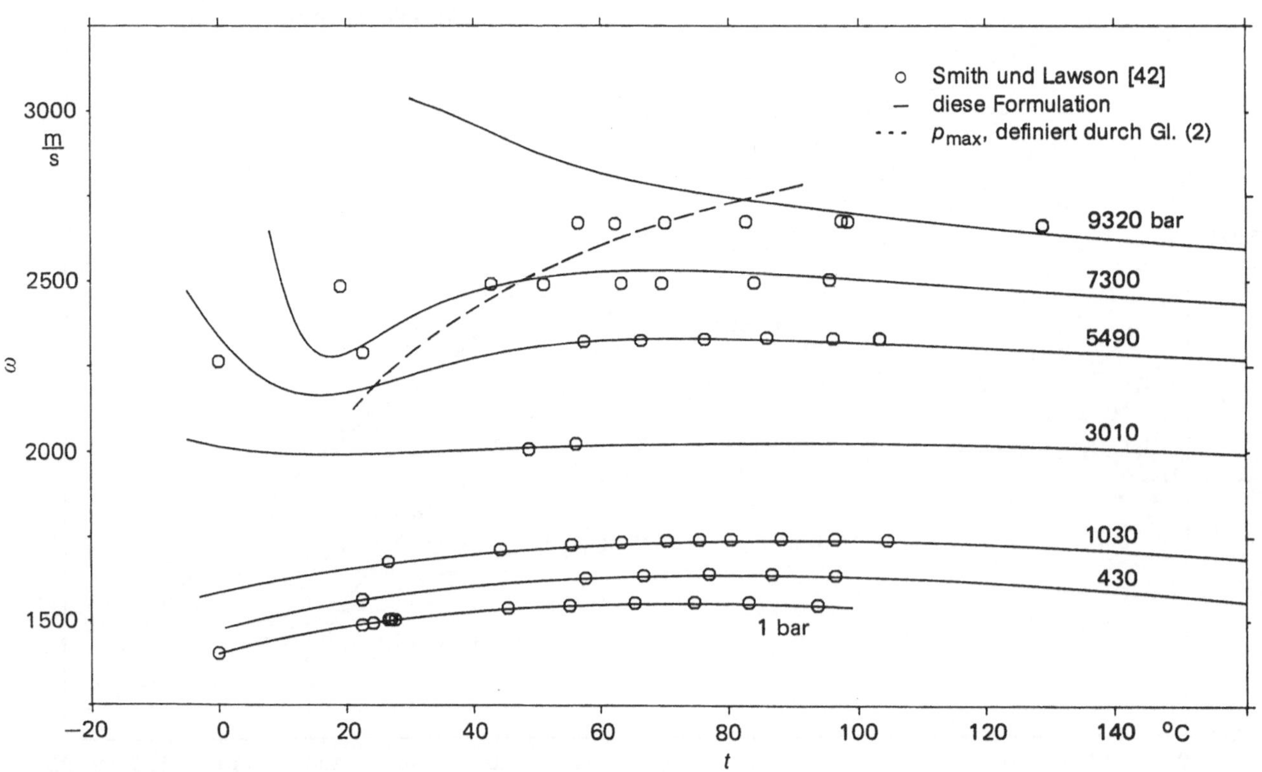

Bild A.28. Schallgeschwindigkeit bei hohen Drücken auf Isobaren: $0\,°C \leq t \leq 140\,°C$, $1\,\text{bar} \leq p \leq 9320\,\text{bar}$. Vergleich der Daten von Smith und Lawson [42] mit berechneten Werten. Die gestrichelte Linie gibt angenähert Gl. (2) wieder, den unteren Temperaturbereich der Gültigkeit der Helmholtz-Funktion

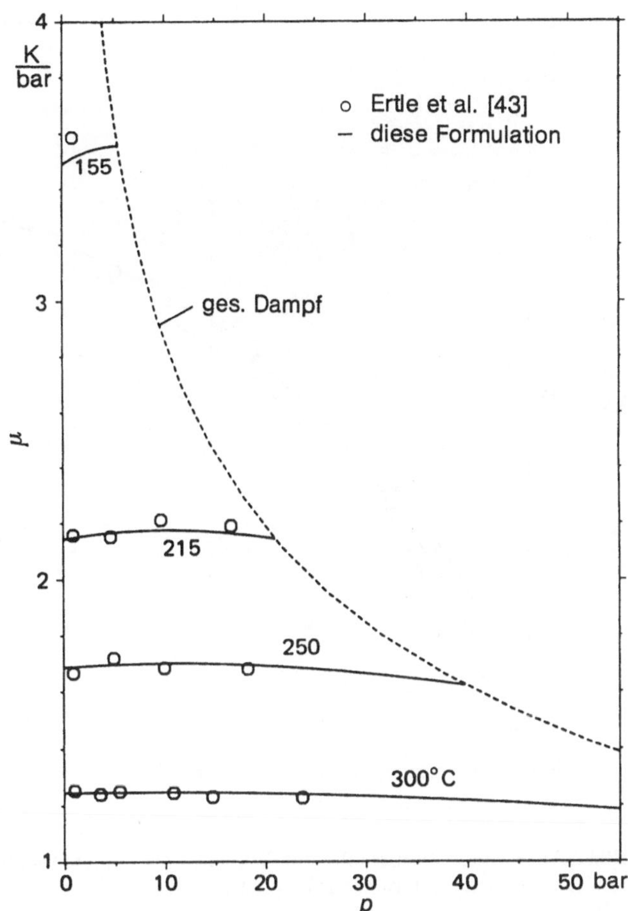

Bild A.29. Joule-Thomson-Koeffizient $(\partial T/\partial p)_h$, Isothermen der Dampfphase. Vergleich der Daten von Ertle et al. [43] mit berechneten Werten: $155\,°C \leq t \leq 300\,°C$

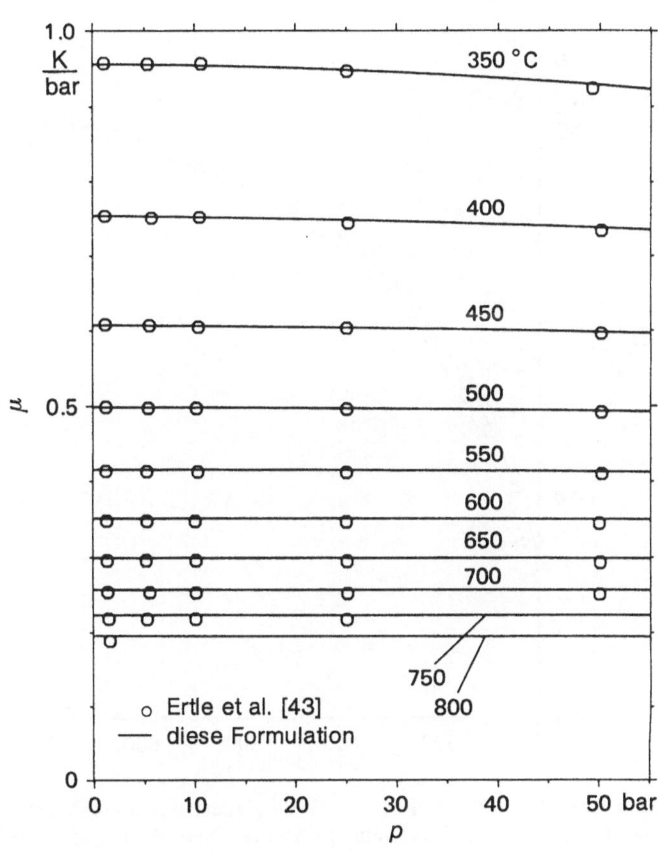

Bild A.30. Wie Bild A.29, aber für $350\,°C \leq t \leq 800\,°C$

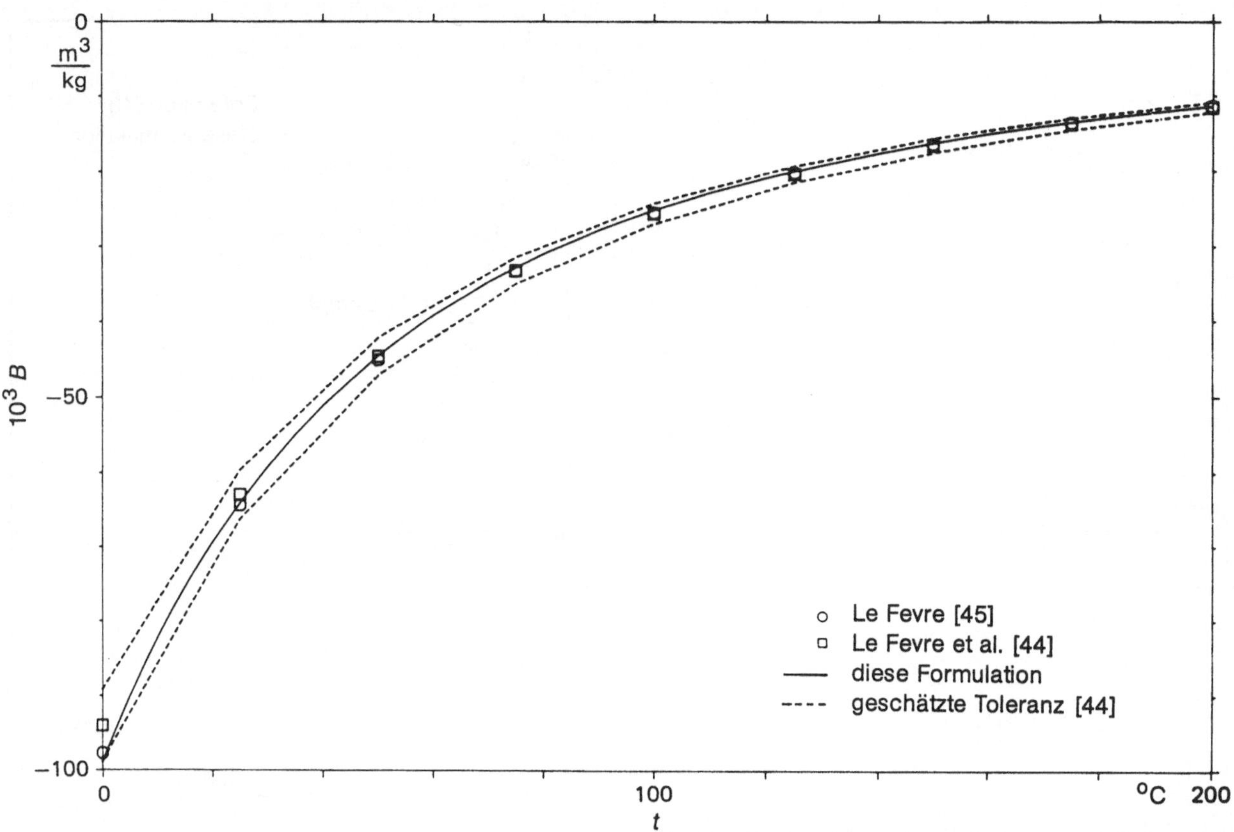

Bild A.31. Zweiter Virialkoeffizient. Vergleich berechneter Werte mit den von Le Fevre und Mitarbeitern [44, 45] berichteten Werten. Die gestrichelte Linie zeigt die von Le Fevre [44] angegebenen Toleranzen

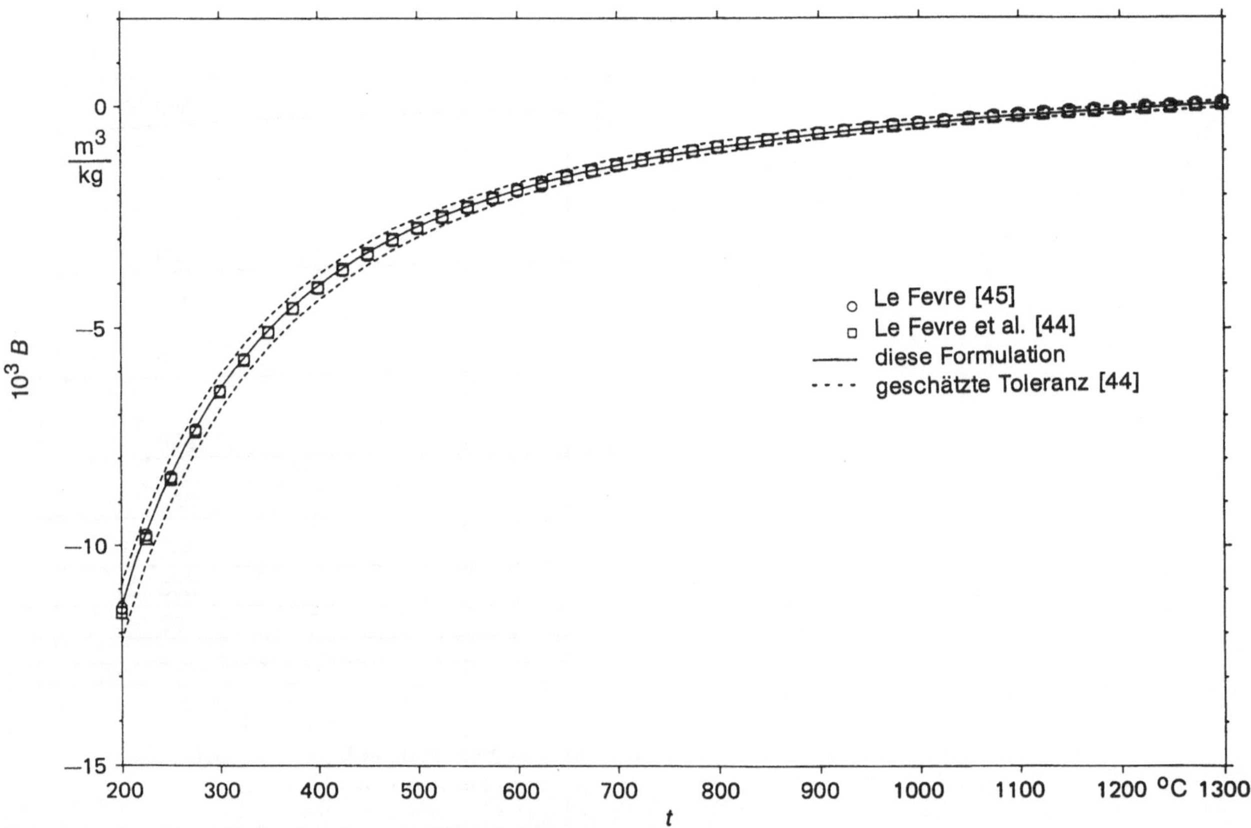

Bild A.32. Zweiter Virialkoeffizient. Vergleich berechneter Werte mit den von Le Fevre und Mitarbeitern [44, 45] berichteten Werten. Die gestrichelte Linie zeigt die von Le Fevre [44] angegebenen Toleranzen

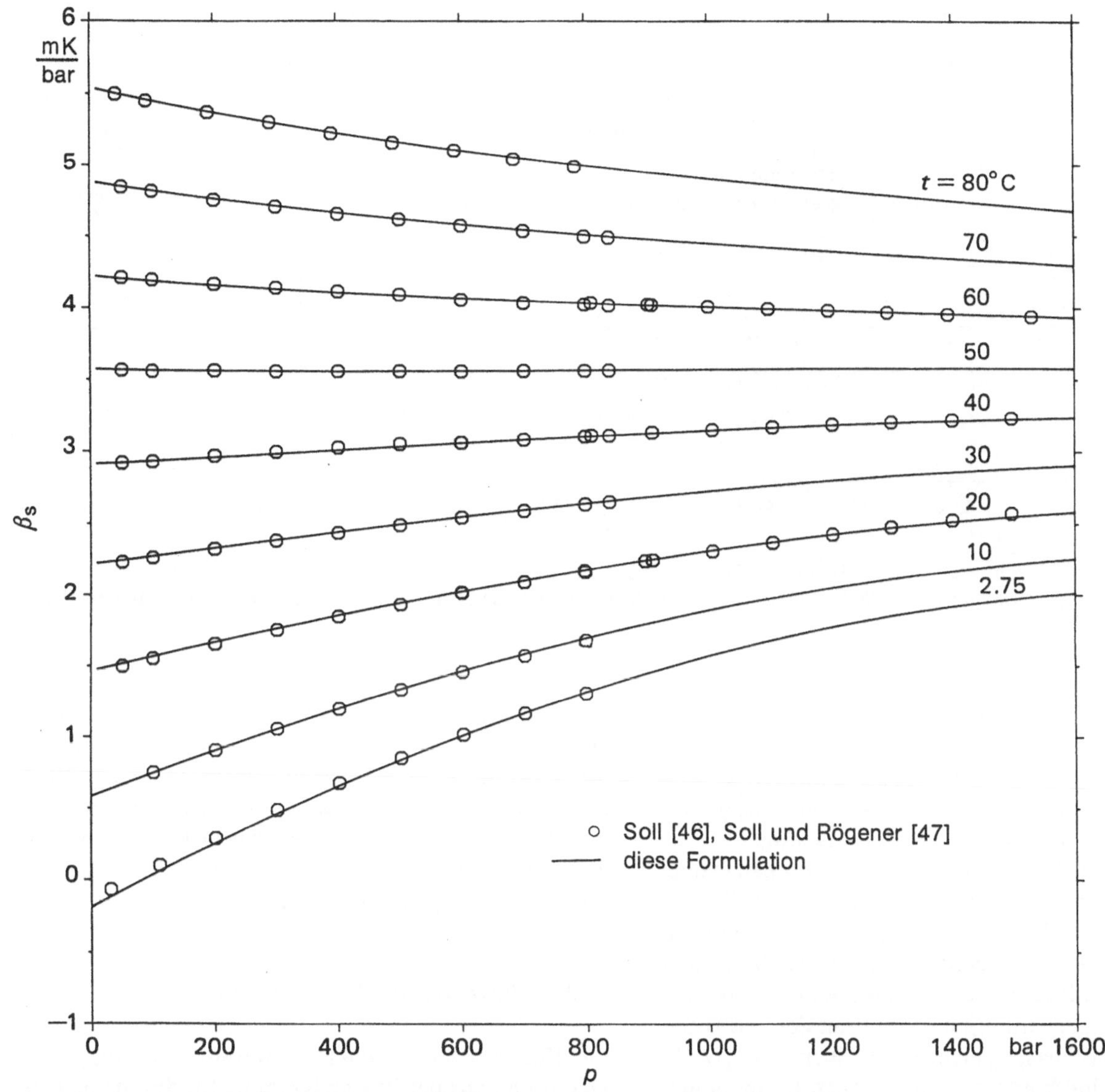

Bild A.33. Isentroper Temperatur-Druck-Koeffizient $(\partial T/\partial p)_s$, Isothermen der Flüssigkeit. Vergleich der Daten von Soll [46] und Soll und Rögener [47] mit berechneten Werten

Bei niedrigen Temperaturen ergibt die Helmholtz-Funktion, wenn man sie in das Zweiphasengebiet fortsetzt, Druck-Volumen-Isothermen mit mehrfachen Maxima und Minima. Ähnliche Ergebnisse werden auch mit anderen Fundamentalgleichungen erhalten (vgl. zum Beispiel [48]).

Anomale Dichte

Nach Versuchen [54, 55] hat bei niedrigen Drücken die Dichte von Wasser, gemessen längs einer Isobare, ein sehr flaches Maximum. Das zeigt auch diese Formulation. Die Linie der berechneten Werte dieser Maxima erreicht die Sättigungslinie bei ≈ 4.3 °C und die Gefrierlinie bei ≈ −4.3 °C. Diese Werte stimmen mit gemessenen Werten auf etwa zwei Teile auf 100 000 überein.

Vergleiche mit anderen Formulationen

Eine weitverbreitete Korrelation für die thermodynamischen Zustandsgrößen von Wasser ist in den Dampftafeln von Keenan, Keyes, Hill und Moore (Keenan et al. [48]) enthalten. Eine andere Formulation, die internationale Anerkennung gefunden hat, ist „The IAPS Formulation for Scientific and General Use" [56] (IFC 1968). Diese Formulationen haben einen viel kleineren Gültigkeitsbereich als diese Arbeit (z. B. reicht der Druck nur bis 1000 bar). Thermodynamische Zustandsgrößen nach Keenan et al. und nach der IFC 1968 sind in den Bildern A.34 bis A.38 mit Daten und mit der vorliegenden Formulation verglichen.

In den Bildern A.34 bis A.36 sind Werte für die Schallgeschwindigkeit in der Flüssigkeit auf mehreren Isothermen verglichen. Aufgetragen sind die Abweichungen von den Werten der vorliegenden Formulation, die als Basislinie dienen. Auch Versuchswerte sind eingetragen. Die Bilder zeigen, daß die Differenzen der Werte nach Keenan et al. und nach der IFC 1968 zu den Daten [36 - 39] einige Prozent betragen, während die Daten auf einige Teile auf 1000 unsicher sind, und diese Toleranz durch die vorliegende Formulation erreicht wurde. Vergleiche im kritischen Gebiet (Bild A.37) zeigen auch vergleichsweise hohe Abweichungen zu den Daten für

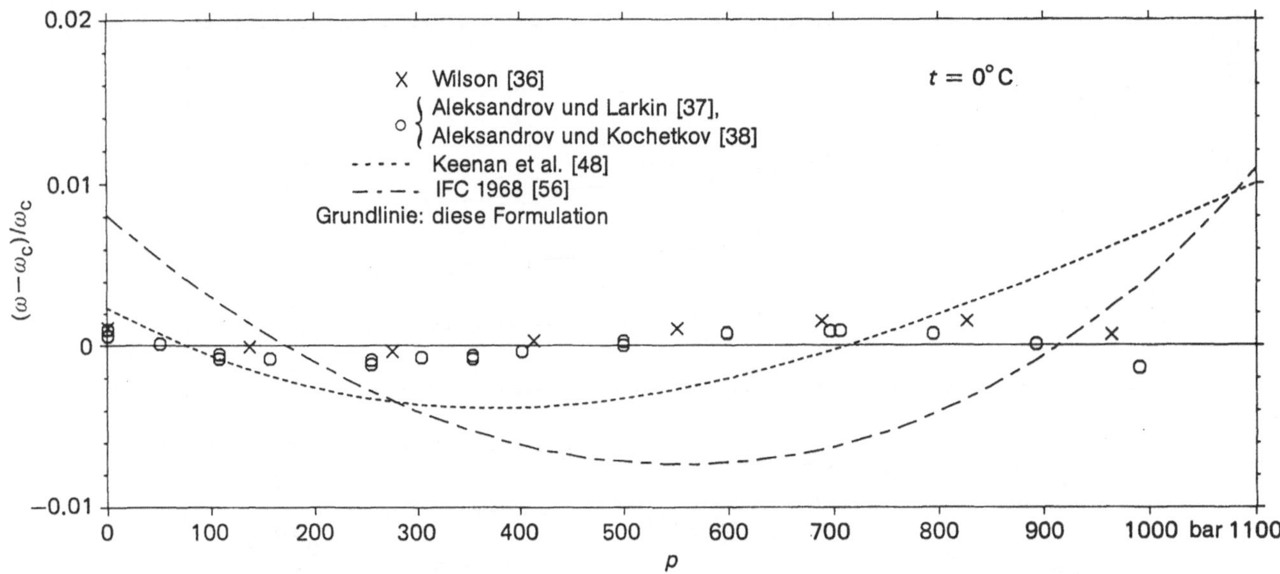

Bild A.34. Schallgeschwindigkeit in der Flüssigkeit bei $t = 0\,°C$. Vergleich dieser Formulation mit der von Keenan et al. [48] und der IFC 1968 [56]. Die Daten stammen von Wilson [36] und Aleksandrov und Mitarbeitern [37, 38]. Die Ordinaten sind bezogene Differenzen zu dieser Formulation

die spezifische Wärmekapazität bei konstantem Druck [30]. Der Maximalwert für c_p bei $p \approx 225$ bar wird von Keenan et al. und der IFC 1968 nur innerhalb etwa 25% des experimentellen Werts wiedergegeben. Das ist verglichen mit 4% der vorliegenden Formulation.

Die Zustände für das Gleichgewicht zwischen Dampf und Flüssigkeit wurden in der Formulation von Keenan et al. durch den Schnitt der Helmholtz-Funktion mit einer eigenen Gleichung definiert, die durch die Anpassung an Dampfdruckwerte gewonnen wurde. Diese Zustände stimmen allerdings nicht gut mit der Gibbs-Bedingung für das Phasengleichgewicht überein, Gl. (A.7). In Bild A.38 sind Werte nach der Keenan-Formulation, die genau mit der Gibbs-Bedingung übereinstimmen, mit entsprechenden Werten für den Dampfdruck nach der vorliegenden Formulation und mit Daten verglichen. Werte aus der vorliegenden Formulation bilden die Basislinie. Die Unterschiede für die Werte nach Keenan et al. gegenüber den Daten sind groß, etwa ein Teil auf 1000. Die Meßunsicherheit der Daten ist etwa ein Teil auf 10000. Wie Bild A.38 zeigt, wird diese Toleranz durch die vorliegende Formulation erreicht.

Abschätzung der Unsicherheit

Die Helmholtz-Funktion ist im wesentlichen aus p,ϱ,T-Daten und aus der Zustandssumme für das ideale Gas abgeleitet. Die große Zahl genauer Daten für die Wärmekapazität und für die Schallgeschwindigkeit ermög-

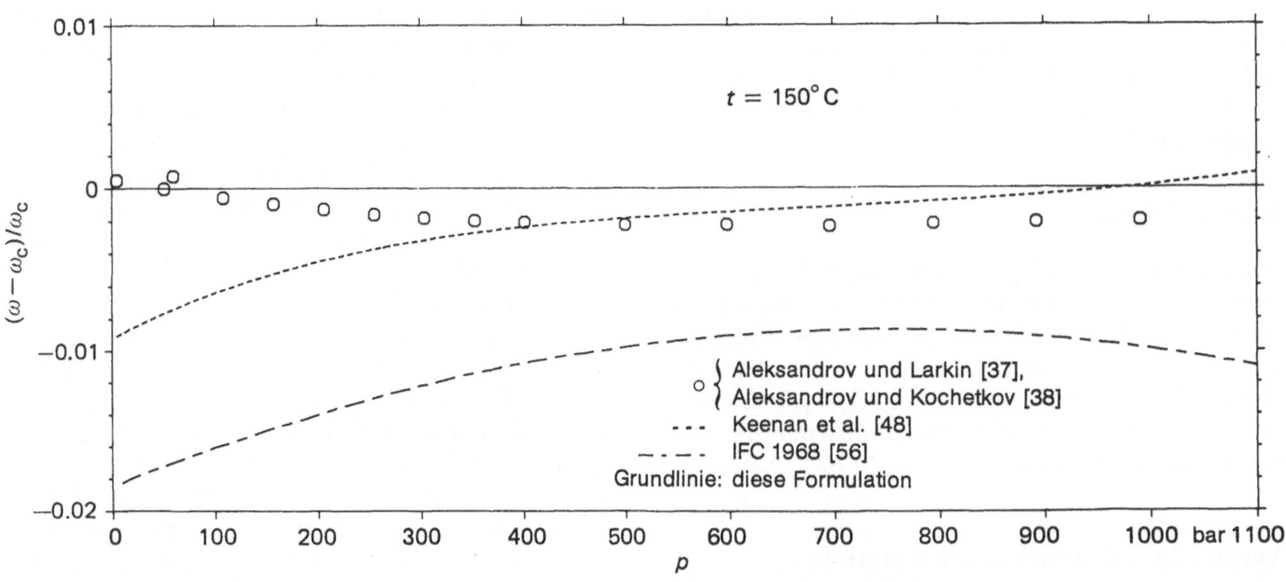

Bild A.35. Schallgeschwindigkeit in der Flüssigkeit bei $t = 150\,°C$. Vergleich dieser Formulation mit der von Keenan et al. [48] und der IFC 1968 [56]. Die Daten stammen von Aleksandrov und Mitarbeitern [37, 38]. Die Ordinaten sind bezogene Differenzen zu dieser Formulation

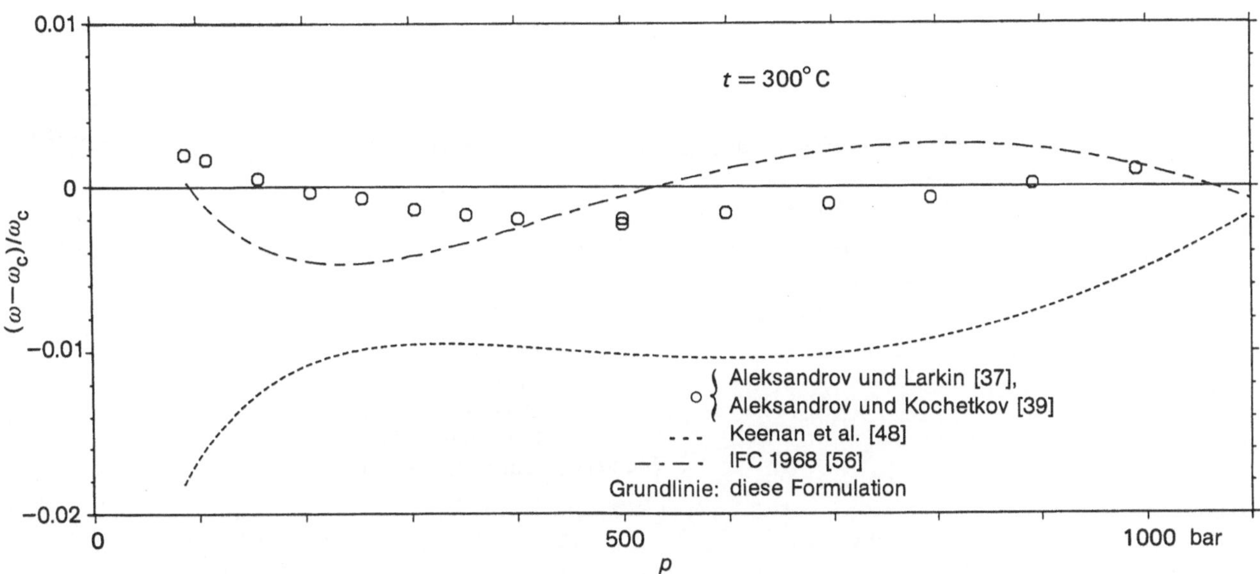

Bild A.36. Schallgeschwindigkeit in der Flüssigkeit bei $t = 300\,°$C. Daten von Aleksandrov und Mitarbeitern [37, 39]. Vgl. Bildunterschrift zu Bild A.35

licht unabhängige Prüfungen für die Unsicherheit erster und zweiter Ableitungen. Noch wichtiger, sie bestimmen der Bereich, in dem verschiedene Arten von Daten thermodynamisch konsistent sind: thermodynamische Konsistenz ist eine zuverlässige Prüfung auf Genauigkeit. So wurde die abgeleitete Zustandsfläche benutzt, um die Genauigkeit der Daten und damit auch die Genauigkeit der Zustandsfläche abzuschätzen. Die sehr gute Übereinstimmung dieser Formulation mit den Daten der höheren Ableitungen ist die Grundlage dafür, um kleine Toleranzen für die thermodynamischen Daten festzulegen. Für die spezifische Enthalpie sind diese eine Größenordnung kleiner als Abschätzungen aus anderen international akzeptierten Standards, die heute im Gebrauch sind [49].

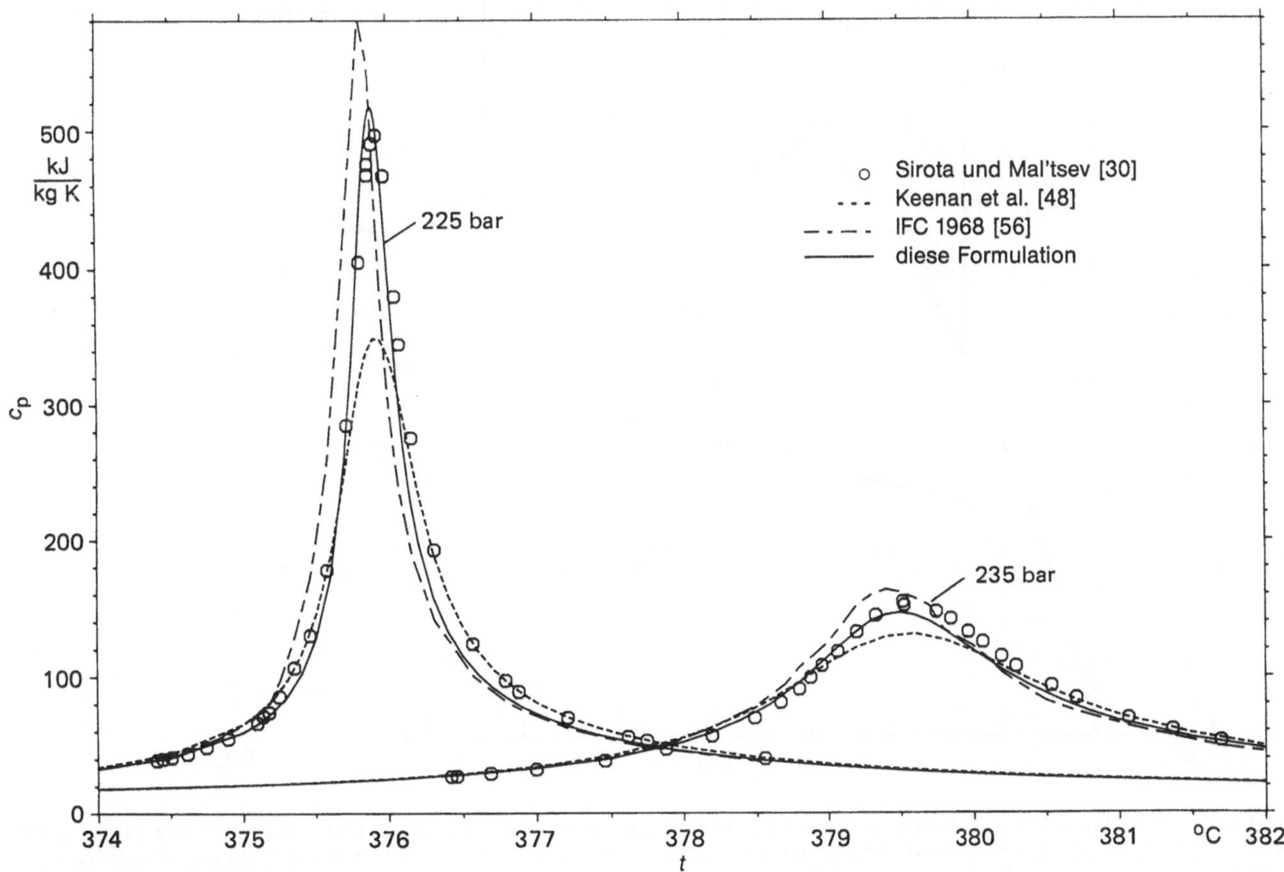

Bild A.37. Spezifische Wärmekapazität bei konstantem Druck auf Isobaren nahe dem kritischen Druck. Vergleich der Daten von Sirota und Mal'tsev [30] mit berechneten Werten von Keenan et al. [48] und mit der IFC 1968 [56]. Die durchgezogene Linie entspricht dieser Formulation

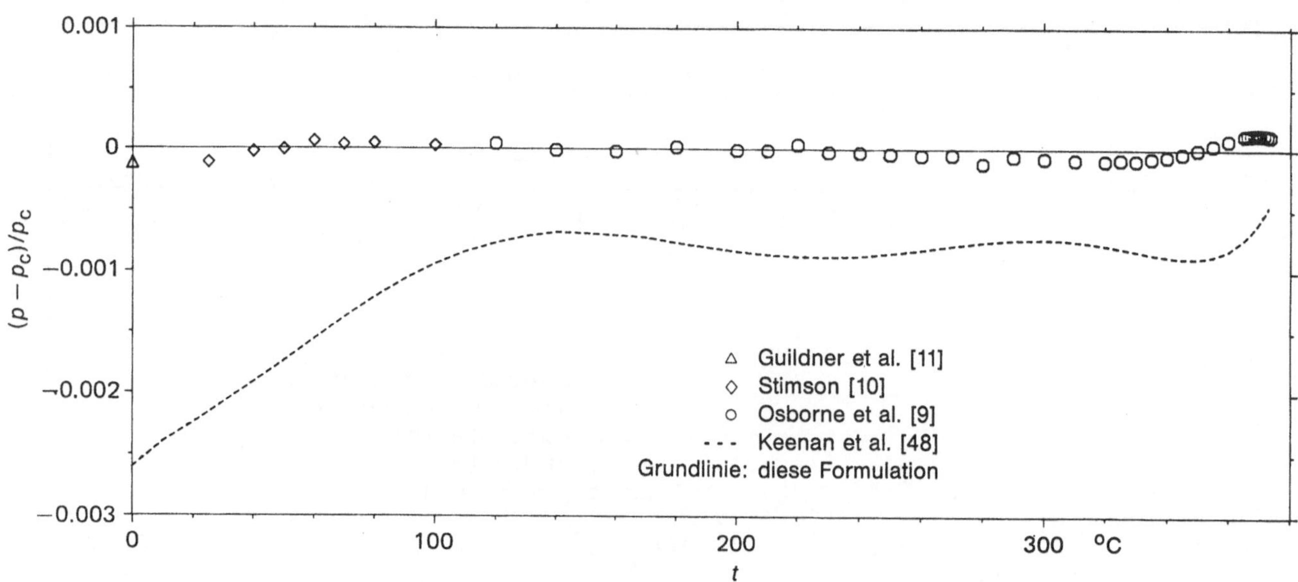

Bild A.38. Dampfdruck der gesättigten Flüssigkeit. Die Nullinie ist diese Formulation. Die gestrichelte Linie entspricht Keenan et al. [49] (vgl. Text), die Daten stammen von Osborne [9], $100\,°C \le t \le 374\,°C$; Stimson [10], $25\,°C \le t \le 100\,°C$; Guildner [11], $t = 0.01\,°C$

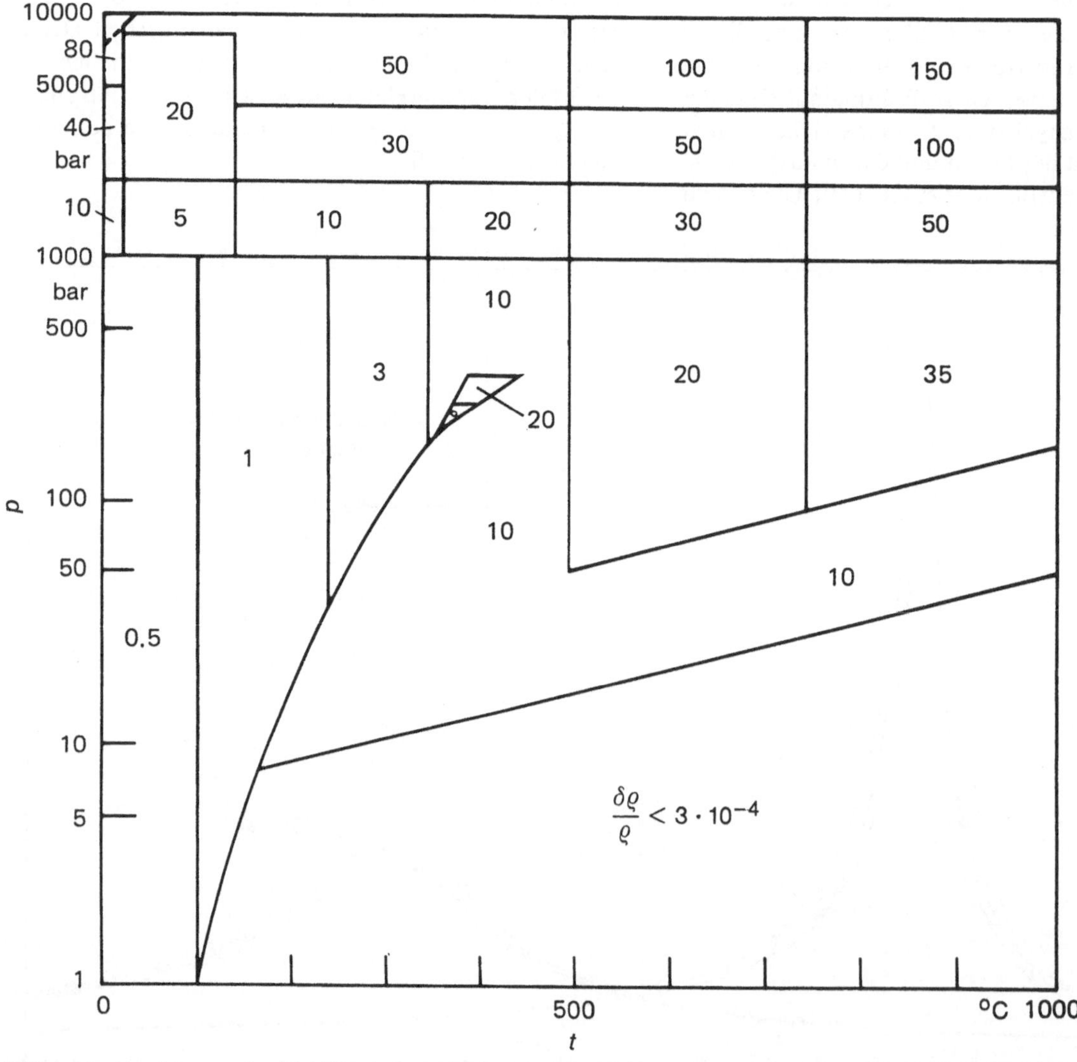

Bild A.39. Abschätzung der Unsicherheiten der Formulation: Dichte als Funktion von Druck und Temperatur. Die Zahlen in den Bereichen bedeuten die Teile auf 10 000. Die Zahl 10 bedeutet also: Die Unsicherheit in diesem Bereich ist kleiner als 10 Teile auf 10 000. Nahe dem kritischen Punkt enthält das Bild ein kleines Dreieck, begrenzt durch die Isobare 300 bar und den Punkt $t = 360\,°C$ auf der Sättigungslinie. In diesem Bereich ist die Unsicherheit für berechnete Werte des Drucks $\delta p < 2 \cdot 10^{-3} p$. Die Unsicherheit für berechnete Werte des Dampfdrucks wird im ganzen Bereich vom Tripelpunkt zum kritischen Punkt als kleiner als ein Teil auf 10 000 geschätzt

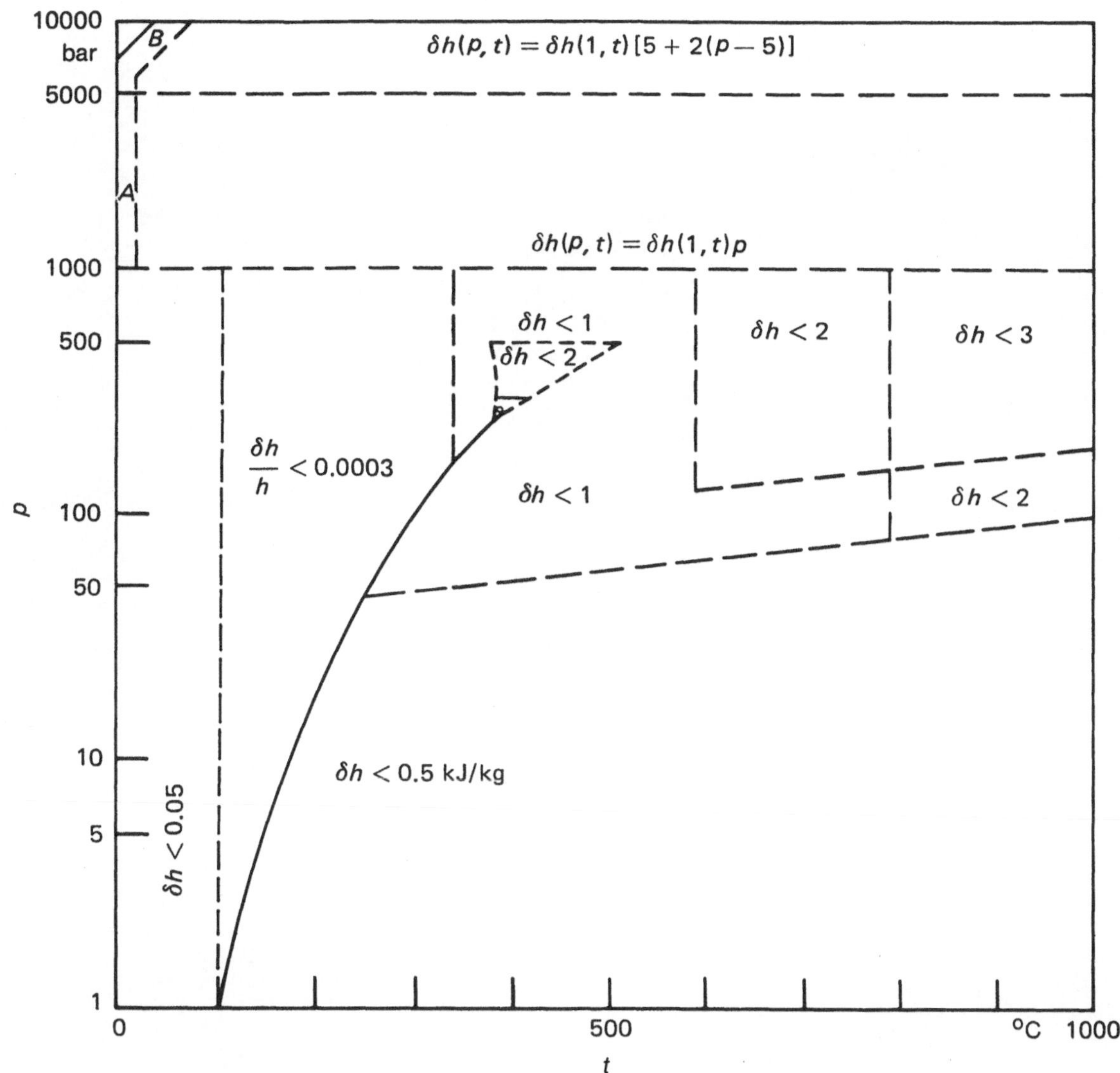

Bild A.40. Abschätzung der Unsicherheiten der Formulation: spezifische Enthalpie als Funktion von Temperatur und Druck. Die geschätzte Unsicherheit δh ist in der Einheit kJ/kg angegeben; ausgenommen ist ein Bereich der Flüssigkeit für $p \leq 1000$ bar und $100\,°\mathrm{C} \leq t \leq 330\,°\mathrm{C}$, für den $\delta\, h/h$ als Bruchteil der gesamten Enthalpie angegeben ist. (Wie im Text erwähnt, ist der Bezugszustand für die Formulation der flüssige Zustand im Tripelpunkt). Nahe dem kritischen Punkt in einem Bereich, der durch die Isobare $p = 300$ bar und den Punkt $t = 300\,°\mathrm{C}$ auf der Sättigungskurve begrenzt ist, gilt $\delta\, h < 3$ kJ/kg. In den Bereichen A und B ist die Unsicherheit gleich dem doppelten Betrag aus den Gln. (A.11) bzw. (A.12)

Die Abschätzung der Genauigkeit ist in zwei Bildern enthalten: Bild A.39 bezieht sich auf Abschätzungen für die Dichte, Bild A.40 auf Abschätzungen für die Enthalpie. Der Bereich enthält den für Bild A.3 angegebenen: $0 < p \leq 10\,000$ bar, $0 \leq t \leq 1000\,°\mathrm{C}$. Die Genauigkeit für die Dichtewerte wurde aus einer Untersuchung über die Güte der Anpassung an p,ϱ,T-Werte abgeschätzt; es wurde aber auch der Grad der thermodynamischen Konsistenz der verschiedenen Arten thermodynamischer Daten ($p,\varrho,T,\omega,c_p,\beta_s\ldots$) herangezogen.

Um die Genauigkeit der spezifischen Enthalpie abzuschätzen, wurden im Bereich bis 1 kbar Differenzen zwischen den gemessenen Werten der spezifischen Wärmekapazität bei konstantem Druck und den aus der Gleichung berechneten Werten herangezogen. Das Integral über diese Differenzen längs Isobaren wurde benutzt, um die Unsicherheit (Genauigkeit) der Werte der spezifischen Enthalpie abzuschätzen, die nach der Helmholtz-Funktion berechnet waren. Für Druckwerte im Bereich 1 kbar $< p \leq 5$ kbar ist

$$\delta h(p,t) = p\ \delta h(1,t) \tag{A.11}$$

und im Bereich 5 kbar $< p \leq 10$ kbar gilt

$$\delta h(p,t) = [\,5 + 2(p-5)\,]\,\delta h(1,t) \tag{A.12}$$

mit p in kbar; $\delta h(1,t)$ ist die Unsicherheit der spezifischen Enthalpie bei der interessierenden Temperatur t und dem Bezugsdruck 1 kbar. Die Gln. (A.11) und (A.12) gelten im unteren Temperaturbereich bis zu einem Maximaldruck, der durch Gl. (2) in der Einführung gegeben ist.

Anhang B
Computerprogramme für die Berechnung thermodynamischer Zustandsgrößen

Die folgende Auflistung des Computerprogramms zur Berechnung dieser Formulation ist in ASCII FORTRAN (FORTRAN 77) geschrieben und besteht aus drei Teilen. Der erste besteht aus einer Auflistung der Funktionen und Subroutinen, die man braucht, um die thermodynamischen Zustandsgrößen zu erzeugen, den Dampfdruck und die koexistierenden Dichten zu bestimmen und Lösungen zu finden für die natürlichen unabhängigen Variablen der Formulation, Dichte und Temperatur, wenn Druck und Temperatur vorgegeben sind. Dieser Teil enthält auch Routinen zur Berechnung einer Näherung des Dampfdrucks als Funktion der Temperatur und der Sättigungstemperatur als Funktion des Drucks, wenn man die vollständige Formulation zur Vorhersage des Dampfdrucks nicht braucht.

Der zweite Teil ist ein Satz von Routinen, mit deren Hilfe der Benutzer das gewünschte Einheitensystem wählen und alle notwendigen Umrechnungsfaktoren erhalten kann.

Der dritte Teil ist ein Musterhauptprogramm mit zwei Funktionen: es soll zunächst als Beispiel dafür dienen, wie die Subroutinen und Funktionen zu gebrauchen sind, und soll zweitens den Benutzer in die Lage versetzen, Zahlenwerte für thermodynamische Zustandsgrößen zu erzeugen, die mit den Tafeln verglichen werden können, um den richtigen Lauf des Programms zu überprüfen.

```
      BLOCK DATA
      IMPLICIT REAL*8(A-H,O-Z)
      COMMON /ACONST/ WM,GASCON,TZ,AA,ZB,DZB,YB,UREF,SREF
      COMMON /NCONST/ G(40),II(40),JJ(40),NC
      COMMON /ELLCON/ G1,G2,GF,B1,B2,B1T,B2T,B1TT,B2TT
      COMMON /BCONST/ BP(10),BQ(10)
      COMMON /ADDCON/ ATZ(4),ADZ(4),AAT(4),AAD(4)
C  THIS BLOCKDATA SUBROUTINE SUPPLIES MOST OF THE FIXED PARAMETERS
C    USED IN THE REST OF THE ROUTINES. P IS THE b(i) of TABLE I,
C    Q IS THE B(i) OF TABLE I, G1,G2 AND GF ARE THE ALPHA, BETA
C    AND GAMMA OF EQ 2, AND G,II,JJ ARE THE g(i), k(i) AND
C    l(i) of EQ 5.
      DATA ATZ/2*64.D1,641.6D0,27.D1/,ADZ/3*.319D0,1.55D0/,AAT/2*2.D4
     1,4.D4,25.D0/,AAD/34.D0,4.D1,3.D1,1.05D3/
      DATA WM/18.0152D0/,GASCON/.461522D0/,TZ/647.073D0/,AA/1.D0/,NC/36/
      DATA UREF,SREF/-4328.455039D0,7.6180802D0/
      DATA G1,G2,GF/11.D0,44.333333333333D0,3.5D0/
      DATABP/.7478629D0,-.3540782D0,2*0.D0,.7159876D-2,0.D0,-.3528426D-2
     1,3*0.D0/,BQ/1.1278334D0,0.D0,-.5944001D0,-5.010996D0,0.D0
     2,.63684256D0,4*0.D0/
      DATA G/-.53062968529023D3,.22744901424408D4,.78779333020687D3
     1,-.69830527374994D2,.17863832875422D5,-.39514731563338D5
     2,.33803884280753D5,-.13855050202703D5,-.25637436613260D6
     3,.48212575981415D6,-.34183016969660D6, .12223156417448D6
     4,.11797433655832D7,-.21734810110373D7, .10829952168620D7
     5,-.25441998064049D6,-.31377774947767D7,.52911910757704D7
     6,-.13802577177877D7,-.25109914369001D6, .46561826115608D7
     7,-.72752773275387D7,.41774246148294D6,.14016358244614D7
     8,-.31555231392127D7,.47929666384584D7,.40912664781209D6
     9,-.13626369388386D7, .69625220862664D6,-.10834900096447D7
     A,-.22722827401688D6,.38365486000660D6,.68833257944332D4
     B,.21757245522644D5,-.26627944829770D4,-.70730418082074D5
     C,-.225D0,-1.68D0,.055D0,-93.0D0/
      DATA II/4*0,4*1,4*2,4*3,4*4,4*5,4*6,4*8,2*2,0,4,3*2,4/
      DATA JJ/2,3,5,7,2,3,5,7,2,3,5,7,2,3,5,7,2,3,5,7,2,3,5,7,2,3,5,7
     1,2,3,5,7,1,3*4,0,2,0,0/
      END
C
      SUBROUTINE BB(T)
C  THIS SUBROUTINE CALCULATES THE B'S OF EQS. 3,4 USING COEFFICIENTS
C    FROM BLOCKDATA, CALCULATING ALSO THE FIRST AND SECOND DERIVS
C    W.R.TO TEMP.  THE B'S CALCULATED HERE ARE IN CM3/G.
      IMPLICIT REAL*8(A-H,O-Z)
      COMMON /ELLCON/ G1,G2,GF,B1,B2,B1T,B2T,B1TT,B2TT
      COMMON /ACONST/ WM,GASCON,TZ,AA,Z,DZ,Y,UREF,SREF
      COMMON /BCONST/ BP(10),BQ(10)
      DIMENSION V(10)
      V(1)=1.
      DO 2 I=2,10
    2 V(I)=V(I-1)*TZ/T
      B1=BP(1)+BP(2)*DLOG(1./V(2))
      B2=BQ(1)
      B1T=BP(2)*V(2)/TZ
      B2T=0.
      B1TT=0.
      B2TT=0.
```

```
      DO 4 I=3,10
      B1=B1+BP(I)*V(I-1)
      B2=B2+BQ(I)*V(I-1)
      B1T=B1T-(I-2)*BP(I)*V(I-1)/T
      B2T=B2T-(I-2)*BQ(I)*V(I-1)/T
      B1TT=B1TT+BP(I)*(I-2)**2*V(I-1)/T/T
    4 B2TT=B2TT+BQ(I)*(I-2)**2*V(I-1)/T/T
      B1TT=B1TT-B1T/T
      B2TT=B2TT-B2T/T
      RETURN
      END
C
      FUNCTION BASE(D,T)
C This function calculates Z (=Pbase/(DRT) of Eq. q) (called BASE),
C   and also Abase,Gbase,Sbase,Ubase,Hbase,CVbase, AND 1/(DRT) * DP/DT
C   for the base fct (called DPDTB)
C The AB,GB,SB,UB,HB and CVB are calculated in dimensionless units:
C   AB/RT, GB/RT, SB/R, etc.
      IMPLICIT REAL*8 (A-H,O-Z)
      COMMON /ELLCON/ G1,G2,GF,B1,B2,B1T,B2T,B1TT,B2TT
C  G1,G2 AND GF ARE THE ALPHA, BETA AND GAMMA OF EQ 2, WHICH ARE
C    SUPPLIED BY THE BLOCKDATA ROUTINE.  B1 AND B2 ARE THE "EXCLUDED
C    VOLUME" AND "2ND VIRIAL" (EQS 3 AND 4) SUPPLIED BY THE SUBROUTINE
C    BB(T), WHICH ALSO SUPPLIES THE 1ST AND 2ND DERIVATIVES WITH
C    RESPECT TO T (B1T,B2T,B1TT,B2TT).
      COMMON /BASEF/ AB,GB,SB,UB,HB,CVB,DPDTB
      COMMON /ACONST/ WM,GASCON,TZ,A,Z,DZ,Y,UREF,SREF
      Y=.25D0*B1*D
      X=1.D0-Y
      Z0=(1.D0+G1*Y+G2*Y*Y)/X**3
      Z=Z0+4.D0*Y*(B2/B1-GF)
      DZ0=(G1+2.D0*G2*Y)/X**3 + 3.D0*(1.D0+G1*Y+G2*Y*Y)/X**4
      DZ=DZ0+4.D0*(B2/B1-GF)
      AB = -DLOG(X)-(G2-1.D0)/X+28.16666667D0/X/X+4.D0*Y*(B2/B1-GF)
     1  +15.166666667D0 + DLOG(D*T*GASCON/.101325D0)
      GB = AB + Z
      BASE = Z
      BB2TT=T*T*B2TT
      UB= -T*B1T*(Z-1.D0-D*B2)/B1-D*T*B2T
      HB=Z+UB
      CVB=2.D0*UB+(Z0-1.D0)*((T*B1T/B1)**2-T*T*B1TT/B1)
     1 - D*(BB2TT - GF*B1TT*T*T) -(T*B1T/B1)**2*Y*DZ0
      DPDTB=BASE/T + BASE*D/Z*(DZ*B1T/4.D0+B2T-B2/B1*B1T)
      SB = UB - AB
      RETURN
      END
C
      SUBROUTINE QQ(T,D)
C THIS ROUTINE CALCULATES, FOR A GIVEN T(K) AND D(G/CM3), THE RESIDUAL
C    CONTRIBUTIONS TO: PRESSURE (Q), HELMHOLTZ FCT (AR), DP/DRHO (Q5),
C    AND ALSO TO THE GIBBS FUNCTION, ENTROPY,INTERNAL ENERGY, ENTHALPY,
C    ISOCHORIC HEAT CAPACITY AND DPDT. (EQ 5)
C TERMS 37 THRU 39 ARE THE ADDITIONAL TERMS AFFECTING ONLY THE
C  IMMEDIATE VICINITY OF THE CRITICAL POINT, AND TERM 40 IS THE
C  ADDITIONAL TERM IMPROVING THE LOW T, HIGH P REGION.
      IMPLICIT REAL*8(A-H,O-Z)
```

```
      COMMON /RESF/ AR,GR,SR,UR,HR,CVR,DPDTR
      COMMON /QQQQ/ Q,Q5
      DIMENSION QR(11),QT(10),QZR(9),QZT(9)
      EQUIVALENCE (QR(3),QZR(1)),(QT(2),QZT(1))
      COMMON /NCONST/ G(40),II(40),JJ(40),N
      COMMON /ACONST/ WM,GASCON,TZ,AA,Z,DZ,Y,UREF,SREF
      COMMON /ADDCON/ ATZ(4),ADZ(4),AAT(4),AAD(4)
      RT=GASCON*T
      QR(1)=0.D0
      Q5=0.D0
      Q=0.D0
      AR=0.D0
      DADT=0.D0
      CVR=0.D0
      DPDTR=0.D0
      E=DEXP(-AA*D)
      Q10=D*D*E
      Q20=1.D0-E
      QR(2)=Q10
      V=TZ/T
      QT(1)=T/TZ
      DO 4 I=2,10
      QR(I+1)=QR(I)*Q20
    4 QT(I)=QT(I-1)*V
      DO 10 I=1,N
      K=II(I)+1
      L=JJ(I)
      ZZ=K
      QP=G(I)*AA*QZR(K-1)*QZT(L)
      Q=Q+QP
      Q5 = Q5 + AA*(2./D-AA*(1.-E*(K-1)/Q20))*QP
      AR=AR+G(I)*QZR(K)*QZT(L)/Q10/ZZ/RT
      DFDT=Q20**K*(1-L)*QZT(L+1)/TZ/K
      D2F=L*DFDT
      DPT=DFDT*Q10*AA*K/Q20
      DADT=DADT+G(I)*DFDT
      DPDTR=DPDTR+G(I)*DPT
   10 CVR=CVR+G(I)*D2F/GASCON
      QP=0.D0
      Q2A=0.D0
C
      DO 20 J=37,40
      IF(G(J).EQ.0.D0) GO TO 20
      K=II(J)
      KM=JJ(J)
      DDZ = ADZ(J-36)
      DEL = D/DDZ - 1.D0
      IF(DABS(DEL).LT.1.D-10) DEL=1.D-10
      DD = DEL*DEL
      EX1 = -AAD(J-36)*DEL**K
       DEX=DEXP(EX1)*DEL**KM
      ATT = AAT(J-36)
      TX = ATZ(J-36)
      TAU = T/TX-1.D0
      EX2 = -ATT*TAU*TAU
      TEX = DEXP(EX2)
      Q10 = DEX*TEX
      QM = KM/DEL - K*AAD(J-36)*DEL**(K-1)
      FCT=QM*D**2*Q10/DDZ
```

```
      Q5T = FCT*(2./D+QM/DDZ)-(D/DDZ)**2*Q10*(KM/DEL/DEL+
     1 K*(K-1)*AAD(J-36)*DEL**(K-2))
      Q5 = Q5 + Q5T*G(J)
      QP = QP + G(J)*FCT
      DADT = DADT - 2.D0*G(J)*ATT*TAU*Q10/TX
      DPDTR = DPDTR - 2.D0*G(J)*ATT*TAU*FCT/TX
      Q2A = Q2A + T*G(J)*(4.D0*ATT*EX2+2.D0*ATT)*Q10/TX/TX
      AR = AR + Q10*G(J)/RT
   20 CONTINUE
      SR=-DADT/GASCON
      UR=AR+SR
      CVR=CVR+Q2A/GASCON
      Q=Q+QP
      RETURN
      END
C
      SUBROUTINE DFIND(DOUT,P,D,T,DPD)
C  ROUTINE TO FIND DENSITY CORRESPONDING TO INPUT PRESSURE P(MPA), AND
C    TEMPERATURE T(K), USING INITIAL GUESS DENSITY D(G/CM3). THE OUTPUT
C    DENSITY IS IN G/CM3, ALSO, AS A BYPRODUCT, DP/DRHO IS CALCULATED
C    ("DPD", MPA CM3/G)
      IMPLICIT REAL*8(A-H,O-Z)
      COMMON /QQQQ/ Q0,Q5
      COMMON /ACONST/ WM,GASCON,TZ,AA,Z,DZ,Y,UREF,SREF
      DD=D
      RT=GASCON*T
      IF(DD.LE.0.D0) DD=1.D-8
      IF(DD.GT.1.9D0) DD=1.9D0
      L=0
    9 L=L+1
   11 IF(DD.LE.0.D0) DD=1.D-8
      IF(DD.GT.1.9D0) DD=1.9D0
      CALL QQ(T,DD)
      PP = RT*DD*BASE(DD,T)+Q0
      DPD=RT*(Z+Y*DZ)+Q5
C  THE FOLLOWING 3 LINES CHECK FOR NEGATIVE DP/DRHO, AND IF SO ASSUME
C    GUESS TO BE IN 2-PHASE REGION, AND ADJUST GUESS ACCORDINGLY.
      IF(DPD.GT.0.D0) GO TO 13
      IF(D.GE..2967D0) DD=DD*1.02D0
      IF(D.LT..2967D0) DD=DD*.98D0
      IF(L.LE.10) GO TO 9
   13 DPDX=DPD*1.1D0
      IF(DPDX.LT..1D0) DPDX=.1D0
      DP=DABS(1.D0-PP/P)
      IF(DP.LT.1.D-8) GO TO 20
      IF(D.GT..3 .AND. DP.LT.1.D-7) GO TO 20
      IF(D.GT..7 .AND. DP.LT.1.D-6) GO TO 20
      X=(P-PP)/DPDX
      IF(DABS(X).GT..1D0) X=X*.1D0/DABS(X)
      DD=DD+X
      IF(DD.LE.0.) DD=1.D-8
   19 IF(L.LE.30) GO TO 9
   20 CONTINUE
      DOUT=DD
      RETURN
      END
C
      SUBROUTINE THERM(D,T)
      IMPLICIT REAL*8(A-H,O-Z)
```

```
      COMMON /ACONST/ WM,GASCON,TZ,AA,ZB,DZB,Y,UREF,SREF
      COMMON /QQQQ/ QP,QDP
      COMMON /BASEF/AB,GB,SB,UB,HB,CVB,DPDTB
      COMMON /RESF/AR,GR,SR,UR,HR,CVR,DPDTR
      COMMON /IDF/ AI,GI,SI,UI,HI,CVI,CPI
      COMMON /FCTS/AD,GD,SD,UD,HD,CVD,CPD,DPDT,DVDT,CJTT,CJTH
C   THIS SUBROUTINE CALCULATES THE THERMODYNAMIC FUNCTIONS IN
C      DIMENSIONLESS UNITS (AD=A/RT, GD=G/RT, SD=S/R, UD=U/RT,
C      HD=H/RT, CVD=CV/R, AND CPD=CP/R)
      CALL IDEAL(T)
      RT = GASCON*T
      Z = ZB + QP/RT/D
      DPDD = RT*(ZB+Y*DZB) + QDP
      AD = AB + AR + AI - UREF/T + SREF
      GD = AD + Z
      UD = UB + UR + UI - UREF/T
      DPDT = RT*D*DPDTB + DPDTR
      CVD = CVB + CVR + CVI
      CPD = CVD + T*DPDT**2/(D*D*DPDD*GASCON)
      HD = UD + Z
      SD = SB + SR + SI - SREF
      DVDT=DPDT/DPDD/D/D
      CJTT=1./D-T*DVDT
      CJTH=-CJTT/CPD/GASCON
       RETURN
       END
C
      FUNCTION PS(T)
C This function calculates an approximation to the vapor pressure, PS,
C   as a function of the input temperature. The vapor pressure
C   calculated agrees with the vapor pressure predicted by the surface
C   to within .02% to within a degree or so of the critical temperature,
C   and can serve as an initial guess for further refinement by
C   imposing the condition that Gl=Gv.
      IMPLICIT REAL*8 (A-H,O-Z)
      DIMENSION A(8)
      DATA A/-7.8889166D0,2.5514255D0,-6.716169D0
     1,33.239495D0,-105.38479D0,174.35319D0,-148.39348D0
     2,48.631602D0/
      IF(T.GT.314.D0) GO TO 2
      PL=6.3573118D0-8858.843D0/T+607.56335D0*T**(-.6)
      PS=.1D0*DEXP(PL)
      RETURN
    2 V=T/647.25D0
      W=DABS(1.D0-V)
      B=0.D0
      DO 4 I=1,8
      Z=I
    4 B=B+A(I)*W**((Z+1.D0)/2.D0)
      Q=B/V
      PS=22.093D0*DEXP(Q)
      RETURN
      END
C
      FUNCTION TSAT(P)
C This function calculates the saturation temperature for a given
C   pressure, by an iterative process using PSAT and TDPSDT.
      REAL*8 P , PP , PS , TG, TSAT,TDPSDT
      TSAT=0.
```

```
      IF(P.GT.22.05D0) RETURN
      K=0
      PL=2.302585D0+DLOG(P)
C  PL=LOGE(10)+LOGE(P) TO CONVERT EQUATION FROM BARS TO MPa
      TG=372.83+PL*(27.7589+PL*(2.3819+PL*(.24834+PL*.0193855)))
    1 IF(TG.LT.273.15D0) TG=273.15D0
      IF(TG.GT.647.D0) TG=647.D0
      IF(K.LT.8) GO TO 2
      WRITE(6,*) K,P,PP,TG
      GO TO 8
    2 K=K+1
      PP=PS(TG)
      DP=TDPSDT(TG)
      IF(ABS(1.-PP/P).LT.1.D-5) GO TO 8
      TG = TG*(1.+(P-PP)/DP)
      GO TO 1
    8 TSAT=TG
      RETURN
      END
C
      FUNCTION TDPSDT(T)
C This function calculates T*(dPs/dT), and is used by the function TSAT.
      IMPLICIT REAL*8 (A-H,O-Z)
      DIMENSION A(8)/-7.8889166D0,2.5514255D0,-6.716169D0
     1,33.239495D0,-105.38479D0,174.35319D0,-148.39348D0
     2,48.631602D0/
      V=T/647.25
      W=1.-V
      B=0.
      C=0.
      DO 4 I=1,8
      Z=I
      Y=A(I)*W**((Z+1.)/2.)
      C=C+Y/W*(.5-.5*Z-1./V)
    4 B=B+Y
      Q=B/V
      TDPSDT=22.093D0*DEXP(Q)*C
      RETURN
      END
C
      SUBROUTINE IDEAL(T)
C   THIS SUBROUTINE CALCULATES THE THERMODYNAMIC PROPERTIES FOR
C    WATER IN THE IDEAL GAS STATE FROM FUNCTION OF H.W. WOOLLEY
      IMPLICIT REAL*8 (A-H,O-Z)
      COMMON /IDF/ AI,GI,SI,UI,HI,CVI,CPI
      DIMENSION C(18)/.19730271018D2,.209662681977D2,-.483429455355D0
     1,.605743189245D1,22.56023885D0,-9.87532442D0,-.43135538513D1
     2,.458155781D0,-.47754901883D-1,.41238460633D-2,-.27929052852D-3
     3,.14481695261D-4,-.56473658748D-6,.16200446D-7,-.3303822796D-9
     4,.451916067368D-11,-.370734122708D-13,.137546068238D-15/
      TT=T/1.D2
      TL=DLOG(TT)
      GI=-(C(1)/TT+C(2))*TL
      HI=(C(2)+C(1)*(1.D0-TL)/TT)
      CPI=C(2)-C(1)/TT
      DO 8 I=3,18
      GI=GI-C(I)*TT**(I-6)
      HI=HI+C(I)*(I-6)*TT**(I-6)
    8 CPI=CPI+C(I)*(I-6)*(I-5)*TT**(I-6)
```

```
      AI=GI-1.D0
      UI=HI-1.D0
      CVI=CPI-1.D0
      SI=UI-AI
      RETURN
      END
C
      SUBROUTINE SECVIR(T,VIR)
C THIS SUBROUTINE CALCULATES THE SECOND VIRIAL IN CM3/G
C   AT TEMPERATURE T IN K.
C THIS SUBROUTINE IS FOR CONVENIENCE ONLY, AND NOT USED BY PROGRAM.
      IMPLICIT REAL*8(A-H,O-Z)
      COMMON /NCONST/ G(40),II(40),JJ(40),NC
      COMMON /ELLCON/ G1,G2,GF,BB1,BB2,B1T,B2T,B1TT,B2TT
      COMMON /QQQQ/ Q0,Q5
      COMMON /ACONST/ WM,GASCON,TC,AA,Z,DZ,Y,UREF,SREF
      CALL BB(T)
      V=TC/T
      VIR=BB2
      DO 3 J=1,NC
      IF(II(J).NE.0) GO TO 3
      L=JJ(J)
      VIR=VIR+G(J)*V**(L-1)/T/GASCON
    3 CONTINUE
      RETURN
      END
C
      SUBROUTINE CORR(T,P,DL,DV,DELG)
C SUBROUTINE CORR WILL CALCULATE, FOR AN INPUT T AND P AT OR NEAR THE
C  VAPOR PRESSURE, THE CORRESPONDING LIQUID AND VAPOR DENSITIES AND ALSO
C  DELG = (GL-GV)/RT FOR USE IN CALCULATING THE CORRECTION TO THE VAPOR
C  PRESSURE FOR DELG = 0.
      IMPLICIT REAL*8(A-H,O-Z)
      COMMON /QQQQ/ Q00,Q11
      COMMON /ACONST/ WM,GASCON,TZ,AA,ZB,DZB,YB,UREF,SREF
      COMMON /FCTS/ AD,GD,SD,UD,HD,CVD,CPD,DPDT,DVDT,CJTT,CJTH
      RT=GASCON*T
      IF(T.GT.646.3D0) GO TO 101
      DLIQ=DL
      IF(DL.LE.0.) DLIQ=1.11-.0004*T
      CALL BB(T)
      CALL DFIND(DL,P,DLIQ,T,DQ)
      CALL THERM(DL,T)
      GL=GD
      DVAP=DV
      IF(DV.LE.0.) DVAP=P/RT
      CALL DFIND(DV,P,DVAP,T,DQ)
      IF(DV.LT.5.D-7) DV=5.D-7
      CALL THERM(DV,T)
      GV=GD
      DELG = GL-GV
      RETURN
  101 P=0.
      IF(T.GT.647.126D0) RETURN
      DELG=0.
      CALL BB(T)
      TAU=.657128D0*(1.-T/647.126D0)** 325
      DL=.32189D0+TAU
      DV=.32189D0-TAU
```

```
      ZDUM = BASE(DV,T)
      CALL QQ(T,DV)
      P=RT*DV*ZB + QOO
      RETURN
      END
CC
      SUBROUTINE PCORR(T,P,DL,DV)
C SUBROUTINE PCORR WILL CALCULATE THE VAPOR PRESSURE P AND THE LIQ AND
C  VAPOR DENSITIES CORRESPONDING TO THE INPUT T, CORRECTED SUCH THAT
C  GL-GV=0.  THE FUNCTION PS IS REQUIRED WHICH WILL GIVE A REASONABLY
C  GOOD APPROXIMATION TO THE VAPOR PRESSURE TO BE USED AS THE STARTING
C  POINT FOR THE ITERATION.
      IMPLICIT REAL*8 (A-H,O-Z)
      COMMON /ACONST/ WM,GASCON,TZ,AA,ZB,DZB,YB,UREF,SREF
      P = PS(T)
    2 CALL CORR(T,P,DL,DV,DELG)
      DP=DELG*GASCON*T/(1./DV-1./DL)
      P = P+DP
      IF(DABS(DELG).LT.1.D-8) RETURN
      GOTO 2
      END
CC
      SUBROUTINE TCORR(T,P,DL,DV)
C SUBROUTINE TCORR IS SIMILAR TO "PCORR" EXCEPT THAT THE TEMPERATURE
C  CORRESPONDING TO THE INPUT VAPOR PRESSURE IS FOUND. FUNCTIONS CALLED
C  ARE TSAT AND TDPSDT WHICH GIVE AN APPROXIMATION TO T(SAT) AS FCT OF P
C  T*DP(SAT)/DT.
      IMPLICIT REAL*8 (A-H,O-Z)
      COMMON /ACONST/ WM,GASCON,TZ,AA,ZB,DZB,YB,UREF,SREF
      T = TSAT(P)
      IF(T.EQ.0.DO) RETURN
    2 CALL CORR(T,P,DL,DV,DELG)
      DP=DELG*GASCON*T/(1./DV-1./DL)
      T = T*(1.-DP/TDPSDT(T))
      IF(DABS(DELG).LT.1.D-8) RETURN
      GO TO 2
      END

c The following 3 subroutines form a package allowing the user to
c   operate in a system of units of his choice.
      SUBROUTINE UNIT
C THIS SUBROUTINE QUERIES THE USER AS TO HIS CHOICE OF UNITS AND SETS
C  INTERNAL PARAMETERS APPROPRIATELY.  THE INTERNAL UNITS OF THE PROGRAM ARE
C  TEMPERATURES IN K, DENSITIES IN G/CM3, ALL OTHER QUANTITIES CALCULATED
C  IN DIMENSIONLESS UNITS AND DIMENSIONED AT OUTPUT TIME.
      IMPLICIT REAL*8 (A-H,O-Z)
      REAL*8 NT,ND,NP,NH,NNT,NND,NNP,NNH
      COMMON /UNITS/ IT,ID,IP,IH,NT,ND,NP,NH,FT,FD,FP,FH
      DIMENSION FFD(4),FFP(5),FFH(6),NNT(4),NND(4),NNP(5),NNH(6)
      DATA FFD/1.D-3,1.DO,.0180152DO,.016018DO/
      DATA FFP/1.DO,10.DO,9.869232667DO,145.038DO,10.1971DO/
      DATA FFH/2*1.DO,18.0152DO,.23884590DO,4.30285666DO,.4299226DO/
      DATA NNT/1HK,1HC,1HR,1HF/
      DATA NND/6Hkg/m3 ,6Hg/cm3 ,6Hmol/L ,6Hlb/ft3/
      DATA NNP/6H MPa  ,6H Bar  ,6H Atm  ,6H PSI  ,6Hkg/cm2/
      DATA NNH/6hkJ/kg ,6H J/g  ,6HJ/mol ,6Hcal/g ,7Hcal/mol,6HBTU/lb/
      DATA A1,A2,A3,A4/8HTEMPERAT,7HDENSITY
     1,8HPRESSURE, 8HENERGY   /
      WRITE(6,11) A1
```

```
   30  WRITE(6,12)
       READ(5,*,END=99) IT
       IF(IT.EQ.0) STOP
       IF(IT.GT.4) GOTO 30
       NT=NNT(IT)
       WRITE(6,11) A2
   31  WRITE(6,13)
       READ(5,*,END=99) ID
       IF(ID.GT.4 .OR. ID.LT.1) GOTO 31
       ND=NND(ID)
       FD=FFD(ID)
       WRITE(6,11) A3
   32  WRITE(6,14)
       READ(5,*,END=99) IP
       IF(IP.GT.5 .OR. IP.LT.1) GOTO 32
       NP=NNP(IP)
       FP=FFP(IP)
       WRITE(6,11) A4
   33  WRITE(6,15)
       READ(5,*,END=99) IH
       IF(IH.GT.6 .OR. IH.LT.1) GOTO 33
       NH=NNH(IH)
       FH=FFH(IH)
       RETURN
   99  STOP
   11  FORMAT(' ENTER UNITS CHOSEN FOR ',A8)
   12  FORMAT(' CHOOSE FROM 1=DEG K, 2=DEG C, 3=DEG R, 4=DEG F')
   13  FORMAT(' CHOOSE FROM 1=KG/M3, 2=G/CM3, 3=MOL/L, 4=LB/FT3')
   14  FORMAT(' CHOOSE FROM 1=MPA, 2=BAR, 3=ATM, 4=PSIA, 5=KG/CM2')
   15  FORMAT(' CHOOSE FROM 1=KJ/KG, 2=J/G, 3=J/MOL, 4=CALORIES/G, 5=CALO
      1RIES/MOL, 6=BTU/LB')
       END
       FUNCTION TTT(T)
C FUNCTION TO CONVERT INPUT TEMPERATURES IN EXTERNAL UNITS TO DEG K
       REAL*8 T,TTT,FT,FD,FP,FH,NT,ND,NP,NH
       COMMON /UNITS/ IT,ID,IP,IH,NT,ND,NP,NH,FT,FD,FP,FH
       GO TO (1,2,3,4),IT
    1  TTT=T
       FT=1.
       RETURN
    2  TTT=T+273.15D0
       FT=1.
       RETURN
    3  TTT=T/1.8D0
       FT=.5555555555556D0
       RETURN
    4  TTT=(T+459.67D0)/1.8D0
       FT=.5555555555556D0
       RETURN
       END
       FUNCTION TTI(T)
C FUNCTION TO CONVERT INTERNAL TEMPERATURES IN DEG K TO EXTERNAL UNITS
       REAL*8 T,TTI,FT,FD,FP,FH,NT,ND,NP,NH
       COMMON /UNITS/ IT,ID,IP,IH,NT,ND,NP,NH,FT,FD,FP,FH
       GO TO (5,6,7,8),IT
    5  TTI=T
       RETURN
    6  TTI=T-273.15D0
       RETURN
```

```
    7  TTI=T*1.8D0
       RETURN
    8  TTI=T*1.8D0-459.67D0
       RETURN
       END

C THIS IS A SAMPLE MAIN PROGRAM WHICH WILL SERVE AS AN EXAMPLE FOR
C   THE USE OF THE SUBROUTINES AND FUNCTIONS GIVEN ABOVE, AND WHICH
C   WILL PRINT OUT VALUES OF VARIOUS PROPERTIES CALCULATED FOR A
C   GIVEN INPUT POINT TO A LARGE NUMBER OF SIGNIFICANT FIGURES,
C   SUITABLE FOR USE AS A CHECK ON THE OPERATION OF THE PROGRAM.
C THE USER IS QUERIED AS TO THE UNITS DESIRED.
       IMPLICIT REAL*8(A-H,O-Z)
       REAL*8 NT,ND,NP,NH
       COMMON /UNITS/ IT,ID,IP,IH,NT,ND,NP,NH,FT,FD,FP,FH
       COMMON /QQQQ/ Q0,Q5
       COMMON /FCTS/ AD,GD,SD,UD,HD,CVD,CPD,DPDT,DVDT,CJTT,CJTH
       COMMON /ACONST/ WM,GASCON,TZ,AA,Z,DZ,Y,UREF,SREF
       COMMON /NCONST/ G(40),II(40),JJ(40),NC
       DATA NSS1,NSS2/2H M,2HFT/
       CALL UNIT
       NS=NSS1
       IF(ID.EQ.4) NS=NSS2
   15  WRITE(6,11)
  100  READ(5,*,END=9) IOPT,X,TT
       T=TTT(TT)
       RT=GASCON*T
       CALL BB(T)
       IF(IOPT.LE.0) GOTO 9
       GOTO (101,102,100,100,100),IOPT
  101  DD=X
       D=DD*FD
       CALL QQ(T,D)
       ZDUM = BASE(D,T)
       PRES = FP*(RT*D*Z + Q0)
       DQ=RT*(Z+Y*DZ)+Q5
       GOTO 111
  102  PRES=X
       P=PRES/FP
       DGSS=P/T/.4D0
       PSAT=2.D4
       DLL=0.D0
       DVV=0.D0
       IF(T.LT.TZ) CALL PCORR(T,PSAT,DLL,DVV)
       IF(P.GT.PSAT) DGSS=DLL
       CALL DFIND(D,P,DGSS,T,DQ)
       DD=D/FD
  111  CALL THERM(D,T)
       U = UD*RT*FH
       C=DSQRT(DABS(CPD*DQ*1.D3/CVD))
       IF(ID.EQ.4) C=C*3.280833D0
       H = HD*RT*FH
       S = SD*GASCON*FH*FT
       CP=CPD*GASCON*FH*FT
       CV=CVD*GASCON*FH*FT
       VL=1.D0/D
       DPDD = DQ*FD*FP
       DPDT1=DPDT*FP*FT
       WRITE(6,20) TT,NT,PRES,NP,DD,ND
```

```
      WRITE(6,21) DPDT1,DPDD,CV,NH,NT,CP,S,H,NH,U,C,NS,CJTT,CJTH,DVDT
   20 FORMAT(' T =',F12.4,' DEG ',A1,5X,'P =',F13.6,1X,A6,5X,'D ='
     1,F14.10,1X,A8)
   21 FORMAT( ' DP/DT =',F16.9,6X,'DP/DD =',F16.5/
     2 ' CV =',F12.6,1X,A6,A1,5X,'CP =',F12.6,6X,'S =',F12.6/
     3 ' H =',F14.6,1X,A6,5X,'U =',F14.6,6X,'VEL SND =',F14.6,A2,'/SEC'/
     4 ' JT(T) =',F11.5,5X,'JT(H) =',F11.5,5X,'DV/DT =',F12.6/)
   11 FORMAT(' ENTER OPTION, X, AND T, WHERE FOR OPTION=1, X=DENSITY'/
     1'   AND FOR OPTION=2, X=PRESSURE (ENTER 0 TO QUIT)')
      GO TO 100
    9       STOP
      END
```

Anhang C
Gleichungen für Transportgrößen und andere thermophysikalische Zustandsgrößen

Viskosität

In einer Verlautbarung [61] von 1975 gab die IAPS die Annahme folgender Gleichung zur Berechnung der Viskosität von Wasser und Dampf bekannt:

$$\eta(\varrho,T) = \eta_0(T) \exp\left[\frac{\varrho}{\varrho^*}\sum_{i=0}^{5}\sum_{j=0}^{4} b_{ij}\left(\frac{T^*}{T}-1\right)^i\left(\frac{\varrho}{\varrho^*}-1\right)^j\right]. \quad \text{(C.1)}$$

Es bedeuten

$$\eta_0(T) = \left(\frac{T}{T^*}\right)^{1/2}\left[\sum_{k=0}^{3} a_k\left(\frac{T^*}{T}\right)^k\right]^{-1} \cdot 10^{-6} \text{ in kg/s m},$$

$\varrho^* = 317.763\ \text{kg/m}^3$, $T^* = 647.27\ \text{K}$.

Die Konstanten a_k und b_{ij} sind in den Tabellen C.1 und C.2 aufgelistet.

Gemäß der IAPS-Verlautbarung von 1975 ergibt Gl. (C.1) Zahlenwerte, die mit den Daten innerhalb deren Genauigkeit im Bereich $0 \leq t \leq 800\,°\text{C}$, $0 < p \leq 1000$ bar übereinstimmen. Sie ergibt brauchbare Abschätzungen für Druckwerte bis 10 000 bar bei $t < 100\,°\text{C}$, und bis 3500 bar bei $t \leq 560\,°\text{C}$.

Die in den Tafeln 7 und 11 aufgelisteten und in Bild 12 dargestellten Werte wurden mit Hilfe von Gl. (C.1) und der vorliegenden Formulation (Anhang A) berechnet, um Viskositätswerte bei einheitlichen Druckintervallen zu erhalten. Kamgar-Parsi und Sengers [62] haben gezeigt, daß die so berechneten Viskositätswerte mit den Daten in deren Fehlerbereich konsistent sind.

Referenz [62] enthält auch Ausdrücke, die eine Verbesserung der Viskosität im Bereich nahe dem kritischen Punkt ergeben. Dieser Effekt ist zu vernachlässigen, außer in unmittelbarer Nachbarschaft des kritischen Punkts. Gl.(C.1) enthält diese Korrekturterme nicht.

Tabelle C.1 Koeffizienten a_k für Gl. (C.1)

Koeffizient	Wert
a_0	0.0181583
a_1	0.0177624
a_2	0.0105287
a_3	− 0.0036744

Wärmeleitfähigkeit

In einer Verlautbarung der IAPS von 1977 [63] wurde die folgende Gleichung für die Wärmeleitfähigkeit zum wissenschaftlichen Gebrauch empfohlen:

$$\lambda(\varrho,T) = \lambda_0 \exp\left[\frac{\varrho}{\varrho^*}\sum_{i=0}^{4}\sum_{j=0}^{5} b_{ij}\left(\frac{T^*}{T}-1\right)^i\left(\frac{\varrho}{\varrho^*}-1\right)^j\right] + \Delta\lambda$$

$$\lambda_0 = \left(\frac{T}{T^*}\right)^{1/2}\left[\sum_{k=0}^{3} a_k\left(\frac{T^*}{T}\right)^k\right]^{-1}$$

$$\Delta\lambda = \frac{C}{\eta}\left(\frac{T}{T^*}\frac{\varrho^*}{\varrho}\right)^2\left[\frac{\partial(p/p^*)}{\partial(T/T^*)}\right]_\varrho^2 \chi_T^\omega\left(\frac{\varrho}{\varrho^*}\right)^{1/2}\exp\left[-A\left(\frac{T^*}{T}-1\right)^2 - B\left(\frac{\varrho}{\varrho^*}-1\right)^4\right]$$

$$\chi_T = \frac{\varrho}{\varrho^*}\left[\frac{\partial(\varrho/\varrho^*)}{\partial(p/p^*)}\right]_T . \quad \text{(C.2)}$$

Tabelle C.2 Koeffizienten b_{ij} für Gl. (C.1)

j	i = 0	1	2	3	4	5
0	0.501938	0.162888	−0.130356	0.907919	−0.551119	0.146543
1	0.235622	0.789393	0.673665	1.207552	0.0670665	−0.0843370
2	−0.274637	−0.743539	−0.959456	−0.687343	−0.497089	0.195286
3	0.145831	0.263129	0.347247	0.213468	0.100754	−0.032932
4	−0.0270448	−0.0253093	−0.0267758	−0.0822904	0.0602253	−0.0202595

Tabelle C.3 Numerische Werte für die Konstanten der Gl.(C.2)

Konstante	Wert
T^*	647.27 K
ϱ^*	317.763 kg/m³
p^*	22.115 MPa
C	$3.7711 \cdot 10^{-8}$ W Pa s/(K m)
ω	0.4678
A	18.66
B	1.00

Tabelle C.4 Koeffizienten a_k für Gl.(C.2)

Koeffizient	Wert in K m/W
a_0	2.02223
a_1	14.11166
a_2	5.25597
a_3	−2.01870

Hierin ist T in Kelvin und ϱ in kg/m³ einzusetzen. Die Konstanten sind in den Tabellen C.3 bis C.5 aufgelistet.

Gemäß der oben genannten IAPS-Verlautbarung von 1977 sind die Werte, die mit Gl.(C.2) berechnet sind, mit den Daten innerhalb deren Genauigkeit im Bereich $0 \leq t \leq 800\,°C$, $0 < p \leq 1000$ bar konsistent.

Die in den Tafeln 8 und 11 aufgelisteten und in Bild 13 dargestellten Werte wurden mit Hilfe von Gl. (C.2) und der vorliegenden Formulation (Anhang A) berechnet. Kamgar-Parsi und Sengers [64] berichten, daß die so berechneten Werte der Wärmeleitfähigkeit mit den Daten in deren Fehlerbereich konsistent sind.

Prandtl-Zahl

Werte für die Prandtl-Zahl

$$Pr = \frac{\eta c_p}{\lambda} \qquad \text{(C.3)}$$

wurden von Sengers et al. [65] mitgeteilt. Sie wurden mit den Gleichungen für η und λ, Gl. (C.1) und Gl. (C.2), und dieser thermodynamischen Formulation (Anhang A) berechnet. Die so berechneten Werte sind in den Tafeln 9 und 11 aufgelistet und in Bild 14 dargestellt.

Statische relative Dielektrizitätskonstante

Die statische relative Dielektriziätskonstante für Wasser und Dampf war Gegenstand einer IAPS Verlautbarung von 1977 [66]. Dort wurde folgende Gleichung angegeben:

$$\varepsilon(\varrho, T) = 1 + \frac{\alpha_1}{T^*}\varrho^* + \left(\frac{\alpha_2}{T^*} + \alpha_3 + \alpha_4 T^*\right)\varrho^{*2} + \left(\frac{\alpha_5}{T^*} + \alpha_6 T^* + \alpha_7 T^{*2}\right)\varrho^{*3} + \left(\frac{\alpha_8}{T^{*2}} + \frac{\alpha_9}{T^*} + \alpha_{10}\right)\varrho^{*4}. \qquad \text{(C.4)}$$

Es ist T in Kelvin und ϱ in kg/m³ anzugeben, $T^* = T/298.15$ K, $\varrho = \varrho/1000$ kg/m³.

Die Werte für die Koeffizienten a_i sind in Tabelle C.6 aufgelistet. Gemäß der IAPS Verlautbarung gilt Gl.(C.4) im Bereich $273.15\,K \leq T \leq 823.15\,K$ und $0 < p \leq 5000$ bar. Die Standardabweichung zwischen der Gleichung und den Daten beträgt 0.33.

Tabelle C.6 Koeffizienten a_i für Gl. (C.4)

Koeffizient	Wert
α_1	$7.62571 \cdot 10^0$
α_2	$2.44003 \cdot 10^2$
α_3	$-1.40569 \cdot 10^2$
α_4	$2.77841 \cdot 10^1$
α_5	$-9.62805 \cdot 10^1$
α_6	$4.17909 \cdot 10^1$
α_7	$-1.02099 \cdot 10^1$
α_8	$-4.52059 \cdot 10^1$
α_9	$8.46395 \cdot 10^1$
α_{10}	$-3.58644 \cdot 10^1$

Tabelle C.5 Koeffizienten b_{ij} für Gl. (C.2)

j	i = 0	1	2	3	4
0	1.3293046	1.7018363	5.2246158	8.7127675	−1.8525999
1	−0.40452437	−2.2156845	−10.124111	−9.5000611	0.93404690
2	0.24409490	1.6511057	4.9874687	4.3786606	0.0
3	0.018660751	−0.76736002	−0.27297694	−0.91783782	0.0
4	−0.12961068	0.37283344	−0.43083393	0.0	0.0
5	0.044809953	−0.11203160	0.13333849	0.0	0.0

Mit Hilfe von Gl.(C.4) wurden die Werte berechnet, die in den Tafeln 10 und 11 aufgelistet sind. Tafel 10 enthält auch Werte bis 10000 bar. Die den Werten des Drucks entsprechenden Dichtewerte wurden mit Hilfe der vorliegenden Formulation (Anhang A) berechnet.

Oberflächenspannung

Eine Gleichung für die Oberflächenspannung, die die Meßdaten vom Tripelpunkt bis zum kritischen Punkt innerhalb deren Meßunsicherheit wiedergibt, ist in einer IAPS Verlautbarung von 1977 [67] enthalten.
Die Gleichung lautet:

$$\sigma = B \left(\frac{T^* - T}{T^*}\right)^{\mu} \left(1 + b\,\frac{T^* - T}{T^*}\right) \qquad \text{(C.5)}$$

mit $T^* = 647.15$ K, $B = 0.2358$ N/m, $b = -0.625$ und $\mu = 1.256$. Mit dieser Gleichung wurde Tafel 11 berechnet.

Literaturverzeichnis

1 IUPAC Commission on Atomic Weights and Isotopic Abundances. J. Pure Appl. Chem. 52 (1980) 2349

2 Cohen, R.; Taylor, B. N.: The 1973 Least-Squares Adjustment of the Fundamental Constants. J. Phys. Chem. Ref. Data 2 (1973) 663

3 The International Practical Temperature Scale of 1968, Comité International des Poids et Mesures. Metrologia 5 (1969) 35

4 Mayer, J. E.; Mayer, M. G.: Statistical Mechanics. New York; Wiley 1940

5 Haar, L.; Shenker, S. H.: Equation of State for Dense Gases. J. Chem. Phys. 55 (1971) 4951

6 Powell, G.; Wilmot, G.; Haar, L.; Klein, M.: Equations of State and Thermodynamic Data for Interior Ballistics Calculations. In: Interior Ballistics of Guns, Part IV. Kreir, H.; Summerfield, M.: (eds.) New York: American Institute of Aeronautics and Astronautics 1979

7 Haar, L.; Gallagher, J. S., Kell, G. S.: Thermodynamic Properties for Fluid Water. In: Water and Steam. Straub, J.; Scheffler, K.: (eds.) Oxford: Pergamon 1980, p. 69

8 Wooley, H. W.: Thermodynamic Properties for H_2O in the Ideal Gas State. In: Water and Steam. Straub, J.; Scheffler, K.: (eds.) Oxford: Pergamon 1980, p. 166

9 Osborne, N. S.; Stimson, H. F.; Fiock, E. F.; Ginnings, D. C.: The Pressure of Saturated Water Vapor in the Range 100 °C to 374 °C. J. Res. Nat. Bur. Stand. 10 (1933) 155

10 Stimson, H. F.: Some Precise Measurements of the Vapor Pressure of Water in the Range from 25 to 100 °C. J. Res. Nat. Bur. Stand. 73a (1969) 493

11 Guildner, L. A.; Johnson, D. P.; Jones, F. E.: Vapor Pressure of Water at its Triple Point. Science 191 (1976) 1267

12 Kell, G. S.; Whalley, E.: Reanalysis of the Density of Liquid Water in the Range 0 - 150 °C and 0 - 1 kbar. J. Chem. Phys. 62 (1975) 3496

13 Kell, G. S.; McLaurin, G. E.; Whalley, E.: The PVT Properties of Fluid Water in the Range 350 to 500 °C, and along the Saturation Line from 150 to 350 °C. Rep. to 8th Int. Conf. Properties of Water and Steam. Hyères-Giens, France 1974

14 Osborne, N. S.; Stimson, H. F.; Ginnings, D. C.: Calorimetric Determination of the Thermodynamic Properties of Saturated Water in Both the Liquid and Gaseous States from 100 °C to 374 °C. J. Res. Nat. Bur. Stand. 18 (1937) 389

15 Osborne, N. S.; Stimson, H. F.; Ginnings, D. C.: Measurements of Heat Capacity and Heat of Vaporization of Water in the Range 0° to 100 °C. J. Res. Nat. Bur. Stand. 23 (1939) 197

16 Chen, C. T.; Fine, R. A.; Millero, F. J.: The Equation of State for Pure Water Determined from Sound Speeds. J. Chem. Phys. 66 (1977) 2142

17 Kell, G. S.; McLaurin, G. E.; Whalley, E.: The PVT Properties of Water: IV. Liquid Water in the Range 150 - 350 °C, from Saturation to 1 kbar. Proc. Royal Soc. London., Ser. A 360 (1978) 389

18 Kell, G. S; McLaurin, G. E.: PVT Values for Isotherms in the Vapor $150° \leq t \leq 350$ °C. Ottawa: National Research Council 1977, unpublished data

19 Vukalovich, M. P.; Zubarev, W. H.; Alexandrov, A. A.: Experimental Determination of Specific Volume of Water to Pressures at 1200 kg/cm^2 and Temperature 400 - 650 °C; 700 - 900 °C. Teploenergetika 8 (1961) no. 10, 79 und 9 (1962) no. 1, 49

20 Grindley, T.; Lind, J. E.: PVT Properties of Water and Mercury. J. Chem. Phys. 54 (1971) 3983

21 Hilbert, R.: PVT Values of Water and with 25 Weight Percent Sodium Chloride to 873 K and 4000 bar. Ph. D. thesis, Univ. Karlsruhe 1979

22 Maier, S.; Frank, E. U.: The Density of Water from 200 to 850 °C and from 1000 - 6000 bar. Ber. Bunsenges. Phys. Chem. 70 (1968) 639

23 Köster, H.; Frank, E. U.: The Specific Volume of Water to High Pressure, to 600 °C and 10 kbar. Ber. Bunsenges. Phys. Chem. 73 (1969) 716

24 Rivkin, S. L.; Akhundov, T. S.: A Study of Specific Volumes of Water in the Region Close to the Critical Point. Teploenergetika 13 (1966) 59

25 Levelt-Sengers, J. M. H.; Kamgar-Parsi, B.; Balfour, F. W.; Sengers, J. V.: Thermodynamic Properties of Steam in the Critical Region. J. Phys. Chem. Ref. Data 12 (1983) 1

26 Sirota, A. M.; Timrot, T. L.: Experimental Investigation of the Heat Capacity of Superheated Steam. Teploenergetika 3 (1956) no. 7, 16

27 Sirota, A. M.: Heat Capacity and Enthalpy of Superheated Steam. Teploenergetika 5 (1958) no. 7, 10

28 Sirota, A. M.; Mal'tsev, B. K.: Experimental Investigation of the Heat Capacity of Water at 10 - 500 °C and to Pressures of 500 kbar. Teploenergetika 6 (1959) no. 9, 7

29 Sirota, A. M.; Mal'tsev, B. K.: Experimental Data on the Heat Capacity of Steam at 300 - 500 atmospheres and 500 - 600 °C. Teploenergetika 7 (1960) no. 10, 67

30 Sirota, A. M.; Mal'tsev, B. K.: Experimental Determination of the Specific Heat of Water in the Critical Region. Teploenergetika 9 (1962) no. 1, 52

31 Sirota, A. M.; Mal'tsev, B. K.: Experimental Investigation of the Heat Capacity of Steam. Teploenergetika 9 (1962) no. 7, 70

32 Sirota, A. M.; Mal'tsev, B. K.; Grishkow, A. S.: Experimental Investigation of the Heat Capacity of Water at High Pressure. Teploenergetika 10 (1963) no. 9, 57

33 Sirota, A. M.; Grishkov, A. S.: Experimental Investigation of the Heat Capacity of Water at High Pressure. Teploenergetika 13 (1966) no. 8, 61
34 Sirota, A. M.; Grishkov, A. S.; Tomishko, A. G.: Experimental Investigation of the Heat Capacity of Water Near the Melting Curve. Teploenergetika 17 (1971) no. 9, 60
35 Schomaker, H.: Measurements of the Internal Energy and the Specific Heat at Constant Volume in the Vicinity of the Critical State of Water. Ph. D. thesis, Ruhr-Univ. Bochum 1973
36 Wilson, W. D.: Speed of Sound in Distilled Water. J. Acoust. Soc. Am. 31 (1959) 1067
37 Aleksandrov A. A.; Larkin, D. K.: An Experimental Determination of Ultrasonic Velocity in Water in a Wide Range of Temperatur and Pressures. Teploenergetika 23 (1976) no. 2, 75
38 Aleksandrov, A. A.; Kochetov, A. I.: The Experimental Determination of Ultrasonic Velocity in Water at Temperatures 266 - 423 K and at Pressures up to 100 MPa. Teploenergetika 26 (1979) no. 9, 65
39 Aleksandrov, A. A.; Kochetov, A. I.: The Investigation of Sound Velocity in Water at High Pressures. In: Water and Steam. Straub, J.; Scheffler, K.: (eds.) Oxford: Pergamon 1980, p. 221
40 Erokhin, H. F.; Kal'yanov, B. E.: Experimental Behaviour of Ultrasonic Velocity and Some Other Quantities in the Super Critical Region of Water. Therm. Eng. 27 (1980) no. 11, 634
41 Novikov, I. I.; Avdonin, V. I.: Velocity of Sound in Saturated and Superheated Steam. Rep. to 7th Int. Conf. Properties of Water and Steam. Tokyo 1968
42 Smith, A. H.; Lawson, A. W.: The Velocity of Sound in Water as a Function of Temperature and Pressure. J. Chem. Phys. 22 (1954) 351
43 Ertle, S.; Grigull, U.; Straub, J.: Adiabatic and Isothermal Joule-Thomson Coefficients. In: Water and Steam. Straub, J.; Scheffler, K.: (eds) Oxford: Pergamon 1980, p. 191
44 Le Fevre, E. J.; Nightingale, M. R.; Rose, J. W.: The Second Virial Coefficient of Ordinary Water Substance: A New Correlation. J. Mech. Eng. Sci. 17 (1975) 243
45 Le Fevre, E. J.: The Second Virial Coefficient of Ordinary Water Substance: Rep. IAPS, 1980
46 Soll, P.: Experimental Determination of the Isentropic Temperature-Pressure Coefficient for Pressurized Water. Ph. D. thesis, Univ. Hannover 1980
47 Soll, P.; Rögener, H.: The Isentropic Pressure Thermal Coefficient of Water: Calculation, Measurement and Technical Application. Proc. 8th Symp. Thermophys. Prop., vol. 2, ASME, New York 1982, p. 316
48 Keenan, J. H.; Keyes, F. G.; Hill, P. G.; Moore, J. G.: Steam Tables, New York: Wiley 1969
49 Skeleton Tables. Proc. 6th Int. Conf. Properties of Steam, ASME, New York 1963
50 Angell, C. A.; Oguni, M.; Sichina, W. J.: Heat Capacity of Water at Extremes of Supercooling and Superheating. J. Phys. Chem. 86 (1982) 998
51 Skripov, V. P.: Metastable Liquids. New York: Wiley 1974
52 Pavlov, P. A.; Skripov, V. P.: Kinetics of Spontaneous Nucleation in Strongly Heated Liquids. High Temperature 8 (1970) 540
53 Skripov, V. P.; Shuravenko, N. A.; Isaev, O. A.: Blocking of Flow in Short Channels under Conditions of Shock Boiling of a Liquid. High Temperature 16 (1978) 478
54 Dorsey, N. E.: Properties of Ordinary Water Substances. New York: Reinhold 1940
55 Zaworski, R. J.; Keenan, J. H.: Thermodynamic Properties of Water in the Region of Maximum Density. Trans. ASME, J. Appl. Mech. ser. E, 34 (1967) 478
56 International Formulation Committee (IFC) of the 6th Int. Conf. on the Properties of Steam. The 1968 Formulation for Scientific and General Use: A Formulation of the Thermodynamic Properties of Ordinary Water Substance (April 1968) and Thermodynamic Property Values of Ordinary Water Substance Calculated from the 1968 IFC Formulation for Scientific and General Use, ASME, 1968
57 Mehl, J. B.; Moldover, M. R.: Precondensation Phenomena in Acoustic Measurements. J. Chem. Phys. 77 (1982) 455
58 Križan, P.; Kuščer, I.: Influence of Adsorption upon Sound Attenuation in a Tube. Z. Naturforsch. 36a (1981) 713
59 Zubarev, V. N.; Prusakov, P. G.; Barkovskij, V. V.: Experimental Determination of Specific Volumes of Steam at Temperatures of 673.15 - 873.15 K and Pressures up to 200 M Pa. Teploenergetika 24 (1977) no. 8, 77
60 Rivkin, S. L.; Akundov, T. S.: Experimental Determination of Specific Volumes of Water in the Range 374.15 - 500 °C and Pressures up to 600 kg/cm^2. Teploenergetika 10 (1963) 66
61 Release on Dynamic Viscosity of Water Substance. Issued by Int. Association for the Properties of Steam, H. J. White, Secretary, National Bureau of Standards, Washington, D.C., 1975 (revised 1983)
62 Kamgar-Parsi, B.; Sengers, J. V.: Comments on the Calculation of Viscosity of Water and Steam. Tech. Rep. BN 970, Univ. of Maryland, College Park 1982
63 Release on Thermal Conductivity of Water Substance. Int. Association for the Properties of Steam (IAPS), H. J. White, Secretary, National Bureau of Standards, Washington, D.C., 1977 (revised 1983)
64 Kamgar-Parsi, B.; Sengers, J. V.: Comments on the Calculation of Thermal Conductivity of Water and Steam. Tech. Rep. BN 989, Univ. of Maryland, College Park 1982
65 Sengers, J. V.; Basu, R. S.; Kamgar-Parsi, B.; Kestin, J.: Problems with the Prandtl Number of Steam. Mech. Eng. May (1982) 60
66 Release on Static Dielectric Constant of Water Substance. Int. Association for the Properties of Steam (IAPS), H. J. White, Secretary, National Bureau of Standards, Washington, D.C. 1977
67 Release on Surface Tension of Water Substance. Int. Association for the Properties of Steam (IAPS), H. J. White, Secretary, National Bureau of Standards, Washington, D.C. 1976
68 Haar, L.: Report to IAPS WG1, Supplementary Information to the HGK Thermodynamic Surface, 1981. (Available from H. J. White, Secretary, Int. Association for the Properties of Steam, National Bureau of Standards, Washington, D.C.)
69 Quinn, T. J.; Guilding, L. A.; Thomas, W.: Differences between IPTS-68 and Thermodynamic Temperature above 0 °C. Metrologia 13 (1977) 177
70 Rivkin, S. L.; Akhundov, T. S.: The Specific Volume of Water Close to the Critical Point. Teploenergetica 9 (1962) no. 1, 57